Aufbereitung fester Stoffe

Heinrich Schubert

Aufbereitung fester Stoffe

Band II: Sortierprozesse

- Dichtesortierung
- Sortierung in Magnetfeldern
- Sortierung in elektrischen Feldern
- Flotation
- Klauben
- Sortierung nach mechanischen und nach thermischen Eigenschaften

4., völlig neu bearbeitete Auflage

353 Bilder · 56 Tabellen

 Deutscher Verlag für Grundstoffindustrie Stuttgart 1996

Prof. Dr. sc. techn. Drs. h.c. Heinrich Schubert
Johann-Sebastian-Bach-Str. 14
D-09599 Freiberg

Die Deutsche Bibliothek – CIP-Einheitsaufnahme

Schubert, Heinrich:
Aufbereitung fester Stoffe / von Heinrich Schubert. – Stuttgart
: Dt. Ver. für Grundstoffindustrie.
   Früher u.d.T.: Schubert, Heinrich: Aufbereitung fester mineralischer
   Rohstoffe
   ISBN 3-342-00555-6

   Bd. 2. Sortierprozesse: Dichtesortierung, Sortierung in
   Magnetfeldern, Sortierung in elektrischen Feldern, Flotation,
   Klauben, Sortierung nach mechanischen und nach
   thermischen Eigenschaften ; 56 Tabellen. – 4., völlig neu
   bearb. Aufl. – 1996

1. Auflage 1967
2. Auflage 1978
3. Auflage 1986

Das Werk, einschließlich aller seiner Teile, ist urheberrechtlich geschützt. Jede Verwertung ist ohne die Zustimmung des Verlages außerhalb der engen Grenzen des Urheberrechtsgesetzes unzulässig und strafbar. Das gilt insbesondere für Vervielfältigungen, Übersetzungen, Mikroverfilmungen und die Einspeicherung und Verarbeitung in elektronischen Systemen.

© 1996 Deutscher Verlag für Grundstoffindustrie, P.O. Box 30 03 66, D-70443 Stuttgart –
Printed in Germany

Satz: Photocomposition Jung, F-67420 Diespach/Plaine, Schrift: 9/10 Times, TypoScript mit Linotronic 330
Druck: Konkordia Druck, D-77815 Bühl   5 4 3 2 1

Vorwort zur 4. Auflage

Bei der 3. Auflage von Band II „Aufbereitung fester mineralischer Rohstoffe", die 1986 erschien, handelte es sich um eine durchgesehene Auflage. Infolgedessen entsprach diese inhaltlich noch voll und ganz dem Stand der 1978 herausgekommenen 2. Auflage. Seitdem hat sich in der Aufbereitungstechnik eine bedeutende Entwicklung vollzogen, so daß mir eine durchgreifende Überarbeitung dringend geboten erschien.

In diesem Zusammenhang soll auch eine Absicht verwirklicht werden, die ich schon 1988 in der Einleitung zum 1. Hauptabschnitt der 4. Auflage von Band I angedeutet hatte, nämlich die Aufbereitung fester Stoffe, unabhängig davon, ob es sich um die Aufbereitung primärer Rohstoffe oder um das Recycling fester Abfälle handelt, prozeßorientiert unter einheitlichen Gesichtspunkten zu behandeln. In den Industrieländern hat sich die Aufbereitungstechnik zunehmend des Recyclings fester Abfälle angenommen. Diese Entwicklung setzte verständlicherweise zuerst und besonders intensiv bei den metallischen (Schrotten) und metallhaltigen Abfällen ein, hat sich inzwischen aber auf andere Abfallgruppen ausgedehnt.

Die Zuwendung der Aufbereitungstechnik zum Recycling fester Abfälle hängt einerseits damit zusammen, daß dafür – von wenigen Ausnahmen abgesehen – schließlich die gleichen oder ähnliche Prozesse wie für die Aufbereitung fester mineralischer Rohstoffe eingesetzt werden, ohne daß mit dieser Feststellung Besonderheiten (z. B. extreme Stück- bzw. Teilchenformen), durch Konstruktion und Fertigungstechnik bedingte „Verwachsungsverhältnisse" (hier als „Verbindungsverhältnisse" bezeichnet) oder inelastische Festigkeitseigenschaften (z. B. bei Metallen und Kunststoffen) übersehen werden sollen, die natürlich erhebliche Konsequenzen für die Prozeß-, Prozeßraum- sowie Verfahrensgestaltung mit sich bringen können. Andererseits wird die Beherrschung der Abfallwirtschaft bekanntlich in steigendem Maße bestimmend für das gesamte wirtschaftliche Handeln, wobei das Recycling der Abfälle, d.h. das Zurückführen der Wertstoffbestandteile in die Stoffkreisläufe, im allgemeinen die günstigste Lösung der Abfallwirtschaft darstellen dürfte. Das Ziel der Aufbereitung besteht auch beim Recycling fester Abfälle wie bei den mineralischen Rohstoffen darin, festdisperse Absatzprodukte zu erzeugen, an deren stoffliche Zusammensetzung einerseits sowie physikalischen Eigenschaften (vor allem hinsichtlich des Dispersitätszustandes) andererseits vorwiegend hohe Anforderungen gestellt werden, die durch den Wiedereinsatz bestimmt sind.

Diese für die Überarbeitung zu berücksichtigende Vorgehensweise veranlaßt, den Titel meines dreibändigen Werkes fortan mit

„Aufbereitung fester Stoffe"

zu benennen.

Bei der Neubearbeitung haben mich Dr. rer. nat. *H. Baldauf* und Dr. rer. nat. *B. Kubier* durch umfangreiche Durchsichten von Manuskriptteilen und kritische Hinweise tatkräftig unterstützt. Prof. Dr.-Ing. habil. *Gert Schubert* vermittelte mir wichtige Literatur auf dem Gebiet des Recyclings von Abfällen. Frau *Mittmann* zeichnete viele der neuen Bilder. Ihnen allen gebührt mein herzlicher Dank. Auch dem Deutschen Verlag für Grundstoffindustrie habe ich wiederum für das Interesse am Vorhaben sowie die verständnisvolle Unterstützung zu danken.

Freiberg, im Juni 1995   Prof. Dr. sc. techn. Drs. h.c. *Heinrich Schubert*

Inhalt

1	**Dichtesortierung**	1
1.1	Schwimm-Sink-Sortierung	3
1.1.1	Physikalische Eigenschaften von Schwertrüben	4
1.1.1.1	Fließverhalten	4
1.1.1.2	Stabilitätsverhalten	9
1.1.1.3	Trübedichte	10
1.1.2	Körnerbewegung in Schwertrüben	11
1.1.3	Schwerstoffe und ihre Eigenschaften	12
1.1.4	Technologie einer Schwertrübe-Anlage	14
1.1.5	Schwimm-Sink-Scheider	17
1.1.5.1	Schwerkraftscheider	18
1.1.5.2	Zentrifugalkraftscheider	26
1.1.6	Trüberegeneration	34
1.1.7	Prozeßkontrolle und Automatisierung in Schwertrübe-Anlagen	36
1.1.8	Trockene Schwimm-Sink-Sortierung	39
1.1.9	Anwendung der Schwimm-Sink-Sortierung	40
1.2	Sortierung durch Setzen	41
1.2.1	Grundlagen des Setzprozesses	43
1.2.1.1	Auflockerung einer Kornschicht im stationären Aufstrom	43
1.2.1.2	Auflockerung einer Kornschicht im pulsierenden Fluidstrom	46
1.2.1.3	Schichtungsvorgang in Setzbetten	52
1.2.1.4	Charakter des Setzhub-Diagramms	58
1.2.2	Den Setzvorgang beeinflussende Parameter	59
1.2.3	Setzmaschinen	62
1.2.3.1	Hydrosetzmaschinen für Grobkorn	63
1.2.3.2	Hydrosetzmaschinen für Fein- und Feinstkorn	67
1.2.3.3	Aerosetzmaschinen	71
1.2.4	Prozeßkontrolle und Automatisierung in Setzsortieranlagen	72
1.2.5	Anwendung der Sortierung durch Setzen	73
1.3	Sortierung in Rinnen und auf Herden	73
1.3.1	Grundlagen der Sortierung in Rinnen und auf Herden	74
1.3.1.1	Flüssigkeitsströmung über eine geneigte Fläche	74
1.3.1.2	Bewegung von Einzelkörnern im Flüssigkeitsstrom auf geneigter Fläche	76
1.3.1.3	Bewegung von Körnerschwärmen im Flüssigkeitsstrom auf geneigter Fläche	79
1.3.2	Rinnen	81
1.3.2.1	Hydrorinnen	82
1.3.2.2	Aerorinnen	95
1.3.3	Herde	95
1.3.3.1	Feste Hydroherde	96

1.3.3.2	Gleichsinnig bewegte Hydroherde	97
1.3.3.3	Schwingende Hydroherde (Schwingherde)	99
1.3.3.4	Aeroherde	104
1.4	Gegenstrom- und Querstromsortierung	107
1.5	Kennzeichnung des Trennerfolges eines Dichtesortierprozesses	110
2	**Sortierung in Magnetfeldern**	**113**
2.1	Magnetfeld und magnetische Eigenschaften der Stoffe	113
2.1.1	Magnetisches Feld im leeren Raum	114
2.1.2	Stoffe im magnetischen Feld	120
2.1.3	Allgemeine Einteilung der Stoffe nach ihren magnetischen Eigenschaften	123
2.1.4	Hartmagnetische Werkstoffe	127
2.2	Magnetscheidung	129
2.2.1	Auf magnetisierbare Stoffe im Magnetfeld wirkende Kräfte	130
2.2.2	Aufbereitungstechnische Einteilung der Stoffe nach den magnetischen Eigenschaften	134
2.2.3	Magnetscheider	135
2.2.3.1	Einteilung der Magnetscheider	137
2.2.3.2	Ausbildung der Magnetsysteme	140
2.2.3.3	Trennmodelle für Magnetscheideprozesse	152
2.2.3.4	Einfluß der Guteigenschaften auf den Trennerfolg	161
2.2.3.5	Schwachfeldscheider	162
2.2.3.6	Starkfeldscheider	169
2.2.3.7	Eisenabscheider	180
2.2.4	Andere Magnetgeräte	181
2.2.4.1	Magnetisierungs- und Entmagnetisierungsgeräte	182
2.2.4.2	Laborgeräte	182
2.2.5	Magnetisierende Röstung	184
2.2.5.1	Grundlagen	185
2.2.5.2	Technische Durchführung	187
2.2.6	Kennzeichnung des Trennerfolges von Magnetscheideprozessen	188
2.3	Wirbelstromsortierung	189
2.3.1	Grundlagen der Wirbelstromsortierung	189
2.3.2	Wirbelstromscheider	193
2.3.3	Anwendung der Wirbelstromsortierung	195
2.4	Magnetohydrostatische und magnetohydrodynamische Sortierung	196
2.4.1	Magnetohydrostatische Sortierung	197
2.4.2	Magnetohydrodynamische Sortierung	200
3	**Sortierung im elektrischen Feld (Elektrosortierung)**	**202**
3.1	Elektrische Ladung und elektrisches Feld	202
3.1.1	*Coulomb*sches Gesetz	202
3.1.2	Elektrostatisches Feld	204
3.1.3	Koronafeld	206
3.2	Elektrische Eigenschaften der Stoffe	208
3.2.1	Nichtleiter	208
3.2.2	Leiter	212

3.2.3	Halbleiter	214
3.3	Kornaufladung und wirkende elektrische Kräfte	216
3.3.1	Aufladung durch Kontaktpolarisation	216
3.3.2	Aufladung im Koronafeld	217
3.3.3	Triboaufladung	219
3.3.4	Auf Körner im elektrischen Feld wirkende Kräfte	222
3.4	Elektroscheider	223
3.4.1	Trennmodelle für Elektrosortierprozesse	224
3.4.2	Einfluß von Guteigenschaften und Gutvorbehandlung auf den Trennerfolg	227
3.4.3	Elektrostatische Scheider für Trennungen nach Kontaktpolarisation	230
3.4.4	Koronascheider	231
3.4.5	Elektrostatische Scheider für Trennungen nach Triboaufladung	233
3.4.6	Elektrische Ausrüstung	235
3.4.7	Anwendung der Elektrosortierung	235
3.5	Kennzeichnung des Trennerfolges von Elektrosortierprozessen	239
4	**Flotation**	240
4.1	Beteiligte Phasen	243
4.1.1	Gasphase	243
4.1.2	Wäßrige Phase	244
4.1.3	Mineralphasen	250
4.1.3.1	Zwischenatomare Bindungskräfte	251
4.1.3.2	Einteilung der Kristalle aufgrund des Bindungscharakters	254
4.1.3.3	Realstruktur	259
4.2	Erscheinungen und Vorgänge an Phasengrenzflächen	260
4.2.1	Grenzfläche wäßrige Lösung/Gas	261
4.2.1.1	Oberflächenspannung und Adsorptionsdichte	261
4.2.1.2	Spreitung, Oberflächenfilme und Filmdruckverhalten	265
4.2.2	Grenzfläche Mineral/Gas	268
4.2.2.1	Physisorption	269
4.2.2.2	Chemisorption	271
4.2.3	Grenzfläche Mineral/wäßrige Lösung	273
4.2.3.1	Hydratation von Mineraloberflächen	273
4.2.3.2	Adsorption an Mineraloberflächen aus wäßriger Lösung	277
4.2.3.3	Elektrochemische Betrachtungsweise der Ionenadsorption	279
4.2.3.4	Elektrische Doppelschicht	282
4.2.3.5	Zeta-Potential	285
4.2.4	Dreiphasenkontakt	289
4.3	Sammler und allgemeine Grundlagen der Sammleradsorption	291
4.3.1	Wirkungsweise der Sammler	292
4.3.2	Wichtige Sammler und deren Eigenschaften	293
4.3.2.1	Xanthogenate	294
4.3.2.2	Alkyl- und Aryldithiophosphate	296
4.3.2.3	Andere Sulfhydrylsammler	297
4.3.2.4	Carboxylate	298
4.3.2.5	Alkylsulfate, Alkansulfonate und andere sulfatierte und sulfonierte Reagenzien	302

4.3.2.6	Andere Oxhydrylsammler	304
4.3.2.7	Alkylammoniumsalze	305
4.3.2.8	Andere kationaktive Sammler	306
4.3.2.9	Ampholytische Sammler	307
4.3.2.10	Nichtionogene polar-unpolare Sammler	307
4.3.2.11	Unpolare Sammleröle	308
4.3.2.12	Löslichkeits- und Assoziationsverhalten von Tensiden	309
4.3.3	Allgemeine Grundlagen der Sammleradsorption	313
4.3.3.1	Chemisorptive Sammlerbindung	314
4.3.3.2	Elektrostatische Sammlerbindung	317
4.3.3.3	Sammlerbindung über Aktivierungsbrücken	319
4.3.3.4	Sammlerbindung auf einer Hydratschicht über Wasserstoffbrücken	320
4.3.3.5	Assoziation der unpolaren Gruppen	321
4.3.3.6	Aufbau und Struktur der Sammlerfilme	324
4.4	Modifizierung von Sammleradsorption und Sammlerwirkung	326
4.4.1	Aktivierende Mechanismen	327
4.4.2	Drückende Mechanismen	327
4.4.2.1	Komplexbildende Drücker	328
4.4.2.2	Makromolekulare und kolloide Drücker	332
4.4.3	Modifizierung des allgemeinen Flotationsmilieus	334
4.5	Korn-Blase-Haftvorgang	335
4.5.1	Thermodynamik des Haftens	336
4.5.2	Dynamik des Haftvorganges und Stabilität der Haftung	337
4.5.2.1	Dynamik des Haftvorganges	337
4.5.2.2	Stabilität der Haftung	343
4.5.3	Formen von Korn-Blase-Aggregaten	345
4.6	Schaumbildung und Schaumeigenschaften	346
4.6.1	Zweiphasenschäume	346
4.6.1.1	Schaumstruktur	346
4.6.1.2	Schaumbildung und Schaumstabilität	348
4.6.2	Flotationsschäume	350
4.6.2.1	Struktur und Eigenschaften von Flotationsschäumen	350
4.6.2.2	Flotationsschäumer	351
4.6.2.3	Trübemitführung, Schaumentwässerung und sekundäre Anreicherung	354
4.7	Hydrodynamik von Flotationsprozessen	357
4.7.1	Beschreibung turbulenter Ein- und Mehrphasenströmungen	358
4.7.2	Von der Turbulenz gesteuerte oder beeinflußte Mikroprozesse der Flotation	365
4.7.2.1	Zerteilen der zugeführten Luft zu Blasen	365
4.7.2.2	Turbulente Korn-Blase-Kollisionen	368
4.7.2.3	Turbulente Beanspruchungen der gebildeten Korn-Blase-Aggregate und maximale flotierbare Korngrößen	369
4.7.3	Kinetische Modelle des Makroprozesses	372
4.7.3.1	Diskontinuierlicher Prozeß	373
4.7.3.2	Kontinuierlicher Prozeß	375
4.8	Flotationsapparate	378
4.8.1	Mechanische Flotationsapparate	379

4.8.1.1	Bauarten mechanischer Flotationsapparate	379
4.8.1.2	Hydrodynamische Charakterisierung der Makroprozesse	388
4.8.1.3	Übertragbarkeit der Makroprozesse	390
4.8.2	Pneumatische Flotationsapparate	393
4.8.2.1	Flotationskolonnen (Gegenstrom-Flotationsapparate)	393
4.8.2.2	Andere pneumatische Flotationsapparate	401
4.8.3	Apparate zur Entspannungs- und Elektroflotation	405
4.9	Flotation feiner und grober Körnungen	408
4.9.1	Korngrößenabhängigkeit der Flotation	409
4.9.2	Einfluß des Feinstkorns auf die Flotierbarkeit gröberer Kornklassen	410
4.9.3	Spezielle flotative Trennprozesse für Feinstkorn	411
4.9.4	Grobkornflotation	412
4.10	Technologische Fließbilder von Flotationsanlagen	413
4.11	Prozeßkontrolle und Automatisierung in Flotationsanlagen	417
4.12	Flotation mineralischer Rohstoffe	420
4.12.1	Flotation sulfidischer Minerale	420
4.12.1.1	Adsorption von Sulfhydrylsammlern an Sulfidmineralen	421
4.12.1.2	Modifizierung der Adsorption und Wirkung von Sulfhydrylsammlern	424
4.12.1.3	Flotation der Oxydationsminerale der Sulfide	427
4.12.1.4	Wichtige Trennungen bei der Sulfidflotation	428
4.12.2	Flotation der Oxide	429
4.12.2.1	Sammleradsorption an Oxiden	429
4.12.2.2	Modifizierung der Sammleradsorption und Sammlerwirkung bei der Oxidflotation	429
4.12.2.3	Wichtige Trennungen bei der Oxidflotation	430
4.12.3	Flotation der Silikate	432
4.12.3.1	Sammleradsorption an Silikaten	432
4.12.3.2	Modifizierung der Sammleradsorption und der Sammlerwirkung bei der Silikatflotation	433
4.12.3.3	Wichtige Trennungen bei der Silikatflotation	435
4.12.4	Flotation geringlöslicher Salzminerale	437
4.12.4.1	Grundlagen der Flotation geringlöslicher Salzminerale	437
4.12.4.2	Wichtige Trennungen bei der Flotation geringlöslicher Salzminerale	438
4.12.5	Flotation leichtlöslicher Salzminerale	439
4.12.5.1	Grundlagen der Flotation leichtlöslicher Salzminerale	439
4.12.5.2	Wichtige Trennungen bei der Flotation leichtlöslicher Salzminerale	442
4.12.6	Flotation natürlich hydrophober mineralischer Rohstoffe	444
4.13	Flotation nichtmineralischer Feststoffe	446
4.13.1	Flotation metallurgischer Zwischenprodukte	446
4.13.2	Deinking-Flotation von Altpapier	447
4.13.3	Flotative Trennung von Kunststoffen	448
4.14	Methoden zur Untersuchung des Adsorptions- und Flotationsverhaltens von Feststoffen	450
4.15	Kennzeichnung des Trennerfolges eines Flotationsprozesses	453
5	**Klauben**	454
5.1	Handklauben	455
5.2	Automatisches Klauben	456

6	**Sortierung nach mechanischen Eigenschaften**	462
6.1	Läutern	462
6.2	Selektive Zerkleinerung mit nachfolgender Klassierung	466
6.3	Sortierung nach dem elastischen Verhalten	466
6.4	Sortierung nach der Kornform	468
7	**Sortierung nach thermischen Eigenschaften**	472

Literatur 473

Namenregister 522

Sachregister 535

Verzeichnis der wichtigsten Symbole

A	Fläche
A_P	Korn- bzw. Teilstückoberfläche
A'_P	angeströmte Querschnittsfläche eines Korns bzw. Teilstücks
a	Abstand
	Aktivität
B	Breite
	magnetische Induktion, magnetische Flußdichte
b	Breite
C	elektrische Kapazität
c	Gehalt, Konzentration
c_L	Luftströmungs-Zahl
c_M	kritische Mizellbildungskonzentration
c_P	Leistungsbeiwert, Leistungs-Zahl
c_W	Widerstandsbeiwert eines umströmten Körpers
D	Durchmesser, allgemein
	elektrische Verschiebung
	Schergradient
D_a, D_i, D_o	Unterlauf-, Einlauf- und Überlaufdüsendurchmesser eines Hydrozyklons
D_c	Hydrozyklondurchmesser
D_t	turbulenter Diffusions- bzw. Transportkoeffizient
D_2	Rotor- bzw. Rührerdurchmesser
$D(d) \equiv F_3(d)$	Korn- bzw. Teilstückgrößenverteilungsfunktion mit der Masse als Mengenart (siehe Band I, ab 3. Aufl.)
d	Korngröße, Stückgröße
d_o, d_u	obere bzw. untere Korngröße einer Korngrößenverteilung
d_{ST}	*Sauter*-Durchmesser
d_V	Durchmesser einer Kugel, deren Volumen dem eines unregelmäßig geformten Kornes äquivalent ist
d_{95}, d_{80} usw.	95%-, 80%-Korngröße usw. einer Korngrößenverteilung $D(d)$, d.h. Korngröße für $D = 95\%$, $D = 80\%$ usw.
E	elektrische Feldstärke
	Entmagnetisierungsfaktor
e_0	Elementarladung ($e_0 = 1{,}602 \cdot 10^{-19}$ As)
F	Kraft
	freie Energie
F_A	statischer Auftrieb
F_C	*Coulomb*-Kraft
$F_{C,B}$	elektrische Bildkraft
F_D	dynamischer Auftrieb
$F_{D\varphi}$	dynamischer Auftrieb in einer Suspensionsströmung

XIV Verzeichnis der wichtigsten Symbole

F_F	Feldkraft
F_G	Schwerkraft
F'_G	scheinbares Gewicht
F_L	*Lorentz*-Kraft
F_M	magnetische Kraft
F_p	Druckkraft infolge beschleunigter Strömung
	elektrische Kraft, die auf ein polarisiertes Korn wirkt
F_R	Reibungskraft
F_T	Trägheitskraft
F_W	Widerstandskraft
F_Z	Zentrifugalkraft
Fr	*Froude*-Zahl
f	Aktivitätskoeffizient
	Frequenz
g	Schwerebeschleunigung
H	magnetische Feldstärke
	Höhe
H_c	Koerzitivfeldstärke
h	Hub
I	Ionenstärke
j	Stromdichte
K	Depolarisationsfaktor
k	*Boltzmann*-Konstante ($k = 1{,}3805 \cdot 10^{-23}$ J $\cdot$ K^{-1})
L	Länge
l	Länge
l_D	*Kolmogorov*scher Längenmaßstab der Mikroturbulenz
M	Magnetisierung
M_R	remanente Magnetisierung
M_s	Sättigungsmagnetisierung
m	Masse
$\dot{m}$	Massestrom, Massedurchsatz
m'	scheinbare Masse ($m' = V_P (\gamma - \rho) g$)
m^*	magnetisches Moment
N	Anzahl
	Windungszahl einer Spule
N_L	*Loschmidt*sche Zahl ($N_L = 6{,}023 \cdot 10^{23}$ mol^{-1})
n	Anzahlkonzentration
	Drehzahl, Hubzahl
	Molzahl
	Kettenlänge einer Alkylgruppe
P	Leistung
	elektrische Polarisation
P'	Leistungseintrag an eine Trübe

P''	Leistungseintrag an eine begaste Trübe
p	Druck
	elektrisches Dipolmoment
p_k	Kapillardruck
Q	elektrische Ladung
	Wärmemenge
q	elektrische Punktladung
q_L	spezifischer Luftdurchsatz
R	Ausbringen
	elektrischer Widerstand
	Gaskonstante
R_m	Masseausbringen
R_c	Wertstoffausbringen
Re	*Reynolds*-Zahl
r	Radius, allgemein
	Ionenradius
r_h	hydraulischer Radius
s	Polmittenabstand
	Spaltweite
	Weg
T	Temperatur
Tu	Turbulenzgrad
t	Zeit
U	elektrische Spannung
u	Fluidgeschwindigkeit, Anströmgeschwindigkeit eines Fluids
u_r	Relativgeschwindigkeit zwischen Fluid und Korn
$\sqrt{\overline{u'^2}}$	Effektivwert der turbulenten Schwankungsbewegungen in einem Fluid
V	Volumen
V_P	Korn- bzw. Teilstückvolumen
$\dot{V}_L$	Luftvolumenstrom
v	Korn- bzw. Teilstückgeschwindigkeit
	Rotor-, Trommel- bzw. Walzenumfangsgeschwindigkeit
v_m	stationäre Sinkgeschwindigkeit eines Korns bzw. Teilstücks
$v_{m\varphi}$	stationäre Schwarmsinkgeschwindigkeit eines Korns
W	Energie, Arbeit
	Wahrscheinlichkeit
z	Ladungszahl eines Ions
α	Konuswinkel
β	Keilwinkel
	Neigungswinkel
Γ	Adsorptionsdichte
γ	Feststoffdichte
γ_T	Trenndichte

ε	Porosität
	spezifische Oberflächenenergie
ε_r	Dielektrizitätszahl (relative Dielektrizitätskonstante)
ε_0	elektrische Feldkonstante ($\varepsilon_0 = 8{,}8542 \cdot 10^{-12}$ As/Vm)
ζ	Zeta-Potential
η	dynamische Viskosität
η_B	Plastizität eines plastischen Mediums
ϑ	Randwinkel
κ	elektrische Leitfähigkeit
$\varkappa$	reziproke Doppelschichtdicke
	volumenbezogene magnetische Suszeptibilität
$\varkappa_F$	volumenbez. magn. Suszept. des Fluids
$\varkappa_P$	volumenbez. magn. Suszept. des Körpers (Korn, Teilstück)
$\varkappa_S$	volumenbez. magn. Suszept. des Stoffes
Λ	Makromaßstab der Turbulenz
λ	Widerstandzahl einer Kornschicht bei stationärer Durchströmung
μ	chemisches Potential
	Gleitreibungszahl
	Masseanteil
$\bar{\mu}$	elektrochemisches Potential
μ_r	relative Permeabilität, Permeabilitätszahl
μ_0	magnetische Feldkonstante bzw. Induktionskonstante ($\mu_0 = 4\pi \cdot 10^{-7}$ Vs/Am bzw. N/A^2)
ν	kinematische Viskosität
ν_t	Wirbelviskosität
ρ	Fluiddichte
ρ'	Suspensions- bzw. Trübedichte
σ	elektrische Ladungsdichte
	spezifische freie Oberflächenenergie, Oberflächenspannung, Grenzflächenspannung
τ	Scherspannung, Schubspannung
τ_m	mittlere Verweilzeit
τ_t	turbulente Schubspannung
τ_0	Fließgrenze
Φ	magnetischer Fluß
	Polstärke
φ	Volumenanteil
φ_s	Feststoffvolumenanteil
χ	massebezogene magnetische Suszeptibilität
Ψ	elektrischer Fluß (elektrischer Verschiebungsfluß)
ψ	elektrisches Potential einer Phase

ψ_A	Kornformfaktor (Sphärizität)
ψ_0	Doppelschichtpotential
ψ_δ	Potential der *Stern*-Schicht
ω	Winkelgeschwindigkeit

Häufig benutzte Indices

A	Aufgabegut
	Fläche, flächenbezogen
B	Blase
F	Fluid
g	Gas, gasförmig
i	Komponente, Klasse
K	Kugel
L	Leichtgut
	Lockerung
	Luft
l	Flüssigkeit, flüssig
M	Magnet, magnetisch
	Mizelle
	Molekül
m	Masse, massebezogen
	mittlere
P	Korn, Teilstück
	Leistung
S	Sammler
	Schwergut
	Schwerstoff
	Stoff, stoffbezogen
	Trübe, Suspension
s	Feststoff, fest
Sch	Kornschicht
t	turbulent
W	Wasser
	Wirbel

Vektorielle Größen sind im Druck halbfett gekennzeichnet.

1 Dichtesortierung

Dichteunterschiede werden schon seit Jahrhunderten für die Sortierung mineralischer Rohstoffe ausgenutzt. Bis zum Beginn dieses Jahrhunderts geschah die Anreicherung sogar fast ausschließlich durch Dichtesortierung und Handklaubung. Auch für die moderne Aufbereitungstechnik, das Recycling eingeschlossen, sind Dichtesortierprozesse nicht nur unentbehrlich, sondern einige Prozesse sowie die entsprechenden Ausrüstungen haben in letzter Zeit eine sehr bemerkenswerte Weiterentwicklung durchlaufen, so daß man teilweise von einer „Renaissance" der Dichtesortierung sprechen kann. Triebkräfte dafür waren insbesondere:

a) die im Vergleich zu konkurrierenden Prozessen vielfach niedrigeren Investitions- und Betriebskosten sowie der geringere Energieaufwand,
b) Vorteile im Hinblick auf den Umweltschutz, vor allem im Vergleich zur Flotation durch das Vermeiden von Reagensaufwendungen sowie gegebenenfalls auch günstigere Lösungen für die Bergelagerung.

Bei den unter dem Oberbegriff Dichtesortierung zusammengefaßten Prozessen darf jedoch nicht übersehen werden, daß neben der Dichte noch andere Einflußgrößen für die Trennungen eine Rolle spielen können (siehe auch z. B. [1]).

Die **Schwimm-Sink-Trennung** in einem Schwerkraftscheider, bei der die Trenndichte weitgehend durch die Dichte der benutzten Schwerstoffsuspension oder auch Schwereflüssigkeit vorgegeben ist, kommt einer reinen Dichtetrennung am nächsten. In Zentrifugalkraftscheidern können sich jedoch schon andere Einflußgrößen deutlich auswirken (zirkulierende Strömungen, Turbulenz, Sinkgeschwindigkeiten). Bei der magnetohydrostatischen Trennung, die hinsichtlich des Trennprinzips ebenfalls den Schwimm-Sink-Trennungen zuzuordnen ist, können sich Einflüsse ergeben, die vor allem auf ein nicht streng isodynamisches Magnetfeld oder auf die magnetischen Eigenschaften der zu trennenden Körner bzw. Teilstücke[1] zurückzuführen sind.

In einer fluidisierten Gutschicht ordnen sich spezifisch leichtere Körner bzw. Teilstücke über den spezifisch schwereren ein, falls die durchmischenden Wirkungen in bestimmten Grenzen gehalten werden. Es geschieht eine Schichtung nach der Dichte (**Schichtungstrennung**). Dieser kann eine weitere nach der Korngröße bzw. Teilstückgröße überlagert sein, wenn in Abhängigkeit vom Fluid der Größenbereich des zu sortierenden Gutes zu breit gewählt wird. Auch Formeinflüsse sind nicht auszuschließen. Die einzelnen Prozesse unterscheiden sich nach der Art und Weise der Fluidisierung [2]. Beim Setzprozeß geschieht dies mittels eines pulsierenden Aufstromes (Wasser oder Luft) durch das Gutbett. Obwohl schon jahrhundertelange Erfahrungen vorliegen, haben seine Einfachheit, Robustheit und niedrigen Durchsatzkosten auch in neuerer Zeit bedeutende Weiterentwicklungen gefördert [3]. In Hydrorinnen erfolgt die Fluidisierung und damit die Schichtung nach der Dichte unter der Wirkung von Strömungskräften einer stationären Trübeströmung in einem vorwiegend rinnenförmig ausgebildeten Trennapparat [2]. Auch diese haben in neuerer Zeit eine bedeutende Entwicklung durchlaufen, die die

---

[1] Solange es sich nur um die Aufbereitung mineralischer Rohstoffe handelt, sind die Begriffe Korn und Korngröße eingeführt und ausreichend erklärt. Im Zusammenhang mit der Aufbereitung fester Abfälle wird es aber sehr schwierig, auch hierfür diese Begriffe durchgehend zu benutzen, wenn man z. B. an die durch Zerkleinern entstandenen Teilstücke von Drähten, Blechen, Folien u. ä. denkt. Da es in der deutschen Fachsprache noch keinen einheitlichen Oberbegriff gibt, benutzt der Autor dafür Teilstück bzw. Teilstückgröße parallel zu Korn bzw. Korngröße. Wenn aber im Text nicht immer beide parallelen Begriffe gleichzeitig gebraucht werden, so dient das lediglich der Vereinfachung.

Wirtschaftlichkeit der Aufbereitung einer Reihe geringhaltiger Rohstoffe vor allem im Korngrößenbereich zwischen 1 und 0,1 mm erheblich verbessert hat. In Aerorinnen und auf Aeroherden wird die Fluidisierung gewöhnlich durch einen Aufstrom erreicht, der aus dem porösen Rinnenboden bzw. Herdbelag stationär aufströmt. Sie haben im Rahmen des Recycling Bedeutung.

Der Übergang von den Schichtungstrennungen zu den **Trennungen in Filmströmungen** ist fließend, wobei in letzteren jedoch ausschließlich feine bis feinste Körnungen sortiert werden können. Hier treten die turbulenten Wirkungen zurück, was für Trennungen im Fein- und Feinstkornbereich unerläßlich ist. Dafür finden Hydroherde Anwendung, bei denen sich die für die Trennung entscheidenden Teilchenbewegungen in einem dünnen Wasserstrom auf einer unbeweglichen (festen), gleichförmig oder schwingend bewegten, flach geneigten Arbeitsfläche vollziehen.

Schließlich sind **Gegenstromtrennungen** und **Querstromtrennungen** für die Sortierung nach der Dichte nutzbar, wenn für einen genügend engen Größenbereich des Aufgabegutes die Fluidgeschwindigkeit so gewählt wird, daß nur die spezifisch schwereren Körner bzw. Teilstücke absinken können, während die leichteren mit der Fluidströmung wegen ihrer geringeren stationären Sinkgeschwindigkeit ausgetragen werden. Erfolgreiche Anwendungen hiervon sind in neuerer Zeit insbesondere für das Recycling bekannt geworden.

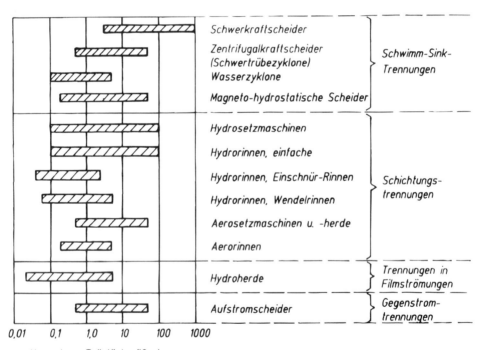

Bild 1 Durch Dichtesortierprozesse bzw. -ausrüstungen verarbeitbare Korngrößen- bzw. Teilstückgrößenbereiche

Bild 1 vermittelt einen Überblick über die in den Dichtesortierprozessen verarbeitbaren Korngrößen- bzw. Teilstückgrößenbereiche. Dies bedeutet jedoch nicht, daß die bei den einzelnen Prozeßgruppen angegebenen Bereiche in jedem Fall gemeinsam verarbeitbar sind. Vielmehr müssen die Prozeßbedingungen im allgemeinen den Körnungen – und umgekehrt –

angepaßt werden. Mit Hilfe der angeführten Dichtesortierprozesse ist nahezu der gesamte in der Aufbereitungstechnik interessierende Korngrößen- bzw. Teilstückgrößenbereich verarbeitbar. Im Bereich großer Feinheiten entstehen aber selbst bei großen Dichtedifferenzen zunehmend Schwierigkeiten. Etwa unterhalb 30 bis 10 µm versagt jegliche industrielle Trennung nach der Dichte.

1.1 Schwimm-Sink-Sortierung

Das Wesen der Schwimm-Sink-Sortierung läßt sich wie folgt kennzeichnen. Das nach stofflichen Gesichtspunkten zu trennende Gut wird einem fluiden Trennmedium aufgegeben, dessen Dichte zwischen den Dichten der spezifisch leichtesten und der spezifisch schwersten Bestandteile der Aufgabe liegt sowie für jeden Anwendungsfall in Abhängigkeit vom Prozeßziel festzulegen ist. In diesem Medium sollen die spezifisch schwereren Körner bzw. Teilstücke absinken und die spezifisch leichteren abschwimmen (Bild 2). Die Schwimm-Sink-Trennung stellt somit eine Übertragung des Prinzips der im Band I besprochenen Dichteanalyse auf die industrielle Anwendung dar.

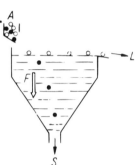

Bild 2 Wirkprinzipien der Schwimm-Sink-Sortierung
A Aufgabe; L Leichtgut; S Schwergut; F Kraftfeld

Am meisten verbreitet als Trennmedium sind wäßrige Schwerstoffsuspensionen (Schwertrüben). Echte Schwerflüssigkeiten wie z. B. Tetrabromethan spielten in der Anfangsphase der Entwicklung der Schwimm-Sink-Sortierung eine gewisse Rolle. Ansätze, auf Aerosuspensionen (Wirbelschichten) zurückzugreifen, waren von keinem nachhaltigen Erfolg begleitet. Eine Ursache dafür mögen die Schwierigkeiten sein, eine angemessene Homogenität von Gaswirbelschichten zu gewährleisten.

Hinsichtlich des Trennprinzips sind auch der magnetohydrostatische (MHS) sowie der magnetohydrodynamische (MHD) Trennprozeß zur Schwimm-Sink-Sortierung zu zählen. Hiermit lassen sich Trenndichten erzielen, die wesentlich höher als die Fluiddichten liegen. Bei der MHS-Sortierung wird die sich bei Einwirkung eines inhomogenen, isodynamischen Magnetfeldes auf eine magnetische Flüssigkeit, d.h. eine paramagnetische Lösung oder eine Ferrofluid (ferro- bzw. ferrimagnetische kolloide Flüssigkeit), ergebende magnetostatische Kraft für Dichtetrennungen genutzt [6] [7]. Demgegenüber ist bei der MHD-Sortierung die auf eine elektrisch leitende Flüssigkeit wirkende *Lorentz*-Kraft entscheidend [6] [8]. Beide Trennprozesse sind unter Labor- und kleintechnischen Bedingungen getestet worden. Für eine industrielle Anwendung dürfte insbesondere im Rahmen des Recycling von Schwermetallen die MHS-Scheidung in Betracht zu ziehen sein. Jedoch belasten die Aufwendungen für das Ferrofluid erheblich die Gesamtkosten. Unter Berücksichtigung der prozeßtechnischen Grundlagen werden beide Prozesse im 2. Hauptabschnitt („Sortierung in Magnetfeldern") besprochen.

Während die 50er und 60er Jahre durch eine stürmische Entwicklung der Schwimm-Sink-Sortierung in Form der Schwertrübe-Trennung gekennzeichnet waren, insbesondere ausgelöst durch die damaligen Erfordernisse der Steinkohlenaufbereitung sowie zur Voranreicherung geringhaltiger, feinverwachsener Rohstoffe, ist seitdem eine Beruhigung eingetreten. Neben anderen Faktoren (wie z. B. Stagnation oder Rückgang der Steinkohlenförderung in den Industrieländern) ist das vor allem durch die Steigerung der Leistungsfähigkeit konkurrierender Dichtesortierprozesse bzw. -ausrüstungen (hauptsächlich der Setzmaschinen) bedingt gewesen, für die der Investitionsaufwand und die auf den Durchsatz bezogenen Kosten günstiger liegen. Jedoch sind der Schwimm-Sink-Sortierung in den letzten Jahren auch neue Anwendungsgebiete im Rahmen des Recycling erschlossen worden (Sortierung von Akkuschrott, NE-Metall-Vorkonzentraten der Stahlleichtschrott-Aufbereitung, Kunststoffen u.a.) [9].

1.1.1 Physikalische Eigenschaften von Schwertrüben

Der Trennvorgang wird beim Schwimm-Sink-Prozeß vor allem mit von den physikalischen Eigenschaften des Trennmediums beeinflußt. Da überwiegend Schwertrüben eingesetzt werden, sollen im folgenden deren Fließverhalten (rheologisches Verhalten), Stabilitätsverhalten und Dichte kurz erörtert werden.

1.1.1.1 Fließverhalten

Schwertrüben sind wäßrige Suspensionen, die etwa 20 bis 35 Vol.-% Feststoff (Schwerstoff) enthalten können. Die Trägerflüssigkeit (Dispersionsmittel) ist in diesem Fall ein **Newtonsches Fluid**, für das die Verknüpfung von Schubspannung τ und Schergeschwindigkeit D bekanntlich liefert [10]:

$$\tau = \eta D \tag{1}$$

Der Proportionalitätsfaktor η ist die **dynamische Viskosität**. Sie ist ein Stoffwert, der von der Temperatur des Fluids abhängt.

Für Suspensionen gilt der *Newton*sche Schubspannungsansatz nur unterhalb einer gewissen Grenze des Feststoffvolumenanteils φ_s, wobei diese wiederum von der Feinheit des Feststoffs und der Intensität der Wechselwirkungskräfte (d.h. somit auch vom Zustand der elektrischen Doppelschicht und der Hydrathülle) der Feststoffteilchen mitbestimmt wird (siehe hierzu auch Abschn. 4.2.3). Unterhalb dieser Grenze hängt die Viskosität η_S der Suspension, wie aus zahlreichen theoretischen und experimentellen Arbeiten hervorgeht, vor allem vom Feststoffvolumenanteil φ_s ab (siehe z. B. [11] bis [13] [18]), wofür sich folgender allgemeiner Zusammenhang formulieren läßt [11]:

$$\eta_S = \eta \left(1 + a\,\varphi_s + b\,\varphi_s^2 + \ldots\right) \tag{2}$$

Vand ermittelte theoretisch auf der Grundlage eines hydrodynamischen Modells für Suspensionen mit kugelförmigen starren Teilchen $a = 2{,}5$ und $b = 7{,}35$ [12]. Bei geringen Volumenanteilen φ_s kann sich eine lineare Abhängigkeit als ausreichend erweisen. Dabei ergab sich experimentell für längliche starre Teilchen $a > 2{,}5$ und für kugelförmige deformierbare Teilchen $a < 2{,}5$.

Oberhalb der genannten Grenze werden die Wechselwirkungskräfte zwischen den Teilchen einer Suspension sowie dadurch gegebenenfalls hervorgerufene Strukturbildungen mitbestimmend für das rheologische Verhalten, und der *Newton*sche Schubspannungsansatz ist nicht mehr erfüllt.

Nicht-*Newton*sche Fluide lassen sich unabhängig davon, ob es sich um Flüssigkeiten oder Suspensionen handelt, zunächst in solche mit zeitunabhängigem und mit zeitabhängigem Verhalten einteilen. Bei den zuerst genannten unterscheidet man Medien mit plastischem (*Bingham*schen), strukturviskosem und dilatantem Charakter (Bild 3). Bei den Fluiden mit zeitabhängigen Fließkurven sind Medien mit thixotropem und rheopexem Verhalten abzugrenzen (Bild 4) [10] [11].

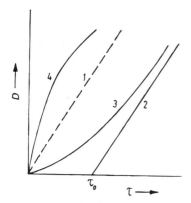 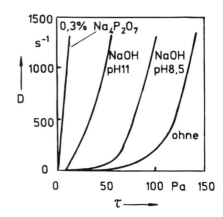

Bild 3 Verlauf typischer Fließkurven von zeitunabhängigen nicht-*Newton*schen Medien (*Newton*sches Verhalten ist zum Vergleich eingezeichnet)
1 *Newton*sches Medium;
2 plastisches (*Bingham*sches) Medium;
3 strukturviskoses Medium;
4 dilatantes Medium

Bild 4 Fließkurven einer wäßrigen Suspension von Caminauer Füllstoffkaolin (44% < 2 μm) bei einem Feststoffvolumenanteil φ_s von 24% und 20°C mit verschiedenen Zusatzstoffen als Parameter [15]

Plastische Medien beginnen erst zu fließen, wenn die wirksamen Schubspannungen die Fließgrenze τ_0 überschreiten. Für diese gilt entsprechend dem konstanten Anstieg α der Fließkurve ($\eta_B = \cot \alpha = $ const.):

$$\tau = \tau_0 + \tau_B D \tag{3}$$

Strukturviskose Medien werden mit zunehmender Schergeschwindigkeit D fließfähiger, **dilatante Medien** steifer. Beide lassen sich durch folgenden Näherungsansatz beschreiben:

$$\tau = K D^n \tag{4}$$

K und n sind rheologische Parameter. K ist ein Maß für die Steifigkeit; n wird als Strukturkennzahl bezeichnet. Für strukturviskose Fluide nimmt n Werte im Bereich $0 < n < 1$ an, für dilatante ist $n > 1$.

Das Fließverhalten zahlreicher Suspensionen, das als Überlagerung von strukturviskosem bzw. dilatanten Fließen mit plastischem Fließen interpretiert werden kann, ist für $\tau > 2\tau_0$ gut durch folgende empirische Gleichung beschreibbar [14]:

$$\tau = K D^n + \tau_0 \tag{5}$$

Die rheologischen Parameter K, n und τ_0 hängen von der Art des Feststoffs, seinem Volumenanteil φ_s, seiner Teilchengrößen- und -formverteilung sowie vom Charakter der elektrischen Doppelschichten und der Hydrathüllen ab. Letzteres kommt deutlich im Bild 4 zum Ausdruck, in dem der Verlauf der Fließkurven wäßrige Suspensionen von *Caminau*er Kaolin mit verschiedenen die elektrische Doppelschicht und die Hydrathülle beeinflussenden Zusätzen dargestellt ist [15]. Ohne Zusatz, d.h. etwa im Bereich $pH\,5$, sind die Kaolin-Teilchen kaum Ladungsträger (Nähe des Ladungsnullpunktes, siehe Abschn. 4.2.3), so daß die *Van-der-Waals*-Kräfte eine mehr oder weniger starke Anziehung der Teilchen und Strukturbildung bewirken. Mit Zunahme des pH und vor allem nach Zusatz der hochgeladenen Phosphat-Ionen werden die Teilchen immer stärker Träger negativer Ladungen, die eine Abstoßung verursachen, sobald sich die elektrischen Doppelschichten annähernder Teilchen überlappen. Durch eine genügend hohe Teilchenaufladung läßt sich die Kaolinsuspension offensichtlich sogar in ein *Newton*sches Fluid verwandeln.

Für praktische Erfordernisse – insbesondere für Vergleiche – genügt vielfach eine Kennzeichnung der Fließeigenschaften von Suspensionen durch die **scheinbare Viskosität**. Diese stellt den Quotienten von Schubspannung und Schergeschwindigkeit für einen gegebenen Punkt der tatsächlichen Fließkurve dar, d.h., sie entspricht der Viskosität eines hypothetischen *Newton*schen Fluids unter den dort gegebenen Bedingungen. Dafür hat sich teilweise auch der Begriff **Konsistenz** eingebürgert [16].

Bei Medien mit zeitabhängigem Fließverhalten ergeben sich bei der Aufnahme der Fließkurve verschiedene Kurvenäste, wenn die Fließkurve zunächst mit steigender und anschließend mit fallender Schergeschwindigkeit durchfahren wird (Bild 5). Die Kurven nähern sich stets bei hohen Schergeschwindigkeiten an. Die Zeitabhängigkeiten äußern sich vor allem darin, daß bei gleichbleibender Schergeschwindigkeit (siehe Bild 5) die Scherspannung nicht konstant bleibt, sondern bei **thixotropem Verhalten** abnimmt bzw. bei dem selten auftretenden **rheopexen Verhalten** zunimmt (also $\tau = f(D, t)$) und nach ausreichender Deformationsdauer einem Endwert zustrebt.

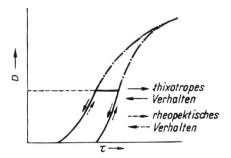

Bild 5 Zeitabhängiges Fließen thixotroper und rheopektischer Medien

Da die Beschreibung des Fließverhaltens von nicht-*Newton*schen Medien die Kenntnis der funktionellen Abhängigkeit zwischen Schubspannung und Schergeschwindigkeit voraussetzt, kommen zur experimentellen Ermittlung nur das Rotationsviskosimeter (vor allem das *Couette*-Prinzip, bei dem der äußere der beiden konzentrischen Zylinder rotiert) und in Sonderfällen das Kapillarviskosimeter in Betracht [11] [17]. Jedoch ist dabei zu beachten, daß sich das Fließverhalten konzentrierter Suspensionen in diesen Meßgeräten als Überlagerung von Gleitverhalten an den begrenzenden Wänden und des inneren Scherfließens ergeben kann, weil die bei reinen Flüssigkeiten erfüllte Randbedingung der Wandhaftung dann nicht mehr zutrifft [14] [17]. Ein Abgleiten einer Suspension an der Wand ist immer dann zu erwarten, wenn die Festigkeit der Suspensionsstruktur durch starke adhäsive Wechselwirkungen zwischen den Feststoffteilchen bestimmt ist, d.h. bei höherer Konzentration und Feinheit des Feststoffs sowie bei Fehlen stärkerer gleichsinniger Teilchenaufladung. Da man bei Schwertrüben im Interesse einer trennscharfen Sortierung günstige rheologische Eigenschaften anstreben sollte, dürfte das Wandgleiten bei der Untersuchung der rheologischen Eigenschaften im allgemeinen auszuschließen sein. Bei Feststoffgehalten > 30 Vol.-% und stärkerer Verunreinigung der Arbeitstrüben durch Feinstschlämme könnte dies jedoch nicht erfüllt sein. Für diese Fälle stehen Meßapparaturen zur Verfügung, mit denen sich die Gleit- und Fließfunktion getrennt erfassen lassen (Doppelkapillare, Transparentrohr-Rheometer, Vierfachkapillar-Rheometer) [14].

Für Schwertrüben, die gewöhnlich Feststoffvolumenanteile > 20% enthalten, sind vorwiegend Fließkurven ermittelt worden, die den im Bild 6 dargestellten typischen Verlauf aufweisen. Dieser ist bei höheren Schergeschwindigkeiten linear, d.h., er entspricht dort einem plasti-

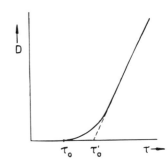

Bild 6 Typischer Verlauf von vielfach an Schwertrüben ermittelten Fließkurven

schen Medium, während der Anfangsteil der Kurven auf strukturviskoses Verhalten hindeutet. Wie schon kurz erörtert, spiegelt sich in diesem Fließverhalten eine Strukturbildung aufgrund der Wechselwirkungskräfte zwischen den Teilchen wider, deren Komponenten *Van-der-Waals*-, elektrostatische und sterische Kräfte sind [20] bis [26] (siehe auch Band III „Agglomeration in Trüben (Flockung)").

Von *Berghöfer* wurden umfangreiche Untersuchungen über das Fließverhalten von Schwertrüben mit dem Rotationsviskosimeter durchgeführt [18]. Die Bilder 7 und 8 geben einige charakteristische Ergebnisse wieder. Im Bild 7a sind die Fließkurven von Trüben mit Magnetit <200 µm und dem Feststoffvolumenanteil als Parameter dargestellt. Bei geringen Feststoffvolumenanteilen kann man noch von *Newton*schem Verhalten sprechen, bei höheren liegt nicht-*Newton*sches vor. Beim Vergleich der Kurven ist auch deutlich zu erkennen, daß die rheologischen Parameter (gemäß Gln. (3) oder (5)) mit dem Feststoffvolumenanteil – vor allem oberhalb 30 Vol.-% – stark zunehmen. Ähnliche Tendenzen treten bei FeSi-Trüben auf (Bild 8). Bemerkenswert ist hier auch der Vergleich von frisch angesetzten Trüben (Bild 8a) und gealterten (Bild 8b). Die Fließgrenze τ_0 und somit auch die scheinbare Viskosität von gealterten Trüben liegen wesentlich höher als die frisch angesetzter. Das hängt damit zusammen, daß frisches Ferrosilizium hydrophob ist und mit zunehmender Alterung durch oberflächliche Umsetzungen eine Hydrophilierung und somit die Bildung von Hydrathüllen eintritt.

Von großem Einfluß auf das Fließverhalten von Trüben – insbesondere bei höheren Feststoffvolumenanteilen – ist die **Korngrößenverteilung** des Feststoffs [18] [21] [27] [31]. Mit der Feinheit werden die rheologischen Eigenschaften ungünstiger. Dies verdeutlicht z. B. der Vergleich zweier Magnetit-Trüben (100% < 200 µm und 100% < 10 µm) im Bild 7. Vom Stand-

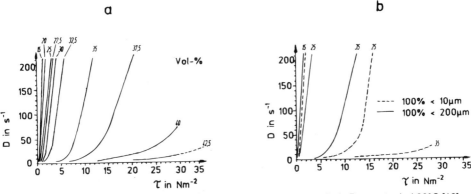

Bild 7 Fließkurven von Magnetit-Trüben mit dem Feststoffvolumenanteil als Parameter bei 20°C [18]:
a) Magnetit < 200 µm
b) Vergleich von Magnetit < 200 µm mit solchem < 10 µm

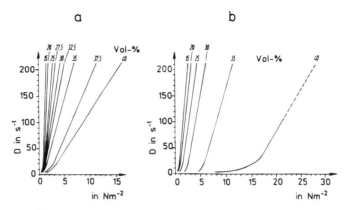

Bild 8 Fließkurven von Ferrosilizium-Trüben mit dem Feststoffvolumenanteil als Parameter bei 20°C [18]:
a) frisch angesetzte Trübe
b) gealterte Trübe

punkt des Fließverhaltens sind folglich bei der Schwimm-Sink-Sortierung möglichst gröbere, feinstkornarme Trüben anzustreben. Dem steht jedoch die mit der Vergröberung und Abnahme des Feinstkornanteils wachsende Instabilität der Trüben entgegen, so daß ein Kompromiß hinsichtlich der Korngrößenzusammensetzung eingegangen werden muß. Für diesen spielen auch die Trübebewegungen im Scheider eine wichtige Rolle, weil Trübeströmungen die Stabilität fördern können.

Wegen der starken Zunahme der Fließgrenze sowie der scheinbaren Viskosität oberhalb 30 bis 35 Vol.-% Feststoff und der sich daraus für die Trennung ergebenden Schwierigkeiten werden Trüben mit Feststoffanteilen oberhalb dieser Grenze sehr selten angewendet.

Mit verdüstem Ferrosilizium, das sich einerseits durch rundliche, glatte Kornformen und andererseits – bedingt durch den Herstellungsprozeß – durch Feinstkornarmut auszeichnet, ergeben sich besonders günstige Fließeigenschaften. Deshalb lassen sich mit ihm auch höhere Trenndichten im Vergleich zu gemahlenem FeSi einstellen.

Verunreinigungen der Schwertrüben sind im Betrieb unvermeidlich. Sie entstehen durch Abrieb und durch am Aufgabegut haftendes Feinstkorn. Nach den vorliegenden Untersuchungsergebnissen wirken sich nicht-quellende Bestandteile im Rahmen der Veränderung des Feststoffvolumenanteils aus [18]. Da diese Anteile jedoch im allgemeinen sehr fein sein dürften, können sie die Fließeigenschaften der Trüben wesentlich beeinträchtigen, so daß die Prozeßführung bei der Trüberegeneration darauf zu orientieren ist, sie möglichst schnell wieder abzutrennen. Dies gilt noch schärfer, wenn die Verunreinigungen quellfähig sind. Schon relativ geringe Gehalte hochquellfähiger Tone verändern das Fließverhalten von Schwertrüben entscheidend, indem sich insbesondere die Fließgrenze τ_0 erhöht und bei höheren Anteilen Thixotropie auftreten kann [18].

Mit Hilfe von **Reagenszusätzen**, die die Ausbildung der Hydrathüllen der Teilchen (Hydrophobierung bzw. Hydrophilierung) oder deren Dispergierungs- bzw. Flockungszustand verändern, kann das Fließverhalten einer Trübe beeinflußt werden [21] bis [24] [26]. Ein Abbau der Hydrathüllen sowie dispergierende Zusätze verbessern die rheologischen Eigenschaften und umgekehrt.

Zusammenfassend läßt sich folgendes sagen: Das nicht-*Newton*sche Fließverhalten einer Schwertrübe ist um so ungünstiger für Schwimm-Sink-Trennungen, je höher der Volumenanteil, je stärker die Hydratation und je ausgeprägter der Flockungszustand des Feststoffs ist. Bei den für Schwertrüben im allgemeinen charakteristischen Körnungszusammensetzungen verschlechtern sich bei Überschreiten von etwa 30 bis 35 Vol.-% Feststoff die rheologischen Parameter derart, daß dieser Bereich für industrielle Prozesse vermieden werden sollte. Gute Trennungen sind im allgemeinen nur möglich, wenn $\tau_0 \leq 3 \text{ N/m}^2$ ist [28].

1.1.1.2 Stabilitätsverhalten

Eine Schwertrübe sollte bei einem Schwimm-Sink-Prozeß möglichst als homogene Suspension vorliegen; nur dann sind die Trübedichte und die rheologischen Parameter keine Funktionen des Ortes im Trübebad. Da in einer solchen Trübe die Schwerstoffkörner der Wirkung eines äußeren Kraftfeldes ausgesetzt sind (Schwerkraftfeld, Zentrifugalkraftfeld), so tritt eine gewisse Entmischung ein, falls dieser nicht durch geeignete Maßnahmen entgegengewirkt wird. In diesem Zusammenhang sind der zeitliche Ablauf der Entmischung bzw. das sich einstellende Entmischungs-Mischungs-Gleichgewicht von Bedeutung. Man spricht von Trüben höherer oder geringerer Stabilität, je nachdem, wie schnell das Entmischen verläuft, ohne dem Begriff „Stabilität" ein eindeutiges physikalisches Maß zuordnen zu können. Für Vergleiche eröffnen sich jedoch mehrere Möglichkeiten.

Aus den im Band I beschriebenen Grundlagen der Körnerbewegung in einem Fluid lassen sich die wesentlichen Einflußgrößen für die Stabilität einer Schwertrübe ableiten:

a) die Schwerstoffdichte, da die Sinkgeschwindigkeit der Dichtedifferenz zwischen Schwerstoff und Fluid proportional ist,
b) die Korngröße bzw. deren Verteilung des Schwerstoffs, weil die Sinkgeschwindigkeit von der Korngröße abhängt,
c) der Feststoffvolumenanteil, weil mit seiner Zunahme die Schwarmbehinderung wächst.

Darüber hinaus sind der Dispergierungs- bzw. Flockungszustand [24] sowie Trübeverunreinigungen von Einfluß.

In betrieblichen Schwimm-Sink-Scheidern sind mehr oder weniger ausgeprägte Trübeströmungen vorhanden, die der Entmischung entgegenwirken können. So wird z. B. in einigen Scheidern gezielt von einem Aufstrom Gebrauch gemacht. Im allgemeinen herrschen in Schwerkraftscheidern aber Horizontalströmungen (0,2 bis 0,4 m/s) vor, die für den Durchsatz wesentlich sind, weil das Schwimmgut gewöhnlich durch Überspülen ausgetragen wird. Die letztgenannten Strömungen begünstigen infolge unvermeidlicher Wirbelbildungen ebenfalls die Stabilität. In einigen Scheidern versucht man, ein unzulässig hohes Eindicken der Trübe am Scheiderboden dadurch zu verhindern, daß dort laufend Trübe abgezogen und somit ein Abstrom erzeugt wird. Bei all diesen Maßnahmen muß man berücksichtigen, inwieweit die Trennschärfe durch die jeweiligen Strömungsverhältnisse beeinträchtigt wird.

Vom Standpunkt der Stabilität allein betrachtet, wären ein hoher Feststoffvolumenanteil und eine große Feinheit des Schwerstoffes anzustreben. Man muß allerdings daran erinnern, daß man die rheologischen Parameter τ_0 und τ_B der Trübe wesentlich erhöht werden (siehe 1.1.1.1). Deshalb ist zwischen den Forderungen nach minimaler Fließgrenze und Plastizität auf der einen Seite und nach hoher Stabilität auf der anderen ein von den jeweiligen Strömungsverhältnissen im Scheider mit beflußter Kompromiß zu schließen.

Der Vollständigkeit halber ist schließlich darauf zu verweisen, daß bei wenigen Schwimm-Sink-Prozessen die Entmischung der Trübe im Scheider bewußt für eine Mehrprodukten-Trennung ausgenutzt wird.

Teilweise ist auch vorgeschlagen worden, das Stabilitätsverhalten durch polymere Flockungsmittel zu verbessern [24] [29], was an sich zu einer Beeinträchtigung des Fließverhaltens führt. Jedoch läßt sich dem durch eine gewisse Vergrößerung des Schwerstoffs entgegentreten.

Nunmehr erhebt sich die Frage, mit Hilfe welcher Untersuchungsmethoden die Stabilität von Schwertrüben beurteilt werden kann. Zunächst käme in Betracht, die Sinkgeschwindigkeit der jeweils gröbsten Körner in der entsprechenden Trübe als Vergleichsmaß heranzuziehen. Diese ist der Berechnung nur mit erheblichen Fehlern und der experimentellen Messung schwer zugänglich. Man kann sich jedoch auf andere Weise behelfen. Beispielsweise kann man die zu untersuchende Trübe in einem geeigneten Meßzylinder mit verschiedenen Geschwindigkeiten aufströmen lassen und die Trübedichte am Überlauf sowie auf einem darunter

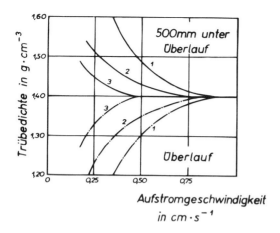

Bild 9 Zur Bestimmung der minimalen Aufstromgeschwindigkeit, bei der eine vollständige Stabilität von Magnetit-Trüben unterschiedlicher Korngrößenzusammensetzung erreicht wird (nach *Margolin* [30]): 1: 60 ... 160 µm; 2: 50% < 60 µm; 3: < 60 µm

befindlichem Niveau (etwa 400 bis 500 mm unterhalb der Überlaufkante) mit geeigneten Methoden messen [30]. Die Differenz der festgestellten Dichtewerte wird mit zunehmendem Aufstrom kleiner und schließlich sogar verschwinden. Die minimale, zur Vermeidung einer Dichtedifferenz erforderliche Aufstromgeschwindigkeit charakterisiert die Stabilität. In Bild 9 sind die Ergebnisse derartiger Untersuchungen für Magnetit-Trüben unterschiedlicher Körnungszusammensetzung dargestellt [30].

Bei einer anderen Methode benutzt man einen etwa 300 mm hohen Meßzylinder (Durchmesser etwa 40 mm). Die Trübe wird eingefüllt, kräftig durchgeschüttelt und die Anfangstrübedichte ρ'_a bestimmt. Nachdem der Meßzylinder eine Minute ruhig gestanden hat, zieht man über einen seitlichen Hahn, der etwa in zwei Drittel der Höhe angebracht ist, die überstehende Trübe ab und bestimmt deren Trübedichte ρ'_e. Danach kann ein Stabilitätsindex ($St = (\rho'_a - \rho'_e)/(\rho'_a - \rho)$) berechnet werden, der um so kleiner wird, je höher die Stabilität ist.

Die kurz erläuterten Methoden können lediglich Vergleichswerte liefern. Außerdem ist zu beachten, daß die Ergebnisse nur unter gewissem Vorbehalt für betriebliche Verhältnisse auswertbar sind, da die Messungen unter speziellen Strömungsbedingungen vorgenommen worden sind.

1.1.1.3 Trübedichte

Die für die Schwimm-Sink-Sortierung charakteristische Eigenschaft einer Schwertrübe ist die Trübedichte ρ', für die gilt:

$$\rho' = \frac{m_s + m_l}{V_s + V_l} \tag{6}$$

wobei m_s bzw. m_l die im Trübevolumen $V_S = V_s + V_l$ enthaltene Feststoff- bzw. Flüssigkeitsmasse darstellen. Weiterhin sind wie folgt definiert:

a) der Feststoffvolumenanteil φ_s in einer Trübe:

$$\varphi_s = \frac{V_s}{V_s + V_l} \tag{7}$$

b) der Feststoffgehalt c_s in einer Trübe:

$$c_s = \frac{m_s}{V_s + V_l} \tag{8}$$

Es ergeben sich folgende Umrechnungsformeln:

$$\rho' = \rho + \varphi_s (\gamma - \rho) \tag{9a}$$

$$\rho' = \rho + c_s \left[\frac{\gamma - \rho}{\gamma} \right] \tag{9b}$$

$$\varphi_s = \frac{\rho' - \rho}{\gamma - \rho} \tag{10a}$$

$$\varphi_s = c_s / \gamma \tag{10b}$$

$$c_s = (\rho' - \rho) \frac{\gamma}{\gamma - \rho} \tag{11}$$

1.1.2 Körnerbewegung in Schwertrüben

Für die Trennung durch Schwimm-Sink-Sortierung ist die Kenntnis der Körnerbewegung im jeweiligen Trennmedium von Bedeutung. Betrachtet man z. B. den im Bild 2 dargestellten Prozeß, so sollen sich die Schwergutkörner der zum Leichtgutüberlauf gerichteten Trübeströmung entziehen, um in den Sinkgutaustrag gelangen zu können. Das wird um so leichter möglich sein, je größer die Sinkgeschwindigkeit der Körner ist, und damit je spezifisch schwerer im Vergleich zum Trennmedium sowie je größer sie sind. Schwierigkeiten werden demgegenüber für kleine Körner und solche entstehen, deren Dichte sich von der Mediumdichte nur wenig unterscheidet. Ihr Verhalten wird die tatsächliche Trenndichte, die bei industriellen Prozessen durchaus nicht völlig mit der Mediumdichte übereinstimmen wird, und vor allem die Trennschärfe mitbestimmen. Aufwärts- oder abwärtsgerichtete Strömungen im Prozeßraum beeinflussen zusätzlich die Trennergebnisse. Eine meist nicht völlig vermeidbare Entmischung der Trübe bewirkt in Richtung des Kraftfeldes eine Zunahme der Trübedichte und damit auch eine Veränderung des Fließverhaltens und fördert somit die Schwebegutbildung.

Da als Trennmedien vorwiegend Schwertrüben benutzt werden, die zudem meist nicht-*Newton*sches Verhalten zeigen, so interessieren die Gesetzmäßigkeiten der Körnerbewegung in derartigen Suspensionen. Obwohl dazu schon eine Reihe von Untersuchungen durchgeführt worden sind (siehe z. B. [21] [26] [32] bis [40]), kann der gegenwärtige Stand noch nicht voll befriedigen.

Für den Fall, daß die Größe eines Korns des zu trennenden Gutes viel größer als die Teilchengröße des Schwerstoffs ist, kann man für die Berechnung seiner stationären Sinkgeschwindigkeit $v_{m,S}$ in der Suspension vereinfachend so vorgehen, daß man letztere als Kontinuum mit der Dichte ρ' einführt. Daraus folgt (siehe Band I „Bewegung von Einzelkörnern in einer stationären Strömung"):

$$v_{m,S} = \sqrt{\frac{4}{3} \frac{g \, d \, (\gamma - \rho')}{c_{W,S} \, \rho'}}, \tag{12}$$

wobei $c_{W,S} = f(Re, \varphi_s, D(d_S))$ ist ($D(d_S)$ – Korngrößenverteilung des Schwerstoffs). Jedoch dürfte $c_{W,S}$ im allgemeinen nicht bekannt sein, weil dazu bisher nur wenige Untersuchungsergebnisse vorliegen (siehe z. B. [32] bis [35] [38] bis [40]. Für die Anwendung kommt dann noch weiter erschwerend hinzu, daß sich bei der industriellen Schwimm-Sink-Sortierung Körnerschwärme des zu trennenden Gutes in der Schwertrübe bewegen, also eine Schwarmbehinderung auftreten wird (Beachte hierzu Band I „Bewegung von Körnerschwärmen").

Geht man davon aus, daß sich ein Korn des zu trennenden Gutes relativ zur Schwertrübe erst dann bewegen kann, wenn die um den statischen Auftrieb F_A reduzierte Feldkraft F_F den durch die Fließgrenze τ_0 verursachten Widerstand $F_{W,S}$ überwinden kann, so gilt:

$$|F_F - F_A| > F_{W,S} \tag{13a}$$

bzw. im Schwerkraftfeld:

$$|V_P [\gamma - \rho') g| > k\, \tau_0\, A_P \qquad (13\,\text{b})$$

V_P Kornvolumen
A_P Kornoberfläche
k Proportionalitätsfaktor, der von der Kornform und Orientierung des Korns abhängt

Folglich ist die Voraussetzung für die Relativbewegung eines Korns gegebenen Volumens, daß die Dichtedifferenz $|\gamma - \rho'|$ genügend groß ist, d.h.:

$$|\gamma - \rho'| > \frac{k\, \tau_0\, A_P}{V_P\, g} = \frac{k'\, \tau_0}{d\, g} \qquad (14)$$

Aus Gl. (14) ist sehr deutlich zu erkennen, welch große Rolle die Fließgrenze τ_0 für den Trennvorgang spielt. Der Proportionalitätsfaktor k ist von *Whitmore* für verschiedene Körperformen und Orientierungen bestimmt worden [37]. Diese Werte enthält Tabelle 1. Außerdem ist in der Tabelle die Mindestdichtedifferenz angegeben, die für die Bewegung eines Korns von 1 cm³ bei $\tau_0 = 2\,\text{N/m}^2$ erforderlich ist.

Tabelle 1 k-Werte für verschiedene Körperformen nach *Whitmore* [37]

Kornform und Orientierung	Kugel	Würfel	Plättchen* parallel der Bewegungsrichtung	Plättchen* quer zur Bewegungsrichtung
k	0,95	1,3	0,5	3,0
Erforderliche Dichtedifferenz $(\gamma - \rho')$ in kg m⁻³, um einen Körper von 1 cm³ in einer Schwertrübe mit $\tau_0 = 2\,\text{N m}^{-2}$ zu bewegen	95	160	220	1100

* Plättchenform: $\dfrac{\text{Seitenlänge}}{\text{Dicke}} = \dfrac{27}{1}$

Bei der Anwendung von Gl. (14) für industrielle Trennungen ist aber noch folgendes zu beachten. Wegen der Problematik, τ_0 aus der Fließkurve korrekt abzulesen, sollte man für eine mehr oder weniger ruhende Schwertrübe τ_0' (siehe Bild 6) verwenden, d.h. die Fließgrenze des entsprechenden hypothetischen plastischen Mediums. Dann liegt man in jedem Fall auf der sicheren Seite.

Bei der Übertragung dieser Ergebnisse auf technische Trennungen ist ferner auch der Einfluß der Trübeströmung bzw. -agitation im Prozeßraum zu berücksichtigen, der sich einerseits in zusätzlichen Strömungskräften sowie andererseits in einer Reduzierung der Strukturbildung der Trübe und somit auch von τ_0 äußern wird [20] [26].

1.1.3 Schwerstoffe und ihre Eigenschaften

Wichtige Schwerstoffe sind in Tabelle 2 zusammengestellt. Neben der Schwerstoffdichte interessieren vor allem die im folgenden zu erörternden Eigenschaften.

Zunächst sind die **Härte** bzw. das **Abriebsverhalten** zu nennen. Zu hoher Abrieb beeinträchtigt das Fließverhalten und erhöht die Schwerstoffverluste. Andererseits ist bei gemahlenen Schwerstoffen eine gewisse Kantenabrundung vom Standpunkt der Fließeigenschaften durchaus erwünscht. Unter diesen Gesichtspunkten sind mittlere Härteeigenschaften vorzuziehen, falls die Schwerstoffe auf ihre Endfeinheit gemahlen werden. Bei den sich immer mehr einführenden verdüsten Schwerstoffen (siehe auch Tabelle 2) ist demgegenüber eine hohe Härte ohne Einschränkungen günstig.

Tabelle 2 Wichtige Schwerstoffe

Schwerstoff	Dichte in kg/m³	etwa maximal erzielbare Trübedichte in kg/m³
Baryt (BaSO$_4$)	4300 bis 4700	2000
Ferrochrom (etwa 15% Cr), verdüst	etwa 7500	4200
Ferrosilizium (etwa 15% Si)	etwa 6900	
a) gemahlen		3200
b) verdüst		3800
Galenit (PbS)	7400 bis 7600	3300
Magnetit (Fe$_3$O$_4$)	4900 bis 5200	2400
Pyrit (FeS$_2$)	4900 bis 5200	2400
Quarzsand	etwa 2600	1400

Schwerstoffe sollen auch ausreichend **korrosionsbeständig** sein. Diese Forderung erfüllen die verwendeten oxidischen Minerale. Der Korrosionsneigung des Ferrosiliziums kann durch Erhöhung des *p*H auf etwa 9 und auch andere geeignete Reagenszusätze (z. B. Na$_3$PO$_4$) entgegengewirkt werden [19] [21]. Verdüstes Ferrosilizium weist eine höhere Korrosionsbeständigkeit als gemahlenes auf [41].

Da Schwerstoffe relativ teuer sind, müssen sie mit geringen Verlusten zurückgewonnen und außerdem **regeneriert** werden. Das letztere bedeutet die Abscheidung von Verunreinigungen, die die Trübe aufgenommen hat. Für die Regeneration werden Sortier- oder auch Klassierprozesse eingesetzt. Starkmagnetische Schwerstoffe (Ferrosilizium, Magnetit) werden hauptsächlich durch Magnetscheidung regeneriert. Stromklassierprozesse und Flotation spielen für andere Schwerstoffe eine Rolle.

Ferrosilizium ist der wichtigste Schwerstoff für die Sortierung von Erzen. Es stellt eine Legierung von Eisen und Silizium mit geringem Kohlenstoffgehalt dar. Vom Standpunkt der magnetischen Eigenschaften und des Korrosionsverhaltens kämen Legierungen mit etwa 10 bis 25% Si in Betracht. FeSi mit mehr als 25% Si ist nicht mehr magnetisch regenerierbar (zu geringe Sättigungsmagnetisierung [42]). FeSi mit weniger als 10% Si korrodiert leicht. Vorzugsweise verwendet man FeSi mit 15% Si. Vom Standpunkt der Kantenabrundung gemahlenen Ferrosiliziums ist diese Legierung allerdings schon etwas hart. Mit gemahlenem FeSi lassen sich unter betrieblichen Verhältnissen maximale Trübedichten von etwa 3200 kg/m³ erreichen. Sehr vorteilhafte Eigenschaften weist verdüstes FeSi auf, so daß sein Einsatz in vielen Fällen trotz höheren Preisen gerechtfertigt ist. Die Körner besitzen rundliche Gestalt, wodurch für Trennungen nutzbare Trübedichten bis etwa 3800 kg/m³ erzielbar sind. Die rundliche Gestalt wirkt sich auch günstig auf Verluste, Abriebs- und Korrosionsverhalten aus. Verdüstes FeSi wird von den Herstellern in verschiedenen Feinheiten erzeugt [23] [25] [26] [42]. Über die Korngrößenverteilungen des FeSi einiger Betriebstrüben informiert Bild 10.

Es ist auch verdüstes **Ferrochrom** mit 15% Cr entwickelt worden, das sich für Trübedichten bis maximal 4200 kg/m³ einsetzen läßt [41].

Magnetit (Fe$_3$O$_4$) ist der wichtigste Schwerstoff in der Steinkohlenaufbereitung und für andere Sortierprozesse mit Trenndichten bis zu 2400 kg/m³. Er ist korrosionsbeständig und ebenfalls magnetisch regenerierbar. In einigen Anwendungsfällen – vor allem in der Erzaufbereitung – sind zur Senkung der Schwerstoffkosten auch Mischungen von FeSi und Magnetit angewendet worden.

Im Vergleich zu FeSi und Magnetit sind andere Schwerstoffe in der Aufbereitungstechnik heute nahezu bedeutungslos. Zur Anwendung von Galenit ist es früher in einigen Blei-Zink-Erz-Aufbereitungsanlagen gekommen, wo Galenit-Konzentrate zur Verfügung standen [25]. Im Rahmen des Recycling von Akkuschrott ist in neuerer Zeit neben Magnetit auch Bleischlamm eingesetzt worden [46] [47].

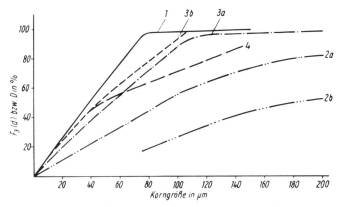

Bild 10 Korngrößenverteilung von FeSi und Magnetit in einigen Betriebstrüben:

	Anlage	Rohstoff	Schwerstoff	Scheider	Lit.
1	C.D.M., Nr. 4	Diamant-Erz	Fe-Si, gemahlen	Schwertrübezyklon	[43]
2	Steirischer Erzberg	Siderit-Erz	FeSi, gemahlen a) bis 1963 b) ab 1963	Trommelscheider	[44]
3	Lengenfeld/Vogtl.	Fluorit-Erz	a) FeSi, gemahlen b) FeSi, verdüst	Konusscheider	
4			Anthrazit-Kohle	Magnetit	[45]

1.1.4 Technologie einer Schwertrübe-Anlage

Es lassen sich zwei technologische Ziele einer Schwimm-Sink-Sortierung unterscheiden:

a) die Erzeugung eines Vorkonzentrates bzw. das Abscheiden gröberer Abgänge und
b) die Anreicherung zum Fertigkonzentrat.

Die zuerst genannte Verfahrensweise wird z. B. bei der Aufbereitung einiger Buntmetallerze angewendet, wenn es aufgrund der Verwachsungsverhältnisse gelingt, schon aus gröberen Körnungen Abgänge abzustoßen. Die nachfolgenden Mahl- und Anreicherprozesse werden dadurch mengenmäßig entlastet. Die Abgänge der Schwimm-Sink-Sortierung müssen weitgehend wertstofffrei sein, während die Vorkonzentrate durchaus noch viele Verwachsungen der Wertstoffminerale untereinander (z. B. sulfidische Minerale) sowie der Wertstoffminerale mit den Gangartmineralen aufweisen können. Die Einführung der Schwimm-Sink-Sortierung zur Voranreicherung hatte in vielen Anlagen beachtliche technologische und ökonomische Vorteile zur Folge.

Die zweite Verfahrensweise setzt entsprechend günstige Verwachsungs- bzw. Verbindungsverhältnisse[1] voraus, da Schwertrübe-Trennungen im allgemeinen nur für Körnungen > 0,5 bis 1 mm möglich sind. Sie findet beispielsweise in der Steinkohlenaufbereitung Anwendung. Auch in anderen Bereichen der Aufbereitung mineralischer Rohstoffe gelingt es manchmal, durch Schwimm-Sink-Trennungen Fertigkonzentrate zu erzeugen. Im Rahmen der Schrott-

---

[1] Im Falle des Recycling von Schrotten, Kunststoffen usw. kann man nicht mehr von Verwachsungen bzw. Verwachsungsverhältnissen sprechen. Deshalb sind dafür die äquivalenten Begriffe Verbindungen bzw. Verbindungsverhältnisse vorgeschlagen worden [48]. Wenn aber im Text nicht immer beide äquivalenten Begriffe nebeneinander benutzt werden, so dient dies lediglich der Vereinfachung.

Aufbereitung sind verschiedene Anwendungen bekannt geworden (z. B. Akkuschrott-Sortierung [46] [47], Sortierung der NE-metallhaltigen Zwischenprodukte der Stahlleichtschrott-Aufbereitung (z. B. Autoschrotte [53] [54])). Beim Recycling von Kunststoffen kann man für die Trennung von Polyethylen ($\gamma < 1000\,\text{kg/m}^3$) und PVC ($\gamma > 1000\,\text{kg/m}^3$) auf Wasser als Trennmedium zurückgreifen [49] bis [51].

Das **technologische Fließbild** einer Schwertrübe-Anlage läßt sich im allgemeinen in vier Prozesse bzw. Verfahrensstufen aufgliedern, die hintereinander geschaltet sind:

a) Vorbereitung des Aufgabegutes,
b) die Trennung in der Schwertrübe,
c) die Trüberückgewinnung,
d) die Trüberegeneration.

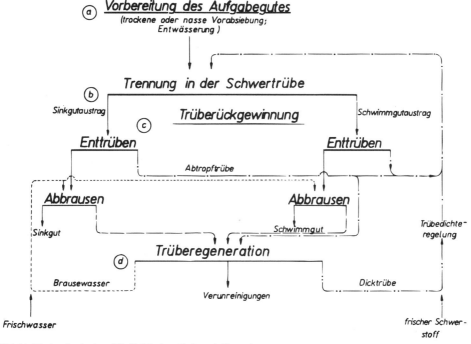

Bild 11 Technologisches Fließbild einer Schwertrübeanlage

Diese sind im Bild 11 in einer vielfach anzutreffenden Kombination dargestellt. Das Trenngefäß (Scheider) nimmt im Vergleich zu den Zusatzausrüstungen nur einen geringen Raum ein. Auch hinsichtlich der Anlage- und Betriebskosten übertreffen die Zusatzausrüstungen das Trenngefäß.

Die **Vorbereitung des Aufgabegutes** schließt das Herstellen von Korngrößenbereichen ein, die für die Trennung geeignet sind. Dies hängt, wie bereits erwähnt, mit von den Verwachsungs- bzw. Verbindungsverhältnissen und vom technologischen Ziel (Voranreicherung oder Erzeugung von Fertigkonzentraten) ab. Durch Schwimm-Sink-Sortierung läßt sich nahezu der gesamte in Betracht kommende Korngrößen- bzw. Teilstückbereich verarbeiten. Die oberen Korngrößen betragen in der Steinkohlenaufbereitung etwa 400 mm (in Sonderfällen bis zu 1000 mm) und in der Erzaufbereitung etwa 200 mm. Im Rahmen des Recycling sind die zu verarbeitenden Stückgrößen nicht größer als der zuletzt genannte Betrag. Die untere verarbeitbare Korngröße liegt bei 0,3 bis 1 mm. Derartig feines Gut läßt sich im allgemeinen nur in Zentrifugalkraftscheidern trennen. Diese untere Grenze hat zwei Ursachen. Einerseits ist die Sinkgeschwindigkeit feiner Körner gering, wodurch die Trennschärfe mehr oder weniger stark beeinträchtigt wird. Andererseits bereitet mit Zunahme der Feinheit und damit der spezifischen Oberfläche des Gutes die Rückgewinnung des Schwerstoffes wachsende Schwierigkeiten (Haftverluste!). Man bedenke weiterhin, daß zur Rückgewinnung des Schwerstoffes gewöhnlich Klassierprozesse eingesetzt werden, wodurch ein Überlappen der Korngrößenbereiche von Schwerstoff und zu verarbeitendem Gut weitgehend ausgeschlossen wird.

Im allgemeinen ist es nicht zweckmäßig, den auf einem Scheider zu verarbeitenden Korngrößenbereich zu breit zu wählen, da mit der Korngröße der Verwachsungsgrad zunimmt. Infolgedessen müssen gröbere Körnungen häufig bei anderen Dichten als feinere getrennt werden. Weiterhin bereitet die Sortierung von gröberem Gut auch bei weniger günstigen rheologischen Eigenschaften der Trübe oder intensiveren Trübeströmungen keine wesentlichen Schwierigkeiten. Die Trennung feinerer Kornklassen wird demgegenüber merklich von den Trübeeigenschaften und den Arbeitsbedingungen des Scheiders beeinflußt.

Die Vorbereitung des Aufgabegutes schließt zumindest für feineres Gut ein intensives Bebrausen ein, um Haftfeinstkorn weitestgehend zu entfernen. Dies würde nämlich die Dichte und die Fließeigenschaften der Trübe beeinträchtigen. Nach dem Bebrausen muß schließlich das aufgenommene Wasser wieder abtropfen können, um ein unzulässiges Verdünnen der Arbeitstrübe zu vermeiden. Vielfach löst man Abbrausen und Abtropfen auf einem Sieb ausreichender Länge, indem man die Brausen nur in der Nähe der Siebaufgabe anordnet.

Das vorbereitete Gut wird im Schwimm-Sink-Scheider getrennt. Bei den meisten Bauarten wird das Schwimmgut durch Überspülen ausgetragen. Wenn das Sinkgut nicht schon im Scheiderraum enttrübt wird, gelangen beachtliche Trübeanteile in den Sinkgutaustrag. In beiden Fällen ist deshalb ein **Enttrüben** auf Abtropfsieben notwendig. Dafür werden neben Schwingsiebmaschinen auch feste Strömungssiebe (z. B. Bogensiebe) benutzt. Die abtropfende Trübe fließt gewöhnlich unmittelbar in den Arbeitstrübekreislauf zurück. In Einzelfällen zweigt man auch einen Teilstrom ab und führt ihn mit zur Trüberegeneration.

Nach dem Abtropfen der Trübe haftet noch Schwerstoff auf den Oberflächen der Trennprodukte, der durch intensives **Bebrausen** auf einem Sieb (Abbrausesieb) weitestgehend zu entfernen ist. Dabei fällt eine Dünntrübe an, die nicht unmittelbar in den Trübekreislauf zurückgeführt werden kann. Sie wird nicht nur eingedickt, sondern so gut wie möglich von ihren Verunreinigungen befreit (**Dünntrübe-Regeneration**). Um gute Trübeeigenschaften (Dichte, Fließverhalten) aufrechtzuerhalten, genügt es im allgemeinen, lediglich diese Dünntrübe zu regenerieren. Die Trüberegeneration wird in einem besonderen Abschnitt behandelt.

Trotz intensiven Bebrausens sind **Haftverluste** an Schwerstoff unvermeidlich. Ihr Umfang hängt vor allem von dem verarbeiteten Korngrößenbereich (spezifische Oberfläche!), den Oberflächeneigenschaften und der Oberflächenrauhigkeit des Gutes sowie der Korngrößenverteilung und Kornform des Schwerstoffs ab. Bei Grobkorntrennungen werden die Haftverluste bei sorgfältiger Arbeitsweise einige hundert Gramm je Tonne Durchsatz nicht übersteigen; bei Feinkornsortierungen können sie 1000 g/t und mehr betragen. Die Schwerstoffverluste sind ein wesentlicher Kostenfaktor in Schwertrübeanlagen, weshalb der Trüberückgewinnung und -regeneration große Aufmerksamkeit beizumessen ist.

Die überwiegende Anzahl der Scheiderbauarten sind Zweigut-Scheider. In der Steinkohlenaufbereitung strebt man an, neben der Reinkohle und den Bergen noch ein Zwischen- oder Mittelgut zu erzeugen. In anderen industriellen Bereichen sind Dreigut-Trennungen seltener. Will man auf die weniger verbreiteten Dreigut-Scheider verzichten, so müssen zwei Trennapparate kombiniert werden. Dann erhebt sich auch die Frage, ob im ersten Scheider mit höherer Trenndichte gearbeitet oder umgekehrt verfahren werden soll. Beide Kombinationen rüstet man meist mit zwei völlig getrennten Trübekreisläufen aus. Sie sind im Bild 12 a und 12 b dargestellt. Die Kombination nach Bild 12 a läßt sich durch Stillsetzen des zweiten Scheiders ohne Schwierigkeiten in eine Zweigut-Trennung umstellen. Bei der Steinkohlenaufbereitung soll

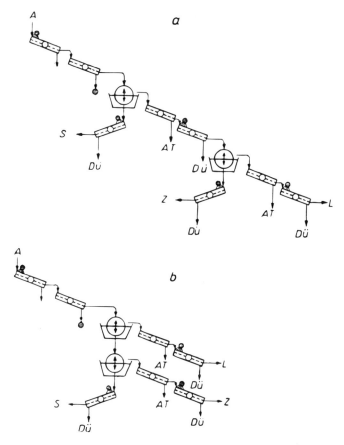

Bild 12 Kombination von zwei Schwimm-Sink-Scheidern zur Dreigut-Trennung in der Steinkohlenaufbereitung:
a) Schwergut-Abtrennung im ersten Scheider
b) Leichtgut-Abtrennung im ersten Scheider
A Aufgabe; L Leichtgut; Z Zwischengut; S Schwergut; AT Abtropftrübe; Dü Dünntrübe

auch der Verschleiß durch den zeitigen Bergeabstoß vermindert werden [52]. Die Kombination nach Bild 12 b bevorzugt man beim Einsatz von Trommelscheidern. In diesem Falle kann wegen der bereits im Scheider erfolgenden Enttrübung auf Zwischensiebe verzichtet werden, wodurch im Vergleich zum vorgenannten Beispiel ein Sieb eingespart und die gesamte Anlage raumsparender wird.

1.1.5 Schwimm-Sink-Scheider

Für die Schwimm-Sink-Sortierung in Schwertrüben ist eine größere Anzahl von Scheidern entwickelt worden. Für neuere Bauarten waren vor allem die Forderungen nach größerem spezifischen Durchsatz, besserer Trennschärfe, vermindertem Energieverbrauch und erhöhter Betriebssicherheit maßgebend.

Es ist zweckmäßig, die Scheiderbauarten zunächst in **Schwerkraftscheider** und **Zentrifugalkraftscheider** einzuteilen. Mit Ausnahme der Sortierzyklone und einiger weniger verbreiteter Bauarten von Zentrifugalkraftscheidern gehören die in der Praxis betriebenen Scheider zur erstgenannten Gruppe. Zentrifugalkraftscheider finden überwiegend für Feinkorn-Trennungen Anwendung. Weitere Gesichtspunkte für die Gliederung sind: die Gestalt des Scheidergefäßes, der verarbeitbare Korngrößen- bzw. Stückgrößenbereich (Grob- und Feinkornscheider), die Art des Austrages der Produkte und die vorherrschenden Trübeströmungen.

1.1.5.1 Schwerkraftscheider

Schwerkraftscheider lassen sich hinsichtlich der konstruktiven Gestaltung des Trenngefäßes in **Konus-, Kasten- und Trogscheider** auf der einen Seite sowie **Trommelscheider** auf der anderen gliedern. Für die erste Gruppe ist ein feststehendes Trenngefäß unterschiedlicher Gestalt kennzeichnend. Bei den Trommelscheidern vollzieht sich die Trennung in einer rotierenden Trommel, deren Stirnwände entweder am Trommelmantel befestigt sind oder feststehen. Im letzten Falle müssen diese gegen die rotierende Trommel abgedichtet sein.

Bei den meisten Scheidern trägt ein Horizontalstrom (0,1 bis 0,4 m/s) das Schwimmprodukt über das Austragwehr. Der Horizontalstrom ist dann für den Durchsatz bestimmend. Um das umlaufende Trübevolumen zu vermindern oder die Schwebegutbildung in der Nähe des Überlaufwehres zu vermeiden, verfügen viele Bauarten über Austragpaddel, Kettenräder, Fingerwalzen oder andere Vorrichtungen, die den Schwimmgut-Austrag unterstützen.

Bei einigen Bauarten soll ein geregelter Aufstrom dem Absetzen des Schwerstoffes und der sich dadurch herausbildenden Trübeentmischung entgegenwirken. Die Aufstromgeschwindigkeiten richten sich nach dem Absetzverhalten (Korngrößenzusammensetzung, Feststoffvolumen-Anteil usw.) und betragen gewöhnlich einige mm/s. Der Aufstrom verzögert jedoch auch das Absinken der Schwergutkörner, wodurch insbesondere bei Feinkorn-Trennungen die Trenndichte beeinflußt und die Trennschärfe beeinträchtigt werden kann. Manchmal benutzt man auch einen angemessenen Abstrom, um die eingedickte Schwertrübe am Behälterboden laufend abzuführen.

Trübeströmungen beeinflussen auch die Trennschärfe. Insbesondere wirken sie sich bei Feinkorn-Trennungen sowie auf das Trennverhalten jener Körner aus, deren Dichte nur geringfügig von der Trenndichte abweicht. Weiterhin verbessern Trübeströmungen die Stabilität. Infolgedessen kann man bei stärkeren Strömungen auch gröberen Schwerstoff einsetzen, was sich wiederum günstig auf das Fließverhalten, die Schwerstoffverluste und die Trüberegeneration auswirkt. Wirbelbildungen sollten aber wegen ihres nachteiligen Einflusses auf die Trennschärfe weitgehend vermieden werden. Vorspringende Teile, Kanten, Wehre, Schaufeln und andere Einbauten begünstigen die Wirbelbildung.

Der Austrag des Sinkgutes geschieht bei wenigen Scheidern durch unmittelbares Ausfließen oder Abpumpen mittels Lufthebers. Bei den meisten Bauarten sind mechanische Austragvorrichtungen vorhanden (Becherwerke, Schöpfräder, Kratzerketten, u.a.).

Konus-, Kasten- und Trogscheider

Die **Konusscheider** mit Luftheber gehören zu den ältesten Scheiderbauarten. Sie sind für Mittel- bis Feinkorn-Trennungen geeignet. Ein Konusscheider mit Innenluftheber ist im Bild 13 dargestellt. Er besteht aus dem konusförmigen Behälter (1), in dem das langsam laufende Rührwerk (2) rotiert, das auf den Konuswänden abgesetzten Schwerstoff abkratzt und die Trübestabilität fördert. Das Aufgabegut gelangt mit einem Teil der Arbeitstrübe über eine Schurre in den Scheider. Man läßt es eine gewisse Höhe herabfallen, damit es zunächst in die Trübe eintaucht. Die Aufgabestelle befindet sich in einer solchen Entfernung vom Schwimmgut-Austrag (3), daß das Schwimmgut etwa ³/₄ einer vollständigen Kreisbahn zurücklegt. Der restliche Teil der Arbeitstrübe wird dem Trübeaufgabekasten (4) zugeführt und mittels der Fallrohre (5) in unterschiedliche Ausflußtiefen geleitet. Auf diese Weise werden ein Aufstrom erzeugt und die Saugwirkung des Lufthebers ausgeglichen. Der Luftheber (6) fördert das Sink-

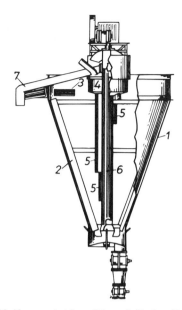 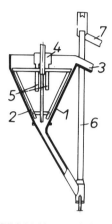

Bild 13 Konusscheider mit Innenluftheber, Bauart *Wemco*
(1) Konus; (2) Rührwerk; (3) Schwimmgut-Austrag; (4) Trübeaufgabekasten; (5) Fallrohre; (6) Luftheber; (7) Sinkgut-Austragschurre

Bild 14 Konusscheider mit Außenluftheber
(1) Konus; (2) Rührwerk; (3) Schwimmgut-Austrag; (4) Trübeaufgabekasten; (5) Fallrohre; (6) Luftheber; (7) Sinkgut-Austragschurre

gut in die Schurre (7). Die Enttrübungssiebe für das Schwergut sind gewöhnlich so angeordnet, daß die Abtropftrübe selbsttätig in den Scheider zurückfließen kann.

Konusscheider mit Außenluftheber (Bild 14) zieht man den vorgenannten meist vor. Sie sind leichter zugänglich, und ihr Luftheber beeinflußt kaum den Trennvorgang. Weiterhin sind sie bei höherem Sinkgutanfall vorteilhaft. Der Raumbedarf (vor allem auch hinsichtlich der Höhe) für Scheider mit Innenluftheber ist jedoch geringer.

Konusscheider arbeiten in einer Reihe von Erzaufbereitungsanlagen. In der Steinkohlenaufbereitung haben sie kaum Anwendung gefunden. Die größten Scheider weisen Konusdurchmesser von 6 m auf. Die maximal verarbeitbaren Korngrößen betragen etwa 100 mm und werden durch den Luftheberdurchmesser bestimmt ($d_o \leq$ 1/3 Luftheberdurchmesser). Unter günstigen Bedingungen läßt sich Korn bis zu etwa 2 mm herunter verarbeiten. Die erreichbaren spezifischen Durchsätze liegen vorzugsweise zwischen 5 und 40 $t \cdot m^{-2} \cdot h^{-1}$ (siehe auch Tabelle 3). Wegen der relativ ruhigen Trübeströmung können in Konusscheidern hohe Trennschärfen erzielt werden. Nachteilig sind die große umlaufende Trübemenge und der vor allem durch den Luftheber bedingte hohe Energieverbrauch.

Beide Bauarten neigen beim Ausfall des Lufthebers zum raschen Verstopfen des Konusunterteils. Deshalb ist ein Reservebehälter vorzusehen, in den der Konusinhalt bei Störungen abgelassen werden kann.

Im Bild 15 sind zwei **Kastenscheider** dargestellt. Der Kastenscheider, Bauart *Humboldt* (Bild 15a), besteht aus einem verhältnismäßig tiefen Trübebehälter. Die Arbeitstrübe führt man im Niveau des Trübespiegels zu. Das Schwimmgut wird durch den Horizontalstrom über das Austragwehr gespült, das Sinkgut mit Hilfe eines Lufthebers am unteren Ende des Kastens abgezogen. Dieser Scheider ist für Grobkorn-Trennungen und infolge der gleichmäßigen ruhigen Trübeströmung auch für Feinkorn-Trennungen eingesetzt worden.

Tabelle 3 Technologische Kennziffern von Konus-, Kasten- und Trogscheidern

Anlage	Scheider-bauart	Aufgabegut		Durchsatz		
		Art	Korngrößenzusammensetzung in mm	gesamt in t/h	spezifisch in	
					t/(m² · h)*	t/(m · h)**
Zyrjanovsk, Rußland [55]	Konussch.	Blei-Zink-Erz	8 ... 50		6–8	
Bad Grund, Deutschland [56]	Konussch.	Blei-Zink-Erz	3 ... 30	62	9	
Košice, ČSFR [57]	Kastensch.	Magnesit	3 ... 60	60		
Binsfeldhammer, Deutschland [58]	Kastensch. mit Hubrad	Bleiakkuschrott	5 ... 80	8		
Limhamn, Schweden [59]	Drewboy-Sch.	Kalkstein	40 ... 300	450		
Saarbergwerke AG, Deutschland [60]	Trogsch.	Steinkohle	50 ... 120	620		
Eastside, Großbritannien [26]	Tromp-Kastensch.	Steinkohle (Kokskohle)	12,5 ... 150	ca. 450		

* spez. Durchsatz je m² Badfläche ** spez. Durchsatz je m Überlaufwehr

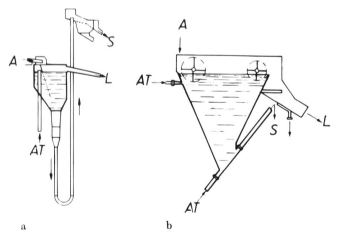

Bild 15 Kastenscheider:
a) Bauart *Humboldt*
b) Bauart *PIC*
A Aufgabe; *L* Schwimmgut-Austrag; *S* Sinkgut-Austrag; *Z* Zwischengut-Austrag; *AT* Arbeitstrübe

Tabelle 3 (Fortsetzung)

Produktenanfall in %		Schwerstoff		Trenn-dichte γ_T in kg/m³	Trenn-schärfe E_T in kg/m³	Schwer-stoff-verluste in kg/t	Trübere-generation
Sink-gut	Schwimm-gut	Art	Korngrößen-zusammen-setzung in mm				
	23–45	FeSi + Magnetit im Verhältnis 3 : 1		2660–2700		FeSi: 0,14–0,15 Magnetit: 0,07–0,09	magnetisch, Naßtrom-melscheider
40–30	60–70	FeSi, verdüst	65% < 0,063	2680–2700		0,17	magnetisch, zweistufig, Naßtrom-melsch.
50	50	FeSi, verdüst	50% < 0,060	1. St.: 3000 2. St.: 2930	25	0,214	magnetisch
54	46	Magnetit		1800–1900		1,5–8	magnetisch
73	27	Magnetit	96% < 0,125	2250		0,15	magnetisch, Naßtrom-melscheider
55	45	Magnetit	60% < 0,04	2100	40	0,150	magnetisch, dreistufig, Naßtrom-melsch.
		Magnetit		1. St.: 1400 2. St.: 1700			

Bei der im Bild 15 b dargestellten Bauart *PIC* (*Préparation Industrielle des Combustibles*) drückt eine Trommel das Aufgabegut zunächst in das Trübebad. Das Sinkgut wird durch einen Ejektor ausgetragen. Einen Teil der Arbeitstrübe führt man unterhalb des Trübespiegels zu, der andere gelangt in den Ejektor. Durch Ändern des Volumenstrom-Verhältnisses kann der Abstrom variiert werden. Dieser Scheider eignet sich für feinere Körnungen.

Der Kastenscheider mit Hubrad, Bauart *Humboldt* (Bild 16), ist aus dem normalen Kastenscheider durch Einhängen eines mit gelochten Schaufeln versehenen Hubrades hervorgegangen. Letzteres läuft auf Rollen, die sich oberhalb des Trübespiegels befinden. Diese Scheider wurden mit Raddurchmessern bis zu 5 m und Radbreiten bis zu 1,3 m gebaut. Die erreichbaren Durchsätze betragen in der Steinkohlenaufbereitung etwa $50\,\text{t} \cdot \text{m}^{-2} \cdot \text{h}^{-1}$.

Eine Bauart, die größere Verbreitung gefunden hat, ist der im Bild 17 dargestellte Kastenscheider mit schräggestelltem Schöpfrad, Bauart *PIC* (sogenannter *Drewboy*-Scheider). Letzteres ist seitlich angeordnet, läuft mit einer Umfangsgeschwindigkeit von etwa 0,2 bis 0,4 m/s und hebt das Sinkgut, bis es durch eine Öffnung in der Grundplatte des Rades herausfallen kann. Den Schwimmgut-Austrag unterstützt ein Kettenrad. Die Arbeitstrübe gelangt teils von unten, teils gemeinsam mit dem Aufgabegut in den Scheider. Der Scheider zeichnet sich durch ein relativ ruhiges Trübebad, niedrigen Verschleiß, geringen Trübeumlauf, niedrigen Energieverbrauch und hohen spezifischen Durchsatz aus. Er ist in der Lage, Stücke bis 1000 mm zu verarbeiten. Der spezifische Durchsatz beträgt in Abhängigkeit von der stofflichen und kör-

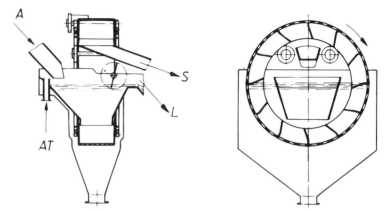

Bild 16 Kastenscheider mit Hubrad, Bauart *Humboldt*
A Aufgabe; L Schwimmgut-Austrag; S Sinkgut-Austrag; AT Arbeitstrübe

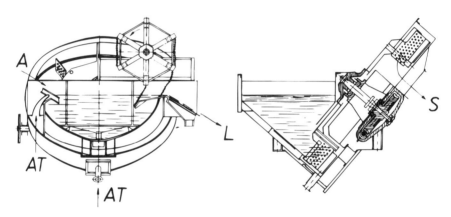

Bild 17 Kastenscheider mit schräggestelltem Schöpfrad, Bauart *PIC* (sog. *Drewboy*-Scheider)
A Aufgabe; L Schwimmgut-Austrag; S Sinkgut-Austrag; AT Arbeitstrübe

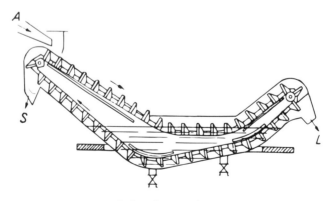

Bild 18 Flachtrogscheider der niederländischen Staatsgruben
A Aufgabe; L Schwimmgut-Austrag; S Sinkgut-Austrag

nungsmäßigen Zusammensetzung 25 bis 150 t je Meter Überlaufwehr und Stunde. Die größte Ausführung hat bei einem Schöpfraddurchmesser von 7,2 m eine Wehrbreite von 4 m.

Schon um 1940 herum wurde von den niederländischen Staatsgruben ein **Flachtrogscheider** (Bild 18) entwickelt, der in der Folgezeit für die Grob- und Stückkohlenaufbereitung eingesetzt worden und zum Vorbild für weitere Trogscheider-Entwicklungen geworden ist [26]. Er besteht aus einer flachen Wanne mit umlaufender Kratzerkette, die an beiden Umlenkrädern synchron angetrieben wird und mit einer Geschwindigkeit von etwa 0,2 bis 0,25 m/s umläuft. Das Trübebad ist nahezu strömungslos, weshalb sehr fein aufgemahlener Schwerstoff verwendet werden muß. Da die Enttrübung der Trennprodukte weitgehend in der Wanne erfolgt, muß aus letzterer eine gewisse Trübemenge zur Regeneration laufend abgezogen werden. Der Durchsatz je Meter Scheiderbreite für die Grob- und Stückkohlenaufbereitung beträgt 25 bis 100 t/h.

In der Tabelle 3 sind technologische Kennziffern für verschiedene, in der Praxis eingesetzte Konus-, Kasten- und Trogscheider zusammengestellt worden.

Trommelscheider

Trommelscheider sind weit verbreitet. Einer ihrer wesentlichen Vorzüge besteht wohl darin, daß sie auch bei abgesetztem Schwerstoff ohne größere Schwierigkeiten wieder anfahren können. Nachteilig sind die unruhigeren Strömungsverhältnisse, die die Trennschärfe beeinträchtigen. Deshalb werden Trommelscheider vornehmlich für Grobkorn-Trennungen eingesetzt.

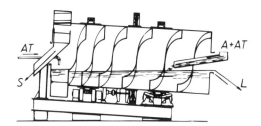

Bild 19 Trommelscheider, Bauart *Hardinge*
A Aufgabe; *L* Schwimmgut-Austrag; *S* Sinkgut-Austrag; *AT* Arbeitstrübe

Der erste Trommelscheider ist aus dem *Hardinge*-Klassierer hervorgegangen und wurde im nordamerikanischen Eisenerzbergbau entwickelt. Im Bild 19 ist dieser Scheider dargestellt. Das Aufgabegut gelangt mit einem Teil der Arbeitstrübe über ein Gerinne in den Scheider, der aus einer flachgeneigten, zylindrischen Trommel mit Stirnwänden besteht. Ein weiterer Teil der Arbeitstrübe wird in der Nähe des Sinkgutaustrages zugeführt. Horizontalströmungen tragen das Schwimmgut aus, wobei der Gutstrom, bedingt durch die kreisförmige Öffnung, eingeschnürt wird. Das Sinkgut wird von inneren Schraubenwindungen zum an die zylindrische Trommel angesetzten Schöpfrad gefördert, gehoben und einem Austraggerinne zugeführt. Nachteilig ist bei diesem Scheider u.a., daß Sink- und Schwimmgut an entgegengesetzten Seiten ausgetragen werden, wodurch die Anordnung der Enttrübungs- und Abrausesiebe platzaufwendig wird. Deshalb befinden sich bei späteren Konstruktionen beide Austräge gewöhnlich auf einer Seite.

Eine relativ große Verbreitung haben Trommelscheider, Bauart *Wemco*, gefunden. Bei der im Bild 20 dargestellten Zweiprodukttrommel wird das Sinkgut von gelochten Zelltaschen, die sich nahezu über die gesamte Trommellänge erstrecken, gehoben. Das Schwimmgut wird innerhalb zweier Leitbleche geführt, die parallel zur Trommelachse angeordnet sind. Bemerkenswert ist die gedrungene Bauweise, weshalb dieser Scheider auch auf beweglichen Anlagen (z. B. Baustoff-Aufbereitung) eingesetzt wird. Die größten Zweiprodukttrommeln haben

Tabelle 4 Technologische Kennziffern von Trommelscheidern

Anlage	Scheider-bauart	Aufgabegut		Durchsatz		
		Art	Korngrößen-zusammen-setzung in mm	gesamt in t/h	spezifisch in	
					t/(m² · h)*	t/(m · h)**
Bleiberg/Kreuth Österreich [62]	Wemco-Trommelsch.	Blei-Zink-Erz	4 ... 60	100		
Sishin, Südafrika [26]	Wemco-Trommelsch.	hämatitisches Eisenerz	30 ... 90 9 ... 30	520 346		
Miková, ČSFR [57]	Teska-Sch.	Magnesit	10 ... 40	140		
N.N. [19]	Trommelsch. (2400 x 2400 mm)	Siderit-Erz	5 ... 40	140		58
Julia, Niederlande [63]	Teska-Sch.	Steinkohle-Grobberge	25 ... 140	200		91
Kopolnia, Polen	Teska-Sch.	Steinkohle	31,5 ... 250	140		72

* spez. Durchsatz je m² Badfläche   ** spez. Durchsatz je m Überlaufwehr

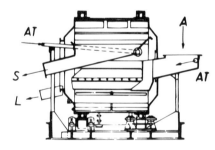

Bild 20 Trommelscheider, Bauart *Wemco*
A Aufgabe; L Schwimmgut-Austrag; S Sinkgut-Austrag; AT Arbeitstrübe

Durchmesser von 3,7 m und setzen bis zu 400 t/h durch. Von der Fa. *Wemco* sind auch verschiedene Mehrprodukttrommeln herausgebracht worden.

Vor allem in Steinkohlenaufbereitungen wurde der *SKB-TS*-Trommelscheider eingesetzt (Bild 21). Die beiden Stirnwände stehen fest und sind mittels Dämmleisten gegen die rotierende Trommel abgedichtet. Das Überlaufwehr kann somit wesentlich breiter ausgebildet und die Trübefläche besser für die Trennung ausgenutzt werden. Eine Weiterentwicklung der letztgenannten Bauart stellt der Trommelscheider, Bauart *Teska*, dar (Bild 22). Er ist besonders für gröbere Körnungen geeignet und in der Lage, auch bei größeren Schwankungen des Sinkgutanteils störungsfrei zu arbeiten, da die Sinkgut-Austragkapazität sehr groß bemessen ist. Die relativ kurze Trommel (1) ist insgesamt als Schöpfrad ausgebildet. Der Prozeßraum wird durch zwei feststehende, kastenartig ausladende Wehre begrenzt. Für eine weitgehende Abdichtung zwischen dem rotierenden Schöpfrad und dem feststehenden Aufgabe- sowie Austragteil sorgt eine pneumatisch gespannte Abdichtleiste (9). Dort unvermeidbar austretende Trübeanteile werden unmittelbar dem Arbeitstrübekreislauf wieder zugeführt. Die Laufkränze der Trom-

Tabelle 4 (Fortsetzung)

Produktenanfall in %		Schwerstoff		Trenn-dichte γ_T in kg/m³	Trenn-schärfe E_T in kg/m³	Schwer-stoff-verluste in kg/t	Trüberege-neration
Sink-gut	Schwimm-gut	Art	Korngrößen-zusammen-setzung in mm				
54	46	FeSi		≈ 2400			magnetisch
		FeSi, verdüst		3800			magnetisch
		FeSi, verdüst		≈ 3000	39	0,16	magnetisch
84	16	FeSi		3100			magnetisch
81	19	Magnetit	90% 0,06...0,2	≈ 2150		0,15	magnetisch, Permanent-Naßtrom-melsch.
16,5	83,5	Magnetit		1660	23	≈ 0,4	magnetisch, Tauch-bandsch.

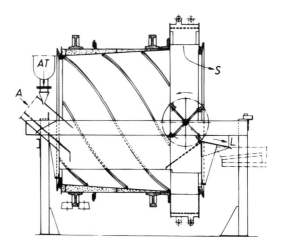

Bild 21 Trommelscheider, Bauart *SKB-TS*
A Aufgabe; *L* Schwimmgut-Austrag; *S* Sink-gut-Austrag; *AT* Arbeitstrübe

mel lagern auf Laufrollen (6). Die Arbeitstrübe tritt unterhalb der Aufgabeschurre in voller Badbreite durch eine Schlitzdüse ein. Infolge der kräftigen Horizontalströmung und des durch die Auslaufdüsen (2) austretenden Abstroms kann etwas gröberer Schwerstoff verwendet werden. Den Schwimmgutaustrag unterstützt die Vorrichtung (4). Das Schöpfrad trägt das Sinkgut in die muldenförmige Schurre (3) aus. Die Seitenwehre (10) verhindern, daß Leichtgut zu den Schöpfzellen abschwimmt, und vermindern auch Wirbelbildungen im Trennbad. Die Innenflä-chen des Kastens sind mit Keramikplatten als Verschleißschutz ausgekleidet. Dieser Scheider wird mit Trommeldurchmessern zwischen 3,0 und 6,5 m gebaut. Die jeweils verarbeitbaren Korngrößen liegen zwischen 250 und 1200 mm. Die größte Ausführung besitzt eine innere

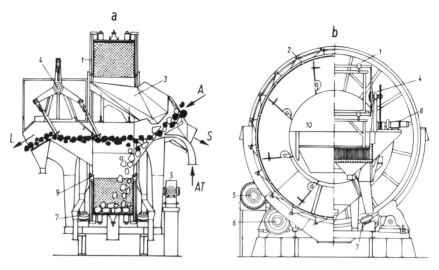

Bild 22 Trommelscheider, Bauart *Teska*
(1) Schöpfrad; (2) Auslaufdüsen; (3) Sinkgutschurre; (4) Austragvorrichtung; (5) Antrieb; (6) Laufrollen; (7) Führungsrollen; (8) Antrieb der Austragvorrichtung; (9) pneumatisch gespannte Abdichtleiste; (10) Seitenwehre
A Aufgabe; L Schwimmgut-Austrag; S Sinkgut-Austrag; AT Arbeitstrübe

Schöpfradbreite von 1500 mm und eine Badbreite von 3000 mm. Auch ein Dreiprodukt-*Teska*-Scheider ist entwickelt worden [61].

In Tabelle 4 sind technologische Kennziffern für verschiedene Trommelscheider zusammengestellt.

1.1.5.2 Zentrifugalkraftscheider

Das Bestreben, Dichtetrennungen nach dem Schwimm-Sink-Prinzip auch für feinere Körnungen industriell zu realisieren, hat zur Entwicklung von Zentrifugalscheidern geführt. Im Vergleich zu den Schwerkraftscheidern ist deren Weiterentwicklung und verfahrenstechnischer Durchdringung in neuerer Zeit sogar wesentlich größere Bedeutung beigemessen worden. Dies hängt einerseits damit zusammen, daß im Feinkornbereich günstigere Aufschlußverhältnisse vorliegen, ist aber andererseits auch auf die Prozeßintensivierung zurückzuführen, die mit der Anwendung von Zentrifugalkraftfeldern verbunden ist.

Der nach wie vor verbreitetste Trennapparat dieser Art ist der Hydrozyklon, der – für Dichtesortierprozesse ausgebildet und eingesetzt – als **Sortierzyklon** bezeichnet wird. Daneben sind auch weitere Zentrifugalkraftscheider in der Praxis eingeführt (z. B. *Dyna-Whirlpool*-Scheider, *Vorsyl*-Scheider, *Tri-Flo*-Scheider, *Larcodems*-Scheider).

Sortierzyklone

Die Anfänge, den Hydrozyklon als Sortierapparat einzusetzen, reichen fast bis zur ersten Hydrozyklonanwendung überhaupt zurück [64]. Dies geschah zunächst nur in der Weise, daß das zu trennende Gut mit einer Schwerflüssigkeit oder Schwertrübe aufgegeben wurde. Die **Schwertrübezyklone** dominieren auch heute noch in der industriellen Anwendung. Man erkannte aber schon bald, daß sich Sortiereffekte bei entsprechend angepaßter Zyklongeometrie und geeignete Wahl der Betriebsbedingungen auch ohne spezielles Schweremedium erzielen lassen [65]. Ein Trennapparat, der nach dieser Betriebsweise arbeitet, soll als **Wasserzyklon** bezeichnet werden. Sieht man von dem Sonderfall ab, daß Wasser als echtes Dichtemedium wirkt (z. B. bei der Sortierung von Kunststoffen (siehe [49] bis [51]), so werden Wasserzyklone im Vergleich zu Schwertrübezyklonen für feineres Aufgabegut eingesetzt, und die damit erzielbaren Trennschärfen sind niedriger.

Was die Grundlagen des Trennprozesses in **Schwertrübezyklonen** anbelangt, so liegt eine größere Anzahl von Publikationen vor (siehe z. B. [66] bis [78] [242]). Betrachtet man zunächst das Verhalten der Schwertrübe allein, so werden sich unter dem Einfluß von Sedimentation im Zentrifugalkraftfeld und turbulenter Diffusion radiale Konzentrationsprofile für die einzelnen Korngrößenklassen des Schwerstoffs einstellen, wie sie im Band I „Hydrozyklone" besprochen worden sind. Infolgedessen wird die örtliche Trübedichte von der Zyklonachse zur Zyklonwand sowie zur Unterlaufdüse hin zunehmen. Dies bestätigen auch vorliegende Untersuchungsergebnisse (siehe z. B. [66] [70] [77]). In einem Zyklon (Durchmesser D_c = 75 mm; Konuswinkel α = 20°; Einlaufdruck p_i = 170 kPa) stellten *Piterskich, Borisow* und *Angelov* [70] an einer Magnetittrübe die im Bild 23 dargestellten Verhältnisse fest. Korngrößenzusammensetzung und Trübedichten der Aufgabe-, Überlauf- und Unterlauftrübe enthält Tabelle 5. Obwohl in diesem Beispiel eine relativ feinkörnige Schwertrübe verwendet wurde, so entmischt sie sich aber noch sehr deutlich, was natürlich durch ihren relativ niedrigen Feststoffvolumenanteil ($\varphi_s \approx 0{,}125$) gefördert wird. Jedoch haben z. B. derartige Feststoffvolumenan-

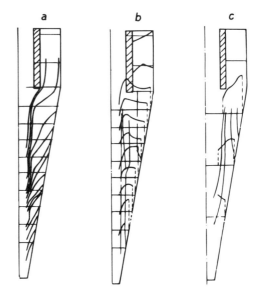

Bild 23 Verteilung der Trübedichte, der Tangential- und der Vertikalgeschwindigkeit in einem Schwertrübezyklon (D_c = 75 mm; α = 20°; p_i = 170 kPa; Düsendurchmesser siehe Tabelle 5; Magnetit-Trübe) nach [70]
a) Trübedichte: Linien ρ' = const.
b) Tangentialgeschwindigkeit: u_{tg} = f(r) in verschiedenen Niveaus
c) Vertikalgeschwindigkeit (abwärts gerichtet: u_v = f(r) in verschiedenen Niveaus

Tabelle 5 Versuchsbedingungen für die im Bild 23 dargestellten Ergebnisse

Produkt	Düsen-durch-messer in mm	Trübe-menge in l/min	Trübe-dichte in kg/m³	Masseanteil der Korngrößenklassen in μm in %						
				100 bis 60	60 bis 50	50 bis 40	40 bis 30	30 bis 20	20 bis 10	–10
Aufgabe	10,0	67,0	1500	3,6	1,7	4,1	14,2	21,6	49,8	5,0
Überlauf	25,5	60,4	1410	2,9	0,8	1,2	1,2	18,4	69,7	5,8
Unterlauf	14,6	6,6	2780	5,1	3,7	10,8	47,5	27,2	3,5	2,2

teile bei der Steinkohlen-Sortierung Bedeutung. Diese experimentellen Ergebnisse befinden sich auch in voller Übereinstimmung mit den im Band I (ab 3. Auflage) entwickelten Modellvorstellungen über den Klassierprozeß in Hydrozyklonen. Auf Grundlage dieses Modells ist ferner verständlich, daß sich einerseits gröberer Schwerstoff stärker entmischt und daß andererseits mit wachsendem Feststoffvolumenanteil der Entmischung entgegengewirkt wird. Letzteres ist eine Folge der zunehmenden Schwarmbehinderung (siehe auch Bild 25). Da der turbulente Diffusionskoeffizient unter der Voraussetzung geometrischer Ähnlichkeit der Zyklone und ansonsten gleichbleibender Betriebsparameter mit dem Zyklondurchmesser wächst (siehe auch hierzu Band I), so stellen sich vergleichbare Entmischungsverhältnisse in größeren Hydrozyklonen erst mit entsprechend gröberem Schwerstoff ein. Da allzu feiner Schwerstoff vom Gesichtspunkt der rheologischen Eigenschaften der Schwertrübe, der Schwerstoffverluste und der Trüberegeneration zu vermeiden ist, sollten deshalb für industrielle Anlagen nur Zyklone mit $D_c > 250$ mm eingesetzt werden [71].

Bild 23 b gibt die von den obengenannten Autoren ermittelte Abhängigkeit der Tangentialgeschwindigkeit u_{tg} vom Radius r für verschiedene Niveauebenen wieder. Der Verlauf ähnelt ebenfalls dem für Klassierzyklone charakteristischen. Aus Bild 23 b ist auch zu entnehmen, daß insbesondere um die Zyklonachse herum hohe Schergeschwindigkeiten auftreten. Diese reduzieren die Strukturbildung in der Trübe und begünstigen somit die Trennung (siehe auch Abschn. 1.1.2) [73].

Nunmehr soll eine Vorstellung über den Ablauf der Dichtetrennung im Schwertrübezyklon vermittelt werden. Schwertrübe und Aufgabegut gelangen durch die Aufgabedüse in den Zyklon. Notwendig ist natürlich – wie bei jeder Schwertrübe-Trennung –, daß die Schwerstoffkörner klein gegenüber den Körnern des Aufgabegutes sind. Auch die letzteren sind einerseits der Wirkung des Zentrifugalkraftfeldes, d.h. einer gerichteten Bewegung in radialer Richtung, und andererseits der turbulenten Diffusion, d.h. einer Zufallsbewegung, unterworfen. Die erstgenannte ist nur bei Körnern, die spezifisch schwerer als die Schwertrübe am jeweiligen Ort sind, nach außen gerichtet, bei den spezifisch leichteren Körnern demgegenüber nach innen. Ein physikalisch begründetes Sortiermodell kann folglich auf den im Band I „Hydrozyklone" entwickelten Vorstellungen über die radialen Konzentrationsprofile aufbauen, wobei innerhalb der Korngrößenklassen noch Korndichteklassen (oder umgekehrt) abzugrenzen wären. Weiterhin ist bei Trennungen im Schwertrübezyklon im allgemeinen noch zu berücksichtigen, daß im Vergleich zu den Dünnstrom-Trennungen im Klassier-Hydrozyklon wegen des höheren Feststoffvolumenanteils – vor allem auch an feinen und feinsten Anteilen, verursacht durch die verwendete Schwertrübe – eine erhebliche Turbulenzdämpfung eintritt. Dies dürfte dann zu ähnlichen Erscheinungen führen, wie sie im Band I für Dichtstrom-Trennungen erörtert worden sind. Aufgrund der sich einstellenden radialen Konzentrationsprofile gelangen spezifisch schwere Körner mit hoher Wahrscheinlichkeit in den Zyklonunterlauf, wobei diese Wahrscheinlichkeit bei gleicher Korndichte noch mit der Korngröße wächst. Spezifisch leichte Körner werden demgegenüber mit hoher Wahrscheinlichkeit im Überlauf ausgetragen, wobei diese hier ebenfalls innerhalb einer Dichteklasse mit der Korngröße zunimmt [242]. Bild 24 vermittelt eine schematische Vorstellung über das Trennverhalten von Körnern einer Größenklasse, aber unterschiedlicher Dichte. Die Rezirkulation von Körnern, deren Dichte um die Trenndichte herum liegt, begünstigt die Trennung [73].

Von großem Einfluß auf die Trennung ist wie beim Klassierhydrozyklon das Verhältnis der Trübevolumenströme von Unterlauf $\dot{V}_a$ zu Überlauf $\dot{V}_o$ und damit das Düsenverhältnis D_a/D_o, weil mit Zunahme dieses Verhältnisses ein höherer Anteil der Aufgabetrübe als Unterlauf abgezogen und damit die Trenndichte entsprechend vermindert wird. Im Bild 25 sind die Auswirkungen der Veränderung von D_a/D_o auf die Unterlauftrübedichte ρ'_a für Magnetit-Trüben unterschiedlicher Aufgabetrübedichte ρ'_i dargestellt [69]. Für die Mindestgröße von D_a gilt, daß sie etwa dem 3fachen der oberen Aufgabekorngröße zumindest entsprechen muß, um ein Verstopfen auszuschließen. Der Durchmesser D_o der Überlaufdüse sollte so groß bemessen sein, wie es die Austragkapazität erfordert.

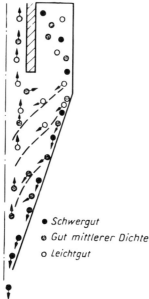
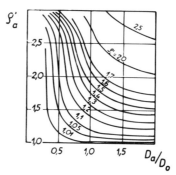

Bild 24 Dichtetrennung im Schwertrübezyklon

Bild 25 Unterlauftrübedichte ρ'_a von Magnetit-Trüben in Abhängigkeit vom Düsenverhältnis D_a/D_o für verschiedene Aufgabetrübedichten ρ'_i nach *Stas* [69] (Hydrozyklon: $D_c = 150$ mm; $\alpha = 20°$; $p_i = 250$ kPa)

Unter gleichbleibenden sonstigen Bedingungen wird eine Vergröberung des Schwerstoffes im allgemeinen eine Zunahme der Trenndichte mit sich bringen, weil als Folge einer dann stärkeren Entmischung auch im Zyklonunterteil die Trübedichte weiter ansteigt und ferner die Austragkapazität der Unterlaufdüse in erhöhtem Maße durch den Schwerstoff in Anspruch genommen wird. Bei dünnen Schwertrüben jedoch, wie sie z. B. mit einem Feststoffanteil um 10 Vol.-% Magnetit beim Reinkohle-Trennschnitt in der Steinkohlenaufbereitung auftreten, kann sich auch eine entgegengesetzte Veränderung einstellen [74].

Die Trenndichten γ_T für Trennungen in Schwertrübezyklonen liegen über der mittleren Dichte ρ'_m der Schwertrüben (siehe auch Tabelle 6), wobei die Abweichung $(\gamma_T - \rho'_m)_{\Delta d_i}$ für eine jeweils betrachtete Korngrößenklasse des Aufgabegutes mit deren Feinheit ansteigt [74] [78]. Dieses Verhalten läßt sich zwanglos mit Hilfe der im vorstehenden kurz erörterten Grundlagen des Trennvorganges erklären. Folglich hängen auch der Verlauf der Trennkurve und somit die Trennschärfe für das gesamte Aufgabegut mit von dessen Korngrößenverteilung ab. Weiterhin beeinflussen vor allem der Zyklondurchmesser und die Trenndichte die Trennschärfe [73].

Wie im Klassierzyklon setzt eine gute Trennwirkung eine stabile Wirbelströmung voraus (siehe auch Band I „Hydrozyklone"). Deshalb müssen der Aufgabedruck p_i bzw. der Aufgabevolumenstrom $\dot{V}_i$ so bemessen sein, daß diese Bedingungen erfüllt sind. Dann hat auch der Aufgabedruck keinen wesentlichen Einfluß mehr auf die Trennschärfe [80]. Im allgemeinen zieht man für die Sortierung Mittel- bis Niederdruckzyklone (100 bis 10 kPa) vor. Ausnahmen bilden Trennungen mit größeren Masseanteilen des Aufgabegutes um die Trenndichte herum und weiterhin ein vergleichsweise feines Aufgabegut, wofür entsprechend höhere Aufgabedrücke empfohlen werden [73] [98]. In Niederdruckzyklonen kann der Schwerkrafteinfluß schon merklich werden. Dies kann bei vertikaler Zyklonanordnung dazu führen, daß dem Luftkern benachbarte, Leichtgut enthaltende Trübeschichten nach unten fallen und dadurch

Tabelle 6 Technologische Kennziffern von Schwertrübezyklonen

Anlage	Aufgabegut		Durchsatz in t/h	Zyklonabmessungen in mm			Aufgabedruck p_i in kPa
	Art	Korngrößenzusammensetzung in mm		D_c	D_o	D_a	
Meggen, Deutschland [81]	Blei-Zink-Erz	1,5 … 15	28	350	150	70	100
N.N. [73]	Blei-Zink-Erz	1,5 … 15	60	400			
Koffyfontein, Südafrika [43] [73]	Diamant-Erz	0,5 … 25	80	600	250	130	≃ 100
N.N. [73]	Baryt-Erz	0,5 … 25	55	400			
Miková, ČSSR [57]	Magnesit	1 … 5	86	400			≃ 100
Heilbronn, Deutschland [73] [82]	Steinsalz	1 … 12	140	500			≃ 200
Jeremenko, ČSSR	Steinkohle a) K // Z + B b) Z // B	0,5 … 8 0,5 … 8	2 x 39 16	500 500			Mitteldruckzyklone
N.N., USA [80]	Steinkohle	0,5 … 25	80	600			≃ 100
Marrobone, USA [98]	Steinkohle	0,1 … 0,6	10 bis 12	254			152

Fehlausträge hervorrufen [26] [79]. Mit horizontal oder flach geneigt (etwa 20°) angeordneten Zyklonen wird diesem Mangel entgegengetreten.

Zyklonaufgabe und -austräge müssen ausreichend fließfähig sein. In der Gesamtaufgabe soll deshalb der Wasseranteil 50 Vol.-% betragen. Für das zu sortierende Gut können etwa 15 bis 25 Vol.-% angesetzt werden. Bei höherem Schwergutanfall sollte der Gutanteil kleiner gewählt werden.

Sortierzyklone weisen vorwiegend Durchmesser zwischen 350 und 700 mm sowie Konuswinkel α um 20° auf [26] [80] [98]. Noch kleinere Schwertrübezyklone werden für die Sortierung feinen Aufgabegutes eingesetzt (z. B. D_c = 200 bis 250 mm für Feinkohle 0,15 … 1 mm) [53] [98] [99]. Auf verschleißfeste Ausführung ist in jedem Falle besonderer Wert zu legen. Deshalb haben sich vor allem Zyklone aus Ni-Hard eingeführt [43]. Gummierte Zyklone sind zwar billiger, wegen der Gefahr, daß die Gummierung beim Verschleiß in Stücken abreißen und zu Verstopfungen führen kann, aber von Nachteil. Sortierzyklone werden mit Hilfe von Zentrifugalpumpen oder aus Mischbehältern mit entsprechender Fallhöhe beaufschlagt. Für die Berechnung des **Durchsatzes** an Gesamtvolumenstrom (Schwertrübe + Aufgabegut) können die gleichen Formeln wie für Klassierzyklone benutzt werden (siehe Band I). Unter Berücksichtigung des zulässigen Volumenanteils an Aufgabegut und dessen Dichte erhält man den Aufgabe-

Tabelle 6 (Fortsetzung)

Schwergutanfall in %	Schwerstoff Art	Korngrößenzusammensetzung in mm	Trübedichte ρ' in kg/m³	Trenndichte γ_T in kg/m³	Trennschärfe E_T in kg/m³	Schwerstoffverluste in kg/t	Trüberegeneration
≈ 45	Fe₃O₄/FeSi ≈ 1 : 3	< 0,07 bis < 0,08	2580	2770	40	≈ 0,2	magnetisch, einstufig, Tauchbandsch.
	Fe₃O₄ + FeSi			2940	24	0,3	
≈ 0,3	FeSi, gemahlen	65% < 0,05	2710			0,7	magnetisch, zweistufig
	FeSi, verdüst			3250	45	0,2	
65	Fe₃O₄ + FeSi		2650		35	0,8	magnetisch
5 – 6	Fe₃O₄	95% < 0,05	2180	2270	30	0,2	magnetisch, zweistufig, Permanent-Naßtrommelsch.
21 / 88	Fe₃O₄ / Fe₃O₄	< 0,06		1700 / 1800	80 / 30	0,725 / 0,725	magnetisch, einstufig, Naßtrommelsch.
18				1346	1488	23	
	Fe₃O₄			1590 bis 1790	24 bis 81	1,5	magnetisch

massedurchsatz. Dieser beträgt für 350 mm-Zyklone bis 25 t/h und für 600 mm-Zyklone etwa 75 bis 100 t/h [26].

Schwertrübezyklone haben ein umfangreiches Anwendungsfeld gefunden, und zwar zur Sortierung von Feinkohle in der Steinkohlenaufbereitung sowie zur Voranreicherung vieler mineralischer Rohstoffe (Buntmetall-, Baryt-, Fluorit-, Magnesit- und Diamant-Erze, Rohsalze u.a.). Weiterhin sind Anwendungen für die Rückgewinnung von Aluminium aus unmagnetischen Shredder-Produkten der Autoschrott-Aufbereitung bekannt [53]. Die untere verarbeitbare Korngröße liegt normalerweise bei etwa 0,5 mm und nur in Ausnahmefällen bei 0,1 mm [53] [98]. Die obere Korn- bzw. Stückgröße überschreitet nur selten 25 mm. Tabelle 6 enthält technologische Kennziffern von verschiedenen Schwertrübezyklonanlagen.

Wasserzyklone arbeiten nur mit Wasser als Trennmedium, d.h. ohne Schwertrübe. Dafür werden Zyklone mit Konuswinkeln $\alpha > 20°$, vor allem zwischen 90° und 120° verwendet (siehe auch Bild 26). In diesen stumpfen Konen bilden sich rotierende Gutbetten von wirbelschichtähnlichem Charakter aus, in denen die Schichtung nach der Dichte vorherrscht, während der Klassiereffekt zurückgedrängt wird [83] bis [87]. Zyklone dieser Art bedürfen in jedem Fall der vertikalen Aufstellung und zeichnen sich auch durch relativ lange Wirbelsucher aus. Letzteres beschleunigt den Austrag des Leichtgutes und behindert somit, daß dieses im Raum über dem

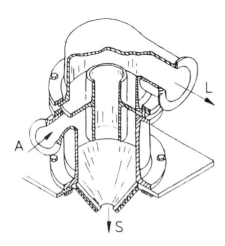

Bild 26 *DSM*-Wasserzyklon
A Aufgabe; L Leichtgut; S Schwergut

rotierenden Gutbett einer stärkeren Klassierwirkung unterworfen wird und zirkuliert. Abgesehen vom Konuswinkel und der Eintauchtiefe des Wirbelsuchers, sind weitere wichtige Einflußgrößen das Verhältnis $\dot{V}_a/\dot{V}_o$ und damit das Düsenverhältnis D_a/D_o (vorwiegend im Bereich $D_a/D_o = 0{,}7$ bis $0{,}5$), der Feststoffanteil in der Aufgabetrübe und der Aufgabedruck [26] [80] [88] [90]. Der Feststoffanteil darf weder zu niedrig noch zu hoch sein. Für die Sortierung von Steinkohle wird etwa der Bereich von 8 bis 12 Masse-% empfohlen. Mit dem Feststoffanteil steigt die Trenndichte, während sich die Trennschärfe etwas verschlechtert. Der Aufgabedruck sollte zur Gewährleistung einer befriedigenden Trennschärfe mindestens 100 kPa betragen [80]. Verständlicherweise ist aber die Trennschärfe niedriger als die von Schwertrübezyklonen. Anwendung haben Wasserzyklone vor allem in der Steinkohlenaufbereitung für die Sortierung unentschlämmter Kohle < 1 mm, teilweise auch < 5 mm gefunden [66] [80] [88] [89]. Für ein befriedigendes Trennergebnis erweist sich jedoch hier eine Nachsortierung des Zyklonunterlaufes vielfach als erforderlich [80]. Darüber hinaus ist die Voranreicherung spezifisch sehr schwerer Minerale im Wasserzyklon untersucht worden [83] bis [85].

Andere Zentrifugalkraftscheider

Die Vorteile, die die Trennung feiner Körnungen im Zentrifugalkraftfeld bietet, veranlaßten zur Entwicklung weiterer Scheidertypen, die über feststehende, zylindrische Trennbehälter verfügen und denen die Aufgabetrübe wie bei den Zyklonen am Umfang unter Druck derart zugeführt wird, daß sich im Prozeßraum Wirbelströmungen ausbilden können.

Zu diesen Scheidern zählt der **Wirbelscheider** der *Wilmot Engineering Co.* (*Dyna-Whirlpool*-Scheider) [26] [80] [91] bis [93] [116]. Dem im Bild 27 schematisch dargestellten zylindrischen Trennapparat (Durchmesser: 150 bis 470 mm; Verhältnis Länge zu Durchmesser: etwa 4 : 1) wird die Arbeitstrübe durch ein am unteren Ende befindliches, tangentiales Aufgaberohr zugeführt. Sie verläßt den Trennraum mit dem Schwergut vor allem durch das obere tangentiale Aufgaberohr. Um die Rohrachse bildet sich wie im Hydrozyklon ein Luftkern aus. Das Aufgabegut gelangt durch den oberen zentralen Rohrstutzen in den Trennraum. Das Leichtgut schwimmt auf der inneren Trübeoberfläche ab, d.h. der freien Oberfläche im Zentrifugalkraftfeld (Luftkern!), und verläßt ihn durch den unteren zentralen Rohrstutzen. Durch leicht geneigte Aufstellung der Scheider und Ausbildung des Durchmessers des oberen zentralen Rohrstutzens kleiner als den des unteren, läßt sich vermeiden, daß auch im oberen Stutzen Schwertrübe ausgetragen wird. Der Trennprozeß ähnelt folglich dem in Schwertrübezyklonen. Jedoch soll im Vergleich zu diesen die Trübeentmischung stärker sein [93]. Die Trennschärfe-

1.1 Schwimm-Sink-Sortierung   33

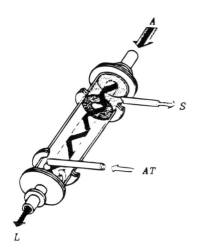
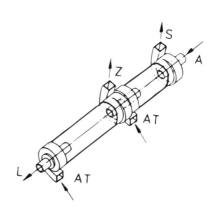

Bild 27 Wirbelscheider der Fa. *Wilmot Engineering Co.* (*Dyna-Whirlpool*-Scheider), schematisch
A Aufgabegut; *AT* Arbeitstrübe; *L* Leichtgut; *S* Sinkgut

Bild 28 *Tri-Flo*-Scheider, schematisch
A Aufgabegut; *AT* Arbeitstrübe; *L* Leichtgut; *S* Sinkgut; *Z* Zwischengut

Kennwerte liegen im Bereich der von Schwertrübezyklonen. Anwendungen sind vor allem für die Sortierung von Erzen bekannt geworden (Zinn-, Kupfer- und Eisenerze, Flußspat, Gips) [80]. Dem oben genannten Bereich der Apparategrößen lassen sich Durchsätze zwischen etwa 5 und 80 t/h zuordnen, wobei die verarbeitbaren Korngrößen nach unten etwa durch 0,5 mm und nach oben bei den großen Scheidern mit 35 mm begrenzt werden [26] [80].

Der **Tri-Flo-Scheider** (Bild 28) ähnelt dem *Dyna-Whirlpool*-Scheider hinsichtlich Ausbildung und Arbeitsweise weitgehend [94] bis [96]. Jedoch handelt es sich hierbei um eine zweistufige Anordnung, und außerdem sind die Aufgabedüsen für die Arbeitstrübe evolutenartig ausgebildet. Anwendungen dieses Scheiders sind sowohl mit gleicher Arbeitstrübe in beiden Stufen als auch Arbeitstrüben unterschiedlicher Dichte in beiden Stufen bekannt geworden. Arbeitet man mit einheitlicher Trübedichte, so zielt man in der zweiten Stufe auf eine Nachsortierung der Abgänge der ersten Stufe ab und erreicht damit eine höhere Trennschärfe, auch wenn das Zwischengut dem Schwergut der ersten Stufe zugeschlagen wird. Weiterhin sagt man dieser Verfahrensweise eine geringere Empfindlichkeit gegenüber Aufgabeschwankungen nach [95]. Bei einer echten Dreiprodukten-Trennung werden zwei Arbeitstrüben unterschiedlicher Dichte benutzt, wobei die höherer Dichte in der ersten Stufe zugeführt wird. Für den *Tri-Flo*-Scheider sind ähnliche Anwendungen wie für den *Dyna-Whirlpool*-Scheider bekannt geworden [26] [94] bis [96].

Ein weiterer vollzylindrischer Trennapparat wurde vom *National Coal Board* in Großbritannien entwickelt, der sog. **Vorsyl-Scheider** (Bild 29) [26] [80] [97]. Schwertrübe und Rohkohle werden tangential unter dem Deckel dem vertikal angeordneten Trennraum (1) zugeführt. Große Anteile der Reinkohle gelangen unmittelbar in den von unten auftauchenden, langen Wirbelsucher (2) und werden mit einem Schwertrübeanteil ausgetragen. Die spezifisch schwereren Gutanteile bewegen sich mit der äußeren Wirbelströmung abwärts, werden am Boden nach innen umgelenkt und verlassen mit einem weiteren Schwertrübeanteil durch den Ringspalt (3) den Trennraum, soweit sie als Zwischengutanteile nicht von der aufsteigenden inneren Wirbelströmung erfaßt und wieder nach oben getragen werden, um zu zirkulieren. Die durch den Ringspalt ausgetretenen Anteile gelangen über die Schwergutkammer (4) in den Wirbelabscheider (5) mit tangentialem Einlauf und axialem Austrag. Hier wird weiterer Druck

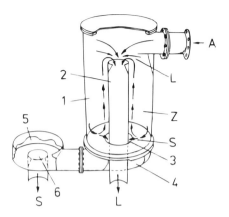 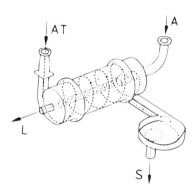

Bild 29 *Vorsyl*-Scheider
(1) Trennraum; (2) Wirbelsucher; (3) ringförmiger Austragspalt; (4) Schwergutkammer; (5) Wirbelabscheider; (6) Austragdüse
A Aufgabegut (Rohkohle); L Leichtgut (Reinkohle); S Schwergut (Abgänge); Z Zwischengut (d.h. hier der Trenndichte benachbarte Gutanteile)

Bild 30 *Larcodems*-Scheider, schematisch
A Aufgabegut (Rohkohle); L Leichtgut (Reinkohle); S Schwergut (Abgänge)

abgebaut. Mit Hilfe des Durchmessers der Austragdüse (6) wird der Volumenstrom der Arbeitstrübe gesteuert. Ein solcher Trennapparat von 610 mm Durchmesser gewährleistet bei der Aufbereitung von Steinkohle Durchsätze von etwa 70 t/h mit Trennschärfen, die denen von Schwertrübezyklonen vergleichbar sind [26].

Eine neuere Entwicklung des britischen Steinkohlenbergbaus, die keine Alternative zu herkömmlichen Zentrifugalkraftscheidern, aber zur Setzmaschine darstellen soll, ist der **Larcodems-Scheider** (Bild 30) [100] [299]. Deshalb ist er mit einem Durchmesser von 1,2 m und einer Länge von 3,6 m für die Sortierung von 250 t/h Rohkohle im Korngrößenbereich 0,5 ... 100 mm konzipiert. Ausbildung und Arbeitsweise ähneln dem *Dyna-Whirlpool*- bzw. *Tri-Flo*-Scheider. Die Einlaufdüse ist wie beim letztgenannten evolutenartig ausgebildet. Das gleiche gilt für den gemeinsamen Austrag von Schwergut und Arbeitstrübe aus dem Prozeßraum. Letztere gelangen dann zum Druckabbau und zur Steuerung des Trübevolumenstromes wie beim *Vorsyl*-Scheider in einen nachgeschalteten Wirbelabscheider.

Kürzlich hat die *KHD Humboldt Wedag AG* eine Sortierzentrifuge, die eine Doppelkonus-Vollmantelschneckenzentrifuge darstellt, für die trennscharfe Kunststoff-Sortierung in Wasser bzw. NaCl-Lösung als Trennmedium herausgebracht [1499].

1.1.6 Trüberegeneration

Die bei der Schwerstoffrückgewinnung anfallende Dünntrübe muß zumindest eingedickt werden, bevor sie dem Arbeitstrübekreislauf erneut zugeführt werden kann. Um gleichbleibend gute Trennbedingungen in der Arbeitstrübe zu gewährleisten, ist es aber auch notwendig, Verunreinigungen abzuscheiden, die hauptsächlich als Abrieb in die Trübe gelangen. Bei hartem bis mittelhartem Aufgabegut beträgt der Abrieb 0,7 bis 2%, bei weichem sogar bis zu 7% des Durchsatzes [101]. In einigen Fällen muß zusätzlich ein Teil der umlaufenden Arbeitstrübe der Regeneration unterzogen werden.

Da mit wenigen Ausnahmen Ferrosilizium und Magnetit als Schwerstoffe benutzt werden, herrscht die **magnetische Trüberegeneration** eindeutig vor, für die eine Reihe von Fließbild-

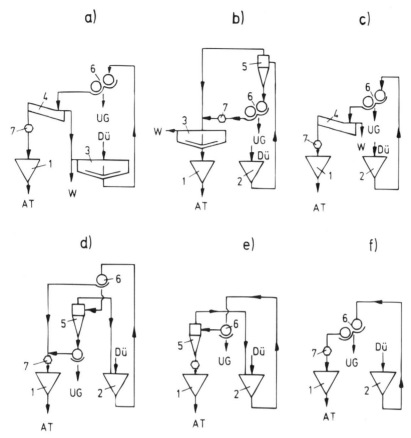

Bild 31 Fließbilder für die magnetische Trüberegeneration
(1) Arbeitstrübebehälter; (2) Dünntrübebehälter; (3) Eindicker; (4) Schraubenklassierer; (5) Hydrozyklon; (6) Ein- bzw. Zweitrommel-Magnetscheider; (7) Entmagnetisierungsspule
AT Arbeitstrübe; *Dü* Dünntrübe; *UG* Unmagnetisches; *W* geklärtes Wasser

varianten eingeführt sind. Wichtige Fließbilder gibt Bild 31 wieder. In modernen Anlagen kommen hierfür fast ausschließlich Gleichlauf-Naßtrommelscheider mit Permanentmagneten zur Anwendung. Diese Scheider sind raumsparend und betriebssicher. Bei sehr grobem Schwerstoff können schon Eintrommel-Magnetscheider eine befriedigende Schwerstoff-Rückgewinnung gewährleisten. Für relativ feinen Schwerstoff sind Doppeltrommel-Magnetscheider vorzuziehen, bei denen die Abgänge der ersten Trommel nachsortiert werden. Unter idealen Bedingungen können bis zu 99,8% Schwerstoff zurückgewonnen werden. Ist jedoch der Gehalt an magnetischem Schwerstoff in der Aufgabetrübe < 100 kg/m³ oder ist der Gehalt an unmagnetischen Bestandteilen in dieser höher als an magnetischen, so ist nur ein geringeres Schwerstoffausbringen erzielbar [26]. Eine wirksame Arbeitsweise der Magnetscheider ist somit entscheidend für die Schwerstoffverluste der gesamten Trüberegeneration, die man im Mittel für Verfahrensstufen mit Schwerkraftscheidern mit 0,1 bis 0,2 kg/t Durchsatz und für solche mit Zentrifugalkraftscheidern mit 0,3 bis 0,6 kg/t ansetzen muß. Da sich die Verluste an Schwerstoff vor allem auf dessen feinste Anteile erstrecken, ist regenerierter Schwerstoff etwas gröber als frischer. Der zurückgewonnene magnetische Schwerstoff ist als Folge seiner ferromagnetischen Eigenschaften magnetisch geflockt und muß deshalb gegebenenfalls zur

Dispergierung, d.h. der Beseitigung des remanenten Magnetismus, eine Entmagnetisierungsspule durchlaufen.

In Kohleaufbereitungsanlagen, in denen Magnetit als Schwerstoff eingesetzt wird, verläßt die Magnetscheider ein genügend eingedickter Schwerstoff, so daß sich eine Nacheindickung erübrigt. In anderen Anwendungsfällen wird eine solche Nacheindickung im allgemeinen unvermeidbar sein. Hierfür werden Hydrozyklone oder Schraubenklassierer benutzt. Die letztgenannten verfügen zugleich über ein angemessenes Speichervolumen, so daß das Volumen des Arbeitstrübebehälters reduziert werden kann. Dies ist auch bei Betriebsunterbrechungen vorteilhaft, weil mit Hilfe dieser Klassierer die Trübe in Suspension gehalten werden kann. Im Falle der Anwendung von Hydrozyklonen muß demgegenüber bei Stillständen die gesamte Arbeitstrübe in Behältern gespeichert werden.

Wenn in Kohleaufbereitungsanlagen unentschlämmte Feinkohle einer Schwertrübesortierung unterzogen wird, sind aufwendigere Regenerations-Kreisläufe als jene erforderlich, die im Bild 31 dargestellt sind [26] [98].

Sulfidische Schwerstoffe werden gewöhnlich flotativ regeneriert.

Nicht magnetisch und nicht flotativ regenerierbare Schwerstoffe können durch Klassierprozesse von ihren Verunreinigungen befreit werden. Um dieses Ziel zu realisieren, sind mehrere Prozeß- bzw. Apparatekombinationen denkbar. Mit Hilfe von Sieben können gröbere Verunreinigungen abgeschieden werden. Im allgemeinen wendet man aber Stromklassierprozesse an und trennt aufgrund der unterschiedlichen Sinkgeschwindigkeiten den Schwerstoff von den feinstkörnigen Verunreinigungen ab. Im Bild 32 ist eine Variante dargestellt [52], bei der man einen Schrägklärer zur Eindickung und Klassierung einsetzt. Da der Schrägklärerunterlauf noch nicht die erforderliche Dichte besitzt, erfolgt eine Nacheindickung im Arbeitstrübebehälter (3).

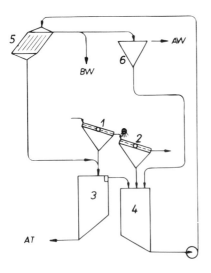

Bild 32 Trüberegeneration durch Stromklassierung [52]
(1) Abtropfsieb; (2) Abbrausesieb; (3) Arbeitstrübebehälter; (4) Dünntrübebehälter; (5) Schrägklärer; (6) Klassierkonus
AT Arbeitstrübe; *BW* Brausewasser; *AW* Abwasser

1.1.7 Prozeßkontrolle und Automatisierung in Schwertrübe-Anlagen

Eine Schwertrübe-Anlage mit ihren relativ aufwendigen Zusatzausrüstungen für Trüberückgewinnung, -regeneration und -umlauf stellt hohe Anforderungen an die Prozeßführung, die in größeren Anlagen ohne eine entsprechende betriebliche Meß- und Regelungstechnik nicht zufriedenstellend erfüllbar sind [19] [25] [80] [102] bis [104] [106] [240]. Mit deren Hilfe sind folgende Aufgaben zu lösen:

- Stabilisierung der Trübedichte
- Gewährleistung eines günstigen Fließverhaltens der Arbeitstrübe
- Niveauregelung im Schwertrübescheider und den Arbeitstrübebehältern.

Die wichtigste Voraussetzung für gute Sortierergebnisse ist die **Stabilisierung der Trübedichte**, die eine laufende, genügend genaue Trübedichtemessung voraussetzt und mit einer automatischen Registrierung verbunden sein sollte. Mit Hilfe einer Trübedichteregelung lassen sich die Schwankungen auf ± 10 kg/m³ einengen, was für die meisten praktischen Erfordernisse ausreichen dürfte [105]. Bei höheren Ansprüchen, d.h. bei geringen Dichtedifferenzen der zu trennenden Bestandteile, ist jedoch eine Reduzierung der Schwankungen auf ± 5 kg/m³ anzustreben.

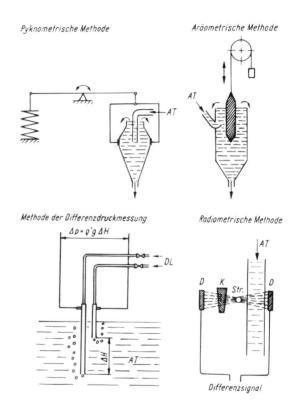

Bild 33 Wichtige Methoden der betrieblichen Trübedichtemessung
AT Arbeitstrübe; D Detektor; DL Druckluft; K Kompensationskeil; Str Strahler

Für die Trübedichtemessung ist eine größere Anzahl von Meßmethoden entwickelt worden (Bild 33). Hierbei sind zunächst Meßsonden, die sich im Kontakt mit der Arbeitstrübe befinden, von solchen zu unterscheiden, die kontaktlos arbeiten. Zur ersten Gruppe gehören:
- die pyknometrische Methode (Wägung eines Trübevolumens) [108]
- die aräometrische Methode (hydrostatische Waage bzw. Senkwaage) [109]
- die Methode der Differenzdruckmessung zwischen zwei verschieden tief in die Trübe eintauchenden, nach unten offenen Rohren [105] [110] [240]. In diese Meßrohre werden stationäre Druckluftströme so eingeleitet, daß die Druckluft an den Rohrenden blasenförmig entweicht. Bei Beachtung bestimmter Kriterien stellt sich dann in den Tauchrohren ein mittlerer Druck ein, der in guter Näherung den hydrostatischen Drücken an den Rohrenden entspricht [110]. Folglich kann man dann aus der Druckdifferenz Δp zwischen den Tauchrohren wegen $\Delta p = \rho' g \Delta H$ unmittelbar auf die Trübedichte ρ' schließen.

Kontaktlos kann die Trübedichte mittels der radiometrischen Methode der γ-Strahlen-Absorption gemessen werden [111].

Bei der Auswahl der geeignetsten Meßmethode sind die spezifischen Eigenschaften der Trübe – wie z. B. die Neigung zur Ansatzbildung, die Stabilität – und weiterhin die geforderte Meßgenauigkeit zu berücksichtigen. Besonders bewährt und deshalb eingeführt haben sich für die Schwertrübe-Sortierung offensichtlich Meßgeräte, die nach dem Differenzdruckprinzip arbeiten [105] [107]. Bewährt hat sich auch die radiometrische Methode [43] [107]. Allerdings erfordert sie im Vergleich zu anderen Meßmethoden einen höheren Aufwand.

Die Trübedichteregelung läßt sich sinnvoll mit der **Niveauregelung** im Trübeumlaufbehälter verknüpfen [107]. Bei zu niedrigem Trübestand wird Zusatztrübe eingebracht, die sich aus Dicktrübe und Brausewasser zusammensetzt und deren Dichte etwas höher als die der Arbeitstrübe ist. Dadurch kann man sich bei der Trübedichteregelung der Arbeitstrübe auf Wasserzusatz beschränken.

In manchen Fällen reicht die Stabilisierung der Trübedichte für die Prozeßführung nicht aus. Ein besonderes Problem stellt dabei die Beeinträchtigung des Fließverhaltens durch Verschlammung dar. Diese Erscheinung kann z. B. bei abriebempfindlicher Kohle oder tonhaltigen Kiesen auftreten. Zur betrieblichen Messung der scheinbaren Viskosität sind eine Reihe von Entwicklungen bekannt geworden, die aber noch nicht allen Erfordernissen der Praxis gerecht werden [21] [112] [113]. Neuerdings ist die kontinuierliche meßtechnische Überwachung des pseudo-plastischen Fließverhaltens der Arbeitstrübe mittels Doppelrohr-Viskosimeters vorgeschlagen worden [256]. Weiterhin wird auch folgende indirekte Methode benutzt, die im Bild 34 dargestellt ist und die magnetischen Eigenschaften der Trübe erfaßt [107]. Ein in seiner Menge konstanter Teilstrom der Arbeitstrübe, deren Dichte bekannt ist, wird durch ein Meßrohr aus unmagnetischem Material (Kunststoff) so geleitet, daß dessen Querschnitt ausgefüllt ist. Das Meßrohr umgibt eine Spule (Bild 34). Die Messung beruht nun darauf, daß die Änderungen der Induktivität der Spule, die eine Folge von Änderungen des magnetischen Anteils in der durchfließenden Trübe sind, festgestellt werden. Die Induktivität ist ein Maß für die im Meßrohr befindliche Menge an magnetischem Schwerstoff. Für eine bestimmte Dichte der Trübe ergibt sich mit Hilfe der Schwerstoffmenge bei bekannten Dichten von Schwerstoff und Schlamm der Grad der Verschlammung. Die Dichten von Schwerstoff und unmagnetischen Verunreinigungen werden in größeren Zeitabständen ermittelt und von Hand im Auswertegerät eingestellt. Sofern die Dichtemeßgeräte der Arbeitstrübekreisläufe ohne elektronische Ausgabewerte arbeiten, müssen auch diese Dichten von Hand eingestellt werden. Jedoch

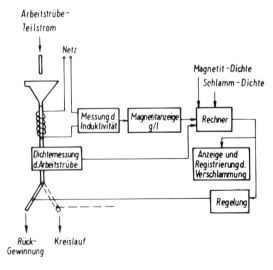

Bild 34 Indirekte Methode zum Messen der Trübeverschlammung und Regelung der Fließeigenschaften [107] [114]

hat sich eine kontinuierliche elektrische Verknüpfung der Dichtemessung mit der Verschlammungsbestimmung als vorteilhaft erwiesen (Bild 34). Zusammenfassend läßt sich diese kombinierte Methode wie folgt charakterisieren: Durch das Meßrohr wird die Änderung der Induktivität erfaßt und dies dann als Masseanteil Schwerstoff angezeigt. Dieser Wert sowie die Trübedichte, die Dichten von Schwerstoff und unmagnetischem Feststoff werden einem Prozeßrechner eingegeben, der einerseits die Ist-Werte für die Regelung liefert und andererseits den Verschlammungsgrad zur Anzeige und Registrierung gibt. Die automatische Regelung geht dann so vor sich, daß der Regler den ermittelten Ist-Wert mit dem Soll-Wert vergleicht und bei überschrittenem Soll-Wert den Befehl gibt, einen Teil der Arbeitstrübe über die Regeneration zu führen.

Die laufende Kontrolle der Trennschärfe eines Schwertrübescheiders erfolgt in herkömmlicher Weise über Probenahme, Dichteanalyse und Aufstellen der Trennfunktion. Diese Form der Prozeßkontrolle ist jedoch arbeitsaufwendig. Für Schnellmethoden zur Beurteilung des Trennverhaltens sind synthetische markierte Teilchen verschiedener Dichte benutzt worden (z. B. Teilchen aus Magnetit und Harz verschiedener Farbe [115], radioaktiv markierte Testkörnungen in der Diamant-Aufbereitung [43]).

1.1.8 Trockene Schwimm-Sink-Sortierung

Es sind immer wieder Bemühungen zu erkennen gewesen, trockene Schwimm-Sink-Prozesse zur Betriebsreife zu entwickeln (siehe z. B. [26] [117] bis [119]). Für die Aufbereitung mineralischer Rohstoffe besteht vor allem unter ariden oder sehr kalten klimatischen Bedingungen ein Interesse am Einsatz derartiger Prozesse. Weiterhin existieren Anwendungsmöglichkeiten im Rahmen des Recycling sowie der Landtechnik.

Für die trockene Schwimm-Sink-Sortierung kommt als Trennmedium eine fluidisierte Schwerstoffschicht in Betracht. Läßt man durch eine Kornschicht ein Fluid aufströmen, so geht diese bei Überschreiten einer bestimmten Geschwindigkeit (Lockerungsgeschwindigkeit, Wirbelpunktgeschwindigkeit), bei der die auf die Schicht wirkenden Strömungskräfte mit den Massenkräften (Schwerkraft minus Auftrieb) im Gleichgewicht sind, in den Wirbelschicht- bzw. Fließbett-Zustand über (siehe hierzu auch Abschn. 1.2.1.1). Eine Wirbelschicht ist eine fluidisierte Kornschicht, die sich hinsichtlich ihrer Eigenschaften in vielerlei Hinsicht mit einer Flüssigkeit bzw. Suspension vergleichen läßt [120]. Deshalb eignet sich die Wirbelschicht eines körnigen Stoffes als Trennmedium. Allerdings bereitet die Herstellung einer homogenen Wirbelschicht mit Gasen als Fluid gewisse Schwierigkeiten. Eine homogene Wirbelschicht erreicht man hier am ehesten, wenn nur wenig oberhalb der Lockerungsgeschwindigkeit und mit konstanter Aufstromgeschwindigkeit über das Gutbett hinweg gearbeitet wird, der Schwerstoff genügend eng klassiert ist und die an die Korngrößenverteilung des Aufgabegutes angepaßte Betthöhe möglichst niedrig gehalten wird [117] [119] [120].

Im Bild 35 ist ein Wirbelschicht-Schwingtrog-Scheider dargestellt [117] [119]. Der Trenntrog (1) ist auf Lenkerfedern gelagert und schwingt in Längsrichtung. Am Boden des Troges befinden sich vier Kammern, denen die Luft regelbar zugeführt wird. Die Luft tritt durch den perforierten Wirbelschichtträger (2) in das Schwerstoffbett ein. Aufgabegut A und umlaufender bzw. regenerierter Schwerstoff St werden getrennt von oben dem fluidisierten Schwerstoffbett zugeführt. Das im Bett absinkende Schwergut wird aufgrund der Schwingbewegung am Trogboden zum Schwergutaustrag gefördert. Ein Abschwimmen des Leichtgutes in der gleichen Richtung verhindert das Wehr (4). Schwingt der Trog in der Nähe seiner Eigenfrequenz (im belasteten Zustand), so bildet sich am Leichtgutaustrag ein Wirbel aus, der eine Art Austragwehr bildet, so daß der Trog dort offenbleiben kann. Schwergut und Leichtgut werden auf Sieben (5) vom Schwerstoff abgetrennt. Letzterer wird nach entsprechender Regeneration im Kreislauf geführt.

Auch die für die Trockensortierung entwickelte Einschnür-Rinne (*Dryflo*-Scheider; siehe hierzu Abschn. 1.3.2.2) läßt sich als Schwimm-Sink-Scheider betreiben, wenn man außer dem

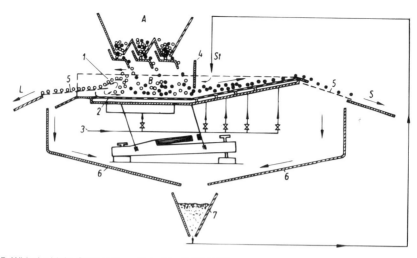

Bild 35 Wirbelschicht-Schwingtrog-Scheider [117] [119]
(1) Trenntrog; (2) Wirbelschichtträger; (3) Luftzufuhr; (4) Wehr; (5) Schwerstoff-Abtrennsiebe; (6) Schurren; (7) Schwerstoff-Sammelbehälter
A Aufgabe; *B* Schwerstoffbett; *L* Leichtgut; *St* Schwerstoffaufgabe

eigentlichen Aufgabegut einen Schwerstoff zuführt [121] [122]. Auch hierbei vollzieht sich die Trennung in einer durch vom Boden aufströmende Luft fluidisierten Kornschicht. Der *Dryflo*-Scheider hat sich z. B. für die Kabelschrott-Sortierung in die Praxis eingeführt [122].

1.1.9 Anwendung der Schwimm-Sink-Sortierung

Die Schwimm-Sink-Sortierung wird überwiegend in Form der Schwertrübe-Sortierung in der Aufbereitungstechnik angewendet. Hervorzuheben ist im Vergleich zu anderen Dichtesortierprozessen insbesondere die hohe Trennschärfe, so daß auch bei geringen Dichtedifferenzen gute Trennungen gelingen. Dieser Vorteil überwiegt nicht selten den Nachteil höherer Anlage- und Betriebskosten.

In der Steinkohlenaufbereitung wird die Schwertrübe-Sortierung vor allem dort eingesetzt, wo niedrige Aschegehalte oder hohe Trennschärfe unbedingt anzustreben sind oder ungünstige Verwachsungsverhältnisse vorliegen. Weitere Vorteile der Schwertrübe-Sortierung sind eine geringe Empfindlichkeit gegenüber Aufgabeschwankungen, schnelle Anpassungsfähigkeit an wechselnde Sortiererfordernisse und schließlich auch, daß die obere verarbeitbare Korngröße bis weit in den Stückkohlenbereich hineinreicht [52] [114]. Folglich hat die Schwertrübe-Sortierung für die Grob- und Stückkohlenaufbereitung (Grobkohle 10 ... 80 mm, Stückkohle > 80 mm) größere Verbreitung gefunden. Dafür sind Schwerkraftscheider verschiedener Bauart eingesetzt worden. Jedoch ist unübersehbar, daß die Setzmaschinen in den letzten beiden Jahrzehnten hinsichtlich Größe bzw. Durchsatz sowie Trennschärfe eine beachtliche Entwicklung durchlaufen haben, so daß man diesen bei Vorliegen günstiger Verwachsungsverhältnisse in neueren Projekten wegen deren niedriger Anlage- und Betriebskosten wieder einen gewissen Vorzug eingeräumt hat [3] [123] bis [128] [130]. Dabei werden Grob- und Feinkohlen teilweise auch gemeinsam auf einer Setzmaschine verarbeitet. Sogar für die Bergevorabscheidung im Grob- und Stückkohlenbereich sind inzwischen Stauchsetzmaschinen entwickelt worden [127] bis [129] [188]. Für die Sortierung von Feinkohlen (0,5 ... 10 mm) hatte sich die Schwertrübe-Sortierung schon früher gegenüber dem Setzprozeß weniger einführen können. Hat man sich jedoch dazu entschlossen, so kommen in neuerer Zeit neben den Schwertrübezyklonen auch neuere Entwicklungen von Zentrifugalkraftscheidern zur Anwendung. Als Schwerstoff benutzt man für die Schwertrübe-Sortierung von Steinkohlen fast ausschließlich Magnetit. Ferner können Wasserzyklone in der Steinkohlenaufbereitung vor allem eine Alternative zur Flotation für die Sortierung der Anteile < 1 mm darstellen.

In der Buntmetallerzaufbereitung läßt sich unter entsprechenden Voraussetzungen mit Hilfe der Schwimm-Sink-Sortierung eine Voranreicherung in gröberen Kornbereichen erzielen, bevor nach anschließender Mahlung die Erzeugung der Fertigkonzentrate im Fein- oder Feinstkornbereich geschieht. So sind beispielsweise die Sulfide von Blei-Zink-Erzen untereinander meist relativ fein, als „Kollektiv" gegenüber der Gangart aber wesentlich gröber verwachsen, so daß ein Bergeabstoß aus gröberen Körnungen ökonomisch vorteilhaft sein kann. Erfolgreiche Anwendungen eines Bergevorabstoßes sind auch von der Aufbereitung feinverwachsene Zinnerze bekannt.

In der Eisenerzaufbereitung können bei einer – heute jedoch nur noch selten vorliegenden – groben Verwachsung der Roherze mit Hilfe der Schwimm-Sink-Sortierung gegebenenfalls Fertigkonzentrate erzeugt werden.

Auch für andere mineralische Rohstoffe wird die Schwimm-Sink-Sortierung erfolgreich eingesetzt, wie z. B. für Fluorit-, Baryt- und Diamant-Erze, Rohmagnesit sowie Rohsalze (Steinsalz, Kalisalze).

Erze und andere anorganische Rohstoffe sortiert man in Schwertrüben bis zu oberen Korngrößen von etwa 200 mm. Dabei finden Konus- und Kastenscheider bis zu Korngrößen von etwa 3 bis 4 mm herunter Anwendung, in Sonderfällen sogar bis 1,5 mm. Auf Trommelscheidern wird vorwiegend Gut > 10 mm und in Schwertrübezyklonen vor allem im Bereich 0,5 bis 25 mm sortiert. Als Schwerstoffe kommen in Schwerkraftscheidern für Trenndichten > 2200 kg/m³ hauptsächlich FeSi, manchmal auch Gemische von FeSi und Fe_3O_4 zur Anwendung. Gegebenenfalls lassen sich in Schwertrübezyklonen Trenndichten bis etwa 2700 kg/m³ mit Fe_3O_4 realisieren.

Neue Anwendungsfelder für die Schwimm-Sink-Sortierung haben sich im Rahmen des Recyclings herausgebildet [9]. Hier ist zunächst die Akkuschrott-Sortierung zu nennen, für die sowohl Schwerkraft-Schwertrübescheider als auch Wasserzyklone eingesetzt worden sind [46] [47] [131] [134]. Ein weiteres Anwendungsgebiet ist die Sortierung der NE-metallhaltigen Zwischenprodukte der Stahlleichtschrott-Aufbereitung (z.B. Autoschrotte) [53] [54] [132] bis [134], und zwar sowohl für die Abtrennung der Nichtmetalle (Kunststoffe, Holz, Gummi u.a.) bei Trenndichten von etwa 2200 bis 2500 kg/m³ als auch für die Trennung von Aluminium bzw. dessen Legierungen und den Buntmetallen bzw. deren Legierungen bei Trenndichten von 2900 bis 3400 kg/m³. Dafür kommen Schwerkraftscheider und Schwertrübezyklone zum Einsatz, bei Vorliegen eines feineren Aufgabegutes für den erstgenannten Trennschnitt auch Wasserzyklone. Ferner lassen sich mit letzteren beim Recycling von Kunststoffen Polyethylen und/oder Polypropylen (beide γ < 1000 kg/m³) von den anderen Kunststoffen abtrennen [49] bis [51] [135] (siehe auch Abschn. 3.4.7).

Der erzielbare Durchsatz eines Schwimm-Sink-Scheiders wird neben seiner Größe vor allem von der Korngrößen- bzw. Stückgrößenzusammensetzung und dem Dichteaufbau des zu verarbeitenden Gutes, den Strömungsverhältnissen im Scheider, den rheologischen Eigenschaften der Schwertrübe sowie der angestrebten Trennschärfe mitbestimmt. Folglich streuen die in Betriebsanlagen erreichbaren spezifischen Durchsätze erheblich.

In den Tabellen 3, 4 und 6 sind verschiedene technologische Kennziffern von Schwimm-Sink-Scheidern zusammengestellt.

1.2 Sortierung durch Setzen

In einer durch einen aufwärts gerichteten Fluidstrom aufgelockerten Kornschicht ordnen sich die spezifisch leichteren Körner über den spezifisch schwereren ein, falls die durchmischenden

Wirkungen in bestimmten Grenzen gehalten werden. Es vollzieht sich eine Schichtung nach der Dichte, die von einer weiteren nach der Korngröße überlagert sein kann. Offensichtlich hat sich für die Schichtung nach der Dichte eine periodische Fluidisierung mittels eines pulsierenden Aufstromes als am wirksamsten erwiesen [2]. Diesen Prozeß, der schon seit Jahrhunderten für die Sortierung genutzt wird, bezeichnet man im deutschen Sprachgebrauch als Setzen. Hierbei gibt man das zu sortierende Gut einem Setzgutträger auf, der aus einem Rost oder Siebbelag besteht (Bild 36). Durch die Öffnungen des Setzgutträgers strömt das Fluid (Wasser oder Luft) periodisch auf und ab, wobei dessen Geschwindigkeitsverlauf als Funktion der Zeit z. B. sinusförmig sein kann. Im Ergebnis des Schichtungsvorganges entsteht eine Schichtenfolge, in der die Korndichten von unten nach oben abnehmen und die mit Hilfe von Austragvorrichtungen in Produkte verschiedener Qualität zerlegt werden kann (Bild 36).

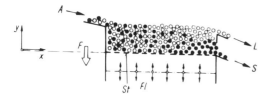

Bild 36 Wirkprinzip der Sortierung im pulsierenden Aufstrom (Setzen)
A Aufgabe; L Leichtgut; S Schwergut; F Kraftfeld; Fl Fluid; St Setzgutträger

Während bei der Schwimm-Sink-Sortierung die Körner in einem speziellen Trennmedium unabhängig voneinander in Dichteprodukte getrennt werden, kann sich der Setzprozeß nur in einer Vielkornschicht, d.h. einem Kollektiv der zu trennenden Körner, vollziehen.

Als Fluid kommt hauptsächlich Wasser, selten Luft, in Betracht. Die Anwendung von **Aerosetzmaschinen** (**Luftsetzmaschinen**) ist wegen der geringeren Trennschärfe auf Sonderfälle beschränkt geblieben.

Die pulsierende Bewegung des Fluids durch das Setzbett erreicht man bei **Hydrosetzmaschinen** (**Naßsetzmaschinen**) entweder dadurch, daß der Setzgutträger im ruhenden Fluid periodisch gehoben und gesenkt wird (**Stauchsetzmaschine**, Bild 37 a) oder daß bei feststehendem Setzgutträger das Fluid mittels Kolben (**Kolbensetzmaschine**, Bild 37 b), Druckluft (**luftgesteuerte Setzmaschine**) oder auf andere Weise bewegt wird.

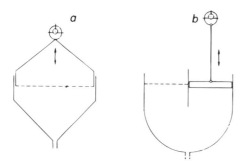

Bild 37 a) Stauchsetzmaschine, schematisch
b) Kolbensetzmaschine, schematisch

Den Setzprozeß beeinflussen eine Reihe von Einflußgrößen. Dazu gehören insbesondere der Dichteaufbau und die Korn- bzw. Stückgrößenverteilung des Aufgabegutes sowie Art und Intensität der Fluidströmung durch die Kornschicht, wofür vor allem Hub und Hubzahl sowie die Menge an Unterwasser maßgebend sind. Der Setzprozeß zeichnet sich durch Einfachheit und Robustheit der Ausrüstungen sowie durch vergleichsweise niedrige Durchsatzkosten aus. Dies hat auch in neuerer Zeit zu bedeutenden Weiterentwicklungen im Rahmen der Aufbereitung mineralischer Rohstoffe angeregt, die insbesondere die Größe bzw. den Durchsatz der Setzmaschinen sowie die Verbesserung der Trennschärfe betreffen [3]. Auch im Rahmen des Recyclings fester Stoffe findet dieser Trennprozeß steigende Beachtung, falls insbesondere die Erfordernisse hinsichtlich Dichtedifferenz, Größen- und Formzusammensetzung der Teilstücke erfüllt sind [9].

1.2.1 Grundlagen des Setzprozesses

Obwohl der Setzprozeß schon seit Jahrhunderten zur Sortierung mineralischer Rohstoffe benutzt wird, sind seine theoretischen Grundlagen erst in neuerer Zeit stärker entwickelt worden. Trotzdem steht eine in sich geschlossene theoretische Deutung noch aus. Im nachfolgenden wird versucht, einer derartigen Deutung nahezukommen. Da die Schichtung der Körner nach der Dichte eine Fluidisierung bzw. Auflockerung der Kornschicht voraussetzt, werden zunächst die entsprechenden verfahrenstechnischen Grundlagen dafür kurz dargestellt, und zwar zuerst für die Auflockerung in einem stationären Aufstrom und anschließend im pulsierenden Fluidstrom. Schließlich wird erörtert, welche Mechanismen im aufgelockerten Zustand einer Kornschicht zur Schichtung nach der Dichte führen.

1.2.1.1 Auflockerung einer Kornschicht im stationären Aufstrom

Die Auflockerung von Kornschichten unter der Wirkung eines aufströmenden Fluids spielt in der Technik eine wichtige Rolle (siehe z. B. [136] [137]). Man bezeichnet die dabei entstehenden Systeme als Wirbelschichten bzw. Fließbetten. Ihr Zustandekommen, Verhalten und ihre Eigenschaften sind auch für den Setzprozeß von Bedeutung.

Bei der Durchströmung einer Kornschüttung, die auf einem fluiddurchlässigen Boden (Anströmboden) in einem schachtartig ausgebildeten Apparat lagert, verändert sich deren Porosität ε bei entsprechend geringer Fluidgeschwindigkeit nicht, d.h., sie behält ihre Höhe H_{Sch} bei (Bild 38), und die Körner bleiben in Ruhelage (**ruhende Schüttschicht**). Bei weiterer Steigerung der Fluidgeschwindigkeit setzen unmittelbar vor dem Übergang in den fluidisierten Zustand zunächst gewisse beschränkte Umordnungen ein, d.h., einzelne Körner verändern ihre Lage, andere vibrieren oder bewegen sich innerhalb begrenzter Gebiete. Schließlich voll-

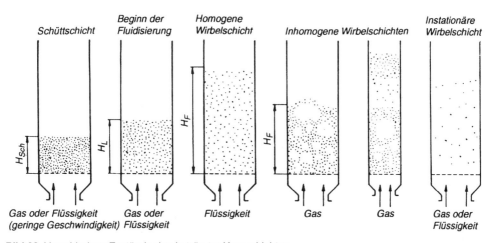

Bild 38 Verschiedene Zustände durchströmter Kornschichten

zieht sich bei weiterer Geschwindigkeitssteigerung der Übergang in den Bereich, in dem die von der Strömung auf die Schicht ausgeübten Kräfte den statischen Druck der Schüttung über das gesamte Volumen hinweg überwinden. Die Porosität ist dann so groß geworden, daß die einzelnen Körner gegenseitig vollständig beweglich sind (**Wirbelschicht, Fließbett**) (Bild 38). Dieser für den Übergang charakteristische Punkt wird als **Lockerungspunkt** (**Wirbelpunkt**) und die entsprechende Fluidgeschwindigkeit als **Lockerungsgeschwindigkeit** bezeichnet. Allerdings ergibt sich nur für enge Kornklassen ein scharf definierter Lockerungspunkt, bei Vorliegen breiterer Korngrößenverteilungen ein Lockerungsbereich.

Mit einer Flüssigkeit als Fluid entsteht nach Überschreiten des Lockerungspunktes immer eine entsprechend der Fluidgeschwindigkeit sich weiter ausdehnende **homogene Wirbelschicht**, in der Gleichgewicht zwischen den auf sie wirkenden Strömungskräften und dem um den Auftrieb verminderten Gewicht der Kornschicht besteht (Bild 38) [120] [136] [137]. Dieser Zustand ist dadurch gekennzeichnet, daß die Körner über das gesamte Volumen der Schicht hinweg statistisch homogen verteilt sind; die Porosität ist örtlich und zeitlich bei gegebener Fluidgeschwindigkeit konstant.

Gas-Feststoff-Systeme verhalten sich im allgemeinen anders. Oberhalb des Lockerungspunktes treten gutabhängig in geringerem oder größerem Abstand von diesem Instabilitäten auf. So bilden sich meist sog. Blasen, d.h. mehr oder weniger feststoffarme Gebiete, die nach oben aufsteigen und sich durch Koaleszenz vergrößern (Bild 38). Die Mindest-Fluidgeschwindigkeit, bei der Blasenbildung eintritt, liegt für freifließendes bis schwach-kohäsives Schüttgut um so näher bei der Lockerungsgeschwindigkeit, je gröber die Körnung ist [138] bis [140]. Mit wachsender Gasgeschwindigkeit wird die Durchbewegung in der Wirbelschicht immer heftiger. Allerdings expandiert diese im Vergleich zur Flüssigkeits-Feststoff-Wirbelschicht nicht viel über das Ausmaß hinaus, das bereits am Wirbelpunkt erreicht ist. Im instabilen Übergangsbereich zur instationären Wirbelschicht können bei genügend schlanken und hohen Wirbelschichtapparaturen und nicht feinkörnigem Gut Blasen auftreten, die sich über den ganzen Schichtquerschnitt erstrecken (Bild 38).

Die bisher vorgestellten Wirbelschichtzustände kann man, wenn von den Instabilitäten abgesehen wird, als **stationäre Wirbelschichten** bezeichnen. Hierbei ist die obere Schichtbegrenzung gegenüber dem darüber befindlichen Fluidraum noch deutlich ausgeprägt. Allerdings werden dabei einzelne Körner schon nach oben ausgeschleudert und gegebenenfalls auch mit der Fluidströmung abgeführt. Ob letztere vom Fluidstrom abtransportiert werden oder nicht, hängt letztlich vom Verhältnis der Schwebegeschwindigkeit der einzelnen Körner zur Fluidgeschwindigkeit ab. Solange die erstere größer als die letztere ist, werden die ausgestoßenen Einzelkörner wieder zurückfallen. Bei breiterer Korngrößenverteilung kann dieser Umstand für Klassierprozesse ausgenutzt werden, wenn der abzutrennende Feinkornanteil gering ist (Wirbelschicht-Klassierung). Solange die Differenz zwischen Fluidgeschwindigkeit und Lockerungsgeschwindigkeit noch nicht zu groß ist, vollziehen sich insbesondere innerhalb homogener Wirbelschichten auch Klassiereffekte, indem sich die gröberen Körner in den unteren Schichtteilen, die feineren in den oberen anreichern. Bei Vorliegen von Dichtedifferenzen überlagern sich entsprechende Sortiereffekte [141] bis [143].

Wird die Schwebegeschwindigkeit aller Körner überschritten, so verschwindet die obere Schichtgrenze, und das gesamte Gut wandert stark aufgelockert mit dem Fluidstrom (**instationäre Wirbelschicht**, siehe Bild 38).

Für den Druckverlust Δp, den ein Fluid beim Durchströmen einer Kornschicht der Höhe H erfährt, kann man setzen [120]:

$$\frac{\Delta p}{H} = \lambda \, \frac{\rho u^2}{d_{ST}} \, \frac{1-\varepsilon}{\varepsilon^3} \tag{15}$$

    u Anströmgeschwindigkeit (Leerrohrgeschwindigkeit) des Fluids
    d_{ST} Sauter-Durchmesser des Körnerkollektivs (siehe Band I „Korngrößenverteilungen")

ε Porosität der Kornschicht ($\varepsilon = (V_{Sch} - V_P)/V_{Sch}$;
V_{Sch} – Kornschichtvolumen; V_P – Körnervolumen)
λ Widerstandszahl der Kornschicht, wobei:
$\lambda = f(Re, \varepsilon)$ und $Re = (u\, d_{ST}\, \rho)/\eta$

Für Brechgut mit enger Korngrößenverteilung ergab sich nach *Ergun* [144]:

$$\lambda = 150\frac{1-\varepsilon}{Re} + 1{,}75 \tag{16}$$

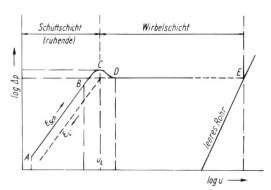

Bild 39 Druckverlust in einer Kornschicht in Abhängigkeit von der Fluidgeschwindigkeit

Die weiteren Betrachtungen sollen anhand des Bildes 39 erfolgen, in dem die Abhängigkeit $\log \Delta p = f(\log u)$ dargestellt ist. Zwischen A und C liegt die ruhende Schüttschicht mit der Porosität ε_{Sch} vor. Zwischen B und C treten die bereits genannten Umordnungen auf. Bei C schließlich ist der maximale Druckabfall erreicht, der etwas größer als der von der Schüttung ausgeübte statische Druck ist. Eine weitere Steigerung der Fluidgeschwindigkeit führt dazu, daß sich die Porosität plötzlich auf den Wert ε_L verändert, die Körner in der durchströmten Kornschicht schweben und relativ zueinander beweglich werden (Lockerungspunkt, Wirbelpunkt). Unmittelbar im Anschluß an C fällt die Druckdifferenz auf den Wert ab, der durch den statischen Druck der Kornschicht bestimmt ist. Der Kurvenverlauf ABCD ist bei Verminderung der Fluidgeschwindigkeit nicht reproduzierbar, sondern die Abhängigkeit verläuft längs der gestrichelt gezeichneten Kurve. Dies bedeutet, daß die Wirbelschicht in eine ruhende Schüttschicht mit der Porosität ε_L ($\varepsilon_L > \varepsilon_{Sch}$) übergeht. Die für den Übergang in den Wirbelschichtzustand kennzeichnende Porosität ε_L läßt sich für viele Systeme angenähert durch die folgenden Beziehungen erfassen [145]:

$$\frac{1}{\psi_A \varepsilon_L^3} \approx 14 \quad \text{oder} \quad \frac{1-\varepsilon_L}{\psi_A^2 \varepsilon_L^3} \approx 11 \tag{17}$$

ψ_A Kornformfaktor (Sphärizität)

Der Übergang in den fluidisierten Zustand am Lockerungspunkt ist durch folgendes Kräftegleichgewicht gegeben:

$$\underbrace{(1-\varepsilon_L)(\gamma-\rho)g}_{(F_G - F_A)/A\, H_L} = \underbrace{\lambda\frac{\rho u_L^2}{d_{ST}}\frac{1-\varepsilon_L}{\varepsilon_L^3}}_{\Delta p / H_L} \tag{18}$$

u_L Lockerungsgeschwindigkeit
$F_G; F_A$ Gewicht der Kornschicht bzw. auf diese wirkender statischer Auftrieb
A angeströmte Querschnittsfläche der Kornschicht
H_L Schichthöhe am Wirbelpunkt

Daraus erhält man für die Lockerungsgeschwindigkeit u_L [120]:

$$u_L = 42,9 \frac{1-\varepsilon_L}{d_{ST}} \frac{\eta}{\rho} \left[\sqrt{1 + 3,1 \cdot 10^{-4} \frac{(\gamma-\rho)\,\rho\,g\,d_{ST}^3\,\varepsilon_L^3}{\eta^2\,(1-\varepsilon_L)^2}} - 1\right] \qquad (19)$$

oder für den Bereich, in dem die Zähigkeitskräfte für den Durchströmungswiderstand überwiegen (d.h., zweites Glied von Gl (16) ist vernachlässigbar):

$$u_L = \frac{1}{150} \frac{(\gamma-\rho)\,d_{ST}^2\,g}{\eta} \frac{\varepsilon_L^3}{1-\varepsilon_L} \qquad (20)$$

oder für den Bereich, in dem die Trägheitskräfte vorherrschen (d.h., erstes Glied in Gl. (16) kann vernachlässigt werden):

$$u_L = \sqrt{\frac{1}{1,75} \frac{\gamma-\rho}{\rho}\,g\,d_{ST}\,\varepsilon_L^3} \qquad (21)$$

für $Re_L > 1000$

Theoretisch erstreckt sich der Wirbelschichtbereich von der Lockerungsgeschwindigkeit u_L mit der Porosität ε_L bis zur Schwebegeschwindigkeit, die dem Betrage nach mit der stationären Sinkgeschwindigkeit v_m der Einzelkörner übereinstimmt (siehe Band I „Stromklassierung"). v_m beträgt im *Stokes*-Bereich ($Re < 0,5$):

$$v_m = \frac{(\gamma-\rho)\,d^2\,g}{18\,\eta} \qquad (22)$$

und im *Newton*-Bereich ($10^3 < Re < Re_c$):

$$v_m = \sqrt{\frac{3\,(\gamma-\rho)\,g\,d}{\rho}} \qquad (23)$$

In einer homogenen Wirbelschicht stellt sich also jeweils eine Porosität ein, bei der das Gleichgewicht zwischen den auf die Schicht wirkenden Strömungskräften und ihrem um den Auftrieb verminderten Gewicht besteht. Bildet man nun das Verhältnis von Schwebegeschwindigkeit zu Lockerungsgeschwindigkeit, so ergibt sich, wenn man $\varepsilon_L = 0,4$ ansetzt:

$$\left[\frac{v_m}{u_L}\right]_{lam} \approx 80 \quad \text{und} \quad \left[\frac{v_m}{u_L}\right]_{turb} \approx 9$$

Dies bedeutet, daß für eine Kornschicht das Geschwindigkeitsintervall (ausgedrückt durch das Geschwindigkeitsverhältnis), in dem sich eine stationäre Wirbelschicht ausbilden kann, im Bereich laminarer Durchströmung wesentlich breiter als bei turbulenter ist. Diese Feststellung könnte auch für den Setzprozeß im pulsierenden Fluidstrom bedeutsam sein [146]. Wenn man nämlich bedenkt, daß in einem Setzzyklus die Lockerungsgeschwindigkeit wegen des Zykluscharakters wesentlich kleiner als die maximale Aufstromgeschwindigkeit sein wird, um eine ausreichend lange Auflockerungsperiode zu gewährleisten, und weiter berücksichtigt, daß die jeweils feineren Körner zuerst aus dem Setzbett nach oben ausgestoßen werden, so sollte sich eine für die Trennung günstige Auflockerungsperiode für feinere bzw. spezifisch leichtere Körnungen (niedrigere Re-Zahl der Durchströmung!) besser realisieren lassen.

Bei E im Bild 39 trifft die Druckverlust-Kurve der Schicht theoretisch auf die des leeren Rohres bzw. Schachtes. Jedoch ist der letzte, gestrichelt gekennzeichnete Kurventeil vielfach wegen der erwähnten Instabilitäten nicht realisierbar.

1.2.1.2 Auflockerung einer Kornschicht im pulsierenden Fluidstrom

In Setzmaschinen erfolgt die Auflockerung des Setzbettes in einem pulsierenden Fluidstrom, dem im allgemeinen ein konstanter Fluidstrom (bei Hydrosetzmaschinen infolge von Unterwasserzusatz) überlagert ist. Jedoch übersteigt in Hydrosetzmaschinen die Aufstromgeschwindigkeit des letzteren gewöhnlich nicht 0,01 m/s, so daß dadurch die Auflockerung allein nicht ausgelöst werden kann. Mechanismus und Ablauf der Auflockerung in pulsierenden Fluidströmungen sind noch nicht ausreichend aufgeklärt, obwohl man sich in den letzten Jahrzehnten stärker darum bemüht hat (siehe z. B. [19] [146] bis [162] [187] [1502]). Vor allem geht es noch um die widerspruchsfreie Beantwortung der Frage, welcher Auflockerungsverlauf für den Setzprozeß am günstigsten ist und wie die dafür notwendigen Prozeßparameter vorausgesagt werden können.

Beim Setzprozeß beträgt die Porosität des aufgelockerten Setzbettes etwa 0,45 bis 0,75. Offensichtlich verläuft bis zu gewissen Grenzwerten der Trennvorgang um so schneller, je größer die Auflockerung und der Zeitanteil des Auflockerungszustandes am Gesamtzyklus sind. Je größer die Auflockerung ist, um so kleiner muß jedoch das Korngrößenverhältnis gemeinsam setzbarer Körner gewählt werden.

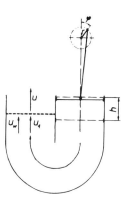

Bild 40 Zur Kinematik auf einer Kolbensetzmaschine

Für die weiteren Überlegungen ist es zweckmäßig, die pulsierende Fluidströmung zu charakterisieren. Dies soll am Beispiel einer Kolbensetzmaschine mit Exzenterantrieb nach Bild 40 geschehen, so daß ein harmonisches Setzhubdiagramm vorliegt. Mißt man den Winkel φ aus der oberen Totlage, so ergeben sich:

a) der Kolbenweg s zu:

$$s = \frac{h}{2}(1 - \cos(\omega t)) \tag{24}$$

$h = 2r$ Hub
$\omega = 2\pi n$ Winkelgeschwindigkeit
n Hubzahl je Zeiteinheit

b) die Kolbengeschwindigkeit c:

$$c = \frac{h}{2}\omega \sin(\omega t) \tag{25}$$

Die Vertikalgeschwindigkeit des Fluids unter dem Setzgutträger berechnet sich dann wie folgt:

a) ohne überlagerten stationären Fluidstrom (ohne Unterwasser):

$$u_1 = \delta k c \tag{26}$$

δ Faktor zur Berücksichtigung von Spaltverlusten
k Verhältnis von Kolbenfläche zu Setzfläche

b) mit überlagertem stationären Fluidstrom (mit Unterwasser):

$$u_2 = \delta k c + u_W \tag{27}$$

u_W Aufstromgeschwindigkeit des überlagerten stationären Fluidstromes

Über den Durchströmungswiderstand einer Kornschicht bei pulsierender Strömung liegen nur wenige Untersuchungen vor [160]. Analog zu Gl. (15) kann man setzen:

$$\frac{\Delta p}{H} = \lambda^* \frac{\rho u^2}{d_{ST}} \frac{1-\varepsilon}{\varepsilon^3} \tag{28}$$

wobei die Widerstandszahl λ^* außer von Re und ε noch zusätzlich vom Charakter der Pulsbewegung (Hub, Hubzahl) abhängt. Letzteres gilt für den turbulenten Anteil des Widerstandes, weil das Pulsieren den Turbulenzcharakter der Strömung im Innern der Kornschicht beeinflußt [160]. Es darf angenommen werden, daß für λ^* analog zu Gl. (16) gesetzt werden darf:

$$\lambda^* = a^* \frac{1-\varepsilon}{Re} + b^* \tag{29}$$

Der Beginn des Auflockerns einer Kornschicht im pulsierenden Aufstrom wird durch folgendes Kräftegleichgewicht bestimmt:

$$\underbrace{(1-\varepsilon_L)(\gamma-\rho)g}_{(F_G - F_A)/A H_L} = \underbrace{\lambda^* \frac{\rho u_L^{*2}}{d_{ST}} \frac{1-\varepsilon_L}{\varepsilon_L^3}}_{\Delta p/H_L} + \underbrace{\rho(1-\varepsilon_L)\frac{du}{dt}\bigg|_{t=t_L}}_{F_p/A H_L} \tag{30}$$

u_L^* Lockerungsgeschwindigkeit der Kornschicht im pulsierenden Aufstrom
F_p Druckkraft auf die Kornschicht infolge beschleunigter Strömung

Im Bereich laminarer, pulsierender Strömung, d.h. für die Auflockerung einer genügend feinkörnigen Schicht, gilt $\lambda_{lam} = \lambda^*_{lam}$ [160] und folglich mit Hilfe der Gln. (16) und (29):

$$\lambda^*_{lam} \approx a^* \frac{1-\varepsilon}{Re} = 150 \frac{1-\varepsilon}{Re}$$

Wenn weiterhin die Pulsbewegung gemäß einer harmonischen Schwingung verläuft und Gl. (27) mit $k = 1$ und $\delta = 1$ berücksichtigt wird, so folgt aus Gl. (30):

$$(\gamma-\rho)g = 150 \frac{1-\varepsilon_L}{\varepsilon_L^3} \frac{\eta}{d_{ST}^2} \left(\frac{h}{2}\omega\sin(\omega t_L) + u_W\right) + \rho \frac{h}{2}\omega^2\cos(\omega t_L) \tag{31}$$

Wenn es sich nun darum handelt, eine untere Grenzbedingung anzugeben, die überschritten werden muß, damit Auflockerung und somit der Setzprozeß eintreten können, so kann $\sin(\omega t_L) = 1$ und $\cos(\omega t_L) = 0$ gesetzt werden. Somit erhält man aus Gl. (31) unter Beachtung von $\omega = 2\pi n$:

$$h n > \frac{1}{\pi} \left(\frac{1}{150} \frac{(\gamma-\rho)d_{ST}^2 g}{\eta} \frac{\varepsilon_L^3}{1-\varepsilon_L} - u_W\right) \tag{32a}$$

bzw. mit der Lockerungsgeschwindigkeit u_L bei stationärer Durchströmung:

$$h n > \frac{1}{\pi}(u_L - u_W) \tag{32b}$$

Diese untere Grenzbedingung für die Auflockerung im pulsierenden Fluidstrom entspricht somit jener unter stationären Strömungsverhältnissen.

Bei turbulenter Durchströmung ergibt sich entsprechend aus Gl. (30):

$$(\gamma-\rho)g = b^* \frac{\rho}{d_{ST}\varepsilon_L^3}\left(\frac{h}{2}\omega\sin(\omega t_L) + u_W\right)^2 + \rho\frac{h}{2}\omega^2\cos(\omega t_L) \tag{33}$$

Als untere Grenzbedingung für die Auflockerung und damit den Setzprozeß erhält man somit:

$$h n > \frac{1}{\pi} \left(\sqrt{\frac{1}{b^*} \frac{\gamma - \rho}{\rho} g \, d_{ST} \, \varepsilon_L^3} - u_W \right), \tag{34}$$

wobei λ^*_{turb} und somit auch b^* vom Charakter der Pulsbewegung abhängen. Dabei gilt allgemein: $\lambda^*_{turb} > \lambda_{turb}$ und deshalb auch $b^* > 1{,}75$ [160].

Nach oben wird der für das Setzen in Betracht zu ziehende Bereich dadurch begrenzt, daß die Fluidbeschleunigung nicht die Schwerebeschleunigung erreichen bzw. übersteigen darf:

$$\frac{h}{2} \omega^2 < g \tag{35a}$$

bzw.

$$h n^2 < \frac{g}{2 \pi^2} \tag{35b}$$

Durch die Gln. (32) bzw. (34) und (35) ist somit das Intervall gekennzeichnet, in dem der Setzprozeß durchzuführen ist. Im Bild 41 sind $n = f(h)$ auf Grundlage von Gl. (35) und die Betriebsbedingungen zahlreicher in der Praxis betriebener Naßsetzmaschinen mit harmonischem Setzhubdiagramm nach *Kizeval'ter* [147] eingetragen.

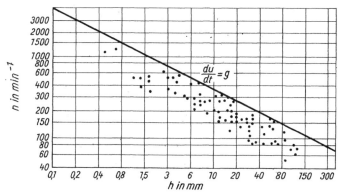

Bild 41 Beziehung zwischen Hubzahl n und Hub h bei Setzmaschinen mit harmonischem Setzhubdiagramm [147] (Die eingetragenen Punkte entsprechen den Betriebsparametern in der Praxis betriebener Hydrosetzmaschinen für Erze)

Bei der Festlegung von Hub und Hubzahl ist noch folgendes zu beachten: Die Setzbetthöhe wird um so größer sein müssen, je gröber das Aufgabegut ist, weil für jedes auszutragende Produkt eine von der oberen Korngröße linear abhängige Mindestschichthöhe aufrechterhalten werden muß. Um eine bestimmte Auflockerung zu erreichen, muß folglich die absolute Ausbreitung des Setzbettes mit dessen Höhe zunehmen. Da aber zwischen maximaler Ausbreitung einerseits sowie dem Hub andererseits unmittelbare Wechselbeziehungen bestehen, wird man beim Grobkornsetzen wesentlich längere Hübe und geringere Hubzahlen als beim Feinkornsetzen wählen müssen.

Über den **Verlauf der Auflockerung** in Setzbetten liegt eine Reihe von experimentellen Ergebnissen vor (siehe z. B. [148] bis [152] [157] [158]).

Die Auflockerung von Kugelschüttungen unter dem Einfluß eines nach harmonischen Schwingungen gepulsten Wasserstromes untersuchte *Hentzschel* [148]. Danach werden monodisperse Schüttungen von Kugeln gleicher Dichte zunächst als Ganzes vom Aufstrom angehoben. Bald fallen jedoch an der Unterseite Kugeln von der angehobenen Schüttung ab, bilden ein Teilsystem mit größerer Porosität, und die Auflockerungsfront schreitet weiter nach oben fort. Über ähnliche Beobachtungen berichten auch andere Autoren [157] [161] [163] [164], wobei zum Teil auch geringfügiges Ausbreiten der Schüttung schon in der Anfangsphase festgestellt wurde [157]. Unterhalb der Auflockerungsfront befindet sich zunächst ein Wirbelschichtsystem, dessen Porosität durch die jeweilige Aufstromgeschwindigkeit bestimmt wird. Dieses Teilsystem ist nur solange beständig, wie gleichförmiger oder beschleunigter Aufstrom herrschen. Sobald sich die Aufstromgeschwindigkeit vermindert, entsteht ein instabiles System, dessen Porosität größer ist, als der herrschenden Aufstromgeschwindigkeit entspricht, so daß es sich wiederum zu verdichten beginnt. Dieses instabile Teilsystem bezeichnete *Hentzschel* als „Lockerschicht". Falls die Auflockerungsfront während der Existenz des Wirbelschichtzustandes noch nicht die Oberseite der Schüttung erreicht hat, wandert sie in der Lockerschichtperiode noch weiter nach oben. Sind die Betthöhe zu groß oder die Geschwindigkeit der Auflockerungsfront zu gering, so erreicht die letztere die Oberseite der Schüttung nicht.

In polydispersen Schüttungen von Kugeln gleicher Dichte beobachtete *Hentzschel* prinzipiell ähnliche Vorgänge. Allerdings soll sich dann im Wirbelschichtbereich stärker als während der Lockerschichtperiode ein Klassiereffekt überlagern. In einer bereits nach der Teilchengröße geschichteten Schüttung kann bei größeren Unterschieden der Teilchengrößen eine Auflockerung von oben nach unten erfolgen.

Auch polydisperse Schüttungen von Kugeln unterschiedlicher Dichte werden nach *Hentzschel* im ganzen angehoben. Im Wirbelschichtbereich soll die Schichtung nach der Schwarmsinkgeschwindigkeit vorherrschen, im Lockerschichtbereich dagegen ausschließlich nach der Dichte. Daraus wird die Schlußfolgerung gezogen, den Anteil des Wirbelschichtbereiches am Zyklus möglichst klein, den des Lockerschichtbereiches dagegen möglichst groß zu halten. Unterwasserzusatz und verzögerter Abstrom (asymmetrisches Setzhub-Diagramm) sollen dieses Vorhaben fördern.

Auch nach *Uhlig* [157] werden hohe Schichtungsgeschwindigkeiten nur erreicht, wenn Hub und Hubzahl so eingestellt sind, daß sich die Schüttung deutlich vom Setzgutträger abhebt. Allerdings muß dieses Abheben um so geringer sein, je feinere Körnungen verarbeitet werden. Für die untersuchten monodispersen Kugelschüttungen ergaben sich optimale Hubzahlen, die etwa 45% bis 60% der kritischen gemäß Gl. (35) entsprechen.

Plaksin, Klassen und Mitarbeiter untersuchten experimentell das Auflockern relativ eng klassierter feinkörniger Setzbetten auf Kolbensetzmaschinen [151]. Sie stellten fest, daß das Anheben des Setzbettes gleichzeitig mit seiner Ausdehnung vom Zentrum aus nach oben und unten geschieht sowie letzteres dazu führt, daß die unteren Körner zunächst auf dem Setzgutträger verbleiben und ihre Aufwärtsbewegung erst entsprechend später einsetzt. Ein geschlossenes Anheben am Anfang, wie es *Hentzschel* und *Uhlig* mit gröberen Kugelschüttungen feststellten, wurde mit diesem feinkörnigen Gut nicht vorgefunden. Die Kontakte zwischen den Körnern werden entsprechend der Setzbettausdehnung vermindert. Im Zusammenhang mit der im Laufe des Setzhubes eintretenden Geschwindigkeitsverminderung erfolgt nach Auffassung von *Plaksin, Klassen* und Mitarbeitern der sog. hydrodynamische Aufschluß, d.h., die Körner werden relativ zueinander frei beweglich bzw. das Bett geht in den vollständig suspendierten Zustand über. Zu diesem Zeitpunkt soll der Druckverlust Δp wieder auf den Betrag absinken, bei dem die auf das Bett wirkenden Strömungskräfte mit den Massenkräften im Gleichgewicht sind. Der hydrodynamische Aufschluß wäre folglich mit dem Übergang in den Lockerschichtbereich im Sinne *Hentzschels* vergleichbar.

Von einem den Ergebnissen von *Plaksin, Klassen* und Mitarbeitern ähnlichen Verlauf der Auflockerung des Setzbettes während des Setzhubes gehen auch *Vinogradov, Rafales-Lamarka, Kollodij* u.a. aus [153].

Durch neuere Untersuchungen mit Rohkohlen als Setzgut zeigten *Jinnouchi, Kita, Tanaka* u.a. [158] anhand experimenteller Ergebnisse, die sich durch Modellgleichungen recht gut widerspiegeln lassen, daß die Ausdehnung eines Setzbettes von dessen Oberseite her beginnt und zunächst langsam fortschreitet, bis beim Erreichen der maximalen Aufstromgeschwindig-

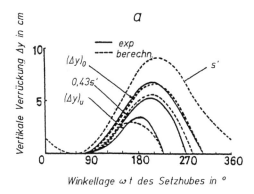

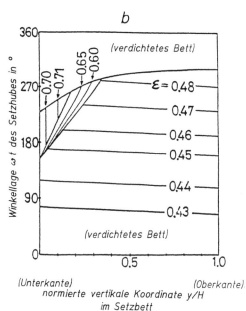

Bild 42 Gemessene und berechnete Körnerverrückung Δy in vertikaler Richtung (a) sowie berechnete Porosität ε (b) in einem Setzbett während des Verlaufes eines Setzhubes nach *Jannouchi, Kita, Tanaka* u.a. [158]
s' Niveau des Wasserspiegels
$y, \Delta y$ vertikale Koordinate im Setzbett bzw. Verrückung (Indices o bzw. u: Ober- bzw. Unterseite)
H Betthöhe

keit des Wassers dann eine stärkere Expansion in den unteren Lagen einsetzt, die sich schließlich aufsteigend fortsetzt. Im Bild 42 sind entsprechende experimentelle sowie aufgrund des Modells berechnete Ergebnisse wiedergegeben. Aus Bild 42 b wird besonders deutlich, daß der relativ langsame Verlauf beider Ausdehnungsvorgänge dazu führt, daß während des Zyklus die unteren Teile des Setzbettes stärker als die oberen aufgelockert werden. Auch aus diesem Grunde sind zu große Hubzahlen zu vermeiden, weil sie zu ungünstigen Bedingungen für die Schichtung nach der Dichte führen.

Von *Leest* und *Witteveen* [187] [238] [239] ist neuerdings eine Modellvorstellung über die Auflockerung einer Kornschicht im pulsierenden Fluidstrom entwickelt worden, nach der sich der einer Geschwindigkeitsänderung des Fluids entsprechende neue Auflockerungszustand am schnellsten im unteren Schichtteil einstellt und sich dann aufwärts fortpflanzt. Dabei ist die Fortpflanzungsgeschwindigkeit um so geringer, je größer der Auflockerungszustand ist. Auf diese Weise entstehen im Setzbett verschiedene Auflockerungszonen, die das Setzbett durchwandern. Experimentelle Untersuchungen konnten diese Modellvorstellungen jedoch nicht vollständig bestätigen.

Zusammenfassend lassen sich aus den dargestellten verfahrenstechnischen Grundlagen sowie den vorliegenden experimentellen Ergebnissen folgende Schlußfolgerungen ziehen [19]:

Die erzielbare Auflockerung eines Setzbettes unter der Wirkung eines pulsierenden Fluidstromes hängt von der Setzbetthöhe, dem granulometrischen Zustand des Setzgutes sowie dessen Dichteverteilung, dem Hub sowie der Hubzahl, dem Charakter des Setzhub-Diagramms und vom Unterwasserzusatz ab. Unter sonst gleichbleibenden Bedingungen verringert sich die Auflockerung mit zunehmender Betthöhe, und sie vergrößert sich mit einer Verschiebung der Korngrößenverteilung nach der Feinkornseite. Unter Voraussetzung eines harmonischen Setzhub-Diagramms erhöht sich bei vorgegebenem Setzhub die Auflockerung zunächst mit wachsender Hubzahl bis zu einem Grenzwert, um bei weiterer Steigerung wieder abzunehmen. Bei konstanter Hubzahl dagegen vergrößert sie sich mit Zunahme des Setzhubes bis zu einem Grenzwert. Ein ansteigender Unterwasserzusatz begünstigt die Auflockerung. Folglich sind die genannten Prozeßparameter für jeden Anwendungsfall aufeinander abzustimmen.

1.2.1.3 Schichtungsvorgang in Setzbetten

In einer durch einen pulsierenden Fluidstrom aufgelockerten Kornschicht vollziehen sich Relativbewegungen der Körner, die zu einer Schichtung nach der Dichte führen, wenn die Prozeßparameter (Hub, Hubzahl, Zusatzwasser) geeignet gewählt werden. Eine durchmischte Schicht von Körnern unterschiedlicher Dichte stellt ein Nicht-Gleichgewichtssystem dar, das durch die Auflockerung in die Lage versetzt werden soll, seinem Gleichgewichtszustand zuzustreben. Dieser Prozeß ist nur auf der Grundlage der Relativbewegungen aller beteiligten Körner interpretierbar.

Bevor die theoretischen Grundlagen der Schichtungsvorgänge erörtert werden, sollen experimentelle Untersuchungsergebnisse über die Körnerbewegung in Setzbetten vorgestellt werden. Derartige Untersuchungen sind vor allem mittels optischer und radiometrischer Methoden durchgeführt worden. Allerdings gestatten optische Methoden nur die Beobachtung der Bewegungen in Nähe der Setzbettwandungen, so daß Verfälschungen durch Wandeinflüsse auftreten können. Die radiometrischen Methoden sind frei von diesen Nachteilen [165]. Mit ihrer Hilfe konnten *Verchovskij, Vinogradov* und Mitarbeiter wesentliche Ergebnisse über die Körnerbewegung in Setzbetten gewinnen [166] [167]. So zeigt z. B. Bild 43 die Vertikalbewegungen von Körnern verschiedener Dichte bei unterschiedlichen Setzbedingungen auf einer Steinkohlensetzmaschine. Danach wandern spezifisch schwere Körner von der Aufgabe kontinuierlich nach unten (Bild 43a), und ihre Schichtungsgeschwindigkeit hängt von den jeweiligen Setzbedingungen (insbesondere der Auflockerung) und ihrer Höhenlage im Setzbett (Dichte der umgebenden Körner!) ab. Daß die Vertikalgeschwindigkeiten in den oberen sowie unteren Schichtteilen größer als im Schichtkern sind, wird von den Autoren durch eine von letzterem nach den Schichtgrenzen zunehmende Auflockerung erklärt. Körner geringerer Dichte bewegen sich deutlich sprungartig (Bild 43 b), d.h., bei ihnen sind die auf eine Vermischung abzielenden Bewegungsanteile ausgeprägt vorhanden. Diese sind eine Folge von Zirkulationsströmungen, Turbulenz und Körnerstößen. Ohne Zweifel überlagern sich derartige zufälligen Bewegungskomponenten auch bei den spezifisch schwereren Körnern. Sie dürften sich dort jedoch unter den gewählten Prozeßbedingungen der Beobachtung entzogen haben. Bei zu geringer Auflockerung wandern spezifisch schwere Körner nur langsam nach unten (Bild 43 a, Kurve 1); bei zu großer Auflockerung können spezifisch leichte Körner in die tieferen Schichten eindringen (Bild 43 b, Kurve 5). Aufgrund ihrer Ergebnisse gelangten die Verfasser zu der Schlußfolgerung, daß insbesondere die Auflockerung in der Zwischenschicht die Kinetik des Schichtungsvorganges bestimmt.

Špetl und Mitarbeiter untersuchten ebenfalls experimentell die Körnerbewegung in Setzbetten [168] [169]. Danach soll an der Aufgabeseite des Setzbettes das Aufgabegut zunächst

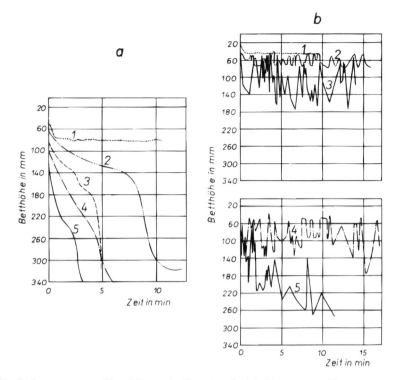

Bild 43 Vertikalbewegung von Einzelkörnern im Bett einer Steinkohlensetzmaschine
(Donezkohle 1 ... 12 mm; Zwischengutanteil 7%; Korngröße der markierten Körner 6 mm; Betthöhe 340 mm; Hubzahl 180 min^{-1}) [167]
a) von Körnern der Dichte $\gamma = 2500$ kg/m³
b) von Körnern der Dichte $\gamma = 1400$ kg/m³

Versuch	1	2	3	4	5
h in mm	19	21	15	21	21
Unterwasser in l/s	0	0,21	0,26	0,30	0,34

geschlossen absinken und sich der Schichtungsvorgang im wesentlichen dadurch vollziehen, daß die spezifisch leichteren Körner im weiteren Verlauf nach oben aufsteigen.

Nun erhebt sich die Frage, wie sind die zur Schichtung nach der Dichte führenden Relativbewegungen der Körner physikalisch zu erklären. Sie stellen letztlich die für den Makroprozeß entscheidenden Mikroprozesse dar und können sich im Setzbett nur während des Zeitanteils eines Zyklus vollziehen, in dem dieses aufgelockert vorliegt. Die Relativbewegungen werden durch die auf die Körner wirkenden Kräfte hervorgebracht. Die mehr oder weniger definierten Strömungskräfte verändern sich hierbei als Folge des pulsierenden Fluidstromes sowie in Abhängigkeit vom Auflockerungszustand (Porosität!) fortlaufend. Hinzu kommen dann noch stochastische Einwirkungen, die durch Turbulenz und Körnerstöße bedingt sind, wie schon die oben dargestellten experimentellen Ergebnisse verdeutlichen, und deren Intensität mit wachsender Fluidgeschwindigkeit ebenfalls zunimmt. Dies alles erklärt die Kompliziertheit, diese Mikroprozesse quantitativ und in Abhängigkeit von den wesentlichen Prozeßparametern zu beschreiben und daß diesbezüglich auch heute noch trotz vielfältiger Bemühungen ein beachtliches Defizit existiert (siehe z. B. [19] [26] [146] [161] [162] [170]).

1 Dichtesortierung

Bevor die **Mechanismen der Schichtung** im pulsierenden Fluidstrom erörtert werden, soll zunächst auf die im stationären Aufstrom kurz eingegangen werden. Experimentelle Untersuchungen hierzu sind vor allem mit Gaswirbelschichten (siehe z. B. [141] bis [143] [266]) und nur in geringem Maße mit Flüssigkeitswirbelschichten bekannt [159].

Im vorstehenden sind bei der Behandlung der Wirbelschicht die auf die gesamte Schicht wirkenden Kräfte zugrunde gelegt worden. Man kann aber bei der Beschreibung einer homogenen Wirbelschicht auch vom Verhalten der Einzelkörner ausgehen [140] und dabei auf die Gesetzmäßigkeiten der Schwarmbehinderung zurückgreifen (siehe Band I „Bewegung von Körnerschwärmen"). Legt man die von *Richardson* und *Zaki* auf empirische Weise gewonnene Beziehung für die Schwarmsinkgeschwindigkeit $v_{m\varphi}$ zugrunde [173]:

$$\frac{v_{m\varphi}}{v_m} = (1 - \varphi_P)^n = \varepsilon^n, \tag{36}$$

n von Re abhängiger Exponent (siehe Bd. I)

so läßt sich für eine homogene Wirbelschicht für $v_{m\varphi}$ die Leerrohrgeschwindigkeit u einsetzen, d.h.:

$$\frac{u}{v_m} = \varepsilon^n \tag{37}$$

Somit ist für Körner mit der stationären Sinkgeschwindigkeit v_m ein Zusammenhang zwischen Leerrohrgeschwindigkeit und Schichtporosität gegeben.

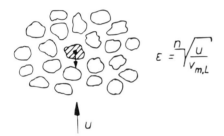

Bild 44 Homogene Wirbelschicht etwa gleich großer Körner: Schwergutkorn (schraffiert) in einer Umgebung von Leichtgutkörnern

Betrachtet man nun einen Schichtteil, in dem sich ein einzelnes Schwergutkorn in einer Umgebung von gleich großen Leichtgutkörnern befindet (Bild 44), so wird die sich unter der Wirkung der Leerrohrgeschwindigkeit u einstellende Porosität ε im wesentlichen durch die Leichtgutkörner mit der stationären Sinkgeschwindigkeit $v_{m,L}$ bestimmt, d.h.:

$$\varepsilon = \sqrt[n]{\frac{u}{v_{m,L}}} \tag{38}$$

Für das Schwergutkorn gilt dann aber $u/v_{m,S} < \varepsilon^n$ bzw. $v_{m,S} > u/\varepsilon^n$. Die Folge davon ist, daß das Schwergutkorn in dieser Schicht absinken wird, d.h., es wird sich ein Mikroprozeß im Sinne einer Schichtung nach der Dichte vollziehen. Es bedarf keiner zusätzlichen Erläuterung, daß ein Leichtgutkorn, das sich in einer Umgebung von Schwergutkörnern befindet, in diesem Schichtteil aufsteigen wird.

Nun erhebt sich die Frage, um wieviel kleiner das Schwergutkorn im Vergleich zu den umgebenden Leichtgutkörnern sein darf, damit es noch zu einer Schichtung nach der Dichte kommt. Dann müßte auf Grundlage der angestellten Betrachtung gelten:

$u/v_{m,S} < u/v_{m,L}$ bzw. $v_{m,S} > v_{m,L}$

Daraus folgt mit Hilfe des im Band I „Stromklassierung" abgeleiteten Gleichfälligkeitsverhältnisses:

$$\frac{d_\mathrm{L}}{d_\mathrm{S}} < \left(\frac{\gamma_\mathrm{S}-\rho}{\gamma_\mathrm{L}-\rho}\right)^{\frac{\alpha+1}{3\alpha}} \tag{39}$$

Der Exponent α kann Werte zwischen 2 (*Stokes*-Bereich) und 0,5 (*Newton*-Bereich) annehmen.

Nun vollzieht sich aber in einer homogenen Wirbelschicht bekanntlich auch eine Schichtung nach der Korngröße, für deren Zustandekommen man ähnliche Überlegungen wie für die nach der Dichte anstellen kann. Wenn man nun beide Überlegungen miteinander verknüpft, so ließe es sich durchaus erklären, daß in einer homogenen Wirbelschicht die Überlagerung von Schichtungsvorgängen nach der Dichte mit solchen nach der Korngröße auch bei einem Korngrößenverhältnis, das noch etwas größer als das durch Gl. (39) vorgegebene sein kann, zu akzeptablen Sortierergebnissen führt. Hervorzuheben ist aber noch, daß in stationären Wirbelschichten bei Steigerung der Anströmgeschwindigkeit u eine Zunahme der durchmischenden Wirkungen die Schichtung nach der Dichte und Korngröße beeinträchtigt [141] bis [143] [266].

Im pulsierenden Fluidstrom läßt sich für den Zeitanteil, in dem sich das Setzbett im aufgelockerten Zustand befindet, folgende Kräftegleichung für ein Korn unter Vernachlässigung stochastischer Einwirkungen aufstellen (s. Bd. I „Stromklassierung"):

$$\boldsymbol{F}_\mathrm{F} + \boldsymbol{F}_\mathrm{A} + \boldsymbol{F}_\mathrm{W} + \boldsymbol{F}_\mathrm{p} + \boldsymbol{F}_\mathrm{T} + \boldsymbol{F}_\mathrm{j} = 0 \tag{40}$$

F_F Feldkraft (hier Schwerkraft bzw. Gewicht)
F_A statischer Auftrieb
F_W Widerstandskraft
F_p Druckkraft infolge beschleunigter Fluidströmung
F_T Trägheitskraft
F_j zusätzliche Strömungskraft für die Beschleunigung des mit dem Korn mitbewegten Fluids

Schränkt man die weiteren Betrachtungen auf die für die Schichtung wesentlichen Vertikalbewegungen (y-Koordinate) ein, so kann man zur skalaren Schreibweise übergehen und erhält dann nach entsprechendem Einsetzen, Umstellen sowie mit der Festlegung, daß aufwärts gerichtete Geschwindigkeiten ein positives Vorzeichen aufweisen:

$$\begin{aligned}\gamma V_\mathrm{P} \frac{\mathrm{d}v_y}{\mathrm{d}t} =\;& -(\gamma-\rho) V_\mathrm{P} g + c_\mathrm{W} A'_\mathrm{P} \rho \, |u_y - v_y| \, (u_y - v_y) \\ & + \rho V_\mathrm{P} \frac{\mathrm{d}u_y}{\mathrm{d}t} + j\rho V_\mathrm{P} \left(\frac{\mathrm{d}u_y}{\mathrm{d}t} - \frac{\mathrm{d}v_y}{\mathrm{d}t}\right)\end{aligned} \tag{41}$$

$u_y; v_y$ y-Komponente der Fluid- bzw. Korngeschwindigkeit im Setzbett
A'_P angeströmte Querschnittsfläche des Korns
$c_\mathrm{W} = f(Re)$ Widerstandsbeiwert des Korns
j auf das Kornvolumen bezogener Fluidanteil, der mitbewegt wird

Bei der Lösung der Gl. (41) für die Belange des Setzprozesses wäre vor allem zu berücksichtigen, daß:

– Körnerbewegungen im Setzbett nur während des Zeitanteils eines Zyklus möglich sind, in dem dieses unter der Wirkung der Fluidströmung aufgelockert ist,
– der pulsierenden Fluidströmung ein stationärer Aufstrom überlagert ist,
– die Veränderung der Fluidgeschwindigkeit u_y im Setzbett nicht nur eine Folge der Pulsbewegung des Fluids ist, sondern auch noch durch den jeweiligen Auflockerungszustand (Porosität!) mit beeinflußt wird.

Eine Lösung von Gl. (41) für diese Bedingungen liegt gegenwärtig auch nicht näherungsweise vor. *Rafales-Lamarka* [170] und *Vinogradov* [174], deren Lösungen allerdings sehr weitreichende Vereinfachungen zugrunde liegen, gelangten zu dem Ergebnis, daß die Schichtung nach der Dichte weit klassierten Gutes dank der beschleunigten Fluidbewegung ermöglicht wird.

Wendet man Gl. (41) auf den Zeitpunkt beginnender Setzbettauflockerung und damit den Beginn möglicher Relativbewegungen der Körner an, so ist zu ersehen, daß sich für gleich große Körner unterschiedlicher Dichte nur das erste Glied auf der rechten Seite quantitativ unterscheidet. Als Folge davon werden die spezifisch schwereren Körner langsamer als die spezifisch leichteren der Aufwärtsbewegung folgen, also Relativbewegungen im Sinne einer Schichtung nach der Dichte eintreten. Im weiteren Verlauf der aufwärts gerichteten Fluidbewegung werden dann jedoch das zweite und vierte Glied für die spezifisch schwereren Körner aufgrund wachsender Relativgeschwindigkeit bzw. Relativbeschleunigung größer als für die spezifisch leichteren; jedoch kann das zu keiner Umkehrung der Relativbewegungen führen.

Gl. (41) ist auch für die Sinkbewegung von Einzelkugeln in einer pulsierenden Fluidströmung durch numerische Integration gelöst worden (siehe z. B. [171] [172]). Das Ergebnis zeigt, daß die quasistationäre Sinkgeschwindigkeit im pulsierenden Fluid gegenüber der im ruhenden Fluid vermindert ist, und zwar bei gleich großen Kugeln um so mehr, je geringer deren Dichte ist. Im übrigen wächst dieser Abbremseffekt mit Zunahme von Frequenz und Amplitude der Pulsung sowie Abnahme der Teilchengröße.

Die im vorstehenden angestellten Überlegungen und diskutierten theoretischen Ergebnisse sowie nicht zuletzt die in der Aufbereitungspraxis erzielten Resultate sprechen dafür, daß eine pulsierende Fluidströmung mit entsprechend angepaßter Amplitude und Frequenz für eine befriedigende Schichtung nach der Dichte unverzichtbar ist. Darüber hinaus könnte noch eine Rolle spielen, daß sich homogene Auflockerungszustände (soweit man hier von „homogen" sprechen kann) im pulsierenden Fluidstrom leichter als im stationären realisieren lassen [175].

Man kann den Setzprozeß als stochastischen Prozeß auffassen, bei dem sich entmischende (d.h. trennende) und mischende Relativbewegungen der Körner überlagern, und den Makroprozeß entsprechend modellieren (siehe z. B. [153] [154] [176] [177]). Auf die gleiche Zielstellung läuft die Anwendung des im Band I (ab 3. Aufl., siehe „Zerkleinerung" und „Siebklassierung") besprochenen Prozeßmodells auf den Setzprozeß hinaus. Im Falle eines stationären Prozesses, der hier nur kurz behandelt werden soll, wäre für die sich in einem betrachteten Volumenelement des Setzbettes an den Korndichteklassen durch Transportvorgänge vollziehenden Masseänderungen zu schreiben (beachte auch Bild 36):

$$\text{div}(m_V \mu_i \mathbf{v}_i) - \text{div}(D_i \,\text{grad}(m_V \mu_i)) = 0$$

bzw. (42)

$$m_V \mu_i \mathbf{v}_i - D_i \,\text{grad}(m_V \mu_i) = \mathbf{q}_i$$

m_V gesamte Körnermasse im betrachteten Volumenelement
μ_i Masseanteil der i-ten Korndichteklasse i.b.V.
$\mathbf{v}_i$ Transportgeschwindigkeit der i-ten Korndichteklasse i.b.V.
D_i Diffusionskoeffizient der i-ten Korndichteklasse i.b.V.
$\mathbf{q}_i$ Massestrom der i-ten Korndichteklasse durch das betrachtete Volumenelment

$\mathbf{v}_i$ und D_i sind hierbei als örtliche Mittelwerte während eines Setzzyklus zu verstehen. Gl. (42) berücksichtigt somit sowohl den die Schichtung bewirkenden gerichteten Transport als auch den eine Mischung hervorrufenden diffusiven Transport. Weitere Vereinfachungen von Gl. (42) sind dadurch möglich, daß man die Transportvorgänge im Setzbett als zweidimensional betrachten darf (siehe auch Bild 36). Schließlich vollziehen sich die für die Schichtung wesentlichen Transportvorgänge in vertikaler Richtung, wofür aus Gl. (42) folgt:

$$m_V \mu_i v_{iy} - D_i \frac{\partial (m_V \mu_i)}{\partial y} = q_{iy} \tag{43}$$

bzw. im Gleichgewichtszustand, was im allgemeinen zumindest am Setzbettende der Fall sein dürfte:

$$m_V \mu_i v_{iy} - D_i \frac{\partial (m_V \mu_i)}{\partial y} = 0 \qquad (44)$$

Zur Nutzbarmachung dieses Prozeßmodells für die verfahrenstechnische Auslegung von Setzprozessen wären die für den Prozeßablauf charakteristischen Größen v_i und D_i auf die wesentlichen Prozeßparameter (Korndichten, Korngrößen, Hub, Hubzahl, Unterwasserstrom usw.) zurückzuführen und gegebenenfalls auch noch zu berücksichtigen, daß sie im allgemeinen Ortsfunktionen darstellen. Für den Trennerfolg ist mit entscheidend, daß der Diffusionskoeffizient und damit auch die Auflockerung in angemessenen Grenzen gehalten werden. Weiterhin sind aber auch Zirkulationsströmungen durch geeignete Prozeßraumgestaltung zu unterdrücken [178].

Zur **Beurteilung der Setzbarkeit** einer Kornschüttung kann man die durch ihre Schichtung nach der Dichte eintretende Änderung der potentiellen Energie heranziehen. Derartige Überlegungen sind erstmalig von *Mayer* angestellt worden [179] bis [181]. Geht man von einer ideal durchmischten Kornschicht aus, so wird dieses Nicht-Gleichgewichtssystem während des Setzprozesses einem Zustand geringster potentieller Energie zustreben. Anhand des Bildes 45 soll die Änderung der potentiellen Energie einer Kornschüttung im Schwerkraftfeld beim Übergang aus dem Zustand der vollständigen Zufallsmischung in den Zustand der vollständigen Entmischung nach der Dichte bestimmt werden.

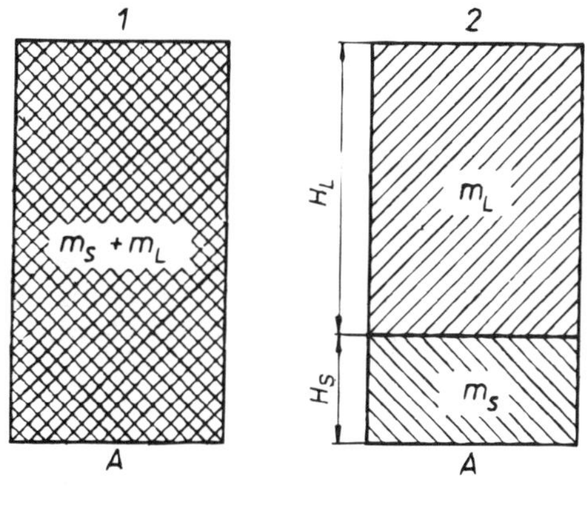

Bild 45 Schichtung nach der Dichte
(1) Ausgangszustand: vollständige Zufallsmischung der Kornschicht
(2) Endzustand: vollständig nach der Dichte entmischte Kornschicht

Für die scheinbaren Gewichte ($F'_{G,S}$ bzw. $F'_{G,L}$) des Schwergutes bzw. des Leichtgutes im Fluid gilt:

$$F'_{G,S} = H_S A (1 - \varepsilon)(\gamma_S - \rho) g$$

bzw.

$$F'_{G,L} = H_L A (1 - \varepsilon)(\gamma_L - \rho) g$$

wobei vereinfachend $\varepsilon_S = \varepsilon_L = \varepsilon$ vorausgesetzt wird. Somit folgt für die potentielle Energie im Zustand 1 und 2:

$$W_1 = (F'_{G,S} + F'_{G,L}) \frac{H_S + H_L}{2} \qquad (45\,\text{a})$$

und

$$W_2 = F'_{G,S} \frac{H_S}{2} + F'_{G,L} \left(H_S + \frac{H_L}{2} \right) \qquad (45\,\text{b})$$

Die Energiedifferenz je Einheit Setzfläche beträgt somit:

$$\frac{\Delta W}{A} = \frac{H_S H_L (1-\varepsilon)(\gamma_S - \gamma_L)}{2} g \qquad (46)$$

Maßgebend für die Beurteilung der Setzbarkeit dürfte die relative Energieänderung sein:

$$\frac{\Delta W}{W_1} = \frac{H_S H_L}{(H_S + H_L)} \frac{(\gamma_S - \gamma_L)}{H_S(\gamma_S - \rho) + H_L(\gamma_L - \rho)} \qquad (47)$$

Die relative Energieänderung wächst folglich mit der Dichtedifferenz der zu trennenden Feststoffe und der Dichte des Fluids. Das letztere bedeutet beispielsweise, daß $\Delta W/W_1$ für ein gegebenes Gut im Wasser größer als in Luft ist. Auch die Anteile der einzelnen Korndichteklassen sind von Einfluß.

Die **Setzkinetik** läßt sich offensichtlich in vielen Fällen durch empirische Gleichungen folgenden Typs beschreiben [182]:

$$R_S(t) = 100 \left(1 - \exp(-(kt)^n)\right) \text{ in \%} \qquad (48)$$

R_S Schwergutausbringen in der Schwergutschicht
$k; n$ den jeweiligen Prozeß kennzeichnende, empirisch zu bestimmende Parameter

Im Rahmen umfangreicher Untersuchungen [182] mit binären Gemischen wurde festgestellt, daß – die Erfüllung von Gl. (35) vorausgesetzt – bei gegebenem Hub der Parameter k mit der Hubzahl und bei gegebener Hubzahl mit dem Hub wächst, während die Veränderung des Parameters n eine entgegengesetzte Tendenz zeigt. Darüber hinaus bestehen verständlicherweise auch Wechselbeziehungen zwischen dem Parameter k und der Transportgeschwindigkeit v_i in Gl. (42) sowie zwischen n und D_i.

1.2.1.4 Charakter des Setzhub-Diagramms

Die Frage nach dem optimalen Setzhub-Diagramm ist immer wieder aufgeworfen worden. Trotzdem bestehen dazu noch keine durchgehend einheitlichen Auffassungen [26]. Nicht wenige Autoren vertreten die Auffassung, daß das harmonische Diagramm allen Ansprüchen genügt oder sogar daß die Form des Setzhub-Diagramms von untergeordneter Bedeutung ist, wenn nur Hub, Hubzahl und Unterwasserstrom entsprechend geeignet gewählt sind [28]. Dies soll insbesondere für Hubzahlen > 100 min^{-1} gelten [19]. Andere Autoren fordern asymmetrische Diagramme vornehmlich mit schnellem Anhub und wesentlich langsameren Abhub. Weitere messen auch dem beim Abhub entstehenden Sog insbesondere für das Bettsetzen Bedeutung bei. Neuere Untersuchungen haben zudem verdeutlicht, daß sich vor allem beim Feinkornsetzen der Zykluscharakter im Setzbett selbst von dem unterscheiden kann, der durch den Erzeugungsmechanismus (Kolben, Druckluft) aufgeprägt wird, weil der Widerstand von Setzbett, Bettgut und auch Setzrost darauf einen großen Einfluß ausüben [183].

Bei Kolbensetzmaschinen wird der Charakter des aufgeprägten Setzzyklus nur von der Kinematik des Antriebes bestimmt. So sind mit Exzenterantrieben nur harmonische Setzhub-Diagramme möglich. Mit Hilfe von Kniehebelantrieben lassen sich auch asymmetrische Diagramme verwirklichen. Bei druckluftgesteuerten Maschinen dagegen beeinflußt die Hubzahl stark den Charakter des Zyklus. Der Aufwärtsgang wird durch die Luft erzwungen, der Abwärtsgang geschieht unter der Wirkung der Schwerkraft. Infolge der Kompressibilität der Luft ergibt sich ein kompliziertes Zusammenwirken von Schwerkraft, Trägheits- und Druckkräften, so daß unter sonst gleichbleibenden Verhältnissen in Abhängigkeit von der Hubzahl ein unterschiedlicher Zykluscharakter folgt [184].

Im Bild 46 sind die Geschwindigkeitsdiagramme verschiedener Setzzyklen dargestellt. Der sinusförmige Verlauf (Bild 46 a) lag den Betrachtungen der vorstehenden Abschnitte zugrunde. Durch Unterwasserzusatz wird der Aufstrom verstärkt, der Abstrom vermindert.

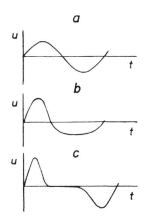

Bild 46 Geschwindigkeitsdiagramme verschiedener Setzzyklen

Der Zyklus nach Bild 46 b liefert einen verlangsamten Abstrom und ist im grundsätzlichen bei druckluftgesteuerten Setzmaschinen anzutreffen. Ihm liegt der Gedanke zugrunde, den Auflockerungszustand möglichst lange zu erhalten. *Mayer* [180] sah auf Grundlage seiner Vorstellungen das im Bild 46 c dargestellte Geschwindigkeitsdiagramm als optimal an. Durch einen kräftigen Aufstrom soll das Bett im ganzen angehoben werden. Das Absinken soll sich im ruhenden Fluid vollziehen und schließlich der Hub bei geringem Abstrom ausklingen. Ein dazu im Prinzip entgegengesetzter Weg hat sich in neuerer Zeit für die Verbesserung der Trennschärfe beim Fein- und Feinstkorn-Setzen von Steinkohlen als günstig erwiesen, indem mittels Überlagerung eines Grundhubs ($n = 24\,\text{min}^{-1}$; $\Delta p = 0{,}045$ bar) und eines höherfrequenten Additionshubs ($n = 96\,\text{min}^{-1}$; $\Delta p = 0{,}125$ bar) auf eine relativ lange, mit der Anhubphase verbundene Auflockerungsperiode mit mehreren überlagerten Beschleunigungsperioden abgezielt wird [191] bis [193]. Dabei hat sich auch herausgestellt, daß der Unterwasserzusatz reduziert werden konnte.

1.2.2 Den Setzvorgang beeinflussende Parameter

Ablauf und Trennerfolg des Setzprozesses hängen von Einflußgrößen ab, die in den vorangegangenen Abschnitten schon berührt worden sind, an dieser Stelle aber nochmals im Zusammenhang betrachtet werden sollen. Diese lassen sich in vom Aufgabegut abhängige Parameter und solche gliedern, die durch die Betriebsbedingungen einer Setzmaschine bestimmt werden. Zur ersten Gruppe gehören insbesondere die Korngrößenzusammensetzung und der Dichteaufbau des zu setzenden Gutes. Zur zweiten Gruppe sind zu zählen: die physikalischen Eigenschaften des Fluids (Dichte, Viskosität), die Geschwindigkeits- und Beschleunigungsverhältnisse des Fluids (Hub, Hubzahl, Zykluscharakter), die Setzbetthöhe, die Unter- und Transportwassermenge sowie der spezifische Durchsatz.

Die **Korngrößenzusammensetzung** des Aufgabegutes beeinflußt das Setzen in verschiedener Hinsicht. Zunächst wird von ihr die Lockerungsgeschwindigkeit mitbestimmt (siehe Gln. (32) und (34)). Diese liegt um so niedriger, je feinkörniger das Setzgut und je geringer die Porosität im Setzbett sind. Wie breit der gemeinsam verarbeitbare Korngrößenbereich sein darf, darüber bestehen keine völlig einheitlichen Auffassungen. Sicher dürfte sein, daß das Verhältnis d_o/d_u (d_o bzw. d_u – obere bzw. untere Korngröße des Aufgabegutes) beim Naßsetzen größer als auf Aerosetzmaschinen sein darf, weil sich auf letzteren homogene Auflockerungszustände über das Bettvolumen hinweg nur mit genügend engen Körnungen erreichen lassen. Beim Setzen von Steinkohlen auf Hydrosetzmaschinen ist es durchaus üblich, 0,5 ... 10 mm und 10 ... 80 (150) mm) oder sogar Fein- und Grobkohle gemeinsam zu setzen [125] [126]. Über die Situation bei anderen Rohstoffen informiert Tabelle 7.

Tabelle 7 Korngrößenzusammensetzung des Aufgabegutes sowie Hub und Hubzahl von Hydrosetzmaschinen für Erze [19]

Aufgabegut	Korngrößenzusammensetzung in mm	Hub in mm	Hubzahl in min⁻¹	Art der Setzmaschine
Eisenerze	8 ... 50	bis 200	55	druckluftgesteuerte S.
	0 ... 12	16	180	S. mit schwingendem Unterkasten
	0 ... 6	10 bis 14	250 bis 300	S. mit schwingendem Unterkasten
	0 ... 4	15 bis 25	129	druckluftgesteuerte S.
	0 ... 3	8 bis 10	250 bis 300	S. mit schwingendem Unterkasten
	0 ... 2	7 bis 8	285 bis 300	S. mit schwingendem Unterkasten
	0 ... 1	4 bis 6	260	S. mit schwingendem Unterkasten
Manganerze	3 ... 60	bis 200	67	druckluftgesteuerte S.
	10 ... 40	38	150	Stauch-S.
	12 ... 25	40 bis 50	100 bis 105	Stauch-S.
	8 ... 20	40 bis 50	120 bis 128	Kolben-S.
	2 ... 12	36	140	Stauch-S.
	4 ... 10	20	182	Stauch-S.
	3 ... 8	18 bis 40	140 bis 200	Kolben-S.
	0 ... 4	6 bis 11	330 bis 380	S. mit schwingendem Unterkasten
	0 ... 3	10 bis 15	225 bis 250	Kolben-S
	0 ... 2	3	600	Membran-S.
	0 ... 1	4 bis 5	350	S. mit schwingendem Unterkasten
Goldseifen	0 ... 1	15 bis 30	125 bis 180	Membran-S.
	0 ... 1	5 bis 7	180 bis 250	Membran-S.
Zinn- bzw. Zinn-Wolfram-Seifen	8 ... 16	50 bis 70	140 bis 190	Membran-S.
	4 ... 8	30 bis 40	200 bis 240	Membran-S.
	6 ... 10	25 bis 28	180 bis 210	Kolben-S.
	1,5 ... 6	16 bis 19	150 bis 205	Kolben-S.
	– 1,5	10 bis 15	240 bis 285	Membran-S.
Zinnerze	0 ... 15	12 bis 14	250	Membran-S.
	0 ... 3	10 bis 12	250 bis 280	Membran-S.
	0 ... 2	5 bis 8	350	Membran-S.
	0 ... 1	8 bis 9	280 bis 300	Membran-S.

Was die oberen auf Setzmaschinen verarbeitbaren Korngrößen anbelangt, so sind für die Steinkohlenaufbereitung Stauchsetzmaschinen zur Bergevorabscheidung entwickelt worden, die Stücke bis etwa 400 mm zu verarbeiten gestatten [128] [129] [188]. Für Erze sind Setzmaschinen im industriellen Einsatz, auf denen sich Gut mit oberen Korngrößen von 100 bis 150 mm sortieren läßt [185].

Plattige Körner werden sich langsamer in die entsprechende Dichteschicht einordnen als rundliche. Folglich spielt auch die **Kornform** eine Rolle.

Durch den **Dichteaufbau** des Gutes sind die Dichtedifferenzen und die Anteile der einzelnen Dichteklassen bestimmt. In der älteren englisch-amerikanischen Fachliteratur wird folgender Quotient für eine überschlägliche Beurteilung der Sortierbarkeit herangezogen [186]:

$$q = \frac{\gamma_S - \rho}{\gamma_L - \rho} \tag{49}$$

γ_L Dichte der spezifisch leichten Komponente
γ_S Dichte der spezifisch schweren Komponente
ρ Dichte des Fluids

Für das Setzen in Wasser wird folgende Bewertung vorgenommen:

$q > 2,5$: Trennung bis zu Korngrößen von etwa 100 µm herab möglich
$q > 1,75$: Trennung bis 200 µm herab möglich
$q > 1,5$: Trennung bis zu 1,5 mm herab möglich, aber schwierig
$q > 1,25$: Trennung bei noch gröberem Gut mit mäßigem Erfolg möglich
$q < 1,25$: durch Setzen keine Trennung möglich.

In der Steinkohlenaufbereitung ist es üblich, zur Kennzeichnung der Sortierbarkeit auf Setzmaschinen den Anteil an Verwachsenem, d.h. den Anteil der mittleren Dichteklassen, heranzuziehen. Beträgt der Anteil zwischen den Dichten 1500 und 2000 kg/m³ weniger als 7,5 %, so bezeichnet man die aufzubereitende Kohle als leicht trennbar. Ist dieser Anteil größer als 15 %, so liegt schwere Trennbarkeit vor.

Eine wichtige Rolle für den Setzprozeß spielen die **physikalischen Eigenschaften des Fluids** (Dichte, Viskosität), worauf im wesentlichen schon in den vergangenen Abschnitten eingegangen worden ist. Wasser herrscht als Fluid bei weitem vor. Mit ihm lassen sich homogene Auflockerungszustände wesentlich leichter als mit Luft erzeugen. Die Nutzung von Luft ist auf besondere Anwendungsfälle begrenzt und erfordert eine relativ enge Klassierung des Aufgabegutes.

Hub, Hubzahl (teilweise auch Charakter des Setzhub-Diagramms) und Unterwasserstrom bestimmen in ihrem Zusammenwirken unter sonst gegebenen Bedingungen die Auflockerungsverhältnisse und damit auch den Schichtungsvorgang. Der **Hub** ist in erster Linie nach den Erfordernissen der Auflockerung festzulegen und hängt folglich von der Setzbetthöhe bzw. der oberen Aufgabekorngröße d_o ab. Vom Standpunkt der Auflockerung betrachtet, sollte die Setzbetthöhe möglichst klein sein. Sie muß jedoch die Ausbildung deutlich abgrenzbarer Teilschichten ermöglichen. Im allgemeinen geht man davon aus, daß die Höhe jeder auszutragenden Schicht mindestens dem Dreifachen der jeweiligen oberen Korngröße entsprechen sollte. Folglich sind in erster Linie die Korngrößenverteilung und der Dichteaufbau des Aufgabegutes für die Betthöhe maßgebend. Einen gewissen Einfluß hat auch die Größe der Setzfläche. Auf größeren Setzflächen ist es schwieriger als auf kleineren, eine gleichmäßige Verteilung des Gutes über die gesamte Fläche aufrechtzuerhalten. Deshalb sollte die Schichtdicke mit der Setzfläche zunehmen. Zu große Setzbetthöhen sind jedoch vom Standpunkt des spezifischen Durchsatzes zu vermeiden. Man kann etwa davon ausgehen, daß bei gröberem Gut die Setzbetthöhe dem 5- bis 10fachen von d_o entsprechen sollte. Bei feinerem Gut sollte sie größer als das 20fache von d_o sein. Für den optimalen Hub wird folgender empirisch ermittelter Zusammenhang angegeben [19]:

$$h = 8{,}1 \, d_o^{0,6} \quad \text{in mm} \tag{50}$$

d_o in mm

In der Praxis angewandte Werte für Erze enthält Tabelle 7. Auf Steinkohlensetzmaschinen für Grobkorn (10 ... 120(150) mm) liegt der Hub bevorzugt zwischen 60 und 150 mm, für Feinkorn (< 10 mm) etwa zwischen 20 und 60 mm.

Die **Hubzahl** wählt man unter Berücksichtigung von Hub und Unterwasserstrom so, daß die notwendige Auflockerung gewährleistet ist, wobei die untere und obere Grenze durch die früher erörterten Gln. (32) bzw. (34) und (35) gekennzeichnet sind. In diesem Bereich muß man das Optimum experimentell ermitteln. Über in der Praxis anzutreffende Werte für Erze informiert ebenfalls Tabelle 7. Beim Setzen von Grob- und Feinkohle liegen die Hubzahlen gewöhnlich zwischen 30 und 150 min^{-1}.

Der **Unterwasserstrom** unterstützt die Auflockerung. Da er die Auflockerung gemäß Gln. (32) und (34) entscheidend beeinflußt, so ist seiner Bemessung und dem Konstanthalten große Bedeutung beizumessen. In der Praxis überschreitet der Unterwasserstrom kaum 0,6 cm/s.

Transportwasser gelangt mit dem Aufgabegut auf die Setzmaschine. Seine Menge sollte möglichst gering sein.

Der Optimalwert des **spezifischen Durchsatzes** wird unter sonst gleichen Bedingungen gewöhnlich durch die geforderte Trennschärfe bestimmt. Manchmal begrenzen auch die Transport- oder Austragverhältnisse den spezifischen Durchsatz. Für einen gleichbleibend guten Trennerfolg ist die gleichmäßige Aufgabe auf die Setzmaschine erforderlich. In Tabelle 8 sind verschiedene Angaben über in der Praxis erreichte spezifische Durchsätze zusammengestellt. Weitere Angaben sind in den folgenden Abschnitten enthalten.

Tabelle 8 Spezifische Durchsätze von Hydrosetzmaschinen für Erze [19]

Aufgabegut	Korngrößenzusammensetzung in mm	spezifischer Durchsatz in t · m^{-2} · h^{-1}
Eisenerze	8 ... 50	8 bis 10 und mehr
	3 ... 8	6 bis 8
	− 3	4,5 bis 6,5
Manganerze	3 ... 60	6 bis 8
	8 ... 50	6 bis 8
	3 ... 8	4 bis 6
	− 3	3 bis 4
Goldseifen	− 3	11 bis 16 (Voranreicherung)
		5,5 bis 8 (Nachanreicherung)
Zinnerze	3 ... 8	6 bis 10
	− 3	2 bis 6
Wolframerze	+ 8	7 bis 12

1.2.3 Setzmaschinen

Die Setzmaschinen lassen sich nach mehreren Gesichtspunkten gliedern. In bezug auf das Fluid sind **Hydrosetzmaschinen** und **Aerosetzmaschinen** zu unterscheiden, von denen die erstgenannten eine große Verbreitung gefunden haben. Die meisten Hydrosetzmaschinen verfügen über feste Setzgutträger, durch die das Fluid pulsierend strömt. Bei den weniger eingeführten **Stauchsetzmaschinen** (Bild 37 b) wird der Setzgutträger im ruhenden Wasser periodisch gehoben und gesenkt. Bei festem Setzgutträger werden die Hubbewegungen des Wassers entweder mittels bewegten Kolbens (**Kolbensetzmaschinen**), der bei Feinkornsetzmaschinen auch in Form eines Membrankolbens ausgebildet sein kann, durch gepulste Druckluft (**luftgesteuerte Setzmaschinen**) oder durch die stoßweise Zuführung des Wassers über besonders ausgebildete Ventile (**Pulsatorsetzmaschinen**) hervorgebracht.

Wesentlich für die Gliederung ist auch die Austragweise für das Schwergut. Bei den **Austragsetzmaschinen** (Bild 38) wird das Schwergut mit Hilfe von Austragvorrichtungen oberhalb des Setzgutträgers abgezogen. Dessen Öffnungsweite muß dann so bemessen sein, daß das Gut nicht in das Unterfaß fallen kann. Diese Verfahrensweise ist jedoch beim Feinkornsetzen (etwa < 3 bis 5 mm) schwer möglich, weil die kleinen Öffnungen dem Fluid einen zu großen Widerstand entgegensetzen und der Setzgutträger einem zu großen Verschleiß unterworfen wäre. Deshalb wählt man dann meist Setzgutträger, deren Öffnungsseiten mindestens dem Zweifachen der oberen Korngröße entsprechen, so daß auch das gröbste Korn diesen ohne Schwierigkeiten passieren kann. Auf den Setzgutträger bringt man ein sogenanntes **Bettgut** auf, dessen Korngrößen etwa 1,5- bis 2mal so groß wie die Öffnungsweite sind und dessen Dichte mindestens der des Schwergutes entspricht. Im allgemeinen ist folglich das Bettgut 3- bis 6mal gröber als d_o des Aufgabegutes. Ist grobes, abriebunempfindliches Schwergut vorhanden, so benutzt man dieses zweckmäßigerweise als Bettgut. Weiterhin sind für das Setzen von Steinkohle Feldspat und in der Erzaufbereitung sog. eiserne Lochputzen eingeführt. Auf das Bettgut, das ständig erhalten bleibt, wird das zu sortierende Gut aufgegeben. Unter der Wirkung des pulsierenden Fluids vollzieht sich hier ebenfalls der Schichtungsvorgang. Das Schwergut dringt in die Zwischenräume des Bettgutes ein, wandert abwärts und fällt schließlich in das Unterfaß, von wo es abgezogen wird. Diese Verfahrenweise nennt man **Durchsetzen** oder **Bettsetzen**. Hub und Hubzahl sind verständlicherweise mit auf die Eigenschaften des Bettgutes abzustimmen.

Schließlich ist eine Einteilung in **Grob- und Feinkornsetzmaschinen** möglich. Grobkornsetzmaschinen sind immer Austragsetzmaschinen. Für das Setzen feiner Körnungen wendet man überwiegend das Bettsetzen an; bei manchen Setzmaschinen sind aber auch beide Austragarten kombiniert.

1.2.3.1 Hydrosetzmaschinen für Grobkorn

Die Setzsortierung mit einem Stauchsetzsieb für Handbetrieb wurde schon von *Agricola* beschrieben. In einem mit Wasser gefüllten Behälter wird ein Siebkasten, der mit zwei Handgriffen versehen ist und das zu setzende Gut aufnimmt, so viele Male in Wasser gestaucht, bis die Schichtung vollendet ist. Eine Zeitlang ist diese Verfahrensweise auch für Labor- und Felduntersuchungen benutzt worden. Dieses Prinzip ist für die **Stauchsetzmaschine** (Bild 37 a) übernommen worden. Bei den zunächst entwickelten Bauarten ist das Heben und Senken des Siebkastens im Setztrog mit Hilfe eines Hebelsystems bewirkt worden, wobei der Kasten schneller eintaucht, als er angehoben wird. Es wird also ein asymmetrisches Setzhubdiagramm verwirklicht. Das Gut wird auf der einen Seite aufgegeben und wandert über den Setzgutträger hinweg. Die jeweils spezifisch schwerste Schicht fällt durch verstellbare Schlitze am Ende der Setzsiebe ins Unterfaß. Stauchsetzmaschinen hatten im vergangenen Jahrhundert für die Aufbereitung von Erzen eine größere Verbreitung. Seitdem haben sie nur noch lokale Bedeutung [19]. Neuerdings ist eine Stauchsetzmaschine für die Bergevorabscheidung im Grob- und Stückkohlenbereich (etwa für 50 bis 400 mm) entwickelt worden [127] bis [129] [188]. Der Setzrost dieser Maschine ist an der Austragseite drehbar gelagert, und der Setzhub wird mittels eines an der Aufgabeseite angreifenden Hydraulikzylinders hervorgebracht.

Die erste **Kolbensetzmaschine** entwickelte man zu Beginn des vergangenen Jahrhunderts im Oberharzer Erzbergbau. Deshalb nennt man seitengepulste Kolbensetzmaschinen im eng-

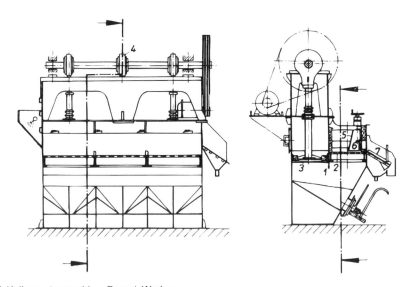

Bild 47 Kolbensetzmaschine, Bauart *Wedag*
(1) Setzkasten; (2) Setzgutträger; (3) Kolben; (4) verstellbare Exzenter; (5) Glocke; (6) verstellbarer Schieber; (7) Entwässerungssiebe

lisch-amerikanischen Schrifttum noch heute „Harz Jigs". Kolbensetzmaschinen werden für die Grob- und Mittelkornsortierung verschiedener Rohstoffe eingesetzt. In der Steinkohlenaufbereitung sind sie fast vollständig durch die druckluftgesteuerten Maschinen verdrängt worden.

Im Bild 47 ist eine Kolbensetzmaschine, Bauart *Wedag*, für Erze dargestellt. Der Setzkasten (1) ist in Längsrichtung in drei Setzkammern und drei dahinter befindliche Kolbenkammern gegliedert. An der Vorderwand des Setzkastens sind oberhalb der Setzgutträger die Austragvorrichtungen für das jeweilige Schwergut angeordnet. Die Glocke (5) endet in einem Abstand oberhalb des Setzgutträgers, der etwa dem Ein- bis Dreifachen der oberen Korngröße entspricht. Der Schieber (6) kann mit Hilfe eines Handrades eingestellt werden. Vor den Austragöffnungen sind Entwässerungssiebe (7) angebracht. Die Kolben (3) werden über Kolbenstangen von verstellbaren Exzentern (4) angetrieben. Die Wirkungsweise zweier einfacher Austragvorrichtungen für Grob- und Mittelkorn ist aus Bild 48 ersichtlich.

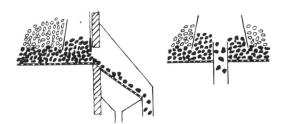

Bild 48 Einfache Austragvorrichtungen für Grob- und Mittelkorn

Kolbensetzmaschinen älterer Bauart für Steinkohlen ähneln den Setzmaschinen für Erze. Sie sind jedoch wesentlich größer, und es hatten sich gewisse Standard-Bauweisen herausgebildet. Für mitteleuropäische Verhältnisse sind Bauweisen mit zwei Setzbetten typisch. In Stromrichtung am Ende der Setzbetten befinden sich die sogenannten Brücken mit der Austragvor-

1.2 Sortierung durch Setzen 65

Bild 49 Luftgepulste Setzmaschine

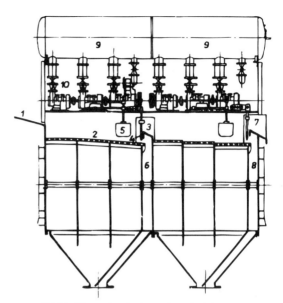

Bild 50 Ältere druckluftgepulste Grobkornsetzmaschine für Steinkohle, Bauart *Humboldt*
(1) Aufgabeschurre; (2) Setzgutträger; (3) Brücke; (4) verstellbarer Austragschieber; (5) Schwimmer; (6) Bergeaustragschacht; (7) Reinkohlenaustrag; (8) Austragschacht für Zwischengut; (9) Luftkessel; (10) Drehschieber

richtung. Diese prinzipielle Gestaltung bestimmte lange Zeit die Konstruktion der Steinkohlensetzmaschinen. Später sind sie zunehmend weiterentwickelt worden.

Für Steinkohlensetzmaschinen wird etwa seit den 30er Jahren die **Druckluftpulsung** bevorzugt, wofür *F. Baum* schon im Jahre 1891 ein Patent erteilt wurde [189] [190]. Deshalb werden derartige Setzmaschinen im englisch-amerikanischen Schrifttum auch als „Baum Jigs" bezeichnet. Hierbei wird die Wasserbewegung durch Druckluftimpulse hervorgebracht, wie das im Bild 49 schematisch für die früher vorherrschenden seitengepulsten Maschinen angedeutet ist. Der an luftgepulsten Maschinen auftretende Verschleiß ist gering, und sie sind auch leicht steuerbar. Nachteilig ist der etwas höhere Energieverbrauch. Eine ältere druckluftgepulste Grobkornsetzmaschine, Bauart *Humboldt*, gibt Bild 50 wieder. Die Kammern unter jedem Setzbett sind in je drei Abteile gegliedert, von denen jedes für sich gepulst und mit Unterwasser versorgt wird. Das Aufgabegut gelangt aus der Aufgabeschurre (1) auf den flach geneigten Setzgutträger (2). Am Ende des ersten Setzbettes befindet sich die Brücke (3) mit dem Austragschieber (4), den ein Schwimmer (5) steuert. Die Berge fallen in den Austragschacht (6), dessen Wände weit heruntergezogen sind, um die Pulsbewegung von den Austragschlitzen möglichst fernzuhalten. Die Reinkohle wird am Ende des zweiten Setzbettes über das Wehr (7), das Zwischengut in den Schacht (8) ausgetragen. Die Druckluftversorgung erfolgt aus Luftkesseln (9) über den Drehschieber (10). Bei dieser Maschine besteht die Möglichkeit, die Luftmenge durch den Schwimmer zu regeln (in Bild 50 nur für das Bergeabteil gezeichnet). Für jede Kammer steht zunächst eine Grundluftmenge zur Verfügung und darüber hinaus Zusatzluft, die mit Hilfe des Schwimmers eingestellt wird.

Steinkohlensetzmaschinen besitzen immer eine **automatische Austragregelung.** Ältere Maschinen arbeiten fast ausschließlich mit einem Schieber- oder Schlitzaustrag am Ende des Setzgutträgers. Die Austragöffnung ist verstellbar. Sie wird durch die Schichthöhe des jeweils spezifisch schwersten Gutes geregelt. Dazu benutzt man einen Schwimmer, dessen Dichte so bemessen ist, daß er sich in einer bestimmten Korndichteschicht einordnet. Die jeweiligen Auf- und Abwärtsbewegungen des Schwimmers werden über Regelelemente auf den Schieber übertragen. Früher sind ölhydraulische Regler bevorzugt worden. Heute wird die Höhenlage des Schwimmers im allgemeinen induktiv mittels eines an der Schwimmerstange befestigten Eisenkerns mit zugehöriger Tauchspule abgegriffen und die Verstellung elektrohydraulisch betätigt [194].

Als **Setzgutträger** dienten zunächst gelochte Bleche und Roste. Später sind Steinkohlensetzmaschinen mit speziellen Setzrosten ausgerüstet worden, die den Transport des Setzgutes über den Setzgutträger hinweg unterstützen. Im Bild 51 sind drei Ausführungsformen dargestellt.

Im Wettbewerb mit der trennscharfen Schwimm-Sink-Sortierung sind in den 50er und 60er Jahren große Anstrengungen zur weiteren Verbesserung der Trennschärfe von Setzmaschinen in der Steinkohlenaufbereitung gemacht worden. Maßgebend für diese Entwicklung war zunächst die Feststellung, daß die Trennschärfe der Standard-Bauweisen weniger durch den Schichtungsvorgang als vielmehr durch den Austragvorgang bestimmt wurde. Es war erkannt worden, daß schon in der Mitte der jeweiligen Setzbetten eine recht gute Schichtung erreicht war, die sich jedoch in Brückennähe wieder verschlechterte [163]. Dafür wurden die Bewegungsverhältnisse des Gutstromes an der Brücke sowie das Durchschlagen der Setzimpulse im Austragschacht verantwortlich gemacht. In dem Bemühen, diese Mängel zu beseitigen, sind mehrere Konstruktionen entstanden. Schließlich veranlaßte dies aber dazu, auf die Brücke überhaupt zu verzichten und aus einer möglichst großen Vorratsschicht auszutragen. So haben sich für Grob- und Mittelkorn Schwenkausträge (Bild 51 a) eingeführt.

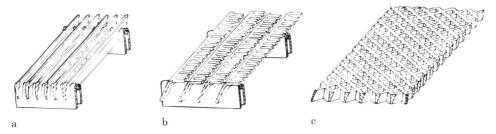

Bild 51 Setzroste
a) Bauart *Schubert* b) Bauart *Denta* c) Druckstrahlrost

Ab etwa 1970 hat dann zunehmend die Forderung nach Durchsatzerhöhung die Weiterentwicklung mitbestimmt und zur **Unterbettpulsung** geführt. Dieser Entwicklungsweg spiegelt sich insbesondere in der *Batac*-Setzmaschine der *Fa. KHD Humboldt Wedag AG* wieder [195], die im später folgenden Bild 53 als Feinkornsetzmaschine dargestellt ist. Von den bis dahin bekannten druckluftgepulsten Setzmaschinen unterscheidet sie sich vor allem dadurch, daß sich die Luftkammern – gewöhnlich zwei je Zelle – unterhalb des Setzgutträgers und über dessen ganze Breite erstrecken. Dadurch wird einerseits eine gleichmäßige Luftverteilung erreicht und lassen sich andererseits größere Maschinenbreiten sowie folglich höhere Durchsätze realisieren. Grobkornsetzmaschinen dieser Art werden bis zu 6,2 m Länge und 6 m Breite bzw. 36 m² Setzfläche gebaut und sollen bis zu 800 t/h Grobkohle verarbeiten [190]. *Batac*-Setzmaschinen sind auch Anwendungen in der Erzaufbereitung erschlossen worden [196] [215].

Auf Grobkornsetzmaschinen mit festem Setzgutträger für Steinkohle wird Gut von etwa 10 mm bis maximal 150 mm verarbeitet. Dabei betragen die **spezifischen Durchsätze** für die druckluftgepulsten Maschinen etwa 12 bis 22 t/(m²h), für Kolbensetzmaschinen etwa 8 bis 15 t/(m²h). Bei Erzen wird der auf Grob- und Mittelkornmaschinen verarbeitbare Bereich etwa durch die Korngrößen 5 und 100 mm abgegrenzt. Entsprechende Durchsatzangaben enthält Tabelle 8.

1.2.3.2 Hydrosetzmaschinen für Fein- und Feinstkorn

Viele Feinkornsetzmaschinen entsprechen hinsichtlich ihres grundsätzlichen Aufbaues den Grob- und Mittelkornmaschinen. Weiterhin sind auch Sonderbauformen entwickelt worden.

Unter Feinkohle versteht man in Deutschland traditionell den Korngrößenbereich 0,5 ... 10 mm. Jedoch ist es in neuerer Zeit auch dazu gekommen, die auf einer Setzmaschine gemeinsam verarbeitbaren Korngrößenbereiche zu erweitern (z. B. 0,5 ... 16 mm oder sogar 0,5 ... 30 mm) [194]. Die Sortierung der Steinkohlen geschieht auf Austragsetzmaschinen, Durchsetzmaschinen oder in neuerer Zeit vor allem auch auf Maschinen, bei denen beide Austragformen miteinander kombiniert sind [190]. Zwei für das Austragsetzen von Feinkohle eingeführte Austragvorrichtungen sind im Bild 52b und c dargestellt. Der Austrag druckluftgepulster Bettsetzmaschinen läßt sich durch die Arbeitsluftmenge derart steuern, daß der Hub und damit die Auflockerung des Bettgutes verändert werden.

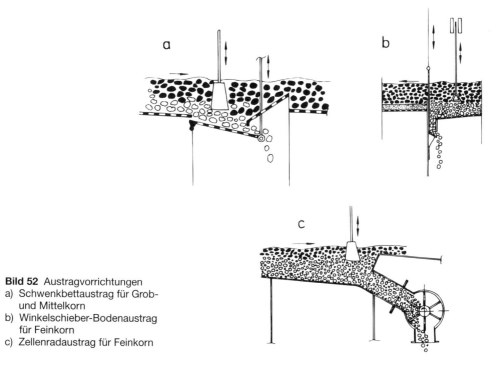

Bild 52 Austragvorrichtungen
a) Schwenkbettaustrag für Grob- und Mittelkorn
b) Winkelschieber-Bodenaustrag für Feinkorn
c) Zellenradaustrag für Feinkorn

Bild 53 zeigt den Längsschnitt durch eine *Batac*-Setzmaschine für Feinkorn, die als sechszellige Setzmaschine mit drei Abteilungen ausgebildet ist. Der Austrag geschieht durch eine Kombination von brückenlosem Austrag und Durchsetzen durch Feldspatbetten, die in bestimmten Abteilungen vorhanden sind. Man erkennt die Luftkammern (10) unterhalb der Setzgutträger und – in schematischer Darstellung – das Luftventil-System. Mit Hilfe der flachen Tellerventile anstatt der Kolben- bzw. Drehschieber herkömmlicher luftgepulster Setzmaschinen läßt sich die Ein- und Ausströmung der Luft scharf begrenzen. Die Ventilsteuerung ist in bezug auf Frequenz und Hubhöhe stufenlos veränderlich, wobei sich Hubzahlen zwischen 40 und 70 min^{-1} einstellen lassen. Die Luftpulsation wird elektronisch gesteuert. Die jeweiligen Schwergutschichten werden am Ende der Abteilungen durch Austragöffnungen nach unten abgezogen. Feinere Schwergutteilchen werden zusätzlich durch Feldspatbetten (9) ausgetragen. Eine induktiv-hydraulische Austragregelanlage paßt die Austragöffnungen den jeweiligen Erfordernissen an, wobei ein Schwimmer die Höhe der auszutragenden Schicht

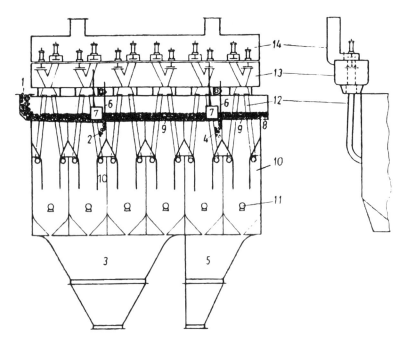

Bild 53 *Batac*-Setzmaschine für Feinkorn der Fa. *KHD Humboldt Wedag AG*
(1) Aufgabe; (2) Bergeaustrag; (3) Bergetrichter; (4) Zwischengutaustrag; (5) Zwischenguttrichter; (6) verstellbare Austragvorrichtung; (7) Schwimmer; (8) Reinkohlenaustrag; (9) Feldspatbetten; (10) Luftkammern; (11) Unterwassereintritt; (12) Luftverteilrohre; (13) Luftverteilerkessel; (14) Abluftauffangkessel

abtastet. *Batac*-Setzmaschinen für Feinkohle sind bisher bis zu 42 m² Setzfläche gebaut worden, wobei deren Durchsatz etwa 600 t/h beträgt [190].

Die erfolgreiche Anwendung der Unterbettpulsung bewirkte auch eine Weiterentwicklung der seitengepulsten Setzmaschinen hinsichtlich der Größe der Setzfläche, indem man zur **Zwillingsbauweise** überging, bei der einer mittig angeordneten Luftkammer beidseitig Setzabteile zugeordnet worden sind [190] [194] [197]. Auf diese Weise lassen sich wie bei den untergepulsten Maschinen große Setzflächen auf einer Maschine realisieren. Auf eine weitere für das Setzen von Fein- und Feinstkohle wichtige Entwicklung – die Doppelfrequenz-Pulsung – ist schon im Abschn. 1.2.1.4 hingewiesen worden [191] bis [193].

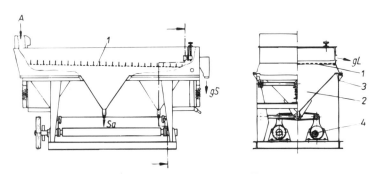

Bild 54 Setzmaschine für Rohkiese und -sande, Bauart *Wemco-Remer*
(1) Setzgutträger; (2) Unterkasten; (3) Gummimembran; (4) Exzenter
Sa Sande; *gL* grobes Leichtgut; *gS* grobes Schwergut

Von einer **Doppelfrequenz-Pulsung** ist auch seit längerem in der im Bild 54 dargestellten Setzmaschine erfolgreich Gebrauch gemacht worden, die für die Abtrennung von Verunreinigungen (Kohle, Holz, Wurzeln, z.T. auch Lehm) aus Rohkiesen bzw. -sanden 0 bis 30 mm sowie jeder Zwischenkörnung entwickelt worden ist [198]. Das zu sortierende Gut wird einem um 3° bis 5° geneigten Setzgutträger (1) an dessen höchster Stelle aufgegeben. Der Setzgutträger besteht aus einem Lochblech mit Querrippen, zwischen denen das Bettgut (Schrotkugeln) lagert. Der Unterkasten (2) ist mittels Gummimembranen (3) mit dem feststehenden Gehäuseteil verbunden. Mit Hilfe von zwei Exzenterwellen (4) wird der Unterkasten in Hubbewegungen versetzt. Dabei bewirkt der eine Exzenter relativ große Hübe (10 bis 25 mm) bei Hubzahlen um 150 min^{-1}, während der andere kleine Hübe von etwa 1,5 mm bei großen Hubzahlen (etwa 400 min^{-1}) überlagert. Das grobe Leichtgut wird in einer quer im Setzbett angebrachten Austragrinne abgetrennt, während das grobe Schwergut darunter weiter läuft und durch einen verstellbaren Schlitz am Austragende der Maschine abgezogen wird. Feine Sande werden zum Unterkasten durchgesetzt und dort ausgetragen. Der spezifische Durchsatz soll 6 bis 8 t/(m²h) betragen.

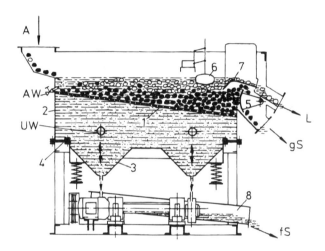

Bild 55 Schwingsetzmaschine, Bauart *SM* der Fa. *Siebtechnik*
(1) Setzgutträger; (2) Setzkasten; (3) Schwingkasten; (4) Gummimembran; (5) Sinkgut-Austragwehr; (6) Schwimmer; (7) Leichtgutaustrag; (8) Rinne
A Aufgabe; *L* Leichtgut; *gS* grobes Schwergut; *fS* feines Sinkgut; *AW* Aufstromwasser; *UW* Unterwasser

Für ähnliche Sortieraufgaben ist die im Bild 55 dargestellte **Schwingsetzmaschine** entwickelt worden, d.h. für die Abtrennung von Holz, Kohle usw. aus Kiesen, die Sortierung von Bimsstein [199], die Schadstoffabscheidung aus kontaminierten Böden u.a. Unter dem Setzkasten (2) mit dem flach geneigten Setzgutträger (1) aus Kunststoff-Spaltsieben befindet sich ein Schwingkasten (3), der mit dem erstgenannten über Gummimembranen (4) elastisch verbunden ist. Dieser Schwingkasten wird über Pleuelstangen durch einen darunter angeordneten Exzenterantrieb zu Schwingungen angeregt, deren Hub von 14 bis 40 mm und deren Hubzahl von 60 bis 120 min^{-1} einstellbar ist. In der Nähe der Aufgabe einströmendes Aufstromwasser soll die schnelle Einordnung des Leichtgutes im Setzbett unterstützen. Vor dem Ende des Setzkastens gelangt das Leichtgut über den höhenverstellbaren Austrag (7) in eine quer liegende Rinne. Das grobe Sinkgut wird über das mittels Schwimmer höhengesteuerte Wehr (5) abgezogen. Aufgrund seiner Ausbildung ermöglicht es das Zurückhalten spezifisch schwerer Fremdkörper (z. B. Eisenteile) unterhalb des Wehres, die dann von Zeit zu Zeit entfernt werden müssen. Feines Schwergut, das durch das Setzbett und den Setzgutträger in den Schwingkasten gelangt, wird von dort mit einem Teil des Unterwassers in seitlich angeordnete Rinnen (8) ausgetragen. Setzmaschinen dieser Art werden mit Setzflächen bis zu 4,9 m² hergestellt, womit Durchsätze bis zu max. 80–120 m³/h erreicht werden sollen. Der Wasserbedarf der größten Ausführung liegt mit 180–300 m³/h vergleichsweise hoch, weshalb geschlossene Wasserkreisläufe vorzusehen sind [199].

70 1 Dichtesortierung

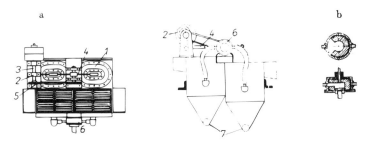

Bild 56 Feinkornsetzmaschine, Bauart *Denver* (*Denver-Mineral-Jig*)
a) Setzmaschine; b) Drehkolbenventil
(1) Membran; (2) Exzenter; (3) Exzenterwelle; (4) Hebelgestänge; (5) Kettenrad; (6) Drehkolbenventil; (7) Konzentrataustrag

Die Feinkornsetzmaschine Bauart *Denver* (*Denver-Mineral-Jig*) ist eine Maschine mit Membrankolben (Bild 56). Bei der Duplex-Ausführung sind zwei Setzbetten in der Höhe etwas gegeneinander abgesetzt. Die Membranen (1) werden vom Exzenter (2) über das Hebelgestänge (4) betätigt. Auf der Exzenterwelle (3) ist ebenfalls ein Kettenrad (5) befestigt, das das Drehkolbenventil (6) betreibt. Die pulsierende Wasserzuführung unter die Setzbetten ist mit Hilfe des Drehkobenventils so eingestellt, daß beim Saughub des Membrankolbens das Zurücktreten des Wassers sowie der Ablauf aus dem Konzentrataustrag (7) durch Unterwasser ausgeglichen werden. Die Hubzahlen betragen 300 bis 350 min^{-1} und der verstellbare Hub wenige Millimeter. Die Maschine arbeitet als Bettsetzmaschine. Sie wird vor allem für die Gewinnung geringer Anteile spezifisch schwerer Minerale eingesetzt, beispielsweise für Zinn-, Wolfram-, Golderze u.a. Aufgrund ihrer gedrungenen Bauweise eignet sie sich auch vorzüglich für den Einsatz in Mahlkreisläufen, auf Schwimmbaggern usw.

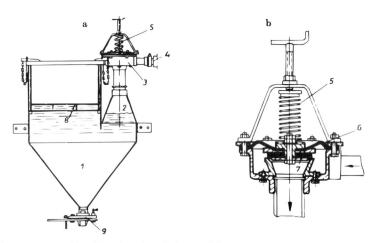

Bild 57 Pulsatorsetzmaschine (*Pan American Pulsator-Jig*)
a) Setzmaschine; b) Pulsator
(1) Setzkasten; (2) Trichter; (3) Pulsator; (4) Wasserzuleitung; (5) Feder; (6) Membran; (7) Flatterventil; (8) Setzgutträger; (9) Konzentrataustrag

Eine **Pulsator-Setzmaschine** (*Pan American Pulsator-Jig*) gibt Bild 57 wieder. Dem Setzkasten (1) ist seitlich des Setzgutträgers ein sich nach oben verjüngender Trichter (2) aufgesetzt. Er ist durch ein kurzes Rohrstück mit dem Pulsator (3) verbunden, der das Wasser aus der Zuleitung (4) stoßweise eintreten läßt. Diese Wassermenge ist regulierbar. Weiterhin können die pulsierenden Wasserstöße durch die Spannung der Feder (5) verändert werden. Im Trichter (2) bildet sich ein Luftkissen, das die Wasserbewegung elastisch dämpft und den Hub vergrößert. Der Setzgutträger (8) besteht aus einem Siebboden, der an der Unterseite durch Stege verstärkt ist. Bei mehrbettigen Maschinen sind die Setzbetten abgesetzt hintereinander geschaltet. Die Pulsator-Setzmaschine kann mit Hubzahlen bis zu 600 min^{-1} betrieben werden. Sie wird für ähnliche Aufgaben wie die vorher besprochene Maschine eingesetzt. Ihr wesentlicher Vorteil ist in der gedrungenen Bauweise zu sehen. Nachteilig sind der hohe Wasserverbrauch (420 bis 660 l/(min · m^2)) und evtl. gewisse Unregelmäßigkeiten in der Hubzahl und im Hub, die durch den Pulsator bedingt sind.

Eine Entwicklung, die hinsichtlich der Form des Setzkastens und der Ausbildung des Setzhub-Diagramms stark von traditionellen Bauweisen abweicht, ist die **IHC-Rundsetzmaschine** [26] [206]. Das kreisringförmige und in Segmente untergliederte Setzbett wird zentral beschickt, und der Gutstrom bewegt sich radial nach außen. Der Setzhub ist sägezahnartig mit steilem Anstieg und flachem Abfall ausgebildet. Anwendung findet diese Maschine insbesondere für die Aufbereitung von Seifenerzen (Zinn-, Goldseifen).

1.2.3.3 Aerosetzmaschinen

Aerosetzmaschinen haben eine wesentlich geringere Verbreitung als Hydrosetzmaschinen. Unter bestimmten Voraussetzungen kann jedoch die Trockensortierung vorteilhaft sein. Die Verwendung von Luft als Fluid hat natürlich erhebliche Konsequenzen für die konstruktive Gestaltung dieser Maschinen, die im allgemeinen über einen flach geneigten Setzrost verfügen, der zur zusätzlichen Unterstützung der Gutbewegung noch vibrierend ausgebildet sein kann. Die pulsierende Bewegung der Setzluft wird durch rotierende Klappen in den Zuführleitungen hervorgebracht. Weitere konstruktive Maßnahmen dienen dazu, möglichst homogene Auflockerungszustände über das gesamte Setzbett hinweg zu gewährleisten.

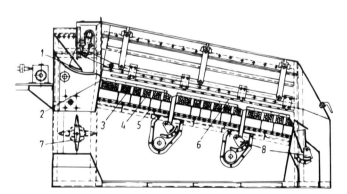

Bild 58 Aerosetzmaschine, Bauart *POM 1* (*UdSSR*) [200]
(1) Pendelaufgeber; (2) Setzgutträger; (3) Schicht von Keramik-Kugeln; (4) Rost; (5) perforierte Platten; (6) schwingend bewegter Rost; (7) rotierende Luftklappe; (8) Austragvorrichtungen

Im Bild 58 ist eine ältere sowjetische Aerosetzmaschine, Bauart *POM 1*, im Längsschnitt dargestellt, die insbesondere für die Kohleaufbereitung entwickelt worden ist und die wesentlichen Merkmale dieser Maschinen aufweist [200]. Die Pulsung der Luft bewirkt die rotierende Klappe (7), die den Lufteintritt periodisch öffnet und schließt. Unter dem eigentlichen längsgeneigten Setzgutträger (2) mit Öffnungen von 1,5 mm befindet sich eine Schicht von Keramikkugeln ($d = 12$ mm), die auf dem Rost (4) mit Öffnungen 6 mm × 12 mm lagert. Sowohl diese Schicht als auch der darunter befindliche Raum sind durch Querwände in Zellen gegliedert. Letzterer wird durch perforierte Platten (5) nach unten begrenzt. All diese konstruktiven Details dienen der gleichmäßigen Verteilung der Luft über das Setzbett hinweg. Der sich oberhalb des Setzgutträgers in einem Abstand von 40 bis 50 mm schwingend bewegende Rost (6) mit Öffnungsweiten von 25 bis 75 mm sorgt für eine gleichmäßige Schichtdicke des zu setzenden Gutes. Mit Hilfe mehrerer Austragvorrichtungen (8) werden die Gutschichten getrennt abgezogen. Die Maschine ist staubdicht gekapselt, und auf ihr sind Feinkohlen (0,5...13 mm) mit einem spezifischen Durchsatz von etwa 10 t/(m^{2}h) verarbeitet worden.

Auf einige Gesichtspunkte, die dafür sprechen können, die Anwendung einer Trockensortierung in Erwägung zu ziehen, ist schon im Abschn. 1.1.8 kurz eingegangen worden. Im Falle der Steinkohlenaufbereitung hat man darüber hinaus zu berücksichtigen, daß Wasser wie Asche einen Ballaststoff darstellt, dessen Anteil nach nasser Sortierung und mechanischer Entwässerung mit zunehmender Feinheit wächst. Auch ist der Investitionsaufwand für trockene Verfahren gewöhnlich niedriger als für nasse, weil die Gebäudekonstruktionen leichter gehalten werden können und die umfangreichen Aufwendungen für Wasserkreisläufe entfallen. Allerdings ergeben sich entsprechend höhere Aufwendungen für Entstaubung. Ein bemerkenswerter Nachteil ist jedoch die niedrigere Trennschärfe. Deshalb darf man beim Trockensetzen einen befriedigenden Sortiererfolg nur erwarten, wenn günstige Aufschlußverhältnisse vorliegen, die Dichtedifferenz genügend groß und das Aufgabegut genügend eng klassiert ist [201] [207]. Weiterhin muß das Gut oberflächentrocken sein, weil kapillare Haftkräfte die Relativbewegungen der Körner behindern. Schließlich sind größere Zwischengutkreisläufe für Trockensortierverfahren charakteristisch.

1.2.4 Prozeßkontrolle und Automatisierung in Setzsortieranlagen

Bei der Prozeßführung in Setzsortieranlagen kommt es darauf an, optimale technologische Kennziffern (maximales Wertstoffausbringen und gleichbleibend gute Produktqualität) auch bei Schwankungen des Aufgabestromes zu gewährleisten. Änderungen des Mengenstromes und der Guteigenschaften (Dichte- und Korngrößenverteilung) beeinflussen unmittelbar den Schichtungsvorgang und die Dicken der auszutragenden Teilschichten. Dies ist ein spezifischer Nachteil des Setzprozesses insbesondere im Vergleich zur Schwimm-Sink-Sortierung. Deshalb sind vor allem in der Steinkohlenaufbereitung große Anstrengungen unternommen worden, einerseits durch Vergleichmäßigen der Gutströme und andererseits durch automatische Prozeßführung die Ergebnisse der Setzsortierung zu verbessern [124] [127] [194] [202] [216]. In der Mehrzahl der modernen Steinkohlenaufbereitungsanlagen hat sich neben der mengenmäßigen Vergleichmäßigung auch die nach Guteigenschaften bewährt. Weiterhin gehört die **automatische Austragregelung** mittels Schwimmer und entsprechender Regler zur Verstellung der Austragvorrichtungen zur Standardausrüstung von Steinkohlensetzmaschinen. Als Schwimmer zur Abtastung einer auszutragenden Schicht kommen noch fast ausschließlich Hohlraum-Schwimmkörper zur Anwendung, wie sie in den Bildern 50, 52, 53 und 55 angedeutet worden sind. Wegen ihrer Größe (etwa 3 bis 5 l Hohlraum, 200 bis 400 mm Höhe) kann damit aber nur eine Einordnung in jene Teilschicht gelingen, die hinsichtlich ihrer mittleren Dichte der des Schwimmers (einschließlich Gestängebelastung) entspricht, und keine exakte Abtastung der Höhenlage einer vorgegebenen Dichte. Um diesem Mangel abzuhelfen, ist in neuerer Zeit ein Ringschwimmer-System entwickelt worden [194]. Alle weiteren Bemühungen waren bislang nicht erfolgreich, auch nicht die Versuche, die Sortierung unmittelbar über den Aschegehalt der ausgetragenen Produkte zu steuern [203] [204], oder die Bestrebungen, anstatt eines Schwimmers eine Strahlungsmeßstrecke (radioaktive Strahlung) zu benutzen [205].

Eine weitergehende Automatisierung kann davon ausgehen, den Schichtungsvorgang selbst über die Auflockerung des Setzbettes zu stabilisieren bzw. die Setzbedingungen (Hub, Hubzahl) den jeweiligen Erfordernissen anzupassen. Luftgesteuerte Setzmaschinen bieten dafür gute Stellmöglichkeiten, da sich Hub und Hubzahl in gewissen Bereichen stufenlos regeln lassen und gegebenenfalls auch der Zykluscharakter veränderbar ist.

1.2.5 Anwendung der Sortierung durch Setzen

Der Setzprozeß ist ausgeprägt dominierend in Form des Naßsetzens in der Aufbereitungstechnik eingeführt, wenngleich bei genügend hohen Dichtedifferenzen die Möglichkeiten, die sich für die Anwendung von Aerosetzmaschinen – auch im Bereich des Recyclings fester Stoffe – bieten, nicht unterschätzt werden dürfen.

Wegen seiner Robustheit sowie vergleichsweise einfachen Prozeßführung und niedrigen Durchsatzkosten hat der Setzprozeß in der Steinkohlenaufbereitung nach wesentlicher Weiterentwicklung der Baugrößen der Maschinen und damit verbundener Durchsatzsteigerung sowie durch Trennschärfeverbesserungen seine führende Stellung vor allem im Wettbewerb mit der Schwertrübe-Sortierung behaupten können. Daran dürfte sich auch in der Zukunft wohl kaum etwas ändern. Das gilt in erster Linie für die Sortierung von Feinkohlen sowie das gemeinsame Setzen von Feinkohlen mit Anteilen des unteren Grobkohle-Bereiches (siehe hierzu auch Abschn. 1.2.3.2). Wie aber auch schon im vorstehenden erwähnt, hat sich die Setzsortierung durch Bergevorabscheidung schon Einsatzmöglichkeiten im Stückkohlen-Bereich erschlossen. Auf diese Entwicklung ist bereits im Abschn. 1.1.9 eingegangen worden.

Ein weiteres international wichtiges Anwendungsfeld des Naßsetzens ist die Voranreicherung der Erze von Zinn- und Goldseifen auf Fein- bzw. Feinstkornsetzmaschinen [26]. Die Vorbereitung des Aufgabegutes beschränkt sich hierbei auf die Abtrennung grober Bestandteile durch Siebklassierung.

Weitere Einsatzgebiete für die Setzsortierung im Rahmen der Erzaufbereitung sind die Anreicherung von Gang-Zinnerzen, Manganerzen und auch Golderzen. Die Anwendung im Bereich der Eisenerzaufbereitung ist heute vergleichsweise selten. Ferner ist der Einsatz von Setzmaschinen in Mahlkreisläufen zur Abtrennung spezifisch schwerer, aufgeschlossener Anteile (z. B. Gold) zu erwähnen.

Setzmaschinen werden auch zur Erzeugung gröberer Flußspat- und Schwerspat-Konzentrate eingesetzt.

Auf die Einsatzmöglichkeiten des Naßsetzens für die Schadstoffabscheidung aus Kiesen und Sanden sowie die Sortierung weiterer Baustoffe ist schon im Abschn. 1.2.3.2 kurz hingewiesen worden.

Wie alle Dichtesortierprozesse, so findet auch der Setzprozeß im Rahmen des Recyclings fester Abfälle wachsende Beachtung [9] [213] [1501]. So sind die Anwendung von Hydrosetzmaschinen für die Sortierung von NE-Metall-Vorkonzentraten der Stahlleichtschrott-Aufbereitung (Stückgrößenklasse 2 ... 20 mm) [208] und die von Aerosetzmaschinen für die Sortierung von Kabelschrott [209] bekannt geworden. Hierbei ist zu beachten, daß insbesondere drahtförmige Schrottstücke den Schichtungsvorgang wesentlich erschweren und die Schichtentrennung beim Austragen sogar verhindern können. Diese nachteiligen Einflüsse lassen sich durch „Verkugelung" der Drahtstücke mittels Prallmühlen ausschalten [210]. Weitere wichtige Einsatzmöglichkeiten für Setzmaschinen finden sich im Rahmen des ebenfalls ständig an Bedeutung wachsenden Baustoff-Recyclings [211] [212]. Ferner ist ihre Anwendung für die Sortierung der gröberen Anteile im Rahmen der Aufbereitung kontaminierter Böden abzusehen [212] [214].

1.3 Sortierung in Rinnen und auf Herden

In **Hydrorinnen** und auf **Hydroherden** vollzieht sich die Sortierung nach der Dichte in einer strömenden Suspension, und zwar entweder in einer Strömung durch einen rinnenförmigen

Trennapparat oder in einer Filmströmung über eine geneigte Fläche. Letztere ist entweder fest gelagert (fester Herd), wird gleichsinnig (Bandherd, bewegter Rundherd) oder schwingend (Schwingherd) bewegt.

In einer Rinnenströmung geschieht eine Schichtung nach der Dichte, wenn nach angemessener Vorklassierung des Aufgabegutes die Strömungsgeschwindigkeit so gewählt wird, daß dieses gerade fluidisiert wird. Die Fluidisierung wird durch dynamische Auftriebskräfte und die Strömungsturbulenz hervorgebracht.

Der Übergang von der Schichtungstrennung in Hydrorinnen zur Trennung in Filmströmungen auf Hydroherden ist fließend, wobei auf letzteren jedoch ausschließlich feine bis feinste Körnungen sortiert werden können.

Schon seit Jahrhunderten nutzt der Mensch die Sortierung im strömenden Wasser. Aber auch heute noch sind diese Trennprinzipien unentbehrlich. Einige leistungsfähige Hydrorinnen sind sogar erst in den letzten Jahrzehnten entwickelt worden, und durch ihre Anwendung ist die Wirtschaftlichkeit der Aufbereitung einer Reihe geringhaltiger mineralischer Rohstoffe vor allem im Korngrößenbereich 1 bis 0,1 mm erheblich verbessert worden. Der Einsatz von Hydroherden ist demgegenüber wegen des relativ geringen spezifischen Durchsatzes auf Sonderfälle der Feinstkorn-Sortierung beschränkt.

In **Aerorinnen** und auf **Aeroherden** wird die Fluidisierung mittels eines Luftstromes hervorgebracht, der aus dem porösen Rinnenboden bzw. Herdbelag in die Gutschicht aufströmt. Die Einsatzmöglichkeiten im Rahmen der Aufbereitung mineralischer Rohstoffe sind begrenzt. Demgegenüber werden sie verbreitet in der Land- und Lebensmitteltechnik sowie neuerdings auch für das Recycling genutzt.

1.3.1 Grundlagen der Sortierung in Rinnen und auf Herden

Im folgenden werden die erforderlichen Grundlagen der Flüssigkeits- sowie Mehrphasenströmung über geneigte Flächen und die Kräfte behandelt, die in ihnen auf die Einzelkörner sowie fluidisierten Kornschichten wirken.

1.3.1.1 Flüssigkeitsströmung über eine geneigte Fläche

Zunächst soll eine stationäre und laminare Flüssigkeitsströmung über eine glatte, geneigte Fläche betrachtet werden. In einer zum Boden beliebigen Parallelebene wirken dann folgende Kräfte (siehe auch Bild 59):

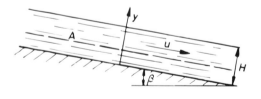

Bild 59 Stationäre Flüssigkeitsströmung über eine geneigte Fläche

a) in Strömungsrichtung die Komponente der Schwerkraft der überlagernden Flüssigkeitsschicht:

$$F_G \sin \beta = (H - y) A \rho g \sin \beta \tag{51}$$

b) entgegengesetzt dazu die Reibungskraft:

$$F_R = \eta A \frac{du}{dy} \tag{52}$$

Im stationären Fall sind diese beiden Kräfte im Gleichgewicht, woraus nach Umstellung folgt:

$$\mathrm{d}u = \frac{\rho g}{\eta} \sin\beta \ (H-y) \, \mathrm{d}y \tag{53}$$

Wenn man voraussetzt, daß die unterste Flüssigkeitsschicht am Boden haftet ($y = 0$; $u = 0$) und die Reibung an der freien Flüssigkeitsoberfläche vernachlässigt werden kann, so erhält man durch Integration:

$$u = \frac{\rho g \sin\beta \ (2H-y) \, y}{2 \eta} \tag{54}$$

Für die Maximalgeschwindigkeit u_{max} an der Flüssigkeitsoberfläche folgt daraus:[1]

$$u_{max} = \frac{\rho g \sin\beta \ H^2}{2 \eta} \tag{55}$$

und für die mittlere Geschwindigkeit $\bar{u}$:

$$\bar{u} = \frac{1}{H} \int_0^H u \, \mathrm{d}y = \frac{\rho g \sin\beta \, H^2}{3 \eta} = \frac{2}{3} u_{max} \tag{56}$$

Das Geschwindigkeitsprofil einer laminaren Strömung hat gemäß Gl. (54) einen parabelförmigen Verlauf (siehe auch Bild 60).

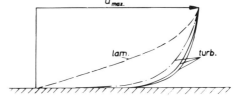

Bild 60 Geschwindigkeitsprofile bei laminarer und turbulenter Strömung

Bei höheren Re-Zahlen ($Re = \bar{u} H/\nu$) liegen jedoch turbulente Strömungsverhältnisse vor, wobei für Strömungen dieser Art die Re-Zahl für den Umschlag von laminarer in turbulente Strömung im Bereich $Re_c = 250$ bis 1200 liegt [19] [218] [220]. Einen wesentlichen Einfluß auf diesen Umschlag und damit die kinematische Struktur der Strömung übt die Bodenrauhigkeit aus, wobei einerseits die mittlere absolute Höhe Δ der Rauhigkeitserhebungen und andererseits deren relative Höhe Δ/H von Bedeutung sind. Diesbezüglich lassen sich in Abhängigkeit von der Kennzahl N

$$N = v_* \Delta/\nu \tag{57}$$

$$v_* = \sqrt{g \, r_h \sin\beta}$$

r_h hydraulischer Radius der Strömung, für den $r_h \approx H$ gesetzt werden kann, falls $H \ll B$ ist (B Breite der Strömung)

folgende Oberflächenzustände abgrenzen [19] [221]:

bedingt glatt: $N < 10$
mittel-rauh: $10 < N < 50$
stark-rauh: $N > 50$

Die bremsende Wirkung am Boden regt zeitweiliges Ablösen der Strömung und somit Wirbelbildungen um horizontale Achsen an. Diese größeren Wirbel (Makroturbulenz) bilden sich also unter dem Einfluß der großen Geschwindigkeitsgradienten in der Randströmung

---

[1] Tatsächlich wird u_{max} nicht an der freien Oberfläche, sondern in einer Entfernung von der Oberfläche erreicht, die etwa 1/6 der Höhe des Flüssigkeitsstromes entspricht, wenn man die Reibung mit der Luft an der Oberfläche berücksichtigt [217].

Bild 61 Ausbildung großer Wirbel in einer Flüssigkeitsströmung über eine geneigte Fläche [219] [220]

Bild 61). Sie schwimmen mit der mittleren Strömungsgeschwindigkeit ab und zerfallen schrittweise in kleinere Wirbel (Mikroturbulenz). Der Einfluß der Bodenrauhigkeit auf die Turbulenz der Strömung ist um so stärker, je mehr die Rauhigkeitserhebungen aus der Bodengrenzschicht (laminare Grenzschicht) herausragen.

Der durch die Turbulenz verursachte Impulsaustausch bremst die schneller strömenden Schichten ab und beschleunigt die langsameren, so daß eine „Vergleichmäßigung" des Geschwindigkeitsprofils eintritt (siehe auch Bild 60). Die theoretische Beschreibung derartiger Flüssigkeitsströmungen wird jedoch durch das Vorhandensein von Oberflächenwellen erheblich erschwert [218]. Für die näherungsweise Beschreibung des Geschwindigkeitsprofils wird folgende Potenzformel angegeben [19] [221]:

$$u = u_{max} (y/H)^{1/p}, \tag{58}$$

wobei der Exponent $1/p$ von Re und der Bodenrauhigkeit abhängt [221]. Für glatte Böden gilt dabei:

$$p = 1{,}6 \log(v_* H/\nu) + 1 \tag{59}$$

Für die Abhängigkeit der mittleren Geschwindigkeit $\bar{u}$ von der maximalen Geschwindigkeit kann allgemein gesetzt werden:

$$\bar{u} = \frac{p}{p+1} u_{max} = k \, u_{max} \tag{60}$$

wobei k in Abhängigkeit vom Strömungszustand etwa folgende Werte annimmt [219]:

laminar	$2/3$
Übergang laminar-turbulent	$2/3$ bis $3/4$
turbulent	$3/4$ bis $7/8$
turbulent bei sehr hohen Re	$7/8$

Eine wesentliche Rolle für den Körnertransport und damit die Sortierung spielt in diesen Strömungen der Bereich der hohen Geschwindigkeitsgradienten in der Bodengrenzschicht (laminare Grenzschicht), weil als Folge der dadurch bedingten asymmetrischen Anströmung ein dynamischer Auftrieb auf die Körner wirkt, der senkrecht von der Wand weggerichtet ist (siehe Band I „Körnerbewegung in einem Fluid") [218] [222] bis [224].

1.3.1.2 Bewegung von Einzelkörnern im Flüssigkeitsstrom auf geneigter Fläche

Bevor die Bewegung von Teilchenschwärmen in Flüssigkeitsströmungen auf geneigten Flächen behandelt wird, ist es zweckmäßig, zunächst die Bewegung von Einzelkörnern zu betrachten. Dabei interessieren aus der Sicht von Transport und Sortierung vor allem die Übergänge aus der Ruhelage eines Korns, das sich im Kontakt mit dem Boden befindet, in die Gleitbewegung sowie in den Suspensionszustand [19] [220] [224].

Auf ein Korn, das sich in einer Flüssigkeitsströmung auf einer geneigten Fläche befindet, wirken folgende Kräfte (siehe auch Bild 62 und beachte Bd. I „Körnerbewegung in einem Fluid"):

a) das scheinbare Gewicht F'_G:

$$F'_G = V_P (\gamma - \rho) g$$

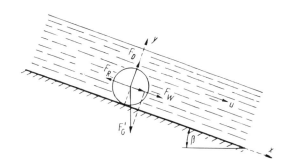

Bild 62 Kräfte, die auf ein Korn wirken, das sich in einer Flüssigkeitsströmung auf einer geneigten Fläche befindet
F'_G scheinbares Gewicht des Korns; F_W Widerstandskraft bzw. Schleppkraft; F_D dynamischer Auftrieb; F_R Reibungskraft

b) die Widerstandskraft bzw. Schleppkraft der Flüssigkeit F_W:

$$F_W = c_W A'_P \rho \frac{u_r^2}{2}$$

c) der dynamische Auftrieb F_D in der Grenzschicht:

$$F_D = c_D A'_P \rho \frac{u_r^2}{2}$$

d) die Reibungskraft F_R:

$$F_R = \mu \left(F'_G \cos\beta - c_D A'_P \rho \frac{u_r^2}{2} \right)$$

Hierin bedeuten:

$u_r = \bar{u}_P - v$ Relativgeschwindigkeit (Anströmgeschwindigk.)
$\bar{u}_P$ mittlere Strömungsgeschwindigkeit der Flüssigkeit im Anströmbereich (nicht zu verwechseln mit u!)
v Korngeschwindigkeit
$c_W; c_D$ Widerstandsbeiwerte
A'_P angeströmte Querschnittsfläche des Korns
μ Gleitreibungskoeffizient, für den Tabelle 9 einige Orientierungswerte vermittelt

Tabelle 9 Gleitreibungskoeffizienten von Mineralkörnern [19] [225]

Mineral	auf Eisen		auf Glas		auf Holz		auf Linoleum	
	in Wasser	in Luft	in Wasser	in Luft	in Wasser	in Luft	in Wasser	in Luft
Scheelit	0,66	0,53	0,50	0,51	0,78	0,70	0,73	0,71
Hämatit	0,66	0,54	0,36	0,47	0,80	0,67	0,75	0,74
Quarz	0,67	0,37	0,80	0,72	0,60	0,75	0,80	0,78

Somit ergibt sich für eine gleichförmige Gleitbewegung:

$$F'_G \sin\beta + F_W - F_R = 0 \tag{61 a}$$

bzw.

$$\frac{\pi}{6} d_V^3 (\gamma - \rho) g \sin\beta + c_W \frac{\pi d_V^2}{4} \rho \frac{u_r^2}{2} -$$
$$- \mu \left(\frac{\pi}{6} d_V^3 (\gamma - \rho) g \cos\beta - c_D \frac{\pi}{4} d_V^2 \rho \frac{u_r^2}{2} \right) = 0 \tag{61 b}$$

Nach Auflösen und Umstellen erhält man daraus unter Beachtung, daß für die stationäre Sinkgeschwindigkeit v_m eines Kornes gilt:

somit:
$$v_m^2 = \frac{4}{3} \frac{g\,d\,(\gamma - \rho)}{c_W\,\rho} \quad \text{(siehe Bd. I)},$$

$$u_r = \sqrt{v_m^2\,(\mu\,\cos\beta - \sin\beta)\,\frac{c_W}{c_W + \mu\,c_D}} \tag{62}$$

Für den Fall kleiner Neigungswinkel (etwa $\beta < 6°$) kann man in Gl. (62) $\sin\beta$ vernachlässigen und $\cos\beta \approx 1$ setzen, so daß sich ergibt:

$$u_r \approx \sqrt{\mu\,v_m^2\,\frac{c_W}{c_W + \mu\,c_D}} \tag{63}$$

Nunmehr folgt wegen $u_r = \bar{u}_P - v_x$ für die Gleitgeschwindigkeit v_x eines Korns aus Gl. (62):

$$v_x = \bar{u}_P - \sqrt{v_m^2\,(\mu\,\cos\beta - \sin\beta)\,\frac{c_W}{c_W + \mu\,c_D}} \tag{64}$$

$$v_x \approx \bar{u}_P - \sqrt{\mu\,v_m^2\,\frac{c_W}{c_W + \mu\,c_D}} \tag{65}$$

Eine quantitative Auswertung der letzten Gleichungen dürfte im allgemeinen wegen der Unkenntnis der Widerstandsbeiwerte – vor allem von c_D – auf Probleme stoßen, wobei noch zu beachten ist, daß c_D mit von der Asymmetrie der Anströmung abhängt. Die größten Werte der dafür mitbestimmenden Geschwindigkeitsgradienten treten in den untersten Strömungsbahnen auf (siehe auch Bild 60), so daß dort auch die Maximalwerte des dynamischen Auftriebs wirken.

Für die Gleitbewegung lassen sich aus den vorstehenden Gleichungen folgende wichtige Schlußfolgerungen ableiten:

a) Von Körnern gleicher Größe und Form gleiten die mit geringerer Dichte schneller als die mit höherer Dichte.
b) Bei Körnern gleicher Dichte und Form, aber unterschiedlicher Größe, ist zu beachten, daß $\bar{u}_P$, d.h. die mittlere Strömungsgeschwindigkeit im Anströmbereich, wegen des Geschwindigkeitsgradienten in der Randzone für größere Körner auch größer als für kleinere ist. Infolgedessen können größere Körner durchaus schneller als kleinere gleiten.
c) Plattige Körner werden langsamer als rundliche gleichen Volumens gleiten, weil erstere im allgemeinen flach auf dem Boden liegen und folglich die mittlere Strömungsgeschwindigkeit im Anströmbereich kleiner als bei den rundlichen ist.

Einzelkörner lösen sich vom Boden, d.h. gehen in den Suspensionszustand über, wenn gilt:

$$F_G'\,\cos\beta = F_D \tag{66a}$$

$$\frac{\pi}{6}\,d_V^3\,(\gamma - \rho)\,g\,\cos\beta = c_D\,\frac{\pi\,d_V^2}{4}\,\rho\,\frac{u_r^2}{2} \tag{66b}$$

Hieraus folgt für die erforderliche Relativgeschwindigkeit u_r:

$$u_r = \sqrt{\frac{4}{3}\,\frac{d_V\,g\,(\gamma - \rho)}{\rho\,c_D}\,\cos\beta} = \sqrt{v_m^2\,\frac{c_W}{c_D}\,\cos\beta} \tag{67}$$

oder bei hinreichend kleinem Neigungswinkel β:

$$u_r = \sqrt{v_m^2\,\frac{c_W}{c_D}} \tag{68}$$

Die Bewegung eines solchen Einzelkorns wird sich, wie im Bild 63a schematisch dargestellt, vollziehen. Sobald sich das Korn vom Boden abgehoben hat, verläßt es die Grenzschicht und damit den Bereich hoher Geschwindigkeitsgradienten, und der dynamische Auftrieb geht

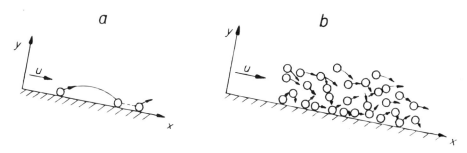

Bild 63 Zur Bewegung von suspendierten Einzelkörnern (a) und Körnerschwärmen (b)

gegen null. Somit wird es wieder auf den Boden zurückfallen und sich erneut von diesem abheben, wenn der dynamische Auftrieb wieder genügend groß ist. In diesem Zusammenhang ist zu beachten, daß die Grenzschichten und somit auch die dort wirkenden dynamischen Auftriebskräfte ständigen periodischen Veränderungen unterworfen sind.

In einer turbulenten Fluidströmung ist aber auch noch zu berücksichtigen, daß suspendierte Körner den Wirkungen der Strömungsturbulenz ausgesetzt sind. Die im Band I erörterten Grundlagen über den Körnertransport lassen sich darauf entsprechend anwenden, solange die Feststoffvolumen-Konzentration genügend gering ist.

1.3.1.3 Bewegung von Körnerschwärmen im Flüssigkeitsstrom auf geneigter Fläche

In einer mit einem Körnerschwarm beladenen Flüssigkeitsströmung wird die Strömungsstruktur im Vergleich zur Einzelkornbewegung aufgrund der gegenseitigen Einwirkungen der Körner (vor allem durch Kollisionen) wesentlich modifiziert. Eine von *Bagnold* hierfür vorgenommene Analyse und Modellentwicklung liefern auch für die Dichtesortierung wesentliche Erkenntnisse [226] [227].

Auf die am Boden im Bereich der Grenzschicht befindlichen Körner wirkt auch hierbei der im letzten Abschnitt erörterte dynamische Auftrieb F_D. Die suspendierten Körner sind dann einem Impulsaustausch aufgrund der Körnerkollisionen unterworfen, die ihren Ursprung in der Scherbewegung aneinander vorbeigleitender Suspensionsschichten sowie der Strömungsturbulenz haben (siehe auch Bild 63 b). Man muß hierbei im Vergleich zur reinen Flüssigkeitsströmung (Bild 60) berücksichtigen, daß in einer Suspensionsströmung auch unter turbulenten Strömungsverhältnissen noch deutliche Geschwindigkeitsgradienten du/dy bei über die Grenzschicht hinausreichenden Bodenabständen vorhanden sind. Die Körnerkollisionen verursachen in der Suspensionsströmung einen dynamischen Auftrieb $F_{D\varphi}$, der von F_D zu unterscheiden ist.

Der Impulsaustausch zwischen den Körnern hat auch zur Folge, daß die Schubspannungen τ, die für das Fließen aufzubringen sind, wesentlich größer als die in einer reinen Flüssigkeitsströmung sind. Von dieser Tatsache ging *Bagnold* bei seiner Modellentwicklung aus [226] [227]. Für die Gesamtschubspannung τ, die beim Fließen der Suspensionsströmung in einer zum Boden parallelen Ebene wirkt, kann man setzen:

$$\tau = \tau_l + \tau_\varphi \tag{69}$$

τ_l Schubspannungsanteil, der auf den Flüssigkeitsanteil zurückzuführen ist (laminar und/oder turbulent)

τ_φ Schubspannungsanteil, der durch die Körnerkollisionen bewirkt wird

$\tau_l + \tau_\varphi$ sind als diskrete Größen aufzufassen. Die Kollisionen der Körner verursachen auch einen auf diese wirkenden, aufwärts gerichteten Druck p_φ, der sich aus folgendem Zusammenhang ergibt (Bild 64):

$$\tau_\varphi = p_\varphi \tan \alpha \tag{70}$$

wobei sich der Winkel α aus den mittleren Kollisionsbedingungen ableitet und $\tan \alpha$ somit als dynamisches Äquivalent des statischen Reibungskoeffizienten aufzufassen ist.

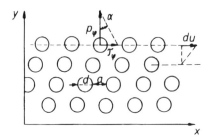

Bild 64 Zur Ableitung des dynamischen Auftriebes $F_{D\varphi}$ (nach *Bagnold* [226])

Aus den durchgeführten experimentellen Untersuchungen ergab sich nun, daß in diesen Suspensionsströmungen hinsichtlich der gegenseitigen Körnerbeeinflussungen zwischen **laminar-analogen** und **turbulent-analogen** Verhältnissen zu unterscheiden ist. Für die Abgrenzung ist die dimensionslose Kennzahl N_{Ba} eingeführt worden [227]:

$$N_{Ba} = \frac{\lambda \gamma d_V^2 \, du/dy}{\eta} \tag{71}$$

Hierin stellt $\lambda = d/a$ (siehe Bild 64) die mittlere Linearkonzentration der Körner dar, die mit dem Feststoffvolumenanteil φ_s in folgendem Zusammenhang steht:

$$\lambda = \frac{1}{(\varphi_d \, \varphi_s^{1/3} - 1)} \quad \text{bzw.} \quad \varphi_s = \frac{\varphi_d}{(1/\lambda + 1)^3} \tag{72}$$

φ_d ist der maximal mögliche Wert von φ_s – auch Packungsdichte genannt [120] –, der für die dichteste, regelmäßige Packung von monodispersen Kugeln $\varphi_d = 0{,}74$ beträgt und für Zufallspackungen von Körnerkollektiven in starkem Maße von der Korngrößen- und Kornformverteilung abhängt. $\lambda \to \infty$ bedeutet somit Übergang zur Schüttschicht. Für $\lambda \leq 14$ kann man davon sprechen, daß fluidisierte Suspensionen im Sinne der Dichtesortierung vorliegen.

Mit Hilfe der Kennzahl N_{Ba} läßt sich einteilen [277]:

$N_{Ba} \leq 40$: laminar-analog
$N_{Ba} \geq 200$: turbulent-analog

Turbulent-analog bedeutet hierbei nicht, daß auch turbulente Strömungsverhältnisse der Flüssigkeit vorliegen müssen, denn es bezieht sich nur auf den Charakter der mehr oder weniger stochastischen Körnerkollisionen, die in diesem Bereich ausgeprägte Trägheitswirkungen zur Folge haben. Man muß auch berücksichtigen, daß mit steigendem Feststoffvolumenanteil einer Zweiphasenströmung – vor allem bei Vorliegen hoher Feinstkornanteile – eine mehr oder weniger starke Turbulenzdämpfung eintritt [228] bis [230]. Unter turbulent-analogen Bedingungen der Körnerkollisionen kann man davon ausgehen, daß in Gl. (69) $\tau_\varphi \gg \tau_l$ ist, so daß $\tau \approx \tau_\varphi$ gesetzt werden kann [227]. Im Falle der laminar-analogen Verhältnisse vollziehen sich demgegenüber nur gegenseitige Beeinflussungen der Körner in den unmittelbar aneinander vorbeigleitenden Suspensionsschichten.

Für die turbulent-analogen Verhältnisse lieferte *Bagnolds* Ableitung [226] [227]:

$$\tau_{\varphi,t} = 0{,}013 \, \gamma (\lambda d_V)^2 \left(\frac{du}{dy}\right)^2 \tag{73}$$

und mit $(\tan\alpha)_t \approx 0{,}32$ für $p_{\varphi,t}$ somit:

$$p_{\varphi,t} = 0{,}04\,\gamma(\lambda d_V)^2 \left(\frac{du}{dy}\right)^2 \tag{74}$$

Für die laminar-analogen Verhältnisse ergab sich entsprechend:

$$\tau_{\varphi,\text{visk}} = 2{,}2\,\lambda^{3/2}\,\eta\,\frac{du}{dy} \tag{75}$$

und mit $(\tan\alpha)_{\text{visk}} \approx 0{,}75$ für $p_{\varphi,\text{visk}}$:

$$p_{\varphi,\text{visk}} = 2{,}93\,\lambda^{3/2}\,\eta\,\frac{du}{dy} \tag{76}$$

Eine überschlägliche Analyse zeigt, daß unter ansonsten vergleichbaren Bedingungen $p_{\varphi,t} > p_{\varphi,\text{visk}}$ ist.

Für den auf ein Korn wirkenden dynamischen Auftrieb $F_{D\varphi}$ folgt nunmehr:

$$F_{D\varphi} = p_\varphi A'_P = p_\varphi \frac{\pi d_V^2}{4} \tag{77}$$

Der dynamische Auftrieb $F_{D\varphi}$, dem die Körner ausgesetzt sind, bewirkt eine Auflockerung der gleitenden Kornschicht, wenn er eine gewisse Mindestgröße überschreitet, und als Folge davon eine Schichtung. Für letztere ist das Verhältnis $Q = F_{D\varphi}/F'_G$ wesentlich, für das sich mit Hilfe der letzten Gleichungen ergibt:

a) für $N_{Ba} \geq 200$:

$$Q_t = 0{,}06\,\frac{1}{(1-\rho/\gamma)\,g}\,d_V\,\lambda^2\left(\frac{du}{dy}\right)^2 \tag{78}$$

und hieraus folgt weiter für das Verhältnis $(Q_1/Q_2)_t$ zweier verschiedener Körner (Index 1 und 2):

$$\left(\frac{Q_1}{Q_2}\right)_t = \frac{1-\rho/\gamma_2}{1-\rho/\gamma_1}\,\frac{d_{V1}}{d_{V2}} \tag{79}$$

b) für $Na_{Ba} \leq 40$:

$$Q_{\text{visk}} = 4{,}4\,\frac{1}{(\gamma-\rho)\,g}\,\frac{\lambda^{3/2}}{d_V}\,\eta\,\frac{du}{dy} \tag{80}$$

und weiter:

$$\left(\frac{Q_1}{Q_2}\right)_{\text{visk}} = \frac{\gamma_2-\rho}{\gamma_1-\rho}\,\frac{d_{V2}}{d_{V1}} \tag{81}$$

Analysiert man nun diese Beziehungen für $d_{V1} = d_{V2}$ und $\gamma_1 > \gamma_2$, so folgen $(Q_1/Q_2)_t < 1$ als auch $(Q_1/Q_2)_{\text{visk}} < 1$, d.h., die spezifisch schwereren Körner ordnen sich unter den spezifisch leichteren gleicher Größe ein, aber auch $(Q_1/Q_2)_{\text{visk}} < (Q_1/Q_2)_t$. Letzteres bedeutet, die laminar-analogen Verhältnisse sollten für die Dichtesortierung günstiger als die turbulent-analogen sein, was man mit den allgemeinen praktischen Erfahrungen als übereinstimmend betrachten kann.

Eine Analyse für $\gamma_1 = \gamma_2$ und $d_{V1} > d_{V2}$ liefert $(Q_1/Q_2)_{\text{visk}} < 1$, jedoch $(Q_1/Q_2)_t > 1$. Dies bedeutet, daß sich unter turbulent-analogen Bedingungen im Gegensatz zu den laminar-analogen die gröberen Körner über den feineren gleicher Dichte in der Kornschicht-Strömung einordnen.

1.3.2 Rinnen

Unter Rinnen für die Dichtesortierung sind im allgemeinen offene Strömungskanäle zu verstehen, deren geometrische Ausbildung (Querschnitt, Bodenrauhigkeit, Länge) und einstellbaren

Einflußgrößen (Strömungsgeschwindigkeit, Höhe der Strömung, Trübedichte) an die Eigenschaften des zu sortierenden Gutes (Korngrößen- und -dichteverteilung) so anzupassen sind, daß es in der Strömung zu einer Schichtung nach der Dichte kommt. Was die geometrische Ausbildung anbelangt, so stellen einige neuere Entwicklungen bereits Übergangsformen zu den Herden dar.

Günstige Verhältnisse für eine Sortierung liegen in Rinnen vor, wenn das abzutrennende Leichtgut aufgrund der Strömungsverhältnisse vollständig oder zumindest überwiegend suspendiert ist, während sich das Schwergut am Rinnenboden absetzt oder sich dort gleitend bzw. springend bewegt. Ist das letztere der Fall, so ist ein kontinuierlicher Schwergutaustrag möglich. Setzt sich das Schwergut ab, so muß der Trennprozeß zu dessen Entnahme von Zeit zu Zeit unterbrochen werden.

Die konstruktive Ausbildung von **Hydrorinnen** ist vergleichsweise einfach. Gute Sortierergebnisse setzen jedoch genügend hohe Dichtedifferenzen der zu trennenden Minerale und einen hohen Aufschlußgrad voraus. Diese Forderungen sind besonders gut bei einigen Seifenerzen (z.B. Gold, Kassiterit) erfüllt, für deren Voranreicherung nicht selten **einfache Hydrorinnen** mit diskontinuierlichem Schwergutaustrag eingesetzt werden. **Einschnür-Rinnen** und **Wendelrinnen** tragen sämtliche Produkte kontinuierlich aus und werden vorzugsweise für die Sortierung von Schwermineralsanden, aber auch von Eisen-, Zinn-, Wolfram- und anderen Erzen im Korngrößenbereich 0,05 bis maximal 2 mm eingesetzt.

In neuerer Zeit sind auch **Aerorinnen** für Dichtetrennungen entwickelt worden.

1.3.2.1 Hydrorinnen

Einfache Rinnen weisen einen rechteckigen Querschnitt auf und werden gewöhnlich aus Holz gefertigt. Durch entsprechende Einbauten am Rinnenboden wird das Zurückhalten der abgesetzten Schwergutkörner begünstigt. Bei gröberem Aufgabegut bringt man auf dem Rinnenboden vielfach Querleisten bzw. Stege an, hinter denen sich das Schwergut absetzt. Form, Höhe und Abstände dieser Einbauten sind für den Trennerfolg mit maßgebend [19] [26] [220] [241]. Für feineres Gut benutzt man auch zusätzlich oder ausschließlich Bodenbeläge aus lockerem bzw. porigem Gewebe (z.B. Kokosmatten), aus Profilgummi oder ähnlichen Materialien, in deren Zwischenräumen oder Vertiefungen die Schwergutteilchen zurückgehalten werden. Für fein- bis feinstkörnige Trüben wendet man auch Kordsamt, Filz oder Gummibeläge mit wabenförmig angeordneten Vertiefungen an.

Am Anfang eines Betriebszyklus werden auch größere Anteile spezifisch leichteren Korns zwischen das abgesetzte Schwergut gelangen. Da die ständigen periodischen Veränderungen in der Grenzschicht und Wirbel (siehe auch Abschn. 1.3.1.1 und 1.3.1.2) die Bodenschicht noch laufend kurzzeitig auflockern, tritt eine Nachanreicherung ein. Somit bildet sich eine Schwergutschicht heraus, die ein erneutes Eindringen spezifisch leichteren Korns mehr und mehr verhindert. Sind die Vertiefungen bzw. Poren gefüllt, so werden die Rinnen stillgesetzt, anschließend die Bodenschicht mit Wasser nachgewaschen sowie abgesetzte Steine von Hand ausgelesen und schließlich das Konzentrat ausgeschlagen. Die Zyklusdauer ist durch Versuche zu bestimmen. Sie kann zwischen 5 min und 24 h liegen.

Rinnen für gröberes Gut werden aus kräftigen Brettern (Dicke etwa 40 bis 70 mm) gefertigt und zu Rinnenlängen bis zu 50 m und mehr zusammengestellt. Die erforderliche Rinnenlänge für die Erzielung eines genügend hohen Ausbringens hängt einerseits von den Guteigenschaften (Korngrößen- und -dichteverteilung, Wertstoffgehalt) sowie der Hydrodynamik der Rinnenströmung andererseits ab [19] [231]. Die Rinnenbreiten bzw. -höhen erreichen maximal 1,80 bzw. 0,90 m. Der Trübespiegel übersteigt kaum die Hälfte der Rinnenhöhe. Die Trübegeschwindigkeit ist entsprechend den voranstehenden Überlegungen so auszubilden, daß unterschiedliche Transportphänomene für Schwer- und Leichtgut auftreten. Die Neigungswinkel liegen deshalb vorwiegend in der Größenordnung von 2 bis 8°. In Tabelle 10 sind einige tech-

Tabelle 10 Technologische Kennziffern für die Sortierung von Seifenerzen auf einfachen Hydrorinnen (nach *Nevskij* [19] [220] [232])

Obere Korngröße d_o in der Aufgabe in mm	Minimales Flüssig-Fest-Volumenverhältnis	Minimale mittlere Trübegeschwindigkeit $\bar{u}$ in m/s	Verhältnis von Höhe des Trübestromes H zur oberen Korngröße d_o in der Aufgabe
< 6	6 bis 8	1 bis 1,2	2,5 bis 3,0
6 bis 12	8 bis 10	1,2 bis 1,6	2,0 bis 2,2
12 bis 25	10 bis 12	1,4 bis 1,8	1,7 bis 2,0
25 bis 50	12 bis 14	1,6 bis 2,0	1,5 bis 1,7
50 bis 100	14 bis 16	1,8 bis 2,2	1,3 bis 1,5
100 bis 200	16 bis 20	2,0 bis 2,5	1,2 bis 1,3
> 200	16 bis 20	2,5 bis 3,0	1,0 bis 1,2

nologische Kennziffern für Hydrorinnen, die gröbere Seifenerze verarbeiten, zusammengestellt. Rinnen dieser Art werden vor allem zur Sortierung von Gold- und Zinnseifen eingesetzt.

Für die Verarbeitung von feinerem Gut müssen die mittlere Trübegeschwindigkeit und auch die Höhe des Trübestromes entsprechend vermindert werden. Letztere übersteigt dann kaum noch 10 mm. Zu diesen Feinkornrinnen sind auch die früher in der Kaolinaufbereitung verbreiteten Schlämmgerinne zu zählen. Die stoffliche Trennung beruht hierbei allerdings vor allem auf einem Klassiervorgang, weil der Wertstoff vornehmlich in Korngrößen < 20 μm und tafelig ausgebildet, die abzutrennenden Minerale (Quarz, Silikate, u.a.) dagegen hauptsächlich gröber vorliegen. Wegen des hohen Platzbedarfes und der diskontinuierlichen Betriebsweise sind die Schlämmgerinne in der Kaolinaufbereitung meist durch leistungsfähigere Ausrüstungen (vor allem Hydrozyklone) ersetzt worden.

Mit zunehmender Feinheit des Aufgabegutes muß man auch auf die Bodenleisten verzichten. Die Form der Rinnen nähert sich der von Platten. Solche Apparate werden im deutschen Sprachgebrauch als feste Herde bezeichnet, obwohl kein prinzipieller Unterschied zu den einfachen Rinnen besteht. Sie sollen trotz dieser Tatsache mit unter den Herden besprochen werden.

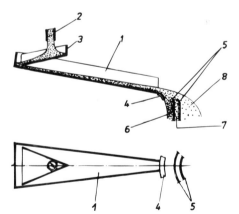

Bild 65 Einzelrinne eines Rinnenscheiders, Bauart *Cannon*
(1) Rinne; (2) Aufgaberohr; (3) Aufgabesegment; (4) Austragring; (5) Trennvorrichtung; (6) Schwergut; (7) Zwischengut; (8) Leichtgut

Für die **Einschnür-Rinnen** ist charakteristisch, daß sich der Querschnitt in Strömungsrichtung verengt, wie das beispielsweise auf der im Bild 65 dargestellten Einzelrinne zu erkennen ist. Als Folge hiervon werden der Trübestrom vertikal auseinander gezogen und somit am Austragende seine Produktentrennung gemäß der eingetretenen Schichtung mittels geeigneter Vorrichtungen erleichtert. Eine nach Austritt aus der Rinne unter dem Schwerkrafteinfluß eintretende weitere Aufspreizung des Trübestromes war Anlaß, einige dieser Bauarten auch als

Fächerrinnen zu bezeichnen (siehe hierzu ebenfalls Bild 65). Die Möglichkeit, eine größere Anzahl von Einzelrinnen konusartig zu kombinieren (siehe Bild 66), regte zu Weiterentwicklungen an, bei denen auf radiale Trennwände mehr oder weniger vollständig verzichtet worden ist und die als **Konusscheider** bezeichnet werden sollen. Aber auch für diese ist das kennzeichnende Merkmal – Einschnürung der Trübeströmung – gegeben.

Einschnür-Rinnen arbeiten kontinuierlich. Folglich sind die Strömungsverhältnisse so einzustellen, daß sich auch die Schwergutschicht am Rinnenboden noch in Austragrichtung bewegen kann. In herkömmlichen Einschnür-Rinnen sind die *Re*-Zahlen ($Re = \bar{u} H/\nu$) der Trübeströmung im allgemeinen $\geq 10^4$, d.h., es liegen turbulente Bedingungen vor [233]. Dabei ist das Geschwindigkeitsprofil am Austragende dergestalt, daß im Gegensatz zu den einfachen Rinnen die Geschwindigkeit der Trübeströmung ihr Maximum u_{max} etwa im Niveau $H/2$ erreicht und zur Trübeoberfläche dann wieder stark absinkt [235]. Dies ist dadurch zu erklären, daß der durch die Einschnürung bewirkte Anstau eine Umsetzung von kinetischer Energie der Strömung in potentielle zur Folge hat. Die *Re*-Zahlen der Strömung auf Konusscheidern liegen tiefer als die obengenannten. Infolgedessen eignen sich letztere auch für die Sortierung etwas feinerer Körnungen.

Einschnür-Rinnen werden für die Sortierung im Korngrößenbereich von etwa 0,03 mm bis maximal 2 mm eingesetzt, wobei die Trennungen im Bereich von etwa 0,05 bis 0,5 mm am effektivsten sind. Der Feststoffgehalt der Aufgabetrübe liegt vor allem zwischen 20 und 30 Vol.-%, wobei für breitere Korngrößenverteilungen die höheren Werte anzustreben sind [260]. Außer der Rinnengeometrie (Rinnenlänge, -breite, Einschnürwinkel) sind weitere wichtige Einflußgrößen die Rinnenneigung und der Volumenstrom der Aufgabetrübe [26] [233] [234] [260]. Sehr wesentlich für einen erfolgreichen Einsatz derartiger Rinnen ist auch, daß der Aufgabestrom hinsichtlich Menge und Zusammensetzung so gleichmäßig wie möglich ist. Da die Anreichergebnisse, die sich auf einer Rinne erzielen lassen, im allgemeinen noch nicht befriedigen, ist für industrielle Anwendungen die Kombination zu Rinnensystemen charakteristisch.

Das Haupteinsatzgebiet der Einschnür-Rinnen liegt bei der Voranreicherung schwermineralführender Sande. Deshalb sind von dort die wesentlichen Impulse für deren Entwicklung und Weiterentwicklung ausgegangen. Jedoch sind auch viele Anwendungen aus anderen Bereichen der Aufbereitungstechnik bekannt.

Eine der ersten Entwicklungen stellt die im Bild 65 dargestellte, in den USA entwickelte Rinne dar [236]. Ihre Arbeitsweise ist aus der Darstellung ersichtlich. Am Austragende wird der Trübefächer mittels der Trennvorrichtung (5) in Sortierprodukte zerlegt.

Auf der Grundlage systematischer Untersuchungen konnten für Rinnen dieser Art folgende optimalen geometrischen sowie einstellbaren Einflußgrößen ermittelt werden [237] [249]: Rinnenlänge 1000 bis 1200 mm; Rinnenneigung 1 bis 2° über der kritischen Rinnenneigung (kritische Rinnenneigung ist die Neigung, bei der sich der Feststoff unter den jeweiligen Bedingungen abzusetzen beginnt), d.h., der Neigungswinkel β gegenüber der Horizontalen liegt im Bereich 15 bis 20°; Feststoffgehalt der Aufgabetrübe 20 bis 30 Vol.-%; Einschnürwinkel der Rinne 10 bis 15°; Durchsatz je Einzelrinne 100 bis 600 kg/h, wobei dieser von allen Parametern den größten Einfluß auf den Trennerfolg hat. Weiterreichende Modellgleichungen zur Voraussage der Wirkung wesentlicher Einstellparameter sind in neuerer Zeit entwickelt worden [233].

Hinsichtlich der speziellen Ausbildung der Einzelrinnen, ihrer Parallelkombination zu einem Rinnenscheider sowie der Art und Weise der Trübeaufgabe und des Austragens der Produkte sind eine Reihe von Bauarten zu unterscheiden [19] [26] [234].

Der Rinnenscheider, Bauart *Cannon*, gehörte zu den ersten Entwicklungen dieser Art und ist im Bild 66 dargestellt. Hierbei sind 48 Einzelrinnen auf einer stumpfen Kegelfläche angeordnet, wodurch hohe Durchsätze je Flächen- und Raumeinheit erzielt werden können. Die Aufgabetrübe gelangt in ein zentrales Verteilergefäß und über 24 Verteilerleitungen radial nach außen zu einer ringförmigen Aufgaberinne. Aus deren Ausflußöffnungen fließt die Trübe

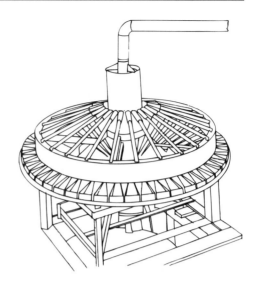

Bild 66 Rinnenscheider, Bauart *Cannon*

über Aufgabesegmente (siehe auch Bild 65) in die Einzelrinnen (Länge 914 mm; Breite an der Aufgabeseite 127 mm; Einschnürwinkel 7,5°). Der Rinnenboden läuft am Austragende in einen Nasenring aus. Eine konzentrisch angeordnete und höhenverstellbare Trennvorrichtung zerlegt den Austragstrom in die Produkte. Der Durchsatz je Einzelrinne beträgt etwa 0,3 bis 1 t/h.

Eine weitere Entwicklung der 50er Jahre ist der Rinnenscheider, Bauart *Carpco*. Er unterscheidet sich von dem vorgenannten Gerät sowohl hinsichtlich der Ausbildung und Anordnung der Einzelrinnen (Länge 610 mm; Breite an der Aufgabeseite 230 mm; Einschnürwinkel 20°) als auch hinsichtlich der Trübeaufgabe und des Austrags der Produkte (Bild 67). Die Trübe tritt aus einer Steigkammer in die Rinne ein. Der austretende Trübefächer wird auf einer Platte, die etwas gegen die Strömungsrichtung angestellt ist, zusätzlich gespreizt. Mit Hilfe von auf dieser Platte befestigten und verstellbaren Keilen lassen sich mehrere Trennprodukte abziehen. Die Einzelrinnen werden in Reihen neben- und übereinander zu einem Scheider kombiniert, so daß sich ebenfalls hohe Durchsätze je Raumeinheit erzielen lassen. Der Durchsatz je Einzelrinne liegt etwas höher als bei der Bauart *Cannon*.

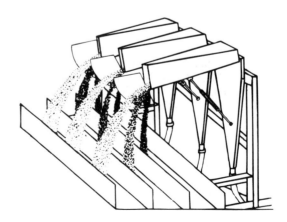

Bild 67 Drei Einzelrinnen eines Rinnenscheiders, Bauart *Carpco*

86 1 Dichtesortierung

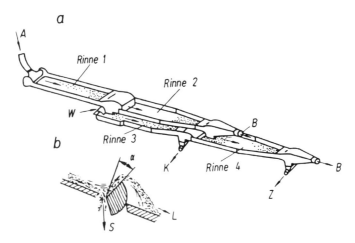

Bild 68 Rinnenscheider, Bauart *Wright*
a) Kombination von vier Einzelrinnen
b) Strömungsteiler
A Aufgabe; B Abgänge; K Konzentrat; L Leichtgut; S Schwergut; W Waschwasser; Z Zwischenprodukt;
α Ablenkwinkel

Die beiden vorerwähnten Rinnenscheider konnten die in sie gesetzten Erwartungen nicht ganz erfüllen [26]. Deshalb sind sie durch spätere Entwicklungen überwiegend abgelöst worden. Zu diesen gehört z. B. der im Bild 68 dargestellte Rinnenscheider, Bauart *Wright* [5] [26]. Dieser unterscheidet sich von anderen in erster Linie durch die Art der Produkt-Trennung am jeweiligen Ende der Einzelrinnen, indem die Trübeströmung auf eine Strömungsteilerplatte auftrifft (Bild 68 b), deren Ablenkwinkel einstellbar ist. Dadurch ist der ins jeweilige Schwergut gelangende Trübestromanteil festgelegt, der sich auch bei gewissen Schwankungen von Trübestrom und Trübedichte nicht ändert. Ein weiterer Vorteil dieser Trennvorrichtung ist darin zu sehen, daß Verstopfungen durch gröbere Körner, Wurzeln usw. weitgehend ausgeschlossen werden, indem diese über die Ablenkvorrichtung hinweg in die Abgänge gelangen. Dadurch läßt sich im Vergleich zu anderen Bauarten die obere verarbeitbare Korngröße heraufsetzen. Scheider dieser Bauart werden als 4er- (Bild 68 a) oder 6er-Kombination ausgebildet und lassen sich zu sehr kompakten Einheiten für hohe Durchsätze vereinen. In jedem Falle weist die erste Rinne jeder Kombination keine Einschnürung auf, und es wird gewöhnlich ein vergleichsweise kleiner Ablenkwinkel des Strömungsteilers (etwa 4°) eingestellt, während die weiteren Einzelrinnen im Anfangsteil mit parallelen Seitenwänden und anschließend mit Einschnürung ausgebildet sind.

Die konusartige Kombination der Einzelrinnen zu einem Scheider (siehe Bild 66) regte zu einigen Weiter- bzw. Neuentwicklungen an, bei denen auf die radialen Trennwände mehr oder weniger vollständig verzichtet worden ist. So wird bei der im Bild 69 abgebildeten Bauart eines Konusscheiders die im Sortierkonus (4) radial von außen nach innen strömende Trübe nur noch am inneren Austrag mittels radialer Keile in eigentliche Rinnenströmungen zerlegt [19] [220]. Der Konuswinkel beträgt 140 bis 156° und der -durchmesser 2000 mm (Durchsatz 20 bis 40 t/h) oder 2880 mm (Durchsatz 40 bis 80 t/h). Es sind ein-, zwei- und dreistufige Anordnungen entwickelt worden.

Ein weiterer Scheider dieser Art, der weltweite Verbreitung gefunden hat, ist der Konusscheider, Bauart *Reichert* [5] [26] [234] [243] bis [247] [267]. Die Konen besitzen hier keinerlei Einbauten mehr, die den Trübefluß in Rinnenströmungen zerlegen, so daß negative Effekte der Seitenwände auf die Sortierung vermieden werden [26]. Die standardisierten Bauelemente dieses Konusscheiders ermöglichen eine relativ große Variationsbreite der Ausbildung für spe-

1.3 Sortierung in Rinnen und auf Herden

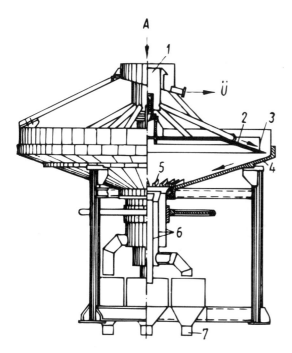

Bild 69 Konusscheider, Bauart *Verchnedneprovskier Bergbau-Metallurgisches Kombinat* [19] [220]
(1) Trübeteiler; (2) Verteilerkonus; (3) perforierte ringförmige Wand; (4) Sortierkonus; (5) radiale Keile; (6) höhenverstellbare Produktabzugrohre; (7) Sammelrinne
A Aufgabe; *Ü* Überlauf

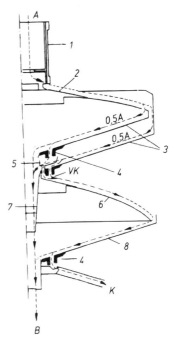

Bild 70 *Reichert*-Konusscheider
(1) Aufgabe-Zuführrohr; (2) Aufgabe-Verteilerkonus; (3) Doppel-Trennkonus; (4) Austragringe; (5) Vorkonzentrat-Sammelring; (6) Vorkonzentrat-Verteilerkonus; (7) Berge-Abführrohr; (8) Einfach-Trennkonus
A Aufgabe; *B* Abgänge; *K* Konzentrat; *VK* Vorkonzentrat

zifische Anwendungen. Dabei bildet vorwiegend die im Bild 70 dargestellte Grundeinheit die Basis für weitere Kombinationen, da auch mit diesem Scheider im allgemeinen Endkonzentratqualitäten nur durch Nachreinigung der Vorkonzentrate möglich sind. Die Grundeinheit gemäß Bild 70 besteht aus dem Doppel-Trennkonus (3), bei dem zwei übereinander angeordnete Konen (Konuswinkel 146°) parallel geschaltet sind und Abgänge sowie ein Vorkonzentrat erzeugen, das auf einem nachgeschalteten Einfach-Konus (8) nachgereinigt wird. Verteilerkonen (2) und (6) gewährleisten eine gleichmäßige Aufteilung der Aufgabe-Trübeströme auf die Trennkonen, wobei ein spezieller Teilungsring am Umfang des Verteilerkonus (2) den Aufgabestrom den beiden Trennkonen (3) zuführt. Die jeweiligen Konzentrate werden durch die Schlitze von einstellbaren Ringen (4) ausgetragen. Diese Grundeinheiten ermöglichen eine sehr raumsparende Gestaltung derartiger Anlagen. Die Konen werden aus glasfaserverstärkten Kunststoffen hergestellt und sind mit Polyurethan beschichtet. Auch weitere, besonders dem Verschleiß unterworfene Bauteile (z. B. Austragringe) bestehen aus Polyurethan. Bild 71 verdeutlicht die Wirkungsweise eines Austragringes. Durch Heben und Senken des inneren Ringteiles kann die Aufteilung der Trübeströmung in Leichtgut- und Schwergutstrom verändert werden, wobei dessen Rundung einerseits zu schroffe Veränderungen bei der Höhenverstellung ausschließt und andererseits auch den Transport von Überkorn und faserigem Material ins Leichtgut begünstigt. Der Feststoffgehalt der Aufgabetrübe sollte zwischen 55 und 65 Masse-% (d.h. etwa 30 bis 38 Vol-%) liegen und die obere Aufgabekorngröße etwa 1 mm

88   1 Dichtesortierung

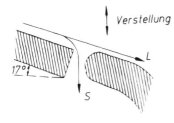

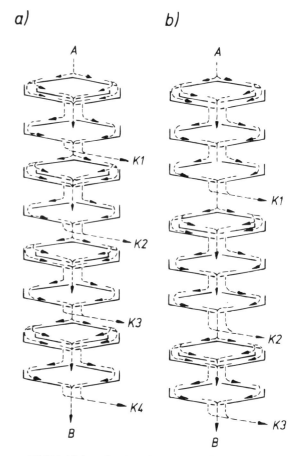

Bild 71 Funktionsweise eines Austragringes
L Leichtgut; S Schwergut

Bild 72 Mehrstufige Anordnungen von *Reichert*-Konusscheidern
a) 4DS-Anordnung; b) 2DSS.DS-Anordnung
A Aufgabe; B Abgänge; K Konzentrate

nicht überschreiten. Die schwach-turbulente Trübeströmung, deren Höhe von außen nach innen auf etwa das Vierfache zunimmt, gewährleistet in Abhängigkeit von der Dichtedifferenz die Trennung bis zu Korngrößen von etwa 30 bis 60 µm herab. Wie schon kurz erwähnt, so sind für befriedigende Trennergebnisse auch bei diesem Scheider mehrstufige Anordnungen erforderlich, wofür es eine größere Anzahl von Kombinationsmöglichkeiten der Grundeinheiten gibt. Die beiden meist angewendeten mehrstufigen Anordnungen sind im Bild 72 dargestellt. Bei der Anordung *4DS* (Bild 72a) sind vier Grundeinheiten Doppel-Trennkonus/Einfach-Trennkonus gemäß Bild 70 in vertikaler Anordnung hintereinander geschaltet, wobei die Abgänge der ersten drei Grundeinheiten nachsortiert werden und auf jeder Grundeinheit ein Fertigkonzentrat erzeugt wird. Abstoßfähige Abgänge fallen nur auf der untersten Grundeinheit an. Bei den Anordnungen *2DSS.DS* (Bild 72b) sind zwei Grundeinheiten, die aus einem Doppel-Trennkonus und zwei nachgeschalteten Einfach-Trennkonen bestehen, mit einer nachfolgenden Grundeinheit Doppel-Konus/Einfach-Konus ebenfalls vertikal aufeinanderfolgend verbunden. Die *4DS*-Anordnung liefert ein hohes Gesamtausbringen bei mäßiger Konzentrat-Qualität, während die *2DSS.DS*-Anordnung deutlich bessere Schwergut-Konzentrate bei leichtem Rückgang des Gesamtausbringens erzeugen läßt [26]. Diese Kombinationen erzielen bei Konusdurchmessern von 2 m Durchsätze zwischen etwa 50 und 90 t/h, während neuere Entwicklungen mit 3,5 m Konusdurchmesser 250 bis 300 t/h durchsetzen [5] [247]. Für die Auslegung und Optimierung derartiger Kombinationen sind Modell-Gleichungen auf empirischer Grundlage ausgearbeitet worden [245] [246].

Einschnür-Rinnen i.e.S. und Konusscheider sind im Prinzip für die gleichen Sortieraufgaben einsetzbar, wobei wegen ihrer größeren Anpassungsfähigkeit hinsichtlich des Durchsatzes für kleinere Anlagen die erstgenannten vorzuziehen sind. Auch bezüglich der Einflußgrößen sind diese variationsreicher, da hier die Einschnürung sowie der Neigungswinkel nicht wie beim Konusscheider, Bauart *Reichert*, fest vorgegeben sind. Bei hohen Durchsätzen hat jedoch der letztere weltweit erfolgreiche Anwendung gefunden, und zwar nicht nur für die Voranreicherung von Schwermineralsanden, sondern auch für andere mineralische Rohstoffe (Eisen-, Zinn-, Golderze u.a.). Dies mag damit zusammenhängen, daß er nach der Feinkornseite hin besser als Einschnür-Rinnen i.e.S. trennen kann. Dies spielt für die Sortierung von Körnungen, die durch Mahlprozesse entstanden sind, im Vergleich zu den feinstkornfreien Küstensanden eine nicht zu vernachlässigende Rolle.

Ein in den 40er Jahren in den USA entwickelter Rinnenscheider, der zusätzlich Zentrifugalkräfte für die stoffliche Trennung ausnutzt, ist die **Wendelrinne**, Bauart *Humphreys* [248]. Der sehr verbreiteten Einführung bis etwa Ende der 50er Jahre folgte eine gewisse Stagnation, die durch das Aufkommen der Einschnür-Rinnen und Konusscheider verursacht war. In den letzten Jahren hat sich nun offensichtlich im Wettbewerb mit diesen aufgrund erheblicher Verbesserungen eine „Renaissance" der Wendelrinnen ergeben [3] [26] [250].

Eine Wendelrinne der ursprünglichen Bauart *Humphreys* ist im Bild 73 dargestellt. Die Trübe fließt in den 5 oder 6 Schraubenwindungen des Rinnenkörpers (1) abwärts. In der Rinne

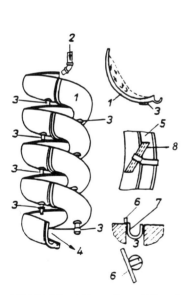

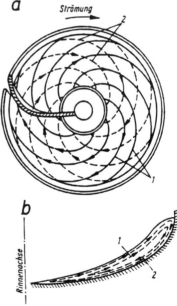

Bild 73 Wendelrinne, Bauart *Humphreys*
(1) Rinnenkörper; (2) Aufgabe; (3) Schwer- bzw. Zwischengutausträge; (4) Leichtgutaustrag; (5) innen vorgesetzte Zusatzwasserrinne; (6) Strömungsteiler; (7) Klemmfeder; (8) Abzugröhrchen

Bild 74 Strömung in einer Wendelrinne
a) Draufsicht; b) Querschnitt
(1) und (2) Stromlinienverlauf im oberen bzw. unteren Teil der Rinnenströmung

lassen sich drei Strömungen abgrenzen [251] [252] [1500]: die Hauptströmung längs der Wendel sowie eine an der Trübeoberfläche nach außen und eine am Rinnenboden nach innen gerichtete Querströmung (Bild 74), d.h. also, im Rinnenquerschnitt betrachtet, eine Umlaufströmung. Innen hat die Trübeströmung eine relativ geringe Dicke (2 bis 3 mm), während diese nach außen wesentlich ansteigt (7 bis 16 mm) und dort von ausgesprochen turbulentem Strömungscharakter ist [251]. Infolgedessen sind die Längsgeschwindigkeiten stark ortsabhängig. Die Maximalwerte betragen 1,5 bis 2 m/s. Die Längsgeschwindigkeit eines beliebigen Trübeelementes, das sich im Abstand r von der Rinnenachse befindet, läßt sich angenähert mit Hilfe des Gleichgewichtes zwischen den Komponenten von Zentrifugal- und Schwerebeschleunigung

$$\frac{u^2}{r} \cos \alpha = g \sin \alpha$$

zu

$$u = \sqrt{r g \tan \alpha} \qquad (82)$$

α Querneigung der Rinne im Abstand r (siehe Bild 75)

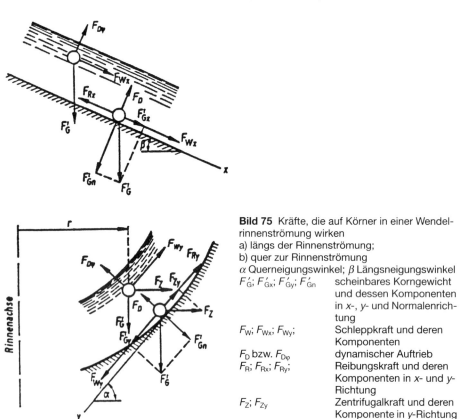

Bild 75 Kräfte, die auf Körner in einer Wendelrinnenströmung wirken
a) längs der Rinnenströmung;
b) quer zur Rinnenströmung
α Querneigungswinkel; β Längsneigungswinkel

F'_G; F'_{Gx}; F'_{Gy}; F'_{Gn}	scheinbares Korngewicht und dessen Komponenten in x-, y- und Normalenrichtung
F_W; F_{Wx}; F_{Wy};	Schleppkraft und deren Komponenten
F_D bzw. $F_{D\varphi}$	dynamischer Auftrieb
F_R; F_{Rx}; F_{Ry};	Reibungskraft und deren Komponenten in x- und y-Richtung
F_Z; F_{Zy}	Zentrifugalkraft und deren Komponente in y-Richtung

bestimmen. Die Quergeschwindigkeiten betragen nur Bruchteile der Längsgeschwindigkeiten, und zwar außen etwa 0,3 bis 0,4 m/s und innen 0,1 bis 0,15 m/s [19].

Die Kräfte, die sowohl auf ein in der Rinnenströmung suspendiertes Korn als auch auf ein mit dem Rinnenboden im Kontakt befindliches Korn wirken, sind im Bild 75 dargestellt [19]

[220] [251]. Darauf aufbauend sollen im nachfolgenden qualitative Überlegungen über die Körnerbewegung und den Trennvorgang angestellt werden. Körner, die sich in der Trübeströmung mit größerem Bodenabstand einordnen, d. h. vor allem die spezifisch leichteren Körner, bewegen sich unter der Einwirkung von Schleppkraft F_W, dynamischem Auftrieb $F_{D\varphi}$, scheinbarem Gewicht F'_G und Zentrifugalkraft F_Z (Bild 75 a). Ihre Längsgeschwindigkeit entspricht etwa der des Fluids, so daß sie relativ großen Zentrifugalkräften ausgesetzt sind. Hinzu kommt, daß die Schleppkraftkomponente F_{Wy} (Bild 75 b) aufgrund der Querströmung ebenfalls nach außen wirkt. Infolgedessen ordnen sich die spezifisch leichteren Körner im äußeren Bereich der Rinnenströmung ein. Die spezifisch schweren Körner befinden sich in den unteren Trübeschichten und zu einem erheblichen Anteil sogar in Bodenkontakt. Auf letztere wirkt deshalb zusätzlich eine Reibungskraft F_R. Deshalb bewegen sie sich in Längsrichtung wesentlich langsamer als die mittlere Trübeströmung, woraus eine entsprechend geringere Zentrifugalkraft folgt. Außerdem ist die Querströmung am Rinnenboden nach innen gerichtet. Dies hat insgesamt zur Folge, daß sich die spezifisch schwereren Körner vorzugsweise im inneren Teil der Rinnenströmung einordnen. Zusätzlich überlagert sich – wie in jeder Rinnenströmung – ein Klassiereffekt, dessen Ergebnis sich aufgrund einer Analyse der Kraftwirkungen (siehe hierzu auch Abschn. 1.3.1.2 u. 1.3.1.3) ebenfalls einschätzen läßt. In der Trübeströmung bilden sich folglich nebeneinander liegende Bänder aus, in denen die Feststoffdichte von innen nach außen abnimmt, wobei der Klassiereffekt zu Überlappungen führt. Der jeweils spezifisch schwerste Bandteil wird durch Austragöffnungen (3) laufend abgezogen (Bild 73). Den Austrag durch diese Öffnungen unterstützen Strömungsteiler (6), die an Klemmfedern (7) befestigt und verstellbar sind. Von den oberen Austrägen kann normalerweise schon ein hochangereichertes Produkt abgezogen werden, während man von den folgenden ein oder mehrere Zwischenprodukte abzieht, die auf nachgeschalteten Wendelrinnen nachgereinigt werden. Aus der innen vorgesetzten Rinne (5) kann, um die Trennung zu verbessern, Spülwasser mittels verstellbarer Abzugsröhrchen (8) zugeführt werden. Das Leichtgut, d.h., abgesehen von der Steinkohlenaufbereitung, die Berge, fließt am unteren Rinnenende ab.

Die ursprünglichen Wendelrinnen, Bauart *Humphreys*, sind aus gußeisernen 120°-Segmenten, deren Rinnenfläche auch gummiert geliefert wurde, zusammengesetzt worden. Die Ganghöhe der Standard-Rinnen betrug 342 mm.

Später haben auch andere Firmen die Herstellung von Wendelrinnen aufgenommen, wodurch deren Weiterentwicklung wesentlich befruchtet worden ist. An der ursprünglichen Grundkonzeption wurde jedoch zunächst im wesentlichen festgehalten. In diesem Zusammenhang ist der weiteren Optimierung der Rinnengeometrie (Rinnenprofil, -durchmesser, Ganghöhe, Windungszahl, Anordnung sowie Anzahl der Produktausträge u.a.) und dem Werkstoffeinsatz große Bedeutung beigemessen worden [26]. Was das **Rinnenprofil** anbelangt, so sind nach Untersuchungen von *Solomin* [254] elliptische Profile am günstigsten, deren große Achse in der Horizontalen liegt und bei einem Achsenverhältnis von 2:1 etwa ein Drittel des Rinnenkörperdurchmessers beträgt. Die australische Firma *Mineral Deposits Ltd.* liefert Wendelrinnen, die viele Produktausträge längs der Wendel besitzen und die im Bild 76 a dargestellten Rinnenprofile aufweisen, wobei die eingezeichneten Abstände von der Wendelachse die Lage der Austräge kennzeichnen [5] [26]. Das Profil *Mark 2* ähnelt dem der *Humphreys*-Rinne, wobei sich *2 A* und *2 B* lediglich durch die Lage der Austräge, d.h. ihren Abstand von der Wendelachse, unterscheiden. Profil *2 A* hat die Austräge im Vergleich zu *2 B* weiter innen und wird dort bevorzugt, wo es auf eine große Selektivität der Trennung ankommt (z.B. bei der Konzentrat-Nachreinigung oder bei der Glassand-Aufbereitung). Das Profil *Mark 3* ist flacher und die Austräge sind in etwas größerem Abstand von der Wendelachse angeordnet. Es wird für Schwermineralanteile von 5 bis 40% in der Aufgabe bei Schwermineraldichten > 2900 kg/m^3 empfohlen. Profil *Mark 6* ist ebenfalls flacher ausgebildet, seine zentrale Säule weist einen kleineren Durchmesser auf und die Austräge befinden sich in geringerem Abstand von der Wendelachse. Es ist den anderen Profilen überlegen, wenn es sich um geringere Dichtedifferenzen der zu trennenden Minerale oder um die Aufbereitung relativ fein aufgemahlener Rohstoffe

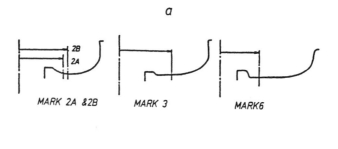

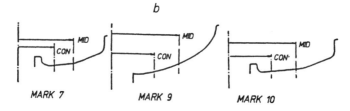

Bild 76 Rinnenprofile von Wendelrinnen, Bauart *Mineral Deposits Ltd.*
a) Profile von Rinnen mit vielen Produktausträgen längs der Wendel
b) Profile von Rinnen mit erheblich reduzierter Anzahl von Produktausträgen bzw. reinem Endaustrag

Tabelle 11 Geometrische und technologische Kennwerte von Wendelrinnen, Bauart *Mineral Deposits Ltd.*, mit Vielfach-Produktausträgen

Bauart	Ganghöhe der Wendelrinne mm	Abstand der Produktausträge von der Wendelachse mm	Gesamthöhe der Scheider mm	Rinnendurchmesser mm	Durchsatz je Einzelrinne t/h	Feststoffmasseanteil in der Aufgabetrübe Masse-%
Mark 2A	387	298	2370	590	1 bis 1,5	15 bis 35
Mark 2B	387	324	2370	590	1 bis 1,5	15 bis 35
Mark 3	387	348	2370	640	2 bis 2,5	25 bis 45
Mark 4	367	254	2054	610	1 bis 1,5	25 bis 45

handelt. Scheider mit diesem Rinnenprofil haben auch eine geringere Ganghöhe als solche mit den Profilen *Mark 2* und *3*. Im übrigen informiert Tabelle 11 über weitere geometrische und technologische Kennwerte von Wendelrinnen mit diesen Profilen.

Um eine raumsparende Bauweise zu erreichen, werden Trennapparate dieser Art als Doppel-Wendelrinnen einerseits ausgebildet und andererseits zu Mehrfachanordnungen zusammengestellt, wie das Bild 77 beispielhaft verdeutlicht.

Am meisten verbreitet sind Scheider mit **Einzelrinnendurchmessern** zwischen 500 und 1250 mm, deren Durchsatz etwa 0,5 bis 5 t/h beträgt [19] [26] [220]. Davon sind die Rinnen mit den größeren Durchmessern, die sogar bis 2000 mm reichen, vor allem in der ehemaligen UdSSR entwickelt und eingesetzt worden [19] [255]. Sie sollen Durchsätze bis zu 20 t/h erzielen.

Die **Ganghöhen** der Wendeln liegen vor allem zwischen 300 und 500 mm und sind bei wenigen Bauarten auch verstellbar. Größere Ganghöhen, d.h. größere Rinnenneigungswinkel, ermöglichen höhere Durchsätze und Anreicherungen, bewirken aber auch ein geringeres Wertstoffausbringen. Sie sind deshalb bei genügend hohen Dichtedifferenzen und geringem Wertstoffgehalt vorzuziehen. Demgegenüber eignen sich kleinere Ganghöhen bei geringen

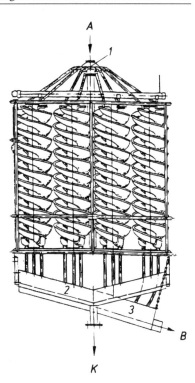

Bild 77 Mehrfach-Anordnung von Doppel-Wendelrinnen, Bauart *Mineral Deposits Ltd.*
(1) Aufgabetrübe-Teiler; (2) Konzentrat- bzw. Schwergut-Abführrinne; (3) Berge- bzw. Leichtgut-Abführrinne

Dichtedifferenzen und größerer Feinheit des Aufgabegutes [250] [253]. Ein weiterer im Hinblick auf eine raumsparende Bauweise zu berücksichtigender Gesichtspunkt ist die Tatsache, daß größere Ganghöhen die Ausbildung von Doppel- oder sogar Dreifach-Wendelrinnen ermöglichen.

Vorwiegend beträgt die **Windungszahl** industriell installierter Wendelrinnen 5 oder 6. Hinsichtlich der Einordnung der Körner ist vielfach schon nach zwei Windungen ein gewisser Gleichgewichtszustand erreicht, so daß 3 bis 4 Windungen genügen würden [254]. Dies hat insbesondere in der ehemaligen UdSSR dazu geführt, auch Wendelrinnen mit derartigen Windungszahlen zu entwickeln und einzusetzen [19] [254].

Bis in die neuere Zeit hinein stattete man die Wendelrinnen überwiegend mit 2 oder 3 Produktausträgen je Windung aus. Dabei beträgt der Durchmesser der Austragöffnungen etwa 50 mm, und mit Hilfe verstellbarer Strömungsteiler (siehe auch Bild 73) lassen sich die jeweiligen Austragströme in Grenzen variieren. Hieraus resultiert eine sehr große Anzahl von Kombinationsmöglichkeiten, wobei eine hohe Trennschärfe durch die korrekte Einstellung der Strömungsteiler bestimmt wird. Eine weitere Anpassung an optimale Trennverhältnisse ist durch teilweises Verschließen der Produktausträge gegeben. Diese vielen Einstellungsmöglichkeiten erschweren natürlich die laufende Überwachung des Wendelrinnen-Betriebes bei den unvermeidlichen Schwankungen der Aufgabe. Deshalb führten neuere Überlegungen dazu, unter bestimmten Voraussetzungen die Anzahl der Produktausträge erheblich zu reduzieren oder sogar auf alleinigen Endaustrag überzugehen, wie das bei der im Bild 78 dargestellten Wendelrinne, Bauart *Vickers Xatal FG*, der Fall ist [250]. Durch diese und gegebenenfalls weitere Maßnahmen (Verzicht auf Spülwasserzusatz) konnte der Durchsatz von etwa 1 t/h bei traditioneller Bauweise auf 4,5 t/h gesteigert werden. Bild 78 zeigt eine Wendelrinne, die sich besonders dort eignet, wo geringe Schwergutanteile (Mineraldichte > 2900 kg/m^3) anzureichern sind (z. B. Voranreicherung und Nachsortierung von Schwermineralsanden), während

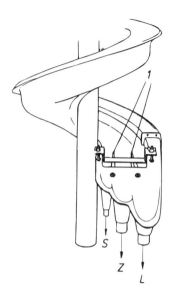

Bild 78 Wendelrinne, Bauart *Vickers Xatal FG* [250]
(1) Produktteiler
L Leichtgut; *S* Schwergut; *Z* Zwischengut

für höhere Schwergutanteile (z. B. in den Reinigungsstufen) gekrümmte Profile und Spülwasserzusatz empfohlen werden. Auch die Firma *Mineral Deposits Ltd.* trug der Entwicklung, die Anzahl der Produktausträge erheblich zu reduzieren, Rechnung und setzt dafür die im Bild 76 b dargestellten Rinnenprofile ein. Die Bauart *Mark 7A* mit alleinigem Endaustrag kommt bei niedrigen Schwergutgehalten in der Aufgabe zur Anwendung, während die Bauart *7B*, die noch über einen oder zwei weitere Schwergutausträge längs der Wendel verfügt, bei Vorliegen höherer Schwergutanteile eingesetzt wird. Die Profile von *Mark 9* und *10* sind speziell für die Steinkohlenaufbereitung entwickelt worden.

Der Betrieb von Wendelrinnen mit vielen Produktausträgen erfordert den Zusatz von **Spülwasser**. Dieses wird gewöhnlich entweder wie bei der *Humphreys*-Rinne aus einer inneren, vorgesetzten Rinne mittels geeigneter Vorrichtungen (siehe Bild 73) abgezogen oder aus einem Wasserkasten mittels Schläuchen einstellbar zugeführt. Der Spülwasserstrom zielt einerseits darauf ab, im Schwergutband verbliebenes Leichtgut auszuspülen, und andererseits eine angemessene Fließfähigkeit des Schwergutstromes zu gewährleisten. Die verwendeten Spülwassermengen liegen für 600 mm-Rinnen etwa zwischen 0,3 und 0,6 l/s.

Ein großer technischer Fortschritt in der Bauweise der Wendelrinnen ist dadurch erreicht worden, daß die Rinnenkörper anstatt aus Gußeisen aus glasfaserverstärkten Kunststoffen, die mit Polyurethan beschichtet sind, hergestellt werden. Dies führte nicht nur zu einer erheblichen Reduzierung ihrer Masse, sondern auch dazu, daß sie aus einem Stück gefertigt werden können, d.h., auf die Segment-Bauweise verzichtet werden konnte. Dadurch werden auch störende Einflüsse auf die Rinnenströmung an den Übergangsstellen der Segmente ausgeschaltet.

Wendelrinnen können für Erze vor allem für die Dichtesortierung im **Korngrößenbereich** 0,05 bis 1 mm eingesetzt werden. Hierbei sollte die obere Korngröße des Schwergutes 1 mm möglichst nicht überschreiten, während Leichtgutkörner bis etwa 3 mm Korngröße noch kaum stören [26]. Bei der Steinkohlenaufbereitung sind obere Korngrößen bis zu etwa 6 mm verarbeitbar. Optimale Trennergebnisse sind nur nach entsprechender Vorklassierung zu erzielen. Der Korngrößenbereich ist um so enger zu wählen, je geringer die Dichteunterschiede sind. Größere Anteile von Feinstkorn stören dann, wenn sie das Fließverhalten der Trübe stark beeinträchtigen, da sie ansonsten bei Wasserzusatz in das Leichtgutband gespült werden. Im erstgenannten Fall ist eine vorhergehende Entschlämmung notwendig [250].

Der günstigste **Feststoffvolumenanteil** in der Aufgabetrübe hängt vor allem von den Guteigenschaften (Korngrößen- und Korndichteverteilung), dem Rinnenprofil und der Ganghöhe ab und liegt etwa im Bereich zwischen 10 und 20 Vol.-%.

Für eine Abschätzung des **Durchsatzes** wird folgende empirische Formel angegeben [19] [220] [255]:

$$\dot{m} = K\,\gamma_A\,D^2\,\sqrt{d_o\,\frac{\gamma_S-\rho}{\gamma_L-\rho}}\cdot 10^{-3} \text{ in t/h} \tag{83}$$

K von der Aufbereitbarkeit abhängiger Koeffizient ($K = 0{,}4$ bis $0{,}7$)
$\gamma_A; \gamma_S; \gamma_L$ Dichte von Aufgabegut, Schwergut bzw. Leichtgut in kg/m^3
D Rinnendurchmesser in m
d_o obere Korngröße der Aufgabe in mm

Wendelrinnen sind im Vergleich zu den Einschnür-Rinnen weniger empfindlich gegenüber Aufgabeschwankungen. Dieser Vorteil hat in Verbindung mit den erörterten Verbesserungen der Rinnenbauweise in neuerer Zeit vor allem zu ihrer neuerlichen verstärkten Anwendung beigetragen.

Wichtige **Einsatzbereiche** für Wendelrinnen sind die Aufbereitung von schwermineralführenden Sanden, hämatitischen Eisenerzen, Zinn- und Gold-Seifen, Glassanden und auch von Feinkohlen.

1.3.2.2 Aerorinnen

In Aerorinnen wird die für die Dichtesortierung notwendige Fluidisierung des Gutes mit Hilfe des Wirbelschichtzustandes erreicht. Dazu gehört die im Bild 79 dargestellte Einschnür-Rinne, Bauart *Dryflo Separators Ltd.*, die unter der Bezeichnung **Dryflo-Scheider** eingeführt ist [121] [122]. Unter der Rinne ist ein Luftkasten angeordnet, aus dem Niederdruckluft durch einen porösen Boden (aus Kunststoff oder Sintermetall) in die in der Rinne befindliche Gutschicht eintritt und diese fluidisiert. In der geneigten und sich in Fließrichtung verjüngenden Rinne vollzieht sich die Schichtung des fluidisierten Gutes nach der Dichte, falls das Gut genügend eng vorklassiert worden ist (z. B. 0,1 ... 0,7 mm bei pegmatitischen Zinnerzen; 0,6 ... 3 mm bei Phosphaterzen; 0,6 ... 3 mm bei kohlehaltigen Abgängen) [121]. An der Austragseite bildet sich ein Gutfächer, der durch eine verstellbare Trennvorrichtung in Leicht- und Schwergut zerlegt wird. Eine erfolgreiche Trennung setzt auch absolut trockenes Gut voraus.

Die Aero-Einschnür-Rinnen lassen sich auch als Klassierer betreiben (siehe hierzu auch Abschn. 1.2.1.1). Auf die Anwendung als Schwimm-Sink-Scheider ist schon im Abschn. 1.1.8 hingewiesen worden.

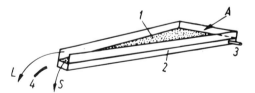

Bild 79 Aero-Einschnür-Rinne, Bauart *Dryflo Separators Ltd.* (*Dryflo*-Scheider)
(1) poröser Boden; (2) Luftkasten; (3) Druckluftzuführung; (4) Trennvorrichtung
A Aufgabe; L Leichtgut; S Schwergut

1.3.3 Herde

Im deutschsprachigen Fachschrifttum werden unter dem Begriff **Hydroherde** bzw. **Naßherde** – überwiegend nur kurz **Herde** genannt – Sortiergeräte und -maschinen verstanden, deren wesentlichste Gemeinsamkeit darin besteht, daß sich die Sortierung auf einer geneigten Platte in einer Filmströmung vollzieht [2]. Die Platte steht fest, wird gleichsinnig oder schwingend bewegt. Die Art und Weise der Bewegung beeinflußt den Trennvorgang. Die Oberfläche der Herdplatte kann glatt, mit Riffeln oder einer anderen Profilierung versehen, mit Geweben und in Sonderfällen auch mit anderen Materialien belegt sein.

Obwohl **Aeroherde** bzw. **Luftherde** hinsichtlich ihres konstruktiven Aufbaues den Hydroschwingherden ähneln, so vollzieht sich hier jedoch die Trennung nicht in einer Filmströmung. Vielmehr wird die für Trennung und Transport notwendige Auflockerung vor allem durch einen Luftstrom hervorgebracht, der aus der perforierten Herdplatte in die Gutschicht aufströmt.

Die englisch- und russischsprachige Fachliteratur kennen einen zum Oberbegriff „Herd" ähnlich weitgespannten Begriffsinhalt nicht und gliedern nach anderen Gesichtspunkten.

Für die Feinstkornsortierung ist unverzichtbar, daß die Teilchen relativ zueinander beweglich sind, also angemessen dispergiert vorliegen. Dies bedeutet, daß in Trüben die abstoßenden Kraftkomponenten (elektrostatische und/oder sterische) der Teilchenwechselwirkung die anziehende (*Van-der-Waals*-Kraft) übertreffen müssen (siehe auch Abschn. 4.2.3 und Band III „Agglomeration in Trüben (Flockung)"). Im Zustand der Dispergierung ist auch das Fließverhalten einer Trübe am besten. Dies wiederum hat Einfluß auf die Höhe der Geschwindigkeitsgradienten in der Filmströmung, die wiederum die Größe des dynamischen Auftriebs $F_{D\varphi}$ mitbestimmen (siehe Abschn. 1.3.1.3). Ferner sind auch die Wechselwirkungskräfte zu beachten, die sich zwischen den Feinstteilchen und der Herdplatte ausbilden können. Somit können die Kontrolle des pH-Wertes der Trübe sowie der Zusatz von Reagenzien zur Veränderung der Potentialverhältnisse und/oder des Hydratationszustandes an den Teilchenoberflächen für den Trennerfolg eine wichtige Bedeutung erlangen [257] [258] [260] bis [262].

1.3.3.1 Feste Hydroherde

Der Übergang von der Schichtungstrennung in Hydrorinnen zur Trennung in Filmströmungen auf festen Hydroherden ist fließend, wobei in Filmströmungen jedoch ausschließlich feine bis feinste Körnungen sortiert werden können. In einer Filmströmung treten die turbulenten Wirkungen zurück, was für Fein- und Feinstkorn-Trennungen unerläßlich ist, weil unter laminaranalogen Verhältnissen nicht nur günstigere Bedingungen für die Wirkung des die Schichtung nach der Dichte begünstigenden dynamischen Auftriebes $F_{D\varphi}$ bestehen (siehe Abschn. 1.3.1.3), sondern auch die für den Sortiererfolg nachteilige turbulente Vermischung vermieden wird.

Die Herdplatte fester Hydroherde ist entweder glatt oder wird mit Gewebe (z. B. Kordsamt), profilierten Gummiplatten (z. B. wabenartig angeordnete Vertiefungen) sowie in Sonderfällen auch mit einer Amalgam- oder Fettschicht belegt. Über die Rolle der Rauhigkeiten von an sich glatten Herdplatten bestehen noch gewisse Unklarheiten [260].

Das **Einsatzgebiet** fester Hydroherde ist die Aufbereitung spezifisch schwerer, wertvoller Minerale (wie z. B. Kassiterit-, Wolframit-, Scheelit-, Niob-Tantal-, Gold- und Platin-Erze) im Korngrößenbereich < 75 µm. Mittels der Neigung der Herdplatte sowie des Aufgabevolumenstromes wird die Filmströmung so eingestellt, daß die spezifisch schweren Teilchen (d.h. das Konzentrat) sich auf der Herdplatte ablagern können, während die spezifisch leichten übergespült werden. Aus dieser diskontinuierlichen Betriebsweise resultiert ein Nachteil. Ein aber noch gewichtigerer ist der vergleichsweise geringe Durchsatz, woraus sich ein großer Platz- und Raumbedarf ableitet.

Um den genannten Mängeln entgegenzuwirken, sind Mehr- und Vieldeck-Anordnungen entwickelt worden, die im Anschluß an die Sortierperiode automatisch zur Konzentratentfernung von den Herdplatten gekippt und deshalb als **Kippherde** bezeichnet werden. Eine neuere Entwicklung, die sich für die industrielle Feinstkornsortierung erfolgreich eingeführt hat, stellt der Kippherd, Bauart *Bartles-Mozley*, dar [4] [26] [263] [264]. Hier sind 40 glatte Herdplatten

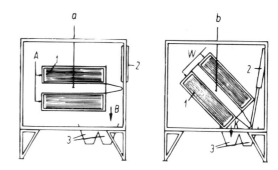

Bild 80 Kippherd, Bauart *Bartles-Mozley*, schematisch
a) Arbeitsstellung; b) Konzentrataustragstellung
A Aufgabe; B Abgänge; K Konzentrat
(1) Plattenpaket; (2) Druckluftzylinder;
(3) Produktausträge

1525 × 1200 mm aus glasfaserverstärktem Kunststoff zu zwei Paketen mit je 13 mm Plattenabstand kombiniert worden (Bild 80). Die Aufgabe geschieht über ein Rohrsystem, das jeder einzelnen Platte an vier über die Breite verteilten Stellen die Trübe zuführt. Während der Sortierperiode sind die Platten um 1° bis 3° geneigt. Im Unterschied zu früheren Entwicklungen zeichnet sich dieser Kippherd noch zusätzlich dadurch aus, daß auf hohe Geschwindigkeitsgradienten und damit große dynamische Auftriebskräfte abgezielt wird, indem den Herdplatten eine Kreisschwingung in der Plattenebene aufgeprägt wird. Dies ermöglicht auch die Sortierung in dickeren Filmen [26]. Im strengen Sinne zählt dieser Herd damit eigentlich nicht mehr zu den Festherden. Die Schwingungen werden mittels eines Wuchtmassensystems erzeugt. Die Schwingungszahlen sind etwa zwischen 150 und 250 min^{-1} bei Amplituden zwischen 4 und 10 mm variierbar. Im Anschluß an die Sortierperiode werden die Platten automatisch mittels des Druckluftzylinders (2) zunächst in eine Zwischenlage zur Entwässerung und anschließend in die 45°-Lage zur Konzentratentfernung mit Niederdruckwasser gekippt. Kippherde dieser Art werden für die Voranreicherung (erzielbare Anreicherverhältnisse liegen etwa zwischen 2,5 und 6 [26] [263]) der im vorstehenden genannten mineralischen Rohstoffe im Korngrößenbereich von etwa 5 bis 100 µm eingesetzt. Die realisierbaren Durchsätze betragen dabei etwa 1,6 bis 3,5 t/h. Wichtig für den Sortiererfolg sind die Überkornfreiheit und eine gute Fließfähigkeit (Feststoffmasseanteile etwa 15%) der Aufgabetrübe sowie das Anpassen von Herdschwingung (und damit der Geschwindigkeitsgradienten in der Filmströmung) und Trübedurchsatz an die jeweiligen Guteigenschaften.

Amalgamierherde sind feste Herde, die in der Golderzaufbereitung eingesetzt werden. Der Rahmen ist mit einer Kupfer- oder Muntzmetallplatte (60% Cu, 40% Zn) von einigen Millimetern Dicke abgedeckt. Auf die Platte wird eine Amalgamschicht – bestehend aus drei Masseanteilen Quecksilber und einem Masseanteil Silber – von einer solchen Zähigkeit aufgebracht, daß sie sich noch leicht mit dem Finger verformen läßt, ohne daß Quecksilber ausgepreßt wird. Die Freigoldkörnchen, die mit der Amalgamschicht in Kontakt gelangen, werden vom Amalgam bei Anwesenheit von Wasser benetzt, dringen in die Schicht ein und werden selbst amalgamiert. Diese Herde ordnet man hinter den Mahlaggregaten an. Von Zeit zu Zeit muß man den Betrieb unterbrechen, das Amalgam abkratzen und die Platte neu bestreichen.

Fettherde wendet man in der Diamantaufbereitung an. Hier ist die Herdplatte mit einer steifen Fettschicht bedeckt. Hydrophobe Diamantkörner, die mit der Fettschicht in Berührung kommen, werden von dieser benetzt, dringen in sie ein und werden somit festgehalten, während die Trübe die hydrophilen Bergekörner fortspült.

1.3.3.2 Gleichsinnig bewegte Hydroherde

Zu dieser Gruppe zählen **bewegte Rundherde** und **Bandherde.** Während die erstgenannten für die industrielle Anwendung heute kaum noch eingesetzt werden, haben insbesondere neuere

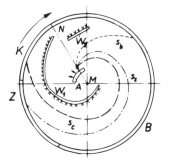

Bild 81 Bewegter Rundherd, schematisch
A Aufgabe; *B* Abgänge; *Z* Zwischengut; *K* Konzentrat; s_b, s_z, s_c Bewegungsbahn von Berge-, Zwischengut- und Konzentratkörnern; *W* Brausen; *R* Auffangrinne

Weiterentwicklungen der letztgenannten für die Feinstkorn-Sortierung noch eine gewisse Bedeutung [26].

Im Bild 81 ist ein Rundherd dargestellt. Die langsam rotierende Herdplatte ist als stumpfer Konus ausgebildet. Die Aufgabetrübe fließt in der Nähe des Zentrums aus dem feststehenden Kasten A auf den Herd. Bei stillstehendem Herd würden sich die Körner mit unterschiedlicher Geschwindigkeit gemäß ihrer Dichte, Korngröße und Kornform beispielsweise längs der Linie M-N bewegen. Diese Bewegung bleibt relativ zur Herdplatte auch auf einem rotierenden Herd erhalten, so daß sich räumlich spiralige Bewegungsbahnen ergeben, die für ein einzelnes Berge-, Zwischengut- und Konzentratkorn im Bild 81 eingetragen sind. Da für den Bewegungsablauf nicht nur die Dichte, sondern auch die Korngröße und die Kornform mit maßgebend sind, entstehen breitere Kornbänder (Herdfahnen), die bei B, Z bzw. K als Abgänge, Zwischengut bzw. Konzentrat in die unterteilte Rinne R abgezogen werden. Die Körnerbewegung und damit das Auseinanderziehen der Herdfahnen werden durch den einstellbaren Spülwasserstrom aus der Brause W_1 beeinflußt. Die Brause W_2 dient zum scharfen Abbrausen noch verbliebener Konzentratreste. Die Herdplatten erreichten bis zu etwa 6 m ⌀ und waren radial mit 100 bis 125 mm je Meter geneigt. Die Drehzahlen lagen im Bereich von 2 bis 5 h^{-1}; der Durchsatz je Herdplatte lag in Abhängigkeit von den Guteigenschaften zwischen 0,1 und 1 t/h. Um eine bessere Raumausnutzung zu erreichen, waren auch Mehrdeck-Anordnungen mit bis zu 20 Decks übereinander entwickelt worden.

Im Bild 82 ist ein **Bandherd** älterer Bauart dargestellt. Das endlose Gummiband (1) mit seitlichen Wülsten läuft über die Umlenk- bzw. Antriebsrollen (2) und die Stützrollen (3). Die Feinstkorntrübe wird aus dem Aufgabekasten A zugeführt. Der einstellbare Spülwasserstrom

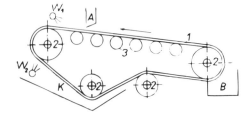

Bild 82 Bandherd älterer Bauart, schematisch
(1) Gummiband; (2) Umlenk- bzw. Antriebsrollen; (3) Stützrollen
A Aufgabe; *B* Berge; *K* Konzentrat; *W* Wasserbrausen

aus der Brause W_1 unterstützt die Trennung. Um die Trennwirkung durch eine weitere Erhöhung der Geschwindigkeitsgradienten in der Filmströmung zu verbessern (siehe Abschn. 1.3.1.3) und Kanalbildungen auf dem Band auszuschließen, sind der gleichsinnigen Bandbewegung gewöhnlich Schwingbewegungen in der Bandebene überlagert. Deshalb ist das Band auf einem Schwingrahmen gelagert. Aufgabetrübestrom, Bandneigung, Bandgeschwindigkeit, Spülstrom, Schwingungszahl und Amplitude sind so einzustellen, daß das Schwergut (Konzentrat) vom Band aufwärts gefördert wird und in den Austrag K fällt, während die spezifisch leichteren Abgänge vom Spülstrom zum Austragkasten B transportiert werden. Die Brause W_2 spült Konzentratreste ab. Auf derartigen Bandherden lassen sich Körnungen verarbeiten, die für Schwingherde zu fein sind. Die Bandoberfläche dafür ist glatt. Man muß jedoch berücksichtigen, daß diese Herde Korn feiner als 15 bis 25 µm nicht mehr zu sortieren vermögen. Die Bandbreiten betragen etwa 1,20 bis 1,80 m. Die Oberbandneigung läßt sich zwischen 20 und 250 mm je Meter und die Bandgeschwindigkeit zwischen 0,75 und 4 m/min einstellen. Die Schwingungszahlen des Gestells betragen 120 bis 240 min^{-1}; die Amplituden sind zwischen 15 und 30 mm veränderbar.

Eine neuere chinesische Bandherd-Entwicklung unterscheidet sich von den herkömmlichen dadurch, daß das Band muldenförmig ausgebildet ist, neben der Umlaufbewegung einer Längsschwingung (hervorgebracht durch einen traditionellen Schwingherd-Antrieb) ausgesetzt ist und schließlich noch eine langsame Kippschwingung (Kippwinkel einstellbar zwischen 8,5 und 23°) quer dazu ausführt [265]. Trübeaufgabevorrichtungen befinden sich an beiden Seiten im üblichen Abstand von der Kopfrolle (siehe auch Bild 82) und führen die Trübe abwechselnd dann zu, wenn die Kippschwingung nach der entgegengesetzten Seite ausschlägt. Durch diese Kombination soll sich die Schichtung sehr schnell vollziehen, wobei sich die feineren Schwergutteilchen vor allem auf den seitlichen Bandteilen absetzen, während die gröberen in den zentralen Bandteil gelangen. Die Leichtgutkörner werden wie bei den anderen Bandherden vom Spülstrom am unteren Bandende ausgetragen.

Die Tatsache, daß sich der Kippherd, Bauart *Bartles-Mozley*, insbesondere zur Voranreicherung im Feinstkornbereich eignet, weil er ein vergleichsweise hohes Wertstoffausbringen bei jedoch nur geringer Anreicherung ermöglicht, veranlaßte zur Entwicklung des Bandherdes, Bauart *Bartles* (international bekannt unter der Bezeichnung **Bartles Crossbelt Concentrator**), zur Nachanreicherung der Vorkonzentrate [4] [26]. Bei diesem Herd ist das endlose Band (Bandbreite 2,4 m; Rollenabstand 2,75 m) in Längsrichtung horizontal angeordnet, in Querrichtung jedoch von der zentralen Längsrückenlinie ausgehend nach beiden Seiten flach geneigt. Um die dynamischen Auftriebskräfte zu verstärken, wird wie beim Kippherd, Bauart *Barltes-Mozley*, von einer Kreisschwingung in der Horizontalebene Gebrauch gemacht. Der Trübeaufgabekasten erstreckt sich über dem zentralen Bandrücken etwa längs der ersten Hälfte der Bandlänge, und die Trübe strömt nach beiden Bandseiten ab, wo das Leichtgut übergespült wird. Das abgesetzte Schwergut wird mit dem Band in Richtung Konzentrataustrag bewegt, wobei es mittels eines quer zur Längsrichtung wirkenden Spülstromes zur Nachreinigung kommt. Was die Einstellbedingungen dieses Bandherdes anbelangt, so entsprechen sie hinsichtlich des verarbeitbaren Korngrößenbereiches und der Trübeeigenschaften denen des Kippherdes, Bauart *Bartles-Mozley*. Wie dort sind auch hier die Herdschwingung und der Trübedurchsatz an die jeweiligen Guteigenschaften anzupassen. Der Feststoffdurchsatz liegt in der Größenordnung von 0,5 t/h.

1.3.3.3 Schwingende Hydroherde (Schwingherde)

Aufbau und Arbeitsweise eines Schwingherdes kann man sich anhand des Bildes 83 verdeutlichen. Die meist rechteckige, rhomboedrische oder trapezförmige Herdplatte wird in Längsrichtung schwingend bewegt. In Längsrichtung ist sie sehr flach (meist ansteigend), in Querrichtung demgegenüber etwas stärker geneigt. Die Aufgabetrübe tritt aus dem Kasten A auf

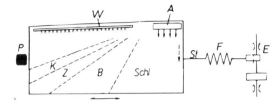

Bild 83 Schwingherd, schematisch
A Aufgabe; *B* Abgänge; *K* Konzentrat;
Z Zwischengut; *Schl* Schlämme
E Exzenter; *F* Feder; *P* Prellvorrichtung;
St Schubstange; *W* Wasserbrausen

den Herd. Aus der Brause W wird das regelbare Querstromwasser zugeführt. Die Herdplatte ist schließlich in Längsrichtung oder in einem gewissen Winkel dazu teilweise mit Riffeln oder Rillen versehen.

Am Ende des Vorwärtshubes ist eine schnelle Bewegungsumkehr erforderlich, damit zur Gewährleistung des Längstransportes der Körner deren Massenträgheit die Reibungs- und Widerstandskräfte überwinden kann. Dies kann man z.B. dadurch erreichen, indem wie im Bild 83 die Herdplatte gegen eine Prellvorrichtung P schlägt und der Antrieb mittels der Feder F lose gekoppelt ist. Bei den meisten Herdkonstruktionen wird jedoch ein asymmetrisches Bewegungsdiagramm durch andere Antriebsmechanismen verwirklicht (siehe z.B. [19] [26]). Neuerdings sind auch hinsichtlich des Bewegungsdiagrammes sehr variationsreiche und dadurch an beliebige Sortieraufgaben anpassungsfähige hydraulische Antriebe entwickelt worden [268].

Einer Analyse der Bewegung von Körnern auf einem Schwingherd in Abhängigkeit von ihrer Dichte, Größe und Form soll zunächst vereinfachend eine glatte Herdplatte zugrunde gelegt werden. Der Körnertransport in Längsrichtung geschieht unter dem Einfluß von Trägheits-, Reibungs- und Strömungskräften. Körner, die mit der Herdplatte unmittelbar im Kontakt sind, werden in Längsrichtung schneller als jene transportiert, denen in einer Mehrkornschicht die Bewegungsimpulse der schwingenden Herdplatte über die unterliegenden Kornschichten übertragen werden. In Mehrkornschichten ist die Wahrscheinlichkeit, unmittelbar mit der Herdplatte in Kontakt zu sein, infolge des Schichtungsvorganges für Körner höherer Dichte größer als für spezifisch leichtere. Dieser Schichtung nach der Dichte wird unter turbulent-analogen Bedingungen noch eine solche nach der Korngröße überlagert sein, wobei sich die gröberen Körner über den feineren gleicher Dichte einordnen (siehe Abschn. 1.3.1.3). In Querrichtung wirken Strömungskräfte, wegen der Herdneigung eine Schwerkraftkomponente und schließlich Reibungskräfte. Für die Körnerbewegung in dieser Richtung gelten die Aussagen, die im Abschn. 1.3.1.2 ganz allgemein entwickelt worden sind, wenn man sie für Mehrkornschichten noch durch die Konsequenzen ergänzt, die sich aus der Schichtung ergeben.

Die mittlere Wegstrecke s_R, die ein Korn auf der Herdplatte in einer bestimmten Zeit zurücklegt, setzt sich vektoriell aus den Komponenten in Längs- und Querrichtung s_L und s_Q zusammen (Bild 84). Betrachtet man nun zwei Sorten von Körnern unterschiedlicher Dichte, so ergibt sich der im Bild 84 schematisch dargestellte Bewegungsverlauf. Die Körner wandern um so weiter in Längsrichtung, je spezifisch schwerer und kleiner sie sind, wenn man von den feinsten absieht, die ständig suspendiert bleiben und als Schlämme von der Aufgabe unmittel-

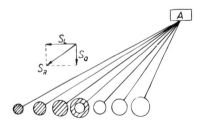

Bild 84 Bewegung von Körnern verschiedener Größe und Dichte (Mineral höherer Dichte schraffiert!) auf einem Schwingherd

bar zur gegenüberliegenden Herdseite fließen (Bild 83). Die Bewegungsbahnen der gröberen, spezifisch schwereren Körner und der feineren, spezifisch leichteren können sich überlappen. Dies hängt von der Dichtedifferenz und den Korngrößenverteilungen beider Sorten ab. Praktisch liegen aber meist nicht nur zwei, sondern mehrere Minerale vor, die auch untereinander verwachsen sein können. Schließlich modifiziert die Kornform den Bewegungsverlauf. Das Überlappen kann man auf ein Mindestmaß beschränken, wenn eng stromklassiertes Gut aufgegeben wird. Die sich auf der Herdoberfläche bildenden Mineralfahnen, die hinsichtlich der Trennschärfe möglichst breit sein sollten, zieht man in Form von zwei, drei oder mehr Produkten mit Hilfe von Teilern und Auffangrinnen getrennt ab. Um Schwankungen begegnen zu können, sind automatische Verstellvorrichtungen für die Produktenteiler entwickelt worden, die auf photometrischer (Ausnutzen von Farb- bzw. Reflexionsunterschieden [269] [270]) oder radiometrischer (Ausnutzen von Unterschieden der natürlichen Radioaktivität [271]) Grundlage beruhen.

Die Herdoberfläche ist mit **Riffeln** oder **Rillen** versehen. Riffeln sind verbreitet und entstehen dadurch, daß einige Millimeter breite und dicke Latten parallel auf der Herdplatte befestigt werden. Rillen werden in den Belag eingearbeitet. Die Anordnung von Riffeln auf verschiedenen Ausführungsformen der Schwingherde, Bauart *Wilfley*, ist aus Bild 85 ersichtlich. Die Riffeln oder Rillen bilden auf der Herdoberfläche kleine Rinnen, die vorwiegend rechteckige, aber auch trapez-, dreieck- oder halbkreisförmige Querschnitt haben. Diese Rinnen laufen in Austragrichtung aus, und ein glatter Oberflächenteil schließt sich gewöhnlich an.

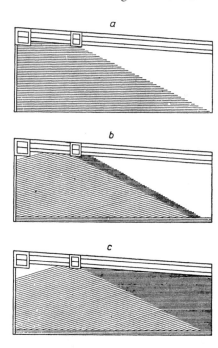

Bild 85 Riffelung auf verschiedenen Schwingherden, Bauart *Wilfley*
a) Standard-Ausführung
b) Herd zur Nachreinigung
c) Herd zur Voranreicherung

In den Kornschichten, die sich zwischen den Riffeln bzw. in den Rillen befinden, vollzieht sich eine Schichtung nach der Dichte, der eine solche nach der Korngröße überlagert ist, wie von vielen Autoren festgestellt worden ist (siehe z.B. [19] [26] [186] [272] [273] [275]). Ihr Zustandekommen ist nunmehr mit Hilfe der im Abschn. 1.3.1.3 erörterten Grundlagen zwanglos erklärbar, wenn man berücksichtigt, daß die für den dynamischen Auftrieb $F_{D\varphi}$ erforderlichen Geschwindigkeitsgradienten in den Kornschichten hier vor allem durch die Schwingbewegung der Herdplatte ausgelöst werden. Daß dabei neben der Schichtung nach der Dichte auch eine solche nach der Korngröße derart eintritt, daß sich die gröberen Körner über den kleineren gleicher Dichte einordnen, läßt darauf schließen, daß auf Schwingherden in den Kornschichten im allgemeinen turbulent-analoge Bedingungen vorliegen ($N_{Ba} \geq 200$; siehe Abschn. 1.3.1.3). Strömungsturbulenz und Querbewegung beeinträchtigen natürlich die Schichtung in einer Einzelrille bzw. im „Kanal" zwischen zwei Riffeln [275]. Dieser Mangel wird jedoch dadurch ausgeglichen, daß der Gutstrom bei seiner Querbewegung wiederholten Vorgängen dieser Art unterworfen ist.

Diese Schichtungsvorgänge begünstigen die Aufspreizung der Bewegungsbahnen der Körner über die Herdfläche, wie dies anhand von Bild 84 erläutert worden ist, weil die jeweils oberen Schichtteile am stärksten vom Querwasserstrom erfaßt werden. Auch mittels eines flachen Anstiegs der Herdplatte in Längsrichtung läßt sich die Aufspreizung noch weiter verbessern (siehe auch Tabelle 12).

Tabelle 12 Optimale Prozeßparameter und technologische Kennziffern von Schwingherden für die Verarbeitung von Zinn-, Wolfram- und ähnlichen Erzen (nach *Isaev* [274])

Parameter bzw. Kennziffer	Einheit	Sandherde (1 ... 3 mm)	Feinsandherde (0,2 ... 1 mm)	Schlammherde (< 0,2 mm)
Verhältnis Länge zu Breite der Herdplatte		≈ 2,5	≈ 1,8	< 1,5
Hub	mm	16 bis 26	12 bis 18	6 bis 12
Hubzahl	min^{-1}	200 bis 270	270 bis 320	320 bis 420
Querneigung der Herdplatte	Grad	4 bis 10	2 bis 4	1 bis 2,5
Längsneigung oder Längsanstieg der Herdplatte	mm	Anstieg 20 bis 40	Anstieg 10 bis 20	Abfall 1 bis 10
Feststoffvolumenanteil in der Aufgabe	%	17 bis 22	20 bis 22	20 bis 22
Querstromwassermenge (m^3 Flüssigkeit je m^3 Feststoff)		1 bis 1,5	1,5	2
Riffelhöhe an der Antriebsseite	mm	26 bis 18	18 bis 12	12 bis 8
Riffelabstand	mm	30 bis 45	25 bis 40	30 bis 45
Durchsatz	t/h	4 bis 2	2 bis 0,9	0,8 bis 0,2

Ausbildung und Anordnung der Riffeln bzw. Rillen sind den jeweiligen Guteigenschaften anzupassen (siehe Tabelle 12). Die obere Korngröße darf keinesfalls größer als die Riffelhöhe bzw. als ein Drittel des Riffelabstandes sein. Die Herdbeläge bestehen meist aus Kunststoffen, Gummi, Linoleum, Beton oder Leichtbeton. Sie sollen weder zu glatt noch zu rauh sein, um den Erfordernissen des Transportes und der Auflockerung zu genügen [275]. Letztere wird nämlich sowohl durch die Schwingbewegung als auch das Querstromwasser hervorgebracht.

Querstromwassermenge und **Querneigung** bestimmen unmittelbar die Dicke und die Geschwindigkeit des Wasserfilmes. Hinsichtlich der Auflockerung soll die auf der Herdplatte befindliche Wassermenge so groß sein, daß sich der Feststoff genügend ausbreiten kann. Weiterhin beeinflussen Dicke und Geschwindigkeit des Wasserfilmes den Quertransport und somit auch das Auseinanderziehen der Herdfahnen. Querneigung und vor allem die Wassermenge können während des Betriebes verändert und damit zur Regelung der Herdarbeit benutzt werden.

Hub h und **Hubzahl n** sind unter Berücksichtigung der Korngrößen- und der stofflichen Zusammensetzung festzulegen. *Isaev* [274] empfiehlt folgende empirische Beziehungen (siehe auch Tabelle 12):

$$h = 18 \sqrt[4]{d_{95}} \quad \text{in mm;} \quad d_{95} \text{ in mm} \tag{84}$$

$$n = \frac{250}{\sqrt[4]{d_{95}}} \quad \text{in min}^{-1}; \; d_{95} \text{ in mm} \tag{85}$$

Die Hübe liegen damit bevorzugt zwischen 8 und 30 mm, die Hubzahl zwischen 200 und 420 min^{-1}.

Die Stellung der Trennbleche über den Abzugrinnen muß im Betrieb laufend überwacht werden, da Schwankungen in der Zusammensetzung des Aufgabegutes und des Durchsatzes zum Wandern der Herdfahnen führen. Bei Dreiprodukten-Trennungen sollte ein angemessener Teil des Bergebandes und des ärmeren Konzentrates mit ins Zwischengut abgezogen werden.

Für die Grobeinstellung der wichtigsten Prozeßparameter der Herdsortierung gibt *Burt* [26] folgende allgemeinen Hinweise:

– Voranreicherung: mehr Wasser, höherer Durchsatz, größere Neigung, längerer Hub, Voll-Beriffelung;
– Konzentrat-Nachreinigung: weniger Wasser, niedrigerer Durchsatz, geringere Neigung, kürzerer Hub, Teil-Beriffelung;
– feineres Aufgabegut: weniger Wasser, niedrigerer Durchsatz, größere Hubzahl, kürzerer Hub, niedrigere Riffeln;
– gröberes Aufgabegut: mehr Wasser, höherer Durchsatz, kleinere Hubzahl, längerer Hub, höhere Riffeln.

Hinsichtlich der Konstruktion des Antriebsmechanismus, der Ausbildung und Lagerung der Herdplatte gibt es eine ganze Reihe unterschiedlicher Ausführungsformen (siehe z. B. [19] [26] [220]). Ein Schwingherd, Bauart *Wedag*, ist im Bild 86 dargestellt. Die rechteckige Herdplatte (3500 × 1350 mm) besteht aus Sperrholz; sie ist in Querrichtung um 3 bis 6° gegen die Horizontale einstellbar gelagert. Auf der Platte ist eine Decke aus Linoleum, Kunststoff oder Gummi befestigt. Die Riffeln bestehen aus Holz- oder Aluminiumleisten. Die Herdplatte ist auf

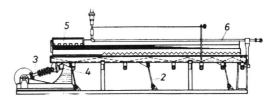

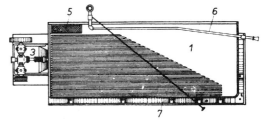

Bild 86 Schwingherd, Bauart *Wedag*
(1) Herdplatte; (2) federnde Tragstützen; (3) Kurbelstange mit Federkoppelung; (4) Prellbock; (5) Aufgabekasten; (6) Wasserbrause; (7) Abzugrinne mit verstellbaren Trennblechen

schrägstehenden, federnden Tragstützen (2) gelagert. Der Antrieb besteht aus Exzenter mit Schubstange (3) in loser Koppelung. Der Prellbock (4) sorgt für die schnelle Bewegungsumkehr.

Beim Schwingherd, Bauart *SKET* Magdeburg, erfolgt der Antrieb von einer rotierenden, auf Federn gelagerten Unwuchtmasse. Die rasche Bewegungsumkehr bewirkt ebenfalls ein Prellbock. Bei diesem Herd werden gewöhnlich Rillen in die Herdplatte eingelassen.

Neuerdings entwickelte die Firma *KHD Humboldt Wedag AG* einen Schwingherd, dessen Schwingbewegung von einem elektronisch gesteuerten Hydraulikzylinder hervorgebracht wird [268]. Dadurch ist eine praktisch unbegrenzte Anpassungsfähigkeit des asymmetrischen Bewegungsdiagramms an die jeweiligen Erfordernisse gegeben. Die Herdplatte ist mehrschichtig aus Aluminium-Platten mit Wabenstruktur gefertigt und mit einer als ein Stück gegossenen Riffelplatte bedeckt. Sie lagert auf wartungsfreien Luftkissen. Die Verstellung ihrer Neigung ist während des Betriebes mittels eines kleinen Hydraulikzylinders möglich. Aufgrund seiner guten Anpassungsfähigkeit ist dieser Herd nicht nur als Sand-, Feinsand- und Schlammherd geeignet, sondern er soll auch höhere Durchsätze als herkömmliche Herde erzielen.

Die meisten Herdbauarten für den industriellen Einsatz sind etwa 5 m lang und 2 m breit. Daraus resultiert ein vergleichsweise großer Platzbedarf. Um diesen Mangel zu mildern, sind in den letzten Jahrzehnten **Mehrdeckherde** stark aufgekommen [19] [26] [220] [276]. Dabei sind solche, bei denen alle Decks parallel geschaltet sind, von denen zu unterscheiden, deren Decks gruppenweise hintereinander geschaltet sind. Die Decks befinden sich in zwei, drei oder vier Niveaus und können auch zu Zwillingsanordnungen kombiniert sein.

Für Laboruntersuchungen sind mechanisierte **Sichertröge** (*Panner*) entwickelt worden, deren Wirkungsweise der von Schwingherden nahekommt [26] [272] [277] bis [279].

In der Erzaufbereitung werden Schwingherde vor allem zur Sortierung im Korngrößenbereich 0,03 bis 2 mm eingesetzt, wobei – wie schon erwähnt – eine genügend enge Vorklassierung erforderlich ist. Auch gröbere Körnungen bis etwa 8 mm lassen sich durchaus verarbeiten. Korn feiner als 15 bis etwa 40 µm entzieht sich weitgehend der Sortierung auf Schwingherden, da es mehr oder weniger ständig suspendiert bleibt. Schwingherde werden heute vor allem noch für die Sortierung von Zinn-, Wolfram- und Niob-Tantal-Erzen sowie verschiedenen Industriemineralen angewendet. Dafür lassen sich überschläglich die in Tabelle 13 enthaltenen **Durchsätze** angeben.

In den USA und teilweise in Australien werden Schwingherde für die Sortierung von Feinkohlen und in beschränktem Umfang auch für Grobkohlen bis 75 mm benutzt [130].

Tabelle 13 Ungefähr erzielbare Durchsätze auf Schwingherden (nach *Burt* [26])

Korngrößenbereich in mm	Durchsatz in t/h
0,25 ... 0,75	1,5 bis 3
0,15 ... 0,4	1,0 bis 2
0,075 ... 0,2	0,5 bis 1
0,04 ... 0,1	0,2 bis 0,5

1.3.3.4 Aeroherde

Bild 87 gibt die beiden wesentlichen Wirkprinzipien von Aeroherden wieder. Für alle Aeroherde ist eine in Längsrichtung schwingende, poröse Herdplatte charakteristisch. Durch diese strömt Luft stationär in die dünne Gutschicht auf der Herdplatte mit einer Geschwindigkeit, die gemeinsam mit der Transportgeschwindigkeit einen Auflockerungszustand bewirkt, der eine Schichtung nach der Dichte ermöglicht. Die Herdplatte ist glatt oder auch mit Längsrif-

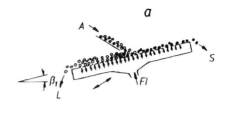

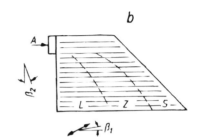

Bild 87 Wirkprinzipien von Aeroherden
a) Zweiprodukten-Herd, Längsschnitt
b) Mehrprodukten-Herd, Draufsicht
A Aufgabe; Fl Luft; L Leichtgut; S Schwergut;
Z Zwischengut; β_1 Längsneigung (ansteigend);
β_2 Querneigung (abfallend)

feln versehen. Die Schwingbewegung wird im allgemeinen mittels eines Exzenterantriebs erzeugt und ist mit der von Wurfsieben vergleichbar. Ein **Zweiprodukten-Herd** (Bild 87 a) ist nur in Längsrichtung flach ansteigend derart geneigt, daß das mit der Herdplatte aufgrund der Schichtung in unmittelbarem Kontakt befindliche Schwergut durch die Transportschwingung in Längsrichtung aufwärts zum Austrag bewegt wird, während das stärker fluidisierte Leichtgut sich dazu entgegengesetzt abwärts bewegt. Bei den **Mehrprodukten-Herden** (Bild 87 b), die größere Verbreitung gefunden haben, ist die Herdplatte noch zusätzlich quer zur Transportrichtung geneigt, und zwar wie bei den schwingenden Hydroherden von der Aufgabeseite her abfallend, aber stärker als dort. Dadurch können sich wie auf den letzteren Herdfahnen ausbilden, die nicht nur eine gute Kontrolle der Trennvorgänge, sondern auch das Abziehen von mehr als zwei Produkten ermöglichen.

Sehr wesentlich für den Sortiererfolg auf Aeroherden ist zunächst die gleichmäßige Verteilung des eng vorklassierten Aufgabegutes mit geringer Schichthöhe über die Herdplatte hinweg. Der Luftstrom soll in Verbindung mit der Transportschwingung einen weitgehend homogenen Auflockerungszustand (d.h. auch blasenfrei) erzeugen, der nur wenig oberhalb des Lockerungspunktes liegt (siehe auch Abschn. 1.2.1.1). Dabei ist zu berücksichtigen, daß durch die Transportschwingung der für das Erreichen des Lockerungspunktes erforderliche Luftstrom im Vergleich zu einer ruhenden Kornschicht herabgesetzt wird [118]. Es ist nun durchaus nicht unwahrscheinlich, daß in einer derartig fluidisierten Gutschicht nicht nur jene Mechanismen die Schichtung nach der Dichte herbeiführen, die dies unter den Bedingungen einer stationären Wirbelschicht bewirken (s. Abschn. 1.2.1.3), sondern aufgrund der Schwingbewegung und dadurch zusätzlich erzeugter Geschwindigkeitsgradienten auch der im Abschn. 1.3.1.3 erörterte dynamische Auftrieb $F_{D\varphi}$ hierzu einen wesentlichen Beitrag leistet.

Für eine optimale Arbeitsweise dieser Herde sind Längsneigung, Querneigung, Herdschwingung und Luftstrom sowie Durchsatz aufeinander abzustimmen. Letzterer muß im Betrieb konstant gehalten werden und sollte so bemessen sein, daß eine vollständige Gutbedeckung der Herdplatte gerade gegeben ist. Dann liegen die besten Trennbedingungen vor. In diesem Zusammenhang spielt auch das Vorhandensein einer Beriffelung eine Rolle. Mit einer solchen baut sich eine entsprechend dickere Kornschicht auf, erhöht sich das Verhältnis von Schwergut zu Leichtgut auf der Herdplatte, wodurch insbesondere bei geringem Schwergutanteil die Trennschärfe verbessert wird, und vergrößert sich die mittlere Verweilzeit, was für eine angestrebte Trennschärfe eine Durchsatzerhöhung ermöglicht [26]. Zwischen optimaler Querneigung und optimalem Durchsatz besteht ein enger Zusammenhang. Wird der Durchsatz erhöht, so muß auch die Querneigung erhöht werden, sonst baut sich eine zu dicke Kornschicht auf. Dies wiederum vermindert aber die mittlere Verweilzeit auf der Herdplatte und kann somit ebenfalls die Trennschärfe beeinträchtigen. Ähnliche Überlegungen lassen sich über die Wirkung einer Veränderung der Schwingungsparameter anstellen [26], wobei die Schwingungszahlen industrieller Herde etwa im Bereich von 300 bis 500 min^{-1} und die Exzentrizitäten der Antriebe zwischen 6 und 12 mm liegen. Die optimalen Prozeßparameter für ein gegebenes Gut können nur auf experimentellem Wege bestimmt werden. Grundsätzlich liegt aber der Durchsatz von Aeroherden wesentlich höher als der von Hydroherden.

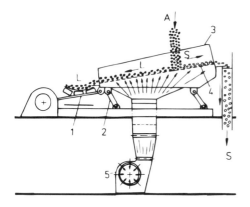

Bild 88 Zweiprodukten-Aeroherd (*Contraflow Separator*), schematisch [207]
(1) Schubkurbel-Antrieb; (2) Pendelstützen; (3) Kasten; (4) Herdplatte (Lochblech); (5) Gebläse
A Aufgabe (Rohkohle); L Leichtgut (Reinkohle); S Schwergut (Berge)

Der im Bild 88 dargestellte Zweiprodukten-Aeroherd ist im britischen Steinkohlenbergbau eingesetzt worden [207]. Der auf Pendelstützen (2) gelagerte Kasten (3) mit der rechteckigen nicht-berieffelten Herdplatte (4), die aus einem Lochblech besteht und um 10° in Längsrichtung ansteigend geneigt ist, wird mittels des Schubkurbelantriebs (1) in Längsschwingungen versetzt. Der Herd ist natürlich mit einer Absaughaube abgedeckt. Das Gebläse (5) erzeugt den erforderlichen Luftstrom. Das eng siebklassierte Aufgabegut ($d_o/d_u \approx 2$) wird gleichmäßig über die gesamte Herdbreite zugeführt. Ein solcher Herd von 2,4 m Länge und 2,4 m Breite setzt im Korngrößenbereich 25 ... 50 mm etwa 32 t/h durch und kann bei entsprechend vermindertem Durchsatz für Korngrößen bis zu 3 mm herab eingesetzt werden.

Ähnliche Aeroherd-Konstruktionen wie der im Bild 88 werden als sog. Steinausleser in der Landtechnik für die Reinigung von Getreide benutzt [118].

In der ehemaligen *UdSSR*, in der fast 8% der Rohkohlenförderung durch Aerosortierung verarbeitet worden sind, entwickelte man Aerosortier-Ausrüstungen, deren Arbeitsweise der in den Bildern 87a bzw. 88 dargestellten nahekommt, die aber abweichend von einem gepulsten Luftstrom Gebrauch machen [220] [280].

Zu den Aeroherden, die nach dem im Bild 87b dargestellten Wirkprinzip arbeiten und eine größere Verbreitung gefunden haben, gehört die Bauart *Triple/S Dynamics* (Bild 89). Das Aufgabegut wird an der im Bild 87b angedeuteten Stelle zugeführt. Mehrere Produktausträge (4) an der Längsseite gestatten Produkte unterschiedlicher Dichte abzuziehen, und zwar gemäß der Darstellung im Bild 89 von links nach rechts aufwärts Leichtgut über Zwischenprodukte bis zum Schwergut.

Anwendungen von Aeroherden im Rahmen der Aufbereitung mineralischer Rohstoffe sind insbesondere für die Sortierung von Steinkohlen [130] [220] [280] und in geringerem Umfange für die Nachreinigung eng klassierter Vorkonzentrate von Schwermineralen, Kassiterit u.ä. bekannt [26] [314]. Ein neues Einsatzfeld hat sich im Rahmen des Recyclings von Kabelschrotten ergeben [213] [281] [282]. Eine vergleichsweise große Verbreitung haben Aeroherde in der

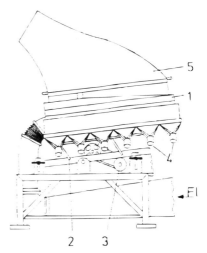

Bild 89 Mehrprodukten-Aeroherd, Bauart *Triple/S Dynamics*
(1) Herdplatte (beriffelt); (2) Lenkerfedern; (3) Antrieb;
(4) Produktausträge; (5) Absaughaube
Fl Luft

Land- und Lebensmitteltechnik zur Abscheidung von Verunreinigungen aus körnigem Material (z. B. Getreide, Bohnen, Erbsen, Pfeffer, Erdnüsse, Ölsaaten) [26] [118]. Im übrigen gelten auch hier die gleichen Gesichtspunkte, die für die Anwendung von trockenen Dichtesortierprozessen schon an anderer Stelle erörtert worden sind (Abschn. 1.1.8, 1.2.3.3).

1.4 Gegenstrom- und Querstromsortierung

Unterschiedliche Sinkgeschwindigkeiten bzw. Bewegungsbahnen, die Körner oder Teilstücke in einem Fluid unter der Wirkung von Feld-, Strömungs- und Trägheitskräften erreichen bzw. zurücklegen, werden in der Aufbereitungstechnik in umfangreichem Maße bei der Stromklassierung zur Erzeugung von Produkten unterschiedlicher Größenzusammensetzung genutzt (siehe Band I „Stromklassierung"). Die dafür angewendeten Wirkprinzipien lassen sich jedoch auch für die Sortierung einsetzen, wenn die stationären Sinkgeschwindigkeiten der nach der stofflichen Zusammensetzung zu trennenden Körner bzw. Teilstücke hinreichend verschieden sind. Im Rahmen der Aufbereitung mineralischer Rohstoffe sind deren Möglichkeiten für stoffliche Trennungen jedoch sehr beschränkt, und sie sind hierfür heute trotz mancher Ansätze in den letzten Jahrzehnten (siehe z. B. [26] [283] bis [286]) nahezu bedeutungslos. Die Ursache ist vor allem darin zu suchen, daß bei körnigem Gut – wie es im allgemeinen bei diesen Rohstoffen vorliegt – Korngröße und Korndichte allein als Stoffeigenschaften für die stationäre Sinkgeschwindigkeit bestimmend sind. Folglich erfordert eine stoffliche Trennung dann eine sehr enge Vorklassierung des Aufgabegutes durch Sieben. Völlig anders ist demgegenüber die Situation beim Recycling einer Reihe fester Abfallstoffe. Hier können nicht nur günstigere Voraussetzungen hinsichtlich der Breite der Stückgrößenverteilung (z. B. bei durch vorwiegend schneidende Beanspruchung vorbereitenden Gutes) oder durch sehr hohe Dichteunterschiede (z. B. bei metallhaltigen Abfällen) gegeben sein, sondern vor allem stark ausgeprägte Formunterschiede (z. B. Teilstücke von Blechen, Folien, Papier u.a. neben mehr oder weniger körnigen Bestandteilen) die Trennung nach der Sinkgeschwindigkeit begünstigen. Es ist deshalb nicht verwunderlich, daß der Gegenstrom- und Querstromsortierung in neuerer Zeit vor allem im Rahmen des Recyclings fester Abfälle größere Beachtung geschenkt worden ist [287] [288].

Die Trennmodelle, die im Band I „Stromklassierung" für die Gegenstrom- und Querstromklassierung behandelt worden sind, sowie die Konsequenzen, die sich daraus für die Prozeß-

und Prozeßraumgestaltung ergeben, lassen sich ohne Einschränkungen auf die Sortierung übertragen. Deshalb sind hier diesbezüglich keine Ergänzungen erforderlich.

Aufgrund des voranstehend kurz Erörterten hat man beim Recycling die stationäre Sinkgeschwindigkeit (exakter wäre es, von quasistationärer Sinkgeschwindigkeit zu sprechen; siehe auch Band I „Körnerbewegung in einem Fluid") als komplexes Trennmerkmal aufzufassen, das außer von der Dichte und Größe auch in starkem Maße von der Form der Teilstücke abhängt. Deshalb wäre es auch zweckmäßig, die Trennschärfe derartiger Trennungen ausschließlich auf dieser Grundlage zu bewerten. Dies stößt jedoch auf beachtliche Schwierigkeiten, weil es sehr aufwendig, wenn nicht teilweise sogar unmöglich ist, die Sinkgeschwindigkeitsverteilungen von Aufgabegut und Produkten experimentell zu ermitteln.

Für eine Beurteilung der Trennmöglichkeiten bei ausgeprägten Formunterschieden können sich jedoch Vereinfachungen ergeben. So stellte *Böhme* [289] [298] bei Untersuchungen mit verschiedenen Probekörpern (Parallelepipede und Zylinder aus Metallen sowie Kunststoffen) einerseits und zerkleinerten plattenförmigen Schrottstücken andererseits – beide im Millimeter- und Zentimeter-Bereich – fest, daß ein Zusammenhang zwischen der quasistationären Sinkgeschwindigkeit v_m der Teilstücke und dem Verhältnis ihrer scheinbaren Masse m' ($m' = V_P (\gamma - \rho)$) zu ihrer größten Querschnittsfläche $A'_{P,\text{max}}$ besteht:

$$v_m = a \, (m'/A'_{P,\text{max}})^b \tag{86}$$

Die Parameter a und b hängen vom Fluid ab. Für Teilstücke mit Parallelepipedform und die plattenförmigen Abfallstücke stellte sich noch eine weitere Möglichkeit zu vereinfachter Darstellung heraus, indem die quasistationäre Sinkgeschwindigkeit in einem Fluid außer von der Dichtedifferenz ($\gamma - \rho$) nur noch von der kleinsten Hauptabmessung bei Parallelepipeden bzw. der Wandstärke w bei plattenförmigen Abfallstücken abhängt. Aus diesen Ergebnissen lassen sich die Einsatzgrenzen von Gegenstrom- und Querstromsortierung für stoffliche Trennungen nach der Dichte wie folgt formulieren:

$$(\gamma_S - \rho) \, \bar{w}_S > (\gamma_L - \rho) \, \bar{w}_L \tag{87}$$

$\bar{w}_S$; $\bar{w}_L$ mittlere Wandstärke von Schwer- bzw. Leichtgut

Daraus folgt verständlicherweise auch hier die größere Trennschärfe der Hydrosortierung im Vergleich zur Aerosortierung. Im übrigen dürfte es auch kaum möglich sein, eine Vorklassierung nach der Wandstärke der Teilstücke vorzunehmen. Trotzdem hat im Rahmen des Recyclings von Abfällen die Aerosortierung eine größere Verbreitung als die Hydrosortierung. Die Ursachen hierfür dürften hauptsächlich in den spezifischen Vorteilen der erstgenannten zu suchen sein (geringerer Investitionsaufwand, Wegfall der Wasserkreisläufe), die sich besonders stark bei den für das Recycling typischen kleineren und mittleren Anlagengrößen auswirken.

Die Gegenstrom- und Querstrom-Aerosortierung dient im Rahmen der Abfallaufbereitung vor allem zur Abtrennung von feinkörnig vorliegenden Nichtmetallen und von größeren, teilweise plattenförmig vorliegenden Nichtmetallen geringerer Dichte ($\gamma < 1400 \text{ kg/m}^3$) aus unzerkleinerten oder zerkleinerten Abfällen [287] [297]. Die Sortierung geschieht bisher ausschließlich in Schwerkraftsichtern. Größere Verbreitung hat hier wegen seiner guten Trenneigenschaften der **Zickzacksichter** gefunden, den man bekanntlich als Kaskade von Querstromsichtern auffassen kann (siehe Band I). Die besonderen Merkmale der Gutbewegung im Sichter fördern die Vereinzelung der Teilstücke durch Beseitigungen von Haftungen sowie Verhakungen und begünstigen dadurch die Trennung. Von den **Horizontalstromsichtern** haben sich einige Bauarten eingeführt, die speziell für die Erfordernisse der Abfallwirtschaft entwickelt worden sind und teilweise auch auf eine Mehrprodukten-Trennung abzielen, wie das im Bild 90a schematisch angedeutet ist. Die Vereinzelung der Teilstücke wird auch durch die Art der Gutbewegung im Trennraum begünstigt, wie das bei allen Sichtern nach Bild 90 b und c anzutreffen ist. Beim **Vibratorsichter** (Bild 90b) fördert ein quer zum Luftstrom angeordnetes

1.4 Gegenstrom- und Querstromsortierung 109

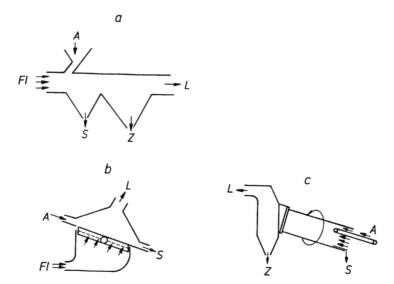

Bild 90 Trennapparate zur Querstrom-Aerosortierung, schematisch
a) Horizontalstromsichter
b) Vibratorsichter
c) Drehtrommelsichter
A Aufgabe; Fl Luft; L Leichtgut; S Schwergut; Z Zwischengut

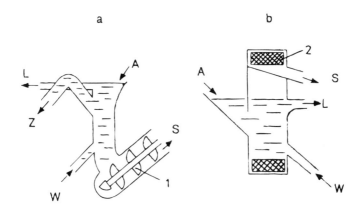

Bild 91 Trennapparate zur Gegenstrom-Hydrosortierung, schematisch
a) Aufstromscheider, Bauart *U.S. Bureau of Mines*
b) Aufstromscheider, Bauart *Wemco (RC-Separator)*
(1) Austragschnecke; (2) Hubrad
A Aufgabe; W Wasser; L Leichtgut; S Schwergut; Z Zwischengut

Schwingsieb das Aufgabegut durch den Trennraum und bewirkt dessen gleichmäßige Auflockerung und Verteilung über den Querschnitt. Auch die Art der Gutbewegung im **Drehtrommelsichter** (Bild 90 c) kann bei den für Abfälle charakteristischen Eigenschaften vorteilhaft für die Sortierung sein.

Die Hydrosortierung eignet sich ebenfalls nur für Trenndichten bis etwa 1800 kg/m³, wie z. B. die Trennung von Metallen und organischen Nichtmetallen [287] [298]. Die Realisierung höherer Trenndichten gelingt demgegenüber nur weniger befriedigend. In der Praxis eingeführt hat sich auch hier die Trennung im Schwerkraftfeld, wobei Stückgrößen bis etwa 150 mm verarbeitet werden. Zwei **Aufstromscheider**, die für die Erfordernisse des Recycling entwickelt worden sind, gibt Bild 91 schematisch wieder. Insbesondere für die Akkuschrott-Sortierung hat sich die Aufstrom-Hydrosortierung im industriellen Maßstab bewährt [131] [213].

1.5 Kennzeichnung des Trennerfolges eines Dichtesortierprozesses

Die Beurteilung von Dichtesortierprozessen geschieht vor allem in der Steinkohlenaufbereitung mit Hilfe der **Trennfunktion** (Trennkurve, Teilungszahlenkurve, *T*-Kurve, *Tromp*-,- Kurve), deren Grundlagen im Band I ausreichend behandelt worden sind, sowie mit Hilfe von ihr abgeleiteter Kenngrößen. Da bei Dichtesortierprozessen die Korndichte das Trennmerkmal darstellt, ist es für die Ermittlung der Trennfunktion notwendig, Aufgabegut und Produkte der Trennung mit Hilfe der Dichteanalyse (siehe ebenfalls Band I) in übereinstimmende Dichteklassen zu zerlegen. Allerdings hat diese Verfahrensweise wegen der hohen Kosten für Schwerflüssigkeiten mit Dichten > 3000 kg/m³ Grenzen.

Als **Trennschärfe-Kenngrößen** sind der **Ecart probable** E_T und die **Imperfektion** I eingeführt. In Tabelle 14 sind Anhaltswerte dafür zusammengestellt.

Tabelle 14 Anhaltswerte für E_T und I bei der Steinkohlensortierung [290] [291]

a) $E_T = \dfrac{\gamma_{75} - \gamma_{25}}{2}$ in kg/m³ (γ_{25} und γ_{75} in kg/m³)	
Schwertrübesortierung, Grobkohle (10 … 80 mm)	10 bis 30
Schwertrübesortierung, Feinkohle (0,5 … 10 mm) in Sortierzyklonen	20 bis 60
Hydrosetzmaschinen, Grobkohle γ_T = 1400 bis 1600 kg/m³ γ_T = 1800 bis 2000 kg/m³	20 bis 80 30 bis 150
Hydrosetzmaschinen, Feinkohle γ_T = 1400 bis 1500 kg/m³ γ_T = 1800 bis 2000 kg/m³	50 bis 150 100 bis 200
Aeroherde	140 bis 400
b) $I = \dfrac{E_T}{\gamma_T - \rho}$ Hydrosetzmaschinen, Grobkohle	0,02 bis 0,13
Hydrosetzmaschinen, Feinkohle	0,1 bis 0,3

Bei Vorgabe einer Trenndichte und Kenntnis der erreichbaren Trennschärfe sowie des Dichteaufbaues des Rohstoffes läßt sich die Zusammensetzung der Trennprodukte mit Hilfe der Trennfunktion vorausberechnen [290]. Dabei kommt zugute, daß sich die Trennfunktionen vieler Dichtesortierprozesse bei Wahl eines geeigneten Abszissenmaßstabes im Wahrscheinlichkeitsnetz zu Geraden strecken lassen. Dies soll im allgemeinen bei der Schwimm-Sink-Sor-

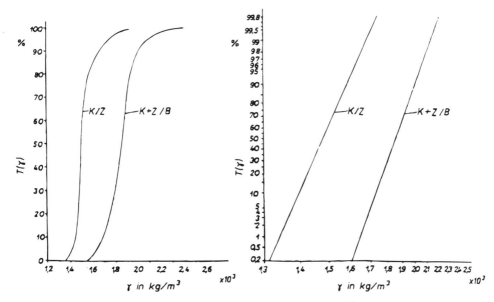

Bild 92 Trennfunktion für die Grobkornsortierung auf einer Hydrosetzmaschine im linearen Netz und im Wahrscheinlichkeitsnetz mit der Abszissenteilung nach log $(\gamma - \rho)$
a) Trennschnitt Kohle/Zwischengut (K/Z):
$\gamma_T = 1500 \text{ kg/m}^3$; $E_T = 34 \text{ kg/m}^3$; $I = 0{,}068$
b) Trennschn. (Kohle + Zwischengut)/Berge $((K + Z)/B)$:
$\gamma_T = 1860 \text{ kg/m}^3$; $E_T = 71 \text{ kg/m}^3$; $I = 0{,}082$

tierung mit linearer Abszissenteilung und bei der Sortierung auf Hydrosetzmaschinen mit einer Teilung nach log $(\gamma - \rho)$ gelingen [290] [292]. Im Bild 92 ist ein Beispiel für eine derartige Streckung dargestellt.

Die graphische Darstellung von Trennergebnissen ist darüber hinaus in Form von **Sortierkurven** (**Anreicherkurven**) möglich,[1] auf die man vor allem dann zurückgreifen wird, wenn sich die Trennfunktionen nicht gewinnen lassen [237] [293] bis [296]. Das Aufstellen dieser Kurven setzt voraus, daß sich aus den Ergebnissen der Trennung der Zusammenhang zwischen dem Masseausbringen R_m und der Produktqualität (im allgemeinen durch die Wertstoff- oder Wertstoffmineralgehalte gekennzeichnet) gewinnen läßt. Dazu muß sich der aus dem Prozeßraum ausgetragene Stoffstrom in mehrere Teilprodukte zerlegen lassen. Für die Darstellung wählt man vorwiegend entweder das **M-Kurven-Diagramm** (siehe Band I) oder das **R_m-R_c-Diagramm**. Im Bild 93 sind die Sortierkurven für die Sortierung eines feinkörnigen Zinnerzes (−0,3 mm) auf einer Einschnür-Rinne bei verschiedenen Feststoffdurchsätzen dargestellt. Die Kurve 3 repräsentiert hierbei offensichtlich die günstigsten Trennbedingungen. Die Darstellung im M-Kurven-Diagramm hat den Vorteil, daß mit Hilfe eines einheitlichen Randmaßstabes sofort die Zusammensetzung beliebiger Trennprodukte angegeben werden kann. Auch der Vergleich von unter verschiedenen Trennbedingungen zustande gekommenen Ergebnissen ist im M-Kurven-Diagramm möglich, wenn nur die Aufgabegehalte übereinstimmen oder zumindest wenig voneinander abweichen. Im anderen Falle bietet für Vergleiche das R_m-R_c-Diagramm Vorteile (Bild 94). Hierbei wird das Wertstoffausbringen als Funktion des Masseausbringens aufgetragen. Dies setzt wie bei der Darstellung im M-Kurven-Diagramm ebenfalls voraus, daß sich der aus dem Prozeßraum ausgetragene Stoffstrom in mehrere Teilprodukte

---

[1] Diese Art der Darstellung der Trennergebnisse wurde erstmalig in der Steinkohlenaufbereitung angewendet und dort als Waschkurven bezeichnet.

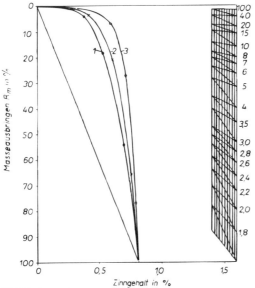
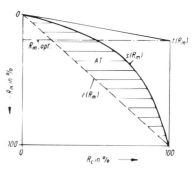

Bild 93 Sortierkurven mit feinkörigem Zinnerz (< 0,3 mm) auf einer Einschnür-Rinne, Rinnenneigung 16°, Feststoffgehalt in der Aufgabetrübe 50 Masse-%, Feststoffdurchsatz: (1) 680 kg/h; (2) 540 kg/h; (3) 310 kg/h

Bild 94 R_m-R_c-Kurve und Trennerfolgsfläche

zerlegen läßt. Bezeichnet man die Sortierkurve mit $s(R_m)$ und die Kurve, die die vollständige Mischung (keine Trennung) beschreibt, mit $r(R_m)$, so stellt die Größe der von beiden Kurven eingeschlossenen Fläche A_T ein Maß für den Trennerfolg dar. $(R_m)_{opt}$ ist durch das ideale Masseausbringen gegeben, d.h., stellt das Masseausbringen dar, wenn das reine Wertstoffmineral vollständig und ohne Verunreinigungen im Konzentrat ausgebracht würde. Da die Größe von A_T auch vom Wertstoffgehalt in der Aufgabe abhängt, ist es für die Kennzeichnung des Trennerfolges zweckmäßiger, eine Kennzahl B einzuführen, die das Verhältnis von A_T zur idealen Trennerfolgsfläche A_{id} darstellt [237]:

$$B = \frac{A_T}{A_{id}} \cdot 100 = \frac{\int_0^{100} \{s(R_m) - r(R_m)\} \, dR_m}{\int_0^{100} \{t(R_m) - r(R_m)\} \, dR_m} \cdot 100 \quad \text{in \%} \tag{88}$$

Man könnte diese Methode auch zur Kennzeichnung der Trennschärfe eines Prozesses benutzen. Dann wäre jedoch notwendig, anstelle $t(R_m)$ die Verwachsungskurve treten zu lassen, falls eine entsprechende Analysenmethode existiert, mit der das Gut in Merkmalklassen zerlegt werden kann. Dann lassen sich aber auch Trennfunktionen aufstellen, die dem R_m-R_c-Diagramm vorzuziehen sind.

Während bei der Darstellung im M-Kurven-Diagramm der Maßstab für die Wertstoffgehalte einheitlich – d.h. unabhängig vom Aufgabegehalt – ist, gilt dies für das R_m-R_c-Diagramm nicht. Hier existiert vielmehr für jeden Aufgabegehalt ein eigener Randmaßstab. Damit ändert sich ebenfalls die ideale Trennerfolgsfläche A_{id}.

2 Sortierung in Magnetfeldern

In diesem Hauptabschnitt sind die Trennprozesse zusammengefaßt, bei denen sich die Sortierung von Körnern bzw. Teilstücken unter der Einwirkung eines magnetischen Feldes vollzieht. Dazu zählen:

a) die **Magnetscheidung** i.e.S.
b) die **Wirbelstromsortierung**
c) die **magnetohydrostatische** und die **magnetohydrodynamische Sortierung**.

Die **Magnetscheidung i.e.S.** (im folgenden nur noch als Magnetscheidung bezeichnet) setzt voraus, daß sich die zu trennenden Bestandteile eines Aufgabegutes hinsichtlich ihrer magnetischen Suszeptibilität genügend unterscheiden. Dann wirken im inhomogenen Magnetfeld auf die zu sortierenden Körner bzw. Teilstücke verschieden große magnetische Kräfte, so daß diese im Prozeßraum unterschiedliche Bewegungsbahnen zurücklegen.

Die **Wirbelstromsortierung** beruht darauf, daß magnetische Wechselfelder in elektrisch leitenden Teilstücken Wirbelströme induzieren. Diese wiederum bauen Magnetfelder auf, die den induzierenden Feldern entgegengerichtet sind. Dadurch entstehen Abstoßungskräfte, die es ermöglichen, elektrisch leitende Teilstücke aus einem Gutstrom auszulenken und sie folglich von nicht- oder halbleitenden zu trennen. Allerdings hängt das Trennverhalten außer von dem Stoffparameter κ/γ (κ – elektrische Leitfähigkeit) auch noch von den Abmessungen, Abmessungsverhältnissen und der Orientierung der Teilstücke im induzierenden Magnetfeld maßgeblich mit ab. Es handelt sich also um einen Sortierprozeß im Magnetfeld, bei dem *nicht* die magnetischen Eigenschaften das Trennverhalten bestimmen. Er hat in neuerer Zeit Bedeutung für das Recycling metallischer Sekundärrohstoffe erlangt [9] [213] [431], ist jedoch für mineralische Rohstoffe bedeutungslos.

Wie schon im Abschn. 1.1 kurz erläutert, sind sowohl die **magnetohydrostatische** als auch die **magnetohydrodynamische** Sortierung hinsichtlich des Wirkprinzips Schwimm-Sink-Trennungen, d.h., sie gehören eigentlich zur Dichtesortierung. Beide erfordern jedoch die Existenz von Magnetfeldern im Prozeßraum, weshalb sie unter Berücksichtigung prozeßtechnischer Grundlagen diesem Hauptabschnitt zugeordnet worden sind. Insbesondere dem erstgenannten Prozeß ist inzwischen in der Aufbereitungstechnik für die Sortierung bei relativ hohen Trenndichten (bis zu etwa 20000 kg/m³) Beachtung geschenkt worden [9] [213] [287]. Jedoch behindern die relativ hohen Kosten für das erforderliche Trennmedium – ein Ferrofluid – sowie dessen Rückgewinnung und Regeneration die industrielle Anwendung.

Bevor im nachstehenden auf die einzelnen Sortierprozesse in Magnetfeldern näher eingegangen wird, sollen in den unmittelbar folgenden Abschnitten zunächst das Magnetfeld und die magnetischen Eigenschaften der Stoffe ganz allgemein insoweit kurz behandelt werden, als es für das Verständnis der jeweiligen prozeßtechnischen Grundlagen erforderlich ist.

2.1 Magnetfeld und magnetische Eigenschaften der Stoffe

Die magnetischen Kräfte, die elektrische Ströme und Permanentmagnete hervorbringen, sind hinsichtlich ihrer Natur gleich. Sie werden durch den Raum hindurch übertragen, ohne daß ein Medium an dieser Übertragung beteiligt ist. Es ist zweckmäßig, für ihre Beschreibung das magnetische Feld einzuführen. Elektrische Ströme und Permanentmagnete versetzen den Raum in einen besonderen Zustand, indem sie darin magnetische Energie speichern, die der

Ursprung der Kräfte ist. Diese Energie kann in andere Energieformen – z. B. in Bewegungsenergie magnetisierbarer Körper – umgewandelt werden.

2.1.1 Magnetisches Feld im leeren Raum

Zur Beschreibung eines magnetischen Feldes kann man wie für andere Felder **Feldlinien** benutzen. Die Richtung der Feldlinien gibt an den betreffenden Raumpunkten die Richtung der Kraftwirkung auf einen magnetischen Nordpol an. Die Dichte der Feldlinien ist ein Maß für die Intensität des Feldes – die **Feldstärke**.

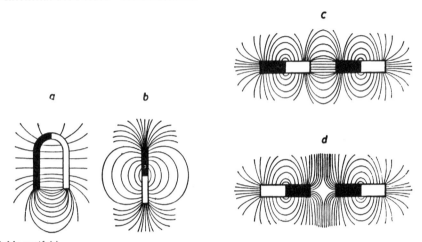

Bild 95 Magnetfeld
a) eines Hufeisenmagneten b) eines Stabmagneten c) zwischen zwei ungleichnamigen Polen;
d) zwischen zwei gleichnamigen Polen

Im Bild 95a und b ist der Feldlinienverlauf für einen Hufeisenmagneten und einen Stabmagneten dargestellt. Daraus ist zu erkennen, daß die Feldlinien bevorzugt an den Stirnflächen – den Polen – entspringen. Hinsichtlich des Verlaufes der Feldlinien gilt die Definition, daß sie vom Nordpol ausgehen und am Südpol enden.

Stehen zwei ungleichnamige Pole einander gegenüber, so ziehen sich diese an. Die Feldlinien verlaufen teilweise von einem Pol zum anderen hin (Bild 95c). Man kann sich vorstellen, daß die Feldlinien wie elastisch gespannte Fäden auf die beiden Magnete wirken. Stehen zwei gleichnamige Pole einander gegenüber, so stoßen sich diese ab. Hier weichen die Feldlinien einander aus (Bild 95d). Man gewinnt den Eindruck, daß sie sich quer zu ihrer Richtung ausbauchen wollen und dadurch die Magnete auseinanderdrücken. Man kann zusammenfassen: Längs der Feldlinien herrscht eine Zugkraft und quer dazu eine Druckkraft.

Um die Eigenschaften eines Magneten und die Kräfteverhältnisse im Magnetfeld zu beschreiben, ist es zweckmäßig, den weiteren Erörterungen zunächst Elektromagnete zugrunde zu legen. Bekanntlich bringt jede bewegte elektrische Ladung magnetische Wirkungen hervor, und zwischen einer Stromschleife bzw. einer Spule einerseits und einem Stabmagneten andererseits besteht Analogie. Die magnetischen Feldlinien von elektrischen Strömen sind geschlossene Kurven, die die Ströme umspannen. Dies ist für eine leere Stromschleife und eine leere lange Spule im Bild 96 dargestellt. Auch einer Stromschleife oder Spule kann man einen Südpol und Nordpol zuweisen. Hier gilt die einfache Regel, daß beim Fortschreiten vom Süd- zum Nordpol der Strom in einer Rechtsschraube fließt.

Betrachtet man das Feld einer langen Spule (Bild 96b), so erkennt man, daß innerhalb der Windungen die Feldlinien überall parallel verlaufen und die Feldliniendichte gleich groß ist.

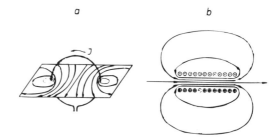

Bild 96 Magnetfeld einer
a) Stromschleife und
b) langen Spule

Derartige Felder bzw. Feldesteile nennt man **homogen**. Ist dies nicht der Fall, so liegen **inhomogene** Felder bzw. Feldesteile vor.

Die Intensität eines Magnetfeldes wird durch seine **Feldstärke** H gekennzeichnet. Anhand des homogenen Feldes einer hinreichend langen Spule (zunächst unter der Voraussetzung, daß eine raumfüllende Substanz an den magnetischen Wirkungen gänzlich unbeteiligt oder nicht vorhanden ist) ergibt sich die Feldstärke wie folgt:

$$H = \frac{NI}{L} \qquad (1)$$

I Stromstärke
L Spulenlänge
N Windungszahl

Daraus erhält man die Einheit der magnetischen Feldstärke: Amperewindung je Meter bzw. Ampere je Meter (A/m).

Wie bereits gesagt, gilt Gl. (1) im Innern einer hinreichend langen Spule; in der Nachbarschaft der Enden ist dieser Ausdruck nicht mehr zutreffend. Für das Innere einer Ringspule ist Gl. (1) an jeder Stelle voll gültig, wenn der Spulendurchmesser relativ zum Windungsdurchmesser groß ist.

Die so eingeführte Definition der Feldstärke läßt sich nicht ohne weiteres auf beliebige Anordnungen und inhomogene Felder übertragen. Man kann aber davon ausgehen, daß sich jedes beliebige Feld in einem genügend kleinen Raumgebiet als homogen betrachten läßt. Denkt man sich nun im Aufpunkt eine lange Spule angebracht, so kann mit dieser ein Magnetfeld erzeugt werden, das die ursprüngliche magnetische Wirkung gerade ausgleicht. Der so gefundene Betrag der Feldstärke der langen Spule entspricht dem der gesuchten Feldstärke.

Zu den bisherigen Ausführungen muß man ergänzen, daß die magnetische Feldstärke eine Vektorgröße ist, die in Richtung der Feldlinien weist. Für eine Ringspule bzw. hinreichend lange Spule ist also zu schreiben $|H| = NI/L$. Innerhalb einer Spule gibt ein Umlauf in positiver Stromrichtung und Fortschreiten in positiver Richtung der Feldstärke eine Rechtsschraube. Schließlich wäre zu ergänzen, daß sich die magnetischen Wirkungen mehrerer Ströme durch vektorielle Addition ergeben.

Mit Hilfe des *Biot-Savart*schen Gesetzes ist die Berechnung von Feldern möglich, die durch beliebige lineare Ströme hervorgerufen werden. Danach erzeugt ein stromdurchflossenes Leiterelement dl an einem beliebigen Raumpunkt, dessen Lage durch den Abstand r und den Winkel ϑ zwischen Leiterelement und Radiusvektor gegeben ist (Bild 97), ein Feld

$$dH = \frac{1}{4\pi} I \frac{\sin \vartheta}{r^2} dl \qquad (2)$$

Die Richtung des Feldelementes dH ist festgelegt, indem ein Umlauf in der positiven Feldrichtung und ein Fortschreiten in der positiven Stromrichtung eine Rechtsschraube ergeben.

Wendet man das *Biot-Savart*sche Gesetz auf einen geraden, unendlich langen Strom an, so berechnet sich die Feldstärke, die sämtliche Leiterelemente im Abstand $\bar{r}$ ($\bar{r} = r \sin \vartheta$) erzeugen, zu:

 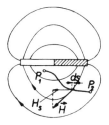

Bild 97 Zum *Biot-Savart*schen Gesetz   **Bild 98** Zur Definition der magnetischen Umlaufspannung

$$H = \frac{1}{2\pi} \cdot \frac{I}{r} \tag{3}$$

Die Gln. (1) und (3) sind besondere Fälle eines allgemeineren Gesetzes, das den elektrischen Leitungsstrom und das magnetische Feld miteinander verbindet. Die folgenden Erörterungen sollen dieses Gesetz verständlich machen:

Die beiden Punkte P_1 und P_2 (Bild 98) sollen durch eine Kurve verbunden sein. Bildet man an jeder Stelle der Kurve die Komponente H_s in Wegrichtung, so berechnet sich die magnetische Spannung V_M zwischen den Punkten P_1 und P_2 zu:

$$V_M = \int_{P_1}^{P_2} H_s \, ds \tag{4}$$

Wird mit Hilfe dieser Gleichung über eine geschlossene Kurve integriert, dann bezeichnet man die dabei sich ergebende Spannung als magnetische Umlaufspannung ($\oint H_s \, ds$). Es läßt sich nachweisen, daß im statischen Feld, d.h. im Feld eines Permanentmagneten, die magnetische Spannung unabhängig vom Weg ist. Sie hängt nur von den Koordinaten des Anfangs- und Endpunktes ab. Felder mit dieser Eigenschaft werden als wirbelfrei bezeichnet[1]. Aus den bisherigen Erörterungen folgt weiter, daß im statischen Feld die Umlaufspannung verschwindet:

$$\oint H_s \, ds = 0 \tag{5}$$

Im Magnetfeld stationärer Ströme hängt aber die Umlaufspannung mit den Stromstärken zusammen. Hier gilt nunmehr, daß die magnetische Umlaufspannung gleich der gesamten umspannten Stromstärke ist:

$$\oint H_s \, ds = \sum I \tag{6}$$

Dieses physikalische Gesetz wird als **Durchflutungsgesetz** bezeichnet. Im Inneren einer Ringspule kann man wegen der Homogenität des Feldes beispielsweise setzen: $\oint H_s \, ds = H_s \oint ds = H_s L$ und $\sum I = NI$. Auf diese Weise ist man zu Gl. (1) gelangt und bestätigt, daß Gl. (6) tatsächlich die allgemeine Gesetzmäßigkeit darstellt. Auch für eine hinreichend lange Zylinderspule gelangt man zu dem gleichen Ergebnis, wenn berücksichtigt wird, daß in diesem Falle die Wegelemente im Außenraum nur wenig zum Umlaufintegral beitragen.

Wird im homogenen Magnetfeld einer langen Spule (N, L, I) (Bild 99) ein Draht der Länge l senkrecht zur Spulennormalen, d.h. senkrecht zu den Feldlinien, mit der Geschwindigkeit v bewegt, so wird in ihm eine Spannung induziert:

$$U_{\text{ind}} = \mu_0 \frac{N}{L} I l v \tag{7a}$$

bzw.

$$U_{\text{ind}} = \mu_0 H l v \tag{7b}$$

μ_0 magnetische Feldkonstante bzw. Induktionskonstante ($\mu_0 = 4\pi \cdot 10^{-7} \frac{\text{Vs}}{\text{Am}} = 4\pi \cdot 10^{-7} \text{ N/A}^2$)

---

[1] Eine in sich geschlossene Feld- oder Kraftlinie heißt ein Wirbel, analog wie bei der Fluidströmung geschlossene Strömungslinien einen Fluidwirbel darstellen.

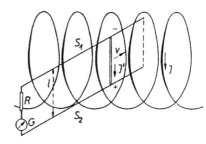

Bild 99 Zur Definition der Induktion

Die Vektorgröße

$$B = \mu_0 H \tag{8}$$

nennt man **magnetische Induktion** oder **magnetische Flußdichte**. Jetzt kann für Gl. (7b) auch geschrieben werden:

$$U_{\text{ind}} = B\, l\, v$$

Durch die letzten Gleichungen ergibt sich die Möglichkeit, das Magnetfeld in einer anderen Weise zu kennzeichnen, und zwar nicht durch die Ströme, die das Feld erzeugen, sondern durch die Spannungen, die es in bewegten Leitern induziert. In Gl. (7c) kann man die vom Draht in der Zeit dt überstrichene Fläche d$A = l\, v\, \mathrm{d}t$ einführen, so daß sich nach Umstellung ergibt:

$$B = \frac{\left| U_{\text{ind}}\, \mathrm{d}t \right|}{\mathrm{d}A} \tag{7d}$$

Die magnetische Induktion wird damit durch die Spannungsstöße definiert, die bei der Bewegung von geraden Leitern senkrecht zum Feld erzeugt werden. Daraus ergibt sich für die Einheit der magnetischen Induktion: $1\, \dfrac{\mathrm{V\,s}}{\mathrm{m}^2} = 1\, \dfrac{\mathrm{Wb}}{\mathrm{m}^2} = 1\ \textit{Tesla}$ (T).

Für ein beliebig orientiertes Feld soll die Komponente der Induktion senkrecht zu l und v bzw. dA mit B_n bezeichnet werden. Der **magnetische Fluß** Φ ist nunmehr wie folgt definiert:

$$\mathrm{d}\Phi = B_n\, \mathrm{d}A \tag{9a}$$

bzw.

$$\Phi = \int B_n\, \mathrm{d}A \tag{9b}$$

Unter Berücksichtigung des Vorzeichens kann Gl. (7d) schließlich in der nachstehenden Form geschrieben werden:

$$U_{\text{ind}} = -\frac{\mathrm{d}\Phi}{\mathrm{d}t} \tag{10a}$$

bzw.

$$U_{\text{ind}} = -\frac{\mathrm{d}}{\mathrm{d}t} \int B_n\, \mathrm{d}A \tag{10b}$$

oder

$$\int_{t_0}^{t} U_{\text{ind}}\, \mathrm{d}t = -(\Phi - \Phi_0) \tag{10c}$$

Für das Induzieren einer Spannung in einem Leiter ist gleichgültig, ob dieser im Magnetfeld bewegt oder das Feld am Ort des Leiters verändert wird. Die Einheit des magnetisches Flusses heißt *Weber* (Wb).

Nunmehr kann zu einer allgemeinen Deutung des Magnetfeldes übergeleitet werden. Für die in einem Leiter zwischen den Endpunkten P_1 und P_2 induzierte Spannung kann man setzen:

$$U_{\text{ind}} = \int_{P_1}^{P_2} E_s\, \mathrm{d}s \tag{11a}$$

wobei E_s die Komponente der elektrischen Feldstärke längs des Wegelementes ds ist. Geht man auf eine geschlossene Kurve über, die die vom magnetischen Fluß durchsetzte Fläche begrenzt, so ergibt sich die Umlaufspannung:

$$U_{\text{ind}} = \oint E_s \, ds \tag{11b}$$

Damit nimmt das **Induktionsgesetz** folgende allgemeine Form an:

$$\oint E_s \, ds = -\frac{d}{dt} \int B_n \, dA \tag{12}$$

Diese Gleichung gilt für beliebige geschlossene Kurven. Dabei ist gleichgültig, ob ein induzierter Strom fließt oder nicht bzw. ob diese Kurven in einem Leiter liegen oder im leeren Raum. Das zeitlich veränderliche magnetische Feld ist immer von einem elektrischen Feld begleitet. Bei diesen nichtstatischen elektrischen Feldern tritt eine Eigenschaft auf, die bei statischen elektrischen Feldern unbekannt ist: Die Feldlinien können ringförmig geschlossen sein. Sie sind dann in der Lage, in einem ringförmigen Leiter die Ladungen zu verschieben. Der Leiter ist dann nur das Mittel, mit dem man das Feld nachweist; das elektrische Feld existiert unabhängig vom Leiter.

Im vorstehenden sind weitgehende Wechselbeziehungen zwischen elektrischen und magnetischen Feldern hergestellt worden. Bewegte elektrische Ladungen erzeugen in ihrer Umgebung Magnetfelder mit geschlossenen Feldlinien. Entsprechend verursachen bewegte Magnete in ihrer Umgebung ein elektrisches Feld, das ebenfalls geschlossene Feldlinien besitzt.

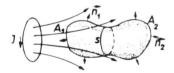

Bild 100 Magnetischer Fluß durch geschlossene Flächen

Für die späteren Betrachtungen ist noch eine weitere Gesetzmäßigkeit wesentlich. Die Gl. (12) verknüpft die längs einer Linie vorhandene Umlaufspannung mit dem magnetischen Fluß, der eine von diesen Linien umrandete Fläche durchsetzt. Durch eine derartige Kurve können aber unendlich viele Flächen gelegt werden. Im Bild 100 ist die Kurve mit s benannt, und es sind zwei Flächen (A_1 und A_2) gezeichnet, wovon eine nach links, die andere nach rechts ausgebaucht ist. Wenn man die Stromschleife s aus dem Feld heraus nach einer feldfreien Stelle bewegt, so hängt der Spannungsstoß nur von der Anfangslage ab. Folglich ist der magnetische Fluß unabhängig von der Form der Fläche, und die magnetischen Flüsse, die im Bild 100 beide Flächen durchsetzen, sind betragsmäßig gleich groß. Unter Berücksichtigung der Vorzeichen gilt: $\Phi_1 + \Phi_2 = 0$, d.h., der magnetische Fluß, der eine geschlossene Fläche durchsetzt, verschwindet. Gemäß Gl. (9b) kann man dann auch schreiben:

$$\oint B_n \, dA = 0 \tag{13}$$

Charakterisiert man ein Feld durch Flußdichtelinien anstelle von Feldlinien, so bedeutet dies: Flußdichtelinien haben keine Quellen und Senken; sie sind geschlossene Kurven.

Mit Hilfe der magnetischen Induktion bzw. des magnetischen Flusses ist jetzt auch die Beschreibung der magnetischen Eigenschaften von Permanentmagneten möglich, die anfänglich zurückgestellt worden ist. Der im Bild 101 dargestellte Stabmagnet soll von einer geschlossenen Fläche eingehüllt sein, die man sich in der Mitte des Magneten unterteilt vorstellt. Der magnetische Fluß tritt durch die eine Flächenhälfte von außen in den Südpol hinein und kommt durch die andere aus dem Nordpol heraus. Diese Flüsse können durch die Spannungsstöße, die sie verursachen, gemessen werden. Führt man nämlich eine Induktionsschleife, die die Fläche A_1 umspannt, aus einer genügenden Entfernung vom Magneten, wo das Magnetfeld

 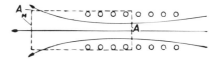

Bild 101 Zur Definition der Polstärke

Bild 102 Zur Berechnung der Polstärke in einer langen Spule

praktisch verschwindet, bis zur Mittellage M, so liefert der gemessene Spannungsstoß den magnetischen Fluß, der durch den Zylindermantel Z_1 tritt. Man darf aber auch sagen, daß sich dadurch der magnetische Fluß ergibt, der Z_1 und A_1 durchsetzt, da jener durch A_1 anfangs praktisch Null war. Verschiebt man nun die Schleife aus der Mittellage nach A_2, so tritt ein Spannungsstoß vom gleichen Betrag, aber mit entgegengesetztem Vorzeichen auf. Die auf diese Weise gemessenen magnetischen Flüsse charakterisieren einen Magneten. Man nennt sie auch **Polstärken** Φ. Dem Nordpol kommt die Polstärke $+\Phi$ und dem Südpol $-\Phi$ zu.

Eine weitere Größe zur Kennzeichnung von Magneten ist deren **magnetisches Moment** m^*. Es ist gleich dem Produkt von Polstärke und Abstand L der Pole:

$$m^* = \Phi L \tag{14}$$

Mit Hilfe der Darstellung im Bild 102 kann man das magnetische Moment einer langen Spule berechnen. Für die Polstärke gilt hier:

$$|\Phi| = \left| \int_{A_M} B_n \, dA \right| = \left| -\int_A B_n \, dA \right| = \mu_0 H A$$

Wird die Gl. (1) berücksichtigt, so erhält man für die Polstärke einer Spule:

$$\Phi = \mu_0 \frac{N}{L} I A \tag{15a}$$

und für ihr magnetisches Moment:

$$m^* = \mu_0 N I A \tag{15b}$$

Mit Hilfe der Polstärke kann ein einfaches Modell eines Magneten entworfen werden. Man kann sich vorstellen, daß ein Magnet aus zwei punktförmigen Polen der Polstärke Φ mit entgegengesetztem Vorzeichen besteht, die um die Strecke L voneinander entfernt sind. Die Kraft, die auf einen derartigen Pol in einem Magnetfeld wirkt, ergibt sich zu:

$$\boldsymbol{F} = \Phi \, \boldsymbol{H} \tag{16}$$

Damit ist eine weitere Analogie zum elektrischen Feld hergestellt (siehe Abschn. 3.1), wo auf die Ladung Q die Kraft $\boldsymbol{F} = Q \boldsymbol{E}$ wirkt. Man darf folglich die Polstärke als magnetisches Analogon der elektrischen Ladung auffassen. Man muß aber berücksichtigen, daß die Analogie keinesfalls vollständig ist. Wohl existieren positive und negative elektrische Ladungen, aber keine realen magnetischen Polstärken. Weiterhin kann man positive und negative Magnetpole niemals voneinander trennen. Sie kommen immer gemeinsam vor. Zerbricht man z. B. einen Permanentmagneten, so entstehen immer wieder neue Magnete mit Nord- und Südpol.

Schon früher wurde dargelegt, daß elektrische Ströme in dem umgebenden Raum magnetische Energie speichern. Hinsichtlich der Ableitung der Gleichungen für die magnetische Energie W_M muß auf entsprechende Physik-Lehrbücher verwiesen werden. Wächst im Volumen V bei der Feldstärke H die Induktion um den Betrag dB, so wird der Betrag dW_M als Feldenergie gespeichert:

$$\frac{dW_M}{V} = dW_{M,V} = H \, dB \tag{17}$$

Diese Gleichung gilt für jedes Volumenelement eines beliebigen Feldes. Die **Energiedichte** $W_{M,V}$ für den leeren Raum berechnet sich danach zu:

$$W_{M,V} = \int_0^B H\,dB = \int_0^H \mu_0 H\,dH \tag{18a}$$

und somit

$$W_{M,V} = \tfrac{1}{2} H B = \tfrac{1}{2} \mu_0 H^2 \tag{18b}$$

Für den homogenen Teil einer Ringspule oder langen Spule kann demnach die magnetische Energie nach $W_M = \tfrac{1}{2} H B V$ berechnet werden. Die Energiedichte ist zahlenmäßig gleich der Zugspannung längs der Feldlinien bzw. der Druckspannung quer zu den Feldlinien.

2.1.2 Stoffe im magnetischen Feld

Sobald sich Stoffe im Magnetfeld befinden, müssen einige der bisher besprochenen Gesetzmäßigkeiten ergänzt bzw. erweitert werden. Magnetfelder vermögen mehr oder weniger in jeden Stoff einzudringen. Bei elektrischen Feldern ist dies nur für Isolatoren der Fall. Zwischen dem Verhalten eines Isolators im elektrischen Feld und dem Verhaltens eines Stoffes im magnetischen Feld bestehen weitgehende Analogien.

Bild 103 Ringspule mit Induktionsschleife

Im Bild 103 ist eine Ringspule dargestellt, um die eine Induktionsschleife mit ballistischem Galvanometer gelegt ist. Ist der Spulenkern leer, so wird bei einer Änderung der Spulenstromstärke in den Schleife ein Spannungsstoß induziert:

$$\int U_{ind}\,dt = -(\Phi_2 - \Phi_1) \tag{19a}$$

bzw.

$$\int U_{ind}\,dt = -A\,\mu_0 \frac{N}{L}(I_2 - I_1) = -A\,\mu_0 (H_2 - H_1) \tag{19b}$$

Befindet sich ein Stoff im Spulenkern, so muß die Gl. (19b) mit einem dimensionslosen Faktor erweitert werden:

$$\int U_{ind}\,dt = -A\,\mu_r\,\mu_0 \frac{N}{L}(I_2 - I_1) = -A\,\mu_r\,\mu_0 (H_2 - H_1) \tag{20}$$

Den Faktor μ_r nennt man **relative Permeabilität** oder **Permeabilitätszahl**. Diese ist eine Materialgröße, die für viele Stoffe nicht von der Stromstärke bzw. Feldstärke abhängt. Bei einigen Stoffen (z. B. Eisen, Kobalt, Nickel und einige Legierungen bzw. Verbindungen dieser Metalle) ist sie eine nicht eindeutige Funktion der Stromstärke bzw. Feldstärke. Aus der Definition der Permeabilität ergibt sich, daß für Vakuum $\mu_r = 1$ gesetzt werden muß.

Für die magnetische Induktion bzw. Flußdichte muß jetzt anstelle von Gl. (8) geschrieben werden:

$$B = \mu_r\,\mu_0\,H \tag{21}$$

Die **magnetische Suszeptibilität** $\varkappa$ – genauer **volumenbezogene Suszeptibilität** (siehe nachfolgendes) – ist wie folgt definiert:

$$\varkappa = \mu_r - 1\;^1 \tag{22}$$

---

[1] Man beachte, daß noch in vielen Tabellen als Suszeptibilität die Größe $(\mu_r - 1)/4\pi$ entsprechend dem cgs-System bezeichnet wird.

2.1 Magnetfeld und magnetische Eigenschaften der Stoffe

Suszeptibilität und Permeabilität sind wichtige Größen, die das Verhalten von Stoffen in Magnetfeldern kennzeichnen. Folglich sind sie für die Magnetscheidung bedeutungsvoll. Stoffe, deren μ_r etwas größer als 1 bzw. deren $\varkappa$ etwas größer als 0 ist, nennt man **paramagnetisch**. Sind diese Materialkennziffern wesentlich größer als 1 bzw. 0 und außerdem noch eine nicht eindeutige Funktion der Feldstärke, so spricht man von **ferromagnetischen** Stoffen. In para- und ferromagnetischen Stoffen wird die magnetische Flußdichte gegenüber Vakuum erhöht. Stoffe, in denen die magnetische Flußdichte gegenüber Vakuum vermindert und deren $\mu_r < 1$ bzw. $\varkappa < 0$ ist, heißen **diamagnetisch**. Para-, Ferro- und Diamagnetismus werden im nachfolgenden ausführlicher gekennzeichnet.

Um den Einfluß zu deuten, den ein Stoff im Magnetfeld auf die magnetische Flußdichte hat, kann man nachfolgende Betrachtungsweise anwenden. Man kann davon ausgehen, daß ein elektrischer Strom – wie im Vakuum – für diese den Anteil $\mu_0 H$ hervorbringt und daneben ein scheinbarer Strom einen Anteil liefert, den man **magnetische Polarisation** $J = \mu_0 M$ nennt, wobei M die **Magnetisierung** bedeutet. Die magnetische Polarisation hat die gleiche Einheit wie die magnetische Induktion bzw. Flußdichte (Tesla) und die Magnetisierung wie die Feldstärke (A/m). Der scheinbare Strom erscheint nicht im Durchflutungsgesetz. Für ein beliebiges Feld kann nachstehendes Gesetz in Vektorform geschrieben werden:

$$\boldsymbol{B} = \mu_0 (\boldsymbol{H} + \boldsymbol{M}) \tag{23a}$$

Wenn μ_r konstant ist, gilt auch:

$$\boldsymbol{M} = (\mu_r - 1)\boldsymbol{H} = \varkappa \boldsymbol{H} \tag{23b}$$

Die Magnetisierung para- und ferromagnetischer Stoffe kann man auch auf folgende Weise deuten. Die Atome bzw. Moleküle dieser Stoffe tragen permanente Dipole. Diese zeigen ohne äußeres Feld regellos nach allen möglichen Richtungen, so daß sich deren Felder ausgleichen. Wird ein solcher Stoff in ein magnetisches Feld gebracht, so werden diese kleinen Elementarmagnete durch das äußere Feld ausgerichtet. Diese Erscheinung ist der Polarisation im elektrischen Feld ähnlich. Man kann sich weiter vorstellen, daß jedes Volumenelement des Stoffes selbst zum Magneten wird. Beim Einschalten des Feldes werden diese zusätzlichen Magnete wirksam. Dies erklärt den Zuwachs der magnetischen Flußdichte. Mit Hilfe der Gln. (15b) und (23) kann man die Polarisation als magnetisches Moment der Volumeneinheit dieser Stoffe deuten, das außer dem des äußeren Feldes wirksam wird.

Die im vorstehenden diskutierten wichtigen Formeln – insbesondere Gln. (6), (10), (13) und (17) – bleiben auch bei Anwesenheit von Stoffen im Magnetfeld voll gültig, wenn für die magnetische Induktion bzw. Flußdichte Gl. (21) berücksichtigt wird.

Im Bild 104a ist eine Ringspule dargestellt, deren Kern bis auf einen schmalen Spalt der Breite δ mit Eisen gefüllt ist. Bei genügend kleinem δ kann man das Feld im Spalt als homogen betrachten und das Streufeld vernachlässigen. Für die Feldstärke der leeren Spule ergibt sich:

$$H_1 = \frac{NI}{L}$$

Da die magnetische Flußdichte ein quellenfreier Vektor ist, gilt:

$$\Phi_{Fe} = \Phi_\delta = \Phi \quad \text{und, wenn } A_{Fe} = A_\delta = A, \text{ auch } B_{Fe} = B_\delta = B$$

Die Feldstärke hat aber unterschiedliche Werte:

$$H_\delta = \frac{B}{\mu_0} \; ; \quad H_{Fe} = \frac{B}{\mu_r \mu_0} = \frac{H_\delta}{\mu_r}$$

Das Durchflutungsgesetz Gl. (6) nimmt für einen kreisförmigen Integrationsweg L in der Mitte der Spule nachstehende Form an:

$$\oint H_s \, ds = NI = H_\delta \, \delta + H_{Fe}(L - \delta) \tag{24}$$

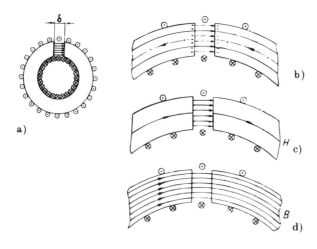

Bild 104 Spalt im Kern einer Ringspule (a) sowie Feldstärke und Flußdichte im Luftspalt und in der Spule (b, c, d)

Aus den letzten Beziehungen ergibt sich nach Zusammenfassen und Umstellen:

$$H_\delta = \frac{NI}{\delta + \dfrac{L-\delta}{\mu_r}} \tag{25a}$$

$$H_{Fe} = \frac{NI}{L + \delta(\mu_r - 1)} \tag{25b}$$

Für $\mu_r \gg 1$ und $\delta \ll L$ gilt $H_\delta \gg H_1$. Die Feldstärke im Luftspalt ist also gegenüber der leeren Spule wesentlich erhöht. Für sehr große Werte μ_r kann man sogar näherungsweise $H_\delta \approx \dfrac{NI}{\delta}$ setzen. Die Feldstärke im Eisenkern ist dagegen nach Gl. (25b) kleiner als in der leeren Spule.

Die Gln. (25a) und (25b) können anschaulich mit Hilfe der schon erwähnten Elementarmagnete gedeutet werden, die der Strom im Kern ausrichtet. Im Kern selbst folgen unmittelbar positive und negative Pole dieser Elementarmagnete aufeinander. Am Spalt dagegen trägt die eine Fläche nur positive Pole, die andere nur negative. An den Spaltflächen liegen also Quellen und Senken der Feldstärke. Im Bild 104b,c,d sind die Verhältnisse schematisch dargestellt. Im Bild 104b stellen die ausgezogenen Linien die Feldstärke im Vakuum dar. Diese sind ringförmig geschlossen. Gestrichelt sind jene Feldlinien, die von den Spaltflächen – den Polen – ausgehen. Diese Linien laufen vorwiegend durch den Luftspalt, zum kleineren Teil durch den Kern. Bild 104c zeigt die Summe der Feldstärke und Bild 104d die Flußdichtelinien bzw. Induktionslinien.

Man bezeichnet die Schwächung des Feldes, die im Innern eines stofferfüllten Körpers auftritt und durch induzierte Pole der Oberfläche hervorgerufen wird, **Entmagnetisierung**. Diese Erscheinung ist auch für die Sortierung im Magnetfeld von großer Bedeutung. Körner bzw. Teilstücke werden in magnetischen Feldern ebenfalls magnetisiert, und in der Nähe ihrer Enden entstehen Magnetpole, deren magnetisches Feld im Inneren dem äußeren Feld entgegengerichtet ist. Im folgenden soll dieses Feld entmagnetisierendes Feld H_E genannt werden. Es ist proportional der Magnetisierung:

$$H_E = E\,M \tag{26}$$

E Entmagnetisierungsfaktor

Innerhalb des Körpers wirkt dann nur ein resultierendes Feld:

$$H_S = H - H_E$$

Gl. (26) darf strenggenommen nur benutzt werden, wenn bei einem ursprünglich homogenen Feld innerhalb des Korns bzw. Teilstückes ein ebenfalls homogenes Feld entsteht. Dies trifft

Tabelle 15 Entmagnetisierungsfaktoren E für Rotationsellipsoide [302]

Achsenverhältnis a/b	E
→ 0 (dünne Scheibe)	→1,000
0,5	0,560
1,0 (Kugel)	0,333
2,0	0,176
5,0	0,056
10,0	0,020
20,0	0,067
50,0	0,0015

zu, wenn das Korn bzw. Teilstück ein Rotationsellipsoid ist, dessen Achse mit der Feldrichtung zusammenfällt. In diesem Fall kann der Entmagnetisierungsfaktor exakt berechnet werden. Dieser hängt von der Gestalt des Ellipsoides ab. Beispielsweise hat er den Wert 1 für sehr flache Scheiben, $1/3$ für eine Kugel und 0 für einen unendlich langen Draht. Für andere Körperformen kann man den Entmagnetisierungsfaktor nur näherungsweise angeben, da er auch von der Feldstärke abhängt. In Tabelle 15 sind die Werte für Rotationsellipsoide mit unterschiedlichen Abmessungsverhältnissen gegenübergestellt. Für Mineralkörner darf man im Mittel mit Werten zwischen $E = 0,15$ und $0,25$ rechnen.

Der Begriff der Suszeptibilität kann jetzt noch klarer definiert werden. Unter der **volumenbezogenen Suszeptibilität** $\varkappa_S$ **des Stoffes** ist gemäß Gl. (23b) zu verstehen:

$$\varkappa_S = \frac{M}{H_S} \tag{27a}$$

Davon ist die **volumenbezogene Suszeptibilität** $\varkappa_P$ **des Körpers** zu unterscheiden, die man auf das äußere Feld bezieht:

$$\varkappa_P = \frac{M}{H} \tag{27b}$$

Beide Größen sind wie folgt miteinander verknüpft:

$$\varkappa_P = \frac{\varkappa_S}{1 + E\,\varkappa_S} \tag{28}$$

Bei vielen Stoffen ist die Suszeptibilität nur wenig von Null verschieden. Dann liegen auch die volumenbezogene Suszeptibilität des Stoffes und des Körpers sehr nahe beieinander, und der entmagnetisierende Einfluß der Körperform kann vernachlässigt werden.

Von der volumenbezogenen Suszeptibilität ist die **massebezogene Suszeptibilität** χ zu unterscheiden:

$$\chi = \frac{\varkappa}{\gamma} \tag{29}$$

Während die volumenbezogene Suszeptibilität dimensionslos ist, hat die massebezogene eine Dimension. Analog zur volumenbezogenen Suszeptibilität sind auch bei der massebezogenen χ_S und χ_P zu unterscheiden.

2.1.3 Allgemeine Einteilung der Stoffe nach ihren magnetischen Eigenschaften

Wie bereits im Abschn. 2.1.2 kurz erörtert, teilt man die Stoffe hinsichtlich der magnetischen Eigenschaften vor allem in diamagnetische, paramagnetische und ferromagnetische ein.

Bei den **diamagnetischen Stoffen** ist die Magnetisierung der Feldstärke proportional, aber dieser entgegengerichtet ($\mu_r < 1$; $\varkappa < 0$). Um einen diamagnetischen Körper zu magnetisieren, muß eine Arbeit geleistet werden. Wenn man ihn von einem feldfreien Ort in ein magnetisches

Feld bringt, so besteht diese Arbeit in der Überwindung der im inhomogenen Feld am induzierten magnetischen Moment angreifenden Kräfte. Die Suszeptibilität eines diamagnetischen Körpers hängt nicht von der Temperatur ab. Der Diamagnetismus ist eine allgemeine Eigenschaft der Materie, dem sich bei einer Reihe von Stoffen die para- oder ferromagnetische Magnetisierung überlagert. Die Atome bzw. Moleküle der diamagnetischen Stoffe besitzen im feldfreien Raum kein magnetisches Gesamtmoment, da die Momente der einzelnen Elektronen sich kompensieren. Werden derartige Stoffe in ein Magnetfeld gebracht, so ändert sich der magnetische Fluß, und magnetische Dipole werden induziert. Diese sind die Ursache des Diamagnetismus, weil das Feld der induzierten Dipole dem äußeren Feld entgegengerichtet ist. Die induzierten Dipole bleiben erhalten, wenn die Änderung des magnetischen Flusses beendet ist. Daraus ist zu schließen, daß die atomaren Strombahnen als widerstandsfrei betrachtet werden müssen. Die vorgetragenen Gedanken bilden lediglich die Grundlage der Theorie.

Will man sich eine tiefergehende Vorstellung vom Wesen des Magnetismus machen, so muß man vom Atomaufbau ausgehen. Das magnetische Moment eines Atomes setzt sich aus drei Komponenten zusammen: den Bahnmomenten der Elektronen, den spinmagnetischen Momenten der Elektronen und dem Moment des Atomkerns [304]. Das kernmagnetische Moment ist dem Betrage nach so gering, daß es für technische Betrachtungen vernachlässigt werden darf. Die Bahn- und spinmagnetischen Momente der Elektronen sind unmittelbar mit deren Drehimpulsen verknüpft. Man hat sich folglich einen Atommagnet bzw. Molekülmagnet als magnetisierten Kreisel vorzustellen. Diese Kreisel führen unter Einwirkung eines äußeren Feldes, ähnlich wie mechanische Kreisel unter dem Einfluß einer senkrecht ansetzenden Kraft, eine zusätzliche Bewegung aus. Sie präzessieren um die Richtung des angelegten Feldes. Dadurch kommt ein magnetisches Moment zustande, das dem äußeren Feld entgegengerichtet ist. Ist das Atom bzw. Molekül kein Träger eines permanenten magnetischen Momentes, d.h., sind die Bahn- und Spinmomente der Elektronen vollständig gegenseitig kompensiert, so wird dieses Präzessionsmoment allein wirksam.

Tabelle 16 Magnetische Suszeptibilität einiger Stoffe

Stoff	$\varkappa_S \cdot 10^6$	$\chi \cdot 10^9$ in m³/kg
Aluminium	+ 21	+ 7,8
Bismut	− 160	− 16
Blei	− 16	− 1,4
Kupfer	− 7	− 0,8
Magnesium	+ 17,4	+ 10
Mangan	+ 1000	+ 140
Schwefel	− 10	− 4,8
Silizium	− 2,5	− 1,1
KCl	− 11,5	− 5,8
NaCl	− 12,5	− 5,8
Wasser	− 9	− 9
Ethylalkohol	− 8,4	− 10,4
Benzol	− 8,5	− 9,5
Eisenchlorid-Lösung (gesättigt)	+ 440	
Luft (20 °C)	+ 0,36	
Sauerstoff	+ 1,9	
Stickstoff	− 0,007	

Die diamagnetische Suszeptibilität der Stoffe ist relativ klein, wie aus Tabelle 16 zu ersehen ist. Auch Wasser zählt zu den diamagnetischen Stoffen. Dies ist bemerkenswert, weil es für Fein- und Feinstkorntrennungen bei der Magnetscheidung meist als Fluid benutzt wird.

Bei **paramagnetischen Stoffen** ist die Magnetisierung der Feldstärke proportional und gleichgerichtet ($\mu_r > 1$; $\varkappa > 0$). Die Suszeptibilität ist für viele paramagnetische Stoffe bei nicht zu tiefen Temperaturen der absoluten Temperatur umgekehrt proportional ($\varkappa = C/T$, *Curie-*

sches Gesetz). Der Paramagnetismus ist auf das Vorhandensein permanenter magnetischer Momente der Atome oder Moleküle zurückzuführen. Hier sind die Bahn- und Spinmomente der Elektronen nicht vollständig kompensiert. Bei Festkörpern darf man den Paramagnetismus erwarten, wenn die Kristallbausteine selbst unabgeschlossene Elektronenschalen besitzen oder die Valenzelektronen sich nicht paarweise absättigen [305]. Diese nicht kompensierten Elektronenmomente sind hauptsächlich Spinmomente, die jedoch durch die Wärmebewegung eine statistisch regellose Verteilung annehmen, solange die Richtwirkung eines äußeren Feldes fehlt. Dem immer vorhandenen Präzessionseffekt ist bei diesen Stoffen der paramagnetische Effekt in einem quantitativ stärkeren Maße überlagert, so daß er den erstgenannten überdeckt. Ein Magnetfeld übt eine Richtwirkung aus, weil dann die Elementarmagnete bezüglich des Feldes Energie gewinnen. Da dieser Ausrichtung die Wärmebewegung entgegensteht, muß die Polarisierbarkeit um so größer sein, je tiefer die Temperatur ist, wie es dem *Curie*schen Gesetz entspricht. Die meisten Minerale zählen zu den paramagnetischen Stoffen.

Bei den **ferromagnetischen Stoffen** ist die Magnetisierung dem äußeren Feld gleichgerichtet, bei niedrigen bis mittleren Temperaturen sehr viel größer als in paramagnetischen Stoffen und nicht mehr der Feldstärke proportional. Für ferromagnetische Stoffe ist die Suszeptibilität keine Konstante, sondern sie hängt außer von der Temperatur von der Feldstärke und der Vorgeschichte der Magnetisierung ab.

Zu den ferromagnetischen Stoffen gehören Eisen, Nickel, Kobalt sowie eine große Anzahl ihrer Legierungen und Verbindungen. Von den Mineralen zählen Magnetit, Maghemit (γ-Fe_2O_3), Franklinit und Pyrrhotin zu dieser Gruppe.

Die Magnetisierung des Eisens wächst bei sehr kleinen Feldern nahezu linear an (Permeabilitäten zwischen 100 und 1000). Bei weiterer Zunahme der Feldstärke wächst die Magnetisierung wesentlich rascher als vorher. Schließlich wird der Anstieg geringer, und bei sehr hohen Feldstärken wird die Sättigung erreicht. Im Bereich der Sättigung gilt: $B = \mu_0 (H + M_s)$, wobei M_s die konstante **Sättigungsmagnetisierung** ist. Die besprochenen Verhältnisse werden durch den Verlauf der sog. **Neukurve** (gestrichelte Kurve) im Bild 105 wiedergegeben. Den Verlauf der Permeabilität – abgesehen bei sehr kleinen Feldstärken – gibt Bild 106 wieder. Läßt man die Feldstärke wieder abnehmen, so ist die beobachtete Magnetisierung größer als die zu gleicher Feldstärke gehörende Magnetisierung der Neukurve. Wird $H = 0$, so behält dann M einen endlichen Wert, den man **remanente Magnetisierung** M_R nennt. Es muß ein Magnetfeld entgegengesetzter Richtung aufgewendet werden, um die Magnetisierung auf den Wert Null zu bringen. Die Stärke des dazu benötigten Feldes bezeichnet man als **Koerzitivfeldstärke** H_c. Steigert man nun das Feld weiter in dieser Richtung, so wächst die Magnetisierung, um bei hinreichend hohen negativen Werten von H wieder eine Sättigung zu erreichen, die dem Betrag nach gleich der Sättigung bei hohen positiven Werten von H ist. Eine erneute Abnahme und Umkehrung des Feldes liefert die Magnetisierungskurve zurück bis zur ursprünglichen Sättigung.

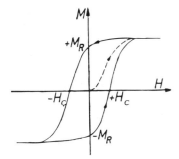

Bild 105 Hysteresiskurve der Magnetisierung

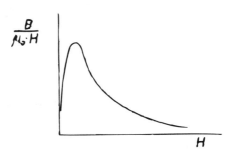

Bild 106 Relative Permeabilität bei ferromagnetischen Stoffen

Die Hysteresisschleife kann auch für die magnetische Induktion bzw. Flußdichte B aufgestellt werden. Der Flächeninhalt dieser Schleife liefert den Verlust an magnetischer Energie je Volumeneinheit, der bei einem vollständigen Magnetisierungszyklus entsteht und der in Wärme umgesetzt wird.

Die Sättigungsmagnetisierung nimmt bei ferromagnetischen Stoffen mit der Temperatur ab. Oberhalb einer bestimmten, für jeden Stoff charakteristischen Temperatur, der **Curie-Temperatur** T_C, verschwindet der Ferromagnetismus vollständig. Sie verhalten sich dann wie paramagnetische Stoffe sowohl hinsichtlich der Größenordnung der Suszeptibilität als auch deren Temperaturabhängigkeit, wenn anstatt der absoluten Temperatur die Temperaturdifferenz zur *Curie*-Temperatur in das *Curie*sche Gesetz eingeführt wird. Oberhalb der *Curie*-Temperatur gilt das **Weißsche Gesetz**: $\varkappa = C/(T - T_C)$. Die *Curie*-Temperaturen betragen für: Eisen 774°C, Kobalt 1131°C, Nickel 372°C. Am absoluten Nullpunkt wird das Maximum der Sättigungsmagnetisierung erreicht.

Die Atome des Eisens, Kobalts und Nickels besitzen kein magnetisches Moment, das wesentlich größer als das der Atome der paramagnetischen Elemente ist [304] [306]. Auch der Aufbau der Einzelatome entspricht prinzipiell dem paramagnetischer Stoffe. Es existieren gleichfalls nichtkompensierte Elektronenspins, die den Atomen ein schwaches magnetisches Moment verleihen. Jedoch wirken bei den ferromagnetischen Stoffen zwischen den einzelnen Atomen Wechselwirkungskräfte, die so stark sind, daß eine große Anzahl benachbarter Atommomente entgegen der Wärmebewegung parallel orientiert ist. Diese Elementarbereiche heißen **Weißsche Bezirke**. Ihr mittleres magnetisches Moment wird etwa 10^{15}mal so groß wie ein einzelnes Atommoment geschätzt [304]. Die erwähnte Ausrichtung innerhalb der Bezirke ergibt noch keine makroskopische Magnetisierung, da die Wirkung der einzelnen Bereiche sich statistisch ausgleicht (Bild 107a). Erst durch ein äußeres Feld entsteht eine makroskopische Magnetisierung.

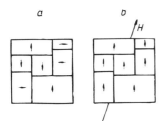

Bild 107 Anordnung der Elementarmagnete
a) ohne Feld; b) mit Feld

Während der Diamagnetismus eine Eigenschaft der Atome bzw. Moleküle ist, ist der Ferromagnetismus an den kristallinen Zustand gebunden. Man findet sogar an Kristallen in verschiedenen Richtungen unterschiedliche Permeabilitäten (magnetische Anisotropie). Die atomaren Magnete weisen innerhalb dieser Bezirke in kristallographische Vorzugsrichtungen. Dies ist eine Folge magnetischer Wechselwirkungen zwischen Spin- und Bahnmomenten. Beim kubisch raumzentrierten α-Eisen z.B. stimmen die Vorzugsrichtungen mit den Würfelkanten überein. Der Ferromagnetismus ist an bestimmte Verhältnisse des Atomabstandes a zum Radius r unvollkommen besetzter Elektronenschalen geknüpft ($a/r = 3{,}2$ bis $6{,}2$) [304]. Bei größeren Verhältnissen liegt Paramagnetismus vor, bei kleineren stellen sich benachbarte Spinmomente antiparallel ein. Sind diese antiparallelen Momente gleich groß, d.h., heben sie sich auf, so spricht man von **Antiferromagnetismus**. Liegt dagegen infolge unsymmetrischen Gitteraufbaus eine antiparallele Kopplung unterschiedlich großer Momente vor, so ergibt sich nach außen ein Verhalten ähnlich wie bei den ferromagnetischen Stoffen, jedoch weniger stark ausgeprägt. Diese Erscheinung nennt man **Ferrimagnetismus** [304] [319]. Ferrimagnetische Stoffe lassen sich in ihrem Verhalten von den Ferromagnetika nicht prinzipiell unterscheiden. Demgegenüber ähnelt das der Antiferromagnetika dem der paramagnetischen Stoffe [300].

Im ungeordneten Zustand werden sich die *Weiß*schen Bezirke aus energetischen Gründen so anordnen, daß benachbarte Bezirke einen geschlossenen magnetischen Kreis bilden. Die Richtung der Magnetisierung wechselt von einem zum anderen. Eine unmittelbare Berührung derartiger Bezirke wird aus energetischen Gründen nicht möglich sein. Vielmehr existieren zwischen ihnen Grenzschichten (*Bloch*-Wände), die durch einen stetigen Übergang des Magnetisierungsvektors gekennzeichnet sind.

Ein äußeres Feld versucht die molekularen Magnete auszurichten. In einem schwachen Feld treten zunächst reversible Vorgänge auf, indem Gebiete, die in Feldrichtung orientiert sind oder mit diesen nur kleinere Winkel bilden, sich auf Kosten anderer benachbarter Gebiete ausdehnen (**reversible Wandverschiebung**). Diese Erscheinung bestimmt vor allem den Verlauf der Neukurve. Mit weiterer Steigerung des Feldes beteiligen sich mehr und mehr irreversible Vorgänge (**irreversible Wandverschiebungen**, *Barkhausen***sprünge**). Am Ende dieser Vorgänge sind nahezu sämtliche Bezirke in jene kristallographische Vorzugsrichtung orientiert, deren Winkel mit dem Feld am geringsten ist (Bild 107b). Diese Ausrichtungen sind für den steilen Teil der Magnetisierungskurve bestimmend. Verstärkt man das Feld noch weiter, so können die Elementarbezirke auch aus den kristallographischen Vorzugsrichtungen reversibel herausgedreht und der Feldrichtung weiter angenähert werden. Diese **reversiblen Drehprozesse** sind hauptsächlich für den oberen flacheren Teil der Magnetisierungskurve verantwortlich. Beim Ummagnetisieren aus einer der bevorzugten kristallographischen Richtungen in eine andere müssen Sperren überwunden werden, die durch den Realbau der Kristalle bedingt sind und die Umorientierung behindern. Diese Sperren sind die Ursache des remanenten Magnetismus. Auf dieser Grundlage erklärt sich der Verlauf der Hysteresis-Schleife.

2.1.4 Hartmagnetische Werkstoffe

Obwohl Permanentmagnete schon in der Anfangsphase der Magnetscheider-Entwicklung eine gewisse Rolle gespielt haben, verlor sich dann mit dem Aufkommen der Elektromagnete das Interesse, sie für Scheider-Konstruktionen einzusetzen [300]. Mit der stürmischen Entwicklung, die sich in den letzten Jahrzehnten auf dem Gebiet der permanentmagnetischen Werkstoffe vollzogen hat, ist eine bedeutende „Renaissance" bezüglich ihrer Anwendung für Ausrüstungen zur Sortierung in magnetischen Feldern (Magnetscheider, Wirbelstromscheider) zu erkennen [3] [300]. Wenngleich nur selten die von Permanentmagneten erzeugte magnetische Flußdichte 1 T übersteigt, d.h. einen Wert, der mit Elektromagneten leicht erzielbar ist, so führte ihre Anwendung, falls nicht höhere Flußdichten erforderlich sind, zu erheblichen Vorteilen bei der Scheider-Konstruktion (Wegfall der Energiequelle und evtl. auch der Kühlung). Allerdings sind auch Nachteile nicht zu übersehen, indem die magnetischen Kennwerte der eingesetzten Permanentmagnete vorgegeben sind und die magnetische Flußdichte gegenüber Temperaturveränderungen empfindlich ist.

Im Sprachgebrauch der Technik unterscheidet man magnetisch **weiche** und **harte** Werkstoffe. Nur die letztgenannten kommen für Permanentmagnete in Betracht. Der Ablauf des Magnetisierungsvorganges ist bei beiden Gruppen prinzipiell gleich. Bei den weichen Stoffen spielen jedoch die reversiblen Vorgänge eine größere Rolle, bei den harten die irreversiblen. Ein magnetisch weicher Werkstoff läßt sich folglich mit geringerer äußerer Feldstärke magnetisieren und ummagnetisieren. Dies äußert sich in einer schmalen Hysteresis-Schleife, geringerer Koerzitivfeldstärke und hoher Anfangspermeabilität. Magnetisch harte Werkstoffe zeichnen sich durch eine breite Schleife, hohe Koerzitivfeldstärke und geringere Anfangspermeabilität aus. Die Form der Schleifen, die Höhe der Sättigungsmagnetisierung und der Remanenz sind dagegen annähernd gleich. Die zur Erzielung der gleichen Magnetisierung notwendigen Feldstärken sind allerdings um den Faktor 10^5 verschieden.

Dauermagnete zeichnen sich durch ein relativ starkes permanentes Feld aus. Sie arbeiten nach einer einmaligen Aufmagnetisierung in der Nähe des Punktes der Remanenz. Die

Arbeitspunkte liegen wegen des entmagnetisierenden Einflusses der Pole im zweiten Quadranten der Hysteresis-Schleife. Die im Luftspalt auftretende Feldenergie wird durch die Größe des Produktes aus der magnetischen Flußdichte B_A und der Feldstärke H_A des Magneten am Arbeitspunkt A – dem sog. Energieprodukt – mitbestimmt. Dieses Energieprodukt ändert sich vom Wert Null im Punkt $B_A = B_R$, $H_A = H_R = 0$ (B_R – remanente Induktion bzw. Flußdichte) über ein ausgeprägtes Maximum wieder nach Null im Punkt $B_A = 0$, $H_A = H_c$. Der Arbeitspunkt sollte deshalb möglichst dort liegen, wo $(B \cdot H)_{max}$ gilt. Das letztgenannte Produkt ist deshalb ein wichtiger Kennwert für einen Permanentmagnetwerkstoff. In großer Näherung ist für die Höhe des maximalen Energiewertes das Produkt $B_R H_c$ maßgebend [304]. Weiterhin muß man den sog. Ausbauchungsfaktor $\gamma = (B \cdot H)_{max}/(B_R H_c)$ bei der Beurteilung berücksichtigen [304].

Größere Bedeutung für Permanentmagnetwerkstoffe haben die ausscheidungshärtbaren Legierungen auf Basis Fe-Al-Ni bzw. Fe-Al-Ni-Co erlangt. Ausscheidungshärtbar sind Legierungen mit beschränkter Mischkristallbildung. Beim schnellen Abkühlen entsteht ein übersättigter instabiler Zustand. Beim nachfolgenden Anlassen scheiden sich überschüssig gelöste Anteile in feinkörniger Form aus. Im Magnetfeld abgekühlt, liefern Legierungen mit höheren Co-Gehalten: $(B \cdot H)_{max}$ bis etwa $40 \, kJ/m^3$, B_R um etwa 1 T und H_c bis etwa $50 \, kA/m$. Die Gußstücke lassen sich praktisch nur durch Schleifen bearbeiten. Die Herstellung derartiger Magnete ist auch pulvermetallurgisch möglich.

Einen Fortschritt an den zuletzt genannten Legierungen stellt die Stengelkristallisation dar. Mittels einer gelenkten Abkühlung der Gußstücke gelingt es dabei, die Mehrzahl der Kristallite mit einer der Würfelkanten längs der späteren Feldrichtung zu orientieren. Dadurch sind erreichbar: $(B \cdot H)_{max}$ bis fast $90 \, kJ/m^3$, B_R um 1,3 T und H_c bis $100 \, kA/m$.

Vor etwa 30 Jahren setzte die zunehmende Anwendung von Permanentmagneten auf pulvermetallurgischer Grundlage ein. Gegenwärtig sind die meisten Permanentmagnetscheider mit keramischen Magneten auf Barium- oder Strontiumferrit-Basis ausgestattet ($(B \cdot H)_{max}$ bis etwa $30 \, kJ/m^3$; B_R bis etwa 0,4 T), wenn nicht besondere Bedingungen (Anforderungen an die Festigkeit, höhere Temperaturen) die Anwendung von Fe-Al-Ni-Co-Legierungen erforderlich machen. Sind die Teilchen, aus denen sich diese Magnete aufbauen, genügend klein (bei Barium-Ferriten etwa 1,5 µm), so liegen Einzelbezirksteilchen vor, und die irreversiblen Vorgänge bestimmen hauptsächlich die Magnetisierung und Ummagnetisierung. Dann darf man eine hohe Koerzitivfeldstärke erwarten ($H_c = 150$ bis $250 \, kA/m$). Mit anisotropen Ferritmagneten lassen sich noch etwas höhere Energieprodukte erreichen. Diese werden im Magnetfeld gepreßt, um eine Orientierung zu erzielen.

In neuerer Zeit hat sich eine bedeutende Weiterentwicklung der hartmagnetischen Werkstoffe vollzogen, und zwar zunächst durch intermetallische Verbindungen vom Typ SECo$_5$, wobei SE hier für Yttrium oder eine der Seltenen Erden (Elemente Nr. 57 bis 71 im Periodischen System) steht, vor allem aber Samarium eingesetzt wird. Diese Magnete weisen hervorragende hartmagnetische Eigenschaften auf, die jene der vorgenannten deutlich übertreffen ($(B \cdot H)_{max}$ etwa 100 bis $300 \, kJ/m^3$; B_R um 0,8 T und mehr; H_c von $600 \, kA/m$ und mehr). Die Herstellung kann sowohl pulvermetallurgisch als auch durch Gießen erfolgen. Eine weitere Entwicklung zielte darauf ab, derartige Hochleistungsmagnete auch auf Eisen-Basis herzustellen. Dies gelang insbesondere durch Nd-Fe-B-Legierungen ($(B \cdot H)_{max}$ bis etwa $400 \, kJ/m^3$; B_R etwa 1,4 T; H_c bis etwa $900 \, kA/m$) [300].

Diese in neuerer Zeit entwickelten Permanentmagnetwerkstoffe sind natürlich relativ teuer, aber durch ihren Einsatz lassen sich z.B. auf Magnetwalzen, die aus Scheiben von Magnetwerkstoff und Weicheisen aufgebaut sind, magnetische Kraftfelddichten realisieren, die das Niveau derer in Hochgradientmagnetscheidern, die mit Elektromagneten ausgestattet sind, erreichen [307] [308]. Auch ihre Anwendung im Zusammenhang mit der Entwicklung moderner Wirbelstromscheider ist unverzichtbar.

Bild 108 informiert zusammenfassend über die Entwicklung magnetischer Kenngrößen von Permanentmagneten in den letzten 100 Jahren.

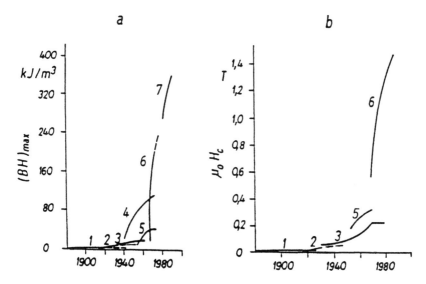

Bild 108 Entwicklung des Energieproduktes $(BH)_{max}$ (a) und der Koerzitivfeldstärke $\mu_0 H_c$ (b) von Permanentmagneten in den letzten 100 Jahren [300]
(1) kobaltfreie Stähle; (2) Kobalt-Stähle; (3) isotrope Fe-Al-Ni-Co-Legierungen; (4) anisotrope und stengelkristallisierte Fe-Al-Ni-Co-Legierungen; (5) Barium- und Strontiumferrite; (6) intermetallische Verbindungen auf Basis Seltener Erden und Kobalt; (7) Nd-Fe-B-Legierungen

2.2 Magnetscheidung

Bei der Magnetscheidung i.e.S. werden für die Sortierung Wirkprinzipien aus der Gruppe der Querstromtrennungen genutzt [2], d.h., hierbei wirkt ein magnetisches Kraftfeld im wesentlichen quer zur Förderrichtung des Aufgabegutes bzw. zur Trübeströmung durch den Prozeßraum. Im Bild 109 sind die wichtigsten Wirkprinzipien schematisch dargestellt. Ganz allgemein ist festzustellen, daß im Prozeßraum eines Magnetscheiders die Kräfte F'_M des Magnetfeldes, die auf die abzutrennenden magnetischen Körner bzw. Teilstücke wirken, größer als die Summe der jeweils entgegengesetzt gerichteten äußeren Kraftkomponenten F'_i (Schwerkraft, Widerstandskraft u.a.) sein müssen:

$$F'_M > \sum_i F'_i \tag{30a}$$

während für die „unmagnetischen" Körner bzw. Teilstücke gelten muß

$$F''_M < \sum_i F''_i \tag{30b}$$

Die Magnetscheidung wird seit Beginn dieses Jahrhunderts in ständig steigendem Maße industriell angewendet. Ein sehr wichtiges Einsatzgebiet ist nach wie vor die Eisenerzaufbereitung, wo der starkmagnetische Magnetit fast ausschließlich auf diese Weise angereichert wird. Die Abtrennung schwachmagnetischer Minerale erfordert starke Magnetfelder und ist deshalb mit höheren Aufwendungen verbunden. Auf diesem Gebiet hat jedoch in den 50er und 60er Jahren eine bedeutende Entwicklung eingesetzt, die nach wie vor anhält [3] [300] [307]. Durch Erhöhung der magnetischen Feldstärke sowie auch der Feldgradienten ist es gelungen, die Anwendungsgrenzen nach der Fein- und Feinstkornseite sowie niedrigeren Suszeptibilitäten beträchtlich zu verschieben. Dieser allgemeine Trend gilt sowohl für Magnetscheider mit Permanentmagneten als auch Elektromagnetsysteme. Auf dem Gebiet des Recyclings eisenhaltiger Sekundärrohstoffe ist die Magnetscheidung ebenfalls schon seit längerem eingeführt. Ins-

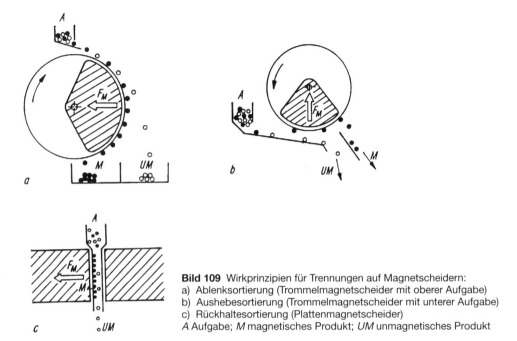

Bild 109 Wirkprinzipien für Trennungen auf Magnetscheidern:
a) Ablenksortierung (Trommelmagnetscheider mit oberer Aufgabe)
b) Aushebesortierung (Trommelmagnetscheider mit unterer Aufgabe)
c) Rückhaltesortierung (Plattenmagnetscheider)
A Aufgabe; *M* magnetisches Produkt; *UM* unmagnetisches Produkt

besondere die obengenannten neueren Entwicklungen erschließen ihr aber auch auf anderen Gebieten des Recyclings ständig neue Einsatzmöglichkeiten.

2.2.1 Auf magnetisierbare Stoffe im Magnetfeld wirkende Kräfte

Für die Magnetscheidung sind die Kräfte wesentlich, denen Körner bzw. Teilstücke in magnetischen Feldern ausgesetzt sind. Da diese im Magnetfeld magnetisiert, d.h., selbst zu einem mehr oder weniger starken Magneten werden, ist es für das Verständnis des Zustandekommens translatorischer Kräfte zweckmäßig, zunächst das Verhalten eines magnetischen Dipols im Magnetfeld zu betrachten (Bild 110). Im homogenen Feld (Bild 110a) ist keine translatorische Kraft möglich, da die auf die beiden Polstärken wirkenden magnetischen Kräfte gleich groß und entgegengerichtet sind:

$$F_M = F' + F'' = \Phi H - \Phi H = 0 \tag{31}$$

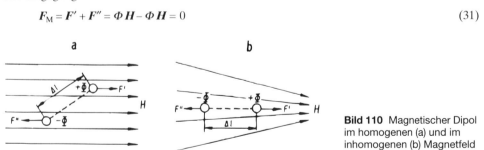

Bild 110 Magnetischer Dipol im homogenen (a) und im inhomogenen (b) Magnetfeld

Auf einen magnetischen Dipol wirkt im homogenen Feld lediglich ein Drehmoment, bis er in Feldrichtung orientiert ist. Im inhomogenen Feld demgegenüber ist der Dipol auch einer translatorischen Kraft unterworfen, für die sich aufgrund von Bild 110b ergibt:

$$F_M = F' + F'' = \Phi(H + \Delta H) - \Phi H = \Phi \Delta l \frac{\Delta H}{\Delta l} = m^* \frac{\Delta H}{\Delta l} \tag{32}$$

m^* magnetisches Dipolmoment

Daraus ist für die Magnetscheidung die wichtige Schlußfolgerung zu ziehen, daß sie inhomogene Felder voraussetzt und daß für die Größe der Kraft F_M die Inhomogenität des Feldes neben der Feldstärke und den Stoffeigenschaften wesentlich ist.

Die Ableitung liefert für die magnetische Kraft F_M, die auf ein einzelnes Korn bzw. Teilstück mit der Suszeptibilität $\varkappa_P$ im Vakuum (bzw. in Luft oder Wasser, da deren Suszeptibilitäten vernachlässigbar sind) wirkt [302] [319]:

$$F_M = {}^1\!/_2 \, V_P \, \mu_0 \, \varkappa_P \, \text{grad} \, H^2 \tag{33a}$$

bzw. mit Hilfe von Gl. (28):

$$F_M = {}^1\!/_2 \, V_P \, \mu_0 \, \frac{\varkappa_S}{1 + E \varkappa_S} \, \text{grad} \, H^2 \tag{34a}$$

Bei der Ableitung ist außerdem noch vorausgesetzt worden, daß das Korn bzw. Teilstück genügend klein ist bzw. daß grad H^2 über deren Volumen hinweg als konstant angenommen werden darf.

Wenn man den nachfolgenden Zusammenhang beachtet:

$$\text{grad} \, \boldsymbol{H}^2 = \text{grad} \, H^2$$
$$= \frac{\partial H^2}{\partial x} \boldsymbol{i} + \frac{\partial H^2}{\partial y} \boldsymbol{j} + \frac{\partial H^2}{\partial z} \boldsymbol{k}$$
$$= 2H \frac{\partial H}{\partial x} \boldsymbol{i} + 2H \frac{\partial H}{\partial y} \boldsymbol{j} + 2H \frac{\partial H}{\partial z} \boldsymbol{k}$$
$$= 2H \, \text{grad} \, H,$$

so lassen sich die Gln. (33a) und (34a) auch in der in der Aufbereitungstechnik verbreiteten Form schreiben [19] [309]:

$$F_M = V_P \, \mu_0 \, \varkappa_P \, H \, \text{grad} \, H \tag{33b}$$

bzw.

$$F_M = V_P \, \mu_0 \, \frac{\varkappa_S}{1 + E \varkappa_S} \, H \, \text{grad} \, H \tag{34b}$$

oder auch

$$F_M = V_P \, \mu_0 \, M_P \, \text{grad} \, H \tag{34c}$$

wobei M_P die Magnetisierung des Korns bzw. Teilstückes bedeutet.

Falls schwach paramagnetische Stoffe $(1 + E\varkappa_S \approx 1)$ vorliegen, so folgt aus Gl. (34b):

$$F_M = V_P \, \mu_0 \, \varkappa_S \, H \, \text{grad} \, H \tag{35}$$

Ist $\varkappa_S \gg 1$, so folgt aus Gl. (34b):

$$F_M = \frac{\mu_0}{E} V_P \, H \, \text{grad} \, H \tag{36}$$

Dies bedeutet, daß die dann auf ein Korn bzw. Teilstück wirkende Kraft mit wachsender Magnetisierung einem Betrag zustrebt, der nicht mehr von den magnetischen Eigenschaften, sondern nur noch von H grad H, V_P und E bestimmt wird.

Die vorstehenden Gleichungen für die magnetische Kraft F_M setzen mit Ausnahme von Gl. (34c) einen linearen Zusammenhang zwischen B und H bzw. M_P und H voraus. Dies ist bei ferromagnetischen Stoffen höchstens im Anfangsteil der Magnetisierungskurven näherungsweise erfüllt (siehe auch Abschn. 2.1.3). Deshalb ist für ferromagnetische Stoffe eigentlich nur

Gl. (34c) anwendbar, wobei mit wachsender Feldstärke die Magnetisierung M_P eines Korns bzw. Teilstückes dem Sättigungswert $M_{P,s}$ zustrebt, d.h., dann gilt nach Gl. (34c):

$$\boldsymbol{F}_M = V_P\,\mu_0\,M_{P,s}\,\mathrm{grad}\,H \tag{37}$$

Dies bedeutet, daß sich in diesem Bereich die magnetische Kraft nur noch mittels $\mathrm{grad}\,H$ beeinflussen läßt.

Die massebezogene magnetische Kraft $\boldsymbol{F}_{M,m} = \boldsymbol{F}_M/m$ hat die Dimension einer Beschleunigung. Für paramagnetische Stoffe gilt:

$$\boldsymbol{F}_{M,m} = \mu_0\,\chi\,H\,\mathrm{grad}\,H \tag{38}$$

Das Produkt $\mu_0\,H\,\mathrm{grad}\,H$ eignet sich zur Charakterisierung der Felder von Magnetscheidern. Es wird **magnetische Kraftfelddichte** genannt.

Befindet sich das einzelne Korn bzw. Teilstück in einem Fluid mit der relativen Permeabilität $\mu_{r,F}$ bzw. der Suszeptibilität $\varkappa_F = \mu_{r,F} - 1$, so hat man in den vorstehenden Gleichungen $\mu_{r,S}$ durch das Verhältnis $\mu_{r,S}/\mu_{r,F}$ zu ersetzen [310]. Ausgehend von Gl. (34b) ergibt sich somit:

$$\begin{aligned}\boldsymbol{F}_M &= V_P\,\mu_0\,\frac{\left(\dfrac{\mu_{r,S}}{\mu_{r,F}} - 1\right)}{1 + E\left(\dfrac{\mu_{r,S}}{\mu_{r,F}} - 1\right)}\,H\,\mathrm{grad}\,H \\ &= V_P\,\mu_0\,\frac{\varkappa_S - \varkappa_F}{1 + \varkappa_F + E(\varkappa_S - \varkappa_F)}\,H\,\mathrm{grad}\,H\end{aligned} \tag{39}$$

Für kugelförmige Teilchen ($E = 1/3$) folgt hieraus übereinstimmend mit anderen Ableitungen (siehe z.B. [311]):

$$\boldsymbol{F}_M = V_P\,\mu_0\,\frac{3(\mu_{r,S} - \mu_{r,F})}{\mu_{r,S} + 2\mu_{r,F}}\,H\,\mathrm{grad}\,H \tag{40}$$

Für die Praxis der Magnetscheidung hätte die Anwendung von Gl. (39) nur dann Bedeutung, wenn sich $\varkappa_S$ und $\varkappa_F$ um weniger als drei Zehnerpotenzen unterscheiden. Ansonsten ist $\varkappa_F$ gegenüber $\varkappa_S$ vernachlässigbar, und Gl. (39) geht in Gl. (34b) oder sogar in Gl. (35), (36) bzw. (37) über.

Bei den voranstehenden Betrachtungen ist davon ausgegangen worden, daß sich ein einzelnes Korn bzw. Teilstück in einem ausgedehnten inhomogenen Feld befindet. Diese Betrachtungsweise ist auf die Grob- bis Mittelkornmagnetscheidung näherungsweise anwendbar, weil das Gut dabei in Form von Einkornschichten durch den Prozeßraum geführt wird. Bei der Fein- und Feinstkornmagnetscheidung liegen demgegenüber Vielkornschichten oder Suspensionen vor. Wegen der Anwesenheit vieler magnetisierbarer Körner muß man deshalb auch die Felder berücksichtigen, die durch sie ausgelöst werden. Um diesen Einfluß zu erfassen, wird von der im Bild 111 veranschaulichten Modellvorstellung ausgegangen. Neben dem äußeren Feld H_a und dem entmagnetisierenden Feld H_E in einem betrachteten Korn ist noch ein Feld H_φ vorhanden, das eine Folge der Magnetisierung der umgebenden Körner ist. Wenn man

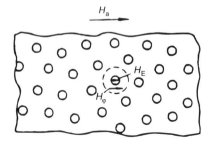

Bild 111 Wirksame Magnetfelder in einer Suspension bzw. Kornschicht [312]

davon ausgeht, daß die Felder parallel bzw. antiparallel sind, so erhält man für die in einem Korn wirkende Feldstärke [312]:

$$H_P = H_a - H_E + H_\varphi \qquad (41)$$

Für H_φ kann man setzen, wenn M_P die Magnetisierung eines Korns und φ_M den Volumenanteil magnetisierbarer Körner in der Suspension bzw. Kornschicht bedeuten:

$$H_\varphi = E\, \varphi_M\, M_P \qquad (42)$$

Mit Hilfe der Gln. (26) und (41) folgt somit aus Gl. (41):

$$H_P = H_a - E\, M_P + E\, \varphi_M\, M_P = H_a - E\,(1 - \varphi_M)\, M_P \qquad (43)$$

Zur Berechnung der unter diesen Bedingungen wirksamen magnetischen Kraft $F_{M,\varphi}$ kann man von Gl. (34c) ausgehen, wobei $M_P = f(H_a, \varphi_M)$ ist und für $H = H_a + H_\varphi$ zu setzen ist. M_P läßt sich mit Hilfe von Gl. (43) berechnen:

$$M_P = \varkappa_S\, H_P = \varkappa_S\, H_a - \varkappa_S\, E\, (1 - \varphi_M)\, M_P$$

Daraus ergibt sich M_P zu:

$$M_P = \frac{\varkappa_S}{1 + E\, \varkappa_S\, (1 - \varphi_M)}\, H_a \qquad (44)$$

Mit Gl. (44) und

$$H = H_a + H_\varphi = H_a + E\, \varphi_M\, M_P \qquad (45)$$

erhält man schließlich aus Gl. (34c) [312]:

$$\boldsymbol{F}_{M,\varphi} = V_P\, \mu_0\, \frac{\varkappa_S}{1 + E\, \varkappa_S\, (1 - \varphi_M)}\, \frac{1 + E\, \varkappa_S}{1 + E\, \varkappa_S\, (1 - \varphi_M)}\, H_a\, \mathrm{grad}\, H_a \qquad (46)$$

Für $\varphi_M \to 0$, d.h. Einzelkorn im ausgedehnten Fluid, geht Gl. (46) in Gl. (34b) über. Für schwach paramagnetische Stoffe, d.h. $1 + E\, \varkappa_S \approx 1$, folgt unabhängig von φ_M sofort Gl. (35). Für stark magnetisierbare Stoffe, d.h. $E\, \varkappa_S \gg 1$ und $E\, \varkappa_S (1 - \varphi_M) \gg 1$, ergibt sich aus Gl. (46), falls linearer Zusammenhang zwischen M_P und H voraussetzbar ist:

$$\boldsymbol{F}_{M,\varphi} = V_P\, \mu_0\, \frac{1}{E\, (1 - \varphi_M)^2}\, H_a\, \mathrm{grad}\, H_a \qquad (47)$$

Aus den Gln. (44) und (47) ist erkennbar, daß mit steigendem Volumenanteil φ_M eines stark magnetisierbaren Stoffes die Magnetisierung proportional $\frac{1}{1 - \varphi_M}$ und die magnetische Kraft proportional $\frac{1}{(1 - \varphi_M)^2}$ wachsen. Dies stimmt auch mit den Ergebnissen anderer Autoren überein [313]. Allerdings setzt die Anwendung der letzten Gleichungen auch voraus, daß die magnetisierbaren Körner gleichmäßig im Volumen verteilt sind. Wegen der zuletzt erörterten Zusammenhänge sind stark magnetisierbare Körner jedoch bestrebt, zu agglomerieren ($(1 - \varphi_M)$ wird Minimum!). Die Agglomerate sind zudem in Feldrichtung gestreckt (sog. „Bartbildung"), weil dann die Entmagnetisierung einem Minimum zustrebt.

Bei hohen Feldstärken strebt auch in Suspensionen die Magnetisierung ferromagnetischer Körner der Sättigung zu. Dann gilt für die magnetische Kraft [312]:

$$\begin{aligned}\boldsymbol{F}_M &= V_P\, \mu_0\, M_{P,s}\, \mathrm{grad}(H_a + H_\varphi) \\ &= V_P\, \mu_0\, M_{P,s}\, \mathrm{grad}\, H_a\end{aligned} \qquad (48)$$

weil H_φ im Sättigungsbereich konstant bleibt.

Ist in Gl. (39) $\varkappa_F > \varkappa_S$, so wird das Korn bzw. Teilstück aus dem inhomogenen Feld hinausgestoßen. Liegt eine paramagnetische Flüssigkeit (z.B. wäßrige Lösungen von $MnCl_2$, $Mn(NO_3)_2$, $FeCl_3$) vor und ist $\varkappa_S$ gegenüber $\varkappa_F$ vernachlässigbar klein, so folgt aus Gl. (39):

$$\boldsymbol{F}_M = -V_P\, \mu_0\, \varkappa_F\, H\, \mathrm{grad}\, H \qquad (49)$$

In neuerer Zeit haben sog. Ferrofluide (magnetische Flüssigkeiten), die kolloide Suspensionen ferromagnetischer Stoffe darstellen, an Bedeutung gewonnen. Deshalb ist allgemein anstatt Gl. (49) zu schreiben:

$$\boldsymbol{F}_M = - V_P \mu_0 M_F \operatorname{grad} H \tag{50}$$

Mit den Ferrofluiden sind Sättigungspolarisationen $\mu_0 M_{F,s}$ bis zu etwa $40 \cdot 10^{-3}$ Tesla erreichbar.

2.2.2 Aufbereitungstechnische Einteilung der Stoffe nach den magnetischen Eigenschaften

Die in der Aufbereitungstechnik für mineralische Rohstoffe übliche Einteilung geht von technologischen Gesichtspunkten aus und unterscheidet sich folglich von der physikalischen. Es lassen sich abgrenzen:

a) **Starkmagnetische Minerale** ($\chi > 35 \cdot 10^{-6}$ m³/kg):
   Sie sind auf Scheidern mit relativ schwachen Feldern (bis etwa 120 kA/m bzw. 0,15 T) verarbeitbar. Dazu zählen Magnetit, Titanomagnetit, Franklinit und Pyrrhotin.
   Über die magnetischen Eigenschaften des Magnetits liegen umfangreichere Untersuchungen vor (siehe z. B. [19] [300] [315]). Den typischen Verlauf der Magnetisierung des Magnetits zeigt Bild 112. Die Sättigungspolarisation wird im allgemeinen erst bei Feldstärken von 100 bis 300 kA/m erreicht [315] und liegt vorwiegend bei etwa 0,55 T. Außer von der Feldstärke und der Vorgeschichte der Magnetisierung hängt die massebezogene Suszeptibilität des Magnetits auch von der Kristallitgröße sowie der Korngröße ab (Bild 113) [19] [300] [315]. Die *Curie*-Temperatur beträgt 578°C [300].

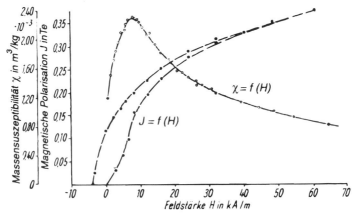

Bild 112 Hysteresiskurve für Magnetit und massebezogene Suszeptibilität bei der Aufmagnetisierung (nach *G.H. Petrevoj*; aus [19])

b) **Mittelmagnetische Minerale** (χ etwa $(35$ bis $7,5) \cdot 10^{-6}$ m³/kg):
   Zur Verarbeitung dieser Erze werden Scheider mit Magnetfeldern von etwa 250 bis 500 kA/m bzw. 0,3 bis 0,6 T benötigt. Hierzu gehört Martit mit Restmagnetit, der in den Oxydationszonen von Magnetit-Lagerstätten vorkommt.

c) **Schwachmagnetische Minerale** (χ etwa $(7,5$ bis $0,1) \cdot 10^{-6}$ m³/kg):
   Sie werden auf Starkfeldscheidern abgetrennt, die Feldstärken von etwa 0,5 bis 2 MA/m $\triangleq$ 0,6 bis 2,5 T) – mit supraleitenden Spulen sogar bis 6,5 MA/m ($\triangleq$ 8 T) – aufweisen. Diese

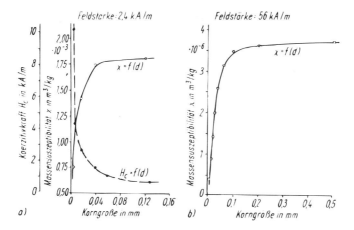

Bild 113 Abhängigkeit der massebezogenen Suszeptibiltität χ und der Koerzitivfeldstärke H_c von der Korngröße für Magnetit (a) (nach *Deen* und *Davis*; aus [316]) und für Hämatit (b) (nach *Chevalier* und *Mathieu*; aus [317])

Gruppe ist umfangreich und umfaßt neben oxidischen Eisen-, Mangan-, Titan- und Wolframmineralen die Fe-haltigen Silikate (Granat, Biotit, Olivin, Pyroxene, Amphibole u.a.) sowie viele andere.

d) **Nichtmagnetische Minerale** ($\chi < 0{,}1 \cdot 10^{-6}$ m³/kg):
Diese Minerale lassen sich auf den gegenwärtig entwickelten industriellen Starkfeldscheidern nicht trennen. Diese Gruppe ist ebenfalls umfangreich. Zu ihr zählt eine Reihe wichtiger Erzminerale (Scheelit, Galenit, Molybdänit u.a.) und Nichterzminerale (Quarz, Feldspäte, Kalkspat u.a.).

In Tabelle 17 sind die **Suszeptibilitäten** wichtiger Minerale zusammengestellt. Auch dann, wenn in der Tabelle keine Bereiche angegeben sind, muß man mit einer größeren Schwankungsbreite rechnen. Dies hat verschiedene Ursachen. Zunächst ist die Suszeptibilität nur bei reinen diamagnetischen und paramagnetischen Stoffen unabhängig von der Feldstärke. Selbst dann kann aber bei Kristallen noch magnetische Anisotropie vorliegen. Vor allem aber können sich bei natürlichen Mineralen Veränderungen der stöchiometrischen Zusammensetzung sowie isomorphe Substitutionen stark auf die magnetischen Eigenschaften auswirken. Dasselbe gilt für Anteile an feinsten Verwachsungen [319].

Im Rahmen des Recyclings fester Stoffe hat die Magnetscheidung vor allem für die Schrott-Aufbereitung Bedeutung. Darüber hinaus ist in der Aufbereitungstechnik die Metallabscheidung aus den Gutströmen mineralischer Rohstoffe von Interesse. In Anlehnung an die oben getroffene Einteilung nach den magnetischen Eigenschaften von Mineralen läßt sich für Metalle und Legierungen eine Zuordnung gemäß Tabelle 18 vornehmen. Weiterhin informiert Tabelle 19 über die massebezogene Suszeptibilität von Kupfergußlegierungen. Ferner vermittelt Tabelle 20 einen Überblick und die Zusammensetzung von Stählen, die nach der getroffenen Einteilung zu den nichtmagnetischen zu zählen sind und sich folglich weder magnetisch sortieren noch aus Gutströmen magnetisch abscheiden lassen.

2.2.3 Magnetscheider

Nach fast einem Jahrhundert industrieller Anwendung verfügt die Aufbereitungstechnik über eine große Anzahl von Scheiderbauarten. Bevor wichtige Bauarten näher besprochen werden, ist es erforderlich, auf die Einteilung der Magnetscheider, die Ausbildung der Magnetsysteme,

Tabelle 17 Massebezogene Suszeptibilität χ von Mineralen bei Raumtemperatur (Zusammenstellung von Angaben aus [19] [300] [315] [318])

Mineral	Suszeptibilität χ in 10^{-9} m³/kg	Bemerkungen
Oxide		
Chromite (Mg, Fe) (Cr, Al, Fe)$_2$O$_4$	65 bis 1575	
Goethit α-FeOOH	250 bis 2500	
Hämatit α-Fe$_2$O$_3$	550 bis 3800	
Ilmenit FeTiO$_3$	1300 bis 5000	
Kassiterit SnO$_2$	–3,3 bis +2100	Reiner Kassiterit ist diamagnetisch, natürlicher aufgrund von isomorphem Fe, Mn, Cr paramagnetisch.
Manganit γ-MnOOH	350 bis 1900	
Magnetit Fe$_3$O$_4$	1800000 bis 12800000	Anfangssuszeptibilität
Manganomelane Me$_{\leq 2}$ Mn$_8$O$_{16}$	700 bis 900	
Quarz SiO$_2$	–6	
Pyrolusit β-MnO$_2$	250 bis 1250	
Rutil TiO$_2$	–4 bis +25	
Sulfide		
Arsenopyrit FeAsS	6 bis 100	
Bornit Cu$_5$FeS$_4$	10 bis 180	
Chalkopyrit CuFeS$_2$	1600 bis 4000	
Markasit FeS$_2$	10 bis 50	
Pyrit FeS$_2$	1 bis 13	
Pyrrhotin etwa FeS	40000 bis 60000	in Abhängigkeit von der Zusammensetzung antiferromagnetisch oder ferromagnetisch
Sphalerit α-ZnS	40 bis 6000	gültig für Fe-Gehalte zwischen 0,3 u. 15%; reines ZnS ist diamagnetisch
Karbonate		
Calcit CaCO$_3$	–45	
Dolomit CaMg(CO$_3$)$_2$	5 bis 80	
Magnesit MgCO$_3$	–6 bis +60	
Malachit Cu$_2$[CO$_3$(OH)$_2$]	100 bis 200	
Rhodochrosit MnCO$_3$	1300 bis 1400	
Siderit FeCO$_3$	400 bis 1900	
Phosphate, Sulfate, Wolframate		
Apatit Ca$_5$ (PO$_4$)$_3$(F,Cl)	–3 bis +10	
Baryt BaSO$_4$	–4 bis +10	
Wolframit (Fe,Mn)WO$_4$	400 bis 800	
Silikate		
Amphibole	80 bis 2000	
Chlorite	200 bis 350	
Glimmer	10 bis 1000	
Granate	140 bis 3000	
Olivine	40 bis 1300	
Ortho-Pyroxene	40 bis 900	
Klino-Pyroxene	80 bis 800	
Turmaline	10 bis 500	
Zirkon ZrSiO$_4$	–3 bis 80	

Tabelle 18 Einteilung von Metallen und Legierungen nach den magnetischen Eigenschaften

a) starkmagnetisch:
   - Stähle, und zwar
     • un-, niedrig- und mittellegierte Stähle
     • einige hochlegierte Stähle wie Cr-hochlegierte Stähle, Schnellarbeitsstähle, Kaltarbeitsstähle, hitze- und zunderbeständige Cr-Al- sowie Cr-Si-Stähle
   - Eisengußwerkstoffe
   - Nickel
   - Ni-Cu-Legierungen mit > 65% Ni
b) schwachmagnetisch:
   - Kupfer-Mehrstoff-Gußlegierungen
c) nichtmagnetisch:
   - Aluminium, Magnesium, Kupfer, Zink und Zinn sowie die meisten ihrer Legierungen
   - hochlegierte Stähle

Tabelle 19 Massebezogene Suszeptibilität von Kupfergußlegierungen (Bezugsbasis: Feldstärke von 325 kA/m)

Legierung	Fe-Gehalt %	Suszeptibilität χ in 10^{-9} m³/kg
Al-Mehrstoffbronzen	2 bis 4	650 bis 1150
Mn-Mehrstoffbronzen	1,5 bis 3	70 bis 240
Sondermessinge (Fe-haltig)	0,7 bis 1,2	130 bis 580
Messinge (Fe-arm)	< 0,2	< 10
Sn- und Pb-Bronzen	< 0,2	< 10

Tabelle 20 Nichtmagnetische Stähle

Stahlgruppe	Gehalt an Legierungselementen in %			zugeordnete Schrottgruppe
	Mn	Ni	Cr	
Verschleißfeste Stähle (überwiegend Hartmanganstahl)	11 bis 18		max. 15	Mn-legierter Stahlschrott
Rost- und säurebeständige Stähle		7 bis 14	16 bis 23	Cr-Ni-legierter Stahlschrott (V2A-Schrott)
		9 bis 18	15 bis 20	Cr-Ni-Mo-legierter Stahlschrott (V4A-Schrott)
Hitze- und zunderbeständige Stähle		11 bis 21	22 bis 27	Cr-Ni-legierter Stahlschrott (hohe Gehalte)
Nichtmagnetisierbare Stähle	17 bis 21		3 bis 15	Mn-Cr-legierter Stahlschrott
Hochwarmfeste Stähle und Legierungen	sehr unterschiedliche Zusammensetzung			Cr-Ni- und Cr-Ni-Co-legierter Stahlschrott u.v.a.

wesentliche Trennmodelle sowie den Einfluß von Guteigenschaften auf die Trennergebnisse einzugehen.

2.2.3.1 Einteilung der Magnetscheider

Es ist zweckmäßig, die Magnetscheider zunächst in zwei Gruppen, die Schwachfeldscheider und die Starkfeldscheider, zu untergliedern (Tabelle 21; siehe z. B. auch [38] [300] [320]).

Tabelle 21 Einteilung der Magnetscheider

Merkmale	Schwachfeldscheider				
Feldstärke H	< 100 bis 240 kA/m				
$\mu_0 H |\mathrm{grad}\, H|$	$3 \cdot 10^5$ bis $1{,}5 \cdot 10^6$ N/m³				
Magnetsystem	offenes				
Fluid	Luft		Wasser		
Art der Aufgabe	von oben		von unten		
Wirkprinzip	Ablenkscheider		Aushebescheider		
Förderrichtung der Produkte bezüglich der Aufgaberichtung	Gleichlauf		Gleichlauf	Gegenlauf	Halbgegenlauf
magnetische Durcharbeitung	ohne	mit	mit		
Bauarten	Trommelscheider, langsam-laufend	Trommelscheider, schnell-laufend, mit Wechselpolanordnung	Trommelscheider	Trommelscheider	Trommelscheider
Anwendungsbereich	starkmagnetisches Gut < 100 mm	starkmagnetisches Gut < 5 mm	stark- bis mittelmagnetisches Gut < 6 mm	starkmagnetisches Gut < 2 mm	starkmagnetisches Gut < 0,3 mm

Schwachfeldscheider werden heute fast ausschließlich mit Permanentmagneten ausgebildet und besitzen ein sog. **offenes Magnetsystem**, d.h., die Magnetpole sind in einer Ebene oder auf einem Zylindermantel angeordnet (siehe auch Bilder 114 und 115). Schwachfeldscheider werden heute fast ausschließlich als **Trommelscheider** mit oberer oder unterer Aufgabe ausgebildet. Sie werden für die Aufbereitung starkmagnetischer Minerale und Schrottbestandteile eingesetzt. Sind in der Bewegungsrichtung des zu sortierenden Gutes mehr als zwei Pole (bis zu 20 und mehr) wechselnder Polarität angeordnet (siehe z.B. Bilder 115 und 141), so nennt man diese **Wechselpolanordnungen**. Scheider mit solchen Polkombinationen sind für die Fein- und Feinstkornsortierung ferromagnetischer Gutanteile (Magnetit, Ferrosilizium u.a.) von großer Bedeutung. Wenn man davon ausgeht, daß auf einem Schwachfeldscheider von der magnetischen Kraft zumindest die Schwerkraft überwunden werden muß und die untere Grenze der massebezogenen Suszeptibilität starkmagnetischer Minerale etwa bei $35 \cdot 10^{-6}$ m³/kg liegt, so ergibt sich für diesen Fall die erforderliche magnetische Kraftfelddichte zu:

$$\mu_0 H \,|\, \mathrm{grad}\, H \,| > g/\chi = 2{,}8 \cdot 10^5 \text{ N/m}^3$$

Die Feldstärke von Schwachfeldscheidern ist kleiner als 100 bis 240 kA/m und $\mu_0 H |\mathrm{grad}\, H|$ liegt im Bereich von etwa $3 \cdot 10^5$ bis $1{,}5 \cdot 10^6$ N/m³.

Starkfeldscheider haben überwiegend noch ein sog. **geschlossenes Magnetsystem**, d.h., der Prozeßraum befindet sich im Luftspalt eines herkömmlichen Elektromagnetsystems mit Weicheisenjoch (z.B. Bilder 146, 150 u. 155). Allerdings sind in neuerer Zeit auch Magnetscheider mit offenem Magnetsystem entwickelt worden, die magnetische Kraftfelddichten

Tabelle 21 (Fortsetzung)

Starkfeldscheider						
0,5 bis 2 MA/m, mit supraleitenden Spulen bis 6,5 MA/m						
10^7 bis 10^9 N/m³, in Matrixscheidern bis etwa 10^{11} N/m³						
vorwiegend geschlossenes Magnetsystem, in Sonderfällen offenes						
Luft			Wasser			Luft oder Wasser
von oben			von unten		von oben	
Ablenkscheider			Aushebescheider	Ablenkscheider	Zurückhaltescheider	Ablenkscheider
Gleichlauf oder mit Abförderung des magnetischen Produktes quer zur Laufrichtung				Gleichlauf		
ohne						
Induktionswalzenscheider, Trommel- u. Walzensch. mit offenem M.	Kreuzband-, Bandringscheider	Induktionswalzenscheider		Induktionswalzenscheider	Matrixscheider (Kanister- u. Karussellsch.)	Durchfluß- und Freifall-Ablenkscheider mit supraleit. Spulen
schwach- bis mittelmagnetisches Gut < 10 mm	schwachmagnetisches Gut < 5 mm	schwach- bis mittelmagnetisches Gut < 5 mm		schwachmagnetisches Gut < 5 mm	schwachmagnetisches Gut < 1 mm	schwachmagnetisches Feinstkorn

erzielen, die gemäß der Einteilung nach Tabelle 21 den Starkfeldscheidern zuzuordnen sind (siehe z. B. [303] [307] [323] [324] [329] [330]). Die Feldstärken von Starkfeldscheidern liegen vorwiegend im Bereich von 0,5 bis 2,0 MA/m – mit supraleitenden Spulen können sie gegenwärtig schon 6,5 MA/m erreichen – und die Kraftfelddichten $\mu_0 H |\mathrm{grad}\, H|$ vor allem im Bereich 10^7 bis 10^9 N/m³; bei Hochgradientscheidern können sie bis zu 10^{11} N/m³ betragen [300] [321]. Im Vergleich zu den Schwachfeldscheidern sind die Kraftfelddichten von Starkfeldscheidern um zwei Zehnerpotenzen und mehr höher.

Weiterhin ist für die Einteilung der Magnetscheider wesentlich, ob das Gut **trocken** oder **naß** verarbeitet wird. Gröbere bis mittlere Körnungen werden nur auf Trockenscheidern getrennt, unabhängig davon, ob es sich um stark- oder schwachmagnetische Stoffe handelt. Feine bis feinste Körnungen starkmagnetischer Stoffe verarbeitet man vorwiegend naß. Für die Sortierung entsprechender Körnungen schwachmagnetischer Stoffe sind in den letzten Jahrzehnten neben schon seit längerer Zeit angewendeten Trockenscheidern leistungsfähige Naßscheider entwickelt und eingeführt worden, wodurch der Anwendungsbereich der Magnetscheidung erheblich erweitert worden ist [3].

Für die Gliederung ist auch wichtig, ob das Aufgabegut von oben oder von unten (bzw. von der Seite) in den Prozeßraum eingeführt wird, da hierdurch zugleich das Wirkprinzip mitbestimmt wird. Im erstgenannten Fall wird das magnetische Produkt durch die magnetischen Kräfte aus dem Gutstrom abgelenkt (**Ablenkscheider**; siehe auch z. B. Bilder 109a, 140 und 153) oder im Prozeßraum aus dem Trübestrom zurückgehalten (**Zurückhaltescheider**; siehe auch z. B. Bilder 109c, 155 und 158), im zweiten Fall aus dem Gut- oder Trübestrom an die Fördervorrichtung für das magnetische Produkt herausgehoben (**Aushebescheider**; siehe auch z.B. Bilder 109b, 145 und 147). Welche Auswirkungen sich aus den Aufgabearten bzw. Wirkprinzipien hinsichtlich der Kräfteverhältnisse und der Dynamik der Körner bzw. Teilstücke ergeben, wird im Abschn. 2.2.3.3 besprochen. Ablenkscheider setzt man vor allem für Trennungen gröberen Gutes ein, bei höheren Drehzahlen der Trommeln oder Walzen auch für feineres. Aushebe- und Zurückhaltescheider herrschen für Fein- und Feinstkorntrennungen vor.

Bei vielen Scheiderbauarten bewegen sich Aufgabe und Produktströme in der gleichen Hauptrichtung, und das magnetische Produkt wird lediglich ausgehoben oder abgelenkt (**Gleichlaufscheider**). Dabei sollte der Auslenkwinkel, d.h. der Winkel zwischen den beiden Teilströmen, um so größer sein, je schwieriger trennbar das Gut ist. Dann wirken sich stoffliche, mengen- und körnungsmäßige Schwankungen weniger auf die Trennschärfe aus. Bei einigen Bauarten bewegt sich das magnetische Produkt vollständig oder teilweise dem Aufgabestrom entgegen (**Gegenlauf-** sowie **Halbgegenlaufscheider**). Diese Unterscheidung ist eigentlich nur bei den noch eingehender zu besprechenden Naßtrommelscheidern von Bedeutung. Bei weniger verbreiteten Sonderbauarten mit unterer Aufgabe wird das magnetische Produkt ausgehoben und im rechten Winkel zum Aufgabestrom abgefördert (Bild 146).

Schließlich ist auch eine Einteilung nach konstruktiven Gesichtspunkten möglich, wobei man vorwiegend die Art der Fördermittel zur Benennung heranzieht (Trommelscheider, Walzenscheider, Bandscheider, Bandringscheider, Karussellscheider u.a.).

In Tabelle 21 ist das besprochene Einteilungsprinzip zusammengestellt.

2.2.3.2 Ausbildung der Magnetsysteme

Bei **Schwachfeldscheidern** sind die Permanentmagnete im allgemeinen so angeordnet, daß Flachpole oder abgerundete Pole in einer Ebene (Bild 114) oder auf einem Zylindermantel angeordnet sind. Das magnetische Feld derartiger Kombinationen ist hinreichend untersucht (siehe z.B. [300] [325] [326]). Nach *Sečnev* [325] gilt hier für die Feldstärke H längs der Symmetrieachse eines Poles (Bild 114):

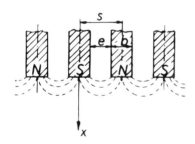

Bild 114 Flachpol-Kombination in einer Ebene

$$H = H_0 \exp(-cx) \qquad (51)$$

H_0 Feldstärke am Pol
x Abstand vom Pol
c Parameter, der vor allem vom Polmittenabstand abhängt:
 a) für Polanordnungen in einer Ebene: $c = \pi/s$
 b) für Polanordnungen auf einem Zylindermantel,
  solange $\dfrac{x}{R} < 0{,}2$: $c = \dfrac{\pi}{s} + \dfrac{1}{R}$
s Polmittenabstand
R Zylinderradius

2.2 Magnetscheidung

Daraus folgt für die magnetische Kraftfelddichte längs der x-Koordinate (Bild 114):

$$\mu_0 H \frac{dH}{dx} = -\mu_0 c H_0^2 \exp(-2cx) = -\mu_0 c H^2, \tag{52}$$

wobei das negative Vorzeichen angibt, daß die Kraft in der negativen x-Richtung wirkt. Aus Gl. (52) wird deutlich, daß die magnetischen Kraftwirkungen mit dem Abstand stark abnehmen, so daß der Prozeßraum in die Polnähe zu legen ist. Die räumliche Tiefe der Kraftwirkungen hängt vom Polmittenabstand ab. Dieser darf nicht zu klein gewählt werden. Mit Hilfe von $\frac{d(H \cdot dH/dx)}{dc} = 0$ erhält man das Optimum für c, woraus s_{opt} folgt.

Für ebene Anordnungen mit oberer Aufgabe (d.h. stehendem Polsystem), bei denen das Gut um $x = \delta + d/2$ von den Polen entfernt ist, ergibt sich:

$$c_{opt} = \frac{\pi}{s_{opt}} = \frac{1}{2\delta + d_o}$$

δ Abstand zwischen Oberkante des Fördermittels und dem Pol
d_o obere Korngröße

bzw.

$$s_{opt} = \pi(2\delta + d_o) \tag{53a}$$

Für Polanordnungen auf Zylindermänteln erhält man entsprechend:

bzw.
$$c_{opt} = \frac{\pi}{s_{opt}} + \frac{1}{R} = \frac{1}{2\delta + d_o}$$

$$s_{opt} = \frac{\pi R (2\delta + d_o)}{R - (2\delta + d_o)} \tag{53b}$$

Wenn $R \gg 2\delta + d_o$, gilt $s_{opt} \approx \pi(2\delta + d_o)$.

Bei Scheidern mit Aufgabe von unten sind die Körner maximal $x = \delta + h$ (h – Prozeßraumtiefe) von den Polen entfernt. Daraus ergibt sich der günstigste Polmittenabstand bei ebener Anordnung zu:

bzw.
$$c_{opt} = \frac{\pi}{s_{opt}} = \frac{1}{2(\delta + h)}$$

$$s_{opt} = 2\pi(\delta + h) \tag{54a}$$

und für Kombinationen auf Zylindermänteln:

bzw.
$$c_{opt} = \frac{\pi}{s_{opt}} + \frac{1}{R} = \frac{1}{2(\delta + h)}$$

$$s_{opt} = \frac{2\pi R (\delta + h)}{R - 2(\delta + h)} \tag{54b}$$

Wenn $R \gg 2(\delta + h)$ ist, erhält man $s_{opt} \approx 2\pi(\delta + h)$. Zusammenfassend läßt sich also sagen, daß der Polmittenabstand um so größer sein muß, je gröber das Aufgabegut ist bzw. je weiter entfernt es an den Polen vorbeiwandert. Außerdem spielt noch das Verhältnis der Poldicke b zu Polabstand e eine gewisse Rolle (Bild 114). Es sollte etwa eins betragen.

Bei experimentellen Untersuchungen an Trockenscheidern mit oberer Aufgabe (d.h. vor allem Grob- und Mittelkornscheidern) sind die nach den Gleichungen berechneten Werte prinzipiell bestätigt worden [19] [327] [328]. Nach Untersuchungen an Naßtrommelscheidern mit unterer Aufgabe (d.h. Feinkornscheider) und Prozeßraumhöhen von 30 bis 50 mm soll der Polmittenabstand nicht kleiner als 150 mm sein.

Bei der Sortierung von feinkörnigem starkmagnetischen Gut können wegen Bart- bzw. Flockenbildung (siehe Abschn. 2.2.1) auch un- oder schwachmagnetische Teilchen eingeschlossen werden. Mit Hilfe von **Wechselpolanordnungen** wird diesem nachteiligen Effekt ent-

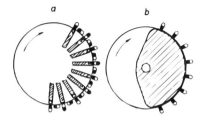

Bild 115 Ausbildung der Magnetsysteme auf Trommelscheidern mit oberer Aufgabe:
a) Wechselpolanordnung für magnetische Durcharbeitung
b) Polanordnung ohne magnetische Durcharbeitung

gegengewirkt. Auf ihrem Wege an den Polen wechselnder Polarität vorbei werden die Bärte mehrfach ummagnetisiert und z.T. zerstört, d.h., das Gut wird magnetisch „durchgearbeitet". Bei der im Bild 115a schematisch dargestellten Anordnung eines Trockentrommelscheiders mit oberer Aufgabe und Wechselpolanordnung, der mit höherer Trommeldrehzahl betrieben werden kann, läßt sich eine nahezu vollständige Zerstörung der Bärte bzw. Flocken gewährleisten und dadurch die Konzentratqualität wesentlich verbessern. Bei Grob- und Mittelkorn-Trennungen von starkmagnetischem Gut bilden sich keine Bärte. Wechselpolanordnungen der oben beschriebenen Art könnten hier sogar zum vorzeitigen Abreißen der magnetischen Körner bzw. Teilstücke und damit zu Ausbringensverlusten führen. Deshalb findet man bei Trockentrommelscheidern für grobes bis mittleres starkmagnetisches Gut keine Wechselpolanordnungen dieser Art.

Eine weitere Ausbildungsform von Wechselpolanordnungen ist in den letzten Jahren für Trocken- und Naßtrommelscheider, die mit Nd-Fe-B-Permanentmagneten ausgestattet und für die Aufbereitung von mittelmagnetischem Gut vorgesehen sind, entwickelt worden [303] [330]. Hier besteht die Aufgabe darin, in radialer Richtung möglichst hohe Komponenten der Magnetkraft zu erzielen und die tangentialen so weit wie möglich zu vermindern; oder mit anderen Worten: den tangentialen Verlauf der Feldstärke H weitgehend zu glätten. Ein solches Magnetsystem ist schematisch im Bild 116 dargestellt. Es besteht nicht mehr aus einzelnen Magnetblöcken, die abwechselnd nach innen oder außen magnetisiert sind, sondern aus vielen kleinen Magnetblöcken, die lückenlos nebeneinander angeordnet sind und deren Magnetisierungsrichtung sich in kleinen Stufen ändert. Bei diesem System ist die Anzahl der Pole nicht mehr mit der Anzahl der Magnetblöcke identisch, sondern kleiner. Weiterhin führt die Drehung der Magnetisierung in kleinen Stufen auch dazu, daß Pole in den Bereichen existieren, wo die Blöcke aneinanderstoßen (Bild 116).

Trommelmagnetscheider, die mit modernen Hochleistungs-Permanentmagneten ausgestattet sind, können Feldstärken bis etwa 0,6 MA/m erzielen und stellen somit bereits den Übergang zu den Starkfeldscheidern dar [303] [329] [330]. Eine weitere neuere Entwicklung mit offenem Magnetsystem, die schon zu den Starkfeldscheidern zu zählen ist, sind Trockenwal-

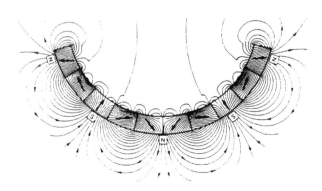

Bild 116 Magnetsystem des Mittelfeldscheiders *PERMOS* der *KHD Humboldt Wedag AG* [303] [330] [1503]

zenscheider mit oberer Aufgabe, deren Magnetwalzen aus dünnen Scheiben von Hochleistungs-Permanentmagneten und Weicheisen in axialer Wechsellagerung aufgebaut sind [307] [329]. Um die Abnahme des magnetischen Produktes von der Magnetwalze zu gewährleisten, sind sie als Bandscheider ausgebildet. Schließlich ist auch der Schritt vollzogen worden, Trokken- wie Naßtrommelscheider mit supraleitenden Magnetsystemen zu entwickeln [303] [307] [323] [324]. Mit derartigen offenen Magnetsystemen lassen sich sogar schon Feldstärken von etwa 2,5 MA/m realisieren.

Herkömmliche **Starkfeldscheider** verfügen aber im allgemeinen über ein geschlossenes Magnetsystem, das mittels Gleichstroms erregt wird. Dabei handelt es sich bis in die jüngere Vergangenheit fast ausschließlich um Elektromagnetsysteme, die zur Bündelung des magnetischen Flusses mit Eisenkern bzw. Joch ausgestattet sind, wobei sich der Prozeßraum im Spalt zwischen den Polen befindet (Bild 117). Jedoch ist die hiermit erzielbare Feldstärke durch die Sättigungsmagnetisierung des Eisenkerns begrenzt. Höhere Feldstärken im Prozeßraum lassen sich mittels Solenoid-Spulen realisieren. Bei diesen sehr kompakten Magnetsystemen ohne Eisenkern – aber in einer Kapselung – ist der Prozeßraum unmittelbar in das Spuleninnere verlegt.

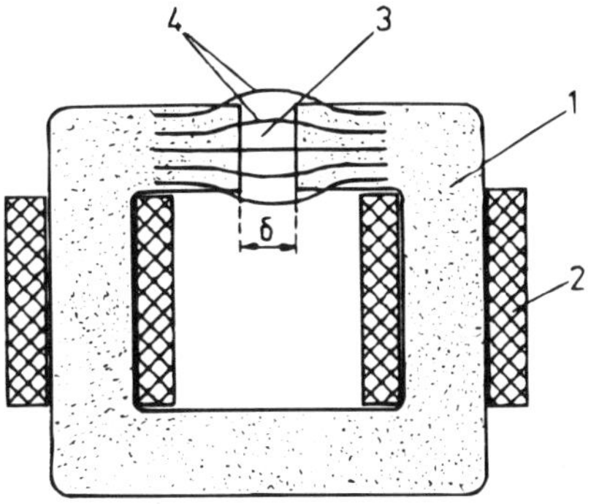

Bild 117 Elektromagnetsystem mit Eisenjoch, schematisch
(1) Eisenjoch (Kern); (2) Spulen; (3) Luftspalt (Prozeßraum); (4) Verlauf der Flußdichtelinien in Spaltnähe und im Luftspalt

Im Bild 117 ist ein **Elektromagnetsystem mit Eisenjoch** schematisch dargestellt. Ausgehend von Gl. (24) läßt sich das Durchflutungsgesetz des magnetischen Kreislaufes der Länge L in der nachfolgenden Form schreiben, wenn man anstatt der Feldstärke H den magnetischen Fluß Φ einführt und weiterhin berücksichtigt, daß sich die Querschnittsflächen A von Eisenkern und Luftspalt unterscheiden können:

$$\oint H_s \, ds = N I = \Phi \left(\frac{\delta}{\mu_0 A_\delta} + \frac{L_{Fe}}{\mu_0 \mu_{r,Fe} A_{Fe}} \right) \tag{55a}$$

wobei $L_{Fe} = L - \delta$

Den Ausdruck in Klammern auf der rechten Seite von Gl. (55a) bezeichnet man als magnetischen Widerstand R_M. Da bei genügend kleinen Luftspalten der Streufluß vernachlässigbar ist, d.h., $B_\delta A_\delta = B_{Fe} A_{Fe}$ gesetzt werden kann, so folgt auch:

$$\Phi = B_\delta A_\delta = \frac{N I}{R_M} \tag{56}$$

Die praktisch in den Luftspalten erzielbaren Flußdichten B_δ sind jedoch kleiner, als sie nach Gl. (56) berechnet werden. Eine Ursache für diese Schwächung ist dadurch gegeben, daß sich die Flußdichtelinien – wie im Bild 117 angedeutet – im Bereich des Luftspaltes ausbauchen. Diese Abweichungen lassen sich dadurch erfassen, indem man in Gl. (55a) einen Streuflußfaktor q einfügt [300]:

$$N I = \Phi \left(\frac{\delta}{\mu_0 q A_\delta} + \frac{L_{Fe}}{\mu_0 \mu_{r,Fe} A_{Fe}} \right) \tag{55b}$$

144 2 Sortierung in Magnetfeldern

Die zweite Ursache hängt mit der magnetischen Sättigung zusammen. Diese wird bei einer Ausbildung des magnetischen Kreises gemäß Bild 117 bei Steigerung von *NI* im Eisenkern bei größerem Abstand vom Luftspalt früher erreicht als im Polbereich (beachte die Ausbauchung der Flußdichtelinien). Eine weitere Erhöhung von *NI* verursacht dann praktisch nur noch eine Ausdehnung des Sättigungsbereiches in Richtung auf die Pole zu, ohne daß die Polstärke Φ weiter anwächst.

Die Wirksamkeit eines Elektromagnetsystems läßt sich jedoch mittels seiner Ausbildung dadurch verbessern, daß die Sättigung zuerst an den Polen erreicht wird und sich von dort in den Eisenkern hinein fortpflanzt. Dafür ist es günstig, die Pole als Kegelstümpfe auszubilden und die Windungen nicht über die gesamte Jochlänge aufzuteilen, sondern sie in Polnähe zu konzentrieren. Bild 118 verdeutlicht dies an der Gegenüberstellung unterschiedlich ausgebildeter Polkombinationen. Darüber hinaus sollten Joch und Pole aus einem Werkstoff mit möglichst großer Anfangspermeabilität bestehen.

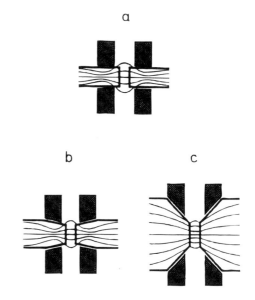

Bild 118 Verlauf der Flußdichtelinien im Luftspaltbereich verschieden gestalteter Polkombinationen (entnommen aus [300]):
a) zylindrische Pole; b) schwachkonische Kegelstümpfe; c) starkkonische Kegelstümpfe

Nun kommt es aber bei der Gestaltung des Magnetsystems eines Starkfeldscheiders nicht nur darauf an, im Prozeßraum eine genügend große Feldstärke bzw. magnetische Flußdichte zu erzielen, sondern auch große Gradienten dieser Größen, weil von beiden die erreichbare magnetische Kraftfelddichte abhängt. Dies läßt sich auf dem herkömmlichen Weg durch eine entsprechende Formgebung der Pole bzw. Polkombinationen (z. B. Flachpol-Keilpol, Flachpol-Mehrkeilpol, Rinnenpol-Mehrkeilpol) erreichen. Die Kombination Flachpol-Einschneidenpol findet man bei Kreuzband- und Bandringscheidern, die Kombination Flachpol-Mehrschneidenpol bei Walzenscheidern, Ringscheidern und Bandringscheidern. Die Induktionswalze eines Walzenscheiders besteht vielfach aus mehreren Stahlscheiben, die mit Zwischenplatten auf eine Welle aufgezogen sind und deren Umfang flach oder keilförmig ausgebildet ist. Die theoretische Untersuchung derartiger Polkombinationen bereitet beachtliche Schwierigkeiten. Trotzdem konnten von mehreren Autoren entsprechende Formeln aufgestellt und ihre Gültigkeit experimentell geprüft werden (siehe z. B. [19] [300] [309] [327] [331] [332]).

Eine einfache Formel zur Charakteristik des Feldes einer Kombination **Flachpol-Keilpol** (Bild 119) in der Symmetrieebene stammt wiederum von *Sečnev* [309] [327]:

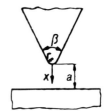

Bild 119 Kombination Flachpol-Keilpol

$$H = H_0 \left(1 - c \left(\frac{a-x}{a}\right)^2\right)^{-1/2} \tag{57}$$

H Feldstärke im Abstand x
H_0 Feldstärke am Flachpol
a Polabstand
c Parameter (theoretisch: $c = \cos^2\beta$)
β Keilwinkel

In der Praxis werden vor allem keilförmige Schneiden (Bild 119) mit Keilwinkeln von 45 bis 90° benutzt, die gegenüber anderen Schneidenformen zu bevorzugen sind. *Derkač* empfiehlt als optimalen Keilwinkel etwa 60° [309]. Um der magnetischen Sättigung entgegenzuwirken, sollte die Keilspitze abgerundet sein (Abrundungsradius $r \simeq 0{,}5\,a$). Nach den experimentellen Untersuchungen von *Derkač* ergab sich weiterhin, daß c keine Konstante ist, aber im Bereich $a = 10$ bis $30\,\text{mm}$, $\beta \simeq 60°$ und $r \simeq 5\,\text{mm}$ die Näherungsformel $c \simeq 0{,}3 + 0{,}25\,a$ (a in cm) gilt.

Mit Hilfe von Gl. (57) folgt für die magnetische Kraftfelddichte:

$$\mu_0 H \frac{dH}{dx} = \mu_0 H_0^2 \frac{c}{a} \left(\frac{a-x}{a}\right) \left(1 - c\left(\frac{a-x}{a}\right)^2\right)^{-2} \tag{58a}$$

oder, wenn man $y = \dfrac{a-x}{a}$ setzt:

$$\mu_0 H \frac{dH}{dx} = \mu_0 H_0^2 \frac{c}{a}\, y\, (1 - cy^2)^{-2} \tag{58b}$$

Der Polabstand a wird entsprechend der oberen Korngröße des zu sortierenden Gutes und nach dessen magnetischen Eigenschaften eingestellt. Bei konstanter Amperewindungszahl sinkt die Feldstärke im Prozeßraum näherungsweise umgekehrt proportional mit dem Abstand. Folglich verändert sich $\mu_0 H \dfrac{dH}{dx}$ etwa umgekehrt proportional der dritten Potenz des Abstandes.

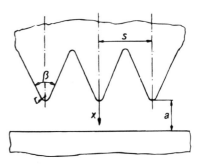

Bild 120 Kombination Flachpol-Mehrkeilpol

Das Feld einer Kombination **Flachpol-Mehrkeilpol** (Bild 120) kann durch eine ähnliche Formel angenähert erfaßt werden wie die Kombination Flachpol-Keilpol, falls der Polabstand größer als der halbe Polmittenabstand ist [309]:

$$H = H_0 \left(1 - c \left(\frac{s/2 - x}{s/2}\right)^n\right)^{-1/2} \tag{59}$$

H; H_0 wie für Gl. (57)
s   Polmittenabstand
c   Parameter, der von der Form des Keilquerschnittes und vom Polmittenabstand abhängt (siehe Tabelle 22)
n   Parameter, der von der Schneidenform abhängt: $n \approx 2$ für Keilschneiden; $n \approx 1,5$ für Rechteckschneiden.

Tabelle 22 Parameter c für Mehrschneidepole nach *Derkač* [309]

Polmittenabstand s in cm	Keilschneiden	45° Rechteckschneiden
1	0,35	0,18
2	0,50	0,23
3	0,55	0,25
4	0,58	0,27
5	0,60	0,30

Keilpole liefern eine größere magnetische Kraftfelddichte als Rechteckschneiden. Deshalb werden fast ausschließlich Keilpole benutzt. Lediglich bei Induktionswalzenscheidern hat man in einigen Fällen auf Rechteckschneiden zurückgegriffen. Der optimale Keilwinkel soll nach *Derkač* [309] $\beta \approx 45°$ und der Abrundungsradius $r \approx 0,1 s$ betragen. Für die Feldausbildung sind weiterhin der Polabstand und der Polmittenabstand wesentlich; beide Parameter stehen sogar in Wechselbeziehung. Aus den Untersuchungen von *Derkač* geht hervor, daß das Feld in jenem Teil, der weiter als der halbe Polmittenabstand von den Schneiden entfernt ist, nahezu homogen ist. Folglich muß sich der Prozeßraum in der Nähe der Keilpole befinden und der Polmittenabstand auf die zu verarbeitenden Korngrößen abgestimmt werden.

Der wesentlichste Unterschied zwischen den Gln. (57) und (59) besteht darin, daß in letzterer anstelle des Luftspaltes a der halbe Polmittenabstand $s/2$ getreten ist. Für die Feldausbildung in der Nähe der Schneidenpole ist also bei der Kombination Flachpol-Mehrkeilpol und $a < s/2$ in erster Linie der Polmittenabstand von Bedeutung und bei konstantem H_0 der Polabstand nur untergeordnet maßgebend.

Mit Hilfe von Gl. (59) ergibt sich für die magnetische Kraftfelddichte längs der x-Richtung (Bild 120) für Keilpole ($n = 2$), wenn man noch $y = \dfrac{s/2 - x}{s/2}$ setzt:

$$\mu_0 H \frac{dH}{dx} = 2 \mu_0 H_0^2 \frac{c}{s} y (1 - cy^2)^{-2} \tag{60}$$

Als besonders geeignet für Induktionswalzenscheider hat sich die im Bild 121 dargestellte Polkombination erwiesen, bei der Keilpole rinnenartig ausgebildeten Gegenpolen gegenüberstehen [19] [333]. Dafür sollen folgende Parameter optimal sein: $s \approx a$; $r = 0,3 a$; $k = (0,8 \text{ bis } 1,0)a$; $R \approx (0,8 \text{ bis } 1,0)a$; $\beta \approx 80°$; $t \approx a$.

Für eine Kombination **Flachpol-Walzenpol** (Bild 122) läßt sich die Feldstärke angenähert wie folgt berechnen [309]:

$$H = \frac{H_0 D^2}{D^2 - (a - x)^2} \tag{61}$$

Für eine Kombination aus **zwei konzentrisch angeordneten Zylinderpolen** (Bild 123) ergibt sich angenähert [327]:

$$H = H_0 \frac{r}{r + x} \tag{62}$$

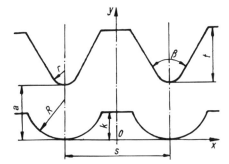

Bild 121 Kombination Rinnenpol-Mehrkeilpol

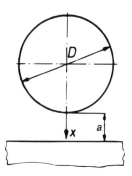

Bild 122 Kombination Flachpol-Walzenpol

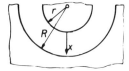

Bild 123 Kombination zweier konzentrischer Zylinderpole

Die beiden zuletzt behandelten Polkombinationen spielen bei Walzenscheidern eine gewisse Rolle, wo die Inhomogenität des Feldes nicht nur durch die Schneidenpole auf dem Walzenmantel, sondern auch durch die Krümmung der Walze und deren Gegenpols verursacht wird. Die Berechnung mit den üblichen Walzendurchmessern (100 bis 300 mm) ergibt allerdings, daß die Walzenkrümmung nur in geringem Maße die Inhomogenität des Feldes beeinflußt.

Für die Naßsortierung von feine und feinste, paramagnetische Stoffe enthaltenden Materialien ist seit den 60er Jahren zunehmend der Weg beschritten worden, in den Prozeßraum des Magnetsystems – d.h. den Luftspalt – eine Matrix (Kugeln, Stäbe, Profilplatten, Stahlwolle, Drahtgewebe oder andere) aus magnetisch weichem Material einzubringen und diesen dadurch vielfältig in Bereiche hoher Kraftfelddichte zu untergliedern (siehe z. B. [3] [300] [303] [307] [334]). Durch das äußere Magnetfeld werden die Matrixelemente magnetisiert und an ihren Oberflächen bilden sich vergleichsweise hohe Feldgradienten aus. Magnetscheider dieser Art werden deshalb als **Matrix-** oder auch **Hochgradientscheider** bezeichnet. Sie arbeiten nach dem Zurückhalteprinzip (Bild 109c). Folglich müssen von Zeit zu Zeit der Trübedurchfluß unterbrochen, das Magnetfeld abgestellt und das magnetische Produkt ausgespült werden. Das geschieht bei den sog. Kanisterscheidern durch diskontinuierliche Betriebsweise und bei den sog. Karussellscheidern (siehe hierzu Bilder 155 und 159) pseudokontinuierlich. Bei letzteren ist der Prozeßraum, der die Matrix aufnimmt, als rotierender Ring ausgebildet, so daß Eintritt in den Bereich des Magnetfeldes und dessen Verlassen bei der Rotation aufeinanderfolgen.

Zur Abschätzung der sich an den Matrixelementen ausbildenden Feldgradienten und der auf paramagnetische Teilchen wirkenden magnetischen Kräfte soll von dem im Bild 124 dargestellten Modell ausgegangen werden. Ein runddrahtförmiges Matrixelement mit dem Durchmesser D befinde sich im homogenen äußeren Feld H_a. Unter der Voraussetzung, daß die äußere Feldstärke H_a noch nicht so groß ist, daß die magnetische Sättigung des ferromagnetischen Matrixelementes erreicht ist, kann für die Feldstärke H längs der Symmetrieachse ($\theta = 0$ bzw. $\theta = \pi$) geschrieben werden [300] [335]:

$$H = H_a \left(1 + \frac{(D/2)^2}{r^2}\right) \tag{63}$$

r Abstand vom Mittelpunkt des Matrixelementes

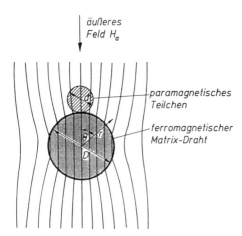

Bild 124 Drahtförmiges ferromagnetisches Matrixelement im äußeren homogenen Magnetfeld H_a mit haftendem paramagnetischen Teilchen

Für den Feldgradienten dH/dr längs der Symmetrieachse folgt aus Gl. (63):

$$\frac{dH}{dr} = -\frac{1}{2} H_a \frac{D^2}{r^3} \qquad (64)$$

Somit ergibt sich die magnetische Kraft F_M, die in der Symmetrieachse (d.h. $\theta = 0$ bzw. $\theta = \pi$) auf ein kugelförmiges paramagnetisches Teilchen im Abstand r (d.h. Abstand der Mittelpunkte von Matrixelement und Teilchen) wirkt, ausgehend von Gl. (35):

$$F_M = -\frac{1}{12} \pi d^3 \mu_0 \varkappa_S H_a^2 \left(\frac{D^2}{r^3} + \frac{D^4}{4r^5} \right) \qquad (65a)$$

und für $r = \frac{D+d}{2}$, d.h. Haften des Teilchens am Draht:

$$F_{M,H} = -\frac{2}{3} \pi \mu_0 \varkappa_S H_a^2 d^3 \left(\frac{D^2}{(D+d)^3} + \frac{D^4}{(D+d)^5} \right) \qquad (65b)$$

Mit Hilfe der Ableitung der letzten Gleichung nach dem Verhältnis D/d gewinnt man das Verhältnis, bei dem $F_{M,H}$ maximal wird, und zwar $D/d \approx 2{,}7$ [321] [336]. Weitere Untersuchungen, die sich ebenfalls mit dem Problem des optimalen D/d-Verhältnisses befaßten, gelangten aufgrund abweichender Voraussetzungen bei der Modellbildung auch zu etwas anderen Ergebnissen (siehe z. B. [300] [337] bis [339] [345]), lieferten aber gleichfalls die verallgemeinerbare Feststellung, daß für optimale magnetische Haftkräfte die Abmessungen der Matrixelemente in der Größenordnung der Durchmesser der abzutrennenden paramagnetischen Teilchen liegen sollten.

Die letzte Aussage würde theoretisch auch für Kugeln als Matrixelemente gelten. Für diese stellt sich bei Modellrechnungen sogar heraus, daß die optimal erreichbaren Haftkräfte größer als die an Drähten gleichen Durchmessers sind [345]. Jedoch ist es für technische Fein- und Feinstkorn-Trennungen praktisch ausgeschlossen, Kugeln mit Durchmessern zu benutzen, die in der Größenordnung jener der abzuscheidenden Teilchen liegen. Dies würde – abgesehen von der Beschaffbarkeit – wegen der niedrigen Porosität einer Kugelschüttung nicht nur zu einem zu hohen Durchströmungswiderstand der Matrix, sondern auch zu deren Verstopfung und weiteren Problemen führen. Deshalb sind bei der Anwendung von Kugeln als Matrix wesentlich größere Durchmesser zu wählen, und mit Stahlwolle als Matrix sind im industriellen Maßstab die größten Feldgradienten und damit auch höchsten magnetischen Kraftfelddichten erzielbar.

In Tabelle 23 sind Orientierungswerte für die Feldgradienten, die sich mit allseitig optimierten Matrix-Systemen erzielen lassen, zusammengestellt. Sie liegen um zwei bis drei Zehnerpotenzen höher als die mit anderen Starkfeldscheidern erzielbaren.

Tabelle 23 Orientierungswerte für auf Matrixscheidern erzielbare Feldgradienten (nach *Svoboda* [300])

Matrix	Feldgradienten in A/m²
Stahlkugeln	$1{,}5 \cdot 10^9$
Profilplatten	$1{,}5 \cdot 10^9$
Drahtgewebe (Draht-$\varnothing$ 1 mm)	$5 \cdot 10^9$
Stahlwolle ($\varnothing$ 100 µm)	$30 \cdot 10^9$

Für die Magnetisierung der Matrix im Prozeßraum ist ein starkes äußeres, homogenes Feld anzuwenden, um in den Bereich der Sättigung der ferromagnetischen Matrix zu gelangen. Man muß bedenken, daß die Matrix ein poröses System darstellt, das deshalb auch dem magnetischen Fluß einen entsprechenden Widerstand entgegensetzt. Für Stahlwolle bedeutet dies, ein äußeres Feld von mindestens 0,6 MA/m (entspricht einer Induktion von 0,75 T) zu benutzen. Inwieweit es sinnvoll ist, die äußere Feldstärke wesentlich über die hinaus zu erhöhen, die für die Sättigungsmagnetisierung erforderlich ist, darüber bestehen noch unterschiedliche Auffassungen [300]. Einerseits ist festgestellt worden, daß die magnetischen Kräfte F_M dann noch weiter mit der äußeren Feldstärke anwachsen können. Andererseits sprechen aber auch Anzeichen dafür, daß die Feldgradienten mit weiter wachsender Flußdichte abfallen. Deshalb sind für jeden Anwendungsfall sorgfältige Überlegungen und Untersuchungen über den zu wählenden Matrix-Typ sowie die anzuwendende äußere Feldstärke unter Beachtung des zu verarbeitenden Gutes anzustellen.

Mit Hilfe herkömmlicher Elektromagnetsysteme mit Eisenkern lassen sich bei entsprechend optimaler Ausbildung sowie Verwendung leistungsfähiger Isolationswerkstoffe (Polyester, Epoxid- und Silikonharze) für die Wicklungen Feldstärken bis zu maximal 1,6 MA/m (d.h. Flußdichten bis 2 T) bei entsprechend geringen Luftspalten (Prozeßraumtiefen) erreichen. Diese Grenze ist aufgrund der magnetischen Sättigung des Eisens gegeben. Um nun höhere Feldstärken oder vor allem auch solche der zuletzt genannten Größenordnung in größeren Prozeßraumvolumina zu realisieren, führte die Weiterentwicklung zur Anwendung der aus der Kerntechnik bekannt gewordenen **Solenoid-Spulen**. Diese besitzen keinen Eisenkern und umhüllen den Prozeßraum so eng wie möglich, sind aber zur Rückführung des magnetischen Flusses mit einer Kapselung aus Magnetstahl versehen. Infolgedessen ergeben sich sehr kompakte Anordnungen, wie dies im Bild 125 deutlich zum Ausdruck kommt. Um nun auch eine wirkungsvolle Kühlung dieser elektrisch hoch belastbaren Wicklungen zu gewährleisten, werden sie mit eng aneinanderliegenden Windungen eines rohrförmigen Leiters ausgebildet, durch den ein Kühlmittel fließt. Derartige Solenoid-Spulen haben in der Magnetscheidung Anwendung für Matrixscheider (siehe Bilder 157 und 158) gefunden, wo es darum geht, in vergleichsweise großen Prozeßräumen Feldstärken bis zu etwa 1,6 MA/m zu verwirklichen.

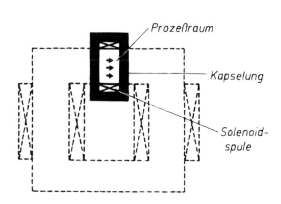

Bild 125 Vergleich von Solenoid-Magnet und Elektromagnetsystem mit Eisenjoch (gestrichelt), schematisch (aus: [300])

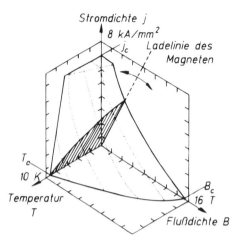

Bild 126 Supraleitender Zustand für NbTi [340]

Sind Feldstärken >2 MA/m (entspricht Flußdichten >2,5 T) erforderlich, so sind diese nur mit **supraleitenden Magnetsystemen** zu verwirklichen. Supraleitung ist bekanntlich ein Zustand, in den bestimmte Metalle, Metallegierungen und auch keramische Werkstoffe aufgrund ihrer Kristallstruktur und chemischen Zusammensetzung bei tiefen Temperaturen übergehen können (siehe auch Tabelle 24). In diesem Zustand hat der Supraleiter praktisch keinen elektrischen Widerstand. Es ist jedoch hinzuzufügen, daß Supraleitung nur in einem Kenngrößen-Feld auftritt, das nicht nur durch eine kritische Temperatur T_c, sondern auch durch eine kritische magnetische Flußdichte B_c und eine kritische Stromdichte j_c begrenzt wird, wobei der maximal mögliche Wert einer Größe von den aktuellen Werten der anderen jeweils abhängt. Dadurch ergibt sich in einem T-B-j-Diagramm, wie es im Bild 126 für NbTi als Beispiel dargestellt ist, eine gekrümmte Fläche, unterhalb derer Supraleitung existiert, während oberhalb dieser das Material normalleitend ist. Für jede konstante Temperatur unterhalb der kritischen Temperatur T_c eines Supraleiters besteht für einen aus diesem Material gewickelten Magneten ein eindeutiger Zusammenhang zwischen Stromdichte j und magnetischer Flußdichte B, den man Ladelinie nennt. Ihr Schnittpunkt mit der gekrümmten Grenzfläche liefert die höchste bei dieser Temperatur erzielbare Flußdichte B. Die Schnittpunkte der Ladelinien für verschiedene Betriebstemperaturen liegen auf einer Kurve, die die Abhängigkeit der maximal erreichbaren Flußdichte von der Temperatur repräsentiert.

Mittlerweile ist eine große Anzahl von Metallen, Metall-Legierungen und keramischen Werkstoffen bekannt bzw. entdeckt worden, die in den supraleitenden Zustand übergehen können. In Tabelle 24 ist davon nur eine sehr kleine Auswahl zusammengestellt. Für technische Anwendungen eignen sich gegenwärtig aber noch sehr wenige. Von den Hochtemperatur-

Tabelle 24 Eigenschaften von ausgewählten Supraleitern [303]

Supraleiter	Krit. Temperatur T_c in K	Krit. Flußdichte B_c in T	Krit. Stromdichte j_c in A/mm²
NbTi	10	15	7000
V_3Ga	14,5	21	
Nb_3Sn	18	25	50000
Nb_3Ge	24	39	90000
$YBa_2Cu_3O_{6,3}$	92,5	bis 330	10000
$Bi_2Sr_2CaCu_2O_8$	85	bis 300 (4 K)	10^6 (10 T)
$Tl_2Ba_2Ca_2Cu_3O_{10}$	125	bis 300 (4 K)	10^8 (Dünnfilm)

Supraleitern, d.h. Supraleitern mit $T_c > 100\,\text{K}$, steht gegenwärtig noch keiner für technische Anwendungen zur Verfügung. Auch von den konventionellen Supraleitern mit $T_c < 25\,\text{K}$ sind die meisten für technische Magnete nicht einsetzbar. Für kompliziertere Magnetsysteme ist NbTi noch der vorherrschende Supraleiter. Dadurch ist mit flüssigem Helium als Kühlmittel die Flußdichte auf etwa 8 T begrenzt. Für einfachere Anwendungsfälle wird Nb_3Sn wegen seiner höheren kritischen Temperatur und auch höheren erzielbaren Flußdichten bis etwa 15 T vorgezogen [300] [303].

Um Supraleiter für Magnetwicklungen einzusetzen, ist es erforderlich, diese in genügender Länge und mit angemessener Flexibilität zu erzeugen. Eine verbreitete Form ist die Herstellung von sog. Multifilamentleitern, bei denen viele Filamente des Supraleiters von etwa 10 bis 50 μm Durchmesser in einer Kupfermatrix eingebettet sind. Im normalleitenden Zustand besitzen Supraleiter einen viel größeren elektrischen Widerstand als Kupfer der gleichen Temperatur. Folglich erfüllt Kupfer in einem solchen Multifilamentleiter zwei Aufgaben. Einerseits leitet es dann, wenn der Supraleiter aufgrund von Temperaturerhöhungen als Folge von Störungen normalleitend wird, hauptsächlich den elektrischen Strom und verhindert dadurch eine zu extreme Wärmeentwicklung. Andererseits unterstützt es wegen seiner besseren Wärmeleitfähigkeit auch die schnellere Abfuhr der entstandenen Wärme und sorgt mit dafür, daß sich der Supraleiter abkühlen und in den supraleitenden Zustand zurückkehren kann. Deshalb ist bei einem Supraleiterdraht das Verhältnis von Kupfer zu Supraleiter eine wichtige Größe.

Ein supraleitender Magnet muß auf einer bestimmten Betriebstemperatur gehalten werden. Dies sind bei den gegenwärtig im technischen Maßstab eingeführten Supraleitern in der Regel 4,5 K, d.h. die Siedetemperatur des flüssigen Heliums bei 1,2 bar. Der Magnet wird zu diesem Zweck in einen Behälter (Kryostat) eingebaut, der die Aufrechterhaltung dieser niedrigen Temperatur gewährleistet. Dieser befindet sich in einem weiteren Behälter, der zur Vermeidung von Wärmeleitung hoch evakuiert ist. Um eine Raumtemperaturstrahlung des Vakuumbehälters von dem Heliumbehälter fernzuhalten, wird ersterer mit einem gekühlten Blech umgeben. Zur Kühlung dienen hierbei meist flüssiger Stickstoff oder Heliumgas, das aus dem Heliumtank ausströmt. Infolgedessen wirkt nur noch eine Strahlung, die der erniedrigten Temperatur entspricht.

Zum Betrieb eines supraleitenden Magneten ist eigentlich keine Spannung erforderlich. Lediglich zum Erregen ist eine solche anzulegen. Je höher diese ist, um so schneller steigt die Stromstärke im Magneten an. Nun treten jedoch Widerstandsverluste in den normalleitenden Zuleitungen auf. Um deren Wirkung auf den verlustlosen Dauerstrom des Magneten auszuschließen, kann man nach dessen Erreichen die Spannungsquelle durch einen supraleitenden Kurzschluß überbrücken. Für den praktischen Betrieb gibt es aber mehrere Gründe, die Spannungsquelle dennoch ständig mit dem Magneten verbunden zu halten [303].

Unter den Magnetscheidern, die mit supraleitenden Spulen ausgerüstet sind, haben sich bisher vor allem zwei Entwicklungsrichtungen herausgestellt. Die eine stellt die Ausstattung von Matrix- bzw. Hochgradientscheidern mit derartigen Spulen dar. Die andere ist die Anwendung bei Magnetscheidern mit offenem Magnetsystem (z.B. Trommelscheider). Gegenwärtig sind im Inneren von für die Magnetscheidung geeigneten Spulen Feldstärken von etwa 4 bis 6,5 MA/m (d.h. Flußdichten von 5 bis 8 T) und außerhalb der Spulen bis etwa 4 MA/m (entspricht 5 T) erreichbar [303] [307] [322]. Durch zukünftige Entwicklungen werden sogar mehr als 20 MA/m ($\triangleq$ 25 T) erwartet [300]. Jedoch ist zu berücksichtigen, daß für die meisten magnetischen Sortierungen im Rahmen der Aufbereitungstechnik Feldstärken $\leq$ 1,6 MA/m ($\leq$ 2 T) ausreichen, die sich mit herkömmlichen geschlossenen Elektromagnetsystemen und Solenoid-Spulen realisieren lassen. In diesem Bereich kann allerdings für die Anwendung von supraleitenden Spulen die Tatsache sprechen, daß sich damit größere Prozeßräume ausbilden lassen oder daß nunmehr auch Trennungen mit offenen Magnetsystemen möglich sind, wofür bisher geschlossene unverzichtbar waren. Gegebenenfalls wäre auch zu erwägen, bei traditionellen Sortierungen von feinen bis feinsten paramagnetischen Stoffen die Prozeßkinetik durch die Nutzung höherer Kraftfelddichten mit Hilfe supraleitender Spulen zu beschleunigen. Daß sich jedoch durch Einsatz von supraleitenden Magnet-Systemen prinzipiell neue Anwendungsfelder (Abtrennung von Stoffen mit Suszeptibilitäten etwa $< 0{,}1 \cdot 10^{-6}$ m³/kg) erschließen lassen, dafür dürften sich im Rahmen der Aufbereitung mineralischer Rohstoffe wenig Ansatzpunkte bieten; vielleicht ergeben sich mehr in anderen Bereichen.

2.2.3.3 Trennmodelle für Magnetscheideprozesse

Wie schon in der Einleitung (Abschn. 2.2) zum Ausdruck gebracht, werden für die Magnetscheidung Wirkprinzipien aus der Gruppe der Querstromtrennungen genutzt, und zwar die **Ablenksortierung, Aushebesortierung** und **Rückhaltesortierung**. Über entsprechend angepaßte **Trennmodelle** liegt schon eine größere Anzahl von Veröffentlichungen vor (siehe z.B. [19] [300] [309] [333] [341] bis [347]).

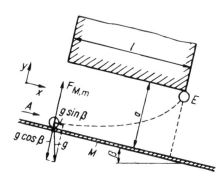

Bild 127 Zum Trennmodell für einen Trockenscheider mit unterer Aufgabe (z.B. Kreuzbandscheider, Bandringscheider)

Mit Hilfe von Bild 127 sollen die Grundzüge des **Trennmodells für einen Trockenscheider mit unterer Aufgabe** behandelt werden [19] [309] [342]. Das Aufgabegut gelangt mittels Fördermittels M (Band, Vibratoraufgabe, Rutsche) mit der Geschwindigkeit v_0 in den Prozeßraum des Scheiders. Vereinfachend wird angenommen, daß über die Länge l eine konstante massebezogene magnetische Kraft $F_{M,m}$ wirkt. Bewegungswiderstände sollen vernachlässigt werden. Ein Korn, das im magnetischen Produkt ausgetragen werden soll, muß beispielsweise das Querband eines Kreuzbandscheiders oder den Ring eines Bandringscheiders spätestens bei E erreichen. Anhand von Bild 127 lassen sich für die dafür zurückzulegenden Wege folgende Gleichungen aufstellen:

$$a = (F_{M,m} - g \cos \beta) \frac{t_1^2}{2}$$

und

$$l = g \sin \beta \frac{t_2^2}{2} + v_0 t_2$$

Für den angedeuteten Grenzfall muß $t_1 = t_2$ sein. Daraus ergibt sich $F_{M,m}$ nach Auflösen und Umformen:

$$F_{M,m} \geq g \cos \beta + \frac{a}{l^2} \left(v_0^2 + l g \sin \beta + v_0 \sqrt{v_0^2 + 2 l g \sin \beta} \right) \tag{66a}$$

Vielfach wird das Gut horizontal dem Prozeßraum zugeführt ($\beta = 0$), so daß sich Gl. (66a) vereinfacht:

$$F_{M,m} \geq g + \frac{2 a v_0^2}{l^2} \tag{66b}$$

Von der massebezogenen magnetischen Kraft sind somit die Schwerebeschleunigung g und ein auf die Massenträgheit zurückzuführender Beschleunigungsanteil zu überwinden. Der letztere wird um so kleiner, je länger die Anziehungszone ist, und um so größer, je höher die Eintrittsgeschwindigkeit v_0 und je größer die Prozeßraumhöhe a sind. Folglich ist bei gegebenen anderen Prozeßbedingungen die Eintrittsgeschwindigkeit v_0, d.h. die Fördergeschwindigkeit, entsprechend festzulegen. Dafür folgt aus Gl. (66b):

$$v_0 \leq l \sqrt{\frac{F_{M,m} - g}{2a}} \tag{66c}$$

bzw. für schwachmagnetisches Gut:

$$v_0 \leq l \sqrt{\frac{\mu_0 \chi H \, dH/dy - g}{2a}} \tag{66d}$$

Aus dieser Gleichung geht deutlich hervor, daß v_0 und damit der Durchsatz des Scheiders um so größer sein können, je höher die magnetische Kraftfelddichte und die Suszeptibilität sind.

Die anhand des Bildes 127 abgeleiteten Beziehungen können im Prinzip auf **Trockentrommelscheider mit unterer Aufgabe** übertragen werden. Die Gln. (66a) bis (66d) gelten folglich analog. Weiterhin ist zu berücksichtigen, daß das magnetische Produkt von der Trommel aus dem Feldbereich gefördert wird (Bild 128). Bis zum Ablösepunkt von der Trommel muß hierbei zusätzlich gelten:

$$F_{M,m} \geq \frac{2v^2}{D} + g \cos \alpha \tag{67a}$$

v Trommelumfangsgeschwindigkeit
D Trommeldurchmesser
α Winkel zur Kennzeichnung der Lage eines Korns (siehe Bild 128)

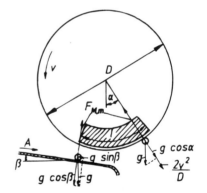

Bild 128 Zum Trennmodell für einen Trockentrommelscheider mit unterer Aufgabe

bzw. für den Maximalbetrag ($\cos \alpha = 1$):

$$F_{M,m} \geq \frac{2v^2}{D} + g \tag{67b}$$

Daraus folgt für die zulässige Trommelumfangsgeschwindigkeit v:

$$v \leq \sqrt{(F_{M,m} - g) D/2} \tag{67c}$$

bzw. für schwachmagnetisches Gut:

$$v \leq \sqrt{(\mu_0 \chi H \, dH/dr - g) D/2} \tag{67d}$$

r Radiuskoordinate

Unter der Voraussetzung, daß das Gut auf der rotierenden Trommel bzw. Walze von **Trockenscheidern mit oberer Aufgabe** nicht gleitet, läßt sich nach Bild 129 folgende Bedingung für die Abtrennung des magnetischen Gutanteils aufstellen:

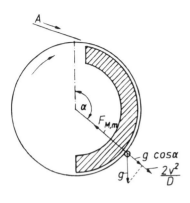

Bild 129 Zum Trennmodell für Trockentrommel- und Trockenwalzenscheider mit oberer Aufgabe

$$F_{M,m} \geqq \frac{2v^2}{D} - g\cos\alpha \qquad (68a)$$

Das negative Vorzeichen für $g\cos\alpha$ folgt daraus, daß α aus der oberen Lage heraus gemessen wird. Aus Gl. (68a) ergibt sich für den Ablösewinkel

– des magnetischen Gutanteils:

$$\alpha_M = \arccos\left(\frac{1}{g}\left(\frac{2v^2}{D} - F_{M,m}\right)\right) \qquad (69a)$$

– und des unmagnetischen Anteils ($F_{M,m} \approx 0$):

$$\alpha_{UM} = \arccos\left(\frac{2v^2}{gD}\right) \qquad (69b)$$

Für eine gute Trennung ist im allgemeinen nicht erforderlich, daß sich die magnetischen Körner erst bei $\alpha \geqq 180°$ lösen. Es genügt, wenn dies etwa ab $\alpha = 120°$ eintritt. Bei festgelegtem α_M folgt aus Gl. (69a) für die Trommel- bzw. Walzenumfangsgeschwindigkeit:

$$v = \sqrt{(F_{M,m} + g\cos\alpha_M)D/2} \qquad (68b)$$

Sollte die Korngröße d gegenüber Trommel- bzw. Walzendurchmesser nicht vernachlässigbar sein, so ist in den letzten Gleichungen $\frac{D+d}{2}$ anstatt $D/2$ zu setzen.

Auf Besonderheiten von **Trockentrommelscheidern mit oberer Aufgabe und Wechselpolanordnung** für die Aufbereitung fein- bis feinstkörnigen ferromagnetischen Gutes ist schon im Abschn. 2.2.3.2 kurz verwiesen worden (siehe auch Bild 115a). Im Bild 130 ist eine von *Laurila* [302] [348] vorgeschlagene Polanordnung und -ausbildung schematisch dargestellt. Andere Scheider dieser Art verfügen über ähnliche Polkombinationen. Bemerkenswert für diese Anordnungen ist, daß der Feldstärkevektor an einem Raumpunkt über den Polen um 360° rotiert, wenn sich das Feld in Richtung der Polebene um den doppelten Polmittenabstand $2s$ weiterbewegt. Feinkörniges ferromagnetisches Gut schließt sich im Feld zu länglichen Körpern (Bärten) in Feldlinienrichtung zusammen, weil längliche Körper bekanntlich einer geringeren Entmagnetisierung als kürzere ausgesetzt sind. Mehrere aneinandergereihte Körner setzen deshalb die potentielle Energie des Magnetfeldes stärker als einzelne herab [348]. Befinden sich einzelne Körner oder Bärte auf einem Fördermittel (z.B. Trommel) und führen Feld und Fördermittel Relativbewegungen in dem im Bild 131 dargestellten Sinne aus, so beschreiben diese unter der Wirkung des rotierenden Magnetfeldes selbst Drehbewegungen, weil sie sich stets mit ihrer Längsachse in Feldrichtung einstellen möchten. Zusätzlich rufen die Hysterese- und Wirbelstromwirkung ein Drehmoment hervor, das die Drehbewegung unterstützt. Im Bild 131 sind die Drehbewegungen schematisch angedeutet. Das Gut wandert relativ zum Fördermittel entgegengesetzt zur Bewegungsrichtung des Feldes. Weiter läßt sich zeigen, daß

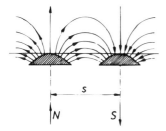

Bild 130 Feldlinienbild einer Wechselpolanordnung aus Permanentmagneten (nach *Laurila* [348])

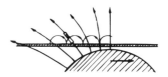

Bild 131 Bewegung eines ferromagnetischen Körpers im wandernden Magnetfeld (nach *Laurila* [348])

die Bärte zerstört werden, wenn die Frequenz des Feldes einen gewissen Wert überschreitet [302] [348] bis [350]. Dies ist eine Folge der mit der Rotation der Bärte, Agglomerate bzw. Körner zunehmenden Zentrifugalbeschleunigung. Das ferromagnetische Gut befindet sich dann in einem wirbelig-wolkigen Zustand. Die genannte Grenzfrequenz ist um so kleiner, je gröber die Körner sind. Für Magnetit von 0,2 mm Korngröße soll sie zwischen 50 und 100 Hz liegen. Will man reine Konzentrate herstellen, muß man oberhalb der Grenzfrequenz arbeiten [351] [352]. Praktisch verwirklicht man das geschilderte Trennprinzip am besten auf einem Trockentrommelscheider mit oberer Aufgabe (Bild 115a), dessen Trommelgeschwindigkeit regelbar ist, wobei Zentrifugalbeschleunigungen bis 40 g angewendet werden. Unter diesen Bedingungen lassen sich selbst bei relativ hohem Durchsatz Berge und verwachsene Körner sorgfältig abtrennen. Das Magnetsystem steht bei späteren Bauarten gewöhnlich fest, bei früheren kann es unabhängig von der Trommel rotieren.

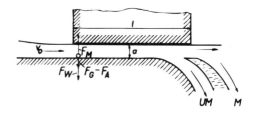

Bild 132 Zum Trennmodell auf Naßscheidern mit unterer Aufgabe
M magnetisches Produkt; *UM* unmagetisches Produkt

Bei Naßscheidern für Fein- und Feinstkorn können die Widerstandskräfte des Fluids nicht vernachlässigt werden. Anhand von Bild 132 sollen die Grundzüge des Trennmodells auf einem **Naßscheider mit unterer Aufgabe** besprochen werden, wie es im Prinzip auf Naßtrommelscheidern anzutreffen ist. Die Trübe durchströmt mit der mittleren Geschwindigkeit v_0 den Prozeßraum. Die magnetische Kraft soll wiederum über die Prozeßraumlänge l als konstant angenommen werden. In der Vertikalen ergibt sich für jedes Korn folgendes Kräftegleichgewicht:

$$F_M - F_G + F_A - F_W - F_T = 0 \tag{70}$$

F_G Schwerkraft
F_A statischer Auftrieb
F_W Widerstandskraft
F_T Trägheitskraft

Da auf Magnetscheidern dieser Art im allgemeinen feines Gut verarbeitet wird, kann man davon ausgehen, daß das *Stokes*sche Widerstandsgesetz gilt. Im Band I „Stromklassierung" ist gezeigt worden, daß bei laminarer Umströmung und homogenem Kraftfeld die stationäre

Sinkgeschwindigkeit v_m schon in Sekundenbruchteilen erreicht wird, so daß unter diesen Voraussetzungen die Beschleunigungsperiode bzw. die Trägheitskraft vernachlässigbar ist. Folglich gilt unter Annahme von Kugelgestalt der Körner:

$$\frac{1}{6} \pi d^3 \gamma F_{M,m} - \frac{1}{6} \pi d^3 \gamma g + \frac{1}{6} \pi d^3 \rho g - 3 \pi \eta d v_m = 0$$

bzw.

$$F_{M,m} - \frac{\gamma - \rho}{\gamma} g - \frac{18 \eta v_m}{d^2 \gamma} = 0 \tag{71a}$$

oder

$$v_m = \frac{\left(F_{M,m} - \frac{\gamma - \rho}{\gamma} g\right) d^2 \gamma}{18 \eta} \tag{71b}$$

Soll ein magnetisches Korn, das sich an der Eintrittsstelle am Boden des Prozeßraumes befindet, im magnetischen Produkt abgeschieden werden, so muß es unter der Wirkung des Magnetfeldes den Weg a durchlaufen haben, wenn die Trübe den Weg l zurückgelegt hat (Bild 132). Mit

$$a = v_m t_1$$

und

$$s = v_0 t_2$$

ergibt sich für den charakterisierten Grenzfall ($t_1 \leq t_2$):

$$\frac{18 \eta a}{\left(F_{M,m} - \frac{\gamma - \rho}{\gamma} g\right) d^2 \gamma} \leq \frac{1}{v_0}$$

oder

$$F_{M,m} \geq \frac{\gamma - \rho}{\gamma} g + \frac{18 \eta a v_0}{d^2 \gamma l} \tag{72}$$

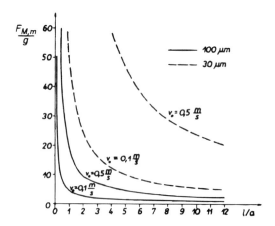

Bild 133 $F_{M,m}/g$ in Abhängigkeit von l/a (siehe Bild 132) für verschiedene Korngrößen und Trübegeschwindigkeiten als Parameter

Mit Hilfe von Gl. (72) ist das Diagramm des Bildes 133 aufgestellt worden, wo für Magnetit ($\gamma \approx 5000$ kg/m³) in relativ dünner Trübe (Vernachlässigung der Schwarmbehinderung) das Verhältnis $F_{M,m}/g = f(l/a)$ für verschiedene Korngrößen und Trübegeschwindigkeiten als Parameter dargestellt ist. Man erkennt sehr deutlich, daß bei gegebenem $F_{M,m}/g$ die Trübegeschwindigkeit um so kleiner bzw. das Verhältnis l/a um so größer gewählt werden muß, je feineres Korn verarbeitet wird. Allerdings ist einschränkend zu bemerken, daß die aufgestellten Gleichungen unter den getroffenen Voraussetzungen nur für die Bewegung von Einzelteilchen, nicht aber für magnetische Flocken gelten, die sich z. B. aus feinsten Magnetit- oder FeSi-Körnern bilden werden.

Im Unterschied zur Trockensortierung ist bei der Naßsortierung auf Scheidern mit unterer Aufgabe die Umfangsgeschwindigkeit der Trommel hinsichtlich des Erreichens hoher Konzentratqualitäten begrenzt. Sie soll in der Voranreicherung 1,2 bis 1,4 m/s und den Reinigungsstufen 0,8 bis 1 m/s betragen [19].

Über die Entwicklung von Trennmodellen für **Matrixscheider** liegt schon eine beachtliche Anzahl von Publikationen vor (siehe z. B. [300] [339] [341] bis [347] [353] bis [355]). Ausgangspunkt für die Modellierung sind dabei vorwiegend die Abscheidebedingungen an einem einzelnen umströmten Matrixelement. Die Übertragung auf ein durchströmtes Matrixvolumen wirft jedoch wegen der komplizierten Bedingungen (innere Geometrie des Strömungsraumes sowie dadurch beeinflußte Strömungs- und Kräfteverhältnisse, die sich als Folge der Beladung der Matrix mit abgeschiedenen Teilchen noch während des Prozesses verändern) Probleme auf. Dieser Modellierungsweg soll im nachfolgenden, beschränkt auf wichtige Modellaussagen, nachvollzogen werden.

Der Modellierung der Abscheidung am Matrixelement soll zunächst ein ferromagnetischer Einzeldraht bzw. -stab zugrunde gelegt werden, der senkrecht zum äußeren homogenen Feld H_a orientiert ist, wie dies schon im Bild 124 vorausgesetzt worden ist. Ein Draht bzw. Stab, dessen Achse parallel zur Feldrichtung verläuft, erzeugt keine Feldinhomogenitäten und damit auch keine magnetischen Kräfte. Mit Hilfe von Polarkoordinaten (r,θ) gemäß Bild 124 läßt sich das Feld an einem beliebigen Punkt um das Matrixelement wie folgt beschreiben [300], und zwar

– die radiale Komponente H_r:

$$H_r = H_a \cos\theta \left(1 + \frac{(D/2)^2}{r^2}\right) \tag{73a}$$

– und die dazu senkrechte Komponente H_θ:

$$H_\theta = H_a \sin\theta \left(-1 + \frac{(D/2)^2}{r^2}\right) \tag{73b}$$

Für $\theta = 0$ bzw. $\theta = \pi$ folgt für H_r die Gl. (63) und für $H_\theta = 0$. In ähnlicher Weise, wie aus Gl. (63) und der davon abgeleiteten Gl. (64) die Beziehung für die magnetische Kraft F_M bei $\theta = 0$ bzw. $\theta = \pi$ gemäß Gl. (65a) gewonnen worden ist, kann man mit Hilfe der Gln. (73a) und (73b) die magnetische Kraftfelddichte $\mu_0 H \,\mathrm{grad}\, H$ für jeden Punkt um das Matrixelement bestimmen. Damit lassen sich die magnetischen Kraftfeldlinien entwickeln, die im Bild 134 dargestellt sind, und aus deren Verlauf und Dichte kann auf Richtung und Intensität der magnetischen Kraftwirkung geschlossen werden. Danach ergeben sich für paramagnetische Teilchen die Bereiche von etwa $-\pi/4$ (bzw. $7\pi/4$) bis $+\pi/4$ und etwa $3\pi/4$ bis $5\pi/4$ als Anziehungsbereiche, weil hier die radiale Kraftkomponente zum Matrixelement hin gerichtet ist, während in den anderen Bereichen die magnetische Kraft abstoßend wirkt. Um die Lagen $\pi/4$, $3\pi/4$, $5\pi/4$ und $7\pi/4$ lehnen sich jeweils enge Bereiche an, in denen die radiale Kraftkomponente praktisch null ist. In den Lagen $\theta = 0$ sowie $\theta = \pi$ wirken die maximalen Anziehungskräfte.

Die Abscheidung eines paramagnetischen Teilchens an einem Matrixelement – dies schließt seine Annäherung an das Matrixelement aus dem anströmenden Fluid bis zur Haftung ein – vollzieht sich jedoch nicht nur unter der Einwirkung der magnetischen Kraft F_M, sondern auch der Widerstands- bzw. Schleppkraft F_W des Fluids, des scheinbaren Gewichts F'_G sowie der Trägheitskraft F_T des Teilchens. Hiervon wird für genügend feine Teilchen die Trägheitskraft F_T vielfach aus den gleichen Gründen vernachlässigt, wie sie im Band I „Bewegung von Einzelkörnern in einer stationären Strömung" im Hinblick auf die Stromklassierung erörtert worden

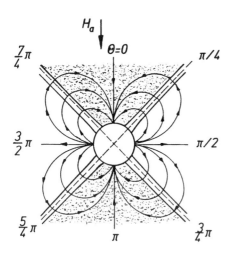

Bild 134 Magnetisches Kraftfeld um einen zylindrischen ferromagnetischen Draht (Anziehungsbereiche für paramagnetische Teilchen grau getönt!)

sind. Jedoch kann dies insbesondere bei der Berechnung der Bahnkurven für die Teilchen in der Nähe der Matrixelemente wegen der dort herrschenden großen magnetischen Beschleunigungen zu Beeinträchtigungen der Modellaussagen führen (siehe z.B. [339] [356]). Um die Größenordnung von F_M, F_W und F'_G für einen charakteristischen Anwendungsfall abzuschätzen, sind diese Kräfte – dabei für F_M der Maximalwert $F_{M,H}$ gemäß Gl. (65b) – für das System kugelförmige Hämatit-Teilchen <500 μm (γ = 5200 kg/m³; $\varkappa_S$ = 1,3 · 10⁻³) und einen umströmten Einzeldraht bzw. -stab (D = 20 μm, 200 μm sowie 2000 μm) in einem äußeren homogenen Feld H_a = 0,8 MA ($\triangleq B_a$ = 1 T) berechnet und im Bild 135 dargestellt worden. Für die Berechnung von F_W sind die Anströmgeschwindigkeiten u des Fluids von 0,001 m/s, 0,01 m/s sowie 0,1 m/s gleich den Relativgeschwindigkeiten u_r zwischen Fluid und Teilchen gesetzt worden. Damit sind einerseits etwa der für die Praxis interessante Bereich der Anströmgeschwindigkeiten auf eine Matrix und andererseits mögliche Extremfälle der Relativgeschwindigkeiten berücksichtigt worden.

Auf der Grundlage von Bild 135 kann gefolgert werden, daß im Korngrößenbereich <200 μm vor allem F_M und F_W für die Abscheidung bestimmend sind. Dies veranlaßte *Hopstock* zur Formulierung des stark vereinfachten Abscheidemodells [353]:

$$F_{M,H} > F_W \tag{74}$$

Im Falle einer aus ferromagnetischen Kugeln bestehenden Matrix kann für $F_{M,H}$ gesetzt werden [353]:

$$F_{M,H} = \frac{2}{3} \pi \mu_0 \varkappa_S d^3 D_K^{-1} M_K \left(H_a + \frac{2}{3} M_K\right) \tag{75}$$

D_K Durchmesser der Matrixkugeln
M_K Magnetisierung der Matrixkugeln

Wenn man für genügend kleine Teilchen und/oder Relativgeschwindigkeiten u_r bezüglich F_W auf das Widerstandsgesetz von *Stokes* zurückgreifen darf, so erhält man durch Einsetzen von Gl. (75) in Gl. (74) sowie Umstellen für die abscheidbaren Korngrößen in einer Matrix, die aus Kugeln besteht:

$$d > \sqrt{\frac{9}{2} \frac{\eta\, u\, D_K}{\mu_0\, \varkappa_S\, M_K\, (H_a + 2/3 M_K)}} \tag{76}$$

2.2 Magnetscheidung

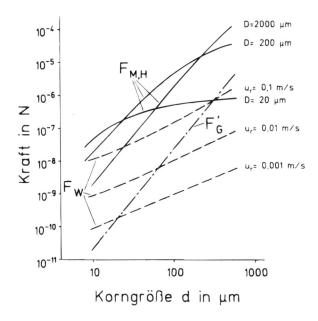

Bild 135 Vergleich von $F_{M,H}$, F_W und F'_G im System kugelförmige Hämatit-Teilchen < 500 μm und ferromagnetischer Einzeldraht bzw. -stab
Berechnungsparameter:
Hämatit: $\gamma = 5200$ kg/m³; $\varkappa_S = 1{,}3 \cdot 10^{-3}$
Fluid: Wasser mit $\nu = 10^{-6}$ m²/s; Relativgeschwindigkeiten u_r: 0,001 m/s; 0,01 m/s; 0,1 m/s
Draht- bzw. Stabdurchmesser D: 20 μm; 200 μm; 2000 μm
Berechnung von $F_{M,H}$ nach Gl. (65 b) mit $H_a = 0{,}8$ MA/m ($\hat{=} B_a = 1$ T)
Berechnung von F_W:
$$F_W = c_W \frac{\pi d^2}{4} \rho \frac{u_r^2}{2} \quad \text{mit } c_W = \frac{24}{Re} + \frac{4}{\sqrt{Re}} + 0{,}4 \quad \text{wobei } Re = u_r\, d / \nu$$

Exaktere Aussagen über die Abscheidebedingungen an einzelnen Matrixelementen erfordern die Berechnung der Bahnkurven der Teilchen im anströmenden Fluid unter der Einwirkung der genannten Kräfte. Dazu liegen Modellentwicklungen mehrerer Autoren vor (siehe z.B. [300] [339] [345] [346] [355] bis [361]), bei denen die Einflußgrößen (Form und Größe der Matrixelemente, Geometrie der Anströmung bezüglich der Matrix- und Feldorientierung, Kräfte usw.) in unterschiedlichem Maße berücksichtigt worden sind. Bei all diesen Untersuchungen, die hauptsächlich für Runddrähte bzw. -stäbe als Matrixelemente angestellt worden sind, hat sich herausgestellt, daß die von *Watson* [347] [357] eingeführte dimensionslose Kennzahl v_M/u die Haupteinflußgröße für die Abscheidung darstellt, wobei v_M die magnetische Geschwindigkeit bedeutet:

$$v_M = \frac{1}{18} \frac{\mu_0\, \varkappa_S\, M\, H_a\, d^2}{\eta\, D} \tag{77}$$

Hierin stellt $\mu_0\, \varkappa_S\, M\, H_a/D$ das Äquivalent zu $(\gamma - \rho)g$ in der Formel für die stationäre Sinkgeschwindigkeit im *Stokes*-Bereich dar. Mit Hilfe der auf die Anströmgeschwindigkeit u des Fluids bezogenen magnetischen Geschwindigkeit v_M lassen sich deshalb auch die Ableitungen, die aus dem Verlauf der Bahnkurven hinsichtlich des Einfangquerschnittes D_E getroffen werden können, näherungsweise bündeln. Letzterer entspricht dem Durchmesser des anströmenden Fluidvolumens, aus dem paramagnetische Teilchen noch durch die magnetische Kraft an das Matrixelement herangezogen und an diesem festgehalten werden können. Eine Auswertung bekannter theoretischer und auch experimenteller Untersuchungsergebnisse liefert für Einzeldrähte bzw. -stäbe:

$$\frac{D_\mathrm{E}}{D} \sim \left(\frac{v_\mathrm{M}}{u}\right)^n, \tag{78}$$

wobei der Exponent n vorwiegend zwischen 0,3 und 0,5 liegt [300] [339] [345].

v_M/u bleibt auch eine Haupteinflußgröße für die Abscheidung in einer realen Matrix. Hinzu kommt dann jedoch zunächst noch der Einfluß der äußeren und inneren Geometrie des durchströmten Matrixvolumens (Abmessungen, Porosität) [345] [347] [357]. Außerdem wären die sich mit fortschreitender Anlagerung von Teilchen an die Matrixelemente verändernden Abscheidebedingungen zu berücksichtigen.

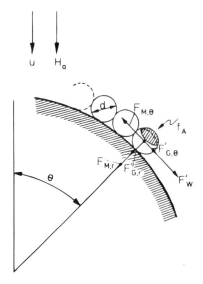

Bild 136 Kraftkomponenten, die auf an einem Runddrahtelement abgeschiedene, kugelförmige Teilchen wirken

$F_\mathrm{M,r}$; $F_\mathrm{M,\theta}$ Komponenten der magnetischen Kraft
$F'_\mathrm{G,r}$; $F'_\mathrm{G,\theta}$ Komponenten des scheinbaren Gewichts
τ Schubspannung in der Grenzschichtströmung
$f_\mathrm{A} = \pi/8$ Oberflächenanteil eines abgeschiedenen kugelförmigen Teilchens, in dem die Schubspannung τ wirkt
$F'_\mathrm{W} = f_\mathrm{A}\,\pi\,d^2\,\tau$

Ein Modell, das den **Endbeladungszustand** in einer aus Runddrahtelementen bestehenden Matrix beschreibt, entwickelten *Nesset* und *Finch* [344]. Bei der Ableitung ist vorausgesetzt worden, daß die Anströmgeschwindigkeit sowie das äußere Feld gleichgerichtet sind und auf die abgelagerten Teilchen die Kräfte F_M und F'_G sowie die Strömungskraft F'_W wirken (Bild 136). Für letztere wird $F'_\mathrm{W} = f_\mathrm{A}\,\pi\,d^2\,\tau$ angesetzt, wobei τ die in der Grenzschicht des mit Teilchen bedeckten, umströmten Matrixelementes wirkende Schubspannung darstellt und f_A der Oberflächenanteil eines Teilchens ist, auf den diese wirkt, nämlich $f_\mathrm{A} = \pi/8$ (Bild 136). Mit Hilfe der Bedingungen

$$F_\mathrm{M,r} + F'_\mathrm{G,r} = 0$$

und

$$F_\mathrm{M,\theta} + F'_\mathrm{G,\theta} + F'_\mathrm{W} = 0$$

lassen sich die kritischen Winkel θ_c bestimmen, bis zu denen Teilchenhaftung gewährleistet ist, d.h. die Winkelbereiche, in denen die resultierende radiale Kraft F_r zum Matrixelement bzw. die resultierende tangentiale Kraft F_θ in Richtung der Anströmung weist. Die Winkelbereiche sind bereits bei alleinigem Wirken von F_M im Zusammenhang mit den Gln. (73a) und (73b) sowie der Anlagerung einzelner paramagnetischer Teilchen näherungsweise angedeutet worden. In den Modellrechnungen sind diese Kräftebilanzen für die aufeinanderfolgenden Teilchenlagen bis zum stabilen Endbeladungszustand aufgestellt worden. Auf dieser Grundlage wird schließlich eine Beziehung für den Endbeladungszustand, d.h. das auf die Einheit Matrixvolumen bezogene, abscheidbare Feststoffvolumen bei voller Beladung, formuliert:

$$\phi_V = \frac{1-\varepsilon}{4} \left(\left(\frac{N_L}{2{,}5}\right)^{4/5} - 1 \right), \tag{79}$$

wobei ε die Porosität der Ablagerung und N_L die **Beladungskennzahl** bedeuten:

$$N_L = 9\sqrt{2}\,\frac{D}{d}\left(\frac{1}{Re_D}\right)^{1/2}\frac{v_M}{u} \tag{80a}$$

Mit $Re_D = D\,u\,\rho/\eta = D\,u/v$ und Gl. (77) erhält man aus Gl. (80a):

$$N_L = \frac{1}{\sqrt{2}}\,\frac{\mu_0\,\varkappa_S\,M\,H_a\,d}{D^{1/2}\,\rho\,u^{3/2}\,v^{1/2}} \tag{80b}$$

2.2.3.4 Einfluß der Guteigenschaften auf den Trennerfolg

Wichtige Guteigenschaften, die den Trennprozeß auf Magnetscheidern beeinflussen, sind die magnetischen Eigenschaften der zu trennenden Stoffe, ihre Korngrößen- bzw. Stückgrößenverteilung sowie bei Trennungen im Fein- und Feinstkornbereich der Dispergierungs- bzw. Agglomerationszustand des Aufgabegutes. Im Hinblick auf die Austragkapazität der Scheider kann auch der Gehalt an magnetischem Bestandteil des Aufgabegutes von Bedeutung sein.

Wenn man vereinfachend annimmt, daß im Aufgabegut nur zwei Sorten von Körnern, nämlich magnetische mit der Massensuszeptibilität χ' und „unmagnetische" mit der Massensuszeptibilität χ'', vorhanden sind, so folgt bei gegebenem $\mu_0 H |\mathrm{grad}\,H|$ im Prozeßraum ausgehend von den Gln. (30a) und (30b) für die massebezogenen Kräfte folgende Trennbedingung:

$$F'_{M,m} = \mu_0\,\chi'\,H\,|\mathrm{grad}\,H| > \sum_i F'_{i,m}$$

$$F''_{M,m} = \mu_0\,\chi''\,H\,|\mathrm{grad}\,H| < \sum_i F''_{i,m}$$

und daraus weiter:

$$\frac{\chi'}{\chi''} > \frac{\sum F'_{i,m}}{\sum F''_{i,m}} \tag{81}$$

Wie leicht einzusehen ist, wird unter gegebenen Betriebsbedingungen eines Scheiders die Trennung um so leichter sein, je größer dieses Verhältnis ist. Nun besteht gewöhnlich ein Aufgabegut nicht nur aus stofflich reinen Körnern bzw. Teilstücken. Vielmehr liegen je nach den Aufschlußverhältnissen Verwachsungen bzw. Verbindungen vor, die – wie bei jedem physikalischen Trennprozeß – von großem Einfluß auf die Trennergebnisse sind.

Das Aufgabegut eines Magnetscheiders umfaßt weiterhin einen gewissen Korngrößen- bzw. Stückgrößenbereich. Lediglich in sog. **isodynamischen Feldern** – d.h. Feldern, in denen an jedem Raumpunkt $\mu_0 H |\mathrm{grad}\,H|$ gleich groß ist – bestehen kraftfeldmäßig die Voraussetzungen für größenunabhängige Trennwirkungen. Industrielle Scheider verfügen jedoch nicht über isodynamische Felder. Hier nimmt vielmehr $\mu_0 H |\mathrm{grad}\,H|$ in Richtung der Kraftwirkung zu. Infolgedessen kann man für unterschiedliche Korn- bzw. Stückgrößen d_1 und d_2 eine Bedingung für gleiche Anziehbarkeit aufstellen (Bild 137):

$$\chi'_{d_1}\,(\mu_0\,H\,|\mathrm{grad}\,H|)_{d_1} = \chi'_{d_2}\,(\mu_0\,H\,|\mathrm{grad}\,H|)_{d_2}$$

bzw.

$$\frac{\chi'_{d_1}}{\chi'_{d_2}} = \frac{(\mu_0\,H\,|\mathrm{grad}\,H|)_{d_2}}{(\mu_0\,H\,|\mathrm{grad}\,H|)_{d_1}} \tag{82}$$

Bei Scheidern mit oberer Aufgabe (Bild 137a) ist das Volumen eines feineren Korns bzw. Teilstückes dem Magnetpol näher als das eines gröberen. Auf feinere wirken folglich größere spezifische magnetische Kräfte, so daß solche mit entsprechend geringerer Suszeptibilität (z.B.

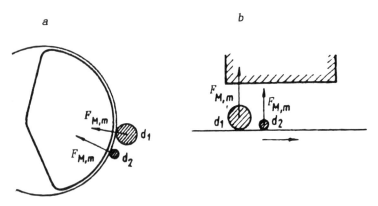

Bild 137 Zur Ableitung der Bedingung für gleiche Anziehbarkeit
a) Scheider mit oberer Aufgabe
b) Scheider mit unterer Aufgabe

verwachsene Teilchen) im Vergleich zu gröberen angezogen werden. Bei Scheidern mit unterer Aufgabe tritt das Gegenteil ein (Bild 137b). Für beide Beispiele aber gilt, daß für eine trennscharfe Sortierung um so enger vorklassiert werden muß, je kleiner das Verhältnis der Suszeptibilitäten ist.

Ein stark negativer Einfluß auf die Trennergebnisse kann sich bei Fein- und Feinstkorntrennungen dann ergeben, wenn das Gut im Prozeßraum nicht genügend dispergiert vorliegt. Bei Trockenscheidungen erschweren die mit der Feinheit relativ zu den Massenkräften ansteigenden Haftkräfte die Trennung (beachte über den Charakter der Haftkräfte Band III „Agglomeration"). In diesem Zusammenhang spielt die Gutfeuchte eine wesentliche Rolle, weil sie in Abhängigkeit von ihrer Größe Adsorptionsschicht-Bindungen oder die noch wesentlich stärkeren kapillaren Bindemechanismen bewirkt. In letzterem Fall lassen sich durch Trocknung die Trennbedingungen verbessern. Weitere Maßnahmen können die Feinstkornabtrennung durch Vorklassieren sowie die Anwendung einer Aufgabevorrichtung sein, die eine Fluidisierung des Gutes bewirkt [362]. Bei Naßscheidungen kann eine Dispergierung durch Anwendung von Zusatzstoffen (Dispergiermitteln) erreicht werden, die dann die elektrostatische und/oder sterische Komponente der Teilchenwechselwirkung verändern [363] [369] (siehe auch Band III).

Weiterhin ist bei Naßscheidungen auch zu berücksichtigen, daß mit abnehmender Teilchengröße die masse- bzw. volumenbezogenen Widerstandskräfte des Fluids stark zunehmen. Schließlich ist hierbei auch die Trübedichte von Einfluß auf die Trennergebnisse.

2.2.3.5 Schwachfeldscheider

Die Schwachfeldscheidung wird industriell in großem Umfange für die Sortierung starkmagnetischen Gutes angewendet (magnetische Erze, Eisenschrotte u.a.). Die Trockenscheidung herrscht für gröbere bis mittlere Körnungen, die Naßscheidung für die feineren vor. Schnelllaufende Trockentrommelscheider mit Wechselpolanordnung haben sich offensichtlich wegen des Staubproblems oder der vielfach vorgezogenen Naßmahlung für den Fein- und Feinstaufschluß nur in geringem Umfange einführen können.

Moderne Schwachfeldscheider sind überwiegend als Trommelscheider ausgebildet, und zwar mit oberer Aufgabe bei trockener und unterer Aufgabe bei nasser Sortierung. Die Vorteile in der Betriebsweise und die günstigen Kennwerte moderner hartmagnetischer Werkstoffe haben vornehmlich zur Anwendung von Permanentmagnetsystemen geführt.

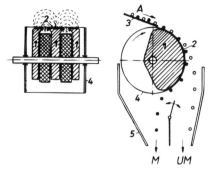

Bild 138 Langsam-laufender Trockentrommelscheider mit oberer Aufgabe, schematisch
(1) feststehendes Magnetsystem; (2) Pole; (3) Aufgabevorrichtung; (4) rotierende Trommel; (5) Gehäuse mit verstellbarem Produktteiler
A Aufgabegut; M magnetisches Produkt; UM unmagnetisches Produkt

Bild 139 Polschuhausbildung des Trockentrommelscheiders 168-SÉ (Rußland)

Trockenschwachfeldscheider

Herkömmliche **langsam-laufende Trockentrommelscheider mit oberer Aufgabe**, deren Arbeitsweise Bild 138 schematisch widerspiegelt, werden für grobe bis mittlere Körnungen (etwa 100 bis 1 mm) eingesetzt. Industrielle Scheider dieser Art verfügen über feststehende, in axialer Richtung parallel angeordnete Permanent- oder Elektromagnetsysteme, so daß mehrere parallele Trennzonen vorhanden sind. Die Polschuhe dieser offenen Magnetsysteme können, um die Trennzonen zu verbreitern, zickzack-artig ausgebildet sein (Bild 139). Das Magnetfeld ist über etwa 180° des Trommelumfangs wirksam, und seine Lage kann verstellt werden. Elektromagnete werden durch Gleichspannung von 220 oder 110 V erregt. Die Stromzuführung geschieht hierbei durch die Hohlwelle. Die Trommeln werden aus nichtmagnetischem Material gefertigt (nicht magnetisierbare Stähle [austenitische Stähle][1] oder glasfaserverstärkte Kunststoffe). Die Trommelbreiten betragen bis zu 2500 mm, die Durchmesser liegen zwischen 300 und 1000 mm sowie die Trommeldrehzahlen zwischen 20 und 70 min^{-1}. Auf der Trommeloberfläche werden bei diesen offenen Systemen Feldstärken von etwa 60 bis 120 kA/m erreicht. Langsam-laufende Trommelscheider dieser Art erzielen in Abhängigkeit von der Korngrößen- bzw. Stückgrößenzusammensetzung des Gutes Durchsätze zwischen etwa 5 und 50 t je Meter Trommelbreite und Stunde (t/(m · h)).

Im Bild 140 ist ein elektromagnetischer Trockentrommelscheider, Bauart Institut *Mechanobr*, Typ *171-SÉ*, dargestellt. Dieser Scheider ist staubdicht gekapselt und mit einer Vibratoraufgabe ausgerüstet. Bei einigen Bauarten sind mehrere Trommeln kombiniert worden, so daß zugleich nachgereinigt und nachsortiert werden kann [19]. Falls stark- bis mittelmagnetisches Gut verarbeitet werden soll, muß das Feld stärker konzentriert und auf die zickzack-artige Ausbildung der Polschuhe verzichtet werden. Dadurch entstehen schmalere Trennzonen, denen das Gut durch geeignete Aufgabevorrichtungen gezielt zuzuführen ist.

Im Zusammenhang mit dem Aufkommen von Hochleistungs-Permanentmagneten hat auch eine bedeutende Weiterentwicklung der Trockentrommelscheider mit oberer Aufgabe für mittlere bis feine Körnungen eingesetzt, mit denen sich nunmehr Feldstärken bis zu etwa 0,6 MA/m erzielen lassen, so daß diese Scheider schon den Übergang zu den Starkfeldschei-

---

[1] Austenistische Stähle sind paramagnetisch. Die eingeführte Bezeichnung „nicht-magnetisierbarer Stahl" ist folglich nicht korrekt.

164 2 Sortierung in Magnetfeldern

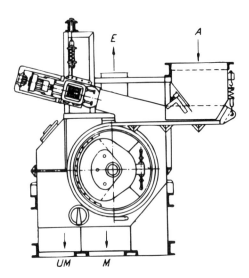

Bild 140 Elektromagnetischer Trockentrommelscheider mit oberer Aufgabe, Bauart *171-SĖ* des *Institutes Mechanobr* (Rußland)
A Aufgabe; M magnetisches Produkt; UM unmagnetisches Produkt; E Entstaubung

dern darstellen [303] [329] [330]. Dazu zählt auch der Mittelfeldscheider *PERMOS* der *KHD Humboldt Wedag AG*, dessen Magnetsystem schon anhand des Bildes 116 im Abschn. 2.2.3.2 vorgestellt worden ist. Ansonsten ähnelt der Aufbau dieses Scheiders dem herkömmlicher Bauarten von Trockentrommelscheidern mit oberer Aufgabe. Das feststehende Magnetsystem ist über etwa 120° des Trommelumfangs wirksam.

Die Trockenscheidung feiner bis feinster, ferromagnetischer Körnungen ist auf **schnell-laufenden Trommelscheidern mit Wechselpolanordnung** möglich. Die Arbeitsweise dieser Scheider ist im Prinzip schon im Abschn. 2.2.3.2 besprochen worden. Sie können für Gut < 5 mm eingesetzt werden. Allerdings läßt sich Feinstkorn < 10 bis 25 µm auf diesen Scheidern wegen der mit der Feinheit anwachsenden Wirksamkeit der Haftkräfte nur mit mäßigem Erfolg sortieren. Gute Trennergebnisse setzen trockenes, rieselfähiges Gut voraus. Der Polmittenabstand der Wechselpolanordnung sollte größer als das 5fache der oberen Korngröße sein [364], weil Körner, deren Größe ein Fünftel des Polmittenabstandes übersteigt, keinen Drehbewegungen mehr ausgesetzt sind. Die Trennbedingungen können durch Drehzahleinstellung angepaßt werden (Feldfrequenz, Zentrifugalkräfte!). Die Scheider sind mit Permanentmagneten (Feldstärke auf der Trommeloberfläche etwa 70 bis 150 kA/m) ausgerüstet. Die Trommeln weisen gewöhnlich Durchmesser zwischen etwa 400 und 900 mm auf, und die Trommeldrehzahlen betragen vorwiegend 100 bis 600 min^{-1}.

Der erste schnell-laufende Trockentrommelscheider wurde von *Laurila* entwickelt [302] [348]. Sein Magnetsystem besteht aus einzelnen, auf der Rotorwelle angeordneten Profilscheiben mit daran befestigten Permanentmagneten, die am Umfang Polschuhe aus Weicheisen tragen. Diese Pole sind über den gesamten Umfang hinweg angeordnet. Die das Polrad konzentrisch umschließende Trommel aus unmagnetischem Material rotiert mit gleichem Drehsinn wie dieses, jedoch entsprechend der Einstellung entweder schneller oder langsamer. Das magnetische Produkt wird von einer über dem oberen Trommelteil angeordneten geriffelten Induktionswalze abgenommen, wodurch allerdings Gutverklemmungen bedingt sein können. Bei der Aufbereitung feinverwachsener Titanomagnetit-Erze in *Otanmäki* sollen auf diesem Scheider Durchsätze von 30 bis 50 t/(m · h) erzielt worden sein [351].

Bei späteren Entwicklungen sind andere Lösungen für das Abheben des magnetischen Produktes von der Trommel realisiert worden. Dazu gehört der von der *Ontario Research Foundation* entwickelte Scheider [365], bei dem das Polrad exzentrisch in der Trommel angeordnet ist, so daß infolge Abstandszunahme zwischen den Polen und der Trommel von der Aufgabestelle

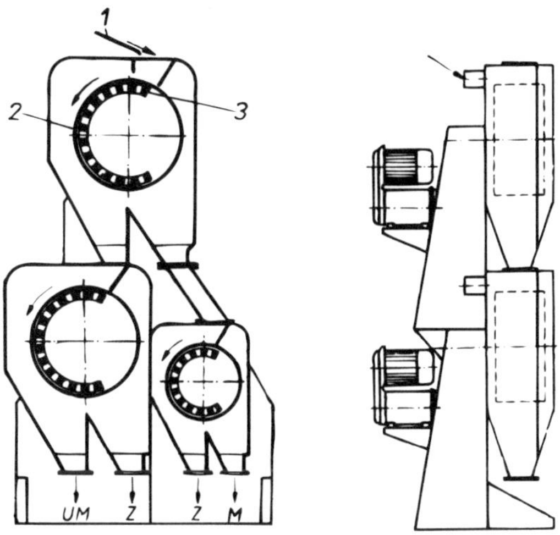

Bild 141 Schnell-laufender Trockentrommelscheider mit Wechselpolanordnung, Bauart *Mörtsell-Sala*; Kombination von drei Scheidern zur Erzeugung von Konzentrat, Zwischenprodukt und Abgängen
(1) Aufgabevorrichtung; (2) Trommel; (3) feststehendes Magnetsystem
M magnetisches Produkt; UM unmagnetisches Produkt; Z Zwischenprodukt

bis zur unteren Lage wegen des Nachlassens der magnetischen Kräfte nacheinander ein unmagnetisches, ein Zwischen- und ein magnetisches Produkt abgetrennt werden können. Polrad und Trommel können gleichsinnig oder gegenläufig rotieren.

Bei weiteren Bauarten hat man das Magnetsystem fest angeordnet und dadurch die Konstruktion wesentlich vereinfacht. Dazu gehört der schnell-laufende Trockentrommelscheider, Bauart *Mörtsell-Sala*, von dem ein Dreitrommelscheider im Bild 141 schematisch dargestellt ist. Die Permanentmagnete erstrecken sich nur über 235° bis 300° des Trommelumfangs. Die Trommeln bestanden zunächst aus austenitischem Stahl. Da aber Wirbelströme Bewegungswiderstände auslösen, sind spätere Ausführungen mit Trommeln aus glasfaserverstärkten Kunststoffen ausgestattet worden. Die Trommeln werden mit Durchmessern von 400, 600 und 916 mm sowie Längen zwischen 300 und 3000 mm ausgebildet, und ihre Umfangsgeschwindigkeit läßt sich zwischen 1 und 9 m/s einstellen. Standardausführungen weisen Polmittenabstände von 25, 45 und 65 mm auf. Die Scheider sind für trennscharfe Sortierungen im Korngrößenbereich 15 bis 0,04 mm geeignet und erzielen hierbei in Abhängigkeit von der Korngrößenzusammensetzung des Aufgabegutes Durchsätze zwischen etwa 10 und 75 t/(m·h). Von den Mehrtrommelscheidern hat sich der im Bild 141 dargestellte besonders bewährt.

Naßschwachfeldscheider

Fein- bis feinstkörnige magnetitische Erze werden auf **Naßtrommelscheidern** (Bild 142) sortiert. Andere Einsatzgebiete für Scheider dieser Art sind die Regeneration von FeSi- und F_3O_4-Dünntrüben bei der Schwimm-Sink-Sortierung (siehe auch Abschn. 1.1.6) sowie die Abtrennung von Eisenabrieb aus Suspensionen. Wegen der Vorteile rüstet man Naßtrommelscheider überwiegend mit Permanentmagneten aus. Lediglich wenn regelbare Felder oder höhere Feldintensitäten notwendig sind, greift man noch auf Elektromagnete zurück. Die Permanentmagnete sind entweder im ganzen gegossen und an einem Weicheisenjoch befestigt, oder sie sind als Scheiben auf einen Eisenkern aufgezogen (Bild 143). Letzteres trifft insbesondere für die keramischen Ferritmagnete zu. Für die Weiterentwicklung der Magnetsysteme im Zusammenhang mit Naßtrommelscheidern waren nicht nur neue Werkstoffe (siehe Abschn. 2.1.4), sondern auch deren Ausbildung wesentlich. So ist z.B. bei der im Bild 143b dargestellten Anordnung eine Reduzierung des Streuflusses und damit eine Feldkonzentration im Prozeßraum durch die Anordnung von kleinen Magneten zwischen den Ferrit-Paketen erreicht

166   2 Sortierung in Magnetfeldern

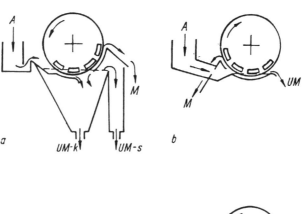
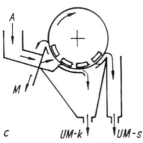
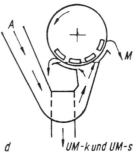

Bild 142 Naßtrommelscheider
a) Gleichlaufscheider
b) Gegenlaufscheider (ohne Untertrog)
c) Gegenlaufscheider (mit Untertrog)
d) Halbgegenlaufscheider
(1) Trommel; (2) Wanne; (3) Magnetsystem
A Aufgabe; M magnetisches Produkt; UM-k unmagnetisches Produkt, körnig; UM-s unmagnetisches Produkt, schlammig

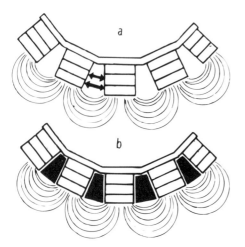

Bild 143 Ausbildung des Permanentmagnetsystems mit pulvermetallurgischen Ferrit-Werkstoffen für Naßtrommelscheider [366]
a) Normalausbildung
b) Ausbildung mit Zwischenmagneten zur Reduzierung der Streuflüsse

worden [366]. Weiterhin wurden die Magnetsysteme früher überwiegend so ausgebildet, daß die Prozeßraumtiefe unter der Trommeloberfläche etwa 50 mm betrug. Später ist diese Tiefe vielfach auf 25 mm reduziert und dadurch eine weitere Steigerung der magnetischen Kraftfelddichte erreicht worden [367]. Durch all diese Entwicklungen lassen sich mit Ferritmagneten Feldstärken bis 200 kA/m und teilweise darüber bei 25 mm Abstand von der Trommeloberfläche erzielen [300] [367] [368] [369]. Das Magnetsystem besteht aus 3 bis 7 Polen wechselnder Polarität. Dadurch wird das Gut mehrfach durchgearbeitet und nachgereinigt.

Wichtig für den Trennprozeß auf Naßtrommelscheidern sind weiterhin die Ausbildung des Prozeßraumes und die Trübeströmung (insbesondere relativ zur Trommeldrehung). Im Bild 142 sind die drei wichtigsten Grundtypen in dieser Hinsicht gegenübergestellt. Die Trübe durchströmt die Wanne (2) entweder in Trommeldrehrichtung (Gleichlaufscheider nach Bild 142a), dieser entgegen (Gegenlaufscheider nach Bild 142b u. c) oder wird so von unten zugeführt, daß sie der Trommel nur ein Stück ihres Weges im Trübebad entgegenströmt (Halbgegenlaufscheider nach Bild 142d). Die Trommel (1) taucht teilweise in die Trübe ein. Sie besteht aus unmagnetischem Material (meist unmagnetischem rostfreien Stahl). Von der Gummierung der Trommeloberfläche ist man z.T. wieder abgegangen, um die beim Abreißen verschlissenen Gummis eintretenden Störungen auszuschalten. Die Trommeldurchmesser liegen vorwiegend zwischen 600 und 1500 mm, die wirksamen Arbeitslängen betragen bis zu etwa 4000 mm [300]. Das magnetische Produkt wird vom Magnetfeld an die Trommel gezogen und von der Trommel über den Trübespiegel gehoben. Beim Nachlassen der magnetischen Kräfte fällt es in die Austragschurre.

Gleichlaufscheider (Bild 142a) zeichnen sich durch eine hohe Zuverlässigkeit aus und werden verbreitet – insbesondere für gröberes Gut, d.h. vor allem auch in den ersten Sortierstufen – eingesetzt. Da das Gut alle Pole passiert, wird das magnetische Produkt gut durchgearbeitet, und eine relativ hohe Anreicherung ist die Folge. Gleichlaufscheider sind für obere Korngrößen bis zu 6 mm geeignet, weil die Trübe nur abwärts strömt. Die Trübeführungsrinne unter der Trommel ist so einstellbar, daß sich die Prozeßraumtiefen von etwa 15 bis 40 mm ergeben. Weiterhin können die Breite des Austragschlitzes in der Führungsrinne, die Austragdüsen für das unmagnetische Produkt und das Überlaufwehr verstellt werden. Bei falscher Düseneinstellung kann der Trübespiegel unter den Trommelmantel sinken, wodurch hohe Verluste entstehen.

Gegenlaufscheider (Bild 142b und c) gewährleisten ein sehr hohes Ausbringen, weil die feststofffreie Trommeloberfläche in die verarmte Trübe eintaucht und ein wesentlicher Teil des magnetischen Produktes auf kürzestem Wege ausgetragen wird. Darunter kann allerdings die Konzentratqualität leiden. Bei der im Bild 142b dargestellten Bauart besteht eine gewisse Gefahr, daß sich unmagnetisches Grobkorn absetzt. Sie sollte deshalb nur für Gut < 2 mm eingesetzt werden. Allerdings läßt sich die Wanne auch mit Untertrog ausbilden (Bild 142c), wodurch der Absetzgefahr entgegengewirkt wird. Gegenlaufscheider weisen einen höheren Verschleiß als Gleichlaufscheider auf und benötigen bis zum Doppelten an Antriebsleistung.

Halbgegenlaufscheider (Bild 142d) sind für sehr feines Gut besonders geeignet.

Bei Anteilen < 50% an magnetischem Gut sollen sich die technologischen Kennziffern der drei Grundtypen nicht wesentlich unterscheiden [19]. Demgegenüber sind die Gleichlaufscheider bei hohem magnetischem Gutanteil (> 70%) den anderen unterlegen.

Im Bild 144 ist ein Naßtrommelscheider (Gleichlaufscheider), Bauart *209V-SE* (Rußland), dargestellt.

Bei Betriebsscheidern sind vielfach zwei oder drei Trommeln zu einer Einheit zusammengefaßt. Diese sind gewöhnlich so miteinander kombiniert, daß die Vorkonzentrate nachgereinigt werden. Während hierbei für Gleichlauf- und Halbgegenlaufscheider horizontale Anordnungen möglich sind, erfordern Gegenlaufscheider eine Kaskadenanordnung. Bild 145 gibt schematisch einen Zweitrommel-Gleichlaufscheider, Bauart *Sala*, wieder.

Naßtrommelscheider mit Elektromagneten haben noch für die Dünntrüberegeneration bei der Schwimm-Sink-Sortierung eine gewisse Bedeutung.

Orientierungswerte für die auf Naßtrommelscheidern erzielbaren **Durchsätze** vermittelt Tabelle 25.

168   2 Sortierung in Magnetfeldern

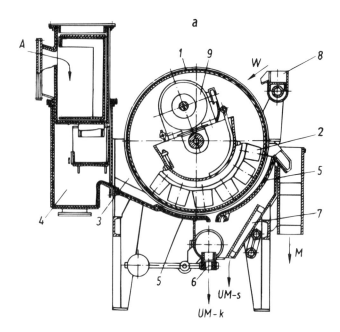

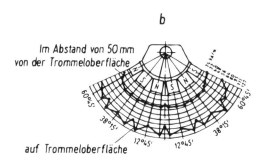

Im Abstand von 50 mm
von der Trommeloberfläche

auf Trommeloberfläche

Bild 144 a) Naßtrommelscheider (Gleichlaufscheider), Bauart *209V-SE°* (Rußland)
(1) Trommel; (2) Magnetsystem; (3) Wanne; (4) Aufgabekasten mit Beruhigungseinbauten und Trübeverteiler; (5) Trübeführungsrinne; (6) Gummidüse für Bergeaustrag; (7) Schlammaustrag; (8) Wasserzufuhr; (9) Antrieb
A Aufgabe; *M* magnetisches Produkt; *UM-k* unmagnetisches Produkt, körnig; *UM-s* unmagnetisches Produkt, schlammig; *W* Wasser
b) Feldcharakteristik des Scheiders

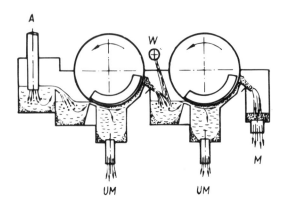

Bild 145 Zweitrommel-Gleichlaufscheider, Bauart *Sala*, schematisch
A Aufgabe; *M* magnetisches Produkt; *UM* unmagnetisches Produkt; *W* Wasser

Tabelle 25 Orientierungswerte für den Durchsatz von Naßtrommelscheidern (nach *Kolař*, zitiert in [300])

Trommeldurchmesser in mm	Durchsatz in t/(m · h)		
	Gleichlaufsch.	Gegenlaufsch.	Halbgegenlaufsch.
600	35	40	
900	50	60	20
1200		85	30
1500		100	45

2.2.3.6 Starkfeldscheider

Die Starkfeldmagnetscheidung hat in neuerer Zeit eine Phase bedeutenden technischen Fortschritts durchlaufen. Im Rahmen der Aufbereitung mineralischer Rohstoffe hat sich die Weiterentwicklung einerseits auf die Naßscheidung feinkörniger hämatitischer Erze konzentriert. Andererseits ist der Abscheidung von fein- bis feinstkörnigen schwachmagnetischen Schadstoffen aus Kaolintrüben große Beachtung geschenkt worden. Darüber hinaus hat die Starkfeldmagnetscheidung schon seit längerem für die Sortierung von Brauneisen-, Siderit- und Manganerzen, die Aufbereitung von Erzen seltener Metalle und seltener Erden, schwermineralhaltigen Sanden, von keramischen und Glasrohstoffen sowie anderen Industriemineralen Bedeutung. Außerhalb der Aufbereitung mineralischer Rohstoffe sind wichtige Anwendungsgebiete das Recycling von Schlacken, Glasbruch und anderen festen Abfällen sowie die Reinigung von Prozeßwässern und Abwässern der Stahlindustrie.

Die bedeutende Entwicklung, die sich auf dem Gebiet der Magnetsysteme für Starkfeldscheider vollzogen hat, ist schon in den Abschn. 2.2.3.1 und 2.2.3.2 behandelt worden. Ältere Scheiderentwicklungen zeichnen sich ausschließlich durch geschlossene Elektromagnetsysteme mit Eisenjoch aus. Die Weiterentwicklung der Elektromagnetsysteme, vor allem aber die Entwicklung von Hochleistungs-Permanentmagnetsystemen sowie die Anwendung von supraleitenden Spulen haben es ermöglicht, auch für Starkfeldscheider die Vorteile offener Magnetsysteme zu erschließen. Parallel dazu hat das Aufkommen der Matrix- bzw. Hochgradientscheider in den letzten Jahrzehnten die Einsatzmöglichkeiten der Starkfeldscheidung im Fein- und Feinstkornbereich erheblich erweitert.

Trockenstarkfeldscheider

Zu den älteren Scheiderentwicklungen, für die aber auch heute noch gewisse Einsatzmöglichkeiten bestehen, gehört der **Kreuzbandscheider** (Bild 146). Das Band (2) fördert das Gut in die Arbeitsspalte des Magnetsystems (1). Das jeweilige magnetische Produkt wird zum oberen Schneidenpol ausgehoben, unter dem ein Querband (3) läuft, das es seitlich austrägt. Den eigentlichen Arbeitsspalten ist noch ein Vorpol (4) vorgeschaltet, der dem Vorabscheiden von starkmagnetischen Anteilen dient. Durch das Hintereinanderschalten mehrerer Magnetsysteme läßt sich die Anzahl der Arbeitsspalte weiter erhöhen, wobei mittels entsprechender Anpassung der Polabstände und Stromstärken mehrere magnetische Produkte mit abnehmender Suszeptibilität erzeugt werden können. Derartige Scheider werden bis zu 800 mm Bandbreite gebaut. Ihr Durchsatz ist relativ gering. Bei Bandgeschwindigkeiten von 0,75 bis 3 m/s beträgt er je Meter Bandbreite für Gut von 0 ... 0,2 mm etwa 0,1 bis 0,3 t/h und für 0 ... 3 mm etwa 0,6 bis 1,0 t/h. Einsatzmöglichkeiten für diese Scheider bestehen deshalb heute vor allem noch dort, wo kleinere Mengen in mehrere Produkte zu trennen sind, z. B. bei der Trennung von Wolframit-Kassiterit-Mischkonzentraten sowie der Verarbeitung von Schwermineralvorkonzentraten.

Der **Bandringscheider** (Bild 147) unterscheidet sich vom vorgenannten Typ dadurch, daß das magnetische Produkt mittels rotierender Ringscheiben (4) ausgetragen wird. Deren

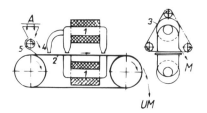 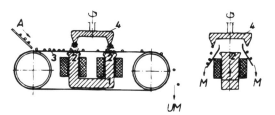

Bild 146 Kreuzbandscheider, schematisch
(1) Magnetsystem; (2) Band; (3) Querband; (4) Vorpol; (5) Aufgabewalze
A Aufgabegut; *M* magnetisches Produkt; *UM* unmagnetisches Produkt

Bild 147 Bandringscheider, schematisch
(1) Magnetsystem; (2) Flachpole; (3) Band; (4) rotierende Ringscheibe mit Keilpolen
A Aufgabegut; *M* magnetisches Produkt; *UM* unmagnetisches Produkt

Durchmesser ist etwa einundeinhalbmal so groß wie die Förderbandbreite. Man verwendet Ringscheiben mit einer oder mehreren Polschneiden. Industrielle Scheider werden mit 3 bis 7 Ringen ausgestattet. Zweckmäßig ist, die ersten Ringscheiben mit drei Schneiden auszustatten, da dort die Mineralkörner mit der höheren Suszeptibilität abgeschieden werden. Die letzten Scheiben sollten dagegen mit einer Schneide versehen sein. Der Abstand der Ringscheiben vom Förderband ist einstellbar. Bandringscheider werden mit Bandbreiten bis zu etwa 600 mm gebaut. Sie sind betriebssicherer als die Kreuzbandscheider und erzielen etwa die gleichen spezifischen Durchsätze. Anstatt des Bandes werden auch Schwingrinnen als Gutförderer verwendet [19].

Für die Trockenmagnetscheidung von schwachmagnetischen Erzen (Eisenerze, Manganerze u.a.) sind von verschiedenen Herstellern **Induktionswalzenscheider** mit oberer Aufgabe entwickelt worden. Diese Scheider besitzen geschlossene Magnetsysteme, die zur Aufnahme der Induktionswalzen unterbrochen sind. Die einzelnen Bauarten unterscheiden sich hinsichtlich der Form des Magnetsystems, der Anordnung und Ausführung der Walzen sowie der Art der Aufgabevorrichtung. Im Bild 148 sind zwei Ausführungsformen schematisch dargestellt, die insbesondere für die Aufbereitung deutscher sedimentärer Eisenerze entwickelt worden sind [370]. Für die Trennung sind die Ausbildung der Pole und der Induktionswalze wichtig. Letztere besteht aus Dynamoblechen, die auf die Welle aufgezogen sind (Bild 149). Die Bleche sind gegeneinander isoliert, um die Wirbelstromverluste klein zu halten. Die Walzenwelle wird aus

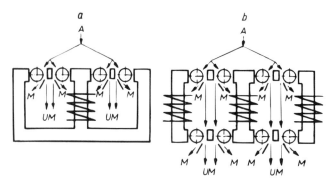

Bild 148 Trocken-Induktionswalzenscheider mit oberer Aufgabe für die Aufbereitung sedimentärer Eisenerze, schematisch [370]
A Aufgabe; *M* magnetisches Produkt; *UM* unmagnetisches Produkt

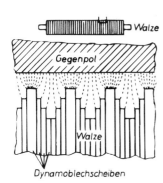

Bild 149 Ausbildung der Induktionswalze [370]

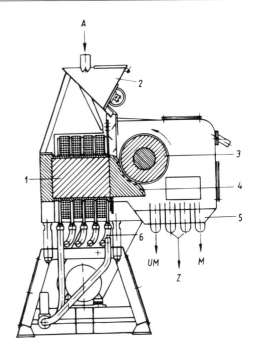

Bild 150 Trocken-Induktionswalzenscheider mit unterer Aufgabe, Bauart *229-SÉ* (Rußland) [19] [371]
(1) Elektromagnetsystem; (2) Aufgabevorrichtung; (3) Induktionswalze; (4) Pol; (5) Austragkasten; (6) Kühlwassersystem
A Aufgabe; *M* magnetisches Produkt; *Z* Zwischenprodukt; *UM* unmagnetisches Produkt

nicht magnetisierbarem Stahl gefertigt. Die Walzenumfangsgeschwindigkeit ist an die jeweiligen Guteigenschaften anzupassen. Für eine Trockenstarkfeldscheidung ist weiterhin eine genügend enge Vorklassierung erforderlich. Auf Scheidern der besprochenen Art werden obere Korngrößen bis zu 10 mm und untere Korngrößen bis zu etwa 0,02 mm sortiert. Die Ausbildung der Induktionswalze richtet sich auch nach der Körnung des Gutes. Der im Bild 148a dargestellte Scheider erzielte bei Walzenbreiten von 750 mm Durchsätze, die in Abhängigkeit vom Erzcharakter und Korngrößenbereich zwischen 8 und 50 t/h betrugen.

Ein Trockeninduktionswalzenscheider, der für die Aufbereitung von Erzen seltener Metalle sowie die Schadstoff-Abtrennung aus verschiedenen Materialien vom *Institut Mechanobr, St. Petersburg*, entwickelt wurde, ist im Bild 150 dargestellt. Die Walze (3) ist mit einer speziellen Riffelung versehen und rotiert mit 70 bis 300 min^{-1}. Die Feldstärke auf den Riffeln der Walzenoberfläche beträgt bis zu 1,35 MA/m. Bei einem Walzendurchmesser von 27 mm und einer Walzenbreite von nur 100 mm sind Durchsätze bis zu 1 t/h erzielbar [19] [371].

Wesentliche Nachteile der bisher besprochenen Scheider sind die vergleichsweise niedrigen Durchsätze sowie verarbeitbaren oberen Korngrößen. Beides folgt einerseits aus der Begrenzung der Luftspaltweite, um genügend große magnetische Kraftfelddichten zu erzielen, und andererseits aus der Forderung nach dünnen Aufgabeströmen, um Spaltverstopfungen auszuschließen. Um diese Nachteile zu überwinden, hat man sich in neuerer Zeit erfolgreich darum bemüht, **Starkfeldscheider mit offenem Magnetsystem** zu entwickeln. Als eine Übergangsstufe zu dieser Zielstellung kann man den Starkfeldtrommelscheider, Bauart *GTML* (Mantelring-

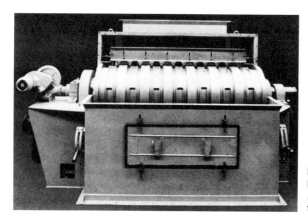

Bild 151 Starkfeldtrommelscheider, Bauart *GTML* (Mantelringscheider), der *KDH Humboldt Wedag AG* mit 12 Sortierrinnen

scheider), der *KHD Humboldt Wedag AG* (Bild 151) betrachten [303]. Bei diesem Scheider wird der magnetische Fluß einer oder mehrerer flacher Spulen, die im Inneren einer unmagnetischen Edelstahltrommel feststehend angeordnet sind, durch zwei Stahlbleche in einen Winkelbereich von etwa 100° zur Trommeloberfläche geführt. Hierdurch entsteht ein magnetischer Kreis mit einem engen Spalt in der Nähe der Trommeloberfläche. An dieser Stelle sind auf der Trommel zwei Ringe aus weichmagnetischem Material mit einstellbarem axialen Abstand voneinander angebracht (Mantelringe), die den magnetischen Fluß bündeln, so daß sich in den Rinnen zwischen diesen Ringen an der Trommeloberfläche Feldstärken bis zu fast 1,6 MA/m (bzw. $B = 2$ T) ergeben. Einige Millimeter von der Trommeloberfläche entfernt, sinkt die Feldstärke auf 0,5 bis 0,6 MA/m ab. Auf der Trommel sind mehrere solcher Magnetsysteme axial nebeneinander angeordnet, und für jedes ergibt sich folglich eine Rinne mit starkem Magnetfeld. Jeder einzelnen Rinne ist das Aufgabegut gezielt zuzuführen (siehe auch Bild 151). Sortierbar ist auf diesem Scheider schwachmagnetisches Gut im Korngrößenbereich von 0,5 bis 12 mm bei Durchsätzen zwischen 0,1 und 0,2 t/h je Einzelrinne. Der im Bild 151 dargestellte Scheider besitzt 12 Rinnen, so daß sein Gesamtdurchsatz mit 1,2 bis 2,4 t/h relativ gering ist.

Einen wesentlichen Schritt zur Durchsatzsteigerung bei Starkfeldscheidern mit offenen Magnetsystemen hat die *KHD Humboldt Wedag AG* durch die Entwicklung des Starkfeldtrommelscheiders, Bauart *DESCOS*, vollzogen, der mit einem supraleitenden Magnetsystem ausgerüstet ist [303] [323] [324] [372]. Bild 152 zeigt schematisch den Aufbau der Trommel die-

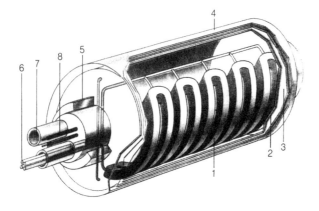

Bild 152 Aufbau der Trommel des Starkfeldscheiders, Bauart *DESCOS*, der *KHD Humboldt Wedag AG*
(1) Magnetspulen; (2) Strahlungsschild; (3) Vakuumtank; (4) Trommel; (5) Gleitlager; (6) Heliumversorgung; (7) Vakuumanschluß; (8) Stromzuführung

ses Scheiders. Das Magnetsystem besteht aus nebeneinander angeordneten *Race-track-Spulen*[1] (1), die sich der Trommelkrümmung anschmiegen. Sie befinden sich in einem Heliumtank, der ihrer Form angepaßt ist, und sind von einem Strahlungsschild (2) umgeben (beachte auch Abschn. 2.2.3.2). Diese gesamte Anordnung ist in einem feststehenden zylindrischen Vakuumtank (3) untergebracht, um den die Trommel (4) rotiert. Die Versorgung des Magneten mit flüssigem Helium, die Rückführung des gasförmigen Heliums, die Vakuumleitung zur Evakuierung des Vakuumtanks, die elektrischen Stromzuführungen für den Magneten sowie die Leitungen für Füllstands- und Temperaturkontrolle werden auf einer Seite zentral durch das Lager geführt (Bild 152). Die Trommel (4) besteht aus kohlefaserverstärktem Kunststoff und hat einen Außendurchmesser von 1,2 m sowie eine äußere Länge von 1,6 m. Ihre Drehzahl ist zwischen 2 und 30 min^{-1} einstellbar. Das Magnetfeld erstreckt sich über einen Winkel von 120° des Trommelumfangs und weist über eine axiale Länge von 1 m eine magnetische Flußdichte von 2,8 bis 3,2 T auf. Sie soll bei nachfolgenden Bauarten bis auf 4 T erhöht werden [303]. Das magnetische Kraftfeld wirkt über eine vergleichsweise größere Tiefe, und die Kraftfelddichte liegt in der Größenordnung von 10^7 N/m^3. Beim Einsatz dieses Scheiders in einer industriellen Anlage zur Vorabscheidung von Serpentin aus Magnesit-Fördergut von 4 ... 100 mm ist ein spezifischer Durchsatz bis zu 120 t/(m·h) erreicht worden [373].

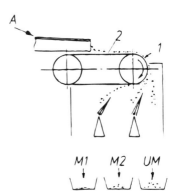

Bild 153 Permanent-Starkfeldwalzenscheider, Bauart *Ore Sorters Ltd.* (sog. *Permroll-Separator*), schematisch
(1) Magnetwalze; (2) Band
A Aufgabe; *M1* starkmagnetisches Produkt; *M2* schwachmagnetisches Produkt; *UM* unmagnetisches Produkt

Ein Starkfeldscheider mit offenem Magnetsystem, das mittels Hochleistungs-Permanentmagneten erregt wird, ist der Walzenscheider, Bauart *Ore Sorters Ltd.*, der unter der Bezeichnung *Permroll-Separator* eingeführt ist (Bild 153) [300] [303] [307] [329]. Die Magnetwalze (1) ist zugleich Bandumlenkrolle und besteht aus SmCo- oder NdFeB-Scheiben in axialer Wechsellagerung mit Weicheisenscheiben, deren günstigstes Dickenverhältnis 4:1 beträgt. Die Permanentmagnetscheiben sind axial magnetisiert, und zwar derart, daß jeweils zwei benachbarte und durch eine Weicheisenscheibe voneinander getrennte Magnetscheiben gegeneinander magnetisiert sind. Dadurch wird der magnetische Fluß innerhalb der jeweiligen Weicheisenscheibe nach außen gedrängt, wo er an der Oberfläche der Walze austritt und in die benachbarte entgegengesetzt magnetisierte Weicheisenscheibe wieder eintritt, um zur Rückseite der Magnetscheibe zu gelangen. Hierdurch ergeben sich an der Walzenoberfläche im Bereich der Weicheisenscheiben Feldstärken bis zu 1,3 MA/m (bzw. $B = 1,6$ T) und Feldgradienten von etwa $2,4 \cdot 10^8$ A/m^2, d.h. magnetische Kraftfelddichten von etwa $4 \cdot 10^8$ N/m^3. Wegen der starken radialen Abnahme des Feldes ist die Reichweite dieser starken Kraftwirkung jedoch gering. Folglich ist auch das umlaufende Förderband (2) ein sehr dünnes Band aus Stahlgewebe. Mit seiner Hilfe werden die magnetischen Produkte von der Magnetwalze abgehoben

---

[1] Wegen ihrer rennbahnähnlichen Gestalt (*race-track* [engl.] bedeutet Rennbahn) werden diese Spulen so bezeichnet.

(Bild 153). Die Walzendurchmesser betragen 75 oder 100 mm, und industrielle Scheider werden mit Walzenbreiten von 1000 oder 1500 mm ausgeführt. Die erzielbaren Durchsätze liegen zwischen etwa 1,5 t/(m·h) für feineres Gut und 15 t/(m·h) für Gut von 12 ... 15 mm [300]. Die maximal verarbeitbare Korngröße beträgt etwa 25 mm.

Naßstarkfeldscheider

Trennscharfe Trockenmagnetscheidungen sind nur bis zu Korngrößen von etwa 250 µm herab möglich, weil unterhalb davon die Haftkräfte die Sortierung schon erheblich behindern können. Hinzu kommt, daß der Feinaufschluß überwiegend durch Naßmahlung geschieht, so daß auch dadurch bedingt, Trockentrennungen ausscheiden. Bei Naßscheidungen wiederum beeinträchtigen die Widerstands- bzw. Schleppkräfte des Fluids den Trennvorgang, die mit abnehmender Korngröße relativ zu anderen Kräften anwachsen (siehe auch Bild 135) und damit in Abhängigkeit von der magnetischen Kraftfelddichte sowie den magnetischen Eigenschaften des Gutes die unteren abtrennbaren Korngrößen begrenzen [353] [374] [375] (siehe auch Abschn. 2.2.3.3). Weiterhin behindern Kapillarkräfte das Heben von feinen hydrophilen Teilchen aus der Flüssigkeitsoberfläche heraus. Dies sollte deshalb während des eigentlichen Trennvorgangs vermieden werden.

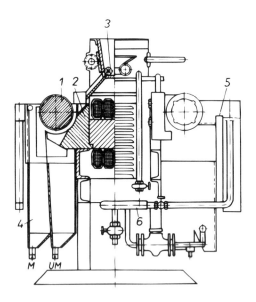

Bild 154 Naß-Induktionswalzenscheider mit unterer Aufgabe, Bauart ÉRM-1 (Rußland) [19] (1) Induktionswalze; (2) Pol; (3) Aufgabevorrichtung; (4) Wanne; (5) Überlauf; (6) Wasserleitung M magnetisches Produkt; UM unmagnetisches Produkt

Vor dem Aufkommen der Matrixscheider waren es vor allem **Naß-Induktionswalzenscheider**, die im industriellen Maßstab für die Sortierung von Trüben eingesetzt worden sind. Die für Scheider dieser Art, die nach dem Aushebeprinzip arbeiten, charakteristische Ausbildung spiegelt Bild 154 prinzipiell wider. Der dargestellte Scheider verfügt über zwei parallel arbeitende Walzen, bei denen jeweils zwei Arbeitszonen nebeneinander liegen, so daß das Magnetfeld über insgesamt vier Luftspalte geschlossen wird, die zwischen 8 und 15 mm eingestellt werden können. Die maximale Feldstärke beträgt etwa 1 MA/m. Die gerillten Walzen ziehen das magnetische Gut an und fördern es in das entsprechende Trogabteil. Das unmagnetische Produkt fließt durch Schlitze in den Polen ab. Der spezifische Durchsatz beträgt für Gut 0 ... 4 mm 2 bis 4 t/(m·h). Derartige Induktionswalzenscheider sind von verschiedenen Herstellern gebaut worden. Die maximal erreichbaren Feldstärken betragen 1,45 bis 1,6 MA/m.

Um 1960 herum setzte eine Entwicklung ein, den Durchsatz bei der Naßscheidung wesentlich zu erhöhen sowie ihre Anwendungsgrenzen weiter in den Feinstkornbereich zu verschieben. Dabei wurde die Vorstellung verfolgt, den Prozeßraum des Magnetsystems – d.h. den Luftspalt – vielfältig in Bereiche hoher Kraftfelddichte zu untergliedern, indem zwischen die Pole eine Matrix aus magnetisch weichem Material eingebracht wurde (siehe auch Abschn. 2.2.3.2). Diese **Matrix-** bzw. **Hochgradientscheider** bestimmen heute das technische Niveau der Naßstarkfeldscheidung. Sie trennen nach dem Zurückhalteprinzip. Die abzutrennenden Teilchen werden an den Matrixelementen so lange festgehalten, wie diese durch das Elektromagnetsystem magnetisiert sind. Deshalb müssen von Zeit zu Zeit der Durchfluß der Aufgabetrübe unterbrochen, das Magnetfeld abgestellt und das magnetische Produkt ausgespült werden. Dies geschieht bei kleineren Durchsätzen oder sehr geringen Gehalten an magnetischem Produkt (z.B. bei der Abtrennung von Verunreinigungen aus Kaolin-Trüben) vielfach in **Kanisterscheidern** durch diskontinuierliche Betriebsweise. Für höhere Durchsätze von Materialien, die größere Gehalte an schwachmagnetischen Bestandteilen (z.B. hämatitische Erze) enthalten, kommen demgegenüber ausschließlich **Karussellscheider** sowie **Ringscheider** in Betracht. Bei diesen ist der Prozeßraum, der die Matrix aufnimmt, als rotierender Ring ausgebildet, so daß Magnetisieren und Entmagnetisieren bei der Bewegung zwischen den Polen hindurch aufeinanderfolgen.

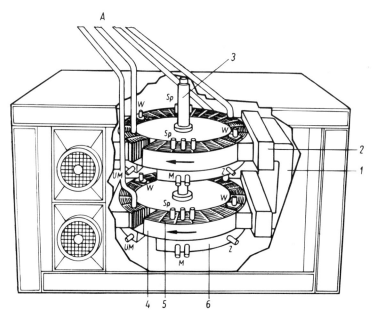

Bild 155 Starkfeldmagnetscheider, Bauart *Jones*, der *KHD Humboldt Wedag AG*, schematisch
(1) Magnetjoche; (2) Spulen; (3) Rotorwelle; (4) Rotoren; (5) Plattenkästen; (6) Sammelrinnen
A Aufgabe; *M* magnetisches Produkt; *UM* unmagnetisches Produkt; *Sp* Spülwasser; *W* Druckwasser; *Z* Zwischenprodukt

Die erste bedeutende Matrixscheider-Entwicklung, mit der zugleich ein Durchbruch bei der Naßstarkfeldscheidung erzielt worden ist, beruht auf Vorschlägen von *Jones* [376] [377]. Hierbei werden profilierte Platten als Matrix benutzt. Die *KHD Humboldt Wedag AG* hat auf dieser Grundlage industrielle Karussellscheider herausgebracht, die eine weltweite Verbreitung gefunden haben (siehe z.B. [378] bis [385]). Im Bild 155 ist ein Scheider dieser Bauart schematisch dargestellt. Der magnetische Kreis wird hier gebildet von zwei magnetischen Jochs (1)

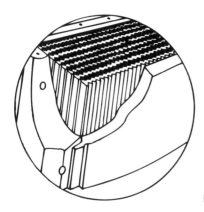

Bild 156 Plattenkästen, aufgeschnitten

– und zwar rechts und links –, um die insgesamt vier luftgekühlte Spulen (2) gewickelt sind, sowie von zwei Rotoren (4), die auf der gleichen Rotorwelle (3) sitzen. Die ganze Anordnung wird von einem Stahlrahmen gehalten, der die starken Anziehungskräfte zwischen den Jochs und den Rotoren aufnimmt. Die Rotorscheiben drehen sich mit etwa 4 min^{-1} und werden zu etwa 50% ihres Umfanges von den Polen eingefaßt. Die Trennung erfolgt in den Plattenkästen (5), die längs des Rotorumfanges angeordnet sind (siehe auch Bild 156). Profilierung, Abstand und damit auch Anzahl der Platten sind an die Eigenschaften des zu verarbeitenden Gutes sowie die aufbereitungstechnische Zielstellung anzupassen. Der Hersteller liefert dazu drei verschiedene Profilplatten, die sich durch unterschiedliche Krümmungsradien der vertikalen Riffeln (und dadurch auch unterschiedliche Gradienten) auszeichnen, und zwar mit 4, 8 oder 12 Riffeln je inch Plattenbreite. Die Profilplatten mit 8 Riffeln je inch stellen die Standard-Ausführung dar, die im allgemeinen für ein Gut <0,5 mm eingesetzt wird. Die mit 12 Riffeln/inch finden für Gut <0,1 mm und die mit 4 Riffeln/inch für <3 mm Anwendung. Für die Spaltweite s zwischen den Platten (von Spitze zu Spitze) sollte etwa $s \gtrsim (2 \text{ bis } 3)d_o$ gelten [378]. Die erreichbare Feldstärke hängt von der Spaltweite sowie der Anzahl der Spalte ab und beträgt bei den großen Scheidern (Rotordurchmesser 3170 mm oder 3350 mm) 0,95 bis 1,1 MA/m ($\hat{=} B$ = 1,2 bis 1,4 T). Im Polbereich sind die Plattenkästen magnetisiert. Deshalb werden sie beim Eintritt in diesen mit Aufgabetrübe beaufschlagt, wobei wegen der Symmetrie zwei Aufgabestellen je Rotor vorhanden sind. Die magnetischen Gutanteile werden dabei an den Spitzen der Riffeln festgehalten, während die unmagnetischen Anteile die Trennspalte zum Austrag durchfließen. Kurz vor Austritt aus dem Polbereich wird ein Zwischengut einschließlich eingeschlossener unmagnetischer Anteile mittels Druckwassers (500 kPa) ausgewaschen. Beim Bewegen aus dem Polbereich fällt die Magnetisierung in den Plattenkästen zunächst stark ab, und schließlich tritt sogar eine vollständige Entmagnetisierung im Bereich der „neutralen Zone" zwischen den Polen ein. Dort erfolgt das Abspülen des magnetischen Produktes mit Druckwasser. Die jeweiligen Produkte werden über Sammelrinnen (6) abgezogen. Industrielle Scheider dieser Art werden hauptsächlich als Doppelrotorscheider in verschiedenen Baugrößen eingesetzt (siehe [378] bis [385]). Das Hauptanwendungsgebiet ist die Aufbereitung feinverwachsener hämatitischer und martitischer Eisenerze. Weitere Anwendungen sind die Sortierung von limonitischen und sideritischen Eisenerzen, Chromerzen, Ilmeniterzen sowie die Reinigung von Kassiterit-Konzentraten und die Schadstoffabscheidung aus Industriemineralen (Glassande, Feldspat u.a.). Als Orientierungswert für den Durchsatz eines Doppelrotorscheiders mit 3170 mm Rotordurchmesser bei der Aufbereitung von Eisenerzen können 120 t/h angesetzt werden.

Eine weitere Matrixscheider-Bauart ist der Füllkörper-Karussellscheider, der von der *Carpco Research and Engineering Inc.* entwickelt wurde und unter der Bezeichnung *Carpco-Amax*-Hochgradientscheider bekannt geworden ist [386] [387]. Hierbei wird der ringförmige,

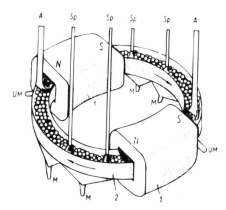 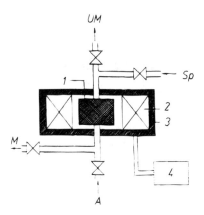

Bild 157 Matrix-Karussellscheider, Bauart *Krupp Industrie- und Stahlbau Rheinhausen* (sog. *SOL*-Scheider), schematisch
(1) Solenoid-Spulen; (2) Matrixring
A Trübeaufgabe; *M* magnetisches Produkt; *UM* unmagnetisches Produkt; *Sp* Spülwasser

Bild 158 Matrix-Kanisterscheider, schematisch
(1) Matrixkanister; (2) Solenoid-Spule; (3) Eisenkapselung (Joch); (4) Magnetstrom-Versorgung
A Aufgabe; *M* magnetisches Produkt; *UM* unmagnetisches Produkt; *Sp* Spülwasser

rotierende Prozeßraum, der mit Füllkörpern (vorwiegend Kugeln) aus magnetisch weichem Eisen ausgefüllt ist, zwischen den Polen starker Elektromagnete hindurchgeführt.

Auch *Krupp Industrie- und Stahlbau Rheinhausen* hat einen Matrix-Karussellscheider herausgebracht (Bild 157) [388]. Das Bemerkenswerte an ihm gegenüber früheren vergleichbaren Konstruktionen besteht darin, daß die Vorzüge von Solenoid-Spulen genutzt worden sind (siehe Abschn. 2.2.3.2), indem der Matrixring (2) unmittelbar durch Solenoid-Spulen (1) geführt wird. Als Matrix können Profilplatten, Kugeln und anders geformte Füllkörper aus magnetisch weichem Eisen benutzt werden. Die Feldlinien, die bei dieser Anordnung in der Bewegungsrichtung des Ringes verlaufen, konzentrieren sich in den Matrixelementen und üben daher keine Kraftwirkungen auf den Ring selbst aus. Der Prozeßablauf ähnelt dem des Karussellscheiders, Bauart *Jones*. Im Prozeßraum derartiger industrieller Scheider sind Feldstärken bis zu 1,6 MA/m ($\triangleq B = 2$ T) erreichbar.

Ein weiterer wesentlicher Schritt zur Erhöhung der magnetischen Kraftfelddichte wurde durch die Anwendung von dünnen Drähten als Matrixelemente aufgrund der damit verbundenen deutlichen Steigerung der Feldgradienten vollzogen (siehe auch Tabelle 23) [389]. Im Bild 158 ist ein Matrix-Kanisterscheider schematisch dargestellt, für den komprimierte Schichten von Stahlwolle als Matrix benutzt werden. Auch in diesem Scheider findet eine Solenoid-Spule (2) Anwendung, die von einer Weicheisen-Kapselung (3) umhüllt und mit der im Inneren ein Magnetfeld bis zu 1,6 MA/m (bzw. 2 T) realisierbar ist. Die Matrix befindet sich in dem zylindrischen Kanister (1). Bei eingeschaltetem Magnetfeld wird die Aufgabetrübe von unten nach oben durch die Matrix gepumpt. Ist die Matrix beladen, so werden der Trübefluß unterbrochen, das Magnetfeld abgestellt und die Matrix von oben mit Wasser gespült, wodurch das magnetische Produkt unten ausgetragen wird. Diese diskontinuierliche Betriebsweise ist nur dann sinnvoll anwendbar, wenn der Anteil an abzuscheidenden schwachmagnetischen Bestandteilen gering ist, wie z.B. bei der Abtrennung von den Weißgrad eines Kaolins beeinträchtigenden Mineralbestandteilen. Bei höheren Anteilen an schwachmagnetischen Bestandteilen würde der Zeitanteil für Abschalten, Spülen und Wiedereinschalten des Magnetfeldes zu groß und somit der Durchsatz eines Scheiders zu gering sein. Gröbere sowie starkmagnetische Teilchen sind aus der Aufgabetrübe unbedingt abzutrennen. Die ersteren würden in der Stahlwolle-Matrix durch Sperrwirkung, die letzteren aufgrund ihrer remanenten Magnetisierung ebenfalls dauerhaft zurückgehalten werden. Wichtig für die Trennung ist die Anpassung

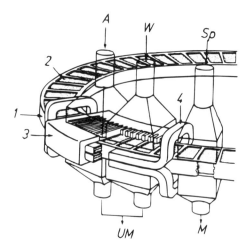 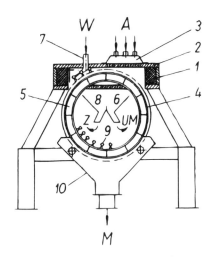

Bild 159 Matrix-Karussellscheider, Bauart *Sala* [391]
(1) Matrixring; (2) Matrix; (3) Eisenkapselung (Joch) des Magneten; (4) Solenoid-Spule
A Trübeaufgabe; *M* magnetisches Produkt; *UM* unmagnetisches Produkt; *Sp* Spülwasser; *W* Waschwasser

Bild 160 Matrix-Ringscheider, Bauart *VMS* des *Erzforschungsinstitutes Prag*, schematisch [300] [392]
(1) Solenoid-Spule; (2) Kapselung; (3) Trübeaufgabekasten; (4) Matrixring; (5) Matrixkästen; (6) Auffangkasten für unmagnetisches Produkt; (7) Spülsystem für Zwischenprodukt; (8) Zwischenprodukt-Auffangkasten; (9) Spülsystem für magnetisches Produkt; (10) Auffangkasten für magnetisches Produkt
A Trübeaufgabe; *M* magnetisches Produkt; *UM* unmagnetisches Produkt; *Z* Zwischenprodukt; *W* Waschwasser

der Matrixausbildung (Drahtdicke und -form) sowie der anderen Prozeßbedingungen an das zu verarbeitende Gut [300] [321] [345] [347] [369]. Für die Abscheidung sehr feiner Teilchen (bis zu 0,1 µm herab! [390]) haben sich Fäden in Bänderform mit scharf gerissenen Rändern (beiderseitige sägezahnartige Ausbildung) bewährt. Auch fertigungsbedingte oberflächliche Strukturierungen (Gratbildung, Anrisse, Knicke usw.) von Runddrahtelementen wirken sich günstig auf die Abscheidung feiner Teilchen aus [369]. Scheider dieser Art für die Kaolinaufbereitung haben bei einem Kanisterdurchmesser von 2 m eine Masse von über 300 t und einen Leistungsbedarf von etwa 400 kW. Ihr Durchsatz beträgt etwa 30 m^3 Trübe je m^2-Kanisterquerschnitt und Stunde [303].

Mit der Absicht, hohe Feldgradienten verursachende Matrizen auch bei pseudokontinuierlicher Betriebsweise für die Aufbereitung feinverwachsener Rohstoffe mit höheren Anteilen schwachmagnetischer Bestandteile einzusetzen, ist der Matrixscheider, Bauart *Sala* (Bild 159), entwickelt worden [391]. Er ist ebenfalls mit Solenoid-Spulen ausgestattet, wobei in Abhängigkeit von der Baugröße des Scheiders (Karussell-Durchmesser 2, 3, 6 oder 8 m) ein bis vier Magnetsysteme mit Flußdichten zwischen 0,5 und 2 T installiert sind [300]. Als Matrizen finden Siebgewebe- bzw. Streckmetall-Lagen oder auch komprimierte Stahlwolle Anwendung. Eine gut an das zu verarbeitende Gut angepaßte Matrix vermag eine Beladung festzuhalten, die etwa ihrer Eigenmasse entspricht. Der Prozeßablauf dieses Scheiders ähnelt ebenfalls dem anderer Karussellscheider.

Neuere Entwicklungen von Matrixscheidern zeichnen sich dadurch aus, daß mehrere Matrixringe auf horizontaler Welle nebeneinander angeordnet sind, so daß sich eine wesentlich bessere Platz- und Raumausnutzung ergibt [300] [392] bis [395]. Bei diesen Scheidern kann auch das magnetische Produkt entgegengesetzt zur Aufgaberichtung der Trübe aus den Matrizen gespült werden, wodurch dem Verstopfen entgegengewirkt wird. Ein Beispiel dafür ist der im Bild 160 schematisch dargestellte **Matrix-Ringscheider**, Bauart *VMS*, der vom *Erzforschungsinstitut Prag* entwickelt worden ist [392] [393]. Das Magnetfeld bis zu 1,5 T wird von der horizontal angeordneten Solenoid-Spule (1) erregt. Deren Kapselung (2) ist oben und unten perforiert ausgebildet, um den Trübedurchfluß zu ermöglichen. Die Aufgabetrübe gelangt über den Aufgabekasten (3) in die oberen Kästen des Matrixringes (4). Als Matrixelemente werden vorzugsweise parallele Stabanordnungen (Stabdurchmesser 3 mm) benutzt [392] [393]. Das unmagnetische Produkt sowie das durch Waschen der Matrix entstehende Zwischenprodukt werden in Kästen aufgefangen und seitlich aus dem Inneren der Matrixringe herausgeleitet. Das Ausspülen des magnetischen Produktes aus den Matrizen erfolgt dann, wenn sich deren Kästen in unterer Lage befinden. Scheider dieser Art sind für Durchsätze bis zu etwa 120 t/h entwickelt worden.

Eine andere Bauart eines Matrix-Ringscheiders mit horizontaler Welle ist mit Permanentmagneten ausgestattet, woraus ein vergleichsweise wesentlich niedriger Preis resultiert, womit aber nur etwa magnetische Flußdichten von 1 T erzielbar sind [395]. Deshalb ist dieser den Mittelfeldscheidern zuzuordnen.

Um dem Verstopfen der Matrizen entgegenzuwirken sowie die Produktqualität zu verbessern, sind auch Matrixscheider entwickelt worden, bei denen pulsierendes Wasch- bzw. Spülwasser benutzt wird [394]. Ein anderer Vorschlag zielt auf die Anwendung paramagnetischer Matrizen für die Abscheidung feiner ferromagnetischer Teilchen ab [396].

Mit den bisher besprochenen Naßstarkfeldscheidern sind Feldstärken bis zu etwa 1,6 MA/m bzw. Flußdichten bis zu etwa 2 T realisierbar. Damit können die meisten gegenwärtig und für die Zukunft absehbaren Anforderungen in der Aufbereitungstechnik, von der notwendigen Kraftfelddichte her betrachtet, abgedeckt werden. Jedoch ist in diesem Zusammenhang der hohe Energieverbrauch der eingeführten Matrixscheider nicht zu übersehen. Im Inneren von für die Magnetscheidung geeigneten supraleitenden Spulen sind demgegenüber gegenwärtig Felder bis zu 6,5 MA/m ($\triangleq 8$ T) und außerhalb der Spulen bis zu 4 MA/m ($\triangleq 5$ T) realisierbar [303] [307] [322]. Dies veranlaßte bisher insbesondere, die Anwendung von supraleitenden Spulen einerseits für die Weiterentwicklung von Matrixscheidern und andererseits von Scheidern mit offenen Magnetsystemen zu nutzen (siehe z. B. [300] [303] [307] [321] [323] [324] [374] [397] bis [409]).

Was die **Matrix-Kanisterscheider mit Supraleitermagneten** anbelangt, so sind einige Scheiderkonstruktionen bekannt geworden (siehe z. B. [300] [303] [398] bis [405]). Neben der Erhöhung der Kraftfelddichte kann dadurch der Energieverbrauch auf etwa 10% gegenüber solchen mit herkömmlichen Solenoid-Spulen ausgerüsteten Scheidern abgesenkt werden [303]. Als Nachteil ist die Tatsache zu beachten, daß Supraleitermagnete nicht schnell ein- und ausgeschaltet werden können, da Stromänderungen im Inneren Wirbelströme und somit Wärme erzeugen. Dies führt zu einem erhöhten Heliumverbrauch für die Kühlung, und es kann aufgrund von Temperaturerhöhungen sogar zum Übergang in die Normalleitung kommen (siehe auch Abschn. 2.2.3.2). Folglich muß das An- und Abschalten der Supraleitermagnete wesentlich langsamer als bei anderen Magneten geschehen, wodurch sich bei den Kanisterscheidern die Totzeiten beträchtlich erhöhen würden, falls man diesem Nachteil nicht durch geeignete Maßnahmen entgegentritt. Allerdings ist noch zu vermerken, daß auch Supraleitermagnete entwickelt worden sind, die mit Schaltzeiten von wenigen Sekunden auskommen [300] [303] [404], jedoch nur Flußdichten bis zu 2 T erzielen. Um den Vorteil höherer Kraftfelddichten zu erhalten und die Totzeiten wesentlich zu reduzieren, kann man so vorgehen, daß bei eingeschaltetem Magneten der Kanister mit beladener Matrix herausgezogen und gleichzeitig ein Kanister mit unbeladener Matrix hineingeschoben wird. Hierbei müssen jedoch sehr große mechanische Kräfte aufgebracht werden, da die beladene Matrix vom Magnetfeld zurückgehalten wird. Diese Kräfte lassen sich mit Hilfe eines sogenannten **Kanisterzuges** kompensieren [300] [303]. In diesem sind zwei Matrix-Kanister (MK) mit drei Kanister-Attrappen (KA) in der Folge KA-MK-KA-MK-KA kombiniert. Indem man die magnetischen Eigenschaften (Suszeptibilität) der Kanister-Attrappen (z.B. durch auswechselbare Stahlplatten) an die der Matrix-Kanister anpaßt, lassen sich die beim Austausch wirkenden Kräfte weitgehend kompensieren [300]. Weiterhin sind noch zusätzlich äußere, regelbare Magnetfelder zur Kräftekompensation vorgeschlagen worden [405]. Mit Hilfe von Kanisterzügen lassen sich die Totzeiten auf die Kanister-Austauschzeiten reduzieren. Technische und ökonomische Erwägungen begrenzen die magnetische Flußdichte von Kanisterzügen auf etwa 5 T [300].

Um eine kontinuierliche Arbeitsweise von mit Supraleitermagneten ausgerüsteten Scheidern zu ermöglichen, ist für mehrere Scheiderentwicklungen auf das **Ablenkprinzip** zurückgegriffen worden. Dies hat man einerseits dadurch verwirklicht, indem die schwachmagnetischen Teilchen beim Durchströmen (Naßscheidung) oder Durchfallen (Trockenscheidung) eines senkrechten Trennkanals ausgelenkt und mittels eines geeigneten Teilers getrennt aufgefangen werden (siehe z.B. [300] [303] [374] [397] [399] [406] bis [409]). Das Feld dieser offenen Magnetsysteme wird vorwiegend durch ein Quadrupol-System oder ein System von abwechselnd gepolten zylindrischen Spulen erzeugt, die axial übereinander angeordnet sind und den Trennkanal umschließen. Bei neueren Entwicklungen wird der Aufgabestrom anstatt durch einen zylindrischen Trennkanal an einer ebenen vertikalen Fläche vorbeigeführt, hinter der sich das Magnetsystem befindet [300] [303] [408] [409]. Diesen Scheidern mit offenem Magnetsystem und ohne bewegte Teile ist im Zusammenhang mit der Anwendung der Supraleitermagneten zunächst eine größere Perspektive eingeräumt worden [374]. Jedoch konnten sie wohl hauptsächlich wegen ihrer geringen Trennschärfe nicht befriedigen. Diese ist vor allem auf vergleichsweise kleine Auslenkwinkel, Strömungsturbulenz bei Naßscheidern und Teilchenkollisionen bei Trockenscheidern zurückzuführen. Durch Anwendung des Trommelscheider-Prinzips läßt sich der Auslenkwinkel zwischen dem magnetischen und dem unmagnetischen Gutstrom vergrößern. Das von der *KHD Humboldt Wedag AG* entwickelte supraleitende Magnetsystem des *DESCOS*-Scheiders (siehe Bild 152) ist deshalb auch für die Anwendung bei Naßtrommelscheidern mit unterer Aufgabe vorgesehen.

2.2.3.7 Eisenabscheider

Zum Schutz von nachgeschalteten Ausrüstungen bzw. Prozessen werden in der Aufbereitungstechnik sowie anderen industriellen Bereichen Magnetscheider spezieller Ausbildung zur Abtrennung von Fremdeisen (z.B. Schrauben, Muttern, Bolzen, Werkzeug) aus Gutströmen eingesetzt. Diese sog. Eisenabscheider verfügen über offene Magnetsysteme, die mit Permanent- oder Elektromagneten ausgestattet sind. Folglich eignen sie sich nur für die Abtrennung von ferromagnetischen Eisenteilen. Für die Abtrennung von schwach- oder nichtmagnetischen Metallen und Legierungen muß gegebenenfalls auf andere Abscheideprinzipien zurückgegriffen werden (Metallsuchgeräte). Die Eisenabscheidung wird hauptsächlich im Zusammenhang mit der Förderung der Schüttgutströme – vor allem Förderbändern – betrieben.

Sehr verbreitet sind **Magnetrollen**. Diese werden an Bandübergabestellen als Umlenkrollen eingebaut und trennen nach dem Prinzip der langsam-laufenden Trommelmagnetscheider. Diese heute vorwiegend als Permanentmagnetrollen ausgebildeten Abscheider sind aus scheibenförmigen Permanentmagneten abwechselnder Polarität zusammengesetzt. Für große Magnetrollen finden auch noch Elektromagnete Anwendung.

Ist der abzutrennende Eisenanteil gering, so können auch **Überbandmagnete** eingesetzt werden. Sie bestehen meist aus einer oder mehreren elektromagnetischen Spulen mit Eisenjoch und sind über dem Gutstrom angeordnet. Die aus dem letzteren herausgezogenen Teile bleiben zunächst am Magneten hängen. Ist der Magnet genügend „beladen", wird er zur Seite geschwenkt und abgeschaltet, damit die Eisenteile abfallen können. Danach wird er wieder in seine Arbeitsstellung zurückgebracht und eingeschaltet.

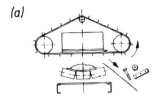

(a)

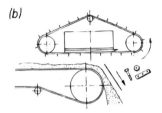

(b)

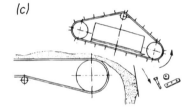

(c)

Bild 161 Anordnung von Überbandmagnetscheidern
a) Querband-Anordnung
b) Überkopf-Anordnung
c) Vorkopf-Anordnung

Bei höheren Anteilen abzuscheidenden Fremdeisens ist es günstiger, anstatt eines Überbandmagneten einen kontinuierlich arbeitenden **Überbandmagnetscheider** (Bild 161) zu installieren. Bei ihnen bewegt ein um den Magneten laufendes Band die angezogenen Eisenteile kontinuierlich aus dem Bereich des Magnetfeldes heraus, so daß diese dort abfallen können. Hinsichtlich des Einbaues der Überbandmagnetscheider sind die Querband-Anordnung (Bild 161a; für Förderbandgeschwindigkeiten $v < 2$ m/s), die Überkopf-Anordnung (Bild 161b; für v bis zu 2,5 m/s) und die Vorkopf-Anordnung (Bild 161c; für $v > 2,5$ m/s) zu unterscheiden. Insbesondere bei Installierung nach der Anordnung gemäß Bild 161b ist darauf zu achten, daß die Antriebstrommel des Gut-Förderbandes aus nicht-magnetisierbarem Werkstoff besteht. Die Magnetfelder der Überbandmagnetscheider werden durch Elektromagnete oder bei kleinen bis mittleren Förderdurchsätzen sowie nicht zu grober Körnung des Fördergutes auch durch Permanentmagnete erregt.

Bei der Auslegung von Eisenabscheidern ist in jedem Falle zu beachten, daß die Eisenteile in einer Gutschicht eingebettet sind, die sie durchdringen müssen, um den Magneten zu erreichen. Folglich läßt sich schon überschläglich sagen, daß die magnetische Kraft F_M ein Mehrfaches des Gewichtes der abzutrennenden Teile betragen muß. Im konkret gegebenen Einsatzfall sind dazu eingehendere Überlegungen anzustellen.

2.2.4 Andere Magnetgeräte

Weitere Magnetgeräte, die in der Aufbereitungstechnik industriell eingesetzt werden, sind Magnetisierungs- und Entmagnetisierungsspulen. Von den Laborgeräten sind magnetische Waagen, Isodynamikscheider und magnetische Analysatoren zu erwähnen.

2.2.4.1 Magnetisierungs- und Entmagnetisierungsgeräte

Magnetisierungsgeräte werden benötigt, um fein- bis feinstkörnige ferromagnetische Teilchen in Trüben zu magnetisieren und unter Ausnutzung der Remanenz zu flocken (agglomerieren). Die gebildeten Flocken lassen sich leichter eindicken, einfacher filtrieren oder durch Klassieren von wertlosem Feinstkorn abtrennen. Für diese Magnetisierungsgeräte werden überwiegend Permanentmagnete benutzt. Diese sind in geeigneter Weise um ein von der Trübe durchflossenes Rohrleitungsstück aus nicht-magnetisierbarem Werkstoff anzuordnen [19]. Mit diesen Anordnungen lassen sich in der Rohrachse Feldstärken bis zu etwa 50 kA/m erzielen.

Man benutzt **Entmagnetisierungsspulen**, um die magnetische Flockung aufzuheben. Diese werden z. B. in Schwimm-Sink-Anlagen bei magnetischer Dünntrübe-Regeneration eingesetzt, bevor der regenerierte Schwerstoff dem Arbeitstrübekreislauf erneut zugeführt wird. Entmagnetisierungsspulen bestehen aus mehreren Wicklungen, die auf eine Rohrleitung aus nicht-magnetisierbarem Werkstoff aufgezogen sind und deren Windungszahl in Fließrichtung abnimmt. Diese Spulen werden durch Wechselstrom erregt. Infolgedessen werden die ferromagnetischen Teilchen ständig ummagnetisiert. Sie gelangen in Bewegungsrichtung in immer schwächere Felder, so daß schließlich die Magnetisierung vollständig beseitigt wird. Die maximale Ausgangsfeldstärke dieser Spulen beträgt bis zu 100 kA/m [19].

2.2.4.2 Laborgeräte

Zur Bestimmung der magnetischen Eigenschaften von Körnern, die auf technischen Magnetscheidern getrennt werden sollen, kann man eine **magnetische Waage** benutzen (Bild 162). Bei Messungen an ferromagnetischen Stoffen darf dabei die Entmagnetisierung nicht vernachlässigt werden. Als charakteristischer Stoffwert wird bei Ferromagnetika zweckmäßig der Sättigungswert der Magnetisierung angegeben. Für dessen Bestimmung mit Hilfe der magnetischen Waage ist eine Näherungsmethode vorgeschlagen worden [410]. Außer Absolutmessungen der magnetischen Eigenschaften können mit der magnetischen Waage auch Schnellanalysen durchgeführt werden, wenn die Probe neben praktisch unmagnetischen Bestandteilen einen mit genügend ausgeprägten magnetischen Eigenschaften enthält.

Die wichtigsten Teile der magnetischen Waage sind das elektromagnetische System (1) und die Balkenwaage (2) zur Messung der magnetischen Kraft. Die Polschuhe (3) besitzen ein solches Profil, daß sich zwischen ihnen – zumindest im Meßbereich – angenähert ein isodynami-

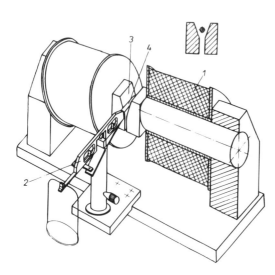

Bild 162 Magnetische Waage
(1) Elektromagnetsystem; (2) Balkenwaage; (3) Polschuhe; (4) Probebehälter

sches Feld ausbilden kann, d.h., das Produkt $\mu_0 H |\mathrm{grad}\, H|$ näherungsweise konstant ist. Alle in der Untersuchungsprobe enthaltenen Körner, die sich in dem Behälter (4) aus unmagnetischem Material (z.B. Glas oder Kunststoff) befinden, sind dann einer gleich großen magnetischen Kraftfelddichte ausgesetzt. Die Teile des Wägesystems sind aus nichtmagnetisierbaren Werkstoffen gefertigt. Der eine Arm des Waagebalkens mit dem Probebehälter ragt in das Feld zwischen den Polschuhen hinein. Die Längsachse des Probebehälters liegt senkrecht zur Feldrichtung, so daß Quermagnetisierung vorhanden ist. Wenn die Waage zunächst ohne Magnetfeld, aber mit der Körnerprobe tariert wird, so entspricht im Gleichgewichtszustand mit Magnetfeld das auf die Waagschale aufgelegte Gewicht der magnetischen Kraft, die auf die Probe wirkt. Wenn sowohl die Masse der Probe als auch das Produkt $\mu_0 H |\mathrm{grad}\, H|$ als Funktion der Erregerstromstärke bekannt sind, kann die Suszeptibilität mit Hilfe der Gl. (35) berechnet werden.

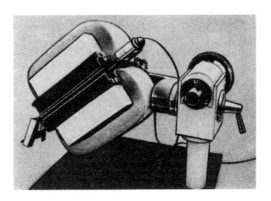

Bild 163 Isodynamik-Scheider, Bauart *Frantz*

Zur magnetischen Fraktionierung in Suszeptibilitätsklassen bzw. zur Abtrennung reiner Minerale benutzt man **Isodynamikscheider**. Die magnetische Fraktionierung ist bekanntlich nur in einem isodynamischen Feld möglich (siehe Abschn. 2.2.3.4). Das bekannteste Laborgerät ist der Isodynamik-Scheider, Bauart *Frantz* (Bild 163). Im Luftspalt eines starken Elektromagneten befindet sich eine Schurre aus unmagnetischem Material, die in Vibrationen von regelbarer Amplitude versetzt werden kann. Die Schurre einschließlich des Magnetsystems kann in Längs- und Querrichtung geneigt und der jeweilige Neigungswinkel abgelesen werden. Die Form der Polschuhe ist so gestaltet, daß $\mu_0 H |\mathrm{grad}\, H|$ im Luftspalt konstant ist. Folglich gilt für die auf ein Korn P wirkende Kraft in Abwandlung von Gl. (35):

$$F_\mathrm{M} = C \varkappa_\mathrm{S}\, I^2\, V_\mathrm{P} \tag{83}$$

I Erregerstromstärke
V_P Kornvolumen
C Konstante

Infolge der Querneigung ist die Schwerkraftkomponente $F_\mathrm{G} \sin\beta = V_\mathrm{P}\, \gamma \sin\beta$ der magnetischen Kraft F_M entgegengerichtet. Ist $F_\mathrm{G} \sin\beta > F_\mathrm{M}$, so bewegen sich die Körner zur tieferen Seite der Schurre und umgekehrt (Bild 164). Bei festgelegter Querneigung und gegebener Erregerstromstärke hängt die Einordnung der Körner nur von der Suszeptibilität ab. Am Austragende ist die Schurre in Längsrichtung durch eine Mittelrippe geteilt, so daß zwei Suszeptibilitätsklassen getrennt aufgefangen werden können. Durch Anwendung verschiedener Erregerstromstärken kann ein Gut in mehrere Suszeptibilitätsklassen zerlegt werden. Die Korngrößenklasse 0,5 ... 1 mm soll für die Fraktionierung am besten geeignet sein. Die beiden wichtigsten Einstellungen des Gerätes sind die Querneigung β und die Erregerstromstärke I. Die Längsneigung und die Amplitude der Vibrationen bestimmen nur die Fördergeschwindigkeit in der

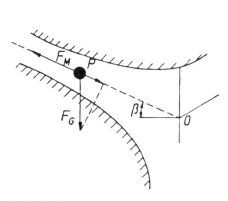
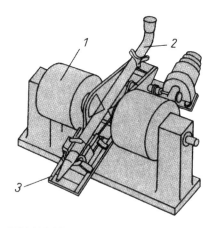

Bild 164 Querschnitt durch den Luftspalt eines Isodynamik-Scheiders, Bauart *Frantz*

Bild 165 Magnetischer Analysator
(1) Elektromagnet; (2) Glasrohr; (3) Schlitten

Schurre. Der Isodynamik-Scheider kann auch zur Suszeptibilitätsbestimmung benutzt werden [411] [412].

Magnetische Analysatoren dienen der Bestimmung des Gehaltes an magnetischem Bestandteil in feinen Körnungen (Bild 165). Die Schnellanalyse gelingt nur, wenn eine ausreichend hohe Suszeptibilität des magnetischen Bestandteils gegeben ist. Die Geräte werden in erster Linie zur Bestimmung von ferromagnetischen Gutanteilen eingesetzt. Sie bestehen im wesentlichen aus einem Elektromagneten (1), zwischen dessen Polen sich eine Glasröhre (2) unter einem Winkel von etwa 45° befindet. Das Glasrohr ist auf einem Schlitten (3) gelagert, der in hin- und hergehende Bewegungen oder Vibrationen versetzt wird. Zur Analyse gelangen kleine Probemengen (etwa 1 bis 5 g) feinen Gutes (<0,5 mm), die dem wassergefüllten Rohr oben aufgegeben werden. Beim Durchlaufen des Magnetfeldes werden die starkmagnetischen Körner an den Wänden festgehalten, während das unmagnetische Gut nach unten rutscht und getrennt aufgefangen wird. Die Rüttelbewegungen bzw. Vibrationen sollen das Einschließen unmagnetischer Teilchen verhindern.

2.2.5 Magnetisierende Röstung

Das technologische Ziel des magnetisierenden Röstens besteht darin, schwachmagnetische Eisenminerale in starkmagnetische Phasen (Magnetit, Maghemit oder sogar metallisches Eisen) überzuführen. Die nachfolgende Magnetscheidung gelingt dadurch auf Schwachfeldscheidern bei hohem Durchsatz und guter Trennschärfe, oder die Magnetscheidung wird dadurch überhaupt erst möglich. Folgende weitere Vorteile können auftreten: Verbesserung der Mahlbarkeit, das Entfernen von Hydratwasser, das Abspalten von CO_2 aus karbonatischen Erzen und eine Kornvergrößerung der Eisenträger. Diesen Vorteilen stehen als wesentlicher Nachteil die relativ hohen Röstkosten gegenüber, die bis zu 70% der gesamten Aufbereitungskosten ausmachen können. Wegen der ständigen Weiterentwicklung der Starkfeldmagnetscheidung, der Flotation und teilweise auch der Dichtesortierung ist deshalb die Anwendung der magnetisierenden Röstung auf Sonderfälle beschränkt geblieben. Jedoch ist bei Untersuchungen zur Anreicherung feinverwachsener Eisenerze mit schwachmagnetischen Eisenmineralen ihre Anwendung bis in die neuere Zeit hinein immer wieder mit in Erwägung gezogen worden (siehe z.B. [300] [413] bis [417]).

2.2.5.1 Grundlagen

Eisenerze von wirtschaftlichem Interesse enthalten hauptsächlich oxidische Eisenminerale. Für das magnetisierende Rösten kommen davon solche Erze in Betracht, die Hämatit, Limonit, Goethit, Hydrohämatit, Lepidokrokit oder andere Hydrate des Fe_2O_3 enthalten. Beim Erhitzen der zuletzt genannten Minerale erfolgt zunächst ein Dehydratisieren zu Hämatit (α-Fe_2O_3), das zwischen 300° und 400°C beendet ist. Eine Umwandlung dieser paramagnetischen Minerale in ferromagnetische Phasen gelingt im allgemeinen nur unter reduzierenden Bedingungen oberhalb 250° bis 300°C. Der Ablauf der Reduktion soll anhand des Systems Fe-O (Bild 166) besprochen werden. In diesem interessieren im Zusammenhang mit dem Rösten folgende Minerale bzw. Phasen:

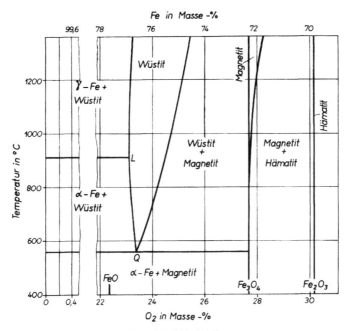

Bild 166 System Fe-O nach *Darken* und *Gurry* [418] bis [420]

a) Hämatit (α-Fe_2O_3) kristallisiert trigonal nach dem Korund-Typ. Die größeren O^{2-}-Ionen ($r_{O^{2-}} = 1{,}40$ Å, $r_{Fe^{3+}} = 0{,}60$ Å, $r_{Fe^{2+}} = 0{,}75$ Å) sind in dichtester hexagonaler Packung angeordnet, während sich die Fe^{3+} in den oktaedrischen Hohlräumen befinden. Hämatit hat gewöhnlich ein geringes Defizit an Sauerstoff und damit entsprechende O^{2-}-Leerstellen. Hämatit ist schwach paramagnetisch (siehe Tabelle 17).

b) Maghemit (γ-Fe_2O_3) ist instabil und kristallisiert kubisch in der Spinellgruppe. Die O^{2-}-Ionen sind in kubisch dichtester Packung angeordnet. Man erhält Maghemit durch Dehydratation von γ-FeOOH unter 500°C oder durch Oxydation von Fe_3O_4 unter 400°C. Maghemit ist ferromagnetisch.

c) Magnetit (Fe_3O_4) kristallisiert kubisch in der Spinellgruppe und hat die gleiche Anordnung der O^{2-}-Ionen wie γ-Fe_2O_3. Die Fe^{2+} befinden sich in tetraedrischer, die Fe^{3+} in oktaedrischer Anordnung in den Hohlräumen. Magnetit ist ferromagnetisch und meist das Ziel des magnetisierenden Röstens.

d) Wüstit hat ein kubisches Gitter vom NaCl-Typ. Die O^{2-}-Ionen sind in kubisch dichtester Kugelpackung angeordnet, und die Fe^{2+} befinden sich in oktaedrischer Anordnung in den

Hohlräumen. Wüstit ist unter 570°C instabil und zerfällt eutektoidisch in α-Fe und Fe_3O_4. Allerdings ist auch Unterkühlung bis zu normalen Temperaturen möglich. Wüstit ist ein Eisenoxid, das nicht nach einem stöchiometrischen Verhältnis aufgebaut ist. Es entspricht der Formel $Fe_{1-x}O$, wobei x etwa 0,05 bis 0,13 beträgt. Infolge des Eisenunterschusses bleiben einige Plätze unbesetzt, und die Elektroneutralität wird durch entsprechende Fe^{3+} hergestellt. Wüstit ist paramagnetisch. Beim magnetisierenden Rösten muß seine Bildung folglich verhindert werden.

Aus den vorstehenden Darlegungen ist ersichtlich, daß sich beim Übergang vom Hämatit zum Magnetit eine wesentliche Veränderung der Kristallstruktur vollzieht. Die Reduktion entspricht einem Sauerstoffverlust, der mit einem Übergang der O^{2-}-Ionen von der hexagonal dichtesten Packung zur kubisch dichtesten Packung verbunden ist. Den Reaktionsablauf kann man zusammengefaßt wie folgt angeben:

$$3 Fe_2O_3 + CO \rightleftharpoons 2 Fe_3O_4 + CO_2 + 60 \text{ kJ} \tag{84a}$$

oder

$$3 Fe_2O_3 + H_2 \rightleftharpoons 2 Fe_3O_4 + H_2O + 20 \text{ kJ} \tag{84b}$$

Im einzelnen ist der Ablauf wesentlich komplizierter. Zunächst soll jedoch die globale Betrachtungsweise anhand von Bild 166 fortgesetzt werden. Bei Rösttemperaturen unter 575°C gelangt man vom Fe_2O_3 zunächst zum Fe_3O_4. Ist die Reduktion zum Magnetit vollständig, muß das geröstete Gut in nicht oxidierender Atmosphäre schnell abgekühlt werden, wobei Fe_3O_4 erhalten bleibt. Ein Überrösten führt unterhalb 575°C zum α-Fe, das gleichfalls ferromagnetisch ist. Dies wäre technologisch kein Nachteil, ist aber vom ökonomischen Standpunkt wegen des höheren Energieaufwandes abzulehnen. Deshalb ist eine genaue Kontrolle des Röstverlaufes notwendig.

Beim Abkühlen mit oxidierender Atmosphäre gelangt man bei höheren Temperaturen zum α-Fe_2O_3 zurück, das unbedingt vermieden werden muß, oder unterhalb 400°C zum γ-Fe_2O_3. Maghemit kann allerdings auch oberhalb 400°C stabil sein, wenn die unbesetzten Hohlräume seines Gitters beispielsweise durch Ni^{2+}, Mn^{2+} oder Mg^{2+} belegt werden. Besonders stabiler Maghemit soll beim Rösten von Siderit- oder Brauneisenerzen entstehen, die höhere Anteile an CaO, MnO oder anderen Oxiden enthalten [327]. Ein Beimischen der genannten Oxide in Pulverform zum Röstgut soll allerdings zwecklos sein.

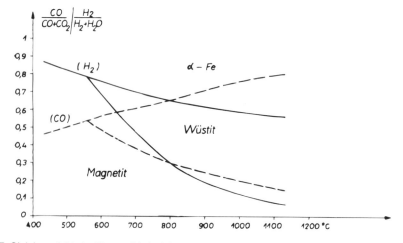

Bild 167 Gleichgewicht der Eisenoxide bei der magnetisierenden Röstung als Funktion der Röstgaszusammensetzung (CO/(CO + CO_2) bzw. H_2/(H_2 + H_2O) und der Temperatur für 1,01 bar

Unterhalb 575°C verläuft der Prozeß im allgemeinen zu langsam. Will man aber oberhalb dieser Temperatur arbeiten, so ist dafür Sorge zu tragen, daß die Röstgase ausreichend verdünnt sind, um Magnetit als Endprodukt zu erhalten und die Wüstit-Bildung zu vermeiden. Das Diagramm im Bild 167 gibt sowohl für CO als auch H_2 als Reduktionsmittel die zulässigen Konzentrationsverhältnisse an [327] [419] [421]. Um die Röstung so schnell wie möglich durchzuführen, arbeitet man im Bereich der Gleichgewichtskonzentrationen, wobei eine genaue Kontrolle des Reaktionsablaufes notwendig ist.

Zur Aufklärung des Reaktionsverlaufes sind schon eine Reihe von Arbeiten durchgeführt worden [419]. Es handelt sich um topochemische Reaktionen, für deren Ablauf Diffusionsvorgänge durch die entstandenen reduzierten Phasen hindurch eine große Rolle spielen. Dabei diffundieren wahrscheinlich nicht nur die Reduktionsgase durch die reduzierten Phasen zur Grenzfläche mit den noch nicht reduzierten Phasen, sondern auch Metallatome bzw. -ionen in entgegengesetzter Richtung. Der Transport dieser Atome, Moleküle bzw. Ionen wird über vakante Gitterplätze und Zwischenräume vonstatten gehen. Die Diffusion von Metallatomen bzw. -ionen ist nach dem Zusammenbruch des hexagonalen Gitters leichter. Bei sehr fein verwachsenen Erzen kann durch eine zweckmäßige Prozeßführung eine wesentliche Kornvergröberung der Eisenträger erzielt werden. Schließlich ist versucht worden, magnetisierendes Rösten und Autogenmahlung zu kombinieren, wobei die thermische Behandlung den Aufschluß unterstützt [422].

Beim Rösten sehr fein verwachsener Brauneisenerze besteht die Gefahr, daß sich Eisensilikate bzw. Eisen-Aluminium-Silikate bilden. In diesem Falle ist bei möglichst niedrigen Temperaturen, kurzen Verweilzeiten und geringem Reduktionsmittelüberschuß zu arbeiten [423].

Am einfachsten lassen sich sideritische Erze magnetisierend rösten. Sie enthalten das Eisen schon in zweiwertiger Form und meist auch etwas Mangan, das bekanntlich als Stabilisator des Spinell-Gitters wirkt. Werden diese Erze auf 600° bis 700°C erhitzt, so verlaufen folgende Reaktionen:

$$FeCO_3 \rightleftharpoons FeO + CO_2 \tag{85}$$

und

$$3\,FeO + CO_2 \rightleftharpoons Fe_3O_4 + CO \tag{86}$$

Daraus ist zu erkennen, daß in einer mit CO_2 angereicherten Atmosphäre gearbeitet werden muß, um das Gleichgewicht zugunsten des Fe_3O_4 zu verschieben [424]. Wenn nur das CO_2 aus der Siderit-Zersetzung zur Verfügung steht, so erhält man ein geröstetes Gut, bei dem auf ein Mol Fe_3O_4 zwei Mol FeO entfallen. Beim Röstbetrieb stehen aber weiterhin das CO_2 der Verbrennung und Luftsauerstoff zur Verfügung. Der letztere oxydiert das entstandene CO, wodurch die Fe_3O_4-Bildung begünstigt wird. Bei geringem Sauerstoffüberschuß erfolgt Rückoxydation zu γ-Fe_2O_3, was bei Anwesenheit von Mn^{2+} oder anderen zweiwertigen Metallionen, wie schon erörtert worden ist, keinen Nachteil darstellt, weil dann Maghemit auch oberhalb 400°C stabil bleibt.

2.2.5.2 Technische Durchführung

Das magnetisierende Rösten kann in Öfen verschiedener Bauart durchgeführt werden. Die zweckmäßige Wahl des Ofens ist nicht nur hinsichtlich des Wärmeaufwandes, sondern auch wegen der verarbeitbaren Korngrößen wichtig.

Anfänglich wurden vor allem **Schachtöfen** in Erwägung gezogen, deren Vorteile in vergleichsweise geringem Wärmeaufwand aufgrund des guten Wärmeaustausches und in der einfachen Bauart zu sehen sind. Dabei ist von Nachteil, daß nur gröbere, klassierte und abriebfeste Erze verarbeitbar sind. Der spezifische Durchsatz betrug etwa 5 bis 10 t/(m³·d).

In den 30er Jahren begann man in Deutschland, den **Drehrohrofen** für das magnetisierende Rösten einzusetzen [425]. Von der Firma *Lurgi* ist auf diesem Gebiet eine umfangreiche Ent-

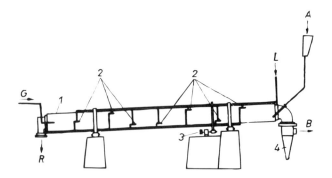

Bild 168 Drehrohrofen für das magnetisierende Rösten, Bauart *Lurgi*
(1) Drehrohrofen; (2) Mantelbrenner; (3) Antrieb; (4) Zyklon
A Aufgabegut; R geröstetes Gut; G Gas; B Abgas

wicklungsarbeit geleistet worden. Der *Lurgi*-Prozeß wird in einem Drehrohrofen realisiert, dessen Ofenköpfe gasdicht abgeschlossen sind (Bild 168). Neben dem Zentralbrenner verfügt der Ofen über weitere Brenner, die auf dem Ofenmantel verteilt angeordnet sind und durch die sowohl Brennstoffe bzw. Reduktionsmittel als auch Luft dosiert zugeführt werden können. Dadurch gelingt es, die Ofenatmosphäre und -temperatur zu steuern. Der *Lurgi*-Prozeß ist für unterschiedliche Erze und für mittlere bis sehr feine Körnungen geeignet. Der Wärmebedarf soll bei etwa 1000 kJ/kg liegen, wobei die Hauptverlustquellen die fühlbare Wärme des gerösteten Gutes und des Abgases darstellen. Durch Verminderung dieser Verluste (Wärmeaustauscher an der Aufgabeseite des Ofens, Rückführung der Stäube in die heiße Zone des Ofens) läßt sich der Wärmeaufwand senken. Es wurden Ofeneinheiten mit Durchsätzen bis zu 3000 t/d gebaut. Auch in der ehemaligen UdSSR ist für die Aufbereitung oxydierter Eisenquarzite die Entwicklung von Drehrohröfen mit Abmessungen bis zu 5 x 120 m betrieben worden [414] [417].

Um den Wärmebedarf durch Nutzung der fühlbaren Wärme im Ofenaustrag wesentlich zu senken, wurde in Schweden ein Drehrohrofen mit eingebautem Rekuperator entwickelt [426] [427]. Dadurch gelang es, den Wärmebedarf auf 550 bis 590 kJ/kg zu senken. Diese Ofeneinheiten sind jedoch relativ kompliziert, und über ihren industriellen Einsatz ist nichts bekannt geworden.

In den USA sind auch Untersuchungen in Drehrohröfen durchgeführt worden, bei denen Zusätze minderwertiger dünnwandiger Schrotte als Reduktionsmittel für das magnetisierende Rösten von hämatitischen Erzen eingesetzt worden sind [415] [416].

Auch **Wanderroste** [425] und **Wirbelbettöfen** [428] sind hinsichtlich ihrer Einsatzmöglichkeiten für das magnetisierende Rösten untersucht worden. Über einen industriellen Einsatz ist jedoch nichts bekannt.

2.2.6 Kennzeichnung des Trennerfolges von Magnetscheideprozessen

Zur Kennzeichnung des Trennerfolges können die gleichen Methoden benutzt werden, die im Abschn. 1.5 besprochen worden sind. Jedoch sind einige Besonderheiten zu beachten.

Das Aufstellen von Trennfunktionen setzt bekanntlich voraus, daß das Gut und seine Produkte in Trennmerkmalklassen zerlegbar sind. Dies ist im vorliegenden Fall für paramagnetisches Gut und feinere Körnungen mit Hilfe des Isodynamik-Scheiders möglich (siehe Abschn. 2.2.4.2). Mit Hilfe der Kornsuszeptibilitätsklassen lassen sich auch Verwachsungskurven (*M*-Kurvendiagramme oder Verwachsungskurven nach *Henry-Reinhardt*, siehe Band I) entwickeln [429]. Näherungsweise erreicht man das Zerlegen in Kornsuszeptibilitätsklassen auch auf Elektromagnetscheidern, wenn man genügend eng klassiertes Gut in einer Einkornschicht aufgibt und $\mu_0 H |\text{grad} H|$ durch Verändern der Erregerstromstärke und der Luftspaltweite variiert [430].

2.3 Wirbelstromsortierung

Da bei der Wirbelstromsortierung – auch als elektrodynamische Sortierung bezeichnet – die abstoßende Wirkung zwischen dem induzierenden Magnetfeld und dem Magnetfeld ausgenutzt wird, das die in den abzutrennenden Teilstücken induzierten Wirbelströme aufbauen, kommen als Wirkprinzipien nur solche Querstromtrennungen in Betracht, die der Ablenksortierung zuzuordnen sind [2]. Trotz dieser Einschränkung im Vergleich zur Magnetscheidung existiert aber hinsichtlich der technischen Realisierung noch eine beachtliche Variationsbreite, die einerseits durch die Ausbildung der auf die Teilstücke wirkenden Magnetsysteme und andererseits durch die Gestaltung der Ablenkgeometrie gegeben ist. Daraus resultiert eine Anzahl verschiedener Bauarten von Wirbelstromscheidern (siehe z.B. [9] [213] [288] [431] bis [442]).

Das erste Patent für einen Wirbelstromscheider wurde schon 1889 erteilt und betraf die Abscheidung von Seifengold [432]. Trotzdem ist es erst in jüngster Zeit zu einer bemerkenswerten industriellen Nutzung der Wirbelstromsortierung gekommen. Die Ursachen sind nicht nur darin zu sehen, daß es erst in den letzten Jahren gelungen ist, leistungsfähige Wirbelstromscheider zu entwickeln, sondern auch in der Tatsache, daß ihre Anwendung erst im Zusammenhang mit dem Recycling NE-metallhaltiger Schrotte deutlich an industrieller Bedeutung gewonnen hat [9] [213] [288]. Im Rahmen der modernen Aufbereitung mineralischer Rohstoffe bieten sich nämlich für diesen Sortierprozeß kaum Einsatzmöglichkeiten.

2.3.1 Grundlagen der Wirbelstromsortierung

Hinsichtlich der Grundlagen der Wirbelstromsortierung läßt sich auf zwei wichtige Aussagen von Abschn. 2.1.1 zurückgreifen, nämlich: Ein zeitlich veränderliches magnetisches Feld ist immer von einem elektrischen Feld begleitet (**Induktionsgesetz**); und ein stromdurchflossener Leiter baut ein magnetisches Feld auf (***Biot-Savart*sches Gesetz**). Setzt man deshalb elektrisch leitende Teilstücke einem magnetischen Wechselfeld aus bzw. bewegt sie durch stationäre Magnetfelder, so werden in ihnen Wirbelströme senkrecht zum magnetischen Wechselfluß erzeugt. Diese wiederum bauen Magnetfelder auf, die den induzierenden Feldern entgegengerichtet sind, wodurch eine abstoßende Kraftwirkung hervorgebracht wird. Darauf beruht die Ablenkung von elektrisch leitenden, nichtmagnetischen Teilstücken bei der Wirbelstromsortierung.

Da das in den Teilstücken entstehende Wirbelfeld der Flußdichte des induzierenden Wechselfeldes entgegengerichtet ist, verdrängt es letzteres aus deren Innerem. Der Umfang der Verdrängung wächst mit der Frequenz des einwirkenden Wechselfeldes [444]. In diesem Zusammenhang spricht man von der Eindringtiefe des Wechselfeldes in die Teilstücke, die mit der Frequenz abnimmt.

Schließlich ist auch zu erwähnen, daß für elektrische Maschinen und Wechselstrommagnete anstatt massiver Teile solche eingesetzt werden, die aus voneinander isolierten Blechen bestehen, um die Wirbelströme und die dadurch bedingten Verluste zu reduzieren. Dies hat für die Wirbelstromsortierung insofern Bedeutung, als daß sich sehr dünne Bleche (Folien) nicht damit abscheiden lassen.

Die theoretische Berechnung der Abstoßungskräfte ist folglich sehr schwierig. Sie setzt die Kenntnis der räumlichen Ausbildung sowohl des induzierenden Magnetfeldes als auch der Wirbelströme voraus. Letzteres wiederum wird vor allem durch die Intensität und Frequenz der Einwirkung des induzierenden Feldes sowie die Leitfähigkeit, Größe, Form und Orientierung der Teilstücke bestimmt. Ergebnisse entsprechender Untersuchungen bei vereinfachenden Annahmen liegen von mehreren Autoren vor [431] [433] [435] [436] [442]. Um deren wesentliche Aussagen zu verdeutlichen, soll auf entsprechende Ergebnisse von *Schlömann* für einen **Rutschenscheider** zurückgegriffen werden [431] [433]. Ein solcher Scheider (Bild 169)

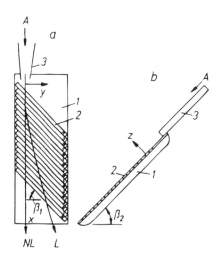

Bild 169 Wirbelstrom-Rutschenscheider, schematisch
a) Draufsicht auf die Rutschenplatte
b) Seitenansicht des Scheiders
(1) Weicheisenplatte; (2) Permanentmagnete;
(3) Aufgabeschurre
A Aufgabe; NL nichtleitendes Produkt;
L leitendes Produkt

besteht aus einer Weicheisenplatte (1), auf deren Oberfläche Permanentmagnet-Streifen (2) mit abwechselnder Polarität unter einem Winkel von $\beta_1 = 45°$ zur Plattenbasis angeordnet sind. Die Platte ist unter einem Winkel β_2 zur Horizontalen derart geneigt, daß die aufgegebenen Stücke unter Schwerkraftwirkung über sie hinweggleiten und dadurch den Magnetfeldern der Wechselpolanordnung mit vergleichsweise geringer Frequenz ausgesetzt sind. Leitende Teilstücke werden hierbei in der auf Bild 169 angedeuteten Weise aus dem Gutstrom ausgelenkt. Für leitende Kreisscheiben, deren Durchmesser D klein im Vergleich zur Periodenlänge der Magnetanordnung $2s$ (s – Polmittenabstand der Wechselpolanordnung) ist, ergibt sich für die in y-Richtung auslenkende Komponente $F_{\text{rep;y}}$ der Abstoßungskraft [431] [433]:

$$F_{\text{rep;y}} = m_P\, \alpha\, v_x \tag{87}$$

m_P Teilstückmasse
v_x Geschwindigkeit des Teilchens in x-Richtung

wobei der komplexe Parameter α für ein kreisscheibenförmiges Teilstück mit dem Durchmesser D gegeben ist durch:

$$\alpha_{\text{Sch}} = \frac{1}{32}\, \frac{\kappa}{\gamma}\, D^2 \left(\frac{\partial B_y}{\partial x}\right)^2 \tag{88}$$

κ elektrische Leitfähigkeit des Teilstücks
B_y y-Komponente der magnetischen Flußdichte

Aufbauend auf diesen theoretisch abgeleiteten und experimentell weitgehend bestätigten Zusammenhängen wird für die Komponente $F_{\text{rep;y}}$ der Abstoßungskraft, die auf kleine Kreisscheiben wirkt, folgende Näherungsbeziehung angegeben [288]:

$$F_{\text{rep;y}} \simeq m_P\, \frac{\kappa}{\gamma}\left(\frac{D}{2s}\right)^2 B^2\, v_x \tag{89}$$

Handelt es sich um Teilstücke, deren Abmessungen in der Größenordnung der Periodenlänge der Wechselpolanordnung liegen, so ergibt sich bei der Ableitung eine wesentlich komplexere Abhängigkeit. So fand *Schlömann* für Teilstücke, die aus Metallbändern der Breite b bestehen, für α in Gl. (87) folgende Beziehung [431] [433]:

$$\alpha_{\text{Ba}} = \frac{1}{4}\, \frac{\kappa}{\gamma}\, B_1^2\, f_{\text{Ba}}(p) \tag{90}$$

wobei B_1 und $f_{Ba}(p)$ durch nachstehende Abhängigkeiten gegeben sind:

$$B_z(x,y) = B_1 \sin k(x-y) \tag{91}$$

mit $k = 2^{1/2}\,\pi/2s$

und

$$f_{Ba}(p) = 1 - (\cosh p - \cos p)/p \sinh p \tag{92}$$

mit $p = k\,b = 2^{1/2}\,\pi\,b/2s$

Umfangreiche Modellrechnungen zur Bestimmung der Abstoßungskräfte, die auf parallelepipedförmige Teilstücke wirken, sind in den letzten Jahren für mehrere Scheiderkonfigurationen an der *Delft University of Technology* angestellt worden [435] [436] [442]. In den Berechnungsformeln sind hierbei der Einfluß der Teilchenform durch einen Formparameter sowie die Ausbildung des Magnetsystems durch einen speziellen Parameter berücksichtigt, der dessen Optimierung für gegebene Einsatzbedingungen ermöglicht.

Tabelle 26 Elektrische Leitfähigkeit κ, Dichte γ und Stoffparameter κ/γ von nichtmagnetischen Metallen

Metall	κ in $10^6\,\Omega^{-1}\,m^{-1}$	γ in kg/m³	κ/γ in $10^3\,\Omega^{-1}\,m^2\,kg^{-1}$
Aluminium	35	2700	13,0
Magnesiusm	22	1800	12,2
Kupfer	56	8900	6,3
Silber	63	10500	6,0
Zink	16	7100	2,3
Messing	11 bis 14	≈8500	1,3 bis 1,6
Zinn	9	7300	1,2
Blei	5	11300	0,4
hochlegierte Stähle	≈ 0,7	≈7700	0,1

In allen Berechnungsformeln für die Abstoßungskräfte ist der Stoffparameter κ/γ enthalten. In Tabelle 26 sind die elektrische Leitfähigkeit κ, die Dichte γ und κ/γ für die wichtigsten Metalle, die im Zusammenhang mit der Wirbelstromsortierung von Interesse sind, zusammengestellt. Daraus ist zu erkennen, daß die günstigsten Bedingungen für eine Abtrennung für Aluminium und Magnesium gegeben sind. Demgegenüber besteht kaum eine Möglichkeit, Blei auf diese Weise von Halb- und Nichtleitern abzutrennen.

Daß die Abstoßungskraft F_{rep} vom Quadrat der magnetischen Flußdichte abhängt, verdeutlichen unmittelbar die Gln. (89) und (90). Ersetzt man unter sonst gleichbleibenden Bedingungen in der Wechselpolanordnung eines Wirbelstromabscheiders Barium- oder Strontiumferrit-Magnete mit $B_R \approx 0{,}4$ T durch moderne Hochleistungs-Permanentmagnete mit $B_R \approx 0{,}8$ T, so erhöht sich F_{rep} auf das Vierfache. Dies unterstreicht die große Bedeutung dieser Magnete für die Entwicklung leistungsfähiger Wirbelstromscheider.

Die erzielbare Abstoßungskraft hängt weiterhin vom Abstand z zwischen Poloberfläche und Teilstück ab. Dieser Abstand wird bei einigen Scheidern mitbestimmt durch die Abmessungen des Fördermittels (Band, Trommel), das sich zwischen den Magnetpolen und dem Gutstrom befindet. Für die Abstandsabhängigkeit der magnetischen Flußdichte längs der Symmetrieachse eines Pols (siehe hierzu Bild 114) kann man entsprechend auf Gl. (51) zurückgreifen, und zwar:

$$B/B_0 = \exp(-c\,z) \tag{93}$$

B_0 magnetische Flußdichte am Pol
c Parameter, der vom Polmittenabstand s abhängt, und zwar für Polanordnungen
 – in einer Ebene: $c = \pi/s$
 – auf einem Zylindermantel: $c = \pi/s + 1/R$
R Zylinderradius

Da $F_{rep} \sim B^2$ ist, wirkt sich eine Vergrößerung des Abstandes z – und damit bei gegebenem Polmittenabstand von z/s – besonders drastisch auf die Reduzierung der Abstoßungskraft aus. Durch Vergrößerung von s kann man bei der Konstruktion eines Scheiders einen größeren Abstand z in gewissen Grenzen durch Vergrößerung von s kompensieren. Jedoch sind dem Grenzen gesetzt, weil dann auch die Flußdichte B im „Luftspalt" zwischen Nachbarpolen herabgesetzt wird.

Eine weitere Größe, die bei der Wahl des Polmittenabstandes s zu berücksichtigen ist, ist die Größe der Teilstücke. Modellrechnungen über die Abhängigkeit $F_{rep} = f(z,L,s)$ sind von *Barskij* und *Bondar'* [443] angestellt worden, wobei die Größe der Teilstücke durch deren Länge L erfaßt worden ist. Das Ergebnis ist im Bild 170 dargestellt. Daraus ist zu entnehmen, daß der Polmittenabstand s in der Größenordnung der Teilstückgröße L liegen und mit Zunahme von z/L verringert werden sollte.

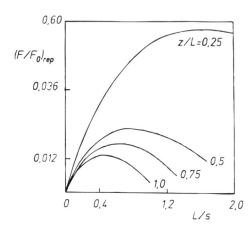

Bild 170 $(F/F_0)_{rep} = f(L/s)$ mit dem Verhältnis z/L als Parameter [443]
(L Länge der Teilstücke; s Polmittenabstand; z Abstand der Teilstücke von der Poloberfläche)

Eine Verbesserung der Abscheidung kleiner Teilstücke, d.h. Steigerung der auf sie wirkenden Abstoßungskraft, läßt sich gegebenenfalls auch durch Erhöhung der Frequenz des auf diese einwirkenden Wechselfeldes erreichen (siehe auch Gln. (87) bis (89)), falls dies die Arbeitsweise des Scheiders zuläßt. Überhaupt ist die Frequenz auch im Zusammenhang mit der im vorstehenden kurz erörterten Eindringtiefe des induzierenden Feldes in das Teilstück ein Parameter, der gemeinsam mit der Teilstückgröße, der elektrischen Leitfähigkeit κ und dem Polmittenabstand s zu optimieren ist. Auf der Grundlage experimenteller Untersuchungen mit Metallplatten ($L/H = 1$ bis 9) formulierten *Barskij* und Mitarbeiter folgendes Optimierungskriterium [439] [445]:

$$f = \frac{2{,}5 \cdot 10^5 \, s}{H^2 \, L \, \kappa} \quad \text{in Hz} \tag{94}$$

s in mm
$H; L$ Höhe bzw. Länge der Teilstücke in mm
κ in $(M\Omega)^{-1} m^{-1}$

Offensichtlich ist die optimale Frequenz dann gegeben, wenn die Teilstückhöhe der Eindringtiefe des induzierenden Magnetfeldes entspricht.

Wenn man die Frage nach dem bei der Wirbelstromsortierung wirksamen Trennmerkmal aufwirft, so findet man die Antwort mit Hilfe der Anfangsbeschleunigung dv/dt, die die Teilstücke bei ihrer Auslenkung aus dem Gutstrom unter der Wirkung der Abstoßungskraft F_{rep} erhalten. Vernachlässigt man weitere Kräfte, so folgt aus $F_T = F_{rep}$ bei Einsetzen von Gln. (87) und (88):

$$\left.\frac{dv}{dt}\right|_{t=t_0} = \frac{1}{32}\,\frac{\kappa}{\gamma}\,D^2\left(\frac{\partial B_y}{\partial x}\right)^2 v_x$$

Hieraus ergibt sich $\frac{\kappa}{\gamma} D^2$ als Trennmerkmal, weil in diesem Ausdruck die für die Trennung maßgeblichen Teilstückeigenschaften zusammengefaßt sind. Dabei ist zu beachten, daß unter den Voraussetzungen für die Ableitung der Gln. (87) und (88) D^2 sowohl Größe und Form als auch Orientierung der Teilstücke repräsentiert. Diese Feststellung ist verallgemeinerungsfähig, wenn man bedenkt, daß von elektrischer Leitfähigkeit, Größe, Form und Orientierung der Teilstücke die Ausbildung der Wirbelströme unter der Einwirkung des induzierenden Wechselfeldes abhängt. Aus dieser Tatsache ist auch die Schlußfolgerung zu ziehen, daß eine genügend enge Vorklassierung des Aufgabegutes die Voraussetzung für das Erreichen befriedigender Trennschärfen bei der Wirbelstromsortierung ist.

2.3.2 Wirbelstromscheider

Was die Erzeugung der auf die Teilstücke wirkenden magnetischen Wechselfelder anbelangt, so lassen sie sich entweder mit einem Elektromagnetsystem oder mit einem Permanentmagnetsystem erzeugen, wobei die letzteren – vor allem verursacht durch die großen Fortschritte auf dem Gebiet der Permanentmagnetwerkstoffe in neuerer Zeit (siehe Abschn. 2.1.4) – stark an Bedeutung für die Konstruktion von Wirbelstromscheidern gewonnen haben, so daß Scheider mit Elektromagneten sehr verdrängt worden sind.

Bei Anwendung eines Elektromagnetsystems zur Erzeugung eines Wechselfeldes ist vor allem auf das Prinzip des **Linearmotors** der Elektrotechnik zurückgegriffen worden. Diesen kann man sich durch Aufschneiden und Abrollen des Ständers eines Elektromotors auf einer Ebene entstanden denken. So „entartet" beim Wanderfeldmotor das Drehfeld zu einem Wanderfeld, das metallische Teilstücke in seiner Bewegungsrichtung auslenkt. Bild 171 verdeutlicht das Prinzip einer solchen Scheideranordnung, bei der das Magnetsystem (1) unter dem Förderband (2) angeordnet ist. Aufgrund der Bewegungsrichtung des Wanderfeldes werden die Metallstücke seitlich aus dem Gutstrom ausgelenkt, so daß sie am Bandabwurf getrennt aufgefangen werden können. Bei einigen Scheiderkonstruktionen ist die Auslenkung so stark, daß die NE-Metallstücke sogar über den seitlichen Rand des Bandes ausgetragen werden. Ein offenes Magnetsystem wie im Bild 171 hat einen relativ großen elektrischen Energiebedarf und erfordert deshalb auch Kühlung. Zur Reduzierung des Energieverbrauches lassen sich derartige Wirbelstromscheider aber auch mit einem geschlossenen Magnetsystem ausbilden, indem man zwei Linearmotoren übereinander mit entsprechendem Spalt anordnet. In diesem vollzieht sich dann die Trennung des Gutstromes. Da jedoch dann die Spaltweite genügend klein gehalten werden muß, ergibt sich vor allem bedingt durch die zu sortierenden Teilstückgrößen und -formen die Gefahr von Verstopfungen. Ein weiterer Nachteil aller Scheider auf Grundlage des Linearmotors besteht darin, daß bei der seitlichen Auslenkung der metallischen Teilstücke auf dem Band nichtmetallische mitgerissen werden können, so daß umfangreichere Fehlausträge die Folge sind. Dem läßt sich allerdings durch Vereinzeln des Teilstückstromes entgegenwirken, jedoch nur mit erheblichen Durchsatzminderungen.

Mit einem Ausstoß-Elektromagneten ist der im Bild 172 schematisch dargestellte **Bandscheider** ausgerüstet. Durch den im Inneren der Abwurfrolle (1) des Förderbandes (2) fest installierten Elektromagneten (3), der mit Wechselstrom erregt wird, werden relativ große Abstoßungskräfte erzeugt, wodurch die abzutrennenden metallischen Teilstücke aus dem Gutstrom herausgehoben werden [438] [446]. Diese Art der Einwirkung auf den Teilstückstrom reduziert Fehlausträge von nichtleitenden Bestandteilen weitgehend.

Es sind auch mit Gleichstrom erregte Elektromagnete für Wechselpolanordnungen von Wirbelstromscheidern benutzt worden [437]. Scheider dieser Art sind aber mittlerweile für die Praxis bedeutungslos.

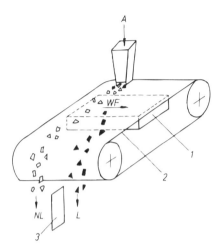
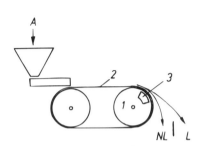

Bild 171 Wirbelstrom-Bandscheider mit Linearmotor, schematisch
(1) Magnetsystem; (2) Fördergut; (3) Produktteiler
A Aufgabe; L leitendes Produkt; NL nichtleitendes Produkt; WF Bewegungsrichtung des Wanderfeldes

Bild 172 Wirbelstrom-Bandscheider mit Ausstoßmagneten
(1) Abwurfrolle; (2) Förderband; (3) Ausstoßmagnet
A Aufgabe; L leitendes Produkt; NL nichtleitendes Produkt

Zu den ersten mit einem Permanentmagnetsystem ausgestatteten Wirbelstromscheidern zählt der **Rutschenscheider**, dessen Arbeitsweise schon im Abschn. 2.3.1 vorgestellt worden ist (siehe auch Bild 169) [431] [433]. Da die Frequenz des auf die Teilstücke einwirkenden Wechselfeldes durch deren Gleitgeschwindigkeit auf der Rutsche und die Abmessungen der Magnetstreifen in Gleitrichtung bestimmt wird, ist diese relativ gering und somit auch die Komponente $F_{rep;y}$ der Abstoßungskraft. Nachteilig können sich weiterhin die Formabhängigkeit der Gleitgeschwindigkeit, ein eventuelles Rollen rundlicher Teilstücke oder sogar das Haften magnetischer Teilstücke auf die Trennschärfe auswirken. Schließlich ist auch der Durchsatz dieses Scheiders relativ niedrig.

Die Weiterentwicklung des dem Rutschenscheider zugrunde liegenden Auslenkprinzips führte zur Entwicklung eines **Wirbelstrom-Kammerscheiders**, bei dem die Auslenkung im senkrechten Spalt zwischen zwei mit Magnetstreifen belegten Weicheisenplatten geschieht, wobei die Streifen wiederum unter einem Winkel von 45° zur Plattenbasis angeordnet und nicht nur die in einer Platte nebeneinander liegenden Streifen, sondern auch die gegenüberliegenden Magnetstreifen entgegengesetzt magnetisiert sind [435] [436] [442]. Hierbei sind Luftspalte bis zu 50 mm mit relativ starken Magnetfeldern möglich. Auch dieser Scheider konnte sich nicht in die Praxis einführen. Dies gilt ebenfalls für den **Drehscheibenscheider**, bei dem der Trennspalt zwischen zwei mit gleicher Drehzahl rotierenden Scheiben liegt, deren gegenüberliegende Oberflächen mit Sektoren von Permanentmagneten abwechselnder Magnetisierung belegt sind. Aufgrund der Rotation wirkt auf die durch den Spalt fallenden Teilstücke ein Drehfeld, das die leitenden radial auslenkt. Durch Drehzahleinstellung besteht die Möglichkeit, die Frequenz des einwirkenden Wechselfeldes an die Materialeigenschaften anzupassen [435] [436].

Wesentliche Fortschritte bei der Entwicklung von Wirbelstromscheidern sind nicht nur durch den Einsatz von Hochleistungs-Permanentmagneten, sondern auch durch Anwendung des von der Magnetscheider-Entwicklung her bekannten **Polrades** zur Erzeugung eines magnetischen Wechselfeldes erreicht worden (siehe auch Abschn. 2.2.3.5). Scheider dieser Art

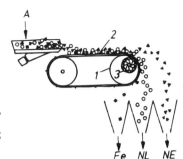

Bild 173 Wirbelstrom-Bandscheider mit exzentrischem Polrad, Bauart *NE50* der Fa. *Steinert*, Köln, schematisch [437] [438]
A Aufgabe; *NE* NE-Metall-Produkt; *NL* nichtleitendes Produkt; *Fe* ferromagnetisches Produkt

haben sich nicht nur durch ihre Anpassungsfähigkeit mittels Drehzahlveränderung des Polrades und damit Frequenzänderung anderen Lösungen als überlegen erwiesen. Bei den hauptsächlich eingeführten Scheidern kommt dann noch hinzu, daß das Polrad im Inneren der Abwurftrommel des Bandes rotiert, so daß die Metallstücke aus dem Gutstrom herausgehoben werden, wodurch bekanntlich höhere Durchsätze bei guter Trennschärfe möglich sind. Eine moderne Entwicklung ist der **Wirbelstrom-Bandscheider mit exzentrischem Polrad**, Bauart *Steinert*, der im Bild 173 schematisch dargestellt ist [437] [438]. Das Polrad (3) rotiert innerhalb der Abwurfrolle (1). Seine exzentrische Anordnung zur Trommel ist einstellbar und kann für unterschiedliche Materialien so optimiert werden, daß die abzutrennenden NE-Metallstücke nahezu radial aus dem Gutstrom heraus beschleunigt werden. Das Polrad besteht aus einer Wechselpolanordnung von Nd-Fe-B-Magneten. Seine Drehzahl ist stufenlos einstellbar und läßt Frequenzen bis zu etwa 400 Hz zu, woraus die relativ hohen Abstoßungskräfte resultieren und Teilstückgrößen bis zu etwa 3 mm herunter sortiert werden können. Wie für alle Wirbelstromscheider, bei denen sich Fördermittel zwischen den Poloberflächen und den Teilstücken befinden, ist bei der konstruktiven Auslegung dieser Abstand so klein wie möglich zu halten, weil sonst die auf die Teilstücke einwirkende magnetische Flußdichte B und deshalb auch die Abstoßungskraft ($F_{rep} \sim B^2$) zu stark vermindert werden (beachte Gl. (93)). In diesem Zusammenhang sollte auch der Polraddurchmesser nicht zu klein gewählt werden, weil sich dies ebenfalls negativ auswirkt. Wirbelstromscheidern im allgemeinen und solchen mit leistungsfähigen Magnetsystemen im besonderen kann nur ein Gut aufgegeben werden, aus dem ferromagnetische Anteile weitestgehend durch eine vorgeschaltete Magnetscheidung entfernt sind. Fehlausträge einer solchen Vorabscheidung stören jedoch bei der exzentrischen Polradanordnung nicht, weil infolge der Abstandszunahme zwischen den Polen und der Trommeloberfläche auf dem Wege in die untere Lage die magnetischen Kräfte so stark nachlassen, daß die ferromagnetischen Anteile dann dort abfallen. Die Bandgeschwindigkeit ist ebenfalls einstellbar, und zwar zwischen 0,5 und 2 m/s. Dieser Scheider wird bei einem Trommeldurchmesser von 400 mm und einer -breite von 500 mm für Stückgrößen bis zu 3 mm herab bei einem Durchsatz von etwa 5 t/h eingesetzt. Bei einer größeren Ausführung dieses Scheiders (Trommelbreite 1000 mm) ist die Drehzahl des Polrades nicht mehr veränderbar. Er ist für Teilstückgrößen bis zu 15 mm herab bei Durchsätzen von etwa 10 t/h vorgesehen. Die obere verarbeitbare Stückgröße dieser Scheider liegt bei etwa 100 mm.

Es sind auch **Bandscheider mit konzentrischem Polrad** entwickelt worden [438]. In diesem Fall werden haftende ferromagnetische Anteile mittels des umlaufenden Bandes abgehoben.

2.3.3 Anwendung der Wirbelstromsortierung

Obwohl die Anwendung der Wirbelstromsortierung fast ausschließlich auf das Recycling NE-metallhaltiger Zwischenprodukte der Schrott- und Müllaufbereitung beschränkt ist, so bieten sich für diesen Prozeß in den entwickelten Industrieländern heute vielfältige Einsatzmöglichkeiten, die sich zukünftig noch erweitern dürften. Charakteristisch für ihre Einordnung in Aufbereitungsverfahren ist hierbei, daß sie im allgemeinen in Kombination mit anderen Sortierprozessen (vor allem Schwachfeld-Magnetscheidung sowie verschiedene Dichtesortier-Prozesse) für die weitere Anreicherung von Zwischenprodukten eingesetzt wird (siehe z.B. [213] [288] [431] [434] bis [440] [463]). Tabelle 27 vermittelt einen Überblick über die gegenwärtig bekannten Einsatzgebiete.

Tabelle 27 Anwendungsmöglichkeiten für die Wirbelstromsortierung (nach *G. Schubert* [213])

Aufgabegut	Stückgrößen in mm	Trennprodukte	
		elektrisch leitend	elektrisch nicht- und schwachleitend
Ne-metallhaltige Zwischenprodukte der Schrottaufbereitung,[1]) und zwar	5(3) ... 100		
– Magnesium-Gummi-Zwischenprodukte		Mg	Gummi
– Aluminium-Glas-(Steine)-Zwischenprodukte		Al	Glas (Steine)
– unmagnetische Zwischenprodukte (gesiebt oder gesichtet)		Al, Mg, Cu, Zn, Cu-Zn-Legierung	Pb, legierte Stähle, Nichtmetalle
– schwermetallhaltige Zwischenprodukte		Cu, Zn, Cu-Zn-Legierungen	Pb, legierte Stähle
Vorangereicherte Zwischenprodukte der Müllaufbereitung	< 100 (150)	Al, Cu, Zn	legierte Stähle Nichtmetalle
Glasbruch		Al	Glas

[1]) aus der Aufbereitung von Stahlleichtschrotten, großstückigen Schrotten der Elektrotechnik/Elektronik sowie anderen Schrotten

2.4 Magnetohydrostatische und magnetohydrodynamische Sortierung

Auch bei diesen Sortierprozessen werden elektrodynamische Kräfte für stoffliche Trennungen ausgenutzt, und zwar die Kräfte, die unmittelbar auf die Flüssigkeit wirken, in der sich die zu trennenden Körner bzw. Teilstücke befinden. Dies ist bei der **magnetohydrostatischen Sortierung (MHS)** eine magnetische Flüssigkeit, deren Suszeptibilität wesentlich größer als die der Bestandteile des zu trennenden Gutes sein muß. Für die **magnetohydrodynamische Sortierung (MHD)** gilt das entsprechend für die elektrische Leitfähigkeit. Dadurch kommt es bei prozeßgemäßer Ausbildung und Orientierung des magnetischen Feldes in der jeweiligen Flüssigkeit zu Erhöhungen des in der Flüssigkeit herrschenden Druckes gegenüber dem bei alleiniger Wirkung der Schwerkraft (oder gegebenenfalls auch Zentrifugalkraft), so daß auf eingetauchte Körner bzw. Teilstücke ein resultierender „Auftrieb" wirkt, der größer als der hydrostatische Auftrieb ist und dessen Größe in Abhängigkeit von den Feldgrößen und den Flüssigkeitseigenschaften eingestellt werden kann. Somit sind durch diese Sortierprozesse Schwimm-Sink-Trennungen mit Trenndichten realisierbar, die erheblich über den mit Schwertrüben erreichbaren liegen können.

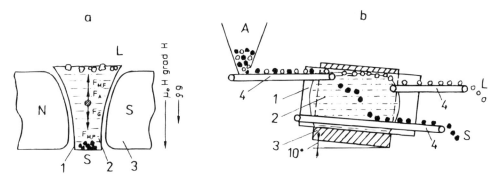

Bild 174 Magnetohydrostatische Sortierung, schematisch
a) Wirkprinzip; b) Sortierapparat, Bauart *Bureau of Mines*, schematisch [451]
(1) Trennkanal; (2) Trennmedium (paramagnetische Flüssigkeit oder Ferrofluid); (3) Magnetsystem; (4) Bänder
A Aufgabe; L Leichtgut; S Schwergut; F_G Schwerkraft; F_A hydrostatischer Auftrieb; $F_{M,F}$ magnetischer Auftrieb

2.4.1 Magnetohydrostatische Sortierung

Dieser Prozeß ist in den frühen 60er Jahren in der ehemaligen UdSSR für stoffliche Trennungen nach der Dichte vorgeschlagen worden [6] [19]. Das Wirkprinzip (Bild 174a) beruht darauf, daß das zu sortierende Gut in einen Trennkanal (1) aus nichtmagnetischem Material eingebracht wird, der mit einer paramagnetischen Flüssigkeit oder einem sog. Ferrofluid gefüllt ist und sich zwischen den Polen eines Magnetsystems (3) befindet. Die Pole sind so auszubilden, daß ein inhomogenes Feld derart entsteht, daß Schwerkraft und magnetisches Kraftfeld so orientiert sind, daß die Richtungen von grad H und Schwerkraft übereinstimmen. Dann wirken auf jedes Korn bzw. Teilstück neben der Schwerkraft F_G und dem entgegengesetzt gerichteten hydrostatischen Auftrieb F_A eine magnetische Kraft $F_{M,P}$, verursacht durch deren magnetische Eigenschaften, in Richtung von grad H sowie eine magnetische Kraft $F_{M,F}$, verursacht durch die magnetischen Eigenschaften der Flüssigkeit, in entgegengesetzter Richtung, d.h. eine Kraft, die das Korn bzw. Teilstück aus dem inhomogenen Feld ausstößt. Soll ein Korn bzw. Teilstück in der magnetischen Flüssigkeit der im Bild 174a dargestellten Anordnung aufschwimmen, so muß gelten:

$$F_{M,F} + F_A > F_{M,P} + F_G \tag{95}$$

Ist das zu trennende Gut nicht magnetisch oder nur schwachmagnetisch mit $\varkappa_F \gg \varkappa_P$, so entfällt $F_{M,P}$ bzw. ist $F_{M,P}$ vernachlässigbar. Sind die symmetrischen Polprofile hyperbolisch derart ausgebildet, daß ein isodynamisches Feld vorliegt (siehe auch Abschn. 2.2.3.4), dann kann aus

$$F_G = F_A + F_{M,F}$$

unmittelbar die Trenndichte γ_T bestimmt werden, die über das Flüssigkeitsvolumen hinweg konstant ist. Man erhält im Falle einer paramagnetischen Flüssigkeit mit Gl. (49):

$$\gamma_T = \rho + \frac{\mu_0 \varkappa_F H \,|\,\text{grad}\,H|}{g} \tag{96}$$

und für ein Ferrofluid mit Gl. (50):

$$\gamma_T = \rho + \frac{\mu_0 M_F H \,|\,\text{grad}\,H|}{g} \tag{97}$$

Als **paramagnetische Flüssigkeiten** kommen vor allem wäßrige Lösungen von $MnSO_4$, $MnCl_2$, $Mn(NO_3)_2$ und $MnBr_2$, mit denen sich $\varkappa_F$-Werte bis zu etwa 10^{-3} realisieren lassen, sowie $FeCl_3$-Lösungen ($\varkappa_F$ bis zu etwa $0,45 \cdot 10^{-3}$) in Betracht [6] [447] [448]. Ihre Anwendung für reine Dichtetrennungen erfordert jedoch, daß das zu trennende Gut praktisch nichtmagnetisch ist.
Ferrofluide sind kolloide Suspensionen, die aus einer dispersen Phase von kolloiden Teilchen von vorwiegend Fe_3O_4 mit etwa 5 bis 10 nm Größe (d.h. kleiner als die *Weiß*schen Bezirke bzw. Einbereichsteilchen, siehe Abschn. 2.1.3) in einem Dispersionsmittel (Wasser oder organische Flüssigkeit) bestehen [454]. Mit ihnen sind Sättigungspolarisationen bis zu etwa $40 \cdot 10^{-3}$ T erreichbar. Die angegebenen Teilchenfeinheiten werden heute vorwiegend durch Fällprozesse aus Lösungen erzeugt. Wichtig ist auch die Stabilität dieser Suspensionen gegenüber Flockung, die im allgemeinen mittels Adsorptionsschichten grenzflächenaktiver Stoffe gewährleistet wird [450] [453] [456]. Ferrofluide sind teuer und erfordern deshalb eine weitestgehende Rückgewinnung sowie sorgfältige Regeneration. Sie sind jedoch auch für reine Dichtetrennungen von Gut mit schwachmagnetischen Eigenschaften einsetzbar und ermöglichen bei entsprechender Wahl des Ferrofluids sowie durch Anpassen der magnetischen Kraftfelddichte, beliebige Trenndichten bis zu etwa 20000 kg/m³ einzustellen. Weiterhin gestatten Ferrofluide aufgrund ihrer besseren magnetischen Eigenschaften im Vergleich zu den paramagnetischen Flüssigkeiten auch größere Weiten des Trennkanals und dadurch auch größere obere verarbeitbare Stückgrößen sowie höhere Durchsätze. Jedoch sind sie im allgemeinen viskoser als die paramagnetischen Lösungen (insbesondere die mit organischen Trägerflüssigkeiten), wodurch die Trennungen im Feinkornbereich beeinträchtigt werden können.

Bei den bisherigen Scheider-Entwicklungen ist vorwiegend auf herkömmliche Elektromagnetsysteme zurückgegriffen worden. Dadurch besteht die Möglichkeit, die Trenndichte mit Hilfe der Erregerstromstärke über einen relativ weiten Bereich zu variieren. Was die Weite des Trennkanals anbelangt, so ist man damit im Hinblick auf die zu realisierende magnetische Kraftfelddichte $\mu_0 H \, \text{grad} \, H$ auf etwa 200 mm beschränkt, woraus Begrenzungen einerseits hinsichtlich der verarbeitbaren oberen Stückgrößen (etwa 80 mm) und andererseits bezüglich des Durchsatzes (etwa 3 t/h) resultieren. Es sind auch Bauarten mit Permanentmagneten bekannt geworden [448] [451], wodurch dann jedoch die Möglichkeiten für Trenndichteänderungen auf eine entsprechende Änderung der magnetischen Eigenschaften des Trennmediums reduziert werden. Es bietet sich aber nunmehr auch an, den Einsatz von supraleitenden Magneten für die Auslegung von Sortierapparaten zu erwägen. Dadurch könnten einerseits mittels höherer magnetischer Kraftfelddichte die ungünstigeren magnetischen Eigenschaften der wesentlich billigeren paramagnetischen Flüssigkeiten für das Nutzen größerer Trennkanalweiten sowie das Erreichen höherer Trenndichten kompensiert werden [448] und ließen sich andererseits mit Ferrofluiden Spaltweiten > 200 mm sowie entsprechend höhere Durchsätze realisieren.

Was die geometrische Ausbildung der Polprofile anbelangt, so ist es bei den für den industriellen Einsatz vorgesehenen Sortierapparaten nicht unbedingt erforderlich, daß ein isodynamisches Feld entsteht. Deshalb werden auch keilförmige Polanordnungen neben hyperbolischen Profilen für die Auslegung von Scheidern benutzt [447] [452] [455]. In jedem Falle sind dann aber entsprechende Überlegungen und Untersuchungen über das geeignete Polprofil anzustellen. Bei genügend großer Dichtedifferenz der zu trennenden Bestandteile spielen gewisse Abweichungen vom isodynamischen Feld für die Trennschärfe offensichtlich eine untergeordnete Rolle, oder sie können sich sogar positiv auf den Prozeßablauf auswirken.

Magnetische Gutanteile, die den Trennprozeß beeinträchtigen können, sind durch vorgeschaltete Magnetscheidung abzutrennen [452]. Es ist aber durchaus auch möglich, auf Grundlage des Prinzips der MHS-Sortierung Unterschiede in den schwachmagnetischen Eigenschaften der Bestandteile eines Gutes oder eine Kombination von Dichte und magnetischen Eigenschaften für Sortierprozesse auszunutzen [449].

Für den industriellen Einsatz ist eine Reihe von **Sortierapparaten** entwickelt und erprobt worden (siehe z.B. [451] [452] [456]). Die meisten dieser Scheider arbeiten mit Schwerkraftfeld. Für sie sind Trennkanäle charakteristisch, wie sie im Bild 174 schematisch dargestellt sind.

Deren mögliche Weiten sind im vorstehenden schon erörtert worden. Die Längen können bis zu etwa 1000 mm betragen. Wesentliche Unterschiede bestehen bei den Bauarten vor allem in der Art und Weise, wie die Sortierprodukte aus dem Prozeßraum ausgetragen werden. Dies geschieht bei dem im Bild 174b im Längsschnitt dargestellten Sortierapparat, Bauart *Bureau of Mines*, beispielsweise mit Bändern, wobei der Trennkanal etwas geneigt ist, so daß das Leichtgut bis zum Austragband abschwimmen kann. Wird ein Ferrofluid als Trennmedium benutzt, so wird dieses vom Magnetfeld gehalten, und es sind an sich nur Seitenwände des Trennkanals erforderlich. Neben diesen industriellen Scheidern existieren auch Laborgeräte nach dem gleichen Wirkprinzip, die für die Dichteanalyse von Mineralproben verwendet werden können [449] [457].

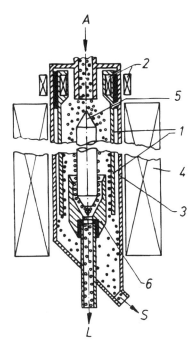

Bild 175 Arbeitsweise des MHS-Rotorscheiders, Bauart *Magstream* [458] [459]
(1) rotierendes Trennrohr; (2) magnetisch gekoppelter Antrieb des Trennrohrs; (3) Gehäuse (feststehend); (4) Magnetsystem; (5) Strömungsleitkern (rotierend); (6) Trübeteiler (rotierend)
A Aufgabe; L Leichtgut; S Schwergut

In jüngster Zeit ist es auch gelungen, MHS-Scheider zu entwickeln, die mit Zentrifugalkraft arbeiten [458] bis [460]. Bild 175 spiegelt die Arbeitsweise des **MHS-Rotorscheiders**, Bauart *Magstream*, wider, der für Trennungen im Feinkornbereich (etwa zwischen 50 und 600 µm) relativ trennscharf sortiert. Das Aufgabegut gelangt, in einer magnetischen Flüssigkeit suspendiert, in das rotierende Trennrohr (1) und ist hier den Wirkungen eines Zentrifugalkraftfeldes und eines Magnetfeldes unterworfen. Letzteres erzeugt eine Multipol-Anordnung (4) oder auch ein Parmanentmagnetsystem, die den Sortierapparat umschließen. Das magnetische Feld ist axialsymmetrisch ausgebildet, wobei der Feldgradient mit dem Radius linear ansteigt. Die spezifisch schweren Teilchen gelangen unter dem Einfluß der Kraftwirkungen in den äußeren Bereich der Rotorströmung, die leichteren in den inneren. Mittels des ebenfalls rotierenden Trübeteilers (6) wird der Austrag vollzogen. Trenndichten zwischen 1500 und 21000 kg/m³ sind realisierbar [459]. Diese Scheider sind sowohl als Laborgeräte wie auch in Form von Multi-Anordnungen für den industriellen Einsatz vorgesehen. Bisher ausgeführte Baugrößen weisen Trennrohr-Innendurchmesser zwischen etwa 40 und 50 mm auf.
Industrielle Einsatzmöglichkeiten für die MHS-Sortierung bestehen vor allem im Rahmen der Aufbereitung von NE-Metallschrotten sowie von Edelmetallen. Für den zuerst genannten Anwendungsbereich ist in den Industrieländern eine umfangreiche Forschungs- und Entwick-

lungsarbeit geleistet worden. Danach lassen sich schwere Buntmetalle aus Zwischenprodukten voneinander trennen, wenn sich deren Dichten mindestens um 5 bis 8% unterscheiden, so daß insbesondere die Trennungen Zink/Kupfer sowie Kupferlegierung/Blei möglich sind (beachte deren Dichten in Tabelle 26). Die verarbeitbaren Stückgrößen liegen hierbei vor allem zwischen 2 und 50 mm. Für die Bewertung der MHS-Sortierung in diesem Einsatzbereich sind die Kosten für die magnetische Flüssigkeit, deren Rückgewinnung und Regeneration besonders zu beachten. Nach bisherigen Informationen ist es zu einer über Pilotanlagen hinausgehenden industriellen Anwendung bisher nur in der ehemaligen UdSSR gekommen [462] [464]. Neuerdings wird die MHS-Sortierung offensichtlich in Rußland auch für die Anreicherung von Vorkonzentraten aus Goldseifen-Erzen im Korngrößenbereich 0,04 bis 4 mm in mehreren Anlagen eingesetzt, wodurch die bisher vorherrschende Amalgamation verdrängt werden konnte [452] [456].

2.4.2 Magnetohydrodynamische Sortierung

Bei diesem Prozeß nutzt man die *Lorentz*-Kraft zur Erhöhung der Trenndichte einer elektrisch leitenden Flüssigkeit (Elektrolytlösung, z. B. NaCl-Lösung) aus [6] [8]. Hierbei wird das Trenngefäß mit der Elektrolytlösung zwischen den Polen eines Magnetsystems angeordnet, das ein homogenes Feld erzeugt, und durch ein elektrisches Feld einen Ladungstransport senkrecht dazu bewirkt (Bild 176). Die dann auf die Volumeneinheit des Elektrolyten wirkende *Lorentz*-Kraft (*Lorentz*-Kraftdichte) steht senkrecht auf der Ebene, die durch j und B aufgespannt wird. Allgemein gilt für die *Lorentz*-Kraft, die auf ein Teilchen mit der elektrischen Leitfähigkeit κ_P und der relativen Permeabilität μ_P in einem Fluid mit κ_F und μ_F wirkt, wenn man die Feldänderungen durch die Anwesenheit des Teilchens vernachlässigt:

$$F_L = \mu_0 V_P (\kappa_P \mu_P - \kappa_F \mu_F) \, E \times H \tag{98}$$

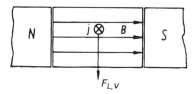

Bild 176 Kraftwirkung eines Magnetfeldes auf einen stromdurchflossenen Leiter (*Lorentz*-Kraft)
j Stromdichte; $F_{L,V}$ *Lorentz*-Kraftdichte

Bei Abwesenheit des Teilchens wirkt auf eine Volumeneinheit des Fluids, da $\kappa_F \, E = j$ und $\mu_0 \mu_F \, H = B$ ist:

$$F_{L,V} = j \times B \tag{99}$$

Darf man das Teilchen näherungsweise als elektrisch nichtleitende ($\kappa_P \ll \kappa_F$) sowie nichtmagnetische Kugel auffassen, so folgt aus Gl. (98) [461]:

$$F_L = -3/4 \, V_P \, j \times B \tag{100}$$

wobei der Faktor 3/4 die durch die Anwesenheit der Kugel bedingte Änderung des elektrischen Feldes berücksichtigt. Für die Trenndichte γ_T folgt dann unter den getroffenen Voraussetzungen:

$$\gamma_T = \rho + 3/4 \, \frac{|j \times B|}{g} \tag{101}$$

Beim reinen MHD-Prozeß sind Trenndichten bis zu etwa 5000 kg/m³ realisierbar.

Im Bild 177 ist eine Scheideranordnung schematisch dargestellt. Der Trennkanal (1) befindet sich zwischen den Polen des Magnetsystems (2) und wird von einer Elektrolytlösung

2.4 Magnetohydrostatische und magnetohydrodynamische Sortierung

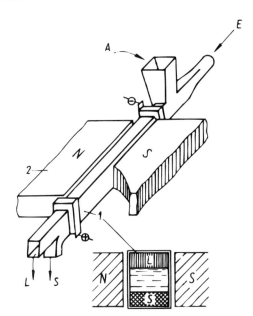

Bild 177 Magnetohydrodynamische Sortierung, schematisch
(1) Trennkanal; (2) Magnetsystem;
⊕, ⊖ Elektrodenanschlüsse
A Aufgabe; E Elektrolytlösung; L Leichtgut; S Schwergut

durchflossen. Durch Anlegen einer Spannung fließt im Trennkanal ein elektrischer Strom, so daß unter den Bedingungen von gekreuztem Magnetfeld und Stromfluß eine *Lorentz*-Kraft nach Gl. (98) wirkt. Die im Bild 177 dargestellte Anordnung ist wiederum so ausgebildet, daß der hydrostatische Auftrieb und der auf nichtleitende Körner wirkende elektrodynamische Auftrieb (Gl. (100)) parallel gerichtet sind und sich damit Trenndichten gemäß Gl. (101) einstellen. Bei Prozessen dieser Art treten gewisse Schwierigkeiten auf, die durch die Bildung von Flüssigkeitswirbeln als Folge von Feldinhomogenitäten (insbesondere an Aufgabe und am Austrag) bedingt sind, obwohl man diesen Erscheinungen durch strömungsteilende Einbauten bis zu einem gewissen Grad entgegentreten kann [6]. Weiterhin ist der Energiebedarf derartiger Scheider beachtlich. Schließlich sind zwar Salzlösungen (z.B. NaCl-Lösung) zu niedrigen Kosten herstellbar, aber ihre Regeneration sowie die Entsalzung der Produkte verursachen erhebliche Aufwendungen. Technische Anwendungen dieses Trennprozesses sind gegenwärtig nicht bekannt.

3 Sortierung im elektrischen Feld (Elektrosortierung)

Die industrielle Anwendung der trockenen Elektrosortierung fester mineralischer Rohstoffe reicht bis zur Jahrhundertwende zurück. Man benutzte diese Prozesse damals in gewissem Umfange insbesondere zum Trennen von Mischkonzentraten (siehe z. B. [465] bis [467]). Mit dem Aufkommen der Flotation wurden sie aus der Mineralaufbereitung zunächst wieder verdrängt. In den letzten Jahrzehnten sind umfangreichere Untersuchungen sowohl bezüglich der Grundlagen als auch der Anwendung durchgeführt worden. Als Folge davon ist die Elektrosortierung heute nicht nur für einige Mineraltrennungen unentbehrlich, sondern ihr werden auch weitere Anwendungsgebiete einschließlich des Recyclings fester Abfälle erschlossen.

Bei der **trockenen Elektrosortierung** kommt es darauf an, auf den nach stofflichen Gesichtspunkten zu trennenden Körnern Ladungen unterschiedlicher Größe und vorwiegend auch verschiedenen Vorzeichens zu erzeugen, damit diese im Anschluß überwiegend nach einem Wirkprinzip der Ablenksortierung in einem elektrischen Feld getrennt werden können. Um dies zu verwirklichen, bedient man sich der Aufladung durch Kontaktpolarisation im elektrischen Feld, der Triboaufladung oder der Aufladung im Koronafeld. Während für die Trennung nach Triboaufladung Unterschiede in den Dielektrizitätskonstanten der Körner wesentlich sind, setzt die Anwendung der anderen Aufladungsmethoden genügend große Differenzen in der Leitfähigkeit der Körner voraus. In beiden Fällen ist aber zu beachten, daß es sich dabei vorwiegend um die entsprechenden Eigenschaften der Oberflächenschichten handelt, die unbeabsichtigt oder gezielt durch äußere Einwirkungen (Adsorption, Oberflächenreaktionen, Strahlung, mechanische Einwirkungen u.a.) erheblich modifiziert werden können.

Neben der trockenen Elektrosortierung bestehen im Prinzip auch Möglichkeiten, elektrische Kräfte bzw. elektrische Eigenschaften für Naßtrennungen auszunutzen [468]. Für die Aufbereitungstechnik sind derartige Prozesse jedoch bedeutungslos, weshalb auf sie im folgenden nicht eingegangen wird [469] [480].

3.1 Elektrische Ladung und elektrisches Feld

Elektrische Ladungen üben ähnlich wie Magnetpole aufeinander Kräfte aus. Auch diese Kräfte werden durch den Raum übertragen, ohne daß daran ein Medium beteiligt ist. Um die Fernwirkung theoretisch durch entsprechende Nahwirkungen zu beschreiben, führt man das elektrische Feld ein, den Träger dieser Kräfte. Die im Feld gespeicherte Energie ist der Ursprung dieser Kräfte. Sie kann in andere Energieformen, z.B. kinetische Energie der Ladungsträger, umgewandelt werden. Neben dem rein elektrostatischen Feld, in dem keine Raumladungen existieren und folglich zwischen zwei Elektroden auch keine Ströme fließen können, sind für die Elektrosortierung auch Felder mit Raumladungen von Interesse, die durch Koronaentladung entstehen.

3.1.1 *Coulomb*sches Gesetz

Eine elektrische Ladung läßt sich durch die Kraftwirkungen nachweisen, die von ihr auf andere ausgeübt werden. Gleichnamige Ladungen stoßen sich ab, ungleichnamige ziehen sich an. Für die Kraft, die zwei Punktladungen q_1 und q_2 aufeinander ausüben, gilt das **Coulombsche Gesetz**:

$$F_C = \frac{1}{4\pi\varepsilon_0} \frac{q_1 q_2}{r^2} \tag{1a}$$

r Entfernung der Punktladungen
ε_0 elektrische Feldkonstante ($\varepsilon_0 = 8{,}8542 \cdot 10^{-12} \frac{\text{Vm}}{\text{As}}$)

Die Einheit für die elektrische Ladung ist das *Coulomb* C (1 C = 1 As).

In der Elektrostatik spielt dieses Gesetz eine wichtige Rolle, da man sich jede beliebige Anordnung elektrischer Ladungen aus räumlich so kleinen Elementen zusammengesetzt vorstellen kann, daß man diese als Punktladungen betrachten darf. Diese kleinen Elemente wirken dann gemäß dem *Coulombschen* Gesetz aufeinander. Die Gesamtwirkung ergibt sich durch Überlagerung der Einzelwirkungen, d.h., die elektrischen Kräfte dieser Ladungen addieren sich vektoriell.

Für die Sortierung im elektrischen Feld sind zwei Sonderfälle dieses Überlagerungsgesetzes von Interesse:

a) Eine Punktladung q steht einer unendlich ausgedehnten ebenen Fläche, die auf jedem Flächenstück A die Ladung Q trägt, im Abstand l gegenüber (Bild 178). Die Kraft, die die Ladung der gesamten Fläche auf q ausübt, beträgt dann:

$$F_C = \frac{1}{2\varepsilon_0} q \frac{Q}{A} \tag{2}$$

Bemerkenswert ist, daß diese Kraft unabhängig vom Abstand l ist. Man kann Gl. (2) näherungsweise auch dann anwenden, wenn Punktladungen Platten mit endlichen Abmessungen gegenüberstehen und l im Vergleich zu den Plattenabmessungen genügend klein ist.

b) Eine Punktladung q befindet sich zwischen zwei Ebenen, die gleich große und gleich dichte Ladungen entgegengesetzten Vorzeichens tragen (Bild 179). In diesem Falle kann man zur Berechnung der Kraft von Gl. (2) ausgehen. Man muß berücksichtigen, daß die eine geladene Ebene die Probeladung senkrecht auf sich zieht, während die andere sie mit gleich großer Kraft von sich abstößt. Somit ergibt sich für die resultierende Kraft:

$$F_C = \frac{1}{\varepsilon_0} q \frac{Q}{A} \tag{3}$$

Die Kraft ist unabhängig von der Lage der Punktladung.

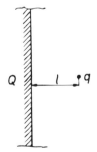

Bild 178 Punktladung q gegenüber einer ausgedehnten ebenen, ladungstragenden Fläche

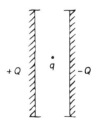

Bild 179 Punktladung q zwischen zwei ausgedehnten ebenen Flächen, deren Ladungsdichten dem Betrag nach gleich, aber von entgegengesetztem Vorzeichen sind

3.1.2 Elektrostatisches Feld

Wenn man berücksichtigt, daß die *Coulomb*-Kraft eine vektorielle Größe darstellt, so ist anstatt Gl. (1a) zu schreiben:

$$\boldsymbol{F}_C = \frac{1}{4\pi\varepsilon_0} \, q_1 \frac{q_2}{r^2} \frac{\boldsymbol{r}}{r} \tag{1b}$$

wobei F_C die Kraft ist, die an q_1 angreift. An q_2 greift eine gleich große, aber entgegengerichtete Kraft an. Die vektorielle Größe $\boldsymbol{E}$

$$\boldsymbol{E} = \frac{1}{4\pi\varepsilon_0} \, \frac{q_2}{r^2} \frac{\boldsymbol{r}}{r} \tag{4a}$$

heißt **elektrische Feldstärke** am Ort von q_1. Ihre Einheit ist $1 \, \frac{\text{N}}{\text{As}} = 1 \, \frac{\text{V}}{\text{m}}$.

Die Definition der Feldstärke wird beibehalten, wenn das Feld nicht nur von einer punktförmigen Ladung, sondern von mehreren räumlich getrennten Ladungen oder einer mit Ladung versehenen Fläche bzw. einem Volumen herrührt. Da sich die Kräfte überlagern, ohne sich gegenseitig zu stören, erhält man dann für die elektrische Feldstärke:

$$\boldsymbol{E} = \frac{1}{4\pi\varepsilon_0} \sum_i \frac{q_i}{r_i^2} \frac{\boldsymbol{r}_i}{r_i} \tag{4b}$$

Der Zustand, in dem sich die Umgebung einer Ladung befindet, besteht auch, wenn die Ladung allein im Raum vorhanden ist. Zur Beschreibung eines elektrischen Feldes kann man wie für das magnetische Feld **Feldlinien** benutzen. Die Richtung der Feldlinien gibt an den betreffenden Raumpunkten die Richtung der Kraftwirkung an. Die Dichte der Feldlinien ist ein Maß für die Intensität des Feldes – die Feldstärke. Im Bild 180 ist der Kraftlinienverlauf zwischen zwei Ladungen dargestellt. Im **elektrostatischen Feld**, in dem alle vorhandenen Ladungen ruhen, verlaufen die Feldlinien definitionsgemäß von der positiven zur negativen Ladung. Sie enden nie im freien Raum; auch in sich geschlossene Feldlinien sind nicht vorhanden. In einem **homogenen** elektrischen Feld, in dem an jedem Ort die Feldstärke den gleichen Wert hat, verlaufen die Feldlinien gleich dicht parallel. Ist dies nicht der Fall, so liegen **inhomogene** Felder vor.

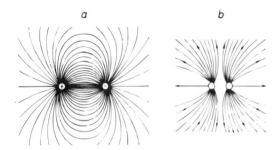

Bild 180 Elektrisches Feld zwischen zwei Ladungen
a) ungleichnamige Ladungen
b) gleichnamige Ladungen

Eine Punktladung q ist in einem Plattenpaar nach Gl. (3) folgender Kraft ausgesetzt:

$$F_C = \frac{1}{\varepsilon_0} \, q \, \frac{Q}{A}$$

Für die Feldstärke läßt sich hier setzen:

$$E = \frac{Q}{\varepsilon_0 A} \tag{5}$$

Diese Beziehung führt die Feldstärke auf die das Feld erzeugenden Ladungen zurück. Nunmehr kann man eine neue Größe definieren, die zur Beschreibung elektrischer Felder wichtig ist, die **elektrische Verschiebung** D (auch **Verschiebungsdichte** genannt [301]):

$$D = \varepsilon_0 E \tag{6}$$

Für das homogene Feld eines Plattenpaares ergibt sich nach Gl. (3):

$$D = \frac{Q}{A} \tag{7}$$

und für das Feld einer Punktladung aus Gl. (4a):

$$D = \frac{q}{4\pi r^2} \tag{8}$$

r Abstand von der Punktladung

Man sollte in der Verschiebung nicht einfach eine Abkürzung für das Produkt $\varepsilon_0 E$ sehen, sondern eine Größe, die durch die Ladungen definiert ist, die das Feld erzeugen. Diese Unterscheidung ist zwar für das Feld im Vakuum von untergeordneter Bedeutung, da beide Größen proportional sind; sie wird aber unbedingt benötigt, wenn in einem Feld auch Nichtleiter vorhanden sind. Es bestehen hier analoge Verhältnisse wie zwischen der magnetischen Feldstärke H und der magnetischen Flußdichte B.

Ein Feld kann anstelle der Feldlinien auch mit Hilfe der Verschiebungslinien beschrieben werden. Die Ladungen sind die Quellen und Senken der **Verschiebungslinien**. Diese entspringen an den positiven und münden an den negativen Ladungen. Wo sich keine Ladungen befinden, können keine Verschiebungslinien entstehen und vergehen.

Für den **elektrischen Fluß** ψ (auch **elektrischer Verschiebungsfluß** genannt [301]), der eine beliebige Fläche durchsetzt, gilt nachstehende Beziehung:

$$\psi = \int D_n \, dA \tag{9}$$

wobei D_n die Normalkomponente von D darstellt. Der elektrische Fluß, der eine geschlossene Fläche durchsetzt, ist gleich der eingeschlossenen Ladung.

Im elektrischen Feld ist elektrische Feldenergie gespeichert. Diese Energie muß aufgebracht werden, wenn durch Trennen der Ladungen das Feld aufgebaut wird. Wächst im Volumen V bei der Feldstärke E die Verschiebung um den Betrag dD, so ist ein Betrag dW_{el} erforderlich, der als Feldenergie gespeichert wird:

$$\frac{dW_{el}}{V} \quad dW_{el,V} = E \, dD \tag{10a}$$

$W_{el,V}$ Energiedichte

Diese Formel gilt für jeden Punkt eines beliebigen Feldes. Die Energiedichte für den leeren Raum berechnet sich danach wie folgt:

$$W_{el,V} = \int_0^E \varepsilon_0 E \, dE$$

also

$$W_{el,V} = {}^1\!/_2 \, \varepsilon_0 E^2 = {}^1\!/_2 \, E D \tag{10b}$$

Die Energiedichte nach Gl. (10b) ist betragsmäßig gleich der Zugspannung längs der Feldlinien bzw. der Druckspannung quer dazu.

Man beachte wieder die Analogie zum magnetischen Feld (siehe Abschn. 2.1.1). Die Formeln für die Energiedichte und die Spannungen sind ähnlich. Anstelle der magnetischen Feldstärke H tritt die elektrische Feldstärke E und anstelle der magnetischen Flußdichte B die elektrische Verschiebungsdichte D.

Das Gleichgewicht elektrischer Ladungen auf metallischen Leitern ist nur dann gegeben, wenn überall im Inneren und auf der Oberfläche das Potential den gleichen Wert besitzt. Folglich müssen die Feldlinien an der Oberfläche senkrecht zu dieser verlaufen.

Lädt man einen beliebigen Leiter auf, so nimmt dieser gegenüber seiner Umgebung eine Potentialdifferenz U (Spannung) an, die mit der aufgenommenen Elektrizitätsmenge in folgender Beziehung steht:

$$Q = C\, U \tag{11}$$

Der Proportionalitätsfaktor C heißt **elektrische Kapazität**. Ihre Einheit ist das *Farad* (1 F = $1\,\dfrac{\text{C}}{\text{V}}$ = $1\,\dfrac{\text{As}}{\text{V}}$).

Die Kapazität eines Plattenkondensators mit der Plattenfläche A und dem Plattenabstand l beträgt:

$$C = \varepsilon_0 \,\frac{A}{l} \tag{12a}$$

und die einer Kugel mit dem Radius r:

$$C = 4\pi\, \varepsilon_0\, r \tag{12b}$$

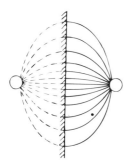

Bild 181 Influenz und Bildladung

Bringt man vor eine ebene, geerdete und genügend große Metallplatte eine Punktladung (Bild 181), so sammeln sich auf der Platte Ladungen des entgegengesetzten Vorzeichens, die anderen fließen zur Erde ab. Die auf der Platte durch Influenz gebundene Ladung entspricht hinsichtlich ihrer Menge der influenzierenden Ladung. Da die Platte eine Potentialfläche darstellt, münden die Feldlinien senkrecht auf ihr. Theoretisch kann man den vorliegenden Fall auch so betrachten, als ob sich im Spiegelbild der Punktladung eine zweite, gleich große mit entgegengesetztem Vorzeichen befände, die man **Bildladung** nennt. Eine Punktladung $+q$ vor der Platte wird folglich von dieser mit einer Kraft angezogen, die scheinbar von der Ladung $-q$ im Spiegelbild von $+q$ herrührt. Diese **Bildkraft** kann entsprechend dem *Coulomb*schen Gesetz berechnet werden. Befindet sich die Ladung im Abstand l vor der Platte, so berechnet sich die Bildkraft zu:

$$F_{C,B} = \frac{1}{4\pi\,\varepsilon_0}\,\frac{q^2}{(2l)^2} \tag{13}$$

Bildkräfte spielen für Trennungen im elektrischen Feld eine wichtige Rolle.

3.1.3 Koronafeld

Die Koronaentladung ist eine selbständige Gasentladung, die wie die Funkenentladung nicht an luftverdünnte Räume gebunden ist. Man beobachtet sie um dünne Metalldrähte oder -spitzen, an die eine genügend hohe Spannung angelegt ist. Wesentlich ist die starke Krümmung der Elektrodenoberfläche, woraus hohe Feldstärken im umgebenden Raum folgen. Die Koronaentladung gibt sich im Dunkeln durch eine leuchtende Haut oder sogar durch büschelartige Lichterscheinungen um den Leiter zu erkennen. Man kann die Koronaentladung auch als Durchschlag von der Koronaelektrode in den unmittelbar umgebenden Raum auffassen, wobei die Gasmoleküle ionisiert werden. Im Gas befinden sich immer Ionen, die zu den Elektroden wandern und in Gebieten hoher Feldstärke – also an der Koronaelektrode – so beschleunigt werden, daß sie zur Produktion weiterer Ladungsträger in der Lage sind. Als Folge ergibt sich die Raumladung, d.h. der stationäre Stromfluß. Im Spannungsbereich der Koronaentladung ist die Feldstärke noch zu gering, als daß es zum Durchschlag bis zur Gegenelektrode kommen könnte. Von der Koronaelektrode etwas weiter entfernt besteht infolge der Ionisation eine Raumladung, die durch Gasionen gebildet wird. Diese besitzen die gleiche Polarität wie die Koronaelektrode. Sie bewegen sich zur Gegenelektrode, erzeugen dabei einen Luftstrom (elektrischen Wind) und können im Raum befindliche Feststoff- und Flüssigkeitsteilchen gleichsinnig aufladen. Die Koronaelektrode kann positive oder negative Polarität tragen. Allerdings bestehen je nach Polarität gewisse Unterschiede bezüglich der Ausbildung des Koronafeldes.

Als **selbständige Gasentladung** bezeichnet man solche Stromleitungsvorgänge, die – einmal in Gang gesetzt – selbständig weiterlaufen. Dies ist jedoch nur möglich, wenn die für den Stromtransport erforderlichen Ladungsträger (Elektronen, Ionen) laufend neu gebildet werden, weil diese sich ständig an den Elektroden neutralisieren oder auch durch Rekombination im Raum (Neutralisation von positiven und negativen Ladungsträgern) verlorengehen. Die Ladungsträger werden bei der Koronaentladung hauptsächlich durch Stoßionisation und Sekundärelektronenauslösung infolge der auf die Koronaelektrode aufprallenden Ladungsträger erzeugt [466] [470] bis [473]. Daneben spielen auch die Photoemission und Photoionisation eine gewisse Rolle [470].

Unter der **Stoßionisation** versteht man das Auslösen von Elektronen aus Molekülen oder Atomen durch Stoß von Elektronen oder Ionen mit genügend hoher Energie. Bezüglich der Koronaentladung muß man dafür sorgen, daß die Elektronen trotz der kleinen freien Weglänge und der zahlreichen Zusammenstöße mit Gasmolekülen und Ionen (beachte die große Molekülzahl je Volumeneinheit bei normalem Druck!) die zum Ionisieren der Gasmoleküle erforderliche hohe Energie aus dem Feld entnehmen können. Dies gelingt nur bei ausreichend hoher Feldstärke. Die bei dem Ionisierungsprozeß abgespaltenen Elektronen lagern sich auch an neutrale Moleküle an. So entstehen neben den durch Stoß erzeugten positiven Ionen auch negative Ionen.

Will man Elektronen aus einem Metall entfernen und sie zum Übertritt in den umgebenden Raum veranlassen, so ist die **Ablösearbeit** zu leisten. Diese wird, wie fast alle Arbeiten oder Energien in der Atomphysik, in Elektronenvolt (eV) angegeben. Die kinetische Energie von Ladungsträgern, die auf eine Metalloberfläche auftreffen, kann zum Ablösen von Elektronen ausgenutzt werden. Dies ist vor allem bei positiven Ionen sehr stark von der Geschwindigkeit der stoßenden Teilchen abhängig. Im zuletzt genannten Fall kann die Ablösearbeit auch von der Energie geleistet werden, die bei der Neutralisation des Ions während des Aufpralls auf die Metalloberfläche frei wird. Hinreichend kurzwelliges Licht vermag ebenfalls aus einer Metallplatte Elektronen auszulösen (Photoemission).

Der Feldstärkeverlauf im Koronafeld ist nicht gleichförmig, weil er nicht nur von der Elektrodengeometrie und der anliegenden Spannung, sondern auch von der sich ausbildenden Raumladung, d.h. vom Stromfluß, abhängt. Unmittelbar an der Koronaelektrode wird man aber immer hohe Feldstärken, weiter davon entfernt geringere feststellen. Für die in Elektroscheidern gewählten Elektrodenanordnungen zeigt sich die negative Korona (d.h. bei negativer Koronaelektrode) im allgemeinen bei niedrigeren Spannungen als die positive. Außerdem liegt bei negativer Korona die Durchschlagspannung höher, weshalb man diese bei der Sortierung im elektrischen Feld gewöhnlich vorzieht.

Bei **negativer Korona** kommt es zum Ablösen von Elektronen aus der Koronaelektrode durch den Beschuß mit positiven Ionen und eventuell durch Photoemission. Diese Elektronen erzeugen durch Stoßionisation weitere, die sich an Gasmoleküle anlagern und zur Gegenelektrode bewegen. Ob es zur Bildung negativer Ionen kommt, hängt auch vom Gas ab. Stickstoff soll z.B. keine Ionen dieser Art bilden können [470].

Bei **positiver Korona** bewegen sich die Elektronen auf die Koronaelektrode zu und erzeugen durch Stoßionisation eine Elektronenlawine. Die positiven Ionen, die sich dabei bilden, strömen in entgegengesetzter Richtung.

Man muß in diesem Zusammenhang noch für beide Fälle ergänzen, daß diese Vorgänge durch die infolge atmosphärischer Strahlung immer vorhandenen Elektronen und Ionen in Gang gesetzt werden können.

Die Koronaanfangsspannung hängt von der Geometrie des gesamten Systems – insbesondere der Ausbildung der Koronaelektrode und dem Elektrodenabstand – sowie dem Elektrodenwerkstoff ab. Mit steigender Spannung bzw. Feldstärke erhöht sich der Koronastrom, bis es bei einer in erster Linie ebenfalls von den geometrischen Verhältnissen abhängigen Spannung zum Durchschlag zur Gegenelektrode kommt. Überhaupt ist für eine stabile Korona die Geometrie des gesamten Elektrodensystems sehr wichtig. Eine besonders gleichmäßige Korona beobachtet man bei dünnen, glatten Drähten. Weiterhin kann man an einem für die elektrische Gasreinigung wichtigen Elektrodenmodell, das aus konzentrischen Zylindern besteht, zeigen, daß eine Koronaentladung nur gelingt, wenn das Verhältnis von äußerem zu innerem Zylinderdurchmesser einen kritischen Wert übersteigt [470]. Ist dieses Verhältnis zu klein, so geschieht bei genügend hoher Spannung ein Durchschlag, ohne daß sich vorher eine Koronaentladung zeigt. Die Anfangsspannung hängt weiterhin von Beimengungen in der Luft ab (z.B. von deren Feuchte).

Bezüglich der Berechnung der Koronaanfangsspannung, des Feldverlaufs und des Koronastromes finden sich in der Fachliteratur eine Reihe von Formeln, die hauptsächlich für Elektrodenanordnungen abgeleitet wurden, die für die elektrische Gasreinigung von Interesse sind (siehe z.B. [466] [470] [473]).

3.2 Elektrische Eigenschaften der Stoffe

Während magnetische Felder mehr oder weniger in jeden Stoff eindringen können, gelingt dies den elektrischen Feldern nur bei den Nichtleitern. Bei Stoffen dieser Art sind sämtliche Elektronen an die Atome, Moleküle oder Ionen gebunden. Dagegen sind in den metallischen Leitern ein oder mehrere Elektronen je Atom frei bzw. weitgehend frei beweglich und durch elektrische Kräfte verschiebbar. Die Leiter binden im Gegensatz zu den Nichtleitern Ladungen nicht am Ort der Zufuhr, sondern verteilen sie über die gesamte Oberfläche. In Halbleitern beruhen die Leitungsvorgänge auf anderen, später zu erörternden Vorgängen.

Das unterschiedliche Verhalten fester Stoffe bezüglich der Elektronenleitfähigkeit spielt für die Sortierung im elektrischen Feld eine wichtige Rolle. So verhalten sich bei normalen Temperaturen nur wenige Minerale wie Leiter, ein beachtlicher Anteil wie Halbleiter und viele wie Nichtleiter [474].

3.2.1 Nichtleiter

Im Nichtleiter (Dielektrikum, Isolator) fehlt die freie bzw. weitgehend freie Elektronenbeweglichkeit. Hier sind auch die Valenzelektronen mehr oder weniger fest an die Gitterbausteine gebunden. Ein äußeres elektrisches Feld kann nur eine Polarisation bewirken.

Man kann die Leitfähigkeit eines Stoffes mit Hilfe des in der Atomphysik eingeführten **Energiebändermodells** beschreiben (Bild 182) [305] [475]. Sind die Atome genügend weit voneinander entfernt, so besitzen die an den Atomkern gebundenen Elektronen genau definierte Energiewerte (Bild 182a). Diese liegen im Energiebändermodell auf bestimmten Niveaulinien

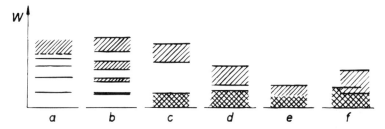

Bild 182 Energiebändermodell für a) ein einzelnes Atom, b) einen Kristall, c) einen Isolator, d) einen Eigenhalbleiter, e) ein einwertiges Metall, f) ein zweiwertiges Metall (kreuzschraffierte Energiebänder bzw. Bandteile sind mit Elektronen voll besetzt)

(Energieterme). Freie Elektronen liegen bezüglich ihrer Energiezustände oberhalb der gestrichelten Linie und können beliebige Energiewerte annehmen, was im Bild 182a durch das schraffierte Gebiet veranschaulicht ist.

Wenn sich Atome nähern, so beeinflussen sie sich gegenseitig. Dabei werden die Energiezustände der äußeren Elektronen stärker als die tieferliegenden der inneren gestört. In einem Kristallverband liegen die Atome so dicht nebeneinander vor, daß aus den scharfen Energiezuständen der äußeren Elektronen breite Bereiche – Energiebänder – entstehen (Bild 182b). Die äußeren Elektronen sind hier nicht mehr unbedingt fest an einen Atomkern gebunden. Es besteht vielmehr eine gewisse Austauschwahrscheinlichkeit mit den Elektronen benachbarter Atome. Eine solche Elektronenverschiebung läßt sich im Bändermodell als Platzwechsel längs der Abszisse auffassen. Die Terme werden infolge der Wechselwirkung mit allen am Gitter beteiligten n Atomen in jeweils 2n Terme aufgespalten, die so dicht aufeinander folgen, daß praktisch eine kontinuierliche Reihe von erlaubten Energiezuständen entsteht. Das Energiespektrum in einem Kristallgitter besteht deshalb aus einer Folge von erlaubten und verbotenen Energiezonen. Die verbotenen Zonen entsprechen Energielücken. Gewöhnlich beschränkt man sich bei der Darstellung auf die beiden höchsten Energiebänder oder nur das oberste (Bild 182c bis f).

Für jeden einzelnen Energieterm innerhalb eines erlaubten Bandes gilt das *Pauli*-Verbot. Danach kann ein definierter Quantenzustand jeweils nur von einem einzigen Elektron eingenommen werden, d.h., ein erlaubtes Energieband mit seinen 2n Termen kann höchstens von 2n Elektronen besetzt sein. In einem Kristall mit vollbesetztem obersten Energieband ist keine Elektronenleitung möglich. Damit nämlich ein Kristall den elektrischen Strom mittels seiner Elektronen transportieren kann, ist erforderlich, daß im elektrischen Feld durch Elektronenbewegung zum positiven Pol hin ein Überschuß von Elektronen an der positiven Seite und ein Mangel an der negativen entstehen kann. Wenn aber das oberste Energieband voll besetzt ist und von einem Elektronensprung in ein höheres leeres Band abgesehen wird, weil dafür optische oder thermische Anregung notwendig ist, so ist in einem Nichtleiter die Bildung eines Elektronenüberschusses an einer Seite nicht möglich. Die einseitige Elektronenbewegung gelingt nicht, weil die Elektronen aus dem elektrischen Feld zur Beschleunigung Energie aufnehmen müßten und für diese Elektronen mit höherer Energie kein Platz (Energiezustand) frei ist. Im Bild 182c ist eine Energiebänderanordnung für einen Nichtleiter dargestellt. Hier ist das erste unbesetzte Energieband durch eine Lücke von mehreren eV vom letzten vollbesetzten entfernt. In diesem Falle liegen gute Isolatoreigenschaften vor.

Unter Nichtleitern im Sinne der Elektrosortierung hat man Stoffe zu verstehen, deren Leitfähigkeit etwa $< 10^{-11} \Omega^{-1} m^{-1}$ ist.

Füllt man den Raum zwischen den Platten eines Plattenkondensators durch einen Nichtleiter aus, so ändert sich dessen Kapazität. Für den leeren Kondensator gilt nach Gl. (11):

$$Q_V = C_V U$$

und für den Stoff gefüllten entsprechend:

$$Q_S = C_S U$$

Das Verhältnis

$$\varepsilon_r = \frac{C_S}{C_V} \tag{14}$$

ist eine Materialkonstante, die nicht von den angelegten Spannungen abhängt. Man bezeichnet sie als **Dielektrizitätszahl** oder als **relative Dielektrizitätskonstante**. Für Vakuum gilt folglich $\varepsilon_r = 1$. Stoffe besitzen relative Dielektrizitätskonstanten >1. ε_r von Luft weicht nur sehr wenig von eins ab (bei $0°C$ und 1,013 bar: $\varepsilon_r = 1,00059$). Die relativen Dielektrizitätskonstanten vieler Minerale liegen zwischen 5 und 25.

Wird ein stofferfüllter Kondensator auf eine Spannung U geladen, so ist im Vergleich zum Vakuum eine größere Elektrizitätsmenge Q erforderlich, die bei der Entladung auch wieder vollkommen zurückgewonnen werden kann. Für einen Plattenkondensator ergibt sich somit:

$$Q = \varepsilon_r Q_V = \varepsilon_r \varepsilon_0 \frac{A}{l} U = \varepsilon_r \varepsilon_0 A E$$

Daraus erhält man die **elektrische Verschiebung** im stofferfüllten Raum, die von einer Ladung Q ausgeht:

$$D = \frac{Q}{A} = \varepsilon_r \varepsilon_0 E$$

bzw.

$$\boldsymbol{D} = \varepsilon_r \varepsilon_0 \boldsymbol{E} \tag{15}$$

Die Ladungen sind auch im stofferfüllten Raum Quellen und Senken des Verschiebungsvektors. Jedoch hängt hier das Verhältnis von Verschiebung zu Feldstärke von der jeweiligen relativen Dielektrizitätskonstanten ab.

Man kann sich die relative Dielektrizitätskonstante eines Stoffes auch so erklären, daß durch das Einbringen eines Isolators in dem ursprünglich leeren Kondensator die Feldstärke $E = E_0/\varepsilon_r$ (E_0 Feldstärke des leeren Plattenkondensators) absinkt. Wenn die Feldstärke E_0 der Ladungsdichte Q/A auf den Kondensatorplatten proportional ist, so müßte die das Feld erzeugende Ladung kleiner geworden sein. Da aber die Kondensatorladung durch das Einbringen des Dielektrikums nicht geändert worden ist, so müssen an dessen Oberflächen, die an den Platten anliegen, polar entgegengesetzte Oberflächenladungen (**scheinbare Ladungen**) mit der Ladungsdichte Q'/A vorhanden sein (Bild 183):

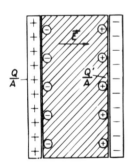

Bild 183 Wahre und scheinbare Ladungen

$$E = \frac{E_0}{\varepsilon_r} = \frac{1}{\varepsilon_0} \left(\frac{Q + Q'}{A}\right)$$

oder

$$\frac{Q'}{A} = -\left(\frac{Q}{A} - \varepsilon_0 E\right) = -(D - \varepsilon_0 E)$$

Die Größe P

$$P = D - \varepsilon_0 E = \varepsilon_0(\varepsilon_r - 1) E \qquad (16a)$$

heißt **elektrische Polarisation** und $(\varepsilon_r - 1)$ **elektrische Suszeptibilität**. Daraus folgt weiter:

$$D = \varepsilon_0 E + P \qquad (16b)$$

Die Verschiebung in Dielektrika setzt sich somit aus zwei Anteilen – der im Vakuum vorhandenen Verschiebung $\varepsilon_0 E$ und der elektrischen Polarisation P – zusammen. Man beachte wiederum die Analogien zum magnetischen Feld.

Die scheinbaren Ladungen sind Quellen des Vektors $-P$, d.h., die Linien der elektrischen Polarisation entspringen an den negativen scheinbaren Ladungen und münden an den positiven (Bild 184). Wahre Ladungen sind Quellen der Verschiebung, wahre und scheinbare zusammen sind Quellen von $\varepsilon_0 E$.

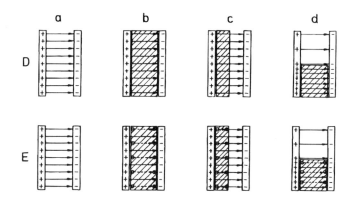

Bild 184 Verschiebungslinien und Feldlinien im
a) leeren Plattenkondensator; b) stofferfüllten Plattenkondensator; c) und d) halberfüllten Plattenkondensator

Im Bild 184 sind der Verlauf der Verschiebungslinien und der Feldlinien im leeren, stofferfüllten und halberfüllten Kondensator gegenübergestellt worden. Dabei wurde für Verschiebungs- und Feldlinien der gleiche Maßstab benutzt, um die Unterschiede zwischen leerem und stofferfülltem Raum besonders deutlich werden zu lassen.

Für die Bestimmung der elektrischen Feldenergie in Dielektrika behalten die Gln. (10a) und (10b) ihre prinzipielle Gültigkeit. Man muß nur beachten, daß hier $D = \varepsilon_r \varepsilon_0 E$ zu setzen ist.

Das Zustandekommen der scheinbaren Ladungen an der Oberfläche des Dielektrikums im Kondensator läßt sich wie folgt erklären: Die Atome bzw. Moleküle werden im elektrischen Feld polarisiert, wodurch diese zu Dipolen mit dem elektrischen Moment p_{Mol} werden:

$$p_{Mol} = \alpha E \qquad (17)$$

α elektrische Polarisierbarkeit eines Moleküls bzw. Atoms

Im Inneren eines Dielektrikums kompensieren sich die durch Polarisation entstehenden Ladungen, an der Oberfläche dagegen treten sie als scheinbare Ladungen des Dielektrikums auf (Bild 185). Die Ladungsdichte hängt von der Polarisierbarkeit der Moleküle bzw. Atome sowie deren Anzahl in der Volumeneinheit ab. Da diese Oberflächenladungen durch Teilen des Nichtleiters ähnlich wie Magnetpole nicht voneinander getrennt werden können, ist die Bezeichnung scheinbare Ladungen gerechtfertigt.

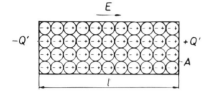

Bild 185 Polarisation der Moleküle bzw. Atome als Ursache der scheinbaren Ladungen

Das Dipolmoment p des im Bild 185 dargestellten Körpers beträgt:

$$p = |Q'| \, l$$

Dieses Dipolmoment ist eine vektorielle Größe, die von der negativen zur positiven Ladung zeigt. Berücksichtigt man $Q'/A = -|\boldsymbol{P}|$, so ergibt sich:

$$p = |\boldsymbol{P}| \, A \, l = |\boldsymbol{P}| V \qquad (18a)$$

und

$$\frac{p}{V} = \boldsymbol{P} = (\varepsilon_r - 1) \, \varepsilon_0 \boldsymbol{E} \qquad (18b)$$

Die Polarisation eines Mediums durch ein elektrisches Feld ist folglich der in seinem Inneren vorhandenen Feldstärke und der elektrischen Suszeptibilität proportional.

Die bisher besprochene Art der Polarisation eines Mediums heißt **Verschiebungspolarisation**. Sie ist bei jeder Materie anzutreffen. Von ihr zu unterscheiden ist die **Orientierungspolarisation**, die auf permanente elektrische Dipole der Moleküle zurückzuführen ist. Diese Dipole sind im feldfreien Raum infolge der Wärmebewegung ungeordnet. Ein elektrisches Feld zwingt sie etwas in dessen Richtung, und zwar um so mehr, je stärker das Feld und je tiefer die Temperatur sind. Die Dielektrizitätszahl derartiger Stoffe nimmt also mit steigender Temperatur ab.

Die Verschiebungs- und die Orientierungspolarisation spielen für die Sortierung im elektrischen Feld eine wichtige Rolle.

Eine Polarisation ist jedoch auch ohne äußeres Feld möglich. Hierzu gehören insbesondere die Erscheinungen der **Piezoelektrizität** und der **Pyroelektrizität**, die bei der Elektrosortierung als untergeordnete Nebeneffekte Bedeutung erlangen können. Sie sind an Ionenkristalle gebunden, d.h. an Kristalle, deren Gitterbestandteile wenigstens einen gewissen Prozentsatz Ionencharakter besitzen, und hängen mit der elektrischen Bindung der Ionen zusammen. Die Piezoelektrizität tritt bei Quarz und zahlreichen anderen Kristallen auf, bei denen nicht jeder Gitterbaustein ein Symmetriezentrum des Gesamtgitters ist, so daß bei elastischer Kompression in gewissen Richtungen scheinbare elektrische Oberflächenladungen entstehen. Die Pyroelektrizität ist nur bei einer relativ kleinen Anzahl piezoelektrischer Kristalle anzutreffen. Kristalle dieser Art verfügen über polare Achsen (z.B. Turmalin) und schon ohne äußere Kräfte über ein permanentes Dipolmoment, das infolge angesammelter Oberflächenladungen zunächst nicht in Erscheinung tritt. Bei Temperaturänderungen dagegen ändert sich infolge Vergrößerung oder Verringerung des Abstandes der Gitterionen dieses Dipolmoment, und somit entstehen an entsprechenden Grenzflächen entgegengesetzte scheinbare Ladungen.

3.2.2 Leiter

Die wichtigsten Eigenschaften, in denen sich Metalle und ihre Legierungen von anderen Festkörpern unterscheiden, sind neben der Plastizität das große elektrische und thermische Leitvermögen. Diese Eigenschaften sind unmittelbare Folgen der metallischen Bindung. Diese ist dadurch gekennzeichnet, daß die Valenzelektronen keinem speziellen Atompaar angehören, sondern dem Kristallgitter als Ganzem zuzuordnen sind. Um den Zustand dieser Elektronen zu charakterisieren, spricht man von einem Elektronengas, in dem die kinetische Energie W_k

3.2 Elektrische Eigenschaften der Stoffe

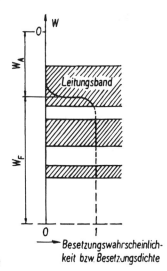

Bild 186 Bänderschema und Besetzungsdichte

der Elektronen nach der *Fermi*-Funktion verteilt ist. Diese unterscheidet sich grundsätzlich von der *Boltzmann*-Funktion, die die Verteilung der kinetischen Energie auf die Moleküle eines Gases kennzeichnet. Im Bild 186 ist der charakteristische Verlauf der Besetzungswahrscheinlichkeit gemäß einer *Fermi*-Verteilung durch die gestrichelte Kurve wiedergegeben. W_F in Bild 186 stellt die *Fermi*-Energie dar und charakterisiert die Lage des Energie-Niveaus (*Fermi*-Niveau), dessen Besetzungswahrscheinlichkeit 0,5 beträgt, also die Lage des Steilabfalls der *Fermi*-Verteilung. Für die meisten Metalle liegt W_F zwischen 3 und 7 eV.

Die freie Beweglichkeit der Elektronen in Metallen bedeutet jedoch nicht, daß diese unbehindert aus der Metalloberfläche austreten können. Vielmehr hält sie ein elektrisches Feld zurück. Ordnet man einem weit außerhalb des Kristallgitters befindlichen Elektron die Energie null zu, so gewinnt es beim Eintritt in das Elektronengas des Gitters Energie in Höhe der **Ablöse-** bzw. **Austrittsarbeit** W_A (Bild 186).

Man kann zur Kennzeichnung der Leitfähigkeitsverhältnisse wiederum das Energiebändermodell heranziehen (Bilder 182 und 186). Wenn ein Kristall den elektrischen Strom mittels seiner Elektronen transportieren soll, so ist notwendig, daß im elektrischen Feld zum positiven Pol hin ein Überschuß von Elektronen und in entgegengesetzter Richtung ein Mangel entsteht. Dies gelingt im allgemeinen nur, wenn das oberste besetzte Energieband des Kristalls nicht voll besetzt ist. Da jeder Energiezustand eines Atoms nach dem *Pauli*-Prinzip mit zwei Elektronen entgegengesetzter Spin-Richtung besetzt sein kann und im obersten besetzten Band eines Kristalls die Valenzelektronen der Atome ihren Platz haben, ist die genannte Forderung bei einwertigen Metallen erfüllt, da sich nur ein Elektron je Atom im obersten Energieband befindet (Bild 182e). Zweiwertige Metalle sollten nach den bisherigen Überlegungen Isolatoren sein. Bei den Metallen ist aber die Wechselwirkung der Elektronen untereinander besonders groß, so daß sich die obersten Energiebänder teilweise überlappen. Infolgedessen sind die obersten Energiebänder auch bei zweiwertigen Metallen nicht voll besetzt (Bild 182f).

Der *Fermi*-Funktion kann man entnehmen, wieviele Bewegungszustände einem Elektron im Elektronengas energetisch möglich sind. Ob diese jedoch in einem gegebenen Metall erlaubt sind, bestimmt das individuelle Bänderschema. So gibt in dem im Bild 186 dargestellten Beispiel die stark ausgezogene Kurve die vorhandene Besetzungsdichte wieder. Wie gut oder wie schlecht ein Metall elektrisch leitet, entscheidet sich danach, ob der Grenzbereich der *Fermi*-Verteilung, der angenähert die Breite kT bzw. wenige Hundertstel eV umfaßt, ganz oder nur mit seinem Ausläufer in ein erlaubtes Band hineinfällt.

3.2.3 Halbleiter

Auch in Halbleitern wird der Strom von Elektronen getragen. Jedoch bestehen im Vergleich zu Metallen wesentliche Unterschiede. Insbesondere ist bei normalen Temperaturen der Widerstand um einige Zehnerpotenzen größer. Am Nullpunkt der absoluten Temperatur ist die elektronische Leitfähigkeit null. Sie steigt jedoch mit der Temperatur exponentiell an, so daß Stoffe dieser Art in Abhängigkeit von der Temperatur Isolatoreigenschaften bis metallisches Verhalten aufweisen können. Auch viele Minerale sind Halbleiter.

Die Leitung in einem nichtmetallischen Festkörper (Halbleiter) kann durch Elektronen bewirkt werden, die infolge der durch Energiezufuhr angeregten Gitterschwingungen in das bei $T = 0$ unbesetzte Leitungsband gelangen. Dies ist bei reinen Kristallen nur möglich, wenn das unbesetzte Leitungsband und das normalerweise vollbesetzte Valenzband nicht weit (höchstens 1 eV) voneinander entfernt sind (Bild 182d). Halbleiter dieser Art heißen **Eigenhalbleiter**.

Ein Kristall kann durch Fremdatome oder Überschußatome der einen ihn bildenden Atomart, die ein nur locker gebundenes Elektron besitzen, Halbleitereigenschaften erwerben. Festkörper dieser Art werden als **Störstellenhalbleiter** bezeichnet. Die Ionisierungsenergie für das Abspalten dieses Elektrons ist erheblich kleiner als die der normalen Gitterbausteine. Baut man z. B. in die zum Diamant-Typ zählenden Gitter des Siliziums oder Germaniums einen sehr kleinen Teil fünfwertiger Phosphor- oder Arsenatome ein, so werden nur vier der fünf Valenzelektronen fest durch die benachbarten Gitteratome, das fünfte aber nur sehr schwach gebunden. Befinden sich in einem Metalloxid überschüssige Metallatome, so verfügen diese ebenfalls über nur relativ locker gebundene äußere Elektronen. Im Energiebändermodell liegen diese Energiezustände W_{Do} (Donatorzustände) solcher Überschußatome oder Atome mit Überschußelektronen als ortsfeste Energiezustände nur einige Hundertstel oder Zehntel eV unter dem Leitungsband (Bild 187a). Das Valenzband V ist normalerweise mit Elektronen voll besetzt; L stellt das beim reinen Kristall leere Leitungsband dar. Von den ortsfesten Energiezuständen W_{Do} können Elektronen durch Energiezufuhr in das Leitungsband gelangen. Man bezeichnet diesen Typ, bei dem ein Überschuß von an Bindungen nicht beteiligten Elektronen vorhanden ist bzw. der Strom durch die von den Donatoren abgegebenen Elektronen getragen wird, als *n*-**Halbleiter**.

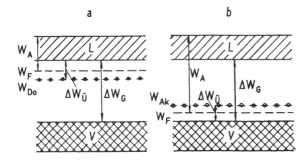

Bild 187 Energiebandschema eines a) *n*-Halbleiters; b) *p*-Halbleiters
L Leitungsband; V Valenzband;
W_A Austrittsarbeit; W_{Ak} Energieniveau der Akzeptorzustände; W_{Do} Energieniveau der Donatorzustände;
W_F Fermi-Niveau; ΔW_G Breite der verbotenen Zone

Im Gegensatz dazu existiert bei den *p*-**Halbleitern** ein Mangel an Bindungselektronen. Ein solcher entsteht z. B., wenn man in Silizium oder Germanium einen geringen Anteil dreiwertiger Atome einbaut. Dann fehlt ein Elektron an den entsprechenden Einbaustellen zur Absättigung mit den Nachbarn, und es entsteht ein Elektronenloch (Defektelektron). In gleicher Weise wirkt ein Mangel an Metallatomen bzw. ein Überschuß an Sauerstoff in Metalloxiden. Der Überschuß an O-Atomen hat ebenfalls Elektronenlöcher zur Folge, weil hier Elektronen zur Absättigung der Valenzen der O-Atome bzw. negativer Ionen mit abgeschlossenen Elektronenschalen fehlen. Diese Elektronenlöcher können nun bei nicht zu geringer Temperatur durch Einrücken benachbarter Elektronen gefüllt werden, wodurch sie wandern und die Leitung hervorrufen. Im Energiebandschema müssen folglich die Energiezustände solcher Akzeptoren, wie dreiwertige Atome im Siliziumgitter oder überschüssige O-Atome in Metalloxidgittern, dicht über dem bei niedrigen Temperaturen voll besetzten Valenzelektronenband liegen. Im Bild 187b ist das Energiebandschema dargestellt. V ist das normalerweise gefüllte, L das leere Energieband. W_{Ak} sind die ortsfesten Energiezustände elektronegativer Fremdatome (Akzeptoren), die von V aus leicht gefüllt werden können, wodurch in V bewegliche Elektronenlöcher entstehen. Elektronenlöcher wandern im elektrischen Feld entgegengesetzt zu den Elektronen. Der Ladungstransport erfolgt hier also scheinbar durch positive Ladungsträger.

Das bisher Gesagte läßt sich wie folgt zusammenfassen: Bei Eigenhalbleitern treten Elektronen aus dem Valenzband in das Leitungsband über, wodurch im ersteren Elektronenlöcher entstehen. Sowohl die Elektronen als auch die Elektronenlöcher tragen zur Leitfähigkeit bei, die letztgenannten wegen ihrer kleineren Beweglichkeit jedoch in geringerem Maße. In n-Halbleitern leiten nur die im Leitungsband befindlichen Elektronen, weil die zugehörigen Elektronenlöcher an die ortsfesten Donatoratome gebunden sind. Bei den p-Halbleitern dagegen wird die Leitfähigkeit durch die Elektronenlöcher im Valenzband hervorgebracht, während die zugehörigen Elektronen an die ortsfesten elektronegativen Akzeptoratome gebunden sind.

Die bisherigen Darlegungen liefern insbesondere für mineralische Halbleiter eine vereinfachte Vorstellung. Als Folge der genetischen Bedingungen werden hier im allgemeinen sowohl n- als auch p-Zustände parallel vorhanden sein. Insgesamt gesehen, ergeben sich wegen der Wechselwirkungen bzw. des Austausches zwischen den verschiedenen Niveaus komplizierte Verhältnisse [476]. Die Halbleitereigenschaften werden dann wesentlich von den absoluten und relativen Konzentrationen der Verunreinigungen und der Mobilität der Ladungsträger mitbestimmt [496].

Diese komplexe Energieniveaustruktur läßt sich auch mit Hilfe des *Fermi*-Niveaus charakterisieren. Bei Eigenhalbleitern liegt dieses Niveau in der Mitte der verbotenen Zone. Mit Zunahme von n-Typ-Verunreinigungen verschiebt sich das *Fermi*-Niveau in Richtung Leitungsband (Bild 187a) und liegt bei genügend hoher Konzentration an Verunreinigungen etwa in der Mitte zwischen Donator-Niveau und Unterkante des Leitungsbandes. Bei p-Halbleitern verschiebt sich das *Fermi*-Niveau entsprechend in Richtung des Valenzbandes (Bild 187b).

Bei Nicht-Eigenhalbleitern tritt auch eine Verschiebung des *Fermi*-Niveaus als Funktion der Temperatur auf, und zwar mit zunehmender Temperatur zu der Lage, die es im reinen Eigenhalbleiter einnehmen würde, weil dessen Energiezustände für das Gesamtverhalten dann bestimmender werden [476].

Das im vorstehenden Ausgeführte gilt für das Innere eines Halbleiters. An seiner Oberfläche modifizieren **Oberflächenzustände** die Energiestruktur. Dies ist einerseits eine Folge der abrupten Unterbrechung der Kristallstruktur an der Oberfläche und wird andererseits durch Oberflächendefekte als Folge besonderer Einwirkungen (mechanische Einwirkung, Bestrahlung, Erhitzen und Abkühlen) oder durch oberflächliche Verunreinigungen (Adsorption, Oberflächenreaktionen bzw. -verbindungen) bedingt [472] [476] bis [479]. Derartige Oberflächenzustände von Elektronen wirken in der gleichen Weise wie die oben besprochenen Donator- und Akzeptorniveaus. Jedoch sind sie nur an der Oberfläche wirksam, so daß letztere eine andere Energiestruktur als das Innere annimmt und Bandverbiegungen auftreten. Im Bild 188 ist die Modifizierung der Energiebänder eines n-Halbleiters durch Oberflächenakzeptor- (a,b) und -donatorzustände (c,d) dargestellt, und zwar ist jeweils die Situation vor und nach dem Ladungsübergang charakterisiert. Bild 188b zeigt, daß ein Elektronenfluß aus dem Inneren des Halbleiters zu ortsfesten Akzeptorzuständen an der Oberfläche eingetreten ist. Als Folge davon sind eine negative Oberflächenladung und eine positive Raumladung im Innern vorhanden, sind die Energiebänder an der Oberfläche verbogen und tritt eine Potentialbarriere U_S

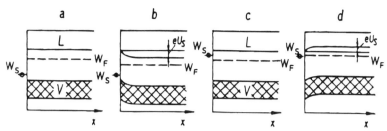

Bild 188 Bandverbiegung und Veränderung des *Fermi*-Niveaus W_F bei einem *n*-Halbleiter durch Oberflächenzustände W_S, und zwar durch Akzeptorzustände (a, b) und Donatorzustände (c, d) vor dem Ladungsübergang (a, c) und nach dem Ladungsübergang (b, d)

auf. Das Gleichgewicht ist erreicht, wenn die Oberflächenzustände gefüllt sind bzw. wenn deren Energieniveaus zu einer Übereinstimmung mit dem *Fermi*-Niveau im Innern geführt haben. Bild 188d zeigt die Veränderungen, die als Folge ortsfester Donatorzustände an der Oberfläche auftreten und bei denen es entsprechend zu einem Elektronenfluß in entgegengesetzter Richtung kommt. Im allgemeinen bildet sich an der Halbleiteroberfläche eine elektrische Doppelschicht aus, die auf der einen Seite durch die Ladung in den Oberflächenzuständen, auf der anderen Seite durch die Raumladung der angrenzenden Randschichten gegeben ist. Als Folge dieser Veränderungen kommt es entweder zu einer Anreicherung oder Verarmung von Ladungsträgern in der Oberflächenschicht gegenüber der Ladungsträgerkonzentration im Innern. Schließlich kann sich sogar die Oberflächenschicht von einem *n*-Typ- in einen *p*-Typ-Halbleiter oder umgekehrt verwandeln (Inversion).

3.3 Kornaufladung und wirkende elektrische Kräfte

Für die in der Aufbereitungstechnik eingeführten Prozesse der Elektrosortierung ist es erforderlich, daß die zu trennenden Körner Träger von Ladungen unterschiedlicher Größe und vorwiegend auch verschiedenen Vorzeichens sind. Deshalb ist es notwendig, die Aufladungsmechanismen zu besprechen, bevor die auf die Körner wirkenden elektrischen Kräfte behandelt werden.

Für die technische Elektrosortierung kommen hauptsächlich die Aufladung der Körner bei der Polarisation im elektrischen Feld während des Kontaktes mit einer Elektrode (Kontaktpolarisation), die Aufladung im Koronafeld und die beim Kontakt der Körner untereinander oder mit einem anderen Partner ohne äußeres Feld (Triboaufladung) zur Anwendung. Andere Aufladungsmechanismen spielen gegebenenfalls als Nebeneffekte eine Rolle. Die zuerst genannte Methode wird vornehmlich auf den älteren elektrostatischen Scheidern angewendet, wobei die Triboaufladung als nicht zu vernachlässigender Nebeneffekt auftreten kann. Einen Aufschwung nahm die Sortierung in elektrischen Feldern, nachdem die Aufladung im Koronafeld nutzbar gemacht worden war. In neuerer Zeit hat die gesteuerte Triboaufladung erheblich an Bedeutung gewonnen.

3.3.1 Aufladung durch Kontaktpolarisation

Den Mechanismus der Aufladung durch Kontaktpolarisation kann man sich anhand des Bildes 189 verdeutlichen. Ein leitendes und ein nichtleitendes Korn liegen auf einer geerdeten Platte und sind dem Feld der Gegenelektrode ausgesetzt. Ein idealer Leiter würde sofort das Potential der geerdeten Elektrode annehmen, d.h., er gäbe bei negativer Gegenelektrode durch Influenz Elektronen an die Platte ab und würde positiv aufgeladen. Der ideale Nichtleiter dagegen würde nur polarisiert. Er trüge deshalb nur scheinbare Oberflächenladungen. Prak-

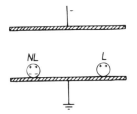

Bild 189 Leiter und Nichtleiter auf einer geerdeten Platte im elektrischen Feld

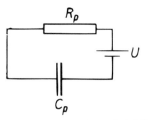

Bild 190 Elektrisches Modell für die Aufladung eines Teilchens durch Kontaktpolarisation

tisch kommen weder der ideale Leiter noch der ideale Nichtleiter vor. Reale Körner mit begrenzter Leitfähigkeit, die sich im Kontakt mit einer geerdeten Elektrode befinden, erfahren unter der Wirkung des elektrostatischen Feldes eine Aufladung der Größe $Q = C_P U$ (C_P Kapazität des Teilchens, U Potentialdifferenz zwischen den Elektroden). Die Aufladung erfolgt bei schlechten Leitern relativ langsam. Nach *Lawver* [481] kann das im Bild 190 dargestellte Modell zur Berechnung des Ladevorganges dienen. R_P ist der gesamte Widerstand des Kornes, der sich aus dem inneren Widerstand, dem Oberflächenwiderstand und dem Kontaktwiderstand zusammensetzt. Der erstere ist umgekehrt proportional der Volumenleitfähigkeit und der Korngröße, der Oberflächenwiderstand umgekehrt proportional der Oberflächenleitfähigkeit. Mit abnehmender Korngröße gewinnt folglich der Oberflächenwiderstand für das Gesamtverhalten an Bedeutung. Darüber hinaus hängt der Widerstand schlechter Leiter hauptsächlich vom Oberflächenwiderstand ab. R_P beeinflussen verständlicherweise die Temperatur, Adsorptions- und andere Oberflächenschichten (und deshalb auch die Feuchte der Umgebungsluft), die Feldstärke und bei Halbleitern auch die Feldrichtung. Folglich sind auch durch eine geeignete Vorbehandlung die Trennbedingungen und somit die Trennergebnisse beeinflußbar (siehe auch 3.2.3 und vor allem 3.4.2).

Auf Grundlage von Bild 190 ergibt sich:

$$I R_P + \frac{Q}{C_P} = U \; ; \; I = \frac{dQ}{dt}$$

und

$$\frac{dQ}{dt} + \frac{Q}{C_P R_P} = \frac{U}{R_P}$$

Setzt man voraus, daß die Ausgangsladung des Teilchens $Q_0 = 0$ war, so erhält man:

$$Q = C_P U \left(1 - \exp\left(-\frac{t}{R_P C_P}\right)\right) \tag{19}$$

Die Zeit, bis das Korn 63% seiner Endladung erhalten hat, beträgt $t_{63\%} = R_P C_P$. Allerdings kompliziert sich auf technischen Scheidern die Aufladung infolge der gegenseitigen Beeinflussung der Körner.

Charakteristische Werte für die bei der Kontaktpolarisation auftretenden Oberflächenladungsdichten σ liegen im Bereich 0 bis 3 $\mu C/m^2$ [469].

3.3.2 Aufladung im Koronafeld

Körner, die sich in einem Koronafeld befinden, sind einem kräftigen Ionenstrom ausgesetzt und werden deshalb unabhängig von ihren stofflichen bzw. elektrischen Eigenschaften zunächst gleichsinnig aufgeladen. Dies verdeutlicht Bild 191a für ein Korn, das sich nicht im Kontakt mit der Gegenelektrode befindet. Derartige Verhältnisse kommen z.B. bei der elektrischen Gasreinigung vor. Die maximale Ladung, die ein Korn unter diesen Bedingungen

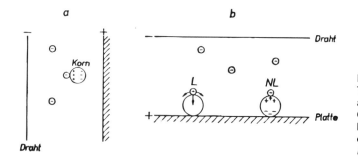

Bild 191 Aufladung eines Teilchens im Koronafeld
a) ohne Kontakt mit der Gegenelektrode
b) im Kontakt mit der Gegenelektrode
L Leiter; NL Nichtleiter

erwerben kann, war Gegenstand der theoretischen Berechnung sowie experimenteller Untersuchungen (siehe z.B. [466] [470] bis [473] [482] bis [484]). Deren Ergebnisse stimmen im wesentlichen überein. Im folgenden wird eine von *Pauthenier* [471] [482] abgeleitete Beziehung angeführt:

$$Q_{max} = 4\pi\,\varepsilon_0\,a^2\,k\,E \qquad (20)$$

a Radius des elektrisch äquivalenten Rotationsellipsoides
k ein Parameter, der vom Achsenverhältnis c/a des Rotationsellipsoides und von der relativen Dielektrizitätskonstanten abhängt, und zwar:

c/a	$\varepsilon_r = \infty$	$\varepsilon_r = 5$
5	36,2	27,15
1	3,01	2,15
0	0,666	0,532

Die Maximalladung hat man sich so zu erklären, daß infolge des Anwachsens der Abstoßungskräfte sich keine weiteren Ionen mehr anlagern können. Nach Gl. (20) ist die maximale Aufladung für einen Leiter größer als für einen Nichtleiter und für ein gestrecktes Ellipsoid größer als für eine Kugel sowie wesentlich größer als für ein plattiges Teilchen.

Liegen die Körner auf der Gegenelektrode (Bild 191b), so treten folgende Verhältnisse ein. Ein idealer Nichtleiter befände sich trotz des mechanischen Kontaktes nicht im elektrischen Kontakt mit der Gegenelektrode. Für ihn würde sich hinsichtlich der Aufladung im Vergleich zu Bild 191a nichts ändern. Andererseits könnte ein idealer Leiter auf der geerdeten Gegenelektrode keine Aufladung erfahren, weil er die im Koronastrom aufgenommene Elektrizitätsmenge sofort abgäbe. Praktisch existieren aber weder ideale Leiter noch ideale Nichtleiter, so daß man in Abhängigkeit von der Leitfähigkeit eine mehr oder weniger große Aufladung im Gleichgewichtszustand erwarten darf. Nach *Barthelemy* und *Mora* [471] [485] kann diese Gleichgewichtsladung wie folgt berechnet werden:

$$\frac{Q}{Q_{max}} = 1 + \frac{K_i}{B_P} - \sqrt{\left(1 + \frac{K_i}{B_P}\right)^2 - 1} \qquad (21)$$

K_i Parameter, der vom Koronafeld abhängt
B_P Entladungskonstante des Kornes

Das Verhältnis K_i/B_P ist von der Größenordnung $10^{14}/R_P$, wobei R_P der äquivalente Gesamtwiderstand des Korns ist. Für einen Leiter erhält man $10^{14}/R_P \to \infty$ und damit $Q/Q_{max} \to 0$. Die Zeit bis zur Gleichgewichtseinstellung soll sehr klein sein. Man kann deshalb für praktische Belange annehmen, daß ein Korn sogleich die Gleichgewichtsladung entgegengesetzten Vorzeichens zur Platte der Gegenelektrode erhält, wenn es einem Koronastrom ausgesetzt ist, unabhängig davon, ob es sich um einen Leiter oder Nichtleiter handelt [471] [485].

Für die Sortierung in elektrischen Feldern ist weiterhin von Interesse, wie sich ein Korn verhält, das im Koronafeld geladen wurde und sich im Kontakt mit der geerdeten Elektrode aus dem Koronafeld heraus in ein elektrostatisches Feld bewegt. Mit dem Eintritt in das elektrostatische Feld ist die Ladungszufuhr des Koronastromes beendet. Ein idealer Nichtleiter würde die aufgenommene Ladung behalten. Den praktisch leitenden Körnern dagegen wird Ladung der gleichen Polarität wie die Elektrode zugeführt, mit der sie in Kontakt sind. Der zeitliche Ablauf der Ladungsaufnahme kann ebenfalls mit Hilfe der Gl. (19) beschrieben werden. Schließlich kann sogar die Ladungsumkehr eintreten, nachdem die von der Elektrode aufgenommene Ladung gleich der im Koronafeld erhaltenen geworden ist. Nach der Ladungsumkehr erfährt das Korn eine Aufladung gleichen Vorzeichens wie die Elektrode, deren Maximalwert durch das Oberflächenpotential der Platte bestimmt ist.

Wichtig ist noch die Tatsache, daß auf Koronascheidern wesentlich größere Aufladungen als auf Scheidern erreicht werden, die sich der Kontaktpolarisation bedienen. Daraus resultieren auch stärkere elektrische Kräfte und überhaupt der Vorteil der Koronascheider gegenüber den elektrostatischen Scheidern.

3.3.3 Triboaufladung

Bringt man die Oberflächen zweier fester Stoffe in Kontakt und löst diesen anschließend wieder, so beobachtet man in vielen Fällen deren Aufladung mit entgegengesetzter Polarität. Durch Reibung der Kontaktpartner aneinander wird die Absicht verfolgt, die Anzahl der Kontaktstellen während des Aufladungsvorganges zu vervielfachen und gegebenenfalls auch die Kontaktintensität zu verstärken. Davon leitet sich der Begriff **Triboelektrizität (Reibungselektrizität)** ab. Ob bei der Triboaufladung neben den Elektronenübergängen zwischen den Kontaktpartnern, die nur quantenmechanisch mit Hilfe des Tunneleffektes zu erklären sind, auch noch Stoffübergänge an den Kontaktstellen zum Ladungsaustausch beitragen, ist ein noch nicht völlig geklärtes – allerdings weniger wahrscheinliches – Phänomen [484] [486].

Will man ein körniges Gut durch Triboaufladung auf eine Trennung in einem elektrostatischen Feld vorbereiten, so läßt sich dies durch die gegenseitigen Kontakte der zu trennenden Körner (z. B. in Trommelmischern oder Wirbelschichten) oder auch durch deren Kontakte mit einem – im allgemeinen metallischen – Kontaktpartner (**Elektrisator**) verwirklichen, der am Trennprozeß nicht beteiligt ist (z. B. in einer Vibrorinne oder einem Aerozyklon). Vorwiegend dürften jedoch beide Phänomene – allerdings mit unterschiedlich großen Anteilen – an der Aufladung beteiligt sein.

Wichtig für die nachfolgende Trennung ist auch, daß die Körner die aufgenommenen Ladungen bis zur Trennung weitgehend behalten können. Dies hängt von der Volumen- und vor allem der Oberflächenleitfähigkeit des Gutes ab und setzt zunächst voraus, daß zumindest einer der Kontaktpartner ein sehr schlechter Leiter bzw. praktisch ein Nichtleiter ist. Außerdem kann in diesem Zusammenhang auch die relative Luftfeuchte über die Bildung von Wasseradsorptionsschichten einen bedeutsamen „entladenden" Einfluß ausüben.

Zur Interpretation der bei der Triboaufladung zu beobachtenden Phänomene kann man wiederum auf die Energiebändermodelle der Kontaktpartner zurückgreifen. Anhand des Bildes 192 sollen zunächst die Vorgänge sowie Bandverbiegungen beim Kontakt eines n- bzw. p-Halbleiters einerseits mit einem Metall andererseits erörtert werden. Die potentielle Energie der Elektronen im Außenraum, losgelöst vom Halbleiter oder Metall im Vakuum, muß für beide Stoffe gleich sein und ist wiederum gleich null gesetzt worden. Die Austrittsarbeiten $W_{A,M}$ für das Metall bzw. $W_{A,H}$ für den Halbleiter sind die Energiebeträge, die im Mittel aufgewendet werden müssen, um Elektronen aus diesen Stoffen abzutrennen. Liegt das *Fermi*-Niveau W_F des Metalls unter dem eines n-Halbleiters ($W_{A,M} > W_{A,H}$), so folgen beim Kontakt die im Bild 192a dargestellten Veränderungen. Es treten Elektronen aus dem Leitungsband des Halbleiters in das Metall über, und es stellt sich ein thermodynamischer Gleichgewichtszustand ein, bei dem sich die *Fermi*-Niveaus W_F im Metall und im Halbleiter auf der gleichen Höhe befinden. Durch den Elektronenübergang bildet sich eine elektrische

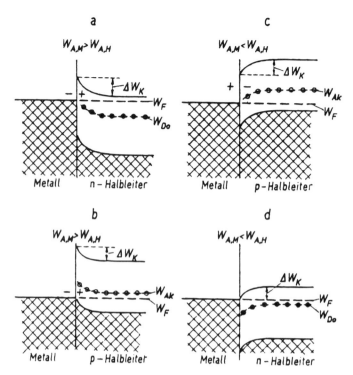

Bild 192 Bänderschemata für den Kontakt von n- bzw. p-Halbleitern mit Metallen für verschiedene Relationen der Austrittsarbeiten [478]
$W_{A,M}$; $W_{A,H}$ Austrittsarbeit für das Metall bzw. den Halbleiter
$\Delta W_K = W_{A,M} - W_{A,H}$
W_{Ak} Energieniveau der Akzeptorzustände
W_{Do} Energieniveau der Donatorzustände
W_F Fermi-Niveau

Doppelschicht aus, die metallseitig von Elektronen an der Grenzfläche und auf der Halbleiterseite von der positiven Raumladung einer an Ladungsträgern verarmten Zone bestimmt wird. Im Energiebandschema hat dies ein relatives Absinken der Bänder im Halbleitervolumen um $\Delta W_K = W_{A,M} - W_{A,H}$ und eine entsprechende Bandverbiegung im Bereich der Raumladungszone zur Folge, weil die Elektronenenergieniveaus in der Randzone relativ zum Inneren angehoben werden. Ist für $W_{A,M} > W_{A,H}$ ein Metall mit einem p-Halbleiter in Kontakt, so stellen sich die im Bild 192b dargestellten Verhältnisse ein. Das führt zu einer Zunahme der Konzentration der Elektronenlöcher und somit ebenfalls zu einer elektrischen Doppelschicht, die metallseitig von Elektronen an der Grenzfläche und auf der Halbleiterseite von einer positiven Raumladung durch Zunahme der Konzentration der Elektronenlöcher gebildet wird. Die Bandverbiegung äußert sich derart, daß sich die Obergrenze des Valenzbandes dem Fermi-Niveau annähert. Für den Fall, daß die Austrittsarbeit $W_{A,M}$ des Metalls kleiner als die Austrittsarbeit $W_{A,H}$ des Halbleiters ist, treten die jeweils entgegengesetzten Effekte ein (Bild 192c und d).

Im Falle des Kontaktes eines n-Halbleiters mit einem p-Halbleiter (Bild 193a) diffundieren Elektronen aus dem n-Halbleiter (höhere Konzentration!) in den p-Halbleiter und die Elektronenlöcher in der entgegengesetzten Richtung. Bei gleichartigen Halbleitertypen bestimmen wiederum die Unterschiede der Austrittsarbeiten die Transportrichtung der Ladungsträger (Bild 193b und c). Die auftretenden Bandverbiegungen lassen sich in ähnlicher Weise wie oben erklären [478].

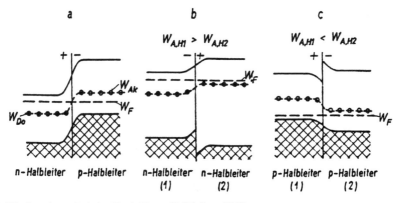

Bild 193 Bänderschemata beim Kontakt von Halbleitern [478]

Verallgemeinernd kann man für die Triboaufladung die Schlußfolgerung ziehen, daß die Energiebändermodelle der Halbleiter geeignet sind, die Ladungsübergänge zu beschreiben. Bei Kenntnis der Lage der *Fermi*-Potentiale bzw. der Austrittsarbeiten der Kontaktpartner läßt sich der Charakter der Ladungsübergänge voraussagen. Bezieht man in die Aufladung noch einen Elektrisator ein, so muß dessen Austrittsarbeit zwischen denen der zu trennenden Körner liegen.

Wie schon im Abschn. 3.2.3 kurz erörtert, ist nun aber bei der Nutzung der Triboaufladung für einen konkreten Anwendungsfall zu beachten, daß die Energieniveaustruktur der Oberflächen der zu trennenden Stoffe mehr oder weniger ausgeprägt von der im Inneren aufgrund von **Oberflächenzuständen** abweichen kann. Letztlich werden von den letzteren die tatsächlich eintretenden Ladungsübergänge gesteuert. Dadurch kann sich einerseits eine Ungewißheit ergeben, da die Kenntnis der konkreten Verhältnisse vielfach nicht vorausgesetzt werden kann. Andererseits eröffnet sich aber auch die Möglichkeit, über eine Veränderung der Oberflächenzustände durch Adsorptionsschichten, Wärmebehandlung, Bestrahlung, mechanische Einwirkung u.a. die Aufladungsvorgänge zu beeinflussen und dadurch auch zu optimieren [480] [486] [490]. Der bekannteste und für die industrielle Nutzung gegenwärtig bedeutendste Anwendungsfall von Zusatzstoffen, die selektiv adsorbiert werden und damit die Triboaufladung für die nachfolgende Trennung begünstigen, ist der Zusatz von aromatischen und/oder aliphatischen Monocarbonsäuren bei der Kalisalzaufbereitung [489] [491] (siehe auch 3.4.2). Durch Erwärmen tritt eine Verschiebung der *Fermi*-Niveaus ein (siehe 3.2.3). Deshalb existiert auch für die maximale Aufladung eine optimale Temperatur [486] [490]. Allerdings ist hierbei weiterhin zu beachten, daß eine Erwärmung auch den Umfang der Wasseradsorption aus der umgebenden Atmosphäre verändern wird, wodurch wiederum die Oberflächenleitfähigkeit und damit der Ladungsrückfluß beeinflußt werden können [487].

Genügend hohe **Ladungsunterschiede** sind bei der Triboaufladung dann erreichbar, wenn sich die Austrittsarbeiten der Kontaktpartner genügend unterscheiden und ein Rückfluß der Ladungen im Gut vor der Trennung weitgehend eingeschränkt ist. Nach vorliegenden Untersuchungen hängt die Austrittsarbeit auch mit von der Korngröße ab, und zwar nimmt sie mit abnehmender Korngröße zu [484]. Dies dürfte eine Ursache dafür sein, daß feinere Teilchen eines polydispersen Gutes nach der Triboaufladung geringere Ladungsdichten als die gröberen aufweisen. In höher aufgeladenen Systemen kann eine elektrostatische Agglomeration des Fein- und Feinstkorns die Aufladung und Trennung zusätzlich behindern [487]. Unter normalen atmosphärischen Bedingungen beträgt die Durchbruchsfeldstärke der Luft etwa $3 \cdot 10^6$ V/m, wodurch die mittlere maximale Oberflächenladungsdichte auf etwa $27 \cdot 10^{-6}$ C/m² begrenzt wird [469] [484]. Die bei der technischen Triboaufladung realisierten Ladungsdichten liegen im allgemeinen jedoch erheblich unter diesem Maximalwert. Außerdem ist die maximale Ladungsdichte korngrößenabhängig, indem sie mit der Korngröße etwa proportional d^{-3} abnimmt [484].

Für den **Ladungsrückfluß** und damit die für die Trennung zur Verfügung stehenden Kornladungen spielt bei hydrophilen Oberflächen die relative Feuchte der Umgebungsluft eine ausschlaggebende Rolle, weil die Leitfähigkeit der Adsorptionsschichten bei deren gegenseitiger Durchdringung an den Kontaktstellen den Ladungsausgleich im Gut begünstigt. Bei derartigen Stoffsystemen dürfen deshalb nur gute Trennergebnisse erwartet werden, wenn die relative Luftfeuchte < 30% beträgt, wobei die besten Ergebnisse in absolut trockener Luft erzielt werden [487]. Daß sich im Zusammenhang mit der elektrostatischen Aufbereitung von Kalisalzen für die Triboaufladung unter Zusatz von Monocarbonsäuren relative Feuchten um 10% als optimal erwiesen haben, dürfte auf den Adsorptionsmechanismus von Carboxylaten auf NaCl zurückzuführen sein (siehe hierzu 4.12.5). Die Feuchteabhängigkeit der Aufladung wird deutlich vermindert, wenn zumindest ein Kontaktpartner hydrophobe Eigenschaften aufweist (z.B. Anthrazit) oder wenn durch grenzflächenaktive Stoffe eine Hydrophobierung ursprünglich hydrophiler Oberflächen erfolgt ist [487]. Man muß also mit einer komplexen Wirkung solcher Adsorptionsschichten rechnen (Schaffung von Oberflächenzuständen, Verminderung der Oberflächenleitfähigkeit).

Für Aussagen zur Triboaufladung ist früher die **Coehn**sche Regel herangezogen worden. Danach wird beim Kontakt der Stoff mit der größeren Dielektrizitätskonstanten positiv aufgeladen, weil dieser stärker polarisierbar ist und deshalb leichter Elektronen abgeben kann. Jedoch ist der Wert dieser Regel für eine Voraussage des Trennverhaltens begrenzt, da für die Triboaufladung die elektrischen Eigenschaften der Oberflächenschichten mehr oder weniger bestimmend sind. Eine von *Beach* vorgenommene Quantifizierung der *Coehn*schen Regel lieferte für die maximale, durch Triboaufladung erreichbare Ladungsdichte $\sigma_{max} = 15 \cdot 10^{-6} (\varepsilon_{r1} - \varepsilon_{r2})$ C/m² [481] [486].

Bei systematischen Untersuchungen zur Triboaufladung von Kunststoffen ist festgestellt worden, daß dafür die polaren Gruppen der Polymeren eine ausschlaggebende Rolle spielen, und zwar lassen sich die erzielten Ergebnisse durch deren Donator-Akzeptor-Wirkung sowie Protonenübergänge erklären [537] (siehe Abschn. 3.4.7).

3.3.4 Auf Körner im elektrischen Feld wirkende Kräfte

Für die Elektrosortierung sind die Kräfte wesentlich, denen die zu trennenden Körner in elektrischen Feldern ausgesetzt sind. Zunächst soll die Frage beantwortet werden, welche Kräfte auf einen elektrischen Dipol mit dem Dipolmoment $p = q \, \Delta l$ (Δl ist der Polabstand) wirken. Im homogenen Feld ist keine translatorische Kraft möglich, weil gemäß Bild 194a $F_p = qE - qE = 0$ ist. Wenn der Dipol nicht in Feldrichtung orientiert sein sollte, greift ein Drehmoment an, das dessen Ausrichtung bewirkt.

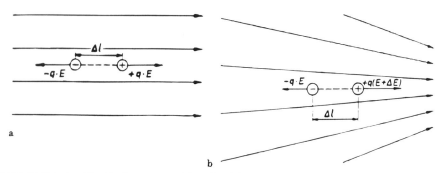

Bild 194 Elektrischer Dipol im homogenen (a) und im inhomogenen (b) elektrischen Feld

Im inhomogenen Feld ist demgegenüber der Dipol einer translatorischen Kraft ausgesetzt, für die sich nach Bild 194b ergibt:

$$F_p = q(E + \Delta E) - qE = q\,\Delta E = q\,\Delta l\,\frac{\Delta E}{\Delta l} = p\,\frac{\Delta E}{\Delta l} \tag{22}$$

Damit besteht volle Analogie zum Verhalten magnetischer Dipole in magnetischen Feldern (siehe Abschn. 2.2.1).

Auf ein nichtgeladenes, polarisiertes Korn, das aus einem Stoff mit der relativen Dielektrizitätskonstanten ε_{rS} besteht, wirkt im Vakuum (bzw. in Luft, da $\varepsilon_{r,\text{Luft}} = 1$) die Kraft [493]:

$$F_p = \frac{1}{2}\,V_P\,\varepsilon_0\,\frac{\varepsilon_{rS} - 1}{1 + K(\varepsilon_{rS} - 1)}\,\text{grad}\,E^2 \tag{23a}$$

bzw. (siehe Abschn. 2.2.1):

$$F_p = V_P\,\varepsilon_0\,\frac{\varepsilon_{rS} - 1}{1 + K(\varepsilon_{rS} - 1)}\,E\,\text{grad}\,E \tag{23b}$$

K Depolarisationsfaktor (analog dem Entmagnetisierungsfaktor, siehe Abschn. 2.1.2)

bzw. für kugelförmige Körner mit dem Radius r ($K = 1/3$):

$$F_p = 4\pi r^3\,\varepsilon_0\,\frac{\varepsilon_{rS} - 1}{\varepsilon_{rS} + 2}\,E\,\text{grad}\,E \tag{23c}$$

sowie für kugelförmige Leiter ($\varepsilon_{rS} \to \infty$):

$$F_p = 4\pi r^3\,\varepsilon_0\,E\,\text{grad}\,E \tag{23d}$$

Die auf polarisierte Körner in inhomogenen Feldern wirkenden Kräfte spielen jedoch für die Sortierung in elektrischen Feldern eine untergeordnete Rolle, weil sie für Körner > 50µm im Vergleich zu den *Coulomb*-Kräften sehr klein sind.

Für die *Coulomb*-Kräfte gilt bekanntlich:

$$F_C = Q\,E \tag{24a}$$

bzw.

$$F_C = A_P\,\sigma\,E \tag{24b}$$

A_P Kornoberfläche

Wichtig für die Trennungen in elektrischen Feldern ist das Verhältnis von *Coulomb*-Kraft zu Schwerkraft:

$$\frac{F_C}{F_G} = \frac{A_P\,\sigma\,E}{V_P\,\gamma\,g} \tag{25a}$$

bzw. für kugelförmige Teilchen mit dem Durchmesser d:

$$\frac{F_C}{F_G} = \frac{6\,\sigma\,E}{d\,\gamma\,g} \tag{25b}$$

Das Verhältnis von *Coulomb*-Kraft zu Schwerkraft wird folglich für gegebene Oberflächenladungsdichte σ um so ungünstiger, je größer die Teilchen sind.

3.4 Elektroscheider

Obwohl für Trennungen in elektrischen Feldern schon eine größere Anzahl von Scheidern entwickelt worden sind, so haben sich nur wenige Grundbauarten in die industrielle Praxis einführen können. In neuerer Zeit hat man insbesondere daran gearbeitet, den Durchsatz zu erhöhen, die untere sortierbare Korngröße zu vermindern und durch geeignete Vorbehandlungsmethoden die Trennschärfe zu verbessern sowie weitere Anwendungsgebiete zu erschließen.

224   3 Sortierung im elektrischen Feld (Elektrosortierung)

Elektroscheider werden am zweckmäßigsten nach dem Aufladungsmechanismus unterteilt in **Scheider für Trennungen nach Kontaktpolarisation, Koronascheider** und **Scheider für Trennungen nach Triboaufladung**. In den zuerst sowie zuletzt genannten Scheidern ist ein rein elektrostatisches Feld im Trennraum wirksam. Eine weitere Untergliederung gelingt auf Grundlage konstruktiver Merkmale (z. B. Walzenscheider, Kammerscheider u.a.).

Die Hauptteile eines Elektroscheiders sind das Elektrodensystem, die Aufgabevorrichtung (gegebenenfalls ergänzt durch die Vorbehandlungsvorrichtungen), das Gehäuse mit den Trennblechen, das Hochspannungssystem sowie Antriebs-, Meß-, Steuer- und Sicherheitseinrichtungen.

Bevor wichtige industrielle Scheiderbauarten vorgestellt werden, sollen einige Trennmodelle in ihren Grundzügen sowie der Einfluß der Guteigenschaften (einschließlich einer eventuellen Gutvorbehandlung) auf den Trennerfolg besprochen werden.

3.4.1 Trennmodelle für Elektrosortierprozesse

Für die Sortierung auf Elektroscheidern wird überwiegend ein Wirkprinzip der Ablenksortierung angewendet, d.h., das elektrische Feld wirkt quer zur Förderrichtung des Aufgabestromes und lenkt die geladenen Körner aus dem letzteren aus [2]. Besonders wichtige Scheiderbauarten sind Walzenscheider und Kammerscheider. Deshalb sollen die Trennmodelle auf einem elektrostatischen Walzenscheider, einem Korona-Walzenscheider und einem elektrostatischen Kammerscheider kurz behandelt werden.

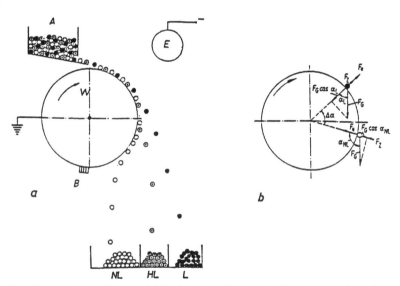

Bild 195 Zum Trennmodell auf einem elektrostatischen Walzenscheider mit Auflading durch Kontaktpolarisation
A Aufgabe; W geerdete Walzenelektrode; E Gegenelektrode; B Bürste; L Leiter; HL Halbleiter; NL Nichtleiter

Im Bild 195 ist schematisch das Trennmodell für einen **elektrostatischen Walzenscheider** dargestellt, bei dem die Auflading durch Kontaktpolarisation geschieht. Das Gut gelangt aus der Aufgabevorrichtung A auf die geerdete rotierende Metallwalze W und wird von dieser in das elektrostatische Feld transportiert, das sich zwischen Metallwalze und Gegenelektrode E ausbildet. Letztere kann positive oder negative Polarität tragen. Für die Auslenkung der Körner aus dem Gutstrom sind die quer zu ihm wirkenden Kräfte bzw. Kraftkomponenten wesentlich, d.h. die resultierende elektrische Kraft F_e, wobei $\boldsymbol{F}_e = \boldsymbol{F}_C + \boldsymbol{F}_{C,B} + \boldsymbol{F}_p$ ist, die Zentrifugalkraft F_Z und die radiale Komponente der Schwerkraft F_G. F_e wird vor allem durch die *Coulomb*-Kraft F_C bestimmt, die je nach Ladungsvorzeichen radial nach außen oder innen gerichtet ist. Die Bildkraft $F_{C,B}$ ist nur in Walzennähe bedeutsam, aber auch dort wesentlich kleiner als F_C und immer radial nach innen gerichtet. Ein idealer Nichtleiter wird im elektrostatischen Feld nur polarisiert, d.h., er trägt keine wahre Ladung. Daraus folgen relativ geringe elektrische Kräfte F_e zwischen Walze und Korn. Ein leitendes Korn dagegen gibt z. B. bei negativer Gegenelektrode Elektronen an die Metallwalze ab. Daraus resultiert eine radial nach außen gerichtete elektrische Kraft F_e. Im Bild 195b sind für ein leitendes und ein nichtleitendes Korn die Kräfteverhältnisse an den jeweiligen Ablösepunkten dargestellt. Vom Standpunkt der Selektivität sollte der Winkel $\Delta\alpha$ möglichst groß sein. Wegen der von der Korngröße abhängigen Haft- und Widerstandskräfte überlagert sich weiterhin ein Klassiereffekt. Die Trennbedingungen auf einem elektrostatischen Walzenscheider werden darüber hinaus beeinflußt, wenn die Körner zusätzlich der Triboaufladung, dem pyroelektrischen oder piezoelektrischen Effekt ausgesetzt sind.

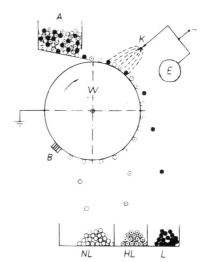

Bild 196 Trennmodell für einen Korona-Walzenscheider
A Aufgabe; *W* geerdete Walzenelektrode; *K* Koronaelektrode;
E elektrostatische Gegenelektrode; *B* Bürste; *L* Leiter;
HL Halbleiter; *NL* Nichtleiter

Im Bild 196 ist das Trennmodell eines **Korona-Walzenscheiders** dargestellt. Hier werden sämtliche Körner unabhängig von ihrer Leitfähigkeit im Wirkungsbereich der Koronaelektrode gleichsinnig – im dargestellten Beispiel negativ – aufgeladen. Für die von den Körnern aufgenommene Ladung gilt die Gleichgewichtsbedingung gemäß Gl. (21). Bewegen sich die Körner aus dem Bereich des Koronastromes heraus, so bleiben sie vorerst mit der Walze in mechanischem Kontakt. Aber nur leitende sowie halbleitende befinden sich auch im elektrischen Kontakt mit der Walze, d.h., sie stehen im Ladungsaustausch mit der Walzenelektrode. Sie verlieren somit im Koronafeld aufgenommene Ladung und können schließlich sogar nach Maßgabe ihrer Leitfähigkeit umgeladen werden. Daraus folgen die im Bild 196 schematisch dargestellten Bewegungsverhältnisse. Nichtleitende Körner behalten ihre im Koronafeld aufgenommene Ladung. Wegen der Bildkräfte haften sie vielfach noch an der Metallwalze, nachdem diese sie schon aus dem elektrostatischen Feld herausbewegt hat. Stellt man die Kräfteverhältnisse für die Ablösepunkte in der Art des Bildes 195b dar, so ist der für die Selektivität maßgebliche Winkel $\Delta\alpha$ wesentlich größer als auf elektrostatischen Walzenscheidern [494]. Da die Aufladung eines Korns im Koronafeld gemäß Gl. (20) proportional d^2 ist, die Massenkräfte jedoch proportional d^3 sind, folgt ein Klassiereffekt, und eine genügend enge Vorklassierung ist in Abhängigkeit von den Leitfähigkeitsunterschieden der zu trennenden Komponenten notwendig.

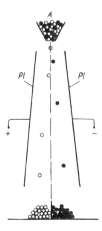

Bild 197 Trennmodell für einen elektrostatischen Kammerscheider
A Aufgabe; *Pl* Plattenelektrode

Im Bild 197 ist das Trennmodell eines **elektrostatischen Kammerscheiders** dargestellt. Die Körner werden durch Triboaufladung positiv oder negativ geladen und dann dem Trennraum von oben an der Mittelachse zugeführt. Den Trennraum begrenzen die beiden Plattenelektroden Pl, die Ladungen unterschiedlicher Polarität tragen. Die Körnerbewegung in der Vertikalen geschieht unter dem Einfluß von Schwerkraft F_G, Widerstandskraftkomponente F_{Wy} und Trägheitskraftkomponente F_{Ty}, ihre Auslenkung in der Horizontalen durch die *Coulomb*-Kraft F_C sowie die Widerstandskraftkomponente F_{Wx} und die Trägheitskraftkomponente F_{Tx}. Positiv geladene Körner werden nach der einen Seite, die negativ geladenen nach der entgegengesetzten Seite ausgelenkt. Für eine gute Trennschärfe müssen die Kornladungen, die Feldstärke und der Fallweg genügend groß sein. Bei Scheidern dieser Art überlagert sich ein Klassiereffekt nur innerhalb der Kornbänder beiderseits der Mittelachse, so daß theoretisch geringere Ansprüche an die Vorklassierung zu stellen sind. Ein wichtiger weiterer Vorteil dieser Scheider besteht im vergleichsweise hohen Durchsatz je Meter Scheiderbreite.

Die für die Trennung von Feststoffen, deren Leitfähigkeiten sich um mehrere Zehnerpotenzen unterscheiden, vorteilhafte Aufladung im Koronafeld ist auch für Kammerscheider entwickelt worden, indem entsprechende Vorrichtungen zur differenzierten Koronaaufladung dem Trennraum vorgeschaltet werden [495].

Obwohl im vorstehenden nur qualitative Modellvorstellungen entwickelt worden sind, so ist doch verdeutlicht worden, daß eine Reihe von Prozeßparametern für die Trennergebnisse wesentlich sind. Dazu gehören bei den Walzenscheidern die Potentialdifferenz zwischen den Elektroden, Elektrodenabstände und -stellung, Ausbildung der Koronaelektrode, Walzendurchmesser, Walzenumfangsgeschwindigkeit und die Stellung der Trennbleche [19] [466] [469] [472] [497]. In ähnlicher Weise lassen sich für Kammerscheider die wichtigsten Prozeßparameter angeben [19] [469] [495].

Grundsätzlich ist noch darauf hinzuweisen, daß im allgemeinen der Trennerfolg einer einstufigen Elektrosortierung als mäßig einzuschätzen ist, wenn nicht sehr hohe Leitfähigkeitsunterschiede vorliegen (Trennung von Leitern und Nichtleitern) oder eine sehr selektive Triboaufladung gelingt. Dies ist vor allem mit eine Folge davon, daß sich selbst bei sehr sorgfältiger Arbeitsweise nicht angenähert gleichwertige Bedingungen für sämtliche Körner verwirklichen lassen. Deshalb sind Elektrosortierprozesse vorwiegend mehrstufige Prozesse.

3.4.2 Einfluß von Guteigenschaften und Gutvorbehandlung auf den Trennerfolg

Die wichtigsten Eigenschaften, die die Trennungen auf Elektroscheidern bestimmen, sind die elektrischen Eigenschaften der Körner (Volumen- und Oberflächenwiderstand, Kontaktwiderstand, Austrittsarbeit, relative Dielektrizitätskonstante), die Feuchte und die Korngrößenverteilung. Mittels einer geeigneten Gutvorbehandlung kann gegebenenfalls erreicht werden, daß die Aufladungsmechanismen der Körner in einer für die Trennung günstigen Weise beeinflußt werden. Dazu zählen insbesondere die Steuerung der relativen Luftfeuchte während der Aufladung und Trennung, eine thermische Vorbehandlung des Gutes, seine Konditionierung mit Zusatzstoffen (Reagenzien) oder durch Bestrahlung. In Abhängigkeit vom Trennprinzip sind weiterhin eine mehr oder weniger enge Vorklassierung des Aufgabegutes sowie unbedingt dessen Entstaubung erforderlich.

Der **Kornvolumenwiderstand** hängt auch von der Temperatur ab, und zwar steigt er bei Metallen mit Zunahme der Temperatur, während bei Halbleitern ein entgegengesetztes Verhalten vorliegt. In Kristallen beeinflussen weiterhin die kristallographische Orientierung und vor allem Verunreinigungen (isomorphe Beimengungen, Entmischungen, Fremdatome u.a.) wegen der durch diese bedingten Veränderungen in der Energieniveaustruktur die Leitfähigkeit (siehe Abschn. 3.2.3). Der Widerstand von Halbleitern in Abhängigkeit von der Temperatur läßt sich über einen weiten Bereich durch Beziehungen der Form $\log R = A + B/T$ erfassen (A, B – stoffabhängige Konstanten) [305] [474] [477]. Eine **thermische Vorbehandlung** kann sich deshalb auch wegen einer Widerstandsveränderung als nützlich erweisen. Jedoch ist die Wirkung einer thermischen Vorbehandlung vielfach komplexer Natur. So ist z.B. zu berücksichtigen, daß viele Minerale zwischen 100 und 800°C irreversible Leitfähigkeitsänderungen zeigen [472] [478] [498]. Diese sind eine Folge der Veränderung der Oberflächenschichten, z.B. durch Oxydation bzw. Reduktion oder durch Abspalten oberflächlicher Kationen bzw. Anionen. Viele Feststoffoberflächen sind durch chemisorbierte Hydroxyl-Gruppen belegt. Darauf werden unter atmosphärischen Bedingungen über Wasserstoffbrückenbindungen Wassermoleküle adsorbiert, so daß Wasserfilme die Oberflächenschicht bilden, durch deren Vorhandensein die Unterschiede der elektrischen Oberflächeneigenschaften der Feststoffe abgeschwächt oder sogar beseitigt werden. Das gilt insbesondere für die Leitfähigkeit der Wasserfilme, die durch die in ihnen gelösten Ionen (Gitterionen, H^+, OH^- u.a.) hervorgebracht wird. Deshalb ist Trocknen vor dem Trennen vielfach unerläßlich. Bei Temperaturen von 100 bis 150°C werden allerdings nur die physisorbierten Wassermoleküle entfernt, und erst bei Temperaturen von 500°C und mehr lassen sich die chemisorbierten Hydroxylgruppen vollständig beseitigen [472] [478]. Da allzu hohe Temperaturen die Aufladung der Körner beeinträchtigen können, kann es zweckmäßig sein, das Gut nach der Wärmebehandlung abzukühlen und erst dann aufzuladen. Ferner werden durch rasches Abkühlen auch die als Folge der thermischen Behandlung entstandenen Gitterdefekte „eingefroren" [479].

Grenzschichten zwischen Halbleitern und Metallen stellen wesentliche Inhomogenitäten leitender Systeme dar und führen häufig zum Auftreten von **Sperrschichten** mit Gleichrichterverhalten. Betrachtet man z.B. den im Bild 192a dargestellten Fall des Kontaktes eines Metalls mit einem n-Halbleiter, so ist die Oberflächenschicht des letzteren an Ladungsträgern (Elektronen) verarmt. Legt man nun an dieses System eine Spannung an, so tritt Stromfluß ein, wenn am n-Halbleiter negatives Potential anliegt, weil dadurch die Potentialschwelle zwischen Halbleiter und Metall abgebaut wird. Die Elektronen können dann über das Leitungsband in die Verarmungsschicht nachfließen und in das Metall übertreten. Liegt demgegenüber am n-Halbleiter positives Potential an, so wird die Potentialschwelle erhöht, und es tritt eine Sperrwirkung auf. Verallgemeinernd läßt sich daraus der Schluß ziehen, daß bei der Aufladung von Halbleitern durch Kontaktpolarisation die Feldrichtung bzw. die Polarität der Gegenelektrode eine wichtige Rolle spielen kann [499].

Oberflächenleitfähigkeit und **Kontaktwiderstand** werden bei schlechten Leitern in starkem Maße von Oberflächenschichten und Oberflächenzuständen bestimmt.

Bei den Oberflächenschichten sind an erster Stelle Adsorptions- und Adhäsionsschichten von Wasser zu nennen, deren Dicke im Gleichgewichtszustand durch die relative Luftfeuchtigkeit mitbestimmt wird. Die Oberflächenleitfähigkeit wächst mit der relativen Luftfeuchte [466] [467] [472] [500] [501]. Die relative Oberflächenleitfähigkeit $\varkappa_{rel}$ schlecht leitender Körner in Abhängigkeit von der relativen Luftfeuchte φ läßt sich vielfach durch Beziehungen des Typs log $\varkappa_{rel} = a + b\varphi$ erfassen, wobei a und b vom Feststoff abhängige Konstanten sind [501]. Auch bei Trennungen auf Koronascheidern, d.h. von leitenden und halb- bzw. nichtleitenden Feststoffen, liegt bei geringer Oberflächenfeuchte bzw. niedriger relativer Feuchte der Umgebungsluft das günstigste Trennverhalten vor. Besonders wichtig sind aber – wie schon im Abschn. 3.3.3 erörtert – eine sehr niedrige Oberflächenfeuchte des zu trennenden Gutes bzw. niedrige relative Feuchte der Umgebungsluft bei der Triboaufladung sowie nachfolgenden Trennung von Stoffen mit hydrophilen Oberflächeneigenschaften.

Adsorptions- und Adhäsionsschichten von Wasser lassen sich durch Adsorption von grenzflächenaktiven Stoffen (insbesondere Tensiden; siehe hierzu auch Abschn. 4.3.2) abbauen und dadurch auch die Abhängigkeit der Triboaufladung von der relativen Luftfeuchte deutlich vermindern (siehe Abschn. 3.3.3). Davon ist die Veränderung der Energieniveaustruktur der Feststoffoberflächen durch Chemisorption zu unterscheiden (siehe unten). Die Anwendung derartiger Zusatzstoffe, die nach ähnlichen Gesichtspunkten wie Flotationssammler auszuwählen sind, war schon Gegenstand umfangreicher Untersuchungen (siehe z.B. [466] [467] [472] [477] [478] [500] [501]). Sie hydrophobieren die Feststoffoberflächen, erhöhen somit den Oberflächenwiderstand und behindern dadurch auch den Ladungsrückfluß nach Triboaufladung. Im Bild 198 ist als Beispiel die Veränderung des Widerstandes von Sylvin- und Halitkörnern nach einer Vorbehandlung mit einem Gemisch von Decyl- und Dodecylammoniumchlorid dargestellt [500]. Da diese Tenside auf Sylvin ausgezeichnet adsorbiert werden, nimmt mit wachsender adsorbierter Menge der Widerstand zu. Auf Halit werden diese Reagenzien dagegen nur in sehr geringem Maße und sehr locker adsorbiert [502] bis [506], so daß keine wesentliche Veränderung der Wasserfilme und damit des Widerstandes eintritt.

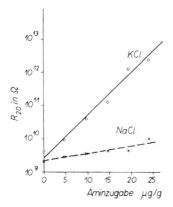

Bild 198 Widerstand R_{20} von 20 etwa gleich großen Sylvin- bzw. Halitkörnern in Abhängigkeit von der Adsorption eines Gemisches von Decyl- und Dodecylammoniumchlorid [500]

Durch Einwirkung anorganischer Reagenzien lassen sich gegebenenfalls selektiv mehrere Moleküle dicke Oberflächenschichten erzeugen, deren stoffliche Zusammensetzung sowie elektrische Eigenschaften sich von denen des Korninneren deutlich unterscheiden und somit für das Trennverhalten bestimmend sind. Ein bekannt gewordenes Anwendungsbeispiel ist die Trennung von Feldspat und Quarz, wobei durch eine Vorbehandlung in Flußsäuredämpfen die Oberflächenleitfähigkeit des zuerst genannten Minerals verändert wird, indem sich eine Oberflächenschicht von Fluorosilikaten bildet [466] [467] [472] [478]. Derartige Vorbehandlungen dürften jedoch insbesondere wegen des Kostenaufwandes auf Ausnahmefälle beschränkt bleiben.

Durch Chemisorption entstehen zusätzliche **Oberflächenzustände** mit Akzeptor- oder Donatoreigenschaften, die sich sowohl auf die Austrittsarbeit als auch auf die Oberflächenleitfähigkeit auswirken. Oberflächenzustände mit Akzeptoreigenschaften erhöhen die Austrittsarbeit, solche mit Donatoreigenschaften vermindern diese. Bei n-Halbleitern verringern zusätzliche Akzeptoroberflächenzustände die Oberflächenleitfähigkeit, während zusätzliche Donatorzustände sie erhöhen. Bei p-Halbleitern ist das Gegenteil der Fall. Ob bei Chemisorption eine Akzeptor- oder Donatorwirkung eintritt, hängt sowohl vom Charakter des Adsorptivs als auch von den Feststoffeigenschaften ab. Gewöhnlich führt die Chemisorption von O und F zu deutlichen Akzeptorzuständen, während die von NH_3 und CO_2 Donatorzustände hervorbringt [478]. Es kann aber auch ein entgegengesetztes Verhalten auftreten. Umfangreich ist bisher die Adsorption von grenzflächenaktiven Stoffen untersucht worden, durch deren Chemisorption sich ebenfalls die Oberflächenzustände beeinflussen lassen, wobei gleichzeitig der bereits erörterte Abbau der Hydrathüllen auftritt (siehe z. B. [472] [486] [490]). Eine Chemisorption ist im Vergleich zu einer Physisorption im allgemeinen sehr selektiv, wodurch sich gegebenenfalls die Trennbedingungen wesentlich verbessern lassen. Jedoch kommt es bei einer Anwendung von grenzflächenaktiven Stoffen in vielen Fällen nur zu einer Physisorption (siehe auch Abschn. 4.3.3). Handelt es sich bei der Chemisorption um ein anionaktives Reagens (z. B. Carboxylat, Alkylsulfat), d.h. ein Reagens mit Donatoreigenschaften, so ist mit einer Herabsetzung der Austrittsarbeit bzw. einer Erhöhung des *Fermi*-Potentials zu rechnen, während bei der Chemisorption eines kationaktiven Reagens (z. B. Alkylammoniumchlorid), d.h. eines Reagens mit Akzeptoreigenschaften, der gegensätzliche Effekt eintritt. Die bisher industriell erfolgreichste Anwendung von Zusatzstoffen, die eine selektive Herabsetzung der Austrittsarbeit herbeiführen, ist die von aromatischen und/oder aliphatischen Monocarbonsäuren wie z. B. Salicylsäure (2-Hydroxybenzoesäure) oder Milchsäure (2-Hydroxypropansäure) bei der Trennung von Kalisalzen im elektrischen Feld nach Triboaufladung [492] [507]. Diese Stoffe, die man wegen des Fehlens einer ausgeprägt unpolaren Gruppe nicht mehr zu den grenzflächenaktiven Stoffen zählen kann, wirken aber offensichtlich über eine selektive Adsorption an Halit (NaCl) derart, daß die Austrittsarbeit herabgesetzt wird, so daß sich dieses Salzmineral gegenüber anderen positiv auflädt [489] [508]. Die der Carboxyl-Gruppe benachbarte OH-Gruppe (in anderen geeigneten Reagenzien auch Halogen) dürfte die Donatoreigenschaften zusätzlich begünstigen. Was den Mechanismus der selektiven Adsorption von Carboxylaten auf NaCl im Vergleich zu anderen Salzmineralen anbelangt, so wird dieser auch hier in ähnlicher Weise wie bei der Flotation zu erklären sein (siehe 4.12.5).

Veränderungen in den elektrischen Eigenschaften der Oberflächenschichten sind auch durch ionisierende Strahlung (Röntgenstrahlung, γ-Strahlung u.a.) möglich [472] [477] [479].

Die geschilderten Vorbehandlungsmethoden sind für die Trennung von Leitern gegen Nichtleiter bzw. schlechte Leiter bedeutungslos, da sich deren Leitfähigkeiten um mehr als 10 Zehnerpotenzen unterscheiden und sich ohne ihre Anwendung bereits gute Trennergebnisse erzielen lassen.

Die Leitfähigkeitsverhältnisse können auch durch oberflächlich haftende Staubteilchen und andere Verunreinigungen verfälscht werden. Diesen Einflüssen begegnet man durch Entstauben (gegebenenfalls nach Trocknen), Abriebbehandlung, Waschen oder auf andere geeignete Weise.

Befriedigende Trennerfolge auf Elektroscheidern setzen auch eine genügend enge **Vorklassierung** des Aufgabegutes voraus. Darauf ist schon im letzten Abschnitt eingegangen worden. Besonders streng gilt diese Forderung für den Betrieb von Walzenscheidern. Darüber hinaus bereitet die Verarbeitung von Korn < 0,15 mm auf vielen Scheidern schon wesentliche Schwierigkeiten, weil Haftkräfte wirksam werden, die das Zusammenspiel der anderen für die Trennung wesentlichen Kräfte beeinträchtigen. Feineres Gut sollte deshalb auf Walzenscheidern bei höheren Drehzahlen, d.h. größeren Zentrifugalbeschleunigungen, verarbeitet werden. Bei größeren Anteilen <40 µm versagt auf den meisten Scheidern die Trennung vollkommen. Diese Staubteilchen haften nicht nur an den gröberen Körnern, sondern auch an den Elektroden. Die obere auf Elektroscheidern verarbeitbare Korngröße liegt in Abhängigkeit von den Korndichten etwa zwischen 2 und 6 mm. Mit zunehmender Korngröße gewinnen die Massenkräfte gegenüber den elektrischen Kräften immer mehr das Übergewicht.

3.4.3 Elektrostatische Scheider für Trennungen nach Kontaktpolarisation

Der Einsatz von Elektroscheidern, bei denen die Kornaufladung ausschließlich oder überwiegend durch Kontaktpolarisation geschieht, ist heute auf Sonderfälle beschränkt. Im Rahmen der über Jahrzehnte reichenden Entwicklung haben dabei **Walzenscheider** (Bild 195) dominiert, die meist zu Mehrstufenanordnungen kombiniert worden sind.

Aus praktischen Erwägungen ist es zweckmäßig, die am leichtesten zugängliche Elektrode mit Erdpotential zu versehen. Dies dürfte in der Regel jene Elektrode sein, mit der das Aufgabegut in Kontakt ist (Trägerelektrode). Sind im Gut n- und/oder p-Halbleiter enthalten, so spielt auch die Polarität der Gegenelektrode eine Rolle, da sich durch Sperrschicht-Bildung der Ladungsträgerfluß in beiden Richtungen erheblich unterscheiden kann (siehe Abschn. 3.4.2). Elektrostatische Gegenelektroden mit nichtleitender Hülle weisen gegenüber leitenden Vorteile auf, indem bei höheren Feldstärken keine Überschläge auftreten können sowie leitende Körner, die mit der Gegenelektrode in Kontakt kommen, nicht von dieser zurückgeworfen werden und somit zu Fehlausträgen führen können. Die Gegenelektroden können auch aus einem Glasrohr bestehen, dessen Aufladung entweder durch eine Gasentladung oder einen Sprühdraht im Inneren erfolgt [510].

In der südafrikanischen Diamantaufbereitung sind elektrostatische Walzenscheider mit einer nichtmetallischen Gegenelektrode und einem Ablenkungsverstärker ausgestattet worden (Bild 199) [509]. Letzterer besteht aus Bakelit und wird von einer Spitzenelektrode aufgeladen (Bild 200). Im Einwirkbereich des Ablenkungsverstärkers tritt eine starke Feldkonzentration auf, so daß es auf diese Weise gelang, obere Korngrößen bis zu 6 mm zu verarbeiten.

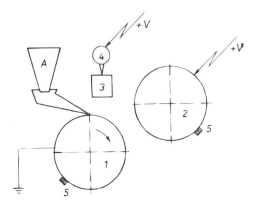
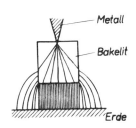

Bild 199 Elektrostatischer Scheider mit Ablenkungsverstärker [509]
(1) Trägerelektrode; (2) rotierende nichtmetallische Walzenelektrode; (3) Ablenkungsverstärker; (4) Spitzenelektrode; (5) Bürste

Bild 200 Feldlinienverlauf am Ablenkungsverstärker

3.4 Elektroscheider

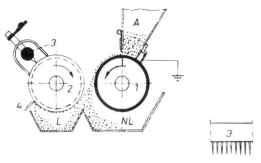

Bild 201 Elektrostatischer Walzenscheider, Bauart *Bullock*
(1) Trägerelektrode; (2) Gegenelektrode; (3) Kammelektrode;
(4) Abstreifbürste
A Aufgabe; *L* Leiter-Produkt; *NL* Nichtleiter-Produkt

Bild 202 Elektrostatischer Scheider, Bauart *Mineral Deposits Ltd.*
(1) Geerdete Aufgabeplatte; (2) Gegenelektrode; (3) Produktteiler;
(4) Sieb
A Aufgabe; *L* Leiter-Produkt; *NL* Nichtleiter-Produkt

Im Bild 201 ist ein elektrostatischer Walzenscheider, Bauart *Bullock*, dargestellt. Die rotierende Gegenelektrode (2) besitzt den gleichen Durchmesser wie die metallische Trägerelektrode und einen Oberflächenüberzug aus nichtleitendem Material. Das Potential erhält sie über die feste Kammelektrode (3). Leitende Körner haften gegebenenfalls an der Gegenelektrode, bis sie von der Bürste (4) abgestreift werden.

Bild 202 zeigt einen elektrostatischen Scheider, der ohne bewegte Teile arbeitet und vor allem für die Belange der Nachreinigung von Zirkon-Vorkonzentraten aus Schwermineralsanden durch Abtrennung geringer Anteile leitender Minerale (Ilmenit, Rutil) in zwei Ausführungsformen entwickelt worden ist [38]. Das Aufgabegut gleitet über die geerdete Platte (1) in den Trennraum. Im Bereich der Gegenelektrode (2) werden die leitenden Körner aus dem Gutstrom ausgehoben und entweder über einen Produktteiler (Bild 202a) oder über ein Sieb (Bild 202b) hinweg ausgetragen.

Die Trennung von Stoffen, die zu den leitfähigen zählen, voneinander gelingt selbst dann nicht, wenn die Leitfähigkeitsunterschiede mehrere Zehnerpotenzen ausmachen. Durch das Aufbringen von halbleitenden Schichten auf die metallischen Trägerelektroden können der Übergangswiderstand erhöht und gegebenenfalls auch solche Stoffe getrennt werden [511]. Derartige Oberflächenschichten können durch anodische Oxydation oder durch Oxydation bei höheren Temperaturen gebildet werden.

Elektrostatische Scheider dieser Art lassen sich ebenfalls für Trennungen nach Triboaufladung einsetzen, wenn eine entsprechende Apparatur für die Aufladung vorgeschaltet wird. Jedoch sind dafür Kammerscheider insbesondere wegen der wesentlich höheren Durchsätze vorzuziehen (siehe Abschn. 3.4.5).

3.4.4 Koronascheider

Für Trennungen aufgrund von Leitfähigkeitsunterschieden sind die Koronascheider den elektrostatischen Scheidern im allgemeinen deutlich überlegen. Koronascheider sind vorwiegend als **Walzenscheider** ausgebildet worden. Als Koronaelektroden wendet man dünne Drähte oder Kammelektroden an. Die meisten Scheider sind zusätzlich mit einer elektrostatischen Elektrode ausgerüstet, um nach Verlassen des Koronafeldes die Ablenkung der Körner zu verstärken. Eine solche Kombination hat sich überwiegend als vorteilhaft erwiesen. Beide Elektroden tragen gewöhnlich das gleiche Potential, wobei vorwiegend negative Polarität benutzt wird. Für die optimale Betriebsweise sind die Anordnung und die Abstände der Elektroden zur Walze und untereinander, der Walzendurchmesser, die Walzendrehzahl, das Elektrodenpotential, die Teilerstellung und die Arbeitstemperatur dem jeweiligen Gut anzupassen [19] [512] bis [514].

Im Bild 203 ist ein Korona-Einwalzenscheider, Bauart *Sutton-Steele*, dargestellt. Die Aufgabevorrichtung (1) ist gegenüber der Koronaelektrode (4), die als Metallkamm ausgebildet ist, mit Hilfe der geerdeten Metallschürze (3) abgeschirmt. Die Elektrode (5) besteht aus einem Glasrohr, das mit Argon oder Neon gefüllt ist und in dem sich eine Gasentladung vollzieht. Die Drehzahl der Walze kann zwischen 100 und 400 min^{-1} verstellt werden. Die negative Elektrodenspannung ist zwischen 5 und 20 kV einstellbar. Der Koronastrom beträgt nur wenige Milliampere.

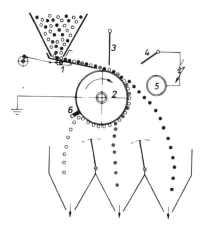

Bild 203 Einwalzen-Koronascheider, Bauart *Sutton-Steele*, schematisch
(1) Aufgabevorrichtung; (2) Walzenelektrode; (3) geerdete Metallschürze; (4) Koronaelektrode; (5) elektrostatische Gegenelektrode; (6) Bürste

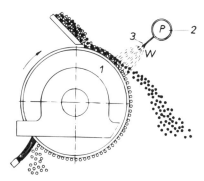

Bild 204 Korona-Walzenscheider, Bauart *Carpco*
(1) Walzenelektrode; (2) Rohrelektrode; (3) Drahtelektrode

In größerem Umfang ist der im Bild 204 dargestellte Korona-Walzenscheider, Bauart *Carpco*, eingesetzt worden. Der Elektrode (2) ist eine Drahtelektrode (3) mit gleichem Potential vorgesetzt. Durch diese Kombination wird die Korona nach außen hin abgeschirmt. Der Scheider wird mit Walzendurchmessern von 200 bis 400 mm und Walzenbreiten von 1,20 bis 3,20 m geliefert.

Bild 205 zeigt einen mehrstufigen Korona-Walzenscheider, Bauart *SĖS* (Rußland), der sich durch geringen Platzbedarf, relativ hohen Durchsatz sowie gute Anpassungsfähigkeit an die Erfordernisse des technologischen Fließbildes auszeichnet und über zwei Aufgabeeinheiten gespeist wird. Die Walzenbreiten betragen 1000 oder 2000 mm, die Walzendurchmesser 150 mm und die Walzendrehzahlen 110 bis 520 min^{-1} beim Scheider *SĖS-1000M* und 410 bis 500 min^{-1} beim Scheider *SĖS-2000*. Die Elektrodenspannung ist bis 20 kV einstellbar. Es sind Körnungen bis 1,5 mm verarbeitbar, wobei sich je Aufgabeeinheit beim *SĖS-1000M* bis 2 t/h und beim *SĖS-2000* bis zu 4,5 t/h durchsetzen lassen.

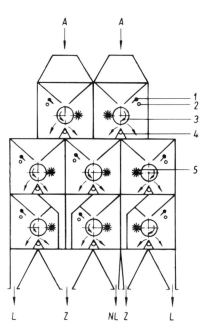

Bild 205 Mehrstufiger Korona-Walzenscheider, Bauart SÉS (Rußland), schematisch [19]
(1) Koronaelektrode; (2) Ablenkelektrode; (3) Walzenelektrode; (4) Produktteiler; (5) Bürste
A Aufgabe; L Leiter-Produkt; NL Nichtleiter-Produkt; Z Zwischenprodukt

3.4.5 Elektrostatische Scheider für Trennungen nach Triboaufladung

Wie schon im Abschn. 3.3.3 kurz erörtert, ist bei diesem Sortierprozeß dem elektrostatischen Scheider eine Ausrüstung vorzuschalten, die den vielseitigen Kontakt der Körner untereinander oder auch mit einem Elektrisator gewährleistet, wobei die Auflagung der Körner mit der Intensität der Relativbewegungen sowie der Zeitdauer dieses Teilprozesses wächst. Im erstgenannten Fall vollzieht sich die Auflagung hauptsächlich in Volumenströmen der Körner, wofür Drehtrommeln, Trogmischer, pneumatische Mischer, Wirbelschichtapparate, Strömungsrohre u.a. eingesetzt werden. Hierbei sind im allgemeinen die Voraussetzungen für das Erreichen hoher Durchsätze gegeben. Im anderen Fall geschieht der Ladungsaustausch vor allem mit der Fläche von Elektrisatoren, an denen das Gut im Dünnschicht-Strom vorbeigeführt wird, wie z.B. an Gleitblechen, in Vibrorinnen und Aerozyklonen. Mit dieser Verfahrensweise sind nur niedrigere Durchsätze realisierbar. Eine erforderliche Reagensbehandlung des Gutes ist der Triboaufladung vorzuschalten, während dessen Erwärmung gegebenenfalls mit letzterer gemeinsam realisiert werden kann. Schließlich entscheidet in vielen Fällen die Einhaltung einer genügend niedrigen Luftfeuchte während Auflagung und Trennung über den Trennerfolg.

Zu den elektrostatischen Scheidern, die speziell für Trennungen nach Triboaufladung entwickelt worden sind, gehören vor allem die schon erwähnten **Kammerscheider** (Bild 197), deren Bauarten sich hauptsächlich durch die Elektrodenausbildung unterscheiden. Während bei den ersten Entwicklungen noch ausschließlich auf plattenförmige Elektroden zurückgegriffen wurde (siehe z.B. [19] [469] [516] [517]), hat man später Scheider herausgebracht, deren Elektrodenoberflächen von haftendem Fein- und Feinstkorn ständig abgereinigt werden können (siehe z.B. [492] [507] [518]). Eine dieser Entwicklungen, die sich im industriellen Maßstab eingeführt und bewährt hat, ist der im Bild 206 dargestellte Röhren-Kammerscheider, Bauart *Kali und Salz AG* [492] [507]. Die Elektroden werden von zwei Reihen senkrecht stehender, rotierender Röhren (1) gebildet, die rückseitig mittels feststehender Bürsten (2) von haftendem Fein- und Feinstkorn befreit werden. Damit lassen sich große Scheiderlängen (10 m und

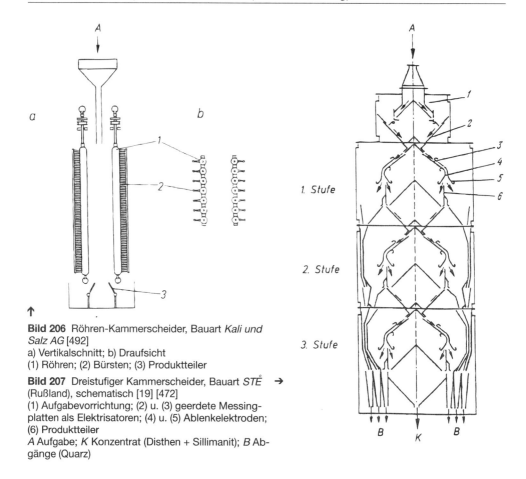

Bild 206 Röhren-Kammerscheider, Bauart *Kali und Salz AG* [492]
a) Vertikalschnitt; b) Draufsicht
(1) Röhren; (2) Bürsten; (3) Produktteiler

Bild 207 Dreistufiger Kammerscheider, Bauart *STE* (Rußland), schematisch [19] [472]
(1) Aufgabevorrichtung; (2) u. (3) geerdete Messingplatten als Elektrisatoren; (4) u. (5) Ablenkelektroden; (6) Produktteiler
A Aufgabe; *K* Konzentrat (Disthen + Sillimanit); *B* Abgänge (Quarz)

mehr) realisieren. Bei einem Elektrodenabstand von 250 mm beträgt die anliegende Spannung 100 bis 125 kV bzw. die Feldstärke 4 bis 5 kV/cm, wobei neuere Bestrebungen darauf gerichtet waren, die Durchschlagsfestigkeit durch verschiedene Maßnahmen zu verbessern [507]. In der westdeutschen Kaliindustrie, wo es zu einem umfangreichen Einsatz dieser Scheider gekommen ist, geschieht die Vorbereitung des Aufgabegutes durch Konditionierung in Mischern und die Triboaufladung in Wirbelschichten. Die oberen sortierbaren Korngrößen der Salzminerale liegen in Abhängigkeit von deren Dichte zwischen 1,2 und 2 mm. Der auf die Scheiderlänge bezogene Durchsatz beträgt 10 bis 30 t/(m·h). Dies ist wesentlich mehr als auf Walzenscheidern erreichbar.

Zu den neueren Entwicklungen von Röhren-Walzenscheidern für mineralische Rohstoffe wie Phosphate, Silikate u.a. sind auch Ausrüstungen für eine intensive Triboaufladung unmittelbar über dem Trennraum angeordnet worden. Dazu zählt der sogenannte *Turbocharger*, dessen Rotor dem Kanalrad einer Pumpe ähnelt, das sich in einem stumpfkonischen Elektrisatorgehäuse befindet [490] [518]. Durch die zentrale Öffnung in der oberen Abdeckplatte des Kanalrades auf vertikaler Welle gelangt der Gutstrom zwischen dessen radiale Blätter, wird radial beschleunigt und auf das Gehäuse abgeworfen, wodurch sich intensive Stoß- und Gleitkontakte ergeben.

Ein dreistufiger Kammerscheider, der ursprünglich für die Abtrennung von Disthen und Sillimanit von Quarz entwickelt worden ist, aber auch weitere Einsatzgebiete gefunden hat, ist im Bild 207 dargestellt. Die geneigten Messingplatten (2) und (3) dienen als Elektrisatoren. Zwischen den Ablenkelektroden (4) und (5) liegt eine Feldstärke von 3,5 bis 4,5 kV/cm an. Beim ursprünglichen Einsatzgebiet werden auch die unterschiedlichen Reibungsverhältnisse der Minerale mit ausgenutzt, wodurch es gemeinsam mit der negativen Aufladung des Quarzes gelingt, diesen in jeder Stufe relativ rein nach außen abzulenken, während die Disthen-Sillimanit-Produkte der 1. und 2. Stufe nachzureinigen sind. Als spezifischer Durchsatz für ein Gut 74...300 µm werden 1,5 t/(m·h) angegeben.

An der TU Clausthal ist es in jüngster Zeit gelungen, einen Laborscheider für die Sortierung von Gut < 100 µm mit Triboaufladung zu entwickeln [519] [520]. In der Auflageeinheit wird das Gut mittels einer rotierenden Bürste kontaktiert und dosiert aus dieser von einem Luftstrom ausgetragen. Letzterer transportiert die Teilchen mit hoher Geschwindigkeit (bis zu 100 m/s und mehr) zum Spalt eines Doppeltrommelscheiders und bewirkt durch seine intensive Turbulenz zugleich die Dispergierung des Gutes. Im Inneren der beiden gegenläufig rotierenden Trommeln befindet sich im Spaltbereich jeweils eine feststehende Ablenkelektrode mit entgegengesetzter Polarität zur gegenüberliegenden. Die von den Feldern dieser Elektroden an die Oberflächen der Trommeln angezogenen Teilchen werden durch die Trommeldrehung aus dem Feld der Anziehelektroden herausbewegt, gelangen an der Trommelrückseite in das Feld von ebenfalls feststehenden Abstoßelektroden und werden dadurch von den Trommeln abgehoben.

3.4.6 Elektrische Ausrüstung

Die für die Erzeugung der erforderlichen Gleichspannung eingesetzten Ausrüstungen bestehen aus Hochspannungstransformatoren und Gleichrichtern. Als Gleichrichter kommen vor allem Sperrschichtgleichrichter zum Einsatz. Durch Kombination von Mehrweggleichrichtern und Kondensatoren läßt sich eine relativ gut geglättete Gleichspannung erzeugen. Im allgemeinen gibt man einer Vollweggleichrichtung durch in Brückenschaltung angeordnete Sperrschichtgleichrichter den Vorzug. Bei dieser Art der Gleichrichtung ist ein Vertauschen der Elektrodenpolarität durch einfaches Umklemmen der Zuführungen möglich.

Diese Ausrüstungen müssen robust sein und auch Funkenüberschläge aushalten können. Die elektrische Verbindung des Gleichrichters mit dem Scheider geschieht durch Hochspannungskabel oder durch Freileitungen, in jedem Fall aber über einen Begrenzerwiderstand. Das Gehäuse sowie alle anderen Teile des Scheiders mit Ausnahme der aktiven Elektroden sind geerdet. Aus Sicherheitsgründen sind die Zugänge zum Prozeßraum mit Kontaktschaltern versehen, so daß beim Öffnen des Scheiders die Hochspannung abgeschaltet wird.

Die gleichstromseitig erforderlichen Spannungen liegen für Koronascheider im Bereich von etwa 30 bis 50 kV und erreichen für Kammerscheider bis zu 125 kV [469] [492]. Für alle Elektroscheider sind die für den eigentlichen Scheiderbetrieb erforderlichen Energiekosten vernachlässigbar. So benötigt man z.B. für eine Koronascheidung, in der insgesamt 18 m Walzenbreite für einen Durchsatz von 27 t/h Eisenerz eingesetzt sind (spezifischer Durchsatz also 1,5 t/(m·h), eine Nennleistung von 1 kW aus einer vollweg-gleichgerichteten Stromversorgung mit 220 V. Der tatsächliche Leistungsbedarf beträgt dabei etwa 0,6 kW [469]. Bei Kammerscheidern wird der Leistungsbedarf hauptsächlich durch Kriechströme und Sprühverluste verursacht, und er ist deshalb noch geringer [492].

3.4.7 Anwendung der Elektrosortierung

In den letzten Jahrzehnten sind umfangreiche Forschungs- und Entwicklungsarbeiten zur Anwendung der Elektrosortierung in der Mineralaufbereitung und auch im Rahmen des Recyclings fester Abfälle geleistet worden, deren Ergebnisse das Anwendungsfeld wesentlich erweitert haben.

Zu den traditionellen Anwendungsgebieten gehört vor allem ihr Einsatz für die Trennung von durch Dichtesortierung erzeugten Vorkonzentraten der Aufbereitung von Schwermineralsanden, die Zirkon, Rutil, Ilmenit, Monazit und andere Minerale enthalten [19] [466] [467] [480] [521]. Eingesetzt werden hierfür hauptsächlich Koronascheider, aber auch elektrostatische Scheider.

Weiterhin wird die Elektrosortierung für die Trennung von Kassiterit-, Kassiterit-Scheelit- und Tantalit-Columbit-Vorkonzentraten im technischen Maßstab betrieben [19] [521].

Seit Mitte der 60er Jahre werden in einer großen kanadischen Eisenerzaufbereitung aus hämatitischen Dichtesortier-Vorkonzentraten mit 8% SiO_2 durch Elektrosortierung Konzentrate mit 3% SiO_2 erzeugt [522]. Ferner ist ihre Anwendung für die Herstellung sogenannter Superkonzentrate für die Direktreduktion aus herkömmlichen Fe-Konzentraten bekannt [523] [524].

In mehreren Betrieben trennt man Feldspat und Quarz nach entsprechender Vorbehandlung im elektrischen Feld [19] [466] [467]. Weitere Anwendungsgebiete im Rahmen silikatischer Rohstoffe sind die Aufbereitung von Glassanden und anderen Quarzrohstoffen sowie von verschiedenen keramischen Rohstoffen [19] [480] [531].

Für die Trockenaufbereitung von Phosphaterzen bietet sich der Einsatz der Elektrosortierung ebenfalls an [19] [466] [467] [518] [525].

Über Jahrzehnte hinweg sind in mehreren Ländern intensive Untersuchungen zur Elektrosortierung von Kalirohsalzen (Sylvinite, Hartsalze) betrieben worden. Dabei bestand anfänglich das Hauptziel darin, hochwertige Konzentrate von Sylvin (KCl) zu erzeugen (siehe z.B. [507] [508] [517] [526] bis [528]). Diese Aufgabe konnte jedoch nicht befriedigend gelöst werden. Ein Durchbruch zur umfangreichen industriellen Anwendung bei der Aufbereitung kieseritischer Hartsalze gelang in der westdeutschen Kaliindustrie, nachdem dieser Weg aufgegeben, auf eine ausschließliche Anreicherung des Rohsalzes durch Elektrosortierung zu hochwertigen Absatzprodukten verzichtet und eine teilweise Verarbeitung von anfallenden Zwischenprodukten durch herkömmliche Prozesse in den Verfahrensablauf integriert worden war [491] [492] [507] [529] [530]. Kieseritische Hartsalze setzen sich aus Halit (NaCl), Sylvin (KCl) und Kieserit ($MgSO_4 \cdot H_2O$) als Hauptbestandteilen sowie gegebenenfalls noch aus Carnallit ($KCl \cdot MgCl_2 \cdot 6H_2O$) und anderen Nebenbestandteilen zusammen. Es wurde herausgefunden, daß durch eine gesteuerte Triboaufladung, die eine selektive Oberflächenkonditionierung durch Reagensadsorption sowie die exakte Einhaltung niedriger relativer Luftfeuchten voraussetzt, sich folgende Trennschnitte in einer ersten Sortierstufe mit befriedigender Trennschärfe und gutem Ausbringen realisieren lassen [491] [492]: Halit // Sylvin + Kieserit + Carnallit; Kieserit // Halit + Sylvin + Carnallit; Sylvin + Carnallit // Halit + Kieserit. Bei mehrstufiger Sortierung mit jeweils vorgeschalteter erneuter Konditionierung und Klimatisierung, die auf die geänderten Trennbedingungen abgestellt sind, sowie Triboaufladung lassen sich mittels selektiver Umladungen mehrere Absatzprodukte erzeugen. Als Konditionierungsmittel finden vor allem aromatische und kürzere aliphatische Monocarbonsäuren, die in Nachbarstellung zur Carboxylgruppe eine OH-Gruppe oder auch ein Halogen besitzen, Fettsäuren sowie auf die jeweilige Trennung abgestimmte Gemische dieser Reagenzien Anwendung (siehe auch Abschn. 3.4.2).

Auch die Sortierung von Steinkohlen im elektrischen Feld war wiederholt Gegenstand der Untersuchung (siehe z.B. [19] [494] [532]). Über eine Anwendung im industriellen Maßstab ist jedoch nichts bekannt.

Es ist anzunehmen, daß der Elektrosortierung im Rahmen der Aufbereitung mineralischer Rohstoffe noch weitere Einsatzgebiete erschlossen werden können. Das ist insbesondere dann zu erwarten, wenn mittels gesteuerter Triboaufladung Möglichkeiten für selektive Trennungen aufgefunden und weiterhin auch die Anwendungsgrenzen der Elektrosortierung nach der Feinstkornseite hin weiter verschoben werden können.

Aus Tabelle 28, in der Leitfähigkeiten und relative Dielektrizitätskonstanten wichtiger Minerale zusammengestellt sind, lassen sich weitere Ansatzpunkte für Einsatzmöglichkeiten der Elektrosortierung ableiten.

Tabelle 28 Leitfähigkeiten und relative Dielektrizitätskonstanten von Mineralen (nach verschiedenen Literaturangaben)

Mineral	Leitfähigkeit in $\Omega^{-1}\,m^{-1}$	Relative Dielektrizitätskonstante ε_r
Anhydrit	10^{-3} bis 10^{-5}	5,7 bis 7,0
Albit	10^{-6} bis 10^{-12}	6,0
Apatit	10^{-10} bis 10^{-12}	5,8
Arsenopyrit	10^{4} bis 10^{3}	> 81
Baryt	10^{-10} bis 10^{-13}	6,2 bis 7,9
Biotit	10^{-9} bis 10^{-12}	10,3
Bornit	10^{5} bis 10^{3}	> 81
Calcit	10^{-8} bis 10^{-12}	7,5 bis 8,7
Chalkopyrit	10^{4} bis 10^{-1}	> 81
Chromit	10^{-12} bis 10^{-14}	11,0
Diamant	10^{-3} bis 10^{-7}	5,7
Dolomit	10^{-4} bis 10^{-7}	6,3 bis 8,2
Fluorit	10^{-11} bis 10^{-15}	6,2 bis 8,5
Galenit	10^{8} bis 10^{3}	> 81
Granat	10^{-9} bis 10^{-11}	3,5 bis 4,0
Graphit	10^{8} bis 10	> 81
Halit	10^{-10} bis 10^{-15}	5,6 bis 6,4
Hämatit	10^{-5} bis 10^{2}	25
Ilmenit	10^{6} bis 10^{4}	33,7 bis 81
Kassiterit	10^{4} bis 10^{-11}	24
Magnesit	10^{-7} bis 10^{-9}	4,4
Magnetit	10^{8} bis 10^{-3}	33,7 bis 81
Molybdänit	10^{2} bis 10^{-4}	> 81
Monazit	10^{-9} bis 10^{-12}	3,0 bis 6,6
Pyrit	10^{6} bis 1	33,7 bis 81
Quarz	10^{-11} bis 10^{-14}	4,5 bis 6,0
Rutil	10^{6} bis 10^{2}	89 bis 173
Scheelit	10^{-10} bis 10^{-13}	3,5
Schwefel	10^{-13} bis 10^{-16}	4,1
Sphalerit	10^{-6} bis 10^{4}	5,0 bis 6,0
Sylvin	10^{-9} bis 10^{-12}	6,0
Wolframit	10^{-1} bis 10^{-7}	12 bis 15
Zirkon	10^{-15} bis 10^{-18}	6 bis 15

Zu den ersten erfolgreichen Anwendungen der Elektrosortierung beim Recycling fester Abfälle zählt die Trennung von durch Zerkleinern aufgeschlossenem Kabelschrott [9] [533] [1504]. In diesem Falle liegen extreme Leitfähigkeitsunterschiede zwischen den gut leitenden metallischen Teilstücken (Kupfer, Aluminium) und den nichtleitenden (Isolatormaterial) vor, so daß sich mittels Koronascheidung ausgezeichnete Trennergebnisse erzielen lassen.

Nach bisher vorliegenden Untersuchungen zeichnet sich ab, daß die Elektrosortierung im Rahmen des Recyclings von Kunststoffen eine umfangreichere Anwendung finden könnte (siehe z.B. [534] bis [536]). Es hat sich herausgestellt, daß insbesondere einige binäre Gemische von Kunststoffen im Korngrößenbereich etwa < 6 mm nach Vorbehandlung und Triboaufladung (entweder durch gegenseitige Kontakte der Körner oder mit einem Elektrisator) auf Kammerscheidern mit gutem Trennerfolg sortierbar sind. Die bisher bekannt gewordenen Verfahrensvorschläge schließen insbesondere für verschmutzte Kunststoff-Abfälle Vorbehandlungen durch Waschen, mit Säuren oder Alkalien sowie durch Trocknen bzw. Wärmebehandlung ein. Ferner wird auch das Konditionieren mittels grenzflächenaktiver Reagenzien diskutiert. Während der Triboaufladung sind auch hierbei im allgemeinen niedrige relative Luftfeuchten zu gewährleisten. In Kombination mit einer Dichtesortierung in mit Wasser als Trennmedium betriebenen Sortierzyklonen lassen sich Polyethylen (γ = 920 bis 960 kg/m³) und Polypropylen (γ = 900 bis 910 kg/m³) von den anderen Kunststoffen, die Dichten > 1000 kg/m³

Tabelle 29 Triboelektrische Auflagungsreihe von Kunststoffen nach *Brück* [537]

Pos.	Polymer	Kurzzeichen	polare Gruppe	Bemerkungen
⊕ ↑ 1	Polyethylenimin	PEI	$\diagup \overline{N} H \diagdown$	
2	Polyethylenoxid	PEO	$\diagup \overline{O} \diagdown$	
3	Polyurethan	PUR	$\diagup \overline{N} \diagdown CO_2$	
4	Polymethylmethacrylat	PMMA	$\diagup \overline{O} \diagdown CO$	
5	Polycarbonat	PC	$\diagup \overline{O} \diagdown CO_2$	
6	Celluloseacetat	CA		
7	Polyvinylalkohol	PVAL	$\diagup \overline{O} \diagdown H$	
8	Polyamid	PA	$\diagup \overline{N} H \diagdown CO$	
9	Polyacrylnitril	PAN	$-CN$	
10	Polystyrol	PS		aromatische Kohlenwasserstoffe
11	Polyethylen	PE		aliphatische Kohlenwasserstoffe
12	Polypropylen	PP		aliphatische Kohlenwasserstoffe
13	Polyethylenterephthalat	PET	$-OCO-\bigcirc$	
14	Chlorkautschuk	RUC	$-Cl$	je 4 C-Atome 1 Cl
15	Polyvinylidenchlorid	PVDC	$-Cl$	je 2 C-Atome 2 Cl
16	Cellulosenitrat	CN	$-NO_3$	
17	Polyvinylchlorid	PVC	$-Cl$	je 2 C-Atome 1 Cl
↓ 18 ⊖	Polytetrafluorethylen	PTFE	$-F$	

aufweisen, abtrennen und dadurch die Voraussetzungen für eine erfolgreiche Elektrosortierung von Mehrstoffgemischen verbessern. Für sehr verbreitete Massenkunststoffe ist folgende Auflagungsreihe bei der Triboaufladung gefunden worden [535]: ⊕ PA – PS – PE – PP – PET – PVC ⊖ (PA: Polyamid; PS: Polystyrol; PE: Polyethylen; PP: Polypropylen; PET: Polyethylenterephthalat; PVC: Polyvinylchlorid). D.h., bei der Kontaktierung von zwei Gliedern dieser Reihe lädt sich der weiter links stehende Kunststoff positiv, der weiter rechts stehende negativ auf, und je weiter beide in der Reihe voneinander entfernt sind, um so größer ist der Auflagungsunterschied und somit um so leichter die Trennung im elektrischen Feld.

Eine umfangreichere Auflagungsreihe, die von *Brück* [537] auf Grundlage umfangreicher Untersuchungen mit Proben verschiedener Hersteller aufgestellt worden ist, enthält Tabelle 29. Für die Einordnung war eine statistische Auswertung der für eine Polymergruppe insgesamt vorliegenden Ergebnisse maßgebend, so daß es im konkreten Einzelfall als Folge von Unterschieden in der Zusammensetzung (eingeschlossen auch Additive wie Farbstoffe, Weichmacher u.a. sowie Füllstoffe) durchaus zu gewissen Relativverschiebungen von Polymeren kommen kann, die zu benachbarten Gruppen gehören. Es ist auffällig, daß offensichtlich in erster Linie der Charakter der polaren Gruppen für das Aufladungsverhalten bestimmend ist. Die Polymeren im oberen Bereich von Tabelle 29 weisen polare Gruppen mit basischem Charakter auf. Diese besitzen gewinkelte Strukturen, und an den O- und N-Atomen befinden sich freie, leicht polarisierbare π-Elektronenpaare, an denen sich H^+ anlagern können. Im mittleren Bereich stehen aromatische und aliphatische Kohlenwasserstoffe, die keine polaren Gruppen enthalten. Die sich bevorzugt negativ aufladenden Polymeren besitzen demgegenüber elektronegative Gruppen. Als Ladungsträger werden H^+ angenommen, die aus der Dissoziation von adsorbiertem Wasser oder aus in den Polymeren enthaltenen Säuregruppen stammen [537]. Bei der Kontaktierung dürften deshalb Polymere mit polaren basischen Gruppen bevorzugt Protonen adsorbieren und sich positiv aufladen, während Polymere mit elektronegativen Gruppen bevorzugt Protonen abspalten.

3.5 Kennzeichnung des Trennerfolges von Elektrosortierprozessen

Das Wertstoffausbringen, das Masseausbringen und das Anreicherverhältnis können wie für jeden anderen Trennprozeß bestimmt werden. Der Trennungsgrad wird zur Beurteilung der Ergebnisse kaum benutzt.

Da ein Zerlegen in Trennmerkmalklassen mit Hilfe der gegenwärtig bekannten Analysenmethoden nicht gelingt, kann man den Trennerfolg nicht mit Hilfe der Trennfunktion kennzeichnen. Deshalb dürfte zweckmäßig sein, die im Abschn. 1.5 besprochenen Anreicherkurven zu benutzen. Dafür wäre notwendig, mehrere Produkte (mindestens vier) getrennt nebeneinander aufzufangen und deren Gehalte zu bestimmen. Dies bereitet prinzipiell keine Schwierigkeiten, wenn man entsprechende Teiler anbringt.

4 Flotation

Die Flotation gehört zu den **Heterokoagulationstrennungen** [2]. Das Charakteristische dieser Prozesse besteht darin, daß die abzutrennenden Körner bzw. Feststoffteilchen an Fluidteilchen (Gasblasen, Öltropfen) angekoppelt werden, so daß ihre Dynamik im Prozeßraum und damit das Trennverhalten von den Eigenschaften der gebildeten Aggregate – insbesondere deren Dichte – bestimmt werden. Für die Aufbereitung mineralischer Rohstoffe sowie das Recycling fester Abfälle ist vor allem das selektive Ankoppeln der Körner an Luftblasen in einer Trübe von Bedeutung. Das setzt zunächst die selektive Hydrophobierung der Kornoberflächen voraus, falls in praktisch allerdings weniger bedeutenden Fällen nicht schon eine ausreichende natürliche Hydrophobie gegeben ist. Im Gegensatz zu den meisten anderen Trennprozessen hängen die Heterokoagulationstrennungen nicht von an das Kornvolumen bzw. die Kornmasse gebundenen und damit im Prinzip nicht veränderbaren Trenneigenschaften (wie Kornsinkgeschwindigkeit, Korndichte, Kornsuszeptibilität u.a.) ab, sondern von Oberflächeneigenschaften (Benetzbarkeit), die sich durch gesteuerte Adsorptionsvorgänge weitgehend selektiv verändern lassen. Dies ist eine wesentliche Ursache für die große und noch ständig wachsende Bedeutung dieser Prozesse in der Aufbereitungstechnik. Hinzu kommt, daß diese Prozesse im Fein- und Feinstkornbereich sortieren und sich deshalb für entsprechend fein verwachsene Rohstoffe und Abfälle eignen.

Heterokoagulationstrennungen werden in der Aufbereitungstechnik fast ausschließlich in Form der **Schaumflotation** (Bild 208a und b) und diese überwiegend in mechanischen Flotationsapparaten (Bild 208a), aber zunehmend auch in Flotationskolonnen (Gegenstrom-Flota-

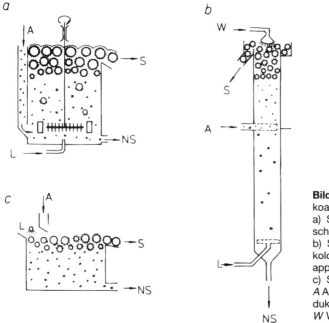

Bild 208 Wirkprinzipien in Heterokoagulationstrennungen:
a) Schaumflotation in mechanischen Flotationsapparaten
b) Schaumflotation in Flotationskolonnen (Gegenstrom-Flotationsapparaten)
c) Schaumseparation
A Aufgabe; L Luft; S Schaumprodukt; NS Flotationsrückstand; W Waschwasser

tionsapparaten; Bild 208b) und anderen pneumatischen Flotationsapparaten realisiert. Für die Schaumflotation ist charakteristisch, daß sich die Korn-Blase-Aggregate in der Trübe bilden, zur Trübeoberfläche aufsteigen und dort einen feststoffbeladenen Schaum (Dreiphasenschaum) bilden, der schließlich abgezogen wird. Für den Prozeß der Schaumflotation in einem mechanischen Flotationsapparat ist der Leistungseintrag mittels eines Rotor-Stator-Systems kennzeichnend, wodurch hochturbulente Strömungsverhältnisse verursacht werden, die wiederum wesentliche Teil- und Mikroprozesse (Suspendieren, Gaszerteilen zu Blasen, Korn-Blase-Kollisionen) bewirken. Auf den Leistungseintrag mittels Rotor-Stator-System kann in Flotationskolonnen verzichtet werden, weil hier das Gegenstromprinzip ausgenutzt wird (Bild 208b). Die Aufgabetrübe wird, vorbehandelt mittels des jeweiligen Reagensregimes, im Niveau von etwa zwei Dritteln der Kolonnenhöhe zugeführt und strömt von dort abwärts zum Austrag. Über letzterem befindet sich ein geeignetes Belüftungssystem. Flotationskolonnen zeichnen sich durch eine hohe Selektivität der Trennung aus. Daneben existieren noch andere Möglichkeiten, die Schaumflotation ohne Rotor-Stator-System zu realisieren, falls bestimmte Voraussetzungen erfüllt sind (Druckentlastungs-Flotation, Elektroflotation).

Besondere – allerdings nur in geringem Umfange industriell genutzte – Varianten der Schaumflotation sind die **Agglomerationsflotation** und die **Trägerflotation** (Ultraflotation), die beide für die Feinstkornsortierung eine gewisse Rolle spielen [538]. Bei der erstgenannten agglomeriert man zunächst in der wäßrigen Trübe die hydrophobierten Feinstteilchen mit Hilfe einer dispergierten Ölphase, indem die kapillaren Bindekräfte ausgenutzt werden, die in benetzenden Ölbrücken zwischen diesen Teilchen auftreten (siehe Band III „Bindemechanismen und Haftkräfte"). Anschließend werden diese Agglomerate ebenfalls an Gasblasen angekoppelt und flotiert. Bei der Trägerflotation, die für die Abtrennung sehr geringer Mengen feinstkörniger Bestandteile (vor allem Verunreinigungen) anwendbar ist, läßt man diese Feinstteilchen mit Hilfe geeigneter Bindekräfte zunächst an gröberen Trägerteilchen anhaften. Diese Aggregate werden anschließend als Schaumprodukt ausgebracht. Weiterhin existieren Varianten der Schaumflotation, die sich für gröbere Körnungen eignen und durch entsprechend angepaßte Reagensregime sowie hydrodynamische Bedingungen auszeichnen.

Speziell für die Grobkornflotation hat man in der ehemaligen UdSSR die **Schaumseparation** entwickelt (Bild 208c). Bei diesem Prozeß wird das mit Reagenzien in dicker Trübe vorbehandelte, selektiv gut hydrophobierte Aufgabegut einer stabilen Schaumschicht von oben zugeführt. Dabei werden die hydrophoben Körner im Schaum festgehalten, während die hydrophilen durch die Schaumschicht hindurch in die darunter befindliche Trübe gelangen. Für diesen Trennprozeß ist folglich charakteristisch, daß sich die Blasenhaftung unter nicht-turbulenten Verhältnissen vollzieht und der Weg der hydrophobierten Körner zum Austrag relativ kurz ist.

Eine **Filmflotation** tritt manchmal an Trübeoberflächen auf, indem nicht benetzbare, feine Körner an der Oberfläche schwimmen, ohne an einer Gasblase zu haften. Dieser Effekt hat gewöhnlich nur noch als störende Nebenerscheinung bei anderen Prozessen Bedeutung.

Heterokoagulationstrennungen, bei denen die hydrophobierten Teilchen an Öltropfen angekoppelt werden oder aus der wäßrigen Phase in eine Ölphase übertreten, haben eine geringe technische Bedeutung, obgleich eine Reihe von Prozessen dieser Art vorgeschlagen worden ist [538].

Nicht zu den Heterokoagulationstrennungen gehört die **Ionenflotation**, die für die Abtrennung geringer Mengen wertvoller, ionar gelöster Bestandteile entwickelt worden ist [539]. Dabei bindet man diese Ionen an ionogene grenzflächenaktive Stoffe und trägt diese im Zweiphasenschaum aus.

Da die Schaumflotation im Rahmen der Aufbereitungstechnik im Vergleich zu den anderen obengenannten Prozessen die herausragende Rolle spielt, sind die folgenden Abschnitte in erster Linie darauf ausgerichtet. An geeigneten Stellen werden die anderen Prozesse kurz behandelt.

Um zunächst den Überblick weiter zu vertiefen, sollen der Ablauf einer Schaumflotation, deren wesentliche Merkmale sowie Teil- bzw. Mikroprozesse mit Hilfe des Bildes 208a am Beispiel einer Galenit-Quarz-Trennung dargestellt werden. Die zu trennenden Minerale sind auf etwa < 0,25 mm zu zerkleinern, falls die Verwachsungsverhältnisse nicht eine noch feinere Mahlung erfordern. Dem Prozeßraum (Flotationsapparat) ist das zu trennende Mineralgemisch in Form einer Trübe etwa mit Feststoffvolumenanteilen $\varphi_s \leq 30\%$ zuzuführen und deren Suspensionszustand über die Prozeßdauer hinweg zu gewährleisten. Das Ziel der Prozeßführung besteht im gewählten Beispiel darin, Galenit (PbS) in dem Schaumprodukt an der Trübeoberfläche zu sammeln. Dafür ist zunächst notwendig, die Galenitoberfläche zumindest teilweise mittels eines polar-unpolar aufgebauten Reagens – eines **Sammlers** – zu hydrophobieren. Dies gelingt im vorliegenden Falle beispielsweise mit Na-Ethylxanthogenat, das auf Sulfiden hydrophobierende Adsorptionsschichten bilden kann. Dies wird vom pH der Trübe, dem Vorhandensein anderer Ionen und weiterer Zusatzstoffen beeinflußt. Reagenzien, die derartige Einflüsse hervorbringen, nennt man **Regler (modifizierende Reagenzien)**. In neutraler bis schwachalkalischer Trübe verläuft bei Fehlen hemmender Reagenzien die Xanthogenat-Adsorption auf Galenit ohne Schwierigkeiten, und es genügen weniger als 100 g Xanthogenat je t Feststoff. Auf den Quarzoberflächen dagegen erfolgt keine Xanthogenatadsorption, so daß dieses Mineral hydrophil bleibt. Infolge der oberflächlichen Hydrophobierung können die Galenit-Körner beim Zusammentreffen mit Gasblasen an diesen haften. Deshalb ist das Zuführen und Zerteilen eines Gases (fast ausschließlich Luft) zu Blasen <2 mm notwendig. Dazu bedient man sich in mechanischen Flotationsapparaten genauso wie für das Suspendieren und das Gewährleisten der Korn-Blase-Kollisionen der hydrodynamischen Wirkungen der Turbulenz. Die Korn-Blase-Aggregate, deren Dichte geringer als die der Trübe sein muß, steigen zur Trübeoberfläche auf und bilden dort einen mineralbeladenen Schaum, der von der Oberfläche abgestreift wird. Damit ist die Trennung vollzogen. Um den Schaum an der Trübeoberfläche eine gewisse Zeit stabil zu erhalten, ist der Zusatz eines weiteren granzflächenaktiven Reagens – eines **Schäumers** – notwendig.

Ist neben Galenit auch Sphalerit (ZnS) im Aufgabegut enthalten, so besteht das Prozeßziel gewöhnlich darin, beide Wertstoffminerale nacheinander getrennt auszubringen. Man flotiert dann den Galenit in der ersten Stufe und muß dort die Adsorption des Sammlers auf Sphalerit durch geeignete Regler (**Drücker**) verhindern. Vor der nachfolgenden Flotationsstufe muß die Sphaleritoberfläche durch Zusatz eines weiteren Reglers (**Beleber**) für die Sammleradsorption wieder zugänglich gemacht werden.

Im besprochenen Beispiel gewinnt man die Wertstoffminerale als Schwimmprodukte, während der Quarz im Rückstand verbleibt. Man bezeichnet diese Vorgehensweise als **direkte** Flotation. Im umgekehrten Fall spricht man von **indirekter** (umgekehrter) Flotation.

Aus diesen einführenden Worten ist zu erkennen, daß sich für die Prozeßführung bei der Flotation zwei Komplexe unterscheiden lassen:

a) die Gestaltung des **Reagensregimes**, die die selektive Hydrophobierung mit Hilfe von Sammlern und modifizierenden Reagenzien sowie die Steuerung der Schaumeigenschaften zum Ziel hat,
b) die Gestaltung der **Hydrodynamik**, um folgende Teil- bzw. Mikroprozesse zu realisieren:
   – das Suspendieren der Körner,
   – das Zuführen und Zerteilen der Flotationsluft,
   – das Durchmischen der begasten Trübe, um
     • die Reagenzien zu verteilen und einwirken zu lassen,
     • die Korn-Blase-Kollisionen als Voraussetzung für die Blasenhaftung zu gewährleisten,
   – das Aufsteigen der beladenen Blasen und der Schaumabzug.

Flotative Trennungen sind gegenwärtig die wichtigsten Prozesse für die Fein- und Feinstkornsortierung. Daran dürfte sich auch in den kommenden Jahrzehnten kaum etwas ändern. Im Rahmen der Aufbereitung mineralischer Rohstoffe werden im Weltmaßstab mehrere Milliarden Tonnen jährlich flotiert. Ohne diese Prozesse wäre die Nutzung vieler fein verwachsener Rohstoffe auf dem heutigen technischen und ökonomischen Niveau nicht denkbar. Die

Anwendung der Flotation hat wesentlich dazu beigetragen, die Basis industriell verwertbarer Mineralvorkommen zu erweitern.

Auch im Rahmen des Recyclings fester Abfälle nimmt die Flotation schon einen festen Platz ein. Altpapiere werden in beachtlichem Umfange damit verarbeitet. Weitere Anwendungen sind von der Aufbereitung von Schlacken und ähnlichen Rückständen sowie der Bodensanierung bekannt. Ferner ist sie für die Sortierung von Kunststoffabfällen schon eingesetzt worden.

4.1 Beteiligte Phasen

An der Schaumflotation sind normalerweise die zu trennenden Feststoffphasen, die wäßrige Phase und die Gasphase beteiligt. In diesem Zusammenhang ist es notwendig, die für die Flotation wesentlichen Eigenschaften dieser Phasen zu charakterisieren. Die Behandlung soll in der Reihenfolge Gasphase, wäßrige Phase, Mineralphasen geschehen. Ausführungen, die gegebenenfalls andere Feststoffphasen und eine manchmal beteiligte Ölphase betreffen, werden später ergänzt.

4.1.1 Gasphase

Die Beteiligung einer Gasphase ist für die Schaumflotation charakteristisch, denn mittels Gasblasen werden die hydrophobierten Körner zur Trübeoberfläche gehoben und damit die eigentliche Trennung bewirkt. Die sich aus den Gasblasen und Körnern bildenden Aggregate müssen so beschaffen sein, daß sie aufschwimmen können, d.h., ihre mittlere Dichte muß kleiner als die Trübedichte sein. Für die Erfüllung dieser Aufgabe ist die stoffliche Zusammensetzung der Gasphase ohne Belang, entscheidend sind ihre um Zehnerpotenzen niedrigere Dichte und geeignete Blasengrößen.

Die stoffliche Zusammensetzung der Gasphase kann aber die Adsorptionsvorgänge – und damit auch die Sammleradsorption – beeinflussen. Dies trifft insbesondere für Sulfide zu, für deren Flotierbarkeit die Anwesenheit von Sauerstoff eine große Rolle spielt. Darauf wird im Abschn. 4.12.1 zurückgekommen. Für das Ausfällen von Ca^{2+} oder anderen mehrwertigen Kationen in der Flotationstrübe könnte in seltenen Fällen der Einsatz einer an CO_2 angereicherten Gasphase von Interesse sein [540] [541].

Das für die Schaumflotation erforderliche Gasvolumen wird bei den meisten Flotationsapparaten aus der umgebenden Atmosphäre zugeführt und zu Blasen dispergiert. Letzteres geschieht in den vorwiegend eingesetzten mechanischen Flotationsapparaten durch die Turbulenz der Strömung, in anderen Flotationsapparaten durch andere Zerteilmechanismen. In den meisten Flotationsapparaten bilden sich auch noch Luftbläschen als Folge von Druckdifferenzen in der Trübe. Bei einigen, allerdings nicht in der Mineralaufbereitung eingesetzten Bauarten ist dies sogar der Hauptmechanismus der Gasblasenbildung. Bekanntlich erhöht sich die Löslichkeit eines Gases nach dem *Henry-Dalton*schen Gesetz linear mit seinem Partialdruck; sie verringert sich mit der Temperatur. Wasser, das sich bei höherem Druck mit Luft sättigen konnte, wird deshalb bei Druckabnahme Luftblasen ausscheiden. Dieser Gasblasenausscheidung ist vor allem für die Feinstkornflotation Bedeutung beizumessen. Mit steigender Elektrolytkonzentration vermindert sich die Gaslöslichkeit in Wasser. So beträgt beispielsweise die Löslichkeit der Luft in einer gesättigten NaCl-Lösung nur etwa $1/30$ jener in reinem Wasser.

Die Gasblasenerzeugung durch Kochen war mit Gegenstand des ersten Schaumflotationspatentes der *Gebrüder Bessel*, Dresden [542], und ist heute nur noch von historischem Interesse [543]. Die Gasblasenerzeugung aufgrund einer chemischen Reaktion (z.B. durch Zersetzen von Karbonaten in saurer Trübe entsprechend dem zweiten Patent der *Gebrüder Bessel* [544]) kann auch bei modernen Flotationsprozessen als Nebeneffekt eine Rolle spielen.

4.1.2 Wäßrige Phase

Für die Flotationspraxis sind nur wäßrige Lösungen als Flüssigkeiten von Interesse. Im Zusammenhang mit Grundlagenuntersuchungen sind relativ selten auch andere Flüssigkeiten einbezogen worden (siehe z. B. [545] [546]). Die Struktur und die Zusammensetzung der wäßrigen Lösungen sind für die Flotation von außerordentlicher Bedeutung. Deshalb ist dazu eine kurze zusammenfassende Darstellung notwendig.

Die Eigenschaften des Wassers sind eine Folge seiner Molekülstruktur [548] bis [551]. Im H_2O-Molekül bilden drei Kerne ein gleichschenkliges Dreieck mit den zwei Protonen auf der Grundlinie (Bild 209a). Die drei Kerne sind von zehn Elektronen umgeben. Zwei Elektronen bewegen sich dabei in der Nähe des Sauerstoffkerns[1]. Die Bewegung der übrigen acht Elektronen erfolgt auf vier gestreckten elliptischen Bahnen. Die Achsen zweier dieser Bahnen sind längs der O-H-Bindungen ausgerichtet. Die Achsen der zwei anderen Bahnen liegen in einer Ebene, die durch den Sauerstoffkern geht und angenähert senkrecht zur HOH-Ebene steht. Die Elektronen bewegen sich paarweise auf den gestreckten Bahnen. Den Protonen, die sich im Inneren zweier Bahnen befinden, entsprechen zwei Pole positiver elektrischer Ladung im äußeren Teil des Wassermoleküls. Die Elektronen, die sich längs der beiden anderen Bahnen bewegen, bilden sogenannte einsame Elektronenpaare, die für die Wechselwirkung benachbarter Wassermoleküle wichtig sind. Sie rufen eine relativ große Elektronendichte in dem Teil des Wassermoleküls hervor, das den Wasserstoffatomen gegenüberliegt. Ihnen entsprechen zwei negative Pole des Wassermoleküls. Dies verdeutlicht auch das im Bild 209b dargestellte Modell [547]. Danach liegen die elektrischen Ladungen in den Spitzen eines Tetraeders, dessen Zentrum im Mittelpunkt des H_2O-Moleküls liegt und die vom Sauerstoffkern 0,99 Å entfernt sind. Folglich besitzt ein Wassermolekül vier Pole elektrischer Ladungen. Auf der Grundlage dieses Modells lassen sich viele Eigenschaften des Wassers deuten. Das Dipolmoment eines Wassermoleküls ist mit $6,23 \cdot 10^{-30}$ As·m relativ groß.

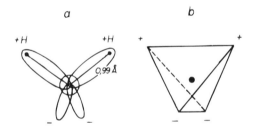

Bild 209 Modell des Wassermoleküls nach *Bjerrum* [547]

Für die Eisstruktur und die Strukturbildung im flüssigen Wasser sind Wasserstoffbrückenbindungen bestimmend. Aufgrund des ausgeprägten Dipolcharakters des Wassermoleküls kann man in erster Näherung davon sprechen, daß am Sauerstoff Protonen statt H-Atome hängen. Diese Ionen können nun ihrerseits mit den Sauerstoffatomen benachbarter Moleküle in Wechselwirkung treten und diese binden, wobei das H^+ gleichsam eine Brücke zwischen den beiden Molekülen bildet. Ganz allgemein findet man die Fähigkeit zu Wasserstoffbrückenbindungen bei außen an Molekülen hängenden OH- oder NH-Gruppen bei der Wechselwirkung mit den Endgruppen benachbarter Moleküle, die insbesondere die elektronegativen Elemente O und F, aber auch N und Cl enthalten. Die Energie der Wasserstoffbrückenbindungen beträgt etwa 15 bis 40 kJ/mol, d.h. wesentlich mehr als jene von *Van-der-Waals*-Bindungen.

---

[1] Die Annahme der Existenz von Elektronenbahnen entspricht dem Bohrschen Atommodell. Obwohl dieses Modell ein anschauliches Bild von der Bewegung der Elektronen um den Kern vermittelt, wird dieser Vorschlag den wirklichen Verhältnissen nicht gerecht. Eine befriedigende Theorie ermöglichte erst die Wellenmechanik, mit der man in der Lage ist, räumliche Bereiche (Orbitale) anzugeben, in denen sich ein Elektron mit entsprechender Wahrscheinlichkeit aufhält.

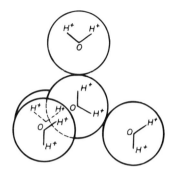

Bild 210 Eisstruktur

Im Eis sind die Moleküle so geordnet, daß sie sich mit ungleichnamigen Polen berühren (Bild 210). Daraus ergibt sich eine Viererkoordination und folgt weiter, daß das Eis bei tiefen Temperaturen aus Ringen von jeweils 6 Molekülen zusammengesetzt ist (hexagonale Symmetrie). Der Molekülabstand beträgt im Eis 2,76 Å, der Radius des Wassermoleküls also 1,38 Å.

Beim Schmelzen des Eises wird diese Struktur nur teilweise aufgehoben, d.h., es treten Moleküle auf, deren Orientierung zum Nachbarn nicht die maximale des Eises ist. Vielmehr dreht sich die Protonenachse aus der Achse des freien Elektronenpaares heraus [549] [551]. Beim Schmelzen werden etwa 10% der Bindungen aufgebrochen, und ihre Anzahl wächst mit der Temperatur weiter an. Mit Hilfe dieser Orientierungsfehlstellen lassen sich viele Eigenschaften des Wassers erklären und berechnen. Da für die Orientierungsfehlstellen keine Orientierungsbedingung gilt, so ist um sie auch nicht die relativ lockere Eisstruktur vorhanden, bzw. die Moleküle können sich dort dichter packen. Dies erklärt z.B. die Dichteabnahme beim Schmelzen.

Es existieren zahlreiche Modelle über die Struktur des flüssigen Wassers (siehe z.B. [548] bis [552]). Wenn man aber davon ausgeht, daß die Orientierungsfehlstellen nicht statistisch verteilt, sondern in Fehlbereichen gehäuft sind, so führt dies zu dem anschaulichen **Cluster-Modell** (Bild 211) [552]. Danach nimmt man an, daß die offenen Wasserstoffbrücken an den Oberflächen geordneter Bereiche (Cluster) sitzen.

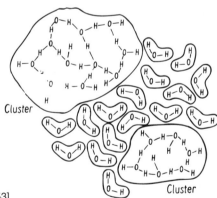

Bild 211 Cluster-Modell des flüssigen Wassers [552] [553]

Wasser ist in geringem Maße der Dissoziation unterworfen:

$$2\,H_2O \rightleftharpoons H_3O^+ + OH^- \qquad (1)$$

Die H$^+$, die in wäßrigen Lösungen enthalten sind, sind nicht an bestimmte Wassermoleküle gebunden, mit denen sie H$_3$O$^+$ (Hydroniumionen) bilden, sondern wechseln ständig von einem

Molekül zum anderen. Dabei dringt jedesmal das H⁺ in das Innere einer der beiden von Protonen nicht besetzten Elektronenbahnen des Wassermoleküls ein, d.h. in einen seiner negativen Pole. Aufgrund dessen erklärt sich die anormal große Beweglichkeit der H_3O^+ und OH^- in wäßrigen Lösungen. Für den allgemeinen Gebrauch unterschlägt man gewöhnlich die Hydratation zu Hydroniumionen und spricht von Wasserstoffionen (H^+). Die Konzentration an H_3O^+ und OH^- ist für die Reagensadsorption von außerordentlicher Bedeutung. Bei konstanter Temperatur gilt:

$$a(H_3O^+) \cdot a(OH^-) = k_{H_2O} \tag{2a}$$

a Aktivität

bzw. für reines Wasser oder stark verdünnte Lösungen:

$$c(H_3O^+) \cdot c(OH^-) = k_{H_2O} \tag{2b}$$

weil die Aktivität a dann gleich der Konzentration c gesetzt werden kann. Es ist üblich, diese Konzentrationsverhältnisse durch den **pH-Wert** zu kennzeichnen, für den definitionsgemäß gilt:

$$p\text{H} \equiv -\lg[a(H_3O^+)] \tag{3}$$

Im Wasser gelöste Ionen oder Moleküle treten mit den sie umgebenden Wassermolekülen in Wechselwirkungen, die auf der Grundlage der verschiedenen Modelle über die Struktur des flüssigen Wassers bzw. wäßriger Lösungen diskutiert worden sind, wobei hinsichtlich der Deutung teilweise noch unterschiedliche Standpunkte vorhanden sind (siehe z. B. [548] [549] [551] [553] bis [557]). Unabhängig davon, wie die reale Struktur des Wassers bzw. der wäßrigen Lösung letztlich beschaffen sein mag, ist die Tatsache, je ausgeprägter die Nahordnung, desto geringer die Beweglichkeit der Wassermoleküle [548] [554] [555] [557]. Man spricht von **Strukturbildung** oder **Strukturbrechung** je nachdem, ob die Anwesenheit der Ionen bzw. Moleküle die Ordnung erhöht oder erniedrigt [548] [549] [551] [553] [557]. Der Begriff Ordnung (Struktur) beinhaltet dabei jede beliebige Ordnung (bzw. Einschränkung der Beweglichkeit) der H_2O-Moleküle unabhängig davon, ob sie auf Wasserstoffbrücken oder andere Bindungen zurückzuführen ist. Die Veränderung der Beweglichkeit wirkt sich u.a. unmittelbar auf die Viskosität aus.

Infolge der sehr hohen elektrischen Feldstärken (etwa 10^6 V/cm), die in unmittelbarer Umgebung eines Ions vorhanden sind, sollte es nach der früher vorherrschenden Auffassung uneingeschränkt zu einer weitgehenden Immobilisierung der Wassermoleküle kommen, die unmittelbar angrenzen, d.h., seine Hydrathülle bilden. Kleine einwertige Ionen (z.B. Li^+, F^-) und mehrwertige (z.B. Mg^{2+}, SO_4^{2-}) wirken in dieser Weise tatsächlich strukturbildend, indem es um sie zu einer Immobilisierung der umgebenden radial, ausgerichteten Wassermoleküle kommt. Größere einwertige Ionen (wie z.B. K^+, J^-) wirken demgegenüber strukturbrechend, und es spricht alles dafür, daß die Strukturbrechung bereits unmittelbar an der Ionenoberfläche beginnt. Diese Modellvorstellungen über die Ionenhydratation in verdünnten Elektrolytlösungen wurden zunächst besonders von *Samojlov* [548] entwickelt und befinden sich durchaus nicht im Widerspruch mit neueren Ergebnissen (siehe z. B. [551] [554] [557]). Betrachtet man ein strukturbrechendes Kation, so tritt es mit dem Sauerstoff der benachbarten H_2O-Moleküle in unmittelbare Wechselwirkung. Gemäß der eingangs kurz erörterten Wasserstruktur ist die Elektronenladungsdichte des O infolge der Verteilung auf die beiden freien Elektronenpaare relativ klein. Daraus resultiert eine geringe Winkelabhängigkeit der Dipolachsenorientierung dieser H_2O-Moleküle in bezug auf das Ion. Demgegenüber hat die tetraedrische Orientierung in den Clustern relativ wenig Freiheitsgrade. Bringt man nun große Kationen wie K^+ in Wasser ein, so wird einerseits die Struktur des reinen Wassers aufgehoben, andererseits besitzen die an die Kationen angrenzenden H_2O-Moleküle nicht mehr die durch die Richtung der H-O...H-Bindungen in den Clustern vorgegebenen eingeschränkten Orientierungsfreiheitsgrade, sondern eine größere Anzahl von Anordnungsmöglichkeiten [554]. Bei einem

Anion (z. B. F⁻) haben die Dipolachsen der unmittelbar benachbarten H_2O-Moleküle weniger Orientierungsfreiheitsgrade in bezug auf den Ladungsschwerpunkt des Anions, weil die positiven Protonenladungen auf einem kleinen Raum mit hoher Ladungsdichte konzentriert sind und die Orientierung durch die Fixierung an zwei Protonen noch zusätzlich eingeschränkt wird. Dementsprechend ist F⁻ (r_{F^-} = 1,36 Å) strukturbildend, während das ähnlich große Kation K⁺ (r_{K^+} = 1,33 Å) strukturbrechend wirkt. Erst größere Anionen (wie z. B. Cl⁻, vor allem aber Br⁻, J⁻) wirken strukturbrechend.

Zu den strukturbrechenden Ionen zählen:

K^+, Rb^+, Cs^+ und Cl^-, Br^-, J^-, ClO_4^-,

zu den strukturbildenden:

Na^+, Li^+, Ca^{2+}, Mg^{2+} und F^-, SO_4^{2-}.

Daß der Übergang eines Ions in eine wäßrige Lösung mit einer relativ großen Energieabgabe verbunden ist, d.h., einen exothermen Effekt darstellt, erklärt sich daraus, daß es unabhängig von Strukturbildung oder -brechung unmittelbar an der Ionenoberfläche immer zu einer Orientierungspolarisation des umgebenden Wasserbereiches unter der Wirkung des Ionenfeldes kommt.

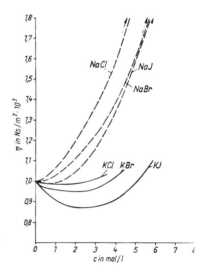

Bild 212 Dynamische Viskosität von KCl-, KBr-, KJ-, NaCl-, NaBr- und NaJ-Lösungen bei 20°C in Abhängigkeit von der Konzentration

Wäßrige Lösungen von Elektrolyten, deren Kation und Anion strukturbrechend wirken, können in bestimmten Temperaturbereichen eine relative Viskosität $\eta_{rel} = \eta/\eta_0 < 1$ besitzen (η Viskosität der Lösung, η_0 Viskosität des reinen Lösungsmittels) [548] [554] bis [556]. Im Bild 212 ist die dynamische Viskosität von KCl-, KBr-, KJ-, NaCl-, NaBr- und NaJ-Lösungen bei 20°C in Abhängigkeit von der Konzentration aufgetragen. Da K⁺, Br⁻ und J⁻ strukturbrechend wirken, ist die Viskosität der Kaliumhalogenid-Lösungen über breite Konzentrationsbereiche kleiner als die reinen Wassers. Bei den Natriumhalogenid-Lösungen wirkt sich die strukturbildende Wirkung des Na⁺ aus. Noch charakteristischer ist aber nach *G. Ebert* und *Ch. Ebert* das Vorzeichen von $d\eta_{rel}/dT$ [554]. Für strukturbrechende Kationen und Anionen ist $d\eta_{rel}/dT > 0$. Hier wird mit steigender Temperatur die Struktur in der Lösung weniger abgebaut als in reinem Wasser, weil unter dem strukturbrechenden Einfluß der Ionen die Wasserstruktur in der Lösung schon stärker reduziert ist als in reinem Wasser gleicher Temperatur. Das Entgegengesetzte ist in Lösungen mit strukturbildenden Kationen und Anionen der Fall, so daß hier $d\eta_{rel}/dT < 0$ wird.

Für die Struktur verdünnter Elektrolytlösungen sind also neben den H_2O-H_2O-Wechselwirkungen die Ion-H_2O-Wechselwirkungen maßgebend. Die letzteren gewinnen mit wachsender Konzentration zunehmenden Einfluß. In hochkonzentrierten Elektrolytlösungen (z.B. gesättigten NaCl- oder KCl-Lösungen) treten dann sogar noch Ion-Ion-Wechselwirkungen auf. Da Intensität, Reichweite und Richtungsabhängigkeit dieser Wechselwirkungen sich sehr unterscheiden, folgt ein komplexes Zusammenwirken bezüglich der Strukturbildung [558] [559]. Dies führt auch dazu, daß mit zunehmender Elektrolytkonzentration die Wasserstruktur mehr und mehr gestört wird. Sie geht schließlich völlig verloren, wenn sich alle Wassermoleküle nur noch in den Hydratationssphären der Ionen befinden.

Reines Wasser ist frei von Salzen, enthält aber im Kontakt mit der Atmosphäre Verunreinigungen, die aus der Luft stammen. Wasser, das sich bei 15°C mit Luft sättigen konnte, enthält 10,4 mg/l O_2 und 0,8 mg/l CO_2. Eine wäßrige Lösung von CO_2 reagiert schwach sauer. Ein Teil des gelösten CO_2 liegt nämlich in Form von Kohlensäure vor:

$$CO_2 + H_2O \rightleftharpoons H_2CO_3 \tag{4}$$

Diese Kohlensäure dissoziiert als zweibasige Säure in zwei Stufen, deren Dissoziationskonstanten bei 18°C betragen [560]:

$$K_1 = \frac{c(H^+) \cdot c(HCO_3^-)}{c(CO_2 + H_2CO_3)} = 4{,}01 \cdot 10^{-7} \tag{5a}$$

$$K_2 = \frac{c(H^+) \cdot c(CO_3^{2-})}{c(HCO_3^-)} = 5{,}2 \cdot 10^{-11} \tag{5b}$$

Neben gelösten Gasen enthält natürliches Wasser Salze in unterschiedlicher Konzentration. Nach den Konzentrationen an Erdalkalihydrogenkarbonaten bzw. -sulfaten bemißt man die temporäre bzw. permanente Härte des Wassers. Praktisch bedeutsam sind weiterhin gelöste Eisen- und Mangansalze, manchmal auch Alkalisalze u.a.

Flotationswasser unterscheidet sich bezüglich seiner Zusammensetzung von natürlichem Wasser. Im Kontakt mit den gemahlenen Mineralen verändert dieses durch Auflösen seine Zusammensetzung. Beim Auflösen muß bekanntlich die Gitterenergie überwunden werden. Den dafür erforderlichen Energiebetrag liefert die Ionenhydratation, so daß sich die Lösungswärme eines Stoffes aus der Differenz der Ionenhydratationswärmen und der Gitterenergie ergibt. Die Ionenhydratationswärme wächst mit der Wertigkeit und abnehmendem Ionenradius. Die gleiche Tendenz zeigt die Gitterenergie, jedoch wächst mit Zunahme der Wertigkeit die Gitterenergie schneller als die Ionenhydratationswärme.

In Tabelle 30 sind die Löslichkeiten einiger schwerlöslicher Stoffe, die im Zusammenhang mit der Flotation von Interesse sein können, sowie die entsprechenden Löslichkeitsprodukte und Dissoziationskonstanten zusammengestellt. Zu beachten ist insbesondere auch, daß hydratisierte mehrwertige Kationen in verschiedenen Hydrolysestufen vorliegen können. Die stufenweise Hydrolyse eines hydratisierten n-wertigen Kations läßt sich wie folgt darstellen [566]:

$$M^{n+} + m(H_2O) \rightleftharpoons M(OH)_m^{(n-m)+} + m\,H^+ \tag{6}$$

Deshalb können die Gleichgewichtskonstanten K_m der einzelnen Hydrolysereaktionen folgendermaßen definiert werden:

$$K_m = \frac{[M(OH)_m^{(n-m)+}][H^+]^m}{[M^{n+}]} \tag{7a}$$

und somit die der n-ten Stufe:

$$K_n = \frac{[M(OH)_n][H^+]^n}{[M^{n+}]} \tag{7b}$$

Tabelle 30 Löslichkeit [561] verschiedener schwerlöslicher Stoffe sowie entsprechende Löslichkeitsprodukte [561] und Dissoziationskonstanten [561] bis [563]

Verbindung	Löslichkeit[1] in Wasser bei 20°C		Löslichkeitsprodukt[2]		Dissoziationskonstanten	
	g/100 g H_2O	mol/1000 g H_2O		°C		°C
$Al(OH)_3$	$1 \cdot 10^{-4}$	$1,3 \cdot 10^{-5}$	$1,9 \cdot 10^{-33}$ [3]	25	$6,3 \cdot 10^{-13}$ (saure Dissoziation)	25
$BaCO_3$	$2,2 \cdot 10^{-3}$	$1,1 \cdot 10^{-4}$	$7 \cdot 10^{-9}$	16		
$BaSO_4$	$2,3 \cdot 10^{-4}$	$9,9 \cdot 10^{-6}$	$1 \cdot 10^{-10}$	25		
$CaCO_3$	$1,5 \cdot 10^{-3}$	$1,5 \cdot 10^{-4}$	$1 \cdot 10^{-8}$	25		
CaF_2	$1,8 \cdot 10^{-3}$	$2,3 \cdot 10^{-4}$	$4 \cdot 10^{-11}$	25		
$Ca(OH)_2$	$1,7 \cdot 10^{-1}$	$2,3 \cdot 10^{-2}$	$5,5 \cdot 10^{-6}$	18	$3,74 \cdot 10^{-3}$ 1. Stufe; $4,6 \cdot 10^{-2}$ 2. Stufe	25 25
$CaSO_4$	$2 \cdot 10^{-1}$	$1,5 \cdot 10^{-2}$	$6,1 \cdot 10^{-5}$	25	$5,3 \cdot 10^{-3}$	25
$Cu(OH)_2$	$6,7 \cdot 10^{-4}$	$6,9 \cdot 10^{-5}$	$5,6 \cdot 10^{-20}$	25	$7 \cdot 10^{-8}$ 1. Stufe; $3,4 \cdot 10^{-7}$ 2. Stufe	20 25
CuS	$3,4 \cdot 10^{-5}$	$3,6 \cdot 10^{-6}$	$8,5 \cdot 10^{-45}$	18		
Cu_2S			$2 \cdot 10^{-47}$	17		
$FeCO_3$	$7,2 \cdot 10^{-4}$	$6,2 \cdot 10^{-5}$	$2,5 \cdot 10^{-11}$	18		
$Fe(OH)_2$	$9,9 \cdot 10^{-5}$	$1,1 \cdot 10^{-5}$	$3,2 \cdot 10^{-14}$	18		
$Fe(OH)_3$	$5 \cdot 10^{-9}$	$4,7 \cdot 10^{-10}$	$4 \cdot 10^{-38}$	25	$2 \cdot 10^{-12}$ 3. Stufe	25
FeS	$6,2 \cdot 10^{-4}$	$7,1 \cdot 10^{-5}$	$3,7 \cdot 10^{-19}$	18		
HgS	$1,3 \cdot 10^{-6}$	$5,6 \cdot 10^{-8}$	$4 \cdot 10^{-53}$	20		
Hg_2S			$1 \cdot 10^{-45}$	25		
$MgCO_3$	$1,1 \cdot 10^{-2}$	$1,3 \cdot 10^{-3}$	$2,6 \cdot 10^{-5}$	12		
$Mg(OH)_2$	$9 \cdot 10^{-4}$	$1,5 \cdot 10^{-4}$	$1,2 \cdot 10^{-11}$	25	$4 \cdot 10^{-3}$ 2. Stufe	18
$MnCO_3$	$4 \cdot 10^{-2}$	$3,5 \cdot 10^{-3}$	$1 \cdot 10^{-10}$	25		
$Mn(OH)_2$	$2 \cdot 10^{-4}$	$2,2 \cdot 10^{-5}$	$4 \cdot 10^{-14}$	18		
MnS	$6 \cdot 10^{-3}$	$6,9 \cdot 10^{-4}$	$1,4 \cdot 10^{-15}$	20		
PbS	$3 \cdot 10^{-5}$	$1,3 \cdot 10^{-6}$	$1 \cdot 10^{-29}$	25		
$PbSO_4$	$4,2 \cdot 10^{-3}$	$1,4 \cdot 10^{-4}$	$2 \cdot 10^{-8}$	25		
ZnS	$6,9 \cdot 10^{-4}$	$7,1 \cdot 10^{-5}$	$7 \cdot 10^{-26}$	20		

[1] Die angeführten Werte beziehen sich auf wasserfreie Verbindungen.
[2] Der Berechnung der Löslichkeitsprodukte liegt die Konzentration mol/l zugrunde.
[3] [564]

Ist die Gesamtkonzentration genügend groß, kommt es zur Hydroxid-Fällung:

$$M(OH)_n(aq) \rightleftharpoons M(OH)_n(s) \qquad (8)$$

mit der Gleichgewichtskonstanten K_s:

$$K_s = \frac{1}{[M(OH)_n]} \qquad (9)$$

Alle Hydrolysereaktionen tragen letztlich zu den Gleichgewichten bei, die sich in der Lösung einstellen. Dies spiegelt Bild 213 für Ca^{2+}-haltige und Bild 214 für Fe^{3+}-haltige Lösungen wider.

Das Auflösen der Minerale bis zur Gleichgewichtseinstellung dauert natürlich eine gewisse Zeit. In diesem Zusammenhang spielen die Trübeströmung, die spezifische Oberfläche der

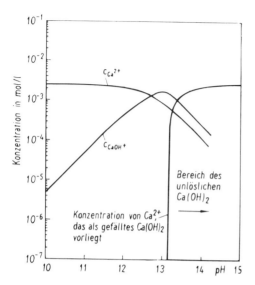
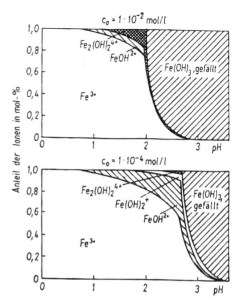

Bild 213 Konzentrationen von Ca^{2+}, $CaOH^+$ und $Ca(OH)_2$ als Funktion des pH für eine Gesamt-Calcium-Konzentration von $2,5 \cdot 10^{-3}$ mol/l [569] [570]

Bild 214 Anteil der verschiedenen Hydrolysestufen in Fe^{3+}-haltigen Lösungen als Funktion des pH für verschiedene Ausgangskonzentrationen c_0 [570] [574]

Minerale und die Temperatur eine Rolle. Zu beachten ist auch, daß die Löslichkeit oberflächlicher Oxydationsprodukte der Sulfide – hauptsächlich die entsprechenden Sulfate – um Größenordnungen höher als die der Sulfide liegt. Schließlich darf man den Eisenabrieb nicht vernachlässigen, der durch den Verschleiß während der Zerkleinerung – vor allem der Mahlung – entsteht. Infolge der Oxydation durch gelösten Sauerstoff bilden sich ionogene und kolloide Eisenverbindungen.

Aufgrund der verschiedenen, nur kurz behandelten Vorgänge muß man auch im Flotationswasser schwerlöslicher Minerale mit Lösungskonzentrationen rechnen, die in der gleichen Größenordnung wie die Reagenszusätze oder sogar noch darüber liegen. Durch Adsorption an den Mineraloberflächen können diese Bestandteile den Flotationsprozeß ganz entscheidend beeinflussen (siehe z.B. [565] bis [571]). Auf die spezifischen Wirkungen von verschiedenen Ionen wird später eingegangen.

4.1.3 Mineralphasen

Die stoffliche Zusammensetzung der Minerale interessiert bei der Flotation nicht nur vom Standpunkt der Trennergebnisse. Bekanntlich bestehen zwischen stofflicher Zusammensetzung, der Kristallstruktur und den im Kristall wirkenden Bindungskräften enge Wechselbeziehungen. Die Natur der Kräfte, die im Kristall wirken, ist die gleiche wie auf den Bruchflächen. Dort treten sie in Wechselwirkung mit den umgebenden Phasen, im Falle der Flotation also mit einer wäßrigen Lösung und/oder der Luft.

Man hat zwischen der **Ideal-** und der **Realstruktur** zu unterscheiden. Das grundsätzliche Adsorptions- und damit Flotationsverhalten wird durch die Idealstruktur bestimmt. Die Realstruktur bewirkt jedoch eine gewisse Schwankungsbreite des Verhaltens. Im folgenden sollen die Bindungsarten, die wichtigsten Gruppen der Kristallgitter und schließlich die aus der Realstruktur sich ableitenden Einflüsse kurz behandelt werden.

4.1.3.1 Zwischenatomare Bindungskräfte

Man hat vier Gruppen zwischenatomarer Bindungskräfte in den Mineralphasen zu unterscheiden: die heteropolare Bindung, die homöopolare Bindung, die metallische Bindung und die *Van-der-Waals*-Bindung [565] [572] [573].

Die **heteropolare Bindung** (**polare** oder **Ionenbindung**) beruht auf der elektrostatischen Anziehung entgegengesetzt geladener Ionen. Zur Bildung von Ionen kommt es bekanntlich dadurch, daß ein Atom Elektronen aus den peripheren Schalen an den anderen Partner abgibt. Sowohl Kationen wie Anionen zeigen dabei die Tendenz, Konfigurationen anzunehmen, die der eines Edelgases entsprechen. Ein ausgezeichnetes Beispiel für diesen Bindungstyp ist NaCl. Aus der Tatsache, daß die Ionenbindung eine in keiner Weise räumlich gerichtete Bindung ist, sondern zwischen den jeweiligen Nachbarn wirkt, folgt, daß die Struktur eines Ionenkristalls hauptsächlich durch die geometrischen Verhältnisse und die Forderung nach Elektroneutralität gegeben ist. Unter Einhaltung der Elektroneutralitätsbedingung ordnet sich die größtmögliche Anzahl entgegengesetzt geladener Ionen um ein gegebenes Ion an. Die Anzahl der unmittelbaren Nachbarn heißt Koordinationszahl. Die Stärke einer Ionenbindung äußert sich u.a. in der mechanischen Festigkeit, der Härte und dem Schmelzpunkt von Ionenkristallen. Störungsfreie Ionenkristalle sind keine Elektronenleiter. Gewöhnlich liegt aber eine geringe elektronische Leitung vor, die auf Störstellen (Leerstellen oder Zwischengitterplätze) zurückzuführen ist. Werden in einem Kristall heteropolare Bindungen aufgebrochen, so entstehen polare Oberflächen mit ausgeprägter Hydrophilie.

Die **homöopolare Bindung** (**kovalente** oder **Atombindung**) ist zunächst bei solchen Molekülen und Kristallen anzutreffen, die aus gleichen Atomen bestehen, wobei diese das Bestreben haben, durch Gemeinsamwerden von Elektronen der äußeren Schale die stabile Edelgaskonfiguration zu erhalten. Auch bei dieser Bindung spielen elektrische Kräfte die entscheidende Rolle, und zwar handelt es sich um Wechselwirkungen zwischen positiv geladenen Atomkernen und Elektronen. Auf der Grundlage der *Bohr*schen Atomtheorie kann man beispielsweise für die Bildung eines H_2-Moleküls folgende vereinfachte Vorstellung entwickeln. Die beiden Valenzelektronen mit antiparallelem Spin bilden eine gemeinsame Bahn, die zwischen den beiden H-Kernen liegt. Die Bahnebene geht durch den Mittelpunkt der Verbindungslinie der beiden Kerne und steht darauf senkrecht. Im Gegensatz zur heteropolaren und metallischen Bindung handelt es sich um eine gerichtete Bindung. Daraus ergibt sich auch der Zusammenhang zwischen Valenz und Koordination. Wenn jeweils nur ein Valenzelektron für die Herstellung einer homöopolaren Bindung zur Verfügung steht, so können in einem Kristallgitter nur zweiatomige Moleküle vorliegen, die durch andere (*Van-der-Waals*-)Kräfte zusammengehalten werden. Unter dieser Voraussetzung ist ein Gitter mit einheitlichem Bindungscharakter nicht möglich. Auch bei Sauerstoff und Schwefel, wo entweder zwei Atome ein Molekül, mehrere Atome geschlossene Ringe oder unendlich viele Atome eine Kette bilden können, sind dreidimensionale Vernetzungen mit Hilfe homöopolarer Bindungen allein nicht realisierbar. Dies gelingt erst mit den Elementen der 4. Gruppe (z.B. C) des Periodischen Systems. Aus dem Vorstehenden folgt, daß die Koordinationen und damit die Struktur bei homöopolarer Bindung immer durch die vorgegebenen Valenzen beschränkt sind. Außerdem ergibt sich, daß einheitlich gebundene (homodesmische) Atomgitter verhältnismäßig selten sind [572]. Ein tieferes Verständnis über diesen Bindungstyp kann man jedoch erst auf wellenmechanischer Grundlage gewinnen [305]. Eine der wichtigsten Folgerungen der Quantentheorie dieser Bindung ist schließlich die Tatsache, daß sich für viele Strukturen keine bestimmte Elektronenkonfiguration angeben läßt, die einer stationären Verteilung der Bindungen entspräche. Vielmehr stehen verschiedene Konfigurationen, die verschiedenen möglichen Bindungsarten entsprechen, im Wechsel miteinander und nebeneinander. Die wirkliche Struktur kann deshalb nicht durch eine einzige Molekularformel, sondern nur durch mehrere mögliche Formeln wiedergegeben werden. Man nennt dann das Molekül als in **Resonanz** zwischen diesen verschiedenen Strukturen befindlich [573]. Das ideale Beispiel für eine homöopolare Struktur ist der Diamant. Die Festigkeit der homöopolaren Bindungen liegt mindestens in den gleichen Größenordnungen wie die der Ionenbindungen. Stoffe mit homöopolarem Bindungscharakter sind meist in Wasser nicht löslich, was sie allerdings nicht von vielen mit Ionenbindungen unterscheidet.

Die **metallische Bindung** unterscheidet sich von der homöopolaren dadurch, daß die Valenzelektronen keinem speziellen Atompaar angehören, sondern dem Kristallgitter als Ganzem zuzuordnen sind. Regelmäßig angeordnete, positiv geladene Atomrümpfe sind in ein Elektronengas eingebettet. Die Bindung wird somit durch die Anziehung zwischen den positiven Atomrümpfen und den Elektronen bewirkt. Für ein tieferes Verständnis der metallischen Bindung sind wiederum wellenmechanische Grundlagen erforderlich [305] [572] [573]. Die Bindungen sind wie in Ionenkristallen kugelsymmetrisch verteilt. Auf dieser Grundlage entstehen hochkoordinierte und hochsymmetrische Strukturen. Von der Ionenbindung unterscheidet sich die metallische u.a. dadurch, daß sie nur zwischen identischen Atomen (Metalle) oder ähnlichen Atomen (Legierungen) möglich ist.

Van-der-Waals-**Bindungen** können den Zusammenhalt eines festen Stoffes unter gewöhnlichen Bedingungen allein nicht bewirken, da sie viel schwächer als die anderen Bindungstypen sind. Derartige Bindungskräfte sind immer zwischen benachbarten Atomen, Molekülen und Ionen vorhanden, auch dort, wo sie von den viel stärkeren anderen Bindungskräften überdeckt werden. Die *Van-der-Waals*-Kräfte kann man auf drei Effekte zurückführen. Liegen Moleküle mit permanenten Dipolen vor, so entwickeln sich zwischen diesen bzw. zwischen Dipolen und benachbarten Ionen Wechselwirkungen (Orientierungseffekt). Weiterhin besteht die Möglichkeit, daß neutrale Partikeln unter dem Einfluß benachbarter Ionen oder Dipole selbst zum Dipol werden, so daß sich hieraus die Wechselwirkungen ergeben (Induktionseffekt). Aber selbst dann, wenn sich zwei vollkommen neutrale Moleküle einander nähern, ist Dipolbildung möglich (Dispersionseffekt). Man muß hier beachten, daß neutrale Moleküle elektrische Systeme mit beweglichen Ladungen, also elektrische Oszillatoren, darstellen. Diese treten wegen der Influenz ihrer Ladungen miteinander in Wechselwirkung. Die Theorie liefert für die Wechselwirkungsenergie zwischen zwei molekularen Partikeln einen Ausdruck, der der 6. Potenz des Partikelabstandes umgekehrt proportional ist [305] [572] [573]. Wirken in einer Kristallebene nur *Van-der-Waals*-Kräfte, so zeichnet sich diese durch gute Spaltbarkeit und eine gewisse Hydrophobie aus.

Meist liegen in einem Kristallgitter mehrere Bindungstypen nebeneinander vor, die dann den Bindungscharakter einer Struktur bestimmen. Es wurde auch schon erwähnt, daß *Van-der-Waals*-Bindungen immer neben anderen vorliegen. Da die erstgenannten im Vergleich zu letzteren sehr schwach sind, treten sie in deren Wirkrichtungen nicht in Erscheinung. Anders ist es jedoch, wenn die Bindungskräfte in verschiedenen Richtungen sich wesentlich unterscheiden. Im Graphitgitter beispielsweise treten zwei verschiedene Bindungstypen deutlich hervor. Derartige Bindungen nennt man **kombinierte Bindungen** und die entsprechenden Kristallgitter heterodesmische Gitter [572] [573].

Eine weitere Komplikation ist dadurch gegeben, daß reine Bindungstypen nur selten auftreten. In vielen Fällen handelt es sich bei kristallchemischen Kräften um **Misch-** oder **Übergangsbindungen**. Die vier Bindungstypen stellen also Grenzfälle dar. Hauptsächlich von Bedeutung sind Übergänge zwischen heteropolarer und homöopolarer Bindung. Nach *Fajans* kann man sich diesen Übergang gemäß Bild 215 verdeutlichen [572]. Mit zunehmender Deformierbarkeit (Polarisierbarkeit) bzw. deformierender (polarisierender) Wirkung greifen die Elektronenwolken der Partner immer intensiver ineinander. Dabei vermindern sich die Abstände der Ionen immer weiter. Schließlich ist die Deformation so groß, daß die Elektronenhülle mehr und mehr für beide gemeinsam wird. Im Bild 216 sind diese Übergänge am Beispiel einiger Minerale dar-

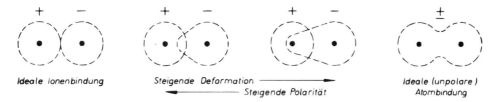

Bild 215 Übergangsbindungen zwischen heteropolarer und homöopolarer Bindung nach *Fajans* [572]

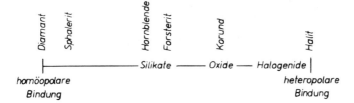

Bild 216 Übergang zwischen heteropolarer und homöopolarer Bindung am Beispiel verschiedener Minerale [575]

gestellt. Ionenbindung mit Tendenz zur homöopolaren Bindung (also eine semipolare Bindung) liegt beispielsweise in den Silikaten vor. Dabei ist die Bindungsrichtung Si-O-Si meist gewinkelt, was eine reine Ionenbindung ausschließt.

Den **Atom-** und **Ionenradien** kommt für die Kristallstrukturen eine große Bedeutung zu. Vielfach kann man davon ausgehen, daß die Radien beim Einbau der Partikeln in verschiedene Gitter angenähert gleich bleiben und somit den Partikelabstand bestimmen. Dabei werden die Atome bzw. Ionen als starre Kugeln aufgefaßt, die sich gegenseitig berühren. Allerdings ist diese Vorstellung stark vereinfacht, weil die Polarisations- und Deformationseffekte nicht berücksichtigt werden. In Tabelle 31 sind die Ionenradien einiger Elemente zusammengestellt. Der Ionenradius wird hauptsächlich von der Ordnungszahl und dem Ionisierungsgrad bestimmt.

Durch elektrostatische Wechselwirkungen benachbarter Ionen werden deren Ionenhüllen deformiert bzw. die Ionen polarisiert. Die Polarisation wird um so intensiver sein, je leichter die beteiligten Ionen unter der Einwirkung elektrischer Felder deformierbar sind und je stär-

Tabelle 31 Ionenradien verschiedener Elemente in Å nach *Ahrens* (entnommen aus [572])

Ion	r	Ion	r	Ion	r
Ag^+	1,26	J^-	2,16[1]	Pb^{2+}	1,20
Ag^{2+}	0,89	K^+	1,33	Pb^{4+}	0,84
Ag^{3+}	0,51	Li^+	0,68	S^{2-}	1,84[1]
B^{3+}	0,23	Mg^{2+}	0,66	S^{4+}	0,37
Ba^{2+}	1,34	Mn^{2+}	0,80	S^{6+}	0,30
Be^{2+}	0,35	Mn^{3+}	0,66	Si^{4+}	0,42
Br^-	1,95[1]	Mn^{4+}	0,60	Sn^{2+}	0,93
C^{4+}	0,16	Mn^{7+}	0,46	Sn^{4+}	0,71
Ca^{2+}	0,99	N^{3-}	0,16	Sr^{2+}	1,12
Cl^-	1,81[1]	N^{5+}	0,13	Ti^{2+}	0,80[2]
Cu^+	0,96	NH_4^+	1,43[2]	Ti^{3+}	0,76
Cu^{2+}	0,72	Na^+	0,97	Ti^{4+}	0,68
F^-	1,36[1]	O^{2-}	1,40[1]	U^{4+}	0,97
Fe^{2+}	0,74	P^{3+}	0,44	U^{6+}	0,80
Fe^{3+}	0,64	P^{5+}	0,35	Zn^{2+}	0,74

[1] nach *Pauling*
[2] nach *Goldschmidt*

ker diese Felder selbst sind. Man hat folglich zwischen der Polarisierbarkeit und der polarisierenden Wirkung zu unterscheiden. Leicht einzusehen ist somit, daß die Polarisierbarkeit eines Anions mit dem Umfang seiner Elektronenhülle wächst und daß die polarisierende Wirkung eines Kations um so größer ist, je kleiner sein Radius und je größer seine Ladung sind [572]. Schließlich zeigen Kationen mit Edelgascharakter im allgemeinen eine geringere polarisierende Wirkung als Ionen ohne Edelgasähnlichkeit. Polarisationseffekte und Mischbindungen sind letzten Endes auf **Mesomerie** (oder nach *Pauling* auf **Resonanz**) zurückzuführen. Darunter versteht man die Wechselwirkung verschiedener Bindungszustände, wobei sich ein mittlerer Zustand geringsten Energieinhalts ergibt [572]. Ein anschauliches Beispiel für Mesomerie liefert das Graphitgitter. Hier hat jedes C drei Nachbarn im gleichen Abstand von 1,42 Å und in derselben Ebene. Die Bindung kann als Resonanzbindung von jeweils zwei einfachen und einer doppelten Kohlenstoffbindung aufgefaßt werden ($\overset{|}{\underset{\diagup\!\diagdown}{C}}$), d.h., weder die Doppelbindung noch die Einfachbindung sind tatsächlich realisiert, vielmehr stellt sich durch Resonanz ein mittlerer Zustand ein. Für eine einfache C-C-Bindung beträgt der Atomabstand 1,54 Å, für C=C 1,33 Å.

4.1.3.2 Einteilung der Kristalle aufgrund des Bindungscharakters

Auf Grundlage des Bindungscharakters läßt sich folgende Gliederung vornehmen:

a) Atomgitter und Ionengitter (Hetero-Homöo-Mesomerie),
b) Molekülgitter,
c) Metallgitter (vorwiegend metallische Bindung),
d) metalloide Gitter (Mesomerie mit metallischer Tendenz).

Zu den Mineralen mit **Atomgitter** zählt der Diamant, der dem Grenztyp der homöopolaren Bindung sehr nahe kommt (Bild 217). Die C-Atome befinden sich in tetraedrischer Anordnung. Sie bilden ein kubisch flächenzentriertes Gitter, wobei weitere vier Kohlenstoffatome pro Elementarzelle alternierend die Mitte der Achtelwürfel besetzen. Das Sphalerit-Gitter ist dem Diamant-Gitter geometrisch ähnlich, aber die homöopolare Bindung ist nicht mehr rein ausgebildet. Die Zn-Atome besetzen die Plätze des kubisch flächenzentrierten Gitters, die S-Atome die verbleibenden (Bild 217).

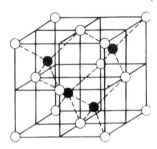

Bild 217 Diamant-(Sphalerit-)Gitter

Für die Untergliederung der **Ionengitter**, d.h. der Strukturen mit vorwiegend heteropolarem Bindungsanteil, ist zweckmäßig, die Koordinationszahlen zugrunde zu legen, die wiederum von den Radienverhältnissen abhängen (Tabelle 32). Bei komplizierten Strukturen spielen auch die Bindungsintensitäten eine Rolle. Man unterscheidet einfache und komplexe Ionengitter. Die letzteren zerfallen in solche mit verknüpfbaren und jene mit nichtverknüpfbaren Komplexen.

Zu den einfachen Ionengittern gehören die Strukturen des NaCl-Typs (Bild 218), des CsCl-Typs und des ZnS-Typs, wobei – wie schon bemerkt – der letztere stark zu den homöopolaren

Tabelle 32 Radienverhältnisse für verschiedene Koordinationszahlen

Anordnung der Anionen	Radienverhältnis	Koordinationszahl	Beispiele der Koordination mit O^{2-}
gleichseitiges Dreieck	0,155 ... 0,225	3	C^{4+}, B^{3+}
Tetraeder	0,225 ... 0,414	4	Si^{4+}, Al^{3+}
Oktaeder	0,414 ... 0,732	6	Al^{3+}, Mg^{2+}
Würfel	0,732 ... 1	8	Sr^{2+}

Al–O: kann tetraedrisch oder oktaedrisch koordiniert sein, da das Radienverhältnis 0,36 beträgt und somit an der unteren Grenze der oktaedrischen Koordination liegt.

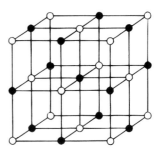

Bild 218 NaCl-Gitter

Gittern tendiert. Maßgebend für die Abgrenzung sind die Koordinationszahlen. Weiterhin zählen hierzu auch der Fluorit-Typ, der Rutil-Typ und die SiO_2-Strukturen. Die letzteren weisen deutliche Übergänge zur homöopolaren Bindung auf und werden später gemeinsam mit den Silikaten erörtert.

Die komplexen Ionengitter sind dadurch gekennzeichnet, daß endliche Gruppen von Ionen (Komplexe) abgegrenzt werden können, die man aufgrund der Abstandsverhältnisse als Baueinheiten höheren Grades betrachten darf. Bei den Ionengittern mit nicht verknüpfbaren Komplexen werden diese durch relativ starke Kräfte zusammengehalten, so daß sie gewöhnlich auch im Lösungszustand als geschlossene Einheiten auftreten. Die Komplexionen sind aus einem im allgemeinen hochgeladenen kleinen Kation (z. B. C^{4+}, N^{5+}, P^{5+}, As^{5+}, S^{6+}, Cr^{6+}, Mo^{6+}, Mn^{7+}) aufgebaut, das in kürzesten Abständen von Anionen umgeben ist. Ein ausgezeichnetes Beispiel dafür ist das Calcit-Gitter (Bild 219). Zu dieser Gruppe zählen weiterhin der Aragonit-Typ, der Anhydrit-Typ, der Wolframit-Typ u.a.

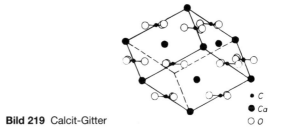

Bild 219 Calcit-Gitter
• C
● Ca
○ O

Die Bruchflächen der bisher besprochenen Ionengitter besitzen polaren Charakter, so daß diese hydrophil sind und die Hydrophobierung nur mit ionogenen Sammlerverbindungen gelingt.

Von den Ionengittern mit verknüpfbaren Komplexen interessieren in erster Linie die Silikate, die in der Erdkruste und damit auch in mineralischen Rohstoffen in außerordentlicher Vielfalt vertreten sind. Die grundlegende Eigentümlichkeit aller Silikatstrukturen ist die tetra-

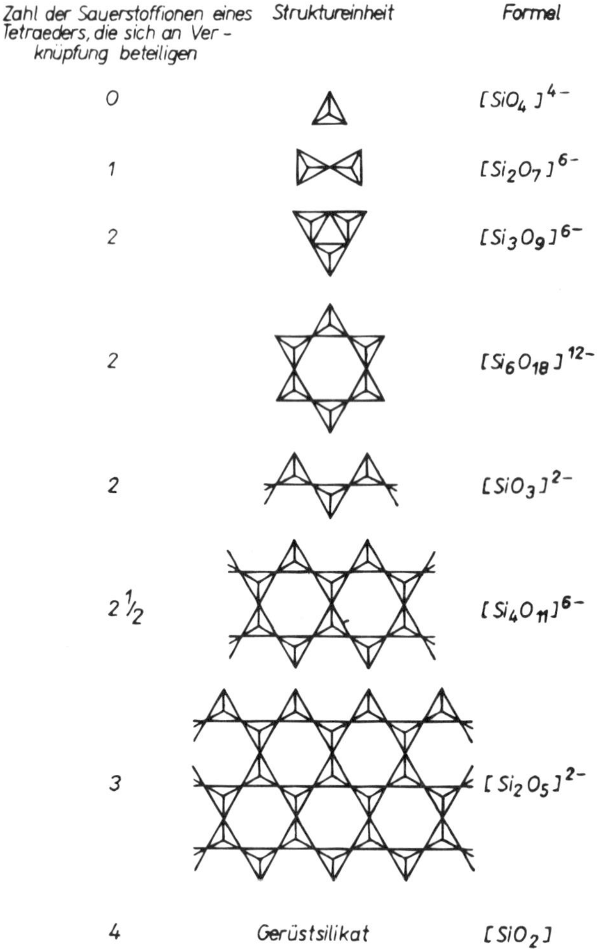

Zahl der Sauerstoffionen eines Tetraeders, die sich an Verknüpfung beteiligen	Struktureinheit	Formel
0	△	$[SiO_4]^{4-}$
1	⋈	$[Si_2O_7]^{6-}$
2	▽△▽	$[Si_3O_9]^{6-}$
2	✡	$[Si_6O_{18}]^{12-}$
2	△△△	$[SiO_3]^{2-}$
2 ½		$[Si_4O_{11}]^{6-}$
3		$[Si_2O_5]^{2-}$
4	Gerüstsilikat	$[SiO_2]$

Bild 220 Einteilung der Silikatstrukturen nach der Anzahl der verknüpfenden Sauerstoffionen

edrische Koordination des Si^{4+}-Ions mit Sauerstoff. Die Strukturen lassen sich danach unterteilen, wieviel Sauerstoff-Ionen eines Tetraeders an der Verknüpfung beteiligt sind (Bild 220). Weitere Besonderheiten ergeben sich dadurch, daß Al^{3+} den Platz von Si^{4+} einnehmen kann, wobei durch Substitution anderer Ionen die Ladung ausgeglichen werden muß. Auch andere Kationen und Anionen können isomorph ersetzt werden. Schließlich besteht die Möglichkeit zur Bildung stabiler Mischstrukturen [573].

Sind die Tetraeder nicht miteinander verknüpft, so liegen isolierte $[SiO_4]^{4-}$-Gruppen vor (Inselsilikate, Orthosilikate), die durch Kationen miteinander verbunden sind. Hierzu gehören Olivin $(Mg,Fe)_2SiO_4$, Willemit Zn_2SiO_4, Zirkon $ZrSiO_4$ u.a.

Steht ein Sauerstoffion je Tetraeder zur Verknüpfung zur Verfügung, so entstehen Doppeltetraeder $[Si_2O_7]^{6-}$, die im Gitter wiederum mit Kationen verbunden sind (Gruppensilikate). Ein Beispiel hierfür ist der Hemimorphit $Zn_4Si_2O_7(OH)_2 \cdot H_2O$.

Sind je Tetraeder zwei Sauerstoffionen an der Verknüpfung beteiligt, so entstehen Dreier-, Vierer-, Sechserringe oder unendliche Ketten. Im Beryll $Al_2Be_3Si_6O_{18}$ beispielsweise liegt ein Sechserring vor. Zu den einfachen Kettensilikaten $[Si_2O_6]^{4-}$ gehören die Pyroxene.

Die Oberflächen der bisher besprochenen Silikate besitzen polaren Charakter.

Eine Verknüpfung auf der Grundlage von $2^{1}/_{2}$ Sauerstoffionen je Tetraeder führt zu Doppelketten $[Si_4O_{11}]^{6-}$, wie sie bei den Amphibolen vorliegen (Kettensilikate).

Bilden jeweils drei Sauerstoffionen eines Tetraeders Brücken zu benachbarten Tetraedern, so entstehen die Schichtsilikate (Silikate mit unendlichen Schichten der SiO_4-Tetraeder) $[Si_2O_5]^{2-}$. Diese Schichten bilden mit Zwischenschichten der Zusammensetzung $Mg(OH)_2$ bzw. $Al(OH)_3$ eine Reihe von Strukturen, wobei durch Substitution von Ionen eine große Variationsmöglichkeit vorhanden ist. Im Bild 221 sind als Beispiele die Schichtenstrukturen von Kaolinit, Pyrophyllit, Muskovit und Montmorillonit nebeneinander gestellt. Beim Kaolinit wechseln $[Si_2O_5]^{2-}$-Schichten und $Al(OH)_3$-Schichten einander ab. Die freien Sauerstoffecken der Tetraeder weisen in eine Richtung. Dort, wo die OH-Gruppen mit den Sauerstoffionen der Tetraeder in Kontakt sind, befindet sich die Schwächestelle der Struktur und verläuft die gute Spaltbarkeit. Beim Pyrophyllit sind die freien Sauerstoffecken zweier benachbarter $[Si_2O_5]^{2-}$-Schichten einander zugewandt und mit Hilfe einer $Al(OH)_3$-Schicht verbunden. Talk bildet sich, wenn die Verbindung mit Hilfe von $Mg(OH)_2$-Schichten erfolgt. Die Kristalle spalten leicht längs der schwachen Bindungen zwischen den Sauerstoffionen einander gegenüberliegender $[Si_2O_5]^{2-}$-Schichten. Diese Spaltflächen sind unpolar, so daß eine gewisse Hydrophobie bzw. natürliche Flotierbarkeit gegeben ist [576]. Das Muskovit-Gitter kann man sich vom Pyrophyllit-Gitter abgeleitet vorstellen. Ersetzt man jedes vierte Si^{4+} durch Al^{3+}, so nimmt die Schicht eine negative Ladung an, die im Falle des Muskovit durch eintretende K^+-Ionen kompensiert wird (Bild 221). Wegen der Substitution wirken innerhalb der Schichten relativ starke Bindungskräfte. Die Spaltflächen besitzen schwach polare Eigenschaften und müssen vor der Flotation hydrophobiert werden. Das Montmorillonit-Gitter geht aus dem des Pyrophyllits hervor, wenn man die Al^{3+} in oktaedrischer Lage vollständig durch Fe^{2+} und Mg^{2+} sowie die Si^{4+} teilweise durch Al^{3+} ersetzt. Zwischen diese Lagen treten austauschbare Kationen zum Ladungsausgleich ein. Die Quellfähigkeit dieses Minerals beruht auf der Hydratation der Kationen und der Einlagerung von Wasser.

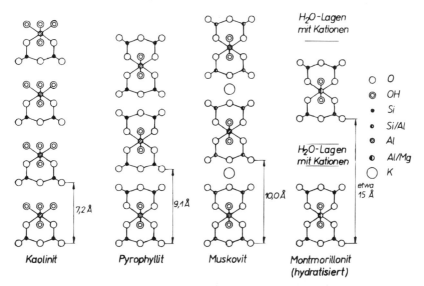

Bild 221 Schichtenstrukturen von Kaolinit, Pyrophyllit, Muskovit und Montmorillonit

Sind sämtliche vier Sauerstoffionen des Tetraeders an der Verknüpfung beteiligt, so liegt ein Gerüstsilikat vor. Das typische Beispiel dafür ist der Quarz, der keine Spaltbarkeit besitzt. Beim Aufbrechen der Si-O-Bindungen entstehen polare Oberflächen. Bei den Feldspäten sind die Si^{4+} der Gerüste teilweise durch Al^{3+} ersetzt. Dann müssen andere Kationen zum Ladungsausgleich eintreten. Quarz und Feldspäte verhalten sich bei der Flotation ähnlich.

Unter **Molekülgittern** sind solche heterodesmischen Strukturen zu verstehen, in denen chemisch definierte Moleküle als relativ selbständige Baueinheiten vorliegen. Die zwischenmolekularen Bindungen sind vorwiegend *Van-der-Waals*-Kräfte. Zu diesen Gittern zählen das des rhombischen α-Schwefels und die organischen Verbindungen. Die letzteren sind für die Flotationstechnik insofern von Interesse, als die hydrophobierenden Eigenschaften einiger Kohlenwasserstoffgruppen dabei bewußt ausgenutzt werden. Im Bild 222 ist die Struktur der Kette eines n-Paraffins (n-Alkans) dargestellt. Das Molekül besteht aus einer ebenen Zickzackkette von C-Atomen mit dem charakteristischen Tetraederbindungswinkel von 109,5° und einem C-C-Abstand von 1,54 Å. Jede $-CH_2$-Gruppe verlängert die Kette um 1,26 Å.

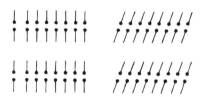

Bild 223 Molekülanordnung in langkettigen Alkoholen

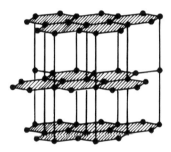

Bild 222 Struktur der Kette eines *n*-Paraffins (*n*-Alkans)

Bild 224 Graphit-Gitter

Für Grenzflächenphänomene und damit auch für die Flotation sind jene Moleküle von besonderem Interesse, die aus einer Kohlenwasserstoffgruppe und einer endständigen polaren Gruppe aufgebaut sind. Diese Verbindungen kristallisieren meist in Doppellagen. Typisch dafür sind die aliphatischen Alkohole (Bild 223). Hier bilden sich Doppellagen, wobei die Moleküle innerhalb der Lagen parallel angeordnet sind. In einigen Fällen stehen sie senkrecht auf der Basisebene der Elementarzelle, in anderen sind sie gegen diese geneigt. Auch Fettsäuren (Monocarbonsäuren) liegen in Doppellagen vor, deren polare Gruppen über Wasserstoffbrücken verknüpft sind [573]. Von den Alkylammoniumhalogeniden sind neben gleichlagigen auch antiparallele Anordnungen bekannt [577].

Bezüglich der Molekülkristalle wäre abschließend noch einmal zu betonen, daß alle Oberflächen, auf denen nur *Van-der-Waals*-Bindungen wirken, hydrophobe Eigenschaften besitzen.

Metallgitter weisen einfache Kristallstrukturen mit hoher Symmetrie auf. Die sogenannten echten Metalle kristallisieren meist in den dichtesten Kugelpackungen oder im kubisch raumzentrierten Gitter. Die übrigen Metalle können nicht mehr als homodesmisch betrachtet werden und zeigen deshalb Abweichungen vom typisch metallischen Charakter (metalloide Gitter).

In **metalloiden Gittern** liegen im allgemeinen Resonanzbindungen mit deutlicher metallischer Tendenz vor. Ein ausgezeichnetes Beispiel dafür ist der Graphit (Bild 224). Dieser bildet

Schichtenkristalle, bei denen der C-C-Abstand innerhalb einer Schicht 1,42 Å, senkrecht dazu aber 3,40 Å beträgt. Diese Schichtflächen tragen unpolaren Charakter.

Die wichtigste und umfangreichste Gruppe der metalloiden Gitter sind die Sulfide, deren Systematik auch heute noch Probleme bereitet [572]. Formal lassen sich isometrische Strukturen, Schichtgitter und Kettenstrukturen unterscheiden. In den isometrischen Strukturen liegen dreidimensionale Gerüste nach dem Vorbild der heteropolaren Koordinationsgitter vor. Bei den Sulfiden handelt es sich um ausgesprochene Resonanzbindungen mit stark homöopolarer Tendenz. Beispielsweise ist im Galenit, der im NaCl-Typ kristallisiert, der Pb-S-Abstand geringer, als sich bei der Addition der Ionenradien ergibt, weil kovalente und metallische Bindungsanteile vorliegen. Galenit besitzt folglich wie viele Sulfide Halbleitereigenschaften. Um isometrische Strukturen handelt es sich auch beim Pyrit- und beim Markasit-Gitter. Schließlich gehören auch einige Minerale, die im Sphalerit-Typ kristallisieren, dazu. Zu den Schichtgittern zählt der Molybdänit-Typ und zu den Kettenstrukturen der Antimonit-Typ.

4.1.3.3 Realstruktur

Bei den voranstehenden Betrachtungen wurden die sich aus der Realstruktur ableitenden Einflüsse vernachlässigt und der Kristallaufbau als vollkommen ideal, d.h. ohne Fehler und Störungen, betrachtet. Da aber ein Kristall von 1 cm³ Volumen etwa 10^{23} Bausteine enthält, so ist verständlich, daß Unregelmäßigkeiten auftreten. Unter **Kristallbaufehlern** sollen sämtliche Abweichungen der realen von der idealen Struktur verstanden werden. Viele Kristalleigenschaften in chemischer, physikalisch-chemischer, elektrischer, magnetischer, mechanischer und anderer Hinsicht werden durch die Realstruktur bestimmt. Im nachfolgenden sollen vor allem solche Baufehler berücksichtigt werden, die für die Flotation bedeutungsvoll sein können. Im Band I ist schon der Zusammenhang zwischen Festigkeit und Baufehlern behandelt. Im Abschn. 3.2.3 dieses Bandes ist der Zusammenhang zwischen Baufehlern und elektrischer Leitfähigkeit berührt worden.

Die Kristallbaufehler lassen sich nach verschiedenen Gesichtspunkten gliedern [572] [578]. Unter **chemischen Fehlordnungen** ist der Einfluß von Beimengungen auf die Abweichungen vom regelmäßig gebauten Idealkristall zu verstehen. Diese treten in Mineralen als Folge der Genese häufig auf. Fremdatome bewirken als chemische Fehlordnungen meist auch **elektronische Fehlordnungen** und können somit viele Kristalleigenschaften – insbesondere auch das Adsorptionsverhalten – wesentlich beeinflussen. In diesem Zusammenhang sind auch die durch Fremdatome hervorgerufenen Oberflächenzustände (siehe Abschn. 3.2.3 und 3.4.2) zu nennen. Über diese vorwiegend bei halbleitenden Mineralen – d.h. vor allem Sulfiden, Seleniden, Arseniden und Oxiden – für die Flotation wesentlichen Eigenschaftsbeeinflussungen liegen bereits viele Untersuchungsergebnisse vor (siehe z.B. [476] [477] [479] [579] bis [587] [596]). Im weiteren Sinne kann man auch die **Mischkristalle** zu den chemischen Fehlordnungen zählen. Die Bausteine eines Kristalls können durch andere gleicher Größe und gleicher Polarisationseigenschaften ersetzt werden. Falls die Wertigkeiten der Austauschpartner nicht übereinstimmen, so ist wegen der Wahrung der Elektroneutralität ein gekoppelter Einsatz von Kationen und Anionen notwendig. In vielen Kristallen findet man fein verteilte Einschlüsse anderer Phasen, manchmal in regelmäßiger Anordnung.

Zu den **strukturellen Fehlordnungen** zählen Punkt-, Linien- und Flächendefekte [572] [578]. Punktdefekte sind die Zwischengitteratome und die Leerstellen. Im ersten Falle befinden sich die Atome bzw. Ionen auf Zwischengitterplätzen mit entsprechenden Leerstellen im Gitter (*Frenkel*-Typ, siehe Bild 225a). Beim *Schottky*-Typ handelt es sich um Leerstellen im Anionen- und Kationengitter (Bild 225b). Auch diese Defekte sind unmittelbar mit elektronischen Defekten gekoppelt und beeinflussen somit das Adsorptionsverhalten. Liniendefekte sind die Versetzungen. Sie wirken sich auf die Festigkeitseigenschaften der Kristalle aus. Zu den Flächendefekten rechnen vor allem die Korngrenzen.

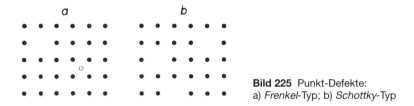

Bild 225 Punkt-Defekte:
a) *Frenkel*-Typ; b) *Schottky*-Typ

4.2 Erscheinungen und Vorgänge an Phasengrenzflächen

Die Begrenzungsflächen von Phasen mit endlicher Ausdehnung bezeichnet man als **Grenzflächen**. Innerhalb einer geschlossenen Grenzfläche liegt ein bezüglich der stofflichen Zusammensetzung und der physikalischen Eigenschaften homogener Körper vor. Beispiele hierfür sind die Grenzen Mineral/wäßrige Lösung, Mineral/Luft oder auch die Grenzfläche zweier eng miteinander verwachsener Minerale. Eine Grenzfläche darf man nicht als geometrische Fläche auffassen, weil der Übergang nicht absolut scharf ist. Vielmehr hat man darunter einen Übergangsbereich zu verstehen, der ein oder mehrere Moleküle dick ist. „Nur in diesem Sinne trennen die Grenzen, die zwischen festen und festen, festen und flüssigen, flüssigen und flüssigen, festen und gasförmigen oder flüssigen und gasförmigen Bereichen bestehen, diese scharf" [588]. Der einfachste Fall einer Grenzfläche liegt vor, wenn es sich um die Begrenzung eines physikalisch und chemisch homogenen Körpers gegen den stoffleeren oder stoffarmen Raum handelt. In diesem Zusammenhang spricht man von der **Oberfläche** eines Körpers.

Bekanntlich ist die innere Energie U eines Systems eine Zustandsfunktion, die durch die Temperatur T, das Volumen V bzw. den Druck p, die chemische Zusammensetzung und die Oberfläche A eindeutig bestimmt ist [589] bis [591]. Ihre Abhängigkeit von der Oberfläche ergibt sich dadurch, daß beim Erzeugen neuer Oberfläche Bindungen aufgebrochen werden müssen, wodurch besondere Oberflächenenergien auftreten.

Im folgenden sollen nur Systeme betrachtet werden, deren chemische Zusammensetzung gleich bleibt. Werden auch V und T konstant gehalten, so folgt für die Änderung der inneren Energie in Abhängigkeit von der Oberfläche:

$$\mathrm{d}U = \left(\frac{\partial U}{\partial A}\right)_{V,T,n} \mathrm{d}A = \left(\frac{\partial F}{\partial A}\right)_{V,T,n} \mathrm{d}A \tag{10}$$

F freie Energie
n Molzahl der das System aufbauenden Stoffe

Die auf die Oberflächeneinheit bezogene Änderung der freien Energie bezeichnet man als **spezifische freie Oberflächenenergie** σ:

$$\sigma = \left(\frac{\partial F}{\partial A}\right)_{V,T,n} \tag{11}$$

Soll die Oberfläche isotherm vergrößert werden, so ist ein Wärmebetrag zuzuführen. Die gesamte spezifische Oberflächenenergie ε setzt sich somit aus der spezifischen freien Oberflächenenergie und einer Wärmemenge zusammen:

$$\varepsilon = \left(\frac{\partial F}{\partial A}\right)_{V,T,n} + \left(\frac{\partial Q}{\partial A}\right)_{V,T,n} = \sigma - T \left(\frac{\partial \sigma}{\partial T}\right)_{V,A,n} \tag{12}$$

Der Temperaturkoeffizient der spezifischen freien Oberflächenenergie ist negativ, folglich ist $\varepsilon > \sigma$. Im Fall von Wasser von 20°C ($T = 293$ K), $\sigma = 72,8$ mJ/m², $\partial\sigma/\partial T = -0,150$ mJ/m²K beträgt $\varepsilon = 116,7$ mJ/m².

Da für die Flotation hauptsächlich die Grenzflächen Lösung/Luft, Mineral/Luft und Mineral/wäßrige Lösung von Interesse sind, sollen in den folgenden Abschnitten die dort anzutreffenden besonderen Erscheinungen und Vorgänge einer kurzen Betrachtung unterworfen werden.

4.2.1 Grenzfläche wäßrige Lösung/Gas

An einer Grenzfläche Flüssigkeit/Gas liegt das Dichteverhältnis der angrenzenden Phasen in der Größenordnung von 10^3. Deshalb ist es üblich, von **Oberfläche** und **Oberflächenenergie** der Flüssigkeit zu sprechen. Bei den an der Oberfläche befindlichen Flüssigkeitsmolekülen fehlt nach der Gasphase hin die allseitige Absättigung der zwischenmolekularen Bindungskräfte. Sie sind deshalb einem einseitigen Zug in das Innere der Flüssigkeit ausgesetzt.

4.2.1.1 Oberflächenspannung und Adsorptionsdichte

Da die Moleküle einer Flüssigkeit gegeneinander beweglich sind, gelingt es, die Oberfläche von Flüssigkeiten nahezu beliebig zu vergrößern. Entsprechend Gl. (11) ist die spezifische freie Oberflächenenergie die reversible Arbeit je Einheit Oberflächenvergrößerung. Sie ist zahlenmäßig gleich der Kraft je Längeneinheit, die in der Oberfläche der Oberflächenvergrößerung entgegenwirkt und an Systemen dieser Art als **Oberflächenspannung** bezeichnet wird. Dies kann man mit Hilfe der im Bild 226 dargestellten Flüssigkeitslamelle verdeutlichen, die sich zwischen dem Drahtbügel B befindet. Um diese Lamelle um die Fläche $\Delta A = b\, \Delta l$, also von CD nach C'D' auszudehnen, ist eine Arbeit

$$W = F'\, \Delta l = 2\sigma b\, \Delta l = 2\sigma\, \Delta A$$

aufzuwenden.

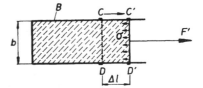

Bild 226 Zur Oberflächenspannung einer Flüssigkeitslamelle

Die Oberflächenspannung ist eine thermodynamische Eigenschaft eines Systems zweier im Gleichgewicht befindlicher Phasen. Für die Oberflächenspannung einer reinen Flüssigkeit, die mit ihrem Dampf im Gleichgewicht steht, ist diese nur noch eine Funktion der Temperatur:

$$\sigma = \left(\frac{\partial F}{\partial A}\right)_T \qquad (13)$$

Die Oberflächenspannung fällt mit steigender Temperatur und wird am kritischen Punkt null. Bei konstanter Temperatur ist die Oberflächenspannung unabhängig von der Größe der Oberfläche. Die Oberflächenspannung reiner Flüssigkeiten kann mit Hilfe einer Reihe von Methoden bestimmt werden (siehe z. B. [588] [591] bis [593]). Betrachtet man eine Grenzfläche, beispielsweise die Phasengrenze eines Einkomponentensystems Flüssigkeit/Dampf, so liegt kein absolut scharfer Übergang, sondern ein Übergangsbereich vor. Im Bild 227a ist der Konzentrationsverlauf der Komponente in Abhängigkeit vom Abstand von der Grenzfläche dargestellt. Offen bleibt aber zunächst, wo die Lage der geometrischen Grenzfläche anzunehmen ist. Unter der Überschußmolzahl n_A (positiv oder negativ) in der Grenzfläche soll jene Molzahl einer Komponente verstanden werden, die in der Grenzfläche über die Molzahlen hinaus vorhanden ist, wenn man die Phasen vergleichsweise als ohne Übergang aneinanderstoßend betrachtet. Den Überschuß je Flächeneinheit bezeichnet man als **Adsorptionsdichte** Γ [592] [594]:

$$\Gamma = \frac{n_A}{A} \qquad (14)$$

Mit Hilfe von Bild 227a läßt sich leicht einsehen, daß Γ von der Lage der geometrischen Grenzfläche abhängt (z. B. EF oder E'F'). In einem Einkomponentensystem läßt sich aber

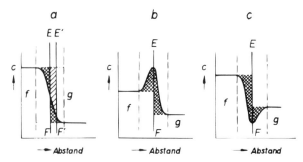

Bild 227 Konzentrationsverlauf an Grenzflächen [594]:
a) der Komponente eines Einkomponentensystems
b) einer grenzflächenaktiven Komponente in einem Mehrkomponentensystem
c) einer grenzflächeninaktiven Komponente in einem Mehrkomponentensystem

immer eine solche Lage finden, daß $\Gamma = 0$ wird. In Bild 227a gilt dies für die Lage EF, weil die schraffierten Flächen auf beiden Seiten, die einen Unter- bzw. Überschuß bedeuten, sich ausgleichen.

In einem Mehrkomponentensystem, wie es beispielsweise bei wäßrigen Lösungen vorliegt, ergeben sich andere Verhältnisse. Hier läßt sich die Lage der geometrischen Grenzfläche so wählen, daß für eine bestimmte Komponente $\Gamma = 0$ gilt. Für die anderen Komponenten muß dies in dieser Lage aber durchaus nicht zutreffen. Im Falle wäßriger Lösungen wird man EF so legen, daß $\Gamma_{H_2O} = 0$ wird. Für andere Komponenten können sich dann die im Bild 227b und c behandelten Verhältnisse ergeben. Im Beispiel des Bildes 227b wächst die Konzentration der Komponente, gleichgültig, von welcher Seite man sich der Grenzfläche nähert. Die Adsorptionsdichte ist positiv ($\Gamma > 0$). Komponenten, die ein derartiges Verhalten aufweisen, bezeichnet man als **grenzflächenaktiv (oberflächenaktiv)**. Im Beispiel des Bildes 227c liegt ein gegensätzliches Verhalten vor. Komponenten dieser Art sind **grenzflächeninaktiv** ($\Gamma < 0$). Bei grenzflächeninaktiven Stoffen sind starke Wechselwirkungen zwischen den Molekülen des Stoffes und den Molekülen des Lösungsmittels vorhanden, die eine Anreicherung der ersteren in der Grenzfläche ausschließen. Unter solchen Bedingungen steigt die Oberflächenspannung über die des reinen Lösungsmittels. Ein Beispiel dafür sind wäßrige Alkalihalogenid-Lösungen. In einer gesättigten NaCl-Lösung ist die Oberflächenspannung um etwa 5 mN/m größer als in reinem Wasser. Bei **grenzflächenaktiven Stoffen** sind die Wechselwirkungen zwischen den Lösungsmittelmolekülen stärker als die zwischen den Molekülen des gelösten Stoffes und dem Lösungsmittel. Die Moleküle grenzflächenaktiver Stoffe weisen eine positive Adsorptionsdichte auf und sind in der Lage, die Oberflächenspannung wesentlich zu vermindern. Ein solches Verhalten beobachtet man in erster Linie bei organischen Stoffen mit **polar-unpolarem Aufbau (Tenside)**, d.h. Stoffen, deren Moleküle aus einer polaren Gruppe (z.B. –OH, –COOH, –NH$_2$) und einer Kohlenwasserstoffgruppe hinreichender Größe bestehen. Diese Moleküle setzen sich folglich aus einem hydrophilen und aus einem hydrophoben Teil zusammen. Während die Wassermoleküle mit der polaren Gruppe in starke Wechselwirkung treten, sind sie auf der anderen Seite bestrebt, die unpolaren Gruppen aus der Lösung zur Gasphase hinauszudrängen. Für Alkylketten werden die Adsorptionsenergien je –CH$_2$-Gruppe in der Grenzfläche Wasser-Luft mit etwa –1 bis –1,36 kT (k Boltzmann-Konstante) bzw. –2,5 bis –4,4 kJ/mol angegeben [597] [598]. Dies entspricht der *Traube*schen Regel, nach der bei Verlängerung einer Kette um eine –CH$_2$-Gruppe die für die gleiche Oberflächenspannungserniedrigung erforderliche Konzentration auf etwa $^1/_3$ absinkt. In der Grenzfläche kommt es zu einer orientierten Adsorption dieser Moleküle. Einige Beispiele für die Änderung der Oberflächenspannung in Abhängigkeit von der Konzentration an n-Alkylbenzolsulfonaten verschiedener Kettenlänge enthält Bild 228. Es ist leicht einzusehen, daß bei gleicher molarer Konzentration

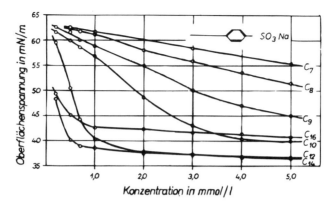

Bild 228 Oberflächenspannung wäßriger Lösungen von Na-*n*-Alkylbenzolsulfonaten bei 75 °C in Abhängigkeit von der Konzentration nach W. Grieß [595]
(C_x Anzahl der Kohlenstoffatome in der Alkylkette)

die Adsorptionsdichte und damit auch die Verminderung der Oberflächenspannung nicht nur von der Größe, sondern auch von der Struktur der unpolaren Gruppe und vom Charakter der hydrophilen Gruppe abhängen.

Die *Gibbs*sche Adsorptionsgleichung verknüpft das Differential der spezifischen freien Oberflächenenergie mit der Adsorptionsdichte und dem Differential des chemischen Potentials μ [592] [594]:

$$d\sigma = - \sum_{i=2}^{r} \Gamma_i \, d\mu_i \quad (T = \text{const.}) \tag{15a}$$

wobei Γ_i die Adsorptionsdichte der Komponente i bedeutet und die Adsorptionsdichte der Komponente 1 (des Lösungsmittels) durch entsprechende Festlegung der Lage der geometrischen Grenzfläche gleich null ist (siehe Bild 227). μ_i stellt das chemische Potential der Komponente i in der Lösung dar, wobei bekanntlich gilt [589] bis [591]:

$$\mu_i = \mu_i^o + RT \ln a_i = \mu_i^o + RT \ln (f_i c_i) \tag{16}$$

μ_i^o chemisches Standardpotential, d.h. Potential bei $a_i = 1$ und T
R Gaskonstante
a_i Aktivität der Komponente i
c_i Konzentration der Komponente i
f_i Aktivitätskoeffizient der Komponente i
(Der Aktivitätskoeffizient hängt von der Ionenstärke I der Lösung ab: $I = \frac{1}{2} \sum_i c_i \, z_i^2$;
z_i Wertigkeit der Ionensorte i)

Aus Gl. (15a) folgt für die Adsorptionsdichte der Komponente i (für die Lage $\Gamma_1 = 0$):

$$\Gamma_i = - \left(\frac{\partial \sigma}{\partial \mu_i} \right)_{T, \text{ alle } \mu \text{ außer } \mu_i \text{ und } \mu_1} \tag{15b}$$

oder wenn man Gl. (16) berücksichtigt:

$$\Gamma_i = - \frac{1}{RT} \frac{\partial \sigma}{\partial \ln a_i} = - \frac{a_i}{RT} \frac{\partial \sigma}{\partial a_i} \tag{15c}$$

$$\Gamma_i \geq 0, \text{ wenn } \frac{\partial \sigma}{\partial a_i} \leq 0$$

In der Flotationstechnik werden vielfach Alkohole (ROH) als Schäumer eingesetzt. Für eine wäßrige Lösung dieser nichtionogenen polar-unpolaren Verbindungen kann Gl. (15c) wie folgt geschrieben werden:

$$d\sigma = -RT\,\Gamma_{ROH}\,d\ln a_{ROH} \tag{17a}$$

bzw. da die Konzentration gewöhnlich gering ist:

$$d\sigma = -RT\,\Gamma_{ROH}\,d\ln c_{ROH} \tag{17b}$$

Für den Verlauf der Oberflächenspannung in Abhängigkeit von der Konzentration gelten für Schäumer qualitativ ähnliche Abhängigkeiten, wie sie im Bild 228 für verschiedene ionogene Verbindungen dargestellt sind. Es kommt zur gerichteten Adsorption der Schäumermoleküle in der Grenzfläche. Die Oberflächenspannung, die im Gleichgewichtszustand gemessen wird, heißt **statische Oberflächenspannung**. Wird plötzlich neue Oberfläche erzeugt, so kann die Adsorptionsdichte nicht sofort dem neuen Gleichgewichtszustand entsprechen, weil eine gewisse Zeit für die Diffusion der relativ großen Moleküle erforderlich ist. Solange dieser Gleichgewichtszustand noch nicht erreicht ist, mißt man folglich Oberflächenspannungen, die wohl der jeweiligen Adsorptionsdichte entsprechen, aber größer als die statische Oberflächenspannung sind. Sie werden als **dynamische Oberflächenspannungen** bezeichnet.

Die meisten in der Flotation benutzten Sammler sind ebenfalls polar-unpolar aufgebaut. Sie werden folglich nicht nur in der Grenzfläche Mineral/Lösung, sondern auch in der Grenzfläche Lösung/Luft adsorbiert. In der Regel handelt es sich dabei um ionogene Verbindungen. Im folgenden Beispiel soll ein anionaktiver Sammler M^+R^- (z.B. Na-Alkylsulfat) behandelt werden. Falls man voraussetzen darf, daß Kationen und Anionen gleich stark in der Grenzfläche adsorbiert werden, wäre zu schreiben:

$$d\sigma = -2\,RT\,\Gamma_{R^-}\,d\ln a_\pm = -2\,RT\,\Gamma_{R^-}\,d\ln(f_\pm c_{MR}) \tag{18a}$$

$a_\pm$ mittlere Ionenaktivität[1]
$f_\pm$ mittlerer Aktivitätskoeffizient
c_{MR} molare Konzentration

oder in sehr verdünnten Lösungen:

$$d\sigma = -2\,RT\,\Gamma_{R^-}\,d\ln c_{MR} \tag{18b}$$

Experimentell konnte die Gültigkeit von Gl. (18a) jedoch nicht immer bestätigt werden [599]. Nach *Pethica* [600] ist in sehr verdünnten Lösungen $\Gamma_{R^-} \gg \Gamma_{M^+}$, so daß dann in Gl. (18a) der Faktor 2 entfällt. Erst in konzentrierten Lösungen gilt $\Gamma_{R^-} \to \Gamma_{M^+}$, und Gl. (18a) behält ihre Gültigkeit.

Ist außer dem grenzflächenaktiven Reagens M^+R^- ein Salz M^+A^- (gleiches Kation) im Überschuß mit konstanter Konzentration gelöst, so kann man schreiben [599]:

$$d\sigma = -RT\,\Gamma_{R^-}\,d\ln(f_{R^-}c_{R^-}) \tag{19a}$$

bzw. weil unter der obigen Voraussetzung eine Änderung der Konzentration des grenzflächenaktiven Stoffes keine merkliche Veränderung der Ionenstärke nach sich zieht:

$$d\sigma = -RT\,\Gamma_{R^-}\,d\ln c_{R^-} \tag{19b}$$

Die Gln. (19a) und (19b) gelten ohne Einschränkungen.

---

[1] Die mittlere Aktivität eines Elektrolyten ergibt sich bekanntlich wie folgt [601]:
$$a_\pm = c_\pm f_\pm = \sqrt[\nu]{c_+^{\nu^+} \cdot c_-^{\nu^-}}\ \sqrt[\nu]{f_+^{\nu^+} \cdot f_-^{\nu^-}}\ ,$$
wobei $\nu = \nu^+ + \nu^-$ die Anzahl der Kationen und Anionen angibt, die bei der Dissoziation eines Moleküls entstehen.

4.2.1.2 Spreitung, Oberflächenfilme und Filmdruckverhalten

Bringt man einen Tropfen einer spezifisch leichteren Flüssigkeit auf die Oberfläche einer anderen auf, mit der sie sich nicht mischt, so breitet sich diese entweder auf der Oberfläche aus oder bleibt in Form einer Linse liegen. Das Verhalten hängt offensichtlich von den energetischen Bedingungen ab. Eine Flüssigkeit allein ist unter dem Einfluß ihrer Oberflächenspannung bestrebt, die unter den jeweiligen Verhältnissen kleinste Oberfläche einzunehmen. Sind zwei Flüssigkeiten im Kontakt, so sind zwei Oberflächenspannungen $\sigma_{l_1 g}$ und $\sigma_{l_2 g}$ (Index l bedeutet Flüssigkeit, Index g Gasphase) und die Grenzflächenspannung $\sigma_{l_1 l_2}$ für das Verhalten maßgebend. Die Ausbreitung eines Flüssigkeitstropfens auf der Oberfläche einer anderen Flüssigkeit bezeichnet man als **Spreitung**. Die Voraussetzungen dazu bestehen immer dann, wenn Arbeit gewonnen wird, d.h., die Differenz der Oberflächenspannung $\sigma_{l_1 g}$ der verschwindenden Oberfläche und der Summe aus der Oberflächenspannung $\sigma_{l_2 g}$ der spreitenden Flüssigkeit und der Grenzflächenspannung $\sigma_{l_1 l_2}$ der neu entstehenden Grenzfläche positiv ist:

$$p_{Sp} = \sigma_{l_1 g} - (\sigma_{l_2 g} + \sigma_{l_1 l_2}) > 0 \tag{20}$$

Die Größe p_{Sp}, die in der Grenzfläche eine Kraft je Längeneinheit darstellt, heißt **Spreitungsdruck**. Die Spreitung wird so lange andauern, bis der Widerstand, der dem Ausbreiten entgegenwirkt, gleich dem Spreitungsdruck geworden ist.

Das Spreiten eines Stoffes auf einer flüssigen oder festen Unterlage tritt nur ein, wenn zwischen beiden Anziehungskräfte wirksam sind, die die Kohäsionskräfte im spreitenden Stoff übersteigen. Ein solcher Fall liegt bei wäßrigen Lösungen als Unterlage und polar-unpolar aufgebauten organischen Substanzen vor, deren Kohlenwasserstoffgruppen so groß sind, daß ihre Löslichkeit vernachlässigt werden kann (z.B. langkettige Carbonsäuren, Alkohole, Amine). Hier treten Anziehungskräfte zwischen den Wassermolekülen und den polaren Gruppen der organischen Moleküle auf. Bringt man eine derartige polar-unpolare Substanz auf eine Wasseroberfläche, so bildet sie einen monomolekularen Film, der sehr charakteristische Eigenschaften aufweist. Substanzreste, die für die Bildung des monomolekularen Films gegebenenfalls nicht benötigt werden, bleiben in kompakter Form auf der Oberfläche liegen. Steht für den spreitenden Stoff eine beliebig große Fläche zur Verfügung, so verteilen sich die spreitenden Moleküle – ähnlich wie die Moleküle eines Gases räumlich – gleichmäßig über die gesamte zur Verfügung stehende Fläche. Solange die Moleküle durch Zwischenräume voneinander getrennt sind, führen sie analog den Molekülen eines Gases thermische Bewegungen aus. Sind sie einander genügend nahe, so treten sie in Wechselwirkungen. Je nach der Intensität dieser Wechselwirkungen werden Moleküle im Film ähnlich denen eines realen Gases aufeinander wirken oder wie die einer Flüssigkeit oder sogar eines festen Stoffes aneinander haften. Derart kondensierte Filme verhalten sich in gewissem Sinne analog den entsprechenden dreidimensionalen Zuständen.

Mit Hilfe des Studiums derartiger Oberflächenfilme kann man wertvolle Angaben über Größe, Form, Symmetrie und andere Eigenschaften der Moleküle und auch Hinweise über zwischenmolekulare Wechselwirkungen gewinnen. Diese Ergebnisse sind vom Standpunkt der Flotation auch bezüglich des Filmbildungsverhaltens dieser Stoffe auf Mineraloberflächen nützlich.

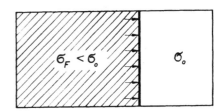

Bild 229 Nachweis des Filmdruckes

Bringt man einen filmbildenden Stoff auf eine Wasseroberfläche, die durch eine verschiebbare Barriere von einer nicht mit ihm bedeckten Oberfläche abgetrennt ist (Bild 229), so üben die Moleküle des Films auf die Barriere einen thermischen Druck p_F aus, der gleich der Differenz der Oberflächenspannungen von filmfreier und filmbedeckter Oberfläche ist:

$$p_F = \sigma_0 - \sigma_F \tag{21}$$

Die Filmbildung ist beendet, wenn der **Filmdruck** gleich dem Spreitungsdruck geworden ist. Der je Längeneinheit an der Oberfläche wirkende Filmdruck eignet sich gemeinsam mit der je Molekül im Film zur Verfügung stehenden Fläche A_M in ausgezeichneter Weise, das Verhalten und die Eigenschaften der Filme zu beschreiben. Wie Druck und Volumen den Zustand eines Gases oder einer Flüssigkeit zu kennzeichnen gestatten, so charakterisieren der Filmdruck p_F und die Größe A_M den Zustand eines in Form eines Films auf einer flüssigen Unterlage verteilten Stoffes.

Bei genügend kleinen Konzentrationen des filmbildenden Stoffes, d.h. bei kleinen Filmdrücken p_F und großen Flächen A_M, gilt analog zum Verhalten idealer Gase:

$$p_F A_M = kT \tag{22}$$

k Boltzmann-Konstante ($k = 1{,}38054 \cdot 10^{-23}$ J K^{-1})

Fettsäuren erfüllen z. B. bei kleinen Drücken und nicht zu großer Kettenlänge diese Beziehung. Bei größeren p_F ergeben sich Abweichungen, die mit dem Verhalten realer Gase verglichen werden können. Diese setzen bei um so kleineren Drücken ein, je länger die Kohlenwasserstoffgruppe ist. Die Abweichungen vom idealen Verhalten sind auf Wechselwirkungen der Moleküle zurückzuführen. Filme, die sich analog idealen oder realen Gasen verhalten, werden **gasanaloge Filme** genannt [591] [592] [602].

Die Abweichungen vom idealen Verhalten sind um so größer, je stärker der filmbildende Stoff in der Oberfläche zusammengedrängt ist. Dies geht anschaulich aus Bild 230 hervor. Die Kurve gemäß Gl. (22) ist gestrichelt eingetragen. Bei $A_M \approx 20$ Å^2 steigt der Widerstand und damit auch der Filmdruck sehr steil an. Offensichtlich haben dann die Moleküle nahezu ihre dichteste Packung erreicht, in der sie senkrecht zur Oberfläche angeordnet sein dürften. Im Bereich der horizontalen Kurvenstücke erfolgt Kondensation zu **flüssiganalogen Filmen**. Hier findet man fleckenhafte Filmausbildung vor, in der kondensierte neben gasanalogen Filmteilen vorliegen. Erst wenn die Kondensation abgeschlossen ist, setzt der Film der weiteren Kompression einen sehr starken Widerstand entgegen.

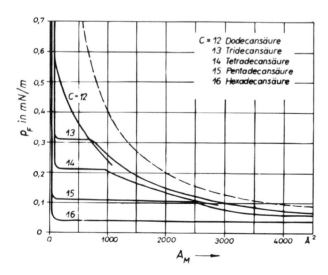

Bild 230 p_F-A_M-Isothermen homologer Fettsäuren auf Wasser bei Zimmertemperatur [602]

Die Moleküle grenzflächenaktiver Stoffe sind auf Wasser gerichtet adsorbiert. Die polaren Gruppen treten mit den Wassermolekülen in stärkere Wechselwirkungen und befinden sich in der Wasseroberfläche. Die unpolaren Gruppen werden aus dem Wasser hinausgedrängt, liegen bei größeren Flächenwerten A_M wahrscheinlich flach auf der Oberfläche und werden mit steigendem Filmdruck aufgerichtet. Es ist aber keineswegs so, daß zwischen den unpolaren Molekülteilen und dem Wasser keinerlei Wechselwirkungen bestehen. Vielmehr herrscht auch zwischen diesen eine merkliche, auf Dispersions- und Induktionskräften beruhende Anziehung. Die unpolaren Gruppen lösen sich trotz dieser Anziehungskräfte nicht, weil die Wechselwirkungen zwischen den Wassermolekülen viel stärker sind als die oben genannten, so daß die letzteren nicht ausreichen, um die für die Lösung im Wasser erforderliche Trennarbeit (**Lückenbildungsarbeit**) zu leisten [602]. Im Abschn. 4.2.1.1 ist schon erwähnt worden, daß die Adsorptionsenergie je $-CH_2$-Gruppe in der Grenzfläche Wasser/Luft –1 bis –1,36 kT (–2,5 bis –4,4 kJ/mol) beträgt [597] [598] [603].

Der Einbau weiterer hydrophiler Gruppen fördert die Ausbildung gasanaloger Filme. Überhaupt ist die Molekülstruktur für die Art der sich bildenden Filme maßgebend. So begünstigt beispielsweise eine im Gegensatz zu den geraden Ketten sperrige Molekülstruktur die Bildung gasanaloger Filme. Neben den Wechselwirkungen zwischen den unpolaren Gruppen spielen auch die zwischen den polaren für den Filmcharakter eine Rolle.

Kondensierte Filme sind dadurch gekennzeichnet, daß die Moleküle die Oberfläche in einer zusammenhängenden Schicht bedecken. Dieser Zusammenhang bleibt erhalten, wenn dem Film eine größere Fläche zur Verfügung steht, als der kondensierte Film benötigt. Die Restfläche wird dann von einem gas- bzw. dampfanalogen Film eingenommen, und auf der Oberfläche koexistieren zwei Phasen. Aus den p_F-A_M-Isothermen ist die Fläche, die im kondensierten, aber nicht komprimierten Film ein einzelnes Molekül einnimmt, zu $20,5 \pm 0,4$ Å^2 bestimmt worden [591] [602]. Gleiche bzw. ähnliche Flächenbeanspruchungen wie Fettsäuren weisen einige andere homologe Reihen der Art C_nH_{2n+1}–X auf. Dies legt nahe anzunehmen, daß dieser Querschnitt vom Flächenbedarf der Alkylketten bestimmt wird. Wenn im kondensierten Film einer Substanz, die eine geradkettige Alkylkette besitzt, $A_M > 20,5$ Å^2 ist, so dürfte die polare Gruppe für den Flächenbedarf bestimmend sein. Der Flächenbedarf eines Fettsäuremoleküls im kristallinen Zustand beträgt nur 18,5 Å^2. Die Differenz zum kondensierten Film könnte auf eine gewisse Auflockerung zurückgeführt werden, die die Hydratation und/oder die elektrostatische Wechselwirkung der polaren Endgruppen bewirkt [591] [602]. Es wird auch die Auffassung vertreten, daß Wassermoleküle die hydrophile Gruppe eines Fettsäure-Moleküls im Film komplexartig umlagern [604] [605]. Besonders stabile Komplexe sollen das Einer- und das Vierer-Assoziat darstellen, wobei der Platzbedarf des erstgenannten 18,8 Å^2 (Carboxyl-Gruppe 11,5 Å^2, Wasser-Molekül 7,3 Å^2), der des Vierer-Assoziats 40,7 Å^2 betragen soll. Das Einer-Assoziat soll derart stabil sein, daß es die Kompressibilität des Films bis zum Kollaps begrenzt.

In **flüssiganalogen Filmen** sind die Moleküle noch beweglich, während sie in **festanalogen Filmen** diese gegenseitige Beweglichkeit eingebüßt haben.

Neben den bisher besprochenen Phasen von Oberflächenfilmen existieren noch weitere. Die Analogie zwischen dem flüssig-kondensierten Film und einer Flüssigkeit ist begrenzt. In diesem Film liegen die Moleküle gerichtet vor, und es liegt deshalb der Vergleich mit einer anisotropen Flüssigkeit (flüssige Kristalle) nahe. Dementsprechend ist der flüssig-ausgedehnte Film mit einer isotropen Flüssigkeit zu vergleichen. Ein Beispiel dafür ist im Bild 231 gegeben. Hier geht mit steigendem Zusammendrücken der gasanaloge Film zunächst in ein Zwischengebiet über, das sich aus Inseln eines flüssig-ausgedehnten im gasförmigen Film zusammensetzt. Daran schließt sich der eigentliche flüssig-ausgedehnte Film an, der über ein Zwischengebiet in den flüssig-kondensierten und schließlich in den festen Zustand übergeht. Im flüssig-ausgedehnten Film befinden sich die Kohlenwasserstoffgruppen wahrscheinlich in ungeordneter Lage und Bewegung, wenn man von der Verankerung auf der Oberfläche mit Hilfe der polaren Gruppe absieht. Der mit Wärmeabgabe verbundene Übergang vom gasanalogen in den flüs-

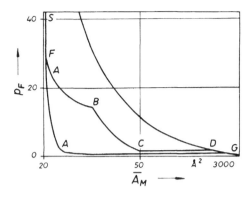

Bild 231 Phasendiagramm für die Bildung eines flüssig-ausgedehnten Films unterhalb der kritischen Temperatur (nach *Wolf* [602])
SF Bereich des festen Films; *FA* Bereich des flüssig-kondensierten Films; *AB* Zwischengebiet mit Inseln von flüssig-kondensiertem im flüssig-ausgedehnten Film; *BC* Bereich des flüssig-ausgedehnten Films; *CD* Zwischengebiet von Inseln von flüssig-ausgedehntem im gasanalogen Film; *DG* Bereich des gasanalogen Films (Maßstab ist nach Seiten großer Flächen stark gestaucht)

sig-ausgedehnten Film entspricht der Kondensation eines Dampfes, derjenige vom flüssig-ausgedehnten in den flüssig-kondensierten Film aber einem solchen von der isotropen zur anisotropen Flüssigkeit.

Wegen weiterer Einzelheiten muß auf entsprechende Fachliteratur verwiesen werden (siehe z. B. [591] [592] [602]). Dort sind auch Angaben über Mischfilme zu finden, die für die Flotation ebenfalls bedeutsam sind. Vor allem sterische Faktoren spielen für die Bildung von Mischfilmen eine wichtige Rolle.

Mit Hilfe moderner mikroskopischer und spektroskopischer Methoden sind in neuerer Zeit wesentliche Fortschritte bei der Strukturaufklärung von Oberflächenfilmen erzielt worden (siehe z. B. [591] [592] [614] [617] [622]).

4.2.2 Grenzfläche Mineral/Gas

Feststoffteilchen entstehen durch Zerkleinern, Kristallisieren oder Sublimieren. Je nach dem Herstellungsprozeß entstehen Bruch- oder Wachstumsflächen und damit sehr unterschiedliche Oberflächenstrukturen [591] [606], die sehr wesentlich das physikalische und chemische Verhalten kleiner Teilchen mitbestimmen (Haft- und Reibverhalten, Adsorptionsverhalten, Benetzbarkeit, Lösekinetik u.a.). Deshalb können Körnerkollektive, die eine gleiche chemische Zusammensetzung besitzen, aber auf verschiedene Weise entstanden sind, hinsichtlich ihres physikalischen und chemischen Verhaltens gewisse Unterschiede aufweisen. Diese bestehen nicht nur zwischen Kollektiven, die aus Zerkleinerungs- oder Wachstumsprozessen entstanden sind, sondern auch zwischen Kollektiven aus verschiedenen Zerkleinerungsprozessen und weiterhin noch zwischen Kollektiven aus einem Zerkleinerungsprozeß, doch verschiedenen Alters [606] (siehe hierzu auch Band I „Grundlagen der Zerkleinerung"). Vom Gesichtspunkt der Flotation interessiert fast ausschließlich das Erzeugen der Körnerkollektive durch Zerkleinern und nur in geringem Maße durch Kristallisieren.

Beim Zerkleinern werden Bindungen aufgebrochen, die denen im Festkörper entsprechen. Infolgedessen wirken Kräfte auf die Umgebung der Oberfläche, und die freien Valenzen sättigen sich durch Wechselwirkungen mit der Umgebung ab (Physisorption, Chemisorption). Dadurch können neue und geordnete Atomkonfigurationen entstehen [578]. Weiterhin sind die oberflächlichen Partikeln (Atome, Ionen, Moleküle) eines Festkörpers – ähnlich wie bei einer Flüssigkeit – einem einseitigen Zug in das Innere ausgesetzt, der in den Oberflächenschichten geringe Abstandsänderungen hervorruft.

Eine Festkörperoberfläche unterscheidet sich durch ihre Inhomogenität von der Oberfläche einer Flüssigkeit. Deshalb ist mit der sich aus der Idealstruktur ableitenden regelmäßigen Aufeinanderfolge gleich großer Potentialwälle und -täler nicht zu rechnen. Vielmehr ergeben sich Abweichungen, die aus Kristallbaufehlern verschiedener Art, oberflächlicher Amorphisierung oder Dissoziation, Chemisorption und nicht zuletzt aus dem Oberflächenrelief resultieren. Die energetischen Verhältnisse unterscheiden sich nicht nur auf den einzelnen oberflächenbildenden Netzebenen, sondern auch an Kanten und Ecken liegen andere energetische Verhältnisse als an ebenen Flächen vor. Obwohl folglich auf einer Mineraloberfläche gewöhnlich nur innerhalb sehr kleiner Bereiche energetisch gleichartige Verhältnisse vorliegen, so kann man für die makroskopische Betrachtungsweise die thermodynamische Behandlung einführen und der Festkörperoberfläche wie der Flüssigkeitsoberfläche eine freie Oberflächenenergie bzw. Oberflächenspannung zuordnen. Die an einer Feststoffgrenzfläche auftretende Adsorption ließe sich ebenfalls mit Hilfe der *Gibbs*schen Gleichung (Gl. (15)) behandeln. Praktisch scheitert dieses Vorhaben gewöhnlich an der Unkenntnis der Grenzflächenspannung bzw. deren Veränderung mit der Adsorption.

In der Grenzfläche Mineral/Gas wirken die Kraftfelder der oberflächlichen Partikeln auf die umgebenden Gasmoleküle, und diese werden entsprechend den auftretenden Wechselwirkungen adsorbiert. Dabei sind die **reversiblen Adsorptionsvorgänge** (**Physisorption**) von den **irreversiblen** (**Chemisorption**) zu unterscheiden (siehe z.B. [589] [591] [607] [608]). Bei letzteren werden chemische Bindungskräfte wirksam. Die Adsorptionswärme beträgt bei der Physisorption im allgemeinen < 40 kJ/mol, während sie bei der Chemisorption vorzugsweise zwischen 200 und 400 kJ/mol liegt. Zwischen der Physisorption und der Chemisorption bestehen jedoch fließende Übergänge, zumal die Physisorption im allgemeinen auch die Vorstufe zur Chemisorption ist.

4.2.2.1 Physisorption

Die Physisorption läßt sich nach *Iljin* [608] hinsichtlich der auftretenden Kräfte wie folgt gliedern:

a) die **elektrostatische Adsorption**, die auf die Wechselwirkung elektrisch geladener Partikeln oder Dipole des **Adsorbens** (der adsorbierende Stoff) und des **Adsorptivs** (der Stoff, der adsorbiert wird) zurückzuführen ist (z.B. Adsorption von Dipolmolekülen an Ionenkristallen, Adsorption von hydratisierten Ionen in der elektrischen Doppelschicht aus wäßrigen Lösungen),

b) die **Dispersionsadsorption**, die auf Dispersionskräfte (siehe Abschn. 4.1.3.1) zurückzuführen ist.

Verfolgt man bei konstanter Temperatur und variablem Druck (bzw. variabler Konzentration) die von einem festen Adsorbens im Gleichgewichtszustand adsorbierte Menge an Adsorptiv (z.B. von Gasmolekülen), so erhält man die **Adsorptionsisotherme**. Die adsorbierte Menge, das **Adsorpt**, wird entweder auf die Masse oder auf die Oberfläche des Adsorbens bezogen. Der experimentell gefundene Verlauf erscheint in fünf charakteristischen Formen, die im Bild 232 dargestellt sind [591] [607] [609].

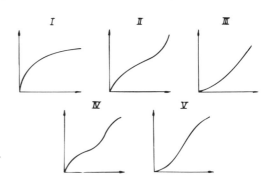

Bild 232 Isothermentypen entsprechend der Klassifikation von *Brunauer, L.S. Deming, W.S. Deming* und *Teller* [609] (Ordinate: adsorbierte Menge; Abszisse: Gleichgewichtsdruck)

Die Kurvenform I kennzeichnet den Fall der *Langmuir*-Isotherme, mit der sich viele experimentelle Werte in erster Näherung richtig beschreiben lassen. Hierbei wird die Adsorption elektrisch neutraler Partikeln vorausgesetzt und weiterhin angenommen, daß sich im Sättigungszustand nur eine monomolekulare Schicht bilden kann, sämtliche besetzbaren Plätze energetisch gleichwertig sowie lokalisiert sind (Adsorptionszentren). Die Desorptionshäufigkeit schließlich soll unabhängig von der Besetzung der Nachbarplätze sein. Die mathematische Behandlung der *Langmuir*schen Theorie liefert für das Adsorptionsgleichgewicht [589] bis [592] [607]:

$$\Gamma = \frac{\Gamma_\infty \, p}{p + 1/b} \tag{23a}$$

Γ Adsorptionsdichte (masse- oder oberflächenbezogen)
Γ_∞ Sättigungsdichte (vollständige Monoschicht)
p (bzw. c) Druck (bzw. Konzentration)
b Konstante

Für $p \ll 1/b$ wird $\Gamma = \Gamma_\infty \, b \, p$, und für $p \gg 1/b$ wird $\Gamma = \Gamma_\infty$. Stellt man Gl. (23a) nach

$$\frac{p}{\Gamma} = \frac{1}{\Gamma_\infty} \, (p + 1/b) \tag{23b}$$

um, so ist zu erkennen, daß das Auftragen von p/Γ als Funktion von p eine Gerade liefern muß, falls diese Gesetzmäßigkeit erfüllt ist.

Die für die *Langmuir*sche Theorie getroffenen Voraussetzungen sind jedoch vielfach nicht erfüllt. Die Abhängigkeit der Adsorptionswärme vom Ausmaß der Adsorption nahm *Freundlich* [610] zum Anlaß, folgende auf empirischem Wege aufgestellte Gleichung vorzuschlagen:

$$\Gamma = k \, p^n \tag{24}$$

k, n Parameter ($n > 1$)

Gl. (24) liefert im vollogarithmischen Koordinatensystem eine Gerade.

Eine weitere Adsorptionsisotherme wurde von *Temkin* [611] angegeben:

$$\Gamma = k' \ln(b \, p) \tag{25}$$

k', b Parameter

Geht man zu höheren Gasdrücken und tieferen Temperaturen über, so beobachtet man einen Verlauf der Adsorptionsisothermen, der etwa dem Typ II im Bild 232 entspricht und sich mit keiner der bisher besprochenen Beziehungen auswerten läßt. Für die Auswertung derartiger und anderer Isothermen stellt die von *Brunauer, Emmett* und *Teller* (siehe auch *BET*-Methode in Band I „Messung der Oberfläche eines Körnerkollektivs") eingeführte Verallgemeinerung des *Langmuir*schen Mechanismus einen Fortschritt dar [612]. Diese Theorie behält die Konzeption bestimmter Adsorptionszentren bei, zieht aber die Bildung von Polyschichten in Betracht. Die Gleichung dieser Adsorptionsisotherme lautet:

$$\frac{p}{\Gamma(p_0 - p)} = \frac{1}{\Gamma_\infty C} + \frac{C-1}{\Gamma_\infty C} \, \frac{p}{p_0} \tag{26}$$

p_0 Sättigungsdruck des Adsorptivs bei der Temperatur der Isotherme (bzw. Sättigungskonzentration c_0)
Γ_∞ der vollständigen Monoschicht entsprechende Adsorptionsdichte
$C \approx \exp\left[(Q_A - Q_K)/RT\right]$,
wobei Q_A die Adsorptionswärme der Moleküle der ersten Schicht und Q_K die Kondensationswärme bedeuten

Trägt man $\dfrac{p}{\Gamma(p_0 - p)}$ gegen $\dfrac{p}{p_0}$ auf, so erhält man eine Gerade, aus deren Ordinatenabschnitt und Steigung die Größe Γ_∞ und C bestimmt werden können. Ist dann der Flächenbedarf eines adsorbierten Moleküls bekannt, so läßt sich mit Hilfe von Γ_∞ die Oberfläche berechnen. Breite Anwendung hat Gl. (26) zur Bestimmung der Oberfläche von Feststoffen mit mehr als 0,1 m²/g gefunden, wobei vorwiegend Stickstoff, Argon oder Krypton als Adsorptive benutzt werden.

Bei kleinen Werten von p entspricht der Kurvenverlauf nach Gl. (26) einer *Langmuir*-Isotherme. Mit steigenden Werten von p wird aber die adsorbierte Menge infolge der einsetzenden mehrmolekularen Bedeckung der Oberfläche immer größer, wodurch die Isotherme den im Bild 232, Typ II, dargestellten Verlauf erhält. Gl. (26) schließt weiterhin ein, daß die Schicht unendlich dick wird, wenn p gleich p_0 wird. Die experimentelle Prüfung ergab, daß Gl. (26) in der Lage ist, viele Isothermen vom Typ II im Bereich $p/p_0 = 0{,}05$ bis $0{,}35$ zu erfassen. Die Isothermentypen III bis V im Bild 232 lassen sich nur in bestimmten Bereichen oder mit Hilfe weiterer Korrekturen durch Gl. (26) beschreiben.

Außer den oben vorgestellten und vorwiegend genutzten Isothermen sind noch weitere abgeleitet worden, deren Gültigkeitsbereich ebenfalls eingeschränkt ist [565] [613].

4.2.2.2 Chemisorption

Bei der Chemisorption werden chemische Bindungskräfte wirksam, deren Art von der Elektronenstruktur der wechselwirkenden Partikeln abhängt (heteropolare, homöopolare, Mischbindung). Die adsorbierte Partikel und die adsorbierende Partikel der Feststoffoberfläche bilden nach der Adsorption mehr oder weniger eine Einheit. Folglich tritt bei der Chemisorption eine weitgehende Deformation der Elektronenhüllen der wechselwirkenden Partikeln ein. Die adsorbierte Menge ist schon bei relativ geringen Drücken (Konzentrationen) groß und nähert sich einer Monoschicht. Die Chemisorption bedarf vielfach einer bestimmten Aktivierungsenergie. Der Unterschied zwischen Physi- und Chemisorption sowie das Auftreten der Aktivierungsenergie sollen anhand des Bildes 233 erläutert werden [589] [591] [607]. Als Beispiel ist die Adsorption eines zweiatomigen Gasmoleküls gewählt worden. Die Kurve Ph repräsentiert die Physisorption eines Gasmoleküls. Die Energie ist hier am niedrigsten, wenn das Molekül die Lage r_{Ph} erreicht hat. Folglich charakterisiert diese Lage die Adsorptionsenergie W_{Ph} bei Physisorption. Bei der Chemisorption, die Kurve Ch widerspiegelt, ist zunächst die Molekülbindung zu zerstören (dissoziative Chemisorption) oder zumindest stark aufzulockern, damit Bindungen zwischen den Oberflächenatomen und Gasatomen hergestellt werden können. Im Bild 233 bedeutet W_{Diss} die aufzubringende Dissoziationsenergie. In Oberflächennähe wird eine relativ große Bindungsenergie beobachtet, die sich aus der Summe $W_{Ch} + W_{Diss}$ zusammensetzt, so daß die Netto-Bindungsenergie W_{Ch} beträgt. Aus Bild 233 ist auch zu erkennen, daß eine Energie aufgebracht werden muß, um aus dem Zustand der Physisorption

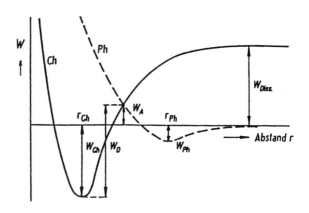

Bild 233 Schematische Darstellung der Physisorption (Kurve *Ph*) und der Chemisorption (Kurve *Ch*) eines Gasmoleküls nach Dissoziation
W_A Aktivierungsenergie; W_{Ch} bzw. W_{Ph} Adsorptionsenergie bei Chemi- bzw. Physisorption; W_{Diss} Dissoziationsenergie; W_D Desorptionsenergie bei Chemisorption

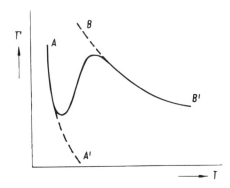

Bild 234 Adsorptionsisobare eines Gases an einem Feststoff, schematisch
AA' Physisorption; BB' Chemisorption

in den der Chemisorption zu gelangen. Der Teil dieser Energie, der über den Bezugszustand, d.h., die Energie des freien Moleküls hinausgeht, wird als **Aktivierungsenergie W_A** bezeichnet.

Die Aktivierungsenergie kann erst bei höheren Temperaturen aufgebracht werden. Bei entsprechend niedrigen Temperaturen ist deshalb nur Physisorption möglich. Die Verhältnisse kann man sich anhand einer im Bild 234 schematisch dargestellten Adsorptionsisobare (ausgezogene Kurve) verdeutlichen. Die Physisorption, die durch die Kurve AA' repräsentiert wird, verläuft praktisch ungehemmt, und die Adsorptionsgleichgewichte stellen sich relativ schnell ein. Die Chemisorption ist dagegen bei niedrigen Temperaturen noch stark gehemmt. Mit zunehmender Temperatur werden diese Hemmungen immer mehr überwunden, und folglich nimmt mit weiter steigender Temperatur die insgesamt adsorbierte Menge wieder zu. Bei weiterer Temperatursteigerung werden schließlich die Hemmungen für die Chemisorption weitgehend überwunden, und die Gleichgewichtseinstellung erfolgt wiederum in kurzer Zeit. Das System zeigt dann wieder die normale Temperaturabhängigkeit, d.h., mit wachsender Temperatur nimmt die adsorbierte Menge ab (Kurve BB' im Bild 234).

Die Chemisorption erfolgt vorwiegend an aktiven Zentren, deren Charakter vom Adsorptiv mitbestimmt wird. Sitz der aktiven Zentren sind besonders die Atome bzw. Ionen an den Ecken und Kanten der Festkörperoberfläche. Der zeitliche Verlauf der Chemisorption läßt sich häufig durch ein logarithmisches Zeitgesetz erfassen. Ein weiteres aus der Art der Wechselwirkungskräfte folgendes und für die Flotation wesentliches Kennzeichen der Chemisorption besteht darin, daß sie im Gegensatz zur Physisorption gewöhnlich selektiv erfolgt.

Der Zusammenhang zwischen Chemisorption und Physisorption soll noch anhand eines auch für die Aufbereitungstechnik wichtigen und in vielerlei Hinsicht typischen Beispiels, nämlich der Wasserdampf-Adsorption an Quarz, gemäß Bild 235 diskutiert werden [607]. Bei Raumtemperatur erfolgt die Physisorption von Wasser gemäß Bild 235 (a $\rightleftharpoons$ b) reversibel,

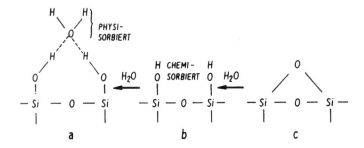

Bild 235 Schematische Darstellung des chemisorbierten (= Hydroxid-Bildung) und des physisorbierten Zustandes von Wasser an SiO_2 [607]
a) physi- und chemisorbiertes Wasser; b) nur chemisorbiertes Wasser; c) SiO_2 vor der Wasseradsorption

während die Chemisorption (c → b) irreversibel abläuft. Wesentlich ist weiterhin die Tatsache, daß die zuerst auf eine SiO_2-Oberfläche auftreffenden H_2O-Moleküle chemisorbiert werden (c → b) und erst dann eine Physisorption (b → a) auftreten kann. Zwischen 180 und etwa 450°C erfolgt die Chemisorption von Wasser reversibel [607] [615], d.h., gemäß Bild 235 ist dann b ⇌ c ebenfalls reversibel. Die genannten beiden Formen der Adsorption lassen sich verhältnismäßig leicht unterscheiden. Während der physisorbierte Anteil des Wassers im wesentlichen unterhalb 100°C desorbiert wird, erfolgt die Desorption des chemisorbierten Wassers an Quarz erst bei wesentlich höheren Temperaturen.

Neue Untersuchungsergebnisse über die H_2O-Adsorption an Quarz bei Raumtemperatur haben gezeigt, daß bei gesättigter Luftfeuchte die Dicke der Adsorptionsschicht bis zu 10 statistische Monoschichten beträgt [616]. Die für die erste Monoschicht experimentell ermittelte maximale Adsorptionswärme ergab sich zu 80,3 kJ/mol. Dabei wird angenommen, daß in die erste Monoschicht auch undissoziierte H_2O-Moleküle über Bindungen zwischen den O-Atomen der Wassermoleküle und nichtabgesättigten Si-Atomen eingebaut sind. Die weiteren H_2O-Schichten werden mittels Wasserstoffbrückenbindungen zwischen den H_2O-Molekülen adsorbiert, wobei die Adsorptionswärme mit wachsendem Abstand von der Quarzoberfläche bis zur Kondensationswärme des Wassers (43,9 kJ/mol) abklingt [616].

Oberhalb 450°C gilt das oben Besprochene nicht mehr. Hier vollzieht sich offenbar eine Änderung der Oberflächenstruktur, die mit einer Beseitigung des aktiven Zustandes der Gitterplätze gemäß Bild 235c verbunden ist. Hier verschwinden offensichtlich die günstigen Adsorptionsplätze für die Dissoziation des Wassers [607] [615].

4.2.3 Grenzfläche Mineral/wäßrige Lösung

Für flotative Trennungen sind die im Schwimmprodukt auszutragenden Mineralkörner zu hydrophobieren, damit sie sich an Gasblasen ankoppeln lassen, während die Oberfläche der anderen Teilchen hydrophil bleiben muß. Folglich sind die Vorgänge und Erscheinungen in der Grenzfläche Mineral/wäßrige Lösung für die Flotation besonders wichtig.

4.2.3.1 Hydratation von Mineraloberflächen

Viele experimentelle Befunde sprechen dafür, daß es an einer Grenzfläche Festkörper/Wasser nicht nur zu Wechselwirkungen zwischen der Festkörperoberfläche und den unmittelbar benachbarten Wassermolekülen im Sinne von Adsorptionsvorgängen kommt, sondern zu einer weiterreichenden Beeinflussung der Struktur der angrenzenden Wasserschicht, die etwa 0,05 bis 0,2 µm erfaßt [618] bis [620]. Diese Schichten mit veränderter Wasserstruktur sollen als **Grenzschichtwasser** (**vicinales Wasser**) bezeichnet werden [618]. Wenn man berücksichtigt, daß selbst über die Struktur flüssigen Wassers noch verschiedene Modellvorstellungen existieren (siehe auch Abschn. 4.1.2), so ist verständlich, daß auch die Vorstellungen über das Grenzschichtwasser noch einen stark hypothetischen Charakter besitzen. *Drost-Hansen* [618] entwickelte ein physikalisch durchaus plausibles Dreischicht-Modell. Dabei wird davon ausgegangen, daß es an der Grenzfläche zur erhöhten Strukturierung des Wassers kommt, d.h. zunächst ganz allgemein zur Erhöhung der Ordnung bzw. zur Einschränkung der Beweglichkeit der Wassermoleküle im Vergleich zum Volumenwasser, unabhängig davon, ob das auf Rückbildung von Wasserstoffbrückenbindungen (z.B. an einer unpolaren Festkörperoberfläche gemäß Bild 236a) oder durch Ausrichten der Wassermoleküle im Kraftfeld der Festkörperoberfläche (z.B. an einer polaren Festkörperoberfläche gemäß Bild 236b) geschieht. Mit zunehmender Entfernung von der Grenzfläche klingt diese Strukturierung ab. Je weniger nun die an der Grenzfläche aufgebaute Struktur mit der des Volumenwassers übereinstimmt, um so deutlicher muß sich dann eine Übergangszone mit verminderter Strukturierung ausbilden. Ähnliche Auffassungen werden auch von anderen Autoren vertreten [621].

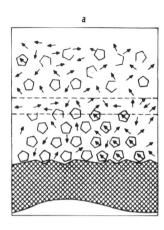 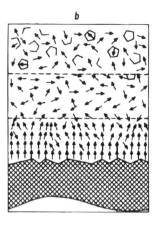

Bild 236 Dreischicht-Modell des Grenzflächenwassers nach *Drost-Hansen* [618]
a) an unpolarer Festkörperoberfläche (z.B. feste Kohlenwasserstoffe);
b) an polarer Festkörperoberfläche
(Fünfecke sollen schematisch strukturierte Bereiche darstellen, die Pfeile einzelne Wassermoleküle)

An einer unpolaren Grenzfläche (siehe Bild 236a) kommt es aufgrund sogenannter hydrophober Wechselwirkungen (siehe auch 4.3.2.12) zur Rückbildung von Wasserstoffbrückenbindungen gegenüber dem normalen flüssigen Wasser entsprechender Temperatur. Es ist zu vermuten, daß diese Strukturierung etwa eine Schicht von 10 bis 100 Moleküldicken erfaßt. Da sich die Strukturen dieses Grenzschichtwassers und des Volumenwassers ähneln, so ist nur eine relativ schmale Übergangszone vorhanden.

Im Bild 236b sind die möglichen Verhältnisse an einer polaren Festkörperoberfläche schematisch dargestellt. Art und Umfang der Orientierung werden hier von der Kristallstruktur und Kristallchemie des Festkörpers bestimmt. Die möglichen Wechselwirkungen schließen Ion-Dipol-Wechselwirkungen (bei Ionenkristallen), Ion-Ion-Wechselwirkungen und Wasserstoffbrückenbindungen (wie z.B. beim Quarz gemäß Bild 235) ein. Je nach der Intensität der Kraftwirkungen wird sich eine mehr oder weniger ausgeprägte Orientierung ergeben, die jedoch schneller als im Falle der unpolaren Oberflächen abklingen soll [618]. Je weniger die Struktur des Grenzschichtwassers der des Volumenwassers ähnelt, um so breiter wird die Übergangszone verminderter Strukturierung sein.

Bei Ionenkristallen dürfte jedoch noch ein weiterer Effekt zu berücksichtigen sein. Wenn man davon ausgeht, daß die eine Festkörperoberfläche bildenden Ionen ähnliche Wirkungen auf benachbarte Wassermoleküle hervorbringen wie Ionen, die sich in Lösung befinden (siehe Abschn. 4.1.2), so ist bei großen einwertigen Kationen und Anionen neben der Orientierungspolarisation der umgebenden Wasserbereiche unter der Wirkung des Ionenfeldes auch eine Strukturbrechung unmittelbar an der Ionenoberfläche in Erwägung zu ziehen.

Die Schicht von Wassermolekülen an der Oberfläche eines polaren und damit benetzbaren Festkörpers, die von dessen Kraftfeld im Sinne einer Haftung beeinflußt wird, bezeichnet man als **Hydrathülle**.

Im Abschn. 4.1.2 ist schon erwähnt worden, daß bei Ionenkristallen die Hydratation das Auflösen bewirkt. Folglich kann man niemals von einer Grenzfläche Mineral/reines Wasser sprechen. Das Mineralgitter aufbauende Ionen sind in der Lösung immer als **unausbleibliche Ionen** vertreten. Da diese Gitterionen bei verschiedenen Ionenladungen und -radien auch unterschiedlich stark hydratisiert sind, unterscheidet sich auch ihr Lösungsbestreben. Dadurch wird eine Aufladung der Mineraloberfläche gegenüber der Lösung bewirkt. Ist z.B. das Lösungsbestreben der Kationen größer als das der Anionen, so erfolgt eine negative Aufladung, falls das Inlösunggehen der Kationen nicht durch einen gleichionigen Zusatz zur Lösung zurückgedrängt wird. Die Konzentrationsverhältnisse der Gitterionen in der Lösung bestimmen somit bei Ionenkristallen deren Aufladung gegenüber der Lösung; sie sind hier die potentialbestimmenden Ionen. Die Aufladung eines Minerals wird somit auch bei einem bestimmten Konzentrationsverhältnis dieser Ionen gleich null sein (Ladungsnullpunkt). Vom **Ladungsnullpunkt** (*PZC* – point of zero charge) ist der **isoelektrische Punkt** (*IEP*) zu unterscheiden. Letzterer ist durch die Konzentrationsverhältnisse der potentialbestimmenden Ionen definiert, für die das elektrokinetische Potential (Zeta-Potential) null wird (siehe hierzu Abschn. 4.2.3.4 und z.B. [565] [623] [624]). Unter der Voraussetzung, daß eine spezifische Adsorption anderer Ionen (siehe Abschn. 4.2.3.2) ausgeschlossen werden kann, sollten Ladungsnullpunkt und isoelektrischer Punkt übereinstimmen [624] [640]. Deshalb ist in einer Reihe von Publikationen zwischen beiden auch nicht unterschieden.

In Tabelle 33 sind für einige Minerale mit Ionengitter das Vorzeichen der Aufladung in gesättigter Lösung, das Löslichkeitsprodukt und – soweit bekannt – die für den Ladungsnullpunkt charakteristische Kationenkonzentration ($p\mathrm{M}^\circ$ – negativer dekadischer Logarithmus der Kationenkonzentration am Ladungsnullpunkt) zusammengestellt.

Tabelle 33 Vorzeichen der Aufladung in gesättigter Lösung, Löslichkeitsprodukt und negativer dekadischer Logarithmus der Kationenkonzentration am Ladungsnullpunkt für einige Ionenkristalle [561] bis [563] [575] [601] [625]

Mineral/Stoff	Potentialbestimmende Ionen	Vorzeichen der Ladung in gesättigter Lösung	Löslichkeitsprodukt		Ladungsnullpunkt
Fluorit CaF_2	Ca^{2+}, F^-	+	$4 \cdot 10^{-11}$	(25°C)	pCa° 3
Calcit $CaCO_3$	Ca^{2+}, CO_3^{2-}	−	$1 \cdot 10^{-8}$	(25°C)	
Baryt $BaSO_4$	Ba^{2+}, SO_4^{2-}	+	$1 \cdot 10^{-10}$	(25°C)	pBa° 6,7
Gips $CaSO_4 \cdot 2\,H_2O$	Ca^{2+}, SO_4^{2-}	−	$2,4 \cdot 10^{-5}$		
Anglesit $PbSO_4$	Pb^{2+}, SO_4^{2-}	+	$2 \cdot 10^{-8}$	(25°C)	1)
Cölestin $SrSO_4$	Sr^{2+}, SO_4^{2-}	+	$7,6 \cdot 10^{-7}$		1)
Scheelit $CaWO_4$	Ca^{2+}, WO_4^{2-}	−	$8 \cdot 10^{-13}$		pCa° 4,8
Ag_2S	Ag^{2+}, S^{2-}	−	$5,7 \cdot 10^{-51}$	(10°C)	pAg° 10,2
AgJ	Ag^+, J^-	−	$0,97 \cdot 10^{-16}$	(25°C)	pAg° 5,5
AgBr	Ag^+, Br^-	−	$6,3 \cdot 10^{-13}$	(25°C)	pAg° 5,4
AgCl	Ag^+, Cl^-	−	$1,61 \cdot 10^{-10}$	(20°C)	pAg° 4,0

1) Der Ladungsnullpunkt liegt in gesättigter Lösung in der Nähe des stöchiometrischen Verhältnisses.

Für oxidische Minerale sind nicht die Gitterionen, sondern in erster Linie H^+ bzw. OH^- potentialbestimmend. So sind z.B. die auf Quarz chemisorbierten OH-Gruppen (Bild 235) in der Lage, H^+ zu adsorbieren bzw. abzuspalten, womit entsprechende Ladungsveränderungen verbunden sind. Für die anderen Oxide sind ähnliche Mechanismen darstellbar (siehe z.B. [576] [615] [623] [624] [626] bis [629]). Zusammenfassend lassen sich diese Mechanismen wie folgt beschreiben, wenn M für Si im Quarz, für Al im Al_2O_3 usw. eingesetzt wird:

$$\mathrm{MOH}_2^+(s) \rightleftharpoons \mathrm{MOH}(s) + H^+(aq) \rightleftharpoons \mathrm{MO}^-(s) + 2\,H^+(aq) \qquad (27)$$

Hierbei bedeuten MOH(s) die neutralen, $\mathrm{MOH}_2^+(s)$ die positiven und $\mathrm{MO}^-(s)$ die negativen Oberflächenplätze. Aus Gl. (27) geht unmittelbar hervor, daß die Oberflächenladung pH-abhängig ist und folglich auch der Ladungsnullpunkt durch eine entsprechende pH-Angabe gekennzeichnet werden kann. In Tabelle 34 sind berechnete und experimentell bestimmte Ladungsnullpunkte bzw. isoelektrische Punkte für wichtige Oxide zusammengestellt. Dabei ist zu beachten, daß die experimentellen Werte auch von der Vorgeschichte (einschließlich Vorbehandlung [633]), chemischen und strukturellen Fehlordnungen, Verunreinigungen usw. mit abhängen, so daß sich mehr oder weniger breite pH-Bereiche ergeben. Aus der Tabelle 34 kann auch abgeleitet werden, daß das Ionenpotential z/r (z Ladungszahl, r Ionenradius) die

Tabelle 34 Berechnete und experimentell bestimmte Ladungsnullpunkte (ZPC) bzw. isoelektrische Punkte (IEP) wichtiger oxidischer Minerale

Mineral	Radien der Kationen in Å	ZPC, berechnet nach [634] pH^o	ZPC bzw. IEP experimentell, pH^o	nach Angaben von
Quarz (SiO_2)	Si^{4+} : 0,42	–1,8	1,3 bis 3,7	[576] [594] [623] [624] [630] [631]
Korund (α-Al_2O_3)	Al^{3+} : 0,51	9,10	5,0 bis 9,4	[565] [594] [623] [624] [631] [635]
Magnetit (Fe_3O_4)	Fe^{3+} : 0,64 Fe^{2+} : 0,74	–	6,3 bis 6,7	[575] [623] [631]
Hämatit (α-Fe_2O_3)	Fe^{3+} : 0,64	9,45	5,0 bis 8,7	[594] [623] [631] [636] [637]
Goethit (α-FeOOH)	Fe^{3+} : 0,64	9,48	5,9 bis 6,9	[594] [623] [624]
Psilomelan (MnO_2)	Mn^{4+}: 0,60	–	4,0 bis 4,5	[565] [594]
Rutil (TiO_2)	Ti^{4+} : 0,68	6,35	4,0 bis 6,7	[565] [594] [623] [624] [631]
Kassiterit (SnO_2)	Sn^{4+} : 0,71	6,71	2,9 bis 7,3	[594] [623] [626] [631] [635] [638]

Lage des Ladungsnullpunktes mitbestimmt [630] [631]. Es ist außerdem festgestellt worden, daß für SiO_2 neben H^+ und OH^- auch die Alkali- und Erdalkaliionen einen potentialbestimmenden Einfluß ausüben sollen [632].

Eine wichtige Mineralgruppe bilden die Silikate, die sich hinsichtlich des Entstehens der Oberflächenladung nach der Löslichkeit der Gitterkationen gliedern lassen [576]. Sind die auf den Bruchflächen befindlichen Gitterkationen leicht löslich, wie das im Falle der Alkaliionen bei Feldspäten und Glimmern gegeben ist, so wird die Oberflächenladung durch die aufgebrochenen –Si-O-Bindungen oder durch die Ladungsverhältnisse auf den Ketten oder Schichten (siehe Abschn. 4.1.3.2) bestimmt. Sind die Gitterkationen teilweise löslich und der Hydrolyse unterworfen, so können sie gelöst (Gl. (28a)), hydrolysiert (Gl. (28b)) und schließlich readsorbiert (Gl. (28c)) werden [576] [629] [637] [639]:

$$M_2O_3(s) + 3 H_2O \rightleftharpoons 2 M(OH)_3(aq) \tag{28a}$$

$$M(OH)_3(aq) \rightleftharpoons M(OH)_n^{(3-n)+}(aq) + (3 - n)OH^-(aq) \tag{28b}$$

$$M(OH)_n^{(3-n)+}(aq) \rightleftharpoons M(OH)_n^{(3-n)+}(s) \tag{28c}$$

Jeder adsorbierte Hydroxo-Komplex repräsentiert dann einen Platz positiver Ladung. Die Adsorptionsdichte ist jedoch eine Funktion der jeweiligen Ionenart, die wiederum vom pH abhängt.

Im Falle praktisch unlöslicher Gitterkationen bleiben diese oberflächenbildende Bestandteile, und die Ausbildung der Oberflächenladung wird dann von den aufgebrochenen –Si-O- und –M-O-Bindungen kontrolliert. (Im Falle der Alumosilikate würden die Al-Ionen dem M entsprechen.) Silikate dieser Art verhalten sich folglich wie ein „Mischoxid", wobei die H^+ und OH^- wiederum potentialbestimmend sind. Dies läßt sich schematisch wie folgt darstellen [576]:

$$\begin{array}{c} -Si-OH_2^+ \\ | \\ O \\ | \\ -M-OH_2^+ \end{array} \rightleftharpoons \begin{array}{c} -Si-OH \\ | \\ O \\ | \\ -M-OH \end{array} + 2H^+ \rightleftharpoons \begin{array}{c} -Si-O^- \\ | \\ O \\ | \\ -M-O^- \end{array} + 4H^+ \tag{29}$$

In Tabelle 35 sind die *ZPC/IEP* von Silikaten zusammengestellt [576]. Hierzu sind auch die jeweiligen Si/O-Verhältnisse mit angeführt, und es ist folgende Tendenz offensichtlich: Je niedriger das Si/O-Verhältnis, um so höher der *ZPC* bzw. *IEP* [607] [630] [631].

Tabelle 35 Ladungsnullpunkte (ZPC) bzw. isoelektrische Punkte (IEP) von Silikaten (zusammengestellt von *Fuerstenau* und *Raghavan* [576])

Silikatstruktur	Mineral	Chemische Formel	ZPC/IEP pH^o	Si/O-Verhältnis
Orthosilikate	Forsterit	Mg_2SiO_4	4,1	1/4
	Fayalit	Fe_2SiO_4	5,7	
	Olivin	$(Mg, Fe) SiO_4$	4,1	
	Grossular	$Ca_3Al_2(SiO_4)_3$	4,7	
	Almandin	$Fe_3Al_2(SiO_4)_3$	5,8	
	Zirkon	$ZrSiO_4$	5,8	
	Topas	$Al_2(SiO_4) (OH, F)_2$	3,5	
	Andalusit	Al_2SiO_5	7,2	
	Sillimanit	Al_2SiO_5	6,8	
	Disthen	Al_2SiO_5	7,8	
Metasilikate aus einfachen Ketten	Enstatit	$(Mg, Fe) SiO_3$	3,8	1/3
	Diopsid	$CaMg(SiO_3)_2$	2,8	
	Spodumen	$LiAl(SiO_3)_2$	2,6	
	Rhodonit	$MnSiO_3$	2,8	
Metasilikate aus Ringen	Beryll	$Be_3Al_2(Si_6O_{18})$	3,2; 3,4	1/3
Schichtsilikate	Kaolinit	$Al_4(Si_4O_{10}) (OH)_8$	3,4	2/5
	Talk	$Mg_3(Si_4O_{10}) (OH)_2$	3,6	
	Muskovit	$KAl_2(AlSi_3O_{10}) (OH)_2$	1,0	
	Biotit	$K(Mg, Fe)_3 (Si_3AlO_{10}) \cdot (OH, F)_2$	0,4	
Gerüstsilikate	Orthoklas	$K(AlSi_3O_8)$	1,4; 1,7	1/2
	Albit	$Na(AlSi_3O_8)$	1,9; 2,3	
	Anorthit	$Ca(Al_2Si_2O_8)$	2,0 bis 3,6	
	Quarz	SiO_2	1,4 bis 2,3	

4.2.3.2 Adsorption an Mineraloberflächen aus wäßriger Lösung

Die in diesem Abschnitt zu besprechenden Wechselwirkungen sind vielfach komplex und deshalb schwierig voneinander abzugrenzen [565] [591] [607] [624] [640]. Die Mineraloberflächen treten nicht nur mit den im Wasser gelösten Partikeln (Ionen, Moleküle), sondern auch mit den Wassermolekülen selbst in Wechselwirkung, wie im letzten Abschnitt gezeigt worden ist. Infolgedessen sind an derartigen Adsorptionsvorgängen auch die Hydrathüllen von Adsorbens und Adsorptiv beteiligt. Für die Flotation ist vor allem die **Ionenadsorption** von Interesse, wobei neben elektrostatischen Bindungsanteilen auch nichtelektrostatische auftreten können. Wegen der Komplexität der Vorgänge und Vielfalt der Erscheinungen ist verständlich, daß für die Beschreibung der Ionenadsorption verschiedene Adsorptionsisothermen herangezogen werden müssen.

Unmittelbar an der Mineraloberfläche werden die **potentialbestimmenden Ionen** fest gebunden, und es bleibt dem Betrachter überlassen, sie als Bestandteile der Mineraloberfläche oder der Adsorptionsschicht aufzufassen. Die bevorzugte Adsorption bzw. Dissoziation oder bevorzugtes Inlösunggehen einer Sorte potentialbestimmender Ionen (siehe letzter Abschn.) führt zur Oberflächenladung und damit zum Entstehen eines **Oberflächenpotentials** (**Doppelschichtpotential**) gegenüber der Lösung. Potentialbestimmende Ionen werden schon bei sehr niedrigen Lösungskonzentrationen intensiv adsorbiert.

Von den potentialbestimmenden Ionen sind die **spezifisch adsorbierten Ionen** (siehe auch Bild 238) zu unterscheiden, die sich fest und dehydratisiert unmittelbar an der Phasengrenze anordnen, wobei stärkere Bindungsterme auftreten. Diese können Ionen sein, die sowohl das gleiche als auch das entgegengesetzte Ladungsvorzeichen zur Oberflächenladung besitzen. Die Adsorbierbarkeit dieser Ionen wird folglich wesentlich von der chemischen Zusammensetzung und der Gitterstruktur des Adsorbens mitbestimmt [641]. Die Regel von *Fajans* und *Paneth* [591] besagt, daß diese Adsorption eines Ions um so intensiver ist, je weniger löslich die gleichartige chemische Verbindung ist. Die spezifische Adsorption von Sammlern und modifizierenden Reagenzien ist wegen der Höhe der Adsorptionsenergie sowie der Selektivität der Adsorption für die Flotationstechnik von großer Bedeutung.

Da das Kraftfeld der geladenen Oberfläche in die Lösung wirkt, reichern sich in der Nähe der Oberfläche die **Gegenionen** an, d.h. Ionen mit zur Oberfläche entgegengesetztem Ladungsvorzeichen. Diese Ionen bleiben mehr oder weniger hydratisiert. In Abhängigkeit von der Bindungsenergie (gegebenenfalls neben elektrostatischer Wechselwirkung auch nichtelektrostatische) wird ein Anteil so weit an die Grenzfläche vordringen, wie es die Raumbeanspruchung dieser hydratisierten Partikeln zuläßt (Ionen der sogenannten *Stern*-Schicht, siehe Abschn. 4.2.3.4). Viele für die Flotation wesentliche Adsorptionsvorgänge von Sammlern und modifizierenden Reagenzien vollziehen sich in dieser Schicht. Weiter von der Grenzfläche entfernt ordnen sich die Gegenionen ein, die außer dem elektrischen Kraftfeld noch der Wärmebewegung unterliegen (Ionen der **diffusen Schicht**, siehe Abschn. 4.2.3.4).

Grahame entwickelte eine Beziehung für die Adsorptionsdichte Γ_δ in der *Stern*-Schicht adsorbierter Ionen [643]:

$$\Gamma_\delta = 2\, r\, c_0 \exp[-W_\delta/kT] \tag{30}$$

r effektiver Radius der in der *Stern*-Schicht adsorbierten Ionen
c_0 Lösungskonzentration der Ionen
W_δ Adsorptionsenergie (bzw. freie Enthalpie der Adsorption) eines Ions in der *Stern*-Schicht ($W_\delta = z_i e_0 \psi_\delta + \Phi$; Φ nichtelektrostatischer Term)

Die Adsorbierbarkeit eines Gegenions wird maßgeblich von dessen Ionenpotential z/r und seiner Hydratation bestimmt. Hierbei wird vielfach die Gültigkeit der **Ionenreihen von Hofmeister** beobachtet [591] [626]. Die Ionenreihe für die Adsorbierbarkeit von Kationen auf negativ geladenen Mineraloberflächen lautet:

$$Li^+ < Na^+ < K^+ < Rb^+ < Cs^+ < NH_4^+ < Mg^{2+} < Ca^{2+} < Ba^{2+} < H^+ < Al^{3+} < Fe^{3+}$$

Zu beachten ist in diesem Zusammenhang auch, daß hydratisierte mehrwertige Kationen in Abhängigkeit vom pH in verschiedenen Hydrolysestufen vorliegen können (siehe Abschn. 4.1.2).

In vielen Fällen handelt es sich bei Ionenadsorption um eine **Austauschadsorption**, d.h., eine an der Grenzfläche vorhandene Ionensorte wird mehr oder weniger durch eine andere als Folge einer durch Konzentrationsänderung bedingten Gleichgewichtsverschiebung ersetzt. Dieser Austausch in der Doppelschicht läßt sich durch folgende Beziehung beschreiben [575] [645]:

$$\frac{\Gamma_a}{\Gamma_b} = K\, \frac{c_a}{c_b} \tag{31}$$

Γ_a; Γ_b Adsorptionsdichte der Ionen a bzw. b
c_a; c_b Lösungskonzentration der Ionen
K Austauschparameter

Für **indifferente Gegenionen**, d.h. Ionen, die nur elektrostatischen Wechselwirkungen unterliegen wie K^+ und Na^+, beträgt der Austauschparameter nahezu eins.

Werden Dipolmoleküle oder polar-unpolare Moleküle bzw. Ionen in der Grenzfläche gerichtet adsorbiert, spricht man von **orientierter Adsorption**.

Die Adsorptionsaktivität einer Mineraloberfläche kann außer durch die Realstruktur noch durch Oxydationsvorgänge, Amorphisierung, Haften kolloider Partikeln u.a. wesentlich modifiziert sein. Diesen Einflüssen sind schon viele Arbeiten gewidmet worden (siehe z.B. [564] [565] [579] [644]). Mit Hilfe radiographischer und anderer Methoden konnte die Heterogenität der Adsorptionsaktivität von Mineraloberflächen unmittelbar nachgewiesen werden [546] [565] [644] [646] bis [648].

Eine wichtige Rolle bei der Sulfid-Flotation spielen die Wechselwirkungen zwischen den Sulfidoberflächen und dem im Wasser gelösten Sauerstoff. Frische Bruchflächen von Sulfiden besitzen im allgemeinen eine gewisse Hydrophobie, die jedoch in alkalischer Trübe unter O_2-Einwirkung durch oberflächliche Bildungen von Metall-Hydroxiden, Sulfaten und anderen Schwefel-Sauerstoff-Verbindungen völlig verlorengeht [649] bis [652]. In saurer Trübe dagegen kann es unter oxidierenden Bedingungen zur oberflächlichen Bildung von Elementarschwefel kommen, der zwischenzeitlich die Hydrophobie verstärkt. Abgesehen von der stofflichen Veränderung der oxidierten Oberflächen gelangen Ionen (SO_4^{2-}, Schwermetallionen) in die Lösung, die durch Readsorption das Adsorptionsverhalten anderer Minerale wesentlich beeinflussen können. Mit der O_2-Einwirkung ist immer eine pH-Senkung verbunden.

Aufgrund von Wechselwirkungen in wäßriger Lösung kann es auch zum Haften kolloider bzw. feinster Teilchen auf Mineralkörnern kommen. Derartige Erscheinungen können sich bei der Flotation als sog. Schlammüberzüge auswirken (siehe Abschn. 4.9.2).

4.2.3.3 Elektrochemische Betrachtungsweise der Ionenadsorption

Für die Beschreibung der Ionenadsorption aus Lösungen hat sich auch die elektrochemische Betrachtungsweise als geeignet erwiesen. Wenn sich ein Mineral im Kontakt mit einer wäßrigen Lösung befindet, so wandern Ionen durch die Grenzfläche, bis der Gleichgewichtszustand erreicht ist. Ionen dieser Art sind im letzten Abschnitt als potentialbestimmend bezeichnet worden, weil diese Vorgänge im allgemeinen zur Ausbildung einer Potentialdifferenz zwischen Mineral und Lösung führen.

Betrachtet man zunächst den Kontakt eines einwertigen Metalls, z.B. Silber, mit Wasser, so gehen Ag^+ in Lösung, während Elektronen auf dem Metall zurückbleiben. Das Silber erhält somit eine negative Ladung. Das System bleibt jedoch elektrisch neutral. Die chemische Arbeit, die das Inlösunggehen der Ag^+ veranlaßt, ergibt sich aus der Differenz der chemischen Potentiale $\mu_{Ag^+}^{(s)} - \mu_{Ag^+}^{(l)}$ (hochgestellte Indizes s bzw. l bedeuten Festkörper bzw. Flüssigkeit) [590] [601] [653]. Je mehr Ag^+ in Lösung übergetreten sind, um so schwieriger wird es für die folgenden, weil die chemische Arbeit durch die wachsende elektrische Arbeit zur Überwindung der Potentialdifferenz verbraucht wird. Das thermodynamische Gleichgewicht stellt sich ein, wenn die gewonnene chemische Arbeit gleich der aufgewendeten elektrischen Arbeit geworden ist:[1]

$$\mu_{Ag^+}^{(s)} - \mu_{Ag^+}^{(l)} = z_+ e_0 (\psi^{(l)} - \psi^{(s)}) \tag{32a}$$

z_+ Ladungszahl des Ions
e_0 Elementarladung ($1{,}602 \cdot 10^{-19}$ As)
$\psi^{(l)} - \psi^{(s)}$ elektrostatische Potentialdifferenz zwischen beiden Phasen bezüglich des Übergangs der Ag^+

Durch Umformen ergibt sich:

$$\mu_{Ag^+}^{(s)} + z_+ e_0 \psi^{(s)} = \mu_{Ag^+}^{(l)} + z_+ e_0 \psi^{(l)} \tag{32b}$$

---

[1] Über die Problematik der Anwendbarkeit von Gl. (32a) siehe [590] [601] [654].

Den Ausdruck

$$\bar{\mu}_i = \mu_i + z_i e_0 \psi \tag{33}$$

bezeichnet man als **elektrochemisches Potential**. Wenn man eine neutrale Partikel von einer Phase zur anderen überführt, so ist die Gleichheit des chemischen Potentials in beiden Phasen ausreichende Bedingung für das thermodynamische Gleichgewicht. Gl. (32b) stellt die Gleichgewichtsbedingung in einem elektrochemischen System dar, d.h., das elektrochemische Potential der Ag$^+$ muß in beiden Phasen gleich groß sein.

Für das chemische Potential einer Komponente i in einer wäßrigen Lösung gilt Gl. (16). Führt man diesen Ausdruck in Gl. (32) ein, so ergibt sich die Potentialdifferenz zwischen der Silberplatte und der Lösung zu:

$$\psi^{(s)} - \psi^{(l)} = \frac{\mu_{Ag^+}^{o(l)} + \mu_{Ag^+}^{(s)}}{z_+ e_0} + \frac{kT}{z_+ e_0} \ln a_{Ag^+}^{(l)} \tag{34}$$

$a_{Ag^+}^{(l)}$ Aktivität der Silberionen in der wäßrigen Phase

Obwohl diese Potentialdifferenz experimentell nicht bestimmt werden kann, so eröffnet Gl. (34) doch die Möglichkeit, Änderungen der Potentialdifferenz in Abhängigkeit von Änderungen der Aktivität der Silberionen in der Lösung darzustellen. Setzt man der Lösung z.B. AgNO$_3$ zu, so ändert sich das chemische Potential der Silberionen in der Lösung. Das chemische Potential der Silberionen im Feststoff ändert sich demgegenüber kaum, weil die Anzahl der die Phasengrenze überschreitenden Ionen außerordentlich gering und in den meisten Fällen nicht nachweisbar ist [601]. Wenn man nunmehr den Potentialsprung wie folgt definiert:

$$\Delta \psi \equiv \psi^{(s)} - \psi^{(l)} \tag{35}$$

so erhält man durch Differentation aus Gl. (34):

$$d(\Delta \psi) = \frac{kT}{z_+ e_0} d \ln a_{Ag^+}^{(l)} = \frac{RT}{F} d \ln a_{Ag^+}^{(l)} \tag{36}$$

F Faraday-Konstante ($F = 96{,}5 \cdot 10^3$ C/Val)

Aufgrund des Ladungsüberganges entsteht an der Grenzfläche eine elektrische Doppelschicht. Die Silberplatte trägt im behandelten Beispiel eine negative Oberflächenladung, die durch das Inlösunggehen der Ag$^+$ entstanden ist. Wegen der elektrostatischen Wirkungen reichern sich positive Ionen in den dem Feststoff unmittelbar benachbarten Lösungsteilen an, während die Lösung dort an negativen Ionen verarmt. Bei Zusatz löslicher Silbersalze zur Lösung erfolgt ein Übergang von Ag$^+$ zur Silberoberfläche, und das negative Potential wird zunächst abgebaut. Mit weiterer Steigerung der Ag$^+$-Konzentration in der Lösung kann das Silber sogar ein positives Potential gegenüber der Lösung erwerben. Bei einer bestimmten Konzentration wird die Oberflächenladung und damit das Potential gleich null sein. Dies entspricht dem Ladungsnullpunkt (siehe Tabellen 33 und 35).

Bezeichnet man die Lösungskonzentration der potentialbestimmenden Ionen am Ladungsnullpunkt mit c_i^o bzw. die entsprechende Aktivität mit a_i^o, so ergibt sich die auf den Ladungsnullpunkt bezogene Potentialdifferenz zu:

$$\psi_0 = \Delta \psi(a_i) - \Delta \psi(a_i = a_i^o) \tag{37}$$

und durch Integration von Gl. (36):

$$\psi_0 = \frac{RT}{F} \ln \frac{a_{Ag^+}}{a_{Ag^+}^o} \tag{38a}$$

oder allgemein:

$$\psi_0 = \frac{RT}{z_i F} \ln \frac{a_i}{a_i^o} = \frac{RT}{z_i F} \left(\ln \frac{c_i}{c_i^o} + \ln \frac{f_i}{f_i^o} \right) \tag{38b}$$

f_i Aktivitätskoeffizient

ψ_0 ist also die Potentialdifferenz über die elektrische Doppelschicht (Doppelschichtpotential), die durch den reversiblen Übergang potentialbestimmender Ionen entsteht. Diese Potentialdifferenz ist am Ladungsnullpunkt gleich null. Für $a_i > a_i^o$ ergibt sich für positive Ionen ein positives Potential, für negative Ionen ein negatives Potential. Ändert sich die Aktivität um eine Zehnerpotenz, so beträgt die Potentialänderung bei 20°C $58/z_i$ mV.

Aus $\psi_0 = 0$ am Ladungsnullpunkt darf man nicht folgern, daß die gesamte Potentialdifferenz zwischen beiden Phasen gleich null ist. Außer dem behandelten Doppelschichttyp kann z.B. ein solcher vorliegen, der auf eine Orientierungspolarisation permanenter Dipole zurückzuführen ist. Eine solche Doppelschicht schließt keinen Ladungsübergang ein [643] [654]. Derartige Effekte sollen im folgenden nicht weiter berücksichtigt werden, da sie in elektrochemischen Systemen nicht meßbar sind.

Befindet sich ein schwerlösliches Salz, z.B. AgCl, im Kontakt mit einer wäßrigen Lösung, so ergeben sich analoge Verhältnisse. In diesem Falle ist das thermodynamische Gleichgewicht durch folgende Bedingungen gegeben:

$$\bar{\mu}_{Ag^+}^{(l)} = \bar{\mu}_{Ag^+}^{(s)}$$

und

$$\bar{\mu}_{Cl^-}^{(l)} = \bar{\mu}_{Cl^-}^{(s)}$$

Außerdem gilt das Löslichkeitsprodukt (siehe Tabelle 33):

$$K = a_{Ag^+} \cdot a_{Cl^-} \approx 1{,}6 \cdot 10^{-10}$$

Das Potential der elektrischen Doppelschicht berechnet sich zu:

$$\psi_0 = \frac{RT}{F} \ln \frac{a_{Ag^+}}{a_{Ag^+}^o} = \frac{RT}{F} \ln \frac{a_{Cl^-}^o}{a_{Cl^-}}$$

Führt man $pAg = -\lg a_{Ag^+}$ ein und berücksichtigt, daß $pAg^o = 4{,}0$ (siehe Tabelle 33), so kann man für 20°C auch schreiben:

$$\psi_0 = 58(pAg^o - pAg) = 58(pCl - pCl^o) \quad \text{in mV}$$

oder

$$\psi_0 = 58(4{,}0 - pAg) = 58(pCl - 5{,}8) \quad \text{in mV}$$

Aus der Tatsache, daß $pAg^o = 4$ und $pCl^o = 5{,}8$ ist, erkennt man, daß das Lösungsbestreben der Silberionen größer als das der Chlorionen ist. Dies ist eine Folge der unterschiedlichen Hydratation. Wenn man AgCl in destilliertes Wasser schüttet, so lädt es sich negativ gegenüber der Lösung auf. Erst durch den Zusatz von Ag$^+$ wird bei $a_{Ag^+} = 10^{-4}$ mol/l der Ladungsnullpunkt erreicht.

In ähnlicher Weise wie AgCl lassen sich Minerale vom Typ schwerlöslicher Salze (Fluorit, Baryt u.a.) elektrochemisch behandeln.

Für oxidische Minerale geht aus den Gln. (27) und (28) hervor, daß H$^+$ und OH$^-$ potentialbestimmend sind. Die genannten Beziehungen stellen jedoch Vereinfachungen dar. Im einzelnen komplizieren die sich bildenden Hydratkomplexe und deren Löslichkeitsverhalten die Vorgänge. In erster Näherung läßt sich für Oxide zur Anpassung von Gl. (38b) schreiben [576] [639]:

$$\psi_0 = 2{,}3 \frac{RT}{F} (pH^o - pH) \tag{39}$$

Noch kompliziertere Verhältnisse ergeben sich für die Schwermetallsulfide, für die nicht nur die Metallkationen und S^{2-} potentialbestimmend sind. Da die S^{2-} der Hydrolyse unterworfen sind und die Hydrolysegleichgewichte HS$^-$ sowie H$^+$ und OH$^-$ einschließen, sind auch diese Ionen mit zu den potentialbestimmenden zu zählen. Im pH-Bereich 2 bis 11, der für die Flotation von Interesse ist, gilt $c_{HS^-} \gg c_{S^{2-}}$ (siehe Abschn. 4.12.1.2). Bei Zusätzen von Na$_2$S, das bei der Sulfid-Flotation manchmal als Regler benutzt wird, sind deshalb die HS$^-$ in erster Linie potentialbestimmend.

4.2.3.4 Elektrische Doppelschicht

In den letzten Abschnitten ist erörtert worden, auf welche Weise die Oberfläche eines Minerals, das sich im Kontakt mit einer wäßrigen Lösung befindet, Träger einer Oberflächenladung und damit eines elektrischen Potentials ψ_0 gegenüber der Lösung wird. Da das durch die Oberflächenladung verursachte elektrische Feld auf die Ionen in der Lösung wirkt, kommt es in der Nähe der Grenzfläche lösungsseitig zu einer Anreicherung von Gegenionen und Verarmung von zur Oberfläche gleichsinnig geladenen Ionen. Jedoch sind die Ionen der diffusen Schicht außer den *Coulomb*-Kräften noch der Wärmebewegung unterworfen. Infolgedessen sind die Gegenionen nicht in einer Ebene parallel zur Oberfläche konzentriert, sondern die durch die Oberflächenladung bewirkten Konzentrationsänderungen erstrecken sich eine gewisse Entfernung von der Oberfläche in die Lösung hinein. In dieser Weise ist der Begriff elektrische Doppelschicht zu verstehen, bei der im Gleichgewichtszustand der Oberflächenladungsdichte σ_s eine Raumladungsdichte σ_d, die die erstere kompensiert, gegenübersteht. Praktisch erstreckt sich diese Raumladung über eine Dicke der diffusen Schicht, die in Abhängigkeit von der Ionenstärke der Lösung etwa zwischen 1000 und 5 Å liegt.

Als Folge der Raumladung ist das Potential ψ lösungsseitig eine Funktion des Abstandes x von der Grenzfläche. Ein allgemeiner Ausdruck für die Konzentrationsänderung einer Ionenart i in der diffusen Grenzschicht als Funktion des Abstandes x läßt sich mit Hilfe der im letzten Abschnitt entwickelten elektrochemischen Betrachtungsweise gewinnen, indem das elektrochemische Potential dieser Ionen unabhängig vom Abstand als konstant angesetzt wird:

$$\bar{\mu}_i^{(l)}(x) = \bar{\mu}_i^{(l)}(x = \infty) \tag{40}$$

Hierbei repräsentiert $x = \infty$ den Abstand der vom elektrischen Kraftfeld unbeeinflußten Lösung. Gemäß der Definition des elektrochemischen Potentials (Gl. (32)) läßt sich Gl. (40) wie folgt umstellen, wenn es sich z.B. um den Konzentrationsverlauf eines Kations an einer negativ geladenen Grenzfläche handelt und weiterhin anstelle der Aktivität die Konzentration gesetzt werden darf:

$$-z_i F(\psi(x) - \psi(x = \infty)) = RT \ln \frac{c_+(x)}{c_+(x = \infty)} \tag{41}$$

Wenn man schließlich $\psi(x=\infty) = \psi^{(l)} = 0$ setzt, d.h., sämtliche Potentiale auf das der ungestörten Lösung bezieht, so ergibt sich für den allgemeinen Fall der Konzentrationsverlauf eines Ions in der diffusen Schicht:

$$c_i(x) = c_i^o \exp\left(-\frac{z_i e_0 \psi(x)}{kT}\right) \tag{42}$$

c_i^o Lösungskonzentration des Ions
z_i Ladungszahl des Ions (einschließlich Vorzeichen)

Bild 237 spiegelt die charakteristischen Merkmale einer elektrischen Doppelschicht an einer Grenzfläche Mineral/wäßrige Lösung bei negativ geladener Mineraloberfläche wider [594]. Der Oberflächenladungsdichte σ_s steht die Raumladungsdichte σ_d der diffusen Doppelschicht gegenüber, und für die gesamte Doppelschicht gilt das Elektroneutralitätsprinzip, d.h. $\sigma_s + \sigma_d = 0$. σ_d setzt sich aus den Anteilen zusammen, die Kationen und Anionen beitragen. Im vorliegenden Beispiel bestehen diese Anteile aus der Zunahme der Kationenkonzentration und der Abnahme der Anionenkonzentration in der diffusen Schicht gegenüber den Konzentrationen c_+^o bzw. c_-^o der ungestörten Lösung außerhalb der Doppelschicht. Im Bild 237b und c entsprechen letztere dem Niveau der Abszisse. Die schraffierten Flächen sind Maße für die Beiträge beider Ionen zur Raumladungsdichte σ_d, wobei gilt: $\sigma_d = \sigma_+ - \sigma_-$. Für 1-1-wertige Elektrolyten, niedrige Elektrolytkonzentrationen und niedrige Doppelschichtpotentiale sind die Konzentrationsverteilungen von Kationen und Anionen in der diffusen Schicht symmetrisch (Bild 237b), und sie entsprechen Gl. (42). Folglich tragen dann beide Ionen in gleichem

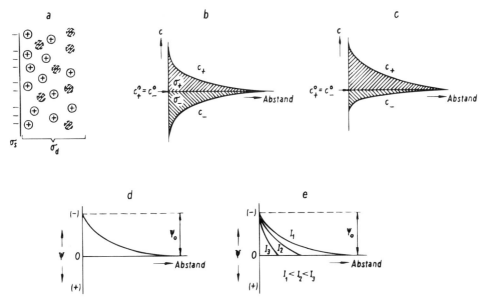

Bild 237 Elektrische Doppelschicht [594]
a) Zusammensetzung der diffusen Schicht, schematisch
b) symmetrische Konzentrationsverteilungen von Kationen und Anionen in der diffusen Schicht bei geringen Doppelschichtpotentialen ($\psi_0 < 25/z$ in mV) gemäß Gl. (42); Kationen und Anionen tragen in gleichem Umfang zur Raumladung bei ($\sigma_d = \sigma_+ - \sigma_-$; $\sigma_+ = -\sigma_-$, gesamte schraffierte Fläche entspricht σ_d. c_+^0 bzw. c_-^0 bedeuten die Konzentrationen von Kationen bzw. Anionen in der ungestörten Lösung; folglich bedeuten Kurven oberhalb der Abszisse Konzentrationsüberschüsse und unterhalb Konzentrationsdefizite.
c) Konzentrationsverteilungen von Kationen und Anionen in der diffusen Schicht bei Doppelschichtpotentialen > $25/z$ mV; Kationen tragen stärker zu σ_d bei;
d) Änderung des Potentials ψ über die diffuse Schicht
  (für $\psi_0 > 25/z$ mV ändert sich ψ exponentiell mit dem Abstand);
e) Einfluß der Ionenstärke I auf den Potentialabfall in der diffusen Schicht

Umfange zur Raumladungsdichte σ_d bei. Wenn aber mehrwertige Kationen vorhanden sind und/oder höhere Doppelschichtpotentiale vorliegen, so ergeben sich Konzentrationsverläufe, wie sie schematisch im Bild 237c dargestellt sind. Hier tragen die Gegenionen in stärkerem Maße zu σ_d bei. Die Änderung des Potentials in der diffusen Schicht gemäß den von Bild 237b erfaßten Verhältnissen ist im Bild 237d dargestellt.

Mit steigender Elektrolytkonzentration, d.h. auch wachsender Ionenstärke, wird die diffuse Schicht komprimiert. Somit konzentrieren sich die durch das elektrische Kraftfeld der Mineraloberfläche verursachten Konzentrationsänderungen der Ionen zunehmend in der Nähe der Grenzfläche. Dadurch wird auch der Potentialabfall als Funktion des Abstands steiler (Bild 237e).

Wegen der Analogie, die sich zum Radius einer Ionenwolke um ein Ion in der Lösung eines starken Elektrolyten ergibt, läßt sich entsprechend eine **Doppelschichtdicke** $L = 1/\varkappa$ ($1/\varkappa$ Radius der Ionenwolke) einführen [590] [592] [653]. Diese darf nicht mit der Schichtdicke verwechselt werden, in der sich σ_d befindet. Sie beträgt nur einen Bruchteil der letzteren und entspricht dem mittleren Abstand der Gegenionen von der Oberfläche. Für die Ableitung des Radius der Ionenwolke ist eine Reihe von Annahmen zugrunde gelegt worden, die das Ergebnis mehr oder weniger stark beeinflussen (nur *Coulomb*-Kräfte werden berücksichtigt; relative Dielektrizitätskonstante ε_r des reinen Lösungsmittels wird benutzt; Ionen werden als punktförmig und nicht polarisierbar angenommen; Anziehungspotential ist klein gegenüber der Wärmebewegung; vollständige Dissoziation wird vorausgesetzt). Damit erhält man [590] [592] [653]:

$$1/\varkappa = \sqrt{\frac{\varepsilon_r \varepsilon_0 k T}{e_0^2 \sum_i n_i z_i^2}} \tag{43a}$$

ε_0 elektrische Feldkonstante ($\varepsilon_0 = 8{,}8542 \cdot 10^{-12}$ As/Vm)
k Boltzmann-Konstante ($k = 1{,}3805 \cdot 10^{-23}$ J · K^{-1})
n_i volumenbezogene Ionendichte (Anzahlkonzentration) in der Lösung

bzw. mit der molaren Konzentration $c_i = n_i/N_L$ (N_L Loschmidtsche Zahl; $N_L = 6{,}023 \cdot 10^{-23}$ mol^{-1}) und der Ionenstärke $I = 1/2 \sum_i c_i z_i^2$:

$$1/\varkappa = \sqrt{\frac{\varepsilon_r \varepsilon_0 k T}{e_0^2 N_L \sum_i c_i z_i^2}} = \sqrt{\frac{\varepsilon_r \varepsilon_0 k T}{2 e_0^2 N_L I}} \tag{43b}$$

Durch Einsetzen der Zahlenwerte für ε_0, k, e_0 und N_L ergibt sich:

$$1/\varkappa = 1{,}988 \cdot 10^{-10} \sqrt{\frac{\varepsilon_r T}{I}} \quad \text{in cm} \tag{43c}$$

Für Wasser von 25 °C ($\varepsilon_r = 78{,}56$) erhält man schließlich:

$$1/\varkappa = 3{,}04 \cdot 10^{-8} \frac{1}{\sqrt{I}} \quad \text{in cm} \tag{44}$$

Für die komplizierte Struktur der Doppelschicht sind mehrere Modelle entwickelt worden (siehe z. B. [565] [591] [592]). Das Modell von *Helmholtz* setzt eine starre Doppelschicht voraus, die auf der Vorstellung des Plattenkondensators beruht. Dieses sehr stark vereinfachte Modell vermag deshalb die elektrochemischen Phänomene nicht befriedigend widerzuspiegeln. Für diesen hypothetischen Kondensator ergibt sich die Ladungsdichte zu:

$$\sigma_s = \varepsilon_0 \varepsilon_r \frac{\psi_0}{1/\varkappa} \tag{45}$$

Hingegen ist das von *Gouy* und *Chapman* um 1910 entwickelte Modell in seinen Grundzügen auch heute noch akzeptabel [591] [592] [594] [655]. Diesem Modell liegen neben einer gleichverteilten Oberflächenladung die Voraussetzungen zugrunde, daß die Gegenionen als Punktladungen betrachtet werden dürfen und neben den *Coulomb*-Kräften nur der Wärmebewegung unterliegen, sich also eine diffuse Raumladung ausbildet, sowie die relative Dielektrizitätskonstante unabhängig vom Abstand konstant ist. Die Ableitung, auf die hier nicht weiter eingegangen werden kann, liefert für die Ladungsdichte:

$$\sigma_s = -\sigma_d = \frac{\varepsilon_0 \varepsilon_r}{1/\varkappa} \frac{2kT}{z e_0} \sinh(z e_0 \psi_0 / 2kT)$$

$$= \sqrt{8 \varepsilon_0 \varepsilon_r k T n_M} \sinh(z e_0 \psi_0 / 2kT) \tag{46}$$

n_M Anzahlkonzentration der Moleküle eines symmetrischen Elektrolyten in der Lösung

Für kleine Doppelschichtpotentiale ($z e_0 \psi_0 / 2kT \ll 1$ bzw. $z \psi_0 \ll 25$ mV) geht Gl. (46) in Gl. (45) über. Für große Doppelschichtpotentiale ($z e_0 \psi_0 / 2kT \geq 5$ bzw. $z \psi_0 \gg 250$ mV) erhält man dagegen:

$$\sigma_s = \sqrt{2 \varepsilon_0 \varepsilon_r k T n_M} \exp(z e_0 \psi_0 / 2kT) \tag{47}$$

Es sind zahlreiche theoretische und experimentelle Arbeiten erschienen, die die von *Gouy* und *Chapman* getroffenen Voraussetzungen überprüft und auch entsprechende Korrekturen vorgeschlagen haben [655] [658]. Mit einer Ausnahme kann hier nicht darauf eingegangen werden. Grundlegende Schwierigkeiten beim Vergleich des rechnerischen Potentialabfalls nach dem *Gouy-Chapman*-Modell mit den experimentellen Ergebnissen wurden von *Stern* [656] und später von *Grahame* [657] überwunden. Sie berücksichtigten vor allem, daß die Ionen (mehr oder weniger hydratisiert!) ein nicht vernachlässigbares Volumen besitzen und sich deshalb nur bis zu einem Abstand δ der Grenzfläche nähern können. Ferner wird in Rechnung gestellt, daß auch nichtelektrostatische Energieterme auftreten können. Im Bild 238 ist der diesen Vorstellungen entsprechende Aufbau der elektrischen Doppelschicht dargestellt, auf den bereits im Abschn. 4.2.3.2 teilweise eingegangen worden ist. Danach bilden die Gegenionen neben der diffusen Schicht (*Gouy*-Schicht) die *Stern*-Schicht (auch **äußere Helmholtz-Schicht** genannt). Die Grenze zwischen *Stern*-Schicht und *Gouy*-Schicht wird auch *Helmholtz*-Fläche genannt.

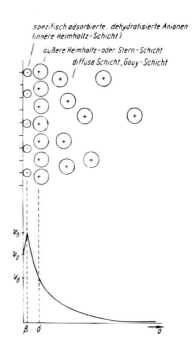

Bild 238 Aufbau einer elektrischen Doppelschicht sowie Potentialänderung als Funktion des Abstandes von der Phasengrenze [655]

4.2.3.5 Zeta-Potential

Die Existenz der elektrischen Doppelschicht um ein Mineralkorn führt im elektrischen Feld dazu, daß zwischen dem Teilchen einschließlich seiner fest gebundenen Hydrathülle und dem beweglichen Teil der diffusen Schicht Relativbewegungen auftreten. Man bezeichnet diese Relativbewegungen als **elektrokinetische Erscheinungen** [591] [592] [625]. Diese können auf unterschiedliche Weise verwirklicht werden. Sind die Mineralkörner in der Lösung frei beweglich, so wandern sie bei Anlegen einer Spannung je nach ihrer Ladung zur Anode oder Katode. Diesen Vorgang bezeichnet man als **Elektrophorese**. Werden dagegen die Mineralteilchen in Form eines Diaphragmas (durchströmte Kornschüttung) festgehalten, so muß bei Anlegen einer Spannung die Relativbewegung dadurch zustande kommen, daß die Flüssigkeit das Diaphragma durchströmt (**Elektroosmose**). Die Relativbewegung erreicht in beiden Fällen schnell eine konstante Geschwindigkeit, weil den beschleunigenden Kräften Widerstandskräfte entgegenwirken. Es sei nochmals betont, daß sich bei den genannten Erscheinungen die Körner mit ihrer Oberflächenladung und der in der mitbewegten Hydratschicht enthaltenen

Ladung der Gegenionen relativ zum verbleibenden Teil der diffusen Schicht bewegen. Dies bedeutet jedoch nicht, daß die Relativbewegung dazu führt, daß die Körner frei von der diffusen Schicht werden. Diese bildet sich vielmehr ständig neu.

Hält man eine Körnerprobe als Diaphragma in einem Röhrchen aus nichtleitendem Material (Glas, Kunststoff) fest und drückt die Lösung durch die Probe, so ist zwischen Ein- und Austrittsstelle der Strömung eine Potentialdifferenz meßbar (**Strömungspotential**). Eine ähnliche Potentialdifferenz tritt bei der Sedimentation von Mineralteilchen auf (**Sedimentationspotential**).

Aufgrund der elektrokinetischen Erscheinungen ist jener Teil der Potentialdifferenz in einer elektrischen Doppelschicht bestimmbar, der zwischen der Lösung und der Scherfläche der Relativbewegung besteht, d.h. der – allerdings unscharfen – Grenze zwischen haftender Hydrathülle und angrenzender beweglicher Flüssigkeit. Diese Potentialdifferenz bezeichnet man als **elektrokinetisches** oder **Zeta-Potential**.

Für die mathematische Behandlung ist von vereinfachenden Annahmen auszugehen [591] [592] [626]. Man betrachtet die elektrische Doppelschicht als Kondensator und nimmt an, daß die Gegenionen der diffusen Schicht sich im Abstand l von der Scherfläche, die die Ladungsdichte σ besitzt, befinden. Je Oberflächeneinheit wirkt auf das Korn eine beschleunigende Kraft σE (E Elektrische Feldstärke) und unter vorauszusetzenden laminaren Strömungsverhältnissen eine Widerstandskraft $\eta u_r/l$ (u_r Relativgeschwindigkeit), so daß für den stationären Fall gilt:

$$\frac{\eta u_r}{l} = \sigma E$$

Wenn man weiterhin berücksichtigt, daß für die Kapazität C je Flächeneinheit des Kondensators zu setzen ist:

$$C = \frac{\sigma}{\zeta} = \frac{\varepsilon_0 \varepsilon_r}{l}$$

so erhält man nach Substitution von σ:

$$\zeta = \frac{\eta u_r}{\varepsilon_0 \varepsilon_r E} \tag{48}$$

Gl. (48) bildet die Grundlage zur Bestimmung des Zeta-Potentials bei Messungen nach den oben genannten Methoden.

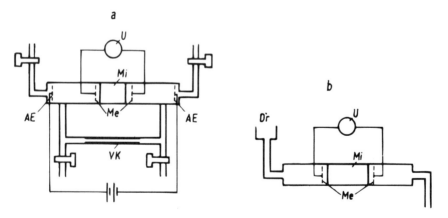

Bild 239 Anordnungen zur Messung von Zeta-Potentialen, schematisch [626]
a) Elektroosmose; b) Strömungspotential
Mi Mineral-Diaphragma (Kornschüttung); *AE* Arbeitselektroden; *Me* Meßelektroden; *Dr* Druckerzeugung und -messung; *VK* Vergleichskapillare; *U* Spannungsmessung

Meßanordnungen sind schematisch im Bild 239 dargestellt [626]. Bei Elektroosmose-Messungen (Bild 239a) ist die Meßanordnung häufig so ausgebildet, daß die Flüssigkeitsbewegung an der Verschiebung einer Luftblase beobachtet wird, die sich in einer im Kreislauf angeordneten Meßkapillare befindet. Eine große Verbreitung haben Strömungspotential-Messungen (Bild 239b) erlangt. Hierbei wird die Flüssigkeit mit konstanter Geschwindigkeit durch das Mineral-Diaphragma gedrückt. Für beide mit Kornschüttungen arbeitenden Meßanordnungen ist u.a. wichtig, daß die Doppelschichtdicke klein gegenüber den Porenabmessungen der Schüttung ist. Diese Bedingung ist für Poren > 1 µm erfüllt. Für Elektrophorese-Messungen ist eine Reihe verschiedenartiger Meßanordnungen entwickelt worden. Auch das Sedimentationspotential ist neuerdings mittels einer Methode, die von einer Wirbelschicht Gebrauch macht, der meßtechnischen Erfassung des Zeta-Potentials erschlossen worden [659]. Bezüglich meßtechnischer Einzelheiten der erwähnten Methoden muß auf die einschlägige Fachliteratur verwiesen werden (siehe z.B. [591] [592] [626] [660]). Für die im Rahmen der Aufbereitungstechnik interessierenden Anwendungen erfolgen diese Messungen unter stationären Bedingungen der Relativbewegung. Für die meßtechnische Erfassung des Zeta-Potentials von Kolloidteilchen wird aber auch von oszillierender Relativbewegung durch die Anwendung von elektrischen Wechselfeldern Gebrauch gemacht (Wechselstromelektrophorese, elektroakustischer Effekt) [592].

Bei der Auswertung von Meßergebnissen ist noch zu beachten, daß in die Berechnung nur ungenau bekannte Größen wie die Viskosität und die Dielektrizitätskonstante in der Nähe der Scherfläche zwischen diffusem und starrem Teil der Doppelschicht eingehen. Dadurch sowie wegen der statistischen Mittelung über alle Teilchen stellt das Zeta-Potential keine exakt definierte Größe dar. Trotz dieser Einschränkungen hat es sich in der Aufbereitungstechnik vielfältig bewährt. Mit Hilfe von Zeta-Potential-Messungen lassen sich wichtige Informationen über die Ladungsverhältnisse und die elektrischen Doppelschichten an Mineralteilchen gewinnen. Insbesondere eignen sich Veränderungen des Zeta-Potentials durch Ionenadsorption, Erhöhen der Ionenstärke u.a. zur Aufklärung der sich in der elektrischen Doppelschicht ablaufenden Vorgänge. Manchmal setzt man stark vereinfachend das Potential der *Stern*-Schicht angenähert gleich dem Zeta-Potential ($\psi_\delta \approx \zeta$). Man muß auch berücksichtigen, daß sich der oberflächliche Hydratationszustand und damit die Lage der Scherfläche in Abhängigkeit von Doppelschichtpotential ψ_0, Adsorptionsvorgängen, der Ionenstärke usw. ändern können. Sieht man davon ab, so hängt das Zeta-Potential unmittelbar von der spezifischen Adsorption sowie

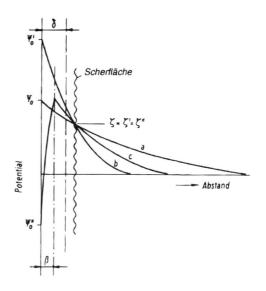

Bild 240 Potentialänderung über die elektrische Doppelschicht
a) für geringere Konzentration potentialbestimmender Ionen und geringe Ionenstärke;
b) für höhere Konzentration potentialbestimmender Ionen und höhere Ionenstärke;
c) bei zu a) und b) entgegengesetztem Doppelschichtpotential und spezifisch adsorbierten Gegenionen.
Beachte, daß für die drei Fälle gleiches Zeta-Potential zugrunde gelegt worden ist.

der Adsorption in der *Stern*-Schicht und von der Ionenstärke ab. Welch unterschiedlicher Aufbau der elektrischen Doppelschicht einem konstanten Wert des Zeta-Potentials zugeordnet werden kann, soll mit Hilfe von Bild 240 verdeutlicht werden. Im Falle a liegt eine geringere Konzentration potentialbestimmender Ionen vor (Doppelschichtpotential ψ_0), und die Ionenstärke der Lösung ist relativ gering. Im Fall b liegt zwar eine höhere Konzentration potentialbestimmender Ionen vor (Doppelschichtpotential ψ'_0), aber die Doppelschicht ist infolge höherer Ionenstärke stärker komprimiert. Im Fall c ist ein zu a und b entgegengesetztes Vorzeichen der Oberflächenladung gegeben (Doppelschichtpotential ψ''_0), aber durch starke Adsorption in der β- bzw. δ-Schicht dort eine so starke Potentialänderung vorhanden, daß das ψ_δ-Potential und damit auch das ζ-Potential ein zum ψ_0-Potential entgegengesetztes Vorzeichen besitzen. Durch den mit Hilfe von Bild 240 angestellten Vergleich ist verdeutlicht worden, daß ζ-Potentiale nur unter Berücksichtigung der Gesamtsituation in der elektrischen Doppelschicht interpretierbar sind.

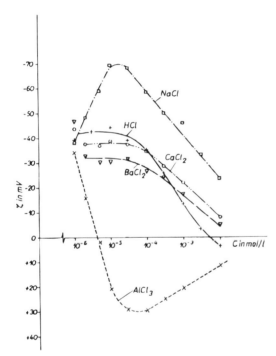

Bild 241 Zeta-Potential von Quarz (200 ... 250 μm) in Abhängigkeit von der molaren Konzentration an HCl, NaCl, CaCl$_2$, BaCl$_2$ und AlCl$_3$

Im Bild 241 ist auf Grundlage von Strömungspotentialmessungen der Verlauf des Zeta-Potentials von Quarz in Abhängigkeit von der molaren Konzentration an HCl, NaCl, CaCl$_2$ und AlCl$_3$ aufgetragen worden. Derartige Messungen liefern nur mit Mineraldiaphragmen korrekte Ergebnisse, deren Oberflächenleitfähigkeit gegenüber der Lösung vernachlässigbar ist [625]. Eine vergleichsweise zu hohe Oberflächenleitfähigkeit dürfte im Bild 241 wahrscheinlich für den Kurvenverlauf in NaCl-Lösungen bei Konzentrationen $< 10^{-5}$ mol/l maßgebend sein. Ansonsten sind die erörterten Wirkungen der einzelnen Ionen deutlich zu erkennen. H$^+$ sind nach Gl. (27) potentialbestimmend und bewirken damit auch eine entsprechende ζ-Potential-Änderung. NaCl ist ein indifferenter Elektrolyt und kann nur die Doppelschicht komprimieren. Folglich geht ζ → 0 für genügend hohe Konzentrationen. Ca^{2+}, Ba^{2+} und vor allem Al^{3+} werden intensiv in der β- bzw. δ-Schicht adsorbiert. Dies bewirkt mit AlCl$_3$ schon bei relativ geringer – mit CaCl$_2$ und BaCl$_2$ erst bei höherer – Konzentration eine Vorzeichenänderung des ζ-Potentials, bevor bei noch höheren Konzentrationen infolge Komprimierens der elektrischen Doppelschicht $\zeta \rightarrow 0$ geht. Die Adsorption der Kationen entspricht im vorliegenden Fall offensichtlich der *Hofmeister*schen Ionenreihe.

4.2.4 Dreiphasenkontakt

Eine feste und eine fluide Phase treffen in einer Grenzfläche aufeinander. Die dabei auftretenden Vorgänge und Erscheinungen sind in den letzten Abschnitten besprochen worden. Haften eine Luftblase oder auch ein Öltropfen an einem Mineralkorn, das sich in wäßriger Lösung befindet, so treten Dreiphasenkontakte auf. Drei Phasen (im Fall der Flotation vor allem fest, flüssig und gasförmig, auf die im folgenden Bezug genommen wird) können nur längs einer Linie im Kontakt sein.

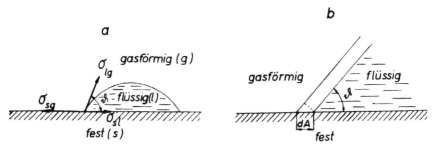

Bild 242 Zur Ableitung der *Young*schen Gleichung
a) formale Ableitung; b) thermodynamische Ableitung

Im Bild 242 ist ein Wassertropfen auf einer ebenen Festkörperoberfläche dargestellt. Im Gleichgewichtszustand nimmt der Tropfen eine Form an, die von den drei Grenzflächenspannungen abhängt (die Indizes bedeuten: s fest; l flüssig; g gasförmig). Der **Randwinkel** ϑ (genauer: **statischer Randwinkel** [661]), der durch die flüssige Phase gemessen wird, ist ein Maß für die Benetzbarkeit der Festkörperoberfläche durch die flüssige Phase. Bei kleinem Randwinkel breitet sich der Tropfen auf der Festkörperoberfläche stärker aus bzw. die Flüssigkeit spreitet auf ihr stärker; und diese ist somit besser benetzbar (hydrophiler bzw. weniger hydrophob) als bei großem Randwinkel. Aus Bild 242a leitet sich für den Gleichgewichtszustand ab:

$$\sigma_{sg} - \sigma_{sl} - \sigma_{lg} \cos \vartheta = 0$$

bzw.

$$\cos \vartheta = \frac{\sigma_{sg} - \sigma_{sl}}{\sigma_{lg}} \qquad (49)$$

Es ist noch zu betonen, daß die in diese Gleichung eingehenden Grenzflächenspannungen vorhandene Adsorptionsschichten berücksichtigen. Gl. (49) wird gewöhnlich als **Youngsche Gleichung** bezeichnet. Trotz der Anschaulichkeit ist die Ableitung nur formal richtig. Eine physikalisch korrekte Ableitung liefert folgende Betrachtung (Bild 242b): Nach den Grundsätzen der Thermodynamik muß die Arbeit bei einer kleinen Veränderung der Grenzfläche null sein, wenn sich das System im Gleichgewicht befindet. Nimmt man an, daß sich die Fest-flüssig-Grenzfläche um dA vergrößert, so erhält man:

$$\sigma_{sl} \, dA + \sigma_{lg} \, dA \cos \vartheta - \sigma_{sg} \, dA = 0$$

Stellt man diese Gleichung um, so gelangt man ebenfalls zu Gl. (49).

Aus Gl. (49) folgt, daß $\sigma_{sg} > \sigma_{sl}$ sein muß, wenn der Randwinkel $\vartheta < 90°$ ist. Für $\sigma_{sg} \leq \sigma_{sl}$ folgt entsprechend $\vartheta \geq 90°$. Die *Young*sche Gleichung ist nur gültig, solange $\sigma_{sg} - \sigma_{sl} \leq \sigma_{lg}$ ist, weil sie nur auf den Gleichgewichtszustand anwendbar ist. Dabei ist auch vorauszusetzen, daß die beteiligten Phasen wechselseitig gesättigt sind. Wenn die Flüssigkeit die Festkörperoberfläche völlig benetzt und die Gasphase von dort völlig verdrängt, d.h. vollständig spreitet, wird $\sigma_{sg} - \sigma_{sl} > \sigma_{lg}$.

Für eine noch anschaulichere Deutung des Randwinkels bzw. der Benetzungsverhältnisse im Bereich $\sigma_{sg} - \sigma_{sl} \leqq \sigma_{lg}$ – insbesondere auch für die Erfordernisse der Flotation – kann man die **Adhäsionsarbeit** W_{sl} heranziehen. Darunter ist die je Flächeneinheit aufzuwendende Arbeit zum Ablösen der Flüssigkeit von der Festkörperoberfläche zu verstehen. Beim Ablösen wird Arbeit zur Neubildung von Grenzflächen im Betrage $\sigma_{sg} + \sigma_{lg}$ verbraucht und der Arbeitsbetrag σ_{sl} frei:

$$W_{sl} = \sigma_{sg} + \sigma_{lg} - \sigma_{sl} \tag{50a}$$

Mit Hilfe von Gl. (49) erhält man daraus:

$$W_{sl} = \sigma_{lg} (1 + \cos\vartheta) \tag{50b}$$

Da die Randwinkel bei sammlerbedeckten Mineraloberflächen in Flotationssystemen vor allem zwischen 25° und 75° liegen, so berechnet sich für $\sigma_{lg} \approx 72\,\text{mJ/m}^2$ die Adhäsionsarbeit W_{sl} zu 91 bis 137 mJ/m². Auf einer vollständig mit Kohlenwasserstoffgruppen bedeckten Oberfläche beträgt sie noch 48 mJ/m² [662].

Da die **Kohäsionsarbeit** einer Flüssigkeit $2\sigma_{lg}$ beträgt (je Einheit Querschnitt entstehen zwei Oberflächeneinheiten), so ergibt sich für das Verhältnis Adhäsionsarbeit zu Kohäsionsarbeit:

$$\frac{W_{sl}}{2\sigma_{lg}} = \frac{1 + \cos\vartheta}{2} \tag{51}$$

Daraus folgt [663]:

- $W_{sl} < 2\sigma_{lg}$: Die Flüssigkeit spreitet unvollständig auf der Festkörperoberfläche; es bildet sich ein endlicher Randwinkel aus.
- $W_{sl} = 2\sigma_{lg}$: Randwinkel $\vartheta = 0°$; die Flüssigkeit spreitet gerade vollständig.
- $W_{sl} > 2\sigma_{lg}$: Es bildet sich kein Gleichgewichtsrandwinkel mehr aus; die Flüssigkeit spreitet schnell.

Bei einem Randwinkel von 90° ist die Adhäsionsarbeit halb so groß wie die Kohäsionsarbeit. Ein Randwinkel von 180° würde das Fehlen jeglicher Adhäsionskräfte zwischen Festkörper und Flüssigkeit bedeuten. Dies ist jedoch unvereinbar mit dem Wesen zwischenmolekularer Kräfte (siehe z.B. [120] [588] [664] [665]). In wäßrigen Systemen sind maximale Randwinkel von 115° auf Paraffin ($W_{sl}/2\sigma_{lg} = 0{,}289$) und 120° auf Polytetrafluorethylen (Teflon) ($W_{sl}/2\sigma_{lg} = 0{,}250$) gemessen worden [664].

Bei der Ableitung von Gl. (49) ist der Schwerkrafteinfluß vernachlässigt worden. Dies ist für genügend kleine Tropfen bzw. Blasen zulässig.

Auf einer idealen Festkörperoberfläche, die stofflich homogen ist, existiert nur der durch die *Young*sche Gleichung definierte Gleichgewichtsrandwinkel. Bei realen Oberflächen ist demgegenüber immer mit mikroskopischen Rauhigkeiten und auch stofflichen Inhomogenitäten zu rechnen. Beides bewirkt eine **Randwinkelhysterese**, d.h. eine Differenz zwischen dem **Fortschreiterandwinkel** ϑ_F und dem **Rückzugsrandwinkel** ϑ_R [592] [661]. Dies kann man z.B. an einem liegenden Tropfen beobachten, der mit Hilfe einer Kapillare durch Änderung der Flüssigkeitsmenge vergrößert oder verkleinert wird. Die Kapillare verbleibt während der Messung im Tropfen. Wird dem Tropfen vorsichtig Flüssigkeit zugeführt, so nimmt der Randwinkel zunächst zu. Der Fortschreiterandwinkel ϑ_F wird gemessen, wenn der Tropfen beginnt, seine Fest-flüssig-Kontaktfläche zu vergrößern, wobei ϑ_F konstant bleibt. Bei der Bestimmung des Rückzugsrandwinkels wird Flüssigkeit aus einem großen Tropfen zurückgesaugt. Dabei nimmt der Randwinkel bis zum Wert ϑ_R ab. Eine weitere Verringerung der Flüssigkeitsmenge bewirkt dann eine Verkleinerung der Fest-flüssig-Kontaktfläche bei konstantem ϑ_R. ϑ_F und ϑ_R können

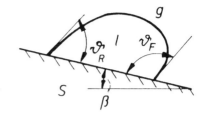

Bild 243 Randwinkelhysterese an einem Tropfen auf schiefer Ebene

auch an einem Tropfen auf einer schiefen Ebene beobachtet werden (Bild 243). Die Festkörperoberfläche wird so lange geneigt, bis der Tropfen beginnt, sich zu bewegen. Die Randwinkelhysterese ($\vartheta_F - \vartheta_R$) kann auf hydrophoben Oberflächen 40° und mehr betragen. Neuerdings ist festgestellt worden, daß das arithmetische Mittel von ϑ_F und ϑ_R den statischen Randwinkel ϑ gemäß der *Young*schen Gleichung liefert [666].

Da sich der Randwinkel zur Kennzeichnung des Hydrophobierungszustandes von Festkörperoberflächen eignet und meßtechnisch zugänglich ist, hat seine Bestimmung auch im Rahmen von Grundlagenuntersuchungen auf dem Gebiete der Flotationstechnik eine gewisse Bedeutung. Hierfür hat man sich vielfach der **Blasenhaftmethode** bedient, bei der auf eine Schliff- oder Wachstumsfläche in der jeweiligen Lösung eine Luftblase angedrückt wird, die bei Vorliegen einer hydrophoben bzw. hydrophobierten Festkörperoberfläche an dieser haften bleibt (Bild 244). Auch hierbei ist der Randwinkel durch die flüssige Phase zu messen. Obwohl darüber keine Informationen vorliegen, sollte sich auch diese Methode für die Bestimmung der Randwinkelhysterese eignen.

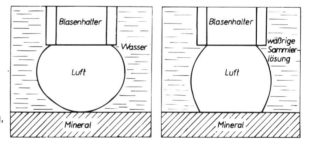

Bild 244 Blasenhaftmethode (Darstellung nach [667] und [668])
a) Galenit in reinem Wasser, $\vartheta = 0$;
b) Galenit in Ethylxanthogenat-Lösung, Haften, $\vartheta = 60°$

Über Einzelheiten der kurz erwähnten sowie weiterer Randwinkel-Meßmethoden muß auf entsprechende Spezialliteratur verwiesen werden (siehe z. B. [588] [591] [592] [645] [665] [667] bis [669]).

Von den statischen Randwinkeln sind jene zu unterscheiden, die sich während des Ablaufes eines Benetzungsvorganges (Spreiten eines Flüssigkeitstropfens) oder Entnetzungsvorganges (Blasenkontakt) bei der Bewegung der Dreiphasenkontaktlinie über die Festkörperoberfläche hinweg bis zum Erreichen des Gleichgewichtszustandes einstellen. Sie werden als **dynamische Randwinkel** bezeichnet, und ihre Größe hängt stark von der Geschwindigkeit, mit der sich die Dreiphasenkontaktlinie bewegt, sowie deren Bewegungsrichtung ab [661].

4.3 Sammler und allgemeine Grundlagen der Sammleradsorption

Die für die Flotation besonders charakteristischen Reagenzien sind die Sammler, weil sie den Feststoffoberflächen mittels Adsorption die für das Anhaften von Gasblasen erforderliche Hydrophobie verleihen, falls in wenigen Ausnahmefällen eine solche nicht schon aufgrund der

Festkörpereigenschaften gegeben ist. Sammler sind organische Reagenzien, deren Molekülstruktur und -größe bestimmten Erfordernissen entsprechen müssen, damit sie an den Feststoffoberflächen orientiert adsorbiert und somit den gewünschten Effekt hervorbringen können. Obwohl es sehr viele Verbindungen gibt, die die Voraussetzungen prinzipiell erfüllen, so schränkt sich deren Anzahl unter Beachtung der für die Flotationspraxis gültigen technisch-wirtschaftlichen und ökologischen Gesichtspunkte wesentlich ein.

4.3.1 Wirkungsweise der Sammler

Um eine Kornoberfläche hydrophobieren zu können, muß ein Sammlermolekül bzw. -ion eine Gruppe besitzen, die diesen Effekt hervorzubringen vermag. Dafür kommen beim gegenwärtigen Stand für die Praxis ausschließlich Kohlenwasserstoff-Gruppen in Betracht, d.h. Gruppen von unpolarem Charakter, wobei gesättigte Kohlenwasserstoff-Gruppen und zudem geradkettige besonders geeignet sind. Theoretisch könnten diese Funktion auch Fluorkohlenwasserstoff-Gruppen bzw. perfluorierte Kohlenwasserstoff-Gruppen [565] [671] [672] [740] oder Silan- bzw. Silicon-Gruppen ausüben [565] [673] [674].

Auf einer polaren und damit hydrophilen Festkörperoberfläche werden Sammlermoleküle nur adsorbiert, wenn sie über eine Gruppe (evtl. auch mehrere) verfügen, die mit der Feststoffoberfläche in Wechselwirkung (Physisorption, Chemisorption) zu treten vermag, d.h. über eine Gruppe von polarem Charakter. Gewöhnlich ist diese Gruppe sogar **ionogen**, so daß Sammlerionen adsorbiert werden. Diese polare Gruppe muß zugleich eine angemessene Löslichkeit des Sammlers bewirken. Bild 245 gibt als Beispiel die Struktur eines **polar-unpolaren Sammlers** (n-Alkylammoniumchlorid) wieder.

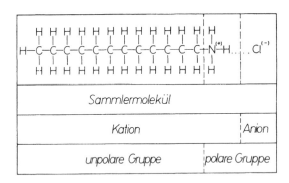

Bild 245 Struktur eines ionogenen Sammlers am Beispiel des n-Dodecylammoniumchlorids

Es erhebt sich nun die Frage, in welcher Weise ein Sammler die Hydrophobierung bewirkt. Geht man vom noch überwiegend vertretenen Monoschicht-Modell der Sammleradsorption aus, so wird der Sammler bei den in der Flotationstechnik üblichen Konzentrationen derart adsorbiert, daß sich auch unterhalb einer theoretischen Monoschichtbedeckung schon mehr oder weniger geschlossene Monoschicht-Inseln bilden (Bild 246a und auch Bild 262), in denen die Kohlenwasserstoff-Gruppen durch hydrophobe Bindungen assoziiert (siehe auch Abschn. 4.3.3.5) und der Flüssigkeit zugewandt sind. In diesem Fall sind die zwischen den Kohlenwasserstoff-Gruppen und Wasserdipolen wirkenden Dispersions- und Induktionskräfte wesentlich kleiner als die zwischen den Wassermolekülen vorhandenen Wechselwirkungskräfte (im Sprachgebrauch des letzten Abschnittes gesprochen: das Verhältnis „Adhäsionsarbeit zu Kohäsionsarbeit" ist wesentlich kleiner als eins), so daß beim Nähern einer Luftblase das Ablösen des Restwasserfilms von den Kohlenwasserstoff-Gruppen erfolgen kann. Vieles spricht dafür (siehe insbesondere Abschn. 4.3.3.6), daß sich unter bestimmten Voraussetzun-

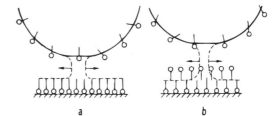

Bild 246 Zerreißen des Restwasserfilms bei Vorliegen einer Monoschicht (a) und einer Doppelschicht (b) [675]

gen weit unterhalb einer theoretischen Monoschichtbedeckung schon Doppelschicht-Inseln bilden können, die durchaus nicht – wie vielfach angenommen – zu einem Hydrophilieeffekt führen müssen, weil die hydrophilen Sammlergruppen der zweiten Schicht dem Wasser zugewandt sind. Wenn sich vielmehr die Kohlenwasserstoff-Gruppen der beiden Schichten nicht zu stark durchdringen, so dürften die zwischen ihnen wirkenden Dispersionskräfte die Schwächezone bilden, und beim Annähern einer Gasblase wird sich der Restwasserfilm gemäß der im Bild 246b dargestellten Weise ablösen.

Unter bestimmten Voraussetzungen können **nichtionogene** oder **nichtdissoziierte** Sammlermoleküle an Feststoffoberflächen adsorbiert werden. Die Wechselwirkungen zwischen einer nichtionogenen polaren Sammlergruppe und einer Feststoffoberfläche sind im allgemeinen nur schwach. Deshalb kommt für ihre Bindung hauptsächlich die Koadsorption in Mischfilmen ionogener Sammler oder in seltenen Fällen die Bindung über Wasserstoffbrücken in Betracht.

Unpolare Zusatzstoffe (z. B. Paraffinöle) werden nur auf von Natur aus hydrophoben (z. B. Molybdänit, Graphit, Schwefel) oder auf mit Sammlern hydrophobierten Feststoffoberflächen adsorbiert, bzw. sie haften dort als Öltröpfchen. Dadurch verstärken sie einerseits die Hydrophobierung. Andererseits können sie die Haftkräfte zwischen Feststoffteilchen und Luftblase auch durch Kapillarkräfte erhöhen, die im ringwulstartigen Ölzwickel zwischen beiden auftreten.

4.3.2 Wichtige Sammler und deren Eigenschaften

Sammler lassen sich nach verschiedenen Gesichtspunkten gliedern. Hinsichtlich ihres Charakters und der Wechselwirkungen mit den Feststoffoberflächen sind polar-unpolare von unpolaren Reagenzien abzugrenzen. Da die meisten Mineraloberflächen einen polaren Charakter besitzen, kommen dafür als primäre Sammler[1] nur Stoffe mit polar-unpolarem Aufbau in Betracht. Jedoch darf die Bedeutung unpolarer Reagenzien als Zusatzstoffe nicht übersehen werden. Von den polar-unpolaren Verbindungen spielen die ionogenen die dominierende Rolle.

Bei den ionogenen Sammlern sind zunächst die **anionaktiven** und die **kationaktiven** abzugrenzen, d.h. grenzflächenaktive Verbindungen, die eine oder mehrere funktionelle Gruppen besitzen, die in wäßriger Lösung unter Bildung negativ bzw. positiv geladener organischer Ionen dissoziieren, welche den Hydrophobieeffekt hervorbringen. Daneben haben insbesondere in den letzten Jahrzehnten auch **ampholytische** (amphotere) Sammler eine gewisse Bedeutung erlangt. Letztere enthalten sowohl anionische als auch kationische Gruppen, die in wäßriger Lösung in Abhängigkeit vom pH dissoziieren und dem Sammler anionischen oder/und kationischen Charakter verleihen. Zu den anionaktiven gehören die **Sulfhydryl-Sammler** und die **Oxhydryl-Sammler**. Bei den zuerst genannten ist das Kation über ein S-Atom mit der unpolaren Gruppe verbunden (z. B. R–S$^-$...Na$^+$; R–O–$\underset{\underset{S}{\|}}{C}$–S$^-$...Na$^+$; R bedeutet Kohlen-

---

[1] Unter primären Sammlern sollen solche Reagenzien verstanden werden, für deren Adsorption unmittelbare Wechselwirkungen zwischen Feststoffoberfläche und Sammler unerläßlich sind.

Tabelle 36 Wichtige ionogene Sammlergruppen

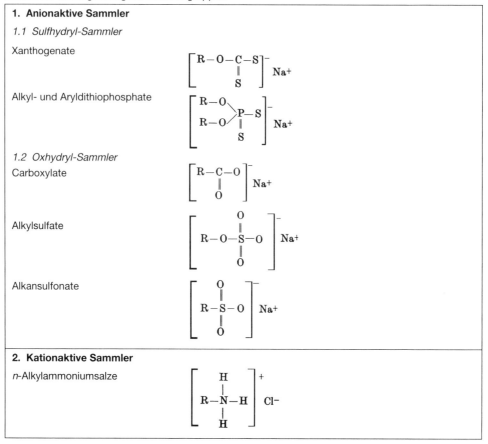

wasserstoff-Gruppe). Bei den Oxhydrxyl-Sammlern übernimmt diese Rolle ein O-Atom (z. B. R–C–O⁻ ... K⁺).
$$\text{R–}\underset{\underset{O}{\|}}{C}\text{–O}^- \ldots \text{K}^+$$

Die wichtigsten Sammlergruppen sind in Tabelle 36 zusammengestellt. Ihre Eigenschaften werden im folgenden etwas ausführlicher behandelt. Auf weitere Sammlergruppen wird nur kurz eingegangen.

4.3.2.1 Xanthogenate

Die Xanthogenate (Xanthate) sind die wichtigsten Sammler für die Flotation von Sulfiden sowie oxidischen Blei- und Kupfermineralen. Ihre Einführung in die Flotationstechnik in den zwanziger Jahren geht auf ein Patent von *Keller* zurück [676].

Die Xanthogensäure ist der O-Alkylester der Thiolthionkohlensäure:

$$\text{R–O–}\underset{\underset{S}{\|}}{C}\text{–SH}$$

4.3 Sammler und allgemeine Grundlagen der Sammleradsorption

Die Alkalixanthogenate erhält man durch Anlagerung von Alkoholaten an Schwefelkohlenstoff, z. B.:

$$C_2H_5OK + CS_2 \rightarrow C_2H_5O\text{-}\underset{\underset{S}{\|}}{C}\text{-}SK$$

bzw.

$$KOH + CS_2 + ROH \rightarrow R\text{-}O\text{-}\underset{\underset{S}{\|}}{C}\text{-}SK + H_2O \tag{52}$$

Die Reaktion verläuft relativ schnell, und aus alkoholischer Lösung fällt kristallines Xanthogenat. Als Sammler bei der Sulfidflotation kommen fast ausschließlich Alkalixanthogenate mit Kettenlängen von C_2 bis C_6 in Betracht, wobei gewöhnlich schon das Ethylxanthogenat ausgezeichnete Flotationsergebnisse hervorbringt. Die kurzkettigen Alkalixanthogenate sind weiße bis gelblich-weiße Stoffe, die sich durch einen typischen Geruch auszeichnen, der auf Spuren von Mercaptanen zurückzuführen ist.

Die Löslichkeit der Xanthogenate ist wie bei allen homologen Reihen kettenlängenabhängig. Kurzkettige Alkalixanthogenate sind sehr gut wasserlöslich, wodurch die Reagensdosierung erleichtert wird. Alkalixanthogenate sind weiterhin gut löslich in Aceton, löslich in Alkoholen, aber weniger löslich in Ether und flüssigen Kohlenwasserstoffen. Diese Löslichkeitseigenschaften können zur Reinigung der Xanthogenate ausgenutzt werden. Die Xanthogenate des Bleis, Kupfers, Silbers und Quecksilbers sind praktisch wasserunlöslich (Löslichkeitsprodukte $< 10^{-10}$). Etwas besser löslich sind die Xanthogenate des Zinks, Eisens und Mangans. Die Schwermetallxanthogenate besitzen einen stark kovalenten Bindungscharakter [677]. Die Löslichkeit der Erdalkalimetallxanthogenate in Wasser ist demgegenüber hoch. Diese Löslichkeitseigenschaften spiegeln sich in gewissem Sinne bei der Chemisorption an den Mineraloberflächen wider und erklären mit die selektive Sammlerwirkung der Xanthogenate.

Wäßrige Alkalixanthogenat-Lösungen sind mäßig stabil. Sie reagieren anfänglich neutral, später alkalisch, weil sie der Hydrolyse unterworfen sind:

$$\left[R\text{-}O\text{-}C\underset{S|}{\overset{\overline{S|}^\ominus}{\diagup}} \leftrightarrow R\text{-}O\text{-}C\underset{\overline{S|}_\ominus}{\overset{\overline{S|}}{\diagup}} \right] + H_2O \rightleftharpoons R\text{-}O\text{-}C\underset{\overline{S|}\text{-}H}{\overset{\overline{S|}}{\diagup}} + OH^- \tag{53}$$

In dem mesomeren Xanthogenat-Ion sind die S-Atome völlig gleichwertig.

Die Xanthogensäure ist eine relativ starke Säure (Dissoziationskonstante $3 \cdot 10^{-2}$ [678]). In wäßriger Lösung gebildete Xanthogensäure ist nicht beständig. Sie zerfällt schnell in Schwefelkohlenstoff und Alkohol, wobei diese Reaktion schneller als die Hydrolyse verläuft. Die Hydrolyse wird mit abnehmender Konzentration der wäßrigen Lösungen und steigender Temperatur merklich beschleunigt [644]. In Flotationstrüben ist deshalb mit einem gewissen Anteil an zersetztem Xanthogenat zu rechnen. Im trockenen Zustand – bei Abschluß von Luftfeuchtigkeit – sind die Xanthogenate lange Zeit beständig.

Die Xanthogenate kann man infolge der pH-Abhängigkeit ihres Zerfalls nur oberhalb etwa pH 5 einsetzen [565]. Ihr Hauptanwendungsgebiet liegt im schwach alkalischen Bereich. In hochalkalischen Trüben werden sie infolge Konkurrenzadsorption der OH^--Ionen von den Sulfidoberflächen verdrängt.

Durch Oxydation gehen Xanthogenate in Dixanthogen über:

$$2\ C_2H_5O\underset{\underset{S}{\|}}{C}SK \rightarrow C_2H_5O\underset{\underset{S}{\|}}{C}SS\underset{\underset{S}{\|}}{C}OC_2H_5 + 2\ K^+ + 2\ e^- \tag{54}$$

Diese Oxydation gelingt katalytisch an Festkörperoberflächen oder durch ein stärkeres Oxydationsmittel als Sauerstoff (z. B. Fe^{3+}, Cu^{2+}, J_2) in wäßriger Lösung [679]. Offensichtlich vollzieht sie sich auch an den Oberflächen von Sulfid-Mineralen. Das entstehende und in Wasser praktisch unlösliche Dixanthogen wird von einer Reihe von Autoren als die für den Hydrophobieeffekt aktive Verbindung angenommen (siehe hierzu Abschn. 4.12.1.1); und einiges spricht dafür, daß das stark kovalente Dixanthogen in den chemisorbierten Xanthogenatfilmen koadsorbiert wird (siehe z. B. [565] [677] [680] bis [684]). Es ist nämlich bemerkenswert, daß Sulfide mit kurzkettigen Xanthogenaten flotieren. Bei Oxhydryl- und kationaktiven Sammlern gelingt keine Flotation mit Alkylkettenlängen, die kürzer als C_6 bis C_8 sind. Dies unterstreicht die Besonderheiten der Xanthogenat-Adsorption. Andererseits wird unter bestimmten Voraussetzungen auch die Reduktion von Dixanthogen an Sulfidoberflächen zu Xanthogenat mit dessen Chemisorption als möglich betrachtet [680]. Schließlich ist in alkalischen Lösungen auch die Zersetzung von Dixanthogen durch Aufbrechen der S-S-Bindung unter Bildung von Xanthogenat-Ionen und Peroxid sowie Aufbrechen der C-S-Bindung unter Bildung von Monothiocarbonat-Ionen, S^{2-}-Ionen und Schwefel (S^0) beobachtet worden [685]. Oberhalb pH 12 soll diese Zersetzung sehr schnell verlaufen.

S^{2-} besitzt mit 1,85 Å einen relativ großen Ionenradius, ist deshalb leicht polarisierbar und kann außer Ionenbindungen auch kovalente Bindungen eingehen. Bei der Wechselwirkung von S^{2-} mit polarisierbaren Kationen können deren wechselseitige Polarisation und das Entstehen von Bindungen mit deutlicher metallischer Tendenz eintreten. Solche Bindungen sind für Schwermetallsulfide typisch. Infolgedessen sind günstige Voraussetzungen für die feste Bindung von Sulfhydryl-Sammlern auf Sulfiden gegeben, die leicht polarisierbare Kationen besitzen [644] [680]. Der Flächenbedarf der polaren Gruppe der Xanthogenate wird zwischen 24 und 29 Å² angegeben [644] [668]. Er ist für den Flächenbedarf des gesamten Moleküls maßgebend.

Zu erwähnen ist auch, daß Monothiocarbonate ($[R–O–C–S]^-$) nur schwache Sammlereigen-
$$\underset{O}{\overset{\parallel}{}}$$
schaften besitzen [644] [680]. Die polare Gruppe wird durch das Vorhandensein des O-Atoms stark hydrophil. Folglich ist das zweite Schwefelatom für die Sammlerwirkung sehr wichtig. Trithiocarbonate ($[R–S–C–S–]^-$) zeigen gegenüber den Xanthogenaten nur noch geringfügige Verbesserungen.
$$\underset{S}{\overset{\parallel}{}}$$

Kurzkettige Xanthogenate sind kaum oberflächenaktiv und vermindern deshalb die Oberflächenspannung wäßriger Lösungen nicht wesentlich. Längerkettige Xanthogenate besitzen demgegenüber Tensideigenschaften, die mit anderen ionischen Tensiden äquivalenter Kettenlänge vergleichbar sind [677].

Xanthogenate werden für die Flotation von Sulfiden, Edelmetallen, gediegenem Kupfer und die Oxydationsminerale der Sulfide von Blei, Kupfer und Zink eingesetzt. (Für die zuletzt genannten gewöhnlich nach vorangehender Sulfidierung!). ZnS flotiert ohne vorausgehende Aktivierung durch Schwermetallkationen nur sehr mäßig mit Xanthogenaten. Da die Xanthogenate für andere Minerale als die genannten praktisch keine Sammlerwirkung zeigen, ergeben sich relativ selektive Trennungen.

4.3.2.2 Alkyl- und Aryldithiophosphate

Alkyl- und Aryldithiophosphorsäuren sowie deren Alkalisalze sind ebenfalls wichtige Sulfidsammler. Sie sind vor allem auch unter ihrem Handelsnamen **Aerofloate** bekannt [19] [565] [688]. Ihre Herstellung kann durch Reaktion von Alkoholen bzw. Phenolen mit Phosphorpentasulfid erfolgen:

$$4\,ROH + P_2S_5 \rightarrow 2\,\underset{S}{\overset{RO}{\underset{RO}{>}}}\overset{\parallel}{P}-SH + H_2S \tag{55}$$

Sie sind im Vergleich zu den Xanthogenaten etwas schwächere Sammler, weil der fünfwertige Phosphor die Elektronenhülle der S-Atome stärker zu sich heranzieht und infolgedessen die

Bindungsenergie mit dem Metallkation des Minerals vermindert wird [644] [680]. Dies wirkt sich auch auf die Löslichkeit der entsprechenden Schwermetallsalze aus, die im Vergleich zu den Xanthogenaten etwas höher ist. Trotzdem kann man die Blei- und Kupfersalze noch als praktisch wasserunlöslich bezeichnen [680] [685].

Der Säurecharakter der Dithiophosphate ist etwas stärker ausgeprägt als bei den Xanthogenaten [565] [686]. Folglich kann man sie auch in stärker sauren Trüben einsetzen. Bezüglich der unpolaren Gruppe sind sie sehr variationsfähig. Neben Dialkyldithiophosphaten mit kurzer Kette sind auch Diaryldithiophosphate eingeführt. Dialkyldithiophosphate mit mittleren Kettenlängen besitzen schon ausgeprägte Schäumereigenschaften, so daß sie als Sammler-Schäumer bezeichnet werden können. Wegen der leichten Entzündlichkeit und der Toxizität der Dithiophosphate ist Vorsicht bei der Handhabung geboten.

Was den Adsorptionsmechanismus dieser Reagenzien anbelangt, so dürfte er im Prinzip dem der Xanthogenate nahekommen. Auch hierbei dürfte das entsprechende Disulfid (Diphosphatogen) eine für die Hydrophobierung aktive Rolle spielen.

4.3.2.3 Andere Sulfhydrylsammler

Den bisher besprochenen Sulfhydryl-Sammlern stehen einige Reagensgruppen nahe, die weniger verbreitet eingesetzt werden. Davon sind insbesondere die folgenden zu nennen:

Bei den **Mercaptanen** und **Thiophenolen** ist der Sauerstoff der alkoholischen Gruppe durch Schwefel ersetzt (R-SH). Verbindungen dieser Art besitzen einen sauren Charakter, und es lassen sich davon die Alkalisalze herstellen. Die Schwermetallsalze sind z.T. schwer löslich. Als Sammler eignen sich diese Verbindungen insbesondere für die Kupfersulfid-Pyrit- sowie Sphalerit-Pyrit-Trennung und die Flotation oxidischer Kupferminerale [644] [680]. Infolge des starken, unangenehmen Geruchs sind die Einsatzmöglichkeiten sehr beschränkt.

Weiterhin sind die **Dithiocarbamate** zu nennen, und zwar Monoalkyl- sowie Dialkyldithiocarbamate:

$$R-NH-\underset{\underset{S}{\|}}{C}-SNa \quad \text{bzw.} \quad \genfrac{}{}{0pt}{}{R}{R_1}\!\!\!>\!\!N-\underset{\underset{S}{\|}}{C}-SNa$$

die man über die Neutralisation der Thiolthionkohlensäure (HO–$\underset{\underset{S}{\|}}{C}$–SH) mit primären bzw. sekundären Aminen erhält. Eine Reihe von Schwermetallen bilden mit ihnen schwer- bzw. praktisch unlösliche Dithiocarbamate. Monoalkyldithiocarbamate zeichnen sich durch eine gute Sammlerwirkung gegenüber den oxidischen Kupfermineralen Malachit und Azurit aus [689].

Dialkylthiocarbamate zeichnen sich gegenüber Sulfiden durch ähnliche Sammlereigenschaften wie die Xanthogenate aus, werden aber wegen der höheren Herstellungskosten selten eingesetzt [565] [691]. In wäßrigen Lösungen liegen sie in Abhängigkeit vom pH in tautomeren Formen vor [680]:

$$R-O-C\!\!<\!\!\genfrac{}{}{0pt}{}{\!\!\nearrow S}{NH-R'} \rightleftharpoons R-O-C\!\!<\!\!\genfrac{}{}{0pt}{}{\!\!\nearrow SH}{N-R'} \rightleftharpoons \left[R-O-C\!\!<\!\!\genfrac{}{}{0pt}{}{\!\!\nearrow S}{N-R'}\right]^{-} + H^{+}$$

(im sauren bis neutralen Bereich)   (im alkalischen Bereich)   (im stark alkalischen Bereich)

Sie besitzen auch eine gewisse Schäumerwirkung und sind in sauren und alkalischen Trüben stabil. O-Butyl-N-benzoyl-thiocarbamat

$$C_4H_9-O\!\!<\!\!\genfrac{}{}{0pt}{}{\!\!\nearrow S}{NH-\underset{\underset{O}{\|}}{C}-C_6H_5}$$

hat sich sowohl für die Flotation von Kupfersulfiden aus pyrithaltigen Erzen als auch für die Galenit-Kupfersulfid-Trennung als geeignet erwiesen [690].

Darüber hinaus sind umfangreiche Untersuchungen über die Sammlereigenschaften weiterer Thio-Verbindungen bekannt geworden (siehe z.B. [19] [565] [644] [645] [680] [688] [692] [693] [741] [742]).

4.3.2.4 Carboxylate

Carbonsäuren und Carboxylate sind wichtige Sammler für Nichtsulfide. **Monocarbonsäuren** lassen sich durch folgende allgemeine Formel kennzeichnen:

$$R-C\underset{OH}{\overset{O}{\diagdown}}$$

Für Verbindungen dieser Art ist die Carboxylgruppe (–COOH) charakteristisch. Da einige höhere Carbonsäuren als Bestandteile von Fetten auftreten, bezeichnet man diese auch als **Fettsäuren**. Die Metallsalze (Carboxylate) werden vielfach auch **Seifen** genannt.

Im Gegensatz zu den Alkoholen ist der saure Charakter der Hydroxylgruppe in der Carboxylgruppe viel stärker ausgeprägt, was auf die Nachbarstellung der C=O-Doppelbindung zur OH-Gruppe zurückzuführen ist. Im Vergleich zu den Mineralsäuren sind die Carbonsäuren jedoch nur schwach dissoziiert:

$$R-C\underset{\overline{O}-H}{\overset{\overline{O}|}{\diagdown}} + H_2O \rightleftharpoons \left[R-C\underset{\overline{O}|^{\ominus}}{\overset{\overline{O}|}{\diagdown}} \leftrightarrow R-C\underset{O|}{\overset{\overline{O}|^{\ominus}}{\diagdown}} \right]^- + H_3O^+ \qquad (56)$$

In dem mesomeren Carboxylat-Anion sind die O-Atome völlig gleichwertig, so daß beide Grenzformen sich zu 50% an der Mesomerie beteiligen.

Die Dissoziationskonstanten gesättigter Fettsäuren betragen bei 25°C etwa (1,75 bis 1,0) · 10^{-5}, wobei sie mit der Kettenlänge etwas abnehmen [694]. Folglich sind die Alkaliseifen der Hydrolyse unterworfen. Der Flächenbedarf eines geradkettigen Monocarbonsäuremoleküls bzw. -ions beträgt etwa 20 Å^2 (beachte auch Abschn. 4.2.1.2).

Die Löslichkeit der Fettsäuren in Wasser nimmt mit der Kettenlänge etwa gemäß der *Traube*schen Regel ab. Sie ist bei den Gliedern, die für die Flotation in Betracht kommen (C > 8), schon relativ klein. Der Einsatz langkettiger gesättigter Fettsäuren wird durch die geringe Löslichkeit sehr beeinträchtigt. Tabelle 37 informiert über die Löslichkeit verschiedener gesättigter Fettsäuren in Wasser.

Im Vergleich zu den Carbonsäuren sind die Alkalicarboxylate leichter löslich. Das Löslichkeitsverhalten weist zunächst einige Besonderheiten auf, die für alle Tenside typisch sind (siehe Abschn. 4.3.2.12), indem sich beim Überschreiten kritischer Konzentrationen c_M Mizellen bilden, d.h. Assoziationen einer größeren Anzahl von Molekülen bzw. Ionen. In Tabelle 38 sind kritische Mizellbildungskonzentrationen für verschiedene Alkalicarboxylate zusammengestellt. Aber schon unterhalb von c_M sind Assoziate nachgewiesen worden, die nur aus zwei Molekülen bzw. Ionen bestehen, sog. Dimere [696] (siehe Abschn. 4.3.2.12). Die Alkalicarboxylate unterliegen als Salze schwacher Säuren und starker Basen der Hydrolyse. Bei genügend hoher Konzentration bestimmen die Dimeren den Hydrolyse-Verlauf. In nicht vom CO_2 befreiten Lösungen ist bei Überschreiten bestimmter Konzentrationen das Ausfallen schwerlöslicher Hydrolyse-Produkte von Dimeren beobachtet worden. Bei weiterer Erhöhung der Konzentration wird von verschiedenen Autoren auch die Bildung von Hydrolyse-Produkten tri- und polymerer Assoziate diskutiert. Diese Hydrolyse-Produkte der Assoziate werden als „saure Seifen" bezeichnet [696] [702] [703]. In CO_2-freien Lösungen wurde das Ausfallen von Hydrolyse-Produkten nicht beobachtet [702]. In Seifenlösungen hat man folglich in Abhängig-

4.3 Sammler und allgemeine Grundlagen der Sammleradsorption

Tabelle 37 Löslichkeit von Alkancarbonsäuren (entnommen aus: [570] [695] bis [699])

Carbonsäure	Löslichkeit in mol/l	
	bei 20°C	bei 60°C
n-Pentan-	$9{,}22 \cdot 10^{-2}$ $9{,}34 \cdot 10^{-2}$	$1{,}01 \cdot 10^{-1}$
n-Hexan-	$1{,}88 \cdot 10^{-2}$ $2{,}01 \cdot 10^{-2}$	$2{,}72 \cdot 10^{-2}$
n-Heptan-	$4{,}71 \cdot 10^{-3}$	$7{,}85 \cdot 10^{-3}$ $7{,}45 \cdot 10^{-3}$
n-Octan-	$1{,}64 \cdot 10^{-3}$	$3{,}43 \cdot 10^{-3}$ $1{,}89 \cdot 10^{-3}$
n-Nonan	$8{,}72 \cdot 10^{-4}$	$1{,}57 \cdot 10^{-3}$ $5{,}81 \cdot 10^{-4}$
n-Undecan-	$2{,}75 \cdot 10^{-4}$	$4{,}35 \cdot 10^{-4}$ $5{,}8 \cdot 10^{-5}$
n-Tridecan-	$8{,}76 \cdot 10^{-5}$	$2{,}46 \cdot 10^{-5}$ $1{,}49 \cdot 10^{-4}$
n-Pentadecan-	$1{,}01 \cdot 10^{-5}$	$4{,}51 \cdot 10^{-5}$
n-Heptadecan-	$4{,}46 \cdot 10^{-7}$	$1{,}76 \cdot 10^{-6}$
n-Heptadecen- (Ölsäure)	$3{,}55 \cdot 10^{-6}$	–
1-Brom-pentadecan-	$1{,}26 \cdot 10^{-5}$	
1,1-Pentadecandi-	$4{,}40 \cdot 10^{-5}$ (25°C)	
1,3-Pentadecandi-	$1{,}88 \cdot 10^{-5}$ (25°C)	
1,3,3-Pentadecantri-	$1{,}42 \cdot 10^{-3}$ (25°C)	

Tabelle 38 Kritische Mizellbildungskonzentrationen von Alkalicarboxylaten (entnommen aus [695] [698] bis [701])

Carboxylat	c_M in mol/l bei 25°C
K-Hexan-	$7{,}8 \cdot 10^{-1}$
K-Heptan-	$3{,}9 \cdot 10^{-1}$
K-Octan-	$2{,}0 \cdot 10^{-1}$
K-Nonan-	$9{,}8 \cdot 10^{-2}$
K-Undecan-	$2{,}55 \cdot 10^{-2}$
K-Tridecan-	$6{,}6 \cdot 10^{-3}$
K-Pentadecan-	$1{,}8 \cdot 10^{-3}$
K-Heptadecan-	$5{,}0 \cdot 10^{-4}$ (bei 60°C)
K-Heptadecen- (Oleat)	$1{,}5 \cdot 10^{-3}$
K-1-Hydroxy-pentadecan-	$6{,}0 \cdot 10^{-3}$
Na-1-Brom-pentadecan-	$1{,}5 \cdot 10^{-3}$
Di-Na-1-Sulfo-pentadecan-	$1{,}7 \cdot 10^{-2}$
Na-1,1-Pentadecandi-	$9{,}0 \cdot 10^{-4}$
Na-1,3-Pentadecandi-	$2{,}4 \cdot 10^{-3}$
Na-1,3,3-Pentadecantri-	$3{,}6 \cdot 10^{-2}$

keit von den Konzentrationsverhältnissen mit der Anwesenheit von Molekülen bzw. Ionen, Di-, Trimeren usw., Mizellen sowie deren Hydrolyse-Produkten zu rechnen, so daß sich recht unübersichtliche Lösungszusammensetzungen ergeben können. Da sich in Seifenlösungen (schon bei Teilverseifung) auch ein höherer Dispersitätsgrad nicht gelöster Anteile im Vergleich zu Fettsäurelösungen erreichen läßt, sind diese vom Gesichtspunkt der Sammlerwirkung vorzuziehen. Durch Emulgieren der Fettsäuren, evtl. unter geringem Alkalizusatz, oder durch gemeinsames Emulgieren mit Ölphasen läßt sich für längerkettige Fettsäuren ein hoher Dispersitätsgrad erreichen und der Sammlerverbrauch wesentlich vermindern. Schließlich sollen längerkettige Fettsäuren bei nicht zu tiefen Trübetemperaturen eingesetzt werden.

Die Seifen der Erdalkalimetalle und verschiedener Schwermetalle (z.B. Cu, Pb, Fe, Mn) sind schwerlöslich. Die Löslichkeitsprodukte sind z.T. wesentlich kleiner als 10^{-10} [565] [703] [704] (siehe auch Tabelle 45). Infolgedessen eignen sich Carbonsäuren bzw. deren Alkaliseifen als Sammler für Minerale, deren Kationen die genannten Metallionen sind (z.B. Fluorit, Baryt, Apatit). Dabei dürfte der polare Teil des Sammlers mit den Kationen im Sinne einer Chemisorption in Wechselwirkung treten. Die geringe Löslichkeit von Ca-Seifen beeinträchtigt jedoch auch den Einsatz in hartem Wasser.

Die Sammlerwirkung gesättigter Fettsäuren nimmt nach vorliegenden Ergebnissen zumindest bis zu Alkylkettenlängen C_{13} zu [695] [696] [705] [706]. Wenn sich noch längere Ketten als weniger wirksam erweisen, dürfte dies hauptsächlich auf die verminderte Löslichkeit zurückzuführen sein.

Ungesättigte Fettsäuren haben bisher in der Flotationstechnik breitere Anwendung gefunden als gesättigte, insbesondere die **Ölsäure**:

$$CH_3-(CH_2)_7\diagdown\diagup H$$
$$\underset{HOOC-(CH_2)_7\diagup\diagdown H}{\overset{C}{\underset{C}{\|}}}$$

cis-Octadecen-(9)-säure
Schmelzpunkt: etwa 16°C

Die entsprechende trans-Form ist die **Elaidinsäure**. Über die komplexe und stark pH-abhängige Zusammensetzung wäßriger Oleat-Lösungen informiert Bild 247 [713]. Daraus können sich kompliziertere Zusammenhänge zwischen Adsorption und Flotierbarkeit sowie empfindliche pH-Abhängigkeiten der letzteren ergeben [714] [739].

In natürlichen Fetten und Ölen finden sich neben der Ölsäure auch Säuren mit zwei oder drei Doppelbindungen. Die wichtigsten sind:

Linolsäure ($C_{17}H_{31}COOH$):
$$CH_3-(CH_2)_4-CH=CH-CH_2-CH=CH-(CH_2)_7-COOH$$

und **Linolensäure** ($C_{17}H_{29}COOH$):
$$CH_3-CH_2-CH=CH-CH_2-CH=CH-CH_2-CH=CH-(CH_2)_7-COOH$$

Die Doppelbindungen wirken zunächst löslichkeitserhöhend (siehe Tabelle 37). Weiterhin vermindert sich mit der Anzahl der Doppelbindungen das Assoziationsbestreben, so daß sich die kritische Mizellbildungskonzentration erhöht (Tabelle 38). Schließlich erhöhen Doppelbindungen etwas die Dissoziationskonstante, so daß auch die Hydrolyse etwas zurückgedrängt wird [564] [707]. Über den Vergleich der Sammlerwirkung von gesättigten und ungesättigten Fettsäuren sind schon zahlreiche Arbeiten durchgeführt worden (siehe z.B. [564] [636] [695] [703] [707] bis [712]). Obwohl die vorliegenden Ergebnisse nicht eindeutig sind, so erwiesen sich aber bei Normaltemperaturen ungesättigte C_{17}-Carbonsäuren im allgemeinen als wirksamer, wofür die verbesserte Löslichkeit, die Beeinträchtigung der Assoziation in der Lösung sowie die verminderte Hydrolyse vor allem verantwortlich sein dürften. Bei kürzerkettigen Carbonsäuren sind die gesättigten stets überlegen [712].

In der Absicht, die Sammlerwirkung langkettiger Carbonsäuren sowohl im Hinblick auf die Löslichkeit, das Assoziationsverhalten als auch das Dissoziations- bzw. Hydrolyseverhalten weiter zu verbessern, sind umfangreiche Untersuchungen mit α-**substituierten Monocarbonsäuren** sowie **Di-** und **Polycarbonsäuren** durchgeführt worden [690] [696] [698] [699] [705] [706] [712] [715] bis [722]. Sie ergaben, daß insbesondere 1-Sulfo- und 1-Br-substituierte

4.3 Sammler und allgemeine Grundlagen der Sammleradsorption   301

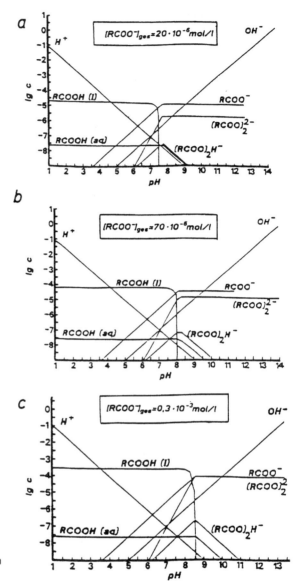

Bild 247 Gleichgewichtskonzentration der Oleat-Spezies in Abhängigkeit vom pH für wäßrige Lösungen mit unterschiedlicher Gesamt-Oleat-Konzentration [713]

Alkanmonocarbonsäuren sowie 1,1- und 1,3-Alkandicarbonsäuren den herkömmlichen Carbonsäuren hinsichtlich der Sammlerwirkung deutlich überlegen sind. Jedoch ist auch zu beachten, daß die 1-Br-Alkancarbonsäuren keine schwerlöslichen Verbindungen mit mehrwertigen Kationen bilden, während die genannten Dicarbonsäuren ausgezeichnete Komplexbildner für diese Ionen sind. Die Unempfindlichkeit der 1-Br-Alkanmonocarbonsäuren und die Empfindlichkeit der 1,1- und 1,3-Alkandicarbonsäuren gegenüber gelösten Ca^{2+}, Mg^{2+} und Fe^{2+} wurde auch in Flotationssystemen nachgewiesen [698] [716].

Auch **Ethercarbonsäuren** ($R(OC_2H_5)_nOCH_2COOH$ mit R: C_8 bis C_{10} und $n \leq 16$) haben sich wegen ihrer guten Löslichkeit, günstigeren Dissoziations- bzw. Hydrolyseverhaltens sowie ihrer Unempfindlichkeit gegenüber Ca^{2+} und Mg^{2+} als leistungsfähige Sammler erwiesen [723].

N-Acylaminocarbonsäuren der allgemeinen Formel

$$R_1 - \underset{\underset{O}{\|}}{C} - \underset{\underset{R_2}{|}}{N} - (CH_2)_n - COOH$$

R_1 Kohlenwasserstoffgruppe
R_2 H oder kurzkettige Alkylgruppe (z. B. CH_3)
n 1, 2

haben sich als wirkungsvolle Sammler für geringlösliche Ca-Minerale (Fluorit, Scheelit, Apatit) – insbesondere die N-Acyl-N-methylaminoessigsäuren (Acylsarkosine) erwiesen [724] bis [729]. Mit diesen Sammlern gelingt auch die Abtrennung von Calcit und Dolomit von den genannten Wertstoffmineralen. Die Eignung der N-Acylaminocarbonsäuren als Sammler für weitere Mineralgruppen ist wahrscheinlich.

Als Flotationssammler können auch **Naphthensäuren** benutzt werden. Sie sind reichlich in manchen Erdölen enthalten und stellen Gemische dar, die vorwiegend aus alkylierten Cyclopentan- und Cyclohexancarbonsäuren bestehen. Als Beispiel sei die Camphonansäure (1,2,2-Trimethylcyclopentancarbonsäure) genannt:

$$\begin{array}{c} H_2C \!-\! CH_2 \\ | \quad\quad | \\ H_2C \quad C(CH_3)_2 \\ \diagdown \! C \! \diagup \\ H_3C \quad\quad COOH \end{array}$$

Systematische Untersuchungen der Sammlereigenschaften von Naphthensäuren im Vergleich zu anderen Carbonsäuren liegen nicht vor.

Die Sammlereigenschaften der **Harzsäuren**, z. B. der Abietinsäure, sind nur mäßig [708] [730].

In dem Bestreben, die Reagenskosten so niedrig wie möglich zu halten, werden Carbonsäuren bzw. deren Alkaliseifen vielfach in Form von Mischprodukten natürlichen oder synthetischen Ursprungs eingesetzt. Eine große Verbreitung hat **Tallöl** gefunden, das als Nebenprodukt bei der Zelluloseherstellung anfällt und vor allem höhere Fettsäuren (Öl-, Linolen-, Stearin-, Palmitinsäure), aber auch Harzsäuren enthält. Die Zusammensetzung hängt von den verarbeiteten Hölzern ab.

Auch bei der Verarbeitung tierischer und pflanzlicher Öle und Fette fallen Neben- und Zwischenprodukte an, die für die Flotation geeignete Fettsäuren enthalten, z. B. Fischöl-, Spermöl-, Sonnenblumenöl-, Baumwollsamen-, Sojaölfettsäuren usw.

Synthetische Fettsäuren können ebenfalls benutzt werden. Sie enthalten auch ungeradzahlige und verzweigte Ketten.

Die Einsatzmöglichkeiten für Carboxylate sind sehr vielseitig. Gegenwärtig werden sie hauptsächlich als Sammler bei der Flotation oxidischer Eisen- und Manganerze, von Scheelit, Kassiterit, Phosphaten, Fluorit, Baryt u.a. benutzt.

4.3.2.5 Alkylsulfate, Alkansulfonate und andere sulfatierte und sulfonierte Reagenzien

Zu dieser Gruppe zählen zunächst die Alkalisalze der Alkylschwefelsäuren

$$\left[R - O - \underset{\underset{O}{\|}}{\overset{\overset{O}{\|}}{S}} - O \right]^- H^+$$

4.3 Sammler und allgemeine Grundlagen der Sammleradsorption   303

und der Alkansulfonsäuren

$$\left[R-\overset{O}{\underset{O}{\overset{\|}{\underset{\|}{S}}}}-O \right]^{-} H^{+}$$

Wichtig sind die **primären n-Alkylsulfate**. Wie bei allen Mizellbildnern nimmt die Löslichkeit oberhalb einer von der Kettenlänge abhängigen Temperatur stark zu (siehe Abschn. 4.3.2.12). Diese Temperatur, an der auch kritische Mizellbildungskonzentration c_M und Löslichkeit zusammenfallen, bezeichnet man als den *Krafft*-Punkt. Im Bild 248 sind die *Krafft*-Punkte für Na-n-Alkylsulfate dargestellt [731]. Sie weisen für die gerad- und ungeradzahligen Glieder ein alternierendes Verhalten auf.

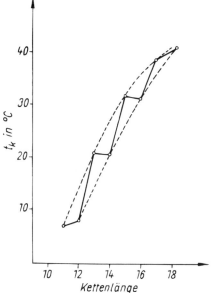

Bild 248 *Krafft*-Punkte t_K von Na-*n*-Alkylsulfaten in Abhängigkeit von der Kettenlänge [731]

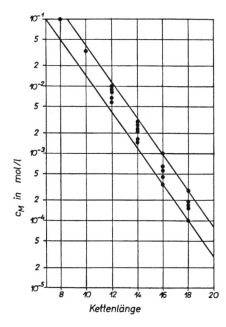

Bild 249 Kritische Mizellbildungskozentration c_M von Na-n-Alkylsulfaten in Wasser [732]

Im Bild 249 ist der Bereich eingetragen, in dem nach Angaben verschiedener Autoren die c_M in Abhängigkeit von der Kettenlänge liegen. Tabelle 39 liefert Löslichkeitswerte für n-Alkylsulfate in mol/l. Erdalkali-Alkylsulfate sind in Wasser mäßig löslich (Ca < Ba < Mg), so daß die Wasserhärte bei ihrem Einsatz nicht stört (bei 20°C: Ba-C_{14}-Sulfat $1{,}7 \cdot 10^{-2}$ mol/l; Ca-C_{14}-Sulfat $2{,}3 \cdot 10^{-4}$ mol/l [732]). n-Alkylsulfate können als Sammler für sämtliche oxidischen Minerale im Bereich positiver Zeta-Potentiale eingesetzt werden. Es lassen sich aber auch viele andere Minerale mit ihnen flotieren (z. B. Baryt, Wolframminerale, Sylvin). Die Sammlerwirkung nimmt mit der Kettenlänge zu; besonders günstig sind Kettenlängen von C_{12} bis C_{14}. n-Alkylsulfate sind starke Schäumer und liefern bei Anwesenheit von Feinstkorn sehr beständige Schäume, wodurch ihre Anwendung stark beeinträchtigt wird [733].

Bei den Alkansulfonaten ist die polare Gruppe vielfach nicht endständig, sondern als Folge des Herstellungsverfahrens statistisch über die unpolare Gruppe verteilt [734]. In diesem Falle

Tabelle 39 Löslichkeit von Na-n-Alkylsulfaten in mol/l in Wasser [732]

Temperatur in °C	C_{12}	C_{14}	C_{16}
10	$8,5 \cdot 10^{-3}$	–	–
20	$6,8 \ldots 7,5 \cdot 10^{-1}$	–	–
25	$1 \ldots 2$	$0,75 \ldots 1 \cdot 10^{-2}$	–
30	5	$0,8 \ldots 1 \cdot 10^{-1}$	$9 \cdot 10^{-4}$
40	–	–	$5 \cdot 10^{-2}$

ist damit zu rechnen, daß sie sich bezüglich der Sammlerwirkung von primären n-Alkylsulfaten unterscheiden, weil ihre Assoziation im Sammlerfilm behindert wird (siehe Abschn. 4.3.3.5). Ist die polare Gruppe endständig, so ist dieser Nachteil nicht vorhanden, und dann können die größere Stabilität und der stärker saure Charakter gegenüber den Alkylsulfaten sogar von Vorteil sein.

Zu relativ billigen und doch wirkungsvollen Sammlern kann man durch Sulfatierung oder Sulfonierung von pflanzlichen sowie tierischen Ölen und Fetten oder auch Erdölfraktionen gelangen. Diese Gemische sind im allgemeinen relativ gut löslich und sind für viele Mineraltrennungen schon mit Erfolg untersucht worden [564] [680] [735] [737]. Dabei spielt auch der Sulfierungsgrad eine Rolle. Einige dieser Sammler sind besonders für die Flotation sulfatischer Salzminerale (z.B. Kieserit, Polyhalit, Langbeinit) geeignet, wobei die Adsorption wahrscheinlich auf der Grundlage eines Ionenaustausches in der Mineraloberfläche geschieht [736] [738].

4.3.2.6 Andere Oxhydrylsammler

An sich kämen außer den bisher genannten noch viele andere grenzflächenaktive Stoffe als Oxhydrylsammler in Betracht (siehe z.B. [19] [565] [688] [692] [747]). Jedoch sind gegenwärtig nur relativ wenige dieser Reagenzien systematisch untersucht, und noch weniger werden technisch angewendet. In diesem Zusammenhang spielt selbstverständlich auch die Preisproblematik eine wichtige Rolle.

Alkanhydroxamsäuren sind schwache Säuren, die in zwei tautomeren Formen reagieren:

$$R-C\underset{NHOH}{\overset{O}{\diagup}} \rightleftharpoons R-C\underset{NOH}{\overset{OH}{\diagup}}$$

Das Wasserstoffatom der Hydroxylgruppe des Hydroxylaminrests ist als Proton abspaltbar. Diese Verbindungen bilden mit Sn, Nb, Ta, Ti, Fe und anderen Kationen stabile Komplexe (Chelate) in saurem Medium [680] [743] [744]. Einige Hydroxamate (z.B. von Fe^{3+} und Ca^{2+}) sind relativ schwer löslich. Diese Sammler eignen sich in Form der Alkalisalze und mit Kettenlängen von C_7 und mehr für die Flotation von Pyrochlor, Loparit, Perowskit, Wolframit und Kassiterit [745] [746].

Zu den chelatbildenden Reagenzien, denen eine Perspektive als selektive Flotationssammler eingeräumt wird, gehören die **Hydroxyoxime** [748] [827] [828]:

R_1 H, CH_3 oder Arylgruppe
R_2 –, CH_3, OCH_3 u.a.

Umfangreiche Untersuchungen wurden über die Eignung von **Alkanarsonsäuren** und **-phosphonsäuren** sowie **Alkylbenzolarsonsäuren** und **-phosphonsäuren** als Sammler für Kassiterit durchgeführt [751] bis [757]:

$$R-\underset{\underset{O}{\|}}{As}\diagdown\substack{OH \\ OH} \qquad R-\underset{\underset{O}{\|}}{P}\diagdown\substack{OH \\ OH}$$

Die erste Verbindung dieser Art, die sich im technischen Maßstab einführte, war die p-Toluolarsonsäure [749] [750] [751] [755]. Inzwischen ist diese weitgehend durch die 2-Phenylethylenphosphonsäure (Styrolphosphonsäure) ⟨☐⟩–CH=CHPO(OH)$_2$ ersetzt worden [752] [756]. Diese Arson- und Phosphonsäuren bilden schwerlösliche Sn- und Fe-Salze und werden auf Kassiterit offensichtlich chemisorbiert [753].

4.3.2.7 Alkylammoniumsalze

Alkylammoniumsalze sind die wichtigsten kationaktiven Sammler. Entsprechend der Anzahl der Alkylgruppen sind primäre, sekundäre, tertiäre und quaternäre Ammoniumsalze zu unterscheiden:

$$[R-NH_3]^+ \; Cl^- \qquad \qquad \left[R-\underset{}{NH_2}\overset{R'}{\overset{|}{}}\right]^+ Cl^-$$
$$\text{primär} \qquad\qquad\qquad\qquad \text{sekundär}$$

$$\left[\underset{R''}{\overset{R'}{\underset{|}{\overset{|}{R-NH}}}}\right]^+ Cl^- \qquad \left[\underset{R'''}{\overset{R'}{\underset{|}{\overset{|}{R-N-R''}}}}\right]^+ Cl^-$$
$$\text{tertiär} \qquad\qquad\qquad \text{quaternär}$$

Diese Reagenzien werden bei der Flotation fast ausschließlich in Form der Chloride oder Acetate eingesetzt. Die entsprechenden Alkylamine sind mäßig starke Basen. Die Dissoziationskonstanten der primären Aminbasen betragen bei 25°C etwa (4,4 bis 4,0)·10^{-4}, wobei die kleineren Werte für die längeren Ketten gelten [668] [701]. Infolgedessen sind sie der Hydrolyse unterworfen:

$$[R-NH_3]^+ \rightleftharpoons R-NH_2 + H^+ \qquad\qquad (57)$$

Aus dem Vorstehenden folgt, daß $c_{R-NH_3^+}/c_{R-NH_2} = 1$ etwa für pH 10,6 gilt. Deshalb kommt hauptsächlich der Bereich $pH < 11$ für die Flotation in Frage. Über die Dissoziationskonstanten weiterer Aminbasen informiert Tabelle 40. Quaternäre Alkylammoniumsalze sind nicht der Hydrolyse unterworfen.

Als Flotationssammler werden vor allem n-Alkylammoniumsalze mit Kettenlängen zwischen C_8 und C_{18} eingesetzt. Diese sind den sekundären, tertiären und quaternären Ammoniumsalzen bei gleicher Grundkettenlänge im allgemeinen überlegen [630] [705] [706] [758] [760].

Bezüglich der Löslichkeit und der Mizellbildung liegen ähnliche Verhältnisse wie bei den Alkylsulfaten vor. Der *Krafft*-Punkt liegt für das n-Dodecylammoniumchlorid bei 23°C, für das n-Octadecylammoniumchlorid bei etwa 55°C [502]. Über die kritischen Mizellbildungskonzentrationen verschiedener Alkylammoniumchloride informiert Tabelle 41 [503]. Die Löslichkeit der Aminbasen ist im Gegensatz zu den Alkylammoniumsalzen sehr gering (Tabellen 40 und 42) [759].

Wichtige Anwendungsgebiete für die Alkylammoniumsalze sind die Flotation von Sylvin, Feldspat, Quarz, Glimmer und oxidischen Zinkmineralen. Es sind aber auch Sulfide und gediegene Metalle neben weiteren nichtsulfidischen Mineralen mit ihnen flotierbar.

Tabelle 40 Dissoziationskonstanten und Löslichkeiten verschiedener Alkylamine bei 24 ± 2°C [758]

Amin	Dissoziationskonstante	Löslichkeit in mol/l
Dodecylamin	$4{,}3 \cdot 10^{-4}$	$2 \cdot 10^{-5}$
N-Methyldodecylamin	$10{,}2 \cdot 10^{-4}$	$1{,}2 \cdot 10^{-5}$
Dihexylamin	$10{,}2 \cdot 10^{-4}$	–
Dimethyldodecylamin	$0{,}55 \cdot 10^{-4}$	$7{,}2 \cdot 10^{-6}$
Trimethyldodecylamin	≈ 1	–

Tabelle 41 Kritische Mizellbildungskonzentrationen c_M von Alkylammoniumchloriden in Wasser [503] [701]

	c_M in mol/l
Octylammoniumchlorid	0,45
Decylammoniumchlorid	0,032 ... 0,054
Dodecylammoniumchlorid	0,012 ... 0,016
Tetradecylammoniumchlorid	0,0028 ... 0,0045
Hexadecylammoniumchlorid	0,0008
Octadecylammoniumchlorid	0,0003
Dodecyltrimethylammoniumchlorid	0,017
Tetradecyltrimethylammoniumchlorid	0,0045

Tabelle 42 Löslichkeit von n-Alkylaminen in Wasser [759]

	mol/l	
C_{10}	$(5{,}2 \pm 0{,}3) \cdot 10^{-4}$	bei 24°C und pH 7 bis 11
C_{12}	$(2{,}0 \pm 0{,}2) \cdot 10^{-5}$	bei 20 bis 23°C und pH 7 bis 10,5
C_{14}	$(1{,}2 \pm 0{,}1) \cdot 10^{-6}$	bei 23°C und pH 7 bis 9,5

4.3.2.8 Andere kationaktive Sammler

Von weiteren Aminen haben vor allem **Diamine** ($R-NH(CH_2)_n NH_2$) und **Alkyletheramine** ($R-O-(CH_2)_n-NH_2$) noch eine gewisse Bedeutung als Flotationssammler [747].

Die Sammlereigenschaften der **Alkylpyridiniumsalze**

$$\left[C_n H_{2n+1} - N\!\!\bigcirc \right]^+ Cl^-$$

sind schon in mehreren Arbeiten systematisch untersucht worden (siehe z.B. [761] [762]). Obwohl sie teilweise ähnliche Sammlereigenschaften wie die n-Alkylammoniumsalze besitzen, stehen sie diesen gewöhnlich hinsichtlich der Sammlerwirkung nach, was hauptsächlich durch die strukturellen Unterschiede zu begründen ist [503] [630] [705] [706]. Da sie als quaternäre Verbindungen nicht der Hydrolyse unterliegen, so können sie auch im stark alkalischen Bereich als Sammler eingesetzt werden. Die kritischen Mizellbildungskonzentrationen entsprechen etwa denen von n-Alkylammoniumsalzen, wenn man den Pyridiniumring etwa äquivalent drei CH_2-Gruppen setzt.

Die **N-Alkylmorpholinsalze**

$$\left[O \!\!<\!\!\begin{array}{c} CH_2-CH_2 \\ CH_2-CH_2 \end{array}\!\!>\!\! NH^{(+)}-C_n H_{2n+1} \right]^+ Cl^-$$

sind gute Sammler für NaCl, das sich mit ihnen auch in Mg-salzhaltigen Lösungen selektiv von KCl trennen läßt [504] [765]. Die Besonderheit des Wirkungsmechanismus ist neben dem kationaktiven Charakter auf die Anwesenheit des O-Atoms im Morpholinring zurückzuführen, das wahrscheinlich zu Wasserstoffbrückenbindungen mit an der Mineraloberfläche fest haftenden Hydratschichten befähigt ist [505] [506][763]. Morpholin ist eine mäßig starke Base ($K = 2{,}4 \cdot 10^{-6}$ [764]).

4.3.2.9 Ampholytische Sammler

In neuerer Zeit haben ampholytische Sammler an Bedeutung gewonnen [728] [766] bis [772]. Derartige Verbindungen enthalten im Molekül zumindest eine anionische und eine kationische Gruppe. Ihr Verhalten in wäßriger Lösung als Funktion des pH soll am Beispiel der Verbindung R-NHCH$_2$CH$_2$COOH (N-Alkyl-2-aminoethan-carbonsäure) verdeutlicht werden, wobei R eine längere Alkylgruppe bedeutet:

$$\text{RNH}_2^{(+)}\text{CH}_2\text{CH}_2\text{COOH} \rightleftharpoons \text{RNH}_2^{(+)}\text{CH}_2\text{CH}_2\text{COO}^{(-)} + \text{H}^+ \rightleftharpoons \text{RNHCH}_2\text{CH}_2\text{COO}^{(-)} + 2\text{H}^+ \quad (58)$$

im sauren Bereich:	im isoelektrischen Bereich:	im alkalischen Bereich:
kationaktive Eigenschaften	ausgeglichene kation- und anionaktive Eigenschaften	anionaktive Eigenschaften

Im sauren Bereich, d.h. bei pH-Werten unterhalb des isoelektrischen Punktes (*IEP*) der Verbindung, hat die Amingruppe ein Proton angelagert, während die -COOH-Gruppe nicht dissoziiert ist. Im alkalischen Bereich ist das Gegenteil der Fall. Im dazwischenliegenden isoelektrischen Bereich, der nach beiden Seiten vom *IEP* etwa zwei pH-Einheiten umfaßt, liegt ein etwas mehr oder weniger ausgeglichenes Verhältnis zwischen kation- und anionaktiven Eigenschaften vor. Somit ist der isoelektrische Punkt ein wichtiges Kriterium für die Beurteilung dieser Verbindungen. Je mehr ihr saurer Charakter den Basencharakter überwiegt, bei um so niedrigerem pH liegt der *IEP*. Im vorliegenden Fall liegt er bei etwa pH 4. Im isoelektrischen Bereich tendieren diese Verbindungen zur inneren Salzbildung, d.h. zur Selbstneutralisation, weil die kation- und anionaktiven Gruppen miteinander in Wechselwirkung treten und sich zwitterionische Ringe bilden können. Am *IEP* ist deshalb sowohl die Löslichkeit als auch das Schaumbildungsvermögen am geringsten.

Es sind bereits viele ampholytische Tenside aus anderen Anwendungsbereichen bekannt geworden [734]. Für die Flotationstechnik sind insbesondere die **Aminocarbonsäuren** (R–CH–COOH) und die **N-Alkylaminocarbonsäuren** (R–NH–(CH$_2$)$_n$–COOH) von Interesse
     |
   NH$_2$

[747] [770] bis [772]. Diese Verbindungen zeigen im Gegensatz zu den N-Acylaminocarbonsäuren (siehe Abschn. 4.3.2.4) einen amphoteren Charakter, während bei den letzteren die basische Funktion des Stickstoffs durch die Nachbarschaft der C=O-Bindung nahezu vollständig unterdrückt wird. Na-Sarkosinate (z.B. R–CH–CH$_2$–N–CH$_2$–COONa) haben sich als lei-
                               | |
                              OH   CH$_3$
stungsfähige Sammler für Apatit und Scheelit erwiesen, und zwar im alkalischen Bereich, d.h. dort, wo diese Tenside anionische Eigenschaften aufweisen bzw. der Stickstoff nicht mehr protoniert vorliegt [729] [771] bis [773]. Dort wird der Sammler von diesen Mineralen chemisorbiert, wobei sowohl Salz- als auch Chelatbildung mit den Ca-Ionen der Mineraloberflächen auftreten. Weiterhin besitzen N-Alkylaminocarbonsäuren auch gute Sammlereigenschaften für Fluorit [770].

4.3.2.10 Nichtionogene polar-unpolare Sammler

Inwieweit nichtionogene polar-unpolare Reagenzien durch Adsorption an Festkörperoberflächen allein Hydrophobieeffekte hervorbringen können, darüber liegen nur wenige Untersuchungsergebnisse vor. In Erwägung zu ziehen ist vor allem, daß nichtionogene oder nichtdissoziierte grenzflächenaktive Moleküle über Wasserstoffbrückenbindung an fest gebundenen Hydratschichten an Feststoffoberflächen mit polarem Charakter adsorbiert werden können, falls in der polaren Gruppe ein stark elektronegatives Element vorhanden ist (z.B. Adsorption von Fettsäuren und Aminbasen auf NaCl [504] bis [506] [705] [763]; siehe auch Abschn. 4.3.3.4). *Klassen* und Mitarbeiter stellten fest, daß Alkohole mit ausreichend langer Alkylkette und Phenole Sammlereigenschaften bezüglich Steinkohlen besitzen [774]. *Fuerstenau* und *Pradip* fanden, daß nichtionogene Schäumer (Terpineole, Kresole u.a.) auf Steinkohlenoberflächen mittels hydrophober Wechselwirkungen (siehe Abschn. 4.3.2.12) adsorbiert werden [775].

Von großer praktischer Bedeutung sind **Mischfilme**, die sich unter bestimmen Voraussetzungen durch Koadsorption aus Sammlerionen und nichtdissoziierten bzw. nichtionogenen Molekülen bilden [760] [776] bis [784]. Unter Koadsorption ist dabei das molekulardisperse Durchdringen beider Stoffe im Filmzustand zu verstehen (Bild 250). Dadurch werden die „Konzentration" an unpolaren Gruppen gegenüber dem bloßen Sammlerfilm erhöht sowie die Abstoßung zwischen den ionogenen Sammlergruppen vermindert. Beides begünstigt die Assoziation der unpolaren Gruppen im Film und den Hydrophobieffekt [705] [779] [784]. Für eine intensive Koadsorption müssen sterische Voraussetzungen erfüllt sein. Weiterhin spielen die Konzentrationsverhältnisse eine Rolle. Besonders günstige Effekte durch Koadsorption sind deshalb zu erwarten, wenn einem geradkettigen Sammler, durch dessen Konzentration allein ein Film geringer Assoziation entstünde, ein geradkettiger Zusatzstoff (z.B. n-Alkohol) geeigneter Kettenlänge und Konzentration zugesetzt wird. Mischfilme bilden sich auch aus Sammlerionen und nichtdissoziierten Sammlermolekülen in entsprechenden pH-Bereichen (z.B. bei Carboxylaten, n-Alkylammoniumsalzen) [760] [782]. Da die Haftfestigkeit des Films auf der Feststoffoberfläche durch die Sammlerionen bestimmt wird, so sind auch aus diesem Grunde die Konzentrationsverhältnisse wichtig.

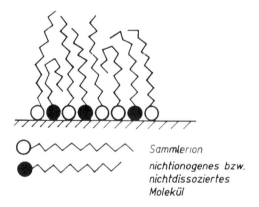

Bild 250 Mischfilmbildung an Festkörperoberflächen in wäßriger Lösung

4.3.2.11 Unpolare Sammleröle

Die Wirkungsweise unpolarer Öle bei der Schaumflotation war Gegenstand umfangreicher Untersuchungen [779][785] bis [793]. Danach werden die Öle auf natürlich hydrophoben Feststoffen (z.B. Schwefel, Graphit, Molybdänit, Steinkohlen) bzw. auf mit ionogenen Sammlern hydrophobierten Feststoffoberflächen zunächst als feine Tröpfchen linsenartig fixiert, die wegen der Oberflächenheterogenität nur beschränkt spreiten. Erst beim Annähern einer Blase zerfließen diese unter deren Einwirkung und bilden zwischen Blase und Korn einen dünnen Film und eine Ölwulst längs des Dreiphasenkontaktes (Bild 251). Die Ölmoleküle werden aber auch teilweise in den Filmen ionogener Sammler koadsorbiert und bringen dann die

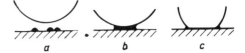

Bild 251 Ölfilm- und Ölwulstbildung beim Blasenkontakt mit einer Kornoberfläche [786]

bereits im letzten Abschnitt erörterten Wirkungen hervor [779]. Es ist zu folgern, daß sich mit Hilfe unpolarer Öle die Blasenhaftung erleichtern sowie die statische Haftbeständigkeit (Verstärkung der Hydrophobie, kapillarer Unterdruck im Ölzwickel) sowie die dynamische Haftbeständigkeit (Verformbarkeit, größere Rückstellkräfte bei Verformung des Korn-Blase-Kontaktes) verbessern lassen. Davon wird in der Flotationstechnik vor allem bei der Grobkornflotation Gebrauch gemacht (siehe Abschn. 4.9.4). Allerdings können derartige Zusatzstoffe auch die Schaumstabilität beeinträchtigen.

Für die bisher besprochenen Wirkungen eignen sich flüssige Kohlenwasserstoffe (paraffinische, alicyclische, olefinische, aromatische). Die Moleküle sollen nur aus C und H bestehen, weil andere Atome einen polaren Charakter hervorbringen. Stoffe dieser Art sind in Wasser praktisch unlöslich und deshalb vor Zusatz möglichst zu emulgieren.

Öle werden auch zur Feinstkornflotation benutzt. Bei der **Agglomerationsflotation** zielt man darauf ab, feine bis feinste, mit Sammlern hydrophobierte Körner mit Hilfe unpolarer Öle vor der eigentlichen Flotation zu agglomerieren (siehe Abschn. 4.9.3).

Während sich bei den oben berücksichtigten Prozessen der Ölverbrauch in Größenordnungen von weniger als 100 g/t bis wenige kg/t bewegt, liegt er bei den eigentlichen Prozessen der **Ölflotation** wesentlich höher. Hierbei werden entweder die hydrophobierten Teilchen an Öltropfen angekoppelt oder aus der wäßrigen Phase in eine Ölphase „extrahiert". Obgleich eine Reihe von Prozessen dieser Art vorgeschlagen worden ist, haben sie nur geringe technische Bedeutung [538].

4.3.2.12 Löslichkeits- und Assoziationsverhalten von Tensiden

Abgesehen von den kurzkettigen (z. B. Xanthogenaten) gehören alle Sammler zur Stoffgruppe der Tenside (siehe z. B. [565] [591] [592] [603] [734]). Diese zeichnen sich in wäßrigen Lösungen durch folgende charakteristischen Eigenschaften aus:

a) die nur mäßige Löslichkeit der molekular- bzw. iondispersen Formen,
b) die Oberflächenaktivität, d.h. die Verminderung der Oberflächenspannung aufgrund der gerichteten Adsorption in der Phasengrenzfläche,
c) die Bildung von Mizellen, d.h. Aggregationen einer größeren Anzahl von Monomeren, bei Überschreiten einer bestimmten Konzentration, die man als **kritische Mizellbildungskonzentration** c_M bezeichnet und
d) die Solubilisation wasserunlöslicher Substanzen durch die Mizellen.

Diese Eigenschaften sind eine Folge der polar-unpolaren Struktur dieser Stoffe. Während die polare Gruppe für das Lösebestreben verantwortlich ist, tendiert die unpolare Gruppe zum Ausscheiden aus der Umgebung von Wassermolekülen. Das Gesamtverhalten wird folglich vom Verhältnis der Wirksamkeit der polaren Gruppe (bzw. Gruppen) zu der der unpolaren bestimmt. Darüber macht der Wert der kritischen Mizellbildungskonzentration eine integrale Aussage, und zwar liegt diese um so niedriger, je mehr dieses Verhältnis zugunsten der unpolaren Gruppe verschoben ist. Darüber hinaus sind noch weitere Kenngrößen integralen Charakters vorgeschlagen worden, z. B. der **HLB-Wert** (Hydrophile-Lipophile Balance [794] bis [796] [801]).

Die Mizellbildung bedingt ein typisches Löslichkeitsverhalten der Tenside in Abhängigkeit von der Temperatur. Während die c_M selbst nur geringfügig von der Temperatur abhängt, nimmt die Löslichkeit bei niederen Temperaturen zunächst langsam, von einer bestimmten

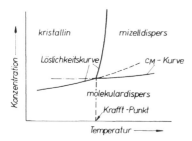

Bild 252 Phasendiagramm wäßriger Tensidlösungen in der Nähe des *Krafft*-Punktes

Temperatur ab jedoch sehr stark zu (Bild 252). Diese kennzeichnende Temperatur T_K, bei der auch die c_M-Kurve die Löslichkeitskurve schneidet, heißt *Krafft*-Punkt. Dieser ist für ein Tensid eine charakteristische Größe, und seine Lage wird von denselben Einflußgrößen wie die Mizellbildung bestimmt.

Bei Überschreiten der c_M wird das Gleichgewicht zwischen molekulardispersen und mizelldispersen Anteilen sprunghaft zugunsten der letzteren verschoben. Dies wirkt sich auf eine Reihe von Eigenschaften der Lösungen charakteristisch aus (elektrische Leitfähigkeit, Oberflächenspannung, Lichtstreuung, Brechungsindex u.a.), so daß mit deren Hilfe die c_M bestimmt werden kann.

Was die Struktur der Mizellen anbelangt, so ist die Diskussion dazu auch heute noch nicht abgeschlossen (siehe z.B. [565] [797] bis [799]). Unbestritten ist aber, daß die Mizellbildung durch die Assoziation der unpolaren Gruppen hervorgebracht wird, die sich folglich überwiegend im Inneren der Mizellen befinden, während deren Oberfläche die polaren Gruppen einnehmen. Bei kleinen Aggregationszahlen sind kugelähnliche Mizellen (Bild 253a) wahrscheinlich, während bei höheren abgeplattete Ellipsoide (Bild 253b) oder lamellenartige Formen (Bild 253c) vorherrschen dürften [565] [592] [603] [797] bis [799]. Man muß auch davon ausgehen, daß ständige Fluktuationen von Oberfläche und Form für die Mizellen charakteristisch sind [802]. Die Anzahl der zu Mizellen vereinten Ionen und/oder Moleküle wird im allgemeinen zwischen 30 und 2000 angenommen, wobei diese mit der Lösungskonzentration wächst, so daß daraus auch Formänderungen resultieren. Man darf weiterhin davon ausgehen, daß der Zustand im Inneren der Mizellen dem flüssiganalogen bis flüssigkondensierten entspricht (siehe Abschn. 4.2.1.2). Für den flüssiganalogen Zustand sprechen die Mischbarkeit mit anderen Tensiden, das Lösevermögen (Solubilisation) für unpolare Stoffe sowie das nichtalternierende Verhalten der kritischen Mizellbildungskonzentration innerhalb homologer Reihen mit gerad- und ungeradzahligen Gliedern [731].

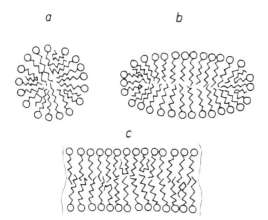

Bild 253 Mizellmodelle:
a) kugelähnlich
b) ellipsoid
c) lamellenförmig

Es erhebt sich nun die Frage nach den Ursachen der Mizellbildung. Wenn eine unpolare Gruppe in die wäßrige Lösung eindringt, so müssen dort Wasserstoffbrücken aufgebrochen werden (siehe auch Abschn. 4.1.2). Nun ist aber die Wechselwirkung von hydrophoben Gruppen zum Wasser viel kleiner, als der Aufhebung von Wasserstoffbrücken zwischen den Wassermolekülen entspricht. Die Folge dieser Tatsachen wird als **hydrophobe Wechselwirkung** bezeichnet, indem die hydrophoben Gruppen versuchen, sich aneinanderzulagern, d.h., Mizellen zu bilden, um damit die Kontaktfläche zwischen ihnen und den Wassermolekülen zu verringern. Vieles deutet darauf hin, daß die strukturelle Ordnung des Wassers in der Nachbarschaft unpolarer Lösungsbestandteile größer ist [552] [592] [803] bis [806]. Das Ergebnis ist eine Stabilisierung der umgebenden Cluster (siehe Abschn. 4.1.2). Man kann sich vorstellen, daß die Cluster teilweise die unpolaren Gruppen umspannen. Dadurch sind mehr Wassermoleküle als in reinem Wasser gleicher Temperatur immobilisiert. Infolgedessen ergeben sich eine negative Überschußentropie [552] und eine relativ große positive freie Enthalpie der Lösung gemäß:

$$\Delta G = \Delta H - T \Delta S \tag{59}$$

G freie Enthalpie
H Enthalpie
S Entropie

Weiterhin ist nicht ausgeschlossen, daß ein Teil der Entropieänderung auf eine gewisse Streckung der unpolaren Gruppen beim Übergang in die Mizellen zurückzuführen ist, weil diese in wäßriger Lösung mehr oder weniger geknäuelt vorliegen.

Bei einer vollständigen Überführung einer $-CH_2$-Gruppe aus einer Umgebung von Wassermolekülen in eine solche von gesättigten unpolaren Gruppen tritt eine Änderung der freien Enthalpie von $\varphi = -1{,}39\,kT$ ein [807]. Dieser Betrag kann jedoch beim Übergang in Mizellen nicht voll freigesetzt werden. Nach *Shinoda* [603] beträgt bei der Mizellbildung von n-Alkylverbindungen die freie Enthalpie der Assoziation je $-CH_2$-Gruppe im Mittel etwa $\varphi' = -1{,}08\,kT$.

Die theoretische Behandlung liefert für die kritische Mizellbildungskonzentration eines geradkettigen Tensids [808]:

$$c_M = A \exp (W_e + n\varphi')/kT \tag{60}$$

W_e elektrostatischer Term (Abstoßung wegen gleichsinniger Ladung!) der freien Enthalpie bei der Mizellbildung

Betrachtet man W_e und φ' als unabhängig von der Kettenlänge, so erhält man aus Gl. (60) durch Logarithmieren:

$$\lg c_M = a - bn \tag{61}$$

a und b stellen von der homologen Tensidreihe abhängige Parameter dar (Tabelle 43). Allerdings berechnen sich, wenn man W_e als kettenlängenunabhängig betrachtet, für φ' nur Werte von $-0{,}61\,kT$ bis $-0{,}69\,kT$ [808]. Dies liegt darin begründet, daß W_e eben mit von der Kettenlänge abhängt, worauf hier nicht näher eingegangen werden soll.

Tabelle 43 Werte für *a* und *b* gemäß Gl. (61) für homologe Reihen ionogener Tenside [808]

Tensid	Temperatur °C	a	b
Na-n-Alkanmonocarboxylate	20	1,85	0,300
K-n-Alkanmonocarboxylate	25	1,92	0,290
n-Alkylsulfate	45	1,42	0,295
n-Alkansulfonate	40	1,59	0,294
n-Alkylammoniumchloride	25	1,25	0,265
n-Alkyltrimethylammoniumchloride	25	1,64	0,286

Die Art der polaren Gruppe ionogener Tenside hat einen gewissen Einfluß, weil davon deren Größe, die Dissoziation und die Hydratation bestimmt werden. Allerdings ist dieser Einfluß nicht sehr groß, so daß bei gleicher unpolarer Gruppe die c_M nahe beieinander liegen. Anzahl und Stellung der polaren Gruppen sind demgegenüber verständlicherweise von wesentlichem Einfluß [699] [812]. Bei nichtionogenen Tensiden wird eine größere Abhängigkeit der c_M von der Größe und Struktur der hydrophilen Gruppe beobachtet.

Kettenverzweigungen, Doppelbindungen, nicht endständige polare Gruppen behindern die Assoziation und erhöhen somit die c_M. Im gleichen Sinne wirkt sich beeinträchtigend auf die Assoziation aus, wenn eine gegebene Anzahl von $-CH_2$-Gruppen, statt einer unpolaren Gruppe zugeordnet, auf mehrere verteilt ist. Ein Benzolring entspricht hinsichtlich seiner Wirkung auf die c_M etwa 3,2 $-CH_2$-Gruppen. Man kann für alle diese Verbindungen eine **effektive** bzw. **äquivalente Kettenlänge** einführen [705] [801]. Diese gibt an, welcher C-Zahl einer geraden Kette die jeweils vorliegende Verbindung im Hinblick auf das Assoziationsverhalten äquivalent ist.

Da die Mizellen ionogener Tenside entsprechend der Dissoziation einen mehr oder weniger großen Anteil von Ionen enthalten, spielen für die Stabilität der Mizellen auch die Gegenionen in der elektrischen Doppelschicht eine Rolle. In diesem Zusammenhang sind vor allem die Konzentration und die Ladungszahl der Gegenionen wesentlich, weil mit deren Zunahme die Abstoßung der polaren Gruppen der Mizellbestandteile besser abgeschirmt wird. Der Radius und die Hydratation sind von geringem Einfluß. Man kann die Abhängigkeit der c_M von der Gegenionenkonzentration c_i bei Vorliegen einer ionogenen Gruppe durch Beziehungen folgender Form erfassen [603] [700]:

$$\lg c_M = a' - b' \lg c_i \tag{62}$$

$a'; b'$ Parameter ($b' \approx 0{,}17$ bis $0{,}26$)

Andererseits sind die „Aussalzeffekte" und „Einsalzeffekte" zu nennen, die bei der Mizellbildung ionogener Tenside als Nebeneffekte wesentlich sein können [810] [811]. Obwohl deren Natur noch nicht vollständig geklärt ist, so sind sie mit Gewißheit auf Strukturänderungen zurückzuführen, die sich in wäßrigen Lösungen bei Elektrolytzusätzen ergeben. Geht man von dem im Abschn. 4.1.2 erörterten strukturbildenden und -brechenden Einfluß von Elektrolytzusätzen aus, so werden im erstgenannten Fall die Wechselwirkungsmöglichkeiten mit den anderen Lösungspartnern eingeschränkt, und es ergibt sich eine Aussalzwirkung. Im Falle der Strukturbrechung folgt demgegenüber ein Einsalzeffekt. Vielfach gilt für Tenside [811]:

$$\lg c_M = a'' - k_S c_S \tag{63}$$

a'' Parameter
k_S Aussalzparameter
c_S Salzkonzentration

k_S hängt sowohl von der unpolaren als auch von der polaren Gruppe ab, wobei es mit der Länge der unpolaren Gruppe in homologen Reihen wächst.

Nichtionogene Tenside (z.B. höhere Alkohole) dringen in die Mizellen ionogener Tenside ein, wobei die polare Gruppe an der Oberfläche bleibt (Bild 254a). Die c_M derartiger Mischmizellen ist geringer, weil die Abstoßung der ionogenen Gruppen teilweise abgeschirmt ist. Mischmizellen können sich auch aus anionischen und kationischen Tensiden bilden, wobei bei geeigneter Wahl der Struktur der Partner und des Konzentrationsverhältnisses deutliche Verminderungen der c_M eintreten, weil die Anziehung der entgegengesetzt geladenen polaren Gruppen die Mizellbildung begünstigt [813] [814]. Unpolare Stoffe werden im Inneren der Mizellen gelöst und vermindern die c_M geringfügig (Bild 254b).

Das Studium der Mizellbildung ist für die Flotation nicht nur bezüglich der in den Trüben und Sammlerlösungen anzutreffenden Aggregationszustände von Bedeutung, sondern liefert auch sehr nützliche Hinweise hinsichtlich der Assoziationsmöglichkeiten in Sammlerfilmen und damit für die Energiebilanz der Sammleradsorption.

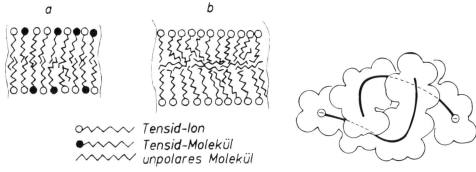

○⌇⌇⌇⌇ Tensid-Ion
●⌇⌇⌇⌇ Tensid-Molekül
⌇⌇⌇⌇ unpolares Molekül

Bild 254 a) Mizellen aus Tensid-Ionen und nichtionogenen Tensidmolekülen
b) im Innern einer Mizelle gelöste unpolare Moleküle

Bild 255 Mögliche Struktur eines Dimers von Dodecylsulfat nach *Mukerjee* [807]

Tabelle 44 Dimerisationskonstanten K_D^* für Alkalicarboxylate bei 23 °C und $I = 0{,}16$ mol/l nach *Mukerjee* [807]

Carboxylat	K in mol^{-1}
K-Nonan-	40
K-Undecan-	650
K-Tridecan-	$2{,}6 \cdot 10^4$
K-Pentadecan-	$7 \cdot 10^6$
K-Heptadecan-	$1{,}3 \cdot 10^7$
K-Heptadecen-	$7{,}2 \cdot 10^6$

* $\dfrac{c_D}{c_1^2} = K_D$ c_D Konzentration der Dimeren

Viele Meßergebnisse sprechen dafür, daß unterhalb der c_M **prämizellare Assoziationen** auftreten können [739] [807] [815] [816]. Bei längerkettigen ionogenen Tensiden ist in diesem Zusammenhang vor allem die Bildung von **Dimeren** anzunehmen. Im Bild 255 ist die wahrscheinliche Struktur der Dimeren dargestellt [807]. Die beiden Kohlenwasserstoffgruppen befinden sich in engem Kontakt, während die polaren Gruppen aufgrund der elektrostatischen Abstoßung relativ weit voneinander entfernt sind. Tabelle 44 gibt Dimerisationskonstanten für n-Alkancarboxylate nach Untersuchungen von *Mukerjee* wieder [807]. Danach nimmt die Dimerisationskonstante progressiv mit der Kettenlänge zu. Während die Mizellbildung nur wenig temperaturabhängig ist, wird die Dimerisation mit steigender Temperatur in stärkerem Maße zurückgedrängt. Schließlich ist neben der Dimerisation bei genügend langen unpolaren Gruppen infolge deren Flexibilität auch deren **Selbstassoziation** wahrscheinlich [807].

4.3.3 Allgemeine Grundlagen der Sammleradsorption

Bei der Sammleradsorption an Feststoffoberflächen aus wäßriger Lösung lassen sich vereinfachend die Wechselwirkungen W_P, die auf die Existenz der polaren Gruppe zurückzuführen sind, von den Wechselwirkungen W_A abgrenzen, die das Vorhandensein der unpolaren Gruppe beiträgt (Bild 256), so daß sich für die freie Enthalpie W_δ der Adsorption eines Sammlermoleküls bzw. -ions schreiben läßt [705] [706]:

$$W_\delta = W_P + W_A \tag{64}$$

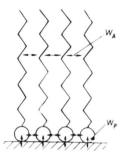

Bild 256 Wechselwirkungsenergien bei der Sammleradsorption

Hierbei schließt W_P die Wechselwirkungen der polaren Gruppe mit der Feststoffoberfläche oder deren elektrischer Doppelschicht bzw. Hydrathülle (Physi- oder Chemisorption), die Wechselwirkungen zwischen den polaren Gruppen im Film sowie die mit der polaren Gruppe bei der Adsorption zusammenhängenden Dehydratationseffekte ein. Diese einzelnen Anteile lassen sich jedoch nach dem gegenwärtigen Stand nicht getrennt erfassen [624] [817] [818]. Die unpolaren Gruppen tragen durch ihre Assoziation im Film (hydrophobe Wechselwirkungen) zur Energiebilanz der Adsorption bei. Das Wesen dieser Assoziation entspricht dem bei der Mizellbildung (siehe Abschn. 4.3.2.12).

Aufgrund der Wechselwirkung der polaren Gruppen wird der Sammler auf den Feststoffteilchen fixiert. Diese Wechselwirkung ist somit nicht nur für die Haftung des Sammlerfilms, sondern vor allem auch für die Selektivität der Hydrophobierung verantwortlich. Relativ hohe Selektivitäten sind mit geeignet gewählten polaren bzw. funktionellen Gruppen möglich, die an der Feststoffoberfläche chemisorbiert werden. Demgegenüber wird die Selektivität der elektrostatischen Adsorption in der elektrischen Doppelschicht durch die jeweiligen Oberflächenladungsverhältnisse der zu trennenden Feststoffe bestimmt. Weiterhin nutzt die Flotationstechnik auch Adsorptionsvorgänge, bei denen die Sammlerbindung eine vorausgehende Adsorption eines anderen Ions oder Moleküls voraussetzt. Diese werden im Sinne einer **Adsorptionsbrücke** wirksam, wobei sowohl – was deren Wechselwirkung zur Feststoffoberfläche als auch zum Sammler anbelangt – Physi- als auch Chemisorption auftreten können. Ferner ist die – allerdings weniger bedeutsame – Sammleradsorption über Wasserstoffbrücken in der fest haftenden Hydratschicht abzugrenzen.

4.3.3.1 Chemisorptive Sammlerbindung

Kommt es zwischen der polaren Sammlergruppe und den das Mineralgitter aufbauenden bzw. spezifisch adsorbierten Ionen zur Ausbildung einer Oberflächenverbindung, deren Ursache chemische Wechselwirkungen sind (siehe Abschn. 4.2.2.2), so liegt eine chemisorptive Sammlerbindung vor. Dabei sind Oberflächenverbindungen vom Typ einfacher Salze und vom Komplextyp zu unterscheiden. Bei Bindungen dieser Art dominiert in Gl. (64) W_P gegenüber W_A.

Entsprechend der Regel von *Fajans* und *Paneth* [591] (siehe Abschn. 4.2.3.2) wird die Oberflächenverbindung vom Typ einfacher Salze bevorzugt, die die geringste Löslichkeit in Wasser aller aus dem Adsorbens und dem Adsorptiv möglichen Reaktionsprodukte besitzt. Bei der Suche nach geeigneten Sammlern wird häufig von solchen Analogieschlüssen ausgegangen [704]. Beispielsweise sind die Carboxylate der Erdalkalimetalle und verschiedener Schwermetalle (Cu, Pb, Fe, Mn u.a.) schwerlöslich. Die Löslichkeitsprodukte sind z.T. wesentlich kleiner als 10^{-10} (Tabelle 45). Infolgedessen eignen sich unter Einhaltung bestimmter pH-Bedingungen Carbonsäuren bzw. deren Alkalisalze als Sammler für Minerale, deren Kationen die genannten Metallionen sind (z.B. Fluorit, Baryt, Apatit). Der Nachweis der Bildung schwerlöslicher Salze auf Mineraloberflächen konnte mit Hilfe der IR-Spektroskopie erbracht werden (siehe z.B.

4.3 Sammler und allgemeine Grundlagen der Sammleradsorption   315

Tabelle 45 Löslichkeitsprodukte (negative dekadische Logarithmen) verschiedener Carboxylate bei 20°C [704]

	H^+	K^+	Pb^{2+}	Cu^{2+}	Fe^{2+}	Mn^{2+}	Ca^{2+}	Ba^{2+}	Mg^{2+}	Al^{3+}	Fe^{3+}
Palmitate $C_{15}H_{31}$–COO^-	12,8	5,2	22,9	21,6	17,8	18,4	18,0	17,6	16,5	31,2	34,3
Stearate $C_{17}H_{35}$–COO^-	13,8	6,1	24,4	23,0	19,6	19,7	19,6	19,1	17,7	33,6	–
Oleate $C_{17}H_{33}$–COO^-	12,3	5,7	19,8	19,4	15,4	15,3	15,4	14,9	13,8	30,0	34,2
Hydroxide OH^-	–	–	15,1 bis 17,5	18,2	14,8	13,1	4,9	–	10,3	32,2	37,0

[712] [753] [819] [836]). Obwohl der Vergleich der Löslichkeiten bzw. Löslichkeitsprodukte verschiedener Sammlersalze in Wasser zur Beurteilung der Adsorbierbarkeit nützlich ist, so sind einer solchen Betrachtungsweise jedoch Grenzen gesetzt. Insbesondere ist zu beachten, daß sich das Löslichkeitsprodukt des entsprechenden Salzes an der Feststoffoberfläche von dem in der Lösung mehr oder weniger unterscheiden kann und daß es nicht nur von der wechselwirkenden polaren Sammlergruppe, sondern auch von dem anderen Molekülteil mitbestimmt wird [820] [1505].

Neben der Bildung einfacher Salze können Sammler an der Feststoffoberfläche gegebenenfalls Verbindungen eingehen, die einer Komplexverbindung entsprechen. Bedeutsam sind in diesem Zusammenhang die **Chelate**. Im Falle der Sammlerbindung nach diesem Typ werden mindestens zwei bindungsfähige Atome (Donatoren) des Sammlers an das gleiche Metallion ionisch oder koordinativ gebunden. Diese Verknüpfungsart führt zu einer Ringbildung, die vorzugsweise dann erfolgt, wenn sich dabei ein spannungsfreier 5- oder 6-Ring bilden kann. Beispielsweise ist für die Adsorption von Alkanhydroxamaten an Chrysokoll folgender Mechanismus wahrscheinlich [821]:

$$\begin{array}{c} | \\ Si_xO_y \\ | \\ Cu^{(+)}OH \\ | \\ Si_xO_y \\ | \end{array} + \begin{array}{c} HO-C-R \\ \| \\ {}_{(-)}O-N \end{array} \rightleftharpoons \begin{array}{c} | \\ Si_xO_y \\ | \\ Cu{\Big\langle}{}^{O-C-R}_{O-N} \\ | \\ Si_xO_y \\ | \end{array} + H_2O \qquad (65)$$

Die an der Grenzfläche Chrysokoll/Lösung hydrolysierten Cu-Ionen bilden mit dem Sammler eine Oberflächenverbindung, die Merkmale einer Chelatstruktur aufweist.

Bei der Suche und „Konstruktion" von Sammlern mit vorgegebenen Eigenschaften ist die Aufmerksamkeit schon lange auf in der analytischen Chemie verwendete organische Chelatbildner gerichtet (Tabelle 46), die aus koordinativen und strukturellen Gründen vielfach mit nur einer sehr geringen Anzahl von Kationen stabile Verbindungen eingehen (siehe z. B. [690][693] [748] [820] [821] [823] bis [829] [837]). Als Donatoratome treten im allgemeinen nur die ausgesprochen nichtmetallischen Elemente der 5. und der 6. Gruppe des Periodensystems auf, überwiegend N, S, O, P und As. Die Stabilität der Chelate wird von vielen Einflußgrößen bestimmt, u.a. von der Art und Anordnung der Donatoren im Molekül des Chelatbildners und von den Eigenschaften des Zentralions. Die Mehrzahl der Metalle ist befähigt, Chelatkomplexe zu bilden. Besonders die Übergangsmetalle bilden eine Vielzahl solcher Verbindungen. Bezüglich der Komplexbildungstendenz lassen sich die Kationen in mehrere Gruppen einteilen [830]. So sind z. B. die Erdalkaliionen (Ca^{2+}, Mg^{2+}, Ba^{2+}) sauerstoffaffin. Folglich kann man brauchbare Chelatbildner für diese Kationen nur bei Stoffen erwarten, die mindestens ein Sauerstoffatom im Molekül als Donator zur Verfügung stellen können (–OH, –COOH). Cu^+, Ag^+, Au^+, Hg^{2+}, Pb^{2+} u.a. sind schwefel- bzw. stickstoffaffin und bilden somit leicht Komplexe mit Chelatbildnern, die S oder N als Donatoratome enthalten. Ausgehend von diesen Überle-

Tabelle 46 Organische Chelatbildner für die quantitative Analyse [822]
(s: Bildung schwerlöslicher Chelate)

Chelatbildner		Chelatstruktur		Bestimmbare Elemente
2,2′-Dipyridyl				Fe^{II}, Cu^{I}
Diacetyldioxim			s	Ni
Benzildioxim				Cu
Benzoinoxim			s	Cu
Salicylaldoxim			s	Cu, Pb, Pd
8-Hydroxy-chinolin (Oxin)			s	Mg, Al, Bi, Co, Cu, Fe, Ni, Zn u. a.
Thionalid			s	Ag, Bi, Cu, Hg, Sn, As, Sb u. a.
Dithizon			s	Pb, Ag, Bi, Cd, Co, Cu, Hg, Tl, Zn
Thiooxamid			s	Cu, Co, Ni
Cupferron			s	Bi, Cu, Th, Fe, Ti, Zn, Ga, Nb
Äthylendiamin-tetraessigsäure				viele Elemente

4.3 Sammler und allgemeine Grundlagen der Sammleradsorption 317

gungen (Näheres zur Chemie der Chelate siehe z. B. [830][880]) ist inzwischen eine ganze Reihe selektiver Mineraltrennungen mit chelatbildenden Sammlerreagenzien realisiert worden [690] [693] [748] [820] [821] [823] [827] bis [829] [837] [838].

Theoretische Betrachtungen über die Chelatbildung in wäßrigen Phasen lassen sich aber nicht ohne weiteres auf die Adsorption von Chelatbildnern an Feststoffoberflächen übertragen, weil bei letzteren das Zentralion nicht als einzelnes Ion vorliegt, sondern in der Kristallstruktur des Festkörpers eingebaut ist. Es ist aber zu erwarten, daß ein Reagens, das mit den in Lösung befindlichen gitteraufbauenden Kationen Chelatbildung hervorbringt, auch bei seiner Adsorption ähnliche Wechselwirkungen zeigt [824]. Die durch die Festkörperoberfläche bedingten sterischen Hindernisse verändern nicht die Spezifik der Wechselwirkung, sondern sind nur für die quantitative Seite der Energiebilanz von Bedeutung. Wichtig ist aber in diesem Zusammenhang, daß die Donatoren noch an die Adsorptionszentren vordringen können.

4.3.3.2 Elektrostatische Sammlerbindung

Im Falle der elektrostatischen Adsorption ergibt sich für W_P:

$$W_P = z\, e_0\, \psi_\delta \tag{66}$$

z Ladungszahl des Sammlerions (einschließlich Ladungsvorzeichen)
ψ_δ Potential der *Stern*-Schicht

Für ψ_δ soll sich bei Ionenstärken $< 10^{-1}$ mol/l setzen lassen: $\psi_\delta \approx \zeta$ [575][831][832]. Die Sammleradsorption erfordert hierbei ein zum Sammlerion entgegengesetztes Ladungsvorzeichen des im Schwimmprodukt auszutragenden Feststoffs und zudem unterschiedliche Ladungsvorzeichen der zu trennenden Feststoffe.

Betrachtet man in diesem Zusammenhang oxidische Minerale, für die H^+ und OH^- potentialbestimmend sind, so ist bei pH-Werten unterhalb des Ladungsnullpunktes die Adsorption

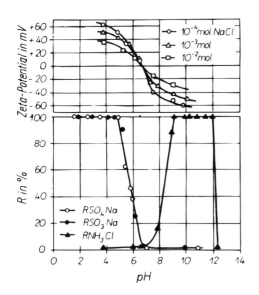

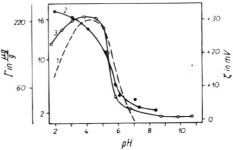

Bild 258 Adsorptionsdichte für anionaktive Sammler und Zeta-Potential in Abhängigkeit vom pH für Korund [834]
(1) Zeta-Potential; (2) Adsorptionsdichte von Na-Dodecancarboxylat aus 10^{-3} mol Lösung (Γ_{60} bis Γ_{220}); (3) Adorptionsdichte für Na-Dodecylsulfat aus $2 \cdot 10^{-4}$ mol Lösung (Γ_2 bis Γ_{16})

Bild 257 Abhängigkeit der Flotierbarkeit des Goethits von der Oberflächenladung [833]
a) Zeta-Potential in NaCl-Lösungen verschiedener Konzentration in Abhängigkeit vom pH
b) Flotierbarkeit in 10^{-3} mol Lösungen von *n*-Dodecylammoniumchlorid, Na-*n*-Dodecylsulfat und Na-Dodecansulfonat

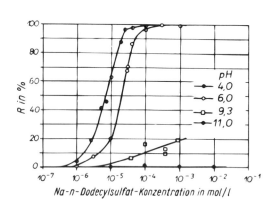
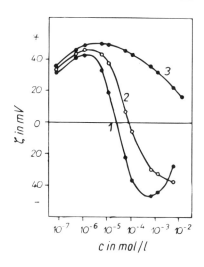

Bild 259 Ausbringen von Korund als Funktion der Na-n-Dodecylsulfat-Konzentration bei verschiedenen pH [835]

Bild 260 Zeta-Potential von Korund als Funktion der Konzentration von Na-Undecancarboxylat (1); Na-Dodecylsulfat (2) und NaCl (3) bei pH 4,5 ± 0,3 [834]

von anionaktiven Sammlern und oberhalb davon von kationaktiven möglich. Die Flotierbarkeit verhält sich dann entsprechend. Dies verdeutlicht Bild 257 am Beispiel des Goethits, dessen Ladungsnullpunkt bei etwa pH 6,5 liegt [833]. Der schnelle Abfall der Flotierbarkeit mit n-Dodecylammoniumchlorid bei pH > 12 ist eine Folge der Konkurrenzadsorption von Na^+ sowie der Hydrolyse des Sammlers. Im Bild 258 sind die Adsorptionsdichten zweier anionaktiver Sammler und das Zeta-Potential in Abhängigkeit vom pH für Korund dargestellt [834]. Auch hierbei werden die Sammler nur im Bereich positiver Zeta-Potentiale nennenswert adsorbiert.

Jede pH-Änderung zieht eine Änderung des Doppelschichtpotentials nach sich und beeinflußt somit unmittelbar die Adsorption. Mit steigender Oberflächenladung wird die Adsorption entgegengesetzt geladener Sammlerionen begünstigt. Dies bestätigen z. B. die im Bild 259 dargestellten Ergebnisse. Hierbei ist nochmals darauf hinzuweisen, daß ein ähnlicher Zusammenhang zwischen Zeta-Potential und Adsorptionsdichte nur teilweise besteht, weil bei höheren Basen- bzw. Säurekonzentrationen die Oberflächenladung mit der Konzentration wächst, das Zeta-Potential aber wegen Zusammendrückens der diffusen Schicht sich wieder vermindert (siehe Abschn. 4.2.3.5).

Eine Sammlerionenadsorption bewirkt verständlicherweise selbst eine Zeta-Potential-Veränderung. Dies geht deutlich aus Bild 260 hervor, in dem das Zeta-Potential von Korund in Abhängigkeit von der Konzentration an Na-Laurat, Na-Laurylsulfat und NaCl bei pH 4,5 dargestellt ist [834]. Die beiden Sammler werden auf der positiv geladenen Festkörperoberfläche derart intensiv adsorbiert, daß sie bei genügend hohen Konzentrationen sogar eine Vorzeichenänderung des Zeta-Potentials herbeiführen. NaCl dagegen verhält sich als indifferenter Elektrolyt.

Bei den Mineralen vom Typ der schwer- und unlöslichen Salze sind die das Gitter aufbauenden Ionen potentialbestimmend. Die Potentialverhältnisse werden weiterhin durch Adsorptionsvorgänge und Readsorptionsvorgänge von Hydrolyseprodukten modifiziert. Schließlich können auch chemische Wechselwirkungsanteile auftreten. Infolgedessen ist es nicht selten schwierig, die Rolle der elektrostatischen Adsorption aufzuklären bzw. Zusammenhänge zwi-

4.3.3.3 Sammlerbindung über Aktivierungsbrücken

Ein relativ einfaches Beispiel dieser Art ist die Aktivierung von Korund bei $pH < 6$ mit Na_2SO_4 für die Flotation mit kationaktiven Sammlern [835]. Da der Korund einen Ladungsnullpunkt im Neutralbereich besitzt (siehe Tabelle 34), so trägt er bei niedrigen pH-Werten eine positive Oberflächenladung. Infolgedessen sind dort die Voraussetzungen für die unmittelbare elektrostatische Adsorption eines anionaktiven Sammlers, nicht aber eines kationaktiven gegeben. Wenn man dem System mehrwertige Anionen, z. B. in Form von Na_2SO_4, zusetzt, so werden SO_4^{2-}-Ionen in der *Stern*-Schicht adsorbiert. Dies kommt auch in einer Zeta-Potential-Änderung, die bei entsprechender SO_4^{2-}-Konzentration zum Vorzeichenwechsel von ζ führt, zum Ausdruck. Durch diese Form einer Adsorptionsbrücke werden die Voraussetzungen für eine elektrostatische Adsorption der Sammlerkationen geschaffen. Besonders geeignet für anionische Adsorptionsbrücken sind Phosphationen [840].

Von großer praktischer Bedeutung in der Flotationstechnik ist die gewollte oder ungewollte Wirkung von Adsorptionsbrücken mehrwertiger Kationen bei der Flotation von Quarz und Silikaten mit anionaktiven Sammlern. Da die Ladungsnullpunkte von Quarz und Silikaten bei niedrigen pH liegen, ist in den vor allem üblichen pH-Bereichen die anionaktive Flotation nicht ohne Anwesenheit mehrwertiger Kationen möglich. Obwohl schon eine größere Anzahl von Untersuchungsergebnissen vorliegt (siehe z. B. [565] [569] [570] [576] [634] [840] bis [850]), so ist dieser Wirkungsmechanismus noch nicht völlig aufgeklärt. Es spricht aber vieles dafür, daß es insbesondere die einfachen Hydroxokomplexe dieser Kationen sind (z. B. $CaOH^+$, $FeOH^{2+}$), die diese Aktivierung bewirken [569] [576] [637] [851]. Deshalb sind für die Anwendung dieser Kationen auch die pH-abhängigen Existenzbereiche der Hydroxokomplexe zu beachten [851] (siehe auch Abschn. 4.1.2). Im Falle eines zweiwertigen Kations und eines Carboxylates lassen sich für den Wirkungsmechanismus folgende Modellgleichungen angeben:

$$a) \quad -Si-OH + MOH^+ \rightleftharpoons -Si-OH \ldots OM^+ \atop H \tag{67a}$$

$$-Si-OH \ldots OM^+ + RCOO^- \rightleftharpoons -Si-OH \ldots OM^{(+)} \ldots {}^{(-)}OOCR \atop H \qquad \qquad \qquad H$$

$$b) \quad -Si-O^- + MOH^+ \rightleftharpoons -Si-O^{(-)} \ldots {}^{(+)}MOH$$

$$-Si-O^{(-)} \ldots {}^{(+)}MOH + RCOO^- \rightleftharpoons -Si-O^{(-)} \ldots M^{(+)} \ldots {}^{(-)}OOCR \atop O \atop H \tag{67b}$$

In diese Wechselwirkungen können neben elektrostatischen auch chemische Bindekräfte und Wasserstoffbrückenbindungen eingeschlossen sein. Die Hypothese, daß die einfachen Hydroxokomplexe die aktiven Formen sind, unterstützt ein Vergleich von Bild 261, in dem die Flotierbarkeit von Beryll (Ladungsnullpunkt pH 3,3) mit Alkansulfonaten in Abhängigkeit vom pH bei Anwesenheit verschiedener Kationen ($1,8 \cdot 10^{-4}$ mol/l) dargestellt ist [847], mit den Bildern 213 und 214.

Sphalerit ist durch Xanthogenate nicht oder nur sehr schlecht flotierbar, wenn nicht eine Aktivierung durch Cu^{2+} oder andere geeignete Schwermetallkationen vorausgegangen ist.

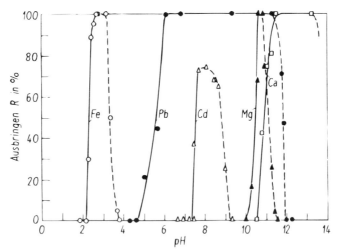

Bild 261 Flotierbarkeit von Beryll als Funktion des pH mit Alkansulfonaten (6 · 10⁻⁵ mol/l) bei Anwesenheit verschiedener mehrwertiger Kationen (1,8 · 10⁻⁴ mol/l) [847]

Diese Aktivierung ist als Austauschadsorption aufgrund der unterschiedlichen Löslichkeitsverhältnisse der Sulfide aufzufassen [668] [852] bis [856] [886]:

$$\boxed{ZnS}^{Zn^{2+}} + Cu^{2+}_{(aq)} \rightarrow \boxed{ZnS}^{Cu^{2+}} + Zn^{2+}_{(aq)} \tag{68}$$

Auf dieser Adsorptionsbrücke werden Xanthogenate chemisorbiert [668] [857].

Es sind auch chelatbildende Reagenzien für die Bildung von Adsorptionsbrücken herangezogen worden, so z.B. die für Kupfer selektiven Reagenzien Salicylaldoxim, 8-Hydroxychinolin und Cupron für die Flotation von Kupfersilikaten [858]. Diese Reagenzien bringen allein keinen ausreichenden Hydrophobieeffekt hervor, sind aber in der Lage, z.B. Xanthogenate zu koadsorbieren.

Es ließen sich hier noch weitere Beispiele für derartige Aktivierungsvorgänge anführen. Dazu gehört auch die oberflächliche Sulfidierung von Oxydationsmineralen der Sulfide, auf die im Abschn. 4.12.1.3 noch zurückgekommen wird. Schließlich sind für die Flotationstechnik jene Aktivierungsvorgänge wichtig, die sich mehr oder weniger unkontrolliert von selbst vollziehen und durch Ionen ausgelöst werden, die durch Auflösen – teilweise nach Oberflächenoxydation von Mineralen – in die Trüben gelangen (z.B. Cu^{2+}, Fe^{3+}, SO_4^{2-}).

4.3.3.4 Sammlerbindung auf einer Hydratschicht über Wasserstoffbrücken

Dieser Bindungstyp ist vor allem im Zusammenhang mit der Flotation leicht löslicher Alkalihalogenide diskutiert worden [505] [506] [705] [763]. Man kann davon ausgehen, daß die Ionen an der Oberfläche dieser Salze mit den unmittelbar angrenzenden Wassermolekülen ähnliche Wechselwirkungen zeigen, wie sie zwischen gelösten Ionen und benachbarten Wossermolekülen auftreten (siehe Abschn. 4.1.2). Das bedeutet, es kommt entweder zu einer Einschränkung der Beweglichkeit der benachbarten Wassermoleküle (Strukturbildung) oder zum Gegenteil (Strukturbrechung). Das erstere darf man z.B. um die Na^+ an der Oberfläche eines NaCl-Teilchens erwarten. Die Tatsache, daß Halit (NaCl) nur mit Sammlern flotiert, die zu Wasserstoffbrückenbindungen befähigt sind, legt deshalb den nachfolgenden Adsorptionsmechanismus nahe (demonstriert am Beispiel der Carboxylat-Adsorption):

$$\begin{array}{c}|\\-\text{Cl}\\|\\-\text{Na}\ldots\text{O}_\text{H}^\text{H}\\|\\-\text{Cl}\\|\end{array} + \begin{array}{c}\text{O}_\text{H}^\text{H}\ldots\text{O}-\text{C}-\text{R}\\\|\\\text{O}\end{array} \rightleftharpoons \begin{array}{c}|\\-\text{Cl}\\|\\-\text{Na}\ldots\text{O}_\text{H}^\text{H}\\|\\-\text{Cl}\\|\end{array}\begin{array}{c}\ldots\text{O}-\text{C}-\text{R}\\\|\\\text{O}\end{array} + \text{H}_2\text{O} \qquad (69)$$

Ähnliche Mechanismen lassen sich auch für andere Sammler angeben, die NaCl flotieren [505] [506] [705] [763]. Demgegenüber flotiert Sylvin (KCl) mit diesen Sammlern nicht, weil die oberflächlichen K$^+$ die Beweglichkeit der benachbarten H$_2$O-Moleküle erhöhen.

4.3.3.5 Assoziation der unpolaren Gruppen

Eine wichtige Rolle für die Energiebilanz der Adsorption spielt bei langkettigen Sammlern die Assoziation der unpolaren Gruppen. Ohne sie wäre die starke Abhängigkeit der Sammleradsorption von der Kettenlänge, die gewöhnlich der *Traube*schen Regel folgt, nicht erklärbar [502][696][698] [699] [705] [706] [712] [732] [784] [831] [859] bis [863]. Diese Assoziation durch hydrophobe Wechselwirkungen hat die gleichen Ursachen wie die Mizellbildung (siehe Abschn. 4.3.2.12). Für die freie Enthalpie der Assoziation je Sammlerion bzw. -molekül, im folgenden **Assoziationsenergie** genannt, läßt sich auf Grundlage des Monoschicht-Modells der Adsorption schreiben [706] [784] [861]:

$$W_A = \varphi\,(m-1)\,s\,k^* \qquad (70)$$

φ Änderung der freien Enthalpie je –CH$_2$-Gruppe bei vollständiger Assoziation
m äquivalente bzw. effektive Kettenlänge der Kohlenwasserstoffgruppe
s Assoziationsgrad ($0 < s < 1$)
k^* Vorassoziationskoeffizient ($1 \geq k^* > 0$)

Für φ ist in Lösungen geringer Ionenstärke $-1{,}39\,kT$ zu setzen, nämlich der Betrag, der der vollständigen Überführung einer –CH$_2$-Gruppe aus einer Umgebung von Wassermolekülen in eine solche von gesättigten unpolaren Gruppen entspricht [807]. Dieser Betrag könnte bei der Bildung von Sammlerfilmen allerdings nur freigesetzt werden, wenn es zur Bildung vollständiger Monoschichten mit idealer Ordnung unter der zusätzlichen Bedingung käme, daß vor der Adsorption noch keine Vorassoziationen (Dimeren- oder Mizellbildung, Selbstassoziation) stattgefunden haben.

Bei geradkettigen Sammlern entspricht die tatsächliche Kettenlänge der äquivalenten bzw. effektiven. Bei Vorhandensein von Kettenverzweigungen, Doppelbindungen, Substituenten an der unpolaren Gruppe, Ringen usw. gelten die Ausführungen im Abschn. 4.3.2.12 sinngemäß. Wenn in Gl. (70) $(m - 1)$ anstatt m eingeführt ist, so hat das nur so lange Berechtigung, wie man herkömmlicherweise annimmt, daß Sammlerfilme Monoschichten bzw. Teile davon bilden und zumindest der äußere Teil der unpolaren Gruppe zur wäßrigen Lösung gerichtet ist.

Der Assoziationsgrad s erfaßt die Abweichung von der vollständigen Assoziation im Film (Bild 262). Er hängt von der Molekülstruktur des Sammlers (Bild 263) und vom Oberflächenbedeckungsgrad ab. Mit Zunahme des Oberflächenbedeckungsgrades wächst der Assoziationsgrad bis zu einem Grenzwert, der hauptsächlich von der Sammler- und Filmstruktur bestimmt wird.

Mit Hilfe des Vorassoziationskoeffizienten k^* werden in der Lösung gegebenenfalls vorhandene Vorassoziationen (Dimere, Mizellen) berücksichtigt. Liegen keine Vorassoziationen vor, so gilt $k^* = 1$; sind solche vorhanden, so $k^* < 1$.

Im Bild 264 ist der typische Verlauf von Adsorptionsisothermen homologer Sammlerreihen dargestellt. Sie steigen bei geringer Bedeckung zunächst flacher, dann steiler an und erreichen

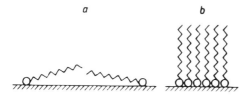

Bild 262 Sammleranordnung bei unterschiedlichem Assoziationsgrad s, schematisch
a) keine Assoziation ($s = 0$)
b) ideale vollständige Assoziation ($s = 1$)

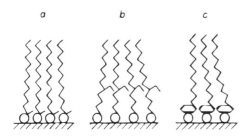

Bild 263 Einfluß der Molekülstruktur des Sammlers auf die Assoziation
a) in 1-Stellung substituierte n-Alkylverbindung
b) verzweigtkettige Verbindung
c) n-Alkylpyridiniumverbindung

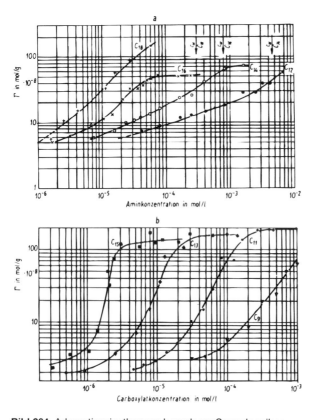

Bild 264 Adsorptionsisothermen homologer Sammlerreihen
a) n-Alkylammoniumchloride auf Quarz (200 ... 250 µm) bei 25°C und pH 6 [705] [784]
b) n-Alkancarboxylate auf Korund (160 ... 200 µm) bei 60°C und pH 4,5 [696] [705]

4.3 Sammler und allgemeine Grundlagen der Sammleradsorption

im allgemeinen eine deutlich ausgeprägte Stufe. Die Vermutung, daß dieser Stufe eine Doppelschichtbedeckung zugeordnet werden kann, ist nicht unberechtigt [675] [705]. Bemerkenswert ist die starke Kettenlängenabhängigkeit der Lage der Isothermen und auch, daß diese mit wachsender Kettenlänge steiler verlaufen. Es liegt keine Veranlassung vor, diese Isothermen im Anfangsteil mit einem charakteristischen Knick zu zeichnen, der nach einer Reihe von Autoren einer kritischen Konzentration zugeordnet wird, nach deren Überschreiten die Assoziation im Film erst eintreten soll (sog. **Hemi-Mizell-Hypothese**), während bis dahin die Sammlerionen bzw. -moleküle isoliert voneinander adsorbiert werden sollen [637][639] [846] [860] [864] bis [867]. Letzteres steht aber nicht nur im Widerspruch zur energetischen Heterogenität der adsorbierenden Festkörperoberflächen (beachte die eingangs erwähnten mikroradiographischen Befunde), sondern auch zu der Tatsache, daß schon bei sehr niedrigen Bedeckungsgraden beachtliche Assoziationsgrade vorliegen (siehe Bild 265).

Substituiert man die Gln. (64) sowie (70) in Gl. (30) und logarithmiert, so erhält man nach Umstellung [784]:

$$\ln c = \ln \Gamma_\delta - \ln 2r + \frac{W_P}{kT} + \frac{\varphi(m-1)\,s\,k^*}{kT}$$

Differenziert man unter der Voraussetzung, daß Γ_δ, W_P sowie s konstant sind und setzt außerdem $k^* = 1$, so ergibt sich:

$$\frac{\partial \ln c}{\partial m} = \frac{s\varphi}{kT} \qquad (71)$$

Mit Hilfe von Gl. (71) läßt sich $s\varphi$ aus den Adsorptionsisothermen homologer Reihen bestimmen [705] [784]. So ist im Bild 265 die Assoziationsenergie $s\varphi$ für verschiedene Adsorptionspartner dargestellt. Man erkennt zunächst eindeutig, daß $s\varphi$ mit dem Oberflächenbedeckungs-

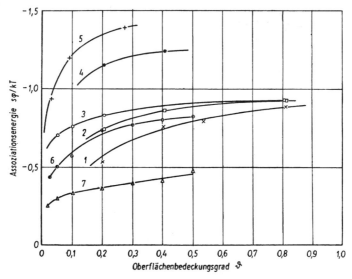

Bild 265 Assoziationsenergie $s\varphi$ von Sammlerfilmen in Abhängigkeit vom Oberflächenbedeckungsgrad [699] [719]
(1) Quarz (200 ... 250 µm), n-Alkylammoniumchloride, pH 6, 25°C
(2) Korund (160 ... 200 µm), n-Alkancarboxylate, pH 4,5, 60°C
(3) Quarz (200 ... 250 µm), n-Alkylammoniumchloride, 10 g/l KCl, 25°C
(4) Quarz (200 ... 250 µm), n-Alkylammoniumchloride, 100 g/l KCl, 25°C
(5) Sylvin (200 ... 250 µm), n-Alkylammoniumchloride, gesättigte KCl-Lösung von 25°C
(6) Kassiterit (40 ... 63 µm), Na-n-Alkancarboxylate, pH 6, 20°C
(7) Kassiterit (40 ... 63 µm), 1,1-Alkancarboxylate, pH 6, 20°C

grad wächst und einem Grenzwert zustrebt. Dieser liegt für geradkettige Sammler mit einer endständigen polaren Gruppe in Lösungen niedriger Ionenstärke um $-1\,kT$ (Kurven 1, 2, 3 und 6 im Bild 265). Dies bedeutet, daß unter der Voraussetzung von $\varphi = -1{,}39\,kT$ der Assoziationsgrad auch in vollständigen Monoschichten etwa 0,7 nicht übersteigt. Beim Vergleich der Kurven 1 und 2 in Bild 265 ist zu beachten, daß infolge des gewählten pH bei der Adsorption von n-Alkancarboxylationen auf Korund wegen der Hydrolyse die Koadsorption von Carbonsäuremolekülen eingetreten ist. Eine derartige Koadsorption begünstigt die Assoziation im Film (siehe auch Abschn. 4.3.2.10). Weiterhin läßt der Vergleich der Kurven 1, 3, 4 und 5 in Bild 265 die Schlußfolgerung zu, daß mit wachsender Ionenstärke unter sonst gleichen Bedingungen aufgrund des Aussalzeffektes sowohl φ als auch s zunehmen. In gesättigten KCl-Lösungen von $25°C$ strebt $s\varphi$ einem Grenzwert zu, der noch etwas mehr als $-1{,}4\,kT$ betragen dürfte (Kurve 5 im Bild 265). Im Falle der 1,1-Alkandicarboxylate erreicht der Grenzwert $s\varphi$ nur etwa $-0{,}6\,kT$. Dies dürfte zunächst eine Folge der Assoziationsbehinderung durch die zweite polare Gruppe sein, deutet aber auch auf weitere Besonderheiten der Filmbildung hin (siehe Abschn. 4.3.3.6).

4.3.3.6 Aufbau und Struktur der Sammlerfilme

Für die Flotation ist durchaus keine vollständige Bedeckung der Kornoberfläche mit einem Sammlerfilm erforderlich. Vielmehr kann schon mit relativ geringen Bedeckungsgraden ein hohes Ausbringen im Schwimmprodukt erzielt werden.

Da die Festkörperoberflächen energetisch heterogen sind, werden die Sammlerionen bzw. -moleküle ungleichmäßig (fleckenhaft bzw. inselartig) adsorbiert. Das wurde für Sulfide wie für Nichtsulfide durch mikroradiographische Methoden nachgewiesen [580] [647][648] [684] [868] bis [871]. Die unterschiedlichen Potentiale auf Sulfidoberflächen konnten auch mit Hilfe katodischer und anodischer Polarisation sichtbar gemacht werden [647]. Eine weitere wichtige Bestätigung der fleckenhaften Sammlerverteilung folgt daraus, daß bei längerkettigen Sammlern die Assoziation der unpolaren Gruppen schon bei geringen Bedeckungsgraden beachtlich ist (siehe Abschn. 4.3.3.5). Diese kondensierten Filmteile befinden sich bei den längerkettigen Sammlern in einem flüssiganalogen Zustand [675]. Die Inhomogenität der Reagensverteilung ist bei Chemisorption ausgeprägter als bei Physisorption [644] [684].

Gaudin und *Bloecher* [872] stellten bei der Flotation von entschlämmtem Quarz $< 75\,\mu m$ mit Dodecylammoniumacetat fest, daß eine 6- bis 7%ige Sammlerbedeckung für ein vollständiges Ausbringen genügte. Zu ähnlichen Ergebnissen gelangte *de Bruyn* [864] mit Quarz $< 150\,\mu m$ (spezifische Oberfläche $1400\,cm^2/g$). Höhere Bedeckungsgrade ergaben sich bei eigenen Untersuchungen mit gröberem Quarz [503]. Bei der Flotation von Galenit und Chalkopyrit in Korngrößen zwischen 40 und $200\,\mu m$ mit Ethylxanthogenat wurden notwendige Bedeckungsgrade von 30 bis 60% festgestellt [873]. Zwischen 15 und 50% lagen sie bei der Flotation von Hämatit und Baryt mit Carboxylaten [874]. Die Ergebnisse eigener Untersuchungen mit Sylvin und n-Dodecyl- bzw. n-Hexadecylammoniumchlorid in einer Hallimond-Röhre, d. h. bei relativ geringer Beanspruchung des Korn-Blase-Kontaktes durch Strömungskräfte, sind im Bild 266 dargestellt [503]. Sämtliche vorliegenden Ergebnisse lassen nachstehende Schlußfolgerungen zu: Der für die Flotation notwendige Sammlerbedeckungsgrad hängt von einer Reihe von Einflußgrößen ab. Zunächst sind die Feststoffeigenschaften und der Sammlertyp zu nennen, weil davon Charakter und Intensität der Adsorption, die Haftfestigkeit des Films und der Filmcharakter abhängen. Eine weitere wichtige Rolle spielen Größe und Struktur der unpolaren Gruppen. Mit wachsender Kettenlänge vermindert sich offensichtlich der notwendige Bedeckungsgrad (Bild 266). Andererseits muß die Sammlerbedeckung um so größer sein, je gröber das zu flotierende Korn (Bild 266) und je höher dessen Dichte sind sowie je stärker der Korn-Blase-Kontakt beansprucht wird (Turbulenz!). Weiterhin ist die Anwesenheit anderer Lösungsbestandteile von Bedeutung, da diese den Hydratationszustand in den nicht vom Sammler bedeckten Oberflächenbereichen mit beeinflussen können.

4.3 Sammler und allgemeine Grundlagen der Sammleradsorption 325

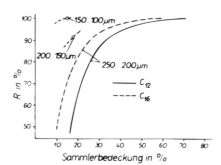

Bild 266 Ausbringen von Sylvin bei der Flotation in der Hallimond-Röhre mit n-Alkylammoniumchloriden verschiedener Kettenlänge in Abhängigkeit von der Sammlerbedeckung für verschiedene Korngrößenklassen [503]

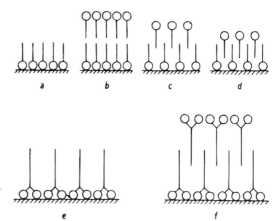

Bild 267 Mögliche Strukturen von Sammlerfilmen

Was nun die unmittelbare Strukturaufklärung von Sammlerfilmen anbelangt, so zeichnen sich erst in letzter Zeit demnächst zu erwartende, wesentliche Fortschritte mit Hilfe moderner spektroskopischer Methoden (siehe z. B. [875] bis [879]) – unterstützt durch weitere leistungsfähige Methoden [881] bis [883] – ab. Im Bild 267 sind schematisch mögliche Strukturen von Sammlerfilmen dargestellt (bezüglich der Schematisierung beachte man insbesondere, daß sich längere Kohlenwasserstoffgruppen in einem flüssiganalogen Zustand befinden). Vielfach wird der für die Flotation erforderliche Hydrophobieeffekt auf Grundlage des Monoschichtmodells (Bild 267a) gedeutet (siehe hierzu auch Abschn. 4.3.1). Die Ausbildung von Doppelschichten, wie sie in den Bildern 267b bis d dargestellt sind, tritt nach verbreiteter Auffassung erst bei höheren Bedeckungsgraden auf, und ihr Entstehen wird nicht selten mit einer Rehydrophilierung in Verbindung gebracht. Jedoch lassen Überlegungen und verschiedene Ergebnisse erhebliche Zweifel darüber aufkommen, ob die Flotation nur auf Grundlage des Monoschicht-Modells der Adsorption erklärbar ist.

Im folgenden soll eine energetische Abschätzung darüber angestellt werden, unter welchen Voraussetzungen Doppelschichtbildung auch bei noch unvollständiger Sammlerbedeckung wahrscheinlich ist [675]. Geht man davon aus, daß N_S Sammlerionen adsorbiert werden, so ergibt sich mit Hilfe von Gln. (64) und (70) für die Monoschichtadsorption folgende Energiebilanz, wenn man vereinfachend annimmt, daß W_P nicht vom Bedeckungsgrad abhängt:

$$W_1 = N_S(W_P + W_A) = N_S(W_P + \varphi(m-1)s_1 k_1^*)$$

Für eine Doppelschichtadsorption erhält man, wenn N' Sammlerionen in der ersten und N'' in der zweiten Schicht adsorbiert ($N_S = N' + N''$; $N' \geqq N''$) und die Wechselwirkungen zwischen den polaren Gruppen der zweiten Schicht vernachlässigt werden:

$$W_2 = N'W_P + N_S \varphi\, m\, s_2\, k_2^*\ ^1$$

Fragt man nun, unter welchen Bedingungen $W_2 > W_1$ wird, d.h., die energetischen Bedingungen für Doppelschichtbildung selbst bei unvollständiger Bedeckung günstiger als für die Monoschichtbildung sind, so erhält man, wenn man noch für $k_1^* = k_2^* = 1$ setzt:

$$N'W_P + N_S \varphi\, m\, s_2 > N_S(W_P + \varphi(m-1)s_1)$$

bzw.

$$N_S \varphi\, m\, s_2 > N''W_P + N_S \varphi(m-1)s_1$$

Berücksichtigt man schließlich, daß bei Doppelschichtbildung $N''/N_S \approx 1/2$ gesetzt werden darf, so ergibt sich:

$$s_2 > s_1 \frac{m-1}{m} + \frac{1}{2}\frac{W_P}{m\varphi} \tag{72}$$

Danach ist eine Doppelschicht energetisch stabiler, wenn sich durch ihre Bildung anstatt einer Monoschicht der Assoziationsgrad um einen gewissen Betrag erhöhen kann. Dies dürfte vor allem dann möglich sein, wenn sich die Schichten gemäß Bild 267c, d oder f gegenseitig durchdringen. Schätzt man dies für einen Sammler mit einer n-Tetradecylkette und einer endständigen polaren Gruppe für elektrostatische Adsorption mit $\psi_\delta = 100\,\text{mV}$ (das ist ein relativ hohes Potential) ab, so erhält man für W_P nach Gl. (66):

$$W_P = ze_0\, \psi_\delta = 1{,}6 \cdot 10^{-20}\,\text{J} \cong 3{,}96\, kT$$

bzw. für s_2 nach Gl. (72):

$$s_2 > s_1 \frac{13}{14} + \frac{1}{2}\frac{3{,}96 kT}{14 \cdot 1{,}39 kT} = 0{,}929\, s_1 + 0{,}102$$

Eine derart geringfügige Verbesserung des Assoziationsgrades durch Doppelschichtbildung schon bei relativ niedrigen Bedeckungsgraden ist folglich bei elektrostatischer Adsorption sehr wahrscheinlich. Die Wahrscheinlichkeit vermindert sich mit Zunahme von W_P, d.h. bei Chemisorption und bei Vorhandensein mehrerer mit der Festkörperoberfläche wechselwirkenden polaren Gruppen je Sammlerion [699].

Daß Doppelschichtbildung durchaus nicht zu einem Hydrophilieeffekt im Sinne der Flotation, d.h. Verhinderung der Korn-Blase-Haftung, führen muß, wurde bereits im Abschn. 4.3.1 diskutiert und ist mittlerweile auch unter Nutzung der Langmuir-Blodgett-Technik für definiert aufgebrachte Doppelschichten experimentell nachgewiesen worden [881] bis [883].

4.4 Modifizierung von Sammleradsorption und Sammlerwirkung

Die Sammlerwirkung auf ein Korn in einer Flotationstrübe äußert sich letzten Endes darin, mit welcher Wahrscheinlichkeit dieses beim Kontakt mit einer Gasblase an dieser haftet und mit ihr aufschwimmt. Dies hängt in erster Linie von der Sammleradsorption ab, d.h. davon, in welchem Umfange ein geeigneter Sammler eine im Sinne der Flotation hydrophobierende Adsorptionsschicht gebildet hat. Dabei ist zu beachten, daß die Sammlerverteilung wegen der energetischen Heterogenität der Feststoffoberflächen ungleichmäßig ist. Das Gesamtverhalten eines Kornes beim Blasenkontakt wird folglich durch den summarischen Effekt bestimmt, den die hydrophoben und hydrophilen Oberflächenteile hervorbringen. Dieser summarische Effekt ist aber nicht nur eine Funktion des Sammlerbedeckungsgrades, sondern auch der

---

[1] Beachte, daß im Falle der Doppelschichtbildung für die Assoziationsenergie eines Ions $\varphi m s k^*$ anstatt $\varphi(m-1)sk^*$ bei der Monoschichtbildung zu setzen ist.

Sammlerverteilung und des Hydratationszustandes in den vom Sammler nicht bedeckten Oberflächenbereichen. Die beiden zuletzt genannten Erscheinungen wiederum hängen vor allem von den anderen Lösungsbestandteilen ab, die die Sammlerverteilung über die Energiebilanz der Sammleradsorption und den Hydratationszustand über Adsorptionsvorgänge beeinflussen können.

Die letzten Bemerkungen leiten zur Rolle der anderen Lösungsbestandteile über. Wie schon im Abschn. 4.3.3.3 erörtert, kann die Sammleradsorption die vorausgehende Adsorption anderer Lösungsbestandteile im Sinne einer Adsorptionsbrücke voraussetzen. Andererseits ist vom Standpunkt der Selektivität der Trennungen vielfach die Sammleradsorption auf bestimmten Feststoffen (Mineralen) zu verhindern. Dies läßt sich ebenfalls durch geeignete Reagenszusätze bewerkstelligen.

Reagenzien, mit deren Hilfe Wirkungen der geschilderten Art für die Trennbedingungen hervorgebracht werden, heißen **modifizierende Reagenzien** oder **Regler**. Sie gliedern sich hauptsächlich in **aktivierende (Beleber)** und **drückende Reagenzien (Drücker)**. Die zuerst genannten aktivieren die Sammlerwirkung, indem sie die Sammleradsorption ermöglichen oder die Hydrathülle in den vom Sammler nicht bedeckten Bereichen abbauen. Drücker beeinträchtigen bzw. unterbinden die Sammlerwirkung, indem sie die Sammleradsorption erschweren bzw. verhindern oder die Hydrophilie in den vom Sammler nicht besetzten Bereichen verstärken. Ob ein Reagenszusatz belebend oder drückend wirkt, kann nur vom Standpunkt der jeweiligen Verhältnisse beurteilt werden. Deshalb ist keine allgemeine Einteilung in Beleber und Drücker möglich. Schließlich ist noch eine Gruppe von Reglern zu nennen, deren Wirkung weniger spezifisch für bestimmte Feststoffe ist, die vielmehr das allgemeine Flotationsmilieu für alle oder zumindest mehrere beteiligte Feststoffe verändern.

In den unmittelbar folgenden Abschnitten werden die allgemeinen Grundlagen der Wirkungsmechanismen modifizierender Reagenzien besprochen, spezielle Probleme dann in den Abschnitten 4.12 und 4.13.

4.4.1 Aktivierende Mechanismen

Zu den wichtigsten Wirkungsmechanismen dieser Art zählen die folgenden:

a) Von der Konzentration potentialbestimmender Ionen hängen Vorzeichen und Größe des Doppelschichtpotentials ab. Im Falle einer elektrostatischen Sammlerbindung sind folglich aktivierende Effekte durch geeignete Steuerung der Konzentration potentialbestimmender Ionen möglich. Dieser Mechanismus wurde bereits im Abschn. 4.3.3.2 besprochen.
b) Eine Sammlerbindung kann voraussetzen, daß zunächst mittels Adsorptionsbrücken die Vorbedingungen dafür geschaffen werden. Dieser Mechanismus ist ebenfalls schon behandelt worden (Abschn. 4.3.3.3).
c) Auch der Abbau der Hydrathülle sowie die Komprimierung der elektrischen Doppelschicht in den vom Sammler nicht bedeckten Oberflächenbereichen durch geeignete Elektrolytzusätze können einen gewissen aktivierenden Effekt hervorbringen, der sich allerdings nur auf die Flotationskinetik auswirken dürfte [884] [885]. Über derartige Wirkungen liegen nur relativ wenige Untersuchungsergebnisse vor.

4.4.2 Drückende Mechanismen

Obwohl die Anwendung von Drückern fast bis in die Anfänge der technischen Nutzung der Flotation zurückreicht und diese schon seit Jahrzehnten für eine Reihe flotativer Trennungen unentbehrlich sind, wird in neuerer Zeit ihrer Wirkungsweise und dem Auffinden weiterer Reagensgruppen erhöhte Aufmerksamkeit geschenkt. Dies erklärt sich daraus, daß Fortschritte auf dem Gebiet bisher ungelöster Flotationsprobleme sowie für die Verbesserung der

Selektivität schwieriger Trennungen in erheblichem Maße von Ergebnissen auf diesen Gebieten abhängen.

Die wesentlichen Drückermechanismen lassen sich wie folgt abgrenzen:

a) Im Falle einer elektrostatischen Sammlerbindung sind drückende Effekte durch die Steuerung der Konzentration der potentialbestimmenden Ionen möglich. Dieser Mechanismus entspricht dem im letzten Abschnitt unter a) genannten sinngemäß. Sein Wesen folgt aus dem im Abschn. 4.3.3.2 Besprochenen.

b) Besteht die Gefahr einer Autoaktivierung durch Readsorption von Lösungsbestandteilen (z.B. von Schwermetallkationen oder deren Hydroxokomplexen), die als Adsorptionsbrücke wirksam werden können, so läßt sich dies dadurch verhindern, indem durch geeignete Reagenszusätze diese Lösungsbestandteile ausgefällt oder in nicht aktivierenden löslichen Komplexen gebunden werden (siehe z.B. [887] bis [889]). So läßt sich z.B. das Aktivieren von Sphalerit mit in fast jeder Blei-Zink-Erz-Trübe gelösten Cu^{2+} durch Ausfällen mit Na_2S oder durch Bindung im $[Cu(CN)_2]^-$-Komplex vermeiden.

c) Eine weitere Möglichkeit ist dadurch gegeben, daß eine hydrophile Adsorptionsschicht durch Zusatz eines geeigneten Reagens gebildet wird, die die Sammleradsorption verhindert oder mit deren Hilfe ein bereits adsorbierter Sammler von der Feststoffoberfläche wieder verdrängt wird. Im Falle bevorzugter elektrostatischer Adsorption ist das mit entsprechend hohen Zusätzen von Ionen möglich, die ein gleiches Ladungsvorzeichen wie der Sammler haben. So konkurrieren H^+ und andere Kationen mit Sammlerkationen sowie OH^- und andere Anionen mit Sammleranionen. In bezug auf die Adsorbierbarkeit sind dabei die Ausführungen im Abschn. 4.2.3.2 sinngemäß zu beachten. Eine wesentlich bessere Selektivität und hohe Wirksamkeit bei relativ kleinen Reagenszusätzen wird aber mit chemisorbierten Drückern erzielt. Deshalb haben diese in neuerer Zeit stark an Bedeutung gewonnen, wobei neben anorganischen Komplexbildnern zunehmend organischen eine große Beachtung geschenkt wird. Der Wirkungsweise dieser Stoffe ist im folgenden ein eigener Abschnitt gewidmet.

d) Schließlich lassen sich drückende Effekte durch verschiedene hydrophile makromolekulare organische Stoffe oder durch anorganische Kolloide erreichen, deren Fixierung an Feststoffoberflächen nicht unbedingt die Sammleradsorption verhindert oder einschränkt. Auch die Wirkungsweise dieser Stoffe wird im nachfolgenden in einem eigenen Abschnitt behandelt.

4.4.2.1 Komplexbildende Drücker

Bei der Suche nach Reagenzien, die eine drückende (hydrophile) Adsorptionsschicht bilden, ist zunächst wie bei den Sammlern davon auszugehen, daß in ihren Molekülen Atome bzw. Atomgruppen (polare Gruppen) enthalten sein müssen, die eine spezifische Wechselwirkung mit der Feststoffoberfläche erwarten lassen. Die Unterschiede in den Wirkungen von Drückern und Sammlern sind durch den Aufbau des Restmoleküls bedingt (Bild 268). Im Gegensatz zum Sammler muß bei einem Drücker auch das Restmolekül einen hydrophilen Charakter besitzen. Da nun in einer Flotationstrübe hydrophobierende und hydrophilierende Reagenzien nebeneinander vorliegen, so konkurrieren beide um die Adsorption an den Feststoffoberflächen. Folglich hängt es von der Energiebilanz der Adsorption ab, welches Reagens bevorzugt adsorbiert wird. Da bei Drückern die Assoziationsenergie W_A in Gl. (64) im allgemeinen als Bestandteil der Energiebilanz ausscheidet, sind entsprechend intensive Wechselwirkungen W_P der polaren Gruppen mit der Feststoffoberfläche notwendig, damit diese gegenüber den Sammlern bevorzugt adsorbiert werden. Hinzu kommt die Forderung nach möglichst hoher Selektivität der Drückeradsorption.

Die besten Voraussetzungen für hydrophile Adsorptionsschichten erzeugende Drücker bieten komplexbildende Stoffe. Dabei wird neben anorganischen Komplexbildnern zunehmend

4.4 Modifizierung von Sammleradsorption und Sammlerwirkung

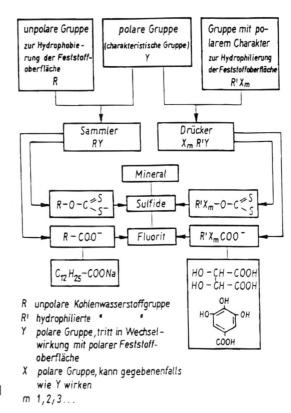

Bild 268 Vergleich der Strukturen von Sammlern und organischen Drückern [719] [890] bis [893]

den organischen Beachtung geschenkt. Von den letzteren sind insbesondere die **Chelatbildner** bedeutsam. Diese gehen mit den das Festkörpergitter aufbauenden bzw. spezifisch adsorbierten Ionen nicht nur stabile Oberflächenverbindungen ein, sondern reagieren meist auch genügend spezifisch (siehe auch Abschn. 4.3.3.1). Grundsätzliche Erkenntnisse über optimale Strukturen derartiger Drücker konnten am Beispiel der flotativen Fluorit-Baryt-Trennung gewonnen und daraus allgemeine Schlußfolgerungen für die Struktur-Wirkungs-Beziehungen abgeleitet werden [717] [719] [890] bis [894]. Wegen des vorwiegend ähnlichen Flotationsverhaltens beider Minerale mit den in Betracht zu ziehenden Sammlern kommt der Anwendung spezifisch wirkender Drücker hier besondere Bedeutung zu. Tabelle 47 informiert über in die Untersuchungen einbezogene organische Verbindungen sowie qualitativ über deren Drückerwirkung bei Anwendung anionaktiver Sammler. Von den Ergebnissen kann gefolgert werden, daß Chelatbildner, deren Metallchelate in Wasser löslich sind, wie z. B. Zitronensäure, Komplexon III und 1,2,3-Trihydroxybenzol, als Fluorit-Drücker geeignet sind. Diese Stoffe drängen die Adsorption anionaktiver Sammler an Fluorit – nicht aber an Baryt – weitgehend zurück, so daß bei Anwendung eines derartigen Reagensregimes (anionaktiver Sammler, Fluorit-Drücker) günstige Bedingungen zur flotativen Trennung beider Minerale gegeben sind. Die Bildung von Chelaten mit vorwiegender Ionenbindung, wie z. B. bei den Erdalkalien, wird in der Regel mit wachsendem Ionenpotential des Metallkations begünstigt, so daß Ca-Chelate stabiler als die entsprechenden Ba-Chelate sind. Diese zunächst für das allgemeine Komplexbildungsverhalten gültige Aussage läßt sich qualitativ auf die Adsorbierbarkeit an Erdalkali-Mineralen im neutralen bis alkalischen Bereich übertragen. Deshalb ist folgender Wechselwirkungsmechanismus – vereinfacht dargestellt am Beispiel der Adsorption von 1,2,3-Trihydroxybenzol an Fluorit – sehr wahrscheinlich [892]:

Tabelle 47 Auf ihre Drückerwirkung für Fluorit und Baryt bei Anwendung anionaktiver Sammler untersuchte organische Verbindungen [717] [892] bis [894]
(+ als Drücker geeignet; – als Drücker nicht geeignet)

Name	Formel	Drückerwirkung Fluorit	Drückerwirkung Baryt
2-Hydroxypropan-1,2,3-tricarbonsäure (Zitronensäure)	$\begin{array}{l}CH_2-COOH\\ HO-C-COOH\\ CH_2-COOH\end{array}$	+	–
Ethylendiamintetraessigsäure (Dinatriumsalz: Komplexon III)	$\left[\begin{array}{l}HOOC-CH_2\\ NaOOC-CH_2\end{array}N-CH_2-\right]_2$	+	–
1,2-Dihydroxyethan-1,2-dicarbonsäure (Weinsäure)	$\begin{array}{l}HO-CH-COOH\\ HO-CH-COOH\end{array}$	+	–
Hydroxyethan-1,2-dicarbonsäure (Äpfelsäure)	$\begin{array}{l}HO-CH-COOH\\ CH_2-COOH\end{array}$	+	–
Hydroxymalonsäure (Tartronsäure)	$\begin{array}{l}COOH\\ H-C-OH\\ COOH\end{array}$	+	–
Alkandicarbonsäuren	$HOOC-(CH_2)_n-COOH$, $n = 0,1,2,3,4$	–	–
Hydroxybenzol (Phenol)	C$_6$H$_5$–OH	–	–
1,2-Dihydroxybenzol (Brenzkatechin)	o-C$_6$H$_4$(OH)$_2$	–	–
1,4-Dihydroxybenzol (Hydrochinon)	p-C$_6$H$_4$(OH)$_2$	–	–
1,3-Dihydroxybenzol (Resorcin)	m-C$_6$H$_4$(OH)$_2$	–	–
1,3,5-Trihydroxybenzol (Phloroglucin)	1,3,5-C$_6$H$_3$(OH)$_3$	–	–
1,2,3-Trihydroxybenzol (Pyrogallol)	1,2,3-C$_6$H$_3$(OH)$_3$	+	–
3,4,5-Trihydroxybenzoesäure (Gallussäure)	3,4,5-(HO)$_3$C$_6$H$_2$-COOH	+	–
Kongorot	$\left[\begin{array}{c}NH_2\\ \text{(Naphthyl)}-N=N-\text{(Phenyl)}\\ SO_3Na\end{array}\right]_2$	+	+
Alizarin S	Anthrachinon-OH, OH, SO$_3$Na	+	+

$$(Ca^{2+})_s + \underset{\underset{B}{OH}}{\overset{HO}{\underset{HO}{\bigcirc}}} \rightleftharpoons \left(Ca\overset{O}{\underset{O}{\bigcirc}}\right)_s + 2H^+ \quad (73)$$

A B C

Die polaren Gruppen des zur Chelatbildung befähigten Drückers (B) bilden mit den Ca-Ionen an der Oberfläche des Fluorits (A) eine Oberflächenverbindung (C) mit Chelatstruktur. Diese Aussage wird wesentlich dadurch gestützt, daß die Adsorption der untersuchten organischen Stoffe im Vergleich zum Sammler nur dann begünstigt wird, wenn bindungsaktive Gruppen in einer für die Chelatbildung geeigneten Stellung im Molekül angeordnet sind. Weiterhin spielen Art und Struktur des Molekülteils, der die hydrophilierende Wirkung hervorbringen soll, eine wichtige Rolle. Demzufolge muß eine organische Verbindung, die sich vom Gesichtspunkt ihrer Adsorbierbarkeit als geeignet erweist, dies nicht auch bezüglich ihrer Drückerwirkung sein. So beeinträchtigen 1,2-Dihydroxybenzol und 1,2,3-Trihydroxybenzol die Adsorption anionaktiver Sammler an Fluorit, aber nur das letztere ist als Drücker geeignet. Offensichtlich ist nur dieses wegen seiner größeren Anzahl polarer Gruppen befähigt, nicht nur mit der Mineraloberfläche intensiv in Wechselwirkung zu treten, sondern auch den Hydrophilieeffekt hervorzubringen.

Durch die Adsorptionsschicht einiger der untersuchten hydrophilen organischen Verbindungen können aber auch die Ladungsverhältnisse an der Mineraloberfläche derart verändert werden, daß die Adsorption kationaktiver Sammler ermöglicht wird. Die Bindung des Sammlers dürfte dann über die als Aktivierungsbrücken wirkenden hydrophilen organischen Moleküle erfolgen. Tabelle 48 verdeutlicht dies am Beispiel der Fluorit-Flotation.

Es ist aber auch festgestellt worden, daß die Ladungsverhältnisse an Mineraloberflächen mittels chelatbildender Reagenzien ohne Adsorptionsschicht-Bildung dadurch stark verändert werden können, indem diese durch Bildung löslicher Chelate Kationen aus der Mineraloberfläche herauslösen und/oder die Kationen-Konzentration in der *Stern*-Schicht der elektrischen Doppelschicht reduzieren [895] [896]. Dieser Mechanismus kann ebenfalls zu Aktivierungseffekten für die Anwendung kationaktiver Sammler führen.

Die oben kurz entwickelten Struktur-Wirkungs-Beziehungen für organische Drückerreagenzien sind auch an weiteren Systemen systematisch untersucht worden (siehe z. B. [720] bis [722] [897] [898] [1506]).

In diese Gruppe von Drückern lassen sich auch niedrigmolekulare Bestandteile von natürlichen und synthetischen **Gerbstoffen (Tannine)** einordnen, über deren Wirksamkeit eine größere Anzahl von Arbeiten vorliegt (siehe z. B. [900] bis [905]). Die natürlichen und der größte Teil der synthetischen Gerbstoffe enthalten in ihrer Grundstruktur phenolische Gruppen und demnach eine mehr oder weniger große Anzahl OH-Gruppen. Es ist anzunehmen, daß bei der Adsorption von Gerbstoffen eine feste chemisorptive Bindung dann wahrscheinlich ist, wenn die Bindung am Kation des Mineralgitters über zwei benachbarte OH-Gruppen erfolgt (Chelatbildung), wie das im vorstehenden für Pyrogallol und Gallussäure (Tabelle 47) schon erörtert worden ist. Weiterhin sind auch Wasserstoffbrückenbindungen über nichtdissoziierte OH-Gruppen nicht auszuschließen. Schließlich kann elektrostatische Adsorption auftreten, falls anionische polare Gruppen der Gerbstoffe und positive Zeta-Potentiale der Feststoffteilchen vorliegen.

Von den anorganischen komplexbildenden Drückern sind **Alkalicyanide** und **Polyphosphate** insbesondere bedeutsam [565]. Alkalicyanide sind starke Drücker für sulfidische Minerale, deren Schwermetallkationen mit CN^- stabile Komplexe bilden (Ag, Cu, Fe, Zn, Cd, Ni). Von den Polyphosphaten ist vor allem Hexametaphosphat $((NaPO_3)_6)$ als Drückerreagens für Erdalkaliminerale bekannt geworden [906].

Es ist noch zu beachten, daß zwischen den im Abschn. 4.4.2 genannten Drückermechanismen Übergänge möglich sind. So können Alkalicyanide, Polyphosphate und organische Chelatbildner auch in der Weise wirksam werden, daß sie aktivierende Ionen in der Trübe komplex binden [907].

Tabelle 48 Rolle des Sammlers für die Wirkung hydrophiler organischer Verbindungen bei der Fluorit-Flotation [892]

hydrophile organische Verbindung	Wirkung der organischen Verbindung bei Anwendung	
	kationaktiver Sammler	anionaktiver Sammler
$\begin{array}{l} CH_2-COOH \\ HO-C-COOH \\ CH_2-COOH \end{array}$	Aktivator	Drücker
$\begin{array}{l} COOH \\ H-C-OH \\ COOH \end{array}$	Aktivator	Drücker
$\begin{array}{l} HO-CH-COOH \\ HO-CH-COOH \end{array}$	Aktivator	Drücker
$\left[\begin{array}{l} HOOC-CH_2 \\ NaOOC-CH_2 \end{array} N-CH_2-\right]_2$	Drücker	Drücker
HO—C$_6$H$_3$(OH)—OH (Pyrogallol)	Drücker	Drücker
HO—C$_6$H$_2$(OH)(OH)—COOH	keine Beeinflussung	Drücker

4.4.2.2 Makromolekulare und kolloide Drücker

Zu dieser Gruppe zählt neben Natriumsilikaten (Wasserglas) eine Reihe von natürlichen und teilweise auch synthetischen organischen Stoffen, die in ihrer eingesetzten Form vorwiegend Gemische darstellen, und zwar insbesondere Stärken, Carboxymethylcellulose, makromolekulare Gerbstoffe (Polyphenole), Polyethylenoxide u.a. [565] [904].

Kennzeichnend für die genannten Stoffe ist das Vorhandensein von hydrophilen Makromolekülen oder Kolloidteilchen, so daß sie bei ihrer Adsorption bzw. Fixierung auf den Festkörperoberflächen diesen einen hydrophilen Charakter verleihen, wobei die Sammleradsorption mehr oder weniger beeinträchtigt wird. Als mögliche Bindungsmechanismen sind in Abhängigkeit von der chemischen Struktur dieser Stoffe sowie der der Feststoffoberflächen in Betracht zu ziehen: Wasserstoffbrückenbindungen, elektrostatische und chemisorptive Bin-

4.4 Modifizierung von Sammleradsorption und Sammlerwirkung

dungen. Unter diesem Gesichtspunkt lassen sich die organischen Verbindungen dieser Stoffgruppe auch in nichtionogene, anionische, kationische und amphotere gliedern. Ferner können im Falle des Vorliegens von natürlich hydrophoben Feststoffteilchen (z. B. Talk) auch hydrophobe Bindungen mit dem Kohlenwasserstoffgerüst der Makromoleküle die Adsorption bewirken [904].

Zum Drücken sowie Dispergieren von Quarz, silikatischen, oxidischen und vielen anderen Mineralen werden verbreitet **Natriumsilikate (Wasserglas)** benutzt. Über den Wirkungsmechanismus liegt schon eine Reihe von Arbeiten vor (siehe z. B. [680] [909] bis [915] [1507]). Durch einen komplexen Lösungsvorgang, der vom Verhältnis SiO_2/Na_2O ($\leqq 4:1$), der Gesamtkonzentration und dem pH-Wert beeinflußt wird, entstehen mehrere ionogene und kolloide Lösungsbestandteile [908] [909]:

$$[Na_2O \cdot R\, SiO_2]_x \rightleftharpoons Na^+ + SiO_3^{2-} + (m\, SiO_3 \cdot n\, SiO_2)^{2m-} + [n\, SiO_2]$$
$$+ [Na_2O \cdot r\, SiO_2]_y \qquad (74)$$

Die komplexen Silikat-Ionen zerfallen wahrscheinlich beim Verdünnen wie folgt:

$$(m\, SiO_3 \cdot n\, SiO_2)^{2m-} \rightleftharpoons m\, SiO_3^{2m-} + [n\, SiO_2] \qquad (75)$$

In den obigen Gleichungen charakterisieren die eckigen Klammern die kolloiden Bestandteile. Wegen der niedrigen Dissoziationskonstanten der H_2SiO_3 ($4{,}2 \cdot 10^{-10}$ und $5{,}1 \cdot 10^{-17}$) treten als Folge der Hydrolyse auch $HSiO_3^-$ und H_2SiO_3 auf. Infolgedessen enthält eine verdünnte Na-Silikat-Lösung vermutlich: SiO_3^{2-}, $HSiO_3^-$, die komplexen Anionen $(mSiO_3 \cdot nSiO_2)^{2m-}$, gelöstes $H_2SiO_{3(aq)}$ und kolloides SiO_2 sowie $Na_2O \cdot rSiO_2$. Es ist anzunehmen, daß sowohl die Anionen als auch die Kolloide eine Drückerwirkung hervorbringen können. Für eine stabile und – falls möglich – selektive Wirkung sind das Vermeiden jeglicher Überdosierung und das Einhalten gleichbleibender Herstellungsbedingungen der Lösungen unerläßlich. Die Selektivität läßt sich gegebenenfalls durch den gemeinsamen Einsatz mit Na_2CO_3 und mehrwertige Kationen steigern.

Stärke und verwandte Stoffe haben nicht nur als Flockungsmittel (siehe Bd. III), sondern auch als Drücker Bedeutung. Stärke ist aus D-Glucose-Einheiten aufgebaut:

Durch deren Verkettung entstehen Makromoleküle. Die Stärkekörnchen enthalten als Hüllsubstanz das Amylopektin (80 bis 90%) und im Inneren die Amylose (20 bis 10%). Die letztere besteht aus unverzweigten Ketten mit Molekularmassen zwischen 10000 und 60000. Amylopektin besteht aus buschartig verzweigten Ketten mit Molekularmassen zwischen 50000 und 100000. Zahlreiche Naturprodukte dieser Art sowie deren Derivate werden in der Aufbereitungstechnik eingesetzt. Die Moleküle vieler Stärken können als nichtionogen betrachtet werden, so daß diese vorwiegend über Wasserstoffbrückenbindungen adsorbiert werden dürften. Dabei sollen die primären alkoholischen Gruppen am C Nr. 6 die stärksten Wasserstoffbrückenbindungen hervorbringen, während die sekundären OH-Gruppen an den C Nr. 2 und 3 mehr oder weniger verdeckt sind [916]. Jedoch kann auch ein anionischer Charakter als Resultat von Oxydation und Hydrolyse gegeben sein, wozu weiterhin auch die Dissoziation von Substituenten beitragen kann [904]. Schließlich ist festgestellt worden, daß oxydierte Stärken an Hämatit [917] sowie normale Stärken auch an Apatit [918] chemisorbiert werden können.

Wie die Stärke besteht auch Cellulose aus D-Glucose-Einheiten. Durch Substitution an der alkoholischen OH-Gruppe erhält man die **Carboxymethylcellulose**:

Sie stellt ein anionisches lineares Makromolekül dar und wird als Drücker für ähnliche Aufgaben wie die Stärken eingesetzt.

Die makromolekularen **Gerbstoffe (Tannine)** sind Polyphenole:

Bei ihrer Adsorption an Feststoffoberflächen können Wasserstoffbrücken-, elekrostatische und chemisorptive Bindungen sowie gegebenenfalls auch hydrophobe Bindungen wirksam werden [900] bis [904]. Der am meisten eingesetzte Drücker dieser Art ist **Quebracho-Extrakt**. Ein wichtiges Anwendungsgebiet ist das Drücken von Calcit.

Höhermolekulare **Polyoxyethylene** ($R\text{-}(CH_2CH_2O)_nOH$), wobei R eine gerad- oder verzweigtkettige Kohlenwasserstoff-Gruppe darstellt, die auch aromatische Ringe enthalten kann, haben in neuerer Zeit ebenfalls Bedeutung als Drücker erlangt [904]. Durch entsprechende Wahl von R und n kann der HLB-Wert dieser Verbindungen (siehe Abschn. 4.3.2.12) verändert und dadurch die Wirkungsweise an die Erfordernisse angepaßt werden.

4.4.3 Modifizierung des allgemeinen Flotationsmilieus

Elektrolyte (Säuren, Basen, Salze) und andere Stoffe, die den Flotationstrüben mit der Absicht einer spezifischen Wirkung zugesetzt werden, beeinflussen darüber hinaus gewöhnlich auch die allgemeinen Flotationsbedingungen. Dies äußert sich hauptsächlich in Veränderungen des Aufbaus der elektrischen Doppelschichten und Hydrathüllen der Feststoffteilchen, die für das Erreichen oder Vermeiden der Flockung sowie von Schlammüberzügen (siehe Abschn. 4.9.2) wesentlich sind. Gute Flotationsbedingungen darf man u.a. erwarten, wenn das Feinstkorn nicht unselektiv geflockt ist und keine Schlammüberzüge vorliegen. Teilweise setzt man Elektrolyte oder auch makromolekulare hydrophile Zusatzstoffe (siehe auch Abschn. 4.4.2.2) nur in der Absicht zu, eine vollständige Dispergierung zu gewährleisten.

Auch ein Ausfällen von in der Trübe gelösten Bestandteilen kann sich auf die allgemeinen Flotationsbedingungen günstig auswirken, den Sammlerverbrauch senken sowie die Selektivität verbessern. Flotiert wird überwiegend in alkalischen Trüben und damit unter günstigen Voraussetzungen für das Ausfällen von Kationen.

Der pH ist auch für die Hydrolyse verschiedener Sammler wesentlich (z.B. Xanthogenate, Carboxylate, Amine). Gewöhnlich ist die Flotation nur in den pH-Bereichen möglich, in denen der Sammler nicht bzw. überwiegend nicht hydrolysiert ist.

4.5 Korn-Blase-Haftvorgang

Das Anhaften von hydrophobierten oder auch natürlich hydrophoben Feststoffteilchen an Gasblasen (Heterokoagulation) ist der für flotative Trennprozesse charakteristische Grundvorgang. Die dafür erforderlichen Gasblasen (fast ausschließlich Luftblasen) können in Flotationsapparaten durch folgende Mechanismen erzeugt werden:

a) Zuführen von Luft in den Prozeßraum und deren Zerteilen in einer hochturbulenten Strömung:
   Diese Art des Zerteilens ist die in mechanischen Flotationsapparaten vorherrschende und geschieht im Turbulenzfeld der Strömung des Rotor-Stator-Bereiches. Andere Formen des turbulenten Zerteilens von Gasblasen werden in manchen pneumatischen Flotationsapparaten genutzt (Freistrahlen von Düsenströmungen, Wirbelströmungen u.a.). Das turbulente Zerteilen erfolgt unter der Wirkung der Druck- und Scherbeanspruchungen dieser Strömungen. In mechanischen Flotationsapparaten lassen sich mit den üblichen Leistungseinträgen durch turbulentes Zerteilen Blasengrößen bis zu etwa 0,5 mm herab erzielen. Im Zusammenhang mit dieser Art des Zerteilens spielen auch kavitationsähnliche Phänomene in der Rotor-Stator-Strömung eine Rolle [919] [1043].

b) Zuführen der Luft in den Prozeßraum durch die Öffnungen eines porösen Mediums:
   Diese Art des Zerteilens wird in einigen pneumatischen Flotationsapparaten angewendet, wobei als poröse Medien Fritten, Gewebe, poröse Gummi- und Kunststoffelemente, gelochte Rohre und Platten sowie andere eingesetzt werden. Treten die sich von den Öffnungen ablösenden Blasen in eine turbulenzarme Strömung aus, so sind die Öffnungsweiten mitbestimmend für die entstehenden Blasengrößen [120]. Beim Austritt in eine stark turbulente Strömung dagegen werden die sich von den Öffnungen ablösenden Blasen im allgemeinen durch die Turbulenz weiter zerteilt.

c) Gasblasenerzeugung durch Druckentlastung der Suspension:
   Wie schon im Abschn. 4.1.1 kurz erörtert, erhöht sich die Löslichkeit eines Gases in einer Flüssigkeit linear mit seinem Partialdruck. In den Apparaten der Entspannungsflotation nutzt man diese Druckabhängigkeit aus, indem eine an Luft gesättigte Flüssigkeit entspannt wird, d.h., in einen Raum geringeren Druckes übergeführt wird. Dabei scheiden sich sehr feine Blasen so lange aus, bis die Übersättigung aufgehoben ist. Vorteilhaft kann dabei noch sein, daß die Blasenausscheidung dort geschieht, wo die dafür erforderliche Keimbildungsarbeit am geringsten ist, nämlich an hydrophoben Teilchenoberflächen ($\vartheta > 0$), so daß dann der Korn-Blase-Haftvorgang entfällt. Als alleiniger Mechanismus der Blasenbildung ist die Gasblasenausscheidung durch Druckentlastung nur dort anwendbar, wo wegen der Feinheit der abzutrennenden Teilchen einerseits Leistungseinträge für das Suspendieren keine Rolle spielen und andererseits sehr feine Blasen ($< 0,1$ mm) erforderlich sind. Dies trifft vor allem bei der flotativen Wasserreinigung zu.

Gasblasenausscheidung kann aber auch in mechanischen Flotationsapparaten als zusätzlicher Blasenbildungsmechanismus aufgrund von Druckdifferenzen (vor und hinter den umströmten Rotorelementen sowie im Turbulenzfeld) eine Rolle spielen.

d) Gasblasenerzeugung durch Wasserelektrolyse im Prozeßraum:

Die sogenannte Elektroflotation beruht auf der Anwendung von Sauerstoff- und Wasserstoffbläschen, die mittels Wasserelektrolyse in speziellen Flotationsapparaten entstehen. Beide Gase können getrennt, gemeinsam oder auch in Verbindung mit Luft für die Flotation eingesetzt werden. Mittels Wasserelektrolyse können Bläschen erzeugt werden, die um ein bis zwei Größenordnungen feiner als die in mechanischen Flotationsapparaten sind. Daraus folgt, daß Anwendungsmöglichkeiten vor allem im Rahmen der Abscheidung von Feinstteilchen bestehen, wie z.B. in der Abwassertechnik.

Wegen der großen Bedeutung, die das turbulente Zerteilen nach wie vor für die Flotationstechnik hat, wird darauf ausführlicher im Abschn. 4.7.2.1 eingegangen. Ergänzungen zu den anderen Gaszerteilmechanismen sind in den Abschnitten für die entsprechenden Flotationsapparate zu finden.

Die unmittelbar folgenden Abschnittte befassen sich mit dem Haftvorgang, der sich mittels einer thermodynamischen sowie einer dynamischen Betrachtungsweise analysieren läßt.

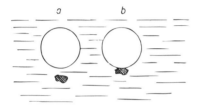

Bild 269 Zustand vor und nach dem Haften

4.5.1 Thermodynamik des Haftens

Die Voraussetzungen für das Haften sind bei einer Korn-Blase-Kollision gegeben, wenn sich dadurch die freie Energie (Grenzflächenenergie) vermindert. Im folgenden soll das Haften eines in bezug auf die Blase kleinen Korns betrachtet werden (Bild 269). In diesem Fall darf man unter anderem vereinfachend annehmen, daß die Gesamtblasenoberfläche konstant bleibt, und es läßt sich die Haftfläche angenähert gleich der Fläche setzen, um die sich die Grenzfläche flüssig/gasförmig beim Haften vermindert. Die freie Grenzflächenenergie F beträgt vor dem Haften:

$$F_1 = \sigma_{lg} A_B + \sigma_{sl} A_P$$

und nach dem Haften:

$$F_2 = \sigma_{lg}(A_B - A_H) + \sigma_{sl}(A_P - A_H) + \sigma_{sg} A_H$$

A_B Blasenoberfläche
A_P Kornoberfläche
A_H Haftfläche

Somit ergibt sich die Energieänderung:

$$\Delta F = F_2 - F_1 = A_H(\sigma_{sg} - \sigma_{lg} - \sigma_{sl}) < 0 \tag{76a}$$

oder mit Hilfe von Gl. (49) bezogen auf die Einheit der Haftfläche:

$$\frac{\Delta F}{A_H} = \sigma_{lg}(\cos \vartheta - 1) < 0 \tag{76b}$$

Die auf die Einheit der Haftfläche bezogene Änderung der freien Energie hängt folglich in erster Linie vom Randwinkel ab. Theoretisch ergibt sich schon ein Energiegewinn, wenn der Randwinkel wenig größer als null ist. Jedoch führt dies noch nicht zu erfolgreicher Flotation, weil der Zeitbedarf für das Haften ebenfalls vom Hydrophobierungszustand mitbestimmt und bei sehr kleinen Randwinkeln so groß ist, daß die praktisch auftretenden Kontaktzeiten (in der Größenordnung von einigen Millisekunden) dafür nicht ausreichen. Weiterhin sind die in einem Flotationsapparat auftretenden statischen und dynamischen Beanspruchungen zu berücksichtigen. Deshalb ist für das Haften unter Flotationsbedingungen eine Mindesthydrophobierung erforderlich. Mit weiterer Zunahme der Hydrophobierung verbessert sich die Haftwahrscheinlichkeit. Zu beachten ist auch noch, daß sich Gleichgewichtsrandwinkel nicht sofort, sondern erst nach einer gewissen Zeit einstellen (siehe auch Abschn. 4.2.4).

Eine deutliche Abhängigkeit der Energieänderung vom Randwinkel ergibt sich auch, wenn das Haften eines Korns betrachtet wird, das in bezug auf die Blase nicht mehr klein ist. Dann bleibt nämlich die Gesamtblasenoberfläche nicht angenähert konstant [668] [920] [921].

Der Einfluß der Oberflächenspannung der wäßrigen Lösung ist gegenüber dem des Randwinkels von sekundärer Bedeutung, weil diese unter Flotationsbedingungen im allgemeinen nur wenig von der reinen Wassers abweicht.

Mit Hilfe einer thermodynamischen Analyse läßt sich auch nachweisen, daß die Wahrscheinlichkeit der Gasblasenausscheidung auf einer Festkörperoberfläche mit der Hydrophobierung wächst [922] bis [924] und daß besonders günstige Bedingungen an oberflächlichen Rillen und Rissen vorliegen [924].

Als **kombinierte Blasenhaftung** ist ein Vorgang zu bezeichnen, bei dem nach Ausscheiden von Mikroblasen auf dem Korn das Haften einer größeren selbständigen Blase erfolgt (siehe auch Bild 271b). Allerdings sind entsprechend dem in einer Blase herrschenden Kapillardruck ($p_k = 2\sigma_{lg}/r_B$) und dem in Flotationsapparaten vorhandenen äußeren Druck nur Mikroblasen ab etwa 3 bis 5 µm Durchmesser stabil. Thermodynamische Berechnungen ergaben, daß die kombinierte Blasenhaftung mit einer größeren Verminderung der freien Energie als die unmittelbare Blasenhaftung verbunden ist [923].

4.5.2 Dynamik des Haftvorganges und Stabilität der Haftung

In diesem Abschnitt sollen zunächst die wesentlichen Grundlagen des Haftvorganges vermittelt werden, d.h. die wirksamen Kräfte bzw. Energien, das Verdünnen und Zerreißen des Flüssigkeitsfilmes zwischen Korn und Blase sowie die Stabilisierung der Korn-Blase-Haftung in Abhängigkeit von den wesentlichen Parametern. Dabei wird davon ausgegangen, daß das Blasenzerteilen vor Eintreten der Korn-Blase-Kollision abgeschlossen ist. Eine solche Voraussetzung dürfte in einigen pneumatischen Flotationsapparaten – insbesondere den Gegenstrom-Flotationsapparaten (Flotationskolonnen) – im allgemeinen erfüllt sein. In der hochturbulenten Strömung des Rotor-Stator-Systems eines mechanischen Flotationsapparates verlaufen aber auch nach eigenen Beobachtungen Blasenzerteilen und Korn-Blase-Kollisionen weitgehend parallel. Diesen Tatsachen ist bei den bisherigen Arbeiten zur Korn-Blase-Haftung kaum Rechnung getragen worden.

Im Anschluß an die Dynamik des Haftvorganges wird die Stabilität der Haftung behandelt.

4.5.2.1 Dynamik des Haftvorganges

Solange Korn und Blase noch genügend weit voneinander entfernt sind (Zone I im Bild 270), erfolgt das Annähern ohne interpartikulare Wechselwirkungskräfte, d.h. nur unter dem Einfluß mechanischer Kräfte (Strömungs-, Feld-, Trägheitskräfte). Diese bewirken als äußere Kräfte die **Korn-Blase-Kollision**, d.h. das Annähern bis zu einem solchen Abstand, daß die **interpartikularen Wechselwirkungskräfte** wirksam werden können (Übertritt in die Zone II im Bild 270). Unter interpartikularen Wechselwirkungskräften sind hier zu verstehen: die *Van-der-Waals*-Wechselwirkungen zwischen den durch den Flüssigkeitsfilm getrennten Teilchen

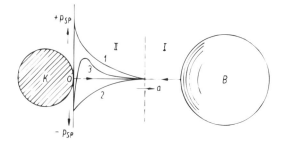

Bild 270 Annähern eines Korns (K) und einer Luftblase (B) sowie Typen von Spaltdruckisothermen

(Korn, Blase), die elektrostatischen Wechselwirkungen beim Überlappen der elektrischen Doppelschichten, die Wechselwirkungen, die durch den besonderen strukturellen Zustand des Wassers in den Grenzschichten und damit im Flüssigkeitsfilm bedingt sind, sowie sterische Wechselwirkungen, die dann auftreten, wenn beim Annähern die Adsorptionsschichten an den Teilchenoberflächen unmittelbar aufeinander treffen. Die letzteren haben immer abstoßenden Charakter und sind für die Aufbereitungstechnik vor allem dann von Interesse, wenn durch eine Überschußadsorption hydrophiler Makromoleküle eine Stabilisierung von Feststoffteilchen gegenüber Flockung eintritt. Die zuletzt genannten Wechselwirkungen sollen für die weiteren Erörterungen außer Betracht bleiben. In der Zone II kommt es entweder zum spontanen Zerreißen des Flüssigkeitsfilmes oder auch nicht. Im ersten Falle ist eine wesentliche Voraussetzung für die Blasenhaftung und damit für die Flotierbarkeit erfüllt, die durch eine Stabilisierung des Korn-Blase-Kontaktes abzuschließen ist. Im Falle des Nichtzerreißens des Flüssigkeitsfilmes liegt in jedem Falle Nichtflotierbarkeit vor.

Früher ist vergeblich versucht worden, die in Zone II von Bild 270 auftretenden Wechselwirkungen auf Grundlage der ursprünglichen Fassung der von *Derjagin* und *Landau* sowie von *Verwey* und *Overbeek* entwickelten Theorie für die Stabilität disperser Systeme zu behandeln (sog. **DLVO-Theorie**, siehe z. B. [591] [592] [655] [927]), die sich auch für das Flocken oder Dispergieren von nicht zu stark hydrophilem Feinstkorn in wäßrigen Suspensionen vielfach bewährt hat (siehe auch Band III „Agglomeration in Trüben (Flockung)"). In ihrer Ursprungsform berücksichtigt die *DLVO*-Theorie jedoch nur die *Van-der-Waals*-Wechselwirkungen sowie die elektrostatischen Wechselwirkungen von sich annähernden Teilchen. Es stellte sich aber schon bald heraus, daß auf dieser Grundlage das Anhaften einer Blase an einer hydrophoben Kornoberfläche nicht erklärbar ist (siehe z. B. [884] [925] bis [927]). Es wurde erkannt, daß ein weiterer Wechselwirkungsterm beim Annähern von Teilchen in einer Flüssigkeit auftreten kann, der auf eine Strukturierung der Flüssigkeit in den Grenzschichten an den Teilchenoberflächen zurückzuführen ist, die von der Flüssigkeitsstruktur in der Volumenphase abweicht [928][929][941]. Deshalb war es erforderlich, die *DLVO*-Theorie entsprechend zu erweitern. Besonders bedeutsam können diese Wechselwirkungen in wäßrigen dispersen Systemen sein. So treten hier bei genügender Annäherung hydrophober bzw. hydrophobierter Teilchen (Korn-Korn, Korn-Blase u.a.) relativ starke zusätzliche Anziehungskräfte auf, die als **hydrophobe Wechselwirkungen** bezeichnet werden. Stark hydrophile Teilchenoberflächen bewirken demgegenüber Abstoßungskräfte.

Es ist verbreitet üblich, die in Flüssigkeitsfilmen zwischen Teilchen auftretenden interpartikularen Wechselwirkungen mit Hilfe des von *Derjagin* eingeführten **Spaltdruckes** zu beschreiben (siehe z. B. [591] [928] [930] bis [932] [941]). Unter dem in einem Flüssigkeitsfilm auftretenden resultierenden Spaltdruck $p_{Sp}(a)$ ist der bei einem Teilchenabstand a wirkende Differenzdruck zum Umgebungsdruck zu verstehen, der sich aus dem *Van-der-Waals*-Term $p_{vdW}(a)$, dem elektrostatischen Term $p_{el}(a)$ und dem strukturellen Term $p_{str}(a)$ zusammensetzt:

$$p_{Sp}(a) = p_{vdW}(a) + p_{el}(a) + p_{str}(a) \qquad (77)$$

Hierbei werden vereinbarungsgemäß abstoßende Terme (d.h. Überdruck auslösende) mit positivem, anziehende (d.h. Unterdruck auslösende) mit negativem Vorzeichen berücksichtigt. Der Verlauf von $p_{Sp} = f(a)$ ist im Bild 270 für drei charakteristische Fälle dargestellt (sog. Spaltdruckisothermen). Im Fall 1 steigt p_{Sp} mit abnehmendem Abstand monoton an, d.h., der Flüssigkeitsfilm ist bei jeder beliebigen Dicke stabil bzw. das Korn hydrophil. Im Fall 2 ist das Gegenteil eingetreten. Sobald sich ein hydrophobes Korn und Blase so weit genähert haben, daß die Grenze von Zone I und II überschritten wird, liegt ein instabiler Flüssigkeitsfilm vor, der letztlich spontan zerreißt. Im Falle 3 schließlich hat sich eine Potentialschwelle ausgebildet, die von den äußeren Kräften überwunden werden muß, bevor es zum Zerreißen des Restfilmes und somit zum Haften kommen kann. Folglich bedeuten:

$$\left(\frac{\partial p_{Sp}}{\partial a}\right)_T < 0 : \text{stabiler Flüssigkeitsfilm} \tag{78a}$$

$$\left(\frac{\partial p_{Sp}}{\partial a}\right)_T > 0 : \text{instabiler Flüssigkeitsfilm} \tag{78b}$$

Beim Fehlen äußerer Kräfte (Strömungs-, Trägheits-, Feldkräfte) würde für einen stabilen Gleichgewichtsfilm gelten:

$$p_{vdW} + p_{el} + p_{str} + p_k = 0 \tag{79}$$

wobei $p_k = 2\sigma_{lg}/r_B$ den Kapillardruck in der am Kontakt verformten Blase darstellt (Bild 271a).

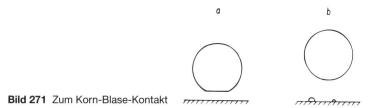

Bild 271 Zum Korn-Blase-Kontakt

Die Wechselwirkungen gemäß Gl. (77) und der Verlauf der Spaltdruckisothermen in den Flüssigkeitsfilmen zwischen den Teilchen sowie deren Beeinflussung mit Hilfe des Reagensregimes (Adsorptionsfilme, Ionenstärke u.a.) waren Gegenstand zahlreicher theoretischer und experimenteller Arbeiten nicht nur im Zusammenhang mit der Korn-Blase-Haftung. Nach dem gegenwärtigen Stand lassen sich die Ergebnisse wie folgt einschätzen:

a) Der *Van-der-Waals*-Term wird bei den interpartikularen Wechselwirkungen einerseits durch die Geometrie des Systems und andererseits durch die Stoffeigenschaften bestimmt, die in Abhängigkeit vom theoretischen Berechnungsansatz durch die *Hamaker-Van-der-Waals*-Konstanten oder die *Lifschitz-Van-der-Waals*-Konstanten erfaßt werden (siehe hierzu Band III „Bindemechanismen und Haftkräfte"). Die Tatsache, daß Flotierbarkeit schon bei derart geringen Sammlerbedeckungen eintritt (siehe Abschn. 4.3.3.6), daß keine wesentliche Veränderung dieser Konstanten möglich ist, läßt die Schlußfolgerung zu, daß die *Van-der-Waals*-Wechselwirkungen nicht in entscheidendem Maße die Instabilität der Filme und damit die Flotierbarkeit bestimmen [884] [933] [934].
b) Die elektrostatischen Wechselwirkungen sind die Folge der Existenz von Doppelschichtpotentialen auf dem Korn und/oder der Blase. Sie werden wirksam, sobald sich Korn und Blase so nahe gekommen sind, daß sich deren diffuse Schichten überlappen, und hängen außer von der Größe und dem Abstand der Teilchen auch von deren Doppelschichtpotentialen und der Ionenstärke ab. Nach der *DLVO*-Theorie ergibt sich folgendes [935]: Haben die Partner ungleiches Ladungsvorzeichen, so treten immer Anziehungskräfte auf. Das gleiche gilt, wenn das Potential eines Partners null ist. Bei Potentialen gleichen Vorzeichens, aber unterschiedlicher Größe existiert eine Energiebarriere derart, daß bei kleinen

Abständen immer Anziehungskräfte, bei größeren immer Abstoßungskräfte auftreten. Bei symmetrisch geladenen Partnern sind immer Abstoßungskräfte vorhanden.

Theoretische und experimentelle Untersuchungen unter flotationsähnlichen Bedingungen haben ergeben, daß bei genügender Hydrophobierung der Kornoberflächen die durch elektrostatische Wechselwirkungen verursachten Potentialschwellen im Verlauf der Spaltdruckisothermen relativ niedrig sind, so daß sie sich überwinden lassen und Haftung eintritt [935] [940]. Weiterhin ist festgestellt worden, daß die elektrostatischen Wechselwirkungen bzw. die durch sie bewirkten Potentialschwellen die Flotationskinetik beeinflussen und sich die besten Flotationsbedingungen bzw. höchsten Flotationsgeschwindigkeiten um den Ladungsnullpunkt bzw. den isoelektrischen Punkt einstellen, wobei letzteres auch durch hohe Ionenstärken bewirkt sein kann [885] [936] bis [940]. Bei genügender Hydrophobierung der Kornoberflächen sind aber die elektrostatischen Kräfte offensichtlich niemals als ausschlaggebend dafür angetroffen worden, ob Flotierbarkeit überhaupt eintritt oder nicht [884] [925] [926].

c) Der strukturelle Term der interpartikularen Wechselwirkungen beruht auf der Strukturierung der Flüssigkeit in den Grenzschichten unter dem Einfluß der Teilchenoberflächen und damit der Strukturierung im Zwischenfilm sich annähernder Teilchen, die von der Struktur der Volumenphase der Flüssigkeit mehr oder weniger stark abweichen kann. Insbesondere bei Vorliegen einer polaren Flüssigkeit wie dem Wasser kann der Einfluß einer Feststoffoberfläche auf die Strukturierung der Grenzschicht sehr ausgeprägt sein, worauf schon im Abschn. 4.2.3.1 kurz eingegangen worden ist (siehe auch Bild 236). So kommt es an einer polaren (hydrophilen) Feststoffoberfläche zur Ausrichtung von Wasserdipolen normal zur Oberfläche, und zwar um so stärker, je größer die Anzahl der Oberflächenplätze ist, mit denen Wassermoleküle Wasserstoffbrückenbindungen eingehen können. Als Folge dieser Strukturierung hydrophiler Grenzschichten ändern sich hier nicht nur die physikalischen Eigenschaften des Wassers, sondern es tritt auch bei der Annäherung der Teilchen auf < 50 bis 70 Å eine Abstoßung auf [929] [941] [942]. Zu den wichtigen Eigenschaftsänderungen gehört hierbei eine Viskositätserhöhung in der Grenzschicht, wodurch ein Abgleiten (tangentiales Verschieben) von Feststoffoberfläche und benachbarter Flüssigkeit behindert wird. Gegenteilige Wirkungen treten an einer unpolaren (hydrophoben bzw. hydrophobierten) Feststoffoberfläche auf. Hier ist die Anzahl der Oberflächenplätze, mit denen die H_2O-Moleküle Wasserstoffbrückenbindungen eingehen können, im Vergleich zu einer polaren hydrophilen Oberfläche mehr oder weniger stark reduziert, und die Wasserdipole sind vorwiegend parallel zur Oberfläche ausgerichtet. Von mehreren Autoren wird deshalb auch angenommen, daß es in der Grenzschicht an einer hydrophoben Oberfläche zur Rückbildung von Wasserstoffbrückenbindungen zwischen Wassermolekülen im Vergleich zur Volumenphase kommt (siehe auch Abschn. 4.1.2, 4.2.3.1 und 4.3.2.12). Die Folge dieser Strukturierung sind ebenfalls Eigenschaftsänderungen des Wassers in den Grenzschichten, und zwar insbesondere eine Verminderung der Viskosität und eine damit im Zusammenhang stehende Begünstigung des Abgleitens der Flüssigkeit auf der Feststoffoberfläche, sowie vor allem aber das Auftreten relativ starker und weitreichender Anziehungskräfte beim Annähern hydrophober Teilchen, wie sie im Fall Korn-Blase oder auch Korn-Korn gegeben sein können (bei Randwinkeln von $\vartheta = 100°$ bis 115° werden Reichweiten von 140 bis 160 Å angegeben [929]). Die Existenz dieser hydrophoben Wechselwirkungen ist auch experimentell sowohl für die Korn-Blase-Haftung wie für die hydrophobe Flockung von Feinstkorn wiederholt eindeutig nachgewiesen worden (siehe z.B. [884] [927] [943] bis [947]).

Trotz verschiedener Ansätze zur Berechnung der strukturellen Wechselwirkungen (siehe z.B. [940][945] bis [948]) befindet sich aber die Ausarbeitung einer in sich geschlossenen Theorie noch im Anfangsstadium [929] [941]. Aufgrund der vorliegenden experimentellen Ergebnisse kann jedoch für den strukturellen Term p_{str} des Spaltdruckes folgende Abhängigkeit von der Filmdicke bzw. dem Teilchenabstand a formuliert werden:

$$p_{\text{str}}(a) = K \exp(-a/\lambda) \tag{80}$$

K von der Strukturierung im Film abhängiger Parameter
λ Korrelationslänge für die Orientierung der Wassermoleküle ($\lambda \approx 10$ bis 20 Å)

Der Parameter K hängt von der Strukturierung im Film und damit letztlich vom Hydrophobierungs- bzw. Hydrophilierungszustand der Feststoffoberfläche ab, wobei $K > 0$ hydrophile Abstoßung und $K < 0$ hydrophobe Anziehung bedeuten.

Zusammenfassend läßt sich somit aus dem Vorstehenden die Schlußfolgerung ableiten, daß im Falle der Flotation die hydrophoben Wechselwirkungskräfte dafür ausschlaggebend sind, ob die Korn-Blase-Haftung eintritt, wobei mit Hilfe eines entsprechend angepaßten Reagensregimes dafür günstige Voraussetzungen mittels selektiver Sammleradsorption zu schaffen sind. Jedoch muß in diesem Zusammenhang auch noch erwähnt werden, daß die im vorstehenden kurz erörterten Modellvorstellungen über den strukturellen Term der interpartikularen Wechselwirkungskräfte keine Erklärung dafür abgeben, warum es auch bei Vorliegen von Sammler-Doppelschichten bzw. Doppelschichtanteilen an den Feststoffoberflächen unter bestimmten Voraussetzungen zur Haftung von Korn und Blase kommen kann (siehe Abschn. 4.3.1 u. 4.3.3.6).

Der Mechanismus der Blasenhaftung wird modifiziert, wenn es bereits vor dem Haften der eigentlichen Tragblase zum Ausscheiden von Mikroblasen an den Kornoberflächen kommt (Bild 271b) [922]. Die Wahrscheinlichkeit für das Ausscheiden von Mikroblasen dürfte in den mechanischen Flotationsapparaten wegen der dort herrschenden Druckschwankungen (Druckdifferenzen in der Rotorströmung zwischen An- und Abströmseite der Rotorelemente sowie Druckschwankungen im Turbulenzfeld) gegeben sein. Diese Vorgänge bedürfen jedoch weiterer Klärung.

In diesem Zusammenhang ist auch noch zu erwähnen, daß in Flüssigkeitsfilmen zwischen hydrophoben Oberflächen Blasenkeimbildung und Blasenwachstum beobachtet worden sind [928] [929].

Die Körner und die Blasen sind in einem Flotationsapparat durch äußere mechanische Kräfte (Strömungs-, Trägheits-, Feldkräfte) einander so nahe zu bringen, daß im Falle hydrophober Feststoffoberflächen der Restflüssigkeitsfilm unter Einwirkung der interpartikularen Wechselwirkungskräfte zerreißen kann und dadurch der Haftvorgang eingeleitet wird. Dieses Annähern von Körnern und Blasen wird im Prozeßraum durch die Hydrodynamik gesteuert, worauf im Abschn. 4.7.2 zurückzukommen sein wird. An dieser Stelle sei nur soviel gesagt, daß dies in mechanischen Flotationsapparaten in hochturbulenten Strömungen geschieht und auch in anderen Flotationsapparaten noch eine mehr oder weniger ausgeprägte Turbulenz vorhanden ist. Hinzu kommt dann noch, daß sich bei der Flotation Teilchenschwärme bewegen. Infolgedessen kann von Erkenntnissen, die an stark vereinfachten Modellen (Relativbewegung von kugelförmigen Einzelteilchen in turbulenzfreier bzw. -armer Strömung) theoretisch oder experimentell gewonnen werden (siehe z. B. [930] [948] [953] bis [955]), nur sehr eingeschränkt auf die realen Verhältnisse in Flotationsapparaten geschlossen werden.

Unter einer **Korn-Blase-Kollision** soll in diesem Zusammenhang ein Vorgang verstanden werden, bei dem sich beide Teilchen unter dem Einfluß der genannten mechanischen Kräfte so weit angenähert haben, daß die interpartikularen Wechselwirkungskräfte auftreten, d.h., die Grenze von Zone I und II im Bild 270 überschritten worden ist. Hierbei spielen die Geometrie eines Kollisionsereignisses sowie die kinetischen Energien der Kollisionspartner eine wesentliche Rolle. Die Kollisionsgeometrie kann so beschaffen sein, daß die kinetischen Energien nicht nur für das Verdünnen des Flüssigkeitsfilmes wirksam werden, sondern auch eine mehr oder weniger starke Verformung der Blase bewirken, deren elastische Rückstellkräfte beim Ausbleiben der Haftung während der Kollision das Korn wieder abwerfen. Der Extremfall ist hierbei der gerade zentrale Stoß. Der andere Extremfall ist eine Kollisionsgeometrie, bei der Korn und Blase bei Erreichen der Zonengrenze I/II aneinander vorbeigleiten [953] bis [955]

[960]. In turbulenten Strömungen sind aber auch Kollisionsereignisse mit Haftung an Blasenrückseiten beobachtet worden, indem die Körner von den Wirbeln der Abströmseite der Blasenumströmung erfaßt werden [956].

Die Dauer einer Korn-Blase-Kollision wird als **Kontaktzeit** τ_{Kon} bezeichnet. In dieser muß der Flüssigkeitsfilm sich durch Ausfließen weiter verdünnen, zerreißen und sich schließlich ein ausreichend großer Dreiphasenkontakt ausbilden, wenn es zur Haftung kommen soll. Die für diese Vorgänge erforderliche Zeit nennt man **Induktionszeit** τ_{In} [564] [930] [955] [957] bis [959]. Folglich ist $\tau_{Kon} \geqq \tau_{In}$ die Zeitbedingung für die Haftung bei einer Korn-Blase-Kollision. Für die Abschätzung sowohl der Kontaktzeit als auch der Induktionszeit sind Formeln auf Grundlage vereinfachter physikalischer Modelle abgeleitet worden (siehe z.B. [930] [953] bis [955] [959] bis [963] [966] bis [968] [970]). Unter flotationsähnlichen Bedingungen experimentell ermittelte Kontaktzeiten liegen in der Größenordnung von Millisekunden [953][954][956] [960] [963] bis [966] [969] [971]. Je ausgeprägter die Hydrophobie der Kornoberflächen, je kleiner die Korngröße und je höher die Trübetemperatur sind, um so kürzer ist verständlicherweise die Induktionszeit. Weiterhin begünstigen unregelmäßige Kornformen, d.h. das Vorliegen von Ecken, Kanten und Oberflächenrauhigkeiten, sehr stark die Blasenhaftung und reduzieren somit die Induktionszeit [964][972]. Daraus wird deutlich, daß für kugelförmige Teilchen erhaltene Modellaussagen sowie erzielte experimentelle Ergebnisse die Realität nicht angemessen widerspiegeln können und unregelmäßige Kornoberflächen das Zerreißen des Flüssigkeitsfilmes außerordentlich fördern.

Für die Abschätzung der kritischen Zerreißdicke des Flüssigkeitsfilmes, d.h. der Dicke, bei der er spontan zerreißt, existieren ebenfalls Formeln, die für entsprechende Modellannahmen entwickelt worden sind (siehe z.B. [930] [950] [953] [973]). Experimentell sind Werte zwischen etwa 150 und 1800 Å ermittelt worden, wobei diese um so größer sind, d.h., die hydrophoben Wechselwirkungen um so weiter reichen, je hydrophober die Feststoffoberflächen sind [934] [949] [974]. Instabile Filme zerreißen bei Erreichen der kritischen Dicke spontan, wobei die Lochbildung, d.h. die Ausbildung einer Dreiphasenkontaktlinie, innerhalb weniger Mikrosekunden geschieht. Auch die Zeit für das Ausbreiten des Dreiphasenkontaktes auf einen für die Haftfestigkeit notwendigen Umfang entscheidet mit über den Erfolg eines Haftvorganges [930] [934] [955]. Diese Ausbreitung verläuft anfänglich mit sehr großer Geschwindigkeit, die aber schnell abklingt [955][975]. Bei unregelmäßigen Kornformen, wie sie in der Aufbereitungstechnik fast ausschließlich vorliegen, setzt sich die gesamte Haftfläche zwischen einem Korn und einer Blase aus den Teilflächen mehrerer kleiner Kontakte zusammen [953] [955]. Letztere bilden sich vor allem an Erhebungen der Feststoffoberfläche (Ecken, Kanten u.a.); ihr Zustandekommen dürfte aber auch mit durch die Heterogenität der Sammlerbedeckung bedingt sein (siehe Abschn. 4.3.3.6).

Da die **Flotation von Fein- und Feinstkorn** einige Probleme aufwirft, hat man sich auch wiederholt theoretischen Untersuchungen über dessen Blasenhaftung zugewandt. Tatsächlich flotieren bei jedem Flotationsprozeß die feineren Korngrößenklassen langsamer als die mittleren, d.h. aber zunächst nur, daß das in der Zeiteinheit erzielte anteilige Wertstoffausbringen für feinere Klassen kleiner als für mittlere ist. Man muß dabei beachten, daß die Kornanzahl je Masseeinheit und damit die Anzahl erfolgreicher Kollisionsereignisse je Zeiteinheit $\sim 1/d^3$ sowie die erforderliche Blasenoberfläche $\sim 1/d$ wachsen müßten, um unter sonst vergleichbaren Bedingungen die gleiche Flotationsgeschwindigkeit für die feineren wie für die mittleren Kornklassen zu realisieren. Bis zur Gegenwart ist aber noch nicht genügend untersucht, inwieweit sich schon aus diesem Sachverhalt die Probleme der Fein- und Feinstkornflotation erklären lassen (siehe auch Abschn. 4.9.1). *Duchin* und *Derjagin* [977] bis [979] vertreten die Auffassung, daß die Haftung von Fein- und Feinstkorn in erster Linie ein hydrodynamisches Problem darstellt. Da Feinstkorn mehr oder weniger schlupflos der Trübeströmung um eine Blase folgt, soll es die erforderliche kinetische Energie zur Überwindung von gegebenenfalls vorhandenen Potentialschwellen nicht aufbringen können, falls die Bahntrajektorie nicht schon innerhalb der kritischen Zerreißdicke liegt. Auf dieser Grundlage werden entsprechende Modellrechnungen angestellt. *Scheludko* [976] betrachtet demgegenüber als entscheidenden Schritt für das Anhaften von Fein- und Feinstkorn das Überwinden der sogenannten **Line-Energy**, die der Lochbildung im Film und damit der Formierung des Dreiphasenkontaktes entgegenwirkt. Die auf den Kontaktradius r des gebildeten Loches bezogene Line-Energy $\varkappa/r$ ist eine lineare Spannung am Dreiphasenkontakt, die nach *Gibbs* das zweidimensionale Analogon zum Kapillardruck p_k darstellt ($\varkappa = \sigma_{sl} \delta$; δ molekularer Abstandsparameter) [933]. Da die Line-Energy mit abnehmender Korngröße wächst, soll nach *Scheludko* eine untere flotierbare Korngröße existieren, für die eine Berechnungsformel abgeleitet worden ist.

Im Zusammenhang mit der Feinstkornflotation ist auf weitere theoretische Vorstellungen von *Derjagin* und *Duchin* [980] hinzuweisen, indem sie die elektrostatischen Wechselwirkungen zwischen Blase und Korn unter dynamischen Verhältnissen analysierten. Betrachtet man eine sich bewegende Gasblase, so streift diese ihre Oberfläche laufend nach rückwärts ab. An der Vorderseite bildet sich folglich ständig neue Oberfläche. Ist in der Lösung ein ionogenes Tensid vorhanden, so ist die neu gebildete Oberfläche zunächst tensidfrei, aber die in der Lösung vorhandenen Tensidionen werden sofort dorthin diffundieren. Die Konzentration an der Vorderseite wird jedoch in diesem dynamischen System immer unter der Sättigungsgrenze bleiben. An der Blasenrückseite dagegen wird eine Übersättigung vorliegen. Infolge der Diffusion der Tensidionen zur Blasenvorderseite soll in deren unmittelbarer Umgebung eine „Verarmungszone" entstehen. Auch Gegenionen diffundieren zur Blasenoberfläche, um die Ladung der Tensidionen zu kompensieren. Da die Gegenionen jedoch schneller diffundieren, soll die „Verarmungszone" einen Überschuß an Gegenionen und damit eine Raumladung besitzen. *Derjagin* und *Duchin* berechneten, daß das elektrische Feld dieser Ladungen bis zu 10 μm Entfernung von der Blasenoberfläche wirkt und dessen Feldstärke bis zu 3000 V/cm betragen kann. An der Blasenrückseite soll ein ähnliches Feld, jedoch in bezug auf die Blase entgegengesetzter Richtung vorhanden sein. Fein- und Feinstkorn, das in diese Zonen gelangt, wäre deshalb entsprechend elektrophoretischen Kraftwirkungen ausgesetzt, die das Haften entweder begünstigen oder behindern.

4.5.2.2 Stabilität der Haftung

Die Stabilität der Korn-Blase-Haftung ist von einer größeren Anzahl von Autoren sowohl für $d_P/d_B > 1$ als auch für $d_P/d_B < 1$ untersucht worden (siehe z.B. [981] bis [989]). Um eine Vorstellung über die bei der Modellierung auftretenden Probleme sowie wesentliche Einflußgrößen zu vermitteln, soll der Modellansatz von *Scheludko* und Mitarbeitern [982] für das Haften eines kugelförmigen Korns an einer Blase hier besprochen werden. Greifen am System Korn-Blase äußere Kräfte F_a (Feldkräfte, Strömungskräfte u.a.) an, so ergeben sich Verhältnisse, wie sie Bild 272b zeigt. Weiterhin wirkt die Haftkraft F_H auf das System, die sich aus der Komponente der Randkraft am Dreiphasenkontakt $\pi d_H \sigma_{lg} \sin\varphi$ und aus der Differenz $\Delta p = p_k - \Delta p_s$, d.h. von Kapillardruck p_k in der Blase und hydrostatischer Druckdifferenz Δp_s im Niveau des Kontaktkreises $\pi \dfrac{d_H^2}{4}$, zusammensetzt:

$$F_H = \pi d_H \sigma_{lg} \sin\varphi - \pi \frac{d_H^2}{4} \Delta p \tag{81}$$

Im Falle des Gleichgewichtes gilt:

$$F_a = F_H \tag{82}$$

Wäre $F_a = 0$, so wäre die Blase kugelförmig (Bild 272a), und es folgt mit $\sin\varphi_0 = d_H/d_B$ (d_H Kontaktkreisdurchmesser) für den Differenzdruck $\Delta p = p_k = 4\sigma_{lg}/d_B$, d.h. die bekannte Kapillardruckgleichung für kugelförmige fluide Teilchen.

Für $d_P/d_B \gg 1$ folgt $\varphi \approx \vartheta$. Demgegenüber kann man für $d_P/d_B \ll 1$ den Differenzdruck Δp_s vernachlässigen. Dann liegt näherungsweise eine ebene Flüssigkeitsoberfläche vor (Bild 272c), und es folgt für das Kräftegleichgewicht:

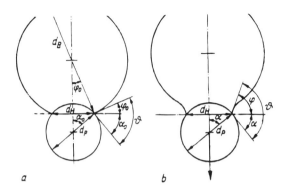

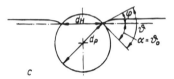

Bild 272 Zur Stabilität der Haftung
a) ohne äußere Kräfte; b) mit äußeren Kräften; c) mit äußeren Kräften für $d_P/d_B \ll 1$

$$F_a = F_H = \pi d_H \sigma_{lg} \sin(\vartheta - \alpha) \tag{83}$$

mit $\varphi = \vartheta - \alpha$ und $\sin\alpha = d_H/d_P$.

Wird zunächst $F_a = 0$ angenommen, so folgt $\varphi = 0$ und $\vartheta_0 = \alpha$, so daß in diesem Falle $\sin\vartheta_0 = d_H/d_P$ ist. Bei Vorhandensein äußerer Kräfte F_a bildet sich mit deren Ansteigen auch ein wachsender Winkel φ aus, während d_H kleiner wird. Nimmt man zunächst an, daß $\vartheta = \vartheta_0$ hierbei konstant bleibt, so ist das System so lange im stabilen Gleichgewicht, wie $\left(\dfrac{\partial F_H}{\partial d_H}\right)_\vartheta < 0$ ist, während es bei $\left(\dfrac{\partial F_H}{\partial d_H}\right)_\vartheta = 0$ in den instabilen Zustand übergeht. Mit Gl. (83) und dem Instabilitätskriterium erhielten *Scheludko* und Mitarbeiter schließlich [982]:

$$\left(\frac{d_{H,krit}}{d_P}\right)^2 = \frac{1}{2}(1 - \cos\vartheta) \tag{84}$$

und

$$F_{a,krit} = \frac{1}{2}\pi d_P \sigma_{lg}(1 - \cos\vartheta) \tag{85}$$

Wird diese kritische äußere Kraft überschritten, so kommt es zum Abreißen von Blase und Korn.

Im allgemeinen ist aber zu berücksichtigen, daß die Randwinkeleinstellung einer Hysterese unterliegt. Man kann dann von der Vorstellung ausgehen, daß während der Bildung des Dreiphasenkontaktes zunächst keine äußeren Kräfte wirken und sich ein Kontaktkreis mit dem Durchmesser $d_{H0} = d_P \sin\vartheta_0$ ergibt. Wirken anschließend wachsende äußere Kräfte F_a ein, so bleibt $d_H = d_{H0}$ zunächst konstant, bis ϑ auf ϑ_F (ϑ_F Fortschreiterandwinkel) angestiegen ist, und erst dann nimmt d_H ab. Ist $d_{H,krit}$ aus Gl. (85) kleiner als d_{H0}, so löst sich folglich der Kontakt erst für

$$F_{a,krit} = \frac{1}{2}\pi d_P \sigma_{lg}(1 - \cos\vartheta_F) \tag{86}$$

Ist dagegen $d_{H,krit}$ größer als d_{H0}, so löst sich der Kontakt sofort, und man kann mit Bild 272c für $F_{a,krit}$ ansetzen:

$$F_{a,krit} = \pi d_H \sigma_{lg} \sin(\vartheta_F - \vartheta_0) = \pi d_P \sigma_{lg} \sin\vartheta_0 \sin(\vartheta_F - \vartheta_0) \tag{87}$$

Die Bedingung für den Übergang von Gl. (86) zu Gl. (87) ist also durch $d_{H0} = d_{H,krit}$ gegeben. Setzt man in Gl. (84) $\vartheta = 2\vartheta_0$, so folgt $d_{H,krit} = d_{H0} = d_P \sin \vartheta_0$. Demnach wäre für $\vartheta_F < 2\vartheta_0$ die Abreißkraft nach Gl. (86), für $\vartheta_F > 2\vartheta_0$ nach Gl. (87) zu berechnen.

Es liegen auch einige experimentelle Ergebnisse über die Abreißkräfte vor, die entweder mittels einer Zentrifugenmethode [986] bis [988] oder einer Vibrationsmethode [989] erhalten worden sind. Mit der letztgenannten sollen die Beanspruchungen simuliert werden, die durch die Oszillationen der Blasenform durch äußere Einwirkungen (turbulente Druckschwankungen, Teilchenkollisionen) entstehen [956] [963] [990]. Mittels beider Methoden konnte festgestellt werden, daß Gl. (85) den Einfluß der Parameter Korngröße und Hydrophobierungszustand qualitativ richtig widerspiegelt, quantitativ allerdings erhebliche Differenzen zwischen Modellrechnung und Meßergebnis bestehen. Das ist – abgesehen von dem dabei nicht berücksichtigten Einfluß der Randwinkelhysterese – nicht verwunderlich, wenn man bedenkt, daß die Modellgleichungen für kugelförmige Feststoffteilchen abgeleitet, die experimentellen Ergebnisse aber mit realen Körnern erzielt worden sind. Bei den mit der Vibrationsmethode erzielten Ergebnissen kommt noch ein deutlicher Einfluß der Beanspruchungsdauer hinzu, indem die Abreißwahrscheinlichkeit mit dieser zunimmt [989]. Wenn man dieses Ergebnis auf die Verhältnisse in einem mechanischen Flotationsapparat überträgt, dann ist festzustellen, daß die Blasenoszillationen verursachenden Beanspruchungen in der hochturbulenten Strömung des Rotor-Stator-Bereiches am intensivsten sind. Haben die Korn-Blase-Aggregate diesen Bereich, in dem sie sich nur kurzzeitig aufhalten, verlassen, so ist wenig wahrscheinlich, daß noch viele weitere Abreißereignisse auf dem Wege zum Schaum auftreten werden.

Schließlich ist auch beobachtet worden, daß es bei der Beanspruchung von Korn-Blase-Aggregaten in Flotationsapparaten durchaus nicht zum Abreißen der gesamten Blase kommen muß, indem kleinere Restblasen haften bleiben.

4.5.3 Formen von Korn-Blase-Aggregaten

Körner und Luftblasen können verschiedene Aggregatformen bilden. An einer Blase können mehrere Körner haften (Bild 273a). Diese Form kommt dadurch zustande, daß eine Luftblase auf ihrem Wege zur Trübeoberfläche erfolgreich mit mehreren Körnern zusammenstößt. Falls die Haftung an der Blasenvorderseite vollzogen wurde, gleiten die Körner auf der Blasenoberfläche nach der der Bewegungsrichtung abgewandten Seite und sammeln sich dort. Mit welchem oberflächlichen Beladungsgrad die Blase an der Trübeoberfläche anlangt, hängt neben der Blasengröße hauptsächlich von der Anzahl erfolgreicher Kollisionsereignisse ab. Praktisch werden vorwiegend Werte zwischen 1 und 30% beobachtet [644].

Mehrere Blasen haften an einem Korn nur, wenn besondere Voraussetzungen erfüllt sind, vor allem ausgeprägte Hydrophobie an gut aufgeschlossenen Körnern und weniger intensive Turbulenz (Bild 273b). Die Gasblasenausscheidung fördert diese Aggregationsform, die für die Grobkornflotation praktische Bedeutung besitzen kann.

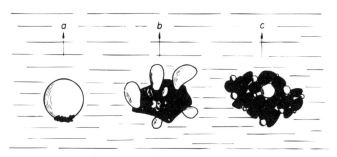

Bild 273 Formen von Korn-Blase-Aggregaten [644]

Aeroflocken (Bild 273c) bilden sich nur bei besonders guten Flotationsbedingungen und bei hohem Anteil an flotierbarem Feststoff in der Volumeneinheit. Sie gewährleisten ein maximales Ausnützen des Aufschwimmvermögens der Blasen. Allerdings besteht hierbei die Gefahr, daß zusätzliche Fehlausträge in das Schwimmprodukt gelangen.

4.6 Schaumbildung und Schaumeigenschaften

Die mit hydrophoben Körnern besetzten Blasen steigen zur Oberfläche auf, falls die mittlere Dichte dieser Aggregate geringer als die der Trübe ist. Dieser Vorgang führt zur Trennung von hydrophoben und hydrophilen Feststoffteilchen. An der Trübeoberfläche bilden die beladenen Blasen einen Schaum, der bis zum Austrag beständig bleiben und die hydrophoben Körner festhalten soll. Das Zurückfallen hydrophober Feststoffteilchen in die Trübe vor dem Schaumabzug beeinträchtigt zumindest die Prozeßkinetik und bewirkt gegebenenfalls sogar Ausbringensverluste. Andererseits ist das Zurückführen von hydrophilen Körnern, die in den Schaum gelangt sind, in die Trübe erwünscht, weil dadurch die Anreicherung verbessert wird. Man spricht dann von einer sekundären Anreicherung. Nach dem Abziehen soll der Schaum möglichst schnell zerfallen, weil sonst Schwierigkeiten beim Fördern, Pumpen, Eindicken, Filtern oder auch schon bei der Reinigungsflotation entstehen.

Für eine erfolgreiche Prozeßführung bei der Flotation sind Kenntnisse über die Schaumbildung, die physikalischen und physikalisch-chemischen Eigenschaften des Schaums unerläßlich. Ungünstige Schaumeigenschaften können den Flotationserfolg gefährden.

4.6.1 Zweiphasenschäume

Die bei der Flotation auftretenden Schäume sind disperse Systeme mit den Phasen gasförmig-flüssig-fest (Dreiphasenschäume). Für das Verständnis der Schaumsysteme ist es zweckmäßig, zunächst Zweiphasenschäume (gasförmig-flüssig) zu betrachten.

4.6.1.1 Schaumstruktur

Wenn Gasblasen sich auf einer schaumbildenden wäßrigen Lösung über den Flüssigkeitsspiegel erheben, so umhüllen sie sich mit einer Flüssigkeitslamelle. In Abhängigkeit von der Blasengröße stellen sich etwa die im Bild 274 dargestellten Verhältnisse ein [668]. An der Verbindungslinie Lamelle-Flüssigkeitsspiegel ist die Flüssigkeit ringförmig über das Flüssigkeits-

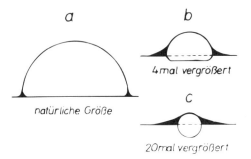

Bild 274 Blasen unterschiedlicher Größe auf einer Wasseroberfläche [668]

niveau hochgehoben (*Gibbs*-Rand, *Plateau*-Rand). In einer solchen Blase mit dem Radius r_B, die unter dem Außendruck p_a steht, herrscht ein Innendruck p_i von der Größe:

$$p_i = p_a + \frac{4\sigma_{lg}}{r_B} \quad ^1 \tag{88}$$

Mehrere Blasen können sich zu Blasensystemen vereinen (Bild 275). Haben die Blasen gleiche Größe, so sind die begrenzenden Lamellen eben. Bei unterschiedlichen Blasengrößen sind sie nach der Seite der größeren Blase konvex, weil nach Gl. (88) der Innendruck der einzelnen Blasen verschieden ist. Die Lamellen zwischen Blasen sind weniger gekrümmt als die an der Oberfläche. Ein dreidimensionaler Schaum ist folglich ein vielflächiges Gebilde.

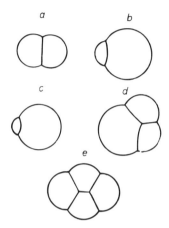

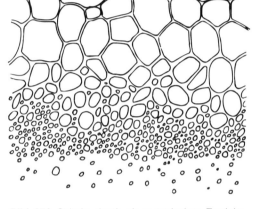

Bild 275 Blasensysteme auf einer Wasseroberfläche [668]

Bild 276 Schnitt durch einen typischen Zweiphasenschaum [668]

Im Bild 276 ist ein typischer Schnitt durch einen Zweiphasenschaum dargestellt, der über feststofffreiem, aber bestimmte schaumbildende Reagenzien enthaltendem Wasser in einer Flotationszelle entstehen könnte. In der Flüssigkeit werden durch einen geeigneten Zerteilmechanismus relativ kleine Blasen erzeugt, die zur Oberfläche aufsteigen und dort zunächst einen kleinblasigen **Kugelschaum** [565] [591] [991] [992] bilden. Dieser stellt eine Häufung selbständiger Blasen in dem flüssigen Dispersionsmittel dar. Für die Bildung des Kugelschaums wäre die Anwesenheit eines schaumbildenden Reagens nicht unbedingt erforderlich. Die kurzzeitige Beständigkeit dieser Schaumart hängt hauptsächlich von der Viskosität der Flüssigkeit und der Blasengröße ab [565] [991].

In der Schaumsäule werden die früher aufgestiegenen Blasen von den nachfolgenden laufend angehoben (Bild 276). Die zwischen den Blasen befindliche Flüssigkeit strömt langsam nach unten ab, und die Blasenwände werden immer dünner. Bei auftretenden Störungen werden verschiedene Lamellen schließlich zerstört, wodurch sich die beteiligten Blasen vereinen (koaleszieren). Während dieser Vorgänge geht die Schaumstruktur über Zwischenstufen zum **Polyederschaum** über, der einen Verband polyedrisch geformter Blasen darstellt, die ihre Selbständigkeit verloren haben. In diesem Blasenverband stellt sich als Folge der wirksamen Kapillarkräfte eine Gleichgewichtsstruktur ein. Die Stoßfugen bilden im Blasenverband Kanäle (*Gibbs*-Kanäle), durch die die interlamellare Flüssigkeit abströmt.

---

[1] Bei einer von einer Lamelle bedeckten Blase ist für den Kapillardruck $4\sigma_{lg}/r_B$ anstatt $2\sigma_{lg}/r_B$ bei einer Blase in einer Flüssigkeit zu setzen, weil die Lamelle zwei Grenzflächen besitzt, für deren Krümmungsradien $r_1 \approx r_2$ gesetzt werden kann.

4.6.1.2 Schaumbildung und Schaumstabilität

Reine Flüssigkeiten niedriger Viskosität wie Wasser schäumen nicht, d.h., die zur Oberfläche aufsteigenden Blasen zerplatzen sofort, und es kann sich kein Polyederschaum bilden. Wichtig für die Schaumbildung und -stabilität ist die Anwesenheit eines grenzflächenaktiven Stoffes in der Lösung, der auf den Blasenoberflächen Adsorptionsfilme bildet (siehe Abschn. 4.2.1). Diese Adsorptionsfilme, in denen die polaren Gruppen zur wäßrigen Lösung und die unpolaren Gruppen zur Gasphase gerichtet sind, sind offensichtlich die Ursache dafür, daß keine Blasenkoaleszenz eintritt. Die Erklärung der Schaumstabilität ist auch heute noch nicht in allen Einzelheiten aufgeklärt. Wesentliche zur Deutung herangezogene Hypothesen und Theorien, die eine mehr oder weniger große Berechtigung zur Erklärung des komplexen Phänomens Schaumstabilität besitzen, können im folgenden nur kurz erörtert werden [565] [593].

Anfänglich wurde die Erklärung darin gesehen, daß durch Anwesenheit der Adsorptionsfilme die Viskosität der Lamellenflüssigkeit erhöht und damit deren Abfließen behindert bzw. das Verdünnen der Lamellen verlangsamt wird. Die Tatsache, daß hohe Schaumstabilitäten auch ohne wesentliche Viskositätssteigerung der Lamellenflüssigkeit möglich sind, hat einerseits zur Konsequenz, daß dieser Einfluß nicht entscheidend sein kann, aber schließt andererseits seine modifizierende Rolle nicht aus [565] [593].

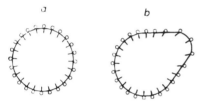

Bild 277 Zum *Marangoni*-Effekt

Lange Zeit sah man die Ursache für die Schaumstabilität vor allem in der „Elastizität" der Lamellen infolge des Vorhandenseins von Adsorptionsfilmen [565] [593] [993]. Betrachtet man zunächst einzelne Blasen, so werden diese bei Verformung durch äußere Beanspruchung aufgrund des sog. **Marangoni-Effektes** stabilisiert. Im Bild 277a ist eine Blase dargestellt, deren Adsorptionsfilm sich mit der Lösung im Gleichgewicht befindet. Zu der Gleichgewichtskonzentration gehört eine bestimmte Oberflächenspannung σ_{1g}. Wird durch eine äußere Beanspruchung die Blasenoberfläche an irgendeiner Stelle plötzlich durch Verformen gedehnt (Bild 277b), so sinkt dort die Adsorptionsdichte des grenzflächenaktiven Stoffes, weil dessen Moleküle bzw. Ionen eine gewisse Zeit benötigen, um zum Herstellen des Gleichgewichts in die Blasenoberfläche zu diffundieren. Folglich steigt in diesem Blasenteil die Oberflächenspannung kurzzeitig an (beachte z. B. Bild 228!), so daß $(\sigma_{dyn} - \sigma_{stat})$ als Rückstellkraft, die den ursprünglichen Zustand wieder herzustellen bestrebt ist, der Verformung entgegenwirkt. Auf diese Weise werden auch die Oszillationen von Blasen gedämpft. Im Falle des Vorliegens von Schaumlamellen ist im Vergleich zu Einzelblasen zu beachten, daß die Lamellendicke relativ zur Ausdehnung der Lamellen um Größenordnungen kleiner ist. Dadurch verleihen die Adsorptionsfilme auch bei langsamer Verformung den Lamellen Elastizität, weil dann zwar die Gleichgewichtseinstellung normal zur Lamellenoberfläche, nicht aber die in der Lamellenoberfläche erreicht werden kann (**Gibbs-Effekt**). Auch dieser Effekt vermag nach neueren Auffassungen die Stabilität von Zweiphasenschäumen nicht allein zu erklären.

Derjagin [994] hat das bereits im Abschn. 4.5.2 erörterte Spaltdruck-Konzept auf die Stabilität von Schaumlamellen angewendet, wobei hierbei für den Spaltdruck zu berücksichtigen sind:

$$p_{Sp}(a) = p_{vdW}(a) + p_{el}(a) + p_{st}(a) \qquad (89)$$

und p_{st} den schon im Abschn. 4.5.2.1 kurz vorgestellten sterischen Term der Wechselwirkungen bedeutet, der dann auftritt, wenn die Adsorptionsschichten beim Annähern der Grenzflächen einer Lamelle unmittelbar aufeinanderwirken. Für eine stabile Gleichgewichtslamelle gilt folglich:

$$p_{vdW} + p_{el} + p_{st} + p_k = 0 \tag{90}$$

Danach wirkt ein positiver Spaltdruck dem Verdünnen der Schaumlamellen entgegen. Dies kann jedoch bei größeren Lamellendicken nur durch den elektrostatischen Term p_{el} in Gl. (89) hervorgebracht werden, dessen Betrag allerdings schon durch eine geringe Erhöhung der Ionenstärke der Lösung beträchtlich herabgesetzt wird. Erst bei sehr geringen Lamellendicken, d.h., wenn die Adsorptionsschichten unmittelbar sterisch aufeinander wirken, kann der strukturelle Term p_{st} abstoßend wirksam werden. Aus der Tatsache, daß die Schaumstabilität nicht schroff durch geringe Elektrolytzusätze beeinflußt wird, zog *Scheludko* die Schlußfolgerung, daß mit Hilfe des Spaltdruck-Konzeptes keine befriedigende Erklärung der Schaumstabilität gelingt [593]. Allerdings bleibt dabei offen, inwieweit dies mit Hilfe des Terms p_{st} möglich wäre.

Die hohe Stabilität von Zweiphasenschäumen, die unter bestimmten Bedingungen beobachtet wird, ordnet man vorwiegend der Existenz koaleszenzstabiler, extrem dünner Flüssigkeitslamellen – sog. schwarzen Filmen[1] – zu [565] [593] [655] [995]. Diese schwarzen Filme sind etwas dicker als die doppelte Adsorptionsschichtdicke, d.h., sie enthalten einen Wasserkern. Untersucht man die Schaumstabilität von niedermolekularen grenzflächenaktiven Stoffen bei beliebigen Konzentrationen und die von höhermolekularen (Tensiden) bei geringen Konzentrationen, so zerfallen die Zweiphasenschäume innerhalb einiger Sekunden. Erhöht man aber die Konzentration der zuletzt genannten über eine bestimmte Grenzkonzentration, so werden schwarze Filme beobachtet und die Schaumstabilität wächst sprunghaft an. In beiden Fällen verdünnen sich die Lamellen zunächst bis zu einer kritischen Dicke, bei der sie im zuerst erörterten Fall zerreißen, im zweiten aber spontan in schwarze Filme übergehen [593].

Es bestehen also nach wie vor gewisse Unterschiede in den Auffassungen über die für die Schaumstabilität wesentlichen Einflußgrößen. In diesem Zusammenhang hat *Leja* darauf hingewiesen, daß bislang die Rolle der Struktur der grenzflächenaktiven Stoffe sowie von Mischfilmen nicht genügend berücksichtigt worden ist [565].

Hinsichtlich ihrer Fähigkeit, Zweiphasenschäume zu bilden, lassen sich die grenzflächenaktiven Stoffe in zwei Gruppen gliedern:

a) **Niedermolekulare grenzflächenaktive Stoffe**, die moleculardispers gelöst werden (z.B. lösliche Alkohole, Homologe des Phenols, Terpineol):
Sie liefern wenig beständige Schäume. Mit ihnen wird die maximale Schaumwirkung in mittleren Konzentrationsbereichen erzielt, wo $\sigma_{lg} = f(c)$ noch stärker abfällt. Für deren Schaumstabilität spielen offensichtlich der *Marangoni*- und der *Gibbs*-Effekt eine wichtige Rolle. Stoffe dieser Art benutzt man als Flotationsschäumer im engeren Sinne.

b) **Tenside**, d.h. grenzflächenaktive Stoffe, die Mizellen bilden (z.B. Seifen, Alkylsulfate):
Das maximale Schaumbildungsvermögen wird hier erst nach Überschreiten der kritischen Mizellbildungskonzentration erreicht, d.h. im Bereich minimaler Oberflächenspannung. Die Tenside besitzen größere Kohlenwasserstoffgruppen sowie stark hydrophile Gruppen und zeichnen sich durch eine hohe Grenzflächenaktivität aus. Sie bilden in den obengenannten Konzentrationsbereichen relativ beständige Schäume. Weiterhin hängt ihr Schaumvermögen von der Ionenstärke und bei Tensiden, die der Hydrolyse unterworfen sind, auch vom *pH* ab. Wenn diese Reagenzien als Sammler benutzt werden, dann kann eine hohe Schaumstabilität den Flotationsprozeß gegebenenfalls stören, und es muß nach geeigneten Methoden zur Beherrschung der Schäume gesucht werden [733] [996]. Inner-

---

[1] Der Begriff „schwarzer Film" erklärt sich aus dem optischen Verhalten dieser Lamellen (siehe z.B. [655] [995]). Gewöhnliche schwarze Filme treten bei größeren Filmdicken auf, wenn Gleichgewicht zwischen p_{vdW}, p_{el} und p_k besteht. Hier sind jedoch die *Newton*schen schwarzen Filme gemeint, die auftreten, wenn die sterische Abstoßung zu berücksichtigen ist [995].

halb einer homologen Reihe wird immer bei einem bestimmten Glied maximales Schaumbildungsvermögen festgestellt. Sowohl nach niederen wie nach höheren Gliedern läßt es nach. Von Einfluß auf das Schaumbildungsvermögen sind auch die Struktur der unpolaren Gruppe sowie Art, Anzahl und Anordnung der polaren Gruppen.

Mischfilme können die Schäume stabilisieren. Dies ist z.B. sehr ausgeprägt der Fall, wenn geradkettigen ionogenen Tensiden nichtionogene ähnlicher Kettenlänge mit endständigen polaren Gruppen zugesetzt werden.

Hydrophile Kolloide erhöhen die Schaumbeständigkeit, hydrophobe bewirken einen schnelleren Schaumzerfall [997]. Die zuerst genannten dürften die Lamellenverdünnung aufgrund ihrer Hydrathüllen behindern, die anderen fördern. Die Verminderung der Schaumstabilität durch emulgierte unpolare Öle dürfte teilweise auf einen ähnlichen Effekt zurückzuführen sein, andererseits aber auch auf die Verdrängung der Schäumerfilme an den Lamellenoberflächen.

Insbesondere zur Kennzeichnung der Schaumeigenschaften (Schaumbildung, Schaumstabilität) von Waschmitteln sind eine Reihe von Methoden entwickelt worden. In der Aufbereitungstechnik sind nur wenige Methoden zur Untersuchung von Schaumsystemen bekannt geworden [733] [997] bis [1003].

4.6.2 Flotationsschäume

Nachdem die Entstehungsbedingungen und die Eigenschaften von Zweiphasenschäumen besprochen worden sind, sollen wichtige Ergänzungen für die bei der Flotation auftretenden Dreiphasenschäume vorgenommen werden. Diese Schäume entstehen durch das Aufsteigen von mehr oder weniger beladenen Blasen zur Trüboberfläche. Die hierbei in den Schaum mit aufsteigende „Flüssigkeit" ist aber im Falle des Flotationsprozesses keine reine Flüssigkeit, sondern eine Trübe, deren Zusammensetzung in etwa der unmittelbar unter der Schaumschicht anzutreffenden Trübe entspricht. Dies bedeutet, daß in das Schwimmprodukt nicht nur an den Blasen haftende Feststoffteilchen durch echte Flotation gelangen, sondern auch solche, die von der Trübeströmung in den Schaum eingebracht werden und vor allem aus feinem hydrophilen Feststoff bestehen. Dieser Vorgang, der als **Trübemitführung**[1] bezeichnet werden soll, spielt für den Trennerfolg insbesondere bei der Fein- und Feinstkornflotation eine hervorragende Rolle, und ihm wird deshalb in neuerer Zeit bei der Prozeßführung zunehmend starke Beachtung geschenkt.

Im allgemeinen sind Dreiphasenschäume im Vergleich zu den ihnen entsprechenden Zweiphasenschäumen stabiler. Mit Flotationsschäumern im engeren Sinne erzielt man gewöhnlich erst bei Anwesenheit von Feststoff einen kurzzeitig stabilen Schaum.

4.6.2.1 Struktur und Eigenschaften von Flotationsschäumen

Haften an den aufsteigenden Blasen im Mittel mehrere Körner, so bildet sich an der Unterseite der Schaumschicht ein **beladener Kugelschaum**, der bei seinem Aufstieg in der Schaumschicht entwässert und durch Koaleszenz von Blasen in einen beladenen Polyederschaum übergehen kann. Letzterer soll als **Lamellenstrukturschaum** bezeichnet werden (Bild 278a). Die Blasenkoaleszenz ist möglich, solange die Lamellenblasen nicht vollständig mit Körnern besetzt sind. Derartige Schäume treten hauptsächlich bei der Flotation mittlerer Korngrößen auf. Bei kleinen aufsteigenden Blasen, hohem Anteil an flotierbarem Feststoff sowie guten Flotationsbedingungen ist der ausgetragene Schaum zu Beginn der Flotation kleinblasig und voll besetzt.

---

[1] Im Englischen spricht man vom *Entrainment*. Dieser Begriff hat sich inzwischen auch international recht weitgehend eingeführt.

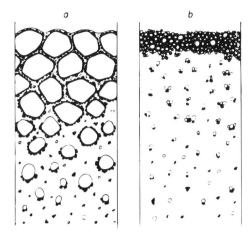

Bild 278 Struktur von Flotationsschäumen
a) Lamellenstrukturschaum
b) Aggregatschaum

Diese Schäume sind relativ feucht und gut fließfähig. Mit abnehmender Beladung und zunehmender Größe der aufsteigenden Blasen werden die abzuziehenden Schäume grobblasiger. Sie sind schließlich nicht mehr vollständig beladen und auch trockener, d.h., enthalten weniger interlamellare Flüssigkeit. Auch mit Zunahme des hydrophoben Charakters des Feststoffs folgt eine Reduzierung des Flüssigkeitsanteils im Schaum. Gegen Ende eines Flotationsprozesses sowie unter ungünstigen Flotationsbedingungen können grobblasige, zähe Schäume mit sehr geringer Beladung entstehen.

Was den Einfluß der Feststoffteilchen auf die Eigenschaften von Lamellenstrukturschäumen anbelangt, so liegen dazu einige spezielle Veröffentlichungen vor (siehe [1003] [1004] [1006] [1007]). Daraus kann verallgemeinernd abgeleitet werden, daß mäßig hydrophobierte Körner (Randwinkel $\vartheta < 40°$) die Schaumeigenschaften kaum beeinflussen, während solche mit mittlerer Hydrophobierung (ϑ um $60°$) deutlich stabilisierend, stark hydrophobierte ($\vartheta > 80°$) aber destabilisierend auf die Dreiphasenschäume wirken.

Manchmal beobachtet man auf der Schaumoberfläche ein Zerspritzen von Blasen. Dies ist häufig auf einen Schäumerüberschuß zurückzuführen. Derartige Schäume sind gewöhnlich wenig beladen.

Haften an gröberen Körnern mehrere Blasen oder bilden sich in der Trübe Aeroflocken, so entstehen **Aggregatschäume** (Bild 278b). Voraussetzung dazu ist eine starke Hydrophobie der Feststoffoberflächen. In Aggregatschäumen kommt es nur in geringem Umfang zur Blasenkoaleszenz. Aggregatschäume enthalten wenig Wasser, sind stabil, zerfallen aber relativ leicht beim Aufschlagen in den Schaumrinnen.

4.6.2.2 Flotationsschäumer

Die wichtigsten Anforderungen, die Reagenzien erfüllen sollten, die als Flotationsschäumer eingesetzt werden, sind die folgenden:

a) Es sollte sich um nichtionogene polar-unpolare Reagenzien handeln, die keine Mizellen bilden und deren Löslichkeit etwa 0,5 bis 10 g/l beträgt, damit die Schaumbildung schon bei genügend niedrigen Konzentrationen eintritt.
b) Schäumerreagenzien sollten keine primäre Sammlerwirkung hervorbringen, können jedoch mittels Koadsorption in den Sammlerfilmen wirksam werden (siehe auch Abschn. 4.3.2.10).
c) Ihr Schaumbildungsvermögen sollte möglichst wenig vom pH und der Ionenstärke der Lösungen abhängen.

d) Schaumstruktur und -stabilität sollten eine angemessene sekundäre Anreicherung bei der Schaumentwässerung gewährleisten.
e) Die Schaumstabilität sollte so beschaffen sein, daß die Schäume nach ihrem Austrag rasch zerfallen.

Wichtige Schäumergruppen sind in Tabelle 49 zusammengestellt.

Tabelle 49 Wichtige Gruppen von Flotationsschäumern

Gruppe	Grundformel	charakteristische Vertreter
Einwertige aliphatische Alkohole	ROH	R ist eine gerade oder verzweigte Kette mit einer C-Zahl von vorwiegend 5 bis 8
Homologe des Phenols	ROH	R ist ein Benzolring mit kurzen Alkylgruppen als Substituenten
Terpenalkohole	ROH	R stellt den Terpenring dar
Polyglykolether	$H-(OR)_n-OH$	Polypropylenglykole mit niedriger Molekularmasse
	$R'-(OR)_n-OH$	Polypropylenmethylether (n = 1 bis 8)
Alkoxysubstituierte Alkane	$(R'O)_nR$	Triethoxybutan

Die **Struktur der Schäumermoleküle** hat einen großen Einfluß auf Schaumbildung, Schaumstruktur und Schaumbeständigkeit (siehe z. B. [565] [1004] [1013] [1015] bis [1021]). Für Schäumer mit einer polaren Gruppe gilt etwa folgendes: Geradkettige Alkohole besitzen ein größeres Schaumbildungsvermögen als verzweigtkettige. Aliphatische Alkohole schäumen stärker als entsprechende Phenole. Bei den aromatischen Schäumern steigert eine Methylgruppe am Benzolring deren Schaumbildungsvermögen wesentlich, während sich eine Kettenverlängerung nur geringfügig auswirkt. Im Falle der Terpenverbindungen verbessert sich das Schaumbildungsvermögen mit wachsender Anzahl von Doppelbindungen. Verzweigte unpolare Gruppen bzw. asymmetrischer Molekülaufbau sind bei Flotationsschäumern vom Standpunkt der Struktur und Stabilität vorzuziehen.

Als polare Gruppen eignen sich besonders die alkoholische OH-Gruppe und der Ethersauerstoff. Zwischen diesen Gruppen und den Feststoffoberflächen ergeben sich keine oder nur sehr schwache Wechselwirkungen, so daß gewöhnlich keine Sammlerwirkung vorliegt.

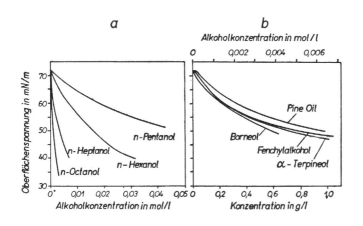

Bild 279 Oberflächenspannung wäßriger Lösungen in Abhängigkeit von der Konzentration für
a) einwertige aliphatische Alkohole
b) Pine-Oil und seine wichtigsten Bestandteile [1015]

4.6 Schaumbildung und Schaumeigenschaften

Tabelle 50 Strukturformeln einiger Flotationsschäumer

CH₃—CH—CH₂—CH—CH₃
   | |
   CH₃   OH

Methylisobutylcarbinol (MIBC)

p-Xylenol (OH, CH₃, H₃C am Benzolring)

o-Kresol (CH₃, OH am Benzolring)

CH₃—CH—CH₂—CH
   | \\
   OC₂H₅   OC₂H₅
              /
           OC₂H₅

Triethoxybutan

α-Terpineol

         CH₃   O
          | ‖
CH₃—C—CH₃—C—CH₃
          |
         OH

Diacetonalkohol

Einwertige aliphatische Alkohole mit C-Zahlen zwischen 5 und 8 werden verbreitet eingesetzt. Im Bild 279a ist die Oberflächenspannung als Funktion der Konzentration für verschiedene n-Alkylalkohole dargestellt. Verwendet werden vor allem isomere Amylalkohole, 4-Methyl-2-pentanol (Methylisobutylcarbinol, siehe Tabelle 50), technische Heptanole und Octanole. Sind die Ketten genügend verzweigt, so können auch Alkohole mit C-Zahlen bis zu 12 als Flotationsschäumer benutzt werden. Aliphatische Alkohole erzeugen wenig zähe und schnell entwässernde Schäume, sind allerdings pH-empfindlicher als andere Schäumer. Besonders geeignet sind sie für die Flotation feiner bis feinster Körnungen bei höheren pH-Werten [1020]. Ihr stufenweiser Zusatz wird empfohlen, und Überdosierungen sind zu vermeiden.

Von den **Homologen des Phenols** werden die Kresole und Xylenole benutzt (Tabelle 50). Sie fallen als Nebenprodukte der Verkokung oder beim thermischen Cracken von Erdöl an. Technische Produkte sind durch Phenole, Kohlenwasserstoffe u.a. verunreinigt. Diese Schäumer sind billig, aber auch toxisch, und ihr Eindringen in die Vorflut ist unbedingt zu vermeiden. Infolgedessen ist ihr Einsatz rückläufig. Im Vergleich mit den aliphatischen Alkoholen liefern sie zähere und etwas gröberblasige Schäume.

Der wichtigste Schäumer, der **Terpenalkohole** enthält, ist das sog. Pine-Oil, das aus Terpentin oder Kiefernholz durch Destillation oder Solvent-Extraktion hergestellt wird. Die alkoholischen Komponenten (α- und β-Terpineol [Tabelle 50], Fenchylalkohol), Borneol und Campher sind die wichtigsten schäumenden Bestandteile des Pine-Oils. Daneben sind auch Terpenkohlenwasserstoffe enthalten. Bild 279b gibt die Oberflächenspannung des Pine-Oils sowie dessen wichtigster Bestandteile in Abhängigkeit von der Konzentration wieder. Pine-Oil liefert kleinblasige Schäume, die nicht übermäßig entwässern, aber noch leicht zerfallen [1020]. Überdosierungen dieses Schäumers sollten vermieden werden [1021]. Nachteilig können sich auch gewisse Schwankungen der Zusammensetzung auswirken [1021]. Der Verbrauch beträgt etwa 25 bis 100 g/t.

Polyglykolether niedriger Molekularmasse verfügen mittels entsprechender Wahl der Molekularmasse und chemischer Struktur über eine ausgezeichnete Anpassungsfähigkeit bezüglich Blasengröße, Zähigkeit sowie Entwässerungsverhalten der Schäume [565] [1020]. Die beiden am meisten eingeführten Reagensgruppen sind Polypropylenmethylether (CH_3–(O–C_3H_6)$_n$–OH; n = 1 bis 8) sowie Polypropylenglykole (H–(O–C_3H_6)$_n$–OH).

Von den **alkoxysubstituierten Alkanen** ist vor allem Triethoxybutan (Tabelle 50) eingeführt. Dessen Schaumbildungseigenschaften ähneln denen von Pine-Oil [1020].

Als Flotationsschäumer sind auch Reagenzien empfohlen worden, die selbst nur sehr schwach grenzflächenaktiv sind und deshalb keine Zweiphasenschäume bilden, wie z.B. Diacetonalkohol (Tabelle 50) und Essigsäureethylester [1022]. In Verbindung mit gut hydrophobierten Teilchen bilden sie aber Dreiphasenschäume, die Trennungen mit guter Selektivität ermöglichen.

Werden **langkettige Sammler** (z.B. Alkylsulfate, Carboxylate, Alkylammoniumsalze) verwendet, so lassen sich teilweise stabilere Schäume nicht vermeiden, deren Handhabung unter Betriebsbedingungen zu Schwierigkeiten führen kann. Dann sollte man die Sammlerkonzentration möglichst niedrig halten, auf die Anwendung eines eigentlichen Flotationsschäumers keinesfalls verzichten und gegebenenfalls nach geeigneten weiteren Zusatzstoffen suchen, die die Schaumstabilität vermindern, ohne die Sammlereigenschaften zu beeinträchtigen [733] [996] [1023] [1024]. Auch der Luftvolumenstrom sowie die Rotordrehzahl von mechanischen Flotationsapparaten sind dann so niedrig wie möglich zu halten.

Mechanisch lassen sich stabile Schäume durch dünne, scharfe Wasserstrahlen, Entlüften im Vakuum, Ultraschall oder Zentrifugieren zerstören.

4.6.2.3 Trübemitführung, Schaumentwässerung und sekundäre Anreicherung

Mit dem Schwarm aufsteigender Blasen gelangt Trübe in den sich zunächst bildenden Kugelschaum und weiter in den Lamellenstrukturschaum, wobei sich der Flüssigkeitsanteil während des Aufsteigens der Blasen in der Schaumschicht aufgrund der parallel verlaufenden Schaumentwässerung nach oben reduziert. Man kann davon ausgehen, daß die Zusammensetzung der Trübe, die in die Schaumschicht von unten eintritt, unmittelbar der unter der Schaumschicht befindlichen entspricht. In diesem Zusammenhang ist es erforderlich, auf die von der Teilchengröße abhängigen vertikalen Konzentrationsprofile hinzuweisen, die sich in einem Trübebehälter unter dem Einfluß von turbulenten Strömungsverhältnissen einstellen (siehe Band I „Trennmodelle der Stromklassierung"). Wenn die dort vorgenommenen Ableitungen auch auf weitreichenden Vereinfachungen beruhen, so lassen sich die wesentlichen Aussagen zumindest qualitativ auf den Suspensionszustand in mechanischen Flotationsapparaten übertragen. Daraus kann man die Schlußfolgerung ziehen, daß Feststoffteilchen in der Trübe homogen suspendiert sind, wenn gilt:

$$\frac{v_m H}{D_t} \leq 0{,}1 \tag{91}$$

v_m stationäre Sinkgeschwindigkeit eines Teilchens
H Trübehöhe im Prozeßraum
D_t turbulenter Diffusions- bzw. Transportkoeffizient

Da v_m von der Größe und Dichte der Teilchen abhängt, sind beide Einflußgrößen für den Suspensionszustand berücksichtigt. Hinzu kommt dann noch bei höheren Feststoffkonzentrationen der Einfluß der Schwarmbehinderung auf die Sinkgeschwindigkeit und bei großen Kornformunterschieden auch noch dieser. Man kann folglich sagen, daß sich in mechanischen Flotationsapparaten in Abhängigkeit von der Teilchendichte eine homogene Suspendierung etwa für Teilchengrößen <5 bis <15 µm einstellt [1003] [1009] [1011] [1012]. Für gröbere Teilchen ergeben sich demgegenüber näherungsweise exponentielle Konzentrationsprofile, d.h. eine Verarmung gegenüber der mittleren Konzentration des Prozeßraumes im oberen Teil und von dort eine stetig zunehmende örtliche Konzentration in Richtung Behälterboden. Der Suspendierungszustand in der Trübe unterhalb der Schaumschicht spiegelt sich in der Zusammensetzung der **Trübemitführung** wider, durch die außer den an den aufsteigenden Blasen haftenden Teilchen die in der Trübe dort suspendierten in den Schaum gelangen. Dies bedeutet, daß von den letzteren die genügend feinen Teilchen proportional ihrer mittleren Konzentration im Prozeßraum in den Schaum übergehen, gröbere dagegen mit deren zunehmender Sinkgeschwindigkeit jedoch zunehmend unterproportional. Die aufgrund der kurz diskutierten Modellvorstellungen gewonnenen Aussagen stimmen offensichtlich auch mit den bekannt gewordenen experimentellen Ergebnissen überein [1003] [1005] [1008] [1009] [1011] [1012], wenngleich diese von den entsprechenden Autoren noch kaum aus der Sicht des Suspendierungszustandes diskutiert worden sind.

Die Trübemitführung suspendierter Teilchen ist unabhängig vom Hydrophobierungszustand; die von hydrophilen Teilchen beeinträchtigt die Qualität der Schwimmprodukte, die von hydrophoben – d.h. nicht an den Blasen haftenden – erhöht das Ausbringen vor allem im Fein- und Feinstkornbereich. Es hängt deshalb von der technologischen Zielstellung ab, ob die Trübemitführung durch geeignete Maßnahmen soweit wie möglich zu reduzieren ist oder ob sie sogar begünstigt werden sollte. Das erstere wird überall dort angestrebt werden müssen, wo es um eine hohe Qualität der Konzentrate geht, d.h. insbesondere in der Reinigungsflotation (siehe Abschn. 4.10). Das letztere kann demgegenüber bei der Grund- und Nachflotation feiner und feinster Körnungen das vor allem angestrebte Ziel sein [1013].

Nunmehr erhebt sich die Frage, auf welche Weise die Trübemitführung beeinflußt werden kann? Dazu eröffnen sich grundsätzlich zwei Wege, und zwar einerseits die Beeinflussung des Trübevolumenstromes in den Schaum und andererseits die Beeinflussung der Feststoffkonzentration in diesem Volumenstrom. Im allgemeinen wird man davon ausgehen müssen, daß der Trübevolumenstrom, der in den Schaum gelangt, mit dem Luftvolumenstrom wächst. Dies verdeutlichen beispielhaft die im Bild 280 dargestellten Ergebnisse von Laborversuchen anhand der Wirkung des Luftvolumenstromes $\dot{V}_L$ auf das Wasserausbringen R_{H_2O} im Schaum. Allerdings sind gewisse Widersprüche in den dazu bisher bekannt gewordenen Untersuchungsergebnissen nicht zu übersehen [1005] [1009] [1011] [1012] [1025] [1026]. Das ist nicht verwunderlich, wenn man bedenkt, daß der Trübevolumenstrom, der in den Schaum gelangt, einerseits

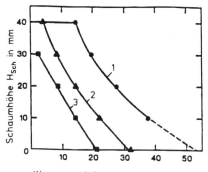

Bild 280 Zusammenhang zwischen Wasserausbringen R_{H_2O} im Schaum und Schaumhöhe H_{Sch} bei verschiedenen Luftvolumenströmen $\dot{V}_L$ in einer Laborzelle (nach *Engelbrecht* und *Woodburn*; entnommen aus [1009])
(1) $\dot{V}_L$ = 0,8 l/s; (2) $\dot{V}_L$ = 0,4 l/s; (3) $\dot{V}_L$ = 0,2 l/s

von dem Trübeanteil abhängt, den der aufsteigende Blasenschwarm mitbewegt, andererseits aber auch von der durch die Schwerkraft verursachten Trüberückströmung, d.h. von der Relativbewegung zwischen Blasen und mitbewegter Trübe (siehe dazu auch Band I „Bewegung von Körnerschwärmen"). Weiterhin ist auch ein Einfluß der Blasengrößenverteilung auf den Trübevolumenstrom zu vermuten.

Eindeutige Aussagen können hinsichtlich der Beeinflußbarkeit der Feststoffkonzentration im Trübevolumenstrom zum Schaum getroffen werden. Um von dieser Seite her die Schwimmproduktqualität zu verbessern, muß die Feststoffkonzentration in der Trübe unter der Schaumschicht so niedrig wie möglich bzw. notwendig gehalten werden, und umgekehrt. Die Verminderung der Feststoffkonzentration ist zunächst über eine entsprechende Reduzierung jener in der Aufgabetrübe möglich, wovon z.B. bei der Reinigungsflotation oder auch generell bei der Fein- und Feinstkornflotation Gebrauch gemacht werden sollte. Ein weiterer in der Praxis manchmal eingeschlagener Weg ist die Entschlämmung der Aufgabetrübe, d.h. die Abtrennung des Feinstkorns vor der Flotation (siehe hierzu Abschn. 4.9.2). Schließlich eröffnet sich aber auch die Möglichkeit, die Feststoffkonzentration in der Trübe unter der Schaumschicht mit Hilfe des Suspensionszustandes zu beeinflussen (siehe Gl. (91)). Eine Reduzierung gelingt hierbei entweder durch Verminderung der Turbulenzintensität im oberen Trübevolumen durch entsprechende Gestaltung des Prozeßraumes (geeignete Statorwahl, Beruhigungseinbauten) und/oder durch Vergrößerung der Höhe des Prozeßraumes. Zu beachten ist weiterhin, daß aufsteigende Blasen in Größen, wie sie in mechanischen Flotationsapparaten vorliegen, die Turbulenz anfachen. Daraus leitet sich auch ein Einfluß des Luftvolumenstromes auf den Suspensionszustand ab.

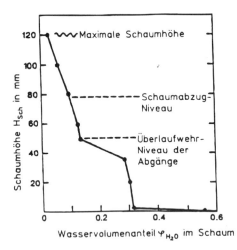

Bild 281 Zusammenhang zwischen Wasservolumenanteil φ_{H_2O} und Höhe des Schaums in einer Reinigungsflotationszelle [1027]

Parallel zur Trübemitführung, aber in entgegengesetzter Richtung, verläuft die **Schaumentwässerung**. Betrachtet man einen Gleichgewichtszustand zwischen beiden, so wird man qualitativ einen Zusammenhang zwischen dem Wasservolumenanteil φ_{H_2O} im Schaum und der Schaumhöhe H_{Sch} feststellen, wie für ein konkretes Beispiel im Bild 281 quantitativ dargestellt ist [1027]. Es handelt sich hierbei um eine Zelle der Reinigungsflotation einer Pilot-Anlage. In diesem Fall reduzierte sich der Wasservolumenanteil φ_{H_2O} von fast 0,6 an der Grenzfläche Trübe/Schaum auf etwa 0,1 im Niveau des Schaumabzuges. Man erkennt aus diesem Beispiel, daß der Trübeanteil, der letztlich mit in das Schwimmprodukt gelangt, von der Schaumhöhe bzw. der mittleren Verweilzeit des Schaumes in der Schaumschicht stark abhängt. Will man also den Anteil hydrophiler Teilchen im ausgetragenen Schwimmprodukt reduzieren, so bedeutet das, unter sonst gegebenen Bedingungen, die Schaumhöhe bzw. die Verweilzeit des

Schaumes möglichst groß bzw. lang zu halten. Auf diese Weise vermindern sich die Dicke der Schaumlamellen sowie der Durchmesser der *Gibbs*-Kanäle im ausgetragenen Schaum. Bei der Buntmetallerz-Flotation sind Lamellendicken zwischen 30 und 300 µm, bei der Steinkohlen-Flotation im Mittel von 500 µm gemessen worden [1028] [1029]. Aus Bild 281 wird auch deutlich, daß für die Erzeugung hochwertiger Konzentrate nur die oberste, dünne Schaumschicht abgezogen werden darf. Wird demgegenüber ein hohes Ausbringen – besonders auch im Fein- und Feinstkornbereich – angestrebt, so erfordert dies, einen Schaum mit hohem Wasseranteil abzuziehen, d.h., mit niedriger Schaumhöhe bzw. kurzer Verweilzeit des Schaumes zu arbeiten. Im Zusammenhang mit der Steuerung der Schaumhöhe bzw. der Verweilzeit des Schaumes haben auch die Auswahl und die Dosierung des Schäumers Bedeutung. Was das Verhalten der verschiedenen Korngrößen bei der Schaumentwässerung anbelangt, so kann man im allgemeinen davon ausgehen, daß sie proportional ihrer Konzentration in der in den Schaumlamellen und *Gibbs*-Kanälen befindlichen Trübe mitbewegt werden. Es kann aber unter besonderen Bedingungen auch zu einer sterischen Behinderung ihrer Bewegung kommen, von der insbesondere die gröberen Teilchen in den Schaumlamellen betroffen sein werden.

Der Trübemitführung kann man besonders intensiv durch eine **Schaumberieselung** mittels Waschwasser entgegenwirken [1014]. Dadurch wird zwar das Verdünnen der Schaumlamellen und *Gibbs*-Kanäle weitgehend behindert, aber vor allem ein zusätzlicher Abstrom erzeugt, dem auch die dort befindlichen Feststoffteilchen ausgesetzt sind. Praktisch läuft eine solche Maßnahme auf die Verwirklichung des Gegenstromprinzips zwischen aufsteigenden Blasen und interlamellarer Flüssigkeit hinaus. Als spezifischer Waschwasservolumenstrom werden dafür 0,3 bis 0,7 l/(m²·s) empfohlen, so daß die dadurch ausgetragene Wassermenge etwa 5% bis 15% des in der Aufgabetrübe enthaltenen Wassers entspricht [1014]. Eine etwa 30 cm hohe Schaumschicht ist bei der Schaumberieselung angemessen. Für die Durchführung eignen sich besonders Netzwerke perforierter Rohre oder auch eine geeignete Anordnung von Zyklonbrausen.

Sämtliche Maßnahmen, die zu einer Reduzierung der Trübemitführung in das Schwimmprodukt dienen, führen zu einer **sekundären Anreicherung** gegenüber der Zusammensetzung des Dreiphasenschaumes, der über die Grenzfläche Trübe/Schaum in den letzteren eintritt. Wie schon erwähnt, kann deren sorgfältige Steuerung durch geeignete Prozeßführung mit ausschlaggebend für den gesamten Flotationserfolg sein.

Die Ausführungen in diesem Abschnitt sind auf die Verhältnisse und Bedingungen in mechanischen Flotationsapparaten orientiert. Erforderliche Ergänzungen für Flotationskolonnen (Gegenstrom-Flotationsapparate) folgen im Abschn. 4.8.2.1.

4.7 Hydrodynamik von Flotationsprozessen

Mit Hilfe des Reagensregimes werden die Voraussetzungen für flotative Trennungen durch selektive Veränderungen der Oberflächeneigenschaften der zu trennenden Feststoffe geschaffen; der Trennprozeß selbst aber wird mit Hilfe der Hydrodynamik im Prozeßraum realisiert. Hierbei ist das Ankoppeln der hydrophobierten Teilchen an Gasblasen der für den Makroprozeß entscheidende Mikroprozeß, weil dadurch die eigentliche Trennung durch Aufsteigen der beladenen Blasen und Schaumabzug erst ermöglicht wird. Suspendieren der Körner, Zerteilen der Luft zu Blasen sowie das Vermischen der Reagenzien sind dafür Voraussetzungen, die ebenfalls durch die Hydrodynamik gewährleistet werden [1030] bis [1033].

Der Makroprozeß vollzieht sich in den vorwiegend eingesetzten mechanischen Flotationsapparaten in einer hochturbulenten Strömung ($Re_{D_2} \approx 10^6$ bis 10^7; Re_{D_2} auf den Rotordurchmesser D_2 bezogene *Reynolds*-Zahl). Somit ist hierbei die Turbulenz für die Teil- und Mikroprozesse mit prozeßbestimmend. Aber auch in anderen Flotationsapparaten ist der Einfluß der Turbulenz meist nicht vernachlässigbar.

Für eine lange Zeit waren die Hydrodynamik der Flotationsprozesse als auch ihre Modellierung und Optimierung ein wenig beachtetes Feld in der Flotationsforschung und -praxis. Erst in den letzten Jahrzehnten haben sich hier Veränderungen vollzogen. Dies hängt auch damit zusammen, daß die dafür unerläßlichen Grundlagen über turbulente Mehrphasenströmungen erst in letzter Zeit schrittweise ausgearbeitet worden sind.

Im nachfolgenden werden zunächst weitere Grundlagen über turbulente Strömungen besprochen, die über das im Band I („Stromklassierung") Dargelegte wesentlich hinausgehen. Anschließend werden die Modellierung wichtiger Mikroprozesse und schließlich kinetische Modelle der Makroprozesse behandelt.

4.7.1 Beschreibung turbulenter Ein- und Mehrphasenströmungen

Die Modellierung eines Prozesses mit turbulentem Strömungscharakter erfordert die Anwendung der Ergebnisse der Turbulenztheorie [120]. Allerdings ist eine weitgehende Vereinfachung der komplizierten Gesetze der Turbulenztheorie notwendig. Bedeutsam für die Hydrodynamik des Flotationsprozesses sind vor allem die Vorgänge in wandfernen turbulenten Strömungen, d.h. die **freie Turbulenz**, für die mit hinreichender Genauigkeit die Vereinfachung getroffen werden kann, daß oberhalb einer kritischen *Reynolds*-Zahl die laminaren Schubspannungen gegenüber den turbulenten vernachlässigbar klein sind. Die Strömungs- und Turbulenzparameter sowie die von ihnen abhängigen verfahrenstechnischen Kenngrößen werden damit unabhängig von Re [120].

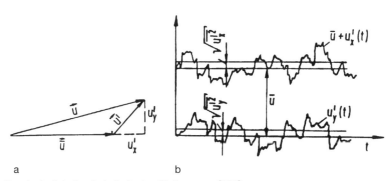

Bild 282 Geschwindigkeiten in turbulenten Strömungen [120]
a) Zerlegung des Vektors **u** in einen zeitlichen Mittelwert $\bar{u}$ und die Schwankungskomponenten
b) zeitlicher Verlauf der Komponenten u'_x in Grundströmungsrichtung sowie der Komponente u'_y normal dazu

Anschaulich läßt sich eine turbulente Strömung als Überlagerung von einer Grundströmung und einer großen Anzahl von Wirbeln bzw. Wirbelfeldern unterschiedlicher Abmessungen deuten. Aufgrund dieser Überlagerung ändern sich auch bei im Mittel stationären Strömungen die örtlichen Geschwindigkeitsvektoren zeitlich nach Betrag und Richtung (Bild 282). Für die Charakterisierung einer turbulenten Strömung werden deshalb folgende Größen benötigt:

a) die nach Betrag und Richtung **zeitlich gemittelte Strömungsgeschwindigkeit** $\bar{u}$,
b) die dieser zeitlich gemittelten Geschwindigkeit überlagerten **Schwankungsbewegungen** in Grundströmungsrichtung u'_x und normal zur Grundströmung u'_y und u'_z. Diese Zusatzbewegungen sind aufgrund des Charakters der Turbulenz zufallsbedingt und somit nur durch ihre statistischen Mittelwerte quantitativ beschreibbar. Hierzu werden die **mittleren Effektivwerte** benutzt:

$$\sqrt{\overline{u'^2_x}}, \ \sqrt{\overline{u'^2_y}}, \ \sqrt{\overline{u'^2_z}} \quad \text{mit} \quad \overline{u'^2_i} = \lim_{\tau \to \infty} \frac{1}{\tau} \int_0^\tau u'^2_i \, dt \tag{92}$$

c) der Turbulenzgrad Tu:

$$Tu = \sqrt{\frac{\overline{u_x'^2} + \overline{u_y'^2} + \overline{u_z'^2}}{3\,\overline{u}^2}} \simeq \sqrt{\frac{\overline{u_x'^2}}{\overline{u}^2}} \tag{93}$$

Die Abmessungen von Wirbeln können durch ihre Wellenlänge λ oder den Wirbelradius $r_W \simeq \lambda/4$ charakterisiert werden (Bild 283).

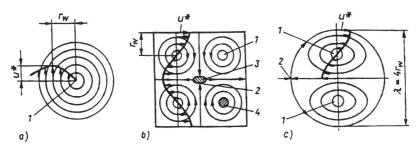

Bild 283 Schematische Darstellung von Turbulenzelementen (Wirbeln) [120]
a) ebener Einzelwirbel
b) ebenes Wirbelfeld nach *Albring* [1035]
c) räumliche Einzelwirbel der freien Turbulenz, dargestellt in einem sich mit dem Wirbel mitbewegenden Koordinatensystem
(1) Wirbelkerne; (2) Staupunkte; (3) Teilchen im Staupunkt; (4) Teilchen im Wirbelkern (unbeansprucht, mitrotierend)
r_W Wirbelradius; u^* maximale Wirbelgeschwindigkeit

Die Wirbel der **Makroturbulenz**, auch energietragende Wirbel genannt, entstehen durch Geschwindigkeitsgradienten in der Grundströmung. Ihre Größe und damit auch der **Makromaßstab** Λ der Turbulenz sind somit proportional einer Länge, die normal zur Strömungsrichtung charakteristisch für die Strecke ist, über der der Geschwindigkeitsgradient auftritt. Zahlreiche Untersuchungen ergaben, daß bei vollausgebildeter Turbulenz der Makromaßstab Λ in der Größenordnung der Abmessungen der turbulenzerzeugenden Systeme (z.B. Rührerblätter) normal zur Strömungsrichtung liegt und daß der Effektivwert der Geschwindigkeitsschwankungen proportional der mittleren Strömungsgeschwindigkeit ist. Struktur und Intensität der Makroturbulenz, charakterisiert durch den Makromaßstab und durch den Effektivwert der Schwankungsbewegungen nach Gl. (92), werden folglich durch die turbulenzerzeugenden Systeme bestimmt. Bei vollausgebildeter Turbulenz gilt im Nachlauf von turbulenzerzeugenden Systemen:

$$\Lambda \sim D_0 \quad \text{und} \quad \sqrt{\overline{u'^2}} \sim u_0 \tag{94}$$

wobei D_0 die charakteristische Abmessung und u_0 die charakteristische Geschwindigkeit des turbulenzerzeugenden Systems im Sinne der Ähnlichkeitstheorie darstellen.

Die Makroturbulenz ist verantwortlich für den Austausch makroskopischer Substanzgebiete, der sog. Wirbelballen, zwischen benachbarten Fluidschichten und bestimmt damit die turbulenten Schubspannungen und den turbulenten Stofftransport. Aus theoretischen Überlegungen und experimentellen Untersuchungen folgt für den Zusammenhang zwischen den Turbulenzgrößen und der Wirbelviskosität ν_t [120]:

$$\nu_t = \tau_t \Big/ \left(\rho \frac{du}{dy} \right) \tag{95a}$$

$$\nu_t \simeq \sqrt{\overline{u'^2}}\,\Lambda \sim u_0\,D_0 \tag{95b}$$

und weiter auch:

$$D_t \approx \nu_t \tag{96}$$

D_t turbulenter Diffusions- bzw. Transportkoeffizient.

Die Wirbel der Makroturbulenz sind in sich turbulent; ihnen sind Wirbel unterschiedlicher Größe überlagert, die jeweils die zu ihrem Aufbau benötigte Energie der kinetischen Energie der nächstgrößeren Wirbel entnehmen. Hierdurch entsteht ein Energieübertragungsmechanismus, bei dem durch die turbulenten Austauschvorgänge laufend Energie der Grundströmung entzogen und zu immer kleineren Turbulenzelementen übertragen wird. Dieser durch die Turbulenz bewirkte Energietransport erfolgt bis zu den kleinsten in der Strömung vorhandenen Turbulenzelementen (Wirbel), die in sich selbst laminar fließen. Die kleinsten Elemente werden durch laminare Schubspannungen abgebremst, und ihre kinetische Energie dissipiert in die Wärmebewegung der Moleküle.

Der genannte Energieübertragungsmechanismus bewirkt, daß Intensität und Struktur der **Mikroturbulenz**, d.h. von Wirbeln, die hinreichend klein gegenüber den Wirbeln der Makroturbulenz sind, nur durch die Größe des Energietransports sowie die Viskosität des Fluids bestimmt werden. Die Größe des Energieflusses ist gleich der **Dissipation** ε, d.h. der kinetischen Energie, die der Grundströmung je Masse- und Zeiteinheit entzogen und die letztendlich durch die laminaren Schubspannungen in den kleinsten Wirbeln in Wärme umgesetzt wird. Daraus folgt für die mittlere Dissipation $\bar{\varepsilon}$ in einem abgeschlossenen Behälter, in den durch einen Rührer die Wellenleistung P eingetragen wird:

$$\bar{\varepsilon} = P/m \tag{97}$$

Die Dissipation ist jedoch nicht im gesamten Prozeßraum gleich groß. Sie erreicht Maximalwerte ε_{max} im Nachlauf der Turbulenzerzeuger, die etwa das 10- bis 200fache des Mittelwertes (in Rührapparaten etwa das 5- bis 30fache) betragen können.

Die Abmessung der kleinsten Turbulenzelemente ergibt sich aufgrund der Wechselwirkung zwischen der Größe des Energietransportes und der laminaren Schubspannung, d.h. aus den Größen Dissipation ε und Viskosität ν. Von *Kolmogorov* [1036] wurde der Maßstab der Mikroturbulenz, der **Kolmogorov**sche **Längenmaßstab** l_D, eingeführt, der diese Größen enthält:

$$l_D = (\nu^3/\varepsilon)^{1/4} \tag{98}$$

Messungen zeigten, daß Turbulenzelemente mit Abmessungen

$$r_W \geq r_k = (10 \text{ bis } 15)l_D \quad \text{bzw.} \quad \lambda_W \geq \lambda_k = (40 \text{ bis } 60)l_D \tag{99}$$

in sich turbulent sind. Kleinere Wirbel fließen laminar. Hierbei sind Turbulenzelemente mit $r_W \leq (4 \text{ bis } 6)l_D$ nicht existenzfähig, da sie durch die laminare Schubspannung zu schnell abgebremst werden.

Die Gesetze der Mikroturbulenz dürfen aber nur für Turbulenzelemente angewendet werden, die hinreichend klein im Vergleich zum Makromaßstab sind, und zwar gilt als obere Grenze für die Abmessungen [1037]:

$$r_g = 0{,}12 \, \Lambda \quad \text{bzw.} \quad \lambda_g = 0{,}5 \, \Lambda \tag{100}$$

Die Struktur der Mikroturbulenz wird folglich einerseits durch den Makromaßstab, andererseits durch die kleinsten Wirbel, deren Größe mit wachsender Dissipation abnimmt, bestimmt.

Die Makroturbulenz wird bei freier Turbulenz nicht durch die Viskosität beeinflußt, wenn die Turbulenzelemente der Makroturbulenz hinreichend groß gegenüber den kleinsten Turbulenzelementen sind, d.h., wenn ein hinreichend breites Spektrum unterschiedlich großer Turbulenzelemente vorhanden ist. Als Kriterium für die vollausgebildete freie Turbulenz gilt [1037]:

4.7 Hydrodynamik von Flotationsprozessen

$$\Lambda/l_D = \lesssim 150 \text{ bis } 200 \tag{101}$$

bzw.

$$\sqrt{\overline{u'^2}}\ \Lambda/\nu = 0{,}85(\Lambda/l_D)^{4/3} > 675 \text{ bis } 995$$

Ist diese Bedingung erfüllt, so sind bei freier Turbulenz die Viskosität und damit auch die *Reynolds*-Zahl nicht relevant für die Grundströmung, die Makroturbulenz und den Betrag der Dissipation.

Bei der Anwendung der Ergebnisse der Turbulenztheorie auf verfahrenstechnische Probleme ist es meist üblich, die Turbulenz in erster Näherung als **isotrop**, d.h. richtungsunabhängig, zu betrachten. Die Turbulenzparameter sind damit für stationäre Vorgänge eine skalare Ortsfunktion.

Von *Kolmogorov* [1036] wurde vorgeschlagen, die Intensität der Mikroturbulenz durch den Effektivwert der Differenzgeschwindigkeit zu charakterisieren, die zwischen zwei im Abstand Δr voneinander liegenden Punkten auftritt (Bild 284). Der Vektor der Differenzgeschwindigkeit ändert sich ständig nach Betrag und Richtung. Untersuchungen ergaben, daß der Effektivwert

$$\overline{\Delta u'^2} = \overline{\{u'(r) - u'(r + \Delta r)\}^2} \tag{102}$$

für $\Delta r < 0{,}1\ \Lambda$ unabhängig von der Orientierung im Raum ist. Dies bedeutet, daß die Mikroturbulenz mit sehr guter Näherung als isotrop angesehen werden darf. Die Abhängigkeit dieses Effektivwertes vom Abstand Δr ist im Bild 284 in dimensionsloser Form dargestellt. Dabei sind der *Kolmogorov*sche Mikromaßstab l_D und eine charakteristische Geschwindigkeit der Mikroturbulenz als Bezugsgrößen verwendet worden. Allerdings ist zu beachten, daß die Dissipation und damit die beiden genannten Bezugsgrößen in Prozeßräumen ortsabhängig sind. Für viele technische Belange genügt es jedoch, entweder mit dem Mittelwert $\overline{\varepsilon}$ der Dissipation gemäß Gl. (97) oder mit dem Maximalwert ε_{max} zu rechnen, der meist in unmittelbarer Nähe der Turbulenzerzeuger auftritt. Aus Bild 284 ist zu erkennen, daß für die Modellierung die Mikroturbulenz in mehrere Bereiche unterteilt werden kann.

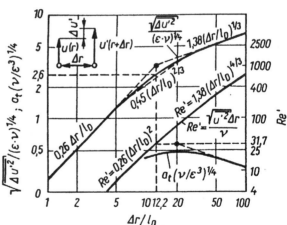

Bild 284 Effektivwerte der Differenzgeschwindigkeiten zwischen zwei Punkten im Abstand Δr ($\Delta r \ll \Lambda$) [1036] und Angaben zu *Re* sowie zu einer dimensionslosen Wirbelzentrifugalbeschleunigung a_t ($\Delta r = r_W$) [120]

Bei Werten $\Delta r/l_D \lesssim 5$ steigt der Effektivwert der Differenzgeschwindigkeit linear mit dem Abstand Δr an:

$$\sqrt{\overline{u'^2}} = 0{,}26\ \sqrt{\varepsilon/\nu}\ \Delta r \tag{103a}$$

bzw.

$$\sqrt{\overline{u'^2}}\ (\varepsilon\ \nu)^{1/4} = 0{,}26\ \Delta r/l_D \tag{103b}$$

Abstände $\Delta r < 5 l_D$ sind kleiner als die Abmessungen der kleinsten existenzfähigen Wirbel. Damit beschreibt Gl. (103) Geschwindigkeitsdifferenzen, wie sie in den kleinen laminar fließenden Wirbeln auftreten. Durch die entstehenden laminaren Schubspannungen werden diese Wirbel abgebremst. Dadurch dissipiert die Wirbelenergie in Wärme. Andererseits werden laufend Wirbel dieser Größe durch größere Wirbel erzeugt. Da die lineare Abhängigkeit bei $\Delta r \lesssim 10\, l_D$ noch näherungsweise gegeben ist und Wirbel $r_W \lesssim (10\text{ bis }12) l_D$ laminar fließen, wird der Bereich $\Delta r / l_D < 5$ bis 10 als **Dissipationsbereich der Mikroturbulenz** bezeichnet. Wird entsprechend den Bemerkungen zu Gl. (102) und nach Bild 284 eine näherungsweise Zuordnung der Wirbelgeschwindigkeit $u^* \sim \sqrt{\overline{u'^2}}$ zu den Wirbelabmessungen $r_W \simeq \Delta r$ vorgenommen, so kann eine *Reynolds*-Zahl $Re' \simeq \sqrt{\overline{u'^2}} \cdot r_W / \nu \simeq \sqrt{\overline{u'^2(\Delta r)}} \cdot \Delta r / \nu$ der Wirbel gebildet werden. Bild 284 zeigt, daß Re'_{krit} bei $\Delta r / l_D \simeq 12{,}2$ liegt.

Bei Anwendung von Gl. (103) ist zu beachten, daß in den **Wirbelkernen** das Fluid wie ein starrer Körper deformationslos rotiert. Eine Beanspruchung von Teilchen kann deshalb nur erfolgen, wenn sie sich außerhalb der Wirbelkerne befinden. Nur dort geschieht eine Deformation des Fluids und treten Schubspannungen auf, und zwar vor allem in den Randzonen der Wirbel [120]. Legt man einen Wirbel nach Bild 283a zugrunde, so ergibt sich dort die maximale laminare Schubspannung zu [120]:

$$\tau_{max} = 1{,}06 \eta\, u^* / r_W = 0{,}6\, \eta\, \omega \tag{104}$$

wobei $\omega \simeq 0{,}26 \sqrt{\varepsilon / \nu}$ die mittlere Winkelgeschwindigkeit der Wirbelkerne bedeutet. Die hierdurch bewirkten Schubspannungen sind relativ klein.

Wird der Abstand Δr zwischen den betrachteten Punkten gemäß Bild 284 vergrößert, so wird einerseits die Wirkung größerer Wirbel erfaßt. Andererseits können aber diese Punkte auch verschiedenen Wirbeln zugeordnet sein. Infolgedessen wird der Anstieg des Effektivwertes geringer. Im Bereich $(20 \text{ bis } 25) < \Delta r / l_D < 0{,}12 \Lambda$ gilt:

$$\sqrt{\overline{\Delta u'^2}} / (\varepsilon \nu)^{1/4} = 1{,}38\, (\Delta r / l_D)^{1/3} \tag{105a}$$

bzw. mit (Gl. 98):

$$\sqrt{\overline{u'^2}} = 1{,}38 (\varepsilon\, \Delta r)^{1/3} \tag{105b}$$

Dieser Effektivwert der Differenzgeschwindigkeit ist von der Viskosität unabhängig. Energietransport und Spannungszustand werden hier durch den Austausch makroskopischer Substanzgebiete, d.h. durch Massenkräfte, bestimmt. Dieser Größenbereich wird daher als der **Trägheitsbereich der Mikroturbulenz** bezeichnet. Die mit den charakteristischen Größen der Mikroturbulenz gebildete *Reynolds*-Zahl (Bild 284) beträgt bei $\Delta r / l_D > 20$: $Re' = 1{,}38 (\Delta r / l_D)^{4/3} > 75$. Wirbel mit $r_W \gtrsim (15 \text{ bis } 20) l_D$ sind somit turbulent. Messungen ergaben, daß in diesem Bereich vor allem **Schwankungen der Normalspannungen**, d.h. **Druckschwankungen**, entstehen [1038]. Diese betragen in Rührbehältern nach Messungen mit Piezosonden [228] [1039]:

$$\sqrt{\overline{\Delta p'^2}} \simeq (1 \text{ bis } 1{,}2)\, \rho\, \overline{\Delta u'^2} \simeq 2 \rho (\varepsilon\, \Delta r)^{2/3} \tag{106}$$

Demgegenüber sind die turbulenten **Schubspannungen**, die in Fluidgebieten mit Abmessungen $\Delta r \simeq 12\, l_D$ bis $0{,}1\, \Lambda$ auftreten, etwa um den Faktor $1/4$ bis $1/5$ kleiner [1038].

Da einige turbulente Mikroprozesse im Bereich $\Delta r / l_D \simeq 5$ bis 20 ablaufen, kann es gegebenenfalls erforderlich werden, dafür ein Näherungsgesetz anzuwenden (Bild 284).

Im Bereich der Mikroturbulenz sind die Struktur und Intensität von Turbulenzelementen $6\, l_D \lesssim r_W \lesssim 0{,}1\, \Lambda$ durch die örtliche Dissipation ε und die Viskosität ν bestimmt. Sie sind unabhängig von der Art und den Abmessungen des turbulenzerzeugenden Systems, falls Gl. (101) erfüllt ist. Für Mikroprozesse, die durch die Mikroturbulenz gesteuert werden, gelten somit die **Maßstabsübertragungskriterien**:

$$P/m = \overline{\varepsilon} = \text{const.} \tag{107}$$

und

$$v = \text{const.} \qquad (108)$$

Dabei muß für Teilchen bzw. entsprechende Abmessungen die Bedingung $d < (0{,}05$ bis $0{,}1)\,\Lambda$ eingehalten sein.

Die vorstehenden Ausführungen beziehen sich zunächst auf turbulente Einphasenströmungen und sind dadurch nur auf Mehrphasenströmungen mit geringem Anteil disperser Phasen unmittelbar näherungsweise übertragbar. In einem Flotationsapparat liegt aber ein turbulentes Dreiphasensystem mit höheren dispersen Anteilen vor, dessen Beschreibung sehr kompliziert und noch wenig ausgearbeitet ist [1030] bis [1034] [1041] [1042]. Jedoch lassen sich durch Untersuchungen mit Zweiphasensystemen gewisse Erkenntnisse gewinnen, die im Prinzip auf die in Flotationsapparaten vorliegenden Systeme zumindest qualitativ übertragbar sind.

So kann man zunächst davon ausgehen, daß bei der Bewegung gröberer Teilchen in einer Suspension durch deren turbulenten Nachlauf Turbulenz angefacht wird. Dies dürfte z.B. beim Aufsteigen gröberer Blasen in wäßrigen Systemen, wie sie bei der Flotation vorliegen, bereits zutreffen [1037]. In wäßrigen Suspensionen von Feststoff mit den für Flotationsprozesse im allgemeinen charakteristischen Korngrößen dagegen bewirkt die Relativbewegung von Feststoffteilchen und Fluid eine **Dämpfung der Turbulenz** [228] bis [230] [1039] bis [1042]. Dies verdeutlicht Bild 285 beispielhaft anhand von Turbulenzmessungen mit einer Piezosonde in einem Rührbehälter, der mit Suspensionen von Feststoffen unterschiedlicher Konzentration und Feinheit gefüllt war [230] [1040]. Man erkennt eine ausgeprägte Turbulenzdämpfung. Je feiner der Feststoff ist, um so steiler ist der Abfall von $\sqrt{\overline{u'^2}}$ und ε mit wachsendem Feststoffvolumenanteil.

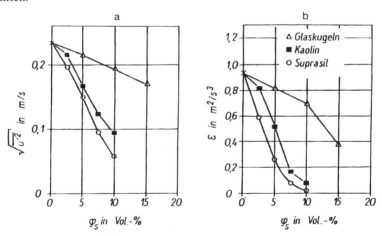

Bild 285 Örtlicher Effektivwert $\sqrt{\overline{u'^2}}$ der Schwankungsbewegung (a) und örtliche Energiedissipation ε (b) als Funktion des Feststoffanteils φ_s einer wäßrigen Suspension verschiedener Feststoffe in einem Rührbehälter von 54 l mit Doppel-Fingerrührer ($D_2/D_1 = 0{,}32$, D_1 Kantenlänge des quadratischen Behälters, D_2 Rührerdurchmesser; Rührerdrehzahl $n = 7\,\text{s}^{-1}$; Leistungseintrag $P/m = \overline{\varepsilon} = 0{,}55\,\text{m}^2/\text{s}^3$; Meßort: im Niveau der Rührerscheibe $z/D_1 = 0{,}25$ bei $2r/D_2 = 1{,}94$, z vertikale Koordinate, r radiale Koordinate) [230] [1040];
Feststoffe: Glaskugeln 100 ... 200 µm;
Suprasil (gefällte Kieselsäure): 31,5% < 1 µm, 38,4% 1 ... 4 µm;
Kaolin: 28% < 1 µm, 30% 1 ... 4 µm

Der Begriff Turbulenzdämpfung betrifft ein relativ komplexes strömungsmechanisches Problem, das auch die Veränderung der räumlichen Verteilung der Turbulenzparameter einschließt. Es ist nämlich nachgewiesen worden, daß sich die Dämpfung auch dadurch auswirkt, daß mit wachsender Entfernung vom Rührer die Turbulenzintensität schneller abklingt als in

Wasser bei gleichem massebezogenen Leistungseintrag [230] [1042]. Das bedeutet auch, daß sich das Teilvolumen des Prozeßraumes um den Rührer, für das die örtliche Dissipation größer als die mittlere ist ($\varepsilon > \overline{\varepsilon}$), in diesen Suspensionen verkleinert. Dies stellt eine Beeinträchtigung der Realisierung von Mikroprozessen dar, die von der Mikroturbulenz gesteuert werden.

Im Falle der Glaskugeln von 100...200 µm (Bild 285), deren Teilchengrößen also im Bereich der kleinsten Wirbel liegen, läßt sich die in der flüssigen Phase auftretende Turbulenzdämpfung durch die zusätzliche Energiedissipation erklären, die durch die laminaren Relativbewegungen zwischen Teilchen und den einhüllenden Turbulenzelementen, verursacht durch die turbulenten Geschwindigkeitsschwankungen, auftritt [228] [229]. Dieses Zweiphasenmodell liefert jedoch keine Erklärung für die mit Kaolin und Suprasil erhaltenen Ergebnisse, weil deren Teilchen viel kleiner als die kleinsten Wirbel sind und den Geschwindigkeitsschwankungen des Fluids mehr oder weniger schlupflos folgen [1042]. Um die durch sie verursachte Turbulenzdämpfung zu erklären, muß man ein solches Zweiphasensystem als Kontinuum betrachten, dessen rheologische Eigenschaften durch die Anwesenheit des feinstkörnigen Feststoffs wesentlich verändert werden. Daraus läßt sich zumindest die qualitative Schlußfolgerung ableiten, daß die erhöhte Viskosität (präziser: scheinbare Viskosität, da es sich hierbei in der Regel um nicht-*Newton*sche Fluide handeln dürfte) in derartigen Suspensionen zu einem schnelleren Abklingen der Turbulenz in einem Zeitintervall bzw. entlang einer in dieser Zeit zurückgelegten Wegstrecke führt [230] [1042]. In diesem Falle spielen offensichtlich die Wechselwirkungskräfte zwischen den Teilchen der Suspension, d.h. auch ihr Flockungs- bzw. Dispergierungszustand, eine entscheidende Rolle für die Turbulenzdämpfung. Ein guter Dispergierungszustand, d.h. das Vorhandensein von Abstoßungskräften zwischen den Teilchen, setzt die Viskosität herab und vermindert somit auch die Turbulenzdämpfung. Dies bestätigen die im Bild 286 dargestellten Untersuchungsergebnisse anhand des Vergleichs von Suspensionen ohne und mit Zusatz von Dispergiermitteln. Durch letzteren konnte bei Kaolin- und Suprasil-Suspensionen eine deutliche Verminderung der Turbulenzdämpfung erreicht werden, während bei den Glaskugel-Suspensionen verständlicherweise kein signifikanter Einfluß zu beobachten ist, weil bei deren Teilchengrößen die Wechselwirkungskräfte zwischen den Teilchen für das rheologische Verhalten der Suspensionen keine maßgebliche Rolle spielen. Es gelang auch, sämtliche Untersuchungsergebnisse durch nichtlineare Abhängigkeiten der Form $\sqrt{u'^2}$ – $f(\eta_{sch})$ und ε – $f(\eta_{sch})$ (η_{sch} scheinbare Viskosität, siehe Abschn. 1.1.1.1) zu bündeln [230].

Schließlich ergaben Untersuchungen mit Feststoff-Suspensionen, daß der Makromaßstab Λ der Turbulenz im Vergleich zu reinen Flüssigkeiten kaum verändert wird [228] [229] [1039].

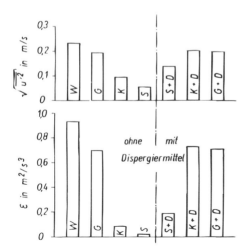

Bild 286 Einfluß von Dispergiermitteln auf die Turbulenz [230]
W Wasser; *G* Glaskugeln; *K* Kaolin; *S* Suprasil;
S+D Suprasil + 0,015 g/g Quebracho; *K+D* Kaolin + 0,003 g/g Tetranatriumpyrophosphat (*TNPP*);
G+D Glaskugeln + 0,003 g/g *TNPP*;
φ_s = 0,1 bei allen Suspensionen;
sonstige Bedingungen wie für Bild 285

Aus den Ergebnissen zur Turbulenzdämpfung in Suspensionen ist für Flotationsprozesse insgesamt die Schlußfolgerung zu ziehen, daß mit deren Zunahme eine Beeinträchtigung der Mikroprozesse Gasblasen-Zerteilen und Korn-Blase-Kollisionen eintreten wird [1040]. Dieser nachteilige Effekt dürfte sich vor allem auf die Prozeßkinetik auswirken. Mögliche aufbereitungstechnische Gegenmaßnahmen sind:

– die Anwendung von Dispergiermitteln, falls dies aus der Sicht des gesamten Reagensregimes möglich ist;
– die Anwendung eines Rotor-Stator-Systems in mechanischen Flotationsapparaten, das eine hohe örtliche Energiedissipation um den Rotor herum gewährleistet [1040];
– die Entschlämmung der Flotationsaufgabe.

4.7.2 Von der Turbulenz gesteuerte oder beeinflußte Mikroprozesse der Flotation

In den hochturbulenten Strömungen mechanischer Flotationsapparate sind die folgenden von der Turbulenz gesteuerten oder beeinflußten Mikroprozesse bedeutsam:

– der turbulente Teilchentransport,
– das Zerteilen des zugeführten Gases (Luft) zu Blasen,
– die turbulenten Korn-Blase-Kollisionen,
– die turbulenten Beanspruchungen der gebildeten Korn-Blase-Aggregate.

Der turbulente Teilchentransport ist bereits im Band I „Stromklassierung" besprochen worden.

4.7.2.1 Zerteilen der zugeführten Luft zu Blasen

Systematische Untersuchungen zu diesem wichtigen Mikroprozeß liegen unter Flotationsbedingungen nur sehr wenige vor. Das mag einerseits damit zusammenhängen, daß diese Untersuchungen nicht nur schwierig durchführbar, sondern auch vergleichsweise aufwendig sind. Andererseits dürften bisher aber auch die Triebkräfte dafür nicht besonders ausgeprägt gewesen sein, weil es offensichtlich mit mechanischen Flotationsapparaten, die unterschiedlich ausgebildete Rotor-Stator-Systeme aufweisen, gelungen ist, befriedigende Flotationsergebnisse zu erzielen, ohne im einzelnen zu wissen, wie die Luftzerteil-Mechanismen ablaufen. Mit Hilfe der Hochgeschwindigkeitsphotographie sowie durch Beobachtung der sich an den Rotorelementen einstellenden Strömungsverhältnisse mittels Stroboskop ist es jedoch gelungen, erste qualitative Vorstellungen über die wesentlichen Vorgänge zu gewinnen [919] [1043]. Danach kann man davon ausgehen, daß in einem mechanischen Flotationsapparat das Luftzerteilen im Bereich der Abströmseite der umströmten Rotorelemente (Blätter, Schaufeln, Stäbe, Finger u.a.) geschieht.

Für industrielle mechanische Flotationsapparate sind Rotorumfangsgeschwindigkeiten zwischen 6 und 9 m/s charakteristisch. Diese Geschwindigkeiten sind viel zu gering, als daß es ohne Luftzufuhr zu Kavitationserscheinungen normaler Art kommen könnte, d.h. zu Druckabsenkungen im Abströmbereich unter den Dampfdruck des Wassers und dadurch zur Bildung von Wasserdampfblasen. Führt man jedoch genügend Luft dem Rotorbereich zu, so kommt es – unabhängig davon, ob es sich um ein selbstansaugendes oder fremdbelüftetes System handelt – zu kavitationsähnlichen Erscheinungen[1], d.h. zur Bildung von luftgefüllten Hohlräumen an der Abströmseite der Rotorelemente.

---
[1] In der russischen Fachliteratur spricht man in diesem Zusammenhang von *künstlicher Kavitation*.

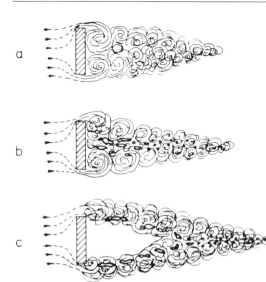

Bild 287 Zu kavitationsähnlichen Vorgängen und zum Blasenzerteilen hinter umströmten Rotorelementen
a) Umströmung ohne Luftzuführung,
b) Umströmung bei geringer Luftzufuhr,
c) Umströmung mit entwickelter Kavitation

Betrachtet man ein turbulent umströmtes Rotorelement gemäß Bild 287, so lassen sich in Abhängigkeit vom zugeführten Luftstrom die auftretenden Phänomene wie folgt kennzeichnen [919] [1043]:

a) Ohne Luftzufuhr bildet sich hinter dem umströmten Rotorelement eine Wirbelschleppe aus, wie sie von anderen ähnlichen Umströmungsvorgängen her bekannt ist (Bild 287a) [1044].
b) Bei geringerem Luftstrom entstehen Blasen im Bereich des Unterdruckes, der sich unmittelbar hinter der Abströmseite des Rotorelementes befindet, unter der Wirkung der dort herrschenden turbulenten Beanspruchungen, denen die zugeführte Luft ausgesetzt ist (Bild 287b). Es ist anzunehmen, daß auch die Ausscheidung gelöster Luft sowohl aufgrund der zwischen An- und Abströmseite herrschenden Druckdifferenz als auch der turbulenten Druckschwankungen an der Blasenerzeugung beteiligt ist (siehe auch Abschn. 4.1.1). Die entstandenen Blasen werden fortlaufend mit der Strömung abgeführt. Schließlich kommt es mit weiter steigendem Luftstrom zu Bedingungen, wo erstmalig kleinere, aber noch instabile Hohlraumbildungen (beginnende Kavitation) auftreten.
c) Bei weiterer Erhöhung des Luftstromes reißt die Flüssigkeitsströmung an den Kanten des Rotorelementes ab, es bildet sich hinter dem Rotorelement ein luftgefüllter, in Grundströmungsrichtung gestreckter Hohlraum, der zunächst vor allem an seinem Ende mittels der dort herrschenden Turbulenz zu Blasen zerteilt wird. Mit weiterer Steigerung der Luftzufuhr verlängert sich dieser Hohlraum und seine Oberfläche beginnt zu pulsieren. Letzteres wird dadurch verursacht, daß die bei der Umströmung sich ablösenden großen Wirbel periodisch Hohlraumanteile abreißen, mit sich führen und weiter zerteilen. Im Nachlauf derartiger Hohlräume beobachtet man zunächst fetzenartig zerrissene und in Strömungsrichtung gestreckte Blasen, die schrittweise durch die Strömungsturbulenz weiter zerteilt werden (Bild 287c). Dies ist das Stadium entwickelter Kavitation, das offensichtlich in industriellen Flotationsapparaten im allgemeinen auch realisiert wird. Der maximale Luftstrom $\dot{V}_L$, der unter diesen Bedingungen zerteilbar ist, hängt vor allem von der Summe der Querschnittsflächen der umströmten Rotorelemente sowie von der Höhe des Unterdruckes ab [919]. Die Form der Rotorelemente wirkt sich hierbei über den Widerstandsbeiwert der Umströmung auf den Unterdruck bzw. die Wirbelablösung aus [1052]. Bei konstantem Luftstrom $\dot{V}_L$ werden durch Erhöhung der Rotordrehzahl die Kavitationsphänomene verstärkt und dadurch auch die Blasenzerteilung sowie -verteilung verbessert.

Durch die Anwesenheit der Feststoffteilchen werden die geschilderten Kavitations- und Zerteilphänomene im Prinzip nicht wesentlich verändert. Nicht auszuschließen ist die im Abschn. 4.7.1 geschilderte Turbulenzdämpfung mit ihren Auswirkungen auf die erzielbaren turbulenten Beanspruchungen beim Blasenzerteilen. Demgegenüber liegt aber auch ein Untersuchungsergebnis vor, nach dem sich die Anwesenheit von Feststoffteilchen koaleszenzbehindernd auswirkt [1045].

Man kann davon ausgehen, daß sich im Nachlauf der umströmten Rotorelemente nicht nur das Blasenzerteilen, sondern auch die Korn-Blase-Haftvorgänge vollziehen und sogar mehr oder weniger parallel verlaufen. Dabei dürfte die Gasblasenausscheidung – insbesondere für die kombinierte Blasenhaftung (siehe Abschn. 4.5.1) – eine wichtige Rolle spielen [186] [922] [923] [1045]. Es ist aber auch nicht auszuschließen, daß ein beachtlicher Anteil der hydrophobierten Teilchen bereits mit haftenden Mikroblasen, die sich im vorgeschalteten Verfahrensablauf bilden konnten, in die Flotationsapparate eintritt. Jedenfalls bedürfen diese Vorgänge dringend weiterer Aufklärung. Es ist nämlich überhaupt nicht auszuschließen, daß verbreitet eingeführte, zu sehr vereinfachte Vorstellungen über den Ablauf der Korn-Blase-Haftvorgänge in mechanischen Flotationsapparaten wesentlicher Korrekturen bzw. Erweiterungen bedürfen.

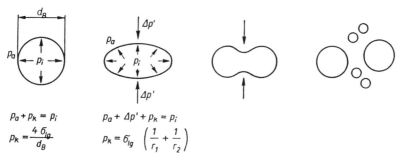

Bild 288 Schematische Darstellung der Deformation einer Blase durch die Druckbeanspruchung im Turbulenzfeld bis zum Zerteilen (r_1; r_2 Hauptkrümmungsradien der Phasengrenzfläche) [120]

Die Blasen, die sich in der hochturbulent strömenden Flüssigkeit des Nachlaufs der umströmten Rotorelemente befinden, werden einerseits durch die Strömung und die größeren Wirbel transportiert, und andererseits erfolgt durch die Wirbel, deren Abmessungen denen der jeweiligen Blasengrößen entsprechen, eine Beanspruchung der Blasenoberflächen (Bild 288). Ist die Bedingung $12 l_D \leq d_B \leq 0{,}06 \Lambda$ (Gl. (99) und (100)) erfüllt, so sind die Gesetze des Trägheitsbereiches der Mikroturbulenz anwendbar. Wird hier die Beanspruchung der Blasen, die vorrangig durch Druckschwankungen geschieht (Gl. (106)) und eine oszillierende Deformation bewirkt, hinreichend intensiv gegenüber der stabilisierenden Wirkung des Kapillardruckkes, so tritt Zerteilen ein, falls das Verhältnis der Druckschwankungen zum Kapillardruck p_k, das als **Weber-Zahl We** bezeichnet wird, einen kritischen Wert We_c überschreitet [120]:

$$\frac{\sqrt{\overline{\Delta p'^2}(d_B)}}{p_k} \sim \frac{\rho_l \, \varepsilon^{2/3} \, d_B^{5/3}}{\sigma_{lg}} = We > We_c \qquad (109)$$

Die maximale noch stabile Blasengröße wird folglich durch die örtliche Dissipation ε sowie die Oberflächenspannung σ_{lg} bestimmt. Das Zerteilen geschieht vorrangig in den Flüssigkeitsgebieten, in denen die örtliche Dissipation ein Maximum erreicht, d.h. im Falle mechanischer Flotationsapparate im Nachlauf der umströmten Rotorelemente. Für $12 l_D \leq d_B \leq 0{,}06 \Lambda$ gilt somit:

$$d_{B,max} = We_c^{0{,}6} \left(\frac{\sigma_{lg}}{\rho_l}\right)^{0{,}6} \varepsilon_{max}^{-0{,}4} \qquad (110)$$

Tabelle 51 Kleinste in Wasser turbulent fließende Wirbel gemäß Gl. (99) in Abhängigkeit von der örtlichen Energiedissipation ε

Örtliche Dissipation W/kg	Kleinste turbulent fließende Wirbel (10–15) l_D µm
0,1	560 – 840
1	320 – 470
10	180 – 270
100	100 – 150

In Wasser-Luft-Systemen kann $We_c \approx 1$ gesetzt werden. Eine Vorstellung über die kleinsten turbulent fließenden Wirbel gemäß Gl. (99) vermittelt in Abhängigkeit von der örtlichen Energiedissipation Tabelle 51.

Bei sehr großen ε_{max} ergeben sich nach Gl. (110) Werte $d_{B,max} \leq 12\, l_D$, so daß diese Gleichung nicht mehr anwendbar ist. Im allgemeinen geschieht deshalb bei sehr großen Dissipationen, die aber in Flotationssystemen kaum auftreten dürften, nur ein Zerteilen bis zur Größe der kleinsten turbulenten Wirbel, d.h.:

$$d_{B,max} \approx 10\, l_D = 10(v_l^3/\varepsilon_{max})^{1/4} \tag{111}$$

weil die Beanspruchungen im Dissipationsbereich gering sind (siehe Abschn. 4.7.1).

Wenn man von Gl. (110) ausgeht, $\sigma_{lg} = 60 \cdot 10^{-3}$ N/m und $\overline{\varepsilon} = 2$ W/kg setzt, so berechnet sich für $\varepsilon_{max}/\overline{\varepsilon} = 5$ die maximale Blasengröße zu $d_{B,max} \approx 1,2$ mm und für $\varepsilon_{max}/\overline{\varepsilon} = 30$ zu $d_{B,max} \approx 0,6$ mm. Derartige Blasendurchmesser sind in mechanischen Flotationsapparaten gemessen worden [1045] [1046].

4.7.2.2 Turbulente Korn-Blase-Kollisionen

Geht man berechtigterweise davon aus, daß in mechanischen Flotationsapparaten die Gasblasenausscheidung allein keinen effektiven Flotationsprozeß gewährleisten kann, so bestimmen die erfolgreichen Kollisionen zwischen hydrophobierten Körnern und Blasen, d.h. jene, die mit der Haftung abschließen, die Kinetik und das Ausbringen bei einem Flotationsprozeß. Bereits vorher auf den Körnern aufgrund von Gasblasenausscheidung gebildete Mikroblasen werden die Haftwahrscheinlichkeit bei einem Kollisionsereignis erhöhen (siehe auch Abschn. 4.5.1). Die für den Makroprozeß wesentlichen Korn-Blase-Kollisionen vollziehen sich in der hochturbulenten Rotor-Stator-Strömung, und zwar vor allem im Nachlauf der umströmten Rotorelemente, wobei Blasenzerteilen und Kollisionen weitgehend parallel verlaufen.

Für die Bestimmung der **Kollisionsrate** von Teilchen in einer turbulenten Strömung, d.h. der Anzahl von Kollisionsereignissen je Volumen- und Zeiteinheit, sind vor allem für die Belange der Agglomeration in Fluiden (Flockung in Suspensionen, Agglomeration in Aerosolen) eine Reihe von Modellen ausgearbeitet worden (siehe z.B. [1047] bis [1050]). Die Anpassung eines dieser Modelle [1049], das für den Trägheitsbereich der Mikroturbulenz gilt und für dessen Ableitung zusätzlich der Einfluß äußerer Kraftfelder (Schwerkraftfeld, Zentrifugalkraftfeld) vernachlässigt worden ist, liefert für die Kollisionsrate Z_{PB} zwischen Körnern und Blasen bei einem Flotationsprozeß:

$$Z_{PB} = 5\, n_P\, n_B\, d_{PB}^2\, \sqrt{\overline{v_P'^2} + \overline{v_B'^2}} \tag{112}$$

n_P; n_B Korn- bzw. Blasenanzahlkonzentration
d_{PB} $= (d_P + d_B)/2$
$\sqrt{\overline{v_P'^2}}$; $\sqrt{\overline{v_B'^2}}$ Effektivwerte der Relativgeschwindigkeit zwischen Körnern bzw. Blasen und Fluid

Folgt man einem Vorschlag von *Liepe* [120], so läßt sich für den für die Flotation interessanten
Re-Bereich der Teilchenumströmung Re = 20 bis 300 setzen:

$$\sqrt{\overline{v_i'^2}} \approx 0{,}33 \, \frac{\varepsilon^{4/9} \, d_i^{7/9}}{v_l^{1/3}} \left(\frac{\rho_i - \rho_l}{\rho_l}\right)^{2/3} \tag{113}$$

Sind die Teilchen klein im Vergleich zu den kleinsten turbulent fließenden Wirbeln (Gl.
(99) bzw. Tabelle 51) und folgen sie mehr oder weniger schlupflos den Schwankungsbewegungen des Fluids, so ist der mittlere Geschwindigkeitsgradient $\overline{G}$ im Dissipationsbereich
($\overline{G} \sim (\varepsilon/v_l)^{1/2}$) maßgebend für die Kollisionsraten, und die Modellableitung ergibt [1048]
[1049]:

$$Z_{PB} = (8\pi/15)^{1/2} \, n_P \, n_B \, d_{PB}^3 \, (\varepsilon/v_l)^{1/2} \tag{114}$$

Die Anwendung von Gl. (114) auf Flotationsprozesse ist jedoch wegen der hohen Turbulenzintensität in der Rotor-Stator-Strömung eingeschränkt, weil sie nicht nur genügend kleine Körner, sondern auch entsprechend kleine Blasen voraussetzt (beachte Tabelle 51).

Sowohl aus Gl. (112) in Verbindung mit Gl. (113) als auch aus Gl. (114) geht die Bedeutung der örtlichen Energiedissipation für die Kollisionsrate unmittelbar hervor. Insbesondere bei der Fein- und Feinstkornflotation wird, auch aus dieser Sicht gesehen, eine hohe Energiedissipation anzustreben sein (siehe auch Abschn. 4.8.1.2).

4.7.2.3 Turbulente Beanspruchungen der gebildeten Korn-Blase-Aggregate und maximale flotierbare Korngrößen

In mechanischen Flotationsapparaten sind die gebildeten Korn-Blase-Aggregate den turbulenten Beanspruchungen unterworfen. Man kann davon ausgehen, daß sich die für den Makroprozeß wesentlichen Aggregat-Bildungen in der hochturbulenten Strömung des Rotor-Stator-Bereiches vollziehen, worauf schon in den letzten beiden Abschnitten hingewiesen worden ist. Folglich werden Korn-Blase-Aggregate, die diesen Bereich verlassen haben, dann viel geringeren turbulenten Beanspruchungen ausgesetzt sein und deshalb dort kaum wieder zerstört oder zerteilt werden können. Man kann somit auch davon ausgehen, daß die maximalen flotierbaren Korngrößen durch die Beanspruchungsbedingungen im Rotor-Stator-Bereich bestimmt werden. Über Ansätze zur Berechnung der in Turbulenzfeldern maximalen flotierbaren Korngrößen auf Basis der auftretenden Beanspruchungen liegen schon einige Arbeiten vor (z.B. [930] [1031] [1051] bis [1054]).

Hinsichtlich der Modellbildung zur Bestimmung der maximalen flotierbaren Korngrößen unter turbulenten Beanspruchungen kann man von zwei unterschiedlichen Ansätzen ausgehen:

a) Das Auftriebsvermögen der gebildeten Korn-Blase-Aggregate und damit das Größenverhältnis von Korn zu Blase (d_P/d_B) ist dafür bestimmend.
b) Die Haftkräfte zwischen Korn und Blase sind dafür ausschlaggebend.

zu a) Eine überschlägige Berechnung der für ein stabiles Aufsteigen der Korn-Blase-Aggregate notwendigen Abmessungsverhältnisse zwischen Körnern und Blasen liefert die in Tabelle 52 zusammengestellten Ergebnisse [1031]. Bei dieser Berechnung ist davon ausgegangen worden, daß die Beanspruchungen des Turbulenzfeldes die Blasengrößen bestimmen (Gl. (110)). Weiterhin ist berücksichtigt worden, daß die Aufstiegsgeschwindigkeit v_A der beladenen Blasen so groß sein muß, daß bei gegebenem Luftvolumenstrom der Gasanteil der belüfteten Trübe 15% nicht übersteigen kann. Daraus folgen Mindestaufstiegsgeschwindigkeiten von etwa 0,05 m/s. Die in Tabelle 52 angeführten flotierbaren Korngrößen $d_{P,max}$ sind für den Aufstieg von Einzelblasen, d.h. unter Vernachlässigung der Schwarmbehinderung, berechnet worden. Sie stimmen relativ gut mit in der Praxis erzielbaren Ergeb-

Tabelle 52 Maximale flotierbare Korngrößen $d_{P,max}$ zur Gewährleistung einer Aufstiegsgeschwindigkeit v_A beladener Einzelblasen von 0,05 m/s (spezifischer Luftdurchsatz $q_L = \dot{V}_L/V_S = 0{,}45$ m³/(m³·min), Luftvolumenanteil in der Trübe $\varphi_L = 0{,}15$) für Blasendurchmesser d_B von 1 mm und 0,5 mm [1031]

$$d_P \leqq d_B \left(\frac{\rho'' - \Delta\rho_A''}{\gamma - \rho'' + \Delta\rho_A''} \right)^{1/3}$$

Korndichte γ in kg/m³	Mittlere Dichte ρ'' der belüfteten Trübe in kg/m³		
	1000	1100	1300
	a) $d_B = 1$ mm; $\Delta\rho_A'' = 300$ kg/m³		
2000	0,81 mm	0,87 mm	1,00 mm
3000	0,67 mm	0,71 mm	0,79 mm
4500	0,57 mm	0,60 mm	0,66 mm
7000	0,48 mm	0,51 mm	0,55 mm
	a) $d_B = 0{,}5$ mm; $\Delta\rho_A'' = 800$ kg/m³		
2000	0,24 mm	0,28 mm	0,35 mm
3000	0,21 mm	0,24 mm	0,29 mm
4500	0,18 mm	0,21 mm	0,25 mm
7000	0,15 mm	0,18 mm	0,21 mm

ρ'' Dichte der belüfteten Trübe
$\Delta\rho_A''$ notwendige Dichtedifferenz zur Gewährleistung einer Aufstiegsgeschwindigkeit beladener Blasen von 0,05 m/s
V_S belüftetes Trübevolumen

nissen überein. So sind in normalen mechanischen Flotationsapparaten maximale Korngrößen des Sylvins von etwa 1 mm flotierbar ($\gamma \approx 2000$ kg/m³; Dichte der belüfteten Trübe infolge gesättigter Salzlösung $\rho'' \approx 1300$ kg/m³; $d_B \approx 1$ mm wegen $\sigma_{lg} \approx 70 \cdot 10^{-3}$ N/m sowie vergleichsweise niedriger Leistungseintrag). Demgegenüber sind in normalen wäßrigen Trüben Dichten der belüfteten Trübe von 1100 kg/m³ kaum überschreitbar, liegt die Oberflächenspannung σ_{lg} bei $<70 \cdot 10^{-3}$ N/m und sind für Körner höherer Dichte im Hinblick auf das Suspendieren vielfach auch höhere Leistungseinträge erforderlich, so daß Blasengrößen $d_B < 1$ mm wahrscheinlich sind. Auch die sich dafür ergebenden Rechenwerte für $d_{P,max}$ liegen in der Größenordnung praktischer Erfahrungen. Mit diesen überschläglichen – weil stark vereinfachten – Berechnungen kann natürlich nur nachgewiesen werden, daß keinesfalls auszuschließen ist, daß das Auftriebsvermögen und damit das Verhältnis d_P/d_B für die maximale flotierbare Korngröße bestimmend ist.

zu b) Um eine Abschätzung der Haftkräfte vornehmen zu können, soll das Modell gemäß Bild 272b zugrunde gelegt werden, d.h., ein Einzelkorn haftet an einer Blase. Da die an der Blase anliegende hydrostatische Druckdifferenz vernachlässigbar ist, kann von Gl. (81) ausgehend für die Haftkraft gesetzt werden:

$$F_H = \pi\, d_H\, \sigma_{lg} \sin\varphi - p_k \tag{115}$$

Für die flächenbezogene Haftkraft $\sigma_H = F_H/A_H$ ($A_H = \frac{1}{4}\pi d_H^2 = \frac{1}{4}\pi d_P^2 \sin^2\alpha$; α Entnetzungswinkel gemäß Bild 272b), erhält man dann mit $\varphi = \vartheta - \alpha$ und $p_k = 4\sigma_{lg}/d_B$:

$$\sigma_H = 4\,\sigma_{lg} \left(\frac{\sin(\vartheta - \alpha)}{d_P \sin\alpha} - \frac{1}{d_B} \right) \tag{116}$$

Ein gebildetes Korn-Blase-Aggregat ist den turbulenten Beanspruchungen der Rotor-Stator-Strömung ausgesetzt, und zwar kann man bei den in mechanischen Flotationsapparaten charakteristischen Blasengrößen davon ausgehen, daß die Beanspruchungen des Trägheitsbereiches der Mikroturbulenz dafür maßgebend sind (beachte auch Tabelle 51). In diesem Falle dürften es die turbulenten Scherbeanspruchungen sein, die auf den

Korn-Blase-Kontakt einwirken. Für die turbulente Schubspannung τ_t gilt unter Beachtung von Gl. (105b):

$$\tau_t = \rho_l \overline{\Delta u'^2} \approx 1{,}9 \rho_l \{\varepsilon(d_B + d_P)\}^{2/3} \tag{117}$$

wobei $\Delta r \approx d_B + d_P$ angesetzt worden ist. Somit wäre für eine Abschätzung der unter diesen Beanspruchungsbedingungen maximalen flotierbaren Korngrößen die Kenntnis der Scherfestigkeit der Korn-Blase-Kontakte erforderlich. Diese ist aber nur schwierig der Berechnung zugänglich. Vorgenommene Abschätzungen deuten darauf hin, daß sie in der Größenordnung der flächenbezogenen Haftkraft σ_H liegt [1096]. Deshalb soll hier das Verhältnis σ_H/τ_t weiterverfolgt werden. Dieses ist für die Korngrößen sowie zugehörigen Blasengrößen der mittleren Spalte von Tabelle 52 für Randwinkel ϑ von 90° und 60° sowie verschiedene Entnetzungswinkel α berechnet worden. Die Ergebnisse sind im Bild 289 dargestellt. Daraus kann die Schlußfolgerung abgeleitet werden, daß bei guter Hydrophobierung der Kornoberflächen sowie genügend kleinem Entnetzungswinkel α sich immer ein Verhältnis σ_H/τ_t ergibt, das wesentlich größer als 1 ist. Deshalb ist dann eine stabile Korn-Blase-Haftung wahrscheinlich. Wenn man nun noch weiter berücksichtigt, daß sich selbst bei anfänglichem Vorliegen eines größeren Entnetzungswinkels α unter Einwirkung der turbulenten Schubspannungen τ_t durch Verschieben der Randlinie des Dreiphasenkontaktes genügend kleine Entnetzungswinkel einstellen können, so ist die Schlußfolgerung nicht unberechtigt, daß es im allgemeinen das Auftriebsvermögen der Korn-Blase-Aggregate sein dürfte, wodurch die maximale flotierbare Korngröße bestimmt wird.

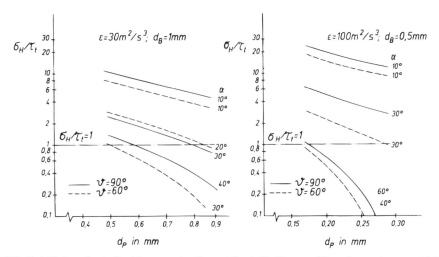

Bild 289 Verhältnis σ_H/τ_t als Funktion von der Korngröße d_P für Blasengrößen d_B von 1 mm und 0,5 mm mit Randwinkeln ϑ von 90° und 60° sowie verschiedenen Entnetzungswinkeln α als Parameter

Unabhängig davon, ob das Auftriebsvermögen der Korn-Blase-Aggregate oder die turbulenten Beanspruchungen für die maximalen flotierbaren Korngrößen bestimmend sind, kann als allgemeingültige Schlußfolgerung abgeleitet werden, daß für die Flotation grober Körner (Grobkornflotation, siehe auch Abschn. 4.9.4) mit dem geringst möglichen Leistungseintrag, d.h. auch der geringst möglichen Energiedissipation ε, gearbeitet werden sollte [1033] [1041] [1055] bis [1061]. Dies begünstigt die Bildung gröberer Blasen und bewirkt zugleich geringere turbulente Beanspruchungen. Der geringst mögliche Leistungseintrag wird bei der Grobkornflotation durch das Gewährleisten des Mindest-Suspensionszustandes (siehe Abschn. 4.8.1.2) bestimmt.

4.7.3 Kinetische Modelle des Makroprozesses

Aufgrund ihrer Komplexität ist die mathematische Modellierung eines Makroprozesses der Flotation eine schwierige Aufgabe, die ohne wesentliche Vereinfachungen nicht sinnvoll zu bewältigen ist. Dabei kommt es hierbei in besonderem Maße darauf an zu erreichen, daß das Modell in der Lage ist, ohne eine zu weitgehende Detaillierung das für den jeweiligen Anwendungsfall wesentliche Prozeßgeschehen widerzuspiegeln. Von besonderer Bedeutung sind die kinetischen Modelle für die Prozeßsimulation. Sie eignen sich für die Auslegung von Flotationsprozessen, d.h. das Festlegen von Größe und Anzahl der Apparate bei vorgegebenem Durchsatz einschließlich deren Schaltung (Gestaltung der Kreisläufe), die Prozeßführung sowie Prozeßoptimierung.

Wie schon im Abschnitt 4.7.2.2 gezeigt worden ist, kann man davon ausgehen, daß in mechanischen Flotationsapparaten die erfolgreichen Korn-Blase-Kollisionen den Flotationsablauf bestimmen. Dies trifft weiterhin auch für viele pneumatische Apparate zu. Dahinter verbergen sich jedoch mehr als 100 Einflußgrößen [961] [1062], und zwar solche, die vom Rohhaufwerk vorgegeben sind, die von der Mahlung und Klassierung abhängen, die durch die Trübevorbehandlung (Konditionierung) hervorgebracht werden und schließlich solche des Flotationsprozesses selbst. Wichtige Einflußgrößen sind: Korngrößenverteilung (gegebenenfalls auch die Kornformverteilung), Korndichten, Verhältnis von Wertstoff zu Nichtwertstoff, Aufschlußverhältnisse, Hydrophobierungszustand, Trübedichte, Trübetemperatur, Suspensionszustand, Blasengrößenverteilung, Strömungsverhältnisse sowie Turbulenzintensität und deren Verteilung im Flotationsapparat, Höhe und Stabilität der Schaumschicht und vorhandene Kreisläufe.

Über kinetische Modelle liegt schon eine relativ umfangreiche Literatur vor, deren wesentliche Ergebnisse auch in Übersichtsbeiträgen zusammengefaßt worden sind (siehe z.B. [1062] bis [1070] [1085].

Geht man von den Gln. (112) bzw. (114) oder ähnlichen Zusammenhängen für die Kollisionsrate Z_{PB} aus und betrachtet eine genügend enge Korngrößenklasse des flotierbaren Anteils, so ist die Annahme berechtigt, daß die Kinetik einem **Prozeß 1. Ordnung** entspricht. Für die weiteren Betrachtungen soll die effektive Kollisionsrate Z_e eingeführt werden, für die gesetzt wird:

$$Z_e = Z_{PB} \, W_H \, W_A \, W_S \tag{118}$$

wobei W_H, W_A und W_S die Wahrscheinlichkeiten dafür bedeuten, daß je Kollisionsereignis das Haften (W_H), das Aufsteigen ohne Abreißen von der Blase (W_A) und das Verbleiben im Schaum bis zum Abziehen (W_S) eintreten. Durch diese Betrachtungsweise werden alle auf die erfolgreichen Korn-Blase-Kollisionen ($Z_{PB} \cdot W_H$) folgenden Mikroprozesse (Aufsteigen und Schaumabzug) auf diese zurückbezogen, woraus eine Vereinfachung der mathematischen Behandlung folgt. Es liegen eine Reihe von Arbeiten vor, diese Wahrscheinlichkeiten sowohl für turbulente als auch nicht-turbulente Strömungsverhältnisse theoretisch abzuleiten (siehe z.B. [948] [954] [960] [970] [1063] [1065] [1071] bis [1073] [1084]). Allerdings sind diese Modellgleichungen für die Erfordernisse der Anwendung kaum quantifizierbar. Jedoch steht auf der Grundlage theoretischer Überlegungen sowie bisher vorliegender experimenteller Untersuchungsergebnisse außer Zweifel, daß diese Wahrscheinlichkeiten von der Korngröße, Blasengröße, dem Hydrophobierungszustand (eingeschlossen den Aufschluß- bzw. Verwachsungszustand der Körner) sowie den Strömungsverhältnissen (Turbulenzintensität und -struktur eingeschlossen) abhängen. Die Anzahl systematischer experimenteller Arbeiten dazu ist aber noch vergleichsweise gering.

Es existieren auch Modelle, die den Makroprozeß in Teilprozesse untergliedern (siehe z.B. [1062] [1064] [1066] [1069] [1074] [1082] [1083] [1086]). Man spricht hierbei in der englischsprachigen Literatur von „Mehrphasen"-Modellen. So werden bei einem „Zweiphasen"-Modell die Vorgänge in der Trübe und im Schaum getrennt modelliert und bei einem „Dreiphasen"-Modell noch weiter untergliedert.

Ausgehend von Gl. (118) läßt sich für die Abnahme der Anzahlkonzentration n_i flotierbarer Körner der i-ten Korngrößenklasse in der Trübe zur Zeit t aufgrund der oben getroffenen Annahmen schreiben:

$$-\frac{dn_i}{dt} = Z_{e,i} = n_i k_i \qquad (119)$$

wobei die Geschwindigkeitskonstante k_i alle Einflußgrößen außer der Körnerkonzentration aus den Gl. (112) bzw. (114) und (118) einschließt, d.h. die Blasenanzahlkonzentration, $(d_{P,i} + d_B)/2$, die Effektivwerte der turbulenten Schwankungsbewegungen sowie W_H, W_A und W_S. Jedoch ist die Bestimmung der Geschwindigkeitskonstanten nur auf experimentellem Wege möglich. Gl. (119) gilt für **unbehinderte Flotation**. Dies bedeutet, Blasenanzahlkonzentration bzw. Blasenoberfläche sind genügend groß, so daß von dieser Seite die Kinetik nicht eingeschränkt wird, und das Auftriebsvermögen der beladenen Blasen ist so groß, daß diese in den Schaum aufsteigen können. Im Falle einer **behinderten Flotation** gilt demgegenüber:

$$-\frac{dn_i}{dt} = \text{const} \qquad (120)$$

Für die weitere Behandlung ist zu unterscheiden, ob es sich um einen diskontinuierlichen oder kontinuierlichen Flotationsprozeß handelt.

4.7.3.1 Diskontinuierlicher Prozeß

Kann man den Hydrophobierungszustand aller flotierbaren Körner als einheitlich betrachten, so ist k_i in Gl. (119) keine Funktion der Zeit, und deren Konzentration in der Trübe verändert sich als Funktion der Zeit wie folgt, wenn n_{i0} die Anfangskonzentration bedeutet:

$$n_i = n_{i0} \exp[-k_i t] \qquad (121)$$

Andererseits erhält man für die im Schaumprodukt ausgebrachten Körner der i-ten Klasse:

$$n'_i = n_{i0} - n_i = n_{i0}(1 - \exp[-k_i t]) \qquad (122)$$

Bezeichnet man mit R_i das Wertstoffausbringen der i-ten Klasse, so ist zu bedenken, daß n_{i0} nur die Anzahlkonzentration flotierbarer Körner bedeutet. Wenn die Gesamtanfangskonzentration der Wertstoffkörner in der i-ten Klasse n_{ig} beträgt, so kann man setzen:

$$R_i \frac{n_{i0}}{n_{ig}} \cdot \frac{n'_i}{n_{i0}} = \psi_i \frac{n'_i}{n_{i0}}$$

Somit erhält man:

$$R_i = \psi_i(1 - \exp[-k_i t]) \qquad (123)$$

Will man die Zeitabhängigkeit des Gesamtausbringens R im Schaumprodukt erfassen, so ist über sämtliche Korngrößenklassen zu summieren:

$$R = \frac{1}{\bar{c}} \sum_{i=1}^{N} c_i \mu_i R_i = \frac{1}{\bar{c}} \sum_{i=1}^{N} c_i \mu_i \psi_i (1 - \exp[-k_i t]) \qquad (124)$$

c_i Wertstoffgehalt der i-ten Korngrößenklasse
$\bar{c}$ Wertstoffgehalt des Gesamtgutes
μ_i Masseanteil der i-ten Korngrößenklasse.

Folglich dürfte sich bei Vorliegen einer breiten Korngrößenverteilung das Gesamtausbringen nicht als einfache Funktion der Zeit darstellen lassen. Das schränkt aber nicht die physikalisch begründete Vorstellung ein, daß es sich in bezug auf eine genügend enge Korngrößenklasse mit einheitlichem Hydrophobierungszustand um einen Prozeß 1. Ordnung handelt [1075]. Es hat sich auch herausgestellt, daß schon eine Untergliederung in zwei Korngrößenklassen gegebenenfalls eine hinreichende Modellanpassung an die realen Bedingungen gewährleisten kann [1066] [1085]. Unabhängig von diesen Aussagen sind Gleichungen anderer als 1. Ordnung von einigen Autoren vertreten worden [1062] [1063] [1076].

Es ist festgestellt worden, daß Gl. (122) den zeitlichen Verlauf der unbehinderten Flotation einer engen Korngrößenklasse häufig nicht befriedigend widerzuspiegeln vermag. Da die Körner einer Größenklasse im allgemeinen keinen einheitlichen Hydrophobierungszustand besitzen dürften, so werden die besser hydrophobierten schneller als die schlechter hydrophobierten flotieren. Dies äußert sich dann in einer Abnahme von k_i mit der Flotationszeit. Zur Berücksichtigung dieses Sachverhaltes sind von verschiedenen Autoren Gleichungen entwickelt worden, die überwiegend das Konzept eines Prozesses 1. Ordnung beibehalten und den unterschiedlichen Hydrophobierungszustand der Körner durch Einführen einer Verteilung dieser Eigenschaft bzw. der davon abhängigen Geschwindigkeitskonstanten k_i berücksichtigen (z. B. [1066] [1077] bis [1083]). Bei den nachfolgenden Überlegungen soll im wesentlichen von Vorstellungen ausgegangen werden, die von *Huber-Panu* entwickelt wurden [1078] [1079].

Man kann annehmen, daß die Geschwindigkeitskonstanten k_i zwischen einem unteren Grenzwert (k_{iu}) und einem oberen (k_{io}) liegen, wobei für deren Verteilungsfunktion gilt:

$$F(k_i) = \int_{k_{iu}}^{k_{io}} f(k_i) \, dk_i \quad (125)$$

wenn $f(k_i)$ die Verteilungsdichte bedeutet. Ist nun R_{k_i} das während der Flotationszeit t erreichte Ausbringen an Körnern gleichen k_i-Wertes der i-ten Korngrößenklasse, so ergibt sich das Wertstoffausbringen für die gesamte i-te Korngrößenklasse wie folgt:

$$R_i = \int_{k_{iu}}^{k_{io}} R_{k_i} f(k_i) \, dk_i \quad (126a)$$

Setzt man für R_{k_i} gemäß Gl. (123):

$$R_{k_i} = \psi_i (1 - \exp[-k_i t])$$

so folgt aus Gl. (126a):

$$R_i = \psi_i \int_{k_{iu}}^{k_{io}} (1 - \exp[-k_i t]) \, f(k_i) \, dk_i \quad (126b)$$

Für die weitere Lösung ist nun die Verteilungsfunktion der Geschwindigkeitskonstanten k_i einzuführen. Nimmt man vereinfachend eine Gleichverteilung

$$f(k_i) = \frac{1}{k_{io} - k_{iu}}$$

an, so liefert die Integration von Gl. (126b):

$$R_i = \psi_i \left(1 - \frac{\exp[-k_{iu} t] - \exp[-k_{io} t]}{(k_{io} - k_{iu}) t}\right) \quad (127)$$

Vereinfacht man weiter, daß für k_i eine Gleichverteilung zwischen 0 und $k_{i,max}$ vorliegt, so folgt aus Gl. (127):

$$R_i = \psi_i \left(1 - \frac{1 - \exp[-k_{i,max} t]}{k_{i,max} t}\right) \quad (128)$$

Bei experimentellen Überprüfungen hat sich das Modell gemäß Gl. (128) als recht leistungsfähig erwiesen [1085].

In den letzten Gleichungen stellt ψ_i wiederum das unter den jeweils gegebenen Bedingungen maximal erreichbare Ausbringen der entsprechenden Klasse im Schwimmprodukt dar. Für das Gesamtausbringen R lassen sich wiederum Beziehungen aufstellen, die der Gl. (124) analog sind.

Modelle, die von Gl. (119) ausgehend entwickelt worden sind, können dann die Realität nicht mehr angemessen widerspiegeln, wenn die Trübemitführung in den Schaum für die Ergebnisse eines Flotationsprozesses von wesentlicher Bedeutung ist. Dies trifft vor allem für die feinsten Kornklassen und damit für die Feinstkornflotation zu. In diesem Falle wäre Gl. (119) auf der rechten Seite durch einen zusätzlichen Term zu ergänzen, der jedoch in komplizierter Weise von mehreren Einflußgrößen abhängt (siehe Abschn. 4.6.2.3).

4.7.3.2 Kontinuierlicher Prozeß

Bei einem kontinuierlichen Flotationsprozeß werden der Prozeßraum von der zu verarbeitenden Trübe durchströmt und laufend Schwimmprodukt (Konzentrat) abgezogen. Für die weiteren Erörterungen soll dabei wie bisher auf eine Untergliederung des Makroprozesses in Teilprozesse verzichtet werden. Im allgemeinsten Fall sind die Masse- und Volumenströme in und aus dem Prozeßraum und damit auch dessen Inhalte Funktionen der Zeit, wie dies im Bild 290 schematisch wiedergegeben ist. Deshalb gelten für den Prozeßraum folgende Bilanzgleichungen:

a) für die Masse einer flotierbaren Komponente i:

$$\frac{dm_i(t)}{dt} = \dot{m}_{i,a}(t) - \dot{m}_{i,c}(t) - \dot{m}_{i,b}(t) \tag{129}$$

b) für das Trübevolumen (ohne Luft):

$$\frac{dV_S(t)}{dt} = \dot{V}_{S,a}(t) - \dot{V}_{S,c}(t) - \dot{V}_{S,b}(t) \tag{130}$$

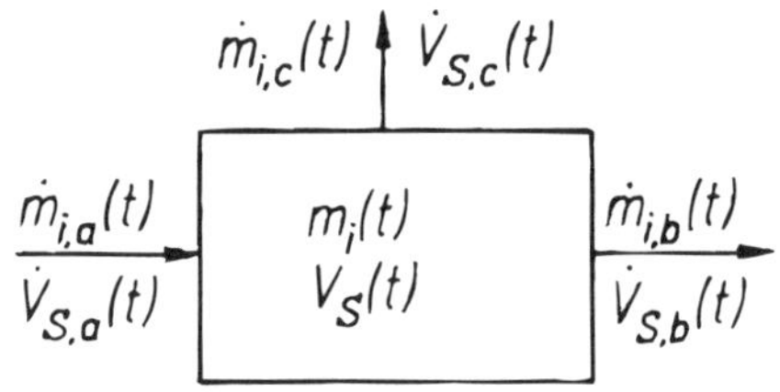

Bild 290 Zur Bilanz der Masse m_i einer flotierbaren Komponente sowie des Trübevolumens V_S im Prozeßraum eines Flotationsapparates
$\dot{m}_{i,a}; \dot{m}_{i,c}; \dot{m}_{i,b}$ Massestrom der Komponente i in der Aufgabe, ins Schwimmprodukt (Konzentrat) bzw. in die Abgänge
$\dot{V}_{S,a}; \dot{V}_{S,c}; \dot{V}_{S,b}$ Trübevolumenstrom (ohne Luft) in der Aufgabe, ins Schwimmprodukt (Konzentrat) bzw. in die Abgänge

Im Falle stationärer Prozesse, die ausschließlich im nachstehenden weiter erörtert werden sollen, gilt wegen $\frac{dm_i(t)}{dt} = 0$ bzw. der Konstanz aller Masse- und Volumenströme:

$$\dot{m}_{i,c} = \dot{m}_{i,a} - \dot{m}_{i,b} \tag{131}$$

und

$$\dot{V}_{S,c} = \dot{V}_{S,a} - \dot{V}_{S,b} \tag{132}$$

Für den Fall, daß es sich bezüglich des Verweilzeitverhaltens um eine Pfropfenströmung handelt (s. Band I „Kennzeichnung des Verweilzeitverhaltens bei stationären Prozessen"; ab 3. Aufl.), so sind alle Masse- bzw. Volumenelemente des Aufgabestromes die gleiche Zeit den Einwirkungen im Prozeßraum unterworfen. Dies bedeutet, daß für diesen Sonderfall die im Abschn. 4.7.3.1 abgeleiteten Modellgleichungen zur Beschreibung der Kinetik eines diskontinuierlichen Flotationsprozesses auch hierfür anwendbar sind.

Jedoch kann in mechanischen Flotationsapparaten das Modell einer Pfropfenströmung auch nicht angenähert erfüllt werden. Folglich ist bei der Aufstellung kinetischer Modelle das reale Verweilzeitverhalten zu berücksichtigen.

Geht man wiederum von Gl. (123) aus, setzt aber vereinfachend $\psi_i = 1$, so erhält man durch Einführen der Verweilzeitverteilungsdichte f(t):

$$1 - R_\mathrm{i} = \int_0^\infty \exp[-k_\mathrm{i} t])\, \mathrm{f}(t)\, \mathrm{d}t \qquad (133)$$

Das Verweilzeitverhalten einer Einzelzelle eines mechanischen Flotationsapparates kommt dem eines idealen Durchlaufmischers nahe (siehe Band I) [1064] [1086], d.h.:

$$\mathrm{f}(t) = \frac{1}{\tau_\mathrm{m}} \exp[-t/\tau_\mathrm{m}] \qquad (134)$$

wobei $\tau_\mathrm{m} = V_\mathrm{S}/\dot{V}_\mathrm{S} = m_\mathrm{i}/\dot{m}_\mathrm{i}$ die mittlere Verweilzeit in der Zelle bedeutet. Somit folgt aus Gl. (133):

$$1 - R_\mathrm{i} = \frac{1}{\tau_\mathrm{m}} \int_0^\infty \exp[-k_\mathrm{i} t] \exp[-t/\tau_\mathrm{m}]\, \mathrm{d}t \qquad (135)$$

und die Integration liefert:

$$1 - R_\mathrm{i} = \frac{1}{1 + k_\mathrm{i} \tau_\mathrm{m}} \qquad (136\mathrm{a})$$

bzw. für das Ausbringen R_i einer flotierbaren Komponente i in einer Zelle:

$$R_\mathrm{i} = \frac{k_\mathrm{i} \tau_\mathrm{m}}{1 + k_\mathrm{i} \tau_\mathrm{m}} \qquad (136\mathrm{b})$$

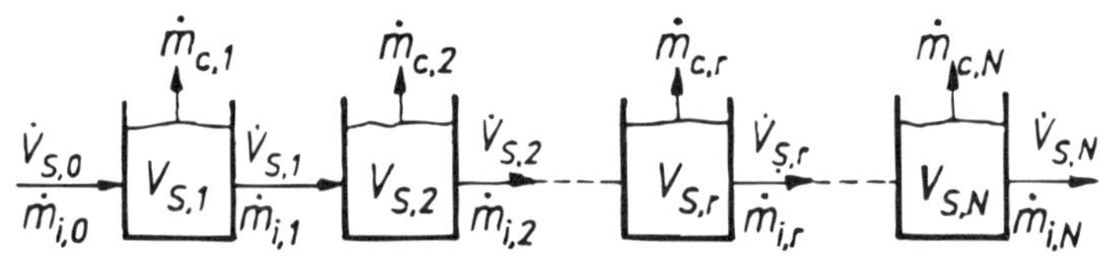

Bild 291 Zellenschaltung und Stoffströme des kinetischen Modells von *Jowett* und *Gosh* [1088]
$\dot{V}_\mathrm{S}$ Trübevolumenstrom (ohne Luft); $\dot{m}_\mathrm{i}$ Feststoffmassestrom der flotierbaren Komponente; $\dot{m}_\mathrm{c}$ Feststoffmassestrom der flotierbaren Komponente im Schaum; V_S Trübevolumen in der Zelle

Vergleicht man für k_i = const und $\tau_\mathrm{m} = t$ = const das in einer Einzelzelle nach Gl. (136b) erzielbare Ausbringen mit dem auf Grundlage eines diskontinuierlichen Prozesses bzw. eines kontinuierlichen Prozesses mit Pfropfenströmung gemäß Gl. (123), so werden die Nachteile der Vermischung deutlich. Um diese teilweise aufzuheben bzw. das Verweilzeitverhalten zu verbessern, muß deshalb das Gesamtvolumen des Prozeßraumes in eine angemessene Anzahl hintereinander geschalteter, kontinuierlich durchströmter Zellen aufgegliedert werden (siehe auch Bild 291). Für eine ideale Mischerkaskade mit der Stufenanzahl N gilt für die Verweilzeitverteilungsdichte (siehe auch Band I):

$$\mathrm{f}(t) = \frac{1}{\tau_\mathrm{m}} \frac{1}{(N-1)!} \left(\frac{t}{\tau_\mathrm{m}}\right)^{N-1} \exp[-t/\tau_\mathrm{m}] \qquad (137)$$

wobei jetzt τ_m die mittlere Verweilzeit in einer Stufe bedeutet. Gl. (137) in Gl. (133) eingesetzt und letztere integriert, ergibt:

$$R_\mathrm{i} = 1 - (1 + k_\mathrm{i} \tau_\mathrm{m})^{-N} \qquad (138)$$

Die Anwendung dieses Modells setzt zunächst geringe Schwimmprodukt-Anteile im Aufgabegut voraus, weil nur dann der Trübevolumenstrom $\dot{V}_\mathrm{S}$ sowie die mittlere Verweilzeit τ_m über alle Zellen hinweg als angenähert gleichbleibend betrachtet werden können. Weiterhin wird für alle Zellen die gleiche Geschwindigkeitskonstante k_i angesetzt. Jedoch ist eine Anpassungsfähigkeit des Modells dadurch gegeben, indem der flotierbare Gesamtanteil in unterschiedlich flotierbare Komponenten (Korngrößenklassen, Hydrophobieklassen u.a.) untergliedert und ein entsprechender k_i-Wert zugeordnet wird. Das Gesamtausbringen R ergibt sich dann wiederum durch Summierung über alle Komponenten ($R = \sum_\mathrm{i} R_\mathrm{i}$).

4.7 Hydrodynamik von Flotationsprozessen

Zur Modellierung kontinuierlicher Flotationsprozesse liegt schon eine umfangreiche Fachliteratur vor (siehe z.B. [1062] [1064] [1066] [1068] [1069] [1073] [1077] [1080] [1082] [1083] [1087] bis [1095]). Bei der Modellierung wird überwiegend von einem Prozeß 1. Ordnung ausgegangen. Die Modelle unterscheiden sich einerseits vor allem dadurch, ob und inwieweit in Teilprozesse untergliedert wird. Andererseits wird für die Modellierung auf unterschiedliche mathematische Darstellungsmöglichkeiten zurückgegriffen, d.h., es werden entweder diskrete Klassenverteilungen oder stetige zugrunde gelegt. Im Rahmen dieses Buches ist es nicht möglich, sämtliche wesentlichen Modellentwicklungen zu berücksichtigen. Um aber einen gewissen Einblick zu vermitteln, wird auf weitere Ansätze noch kurz eingegangen.

Das Modell von *Jowett* und *Gosh* [1088] ist für höhere flotierbare Anteile entwickelt worden und legt ebenfalls eine Hintereinanderschaltung von Zellen zugrunde, die als ideale Durchlaufmischer betrachtet werden dürfen, so daß die Zusammensetzung der Trübe in einer Zelle auch der des Zellenaustrages zur folgenden Zelle entspricht. Bild 291 verdeutlicht die Zellenschaltung und die Stoffströme dieses Modells. In jeder Zelle wird in der Zeiteinheit der Massestrom $\dot{m}_{c,r} = \dot{m}_{i,r-1} - \dot{m}_{i,r}$ ins Schwimmprodukt ausgetragen, in N hintereinander geschalteten Zellen folglich $\sum_{r=1}^{N} \dot{m}_{c,r}$. Für einen Prozeß 1. Ordnung kann man dann setzen:

$$\dot{m}_{c,r} = \dot{m}_{i,r-1} - \dot{m}_{i,r} = k_{i,r} \frac{V_{S,r} \dot{m}_{i,r}}{V_{S,r}} \tag{139}$$

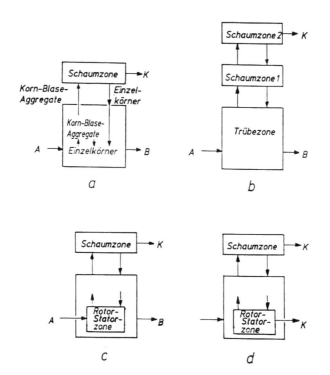

Bild 292 Strukturen von Flotationsmodellen, bei denen der Makroprozeß in Teilprozesse untergliedert ist (nach *Harris* [1086])
a) zwei Teilprozesse
b) drei Teilprozesse: Trübezone und zwei Schaumzonen
c) und d) drei Teilprozesse: zwei Trübezonen und eine Schaumzone
A Aufgabe; *K* Schwimmprodukt (Konzentrat); *B* Abgänge

und

$$\frac{\dot{m}_{i,r}}{\dot{m}_{i,r-1}} = 1 - k_{i,r} \frac{V_{S,r} \dot{m}_{i,r}}{V_{S,r} \dot{m}_{i,r-1}} \qquad (140)$$

Wendet man Gl. (140) auf jede der N Zellen an, so erhält man für den Gesamtprozeß:

$$\frac{\dot{m}_{i,N}}{\dot{m}_{i,0}} = \frac{\dot{m}_{i,1}}{\dot{m}_{i,0}} \cdot \frac{\dot{m}_{i,2}}{\dot{m}_{i,1}} \cdot \ldots \cdot \frac{\dot{m}_{i,N}}{\dot{m}_{i,N-1}} = \prod_{r=1}^{N} \left(1 - k_{i,r} \frac{V_{S,r} \dot{m}_{i,r}}{V_{S,r} \dot{m}_{i,r-1}}\right) \qquad (141)$$

Somit ergibt sich das Gesamtausbringen einer flotierbaren Komponente zu:

$$R_i = \frac{\dot{m}_{i,0} - \dot{m}_{i,N}}{\dot{m}_{i,0}} \; 1 - \prod_{r=1}^{N} \left(1 - k_{i,r} \frac{V_{S,r} \dot{m}_{i,r}}{V_{S,r} \dot{m}_{i,r-1}}\right) \qquad (142)$$

In diesen Modellgleichungen können für die Einzelzellen unterschiedliche $k_{i,r}$-Werte berücksichtigt werden.

Über Strukturen von Modellen, bei denen der Makroprozeß in zwei oder drei Teilprozesse untergliedert wird, informiert Bild 292. So werden bei dem Modell gemäß 292a der Übergang der in der Trübezone gebildeten Korn-Blase-Aggregate in die Schaumzone und die Rückführung von hydrophobierten Körnern aus der Schaumzone in die Trübezone getrennt erfaßt. Von letzterer dürfte aber vor allem hydrophobiertes Feinstkorn betroffen sein, das durch Trübemitführung in den Schaum gelangt ist und aufgrund der Schaumentwässerung in die Trübe zurückgeführt wird (siehe Abschn. 4.6.2.3). Logischerweise wäre dann auch die Trübemitführung hydrophobierten Feinstkorns in den Schaum getrennt vom Aufsteigen der Korn-Blase-Aggregate zu erfassen. Daraus leitet sich aber die Frage ab, inwieweit es beim gegenwärtigen Erkenntnisstand sinnvoll sein kann, die Modellbildung durch Untergliederung in Teilprozesse zu komplizieren, um so mehr als kaum Möglichkeiten bestehen, die einzelnen Geschwindigkeitskonstanten getrennt zu erfassen.

4.8 Flotationsapparate

Im Zusammenhang mit der stürmischen Entwicklung und Einführung der Flotationstechnik, die im ersten Viertel dieses Jahrhunderts einsetzte, entstanden viele Vorschläge für die konstruktive Gestaltung von Flotationsapparaten, von denen sich jedoch nur wenige Bauarten in der industriellen Praxis durchsetzen konnten. Einerseits waren diese später Gegenstand der Weiterentwicklung, andererseits kamen aber auch ständig bis in die Gegenwart neue Konstruktionen auf. Bis in die 60er Jahre geschah diese Entwicklung vorwiegend auf empirischer Grundlage. Erst von da an wird der Gestaltung und dem Betrieb von Flotationsapparaten auf hydrodynamischer Grundlage stärkere Beachtung geschenkt [1033] [1062] [1097].

Für die vorwiegend in Flotationsanlagen eingesetzten Apparate ist kennzeichnend, daß sie über ein Rotor-Stator-System verfügen, mit dem die für die Teil- und Mikroprozesse erforderliche Energie in die belüftete Trübe eingetragen wird. Diese Apparate sollen unabhängig davon, ob die erforderliche Luft vom Rotor angesaugt, durch Fremdbelüftung zugeführt oder – wenn auch nur noch selten – über eine Trombe eingezogen wird, als **mechanische Flotationsapparate** bezeichnet werden. Für diese Apparate ist eine hochturbulente Trübeströmung charakteristisch ($Re_{D_2} \approx 10^6$ bis 10^7). Um bei den fast ausschließlich industriell genutzten kontinuierlichen Prozessen befriedigende Verweilzeitverteilungen zu gewährleisten, sind mehrere Rotor-Stator-Systeme hintereinander zu schalten (siehe auch Abschn. 4.7.3.2), wobei sich der **Zellentyp** und der **Trogtyp** unterscheiden lassen. Beim erstgenannten strömt die Trübe über verstellbare Wehre von einer Zelle zur folgenden, wobei der Rotor durch eine Pumpwirkung gegebenenfalls den Durchfluß unterstützen kann. Beim Trogtyp dagegen geschieht der Trübefluß durch Öffnungen in den Querwänden zwischen den Rotor-Stator-Systemen. Der Trogtyp ermöglicht eine Vereinfachung der Apparatekonstruktion, bewirkt aber aufgrund von Rückvermischung eine ungünstigere Verweilzeitverteilung als der Zellentyp mit gleicher Anzahl hintereinander geschalteter Rotor-Stator-Systeme [1052] [1101].

In **pneumatischen Flotationsapparaten** ist kein Rotor-Stator-System vorhanden, die Luft wird hier in jedem Falle unter Druck von außen zugeführt und mittels eines geeigneten Belüftungssystems zu Blasen zerteilt. Seit Beginn der 80er Jahre führen sich **Flotationskolonnen** in zunehmendem Maße in die Praxis ein [1098]. Das in ihnen verwirklichte Gegenstromprinzip ermöglicht im Vergleich zum Querstromprinzip der mechanischen Flotationsapparate eine höhere Selektivität der Trennungen. Daneben sind in neuerer Zeit weitere Bauarten pneumatischer Apparate aufgekommen.

Weiterhin existieren **Sonderbauarten** insbesondere für die Entspannungs- sowie die Elektroflotation.

4.8.1 Mechanische Flotationsapparate

Im folgenden werden zunächst wichtige Bauarten mechanischer Flotationsapparate vorgestellt und anschließend die hydrodynamische Charakterisierung der Makroprozesse in dieser Apparategruppe sowie die Übertragbarkeit der Makroprozesse behandelt.

4.8.1.1 Bauarten mechanischer Flotationsapparate

Für die Entwicklung mehrerer Flotationsapparate, die insbesondere im europäischen Raum in den 30er bis 50er Jahren in Neuanlagen installiert worden sind, war eine Reihe konstruktiver Merkmale des sog. **Unterluft-Flotationsapparates** der *Minerals Separation Ltd.* [1097] [1099] – eines der ältesten Flotationsapparate überhaupt – bestimmend. Für die Gestaltung dieser Apparate war charakteristisch, daß der Prozeßraum einer Zelle mit Hilfe eines Beruhigungsrostes in eine Agitationskammer und eine Schwimmprodukt-Abtrennkammer unterteilt ist. Somit erfolgten das Suspendieren, das Luftzerteilen sowie die Korn-Blase-Kollision bei hoher Turbulenz, der Aufstieg der Korn-Blase-Aggregate sowie der Schaumabzug demgegenüber unter weitgehend gedämpfter Turbulenz. Als ein Beispiel für derartige Entwicklungen soll die **Bauart E** von *SKET Magdeburg* angeführt werden (Bild 293) [1100]. Der Rotor stellt ein doppelt wirkendes Pumpenflügelrad dar, dessen Oberteil durch eine Glocke (2) abgedeckt ist. An letztere schließt sich ein Zentralrohr (3) an, durch das vom Flügelrad-Oberteil Luft aus der Atmosphäre angesaugt wird. Über Öffnungen im Zentralrohr (4) läßt sich ein innerer Trübekreislauf realisieren. Die Trübe der jeweils vorgeschalteten Zelle gelangt über einen Überlaufkasten (5) in ein Umführungsrohr (6), aus dem der Rotor die Trübe ansaugt. Das gleiche kann mit Zwischengut-Kreisläufen (7) geschehen. Dadurch eigneten sich Anordnungen dieser Apparate für innere Kreislaufschaltungen. Diese Zellen wurden in Baugrößen bis zu 2,5 m³ gefertigt.

Eine große Verbreitung haben in den 30er bis 50er Jahren weltweit Apparate-Bauarten gefunden, deren wesentliche Merkmale durch die **Denver-Sub-A-Zelle** repräsentiert werden (Bild 294), die zum Vorbild für andere Entwicklungen wurde (*Mechanobr, SKET RE*). Der Rotor (1) ist als Einfachflügelrad mit radialen Schaufeln gestaltet und durch eine Statorplatte (2) abgedeckt, an die eine Glocke und darüber das Zentralrohr (3) anschließen. Die Trübe fließt dem Rotor selbsttätig von oben durch ein in die Glocke mündendes Rohr zu. Der innere Kreislauf wird durch Öffnungen in der Statorplatte und in der Glocke gewährleistet. Den für den Leistungseintrag wesentlichen Teil des Stators bildet der Kranz radialer Schaufeln, der, an der Statorplatte befestigt, ringartig den Rotor umgibt. Die größten *Denver-Sub-A*-Zellen besitzen ein Zellvolumen von 14,2 m³ (*Mechanobr*-Zellen bis 6,25 m³, *SKET RE* bis 3 m³), und ihre Rotor-Umgangsgeschwindigkeit liegt zwischen 7 und 9 m/s.

Mit Anfang der 60er Jahre rückten Forderungen nach weiterer Verbesserung der Wirtschaftlichkeit von Flotationsanlagen – vor allem auch im Zusammenhang mit der zunehmen-

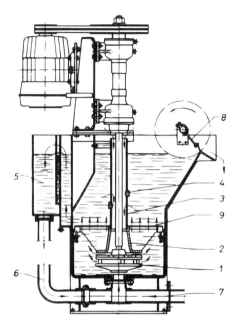

Bild 293 Flotationsapparat, Bauart E von *SKET Magdeburg*
(1) Rotor, als Doppelflügelrad ausgebildet; (2) Glocke; (3) Zentralrohr; (4) Öffnungen für den inneren Trübekreislauf; (5) Überlaufkasten mit verstellbarem Wehr; (6) Umführungsrohr; (7) Zwischengutrückführung; (8) Schaumabstreifer; (9) Beruhigungsrost

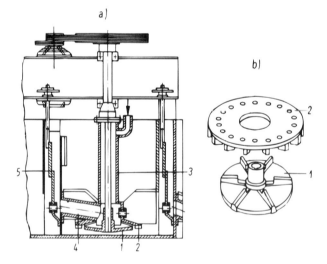

Bild 294 Flotationsapparat, Bauart *Denver-Sub-A* (a) und dessen Rotor-Stator-System (b)
(1) Rotor; (2) Statorplatte; (3) Zentralrohr; (4) Trübezulaufrohr; (5) Trübeüberlauf

den Verarbeitung von Rohstoffen mit niedrigen Wertstoffgehalten – stärker in den Mittelpunkt des Interesses. Sie zielten vor allem auf höhere Durchsätze je Volumeneinheit sowie auf die Senkung des spezifischen Energieverbrauches und die damit verbundenen Reduzierungen von Investitions- und Betriebskosten ab. Deshalb setzte eine rasche Weiterentwicklung der Flotationsapparate ein, deren Merkmale sich wie folgt charakterisieren lassen [1031] [1102]:

a) Trend zu robusten, wartungsarmen Rotor-Stator-Systemen mit hohem Leistungsbeiwert c_P: Dadurch wird im Bereich des Rotor-Stator-Systems eine vergleichsweise hohe Energiedissipation realisiert, die sich günstig auf das Zerteilen der Luft zu Blasen sowie die Kollisionsrate auswirkt. Der Leistungsbeiwert c_P (siehe Abschn. 4.8.1.2) darf nicht mit dem spezifischen Energieverbrauch je Tonne Flotationsdurchsatz verwechselt werden. Um gleiche technologische Ergebnisse zu erreichen, liegt letzterer bei Rotor-Stator-Systemen mit hohem c_P-Wert im allgemeinen tiefer als bei anderen. Rotor-Stator-Systeme mit höherem c_P lassen sich auch mit geringerer Umfangsgeschwindigkeit betreiben, was sich verschleißmindernd auswirkt.

b) Trend zu Bauarten mit starker innerer Trübezirkulation:
Die innere Zirkulation bewirkt, daß die Trübe mehrfach in den Bereich hoher örtlicher Energiedissipation bzw. hoher Turbulenzintensität gelangt. Dies begünstigt die Kinetik des Makroprozesses.

c) Trend zu intensiver Belüftung und verbesserter Luftdispergierung sowie zur von der Rotordrehzahl unabhängigen Steuerung der Luftmenge:
Infolgedessen ist eine gute Anpassung des Belüftungsregimes an die jeweiligen technologischen Erfordernisse möglich. Dies ist im allgemeinen nur durch Fremdbelüftung realisierbar.

d) Trend zur verstärkten Anwendung des Trogtyps anstatt des Zellentyps für einfache technologische Fließbilder:
Dadurch lassen sich höhere spezifische Durchsätze bei einfacherer Apparateausbildung realisieren.

e) Wesentliche Zunahme der Baugrößen, d.h. der Volumina der Einzelzellen bzw. der Volumina je Rotor-Stator-System.

Eine wesentliche Weiterentwicklung der an sich im Rückgang befindlichen Pumpenrotorsysteme erreichte die Firma *Denver* mit dem fremdbelüfteten **Rotor-Stator-System *Denver D-R*** (Bild 295), das eine intensive innere Trübezirkulation gewährleistet und für Trogapparate eingesetzt wird. Die größten Ausführungen weisen für die Mineralflotation ein Volumen von 36,1 m³ je Rotor-Stator-System und für die Kohleflotation von 14,2 m³ auf.

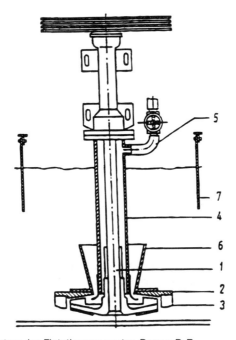

Bild 295 Rotor-Stator-System des Flotationsapparates *Denver D-R*
(1) Rotor; (2) Statorplatte; (3) Statorschaufeln; (4) Zentralrohr; (5) Luftzuführung mit Schieber; (6) Ansaugrohr für den inneren Trübekreislauf; (7) verstellbare Querwände

Eine große Verbreitung haben auch fremdbelüftete Apparate mit **Einfachfingerrotor** und einem Stator aus radial angeordneten Schaufeln gefunden, wie sie erstmalig von der Firma *Galigher Co.* herausgebracht worden sind. Bild 296a zeigt die ursprüngliche Ausbildung des Rotor-Stator-Systems der Bauart *Galigher-Agitair*. Eine Weiterentwicklung mit dem Rotor-Stator-System *CHILE-X* gibt Bild 297 wieder. Dieser Rotor verfügt über eine geringere Anzahl stärkerer Finger, und der Stator besteht aus einer quadratischen Platte (3), auf der sternförmig die Radialschaufeln (3) gleicher Länge befestigt sind. Sowohl zwischen der Platte und dem Apparateboden als auch zwischen der Platte und den Apparatewänden sind Abstände vorhanden, wodurch die Trübezirkulation ermöglicht wird. Das Rotor-Stator-System *PIPSA* (Bild 296b) entspricht im Prinzip dem System *CHILE-X*, jedoch ist eine zusätzliche Scheibe mit Ringspalt auf den Fingerrotor aufgesetzt. Dadurch wird eine Pumpwirkung ausgelöst, die die Trübe durch den Ringspalt nach unten einsaugt und radial abwirft. Dieses System bringt eine gute Suspendierwirkung hervor, so daß es zur Standard-Ausführung geworden ist. Bei den *Agitair*-Apparaten ist die Rotorwelle als Hohlwelle ausgebildet, durch die die Luft zugeführt wird und aus der sie unter der Rotorscheibe in die Trübe austritt. Dies gewährleistet eine gute Luftdispergierung. *Agitair*-Apparate werden mit Volumina bis zu 42,5 m³ je Rotor-Stator-System hergestellt.

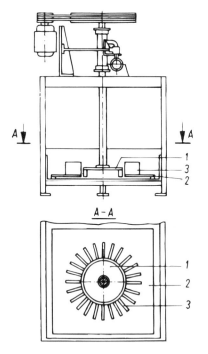

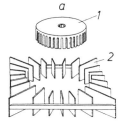 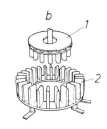

Bild 296 Rotor-Stator-Systeme Bauart *Galigher-Agitair*
a) ursprüngliche Ausführung
b) System *PIPSA*
(1) Fingerrotor; (2) Stator

Bild 297 Flotationsapparat *Galigher-Agitair* mit Rotor-Stator-System *CHILE-X*
(1) Rotor; (2) Statorplatte; (3) Statorkranz von Radialschaufeln

Ein Flotationsapparat mit **Doppelfingerrohr**, Bauart **SKET**, ist im Bild 298 dargestellt.

Der selbstbelüftende **Mehrblattrotor mit Rostkorb als Stator** der **Firma Wemco** (Bild 299) stellt eine Weiterentwicklung des Stabkorbsystems der früheren Bauart *Wemco-Fagergren* dar. Das jetzige System besteht nur noch aus zwei Kunststoff-Bauteilen. Die Luft wird durch die über dem Rotor befindliche Lufthaube (3) mittels Trombe eingezogen. Die Trübezirkulation ist bei den großen Apparaten mittels eines unteren, an den Rotor anschließenden Rohrstutzens (4), der auf einer Lochplatte (5) sitzt, wesentlich verbessert worden. Innerhalb des Rostkorbes ist eine intensive Turbulenz vorhanden, während letztere außerhalb weitgehend

4.8 Flotationsapparate 383

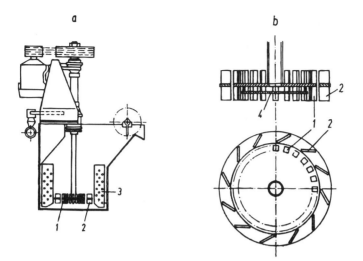

Bild 298 Flotationsapparat mit Doppelfingerrotor, Bauart *SKET*
a) Gesamtansicht
b) Rotor-Stator-System
(1) Doppelfingerrotor; (2) Statorkranz; (3) Strombrecher; (4) Luftverteiler-Platte

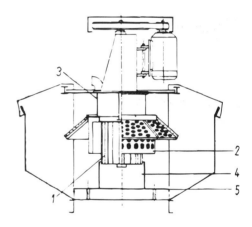

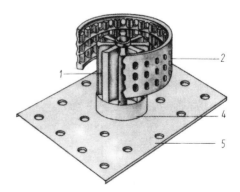

Bild 299 Flotationsapparat, Bauart *Wemco 1+1*
(1) Mehrblatt-Rotor; (2) Rostkorb; (3) Lufthaube;
(4) Ansaugstutzen; (5) Lochplatte

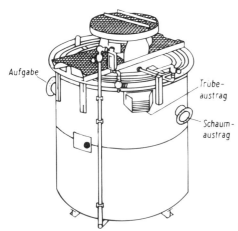

Bild 300 Flotationsapparat, Bauart *Maxwell*

gedämpft ist. Der von der früheren Bauart ebenfalls übernommene Statorkonus im oberen Teil beruhigt die Trübeoberfläche und hält damit die Turbulenz von der Schaumschicht fern. Die größten Apparate weisen ein Volumen von 42,5 m³ je Rotor-Stator-System auf [1107] [1108].

Eine von den herkömmlichen Apparaten erheblich abweichende Bauart ist die **Maxwell-Zelle** (Bild 300), die sich durch eine sehr einfache Konstruktion auszeichnet und mit Größen bis zu 56,7 m³ gefertigt wird [1103] [1104]. Bei dieser zylindrischen Zelle entsprechen etwa Zellenhöhe H und Zellendurchmesser D_1 einander. Die Aufgabetrübe wird durch einen Rohrstutzen im Niveau $2/3\,H$ zugeführt. Der Rotor ist als 6-Schrägblatt-Rührer ausgebildet. Stator oder Strombrecher fehlen vollkommen. Deshalb zeichnet sich dieser Apparat durch eine relativ geringe Leistungsaufnahme aus (30 kW für die 56,7 m³-Zelle). Die Luftzufuhr erfolgt vom Boden her unmittelbar unter den Rotor. Das Schaumprodukt wird in einer Ringrinne gesammelt. Der Austrag der Abgänge geschieht durch eine verstellbare Öffnung am Behälterumfang. Der Einsatz dieses Apparates ist vor allem im Zusammenhang mit einfachen Lösungen für die Kapazitätserweiterung in bestehenden Anlagen erfolgt.

Ein Rotor-Stator-System, das sich durch ein günstiges Luftdispergiervermögen sowie eine gute Suspendierwirkung bei vergleichsweise niedrigem spezifischen Leistungseintrag gegenüber damals bekannten Bauarten anderer Hersteller auszeichnet und auch nach Stillständen wieder problemlos anfahren kann, hat Mitte der 70er Jahre die **Outukumpu Oy** herausgebracht [1105]. Der Rotor ist als **8-Doppelblatt-Rotor** mit halbovalem, unten abgestumpftem Profil ausgebildet und von einem Kranz radialer Statorschaufeln umgeben (Bild 301). Dieses System gewährleistet auch eine befriedigende innere Trübezirkulation, indem der Rotor die

Bild 301 Rotor-Stator-System, Bauart *Outukumpu (OK)*

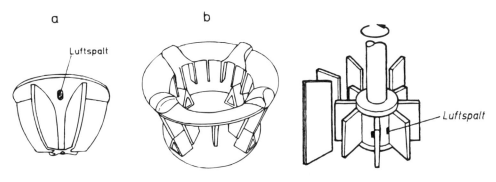

Bild 302 Rotor-Stator-System, Bauart *Dorr-Oliver*
a) Rotor; b) Stator

Bild 303 Rotor-Stator-System, Bauart *Aker*

Trübe von unten in die Kammern zwischen den Doppelblättern einsaugt und oben im Bereich des größeren Rotordurchmessers radial wieder abwirft. Die Luft gelangt durch die Hohlwelle in die Spalte der Doppelblätter und wird beim Austritt von der radialen Trübeströmung mitgerissen. Ausführungen bis zu 16 m^3 Apparatevolumen je Rotor-Stator-System werden in traditioneller Weise mit rechteckigem Trogquerschnitt in der Vertikalebene oder zur Verminderung der Herstellungskosten mit U-förmigem Querschnitt, die größeren Bauarten mit einem Volumen bis zu 60 m^3 nur mit letzterem gefertigt (siehe auch Bild 304) [1104] [1106] [1108].

Das **Rotor-Stator-System**, Bauart *Dorr-Oliver* (Bild 302), ähnelt dem der Bauart *Outukumpu* hinsichtlich des Rotorprofiles und der Anordnung der Statorschaufeln. Jedoch handelt es sich um einen 6-Blatt-Rotor, bei dem die Luft unmittelbar aus der Hohlwelle den Kammern zwischen den Rotorblättern zugeführt wird. Auch hier bildet sich wiederum eine Trübezirkulation, wie für den *OK*-Rotor beschrieben, heraus. Die Statorschaufeln sind freihängend ausgebildet. Die größten Apparate haben ein Volumen von 70 m^3 je Rotor-Stator-System. Die Trogquerschnitte sind bei den mittleren und größeren Apparaten U-förmig, bei den kleineren rechteckig ausgebildet.

Ende der 70er Jahre hat die norwegische Firma *Aker* das im Bild 303 dargestellte **Rotor-Stator-System** mit einem **8-Blatt-Rotor** herausgebracht, bei dem die Luft ähnlich wie beim System *Dorr-Oliver* zugeführt wird, wobei sich jedoch die Luftspalte eng an die Unterdruckseite der Rotorblätter anschmiegen. Das Luftdispergiervermögen wird im Mittel mit 1 m^3/(m^3·min) angegeben. Der Trogquerschnitt ist rechteckig ausgebildet. Das Lieferprogramm beinhaltet Baugrößen mit einem Volumen bis zu 40 m^3 je Rotor-Stator-System.

Im Bild 304 sind die Trogquerschnitte einiger mechanischer Flotationsapparate gegenübergestellt. Tabelle 53 gibt charakteristische Kenngrößen von im vorstehenden vorgestellten mechanischen Flotationsapparaten wieder.

In den letzten Jahrzehnten ist für die Verbesserung der Grobkornflotation auch auf der apparativen Seite eine umfangreiche Forschungs- und Entwicklungsarbeit geleistet worden. Für die Gestaltung und beim Betrieb von **mechanischen Apparaten zur Grobkornflotation** sind folgende Gesichtspunkte zu berücksichtigen:

a) Minimierung des spezifischen Leistungseintrages bzw. der Energiedissipation:
Damit werden einerseits durch das Entstehen gröberer Blasen das Auftriebsvermögen gebildeter Korn-Blase-Aggregate verbessert und andererseits die auf diese wirkenden turbulenten Beanspruchungen reduziert (siehe auch Abschn. 4.7.2.3). Da der für das Betreiben eines mechanischen Flotationsapparates erforderliche Mindest-Leistungseintrag durch die Suspendierung bestimmt wird, d.h. den am Suspendierkriterium (1s-Kriterium, siehe

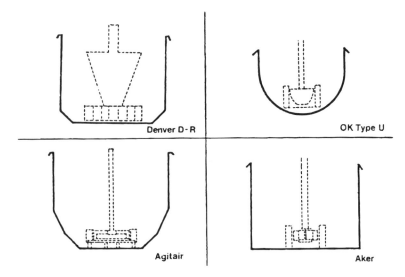

Bild 304 Trogquerschnitte von mechanischen Flotationsapparaten

Tabelle 53 Charakteristische Kenngrößen von mechanischen Flotationsapparaten (entnommen bzw. berechnet aus Angaben in [1104] [1108[[1109] [1120] sowie Firmenprospekten)

Flotations-apparat	Effektives Volumen je Rotor-Stator-System[1)] m^3	Rotor-Umfangsgeschwindigkeit m/s	Spez. Leistungseintrag P''/V_S kW/m³	Spez. Luftdurchsatz $q_L = \dot{V}_L/V_S$ m³/(m³ · min)	Leistungsbeiwert c_P	Luftströmungs-Zahl c_L
Agitair	1,8 – 42,5	6,6 – 8,5	2,0 – 1,1	1,0 – 0,5	≃ 2 – 3	0,07 – 0,10
Aker	3,1 – 40,1	6,5 – 6,0	2,5 – 1,0	1,3 – 1,1	≃ 7 – 9	≃ 0,3
Denver D-R	2,8 – 36,1	6,6 – 8,3	3,1 – 1,2	1,4 – 0,6	~ 2,5	~ 01
Dorr-Oliver	2,8 – 70	5,0 – 7,0	2,0 – 0,8	1,0 – 0,5	≃ 6 – 8	≃ 0,2
Outukumpu	3,0 – 60	5,3 – 7,5	2,0 – 1,0	1,3 – 0,5	5 – 3,5	0,07 – 0,2
Wemco 1+1	2,8 – 42,5	6,4 – 7,7	2,1 – 1,6	0,9 – 0,7	≃ 5	0,18 – 0,26

[1)] Die kleineren Bauarten der Hersteller sind nicht berücksichtigt worden.
P'' Leistungseintrag an das belüftete Trübevolumen
$\dot{V}_L$ Luftvolumenstrom

Abschn. 4.8.1.2) benötigten, so folgt für einen gegebenen Flotationsapparat daraus die Konsequenz, diesen für die Flotation grober Körnungen in der Nähe dieses Kriteriums zu betreiben [1055] bis [1060]. Weiterhin eröffnet sich die Möglichkeit, ein Rotor-Stator-System einzusetzen, das unter optimalen Einbaubedingungen das Suspendierkriterium mit dem geringst erforderlichen Leistungseintrag realisiert. Das sind Systeme, die bei genügend tiefem Einbau des Rotors und geeigneter Statorausbildung schräg nach unten gerichtete Strömungen (Rührerstrahlen) erzeugen und somit das Aufwirbeln abgesetzten Feststoffs durch entsprechend hohe Strömungsgeschwindigkeiten am Behälterboden bewirken [120]. So haben sich dafür mit dem im Bild 298 dargestellten Statorsystem des Flotationsapparates *SKET* Doppelfingerrotoren den Einfachfingerrotoren, die nur nach unten weisende Finger besitzen, bei gleicher Gesamtfingerhöhe und gleichem Bodenabstand (d.h. Abstand von Unterkante Rotor zum Boden) als überlegen erwiesen [1059] [1060]. Für entsprechende Doppelblatt- und Einfachblattrotoren gilt dasselbe. Jedoch ist die Suspendierwirkung von Einfachfinger- sowie Einfachblattrotoren, bei denen die Finger bzw. Blätter auf der dem Behälterboden abgewandten Seite der Rotorscheibe angebracht sind, noch

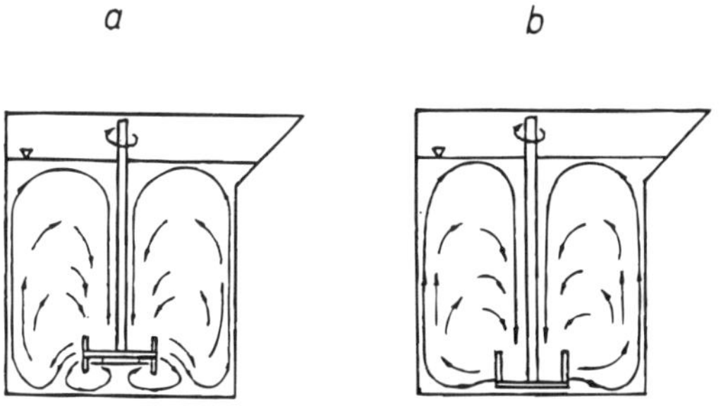

4.8 Flotationsapparate 387

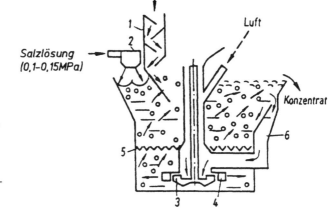

Bild 305 Vereinfachte Darstellung des radialen Strömungsfeldes
a) Doppelfinger- und Doppelblattrotoren
b) Einfachfinger- und Einfachblattrotoren mit auf der Oberseite der Rotorscheibe angeordneten Fingern bzw. Blättern [1110]

Bild 306 Mechanischer Flotationsapparat mit Wirbelschicht und zusätzlicher Trübebelüftung, Bauart *FKM-63* (ehemalige UdSSR), schematisch [1113]
(1) Trübeaufgabe; (2) Zyklon-Oberflächenbelüfter; (3) Rotor; (4) Stator; (5) Rost; (6) Trübezirkulationskasten

ausgeprägter [1110]. Offensichtlich erzeugen sie eine noch weiterreichende Suspendierwirkung der sich an den Behälterboden anlehnenden Rührerstrahlen (Bild 305). Die Luft wird wie üblich durch die Rotorwelle zugeführt und tritt unter der Rotorscheibe aus. Dieses System hat sich besonders bei der Flotation von Quarzsanden bewährt [1061].
b) Kurze Wege der Korn-Blase-Aggregate zum Schaumabzug sowie geringe Verweilzeiten der Aggregate im Schaum:
Dies läßt sich insbesondere durch eine geeignete Trübeaufgabe und Trübeführung sowie eine Beschleunigung des Schaumabzuges realisieren. Diesen Erfordernissen ist z. B. bei der im Bild 306 dargestellten Apparateentwicklung in der ehemaligen *UdSSR* Rechnung getragen worden. Sie stellt eine Kombination einer früheren sog. Wirbelschichtzelle [1111] mit

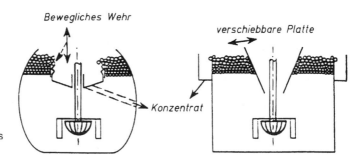

Bild 307 Vorrichtungen zur Steuerung der Verweilzeit des Schaumes [1010]

einem Apparat zur Schaumseparation dar [1112] und ist vor allem zur Sylvinit-Flotation eingesetzt worden. Mit der Absicht, die Verweilzeit des Schaumes zu steuern, sind im Zusammenhang mit der Weiterentwicklung der *OK*-Apparate Vorschläge entstanden, die Bild 307 schematisch wiedergibt [1010].

4.8.1.2 Hydrodynamische Charakterisierung der Makroprozesse

Zur Beurteilung der Hydrodynamik in mechanischen Flotationsapparaten sind die in Tabelle 54 zusammengestellten dimensionslosen Kennzahlen heranzuziehen, für die die gegenwärtig in industriellen Apparaten anzutreffenden Wertebereiche ebenfalls angegeben sind.

Tabelle 54 Dimensionslose Kennzahlen zur Beurteilung der Hydrodynamik in mechanischen Flotationsapparaten

Kennzahl	Definition	Werte in moderneren industriellen Apparaten
Reynolds-Zahl	$Re = \dfrac{\rho\, n\, D_2^2}{\eta}$	$(0{,}7 \text{ bis } 4) \cdot 10^6$
Froude-Zahl	$Fr = \dfrac{n^2\, D_2}{g}$	0,4 bis 1,5
Leistungsbeiwert	$c_P = \dfrac{P''}{\rho\, n^3\, D_2^5}$	2 bis 9
Luftströmungszahl	$c_L = \dfrac{\dot V_L}{n\, D_2^3}$	0,07 bis 0,3
Weber-Zahl	$We = \dfrac{\rho n^2\, D_2^3}{\sigma_{lg}}$	

g Schwerebeschleunigung
D_2 Rotordurchmesser
n Rotordrehzahl
P'' an das Fluid (Mehrphasensystem) abgegebene Leistung
$\dot V_L$ Luftvolumenstrom (Luftdurchsatz)
ρ Fluiddichte (Mehrphasensyst.)
η dynamische Viskosität des Fluids
σ_{lg} Oberflächenspannung

Die auf den Rotordurchmesser D_2 bezogene **Reynolds-Zahl** Re_{D_2} liegt mit $(0{,}7 \text{ bis } 4)\cdot 10^6$ im hochturbulenten Bereich. Folglich sind die laminaren Schubspannungen gegenüber den turbulenten vernachlässigbar klein. Die Strömungs- und Turbulenzparameter sowie die von ihnen abhängigen Kenngrößen sind damit unabhängig von Re_D.
Die Werte für die **Froude-Zahl** Fr betragen etwa 0,4 bis 1,5.
Der **Leistungsbeiwert** c_P ist eine sehr wichtige integrale Beurteilungsgröße für ein Rotor-Stator-System. c_P hängt ganz allgemein von Re_{D_2}, Fr und der geometrischen Ausbildung des Systems ab. Die Abhängigkeit von Re_{D_2} entfällt jedoch im hochturbulenten Bereich, die von Fr bei fremdbelüfteten Systemen mit ebener Fluidoberfläche, wie dies bei mechanischen Flotationsapparaten überwiegend gewährleistet ist. Die Leistungsbeiwerte von modernen mechanischen Flotationsapparaten liegen im hochturbulenten Bereich vorwiegend zwischen 2 und 9. Darin kommt der Trend zu Rotor-Stator-Systemen mit hohem Leistungsbeiwert zum Ausdruck, der sich in neuerer Zeit vollzogen hat.
Die **Luftströmungs-Zahl** c_L, die das Verhältnis von mittlerer Luftaufstiegsgeschwindigkeit zu Rotorumfangsgeschwindigkeit darstellt, wurde von *Arbiter, Harris* und Mitarbeitern als wichtige integrale Beurteilungsgröße vorgeschlagen [1109] [1114] bis [1117]. Sie liegt bei modernen Bauarten zwischen 0,07 und 0,3.
Die **Weber-Zahl** We schließlich kennzeichnet das Luft-Dispergiervermögen.
Für die Beurteilung von Flotationsprozessen in mechanischen Apparaten interessiert vor allem der Zusammenhang $P''/V_S = f(c_L)$ (P'' Leistung, die vom Rotor an die belüftete Trübe übertragen wird; V_S Volumen der belüfteten Trübe). Von *Koch* [1052] wurde nach umfangrei-

4.8 Flotationsapparate 389

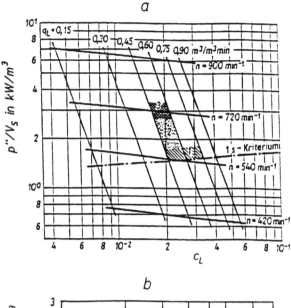

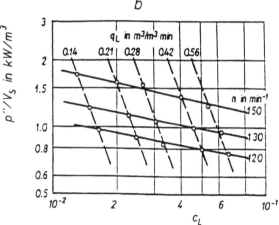

Bild 308 Spezifischer Leistungseintrag $P''/V_S = f(c_L)$ mit der Rotordrehzahl n und dem spezifischen Luftdurchsatz q_L als Parameter für die Flotation eines Kalirohsalzes < 1,6 mm
a) in einer 13,5 l-Zelle mit Doppelfingerrotor [1097]
Optimalbereiche für die Korngrößenklassen:
① > 0,5 mm; ② 0,125 ... 0,5 mm;
③ < 0,125 mm
b) in einem industriellen 6 m³-Apparat, Bauart *SKET*, mit Doppelfingerrotor [1033]

chen Untersuchungen mit Fingerrotor-Systemen erkannt, daß sich dieser Zusammenhang nur in einem Diagramm darstellen läßt, in dem zusätzlich die Rotordrehzahl n und der spezifische Luftdurchsatz q_L als Parameter gewählt werden. Im Bild 308 sind zwei entsprechende Beispiele im voll-logarithmischen Koordinatensystem dargestellt. In dem für die Flotation interessanten Bereich sind die Kennlinien für einen jeweils konstanten Parameter in diesem Diagramm als Geraden darstellbar, wobei gilt:

a) für q_L = const:

$$P''/V_S = K_1 n^a = K_1^* c_L^{-a} \tag{143}$$

b) für n = const:

$$P''/V_S = K_2 q_L^{-b} = K_2^* c_L^{-b} \tag{144}$$

Der Exponent a nimmt für eine reine Flüssigkeit den Wert 3 an. Für begaste Suspensionen ergab sich a vorwiegend zwischen 2 und 3. Der Exponent b charakterisiert die „Luftempfindlichkeit" des Rotor-Stator-Systems, d.h. den Abfall des Leistungseintrages mit steigender Luftzufuhr. Bei geringer Luftempfindlichkeit gilt etwa $b < 0{,}15$. K_1 bzw. K_1^* und K_2 bzw. K_2^* hängen vom Leistungseintragvermögen des Systems ab. Sie eignen sich für den Vergleich verschiedener Systeme.

Wenn man in einer Suspension den Leistungseintrag durch Drehzahländerung kontinuierlich von null an steigert, wird der am Boden lagernde Feststoff – zunächst die feineren Anteile, anschließend die gröberen – mehr und mehr suspendiert. Man gelangt schließlich zu einem ausgezeichneten Punkt – dem **Ein-Sekunden-Kriterium** –, bei dessen Erreichen keine Feststoffanhäufung länger als eine Sekunde am Behälterboden abgelagert verbleibt. Am 1s-Kriterium liegt noch keine homogene Suspension vor, sondern nimmt die Feststoffkonzentration der Trübe nach oben hin ab. Dieses Kriterium hat sich insbesondere in der Verfahrenstechnik als Bezugspunkt für Suspensionszustände bewährt. Es läßt sich ebenfalls in begasten Suspensionen ermitteln, und seine Lage hängt dort ab von:

– dem granulometrischen Zustand, den Korndichten und dem Anteil des Feststoffs,
– der eingebrachten Luftmenge und
– den Stoffwerten der Flüssigkeit.

In ein Diagramm gemäß Bild 308 läßt sich auch das 1s-Kriterium aufnehmen, das bei gegebenem Leistungseintrag durch eine **Grenz-Luftströmungs-Zahl** $c_{L,1s}$ kennzeichenbar ist [1052]:

$$c_{L,1s} = \frac{\dot{V}_{L,1s}}{n_{1s} D_2^3} \tag{145}$$

Wird $c_{L,1s}$ überschritten, so sedimentiert Feststoff mehr und mehr aus. Dies ist im Fall der Flotation unbedingt zu vermeiden. Grobkorn sollte jedoch in der Nähe von $c_{L,1s}$, Feinkorn demgegenüber bei wesentlich höheren Leistungseinträgen bzw. kleineren $c_{L,1s}$-Werten flotiert werden (siehe Bild 308a) [1033] [1055] bis [1060] [1097] [1118] [1119]. Dieses Verhalten läßt sich auf Grundlage der turbulenten Mikroprozesse erklären (siehe Abschn. 4.7.2). Danach sind für feine Kornklassen hohe Kollisionsraten, d.h. ein höherer Leistungseintrag, günstig, während für die Flotation gröberer Körner sowohl größere Luftblasen (Auftriebsvermögen der Aggregate!) als auch geringere Beanspruchungen der Korn-Blase-Aggregate im Turbulenzfeld, d.h. die geringstmöglichen Leistungseinträge, die gerade noch das 1s-Kriterium stabil gewährleisten, realisiert werden müssen.

Im Rahmen der Untersuchungen von *Koch* [1052] konnte auch festgestellt werden, daß für den Leistungseintrag zur Realisierung des 1s-Kriteriums gilt (siehe auch Bild 308a):

$$(P''/V_S)_{1s} = K_3 \, c_{L,1s}^p \tag{146}$$

Der Exponent p hängt vor allem von der Ausbildung des Rotor-Stator-Systems ab und wächst mit dessen Luftempfindlichkeit. K_3 wird bei gegebenem System durch die Stoffwerte der begasten Suspension bestimmt.

4.8.1.3 Übertragbarkeit der Makroprozesse

Die Übertragung eines Flotationsprozesses von kleineren auf größere Apparate sowie von der diskontinuierlichen zur kontinuierlichen Betriebsweise sind für die Auslegung von Flotationsanlagen meist zu lösende Aufgaben. Zur erstgenannten Problematik liegt schon eine größere Anzahl von Publikationen vor (z.B. [1030] [1097] [1109] [1114] bis [1117] [1120] bis [1126]). Dafür dürfte aber wegen der verschiedenen zu berücksichtigenden Mikroprozesse nur eine Näherungslösung existieren. Dies dürfte jedoch wegen der Anpassungsfähigkeit von Flotationsprozessen (vor allem mit Hilfe des Reagensregimes und auch über die Belüftung) kein wesentlicher Nachteil sein.

Für die Übertragbarkeit sind zunächst vorauszusetzen:
– die geometrische Ähnlichkeit zwischen den betrachteten Apparaten,

− die Konstanz der stofflichen Eigenschaften der Trübe (Korngrößenverteilung, Feststoffvolumenanteil, stoffliche Zusammensetzung und Hydrophobierungszustand des Feststoffs, Korndichten, Oberflächenspannung, Lösungszusammensetzung u.a.).

Der für die Flotationskinetik bestimmende Vorgang ist das Anhaften der hydrophobierten Körner an die Luftblasen. Somit sind die turbulenten Korn-Blase-Kollisionen die entscheidenden Mikroprozesse, von denen bei der Übertragung auszugehen ist. Die anderen Teil- und Mikroprozesse sind Voraussetzungen für das Zustandekommen von Korn-Blase-Kollisionen (Suspendieren, Luftzuführung und Blasenzerteilen), oder sie führen die eigentliche Trennung herbei (Aufsteigen der Korn-Blase-Aggregate, Schaumabzug). Man darf auch annehmen, daß sich in mechanischen Flotationsapparaten die für die Prozeßkinetik bestimmenden Korn-Blase-Kollisionen in den Zonen hoher Energiedissipation, d.h. im Nachlauf der umströmten Rotorelemente, vollziehen (siehe Abschn. 4.7.2.1 und 4.7.2.2) und daß für die Kollisionsrate die Gln. (112), (114) oder ähnliche Ansätze gelten. In der Verfahrenstechnik wird für Mikroprozesse, die von der Mikroturbulenz gesteuert werden, als Übertragbarkeitskriterium im allgemeinen die Konstanz der mittleren Energiedissipation $\bar{\varepsilon}$ bzw. von P''/V_S angesetzt [120]. Dasselbe wäre gemäß Gl. (110) auch für das Einhalten gleicher Blasengrößen zu fordern.

Nun muß man jedoch beachten, daß sich die Linearabmessungen der Zonen hoher Energiedissipation bei geometrischer Ähnlichkeit der Apparate proportional dem Rotordurchmesser D_2 verändern dürften. Legt man weiterhin zunächst zugrunde, daß sich die Rotorumfangsgeschwindigkeit und damit die Geschwindigkeit der Grundströmung in diesen Zonen innerhalb einer Baureihe nicht ändern, so würde dies bedeuten, daß die mittlere Verweilzeit der Körner und Blasen in diesen Zonen $\tau_m \sim D_2$ gesetzt werden muß. Dann wächst auch entsprechend die Anzahl der turbulenten Kollisionen, denen Einzelblasen auf ihrem Wege durch diese Zonen ausgesetzt sind. Folglich kann sich eine Blase in einem größeren Apparat auch stärker beladen, falls ihre Beladungsfähigkeit durch nichts eingeschränkt wird. Deshalb wäre dann bei gleichbleibenden Blasengrößen für den Luftdurchsatz zu fordern: $\dot{V}_L \sim D_2^2$ bzw. $q_L \sim 1/D_2$.

Hinzu kommt, daß sich für den in der Flotationstechnik interessanten Bereich ($0,05 < c_L < 0,3$) die Bedingung $c_L = $ const, wobei $c_L < c_{L,1s}$ gelten muß, bewährt hat [1030] [1097] [1109] [1114] bis [1117] [1121] [1126].

Allerdings dürfte der Anteil erfolgreicher Kollisionen mit wachsender Blasenbeladung, also längerer Verweilzeit in den genannten Zonen, abnehmen. Außerdem wird von einigen Herstellern das Verhältnis D_2/D_1 (D_1 Apparatebreite bzw. -durchmesser) mit zunehmender Apparategröße etwas reduziert. Schließlich nehmen auch die Rotorumfangsgeschwindigkeit und damit die Geschwindigkeit der Grundströmung in den genannten Zonen im allgemeinen mit der Apparategröße etwas zu (siehe auch Tabelle 53). Aus diesen Gründen muß $\dot{V}_L$ etwas stärker als nur proportional D_2^2 zunehmen. Dafür dürfte $\dot{V}_L \sim D_2^{7/3}$ ein brauchbarer Näherungsansatz sein. Folglich ergeben sich auf Grundlage der getroffenen Voraussetzungen folgende **hydrodynamische Übertragbarkeitskriterien**:

$$P''/V_S = \text{const} \tag{147}$$

$$c_L = \text{const} \ (c_L < c_{L,1s}) \tag{148}$$

$$\dot{V}_L \sim D_2^{7/3} \text{ bzw. } q_L \sim 1/D_2^{2/3} \tag{149}$$

Dies hat entsprechend zur Folge: Rotorumfangsgeschwindigkeit $v_R \sim D_2^{1/3}$ bzw. Rotordrehzahl $n \sim 1/D_2^{2/3}$.

Diese Übertragbarkeitskriterien stimmen, obwohl teilweise durch andere Überlegungen gewonnen, mit denen von *Arbiter* und *Harris* überein [1109] [1114] bis [1117] [1121] [1122] [1126].

Allerdings eignet sich nach Untersuchungen von *Koch* [1052] $c_L = $ const als Übertragbarkeitskriterium erst oberhalb einer Mindestzellengröße von etwa 30 l. Dies dürfte darauf zurückzuführen sein, daß sich in zu kleinen Zellen keine vollausgebildete freie Turbulenz entwickeln kann, da die Bedingung gemäß Gl. (101) nicht erfüllbar ist.

Weiterhin ist bekannt, daß der spezifische Leistungsbedarf bei vielen industriellen Flotationsprozessen mit wachsender Apparategröße reduziert werden kann [1127] (beachte auch Tabelle 53). Dies dürfte wahrscheinlich wiederum damit zusammenhängen, daß sich – einen genügend hohen Luftdurchsatz vorausgesetzt – die Zunahme der mittleren Verweilzeit der Blasen und Körner in den Zonen hoher Energiedissipation mit der Apparategröße günstig auf die Prozeßkinetik auswirkt. Ferner ist zu beachten, daß in unbegasten Suspensionen auch der für das Gewährleisten des gleichen Suspensionszustandes (1s-Kriterium) erforderliche spezifische Leistungseintrag bei voller geometrischer Ähnlichkeit mit der Apparategröße nach $P'/V_S \sim D_2^{-k}$ abnimmt, wobei nach den bisher vorliegenden Untersuchungen in Rührbehältern die Werte für den Exponenten k in Abhängigkeit von der Apparategeometrie sowie den Feststoff- und Suspensionseigenschaften einen relativ breiten Bereich überdecken ($k \approx 0$ bis 1) [1128] bis [1130]. Im Prinzip ist dies auf begaste Suspensionen übertragbar [1033].

Die vorstehenden Ausführungen verdeutlichen, daß es wegen der komplexen Zusammenhänge zwischen den beteiligten Mikro- und Teilprozessen offensichtlich keine exakten, sondern nur Näherungslösungen für die Übertragbarkeit von Flotationsprozessen in mechanischen Apparaten geben kann. Die Quantifizierung solcher Näherungslösungen wird noch dadurch beeinträchtigt, daß im allgemeinen kein ausreichendes, vergleichbares Datenmaterial über im industriellen Maßstab erzielte Ergebnisse vorliegt.

Weiterhin erhebt sich die Frage nach der **Übertragbarkeit von diskontinuierlichen auf kontinuierliche** Prozesse. Diese Problemstellung ist bisher hauptsächlich im Zusammenhang mit der Übertragung von Ergebnissen, die in kleinen diskontinuierlich betriebenen Laborzellen erzielt wurden, auf kontinuierlich im industriellen Maßstab betriebene Apparate aufgeworfen worden [1124] [1125] [1131]. Dafür gibt es nach den obigen Darlegungen keine hydrodynamisch begründbare Methode. Die vielfach gemachte Feststellung, daß sich bei den kontinuierlichen industriellen Flotationsprozessen längere Flotationszeiten als bei diskontinuierlichen Laborprozessen ergeben, führte zu der Konsequenz, bei der Übertragung entsprechende Aufschläge für die erforderliche Flotationszeit zu berücksichtigen [1124] [1125] [1131]. Allerdings liegt für eine befriedigende Bewertung der dazu vorliegenden Ergebnisse kein ausreichendes Datenmaterial – vor allem nicht in bezug auf die realisierten hydrodynamischen Kenngrößen – vor.

Handelt es sich aber um die Übertragung von diskontinuierlichen Prozessen, die in genügend großen Apparaten erzielt worden sind, auf kontinuierliche im industriellen Maßstab, so dürften die behandelten Übertragbarkeitskriterien ohne Einschränkungen anwendbar sein, wenn man noch zusätzlich das Anstreben einer den zu erzielenden technologischen Ergebnissen angemessenen Verweilzeitverteilung beachtet (siehe auch Band I, ab 3. Aufl., „Kennzeichnung des Verweilzeitverhaltens bei stationären Prozessen"). Mechanische Flotationsapparate bringen eine starke Mischwirkung hervor, und Einzelzellen weisen ein **Verweilzeitverhalten** auf, das dem eines idealen Durchlaufmischers mit gewissen Abweichungen nahekommt [1132] bis [1135]. Nach einem Vorschlag von *Mehrotra* und *Saxena* können die Abweichungen dadurch erfaßt werden, indem ein Totraumvolumen eingeführt und für die mittlere Verweilzeit τ_m in einer Zelle in Gl. (134) gesetzt wird [1132]:

$$\tau_m = V_{S,\text{eff}} / \dot{V}_S \tag{150}$$

$V_{S,\text{eff}}$ effektives Zellenvolumen ($V_{S,\text{eff}} < V_S$)

und für die Verweilzeitverteilungsdichte f(t) somit gilt:

$$f(t) = \frac{\dot{V}_S}{V_{S,\text{eff}}} \exp\left(-\frac{\dot{V}_S t}{V_{S,\text{eff}}}\right) \tag{151}$$

Bei Untersuchungen der genannten Autoren nahm $V_{S,\text{eff}}$ bei Erhöhung des Trübestroms $\dot{V}_S$ sowie der Rotordrehzahl zu, mit wachsender Trübedichte demgegenüber ab. Gegebenenfalls ist auch zu berücksichtigen, daß sich die mittlere Verweilzeit des Feststoffs – vor allem der gröberen Kornklassen – von dem der Flüssigkeit unterscheiden kann. Bei Flotationsapparaten vom Zellentyp wird man im allgemeinen mit 6 bis 8 hintereinander geschalteten Zellen ein befriedigendes Verweilzeitverhalten realisieren können. Bei Apparaten vom Trogtyp spielen neben dem Trübestrom und der Rotordrehzahl der Querschnitt der Durchtrittsöffnungen zwischen den Rotor-Stator-Systemen sowie die Stellung der Rotoren zur Durchtrittsöffnung für die äquivalente Rührstufenzahl eine ausschlaggebende Rolle [1052]. Nicht befriedigende Verweilzeitverteilungen werden zur Erzielung anzustrebender technologischer Ergebnisse immer durch entsprechend längere Flotationszeiten ausgeglichen werden müssen.

4.8.2 Pneumatische Flotationsapparate

Die Neu- und Weiterentwicklung pneumatischer Flotationsapparate hat neuerdings an Bedeutung gewonnen, wobei den sich seit Beginn der 80er Jahre in wachsendem Maße einführenden Flotationskolonnen eine besondere Rolle zukommt, so daß ihnen im nachfolgenden auch ein eigener Abschnitt eingeräumt wird.

4.8.2.1 Flotationskolonnen (Gegenstrom-Flotationsapparate)

Anfang der 60er Jahre wurde in Kanada ein erstes Patent für eine Flotationskolonne erteilt [1136] [1137]. Eine Reihe von entwicklungsbedingten sowie vermeidbaren Fehlschlägen verzögerten jedoch die Einführung in die Praxis [1138]. Erst um 1980 herum gelang in Nordamerika der Durchbruch. Unabhängig von den westlichen Industrieländern ist es schon früher – hauptsächlich in China – zu einer umfangreichen industriellen Anwendung der Kolonnenflotation bei der Mineralaufbereitung gekommen [1139]. Weiterhin ist auf Entwicklungen in der ehemaligen *UdSSR* hinzuweisen, bei pneumatischen Flotationsapparaten das Gegenstromprinzip mehr oder weniger ausgeprägt zu nutzen (siehe z.B. [1123] [1140] bis [1144]).

Bild 309 verdeutlicht Aufbau und Arbeitsweise eines Gegenstrom-Flotationsapparates, dessen Grundform aus einer relativ hohen Kolonne von rundem oder quadratischem Querschnitt besteht. Die Aufgabetrübe wird, vorbehandelt mittels des jeweiligen Reagensregimes, im

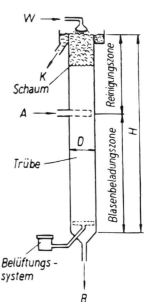

Bild 309 Flotationskolonne, schematisch
A Aufgabetrübe; *K* Konzentrat; *B* Abgänge; *W* Waschwasser

Niveau von etwa zwei Dritteln der Kolonnenhöhe H möglichst turbulenzarm zugeführt und strömt von dort abwärts zum Austrag der Abgänge am unteren Kolonnenende. Über letzterem befindet sich ein geeignetes Belüftungssystem, mit dem Luftblasen, über den Querschnitt verteilt, erzeugt (innere Blasenerzeugung) oder zugeführt werden (bei äußerer Blasenerzeugung). In der Zone zwischen dem Niveau der Trübeaufgabe und dem Belüftungssystem – der **Blasenbeladungszone** – vollziehen sich im Gegenstrom von abwärts strömender Trübe und aufsteigendem Blasenschwarm hauptsächlich die für das Ausbringen bestimmenden erfolgreichen Kollisionsereignisse von Blasen und hydrophobierten Körnern. Die gebildeten Korn-Blase-Aggregate steigen in die Zone oberhalb der Trübeaufgabe – die **Reinigungszone** – auf. Normalerweise wird hier mittels des Waschwasserzusatzes am oberen Ende über oder im Schaumbett eine angemessene abwärts gerichtete Gegenströmung des Wassers (Reinigungsströmung) realisiert. Dadurch werden im Trübeteil dieser Zone als auch in der vergleichsweise hohen Schaumschicht ein Reinigungs- bzw. sekundärer Anreichereffekt bewirkt sowie die Aufrechterhaltung der Grenzfläche zwischen Trübe und Schaumschicht auf einem mehr oder weniger konstanten Niveau über die Betriebsdauer hinweg gewährleistet. Diese Reinigungsströmung, die die Trübemitführung in die Schaumlamellen weitgehend ausschließt, bringt somit hauptsächlich die bessere Trennschärfe im Vergleich zu den mechanischen Flotationsapparaten hervor. Wie im Abschn. 4.6.2.3 erörtert, ist es in letzteren aufgrund des dort realisierten Querstromprinzips (d.h., die Korn-Blase-Aggregate bewegen sich quer zur Hauptströmungsrichtung der Trübe) sowie intensiver turbulenter Strömungsverhältnisse unvermeidbar, daß durch Trübemitführung größere Anteile von hydrophilem Feinst- und auch Feinkorn in die Schaumlamellen und von dort ins Schwimmprodukt gelangen können, falls dem nicht durch geeignete Maßnahmen – insbesondere Schaumberieselung – teilweise entgegengewirkt werden kann.

Die wesentlichen **Prozeßparameter** lassen sich einteilen in solche, die durch die konstruktive Ausbildung bestimmt sind, wie

– Kolonnenhöhe H, Kolonnendurchmesser D sowie das Niveau der Aufgabetrübezuführung,
– Art und Einordnung des Belüftungssystems,
– Art und Anordnung des Waschwassersystems,
– konstruktive Besonderheiten bei Bauarten, die stärker von der im Bild 309 dargestellten konventionellen Bauart abweichen;

und jene, die sich in gewissen Grenzen einstellen lassen, d.h.

– der Volumenstrom $\dot{V}_S$ bzw. die Leerrohrgeschwindigkeit u_S der Aufgabetrübe[1],
– der Feststoffvolumenanteil φ_s der Aufgabetrübe,
– der Luftvolumenstrom $\dot{V}_L$ bzw. die Leerrohrgeschwindigkeit u_L der Luft,
– der Waschwasservolumenstrom $\dot{V}_W$ bzw. die Leerrohrgeschwindigkeit u_W des Waschwassers,
– die Blasengrößen.

Die **Gesamthöhe H** industriell eingesetzter Kolonnen liegt vorwiegend zwischen etwa 5 und 15 m (die der konventionellen Bauarten gemäß Bild 309 vor allem zwischen 9 und 15 m) (siehe z.B. [1139] [1143] [1145] bis [1149]). Durch das Niveau der Aufgabezuführung sind bei gegebener Gesamthöhe die Höhen der Beladungszone sowie der Reinigungszone festgelegt. Diese Höhen wiederum bestimmen gemeinsam mit den Fluidgeschwindigkeiten im wesentlichen die Verweilzeiten des zu verarbeitenden Gutes in den genannten Zonen und dadurch auch das Ausbringen im Schwimmprodukt sowie die Trennschärfe. Demgegenüber sind die **Querschnittsfläche** und damit der **Durchmesser D** der Kolonne in erster Linie für den Durchsatz bestimmend. Der Durchmesser der größten industriell eingesetzten Kolonnen hat inzwischen bereits 4 m überschritten [1143]. Mit dem Durchmesser wächst jedoch auch die axiale Vermi-

---

[1] Aus Gründen der Verallgemeinerungsfähigkeit bzw. Vergleichbarkeit empfiehlt es sich, die Fluiddurchsätze als Leerrohrgeschwindigkeiten anzugeben: $u_i = \dot{V}_i / A_Q$ (i – Fluid; A_Q – Kolonnenquerschnittsfläche).

schung. Die damit verbundenen negativen Folgen für das Verweilzeitverhalten beeinträchtigen den Trennprozeß. Um dem entgegenzuwirken bzw. einer Pfropfenströmung in der Kolonne möglichst nahezukommen, sollten Kolonnen größeren Durchmessers durch Längseinbauten in Parallelkammern unterteilt werden [1143] [1148] [1151]. Aber auch das Einbringen von mehreren, über die Kolonnenhöhe verteilten, perforierten Horizontalböden (Anteil der Durchtrittsöffnungen an der Bodenfläche 30% bis 40%) ist in jüngster Zeit zur Unterdrückung der Axialvermischung empfohlen worden [1150].

Für die Prozeßführung, die technologischen Ergebnisse und nicht zuletzt für die Gewährleistung eines stabilen, störungsfreien Betriebes spielt das **Belüftungssystem** eine ausschlaggebende Rolle. Dafür sind bisher vorwiegend innere Blasenerzeugungssysteme eingesetzt worden, bei denen die Luft durch poröse Medien (perforierter Gummi und Kunststoff, Gewebe, Fritten) oder Düsensysteme (z.B. Lochbleche) zugeführt wird [1139] [1143] [1148] [1152] [1509]. Die zuerst genannten befinden sich entweder an vertikalen Rohrstutzen, die in genügender Anzahl über den Kolonnenquerschnitt angeordnet sind und denen die Druckluft über ein Rohr- oder Schlauchsystem zugeführt wird, oder ein rostartig eingebrachtes Rohr- bzw. Schlauchsystem ist selbst perforiert ausgebildet. Um dem Verstopfen entgegenzuwirken, müssen diese Systeme von Zeit zu Zeit bei entleerter Kolonne gereinigt werden. Um das letztere zu vermeiden, sind in neuerer Zeit auch Belüftungssysteme entwickelt worden, bei denen das Blasen-Wasser-Gemisch mittels eines wirkungsvollen Zerteilprinzips außerhalb der Kolonne erzeugt und durch ein Rohrleitungssystem über den Kolonnenquerschnitt verteilt zugeführt wird [1148] [1152] bis [1154] [1509].

Das **Waschwassersystem** ist über oder in der Schaumschicht angeordnet. Das Wasser muß fein und über den Querschnitt gleichmäßig verteilt unter Vermeidung von Düsenstrahlen zugeführt werden. Mit einer Anordnung in der Schaumschicht wird vor allem darauf abgezielt, daß ein möglichst hoher Anteil des Waschwassers auch für die Reinigungsströmung in der Reinigungszone zur Verfügung steht, während der Rest mit in den über die Austragwehre fließenden Schaum gelangt. Je tiefer das Waschwassersystem in der Schaumschicht angeordnet ist, um so höher ist der Anteil des Reinigungswasserstromes $\dot{V}_{RW}$ am Waschwasserstrom $\dot{V}_W$ bzw. der Anteil der Leerrohrgeschwindigkeit u_{RW} an u_W [1148] [1152] [1155]. Der Reinigungswasserstrom überquert die Grenzfläche Schaumschicht/Trübe abwärts, so daß sich dann der Wasserstrom im Bergeaustrag aus dem Aufgabewasserstrom und dem Reinigungsstrom zusammensetzt. Durch entsprechende Anpassung des Waschwasser- bzw. Reinigungstromes kann die Trübemitführung in die Schaumlamellen weitgehend unterdrückt bzw. erreicht werden, daß sich die Reinigung im wesentlichen schon im Trübeteil der Reinigungszone vollzieht [1160]. In Sonderfällen hat sich beim Betrieb von Kolonnen jedoch auch ein „negativer" Reinigungsstrom, d.h. durch die Grenzfläche Trübe/Schaum aufwärts gerichteter Strom, ergeben [1156] [1157].

Wichtig für die Prozeßführung ist die Abstimmung von Aufgabetrübe-, Luft- und Waschwasser- (bzw. Reinigungs-)Volumenstrom. Hierdurch werden bei gegebener oder zu projektierender Ausrüstung und festgelegtem Reagensregime letztlich die erzielbaren technologischen Ergebnisse bestimmt. Um zunächst eine Vorstellung über die Größenordnung der **Leerrohrgeschwindigkeiten** zu vermitteln, die in industriellen Anlagen anzutreffen sind, seien die folgenden Bereiche genannt (Daten entnommen aus [1145] bis [1148] [1152] [1155] [1157] bis [1159]):

– Aufgabetrübe: $(0,3 \text{ bis } 2,3) \cdot 10^{-2}$ m/s
– Luft: $(0,6 \text{ bis } 3,7) \cdot 10^{-2}$ m/s
– Waschwasser: $(0,1 \text{ bis } 0,6) \cdot 10^{-2}$ m/s
  (davon Reinigungsströmung etwa bis $0,2 \cdot 10^{-2}$ m/s).

Aus diesen Angaben darf aber keinesfalls die Schlußfolgerung gezogen werden, daß die Gesamt-Wertebereiche für jeden beliebigen Anwendungsfall zur Verfügung stehen. Die Festlegung und Abstimmung für den Einzelfall bedarf vielmehr weiterreichender Überlegungen und Untersuchungen, worauf weiter unten kurz eingegangen wird.

Was die **Aufgabetrübe** anbelangt, so wird ihr Volumenstrom einerseits durch die in der Blasenbeladungszone zu realisierende Verweilzeit begrenzt, um ein angestrebtes Wertstoffausbringen zu erzielen. Andererseits ist zu berücksichtigen, daß die Leerrohrgeschwindigkeit von Aufgabetrübe plus Gegenstromwasser aus der Reinigungszone angemessen kleiner als die Leerrohrgeschwindigkeit der Luft sein muß, weil sonst die beladenen Blasen nicht in den Schaum gelangen könnten. Der aufsteigende Blasenschwarm spielt daher für die Auslegung einer Flotationskolonne eine zentrale Rolle, weshalb im nachfolgenden darauf näher einzugehen ist. Der **Feststoffvolumenanteil** in der Aufgabetrübe liegt offensichtlich in den gleichen Bereichen wie für Prozesse in mechanischen Flotationsapparaten. Ungünstige Fließeigenschaften der Trüben (hohe scheinbare Viskosität!) können allerdings hinsichtlich der Effektivität der Reinigungsströmung sowie der Schaumeigenschaften Probleme bereiten und sollten deshalb vermieden werden [1161].

Der in der Blasenbeladungszone aufsteigende **Blasenschwarm** bewegt sich relativ zur verarbeitenden Trübe, und die Relativgeschwindigkeit zwischen Luft und Trübe ergibt sich wie folgt aus den Leerrohrgeschwindigkeiten u_L und u_S:

$$u_{r,L} = \frac{u_L}{\varphi_L} + \frac{u_S}{1-\varphi_L} \tag{152}$$

wobei φ_L der Luftvolumenanteil in diesem Mehrphasensystem ist. Für stabile Betriebsverhältnisse ist eine **homogene Blasenströmung** unverzichtbar, d.h., es sind Bedingungen zu gewährleisten, unter denen eine homogene räumliche Verteilung von Blasen mit enger Größenverteilung in der Strömung vorliegt. Derartige Bedingungen sind in einer Blasenströmung nur bis zu einer oberen Grenze des Luftvolumenanteils φ_L realisierbar. Oberhalb davon kommt es zu einer heterogenen Blasenströmung, d.h. zu Instabilitäten, die durch Bildung von sehr großen Blasen mit entsprechend hoher Aufstiegsgeschwindigkeit gekennzeichnet sind. Unter sonst gleichbleibenden Bedingungen wachsen im Bereich der homogenen Blasenströmung der Luftvolumenanteil φ_L und auch die Blasengrößen d_B mit der Leerrohrgeschwindigkeit u_L. Bei gegebenem u_L hängt jedoch φ_L von weiteren Einflußgrößen ab, deren Wirkung sich am besten dadurch verdeutlichen läßt, indem man auf die Gesetzmäßigkeiten der Schwarmbewegung (siehe Band I „Bewegung von Körnerschwärmen") zurückgreift, die sich auf Blasenschwärme sinngemäß anwenden lassen. Danach tritt eine Verminderung der Aufstiegsgeschwindigkeit der Blasen eines Schwarms im ortsfesten Koordinatensystem und somit eine Erhöhung des Luftvolumenanteils φ_L ein durch: Abnahme der Blasengröße d_B, Verminderung der Dichtedifferenz $\Delta\rho''$ zwischen Trübe und beladenen Blasen, Zunahme der Leerrohrgeschwindigkeit u_S des abwärts gerichteten Trübestromes und der Zunahme der scheinbaren Viskosität der Trübe. Die sich ergebenden Blasengrößen hängen zunächst ab von dem Zerteilvermögen des Blasenerzeugungssystems, d.h. seiner realisierbaren Energiedissipation, sowie der Oberflächenspannung (siehe Gln. (110) und (111)). Weiterhin spielt die Blasenkoaleszenz eine Rolle. Durch den Zusatz von Schäumern werden die Oberflächenspannung herabgesetzt und die Blasenkoaleszenz behindert (siehe auch Abschn. 4.6.1.2), so daß diese für das Gewährleisten angemessener Blasengrößen auch bei der Kolonnenflotation eine wichtige Rolle spielen. Zu kleine Blasen sind zu vermeiden, weil bei denen mit zunehmender Beladung besonders die Gefahr wächst, daß die Dichte der gebildeten Korn-Blase-Aggregate größer als der Trübe ist und diese somit in die Abgänge gelangen werden [1144] [1155]. Die Blasengrößen, die in industriellen Anlagen realisiert werden, liegen etwa im Bereich 0,5 bis 3 mm (siehe z.B. [1144] [1148] [1154] [1155] [1157]), die Luftvolumenanteile φ_L etwa zwischen 10% und 30% (siehe z.B. [1145] [1148] [1151] [1152] [1159] [1162] [1509]).

Eine für die Beurteilung des Beladungsvermögens des aufsteigenden Blasenschwarms wichtige Kenngröße ist der auf die Querschnittsfläche A_Q der Kolonne bezogene **Blasenoberflächenstrom** $\dot{A}_{B,Q}$, der sich wie folgt ergibt:

$$\dot{A}_{B,Q} = \frac{6\,u_L}{d_B} \tag{153}$$

Es hat sich herausgestellt, daß im Blasengrößenbereich $d_B \approx 0{,}6$ bis $1{,}2$ mm der Maximalwert $(\dot{A}_{B,Q})_{max}$, der durch die obere Grenze einer homogenen Blasenströmung bestimmt ist, nahezu unabhängig von der Blasengröße ist und etwa 160 m²/(s · m²) beträgt (d.h. 160 m² Blasenoberfläche je s und m² Kolonnenquerschnittsfläche) [1156]. Die an der Einheit Blasenoberfläche haftende Kornmasse $m_{P,A}$ berechnet sich für kugelförmige Körner der Größe d_P und dem Oberflächenbedeckungsgrad β der Blasen ($\beta = 0$ bis 1) zu:

$$m_{P,A} = \frac{2}{3} d_P \gamma \beta \tag{154}$$

Somit folgt für den auf die Querschnittsfläche der Kolonne bezogenen Massestrom haftender Körner, den **spezifischen Blasenbeladungsstrom**:

$$\dot{m}_{P,Q} = m_{P,A} \cdot \dot{A}_{B,Q} = \frac{2}{3} d_P \gamma \beta \left(\frac{6u_L}{d_B}\right) = \frac{4 d_P \gamma \beta u_L}{d_B} \tag{155}$$

Für die Auslegung einer Kolonne interessiert der unter betrieblichen Bedingungen realisierbare Maximalwert $(\dot{m}_{P,Q})_{max}$. Für dessen Abschätzung kann in Gl. (155) $\beta \approx 0{,}5$ angesetzt werden, wodurch berücksichtigt wird, daß sich die Durchmesser der Blasen beim Aufsteigen aus der Beladungszone bis zum Schaumabzug etwa verdoppeln [1148]. Dies ist auch durch in der Praxis erzielte Ergebnisse größenordnungsmäßig bestätigt worden und hat unter Berücksichtigung der oben getroffenen Aussage, daß in dem vornehmlich interessierenden Blasengrößenbereich $(\dot{A}_{B,Q})_{max}$ als angenähert konstant angesetzt werden darf, zu folgender Überschlagsformel geführt [1157] [1163]:

$$(\dot{m}_{P,Q})_{max} \approx C\, d_{80}\, \gamma \quad \text{in kg/(m}^2 \cdot \text{h)} \tag{156}$$

$C \approx 0{,}03$ bis $0{,}04$
d_{80} in µm
γ in kg/m³

Die Gln. (155) und (156) verdeutlichen die lineare Abhängigkeit des maximal realisierbaren Beladungsstromes von der Korngröße des zu flotierenden Gutes. Dieser wird somit bei höheren flotierbaren Feinanteilen (etwa < 30 µm) zur entscheidenden Größe, die den Durchsatz begrenzt [1148] [1149].

In einem konkreten Anwendungsfall ist jedoch die zuverlässigste Methode zur Ermittlung des erreichbaren spezifischen Beladungsstromes dessen experimentelle Bestimmung im Rahmen von Untersuchungen in einer Labor- oder Pilotanlage. Mit den erhaltenen Ergebnissen ist bei gegebenem Durchsatz die Berechnung der erforderlichen Kolonnenquerschnittsfläche bzw. des Kolonnendurchmessers möglich.

Für die Festlegung der Höhe H_B der Beladungszone ist die Kenntnis der Prozeßkinetik Voraussetzung. Bei der Modellentwicklung kann man auch hierfür von der Kollisionsrate Z_{PB} zwischen Körnern und Blasen sowie den entsprechenden Wahrscheinlichkeiten W_H, W_A und W_S gemäß Gl. (118) ausgehen. Zur Modellierung der Kollisionsereignisse sowie der genannten Wahrscheinlichkeiten in turbulenzfreien bzw. -armen Strömungen liegt schon eine umfangreiche Literatur vor (siehe z. B. [930] [948] [953] [960] [970] [1073] [1148]), jedoch bereitet die Quantifizierung dieser Modelle für die praktische Anwendung auch hier erhebliche und kaum bewältigbare Probleme. Außerdem ist bei diesen Ableitungen bisher nicht berücksichtigt worden, daß in den Blasenschwärmen die Schwarmturbulenz (siehe Band I „Bewegung von Körnerschwärmen") die Kollisionsereignisse sowie die Beanspruchung der gebildeten Korn-Blase-Aggregate wesentlich beeinflussen dürfte. Für die Weiterentwicklung zu einem die Flotationskinetik beschreibenden Modell könnte man dann, eine genügend enge Korngrößenklasse vorausgesetzt, wiederum von einem Prozeß 1. Ordnung, d.h. einem Ansatz gemäß Gl. (119), ausgehen und die Einflußgrößen außer der Wertstoffkonzentration zu einer Geschwindigkeitskonstanten k_i zusammenfassen. Um die Kinetik des gesamten Makroprozesses zu beschreiben, wären schließlich die weiteren Modellentwicklungsstufen, wie im Abschn. 4.7.3

kurz behandelt, zu beschreiben. Da dieser Weg – wie schon angedeutet – zu keiner praktisch handhabbaren Methode für die Bestimmung der Höhe H_B der Beladungszone bzw. der erforderlichen Verweilzeit des Gutes in ihr führt, bleibt nur die Möglichkeit, die letztere experimentell im Labor- oder Pilotanlagen-Maßstab unter ansonsten für den industriellen Einsatzfall vergleichbaren Verhältnissen zu ermitteln. Dabei ist die mittlere Verweilzeit $\tau_{m,l}$ des Wassers der zu verarbeitenden Trübe von der mittleren Verweilzeit $\tau_{m,P}$ der Körner zu unterscheiden, wofür folgende Zusammenhänge ableitbar sind:

$$\tau_{m,l} = \frac{H_B}{u_{S,\varepsilon}} \tag{157}$$

$u_{S,\varepsilon}$ bedeutet die Trübegeschwindigkeit in den Zwischenräumen der Blasen, die sich aus der Leerrohrgeschwindigkeit $u_{S,B}$ in der Beladungszone wie folgt ergibt:

$$u_{S,\varepsilon} = \frac{u_{S,B}}{\varepsilon} = \frac{u_{S,B}}{1 - \varphi_L} \tag{158}$$

Die Leerrohrgeschwindigkeit der Trübe in dieser Zone setzt sich, wie schon erörtert, aus der Leerrohrgeschwindigkeit u_S der Aufgabetrübe und der Leerrohrgeschwindigkeit u_{RW} des Reinigungswassers zusammen:

$$u_{S,B} = u_S + u_{RW} \tag{159}$$

Für die mittlere Verweilzeit $\tau_{m,P}$ der Körner in der Blasenbeladungszone hat sich für Korngrößen < 400 µm folgende Näherungsbeziehung als geeignet erwiesen [1148] [1152]:

$$\tau_{m,P} = \tau_{m,l} \left(\frac{u_{S,\varepsilon}}{u_{S,\varepsilon} + v_{m\varphi}} \right) \tag{160}$$

wobei $v_{m\varphi}$ die stationäre Schwarmsinkgeschwindigkeit der Körner bedeutet (s. Band I „Bewegung von Körnerschwärmen"). Gl. (160) verdeutlicht, daß $\tau_{m,P} < \tau_{m,l}$ ist. Dies ist auch experimentell für $d_P > 25$ µm nachgewiesen worden [1160]. Somit erhält man nach Substitution der letzten Gleichungen in Gl. (157) für die Höhe H_B der Blasenbeladungszone:

$$H_B = \tau_{m,P} \left(\frac{u_{S,B}}{1 - \varphi_L} + v_{m\varphi} \right) \tag{161}$$

Bei der Übertragung von Ergebnissen, die in kleineren Kolonnen (vor allem Labor- oder Pilotanlagen) erzielt worden sind, auf solche größeren Durchmesser ist zu beachten, daß der axiale turbulente Transport- bzw. Diffusionskoeffizient D_t etwa linear mit dem Kolonnendurchmesser wächst [120] [1148], sich also in einer größeren Kolonne gleicher Höhe ein ungünstigeres Verweilzeitverhalten einstellt, das das Wertstoffausbringen beeinträchtigt. Dem kann man durch Erhöhung von $\tau_{m,P}$, d.h. unter sonst gleichbleibenden Bedingungen durch Vergrößerung von H_B entgegenwirken [1148] [1152]. Weiterhin sind in diesem Zusammenhang die schon eingangs erwähnten Kolonneneinbauten zur Verminderung von D_t zu beachten.

Schließlich ist bei der Übertragung von Ergebnissen von kleineren auf größere Kolonnen – unabhängig davon, ob es sich um die Bemessung des Kolonnenquerschnitts oder der Höhe der Beladungszone handelt – unverzichtbar, daß nicht nur u_L konstant gehalten wird, sondern mittels der Auslegung des Belüftungssystems auch die gleichen Blasengrößen erzeugt werden [1152].

In der **Reinigungszone** der Kolonne wächst der Luftvolumenanteil φ_L nach dem Überqueren der Grenzfläche Trübe/Schaumschicht relativ schnell auf etwa 74%, um dann nach weiter oben nur noch langsam zuzunehmen [1149]. Aus der Sicht des Reinigungseffektes in dieser Zone sollte die Leerrohrgeschwindigkeit u_L der Luft 2 cm/s nicht übersteigen. Mit einer hohen Schaumschicht (> 1 m) kann man jedoch höhere Geschwindigkeiten teilweise kompensieren. Demgegenüber läßt sich durch hohe Geschwindigkeiten u_{RW} des Reinigungswassers (etwa > 0,3 cm/s) die negative Wirkung zu hoher Luftgeschwindigkeiten kaum ausgleichen, weil diese die Turbulenz im oberen Teil der Schaumschicht fördern und dadurch den Reinigungseffekt beeinträchtigen [1149].

In der Reinigungszone kommt es unter den dort herrschenden Beanspruchungsverhältnissen zum teilweisen Abreißen hydrophobierter Körner von den Schaumblasen und dadurch zu deren Zurückfallen in die Trübe. Gut hydrophobierte Körner werden vor allem beim Aufprallen der aufsteigenden beladenen Blasen auf die Grenzschicht Trübe/Schaumschicht sowie aufgrund von Blasenoszillationen und Blasenkoaleszenz in der Schaumschicht abgerissen [1164]. Weniger gut hydrophobierte Körner – dies schließt vor allem auch verwachsene ein – können zusätzlich aufgrund der Spülwirkung des Reinigungswassers von den Blasen abreißen, so daß es mit von der Intensität des Reinigungswasserstroms abhängt, ob sie vorwiegend ins Konzentrat oder die Abgänge gelangen [1161] [1165]. Dies hat im Hinblick auf das angestrebte Wertstoffausbringen Konsequenzen für die Bemessung des Waschwasserstromes oder sogar bei einem stark verwachsenen Aufgabegut für die Einsatzfähigkeit von Flotationskolonnen überhaupt.

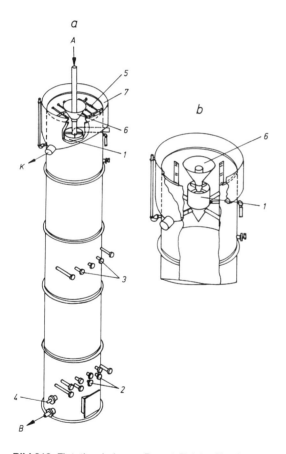
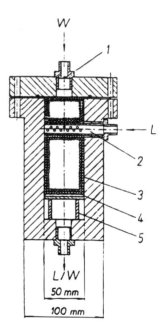

Bild 310 Flotationskolonne, Bauart *Deister Flotaire*
a) Gesamtansicht; b) Kolonnenkopf
(1) Verteilerkasten der Aufgabetrübe; (2) Druckluftzuführungen für das Belüftungssystem; (3) Druckluftzuführungen für das Zusatz-Belüftungssystem; (4) Mikroblasen-Zuführung; (5) Waschwassersystem; (6) Schaumleitkonus; (7) Schaumrinne
A Aufgabetrübe; *B* Abgänge; *K* Konzentrat

Bild 311 Äußeres Blasenerzeugungssystem, Typ *U.S. Bureau of Mines* [1153] [1154]
(1) Sieb; (2) perforiertes Rohr; (3) Glasperlen; (4) Fritte; (5) Distanzstück
L Luft; *W* Wasser; *L/W* Blasen-Wasser-Gemisch

Da unter der Voraussetzung gleichbleibender Kolonnenhöhe H das verarbeitbare Trübevolumen $\sim D^2$, aber der Kolonnenumfang nur $\sim D$ wachsen, kann bei Kolonnen größeren Durchmessers die Länge des äußeren Überlaufwehres für den Schaumaustrag zu einer den Durchsatz begrenzenden Größe werden [1143] [1148] [1157]. Mittels innerer Schaumabzugrinnen läßt sich dem entgegenwirken, wobei zusätzlich auch noch die Wege zu den Wehren verkürzt werden.

Die Erfolge, die offensichtlich durch die Anwendung des Gegenstromprinzips in der Flotationstechnik erzielt worden sind, haben zu umfangreichen apparativen Entwicklungsarbeiten angeregt. Eine Kolonne, die wesentliche Merkmale der Grundform gemäß Bild 309, aber auch Besonderheiten aufweist und größere Verbreitung gefunden hat, ist die im Bild 310 dargestellte Flotationskolonne, Bauart *Deister Flotaire*. Eine gleichmäßige und turbulenzarme Verteilung der Aufgabetrübe wird hier mittels des zentrisch angeordneten Verteilerkastens (1) gewährleistet, aus dem die Trübe radial überfließt. Die Höhenlage bzw. Eintauchtiefe dieses Kastens ist verstellbar, so daß bei gegebener Gesamthöhe H eine Anpassung der Höhen von Beladungs- und Reinigungszone an unterschiedliche Erfordernisse möglich ist. Die Belüftung stellt eine Kombination von innerer und äußerer Blasenerzeugung dar. Mit innerer Blasenerzeugung arbeiten die Systeme (2) und (3), wobei das letztere ein Zusatzsystem in etwa halber Höhe der Beladungszone darstellt. Außerdem werden in einem äußeren System Mikroblasen (< 5 μm) erzeugt und in der Nähe des Kolonnenbodens zugeführt. Mittels des Leitkonus (5) wird der beladene Schaum in Richtung des Überlaufwehrs zur Schaumrinne (7) abgedrängt.

Wie schon erörtert, ist in letzter Zeit in stärkerem Umfang zu äußeren Blasenerzeugungssystemen übergegangen worden. Dazu gehört auch das vom *U.S. Bureau of Mines* entwickelte System [1153] [1154], mit dem eine größere Anzahl von konventionellen Kolonnen ausgerüstet worden ist (Bild 311). Wasser und Luft werden hierbei mit etwa 0,4 MPa durch eine Schüttung von Glasperlen gedrückt. Das Blasen-Wasser-Gemisch tritt dann aus Verteilerrohrleitungen über dem Kolonnenboden, in denen sich unter einem Winkel von 45° nach unten geneigte Austrittsöffnungen von 1 mm Durchmesser befinden, in die Trübe ein.

Auf die Bedeutung von **Einbauten** für die Reduzierung der Axialvermischung ist im vorstehenden schon hingewiesen worden. Darüber hinaus sind auch Einbauten in Form von Packungen vorgeschlagen worden [1166]. Diese bestehen aus parallelen, ebenen oder gewellten Blechen, die zu Blöcken zusammengefaßt sind, so daß die Mehrphasen-Strömung nicht nur in Teilschichten zerlegt, sondern auch zu mehrfacher Richtungsänderung gezwungen wird. Dies fördert nicht nur die Korn-Blase-Kollisionen, sondern begünstigt auch das Zerteilen der Luft zu Blasen, so daß auf ein spezielles Blasenzerteilsystem verzichtet werden kann. Gewellte Bleche haben sich am wirksamsten erwiesen.

Mit der Absicht, die Kolonnenhöhe zu verkürzen, ist eine Entwicklung betrieben worden, bei der Aufgabetrübe und Luft in den für konventionelle Kolonnen üblichen Niveaus zugeführt werden, in der Kolonne aber eine zentrisch angeordnete Rührerwelle mit mehreren übereinander angeordneten Schrägblattrührern, die mit Scheiben alternieren, rotiert [1169]. Durch diese Agitation sollen die Luftdispergierung verbessert und die Kollisionsrate erhöht werden, ohne daß es zu einer Intensivierung der Axialvermischung kommt.

Umfangreiche Entwicklungsarbeiten zur Nutzung des Gegenstromprinzips in Kolonnen niedriger Bauhöhe sowie in kolonnenähnlichen Apparaten hat man auch in der ehemaligen *UdSSR* bzw. Rußland geleistet [1143] [1144] [1175].

Zur Gewährleistung einer optimalen Fahrweise sollten industrielle Kolonnen mit einer angemessenen **Prozeßmeßtechnik** ausgestattet sein, die insbesondere folgende Prozeßparameter erfaßt: die Volumenströme von Aufgabetrübe, Bergetrübe, Luft und Waschwasser sowie das Niveau der Grenzfläche Trübe/Schaumschicht [1148] [1170] [1171]. Darüber hinaus existieren auch Strategien für die automatische Prozeßführung [1148] [1171] [1172].

Über den erfolgreichen **industriellen Einsatz** von Flotationskolonnen liegen inzwischen schon umfangreiche Informationen vor. Bei den ersten Anwendungen handelte es sich um die Integration dieser Apparate zur Verbesserung der Reinigungsflotation in bestehende Anlagen, die bis dahin ausschließlich mit mechanischen Flotationsapparaten ausgerüstet waren (Trennung von Kupfersulfid-Molybdänit-Mischkonzentraten sowie Mo-Reinigungsflotation, Reinigungsflotation von Pb-, Zn- und auch Sn-Konzentraten) [1098] [1148]. Später sind die Kolonnen auch zunehmend für die Grundflotation eingesetzt worden, aber noch heute sind kombinierte Anwendungen mit mechanischen Flotationsapparaten für viele Anlagen charakteristisch. Außer in der Erzaufbereitung (sulfidische und teilweise auch oxidische Erze) ist es zum Einsatz von Flotationskolonnen bisher vor allem bei der Aufbereitung einiger Industrieminerale (z. B. Phosphate, Graphit) und vor allem auch von Steinkohlen gekommen.

Im Vergleich zu den mechanischen Flotationsapparaten sind als Vorzüge des Einsatzes von Flotationskolonnen neben der im allgemeinen höheren Selektivität der Trennungen zu nennen: niedriger spezifischer Energieverbrauch, geringerer Platzbedarf der Ausrüstungen sowie niedrigere Anlage- und Betriebskosten [1098] [1148]. Jedoch darf ihre Anwendung nicht ohne sorgfältige Untersuchungen und Überlegungen erfolgen. So kann eine höhere Selektivität nur erzielt werden, wenn mittels des Gegenstromprinzips die Trübemitführung von hydrophilem Feinstkorn in die Schaumlamellen unterdrückt werden kann. Fehlt hydrophiles Feinstkorn weitgehend, so kann dieser Vorteil nicht geltend gemacht werden. Außerdem kann in Sonderfällen hinsichtlich des Erzielens eines befriedigenden Ausbringens von flotationsträgem Fein- und Feinstkorn eine stärkere Trübemitführung insbesondere bei der Grund- und Nachflotation sogar angestrebtes Prozeßziel sein [1013] (siehe auch Abschn. 4.6.2.3). Bei Vorliegen höherer Anteile von Verwachsungen muß man entscheiden, ob eine hohe Konzentratqualität oder ein hohes Ausbringen das primär anzustrebende Prozeßziel sind. Im letzten Fall besteht bei Nutzung des Gegenstromprinzips die Gefahr, daß beachtliche Anteile verwachsener Körner wegen deren geringerer Haftkräfte an den Schaumblasen vom Spülstrom des Reinigungswassers auf Kosten eines hohen Ausbringens mitgeschleppt werden. Weitere Guteigenschaften, die die Anwendung der Flotationskolonnen wegen ähnlicher Überlegungen, wie im vorstehenden erörtert, einschränken können, sind: komplexe Zusammensetzung des Aufgabegutes, sehr geringe oder sehr hohe flotierbare Anteile sowie ungünstige Fließeigenschaften der Aufgabetrübe (hohe scheinbare Viskosität) [1161]. Weiterhin ist bei Anwendung der Kolonnenflotation zu bedenken, daß mit Eintritt der Aufgabetrübe in die Kolonnen deren Vorbehandlung mit dem Reagensregime abgeschlossen sein muß; nachträgliche Reagenszusätze sind also nicht sinnvoll. Schließlich dürfen die mit dem Waschwasserzusatz verbundenen Probleme für die Auslegung der Trübekreisläufe nicht übersehen werden [1161]. Was die durch den Einsatz von Flotationskolonnen erreichbaren geringeren Anlage- und Betriebskosten anbelangt, so mangelt es dazu noch an konkreten Angaben in der Fachliteratur.

4.8.2.2 Andere pneumatische Flotationsapparate

Auch die hierzu zu zählenden Flotationsapparate haben eine längere Entwicklung durchlaufen. Infolge der Schwierigkeiten hinsichtlich des Suspendierens gröberer Anteile, des Zuführens und Zerteilens der Luft zu feinen Blasen waren die Einsatzmöglichkeiten der älteren Bauarten beschränkt. Für die weitere Entwicklung waren dann die **Luftheberapparate** bestimmend. Nach gewissen Vorläufern [1173] kam die Bauweise auf, die im Bild 312 schematisch dargestellt ist. Sie besteht aus einem langen Trog (1), der sich nach unten verjüngt. Dieser wird von Längswänden in Kammern untergliedert. Die Druckluft gelangt aus der zentralen Leitung (4) in die nebeneinander angeordneten Belüftungsrohre (5), aus denen sie unten in die innere Kammer austritt, die somit als Luftheber wirkt. Am oberen Ende ist die aufsteigende Trübe einer schroffen Richtungsänderung unterworfen, und sie stürzt bei genügendem Niveauunterschied sogar in die seitlich anschließenden Kammern hinab. Beide Vorgänge unterstützen durch Wirbelbildung bzw. Einschlagen das Zerteilen der Luft. Je nach der Troghöhe spielt die Gasblasenausscheidung eine mehr oder weniger große Rolle. Über den äußeren Kammern bilden sich Schaumschichten, die mit Hilfe von Abstreifern oder durch Überfließen ausgetragen werden.

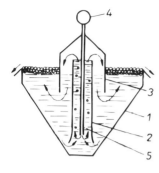

Bild 312 Luftheber-Apparat, schematisch
(1) Trog; (2) und (3) Längswände; (4) zentrale Luftleitung; (5) Belüftungsrohre

In der ehemaligen *UdSSR* hat man der Weiterentwicklung der Luftheberapparate in den 50er und 60er Jahren größere Beachtung geschenkt [19] [1123]. Hierbei sind flache und tiefe Luftheberapparate zu nennen, die sich vor allem hinsichtlich der Troghöhe unterscheiden. Bei den letzteren beträgt diese 2 bis 3 m. Sie ist damit 2- bis 3mal so groß wie bei den flachen Apparaten. Die tiefen Apparate erzielen eine intensivere Belüftung infolge stärkerer Wirbelung und Gasblasenausscheidung sowie auch eine bessere Suspendierung. Beide Bauarten eignen sich jedoch nur für leicht flotierbares, nicht zu grobes Gut sowie für einfache technologische Fließbilder (z. B. für die Steinkohlen- und Schwefelflotation).

Bei dem **Cyclo**-Flotationsapparat der Firma *Heyl & Patterson, Inc., Pittsburg*, wurde ein anderer Weg der Trübebelüftung eingeschlagen (Bild 313) [1173]. Der Apparat besteht aus einem länglichen Trog von trapezförmigem Querschnitt, der in Abhängigkeit von der Baugröße (zwischen 7 und 23 m³) sowie der erforderlichen Belüftungsintensität mit einer entsprechenden Anzahl von Wirbelkammern (2) (zwischen 3 und 18) ausgestattet ist. Die Wirbelkammern sind als Glocke mit tangentialer Trübeaufgabe (3), vertikalem Druckluftrohr (4) und zentraler Austragöffnung (5) am Boden ausgebildet (Bild 313b). Die aus der unteren Öffnung (5) austretende Wirbelströmung zerteilt die mitgerissene Luft zu sehr feinen Blasen. Die Wirbelströmung saugt zwar eine gewisse Luftmenge selbsttätig an, ist aber in der Lage, mehr Luft zu zerteilen. Deshalb führt man diese unter geringem Überdruck zu, wobei die Luftmenge auf die Zerteilkapazität der Wirbelströmung abgestimmt sein muß. Eine gewisse Trübemenge wird im Kreislauf geführt. Die Anlage- und Wartungskosten sind bei diesem wie auch bei anderen pneumatischen Apparaten im Vergleich zu den mechanischen niedriger. Er ist offensichtlich vor allem für die Steinkohlenflotation eingesetzt worden [688].

Die in Australien entwickelte **Davra-Zelle** ähnelt dem vorstehenden Apparat hinsichtlich Zuführung und Belüftung der Aufgabetrübe weitgehend, indem diese mittels eines Aufgabezyklons in den Prozeßraum eingebracht wird (Bild 314). In der Wirbelströmung des Zyklons,

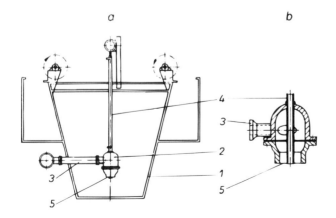

Bild 313 *Cyclo*-Flotationsapparat
a) Querschnitt durch den Trog
b) Wirbelkammer
(1) Trog; (2) Wirbelkammer; (3) tangentiale Trübeaufgabe; (4) Druckluftrohr; (5) Austragöffnung

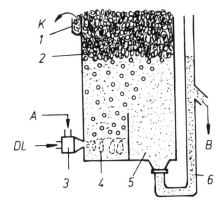
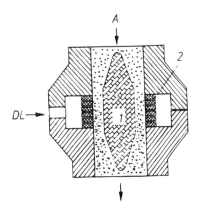

Bild 314 *Davra*-Zelle, schematisch
(1) Schaumrinne; (2) Schaumschicht; (3) Aufgabezyklon; (4) Blasenbeladungskammer; (5) Beruhigungskammer; (6) Bergeaustragrohr
A Aufgabetrübe; *B* Abgänge; *DL* Druckluft; *K* Konzentrat

Bild 315 Ringspalt-Belüftungssystem des pneumatischen Flotationsapparates, Bauart *EKOF* [1176]
(1) Verdrängungskörper; (2) Ringscheiben
A Aufgabetrübe; *DL* Druckluft

in die Druckluft mit 100 bis 140 kPa axial eingeleitet wird, sowie in deren Fortsetzung bei Eintritt in den Prozeßraum herrschen hochturbulente Strömungsverhältnisse, unter denen sich das Luftzerteilen und die für die Prozeßkinetik wesentlichen Kollisionsereignisse vollziehen. Die Strömung trifft dann auf die Innenwand der Blasenbeladungskammer (4), hinter der sich die Beruhigungskammer (5) befindet, um von dort eine von Blasen befreite Bergetrübe abziehen zu können. Der realisierbare spezifische Luftdurchsatz beträgt 0,6 bis 1,0 m^3/m^3 Trübe. Diese Zellen betreibt man mit einer relativ großen Dicke der Schaumschicht. Es lassen sich mit ihnen relativ hohe Flotationsgeschwindigkeiten bei guter Selektivität erreichen. Eine weitgehend stationäre Betriebsweise ist jedoch Voraussetzung, so daß der Aufgabetrübe- und der Bergeaustragstrom automatisch kontrolliert werden müssen. Der Aufgabezyklon kann in Abhängigkeit von den Guteigenschaften einem starken abrasiven Verschleiß unterworfen sein, weshalb dafür entsprechende verschleißfeste Werkstoffe einzusetzen sind. Die Zelle ist für die Grund-, Reinigungs- und Nachflotation verschiedener mineralischer Rohstoffe vor allem im südafrikanischen Raum eingesetzt worden [1104].

Ein **Ringspalt-Belüftungssystem** (Bild 315) ist in dem von der Firma *EKOF* in den letzten Jahren herausgebrachten pneumatischen Flotationsapparat (Bild 316) eingesetzt worden [1176] [1178]. Die Ringspalten (Spaltweite 50 oder 75 µm) zerteilen die Luft zu feinen Blasen, die auf kürzestem Wege mit den hydrophobierten Körnern in der durch das Belüftungssystem mit 6 bis 10 m/s strömenden Aufgabetrübe kollidieren können, weil die Kanalweite des Strömungsraumes nur 10 bis 12 mm beträgt (Bild 315). Der Trübedurchsatz eines solchen Belüftungssystems wird mit etwa 100 m^3/h angegeben. Die belüftete Trübe tritt anschließend nahezu tangential in einen ringförmigen Trennraum ein, wo sich die Trennung der Korn-Blase-Aggregate von der Trübe praktisch im Querstrom vollzieht (Bild 316). Die größten bisher bekannt gewordenen Zellen sollen etwa 1200 m^3/h verarbeiten können. Durch Hintereinanderschalten von Zellen lassen sich längere Flotationszeiten sowie günstigere Verweilzeitverteilungen realisieren. Bevorzugte Einsatzmöglichkeiten dürften vor allem für die Anreicherung feinstkornreicher Dünntrüben bestehen, wie sie z. B. in der Steinkohlenaufbereitung als Schlämme anfallen [1176] [1178]. Hierbei kommen offensichtlich die Vorteile gegenüber mechanischen Flotationsapparaten besonders zur Geltung, nämlich höhere Flotationsgeschwindigkeiten sowie

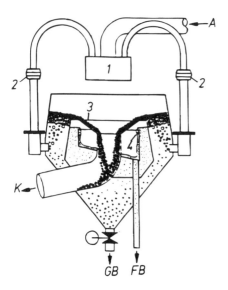

Bild 316 Pneumatischer Flotationsapparat, Bauart *EKOF*, schematisch [1176]
(1) Trübeteiler; (2) Belüftungssystem; (3) Schaumaustragwehr; (4) Trübeüberlaufwehr
A Aufgabetrübe; GB Grobabgänge; FB Feinabgänge; K Konzentrat

niedrigere Anlage- und Betriebskosten. Weitere Einsatzfelder bieten sich im Rahmen der Umwelttechnik zur Abwasserreinigung (einschließlich Ölabscheidung) an.

Spaltbelüfter sind auch in weiteren Bauarten pneumatischer Flotationszellen von verschiedenen Herstellern benutzt worden, wobei die durch diese mit hoher Geschwindigkeit strömende Trübe als Freistrahl in den Trennbehälter austritt. Diese Einleitung geschieht entweder senkrecht von unten oder von oben [1177] bis [1179]. Als bevorzugte Einsatzbereiche sind die gleichen wie beim vorstehend vorgestellten Apparat in Betracht zu ziehen.

Es liegt insbesondere bei der Feinstkornflotation mit feinen Blasen nahe, die Trennung der Korn-Blase-Aggregate von den Abgängen im Zentrifugalkraftfeld vorzunehmen, um die entsprechenden Zeiten zu verkürzen. Dies führt zu den **Zyklon-Flotationsapparaten**, in deren Wirbelströmung sich die nicht an Blasen haftenden Körner zum abwärts gerichteten Außenwirbel, die Korn-Blase-Aggregate demgegenüber zum aufwärts gerichteten Innenwirbel bewegen. Für die apparative Lösung existieren eine Reihe älterer Vorschläge (siehe z. B. [200] [1123] [1173] [1189] bis [1192]). Bei einer neueren Entwicklung dieser Art wird die Luft durch die porös ausgebildete Zylinderwandung des insgesamt zylindrisch ausgebildeten Zyklons zugeführt (sog. *air-sparged hydrocyclone*, siehe z. B. [1180] bis [1184]). Die beladenen Blasen werden durch die Überlaufdüse, die Abgänge am Umfang des unteren Zyklonendes ausgetragen. Offensichtlich lassen sich auch in diesem Apparat hohe Flotationsgeschwindigkeiten erzielen, und es hat den Anschein, daß er sich insbesondere für die Flotation feiner und feinster Körnungen eignet, wie sie z. B. in Steinkohlenschlämmen vorliegen, aber auch bei der Aufbereitung anderer Stoffe anfallen können [1193].

Belüftung und Blasenbeladung geschehen bei der **Jameson-Zelle** im turbulenten Abstrom eines Fallrohres, dem die Aufgabetrübe an dessen oberem Ende mittels Düse sowie Druckluft getrennt zugeführt werden [1167] [1168] [1194] [1510]. In diesem Gleichstrom von Trübe und Luft lassen sich höhere Leerrohrgeschwindigkeiten sowie größere Luftvolumenanteile als in Gegenstrom-Flotationsapparaten bei Aufrechterhaltung einer homogenen Blasenströmung realisieren [1194]. Die Mehrphasenströmung tritt am unteren Ende des Fallrohres in einen Trennbehälter aus, in dem sich die Trennung von beladenen Blasen und Abgängen vollzieht, wobei hier durch Waschwasserzusatz über oder in der Schaumschicht wie bei den Gegenstrom-Flotationsapparaten der Trübemitführung entgegengewirkt wird. Bisher vorliegende Untersuchungsergebnisse lassen gewisse Vorteile im Vergleich zu alternativen apparativen Lösungen erkennen (niedrigere Anlagekosten bei hoher Selektivität wie in Flotationskolonnen; Unempfindlichkeit gegenüber Grobkorn) [1195].

Die Trübebelüftung mittels **Injektors** hat eine längere Entwicklung durchlaufen, hat sich aber für die Flotation mineralischer Rohstoffe nicht durchsetzen können. Im Rahmen des Recyclings von Altpapier wird dieses Belüftungsprinzip in Apparaten für die Deinking-Flotation von einigen Herstellern genutzt [1175] [1196]. Auch in Flotationsapparaten der Abwassertechnik ist es teilweise eingesetzt worden [1197] [1205].

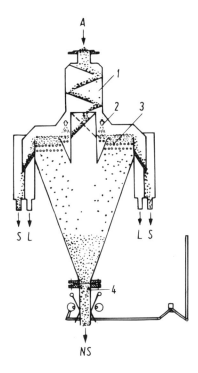

Bild 317 Pneumatischer Grobkornflotationsapparat, Bauart *Gosgorchimprojekt* (ehem. UdSSR), für die Schaumseparation [1123] [1185]
(1) Aufgabevorrichtung; (2) Spritzdüsen; (3) Belüftungssystem (perforierte Gummirohre), (4) Austragvorrichtung
A Aufgabe; S Schaumprodukt; NS Flotationsrückstand;
L gesättigte Lösung

Der im Bild 317 dargestellte pneumatische Grobkorn-Flotationsapparat wurde für die **Schaumseparation** entwickelt. Bei diesem Prozeß wird das mit Reagenzien in dicker Trübe vorbehandelte, gut hydrophobierte Aufgabegut einer Schaumschicht von oben zugeführt [1186] bis [1188]. Die hydrophobierten Körner werden im Schaum festgehalten, während die hydrophilen durch die Schaumschicht nach unten wandern. Dieser Prozeß erfordert eine sorgfältige Trübevorbehandlung, die auch eine trennscharfe Entschlämmung einschließen muß, eine stabile und genügend dicke Schaumschicht sowie eine gleichmäßige Trübeaufgabe über die gesamte Apparatebreite.

4.8.3 Apparate zur Entspannungs- und Elektroflotation

Werden aus der Sicht der Kinetik sowie der Effektivität eines Flotationsprozesses wesentlich kleinere Blasen (etwa < 100 µm) benötigt, als sie in mechanischen oder pneumatischen Apparaten üblicherweise erzeugbar sind, so ist vor allem der Einsatz von Apparaten der Entspannungsflotation und gegebenenfalls auch der Elektroflotation in Betracht zu ziehen. Das trifft dann zu, wenn es sich um die flotative Abtrennung feinster Einzelteilchen oder deren Flocken (einschließlich feiner Fällprodukte) aus Flüssigkeiten (insbesondere Wasser bzw. Abwasser, wäßrige Lösungen u. ä.) handelt. Folglich hat sich die Abwassertechnik zu einem wichtigen Anwendungsgebiet für diese Apparate entwickelt, wo sie neben oder anstelle von Sedimentationsapparaten zunehmend Anwendung finden (siehe z. B. [1197] [1202] [1203] [1205]). Allerdings handelt es sich hierbei um Fest-Flüssig-Trennungen und nicht um Sortierprozesse. Aber aufgrund des Wirkprinzips ist es sinnvoll, diese Apparate an dieser Stelle zu behandeln. Wesentlich für den Einsatz der Entspannungs- und Elektroflotation ist auch, daß im allgemeinen die Masseanteile der zu flotierenden Bestandteile gering sind, wegen der Feinheit der Teilchen das Suspendieren sowie dafür erforderliche Leistungseinträge entfallen und somit die Prozesse in turbulenzarmen Suspensionen ablaufen können.

Es hat nicht an Versuchen gefehlt, die Entspannungs- und Elektroflotation auch für die Feinstkornsortierung einzusetzen. Erfolgreiche industrielle Anwendungen sind aber bisher kaum bekannt geworden (siehe z. B. [1175] [1198] bis [1201]).

In den Apparaten der **Entspannungsflotation** nutzt man die Druckabhängigkeit der Gaslöslichkeit in Wasser für die Blasenbildung aus. Wird ein mit Luft gesättigtes Wasser entspannt, d. h., in einen Raum geringeren Druckes übergeführt, so scheiden sich Blasen so lange aus, bis die Übersättigung aufgehoben ist. Bei der **Vakuum-Entspannungsflotation** sättigt sich das Wasser unter atmosphärischem Druck, und es wird anschließend in einen Vakuumbehälter übergeleitet. Wegen des hohen technischen Aufwandes setzt man sie heute kaum noch ein. Bei der **Überdruck-Entspannungsflotation** wird das Wasser unter erhöhtem Druck gesättigt und anschließend auf Umgebungsdruck entspannt. Bild 318 vermittelt einen Überblick über

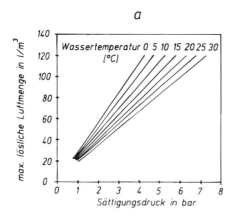

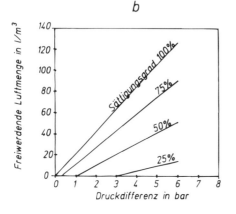

Bild 318 Druckabhängigkeit von
a) der maximalen Löslichkeit von Luft in reinem Wasser mit der Temperatur als Parameter sowie
b) der freiwerdenden Luftmenge bei der Entspannung auf 1 bar bei 15°C mit dem Sättigungsgrad als Parameter [1205]

die Druckabhängigkeit der maximalen Löslichkeit von Luft in reinem Wasser (Bild 318a) sowie die freiwerdende Luftmenge bei der Entspannung auf 1 bar (Bild 318b). Mit wachsender Elektrolytkonzentration vermindern sich die Gaslöslichkeiten im Wasser. Hohe Sättigungsgrade (95% und mehr) lassen sich in kürzester Zeit nur erzielen, wenn eine intensive Vermischung beider Phasen gegeben ist. Deshalb erfordert die verfahrenstechnische Realisierung die Anwendung entsprechender Ausrüstungen (z.B. Kombination von Düsensystemen und Mischrohren [1205]). Feine Blasen entstehen, wenn höhere Sättigungsdrücke (etwa 4,5 bis 7 bar) angewendet werden, die hohe Keimbildungsraten bewirken („milchiges" Wasser!). Außerdem haben die Oberflächenspannung, die Elektrolytkonzentration, der pH-Wert sowie die Viskosität des Wassers bzw. der wäßrigen Lösung einen Einfluß auf die entstehenden Blasengrößen, die normalerweise im Bereich von 50 bis 80 µm liegen, sich aber durch besondere verfahrenstechnische Maßnahmen bis auf etwa 30 µm reduzieren lassen. Hinsichtlich der Prozeßführung der Entspannungsflotation sind die im Bild 319 dargestellten Varianten zu unterscheiden. Bei den Varianten a bzw. b wird der gesamte Zulauf bzw. nur ein Teil davon mit Luft gesättigt; bei der Variante c führt man demgegenüber einen Teil des gereinigten Wassers (etwa 15%) im Kreislauf und vermischt diesen nach Sättigung mit dem Zulauf [1197] [1202]. Der Kreislaufprozeß überwiegt in der Praxis wegen betrieblicher Vorteile (geringere Beanspruchung der Flocken; Vermeiden der Verstopfungsgefahr von Entspannungsventilen). Die Flotationsbecken (4) im Bild 319 sind als Rund- oder Rechteckbecken ausgebildet und mit Schaumabstreifern sowie Krähl- bzw. Räumwerken zum Austragen von Sedimenten ausgerüstet [1197] [1203]. Die mittlere Verweilzeit der zu verarbeitenden Abwässer in den Becken liegt etwa im Bereich von 10 bis 20 min [1205]. Außer Flockungsmitteln werden in der Abwassertechnik im allgemeinen keine weiteren Reagenzien zugesetzt. Bei der Entspannungsflotation geschieht die Blasenausscheidung zumindest teilweise unmittelbar an den Teilchenoberflächen, weil dort die Keimbildungsarbeit am geringsten ist, falls Randwinkel $\vartheta > 0$ gegeben sind. Dies ist überwiegend erfüllt und wirkt sich dahingehend günstig aus, daß dann Teilchen-Blase-Kollisionen nicht erforderlich sind sowie bei der in der Abwassertechnik im allgemeinen angestrebten Flockung der abzuscheidenden Teilchen sich die Luftblasen auch in den Poren der Flocken ausscheiden können, wie dies auch festgestellt worden ist [1204]. Was die durch Entspannungsflotation abscheidbaren Teilchen anbelangt, so schließt dies außer mineralischen Teilchen Textil- und Papierfasern, Teilchen pflanzlicher sowie tierischer Fette und Öle, pflanzliche und tierische Zellverbände, Belebtschlamm, Fällungen und viele andere ein. Dies erklärt die vielseitigen Einsatzmöglichkeiten der Entspannungsflotation in der industriellen und kommu-

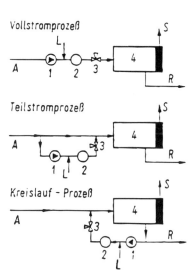

Bild 319 Varianten der Prozeßführung bei der Überdruck-Entspannungsflotation
a) Vollstromprozeß
b) Teilstromprozeß
c) Kreislaufprozeß
(1) Druckpumpe; (2) Sättigungsbehälter; (3) Entspannungsventil; (4) Flotationsbecken
A Aufgabe; L Luft; R gereinigtes Wasser; S Schwimmprodukt

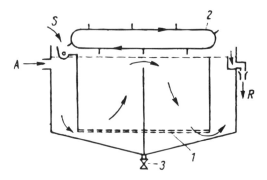

Bild 320 Elektroflotationsapparat, schematisch [1203]
(1) Elektroden; (2) Schaumabstreifer; (3) Sedimentaustrag
A Aufgabe; S Schwimmprodukt; R gereinigtes Wasser

nalen Abwassertechnik [1205]. Weiterhin zeichnet sie sich im Vergleich zu anderen Prozessen durch geringere Empfindlichkeit gegenüber Schwankungen der Zusammensetzung der Abwässer, einfache Bedienung und Wartung sowie geringen Platzbedarf aus. Der Energieverbrauch beträgt etwa 0,1 bis 0,2 kWh/m^3.

Bei der elektrolytischen Zersetzung des Wassers bilden sich an der Kathode Wasserstoff und an der Anode Sauerstoff, die sich dort in Form feiner Blasen ausscheiden. Von diesem Wirkprinzip der Blasenbildung wird in den Apparaten der **Elektroflotation** Gebrauch gemacht. Eine entsprechende apparative Lösung für die Abwasserflotation zeigt Bild 320 schematisch. Die Elektroden bestehen aus Drähten bzw. Stäben eines in der flüssigen Phase beständigen Werkstoffs (hochlegierter Stahl, Graphit u.a.). Als Anodenmaterial können aber auch einfache Stähle oder Aluminium mit der Absicht eingesetzt werden, daß die dann in Lösung gehenden Fe- bzw. Al-Ionen die Teilchenflockung begünstigen. Um mit einer geringen Elektrodenspannung eine hohe Stromdichte zu erreichen, sollte der Elektrodenabstand so gering wie möglich sein (etwa 6 bis 100 mm). Falls das zu reinigende Wasser eine zu niedrige Leitfähigkeit besitzt, ist ein angemessener Elektrolytzusatz notwendig. Zur Elektrolyse werden Gleichstrom oder geglätteter Wechselstrom verwendet [1197]. Die üblichen Stromdichten liegen im Bereich 100 bis 400 A/m^2, und der Energieverbrauch beträgt etwa 0,5 bis 2 kWh/m^3 [1200]. Der pH-Wert und das Elektrodenmaterial haben den größten Einfluß auf die entstehenden Blasengrößen, die sich durch entsprechende Anpassung dieser und weiterer Prozeßparameter (Stromdichte, Drahtdicke) etwa zwischen 10 und 75 µm mit relativ enger Größenverteilung einstellen lassen [1198] [1200]. Trotz einiger Vorteile (relativ hohe Konzentration sehr feiner Blasen, Minimierung der Turbulenz) beschränkt sich der Einsatz der Elektroflotation im Rahmen der Abwassertechnik wegen hoher Kosten auf Spezialfälle mit geringen Abwassermengen [1205].

4.9 Flotation feiner und grober Körnungen

Die flotativen Trennprozesse insbesondere für die feinsten und gröberen Kornklassen zu verbessern sowie den durch Flotation verarbeitbaren Korngrößenbereich zu erweitern, sind wichtige Zielstellungen in der Flotationstechnik. In diesem Zusammenhang sind auch besondere Prozeßvarianten für die Feinst- und die Grobkornflotation entstanden. Neue Erkenntnisse auf dem Gebiet der Feinstkornflotation tragen dazu bei, die technologischen Kennziffern in vorhandenen Anlagen zu verbessern, die Rohstoffbasis insbesondere durch feinstverwachsene Rohstoffe zu erweitern sowie der Flotation auch neue Einsatzgebiete im Rahmen des Recyclings zu erschließen. Andererseits besitzt die Grobkornflotation industrielle Bedeutung, indem teilweise Verbraucheransprüchen nach gröberen Produkten (z. B. Kalisalze) ohne Anwendung von Agglomerationsprozessen unmittelbar entsprochen oder aber immer die Aufwendungen für Mahlung und Entwässerung vermindert werden können.

4.9.1 Korngrößenabhängigkeit der Flotation

Betrachtet man ein beliebiges Flotationssystem und fragt nach dem Wertstoffausbringen $R_c(d_P)$ in Abhängigkeit von der Korngröße d_P, so wird sich immer eine Antwort ergeben, die dem im Bild 321 qualitativ dargestellten Kurvenverlauf entspricht. Unter sonst gleichen Bedingungen wird man feststellen, daß das maximale Ausbringen und somit die höchste massebezogene Flotationsgeschwindigkeit in dem mittleren Korngrößenbereich des Aufgabegutes erzielt werden. Sowohl nach der Feinkorn- als auch nach der Grobkornseite hin fallen Ausbringen bzw. Flotationsgeschwindigkeit stetig ab. Die optimal flotierbaren Korngrößen liegen für Korndichten > 3000 kg/m³ gewöhnlich in Abhängigkeit von der Korndichte zwischen etwa 150 und 40 µm. Weiterhin ist festzustellen, daß die gröberen Kornklassen im allgemeinen am besten im Schwimmprodukt angereichert sind, während sich für die feinsten Klassen die schlechteste Selektivität ergibt. Jedoch unterscheiden sich die Ursachen, die zu diesem unterschiedlichen Verhalten führen, ganz charakteristisch.

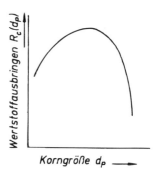

Bild 321 Wertstoffausbringen $R_c(d_P)$ in Abhängigkeit von der Korngröße d_P, schematisch

Um gleiche Massen im Schwimmprodukt auszubringen, erfordert die Flotation feiner und feinster Kornklassen eine Anzahl von Kollisionsereignissen, die um Zehnerpotenzen größer als die im mittleren und gröberen Korngrößenbereich ist. Wie bereits im Abschn. 4.7.2.2 zum Ausdruck gebracht worden ist, sind in mechanischen Flotationsapparaten die turbulenten Korn-Blase-Kollisionen für die Prozeßkinetik bestimmend. Für die nachfolgenden Betrachtungen sollen Flotationsprozesse mit konstantem spezifischen Leistungseintrag P''/V_S sowie konstantem spezifischem Luftdurchsatz zugrunde gelegt werden. Hiervon folgen eine gleichbleibende Blasengrößenverteilung und konstante Blasenkonzentration n_B. Nunmehr sollen Prozesse mit konstanter Konzentration an flotierbarer Feststoffmasse, aber unterschiedlicher Feinheit verglichen werden, und zwar mit Korngrößen d_P, die sich in bezug auf die Blasengrößen d_B wie folgt verhalten: $d_P = d_B$, $d_P = 0{,}1\, d_B$ und $d_P = 0{,}01\, d_B$. Danach müßte für eine gleichbleibende massebezogene Flotationsgeschwindigkeit (d.h. eine nicht von der Korngröße abhängige) für die Kollisionsraten die Proportionalität $Z_{PB} \sim 1/d_P^3$ erfüllt sein, d.h. letztere müßten sich wie $1:10^3:10^6$ verhalten. Mit den Gln. (112) und (113) berechnet sich aber unter den oben getroffenen Annahmen nur ein Verhältnis von 1:232:183000 bzw. ein auf die Kornanzahlkonzentration bezogenes Verhältnis der Kollisionsraten von 1:0,232:0,183. Dies bedeutet also, daß sich auf Grundlage dieses Sachverhaltes für die feineren Kornklassen eine längere Flotationszeit ergibt (1:4,31:5,46), um das gleiche Ausbringen zu erreichen. Allerdings ist damit noch nichts über die Wahrscheinlichkeiten W_H, W_A und W_S (siehe Abschn. 4.7.3) gesagt. Diese hängen außer von der Korngröße noch vor allem vom Hydrophobierungszustand ab. Obwohl keine quantitativen Aussagen möglich sind, so läßt sich aufgrund der in den Abschnitten 4.5.2 und 4.7.2 angestellten Überlegungen schlußfolgern, daß das Produkt $W_H \cdot W_A$ als Funktion der Korngröße qualitativ den im Bild 322 dargestellten Verlauf aufweist. Für feinere Körner ist die Korngrößenabhängigkeit gering, für gröbere stark. Falls für die Feinstkornflota-

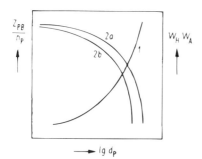

Bild 322 Auf die Körner-Konzentration bezogene Korn-Blase-Kollisionen Z_{PB}/n_P und das Produkt von Haft- und Aufstiegswahrscheinlichkeit $W_H \cdot W_A$ in Abhängigkeit von der Korngröße
(1) Z_{PB}/n_P; (2a) $W_H \cdot W_A$ für stärkere Hydrophobierung;
(2b) $W_H \cdot W_A$ für geringere Hydrophobierung

tion die Blasenoberfläche zu klein ist, tritt behinderte Flotation ein, und deshalb kann $W_H \cdot W_A$ nach der Feinkornseite evtl. sogar wieder abnehmen. Es ist schwieriger, über die Korngrößenabhängigkeit von W_{Sch} eine Aussage zu treffen. Im allgemeinen dürfte aber W_{Sch} nur wenig von eins abweichen, wobei sich diese Aussage jedoch nur auf die an den Blasen haftenden hydrophobierten Körner bezieht und nicht auf hydrophobiertes Fein- und Feinstkorn, das durch Trübemitführung in den Schaum gelangt ist (beachte Abschn. 4.6.2.3).

An dieser Stelle ist nochmals darauf hinzuweisen, daß höhere Feinstkornanteile durch Turbulenzdämpfung die Flotationskinetik aller Korngrößenklassen negativ beeinflussen können.

Die Verschlechterung der Selektivität flotativer Trennungen im Fein- und Feinstkornbereich hat meist mehrere Ursachen. Dazu zählt zunächst die Trübemitführung hydrophiler Teilchen in die Schaumlamellen (siehe Abschn. 4.6.2.3). Weiterhin können insbesondere dann, wenn es sich um eine Hydrophobierung durch physisorbierte Sammler handelt, auch feinste Bergeteilchen aufgrund sehr geringer Sammleradsorption durch echte Flotation in den Schaum gelangen, weil Feinstkorn schon bei relativ geringem Hydrophobierungsgrad an Blasen haften kann [1206] (beachte auch Bild 266). Schließlich kann eine unselektive Flockung des Feinstkorns die Selektivität beeinträchtigen.

Der Abfall des Ausbringens nach der Grobkornseite hin (Bild 321) resultiert entweder daraus, daß kein ausreichendes Auftriebsvermögen der gebildeten Korn-Blase-Aggregate vorhanden ist oder die auf diese wirkenden turbulenten Beanspruchungen so groß sind, daß die Korn-Blase-Kontakte aufgehoben werden (siehe Abschn. 4.7.2.3). Es liegt aber auch eine Untersuchung vor, nach der vermutet wird, daß die mit der Korngröße zunehmende Induktionszeit die Ursache für den Abfall des Ausbringens nach der Grobkornseite hin sein könnte [1214] (siehe auch Abschn. 4.5.2.1).

4.9.2 Einfluß des Feinstkorns auf die Flotierbarkeit gröberer Kornklassen

Abgesehen von der Turbulenzdämpfung kann Feinstkorn noch weitere negative Einflüsse auf das Flotationsverhalten der gröberen Kornklassen ausüben. Allerdings läßt sich der Begriff Feinstkorn in diesem Zusammenhang nicht eindeutig definieren. Man darf aber annehmen, daß darunter zumindest die Anteile < 5 µm zu verstehen sind. Der Feinstkorneinfluß äußert sich über das bisher Besprochene hinaus in den nachfolgenden Wirkungen.

Wegen seiner großen spezifischen Oberfläche adsorbiert Feinstkorn mehr Reagenzien – insbesondere Sammler –, als es zu seiner Flotation benötigt, die wiederum dem gröberen Korn entzogen werden [1207] [1208]. Hinzu kommt noch eine größere Adsorptionsgeschwindigkeit, sobald der Korndurchmesser viel kleiner als die für den diffusiven Stofftransport maßgebliche Dicke der laminaren Grenzschicht ist. Aus der Tatsache, daß die massebezogene Grenzflächenenergie mit abnehmender Korngröße wächst, folgt eine höhere Löslichkeit des Feinstkorns.

Weiterhin sind die sog. **Schlammüberzüge** (*Slime coatings*) als besondere Variante einer Flockung zu nennen [644] [668] [1207]. Darunter sind fest haftende Hüllen feinster Teilchen auf gröberem Korn zu verstehen. Diese können sich wie bei der Flockung unter dem Einfluß *Van-der-Waals*scher Kräfte, hydrophober Wechselwirkungen oder bei unterschiedlichem Ladungsvorzeichen unter der Wirkung elektrostatischer Kräfte bilden [962] [1209] bis [1213] [1215] [1216]. Letzteres ist vor allem zwischen Teilchen verschiedener Minerale möglich. Hydrophile Schlammüberzüge auf hydrophobem Korn verhindern dessen Flotation.

Als wirksame Maßnahmen gegen den Feinstkorneinfluß bei konventionellen Flotationsprozessen sind insbesondere zu nennen:

a) **Abtrennen des Feinstkorns** vor der Flotation (Entschlämmung bei 5 bis 10 µm):
In nicht wenigen Flotationsanlagen hat sich diese Maßnahme trotz der damit verbundenen Verluste nicht nur für die Anreicherung, sondern auch für das Gesamtausbringen als vorteilhaft erwiesen.

b) **Klassieren der Flotationsaufgabe** in ein Sand- und ein Schlammprodukt (Sand-Schlamm-Klassierung):
Beide Produkte werden einer getrennten Reagensvorbehandlung unterzogen und meist auch getrennt flotiert. Dadurch können das Reagensregime und die hydrodynamischen Bedingungen auf die Korngrößen abgestimmt werden.

c) Durch **stufenweisen Sammlerzusatz** während der Flotation kann zumindest teilweise einer überhöhten Reagensadsorption am Feinstkorn entgegengewirkt werden.

d) Mit Hilfe entsprechender Reagenszusätze lassen sich entweder eine unselektive Flockung sowie die Bildung von Schlammüberzügen vermeiden oder sogar eine selektive Flockung erreichen. Für letztere werden insbesondere polymere Flockungsmittel eingesetzt (siehe Band III „Selektive Flockung").

Abgesehen von den zuletzt erörterten technologischen Maßnahmen sind spezielle Trennprozesse für Feinstkorn entwickelt worden, die im folgenden Abschnitt vorgestellt werden.

4.9.3 Spezielle flotative Trennprozesse für Feinstkorn

Verbesserungen bei der Flotation von nichtentschlämmten fein- bis feinstkörnigen Rohstoffen sind durch die zusätzliche Anwendung von unpolaren Ölen erzielt worden. Prozesse dieser Art sind unter den Bezeichnungen **Agglomerationsflotation** und **Emulsionsflotation** bekannt geworden [1206] [1217] bis [1224]. Kennzeichnend für die Agglomerationsflotation sind die Anwendung von einigen kg/t Öl und eine intensive Agitation vor der Flotation in dicker Trübe mit dem Ziel, eine selektive Agglomeration der durch Sammler hydrophobierten oder bereits natürlich hydrophoben Teilchen (z. B. Kohle) zu erreichen. Dabei bewirken die sich zwischen benachbarten Teilchen ausbildenden Ölbrücken die Haftung durch Kapillarkräfte (siehe Band III „Bindung durch benetzende Flüssigkeiten niedriger Viskosität"). Die Öle setzt man gewöhnlich in Form einer Emulsion zu, die außerdem den Sammler enthält. Ein hoher Dispersitätsgrad vermindert den Ölverbrauch. Die Agglomerationsflotation ist bisher vor allem für mulmige Manganerze, feinstverwachsene Ilmeniterze sowie Kohleschlämme industriell angewendet worden. Der Ölverbrauch hängt von der Korngrößenzusammensetzung und vom Wertstoffanteil des Aufgabegutes ab und liegt etwa zwischen 2 und 80 kg/t. Da das Öl zum überwiegenden Teil in das Konzentrat gelangt, ist eine Rückgewinnung denkbar. Als Öle sind vor allem paraffinische und olefinische Kohlenwasserstoffe zwischen C_8 und C_{16} sowie alkylierte Aromate geeignet [1220]. Agitiert wird in dicken Trüben mit > 600 g/l Feststoff, während man in relativ dünnen Trüben flotiert. Die Agitationszeiten betragen mehr als 10 min und der Energieaufwand für die Agitation einige kWh/t. Die Flotation verläuft relativ schnell, wobei sich typische Aggregatschäume bilden. Offensichtlich kann aber dispergiertes Öl die Feinstkornflotation auch ohne Agglomeration begünstigen, indem vor allem die Flotationsgeschwindigkeit erhöht wird. Der Wirkungsmechanismus dieser als Emulsionsflotation bezeichneten Prozesse ist noch nicht völlig aufgeklärt [1207]. Wegen der erheblichen zusätzlichen Kosten, die durch den Öleinsatz entstehen, sowie ökologischer Probleme ist die industrielle Nutzung der Agglomerationsflotation heute nahezu bedeutungslos geworden.

Die flotative Abtrennung von Feinstkorn kann auch dadurch geschehen, indem man dieses durch einen geeigneten Mechanismus an gröberem Korn anhaften läßt und anschließend flotiert, d.h. also, das gröbere Korn als Träger für das Feinstkorn benutzt. Diese **Trägerflotation** ist zuerst für die Abtrennung feinstkörniger Verunreinigungen (Anatas) aus Kaolintrüben entwickelt worden [1206]. Als Trägermaterial dient hierbei Calcit, und durch Wahl des Reagensregimes (Carboxylat, Öl) sowie durch eine intensive Agitation wird bewirkt, daß die Anatas-Teilchen an Calcit anhaften und mit diesem gemeinsam flotieren [1225] [1226]. Ist das Trägerkorn bereits in der Aufgabetrübe enthalten, erübrigt sich ein gesonderter Zusatz [1206]. An sich ist die Anwendung des Prinzips der Trägerflotation auch für Wertstoffe zu erwägen, wobei in diesem Falle wohl vor allem gröbere Kornklassen des gleichen Minerals als Träger in Betracht zu ziehen sind und das Anhaften über hydrophobe Bindungen zwischen stark hydrophobiertem gröberem und Feinstkorn realisiert werden müßte [1227]. Es ist nicht auszuschließen, daß dieser Effekt bei einigen industriell angewendeten Flotationsprozessen als Nebeneffekt unbeabsichtigt schon eine Rolle spielt. Aber auch hydrophobe Fremdträger in Form von Polymerteilchen (Polypropylen) sind für die Flotation hydrophobierter Feinstteilchen vorgeschlagen worden [1229]. Grundsätzlich ist jedoch zu bemerken, daß eine gezielt beabsichtigte Trägerflotation relativ hohe Reagensaufwendungen erfordert und dadurch die Einsatzmöglichkeiten erheblich eingeschränkt werden [1228].

Die Wirkprinzipien von Entspannungs- und Elektroflotation sowie deren Nutzungsmöglichkeiten im Rahmen der Feinstkornflotation sind bereits im Abschn. 4.8.3 erörtert worden.

4.9.4 Grobkornflotation

Auch die Grobkornflotation wird in immer stärkerem Maße angewendet, weil sie ökonomischen Nutzen und technologische Vorteile hervorbringen kann. Sie kommt bei feiner Verwachsung gegebenenfalls für eine Voranreicherung, vor allem aber bei gröberer Verwachsung für die Erzeugung von Fertigkonzentraten bzw. -produkten in Betracht. Beispiele für letzteres sind die Flotation von Phosphaten und grobverwachsenen Sylviniten, die Flotation von genügend aufgeschlossenen Wertstoffanteilen in Mahlkreisläufen sowie die Abtrennung von Verunreinigungen aus Glassanden. Verfahrenstechnisch bestehen zwei Wege zur Verbesserung der Bedingungen für die Grobkornflotation:

a) **Anpassung der hydrodynamischen Bedingungen:**

Dies erfordert vor allem
- ein ausreichendes Auftriebsvermögen der gebildeten Korn-Blase-Aggregate durch genügend große Blasen zu gewährleisten, das gegebenenfalls noch durch eine zum Schaumaustrag gerichtete Strömung sowie kurze Wege dahin unterstützt wird, sowie
- eine Minimierung der auf die Korn-Blase-Aggregate wirkenden Beanspruchungen.

Beide Forderungen laufen darauf hinaus, bei der Flotation in konventionellen mechanischen Flotationsapparaten mit einem Leistungseintrag zu flotieren, mit dem gerade das Mindest-Suspendierkriterium – das 1s-Kriterium – stabil realisiert wird (siehe Abschn. 4.8.1.2) [1032] [1033] [1041] [1055] bis [1060]. Der für das Suspendieren erforderliche Leistungseintrag hängt aber auch von der Ausbildung des Rotor-Stator-Systems sowie dessen Einbaubedingungen (vor allem vom Bodenabstand des Rotors) im Behälter ab, so daß sich durch eine entsprechende Optimierung der für die Realisierung des 1s-Kriteriums erforderliche Leistungseintrag minimieren läßt [1032] [1059] bis [1061] [1110].

Nach diesen Grundsätzen sind auch spezielle Flotationsapparate entwickelt worden [1123] [1175]. Weiterhin stellt die bereits vorgestellte Schaumseparation (Bild 208c und Abschn. 4.8.2.2) einen Prozeß dar, bei dem sie realisiert werden [1186] bis [1188] [1230] [1231].

b) **Erhöhen der Haftkräfte:**
Durch eine geeignete Gestaltung des Reagensregimes lassen sich die Haftkräfte zwischen Körnern und Blasen verstärken (siehe Abschn. 4.3.2.10 und 4.3.2.11). Eine Erhöhung der Sammlerkonzentration und der Kettenlänge des Sammlers sowie der Zusatz von nicht-ionogenen polar-unpolaren Zusatzstoffen (Mischfilmbildung!) führen in diesem Zusammenhang nur zu mäßigen Erfolgen. Wesentlich wirksamer ist der Einsatz von niedrigviskosen unpolaren Ölen bzw. von Reagenskombinationen, die aus unpolaren Ölen und nicht-ionogenen polar-unpolaren Zusatzstoffen bestehen. Der Wirkungsmechanismus dieser Reagenzien ist bereits im Abschn. 4.3.2.11 erörtert worden. Die erforderlichen Zusatzstoffmengen sind relativ gering und liegen in der Größenordnung von 20 bis 400 g/t. Für die Zusatzstoffkonzentration existiert ein Optimum, bei dessen Überschreiten sich die Flotationsbedingungen wieder verschlechtern. Bei der Grobkornflotation mit Zusatzstoffen ist eine vorhergehende Agitation mit den Reagenzien bei relativ hoher Trübdichte von Vorteil. Das gilt besonders, wenn die Reagenzien in nicht-emulgierter Form eingesetzt werden.

Durch zweckmäßige Kombination von Hydrodynamik und Reagensregime läßt sich die obere flotierbare Korngröße von Sulfiden bis auf etwa 0,6 bis 0,8 mm und von Sylvin bis auf etwa 3 mm (bei der Schaumseparation sogar bis 5 mm) erhöhen.

4.10 Technologische Fließbilder von Flotationsanlagen

Im allgemeinen gelingt es durch einen einfachen Flotationsprozeß nicht, Fertigkonzentrate zu erzeugen. Deshalb ist die Gestaltung einer optimalen Prozeßkombination ein technologisch und ökonomisch wichtiges Problem.

Einfache technologische Fließbilder bestehen nur aus Flotationsprozessen. **Komplexe technologische Fließbilder** zeichnen sich dadurch aus, daß andere Prozesse (Nachmahlen, Klassieren, Entschlämmen, Eindicken, Laugen u.a.) eingeschaltet sind.

Unter einer **Flotationsoperation** ist ein Prozeß zu verstehen, bei dem ein Fertigkonzentrat oder ein Zwischenprodukt anfällt. Man unterscheidet die

a) **Grundflotation (Vorflotation)**
Dies ist die jeweils erste Operation, mit der das Ziel verfolgt wird, die Hauptmenge an Wertstoff als Vorkonzentrat abzutrennen. Werden mehrere Wertstoffe nacheinander flotiert, so ist eine entsprechende Anzahl von Grundflotationsoperationen erforderlich.

b) **Reinigungsflotation**
Mit Hilfe dieser Prozesse werden Vorkonzentrate gereinigt. Es sind ein- und mehrstufige Reinigungen zu unterscheiden. Die erforderliche Anzahl hängt vor allem vom Rohstoff und dessen Zusammensetzung, der Korngrößenverteilung, der Selektivität der Sammleradsorption und der geforderten Konzentratqualität ab.

c) **Nachflotation (Kontrollflotation)**
Gewöhnlich sind die Abgänge der Grundflotation noch nicht genügend an Wertstoff verarmt, um sie verhalden zu können. Dann macht sich eine Nachflotation erforderlich, deren Bedingungen so beschaffen sein müssen, daß die Reste flotierbaren Wertstoffs in einem geringerhaltigen Zwischenprodukt ausgebracht werden.

Im Bild 323 ist ein Fließbild mit Grundflotation, einfacher Reinigung und Nachflotation dargestellt, das mit mechanischen Flotationszellen realisiert ist. Dieses Bild enthält einen Prinzipvorschlag für die Schaltung eines 10zelligen Apparates. Selbsttätige Kreisläufe ohne Inan-

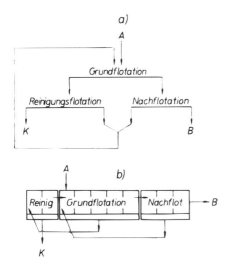

Bild 323 Einfaches technologisches Fließbild mit Grund-, Reinigungs- und Nachflotation
A Aufgabe; K Konzentrat; B Abgänge

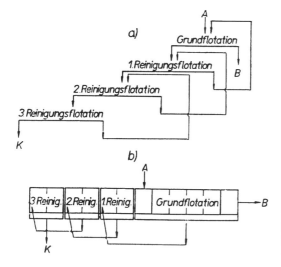

Bild 324 Einfaches technologisches Fließbild mit Grundflotation und dreifacher Reinigungsflotation
A Aufgabe; K Konzentrat; B Abgänge

spruchnahme von Pumpen sind nur möglich, wenn die zu reinigenden Schwimmprodukte auf kürzestem Wege zu den nächsten Zellen fließen können. Dieser Forderung trägt die Schaltung nach Bild 223b Rechnung. Bild 324 gibt ein weiteres Beispiel für ein Fließbild mit Grundflotation und dreifacher Reinigung wieder.

Unter einer **Flotationsstufe** ist die Gesamtheit der Flotationsoperationen zu verstehen, die unmittelbar auf eine Mahlstufe folgen. Unter diesem Gesichtspunkt sind die in den Bildern 323 und 324 dargestellten Beispiele als einstufige Fließbilder aufzufassen. Im Bild 325 sind drei Varianten zweistufiger Fließbilder gegenübergestellt. Im Beispiel a werden die Konzentrate der ersten Stufe nachgemahlen, bei b die Abgänge. Im letzten Fall ist auch eine eventuelle Zwischengutrückführung angedeutet. Ob das Konzentrat oder die Abgänge der ersten Stufe nachgemahlen werden, hängt von der stofflichen Zusammensetzung und den Verwachsungsverhältnissen ab. Das Fließbild nach Bild 325a ist zweckmäßig, wenn es nach gröberer Mahlung während der ersten Flotationsstufe gelingt, genügend an Wertstoff verarmte Abgänge

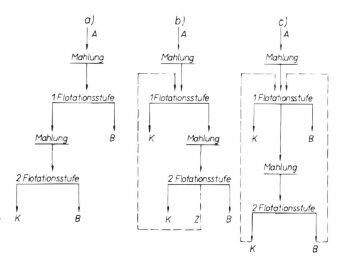

Bild 325 Zweistufige Fließbilder
A Aufgabe; K Konzentrat; B Abgänge; Z Zwischenprodukt

abzustoßen. Die nachfolgende Mahlstufe dient dann dem weitgehenden Aufschluß, um hochwertige Konzentrate zu erzeugen. Das Fließbild nach Bild 325b kann Bedeutung erlangen, wenn das Wertstoffmineral zum Übermahlen neigt. Dann ist es ratsam, genügend aufgeschlossene Anteile so schnell wie möglich dem Kreislauf zu entziehen. Im Beispiel des Bildes 325c wird ein Zwischenprodukt der ersten Flotationsstufe nachgemahlen. Hier liegen also solche Verwachsungsverhältnisse vor, daß während der ersten Stufe schon ein Teil Fertigkonzentrat und ein Teil Endberge erzeugt werden können. Ob das Konzentrat oder die Abgänge der zweiten Stufe Fertigprodukt darstellen, hängt von den jeweiligen Verhältnissen ab. Das andere Produkt wäre wahrscheinlich im Kreislauf zu führen. Dreistufige Fließbilder sind relativ selten.

Einige Fließbilder zeichnen sich dadurch aus, daß die Flotationsaufgabe entschlämmt wird, um den nachteiligen Einfluß der Feinstschlämme auszuschalten. Weiterhin sind Verfahrensweisen bekannt, bei denen man die Flotationsaufgabe in ein Sand- und ein Schlammprodukt klassiert, um diese getrennt zu verarbeiten. Auf diese Weise können die Flotationsbedingungen der unterschiedlichen Korngrößenzusammensetzung angepaßt werden. Manchmal werden die Abgänge einer Flotationsstufe klassiert, der Feinanteil abgestoßen und der Grobanteil nachgemahlen.

Schwimmt man sämtliche Wertstoffminerale in einem gemeinsamen Konzentrat aus, so spricht man von einer **kollektiven Flotation**. Werden die Wertstoffanteile nacheinander in gesonderten Konzentraten ausgebracht, nennt man die Verfahrensweise **selektive Flotation**. Ein Beispiel dafür ist die selektive Galenit-Sphalerit-Pyrit-Flotation. Eine **kollektiv-selektive Flotation** liegt dagegen vor, wenn die Wertstoffminerale zunächst zu einem Kollektivkonzentrat ausgeschwommen werden, das anschließend selektiv flotiert wird. Diese Methode kann technologisch und ökonomisch vorteilhaft sein, wenn der Gesamtwertstoffgehalt nicht zu hoch ist und es während der Kollektivflotation schon nach gröberer Mahlung möglich ist, Abgänge abzustoßen. Manchmal sind diese Voraussetzungen bei Sulfiderzen erfüllt, indem die Sulfide untereinander relativ fein, gegenüber der Gangart aber wesentlich gröber verwachsen sind. Vor der selektiven Flotation sind der Sammler zu desorbieren, das Kollektivkonzentrat zu waschen und schließlich nachzumahlen. Bei Vorliegen der oben genannten Verhältnisse erreicht man mit dieser kombinierten Methode ein höheres Ausbringen und spart Mahl-, Reagens- und Energiekosten ein.

Sofern die mechanischen Flotationsapparate zum Ansaugen befähigt sind, lassen sich auch komplizierte Fließbilder ohne Niveauunterschiede mit selbsttätigem Trübefluß gestalten. Dafür ist notwendig, daß die Schwimmprodukte auf kürzestem Wege zur nächsten Operation gelangen. Dieser Tatsache tragen die Zellenschaltungen in den Bildern 323 und 324 Rechnung.

Mit fremdbelüfteten mechanischen Zellen sowie Trogapparaten und pneumatischen Apparaten lassen sich komplizierte Fließbilder nur mit Hilfe entsprechender Niveauunterschiede oder mit Hilfe von Pumpen verwirklichen.

Ein weiteres wichtiges Problem ist die Verarbeitung der Zwischenprodukte. Es erhebt sich die Frage, ob man dieselben im Kreislauf führt oder gesonderte Zyklen vorzieht. Im allgemeinen strebt man die einfachere, zuerst genannte Lösung an. Zwischenprodukte sollen dabei immer dort zugeführt werden, wo sich ein Gutstrom mit ähnlichem Gehalt an flotierbarem Feststoff und ähnlichen Flotationseigenschaften befindet. Zusätzliche Ausrüstungen für die Zwischengutverarbeitung sind nur zu empfehlen, wenn sich die Rückführung schädlich auswirkt (z. B. wenn dieser Teilstrom Feinstschlämme oder unerwünschte Reagenzien enthält).

Bei der **Wahl des Apparatetyps** sind mehrere Gesichtspunkte zu berücksichtigen, insbesondere seine technologische Eignung, geplanter Gesamtdurchsatz, spezifischer Energieverbrauch, Bedienungs- und Wartungsaufwand, Notwendigkeit von Zwischengutkreisläufen, Anzahl der Reinigungsoperationen usw. Dem Trend nach der Gestaltung einfacher Fließbilder mit hohem Durchsatz der Teilsysteme entspricht die laufend gewachsene Anwendung von fremdbelüfteten mechanischen Apparaten des Trogtyps. Bei nicht vermeidbaren komplizierten Fließbildern mit Zwischengutkreisläufen und niedrigen Durchsätzen werden im allgemeinen mechanische Apparate vom Zellentyp vorzuziehen sein. Geht es bei höheren Fein- und Feinstkornanteilen im Aufgabegut sowie günstigen Aufschlußverhältnissen um das Erreichen einer hohen Selektivität der flotativen Trennung, so ist der Einsatz von Flotationskolonnen unbedingt zu erwägen. Auf weitere Besonderheiten der Eignung der verschiedenen Apparatetypen sowie ihre Vor- und Nachteile ist schon im Abschn. 4.8 hingewiesen worden.

Für das insgesamt **erforderliche Apparatevolumen** sind in erster Linie der geplante Durchsatz und die erforderliche Flotationszeit maßgebend. Auch in Flotationsanlagen hat sich deutlich der Trend durchgesetzt, zur Senkung der Investitionen und der Betriebskosten möglichst große Apparate einzusetzen [1097] [1232]. Auf diese Weise wird die Anzahl der Parallelsysteme reduziert. Vielfach bilden diese Systeme gemeinsam mit den vorgeschalteten Mahlstufen gegenüber den Nachbarsystemen abgeschlossene Einheiten.

Auf die vom Gesichtspunkt der Verweilzeitverteilung notwendige Anzahl hintereinanderzuschaltender Einzelzellen bzw. Rotor-Stator-Systeme ist bereits im Abschn. 4.8.1.3 hingewiesen worden. Das gleiche gilt für die Problematik der Übertragbarkeit. Bei der Dimensionierung mit Hilfe der Flotationszeit ist noch zu beachten, daß eingeschränkte hydrodynamische Übertragbarkeit durch entsprechende Aufschläge (meist 10 bis 30%) auf das berechnete Apparatevolumen berücksichtigt wird (siehe hierzu auch Abschn. 4.8.1.3) [1124] [1125] [1131].

Erfordern die Reagenzien nur kurze Einwirkzeiten, so setzt man sie meist in den Flotationsapparaten zu, und zwar gewöhnlich in der Reihenfolge Regler, Sammler, Schäumer. Sind längere Einwirkzeiten nötig, so erfolgt der Zusatz in den Mahlkreisläufen, oder es sind Einwirkbehälter aufzustellen. Der Sammlerzusatz sollte auf mehrere Zellen verteilt werden, um die Selektivität der Trennung zu verbessern.

Bei der Gestaltung eines technologischen Fließbildes sowie seiner ausrüstungsmäßigen Realisierung (Anzahl und Größe der Apparate, Art und Anzahl der Flotationsoperationen, Schaltungen, Kreisläufe) wird auch heute noch vorwiegend der Weg von Laboruntersuchungen ausgehend über Versuche in Pilotanlagen sowie Einbeziehung praktischer Erfahrungen und Berücksichtigung von Übertragbarkeitskriterien bis zur Entscheidung beschritten. Will man einen Schritt weitergehen, so kann ein auf die vorgenannte Weise entstandenes Fließbild mit Hilfe eines **Simulationsmodells**, für dessen Aufstellung man auf Gleichungen zurückgreifen muß, die die Prozeßkinetik beschreiben (siehe Abschn. 4.7.3), durch stufenweise Veränderung und Anpassung wesentlicher Prozeßparameter bei Anwendung entsprechender Computer-Programme optimieren. Auch die Einbeziehung von Expertsystemen in diese Vorgehensweise ist schon genutzt worden. Noch einen Schritt weiter kann man dadurch gehen, indem ein Simulationsmodell entwickelt wird, das nicht von einem vorgegebenen Fließbild ausgeht, sondern überhaupt seine optimale Struktur zu ermitteln gestattet. Da es zu weit führen würde, hier auf diese Methoden näher einzugehen, ist auf entsprechende Fachliteratur zu verweisen (siehe z. B. [1064] [1066] [1233] bis [1238]). Grundsätzlich ist aber noch hinzuzufügen, daß wegen der Komplexität der Flotationsprozesse die Nutzbarmachung der Simulation für die Auslegung von Flotationsanlagen gegenwärtig noch weniger erschlossen ist, als dies für Zerkleinern und Klassieren zutrifft.

4.11 Prozeßkontrolle und Automatisierung in Flotationsanlagen

Da es sich bei der Flotation um Dreiphasensysteme (begaste Suspension und feststoffbeladener Schaum) handelt und das Reagensregime von ausschlaggebender Bedeutung für den Trennerfolg ist, ergeben sich besondere Probleme bei der Prozeßführung. Deshalb ist auch die Anzahl der Prozeßparameter relativ groß, die auf die Zielgrößen des Prozesses (Ausbringen und Wertstoffgehalt im Konzentrat) einwirken (siehe hierzu auch Abschn. 4.7.3). Infolgedessen sind auch die Aufgaben der **Prozeßmeßtechnik** in Flotationsanlagen relativ umfangreich. Diese umfassen hauptsächlich:

- Messung von Trübevolumenströmen, Trübedichten und Trübeniveaus,
- Messung der Luftvolumenströme bei fremdbelüfteten mechanischen Apparaten sowie bei pneumatischen Apparaten,
- pH-Messung in der Trübe,
- Analyse der Zusammensetzung des Feststoffs in der Flotationsaufgabe und/oder in den Trennprodukten und manchmal auch innerhalb einer Flotationsoperation.

Die Messung von Trübedichten und Trübeniveaus geschieht mit Methoden, die bereits im Abschn. 1.1.7 vorgestellt worden sind. Als Meßprinzipien für die Trübevolumenströme kommen in Betracht: die Messung der auf einen umströmten Körper wirkenden Widerstandskraft, die Differenzdruckmethode, die induktive Durchflußmessung sowie die Messung mittels Ultraschalls [1239]. Die induktive Durchflußmessung ist die in der Aufbereitungstechnik vorherrschende Methode. Sie beruht auf der Anwendung des Induktionsgesetzes auf strömende, elektrisch leitende Stoffsysteme.

Für die pH-Messung sind Meßgeräte auf elektrometrischer Grundlage entwickelt worden, die auch den Erfordernissen der Flotationstechnik gerecht werden.

Für die Analyse der Zusammensetzung des Feststoffes kommt im Rahmen der Flotation von Erzen und Industriemineralen vor allem die Röntgenfluoreszenzanalyse (RFA) zum Einsatz [1064] [1240]. Hierbei wird zur Anregung der Röntgenfluoreszenzstrahlung eine energiereiche Strahlung (vorwiegend Röntgen- oder Gammastrahlung) benutzt. Die emittierte Fluoreszenzstrahlung wird entweder mit Hilfe eines Halbleiter-Detektors nach ihrer Energie zerlegt (energiedispersive RFA) oder durch Beugung an einem Analysatorkristall nach der Wellenlänge aufgetrennt (wellenlängendispersive RFA). Die Intensität der jeweiligen Energie- bzw. Wellenlängenanteile steht im Zusammenhang mit der Konzentration eines Elementes, wobei sich auf diese Weise nur Elemente mit Ordnungszahlen > 12 analysieren lassen. Die On-Stream-RFA von Trüben kann dadurch realisiert werden, indem ein Trübeteilstrom durch eine spezielle Durchlaufküvette geleitet und dabei analysiert wird. Andere Methoden für die Feststoffanalyse von Trüben haben in der Aufbereitungstechnik eine geringere Verbreitung bzw. eignen sich nur für spezielle Stoffsysteme: Kernresonanz-(NMR-)Spektroskopie, Neutronenaktivierungsanalyse, Messung der natürlichen Radioaktivität u.a.

Mit Hilfe der **automatischen Prozeßführung** sollen die Arbeitsweise und die Ergebnisse eines Prozesses oder einer Verfahrensstufe trotz einwirkender Störungen (Mengenschwankungen der Stoffströme, Schwankungen der stofflichen Eigenschaften des zu verarbeitenden Gutes u.a.) auf einem angestrebten Niveau gehalten oder sogar bezüglich einer oder mehrerer

Zielgrößen (maximales Ausbringen, hohe Konzentratqualität, maximaler Durchsatz, minimale Reagenskosten u.a.) optimiert werden. Natürlich wäre es für die Prozeßführung am besten, wenn einwirkende Störungen vermieden werden könnten, anstatt sie durch automatische Prozeßführung zu kompensieren. Dies ist jedoch praktisch unmöglich. Trotzdem sollte in den Aufbereitungsbetrieben versucht werden, Ungleichmäßigkeiten der Mengenströme sowie ihrer stofflichen Eigenschaften soweit wie möglich zu reduzieren, um dadurch auch günstigere Voraussetzungen für eine effektive automatische Prozeßführung zu schaffen (siehe auch Band III „Vergleichmäßigung nach Guteigenschaften").

Insbesondere in den letzten beiden Jahrzehnten hat die automatische Prozeßführung auch in Flotationsanlagen erheblich an Bedeutung gewonnen, und sie hat wesentlich zur Verbesserung der technologischen und ökonomischen Ergebnisse beigetragen [1064]. Dies wurde insbesondere ermöglicht durch:

– die Bereitstellung einer zuverlässigen On-line-Meßtechnik für wichtige Prozeßvariablen, deren fortlaufende Auswertung die Beurteilung der Arbeitsweise eines Prozesses bzw. einer Verfahrensstufe erlaubt,
– die Bereitstellung leistungsfähiger Prozeßrechner zu relativ niedrigen Anschaffungskosten und
– die erhebliche Zunahme der Kenntnisse über das Prozeßverhalten sowie die Ursache-Wirkungs-Beziehungen zwischen den Prozeßvariablen.

Hinzu kommt noch, daß in Aufbereitungsanlagen mit großen Durchsätzen der zunehmende Einsatz von großen Ausrüstungen (in Flotationsanlagen von großen Flotationsapparaten) die Automatisierung gefördert und die Aufwendungen für die Meßtechnik reduziert hat.

Trotz dieser Fortschritte darf nicht übersehen werden, daß es sich bei der Flotation um das komplexe Zusammenwirken vieler Einflußgrößen handelt, die vor allem durch das zu verarbeitende Stoffsystem, das angewendete Reagensregime sowie die Hydrodynamik der Prozesse bedingt sind. Die Unterschätzung dieser Sachverhalte und noch weiterer Gesichtspunkte hat nicht selten zu Mißerfolgen bei Automatisierungsbestrebungen geführt [1241]. Deshalb sind noch weitere umfangreiche Forschungs- und Entwicklungsarbeiten sowie Anstrengungen in der Praxis erforderlich, bevor alle Möglichkeiten zur automatischen Prozeßführung ausgeschöpft werden können.

Die niedrigste Stufe der automatischen Prozeßführung besteht darin, bestimmte Prozeßvariable (Trübestrom, Trübeniveaus in Apparaten, pH-Wert) auf einem vorgegebenen Wert (Sollwert) zu stabilisieren. Dies beruht auf dem fortlaufenden Vergleich von Meßwerten und Sollwert der Prozeßvariablen nach einem bestimmten Steueralgorithmus. Früher wurden diese Automatisierungsaufgaben mit den konventionellen Mitteln der Automatisierungstechnik realisiert. Heute bindet man sie mit den nachfolgenden Stufen in das Prozeßrechnersystem ein.

Die nächste Stufe der automatischen Prozeßführung schließt die Berechnung des Sollwertes einer Prozeßvariablen unter Benutzung von Meßwerten anderer Variablen ein. Als ein charakteristisches Beispiel dafür kann die Steuerung bzw. Regelung der Sammlerdosierung angeführt werden, die in Grund- und Nachflotation von besonderer Bedeutung ist, weil man diese hier im allgemeinen als Haupteinflußgröße der Automatisierungsstrategie zugrunde legt [1246]. Dann ist das Ausbringen die gesteuerte Größe. Dies kann einerseits dadurch geschehen, daß der dem Prozeß vorlaufende, zu flotierende Wertstoffinhalt aus den Werten von Trübevolumenstrom-, Trübedichte- und Wertstoffgehaltsmessung fortlaufend mittels Prozeßrechner bestimmt und danach über einen Algorithmus die Sammlerdosierung gesteuert wird (offene Steuerung; feed-forward control). Diese Vorwärtssteuerung setzt jedoch ein wenig schwankendes Flotationsverhalten des Aufgabegutes voraus. Man kann aber auch so vorgehen, daß der Wertstoffgehalt in den Flotationsabgängen fortlaufend analysiert und danach die Sammlerdosierung mit dem Ziel geregelt wird, diesen Gehalt gleichbleibend niedrig zu halten (Regelung; feed-back control). Die zuerst genannte Vorgehensweise wird vielfach angewendet, wobei die Sammlerdosierung nur bis zu einem Optimalwert gesteigert werden darf, weil bei dessen Über-

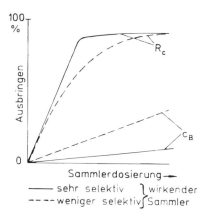

Bild 326 Verlauf von Wertstoffausbringen R_c im Konzentrat und Bergegehalt c_B im Konzentrat in Abhängigkeit von der Höhe der Sammlerdosierung für einen sehr selektiv adsorbierten Sammler sowie für einen weniger selektiv adsorbierten

schreitung keine oder nur geringfügige weitere Ausbringenssteigerungen eintreten und/oder die Selektivität der Trennungen zu stark beeinträchtigt wird. Das Hauptproblem bei dieser Automatisierungsstrategie besteht darin, dieses Optimum zu finden. Dies ist bei selektiver Sammleradsorption (d.h. vor allem chemisorptiver Sammlerbindung) einfacher als bei weniger selektiver (Bild 326).

Wegen der vergleichsweise großen Verzugs- und Ausgleichszeiten von Flotationsprozessen ist die Regelung der Sammlerdosierung auf Grundlage der Wertstoffgehalte in den Abgängen nur mit Verzögerung wirksam. Wenn man aber berücksichtigt, daß sich Veränderungen des Flotationsverhaltens des Aufgabegutes schon zu Beginn eines Flotationsprozesses stark auswirken, kann man eine schneller wirksame Regelung auch auf Grundlage des in den ersten Zellen erzielten Wertstoffausbringens gestalten [1243] [1245] [1247]. Mit Beziehungen zwischen diesem Ausbringen in den ersten Zellen und dem der gesamten Flotationsoperation wird eine Sammlerdosierung eingestellt, die das angestrebte Gesamtausbringen erreichen läßt. Ferner ist auch die schnell wirksame Steuerung nach dem vorlaufenden Wertstoffinhalt mit einer Regelung nach dem Wertstoffgehalt in den Abgängen kombiniert worden [1242].

Zu den weiteren Prozeßvariablen, die gegebenenfalls in die automatische Prozeßführung einzubeziehen sind, gehören die Schäumerkonzentration, Reglerkonzentrationen und vor allem auch der Luftvolumenstrom in den Flotationsapparaten sowie die Höhe der Schaumschicht [1064] [1241]. Unter Höhe der Schaumschicht wird hierbei der vertikale Abstand zwischen Trübeniveau und Schaumaustragswehr verstanden. Der Luftvolumenstrom und die Höhe der Schaumschicht beeinflussen wie die Schäumerkonzentration Ausbringen und Anreicherung. Jedoch erfordert auch ihre Einbeziehung in die automatische Prozeßführung sorgfältige Untersuchungen und Überlegungen unter den in der jeweiligen Flotationsoperation einer Anlage gegebenen Bedingungen, weil vielfach die für die Automatisierungsstrategie wesentlichen Prozeßvariablen nur auf diese Weise identifiziert werden können.

In der Reinigungsflotation besteht das Ziel darin, einen möglichst hohen Wertstoffgehalt im Konzentrat zu erzielen. Dies wird meist mit der Steuerung des Luftvolumenstromes als Haupteinflußgröße erreicht.

Bei Fließbildern mit komplizierten Kreisläufen zwischen Grund-, Nach- und Reinigungsflotation besteht im allgemeinen das Ziel, die als entscheidend erkannte Flotationsoperation mit stabilisierten Masseströmen arbeiten zu lassen [1246] bis [1248]. Dazu werden je nach dem festgestellten Haupteinfluß die Sammlerdosierung oder der Luftvolumenstrom gesteuert bzw. geregelt.

Hinzu kommt noch folgendes Problem. Da im allgemeinen mehrere Prozeßvariablen parallel Gegenstand der automatisierten Prozeßführung sind, können zwischen diesen auch Wechselwirkungen existieren. So wird z. B. das Ausbringen nicht nur durch die Sammlerdosierung, sondern auch durch andere Reagenskonzentrationen sowie den Luftvolumenstrom und die Höhe der Schaumschicht beeinflußt. Ähnliches gilt für die Konzentratqualität. Aus diesen Wechselwirkungen können sich Instabilitäten für die automatische Prozeßführung ergeben, denen mit den herkömmlichen Mitteln nur in beschränktem Maße entgegengetreten werden kann [1244]. Man kann sie durch Verzögerungen (detuning) in einem oder mehreren Regelkreisen minimieren. Ein weiterer Weg, diese Wechselwirkungen im speziellen Anwendungsfall bei der automatisierten Prozeßführung zu berücksichtigen, ist die Entwicklung einer Mehrgrößenregelung. Hierbei sind die Regelkreise durch Koppelungen miteinander derart verbunden, daß die erforderlichen Stabilitätseigenschaften gewährleistet werden. Ferner kann man die Anwendung adaptiver Prozeßstabilisierungsalgorithmen in Betracht ziehen. Bei einer derartigen Steuerung passen sich die Steuer- und/oder Regeleinrichtungen selbsttätig im Sinne der Erfüllung eines vorgegebenen Gütekriteriums unvorhersehbaren, veränderten Betriebsbedingungen an.

Die höchste Stufe der automatischen Prozeßführung verfolgt nicht nur das Ziel, den Prozeß zu stabilisieren, sondern auch nach vorgegebenen Kriterien zu optimieren. Diese Automatisierungsstrategie setzt entsprechende Modelle und Algorithmen für die Beschreibung des Prozesses in der Echtzeit voraus. Die der Optimierung dienenden Modelle sind entweder stationäre Simulationsmodelle oder auch dynamische Modelle. Die Algorithmen dienen der On-line-Identifikation der Prozesse sowie dem Herausfinden der geeignetsten Kombination der Sollwerte der in der Anlage befindlichen Steuerungen und Regelungen. Diese Art der automatischen Prozeßführung ist seit einiger Zeit Gegenstand internationaler Forschung und Entwicklung (siehe z.B. [1064] [1073] [1244] [1249] bis [1254] [1511] [1512]). Bisher sind solche Automatisierungsstrategien erst in wenigen Anlagen realisiert worden.

Abschließend soll noch auf zwei für die Entwicklung von Automatisierungssystemen wichtige Gesichtspunkte hingewiesen werden. Die unterschiedlichen Stufen der automatisierten Prozeßführung sollten in einer Anlage so verbunden sein, daß beim Ausfall einer Stufe die jeweils niederen Stufen funktionsfähig bleiben. Weiterhin sollte die Möglichkeit bestehen, daß im Bedarfsfall Sollwertverstellungen auch vom Bedienungspersonal aufgrund vorliegender Erfahrungen vorgenommen werden können.

4.12 Flotation mineralischer Rohstoffe

In den vorstehenden Abschnitten sind die prozeßtechnischen Grundlagen für die Gestaltung der Reagensregime und der Hydrodynamik von Flotationsprozessen sowie die Ausrüstungen für deren Realisierung im industriellen Maßstab behandelt worden. Nunmehr sind noch stoffspezifische Ergänzungen erforderlich, die die Gestaltung des Reagensregimes für die Flotation mineralischer Rohstoffe betreffen. Da mit Hilfe des Reagensregimes letztlich die Voraussetzungen für die flotativen Trennungen durch selektiv gesteuerte Adsorptionsvorgänge geschaffen werden, ist die dazu erschienene Fachliteratur sehr umfangreich, und im Rahmen dieses Buches ist eine angemessene Beschränkung erforderlich. Wer deshalb vor der Aufgabe steht, ein spezielles Reagensregime für einen konkreten Anwendungsfall zu entwickeln, wird gegebenenfalls zusätzlich auf entsprechende Spezialwerke (siehe z.B. [19] [1069] [1255] bis [1260]) sowie Fachzeitschriften zurückgreifen müssen.

4.12.1 Flotation sulfidischer Minerale

Für die Flotation sulfidischer Minerale werden fast ausschließlich Sulfhydrylsammler eingesetzt. Auch andere Reagensgruppen sind hinsichtlich ihrer Sammlerwirkung dafür teilweise mit Erfolg untersucht worden; jedoch dürfte mit ihrer Anwendung nur in Ausnahmefällen zu rechnen sein. Da die eingesetzten Sulfhydrylsammler unter geeigneten Bedingungen von den

Sulfidoberflächen intensiv adsorbiert werden, während sie mit den Gangartoberflächen kaum in Wechselwirkung treten, resultieren sehr selektive Trennungen von Sulfiden und Gangart. Schwierigere Probleme können sich demgegenüber für selektive Trennungen der Sulfide untereinander ergeben, weil sich diese hinsichtlich ihres Adsorptionsverhaltens mehr oder weniger nahe stehen. Die Flotationstechnik verfügt aber auch hierfür durch entsprechende Modifizierung der Adsorptionsbedingungen über einige trennscharfe Methoden.

4.12.1.1 Adsorption von Sulfhydrylsammlern an Sulfidmineralen

Im Rahmen der Grundlagenforschung zur Sulfidflotation nimmt die Aufklärung der Mechanismen, die die Adsorption der Sulfhydrylsammler bewirken, schon seit Jahrzehnten einen breiten Raum ein. In diesem Zusammenhang sind auf der Grundlage der jeweiligen Untersuchungsergebnisse teilweise sehr kontrovers erscheinende Auffassungen über die Mechanismen vertreten worden, die beim Einsatz dieser Sammler die Hydrophobierung der Oberflächen bewirken. Diese Tatsache kann aus heutiger Sicht nicht mehr verwundern. Obwohl schon seit langem bekannt war, daß ein enger Zusammenhang zwischen dem auf derartige Flotationssysteme einwirkenden Sauerstoff, der Sammleradsorption und der Flotierbarkeit besteht [668] [1281] bis [1283], hat man erst in neuerer Zeit für die Deutung der Untersuchungsergebnisse stärker beachtet, daß die Sulfidminerale bei Anwesenheit von Wasser und Luft instabil sind. Unter Berücksichtigung der Halbleitereigenschaften liegen somit Redox-Systeme vor, und an den Sulfidoberflächen vollziehen sich Reaktionen, die unter den jeweiligen Bedingungen (pH-Wert, Lösungszusammensetzung, Temperatur, Druck) teilweise sehr schnell, teilweise auch sehr träge ablaufen. Welche Reaktionsprodukte während der Flotation an den Sulfidoberflächen anzutreffen sind, wird deshalb auch immer von der Vorgeschichte (Bildungsbedingungen und Vergesellschaftung der Minerale, Mahlung u.a.), der Zusammensetzung des zu flotierenden Stoffsystems (Minerale, wäßrige Lösung) sowie vom zeitlichen Verlauf der Einwirkungen und Wechselwirkungen mitbestimmt.

Zur Aufklärung der an den Sulfidoberflächen möglichen stabilen und metastabilen Spezies haben thermodynamische Berechnungen und der Vergleich von deren Ergebnissen mit denen von elektrochemischen und anderen Untersuchungsergebnissen beigetragen (siehe z.B. [565] [1261] bis [1264] [1294] [1296]). Die Ergebnisse lassen sich in E_h-pH-Diagrammen darstellen, wobei das Potential E_h das Gleichgewichtspotential des als Elektrode benutzten Sulfidminerals, bezogen auf das Potential der Standard-Wasserstoffelektrode ist [601]. Bild 327 gibt zur Verdeutlichung entsprechende Diagramme für Galenit (PbS) in Lösungen von 10^{-6} mol/l Kaliummethylxanthogenat bei T = 298K und p = 1 atm unter der Voraussetzung, daß die Oxydation des Sulfidschwefels bis zum S^0 (Bild 327a), bis zum $S_2O_3^{2-}$ (Bild 327b) oder sogar bis zum SO_4^{2-} (Bild 327c) fortgeschritten ist [1263].

Weiterhin ist bei der Auswertung der vorliegenden Ergebnisse noch folgendes zu bedenken. Die bisher publizierten Erkenntnisse über die Mechanismen der Sammleradsorption und deren Modifizierung sowie zur Flotierbarkeit von Sulfidmineralen sind überwiegend aus Untersuchungen abgeleitet worden, die mit einzelnen Sulfidmineralen durchgeführt worden sind. Folglich lassen sie sich nur mit Einschränkungen auf das Verhalten von Mineralgemischen, wie sie in der Flotationspraxis vorliegen, übertragen, weil die Wechselwirkungen außer Betracht bleiben, die durch das Inlösunggehen anderer Mineralbestandteile verursacht werden [1285]. Wie auch in anderen Flotationssystemen können einen besonders wesentlichen Einfluß in Lösung übergetretene Kationen, deren Hydroxokomplexe und gegebenenfalls auch Hydroxidfällungen ausüben (siehe auch Abschn. 4.2.3). Für weitere wesentliche Fortschritte bei der Aufklärung der Mechanismen ist deshalb die Berücksichtigung dieses Sachverhaltes unverzichtbar.

Schließlich ist aber noch hinzuzufügen, daß die Sulfidflotation trotz dieser Defekte im Erkenntnisstand über die erwähnten Mechanismen seit Jahrzehnten erfolgreich im industriel-

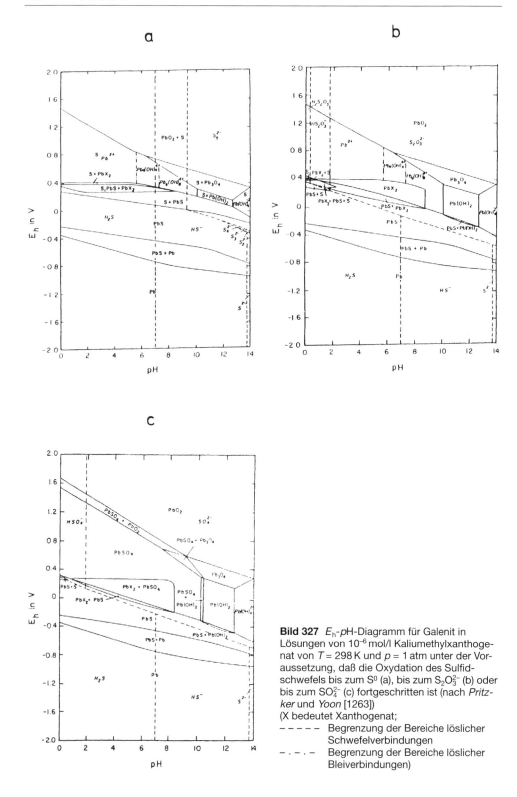

Bild 327 E_h-pH-Diagramm für Galenit in Lösungen von 10^{-6} mol/l Kaliumethylxanthogenat von $T = 298$ K und $p = 1$ atm unter der Voraussetzung, daß die Oxydation des Sulfidschwefels bis zum S^0 (a), bis zum $S_2O_3^{2-}$ (b) oder bis zum SO_4^{2-} (c) fortgeschritten ist (nach *Pritzker* und *Yoon* [1263])
(X bedeutet Xanthogenat;
- - - - Begrenzung der Bereiche löslicher Schwefelverbindungen
- . - . - Begrenzung der Bereiche löslicher Bleiverbindungen)

len Maßstab betrieben wird und somit auch auf vielen praktischen Erfahrungen aufbauen kann.

Auf Grundlage der bisher vorliegenden Ergebnisse läßt sich schlußfolgern, daß bei Anwendung von Sulfhydrylsammlern in Abhängigkeit von den jeweiligen Bedingungen die nachstehenden Mechanismen zur Hydrophobierung der Sulfidoberflächen beitragen können (siehe z.B. [565] [651] [652] [681] [1069] [1261] bis [1280] [1293] bis [1295]):

a) die Chemisorption von Sammlerionen oder -molekülen;
b) die Koadsorption von schwerlöslichen Metallsalzen der Sulfhydrylsammler, die sich als Folge von Hydratations- und Oxydationsvorgängen an den Sulfidoberflächen bilden können;
c) die Adsorption bzw. Koadsorption von Disulfiden (Dixanthogene, Diphosphatogene), die durch anodische Oxydation von Sammlerionen an den Sulfidoberflächen entstehen oder auch getrennt zugesetzt werden.
d) Ferner kann auch eine „natürliche" Hydrophobie (Flotierbarkeit in sammlerfreien Systemen) als Folge von Hydratations- und Oxydationsvorgängen eintreten, indem ein Defizit an Metallionen in den Oberflächenschichten der Sulfidminerale entsteht oder dort sogar die Bildung von Elementarschwefel erfolgt.

Da die überwiegende Anzahl der Untersuchungen bisher mit Xanthogenaten durchgeführt worden ist, sollen die weiteren Ausführungen in erster Linie darauf Bezug nehmen.

Der erstgenannte Mechanismus, die Chemisorption an den Sulfidoberflächen, führt durch Wechselwirkung zwischen jeweils einem Metallion an der Mineraloberfläche und einem Xanthogenation zur Monoschichtbildung. Die Kompensation des damit verbundenen Elektronenüberganges ist bisher unterschiedlich erklärt worden. Einige Autoren greifen dazu auf die Halbleitereigenschaften der Sulfide zurück (z.B. [586] [1270] [1284]), indem die Eigenschaften eines *p*-Halbleiters vorausgesetzt werden, die auch ein ursprünglicher *n*-Halbleiter unter Sauerstoffeinwirkung erwerben kann. Andere erklären dies entweder durch Desorption von OH^- [1069] oder mittels eines elektrochemischen Mechanismus, der die Oxydation des Gitterschwefels zu elementarem Schwefel einschließt [1266] [1267] [1270]. Wesentlich ist aber in diesem Zusammenhang vor allem, daß die Chemisorption kurzkettiger Xanthogenate, wie sie industriell eingesetzt werden, allein keine für die Flotation erforderliche Hydrophobierung hervorbringen kann, so daß die Mitwirkung eines weiteren Mechanismus unverzichtbar ist.

Die Bildung schwerlöslicher Metallxanthogenate setzt Hydratations- und/oder Oxydationsvorgänge an den Oberflächen der Sulfidminerale voraus. Diese führen im Anfangsstadium zu einem Austritt von Metallionen aus den Oberflächenschichten unter Zurücklassen einer an diesen Ionen verarmten Sulfidstruktur [1286]. In Abhängigkeit vom *pH* liegen die ausgetretenen Metallionen lösungsseitig als freie Metallionen, Hydroxokomplexe oder Hydroxidfällungen vor. Diese werden anschließend wegen der niedrigen Löslichkeitsprodukte der Metallxanthogenate als solche ausgefällt und letztere in Multischichten koadsorbiert. Unter den bei der Naßmahlung und Flotation herrschenden Bedingungen kann die oberflächliche Oxydation auch schon über Zwischenstufen bis zu Thiosulfaten (auch basischen Thiosulfaten) fortgeschritten sein [1269] [1270]. Bei noch längerer Einwirkung von Luft bilden sich auch Sulfate und schließlich Karbonate, die ebenfalls zu Metallxanthogenaten umgesetzt werden können. Eine zu starke Oxydation der Sulfide ist jedoch zu vermeiden, weil dadurch die Flotierbarkeit letztlich beeinträchtigt werden kann. Durch eine Zweistufen-Adsorption, die aus chemisorbierter Monoschicht-Bildung und nachfolgender Koadsorption von Metallxanthogenaten besteht, kann die für die Flotation erforderliche Hydrophobierung hervorgebracht werden. In diesem Zusammenhang ist erneut darauf hinzuweisen, daß es wegen der Heterogenität der Feststoffoberflächen zu einer fleckenhaften Verteilung der Multischichten kommt, wie dies mehrfach experimentell nachgewiesen werden konnte [565] [684] [1265] [1269] [1270] [1273] (siehe auch Abschn. 4.3.3.6).

Nicht übereinstimmende Auffassungen bestehen gegenwärtig noch darüber, inwieweit die Koadsorption von Dixanthogen wesentlich an der Hydrophobierung beteiligt ist. Am wenigsten strittig ist das offensichtlich im Falle des Pyrits, wo mehr oder weniger übereinstimmend davon ausgegangen wird, daß durch anodische Oxydation des Xanthogenats gekoppelt mit einer katodischen Reduktion von adsorbiertem Sauerstoff Dixanthogen entsteht [681] [1069] [1267] [1279] [1280] [1287] [1303]:

$$2X^- \rightleftharpoons X_2 + 2e^- \qquad \text{anodisch}$$

$$1/2\, O_2\,(ads) + H_2O + 2e^- \rightleftharpoons 2OH^- \qquad \text{katodisch}$$

X^- Xanthogenationen
X_2 Dixanthogen

Der Elektronentransport geschieht durch das halbleitende Sulfidmineral; und für die Gesamtreaktion kann somit geschrieben werden:

$$2X^- + 1/2\, O_2(ads) + H_2O \rightleftharpoons X_2 + 2OH^- \qquad (162)$$

Aber auch für Galenit und die Kupfersulfide geht die Mehrzahl der Autoren davon aus, daß sich unter den bei der industriellen Flotation herrschenden Bedingungen Dixanthogen an den Sulfidoberflächen bilden kann (siehe z.B. [680] [682] bis [684] [1267] [1269] [1278] [1287] bis [1289] [1302]).

Daß Sulfidminerale in Flotationstrüben unter bestimmten Voraussetzungen auch ohne Sammlereinwirkung flotierbar sein können, ist in neuerer Zeit wiederholt festgestellt worden. Diese „natürliche" Flotierbarkeit führen einige Autoren auf das Entstehen von Elementarschwefel auf den Sulfidoberflächen zurück, wofür entsprechende elektrochemische Voraussetzungen erfüllt sein müssen [651] [652] [1274] bis [1276] [1293]. Andererseits wird dies auch auf die unter der Einwirkung von Hydratation und Oxydation im vorstehenden erwähnten Defizite an Metallionen in den Oberflächenschichten der Sulfide zurückgeführt, wenn die dabei gleichzeitig entstehenden, oberflächlich haftenden Schichten hydrophiler Fällprodukte durch hydrodynamische Beanspruchungen entfernt werden können [1292] [1301].

4.12.1.2 Modifizierung der Adsorption und Wirkung von Sulfhydrylsammlern

Neben dem pH-Wert werden für die Modifizierung von Sammleradsorption und Sammlerwirkung drückende Reagenzien (Alkalisulfide, -cyanide u.a.) sowie aktivierende (vor allem Cu^{2+} für Sphalerit) benutzt.

Durch **pH-Regelung**, d.h. Veränderung der H^+- und OH^--Konzentration, wird zunächst die Bildung hydrophiler Metallhydroxide auf den Oberflächen der Sulfidminerale beeinflußt. Weiterhin wirkt sich der pH auf die Dissoziation bzw. Hydrolyse der Sulfhydrylsammler und auch auf die Stabilität der gelösten Metallionen sowie deren Hydroxokomplexe aus. Wegen der Hydrolyse sowie der Instabilität der Xanthogensäuren bei niedrigen pH einerseits und der Bildung von Metallhydroxiden auf den Sulfidoberflächen bei höheren pH andererseits ergeben sich sowohl nach niederen als auch nach höheren pH begrenzte Einsatzbereiche für die Xanthogenate. Ähnliches gilt für andere ionogene Sulfhydrylsammler. Dabei kann der mit der OH^--Konzentration zunehmenden drückenden Wirkung durch Steigerung der jeweiligen Sammlerkonzentration in gewissem Umfang entgegengetreten werden. Das Drücken von Galenit (PbS) durch Hydroxidbildung tritt etwa bei pH > 11 ein [1069] [1297]. Wegen der größeren Stabilität der Cu(I)-Xanthogenate im Vergleich zu den Hydroxiden sind auch die Kupfersulfide im alkalischen Bereich bis zu höheren pH flotierbar, wobei für einen gegebenen pH und eine konstante Sammlerkonzentration folgende Flotierbarkeitsreihenfolge gilt: Chalkopyrit ($CuFeS_2$) > Chalkosin (Cu_2S) > Covellin (CuS) > Bornit (Cu_5FeS_4) > Pyrit (FeS_2) [1300].

Auf Pyrit wirken die OH⁻ stark drückend, weil sich mit deren Konzentrationserhöhung einerseits zunehmend Fe(OH)$_3$ bildet und andererseits die Reaktion gemäß Gl. (162) nach links verläuft, so daß das für die Flotation bei Xanthogenat-Einsatz aktive Dixanthogen nicht mehr zur Verfügung steht. Hinzu kommt noch, daß zum Drücken des Pyrits im allgemeinen Ca(OH)$_2$ benutzt wird, das man in Form von Kalkmilch zusetzt. Die Ca^{2+} üben einen zusätzlichen drückenden Effekt auf Pyrit aus, der auf die intensive Adsorption dieser Ionen zurückgeführt wird [1298] [1299]. Auch auf Arsenopyrit (FeAsS) und Pyrrhotin (FeS) wirken OH⁻ stark drückend.

Alkalisulfide sind starke Drücker für die Sulfidminerale, ausgenommen Molybdänit (MoS$_2$) [1069] [1259] [1297]. Sie sind in wäßrigen Lösungen der Hydrolyse unterworfen. Der sich dabei bildende Schwefelwasserstoff (H$_2$S) ist eine zweibasige Säure mit den nachfolgenden Dissoziationskonstanten, die für die üblichen Flotationstemperaturen gelten [1304]:

$$K_1 = \frac{c_{H^+} \cdot c_{HS^-}}{c_{H_2S}} = 0{,}9 \cdot 10^{-7} \tag{163a}$$

$$K_2 = \frac{c_{H^+} \cdot c_{S^{2-}}}{c_{HS^-}} = 0{,}4 \cdot 10^{-12} \tag{163b}$$

S^{2-} und HS⁻ sind für Sulfide potentialbestimmend (siehe Abschn. 4.2.3.3). Die Drückerwirkung dürfte in den für die Sulfidflotation interessanten pH-Bereichen auf die HS⁻ zurückzuführen sein, weil sie dort die Konzentration der S^{2-} um Größenordnungen übersteigen. Im Bild 328 sind nach den klassischen Untersuchungen von *Wark* und *Cox* [961], die mit der Blasenhaftmethode (siehe Abschn. 4.2.4) durchgeführt wurden, für eine gegebene Sammlerkonzentration die **kritischen Na$_2$S-Konzentrationen** in Abhängigkeit vom pH für verschiedene Sulfidminerale dargestellt. Beim Überschreiten dieser kritischen Konzentrationen trat keine Blasenhaftung mehr ein, woraus auf Nichtflotierbarkeit geschlossen werden kann. Diese Ergebnisse können natürlich nur eine qualitative, vergleichende Vorstellung über die Drückerwirkung von Na$_2$S vermitteln. Danach wird Galenit sehr stark gedrückt, Pyrit demgegenüber noch weniger stark als die Kupfer-Eisen-Sulfide. Nur wenige Autoren haben sich seitdem mit der weiteren Aufklärung dieser Drückermechanismen befaßt (siehe z.B. [1259] [1261] [1297] [1305]).

Weiterhin wird Na$_2$S bei der kollektiv-selektiven Blei-Zink-Erz-Flotation als Reagens zur Desorption der Sammlerfilme benutzt [1306]. Ferner ist ein Anwendungsgebiet die flotative Trennung des Molybdänits, dessen Flotierbarkeit – wie bereits erwähnt – nicht durch Na$_2$S beeinflußt wird, von den anderen Sulfiden der Kollektivkonzentrate.

Alkalicyanide sind ebenfalls starke Drücker für einige Kupfersulfide, für mit Cu^{2+} aktivierten Sphalerit (ZnS) und für Pyrit [1069] [1259] [1297]. Dafür lassen sich wiederum Ergebnisse von *Wark* und *Cox* anführen, die mittels der Blasenhaftmethode gewonnen wurden [961]. Im Bild 329 sind die Ergebnisse für eine gegebene Sammlerkonzentration in Abhängigkeit vom pH dargestellt, und zwar im Bild 329a die **kritischen NaCN-Konzentrationen** und im Bild 329b die **kritischen CN⁻-Konzentrationen**. Blasenhaftung und damit Flotierbarkeit ist nach den im Bild 329a dargestellten Ergebnissen jeweils links der Kurven gegeben, so daß sich bei genügend unterschiedlicher Lage der Kurven zweier betrachteter Minerale Trennmöglichkeiten durch geeignete Wahl der NaCN-Konzentration ergeben. Allerdings ist auch hierbei wiederum zu berücksichtigen, daß Bild 329 nur eine qualitative, vergleichende Vorstellung zu vermitteln vermag. Jedoch bleibt auch bei einer Veränderung der Sammlerkonzentration sowie bei Verwendung eines anderen Sulfhydrylsammlers die relative Lage der Kurven zueinander erhalten. Höhere Sammlerkonzentrationen bedingen auch eine höhere kritische Cyanid-Konzentration und umgekehrt. Am stärksten wird Pyrit durch Alkalicyanide gedrückt. Es folgen die Kupfer-Eisen-Sulfide. Ein relativ geringer Effekt ergibt sich für Chalkosin, und Galenit bleibt unbeeinflußt.

Bei der Beurteilung dieser kritischen Konzentrationen in Abhängigkeit vom pH ist zu berücksichtigen, daß Alkalicyanide der Hydrolyse und HCN der Dissoziation unterworfen sind:

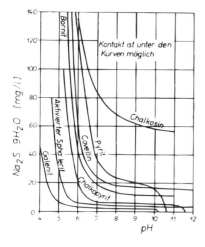

Bild 328 Kritische Na$_2$S-Konzentration für verschiedene Sulfide mit 25 mg/l K-Ethylxanthogenat in Abhängigkeit vom pH [961]

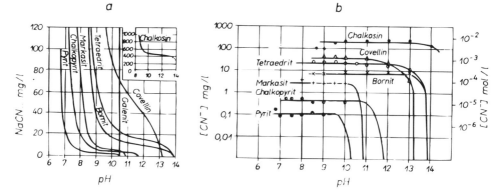

Bild 329 Kritische Cyan-Konzentratrion für verschiedene Sulfide mit 25 mg/l K-Ethylxanthogenat [961]
a) kritische NaCN-Konzentration in Abhängigkeit vom pH;
b) kritische CN$^-$-Konzentration in Abhängigkeit vom pH

$$K = \frac{c_{H^+} \cdot c_{CN^-}}{c_{HCN}} = 4{,}7 \cdot 10^{-10} \quad \text{bei } 18°\text{C} \tag{164}$$

Betrachtet man die kritischen Konzentrationen unter diesem Aspekt, so ist festzustellen, daß bei konstanter Sammlerkonzentration die kritische CN$^-$-Konzentration in Abhängigkeit vom pH angenähert konstant ist (Bild 329b) [668]. Bei hohem pH wirkt sich jedoch die Metallhydroxid-Bildung an den Sulfidoberflächen noch zusätzlich drückend aus.

Alkalicyanide drücken jene Sulfidminerale wirkungsvoll, deren Schwermetallkationen mit CN$^-$ stabile Komplexe bilden (Reihenfolge der Stabilitätskonstanten[1] der Cyanometallkomplexe: Zn^{2+} < Cd^{2+} < Ag$^+$ < Ni^{2+} < Cu$^+$ < Fe^{2+} < Au$^+$ < Hg^{2+} < Fe^{3+} [565]). Auch gediegenes Gold wird gedrückt. Bei geringen CN$^-$-Konzentrationen bilden sich zunächst schwerlösliche Schwermetallcyanide, die sich bei CN$^-$-Überschuß als komplexe Ionen lösen. Es ist auch festgestellt worden, daß sich die Xanthogenate jener Schwermetalle, deren Sulfide von Cyaniden gedrückt werden, in Cyanid-Lösungen zersetzen [1307]. Die drückende Wirkung von Alkalicyaniden kann also auf CN$^-$ zurückgeführt werden. Im Detail sind die dabei wirkenden Mechanismen noch zu wenig aufgeklärt. So wird einerseits angenommen, daß es auf den Oberflächen der

---

[1] Die Stabilitätskonstante eines Komplexes entspricht dem Kehrwert seiner Dissoziationskonstante.

Sulfidminerale zur Bildung von Salzen der Cyanometallkomplexe kommen kann, wodurch die Sammleradsorption verhindert wird (z. B. von $Fe_4[Fe(CN)_6]_3$ auf Pyrit) [1297] [1308]. Andererseits schließt man auch nicht aus, daß es unter Einwirkung von CN^- zum Inlösunggehen von Metallionen der Sulfidoberfläche oder sogar auch zur Zerstörung von adsorbierten Sammlerschichten kommen kann, indem deren Metallionen in lösliche Komplexionen übertreten (z. B. $Cu(CN)_2^-$) [1259] [1305] [1309].

Häufig wendet man Alkalicyanide gemeinsam mit Zinksalzen (z. B. $ZnSO_4$) an. Diese verstärken den drückenden Effekt, indem sich hydrophiles $Zn(CN)_2$ auf den Mineraloberflächen ausscheidet [644] [680] [853]. Unabhängig davon wirkt $ZnSO_4$ auch selbständig als Drücker, weil es sich in alkalischer Trübe zu $Zn(OH)_2$ umsetzt, das sich auf Sphalerit niederschlägt. Bei Anwesenheit von Na_2CO_3 bilden sich auch Niederschläge von amorphem $ZnCO_3$, die auf den Mineraloberflächen haften [1310].

Alkalicyanide wendet man bei der Flotation von Kupfer-Zink- und Blei-Kupfer-Zink-Erzen als Drücker für Sphalerit und einige Kupfersulfide an. Wegen der stark toxischen Wirkung von freigesetztem HCN dürfen sie nur in alkalischen Trüben eingesetzt werden und hat man sich zunehmend darum bemüht, sie durch andere Drücker zu ersetzen.

Über die drückende Wirkung anderer Stoffe für Sulfide liegen nur wenige Arbeiten vor. Bekannt ist der drückende Effekt von K_2CrO_4 und $K_2Cr_2O_7$ auf Galenit, der auf der Bildung von schwerlöslichen Pb-Chromaten auf den Galenit-Oberflächen beruht [1069] [1297] [1309]. SO_2, Sulfit-, Hydrogensulfit- und andere Schwefelsauerstoffionen sind in neuerer Zeit verstärkt als Sphalerit-Drücker eingesetzt worden [1311] bis [1314]. Es ist auch eine selektive Drückerwirkung bestimmter Gerbstoffe auf Galenit und Sphalerit festgestellt worden [1315].

Der am meisten im industriellen Maßstab genutzte und am besten untersuchte Aktivierungsvorgang in der Sulfidflotation ist der von Sphalerit mittels Cu^{2+} [852] bis [856] [886] [1316] [1317]. Dieser ist als Austauschadsorption aufzufassen und im Prinzip schon im Abschn. 4.3.3.3 vorgestellt worden. Sphalerit flotiert mit kurzkettigen Sulfhydrylsammlern ohne Aktivierung praktisch nicht. Erst durch die Bildung von Kupfersulfid auf seiner Oberfläche wird dieses Mineral mit Xanthogenaten gut flotierbar. Dazu braucht diese Oberflächenbedeckung keinesfalls vollständig zu sein [668]. Weiterhin ist festgestellt worden, daß diese Austauschadsorption bis zum Dreifachen einer Monoschicht sehr schnell verläuft [857]. Auch andere Kationen, die schwer- oder unlösliche Sulfide bilden, aktivieren Sphalerit (z. B. Ag^+, Pb^{2+}, Cd^{2+}). Für die technische Realisierung dieser Aktivierung ist noch bemerkenswert, daß in Trüben sulfidischer Erze gewöhnlich genügend Cu^{2+} oder andere aktivierende Kationen aufgrund von Hydratations- und Oxydationsvorgängen gelöst vorliegen, um die Sphalerit-Aktivierung selbsttätig hervorzubringen. Dann ist für eine selektive Flotation, bei der Sphalerit in den Flotationsrückständen ausgebracht werden soll, dessen Desaktivierung erforderlich.

4.12.1.3 Flotation der Oxydationsminerale der Sulfide

Zu dieser Gruppe zählen die Karbonate, Sulfate, Phosphate, einige Silikate und andere Salze des Kupfers, Bleis und Zinks [1304]. Sie sind gewöhnlich sekundäre Bildungen, und diese Erze sind meist komplexer zusammengesetzt und feiner verwachsen als die entsprechenden Sulfiderze. Weiterhin wird ihre Flotation vielfach durch das Vorhandensein von Tonmineralen und Brauneisenschlämmen erschwert.

Die meisten eingeführten Prozesse zur Flotation dieser Minerale beruhen auf einer vorausgehenden oberflächlichen Sulfidierung mit Na_2S [1304] [1318] bis [1320]. Auf Cerussit haften diese Schichten genügend fest, auf anderen Mineralen weniger fest. Der Na_2S-Verbrauch ist sorgfältig auf die jeweiligen Verhältnisse einschließlich des pH abzustimmen, da ein Überschuß zum Drücken führt (Wirkung des HS^-!). Um den Na_2S-Verbrauch zu senken, ist manchmal ein Waschen des Aufgabegutes zu empfehlen, wodurch gelöste Schwermetallkationen abgetrennt werden. Nach der Sulfidierung flotiert man mit Sulfhydrylsammlern, meist Xanthogenaten etwas längerer Kette (z.B. Amylxanthogenat). Derartige Xanthogenate bringen auch schon ohne Sulfidierung eine schwache Sammlerwirkung hervor.

Selten setzt man zur Flotation der Oxydationsminerale auch Carboxylate ein, wofür keine Sulfidierung erforderlich ist. Derartige Trennungen sind jedoch wenig selektiv. Weiterhin sind n-Alkylammoniumsalze erfolgreich für die Flotation oxidischer Zinkminerale angewendet worden [1304] [1321] bis [1323]. Auf die Möglichkeit, chelatbildende Reagenzien für die Bildung von Adsorptionsbrücken bei der Flotation von Kupfersilikaten mit Xanthogenaten zu verwenden, ist schon im Abschn. 4.3.3.3 hingewiesen worden [858]. Aussichtsreicher dürfte aber der Weg sein, Sammler einzusetzen, die unmittelbar mit den Kationen der Oxydationsminerale eine Oberflächenverbindung eingehen können, die Merkmale einer Chelatstruktur aufweist [748] [821] [827] bis [829] (siehe auch Abschn. 4.3.3.1).

4.12.1.4 Wichtige Trennungen bei der Sulfidflotation

Im folgenden können nur die wichtigsten flotativen Trennungen kurz besprochen werden. Bezüglich einer ausführlicheren Beschreibung ist auf Spezialwerke zu verweisen (siehe z.B. [680] [1241] [1255] [1259] [1304] [1324] [1325]).

Sulfidische Kupfererze

Das wichtigste technologische Problem ist neben dem Abtrennen der Gangart das Drücken des Pyrits. Hierfür verwendet man vorwiegend $Ca(OH)_2$ und manchmal außerdem etwas NaCN. Als Sammler benutzt man vorwiegend Ethylxanthogenat. Höhere Xanthogenate werden zusätzlich eingesetzt, wenn schwer flotierbare Anteile vorhanden sind. Der pH soll 8,5 bis 10 betragen, wenn vorwiegend Chalkopyrit vorliegt, und bis zu 12, wenn Chalkosin oder Bornit vorhanden sind. Reagensverbrauch: etwa 30 bis 120 g/t Xanthogenat; 25 bis 100 g/t Schäumer; 1,5 bis 3 kg/t $Ca(OH)_2$. Benutzt man Dialkyldithiophosphate als Sammler, so empfiehlt sich pH 7 bis 8.

Sulfidisch-oxidische Kupfererze

Überwiegen die Sulfide, so versucht man, während der Sulfidflotation die oxidischen Kupferminerale mit auszubringen, wofür geringe Na_2S-Zusätze erforderlich sind. Bei höheren Gehalten oxidischer Minerale hat sich erfolgreich der *LPF*-Prozeß eingeführt (*L* – Leaching, *P* – Precipitation, *F* – Flotation). Bei dieser Verfahrensweise werden die oxidischen Kupferminerale zunächst in der Trübe mit H_2SO_4 gelöst und anschließend das gelöste Kupfer durch Eisenschwamm oder -späne zementiert. Das Zementkupfer und die sulfidischen Kupferminerale flotiert man dann gemeinsam.

Sulfidische Kupfer-Zink-Erze

Gewöhnlich werden in der ersten Stufe die Kupferminerale im alkalischen Bereich unter Zusatz von Sphalerit-Drückern (bzw. Desaktivatoren) ausflotiert. In der zweiten Stufe folgt die Sphalerit-Flotation nach Aktivierung mit $CuSO_4$.

Sulfidische Kupfer-Nickel-Erze (Sudbury-Typ)

Man flotiert kollektiv oder selektiv. Die Bedingungen der kollektiven Flotation entsprechen denen der Eisensulfid-Flotation. Für die selektive Flotation werden Reagensregime angewendet, die denen der Kupfersulfid-Pyrit-Trennung entsprechen. Während der Kupferflotation bevorzugt man dabei Dialkyldithiophosphate, während der Nickelflotation Xanthogenate.

Sulfidische Blei-Zink-Erze

Üblich ist die selektive Flotation, d.h. man flotiert Galenit, Sphalerit und gegebenenfalls noch zusätzlich Pyrit nacheinander getrennt aus. Der pH bei der Galenit-Flotation liegt gewöhnlich bei 7,5 bis 10, wobei manchmal Na_2CO_3 dem $Ca(OH)_2$ als pH-Regler vorgezogen wird. Sphalerit und Pyrit werden durch 50 bis 100 g/t NaCN meist in Verbindung mit $ZnSO_4$ oder durch eine andere Reagenskombination gedrückt. Als Sammler werden etwa 30 bis 120 g/t Xanthogenat oder eines anderen Sulfhydrylsammlers benötigt. Die erforderliche Schäumermenge beträgt 40 bis 150 g/t. Teilweise wird außerdem eine geringe Menge unpolarer Öle zugegeben. In der zweiten Stufe wird Sphalerit nach Aktivierung mit 250 bis 1000 g/t $CuSO_4 \cdot 5H_2O$ bei pH 10 bis 12 flotiert. Als pH-Regler verwendet man dafür $Ca(OH)_2$, selbst wenn in der ersten Stufe Na_2CO_3 eingesetzt worden ist. Als Sammler kommen wiederum hauptsächlich die Xanthogenate in Betracht. Für eine anschließende Pyrit-Flotation ist mit Zusatz von H_2SO_4 etwa pH 7 einzustellen.

Sulfidische Blei-Zink-Erze enthalten vielfach auch Kupferminerale, die unter den oben geschilderten Bedingungen vorwiegend ins Bleikonzentrat gelangen. Gewöhnlich werden diese Konzentrate unmittelbar metallurgisch verarbeitet. Aber auch für die flotative Kupfersulfid-Galenit-Trennung sind mehrere Reagensregime ausgearbeitet worden [680] [1324] [1325].

4.12.2 Flotation der Oxide

Industriell werden vor allem oxidische Eisen-, Mangan-, Titan-, Chrom- und Zinnerze flotiert, und zwar fein- bis feinstverwachsene Erze, die sich durch Schwachfeldmagnetscheidung oder Dichtesortierung nicht verarbeiten lassen. Als Sammler gewinnen neben Carboxylaten, Alkylsulfaten, Alkansulfonaten und Alkylammoniumsalzen in zunehmendem Maße auch andere Reagensgruppen an Bedeutung.

4.12.2.1 Sammleradsorption an Oxiden

Wichtige Grundlagen für die Sammleradsorption an Oxiden sind schon in früheren Abschnitten (insbesondere 4.2.3.1 und 4.3.3) besprochen worden. Für Oxide sind H^+ und OH^- potentialbestimmende Ionen, so daß bei elektrostatischer Sammlerbindung die im Abschn. 4.3.3.2 erörterten Gesichtspunkte und die Lage der Ladungsnullpunkte bzw. isoelektrischen Punkte (Tabelle 34) wesentlich sind. Jedoch können die Verhältnisse durch die Readsorption von Hydroxokomplexen der Gitterkationen (s. Gl. (28)) oder durch die Adsorption der Hydroxokomplexe von Fremdkationen (siehe Abschn. 4.3.3.3) weiter modifiziert werden. Mit der Absicht, die Selektivität von flotativen Trennungen oxidischer Minerale weiter zu verbessern, sind auch Sammler untersucht und teilweise industriell eingesetzt worden, die chemisorbiert werden, einschließlich der Nutzung des Chelatbindungs-Mechanismus (siehe Abschn. 4.3.3.1).

4.12.2.2 Modifizierung der Sammleradsorption und Sammlerwirkung bei der Oxidflotation

Aktivieren und Drücken von Oxiden kann bei elektrostatischer Adsorption durch eine Steuerung der Konzentration potentialbestimmender Ionen in dem bereits besprochenen Sinne geschehen (siehe Abschn. 4.3.3.2 und 4.4). Eine weitere wichtige Rolle spielt die Aktivierung bzw. deren Verhinderung durch mehrwertige Kationen bzw. deren Hydroxokomplexe (siehe 4.3.3.3 und 4.4). Nicht selten sind in diesem Zusammenhang zur Gewährleistung der Selektivität der Trennungen eine Aktivierung oder drückende Effekte durch Ionen zu vermeiden, die durch Lösevorgänge in das Wasser gelangen oder in diesem schon vorhanden waren (z.B. in hartem Wasser). Dann sind diese Ionen auszufällen oder in Komplexen zu binden. Als Zusatzreagenzien werden dafür vor allem benutzt: Phosphate, Fluoride, Na_2SiF_6, Na_2CO_3, Citronensäure. Manchmal macht sich eine Wasseraufbereitung notwendig. Makromolekulare und kolloide Drücker, wie Wasserglas, Stärken, Gerbstoffe u.a. (siehe Abschn. 4.4.2.2), werden meist zur Verbesserung der Selektivität der Trennungen eingesetzt.

4.12.2.3 Wichtige Trennungen bei der Oxidflotation

Oxidische Eisenerze

Die Flotation setzt man ein für fein- und feinstverwachsene Erze, die schwachmagnetische Eisenminerale (Hämatit, Goethit u.a.) enthalten, sowie zur weiteren Anreicherung von Konzentraten der Magnetscheidung und Dichtesortierung (hier vor allem mit der Absicht, Superkonzentrate für die Direktreduktion zu erzeugen) [1326] bis [1329]. Die Voraussetzungen für flotative Trennungen erscheinen vielfach günstig, weil Quarz im allgemeinen die Hauptgangart ist und die Flotationseigenschaften der auftretenden Eisenoxide ähnlich sind. Jedoch können sich Probleme wegen höherer Feinstkornanteile ergeben, die als Folge der erforderlichen Feinmahlung aufgrund der Verwachsungsverhältnisse entstehen. Um dem entgegenzuwirken, kann sich eine sorgfältige Entschlämmung der Flotationsaufgabe – gegebenenfalls in Verbindung mit einer selektiven Flockung der Eisenminerale – erforderlich machen. Weiterhin spielt die Kontrolle der Konzentration mehrwertiger Kationen (insbesondere von Ca^{2+} und Mg^{2+} sowie deren Hydroxokomplexe) für die flotativen Trennungen eine wichtige Rolle. Es sind sowohl die direkte Flotation der Eisenminerale als auch die indirekte (d.h. Quarz und andere Gangartbestandteile werden als Schwimmprodukt ausgebracht) in Anwendung bzw. erprobt worden. Folgende Trennmöglichkeiten lassen sich unterscheiden [846] [1326]:

a) direkte Flotation mit anionaktiven Sammlern, und zwar mit:
   – Alkansulfonaten (Petroleumsulfonat) und Ölzusatz bei pH 2–4 nach sorgfältiger Entschlämmung;
   – mit Carboxylaten (vor allem Tallöl) bei pH 6–8 nach Konditionierung in dicker Trübe;
   – Alkanhydroxamaten bei pH 8,5 nach Entschlämmung;
b) indirekte Flotation mit anionaktiven Sammlern, und zwar mit Carboxylaten bei pH 11–12 nach Aktivierung des Quarzes mit Ca^{2+} und Anwendung von Stärke, Dextrin u.ä. als Drücker für die Eisenminerale (dieses Reagensregime ist bisher nur im Pilotmaßstab erprobt worden);
c) indirekte Flotation mit kationaktiven Sammlern, und zwar mit n-Alkylammoniumsalzen und Alkyletheraminen sowie Zusatz von Drückern für die Eisenminerale in schwach saurer bis alkalischer Trübe nach sorgfältiger Entschlämmung.

Mit der Absicht, die durch normale Entschlämmung bedingten Verluste im Eisenausbringen wesentlich zu reduzieren, ist für die indirekte Flotation erfolgreiche von der selektiven Flockung der Eisenminerale Gebrauch gemacht worden [38] [1326]. Hierbei wird der Feststoff in der Trübe durch Zusatz von Na_2CO_3 und eines Dispergiermittels (Wasserglas, Phosphate) bei pH ≈ 10,5 zunächst vollständig dispergiert. Anschließend geschieht die selektive Flockung in dünner Trübe. Bei der darauf folgenden Eindickung werden die vor allem SiO_2 enthaltenden Feinstschlämme als Eindicker-Überlauf abgetrennt. Schließlich erfolgt dann die Flotation der gröberen Quarz- und Silikatanteile mit kat- oder anionaktiven Sammlern.

Bei der direkten Flotation mit Alkanhydroxamaten gelangen gegebenenfalls vorhandene Karbonate mit in die Abgänge. Bei Verwendung von Alkansulfonaten als Sammler ist es demgegenüber erforderlich, zunächst die Karbonate in alkalischer Trübe zu flotieren und anschließend erst die Eisenminerale bei pH 3 [1326].

Oxidische Manganerze

Zur Anreicherung des anfallenden Fein- und Feinstkorns ist die Flotation früher in vielen Manganerz-Aufbereitungsanlagen eingesetzt worden. Sie wurde jedoch in der Mitte dieses Jahrhunderts durch die Entdeckung und den Aufschluß reicherer Vorkommen zurückgedrängt, für deren Anreicherung man sich auf Läutern und Dichtesortierung beschränken kann. Zweifellos wird die Flotation aber in Zukunft für die Aufbereitung der Manganerze wieder größere Bedeutung erlangen [1325]. Manganoxide mit silikatischer Gangart lassen sich in weichem Wasser mit Carboxylaten (z.B. Tallöl) flotieren, wobei zum Drücken von Quarz und Silikaten Wasserglas, makromolekulare organische Drücker und Na_2CO_3 benutzt werden [1325] [1330]. Manganoxide neigen zur Schlammbildung. Um die mit einer Entschlämmung verbundenen hohen Ausbringensverluste zu vermeiden, ist die Agglomerationsflotation entwickelt und industriell eingesetzt worden [1217] [1218] [1325]. Bei kalkiger Gangart ist der Calcit bei pH $\approx$ 8 mit Carboxylaten und einem geeigneten Drücker für die Manganoxide flotiert worden.

Oxidische Titanerze

Ilmenit kann mit Carboxylaten in neutraler bis saurer Trübe flotiert werden, Rutil mit Carboxylaten in neutraler und mit Alkylsulfaten sowie sulfierten Reagenzien in saurer Trübe [1321] [1331]. N-Benzoyl-N-phenyl-hydroxylamin ist ein sehr selektiv wirkender Sammler für Rutil [1332].

Chromit-Erze

Da die Ladungsnullpunkte bzw. isoelektrischen Punkte von Chromiten sich entsprechend ihrer Herkunft wesentlich unterscheiden können (pH 5,6 bis 9,2 [842]), so folgt ein entsprechend unterschiedliches Adsorptions- sowie Flotationsverhalten mit Sammlern, die elektrostatisch adsorbiert werden. Dieses Verhalten kann durch die Adsorption von gelösten mehrwertigen Kationen (Mg^{2+}, Fe^{3+} und deren Hydroxokomplexe) noch weiter modifiziert werden. Die von Chromit zu trennenden Gangartbestandteile sind im wesentlichen Olivin, Serpentin und Karbonate. Einen sehr negativen Einfluß auf die Chromit-Flotation üben Serpentinschlämme aus. Deshalb sind diese entweder vor der Flotation abzutrennen oder mit Wasserglas, Phosphaten, Fluoriden, Fluorosilikaten oder anderen geeigneten Reagenzien zu drücken. In Abhängigkeit von den oben geschilderten Bedingungen flotiert man Chromit mit Carboxylaten im sauren, schwach oder auch höher alkalischen Bereich [1331] [1333] [1334]. Die Reinigungsflotation gelingt vorzugsweise bei pH 4–5 [1335]. Hierbei kann der Einsatz von makromolekularen Drückern vorteilhaft sein. Mit Alkansulfonaten flotiert Chromit bei pH $\approx$ 3. n-Alkylammoniumsalze erwiesen sich in alkalischer Trübe als geeignet [1334].

Oxidische Zinnerze

Für die moderne Aufbereitung primärer Zinnerze sind kombinierte Sortierverfahren kennzeichnend, bei denen der Kassiterit > 20 bis 40 µm durch Dichtesortierung und der feinere Kassiterit durch Flotation angereichert werden. Dabei ist auffällig, daß für die Flotation Reagensregime mit einer relativ großen Variationsbreite – sowohl hinsichtlich der benutzten Sammler als auch der modifizierenden Reagenzien – angewendet werden [720] [722]. Dies ist nicht nur Ausdruck unterschiedlicher Entwicklungswege, sondern unterstreicht auch die Vielgestaltigkeit der technologischen Bedingungen, die vor allem verursacht werden durch:

- unterschiedliche Mineralassoziationen, die die Selektivität der Trennungen beeinflussen (mögliche Begleitminerale sind: Quarz, Glimmer, Chlorite, Turmalin, Topas, Tonminerale, Eisenoxide, Fluorit, Sulfide u.a.);
- Unterschiede bezüglich der im Gitter vorhandenen Fremdelementbeimengungen (Fe, Mn, Ca, Ti u.a.) [585] [1336] [1337];
- den Einfluß der sog. unvermeidlichen Ionen in den Trüben (vor allem Fe^{3+} und Al^{3+} bzw. deren Hydroxokomplexe) auf die Adsorptionsvorgänge an Kassiterit und dessen Begleitmineralen [570] [1338] [1340];
- die Empfindlichkeit der Flotationsprozesse gegenüber den durch die Anwesenheit von Feinstschlämmen verursachten negativen Wirkungen [1336] [1339].

Man kann in diesem Zusammenhang von einer beachtlichen Sensibilität der Kassiterit-Flotationsprozesse sprechen, die sich nur durch geeignete technologische Maßnahmen (sorgfältige Entschlämmung, Anwendung modifizierender Reagenzien, strenge pH-Kontrolle, z.T. sogar Wasserwechsel sowie Erzvorbehandlung [1340]) beherrschen läßt.

Die Flotation mit Carboxylaten im Neutralbereich ist vergleichsweise gering selektiv und sehr sensibel gegenüber unvermeidlichen Kationen und deren Hydroxokomplexen in der Trübe. Alkylsulfate und Alkansulfonate weisen zwar im sauren pH-Bereich eine gewisse selektive Wirkung gegenüber Kassiterit auf, jedoch ist die Anreicherung ebenfalls gering. Arsonsäuren [749] [751] [755] [756] [1341] und Phosphonsäuren [749] [752] [756] [1340] finden in saurer Trübe Anwendung. Hiervon hat insbesondere die 2-Phenylethylenphosphonsäure (Styrolphosphonsäure) eine verbreitete Anwendung gefunden. Arson- und Phosphonsäuren bilden schwerlösliche Sn- und Fe-Salze und werden auf Kassiterit offensichtlich chemisorbiert [753] [1340]. Weiterhin sind Na_4-N-(1,2-Dicarboxyethyl)-N-octadecylsulfosuccinamat (Aerosol 22, Alcopol) bei pH 2–3 [749] [756] sowie Hydroxamsäuren [743] als Kassiterit-Sammler angewendet bzw. vorgeschlagen worden.

4.12.3 Flotation der Silikate

Silikate dominieren in der Erdkruste. Sie bilden nicht nur den Haupt-Gangartanteil in den meisten Erzen, sondern viele Silikate stellen selbst wertvolle Rohstoffe dar, wie z.B. Feldspäte, Glimmer, Kaoline, Spodumen, Beryll, für deren Erzeugung flotative Trennprozesse zunehmend an Bedeutung gewonnen haben [576].

4.12.3.1 Sammleradsorption an Silikaten

Da physisorbierte Sammler als Gegenionen in der *Stern*-Schicht wirken, gelingt die Flotation mit einem derartigen anionaktiven Sammler nur unterhalb des Ladungsnullpunktes bzw. isoelektrischen Punktes, mit einem kationaktiven Sammler nur oberhalb (siehe Abschn. 4.2.3.1, insbesondere Tabelle 35, und Abschn. 4.3.3.2). Für die Selektivität der Trennungen ist deshalb die Differenz zwischen den *PZC* bzw. *IEP* entscheidend, und der pH ist folglich neben der Sammlerkonzentration die bedeutendste Prozeßvariable. Wegen der Ähnlichkeit vieler Silikate hinsichtlich ihrer Oberflächenchemie und der dadurch bedingten geringen Unterschiede der Ladungsnullpunkte bzw. isoelektrischen Punkte sind folglich die Trennmöglichkeiten mit Hilfe von physisorbierten Sammlern beschränkt, falls nicht durch modifizierende Reagenzien wesentliche selektive Veränderungen hervorgebracht werden können. Ein bedeutender Fortschritt auf dem Gebiete der Silikatflotation geschah durch Reagenzien, die zur Komplex- bzw.

4.12 Flotation mineralischer Rohstoffe   433

Chelatbindung befähigt sind. Dies beweisen z. B. die Ergebnisse der Chrysokoll- und Rhodonit-Flotation mit Alkanhydroxamaten [576] [821]. Im Falle des Chrysokolls (*PZC*: $pH\,2$) liegt die optimale Flotierbarkeit bei $pH\,6$ und im Falle des Rhodonits (*PZC*: $pH\,2,8$) bei $pH\,9$. Der Adsorptionsmechanismus läßt sich mit dem Hydratationszustand der Kationen der Mineraloberfläche korrelieren, und zwar mit den $CuOH^+$ im Falle des Chrysokolls und $MnOH^+$ beim Rhodonit, wobei der Adsorptionsmechanismus wie in Gl. (65) darstellbar ist.

Bei der Flotation von Silikaten mit Carboxylaten sind auch chemisorptive Sammlerbindungen festgestellt worden, so z. B. an Disthen [1342], Phenakit [1343] und Zirkon [576].

4.12.3.2 Modifizierung der Sammleradsorption und der Sammlerwirkung bei der Silikatflotation

Die Flotation vieler Silikate durch anionaktive Sammler wird wesentlich durch mehrwertige Kationen bzw. deren Hydroxokomplexe in der Trübe beeinflußt. Dafür ist die Beryll-Aktivierung (*ZPC*: $pH\,3,3$) bei der Flotation mit Alkansulfonaten ein typisches Beispiel. Bei Abwesenheit eines Aktivators flotiert Beryll nur schlecht in einem relativ schmalen pH-Bereich, während bei Anwesenheit von Fe^{3+}, Pb^{2+} und anderen Kationen in bestimmten pH-Bereichen eine bedeutende Verbesserung eintritt (siehe hierzu Bild 261) [847]. Unbeabsichtigtes Aktivieren von Silikaten durch Kationen kann die Selektivität der Trennungen stark beeinträchtigen. Im Falle komplexer Silikate kann auch eine Auto-Aktivierung durch selektives Lösen metallischer Gitterbestandteile eintreten, die anschließend als Hydroxokomplexe gemäß Gl. (28c) readsorbiert werden. Diese readsorbierten Komplexe können aktivierende Wirkungen hervorbringen, wie z. B. im Falle der Augit- oder Olivin-Flotation mit anionaktiven Sammlern.

Fluor wird in Form von HF oder H_2SiF_6 umfangreich zur Modifizierung der Silikatflotation benutzt, so z. B. als Aktivator für Feldspat bei der Feldspat-Quarz-Trennung mit kationaktiven Sammlern sowie als Drücker für verschiedene Silikate bei der Flotation mit anionaktiven Reagenzien [576].

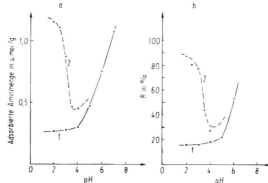

Bild 330 Orthoklas (200 ... 250 µm) in saurer Lösung mit 20 mg/l Dodecylammoniumchlorid [1344]
a) Adsorption; b) Flotation
(1) $HClO_4$-Lösung; (2) HF-Lösung

Im Bild 330 ist die Aktivierung von Orthoklas in HF-saurer Trübe bei $pH < 3$ zu erkennen. Diese Aktivierung tritt bei Anwendung einer anderen Säure nicht ein, und für Quarz bleibt sie auch in HF-saurer Trübe aus. Es sind schon mehrere Mechanismen zur Erklärung dieser Feldspat-Aktivierung vorgeschlagen worden (z. B. [576] [846] [1344] bis [1348]). Jedoch scheint die nachfolgende die Verhältnisse am besten widerzuspiegeln [1344], die auch durch die Ergebnisse von Zeta-Potential-Messungen in Abhängigkeit vom pH gestützt wird [1349].

HF ist eine relativ schwache Säure [560]:

$$\frac{c_{H^+} \cdot c_{F^-}}{c_{HF}} = 7 \cdot 10^{-4} \qquad (165)$$

Die bei der Dissoziation gebildeten F⁻ lagern sich teilweise – besonders in konzentrierteren Lösungen – an HF an:

$$\frac{c_{HF_2^-}}{c_{F^-} \cdot c_{HF}} = 5 \tag{166}$$

AlF₃ ist in Wasser, Säuren und Alkalilaugen unlöslich. Von ihm leiten sich die Fluoroaluminate (M^{I}AlF₄, M$^I_2$AlF₅, M$^I_3$AlF₆) ab, die in Wasser schwer löslich sind. SiF₄ ist in Wasser der Hydrolyse unterworfen:

$$SiF_4 + 2H_2O \rightleftharpoons SiO_2 + 4HF \tag{167}$$

Die dabei gebildete HF vereinigt sich mit noch unzersetztem SiF₄ zu H₂SiF₆:

$$2\,HF + SiF_4 \rightleftharpoons H_2SiF_6 \tag{168}$$

Die Hexafluorokieselsäure ist eine starke Säure.

Mit diesen Grundlagen läßt sich das Adsorptions- und Flotationsverhalten von Orthoklas in HF-saurer Trübe wie folgt deuten:

a) $pH > 4{,}5$:
Hier werden vor allem Alkali- und Erdalkali-Ionen aus der Oberfläche herausgelöst, so daß das negative Doppelschichtpotential ansteigt. Als adsorptionsaktive Plätze sind hier vor allem die —Si—O⁻ (siehe Gl. (29)) in Betracht zu ziehen. Die Al-Plätze dürften wegen ihres höheren Ladungsnullpunktes keine Rolle für die Sammleradsorption spielen.

b) $pH < 3$:
Hier gehen oberflächliche Si in Lösung, und zwar nach:

$$-\underset{|}{\overset{|}{Si}}-OH + 3\,H^+ + 6\,F^- \rightleftharpoons 2\,H^+ + [SiF_6]^{2-} + H_2O \tag{169a}$$

$$-\underset{|}{\overset{|}{Si}}-OH + 3\,HF_2^- \rightleftharpoons 2\,H^+ + [SiF_6]^{2-} + H_2O \tag{169b}$$

$$-\underset{|}{\overset{|}{Si}}-OH_2^+ + 2\,H^+ + 6\,F^- \rightleftharpoons 2\,H^+ + [SiF_6]^{2-} + H_2O \tag{169c}$$

–Si–O⁻ sind bei $pH < 3$ kaum noch vorhanden. Bei $pH < 3$ stehen somit die Si-Plätze für die Adsorption von Sammlerkationen nicht mehr zur Verfügung. Demgegenüber laufen an den Al-Plätzen die folgenden Wechselwirkungen ab:

$$>\!Al-OH + H^+ + nF^- \rightleftharpoons\; >\!AlF_n^{(-n+1)} + H_2O \tag{170a}$$

$$>\!Al-OH + HF_2^- \rightleftharpoons\; >\!AlF_2^- + H_2O \tag{170b}$$

$$>\!Al-OH_2^+ + nF^- \rightleftharpoons\; >\!AlF_n^{(-n+1)} + H_2O \tag{170c}$$

$n = 1$ bis 3

An diesen Plätzen dürfte bei $pH < 3$ die Adsorption der Sammlerkationen erfolgen, z.B. nach:

$$>\!Al-F_2^- + R-NH_3^+ \rightleftharpoons\; >\!Al-F_2^{(-)} \ldots {}^{(+)}NH_3-R \tag{171}$$

c) pH 3 bis 4,5:
Hier liegt ein Übergangsbereich vor, in dem noch wenige —Si—O⁻, aber auch schon einige $>$Al – $F_n^{(-n+1)}$ für die Adsorption eine Rolle spielen.

F⁻ ist auch als Drücker für verschiedene Silikate, wie z. B. Andalusit, Beryll, Spodumen, Forsterit, bei der Flotation mit Oleaten bekannt geworden [576]. Nach *Read* und *Manser* [1350] soll durch die F⁻ die chemisorptive Sammlerbindung an den Oberflächenkationen der Silikate verhindert werden.

Tabelle 55 Wechselbeziehungen zwischen Silikatstruktur und Flotierbarkeit mit und ohne F⁻ als modifizierendes Reagens (nach *Manser* [1351])

Reagensregime	Silikatstruktur				
	Orthosilikate	Pyroxene	Amphibole	Gerüstsilikate	Schichtsilikate
Anionaktive Sammler ohne Fluorid	gut	gering[1]	nicht	nicht	nicht
Kationaktive Sammler ohne Fluorid	ausreichend (empfindlich gegenüber pH-Änderungen)	ausreichend (empfindlich gegenüber pH-Änderungen)	gut	sehr gut	sehr gut
Anionaktive Sammler mit Fluorid	gering (Drücken)	sehr gering (Drücken)	nicht	nicht	nicht
Kationaktive Sammler mit Fluorid	ausreichend (Aktivieren)	ausreichend (geringer Effekt)	gut (leichtes Aktivieren)	sehr gut (Aktivieren)	sehr gut

[1] gute Flotierbarkeit mit chemisorbiertem Sammler bei pH-Kontrolle

Der Effekt der Modifizierung des Flotationsverhaltens durch F⁻ läßt sich auch mit der Struktur der Silikate korrelieren (Tabelle 55). Diese Effekte sind bei den Orthosilikaten am deutlichsten ausgeprägt; sie nehmen bei den Pyroxenen und Amphibolen ab und sind unterschiedlich bei den Gerüstsilikaten. Sie lassen sich auf das kristallchemische bzw. oberflächenchemische Verhalten zurückführen [576] [1351].

4.12.3.3 Wichtige Trennungen bei der Silikatflotation

Als Sammler kommen hauptsächlich Carboxylate, Alkylsulfate und Alkylammoniumsalze in Betracht. Wasserglas, makromolekulare organische Drücker, HF, H_2SiF_6, Fluoride und verschiedene andere Salze werden als modifizierende Reagenzien benutzt.

Wichtige flotative Trennungen sind die nachfolgenden:

Disthen, Andalusit, Sillimanit

Diese drei Minerale sind Modifikationen mit der gleichen chemischen Zusammensetzung (Al_2SiO_5). Ihr Flotationsverhalten ist sehr ähnlich, wobei die meisten Untersuchungsergebnisse für Disthen vorliegen. Dieses Mineral ist in schwach saurer bis schwach alkalischer Trübe mit Carboxylaten, Alkylsulfaten und sulfierten Reagenzien flotierbar.

Beryll

Die wichtigsten Gangartminerale in den pegmatitischen Vorkommen dieses Minerals sind Glimmer, Feldspäte und Quarz. Während der ersten Stufe wird deshalb mit kürzerkettigen Alkylammoniumsalzen Glimmer in schwach saurer Trübe flotiert. In der folgenden Stufe trennt man in flußsaurer Trübe mit längerkettigen Alkylammoniumsalzen als Sammler Beryll und die Feldspäte als Kollektivkonzentrat ab. Dieses wird in dicker Trübe mit Calciumhypochlorit konditioniert, die Lösung vom Feststoff abgetrennt, letzterer gewaschen und mit frischem Wasser wieder aufgenommen. Beryll wird anschließend mit Alkylsulfaten oder Alkansulfonaten in schwefelsaurer Trübe flotiert.

Spodumen

Spodumen ($LiAl[Si_2O_6]$) ist das wichtigste Mineral für die Lithiumerzeugung. Angewendet werden sowohl die direkte als auch die indirekte Flotation. Für beide ist eine sorgfältige Trübevorbehandlung erforderlich, die eine Konditionierung in alkalischer oder flußsaurer Trübe, Entschlämmung und Waschen einschließt. Die direkte Flotation ist mit Carboxylaten bei $pH > 7$ möglich. Bei der indirekten Flotation werden Alkylammoniumsalze bei pH 10–11 zur Abtrennung von Quarz, Feldspat und Glimmer eingesetzt.

Feldspäte

Feldspathaltige Rohhaufwerke enthalten neben Quarz meist noch Glimmer und verschiedene Eisensilikate. In diesem Falle lassen sich die Glimmer in einer ersten Stufe in schwach schwefelsaurer Trübe mit kürzerkettigen Alkylammoniumsalzen flotieren, in der zweiten Stufe die Eisensilikate mit längerkettigen Alkylammoniumsalzen. Anschließend wird die H_2SO_4-haltige Lösung abgetrennt und in flußsaurer Trübe erneut konditioniert. Bei $pH < 2,5$ lassen sich die Feldspäte mit kationaktiven Sammlern längerer Kette vom Quarz abtrennen. Sind die Feldspatoberflächen kaolinisiert, so empfiehlt sich unbedingt eine vorausgehende Attrition (Reibbehandlung) in dicker Trübe mit nachfolgender Entschlämmung. Es hat nicht an Versuchen gefehlt, durch Entwicklung geeigneter Reagensregime die Flotation in flußsaurer Trübe zu vermeiden [1353] [1409] bis [1413]. Jedoch fehlt es noch an gesicherten Aussagen über deren Bewährung im industriellen Maßstab.

Glimmer

Diese Minerale flotiert man vorwiegend mit n-Alkylammoniumsalzen der Kettenlängen C_8 bis C_{12} unter Zusatz eines unpolaren Öls in schwach schwefelsaurer Trübe. $Al_2(SO_4)_3$ findet zum Drücken begleitender Silikate Anwendung.

Quarzsande

Die flotative Aufbereitung von Quarzsanden hat zur Erzeugung hochreiner Produkte ständig an Bedeutung zugenommen [1354] bis [1356]. Dabei werden im Regelfall die Verunreinigungen im Schaumprodukt ausgebracht, und zwar Glimmer mit kurzkettigen Alkylammoniumsalzen bei $pH < 3$, Oxide mit Alkylsulfaten, Alkansulfonaten oder ähnlichen Sammlern bei $pH < 3$ und Feldspäte in HF-saurer Trübe mit n-Alkylammoniumsalzen. Der Flotation geht dabei vielfach eine Attrition in dicker Trübe mit anschließender Entschlämmung voraus.

4.12.4 Flotation geringlöslicher Salzminerale

Zu dieser Gruppe zählen vor allem Karbonate, Sulfate, Phosphate, Fluoride, Wolframate und Borate mehrwertiger Kationen. Diese zeichnen sich durch eine mäßige Löslichkeit aus, die vorwiegend in der Größenordnung von 10^{-4} mol/l liegt (siehe auch Tabelle 33), d.h. in der gleichen Größenordnung oder sogar noch darüber wie die Konzentration der zu ihrer Flotation erforderlichen Reagenszusätze.

Einige zu dieser Gruppe gehörende Minerale sind wirtschaftlich bedeutend.

4.12.4.1 Grundlagen der Flotation geringlöslicher Salzminerale

Diese Minerale besitzen Ionengitter. Folglich sind die am Gitteraufbau beteiligten Ionen potentialbestimmend. Hinzu kommt aber noch der potentialbestimmende Einfluß der H^+ und OH^-, der sich aus ihrer Wirkung auf die Komplexbildung bei der Hydrolyse der Gitterionen ergibt [624] [834] [1357] [1359] [1508]. So liegen dann z.B. im Falle des Calcits HCO_3^-, CO_3^{2-}, Ca^{2+}, $CaHCO_3^+$ und $CaOH^+$ als ladungsbildende Ionen vor. Die Konzentrationsverhältnisse, die sich hierbei lösungsseitig einstellen und damit auch auf die Oberflächenladung der Minerale auswirken, werden wesentlich durch das aus der Atmosphäre in Lösung gegangene CO_2 mitbestimmt [1360].

Betrachtet man eine Flotationstrübe, in der zwei oder mehr geringlösliche Salzminerale vertreten sind (z.B. Fluorit, Calcit, Apatit, Scheelit), so kommt es nicht nur zu den Wechselwirkungen zwischen den in den Lösungen vorhandenen Spezies, sondern aufgrund des Stofftransports durch die Lösungsphase auch zu Wechselwirkungen zwischen den Mineralteilchen. In diesem Zusammenhang bilden sich die jeweils stabilsten Reaktionsprodukte, und es kann neben der Ausfällung in der Lösung auch zur teilweisen oder vollständigen Umwandlung der Mineraloberflächen kommen. So kann sich z.B. in Abhängigkeit von den jeweiligen Konzentrationsverhältnissen Calcit auf den Oberflächen von Fluorit, Apatit oder Scheelit bilden und umgekehrt [836] [1357] [1361] [1362] [1365]. Dies unterstreicht die vielfach getroffene Feststellung, daß bei der Flotation geringlöslicher Salzminerale nur mit Vorbehalt von dem Flotationsverhalten einzelner reiner Minerale auf das geschlossen werden kann, das diese im Gemisch mit anderen zeigen, weil die oberflächlichen Umwandlungen mehr oder weniger die Reagensadsorption beeinflussen und dadurch die Selektivität der Trennungen beeinträchtigen. Durch diese oberflächlichen Umwandlungen kommt es nämlich letztlich dazu, daß sich die Oberflächeneigenschaften der zu trennenden Mineralkörner annähern. Weiterhin ist zu beachten, daß die Reaktionen und Umwandlungen relativ träge ablaufen und dadurch die Flotation gewöhnlich unter Bedingungen erfolgt, die von Gleichgewichtseinstellungen mehr oder weniger weit entfernt sind. Hierbei tragen auch Intensität der Agitation, Einwirkzeit und weitere Prozeßparameter mit zum jeweilig anzutreffenden Flotationsverhalten bei. Daraus folgt, daß für einen konkreten Anwendungsfall die optimalen Flotationsbedingungen – vor allem das Reagensregime – nur durch umfangreichere experimentelle Untersuchungen gefunden werden können.

Als Sammler werden noch vorwiegend Alkancarbonsäuren eingesetzt, deren Salze mit Erdalkalien sowie verschiedenen Schwermetallen schwer löslich sind (vor allem Ölsäure oder Tallöl und andere Fettsäuren enthaltende Mischprodukte; siehe auch Abschn. 4.3.2.4 und Tabelle 45). Infolgedessen kommt es beim Reagenszusatz bereits zu Ausfällungen (z.B. von Ca-Oleat). Dies bedeutet jedoch nicht zwangsläufig, daß die Fällprodukte für die Hydrophobierung der Mineraloberflächen nicht mehr zur Verfügung stehen. Aufgrund umfangreicher vorliegender Untersuchungsergebnisse ist vielmehr davon auszugehen, daß bei Anwendung dieser Alkancarboxylate folgende Mechanismen zur Hydrophobierung der Oberflächen von geringlöslichen Salzmineralen beitragen können (siehe z.B. [1357] [1359] [1363] [1364]):

a) die Chemisorption und Physisorption von Sammlerionen,
b) die Koadsorption von Carboxylat-Molekülen und -Ionen, die die Bildung von Multischichten bewirkt,
c) die Adhäsion von kolloiden Carboxylat-Teilchen, wofür unter den herrschenden hydrodynamischen Bedingungen eine genügende Haftfestigkeit Voraussetzung ist.

In neuerer Zeit ist gefunden worden, daß N-Acyl-N-Methylaminoessigsäuren (vor allem einige Acylsarkosine) sowie N-Alkylaminocarbonsäuren (einige Alkylsarkosine) wirkungsvolle Sammler für geringlösliche Ca-Minerale (Fluorit, Scheelit, Apatit) sind (siehe auch Abschn. 4.3.2.4 und 4.3.2.9). Mit diesen Sammlern gelingt auch die Abtrennung von Calcit und Dolomit von den genannten Wertstoffmineralen. Darüber hinaus haben Alkylsulfate, Alkansulfonate, sulfierte Fette, Öle sowie Erdölfraktionen und auch Alkylammoniumsalze eine gewisse Bedeutung.

Die Flotation erfolgt gewöhnlich in neutraler bis alkalischer Trübe. Wichtig für das Erreichen einer befriedigenden Selektivität der Trennungen ist die Anwendung geeigneter modifizierender Reagenzien, wovon neben Wasserglas insbesondere Stärken, Gerbstoffe (vor allem Quebracho) und auch Polyoxethylene eingesetzt werden. Diese Reagenzien wirken durch Konkurrenzadorption zum Sammler als Drücker. Bei Anwendung von Polyoxethylenen, die in Abhängigkeit von ihrer Zusammensetzung mehr oder weniger hydrophobe Gruppen enthalten, ist auch eine Koadsorption mit den Sammlern beobachtet worden [904] [1357].

4.12.4.2 Wichtige Trennungen bei der Flotation geringlöslicher Salzminerale

Apatit und Phosphorite

In den Apatit-Lagerstätten der magmatischen Abfolge liegt Apatit gut kristallisiert vor und ist mit Quarz, Silikaten, Karbonaten und anderen Mineralen vergesellschaftet. In Phosphoriten, die sedimentäre Bildungen darstellen, sind der Apatit und seine Varietäten kryptokristallin ausgebildet und vielfach mit Calcit und Tonmineralen fein verwachsen, wodurch flotative Trennungen erschwert werden. Das schwierigste Problem bei der Apatit-Flotation ist die Abtrennung der Karbonate.

Aus Rohstoffen mit niedrigem Karbonat-Gehalt kann Apatit in schwachalkalischer Trübe mit Carboxylaten und Einsatz von Drückern flotiert werden. Weiterhin ist die indirekte Flotation möglich, d.h. das Ausbringen insbesondere der Silikate im Schwimmprodukt mit Alkylammoniumsalzen in neutraler Trübe nach sorgfältiger Entschlämmung. Beide Verfahrensweisen wendet man auch kombiniert an [729] [1359].

Fortschritte bei der Flotation von Apatit aus karbonatreicheren Rohstoffen sind in neuerer Zeit mit N-substituierten Sarkosinen als Sammler bei pH 10–11 erzielt worden [729] [1366]. Weiterhin haben sich für calcitreiche Rohstoffe auch Alkenylbernsteinsäurehalbester als geeignet erwiesen [1367].

Baryt

Für die Flotation von Baryt werden neben Alkancarboxylaten vor allem Alkylsulfate und Alkansulfonate eingesetzt. Mit den beiden zuletzt genannten Reagensgruppen läßt sich Baryt in alkalischer Trübe ($pH > 9$) relativ selektiv von Quarz, Fluorit und Karbonaten abtrennen [1359] [1368]. Hierbei können sich jedoch relativ stabile Schäume bilden, für deren Beherrschung besondere Maßnahmen erforderlich werden können [733] [1369] [1370]. Als Fluorit-Drücker hat sich Citronensäure bewährt; aber auch andere organische Verbindungen sind dafür geeignet [890] [891]. Zum Drücken von Calcit benutzt man Gerbstoffe (vor allem Quebracho). Bei hohen Gehalten an Calcit wird auch dessen Flotation in neutraler Trübe mit Carboxylaten angewendet.

Fluorit

Die Fluorit-Quarz-Trennung bereitet mit Carboxylaten keine besonderen Schwierigkeiten, wenn die Aktivierung von Quarz durch mehrwertige Kationen verhindert wird. Der wichtigste Drücker ist Wasserglas. Vor der eigentlichen Fluorit-Flotation kann sich die Abtrennung von Sulfiden mit Sulfhydrylsammlern erforderlich machen. Bei Anwesenheit von Calcit können hohe Qualitätsansprüche an die Fluorit-Konzentrate nur erfüllt werden, wenn der Calcit-Gehalt in der Flotationsaufgabe bestimmte Grenzen nicht überschreitet [724]. Als Drücker sind in diesem Zusammenhang eingesetzt worden: Wasserglas, letzteres in Verbindung mit Aluminiumsalzen, natürliche und synthetische Gerbstoffe, Stärken sowie Polyphosphate [1359]. Bei höheren Calcit-Gehalten hat sich nach neueren Untersuchungen Oleoylsarkosin bei pH 8–9 unter Zusatz von Wasserglas und Quebracho als leistungsfähiger Sammler erwiesen [724] bis [727] [1371].

Bei Anwesenheit von Baryt ist die Fluorit-Flotation mit Carboxylaten nur mit Drückern für dieses Mineral möglich. Dafür sind vorgeschlagen worden: Stärken, ethoxylierte Alkohole, Ligninsulfonate und Kaliumdichromat [1359].

Scheelit

Die flotative Trennung des Scheelits von Quarz, mit dem er häufig vergesellschaftet ist, bereitet bei Anwendung von Carboxylaten sowie Zusatz von Na_2CO_3 und Wasserglas als modifizierende Reagenzien bei $pH \simeq 10$ keine besonderen Schwierigkeiten, wenn die Aktivierung des Quarzes durch mehrwertige Kationen verhindert wird. Gute Ergebnisse sind bei der Flotation eines Erzes mit silikatischer Gangart (Hornblende, Quarz, Feldspat u.a.) auch dadurch erzielt worden, daß die Flotationstrübe mit NaOH und anschließend mit Wasserglas und dem Sammler bei erhöhter Temperatur konditioniert wurde [1372]. Eine in der ehemaligen *UdSSR* ausgearbeitete Methode bedient sich einer Wasserdampf-Behandlung der eingedickten Vorkonzentrate bei etwa 80 bis 90°C unter Zusatz von Wasserglas, um das Drücken der Gangart zu verbessern [1373]. Für die Scheelit-Flotation aus calcitreichen Erzen haben sich in neuerer Zeit N-substituierte Sarkosine als Sammler in alkalischer Trübe als sehr gut geeignet erwiesen [728] [771] [773] [1374] [1375].

4.12.5 Flotation leichtlöslicher Salzminerale

Die Flotation von Sylvin (KCl) und auch einiger Begleitminerale (Kieserit ($MgSO_4 \cdot H_2O$), Langbeinit ($K_2Mg_2[SO_4]_3$) u.a.) aus den Rohsalzen stellt eine international in großem Umfange genutzte Technologie dar. Diese flotativen Trennungen sind nur in Lösungen möglich, die sich in angenähertem Lösungsgleichgewicht mit den Mineralphasen des jeweiligen Rohsalzes befinden und somit Konzentrationen an den mineralbildenden Ionen (K^+, Na^+, Mg^{2+}, Cl^-, SO_4^{2-} u.a.) in der Größenordnung von einigen mol/l bzw. einigen hundert g/l enthalten. Eine Folge davon sind Sammlerlöslichkeiten, die gegenüber denen in normalen wäßrigen Lösungen um mehrere Zehnerpotenzen niedriger sind. Eine weitere Konsequenz der hohen Elektrolyt-Konzentration ist die nahezu vollständige Kompression der elektrischen Doppelschichten an den Mineraloberflächen. Unter diesen Voraussetzungen weisen die Adsorptionsmechanismen von Sammlern einige Besonderheiten auf.

4.12.5.1 Grundlagen der Flotation leichtlöslicher Salzminerale

Die n-Alkylammoniumsalze mit Kettenlängen zwischen C_{12} und C_{20} stellen schon seit Jahrzehnten die Standard-Sammler für die flotative KCl-NaCl-Trennung dar, weil sie eine hohe

Selektivität der Trennung bei relativ geringem Reagensaufwand gewährleisten. Aber auch schon seit langem ist bekannt, daß diese Trennung – allerdings etwas weniger selektiv – mit n-Alkylsulfaten möglich ist.

Es ist sehr bemerkenswert, daß sich Sylvin und Halit (NaCl), die im gleichen Gittertyp kristallisieren, hinsichtlich des Adsorptionsverhaltens gegenüber beiden Reagensgruppen – aber auch noch anderen – sehr verschieden verhalten. Dazu gibt es aus dem Bereich schwer- und geringlöslicher Minerale kein Analogon. Dort weisen nämlich kristallographisch verwandte Minerale auch ein ähnliches Adsorptions- und Flotationsverhalten auf. Diese Tatsache regte deshalb mehrere Autoren zu theoretischen Überlegungen an (siehe z.B. [504] bis [506] [565] [577] [583] [705] [763] [1376] bis [1388]). Die umfangreichen experimentellen Befunde sprechen dafür, daß die im nachstehenden kurz erörterten theoretischen Vorstellungen am ehesten geeignet sind, die Vielfalt der Phänomene widerspruchsfrei zu erklären [504] bis [506] [705] [1384].

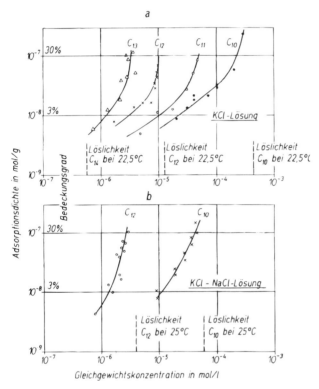

Bild 331 Adsorptionsisothermen von n-Alkylammoniumchloriden auf Sylvin (200 ... 250 µm) bei 25°C [763] [1384]
a) in gesättigter KCl-Lösung
b) in gesättigter KCl-NaCl-Lösung

Eine Adsorption von n-Alkylammoniumionen sowie von n-Alkylsulfaten auf Sylvin in einem Umfang, der zu den für die Flotation erforderlichen Bedeckungsgraden führt, tritt in Lösungen hoher Elektrolyt-Konzentration erst im Bereich der Löslichkeitsgrenze der Sammler bzw. deren Überschreitung ein. Dies verdeutlicht Bild 331 am Beispiel der Adsorptionsisothermen von n-Alkylammoniumchloriden verschiedener Kettenlänge auf Sylvin (200 ... 250 µm) bei 25°C sowohl in gesättigter KCl-Lösung (Bild 331a) als auch gesättigter KCl-NaCl-Lösung (Bild 331b). Auch bei allen in der Praxis eingeführten Sylvin-Flotationsprozessen wird die Löslichkeitsgrenze der Sammlerverbindungen überschritten oder zumindest angenähert erreicht. Offensichtlich handelt es sich bei diesen Adsorptionsvorgängen um Grenzflächenfällungen, deren energetische Bedingungen sich nur geringfügig von denen der Ausfällung der

4.12 Flotation mineralischer Rohstoffe   441

Sammlerverbindung im Lösungsvolumen unterscheiden. Für diese ist aber in jedem Falle die Assoziation der unpolaren Gruppen entscheidend. Geht man von Gl. (64) aus, so können die Wechselwirkungen W_P der polaren Gruppe der Sammlerionen für die Energiebilanz der Adsorption offensichtlich vernachlässigt werden, weil es sich hierbei einerseits nicht um Chemisorption handelt und andererseits elektrostatische Wechselwirkungen wegen der Kompression der elektrischen Doppelschicht vernachlässigbar sind. Letztlich werden die polaren Teile der Sammlerionen aus einer hochkonzentrierten Salzlösung, in der die Konzentration anorganischer Ionen um mehrere Zehnerpotenzen höher als die der Sammlerionen ist, in eine Grenzschicht übergeführt, deren Zusammensetzung sich nicht wesentlich von der der Lösung unterscheidet. Auf Grundlage der Gln. (70) und (71) ist das Produkt $s\varphi$, d.h. die Assoziationsenergie je $-CH_2$-Gruppe, aus den Adsorptionsisothermen bestimmt worden [705]. Ergebnisse davon sind im Bild 265 mit enthalten. Im übrigen ist die Diskussion dieser Ergebnisse im Abschn. 4.3.3.5 zu beachten. Insgesamt stützen diese Ergebnisse die Feststellung, daß die Assoziationsenergie bei der Sammleradsorption aus hochkonzentrierten Alkalisalzlösungen die entscheidende Rolle für die Energiebilanz spielt. Hinzu kommt noch, daß KCl und einige andere Alkalihalogenide nur mit geradkettigen primären Alkylammoniumsalzen und geradkettigen Alkylsulfaten flotieren, weil bei geradkettigen Sammlern die günstigsten Voraussetzungen für die Assoziation im Sammlerfilm gegeben sind (siehe hierzu auch Abschn. 4.3.3.5).

Um nun aber zu erklären, warum es auf KCl zur Ausbildung stabiler Sammlerfilme kommt, nicht aber auf NaCl, muß man den Hydratationszustand auf den Mineraloberflächen berücksichtigen. Hierzu kann man von den im Abschn. 4.1.2 erörterten Vorstellungen über die Ionenhydratation in wäßrigen Elektrolytlösungen ausgehen, d.h. vom strukturbrechenden oder strukturbildenden Charakter der Ionen. Wenn man dies auf die hier anzutreffenden Verhältnisse anwenden will, so sind zwei Gesichtspunkte zu beachten, nämlich die Zulässigkeit der Übertragung erstens auf konzentrierte Elektrolytlösungen und zweitens auf die Verhältnisse an Feststoffoberflächen in den Lösungen. Daß mit wachsender Elektrolyt-Konzentration der Charakter der Ion-H_2O-Wechselwirkungen erhalten bleibt und diese im Vergleich zu den H_2O-Wechselwirkungen an Einfluß gewinnen, darauf ist schon im Abschn. 4.1.2 hingewiesen worden. Prinzipiell wird eine solche Auffassung auch durch die Kurvenverläufe im Bild 212 gestützt. Betrachtet man schließlich die Wechselwirkungen zwischen den Ionen an der Oberfläche löslicher Salzminerale und den unmittelbar benachbarten Wassermolekülen, so wäre nicht einzusehen, daß diese von prinzipiell anderer Natur als die in den Lösungen sein sollten.

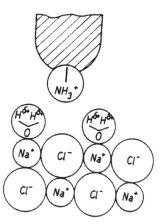

Bild 332 Nahhydratation der NaCl-Oberfläche, schematisch

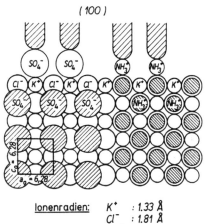

Bild 333 Adsorption von n-Alkylammoniumsalzen und n-Alkylsulfaten auf Sylvin

Aus dem Vorstehenden kann deshalb die Schlußfolgerung gezogen werden, daß die starken Na^+-H_2O-Wechselwirkungen (d.h. Einschränkung der Beweglichkeit der H_2O-Moleküle, die den Na^+ unmittelbar benachbart sind; positive Nahhydratation im Sinne von *Samojlov* [548]) auf den NaCl-Oberflächen die Anlagerung der n-Alkylammoniumionen an die Cl^-, wie dies Bild 332 schematisch widerspiegelt, sowie von n-Alkylsulfationen an die Na^+ und damit die Bildung stabiler Sammlerfilme verhindern. Am KCl dagegen behindert keine Barriere der Nahhydratation die Bildung stabiler Adsorptionsfilme dieser Sammler (Bild 333).

Zur Stützung dieser Modellvorstellungen liegen auch viele Untersuchungsergebnisse mit anderen Alkalihalogeniden vor (siehe z. B. [504] [505] [763]). Weiterhin ist schon seit längerem bekannt, daß Metallkationen wie z. B. Pb^{2+}, Bi^{3+}, Hg^{2+} und Ag^+ aktivierende Effekte bei der Flotation leichtlöslicher Salzminerale hervorbringen können. In diesem Zusammenhang konnte nachgewiesen werden, daß derartige Zusätze durch ihre aussalzende Wirkung die Sammlerlöslichkeit herabsetzen und dadurch die Sammleradsorption begünstigen können [1389].

Aufgrund vorliegender Ergebnisse ist anzunehmen, daß die Sammleradsorption auch auf einer fest gebundenen Hydratschicht erfolgen kann, falls das Sammlerion bzw. Sammlermolekül zu Wasserstoffbrückenbindungen befähigt ist. Dieser Bindungstyp ist schon im Abschn. 4.3.3.4 besprochen worden. Er dürfte für die Adsorption von Carboxylaten, Alkylphosphaten, Alkylaminen (bei $pH > 10$, d.h. dort, wo aufgrund der Hydrolyse vorwiegend R-NH_2 vorliegt) und N-Alkylmorpholinsalze gelten [504] [505] [763] [1382]. Unterhalb pH 7 flotiert NaCl z. B. mit N-Dodecylmorpholinsalz gut und mit abnehmendem pH sogar ständig besser, während die Flotierbarkeit von KCl unterhalb pH 7 etwa gleichbleibend mäßig ist, so daß bei $pH < 4$ sehr selektive Trennungen gelingen. Die Sammlerbindung auf NaCl ist wie folgt zu deuten:

$$\begin{array}{l} -Cl \leftarrow N^{(+)} - C_nH_{2n+1} \\ \| \\ -Na \leftarrow O \cdots H \cdots O \\ H \\ -Cl \end{array}$$

Für die Bindung dürfte in erster Linie die Wasserstoffbrücke mit den hydratisierten Na^+ maßgebend sein. Darüber hinaus ist wahrscheinlich auch die kationische Gruppe beteiligt, allerdings wegen der Abschirmung durch Wasserdipole gemäß Bild 332 und des vergleichsweise großen Ionenradius des polaren Teils nur sehr schwach. Für die Bindung der N-Alkylmorpholinsalze auf KCl käme nur die kationische Gruppe in Betracht. Deshalb kann diese nur locker und die Flotierbarkeit nur mäßig sein. Die Sammlerwirkung für NaCl geht verloren, wenn auf das O-Atom im Ring verzichtet wird [583] [1390].

4.12.5.2 Wichtige Trennungen bei der Flotation leichtlöslicher Salzminerale

Sylvin

Als Sammler für dieses Mineral werden n-Alkylammoniumsalze mit Kettenlängen von C_8 bis C_{22} (vorwiegend aber C_{12} bis C_{18}) eingesetzt. In den Lösungen, in denen die Sylvin-Flotation durchgeführt wird, ist die stabile Löslichkeit für n-Alkylammoniumchloride mit Kettenlängen C_{12} praktisch nahezu null [1348]. Wenn es trotzdem gelingt, Sylvin in derartigen Lösungen zu flotieren, so liegt dies daran, daß der Sammler nicht sofort nach seinem Zusatz zur Salztrübe in Form einer wäßrigen Reagenslösung zu flotationsinaktiven Zuständen ausflockt. Deshalb sind Maßnahmen, die den Übergang des Sammlers zu inaktiven Zuständen behindern, für die Prozeßführung wichtig [502] [1377] [1378] [1388] (1392) [1393], und zwar:

a) die Verwendung von Sammlergemischen, deren Zusammensetzung auf die Lösungstemperatur abzustimmen ist (Zunahme der Kettenlänge mit der Temperatur),

b) eine zweckmäßige Wahl von Konzentration und Temperatur der Sammlerlösung,
c) der Einsatz von polar-unpolaren (vor allem Alkohole) und evtl. unpolaren Zusatzstoffen in möglichst gemeinsamer, emulgierter Reagenslösung und
d) die Reagenseinwirkung in möglichst dicker Trübe.

Für die industrielle Anwendung werden von den Herstellern Amingemische benachbarter Kettenlängen zur Verfügung gestellt. In den Reagenslösungen bilden sich dann Mischmizellen, und der Übergang zu flotationsinaktiven Zuständen wird dadurch gebremst. Was die Konzentration der Sammlerlösungen anbelangt, so werden im allgemeinen niedrig konzentrierte Lösungen (etwa 0,3 bis 3%ig) von 50 bis 70°C empfohlen [502] [1394] [1395] [1397], damit in die gesättigten Lösungen ein möglichst hoher Anteil molekulardispersen Sammlers eingetragen wird. Das kann sich allerdings bei der Anwesenheit feindisperser, adsorptionsaktiver Anteile (z.B. Tonminerale) als Nachteil erweisen, so daß dann etwas höher konzentrierte Lösungen vorteilhafter sein können [1396]. Üblich ist weiterhin der Zusatz eines Schäumers.

Die Sylvin-Flotation ist mit n-Alkylammoniumsalzen bei $pH < 9$ möglich und in diesem Bereich kaum pH-abhängig [503] [1387]. Da Sylvin nur Aminkationen adsorbiert, so sinken Adsorption und Flotation bei $pH > 9$ als Folge der Hydrolyse des Sammlers rasch ab. Halit adsorbiert die Sammlerkationen nicht. Aber n-Alkylamin wird bei $pH > 10$ über Wasserstoffbrückenbindungen auf diesem Salzmineral adsorbiert [504] [505] [763].

Die in normalen mechanischen Flotationsapparaten optimal flotierbaren Korngrößen liegen zwischen 0,2 und 0,8 mm. Bei günstigen Verwachsungsverhältnissen kann durch entsprechende Anpassung des Reagensregimes und Ausbildung der Hydrodynamik eine Grobkornflotation bis maximal 3 mm realisiert werden [1041] [1056] bis [1060] [1123] [1230] [1391] [1398] [1401]. Feinstschlämme schwer- bzw. unlöslicher Minerale (insbesondere Tonminerale) können die Salzflotation erheblich beeinträchtigen und die technologischen Kennziffern verschlechtern. Besonders nachteilig wirken sie sich hinsichtlich der Erhöhung des Sammlerverbrauchs und der Qualität der Konzentrate aus. Schon Gehalte von Bruchteilen eines Prozentes können diese Wirkungen hervorbringen. Die wirksamste Maßnahme dagegen ist die Entschlämmung, die sich bei höheren Feinstschlammgehalten nicht vermeiden läßt und in einigen Kaliflotationsanlagen trotz des dafür erforderlichen Aufwandes angewendet wird [1397] [1401] bis [1403]. Unverzichtbar ist in jedem Falle der Einsatz modifizierender Reagenzien, die folgende Wirkungen hervorbringen:

a) die Hydrophilierung der Feinstschlammteilchen und im Zusammenhang damit das Beseitigen von Schlammüberzügen auf den Sylvinkörnern sowie das Herabsetzen der Adsorptionsaktivität der Schlammteilchen für den Sammler und
b) das selektive Flocken der Schlammteilchen.

Als dafür geeignete Reagenzien haben sich verschiedene makromolekulare Zusatzstoffe bewährt, wie Stärke und verwandte Stoffe (z.B. Carboxymethylcellulose), Gerbstoffe u.a. [1387] [1391] [1399] [1400]. Auch die flotative Abtrennung geflockter Schlämme wird angewendet [1397].

Halit

Als Sammler eignen sich in Mg-freien Lösungen Carboxylate. Die besten Trennergebnisse bringen jedoch N-Alkylmorpholinsalze bei $pH < 4$ hervor [765]. Letztere können auch in Mg-haltigen Lösungen verwendet werden.

Kieserit, Langbeinit, Polyhalit

In einigen Kalirohsalzen sind in wirtschaftlich nutzbarem Umfang sulfatische Salzminerale als Nebenkomponenten enthalten, insbesondere Kieserit ($MgSO_4 \cdot H_2O$), Langbeinit

($K_2SO_4 \cdot 2MgSO_4$) und Polyhalit ($K_2SO_4 \cdot MgSO_4 \cdot 2CaSO_4 \cdot 2H_2O$). In hochkonzentrierten Elektrolytlösungen ist die Flotation dieser Minerale mit Sammlern möglich, die im polaren Molekülteil mindestens eine $-SO_3^-$- oder $-SO_4^-$-Gruppe enthalten, wie z. B. Alkylsulfate, Alkansulfonate und sulfierte Carbonsäuren [736] [738]. Die Flotierbarkeit des Langbeinits entspricht dabei etwa der des Kieserits, die des Polyhalits ist im allgemeinen schlechter als die von Kieserit und Langbeinit. Kommt in diesen Rohsalzen auch Anhydrit ($CaSO_4$) vor, so ist dieser zum Teil besser, teilweise auch schlechter flotierbar als Polyhalit. Folglich gelingt es mit den genannten Sammlern kaum, anhydritarme Kieserit-Konzentrate herzustellen, wenn Anhydrit stärker vertreten ist. Dies ist aber in KCl-NaCl-$MgCl_2$-$MgSO_4$-Lösungen mit Acylglycinen und Acylsarkosinen möglich, wenn die $MgCl_2$-Konzentration der Lösungen genügend hoch ist [1404] [1405]. In Lösungen geringerer $MgCl_2$-Konzentration wandelt sich nämlich Anhydrit oberflächlich in Syngenit ($K_2SO_4 \cdot CaSO_4 \cdot H_2O$) um und zeigt dann ein ähnliches Flotationsverhalten wie Kieserit [1406].

Kainit ($KCl \cdot MgSO_4 \cdot 3H_2O$)

Die Flotation dieses Minerals erfolgt in Lösungen, die dem Existenzgebiet des Kainits entsprechen, mit n-Alkylammoniumsalzen der Kettenlängen C_8 bis C_{12} als Sammler sowie aliphatischen und aromatischen Alkoholen als Schäumer [1407]. Die Flotation des Kainits im Existenzfeld des Sylvins ist mit denselben Sammlern möglich. Hier kommt es wahrscheinlich auf den Oberflächen des Kainits zur Bildung von Sylvin. Die Trennung des Kainits vom Sylvin kann mit Alkylsulfaten oder Alkansulfonaten sowie Gemischen von verzweigtkettigen primären oder sekundären Ammoniumsalzen unter Zusatz geringer Mengen von n-Alkylammoniumsalzen erfolgen.

4.12.6 Flotation natürlich hydrophober mineralischer Rohstoffe

Zu dieser Gruppe zählen hauptsächlich Steinkohlen, Graphit, Schwefel, Talk und Molybdänit. Die auf den Oberflächen gemessenen Randwinkel liegen zwischen 20° und 90°. Zur Verstärkung der Hydrophobie bzw. der Blasenhaftung verwendet man vor allem unpolare Öle. Bei der Steinkohlenflotation können auch nichtionogene polar-unpolare Reagenzien, wie Alkohole, Phenole u.a., und z.T. auch ionogene Stoffe Sammlerwirkung hervorbringen.

Steinkohlen

Flotiert werden nur primär anfallende Körnungen < 0,5 bis 1,0 mm. Die Zerkleinerung von Steinkohlen auf Flotationsfeinheit wäre ökonomisch und hinsichtlich der Verbraucherforderungen an die Korngrößenzusammensetzung der Fertigprodukte nicht zu rechtfertigen.

Die Flotationseigenschaften der Steinkohlen hängen von der kohlenpetrographischen Zusammensetzung, dem Inkohlungsgrad, von Art, Umfang und Verteilung der mineralischen Einschlüsse sowie der Oberflächenoxydation ab. Die matten Streifenarten (Durit, Fusit) flotieren schlechter als die glänzenden (Vitrit, Clarit). Dies dürfte z.T. auf den höheren Anteil mineralischer Einschlüsse zurückzuführen sein.

Mit fortschreitender Inkohlung beobachtet man bis zu den Kohlen mit mittlerem Gehalt an flüchtigen Bestandteilen eine Zunahme der natürlichen Hydrophobie [644] [1414] bis [1417]. Mit weiterer Inkohlung nimmt diese dann wieder etwas ab. Die Flotierbarkeit beeinflussen weiterhin die syngenetischen Minerale, die während des Torfstadiums eingespült, eingeweht oder ausgeschieden worden sind, und die Mineralsubstanz der Pflanzenasche. Charakteristisch ist die außergewöhnlich feine Verwachsung dieser Mineralsubstanz, die hauptsächlich aus Quarz, Tonmineralen, Karbonaten und Sulfiden, d.h. hydrophilen Stoffen, besteht. Durch oberflächliche Oxydation der Kohlekörner wird deren Flotierbarkeit beeinträchtigt. Diese setzt schon nach einer kurzen Lagerung an der Atmosphäre oder in Wasser ein.

Als Sammler kommen zunächst unpolare Öle (paraffinische, alicyclische, olefinische und aromatische) in Betracht. Bei niedriger Inkohlung sollen diese am besten geeignet sein [1417]. Weiterhin sind einwertige aliphatische Alkohole (C_6 bis C_8), heterocyclische und aromatische Verbindungen mit OH-, COOH- und CO-Gruppen wirkungsvoll [775] [1417] [1418]. Die Sammlerwirkung dieser Stoffe erklärt sich daraus, daß die Kohleoberflächen in petrographischer und damit auch energetischer Hinsicht inhomogen sind. Die in den Kohlen enthaltenen zahlreichen organischen Mikrokomponenten von unterschiedlicher Molekularstruktur und somit unterschiedlichen Eigenschaften, anorganischen Beimengungen, sauerstoffhaltigen funktionellen Gruppen usw. verleihen der Oberfläche eine komplizierte Mosaikstruktur, deren Teilbereiche sich auch hinsichtlich ihrer Adsorptionsaktivität gegenüber den verschiedenen Reagensgruppen unterscheiden [644] [775] [1417] [1418].

Vom wirtschaftlichen Standpunkt muß man auf möglichst billige Mischprodukte als Flotationsreagenzien zurückgreifen (z.B. Teer-, Schwel-, Heiz-, Gas- und andere Öle). Diese Öle sind zu emulgieren. Die Tröpfchen lagern sich oberflächlich an die hydrophoben Oberflächenteile an und verstärken die Hydrophobie sowie die Blasenhaftung in der Weise, wie dies im Abschn. 4.3.2.11 anhand des Bildes 251 beschrieben worden ist. Die Öle bewirken z.T. auch die Agglomeration der Kohlesubstanz und eine Schaumregulierung.

Anorganische Elektrolyte und hydrophile organische Kolloide setzt man hin und wieder als modifizierende Reagenzien zu. Geringe Salzkonzentrationen (1 bis 3% NaCl, $CaCl_2$ u.a.) verbessern die Selektivität.

Zum Drücken von Pyrit werden pH 9, dispergierende (z.B. Wasserglas) sowie oxydierende ($K_2Cr_2O_7$, $KMnO_4$) als auch reduzierende Reagenzien ($Na_2S_2O_3$, Na_2SO_3) empfohlen [1419]. Jedoch wird auch darauf hingewiesen, daß Pyrit in mechanischen Flotationsapparaten hauptsächlich durch Trübemitführung (siehe Abschn. 4.6.2.3) in die Schwimmprodukte gelangt [1420].

Graphit

Es sind Blättchengraphit (Blättchen von mehreren Millimetern Größe), dichtkristalliner Graphit (< 0,1 mm) und kryptokristalliner Graphit (< 1 μm) zu unterscheiden. Die Flotierbarkeit nimmt in dieser Reihenfolge ab. Als Sammler benutzt man unpolare Öle und zusätzlich einen Schäumer. Als Drücker für Quarz sowie als Dispergiermittel findet Wasserglas Anwendung. Milchsäure wird zum Drücken von Glimmer eingesetzt [1421]. Schwierigkeiten bereitet das Erzeugen hochwertiger Konzentrate, weil Graphitteilchen leicht an Bergekörnern haften. Mehrere Reinigungsstufen – gegebenenfalls unter Einbeziehung von Nachmahlung – sind üblich.

Schwefel

Die Flotation von gediegenem Schwefel komplizieren Feinstschlämme und gegebenenfalls Bitumen. Man benutzt unpolare Öle und einen Schäumer. Zum Drücken der meist tonig-mergeligen Gangart sind Soda, Wasserglas, Na-Pyrophosphat oder andere modifizierende Reagenzien erforderlich. Auch bei der Schwefelflotation sind mehrere Reinigungsstufen notwendig.

Talk

Für die Erzeugung von Talk-Produkten für die Papierindustrie und die kosmetische Industrie kommt die Flotation zur Anwendung, womit sich bei $pH \approx 9$, Zusatz eines alkoholischen

Schäumers (z. B. Methylisobutylcarbinol) und Wasserglas durch mehrstufige Anreicherung hochwertige Konzentrate erzeugen lassen.

Molybdänit

Dieses Mineral kann aus Molybdänerzen mit unpolaren Ölen bei Schäumerzusatz flotiert werden, wofür sich naphthenische Öle besonders eignen sollen [1423]. Weiterhin fällt Molybdänit in den Cu-Mo-Konzentraten der porphyrischen Kupfererze als Nebenprodukt an. Aus diesen Kollektivkonzentraten läßt sich der Molybdänit nach Hydrophilierung der Kupfersulfide im Schwimmprodukt abtrennen. Dafür setzt man Alkalisulfide, Reagenzien zur Oxydation der Kupfersulfid-Oberflächen und/oder Cyanide ein [1069]. Weniger üblich ist die umgekehrte Vorgehensweise, d.h., die Kupfersulfide unter Drücken des Molybdänits mit Stärke oder Dextrin zu flotieren.

4.13 Flotation nichtmineralischer Feststoffe

Wenngleich die Flotation außerhalb der Aufbereitung mineralischer Rohstoffe hinsichtlich des Umfangs ihrer Anwendung sehr zurücksteht, so ist sie jedoch nicht nur für einige weitere Feststofftrennungen unentbehrlich, sondern es zeichnen sich sogar neue wichtige Einsatzfelder ab. Dies trifft zu für die Verarbeitung metallurgischer Zwischenprodukte sowie vor allem für das Recycling fester Abfälle. Im Rahmen des letzteren wird die Flotation schon seit einiger Zeit umfangreich für die Aufbereitung von Altpapier (Deinking) eingesetzt. Weitere Anwendungsmöglichkeiten dürften sich im Rahmen des Recyclings von Kunststoffabfällen ergeben. Nicht berücksichtigt wird hier die umfangreiche Nutzung der Flotation zur Abwasserreinigung (siehe hierzu auch Abschn. 4.8.3).

4.13.1 Flotation metallurgischer Zwischenprodukte

Das wichtigste, bekannt gewordene Anwendungsgebiet ist hier die flotative Trennung des Rohsteins, der als Zwischenstufe bei der metallurgischen Verarbeitung von Konzentraten der Kupfer-Nickel-Erze vom Sudbury-Typ entsteht [668] [1424]. Diese Erze enthalten Chalkopyrit, Pentlandit ($(Ni,Fe)_9S_8$) und Pyrrhotin in einer aus Eisen-Magnesium-Silikaten bestehenden Gangart. Unabhängig davon, ob diese Erze kollektiv-selektiv oder sofort kollektiv nach den Merkmalen der Sulfidflotation aufbereitet werden, zielt man letztlich auf ein hochangereichertes Cu-Konzentrat mit dem niedrigst möglichen Ni-Gehalt sowie auf ein Ni-Konzentrat mit hohem Ni-Ausbringen ab, wobei letzteres folglich beachtliche Cu-Gehalte aufweist. Bei dessen metallurgischer Weiterverarbeitung entsteht deshalb zunächst ein Rohstein, der Ni- und Cu-Sulfide enthält. Hierbei kann außerdem so vorgegangen werden, daß man einen Rohstein mit geringem Schwefeldefizit erzeugt, um in diesem auch eine metallische Phase zu erhalten, in der sich die Platinmetalle (Pt, Pd, Ir, Os) sammeln [1424]. Durch kontrollierte Abkühlung des Rohsteins wird eine zu feinkörnige Kristallisation vermieden, so daß nach der Zerkleinerung die Anwendung von Sortierprozessen ermöglicht wird. Nach einer ersten Mahlstufe ist – falls vorhanden – die metallische Phase durch Schwachfeld-Magnetscheidung abtrennbar. Daran schließt sich, kombiniert mit Nachmahlstufen, eine mehrstufige flotative Trennung in ein Cu- und ein Ni-Konzentrat an. Als Sammler, der zugleich Schäumereigenschaften besitzt, hat sich Diphenylguanidin bewährt, wobei das Cu-Konzentrat als Schwimmprodukt anfällt. Neuere Untersuchungen zielten darauf ab, dieses wegen seiner mäßigen Wasserlöslichkeit schwierig zu dosierende Reagens durch besser wasserlösliche zu ersetzen [1424]. Dabei haben sich Dithiophosphinate sowie Mercaptobenzthiazole als Verbindungen herausgestellt, die vergleichbar gute Ergebnisse hervorbringen, wenn zusätzlich Methylisobutylcarbinol als Schäumer verwendet wird.

4.13.2 Deinking-Flotation von Altpapier

In den Industrieländern hat das Recycling von Altpapier, d.h. die Gewinnung von Sekundärfaserstoff für die Papiererzeugung, in den letzten Jahrzehnten ständig an Bedeutung gewonnen [1425]. In diesem Zusammenhang spielt das Deinking von Altpapier eine besonders wichtige Rolle. Dafür können Waschprozesse und die Flotation eingesetzt werden, wobei die letztere in Europa und im Weltmaßstab dominiert [1196] [1425].

Das Hauptziel der Deinking-Flotation besteht in der Abtrennung der Druckfarben aus dem Altpapier, um den Weißgrad des Faserstoffes wesentlich zu erhöhen, damit dieser für die Herstellung von graphischen sowie anderen Papieren, an die entsprechende Anforderungen hinsichtlich des Weißgrades gestellt werden, wieder einsetzbar ist. Hierbei sollen ein möglichst hohes Faserausbringen im Flotationsrückstand sowie ein weitgehendes Erhalten der Fasereigenschaften erreicht werden. Daneben kann es wünschenswert sein, daß im Papier enthaltene Füllstoffe (Kaolin, Calcit) ebenfalls mit im Faserprodukt ausgetragen werden. Schließlich sollten im Altpapier enthaltene Verunreinigungen, falls sie nicht durch andere Prozesse abtrennbar sind, bei der Deinking-Flotation mit in das Schwimmprodukt gelangen.

Wie bei jedem Sortierprozeß wird auch bei der Altpapier-Aufbereitung der Trennerfolg durch die Aufschlußverhältnisse entscheidend mitbestimmt, d.h. hier, inwieweit es gelingt, die Druckfarbenpartikeln vom Faserstoff abzulösen und den Feststoff zu dispergieren. Dies geschieht in Löseapparaten (rotierende Trommeln, Rührapparate) in wäßriger Suspension unter Zusatz von Reagenzien, die das Ablösen und Dispergieren unterstützen. Das Ablösen des Farbstoffes ist um so leichter, je weniger der Farbstoff beim Drucken in die Faserstoff-Matrix eindringen konnte, also nur oberflächlich auf dieser haftet. Letzteres trifft insbesondere für gestrichene (d.h. mit Dispersionen aus Pigmenten [Kaolin, Calcit u.a.], Bindemitteln und Hilfsstoffen beschichtete) sowie oberflächlich veredelte Papiere zu [1425] [1430]. Weiterhin beeinflussen die Zusammensetzung des Papiers (holzhaltig, holzfrei), das Druckverfahren (Hochdruck, Tiefdruck, Offsetdruck u.a.) sowie die Zusammensetzung der Druckfarben das Ablösen, wobei zwischen dem Druckverfahren und der Druckfarbe gewisse Wechselbeziehungen bestehen [1196] [1425] [1427] bis [1430]. In neuerer Zeit sind verstärkt Bemühungen zu erkennen, bei der Druckfarbenentwicklung die Recyclingfähigkeit der Druckerzeugnisse zu berücksichtigen [1425] [1427] [1428]. Da es sich bei den aus Haushalten stammenden Altpapieren um Mischungen von Druckerzeugnissen verschiedener Art handelt, können sich für das Deinking schwierige Probleme ergeben.

Berücksichtigt man, daß die für das Lösen bzw. Dispergieren in wäßriger Lösung in Betracht zu ziehenden Inhaltsstoffe (Fasern, Druckfarben, Füllstoffe) nach den vorliegenden Untersuchungsergebnissen im neutralen und alkalischen pH-Bereich Träger relativ hoher negativer Zeta-Potentiale sind [1425] [1426] [1431], so würde hierdurch das Ablösen der Druckfarben und Dispergieren unterstützt. Ein Zusatz von NaOH (pH 10–11) fördert dies noch zusätzlich durch Faserquellung. Jedoch ist es bei den verbreitet eingeführten Verfahren üblich, Lösen bzw. Dispergieren und Flotieren in hartem Wasser von 5 bis 10°dH (d.h. 50 bis 100 mg/l CaO bzw. 0,9 bis 1,8 mmol/l Ca^{2+}) durchzuführen, so daß durch Adsorption von Ca^{2+} bzw. $CaOH^+$ die negativen Zeta-Potentiale herabgesetzt werden. Sie bleiben aber dann immer noch im Bereich negativer Werte. Teilweise werden auch nichtionogene Tenside vom Typ der Polyoxethylene (siehe auch Abschn. 4.4.2.2) zur Verbesserung von Benetzung und Dispergierung der Feststoffe benutzt [1426]. Weiterhin finden Wasserglas sowie Bleichmittel (H_2O_2) Anwendung. Es ist auch üblich, den für die Flotation eingesetzten Sammler (überwiegend Carboxylate) bereits der Suspension im Löseapparat zuzusetzen. Ferner ist wichtig, den Löseprozeß unter solchen hydrodynamischen Bedingungen zu betreiben, daß eine Zerkleinerung der

Druckfarbenpartikel weitgehend vermieden und vielmehr deren selektive Flockung (Agglomeration) im Hinblick auf die Flotationskinetik begünstigt wird. Die Größen der Farbstoffpartikeln, die in den Suspensionen beobachtet worden sind, liegen etwa im Bereich von 5 bis 500 μm [1429]. Schließlich sollte die Reagglomeration von Farbstoffpartikeln auf dem Faserstoff verhindert werden [1426].

Aufgrund der relativ hohen Ca^{2+}-Konzentration in den Suspensionen sind Bedingungen gegeben, unter denen die als Sammler verwendeten Fettsäuren mehr oder weniger vollständig als Ca-Seifen ausgefällt vorliegen. Wie man sich unter diesen Verhältnissen die Sammlerwirkung erklären kann, darüber sind hypothetische Vorstellungen veröffentlicht worden (siehe z.B. [1196] [1425]), die jedoch noch nicht befriedigen können.

Erörtert man diese Problematik unter Berücksichtigung von Erkenntnissen, die im Zusammenhang mit Grundlagenuntersuchungen zur Flotation geringlöslicher Erdalkaliminerale gewonnen worden sind (siehe insbesondere Abschn. 4.12.4.1), so lassen sich folgende Vorstellungen entwickeln. Obwohl eine chemisorptive Sammlerbindung nicht unbedingt auszuschließen ist, so dürfte sie unter Berücksichtigung der Variationsbreite der stofflichen Zusammensetzung der Farbstoffe weniger wahrscheinlich sein. Physisorption über Adsorptionsbrücken (Ca^{2+} bzw. $CaOH^+$) ist denkbar, dürfte aber aufgrund der negativen Zeta-Potentiale, die die Feststoffe trotz der hohen Ca^{2+}-Konzentration noch aufweisen, allein keine ausreichende Hydrophobierung hervorbringen können. Viel wahrscheinlicher ist die Hydrophobierung durch die Adhäsion kolloider Seifenteilchen, wie sie auch hier elektronenmikroskopisch nachgewiesen werden konnte [1426]. Für diese Adhäsion dürften aufgrund einer gewissen natürlichen Hydrophobie von Farbstoffkomponenten hydrophobe Bindungen zwischen den kolloiden Seifenteilchen und den Farbstoffpartikeln die wesentliche Rolle spielen. Für eine derartige Interpretation spricht auch, daß durch die Adsorption der zum Benetzen und Dispergieren eingesetzten Polyoxethylene die Flotierbarkeit der Farbstoffpartikel beeinträchtigt wird [1426]. Andererseits sind aber auch hydrophobe Bindungen zwischen Faserstoffen und den Ca-Seifenteilchen nicht auszuschließen [1431]. Allerdings kann man sich durchaus vorstellen, daß sich zwischen Fasern und Blasen aufgrund der möglichen Kontaktgeometrien keine ausreichenden Haftkräfte entwickeln können, die unter den hydrodynamischen Bedingungen eines Flotationsapparates eine stabile Faserteilchen-Blase-Haftung gewährleisten. Vielmehr ist anzunehmen, daß der mit der Flotationszeit anwachsende Austrag von Fasern im Schwimmprodukt hauptsächlich durch Trübemitführung bewirkt wird (siehe Abschn. 4.6.2.3). Insgesamt ist folglich festzustellen, daß die Mechanismen der Sammlerwirkung bei der Deinking-Flotation unter Beachtung der umfangreichen Erkenntnisse, die über die Reagensregime im Rahmen der gesamten Flotationstechnik bereits vorliegen, weiterer Aufklärung bedürfen. Es ist wahrscheinlich, daß dadurch weitere effektive Lösungen für die Deinking-Flotation erschlossen werden können.

Die Deinking-Flotation läßt sich in herkömmlichen mechanischen und pneumatischen Flotationsapparaten realisieren, wobei der Leistungseintrag für das Suspendieren eine untergeordnete Rolle spielt, sondern vor allem durch das Luftzerteilen und die Teilchen-Blase-Kollisionen bestimmt wird. Die Hersteller von Deinking-Anlagen bieten aber vor allem eigene Bauarten mechanischer und auch pneumatischer Apparate an, die unter Berücksichtigung von Besonderheiten dieser Flotation entwickelt worden sind (siehe z.B. [1196] [1429]). Für Weiterentwicklungen bietet sich eine noch stärkere Berücksichtigung der hydrodynamischen Erfordernisse für die Fein- und Feinstkornflotation an.

4.13.3 Flotative Trennung von Kunststoffen

Die industrielle Anwendung des Recycling von Kunststoffen aus Abfällen wird entscheidend davon abhängen, inwieweit es durch Aufbereitung gelingt, weitgehend reine Kunststoffsorten zu erzeugen. In den in Betracht zu ziehenden Abfällen liegen die Kunststoffe vorwiegend nicht nur mit anderen Abfallstoffen (Papier, Metalle u.a.) vermengt, sondern auch als Gemische mehrerer Kunststoffsorten vor (z.B. in Siedlungsabfällen, Autoschrotten). Somit erfordert das Recycling trennscharfe Prozesse für die Sortierung von Kunststoff-Mischungen. Hierfür sind die Einsatzmöglichkeiten von Dichtetrennungen mittels der Schwimm-Sink-Sortierung auf solche Kunststoffe beschränkt, zwischen denen eine ausreichende Dichtedifferenz existiert (siehe auch Abschn. 1.1.9). Ist dies nicht gegeben und liegen Verbindungsverhältnisse vor, die eine Zerkleinerung auf etwa <10 mm mindestens erfordern, so besteht dann nur noch die Möglichkeit, die Trennung durch Elektrosortierung (siehe Abschn. 3.4.7) oder durch Flotation zu erreichen. Nach ersten Anfängen in den 70er Jahren ist letztere in jüngster Zeit wieder verstärkt ins Blickfeld des Interesses gerückt (siehe auch [1432] bis [1438]). Der gegenwärtige Erkenntnisstand über die Möglichkeiten, die die Flotation durch Modifizierung der Grenzflächeneigenschaften mittels eines Reagensregimes sowie Anpassung der hydrodynamischen Trennbedingungen bietet, sind jedoch für Kunststoffe erst in Anfängen untersucht.

Abweichend von anderen Flotationsprozessen steht man bei der flotativen Trennung von Kunststoffen fast ausschließlich vor der Aufgabe, eine selektive Hydrophilierung mittels des Reagensregimes zu gewährleisten, weil diese überwiegend natürlich hydrophob sind und dann ohne jeglichen Sammlerzusatz sehr gut flotieren, falls dies nicht durch Adsorptionsschichten und/oder oberflächliche Verunreinigungen beeinträchtigt wird. So ergaben z.B. Messungen des Randwinkels auf neu erzeugten, reinen Oberflächen von Kunststoffen folgende Werte: Polypropylen (PP) 96°, Polyethylen (PE) 90°, Polystyrol (PS) 86° und Polyvinylchlorid (PVC) 82° [1432]. Im Verhältnis dieser Meßwerte zueinander äußert sich die stoffliche Zusammensetzung der Kunststoffe (aliphatische oder aromatische Kohlenwasserstoffe, polare Gruppen; siehe auch Tabelle 29). Im konkreten Einzelfall wirken sich natürlich auch Additive, Füllstoffe und andere Bestandteile, die im Kunststoff enthalten sind, mit auf das Benetzungsverhalten aus. Das Benetzungsverhalten durch Wasser bzw. wäßrige Lösungen kann verbessert und damit der Randwinkel herabgesetzt werden, indem man auf der Kunststoffoberfläche ein hydrophilierendes Reagens und/oder in der Grenzfläche wäßrige Lösung/Luft einen grenzflächenaktiven Stoff zur Verminderung der Oberflächenspannung σ_{lg} adsorbieren läßt. Als Reagenzien, die die zuerst genannte Wirkung hervorbringen, sind bisher vor allem makromolekulare und kolloide hydrophilierende Zusatzstoffe wie Ligninsulfonate, Polyphenole (Tannine), Gelatine u.a. in Erwägung gezogen worden [1432] [1434] [1436] [1438] (siehe auch Abschn. 4.4.2.2). Bild 334 vermittelt einen Eindruck über die Veränderung des Randwinkels durch Zusatz derartiger Stoffe. Es ist deutlich zu erkennen, daß im vorliegenden Falle die hydrophilierende Wirkung auf PVC wesentlich stärker als auf PP ist, so daß man von einer selektiv wirkenden Hydrophilierung sprechen kann. Wie man sich die Adsorption dieser Stoffe auf den Kunststoffen vorzustellen hat, darüber liegen bislang keine Untersuchungsergebnisse vor. Bekanntlich ist ja auch ihre selektiv hydrophilierende Wirkung auf natürlich hydrophobe

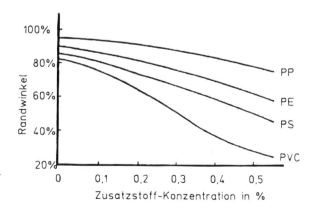

Bild 334 Veränderung des Randwinkels von Kunststoffen durch hydrophilierende Zusatzstoffe (Ligninsulfat bzw. Tannin) [1432]

mineralische Stoffe noch kaum aufgeklärt [904]. Wahrscheinlich dürfen dafür hydrophobe Bindungen neben anderen eine Rolle spielen. Neuerdings werden auch Polyoxethylene (R-$(CH_2CH_2O)_n$OH) als Reagensgruppe für die selektive Hydrophilierung benutzt [1435] [1438]. Für diese Gruppe ist charakteristisch, daß ihre Moleküle durch entsprechende Wahl von R und n sehr variationsfähig sind (siehe Abschn. 4.4.2.2) und dadurch ihre Wirkung sowohl hinsichtlich der Erfordernisse der Adsorption an den Kunststoffoberflächen als auch in der Phasengrenzfläche Lösung/Luft abgestimmt werden kann. Bekannt ist weiterhin, daß in Verbindung mit den genannten Reagenzien auch der pH-Wert der wäßrigen Lösungen für die selektive Hydrophilierung und damit den Trennerfolg eine entscheidende Rolle spielen kann [1434] [1438]. Nach ersten vorliegenden Ergebnissen deutet sich weiterhin ein Einfluß weiterer Ionen – insbesondere mehrwertiger Kationen – auf die Wirksamkeit hydrophilierender Reagenzien an.

Durch entsprechende Anpassung des Reagensregimes nach den im vorstehenden kurz erläuterten Merkmalen sind bisher insbesondere folgende Kunststoff-Trennungen überwiegend im Labormaßstab, teilweise auch halbtechnisch, realisiert worden (Schwimmprodukt// Rückstand): PE//PVC, PP//PVC, PS//PVC, PET//PVC (PET – Polyethylenterephthalat), PP// PS, PP//PE, PE//ABS (ABS – Acrylnitril-Butadien-Styrol), PE//PS [1432] [1434] bis [1436] [1438].

Weiterhin ist ein Flotationsprozeß für die Trennung von Polyester (PET und andere) und PVC entwickelt worden, bei dem vor der Flotation die Kunststoffe einer Vorbehandlung in einer alkalischen wäßrigen Lösung, der auch ein- oder mehrwertige aliphatische Alkohole sowie Polyoxethylene zugesetzt werden sollten, unterzogen werden. Dadurch tritt eine selektive Hydrophilierung der Polyester ein [1439]. Im Anschluß daran kann in normaler wäßriger Lösung unter Schäumerzusatz flotiert werden, wobei die Polyester als Flotationsrückstand anfallen. Dieses Verfahren soll bereits im industriellen Maßstab realisiert worden sein [1438].

Bei einem ähnlichen Prozeß für die Trennung von PET und PVC verzichtet man völlig auf den Zusatz makromolekularer oder kolloider hydrophilierender Zusatzstoffe und erzielt eine ausreichende selektive Benetzung dadurch, daß in einer alkalischen Flüssigkeit (pH 11) flotiert wird, die aus etwa 80% Wasser und 20% Methanol besteht [1437]. Hiermit lassen sich bei Zusatz eines Schäumers (Methylisobutylcarbinol) σ_{lg}-Werte der Flüssigkeit zwischen 20 und 30 mN/m einstellen. Auch hierbei fällt PET als Flotationsrückstand an.

Wegen der nur wenig von der des Wassers abweichenden Dichten der Kunststoffe ist für den Flotationserfolg auch eine entsprechende Anpassung der hydrodynamischen Bedingungen im Flotationsapparat wichtig. Vieles spricht dafür, daß Gegenstrom-Flotationsapparate (siehe Abschn. 4.8.2.1) die besten Voraussetzungen für Kunststoff-Trennungen bieten dürften.

Schließlich ist zu beachten, daß in vielen Abfällen die Oberflächen der Kunststoffe derart verunreinigt sind, daß auf vorgeschaltete intensive Waschprozesse – vielfach unter Zusatz von Alkalien – nicht verzichtet werden kann. Ferner dürften befriedigende Lösungen bei der Aufbereitung kunststoffhaltiger Abfälle vorwiegend nur dadurch ermöglicht werden, indem die Flotation mit anderen Sortierprozessen sowohl zur Abtrennung von Nicht-Kunststoffen als auch für die Kunststoff-Sortierung (Schwimm-Sink-Prozeß) kombiniert wird.

4.14 Methoden zur Untersuchung des Adsorptions- und Flotationsverhaltens von Feststoffen

Zum Studium des Adsorptions- und Flotationsverhaltens von Feststoffen (insbesondere Mineralen) werden verschiedene Methoden benutzt, auf die nur kurz eingegangen werden kann.

Mit Hilfe von **Adsorptionsuntersuchungen** kann die Adsorbierbarkeit von Sammlern und modifizierenden Reagenzien an Feststoffoberflächen studiert werden. Wegen der im allgemeinen sehr niedrigen Konzentrationen sind sehr hohe Anforderungen an die Empfindlichkeit

4.14 Untersuchung des Adsorptions- und Flotationsverhaltens von Feststoffen

der analytischen Methoden zu stellen. Die adsorbierte Menge kann direkt oder über die Restkonzentration bestimmt werden. Man kann diese Methoden auch zum Studium der Kinetik der Adsorption sowie zur Aufnahme der Adsorptionsisothermen anwenden. Schließlich sind Untersuchungen über den zeitlichen Verlauf der Desorption zu nennen, die Hinweise über die Stabilität der Adsorptionsfilme liefern. Die wichtigsten Analysenmethoden sind folgende:

- radiometrische Methoden: Auf radiometrischer Grundlage lassen sich sämtliche Flotationsreagenzien bestimmen. Allerdings ist dafür der Aufwand etwas höher als bei anderen Methoden, und aus Gründen des Gesundheitsschutzes wird ihre Anwendung nicht selten gemieden.
- photometrische Methoden: Manche Reagenzien zeigen mit Indikatoren hochempfindliche Farbreaktionen.
- Titrationsmethoden
- IR- und UV-spektroskopische Methoden
- polarographische Methoden.

Untersuchungen über die Wechselwirkungen (**Bindungszustand**) zwischen den Reagenzien und den Feststoffoberflächen können mittels spektroskopischer Methoden geschehen (insbesondere IR-Spektroskopie, aber auch Kernresonanz-Spektroskopie (NMR), Elektronenspinresonanz-Spektroskopie (ESR), Röntgen-Photoelektronen-Spektroskopie (XPS), Auger-Elektronen-Spektroskopie (AES), Photoakustische Spektroskopie (PAS), Raman-Spektroskopie, Sekundärionen-Massenspektrometrie u.a.; siehe z.B. [878] [1440] [1441]).

Da aus dem **Zeta-Potential** auf die Potentialverhältnisse an der Grenzfläche geschlossen werden kann und weiterhin Wechselbeziehungen zwischen der Veränderung des Zeta-Potentials und der Ionenadsorption bestehen, werden Zeta-Potentialmessungen häufig zu Grundlagenuntersuchungen herangezogen. Auf entsprechende Meßanordnungen ist schon im Abschn. 4.2.3.5 hingewiesen worden.

Mit Hilfe von **Randwinkelmessungen** kann man den Hydrophobierungszustand der Feststoffoberflächen untersuchen. Die Blasenhaftmethode ist die in der Flotationstechnik gebräuchlichste Methode (siehe Abschn. 4.2.4 und Bild 244). Dafür ist eine Schliff-, Spalt- oder Wachstumsfläche des Festkörpers erforderlich. Alle für die Blasenhaftmethode vorgeschlagenen Meßapparaturen ähneln einander. Sie bestehen aus dem Teil für die Blasenerzeugung, aus Probehalter, Meßküvette sowie einer optischen Einrichtung, die ein vergrößertes Bild der am Festkörper haftenden Blase erzeugt. Die Winkelmessung kann direkt mit einem Goniometer erfolgen oder bei Annahme von Kugelgestalt der Blase auf die Messung des Durchmessers von Haftfläche und Blase zurückgeführt werden [583]. Moderne Randwinkel-Meßgeräte arbeiten mit Videokamera und elektronischer Bildauswertung. Daß unter vergleichbaren Bedingungen gemessene Randwinkel erheblich streuen können, kann verschiedene Ursachen haben, insbesondere die Zeitabhängigkeit der Randwinkeleinstellung, Heterogenitäten der Feststoffoberfläche sowie die Randwinkelhysterese. Weiterhin bleibt meist unbeachtet, daß Gl. (49) nur für ebene, äußeren Kräften nicht unterworfene Systeme gilt (Verformung der Blase unter Schwerkrafteinfluß!). Daraus folgt, daß die Gestalt der Blase und damit der Randwinkel neben der Dichtedifferenz zwischen Flüssigkeit und Gas vor allem von der Oberflächenspannung mit abhängt. Randwinkel sind deshalb nur vergleichbar, wenn die Blasen geometrisch ähnlich sind. Dies ist strenggenommen weder – wie man vielfach vereinfachend annimmt – bei gleichem Blasenvolumen noch bei gleichem Blasendurchmesser der Fall. Ein eindeutiges Ähnlichkeitskriterium wurde von *Schneider* angegeben [583].

Für Untersuchungen der Flotierbarkeit reiner Feststoffe bzw. Eignung von Reagensregimen wendet man verschiedene **Mikroflotationsapparate** an, deren bekanntester die *Hallimond*-Röhre ist (siehe z.B. [961] [1442] bis [1447]). Im Bild 335 ist eine Versuchsanordnung mit *Hallimond*-Röhre, Bauart Institut für Mechanische Verfahrenstechnik und Aufbereitungstechnik der TU Bergakademie Freiberg, dargestellt. Wenige Gramm reinen Feststoffs, der als enge Korngrößenklasse vorliegen sollte, werden im Konditioniergefäß (2) mit reagenshaltiger

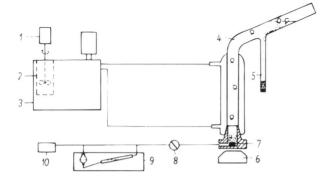

Bild 335 Versuchsanordnung mit *Hallimond*-Röhre, Bauart *TU Bergakademie Freiberg*
(1) Rührer; (2) Konditioniergefäß; (3) Thermostat; (4) *Hallimond*-Röhre mit Wassermantel; (5) Meßröhrchen; (6) Magnetrührer; (7) Magnet; (8) Feinstnadelventil; (9) Manometer; (10) Membranpumpe

Lösung gerührt und im Anschluß daran in die *Hallimond*-Röhre (4) umgefüllt. Mit Hilfe eines Magnetrührers (6) am Boden der Röhre wird ein schwacher Suspensionszustand gewährleistet. Nach entsprechender Reagenseinwirkung wird Luft am Boden der Röhre dosiert zugeführt. Ausreichend hydrophobierte Körner haften an den sich bildenden Blasen und steigen mit diesen zur oberhalb des Röhrchens (5) sich befindenden Flüssigkeitsoberfläche auf. Dort zerplatzen die Blasen, und die flotierten Körner gleiten in dieses Röhrchen, wo sie aufgefangen werden und ihre Menge bestimmt wird. Die Flotierbarkeit läßt sich in Mikroflotationsapparaten in Abhängigkeit aller wesentlichen Einflußgrößen untersuchen. Für Vergleiche z. B. der Flotierbarkeit verschiedener Feststoffe mit einem bestimmten Sammler oder der Flotierbarkeit eines Feststoffs mit verschiedenen Sammlern eignen sich vor allem Untersuchungen,

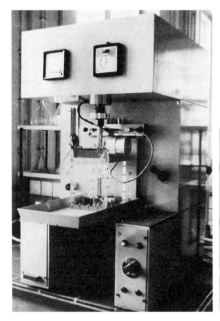

a b

Bild 336 Mechanischer Laborflotationsapparat mit Fingerrotor, austauschbaren Zellen verschiedener Größe sowie Veränderung von Drehzahl und Luftvolumenstrom
a) Gesamtansicht; b) Rotor-Stator-System
(Foto: *Knopfe, Medienzentrum TU Bergakademie Freiberg*)

bei denen unter konstanten anderen Bedingungen nur jeweils die Sammlerkonzentration c_S variiert wird. $R = f(c_S)$ liefert dann in voll-logarithmischen Diagrammen gewöhnlich eine Gerade (z. B. [696] [698] [699] [732]). Die in *Hallimond*-Röhren erzielten Ergebnisse sind nicht unmittelbar mit jenen von Laborflotationsapparaten vergleichbar, weil einige besondere Bedingungen vorliegen (geringe Feststoffkonzentration, enge Korngrößenklasse, geringe Turbulenz, relativ große Blasen u.a.). Trotzdem haben sie sich für Grundlagenuntersuchungen zur Flotierbarkeit sehr bewährt.

Untersuchungen über flotative Trennungen von Feststoffen im Labormaßstab werden vorwiegend in **mechanischen Laborflotationsapparaten** mit Zelleninhalten von etwa 0,5 bis 5 l durchgeführt. Eine größere Anzahl von Bauarten ist bekannt geworden, deren geometrische Ausbildung meist in Anlehnung an entsprechende industrielle Apparate entstanden ist. Bild 336 zeigt eine Bauart, die im Institut für Mechanische Verfahrenstechnik und Aufbereitungstechnik der TU Bergakademie Freiberg benutzt wird. Derartige Zellen arbeiten diskontinuierlich. Auf die Problematik der Übertragbarkeit der Ergebnisse in den industriellen Maßstab sowie die kontinuierliche Betriebsweise ist bereits im Abschn. 4.8.1.3 eingegangen worden. Auch für Flotationsuntersuchungen nach dem Gegenstromprinzip sind Laborapparate entwickelt worden.

4.15 Kennzeichnung des Trennerfolges eines Flotationsprozesses

Das Wertstoffausbringen, das Masseausbringen und das Anreicherverhältnis können wie für jeden anderen Trennprozeß bestimmt werden.

Es ist auch versucht worden, die Trennfunktion auf flotative Trennungen anzuwenden [1077] [1448]. Dabei ist davon auszugehen, daß es sich für enge Korngrößenklassen um einen Prozeß 1. Ordnung handelt. Auf dieser Grundlage lassen sich „Flotationsaktivitätsklassen" abgrenzen, die sich hinsichtlich ihrer Geschwindigkeitskonstanten unterscheiden (siehe hierzu auch Abschn. 4.7.3). Das Fehlen von Analysenmethoden für die Trennung nach diesen Merkmalklassen schränkt jedoch die praktische Anwendung erheblich ein.

Zur Kennzeichnung des Trennerfolges lassen sich auch die im Abschn. 1.5 besprochenen Sortierkurven sowie davon abgeleitete Kenngrößen benutzen [237] [293] bis [296]. Man gelangt zu den darzustellenden Wertepaaren, indem man das Schwimmprodukt in mehreren, zeitlich aufeinanderfolgenden Teilprodukten erfaßt und deren Masseanteile sowie Wertstoffinhalte bzw. Teilausbringen summiert. Diese Sortierkurven lassen sich für diskontinuierliche und kontinuierliche Flotation ohne Zwischengutkreisläufe aufstellen. Dabei ist vorteilhaft, daß in einem Diagramm die unter verschiedenen Bedingungen erzielten Ergebnisse unmittelbar gegenübergestellt oder aber auch das Flotationsverhalten verschiedener Feststoffe bzw. Komponenten eines Aufgabegutes verglichen werden können.

5 Klauben

Bei den Klaubetrennungen wird das Trennmerkmal an jedem einzelnen Korn bzw. Teilstück geprüft. Körner bzw. Teilstücke, die hierbei einen Schwellenwert überschreiten (oder auch unterschreiten), werden aus dem Gut ausgesondert bzw. aus dem Gutstrom ausgelenkt. Beim **Handklauben** (Bild 337a und b) wird das Trennmerkmal entweder vom Klaubepersonal durch Einschätzung (vor allem von Farbe, Glanz, Dichte und/oder Form) oder unter Zuhilfenahme eines Meßgerätes (z.B. für elektrische Leitfähigkeit, Thermospannung, emittierte Strahlung durch Anregung [1449]) bewertet und danach von Hand ausgesondert bzw. ausgelenkt, wobei im Falle der Inanspruchnahme eines Meßgerätes der Gutstrom zur Meßwertgewinnung kurzzeitig unterbrochen werden muß. Beim **automatischen Klauben** (Bild 337c) wird der Trennmerkmalswert (z.B. Lichtreflexion, radioaktive Eigenstrahlung, elektrische Leitfähigkeit, angeregte emittierte Strahlung) der einzeln an der Meßvorrichtung vorbeizuführenden Körner bzw. Teilstücke gemessen und nach Auswertung entsprechend eine automatische Auslenkvorrichtung (pneumatisch, mechanisch) betätigt, wobei Meßwertgewinnung, -auswertung und Betätigung der Auslenkvorrichtung in Sekundenbruchteilen geschehen müssen. Dies setzt neben einer dafür geeigneten Analysenmethode die Anwendung elektronischer Geräte voraus. Die Entwicklung der automatischen Klaubung, deren Anfänge etwa 50 Jahre zurückreichen, ist deshalb eng mit der der Elektronik verbunden gewesen [1450] und hat in jüngster Zeit – vor allem mit angeregt durch die Erfordernisse des Recyclings – zu wichtigen neuen Einsatzmöglichkeiten im industriellen Maßstab geführt.

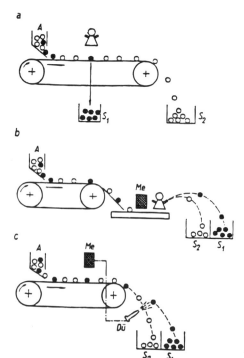

Bild 337 Wirkprinzipien von Klaubetrennungen
a) Handklauben (Klaubeband) ohne Meßgerät
b) Handklauben mit Meßgerät
c) automatisches Klauben
A Aufgabegut; S_1 und S_2 Sortierprodukte; *ME* Meßgerät bzw.-vorrichtung; *Dü* Druckluftdüse

5.1 Handklauben

Das Handklauben ohne Benutzung eines Meßgerätes gehört zu den ältesten Sortierprozessen, die für die Aufbereitung mineralischer Rohstoffe angewendet worden sind. Dafür sind vor allem die optischen Eigenschaften des Gutes und gegebenenfalls zusätzlich eine gefühlsmäßige Bewertung der Dichte herangezogen worden. Wegen der relativ geringen Produktivität und somit hohen Lohnkosten ist jedoch die Handklaubung mineralischer Rohstoffe heute in den Industrieländern nahezu bedeutungslos, während sie in Entwicklungsländern noch eine gewisse Rolle spielt. Demgegenüber hat sie im Rahmen der Abfallaufbereitung (vor allem für Haus- und Gewerbemüll [1451], besonders auch in Verbindung mit der getrennten Sammlung wichtiger Abfallarten wie Papier/Pappe/Karton, Glas, Leichtstoffe u.a. [1452]) in den Industrieländern für die Wertstoff-Gewinnung wieder eine beachtliche Bedeutung erlangt.

Für das **Handklauben ohne Meßgerät** sollten die Eigenschaften, die vom Klaubepersonal zu bewerten sind (optische Eigenschaften, Form, Dichte u.a.), genügend ausgeprägt sein, damit eine schnelle und „trennscharfe" Entscheidung möglich ist. Deshalb müssen die Körner bzw. Teilstücke auch frei von oberflächlich haftenden Überzügen sein, so daß manchmal eine vorgeschaltete Läuterung erforderlich werden kann. Im Hinblick auf die Produktivität sollte beim Klauben immer jener Bestandteil ausgesondert werden, der den geringeren Anteil ausmacht. Was die klaubbaren Korngrößen anbelangt, so dürfte bei mineralischen und ähnlichen Stoffen die untere Grenze etwa 40 mm, die obere etwa 500 mm betragen. Bei Abfallstoffen können sich diesbezüglich aber mehr oder weniger große Abweichungen ergeben.

Der Gutstrom ist unter solchen Bedingungen am Klaubepersonal vorbeizuführen, daß die einzelnen Stücke sichtbar sind und ausreichende Zeit für das Klauben zur Verfügung steht. Es empfiehlt sich, vorher das nicht klaubfähige Feinkorn zu entfernen sowie gegebenenfalls den zu klaubenden Gutstrom durch Siebung zu unterteilen und die Teilströme getrennt zu klauben. Der Transport des Gutes geschieht vorwiegend auf Bändern, geneigten Ebenen oder Schwingförderern, wobei Bänder vorherrschen. Das Klaubepersonal befindet sich beiderseits des Gutstromes. Die Arbeitsbreite je Klauber längs des Stromes sollte etwa 1,50 bis 1,80 m betragen, die Arbeitstiefe unter normalen Verhältnissen 0,60 m nicht übersteigen, so daß sich bei beiderseitiger Besetzung eine Breite des Gutstromes von maximal 1,20 m ergibt. Die günstigste Fördergeschwindigkeit beträgt etwa 0,15 bis 0,20 m/s. Weiterhin ist wichtig, daß die Klauber die auszulesenden Stücke durch eine einfache und wenig Kraft erfordernde Bewegung entfernen können. Dabei müssen sie in der Lage sein, den Gutstrom zu beobachten. Dies erreicht man bei der bisher beschriebenen Anordnung meist dadurch, daß neben den Klaubern Schurren angeordnet sind.

Eine leistungsfähigere Methode stellt die Schiebemethode dar. Hierbei wird das Gut relativ breiten Bändern (1600 bis 2400 mm) entweder nur in der Mitte oder in zwei Teilströmen auf beiden Seiten zugeführt. Das Klaubepersonal verschiebt mit Hilfe leichter Rechen die auszuklaubenden Stücke aus dem Strom auf die freien Flächen zu gesonderten Teilströmen. Am Ende des Bandes werden die Produkte getrennt abgezogen.

Durch geeignete Beleuchtungsverhältnisse sollte die Klaubetätigkeit erleichtert werden. Wichtig ist eine gute, blendungsfreie Beleuchtung. Mit Hilfe einer geeigneten Beleuchtung können die Farbunterschiede deutlicher hervorgehoben werden.

Die besten Bedingungen für das Handklauben sollten jeweils durch Versuche bestimmt werden. Die Klaubeleistung hängt vor allem von der Korn- bzw. Stückgröße ($\sim d^{2 bis 3}$), der Dichte, der Kontinuität des Gutstromes und der Schwierigkeit der Entscheidung ab. Ein bis zehn Stücke können je Klauber beim Klauben ohne Meßgerät etwa in der Minute ausgelesen werden.

Die **Handklaubung mit Meßgerät** hat für die Sortierung von Schrotten und metallhaltigen Abfällen eine gewisse Bedeutung [1449]. Eingeführt haben sich Meßmethoden, von deren Meßwerten unmittelbar auf die chemische Zusammensetzung geschlossen werden kann, sowie solche, die physikalische Eigenschaften messen, die von der stofflichen Zusammensetzung abhängen. Zur zuerst genannten Gruppe gehören:

- die Schleiffunkenanalyse, insbesondere für die Vorsortierung legierter Stahlschrotte [1453],
- die Emissionsspektralanalyse, insbesondere für die Sortierung legierter Stahlschrotte und Kupferlegierungsschrotte [1449] [1454],
- die Röntgenfluoreszenzanalyse [1455] [1456].

Zur zweiten Gruppe zählen Geräte zur Messung von:

- der elektrischen Leitfähigkeit mittels Induktion von Wirbelströmen [1449],
- Kontaktthermospannungen [1449].

Bei der Handklaubung mit Meßgerät werden die Teilstücke einem Klaubetisch zugeführt und dort vom Klaubepersonal mittels eines tragbaren Gerätes analysiert oder mit Hilfe einer handhabbaren Sonde abgetastet, deren Meßwerte zu einem ortsfesten Geräteteil zur Auswertung übertragen werden. Anschließend geschieht die Sortentrennung von Hand.

5.2 Automatisches Klauben

Für das automatische Klauben ist eine genügend enge Vorklassierung des Aufgabegutes unverzichtbar, wobei das Verhältnis d_o/d_u einer jeweils gemeinsam verarbeitbaren Korngrößen- bzw. Stückgrößenklasse im Bereich von 1,5 bis 3 liegen sollte. Je enger klassiert wird, um so besser ist die Trennschärfe. Außerdem kann sich dort, wo Oberflächeneigenschaften als Trennmerkmal in Anspruch genommen werden (d.h. vor allem beim fotometrischen Klauben), ein vorgelagertes Waschen zur Entfernung oberflächlicher Verunreinigungen erforderlich machen.

Ein automatischer Klaubeprozeß wird durch drei aufeinanderfolgende Prozeßstufen realisiert, und zwar:

- Vereinzeln der Körner bzw. Teilstücke des Gutstromes,
- Gewinnung von Meßwerten des Trennmerkmals an den einzelnen Körnern sowie deren Auswertung (Detektion),
- Auslenken der Körner, deren Meßwerte den festgelegten Schwellenwert überschreiten (oder auch unterschreiten) aus dem Gutstrom (Ejektion).

Für die Realisierung dieser Prozeßstufen sind entsprechende Wirkprinzipien verfügbar.

Hinsichtlich der **Vereinzelung** lassen sich zwei Zielrichtungen unterscheiden. Entweder führt man die Körner in einer Reihe geordnet oder als Einkornschicht zur Detektion, wobei Kontakte und instabile Lagen der Körner weitestgehend auszuschließen sind. Die zuerst genannte Vorgehensweise war die früher allein übliche, wird auch heute noch verbreitet benutzt und gewährleistet, daß von den Körnern allseitig Meßwerte erfaßbar sind. Zu ihrer Realisierung benutzt man vorwiegend Bänder, in denen sich eine oder mehrere parallele, keilförmige Längsrillen befinden, denen das Gut mittels Aufgabevibratoren gezielt zugeführt wird (siehe auch Bild 338). Eine weitere Möglichkeit zur Vereinzelung in Reihe, die besonders für gröberes Material geeignet ist, macht von der Anwendung einer rotierenden Scheibe Gebrauch, auf der die Stücke durch die Zentrifugalkraft nach außen bewegt, an eine äußere Führungswand gedrückt und dadurch zu einer Reihe geordnet werden (siehe auch Bild 341). Die Vereinzelung zu Einkornschichten ermöglicht im Vergleich zu der in Reihe höhere Durchsätze, sie gewährleistet aber nicht mehr die Meßwert-Abtastung an den Körnern von allen Seiten. Zu ihrer Realisierung werden hauptsächlich Aufgabevibratoren in Verbindung mit Rutschen benutzt (siehe auch Bilder 339 und 340). Neben den kurz vorgestellten wichtigsten Methoden zur Vereinzelung existieren noch weitere (siehe z.B. [1450]).

Tabelle 56 Detektions-Systeme für automatisches Klauben [38]

Feststoffeigenschaft Trennmerkmal	Sensor
Optische	
– Reflexionsvermögen	
• allgemein	Fotozelle
• spezifisch	Fotozelle
• polarisiert	Fotozelle
– Durchlässigkeit	Fotozelle
– Fluoreszenz	Fotozelle
– Infrarot	Infrarotspektrometer
– Form	Bildanalysator
Röntgenstrahlen	
– Durchlässigkeit	Szintillationszähler und Impulshöhenanalysator
– Fluoreszenz (sichtbar)	Fotozelle
– Röntgenfluoreszenz	Szintillationszähler und Impulshöhenanalysator
Magnetische	Wirbelstrom-Detektion
Elektrische Leitfähigkeit	
– niedrige Spannung	elektrischer Widerstand
– höhere Spannung	Induktion oder Wirbelstrom-Detektion

Die **Detektion** geschieht mittels Sensoren zur Erfassung der Trennmerkmalswerte und deren elektronischer Auswertung. Tabelle 56 vermittelt einen Überblick über die Trennmerkmale sowie Sensoren, die für die automatische Klaubung zur Verfügung stehen.

Die überwiegende Anzahl von in der Praxis eingesetzten Klaubeapparaten nutzt fotometrische Detektoren. Hierbei können die Intensität des insgesamt reflektierten Lichtes (vor allem diffuse Reflexion), enge Spektralbereiche der Reflexion (Farbe) oder auch die Durchlässigkeit bewertet werden. Eine wesentliche Weiterentwicklung des fotometrischen Klaubens ist mit Hilfe von laser-fotometrischen Systemen erzielt worden [1457] [1458] [1462], womit sich eine effektive Sortierung von Einkornschichten und wesentliche Durchsatzsteigerungen realisieren lassen. Weiterhin kann in einigen Fällen eine induzierte Fluoreszenz (z. B. für Scheelit und einige weitere Minerale durch Anregung mit UV-Licht) herangezogen werden. Im Zusammenhang mit dem Recycling (z. B. von Flaschen) hat auch die Formbewertung mittels Bildanalyse Bedeutung für die automatische Klaubung erlangt. Aufgrund der Röntgenfluoreszenzstrahlung läßt sich eine Sortierung von NE-Metallen erreichen [1461]. Industriell genutzt wird weiterhin die elektrische Leitfähigkeit als Trennmerkmal. Schließlich hat von den in Tabelle 56 angeführten Trennmerkmalen noch die natürliche Radioaktivität zur Voranreicherung von Uranerzen mittels Klaubung umfangreichere industrielle Nutzung gefunden.

In den Detektions-Systemen geschieht die Auswertung der Meßergebnisse bis zur Entscheidungsfindung elektronisch, und insbesondere die Fortschritte auf dem Gebiet der Elektronik haben entscheidend zur Entwicklung moderner Klaubeapparate beigetragen, wobei zunehmend Mikroprozessoren zur Auswertung in die Apparate integriert worden sind.

Die selektive **Ejektion** geschieht heute fast ausschließlich mittels Druckluftdüsen aus den Wurfbahnen, die die Körner nach Abwurf von den Bändern oder Rutschen zurücklegen. In diesem Zusammenhang ist es zweckmäßig, die Sensoren kurz zuvor anzuordnen, damit die Zeit, in der die Körner den Weg zwischen Sensor und Ejektor zurücklegen, kurz und somit weitestgehend determiniert ist. Diese Zeit liegt der elektronischen Steuerung der Druckluftdüsen zugrunde, deren Ventile nur wenige Millisekunden geöffnet werden. Andere Formen der Ejektion sind heute nahezu bedeutungslos.

Die Arbeitsweise eines älteren **fotometrischen Klaubeapparates**, der aber wesentliche Merkmale widerspiegelt, soll anhand des Bildes 338 besprochen werden. Er eignet sich für die

458 5 Klauben

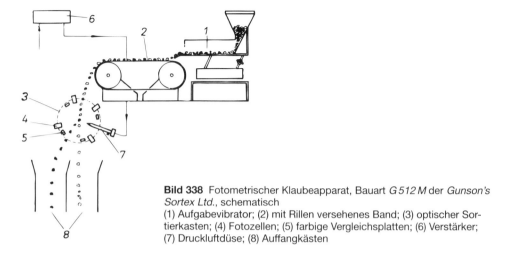

Bild 338 Fotometrischer Klaubeapparat, Bauart *G 512 M* der *Gunson's Sortex Ltd.*, schematisch
(1) Aufgabevibrator; (2) mit Rillen versehenes Band; (3) optischer Sortierkasten; (4) Fotozellen; (5) farbige Vergleichsplatten; (6) Verstärker; (7) Druckluftdüse; (8) Auffangkästen

Sortierung trockener Minerale zwischen 20 und 8 mm und nutzt unterschiedliche Lichtreflexion oder -durchlässigkeit aus. Das Aufgabegut gelangt über den Aufgabevibrator (1) auf ein mit Rillen versehenes Band (2), wo die Körner in Reihe geordnet zum optischen Sortierkasten (3) transportiert werden. Auf dessen kreisförmigem Umfang sind vier Fotozellen (4) angeordnet, die auf die gegenüberliegenden farbigen Vergleichsplatten (5) gerichtet sind. Diese entsprechen hinsichtlich Farbe und Reflexion einer im Haufwerk enthaltenen Komponente und sind auswechselbar. Jedes Korn passiert den Sortierkasten im Zentrum des 4-Linien-Systems. Folglich wird die Oberfläche von 4 Seiten geprüft. Weicht ein Stück von der Vergleichsfarbe ab (zu wenig oder zu stark farbintensiv, Schmutz, Gesteinseinschlüsse usw.), so ändert sich die Spannung an den registrierenden Fotozellen. Dieses Signal wird einem Verstärkersystem (6) übertragen, das einen kurzzeitigen Druckluftstoß durch die Düse (7) auslöst, so daß das Korn aus seiner Wurfbahn ausgelenkt und getrennt aufgefangen werden kann. Alle Lichtquellen und optischen Teile sind vor Staubteilchen durch einen Druckluftvorhang geschützt. Der Klaubeapparat, der zunächst zum Sortieren landwirtschaftlicher Erzeugnisse entwickelt wurde und dort sein Hauptanwendungsgebiet gefunden hat (z. B. für Kaffeebohnen), ist auch zum Erzeugen von Farbspat (Baryt) und für die Halit-Anhydrit-Trennung eingesetzt worden. Später ist eine wesentliche Weiterentwicklung dieser Apparate für mineralische Rohstoffe erfolgt [1459] [1460]. Diese betrifft die verarbeitbaren Korngrößen, die Vorbehandlung des Gutes (gegebenenfalls einschließlich Abbrausen), das Erreichen der Ordnung in Reihe sowie das optische System. Durch die verschiedenen Bauarten lassen sich Korngrößen zwischen etwa 3 und 150 mm Korngröße – natürlich eng vorklassiert – verarbeiten. Der Durchsatz beträgt in Abhängigkeit von der Bauart und dem Korngrößenbereich 0,5 bis 40 t/h. Auf Klaubeapparaten dieser Art sind Steinsalz, Baryt, Kalkstein, Dolomit, Marmor, Talk, Feldspat, Gips, Diamant u.a. mineralische Rohstoffe erfolgreich sortiert worden.

Im Bild 339 ist schematisch die Arbeitsweise eines Klaubeapparates mit laser-fotometrischem System wiedergegeben. Nach Vereinzelung zu einer Einkornschicht geschieht die Meßwerterfassung auf dem Band mit Hilfe des Systems gemäß Bild 339b. Hierbei wird der Gutstrom quer zur Förderrichtung von einem Laserstrahl abgetastet, der von dem Polygon-Spiegel (8) auf den Gutstrom zurückgeworfen wird. Die von kleinen Teilbereichen des Gutstromes reflektierte Strahlung gelangt zum Sensor (5). Die reflektierten Helligkeitswerte werden von einem Computer zu einem Rasterbild ausgewertet, auf dessen Grundlage einzelne oder Gruppen von Druckluftdüsen gesteuert werden, die in größerer Anzahl quer zur Förderrichtung angeordnet sind. Bei dem *Modell 16* der *RTZ Ore Sorters Ltd.* geschieht die Abtastung unmittelbar nach dem Abwurf von einem 800 mm breiten Band [1458] [1462]. Ein mit 6000 min^{-1}

5.2 Automatisches Klauben   459

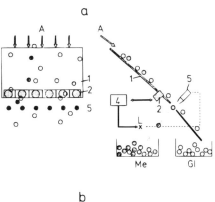
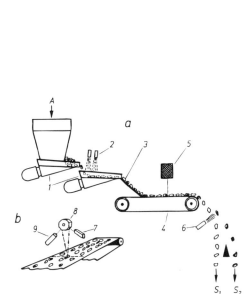
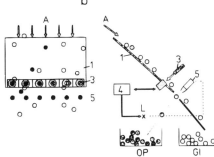

Bild 339 Automatischer Klaubeapparat mit laserfotometrischem System, schematisch [38]
a) Gesamtanordung; b) Detektor-System
(1) Vibrationsaufgeber; (2) Waschbrausen; (3) Rutsche; (4) Band; (5) Detektor; (6) Luftdüsen; (7) Laser; (8) Polygon-Spiegel; (9) Sensor
A Aufgabe; S_1 u. S_2 Sortierprodukte

Bild 340 Wirkprinzipien automatischer Klaubeapparate, Bauart *S+S Metallsuchgeräte und Recyclingtechnik GmbH*, Schönberg/Niederbay. [1463]
a) Metallabscheider; b) Abscheider für opake Teilchen
(1) Rutsche; (2) Multikanal-Spulensystem; (3) Multilaser-System; (4) Auswerte-Elektronik; (5) Luftdüsen
A Aufgabe; Gl Glas; L Luft; Me Metall; OP opake Teilchen

rotierender Polygon-Spiegel mit 20 Einzelspiegeln erlaubt eine Abtastrate von 2000 s^{-1}. Die Bandgeschwindigkeit beträgt 4 m/s. Dies ermöglicht Helligkeitsinformationen von Teilbereichen der Größe 2·2 mm. Der Computer wertet die Helligkeitsinformationen aus und steuert 40 oder 80 über die Breite angeordnete Druckluftdüsen. Die mittels dieser laser-fotometrischen Klaubeapparate sortierbaren Korngrößen liegen im Bereich von etwa 10 bis 150 mm, wobei die Durchsätze entsprechend etwa 25 bis 200 t/h betragen.

Eine Gruppe automatischer Klaubeapparate, die insbesondere für die Erzeugung sortenreiner Produkte bei der Altglas-Aufbereitung entwickelt worden ist, hat die *S+S Metallsuchgeräte und Recyclingtechnik GmbH*, Schönberg/Niederbayern, entwickelt [1463]. Das Wirkprinzip dieser Apparate gibt Bild 340 wieder. Die Vereinzelung geschieht mittels Vibrationsaufgeber und auf der Rutsche (1). Im unteren Bereich der Rutsche befindet sich ein quer zur Förderrichtung angeordnetes Detektor-System, das aus einer größeren Anzahl von Einzeldetektoren besteht. Bei einem Metallabscheider (Bild 340a) ist dies ein Multikanal-Spulensystem (2), bei einem Ausscheider für opake, nichtmetallische Teilchen (Bild 340b) ein Multi-Laser-System (3) und bei einem Apparat zur Abtrennung fehlgefärbter Glasstücke ein Multicolor-Laser-

System. Die abzutrennenden Teilchen werden am unteren Rutschenende mittels eines Düsen-Systems (5) nach unten ausgeblasen.

Im Zusammenhang mit dem Recycling von Kunststoff-Abfällen wird in jüngster Zeit intensiv daran gearbeitet, auch für deren automatische Klaubung Trennmerkmale zu finden und zu erproben, mit denen sortenreine Trennungen entweder allein oder in Kombination gelingen. Dazu bieten sich nach dem gegenwärtigen Erkenntnisstand neben Farbe und Form insbesondere zur stofflichen Identifizierung an: NIR-Strahlung (nahes Infrarot, 700–2500 nm), Röntgenfluoreszenzstrahlung (jedoch nur für Kunststoffe, die Cl oder andere Heteroatome enthalten), Massenspektroskopie, *Raman*-Spektroskopie (siehe z.B. [1464] bis [1470]).

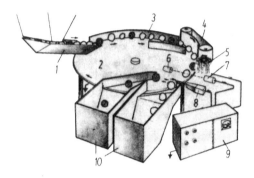

Bild 341 Elektrischer Klaubeapparat, Bauart CS-03 der *Gunson's Sortex Ltd.* (1) Aufgabevibrator; (2) rotierende Scheibe; (3) Führungswände; (4) Führungsband; (5) rotierende Bürstenelektrode; (6) Lichtquelle; (7) Fotozelle; (8) Druckluftdüse; (9) Steuerelektronik; (10) Produktkästen

Für die automatische **Klaubung elektrisch leitender Minerale** ist der im Bild 341 dargestellte Klaubeapparat, *Bauart CS-03* der Firma *Gunson's Sortex Ltd.*, entwickelt worden. Das eng vorklassierte stückige Aufgabegut wird vom Aufgabevibrator (1) der rotierenden Scheibe (2) zugeführt, wobei die Stücke durch die Zentrifugalkraft nach außen gedrückt und mit Hilfe der Führungswände (3) sowie des Führungsbandes (4) zu einer Einkornkette geordnet werden. Passiert ein Stück die rotierende Bürstenelektrode (5), so stellt es den elektrischen Kontakt zur rotierenden Scheibe (2) her. Dabei wird seine Leitfähigkeit gemessen und mit einem vorgegebenen Schwellenwert verglichen. In Abhängigkeit zur Lage des Schwellenwertes wird die Luftdüse (8) zur Auslenkung betätigt oder nicht, nachdem noch kurz zuvor die Lage des Korns mit Hilfe des optischen Systems (6) und (7) genau erfaßt worden ist. Scheider dieser Art sollen sich z.B. für die Sortierung stückiger Eisen- und Ilmeniterze eignen, wobei bei einem Scheibendurchmesser von 1,50 m und Korngrößen von 50 bis 150 mm der Durchsatz etwa 30 t/h betragen soll.

Beim **radiometrischen Klauben** nutzt man Unterschiede in der natürlichen oder künstlichen Radioaktivität für die Sortierung aus. Die natürliche Radioaktivität hat vor allem für stoffliche Trennungen in der Uranerzaufbereitung Bedeutung. Uranminerale senden ohne äußere Anregung α-, β- und γ-Strahlen aus. Für die Sortierung wird nur die γ-Strahlung ausgenutzt. Diese elektromagnetische Strahlung von sehr hoher Frequenz besitzt im Vergleich zur α- und β-Strahlung eine sehr große Reichweite. Aus diesem Grunde werden in *Geiger-Müller*-Zählrohren nur 1 bis 2% absorbiert, so daß für ihre Messung Szintillationszähler einzusetzen sind [1471]. Die γ-Strahlung der Uranminerale entstammt nicht allen Gliedern der Zerfallsreihe des Urans in gleichem Maße. Vielmehr sind die intensivsten Strahler die Folgeprodukte des Radons. Die Kenntnis des radioaktiven Gleichgewichts ist somit für die Sortierung von großer Bedeutung. Bleibt es für das zu verarbeitende Gut gleich, können die Schwellenwerte für die automatische Klaubung entsprechend eingestellt werden. Ist es Schwankungen unterworfen, können sich dann Fehlausträge ergeben. Mit Hilfe mehrstufiger Anordnungen läßt sich dieser Mangel gegebenenfalls beheben.

Beim radiometrischen Klauben werden die Körner einzeln, in Reihe geordnet auf einem Band oder beim Fall an dem Strahlungsdetektor vorbeigeführt. Bei dem *Modell 17* der *RTZ*

Ore Sorters Ltd. ist dies ein Rillenband, und die Szintillationszähler befinden sich unter dem Band, wobei in Abhängigkeit vom Erztyp jedes Korn durch mehrere Zähler abgetastet wird [1472]. Um den Einfluß von Hintergrund-Strahlung (z.B. durch Staub verursacht) zu eliminieren, ist der Detektor-Bereich mittels Bleifolien abgeschirmt. Weiterhin werden optisch die Kornquerschnittsflächen bestimmt und aus dem Ergebnis von Strahlungsmessung und der Größe der Querschnittsfläche durch elektronische Auswertung der Urangehalt der einzelnen Körner berechnet. Auf Grundlage des Vergleichs mit dem eingestellten Schwellenwert geschieht nach Abwurf des Gutstromes vom Band die Auslenkung aus den Wurfbahnen mittels Druckluftdüsen. In der Uranerzaufbereitung setzt man die radiometrische Klaubung zur Voranreicherung ein.

Zur Sortierung kann man auch die **künstliche Radioaktivität** ausnutzen, die sich in ihrem Wesen nicht von der natürlichen unterscheidet. Leicht aktivierbare Elemente sind z.B. Beryllium, Kupfer, Wolfam und Gold [1471].

Auch die unterschiedliche Absorption und Streuung von β- und γ-Strahlung bieten Möglichkeiten für die Sortierung [1473] bis [1475].

6 Sortierung nach mechanischen Eigenschaften

Auch einige mechanische Eigenschaften können zur Sortierung von Körnerkollektiven ausgenutzt werden. Jedoch sind ausreichende Unterschiede hinsichtlich dieser Trenneigenschaften nur manchmal gegeben, so daß die Einsatzmöglichkeiten derartiger Prozesse beschränkt sind. Vorteilhaft sind die relativ niedrigen Kosten je Tonne Durchsatz, nachteilig die teilweise geringe Trennschärfe. Zu dieser Gruppe von Prozessen sind zu zählen: das **Läutern**, das **selektive Zerkleinern**, das **Sortieren nach der Elastizität** und **nach der Kornform**, wobei letzteres nur insoweit zu dieser Gruppe gezählt werden kann, als das durch die Kornform beeinflußte Bewegungsverhalten für die Trennung ausgenutzt wird.

6.1 Läutern

In manchen mineralischen Haufwerken liegen am gröberen festen Korn haftende Überzüge oder auch Agglomerate von Feinstkorn vor, die sich in ihrer mineralogischen Zusammensetzung vom Grobanteil unterscheiden. Bei anderen mineralischen Rohstoffen sind sogar die gröberen festen Bestandteile in einem fein- bis feinstkörnigen Bindemittel eingebettet. Stofflich bestehen die Überzüge, Agglomerate und Bindemittel vielfach aus tonigen, lettigen oder mergeligen Bestandteilen. Die Haftung bzw. Agglomeration beruht vorwiegend auf kapillaren Bindemechanismen, teilweise auch auf Adhäsionskräften. Bei mineralischen Rohstoffen sind mit Ausnahme der Kaolin-, Ton- und Kreideaufbereitung die gröberen Bestandteile die Wertstoffe. Auch beim Recycling fester Abfälle kann der zurückzugewinnende gröbere Wertstoff durch feine Anhaftungen verunreinigt sein. Deshalb muß es im Rahmen der Aufbereitung der genannten Roh- und Abfallstoffe das Ziel sein, die gröberen von den feineren Bestandteilen zu trennen. Dies ist dadurch möglich, daß die Überzüge, Agglomerate und/oder Bindemittel der letzteren unter Schonung der gröberen Bestandteile selektiv zerteilt, in Wasser dispergiert und im Anschluß daran durch Klassieren abgetrennt werden. Prozesse, die dies realisieren, heißen **Läuterprozesse**. Manchmal spricht man auch von **Waschprozessen** [1476], jedoch dürfte diese Bezeichnung die Merkmale weniger treffend widerspiegeln.

Das **Dispergieren** der läuterfähigen Bestandteile gelingt nur bei geringen Feinstkornanteilen und schwachen Haftkräften allein unter Einwirkung von strömendem Wasser. Im allgemeinen sind zusätzlich mechanische Beanspruchungen des zu läuternden Gutes erforderlich, die über entsprechende Leistungseinträge zu realisieren sind, die beim Rotieren von Läutertrommeln, durch Agitationsorgane (z.B. Schwerterwäschen) oder durch Schwingungen (Schwingwäscher) aufgebracht werden. Wesentlich ist dabei, solche Beanspruchungsbedingungen und -intensitäten zu wählen, die ein Zerkleinern der Grobbestandteile weitestgehend ausschließen und deshalb auf Beanspruchungsphänomene abzielen, die als Abrasion bezeichnet werden (siehe auch Band I „Mikroprozesse des Zerkleinerns"). In diesem Zusammenhang sind folglich auch die Festigkeitseigenschaften des Grobanteils zu berücksichtigen.

Die Dispergierbarkeit des Fein- und Feinstanteils hängt von seiner stofflichen Zusammensetzung sowie den physikalischen und physikalisch-chemischen Eigenschaften ab. Kalkig-mergelige Bestandteile sind leichter als tonig-mergelige oder sogar tonige zu läutern. Besondere Schwierigkeiten bereiten Tone mit hohem Quellvermögen (Montmorillonit), weil deren äußere Quellschichten die weitere Wasseraufnahme und damit das Dispergieren behindern.

Dann muß bei der Läuterung auf eine entsprechend intensive abrasive Beanspruchung zur laufenden Entfernung dieser Schichten abgezielt werden. Insbesondere bei höheren Feststoffvolumenanteilen kann ein Zusatz von Dispergiermitteln zur Läutertrübe vorteilhaft sein [1477].

Das Dispergieren der Fein- und Feinstanteile einschließlich des Suspendierens in der Läutertrübe soll als **Deglomerieren** bezeichnet werden. In Anlehnung an Arbeiten von *Hentzschel* läßt sich die Kinetik einer diskontinuierlichen Deglomeration wie folgt beschreiben [1476] bis [1478]:

$$\mu(t) = \mu_0 + (\mu_{max} - \mu_0)(1 - \exp[-k\,t^n]) \tag{1a}$$

bzw.

$$\mu(t) = \mu_{max} - \mu_A \exp[-k\,t^n] \tag{1b}$$

$\mu(t)$ nach der Zeit t deglomeriert vorliegender Masseanteil des Läutergutes
μ_{max} unter gegebenen Läuterbedingungen maximal deglomerierbarer Masseanteil
μ_0 zur Zeit $t = 0$ bereits deglomeriert vorliegender Masseanteil
μ_A zur Zeit $t = 0$ nicht-deglomeriert vorliegender, dispergierbarer Masseanteil
k die Deglomerationsgeschwindigkeit kennzeichnende Konstante

Die Geschwindigkeitskonstante k hängt vom Läutergut sowie von der Art und den Betriebsbedingungen des Läuterapparates ab. Für letztere ist vor allem der spezifische Leistungseintrag (d.h. die Energiedissipation) entscheidend. Es hat sich herausgestellt, daß nicht selten die Deglomeration befriedigend als ein Prozeß 1.Ordnung beschrieben werden kann, d.h. in Gl. (1) ist dann $n = 1$ [1477]. Will man eine kontinuierliche Deglomeration beschreiben, so ist zusätzlich das Verweilzeitverhalten im Prozeßraum zu berücksichtigen (siehe auch Abschn. 4.7.3.2).

Erst durch **Klassieren** wird der Läuterprozeß abgeschlossen. Abgesehen von den Ausrüstungen, bei denen das Gut auf Siebböden geläutert wird, geschieht dies durch Querstromklassierung unmittelbar in den Läuterapparaten. Die realisierbaren Trennkorngrößen hängen dabei auch mit von den gesamten Prozeßbedingungen ab (Trübevolumenstrom, Trübedichte, Leistungseintrag u.a.).

Eine größere Anzahl von **Apparatebauarten** sind für die vielfältigen Läuteraufgaben entwickelt worden [1479]. Die Wahl eines Apparatetyps richtet sich vor allem nach dem Mengenanteil an deglomerierbaren Bestandteilen und deren Dispergierbarkeit.

Sehr einfache Läuteraufgaben können auf herkömmlichen **Schwingsiebmaschinen** gelöst werden, wenn diese mit geeigneten Druckbrausen (> 175 kPa), die über dem Siebboden anzuordnen sind, ausgestattet werden. Zum Vorläutern eignen sich am besten flache Druckstrahlen, zum Nachläutern ist ein nebelartiges Versprühen am geeignetsten. Um die Läuterung auf Schwingsiebmaschinen zu verbessern, sind spezielle Siebböden entwickelt worden, auf denen das Gut intensiver umgewälzt wird und eine längere Zeit verbleibt. Im Bild 342 ist ein derartiger **Läutersiebboden** dargestellt. Er besteht aus mehreren stufenförmig angeordneten Teilsiebflächen, zwischen denen sich Läutertaschen befinden. In diesen wird das Gut umgewälzt und bebraust. Die Brausestrahlen sind nur auf die Taschen gerichtet, um einen erhöhten Siebgewebeverschleiß zu vermeiden.

Im Bild 343 ist ein **Unterwasser-Schwingsieb**, Bauart *Humboldt*, dargestellt. Der trogartige, auf Gummipuffern gelagerte Siebkasten schwingt in einem wassergefüllten, trichterartigen

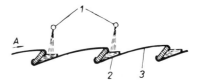

Bild 342 Läutersiebboden
(1) Brause; (2) Läutertrog; (3) Siebboden
A Aufgabe

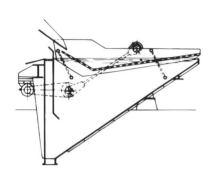 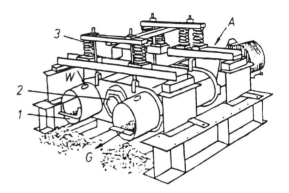

Bild 343 Unterwasserschwingsieb, Bauart *Humboldt*

Bild 344 Schwingwäscher, Bauart *Imperial Chemical Industries*
(1) Läuterrohre mit gelochtem Boden; (2) Wuchtmassenantrieb; (3) Federn
A Aufgabegut; G geläutertes Gut; W Wasser

Behälter und wird von Lenkerfedern geführt. Zwei Schubstangen greifen beiderseits des Siebkastens an. Das Läutergut wird mit Wasser aufgegeben. Der einstellbare Austrag an der Trichterspitze und der Überlauf an der Aufgabeseite gewährleisten einen gleichbleibenden Wasserstand. Infolge der schwingenden Bewegung des Siebes wird das Gut aufgelockert und umgewälzt. Der Durchsatz soll das Drei- bis Vierfache herkömmlicher Naßsiebungen betragen.

Der **Schwingwäscher**, Bauart *Imperial Chemical Industries* (Bild 344), ähnelt konstruktiv einer Rohrschwingmühle [1480]. Die beiden nebeneinander angeordneten Läuterrohre (1) sind an ihrer Unterseite mit Lochungen versehen, durch die Läutertrübe abfließen kann. Das Läutergut wird beiden Rohren auf der einen Seite gleichmäßig zugeführt, aufgrund der Schwingbewegungen intensiv durchbewegt und das geläuterte Gut auf der gegenüberliegenden Seite kontinuierlich abgezogen. Dieser Schwingwäscher kommt für den Korngrößenbereich 5 bis 200 mm in Betracht.

Liegen geringere, aber schwer deglomerierbare Anteile vor, so eignen sich meist **Läutertrommeln**, die mit Durchmessern bis zu 3 m und Längen bis zu 8 m gebaut werden. Es sind Gleich- und Gegenstromläutertrommeln zu unterscheiden. Im Trommelinneren sind neben Brausen Hebeleisten oder andere Einbauten vorgesehen, mit deren Hilfe das Gut gehoben und umgewälzt wird, so daß sich eine intensive Reib- und gegebenenfalls auch Schlagwirkung ergibt. An der Austragseite können ein oder mehrere konische Trommelsiebe an die Stirnwand angesetzt sein.

Im Bild 345 ist die Läutertrommel, Bauart *SKET*, dargestellt [1481]. Das Gut gelangt durch die Aufgabeschurre (1) in die Trommel (2) und wird durch Leitschaufeln (3) in den Bereich der Universalschaufeln (4) gedrückt und dort einer intensiven Läuterung unterworfen. Diese Universalschaufeln sind radial angeordnete Mitnehmer, die auf der Verschleißauskleidung (5) drehbar befestigt sind. Mit Hilfe der speziellen Ausbildung der Schaufeln ist es möglich, die Läutertrommel den Eigenschaften des Läutergutes bezüglich der Dispergierwirkung anzupassen. Das Gut gelangt schließlich über die Stauwand (6) in die Austragkammer (7) und dann mit Hilfe der Hubschaufeln (8) in die Austragschurre (9). Die Höhe der Stauwand (6) ist einstellbar. Das Wasser wird über die Rohrleitung (10) zugeführt und verdüst. Die Trübeströmung und damit der Klassiervorgang werden vor allem durch das Gefälle zwischen Aufgabe- und Austragstirnwand (11) und (12) bestimmt. Die Trommel ist auf Luftreifen (14) gelagert und wird über diese angetrieben.

Bei höherem Anteil an deglomerierbaren Bestandteilen und nicht zu grobem festem Gut eignen sich die Schwerterwäschen. Im Bild 346 ist eine **Schwerterwäsche**, Bauart *Excelsior*,

6.1 Läutern   465

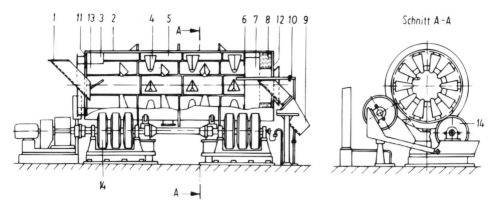

Bild 345 Läutertrommel, Bauart *SKET* [1481]
(1) Aufgabeschurre; (2) Trommel; (3) Leitschaufeln; (4) Universalschaufeln; (5) Verschleißauskleidung; (6) Stauwand; (7) Austragkammer; (8) Hubschaufeln; (9) Austragschurre; (10) Rohrleitung für Waschwasser; (11) bzw. (12) Aufgabe- bzw. Austragstirnwand; (13) Sandfang; (14) Luftreifen

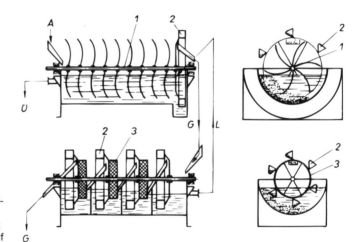

Bild 346 Schwerterwäsche, Bauart *Excelsior*
(1) Schwerterwelle; (2) Schöpfrad; (3) Trommelsiebe
A Aufgabe; *G* geläutertes Gut; *L* Läutertrübe; *Ü* Trübeüberlauf

dargestellt. Sie besteht aus dem Schwertertrog und dem Nachwaschtrog. Im ersteren bewirken die auf einer Welle schraubenartig angeordneten, säbelartig gekrümmten Schwerter das Zerteilen der deglomerierbaren Bestandteile und den Transport des Läutergutes. Als Läutertrübe dient hier die Dünntrübe der Nachwaschstufe, die dem Läutergut entgegenströmt. Der Nachwaschtrog ist in drei bis vier Kammern unterteilt. Auf der durchgehenden Welle sitzen in jeder Kammer ein mit gelochten Schaufeln ausgestattetes Schöpfrad sowie ein Trommelsieb. Das Gut wird mittels der Schöpfräder gehoben und von Kammer zu Kammer gefördert. Mit Hilfe des im Gegenstrom fließenden Wassers erfolgt die Nachläuterung.

Flügelwäscher (*Log washer*) werden für Gut < 60 mm mit hohem Tongehalt eingesetzt (Bild 347). Sie bestehen aus 5 bis 10 m langen Trögen, die in Längsrichtung um 10 bis 15° geneigt sind. Das Zerteilen, Durcharbeiten und Fördern des Läutergutes erfolgt mittels versetzt angeordneter Flügel, die an einer kräftigen Welle befestigt sind. Die Tröge sind mit einer oder zwei Wellen ausgerüstet. Das zu läuternde Gut wird zusammen mit dem Wasser am unteren Trogende aufgegeben, das geläuterte Gut am oberen Ende über dem Trübespiegel ausgetragen. Die Läutertrübe fließt über ein verstellbares Wehr ab. Bei Troglängen bis zu 10 m, Flügel-

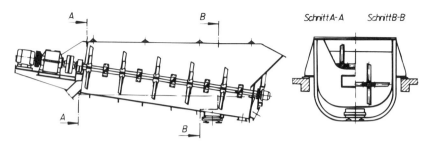

Bild 347 Flügelwäscher (*Log washer*), Bauart Wedag

durchmessern bis 1 m und Umfangsgeschwindigkeiten der Flügel von 0,8 bis 1,1 m/s kann der Durchsatz bis zu 200 t/h bei einem Leistungsbedarf bis zu 75 kW betragen. Der Wasserverbrauch liegt zwischen 1 und 5 m^3/t.

Für die Abrasion von festhaftenden Oberflächenschichten an feinerem festem Korn in eingedickter Trübe (z.B. bei der Vorbereitung von oberflächlich kaolinisierten Feldspatkörnern für die Flotation) haben sich **Attritoren** bewährt. Dies sind Rührapparate, auf deren Welle zwei oder mehrere Blattrührer übereinander angeordnet sind. Für den kontinuierlichen Betrieb werden mehrere Attritoren zu einer Kaskade hintereinander geschaltet.

Die wichtigsten **Einsatzgebiete** für Läuterausrüstungen liegen in der Hartstein-, Kalk-, Sand- und Kiesindustrie, der Aufbereitung tonhaltiger Erze und von Rohkaolinen. Als weiteres Einsatzgebiet ist in jüngster Zeit die Bodensanierung hinzugekommen [1482] [1483].

6.2 Selektive Zerkleinerung mit nachfolgender Klassierung

Ausgeprägte Unterschiede hinsichtlich der Festigkeitseigenschaften der Wertstoff- und Nichtwertstoff-Bestandteile können bei der Zerkleinerung dazu führen, daß sich diese in unterschiedlichen Korngrößenklassen anreichern. Zur Zerkleinerung eignet sich besonders die Prallbeanspruchung, weil sie ohne Formzwang arbeitet. Die optimalen Prallbedingungen müssen jeweils bestimmt werden.

Durch zweistufiges Brechen auf Prallbrechern gelang es mit dem konglomeratischen Bleierz von Mechernich, bei dem Galenit als Bindemittel der Konglomerate und in Form von Konkretionen im Sandstein vorliegt, nach der folgenden Siebklassierung den Siebüberlauf + 8 mm als Berge abzustoßen [1484]. Dadurch konnten die Kosten je Tonne Durchsatz in der Anlage beträchtlich gesenkt werden.

In der westdeutschen Kaliindustrie gelang durch selektives Zerkleinern von tonhaltigen Rohsalzen in Prallbrechern beim nachfolgenden Sieben die Tonabtrennung [1485].

6.3 Sortierung nach dem elastischen Verhalten

Auf Unterschieden im elastischen Verhalten zu trennender Körner beruht der **Prallsprungprozeß**, der sich teilweise für die Sortierung natürlich gerundeter Kiese in der Baustoffindustrie eingeführt hat [1486] bis [1488]. Die schädlichen Stoffe (Schiefer, Sandstein, Mergel, Ton u.a.) weisen im allgemeinen andere elastische Eigenschaften als die Kieskörner auf. Der Prozeß zeichnet sich durch niedrige Anlage- und Betriebskosten aus, so daß er insbesondere bei geringen Durchsätzen geeignet ist.

Das Wirkprinzip soll anhand des Bildes 348 besprochen werden. Fällt ein Korn von der Aufgabevorrichtung A auf die geneigte Platte P, so wird es nach dem Aufprall entsprechend seinem realen elastischen Verhalten zurückgeworfen. Bei ideal elastischem Verhalten entsprä-

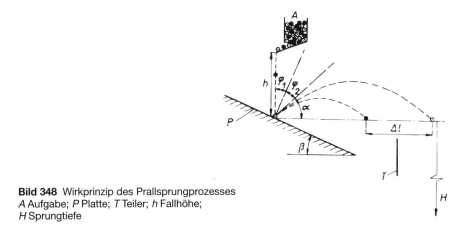

Bild 348 Wirkprinzip des Prallsprungprozesses
A Aufgabe; P Platte; T Teiler; h Fallhöhe;
H Sprungtiefe

chen die Absolutwerte von Aufprall- und Rückprallgeschwindigkeit einander. Praktisch tritt jedoch ein Energieverlust ein, der auf plastische Verformung, lokale Bruchvorgänge und/oder andere Einflüsse zurückzuführen ist. Vereinfachend sollen zunächst Körner betrachtet werden, die gleiche Größe sowie Form besitzen und sich lediglich hinsichtlich ihres realen elastischen Verhaltens unterscheiden. Setzt man schließlich eine reine Translation voraus, d.h., vernachlässigt Rotation vor und nach dem Stoß, so ergibt sich die Energiebilanz wie folgt:

$$W = m_P g h = \frac{m_P}{2} v_1^2 = \frac{m_P}{2} v_2^2 + \Delta W \tag{2}$$

v_1 Aufprallgeschwindigkeit
v_2 Rückprallgeschwindigkeit
ΔW Verlust an kinetischer Energie nach dem Aufprall

Das Verhältnis

$$\varepsilon = \frac{v_2}{v_1} = \sqrt{1 - \frac{\Delta W}{W}} \tag{3}$$

bezeichnet man als **Rückprallkoeffizient**. Dieser ist keine Konstante, sondern hängt von den Stoffeigenschaften, der Stoßenergie (d.h. von Kornmasse und Fallhöhe) sowie auch von der Kornform ab.

Nach dem Aufprall beschreiben die Körner in Abhängigkeit vom Rückprallkoeffizienten unterschiedliche Wurfbahnen. Für eine erfolgreiche Trennung ist eine ausreichend große Wegdifferenz (siehe Bild 348) erforderlich. Für die Wurfweite l nach dem Rückprall gilt bekanntlich:

$$l = \frac{v_2^2}{g} \sin 2\alpha = \frac{v_1^2 \varepsilon^2}{g} \sin 2\alpha$$

α Wurfwinkel

Für zwei Körner mit verschiedenen Rückprallkoeffizienten (ε' und ε''), aber gleicher Aufprallgeschwindigkeit v_1 ($v_1 = v_1' = v_1''$) ergibt sich die Wegdifferenz Δl im Niveau des Prallpunktes zu:

$$\Delta l = \frac{v_1^2}{g} (\varepsilon'^2 - \varepsilon''^2) \sin 2\alpha \tag{4}$$

Danach wird die beste Trennschärfe für $\alpha = 45°$ erzielt. Die geneigte Prallplatte, die für die praktische Durchführung günstig ist, muß dann gegenüber der Horizontalen um 22,5° geneigt sein. Δl kann weiterhin dadurch vergrößert werden, indem man das Niveau der Teiler unter das des Prallpunktes verlegt. Sprungtiefen bis zu 1 m wirken sich noch wesentlich aus [1486].

Es sind auch Anordnungen mit vertikaler bzw. horizontaler Prallplatte vorgeschlagen worden [1488]. Vom Standpunkt der Praxis dürfte neben der geneigten Platte noch eine rotierende Walze von Interesse sein, auf die man das Gut analog zur geneigten Platte aufprallen läßt.

Die voranstehende Ableitung stellt eine Vereinfachung dar. Praktisch sind die Bedingungen des Reibungsstoßes gegeben, so daß der Aufprall eine Rotation auslöst, falls eine solche nicht schon vorher vorlag [1486]. Deshalb kann sich der Einfallswinkel φ_1 von dem Reflexionswinkel φ_2 unterscheiden. In diesem Zusammenhang ergibt sich auch ein Kornformeinfluß. Glatte, geschliffene, hochfeste Platten liefern die besten Trennergebnisse. Bei Anwendung einer Walze ist eine ständige Reinigung, gegebenenfalls mit Oberflächennachbehandlung, möglich. Die Aufgabevorrichtungen sind so auszubilden, daß das Gut in einer Einkornschicht ohne gegenseitige Behinderung zugeführt wird. Die Fallhöhe ist so zu wählen, daß der Bruch der Wertstoffkörner verhindert wird. Bezüglich des Auftreffpunkts stofflich gleichartiger, gleich großer Körner ergibt sich eine gewisse Verteilungsbreite. Diese ist bei gerundetem Korn relativ klein, bei kantigem Korn dagegen größer [1486]. Folglich kommt dieser Prozeß vorwiegend für natürlich gerundetes Gut zur Anwendung. Die jeweils optimalen Trennbedingungen müssen von Fall zu Fall experimentell bestimmt werden.

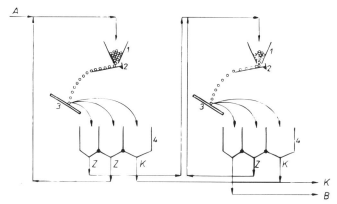

Bild 349 Fließbild einer zweistufigen Prallsprunganlage für Rohkiese
(1) Aufgabebunker; (2) Aufgabevibrator; (3) Prallplatte; (4) Auffangbehälter mit verstellbaren Teilern
A Rohkies; *K* Fertigkies; *Z* Zwischengut; *B* Abgänge

Im Bild 349 ist das Fließbild einer zweistufigen Anlage dargestellt, in der Kiese zwischen 3 und 75 mm, vorklassiert in drei Korngrößenklassen, verarbeitet wurden [1487]. Bei Gehalten an schädlichen Bestandteilen im Rohkies von 7 bis 16% wiesen die Fertigkiese 0,5 bis 3% Fehlgut auf. Diese Anlagen arbeiteten automatisch und bedurften nur einer gelegentlichen Kontrolle. Der spezifische Durchsatz betrug etwa 8 bis 10 t/(m·h). In Italien wurde eine halbtechnische Anlage mit zwei hintereinander geschalteten, vertikalen Prallplatten entwickelt, denen das Aufgabegut mittels steilstehender, hinsichtlich der Neigung verstellbarer Rinnen zugeführt wurde [1488].

6.4 Sortierung nach der Kornform

Unterscheiden sich die zu trennenden Bestandteile ausgeprägt hinsichtlich ihrer Korn- bzw. Teilstückformen, so kann man auch diesen Sachverhalt für die Sortierung ausnutzen. Bei der Aufbereitung mineralischer Rohstoffe sind die Einsatzmöglichkeiten relativ beschränkt. Deutliche Formunterschiede zwischen Steinkohlen und schiefrigen Bergen, Braunkohlen und

6.4 Sortierung nach der Kornform

Xylit-Anteilen oder in asbest- und glimmerhaltigen Rohstoffen kann man jedoch gegebenenfalls zur Trennung heranziehen. Mehr Einsatzmöglichkeiten bieten sich in der Landtechnik sowie der Lebensmitteltechnik (z.B. Reinigen von Getreide, Saatgut u.a.). Vor allem zeichnet sich aber eine größere Bedeutung der Sortierung nach der Stückform im Rahmen des Recyclings fester Abfälle ab, weil es sich hier nicht selten um extreme Formunterschiede der zu trennenden Bestandteile handelt [1489]. Ferner gewinnt die Kornform-Sortierung bei der Herstellung feiner Pulver an Bedeutung, an die hohe Anforderungen nicht nur hinsichtlich der Größe, sondern auch der Form der Partikel gestellt werden (z.B. für die Erzeugung von pulvermetallurgischen und keramischen Hochleistungswerkstoffen, Coating Materials, Schleifmittel u.a.).

Einem Sortierprozeß nach der Korn- bzw. Teilstückform kann diese Eigenschaft entweder **unmittelbar** oder **mittelbar** als Trennmerkmal zugrunde liegen. Das Erstgenannte läßt sich durch eine geeignete Kombination von Siebböden, die sich hinsichtlich Größe und Form der Sieböffnungen entsprechend unterscheiden, sowie durch fotometrisches Klauben realisieren. Mittelbar geschieht die Sortierung nach der Form vor allem dadurch, daß das durch diese beeinflußte Bewegungsverhalten der Körner bzw. Teilstücke ausgenutzt wird, und zwar entweder die in einem strömenden Fluid auch von der Form abhängige Widerstandskraft bzw. Sinkgeschwindigkeit oder im Kontakt mit einer festen Fläche die formabhängigen Reibungsverhältnisse.

Handelt es sich um die Trennung von rundlichem bzw. kubischem Korn von plattigem, so gelingt die Sortierung, indem man zunächst durch Siebung mit Quadrat- oder Rundlochbelägen genügend enge Größenklassen erzeugt. Diese werden anschließend auf Spaltsiebböden getrennt, deren Öffnungen so bemessen sind, daß nur die plattigen Körner bzw. Stücke passieren können. Zur Trennung stengliger oder fasriger Bestandteile von normalem Korn sind nach Zerkleinerung auf eine angemessene Korngröße auch Siebböden mit quadratischen Öffnungen benutzt worden. Als Siebmaschinen hat man Roste, Schwingsiebe und nicht selten auch Trommelsiebe eingesetzt.

Auf die Möglichkeit, fotometrische Klaubeapparate für die Formsortierung anzuwenden, ist schon im Abschn. 5.2 hingewiesen worden.

Die Tatsache, daß in manchen festen Abfällen extreme Unterschiede in den Stückformen der zu trennenden Bestandteile vorliegen, hat zur Folge, daß die auf die Teilstücke wirkenden Widerstandskräfte eines Fluids und dadurch deren Sinkgeschwindigkeiten ganz ausgeprägt mit von der Form abhängen. Davon macht man bei der **Gegenstrom-** und **Querstromsortierung** Gebrauch, worauf schon im Abschn. 1.4 ausführlich eingegangen worden ist, so daß sich hier Ergänzungen erübrigen. Eine weitere Möglichkeit, die formabhängigen Widerstandskräfte für die Sortierung auszunutzen, ist beim **Siebbandscheider mit Absaugung** verwirklicht [1489], dessen Wirkprinzip Bild 350 widerspiegelt. Die durch das ansteigende Siebband (1) gesaugte Luft drückt folienartige Stücke an dieses, so daß sie von ihm aufwärts zum Abwurf an der obe-

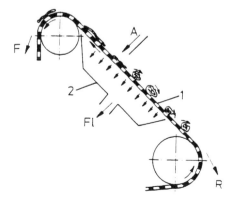

Bild 350 Wirkprinzip eines Siebbandscheiders mit Absaugung zur Abtrennung folienartiger Teilstücke aus Abfällen
(1) Siebband; (2) Saugkasten
A Aufgabegut; F Folien; Fl Luft; R rollfähiges Gut

ren Umlenkrolle gefördert werden, während sich die rollfähigen Stücke zur unteren Umlenkrolle bewegen und dort das Band verlassen. Dieses Wirkprinzip ist auch für die Entwicklung eines Siebtrommelscheiders zur Kornformsortierung feiner Pulver zugrunde gelegt worden [1490].

Bekanntlich beginnen rundliche und auch kubische Körner auf einer geneigten Fläche beim Überschreiten einer kritischen Neigung abzurollen, bei der solche mit davon stärker abweichenden Formen noch haften bleiben oder höchstens abgleiten können. Zur Ausnutzung dieses **formabhängigen Reibungsverhaltens** für die Sortierung ist eine größere Anzahl von Scheiderbauarten entwickelt worden. Diese besitzen entweder eine feststehende oder eine bewegte Trennfläche, deren Neigung den jeweiligen Erfordernissen anzupassen ist.

Eine **feststehende Trennfläche** ist in der ehemaligen *UdSSR* zur Trennung von Asbest und Gangart benutzt worden, indem man die auf Gleit- oder Rollbewegung zurückzuführenden unterschiedlichen Abwurfweiten ausnutzte [1491]. Das Gerät besteht aus mehreren untereinander angeordneten, jeweils entgegengesetzt geneigten Rinnen, von denen die nachfolgende das steiler abfallende Asbestprodukt auffängt und nachreinigt, während die weiter abgeworfenen Berge getrennt aufgefangen werden. Die Trennung feiner Körnungen auf geneigten Trennflächen können Haftkräfte behindern. Dann läßt sich die Trennwirkung durch Vibrationen der Trennfläche verbessern [1492].

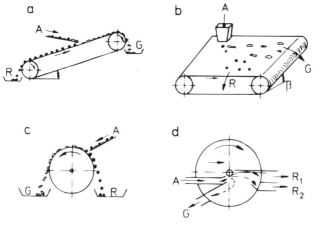

Bild 351 Scheiderbauarten zur Sortierung nach der Korn- bzw. Teilstückform aufgrund unterschiedlicher Reibungsverhältnisse
a) Bandscheider, längsgeneigt
b) Bandscheider, quergeneigt
c) Walzenscheider
d) Scheibenscheider
A Aufgabegut; G nicht-rollfähiges Gut; R rollfähiges Gut; β Neigungswinkel

Im Bild 351 sind schematisch Scheiderbauarten dargestellt, bei denen die Sortierung von rollfähigen und nicht-rollfähigen Gutanteilen auf mit konstanter Geschwindigkeit **bewegten, geneigten Trennflächen** geschieht. Das ist im Falle des Bildes 351a ein längsgeneigtes Band, dessen Neigung und Geschwindigkeit den Erfordernissen entsprechend einzustellen sind. Aber auch auf einem quergeneigten Flachband (Bild 351b) kann eine Sortierung nach der Form der Teilstücke realisiert werden. Die Trennwirkung läßt sich hier durch umlaufende Kettenvorhänge, die über dem Band im Winkel zu dessen Förderrichtung angeordnet sind, noch weiter verbessern [1489]. Dadurch können zylindrisch geformte Stücke (z.B. Flaschen) parallel zur Förderrichtung des Bandes ausgerichtet und somit ihr Abrollen ermöglicht werden. Beim Walzenscheider (Bild 351c) geschieht die Formsortierung im oberen Bereich einer rotierenden Walze. Die Arbeitsweise eines Scheibenscheiders spiegelt Bild 351d wider. Die rotierende Scheibe ist in der gekennzeichneten Richtung geneigt. Die Aufgabe geschieht exzentrisch in der Nähe des Drehpunktes und entgegen der Drehrichtung. Die Teilchen legen entsprechend ihrer Form unterschiedliche Bewegungsbahnen zurück. Mehrere Scheiben lassen sich auf einer Welle übereinander anordnen. Derartige Scheider werden insbesondere für die

Sortierung von Pulvern eingesetzt. Drehzahl und Neigung der Scheiben sind neben dem Durchsatz die wesentlichen Einflußgrößen für die Trennwirkung [1493].

Auch auf **schwingend bewegten Trennflächen** läßt sich eine Formsortierung realisieren. Eine Bauart, die zur Trennung von NE-Metallen und Nichtmetallen (insbesondere Gummi und Kunststoffe) aus Zwischenprodukten der Stahlleichtschrott-Aufbereitung (vor allem Autoschrotte) unter Ausnutzung von mit auf die Stückform zurückzuführenden Reibungseffekten entwickelt worden ist, zeigt Bild 352 [1494]. Vier linear-schwingende Trennflächen sind hierbei zum Erreichen einer hohen Trennschärfe hintereinander angeordnet. Um ein Abrollen von zylindrischen und ähnlich geformten Nichtmetallstücken (z. B. Schlauchstücke) in das NE-Metall-Produkt auszuschließen, werden diese durch Längsstege auf den Trennflächen in Förderrichtung ausgerichtet. Die Metallstücke bewegen sich aufgrund ihrer relativ niedrigen Gleitreibungszahl vor allem gleitend abwärts, während die Nichtmetallstücke aufwärts gefördert werden.

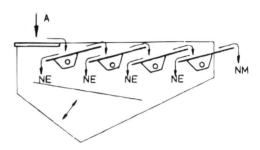

Bild 352 Schwingsortierer für Shredder-Schrott, Bauart *Vibrosort/Oelde* [1494]
A Aufgabe; *NE* Nichteisenmetalle; *NM* Nichtmetalle

7 Sortierung nach thermischen Eigenschaften

Feststoffe lassen sich auch aufgrund unterschiedlicher Strahlungsabsorption trennen. Ein solcher Prozeß ist in den USA zur Abscheidung von Verunreinigungen (Dolomit, Anhydrit) aus Rohsteinsalz entwickelt und zur industriellen Anwendung gebracht worden [1495] bis [1498]. Man benutzt die Infrarot-Strahlung von Wolframfadenlampen (Strahlungsmaxima bei 0,9 bzw. 1,2 µm), die von Steinsalz (Halit) wenig, von den verunreinigenden Mineralen aber intensiv absorbiert wird. Infolgedessen tritt eine unterschiedlich schnelle Erwärmung ein. Auf einer Unterlage, deren Erweichungstemperatur zwischen den Temperaturen der zu trennenden Bestandteile liegt, haften folglich die Verunreinigungen (**Thermoadhäsionsprozeß**).

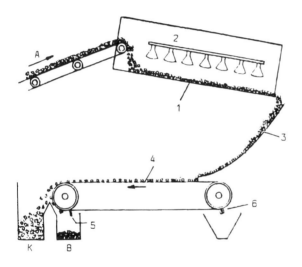

Bild 353 Thermoadhäsive Reinigung von Rohsteinsalz [1498]
(1) rotierende Trommel; (2) Infrarot-Strahler; (3) Rutsche; (4) Sortierband; (5) Abstreifer; (6) Nylonbürste
A Aufgabe; K gereinigtes Steinsalz; B Abgänge

Im Bild 353 ist dieser Sortierprozeß schematisch dargestellt. Das eng vorklassierte Rohsalz wird in der rotierenden Trommel (1) mittels der Strahler (2) erwärmt und anschließend von der Rutsche (3) dem Sortierband (4) in einer Einkornschicht aufgegeben. Auf das Band ist eine dünne Schicht eines thermoplastischen Harzes aufgebracht, das Haften zwischen etwa 20 und 28°C gewährleistet. Diese Harzschicht wird fortlaufend durch Aufsprühen aus einer Düse regeneriert, die sich in 7-min-Zyklen quer über die Unterseite des Bandes bewegt. Um die Verunreinigung dieser Schicht weitgehend zu reduzieren, ist neben einer sorgfältigen Entstaubung die laufende Entfernung haftender Staubteilchen mittels der Nylon-Bürste (6) erforderlich. Das gereinigte Steinsalz wird an der Umlenktrommel vom Band abgeworfen, und die haftenden Dolomit- und Anhydritkörner entfernt der Abstreifer (5). Bei der Sortierung der Korngrößenklassen 9,5 ... 12,7 mm sowie 7 ... 9,5 mm sind auf 1500 mm breiten Bändern und Bandgeschwindigkeiten von 4,9 m/s in 15 Stunden täglicher Betriebszeit Durchsätze bis zu 500 t erzielt worden, wobei das gereinigte Produkt 98% NaCl enthielt. Der Harzverbrauch betrug 45 g/t gereinigtes Salz.

Nicht auszuschließen ist, daß der Thermoadhäsionsprozeß auch für andere stoffliche Trennungen genutzt werden kann.

Literatur

[1] *Zimmels, Y.*: Theory of density separation of particulate systems. Powder Technology 43 (1985), S. 127–139.
[2] *Schubert, Heinrich:* Wirkprinzipien und Modellierung aufbereitungstechnischer Klassier- und Sortierprozesse. Aufbereitungs-Techn. 18 (1977) 2, S. 47–55.
[3] *Schubert, Heinrich*: 30 Jahre Entwicklung der Aufbereitungstechnik. Aufbereitungs-Techn. 30 (1989) 1, S. 3–14, u. 6, S. 319–330.
[4] *Burt, R.O.*: A review of gravity concentration techniques for processing fines. Aus: Production and Processing of Fine Particles (Hrsg. *A.J. Plumpton*), S. 375–385. Pergamon Press 1988.
[5] *Robinson, C.M.*: Recovery of metallic minerals from placer and hard rock deposits by gravity concentration. Preprints Symp. Extraction of Steel Alloying Metals, Luleå/Schweden 1983, S. 252–294.
[6] *Andres, U.*: Magnetohydrodynamic and magnetohydrostatic separation – a new prospect for mineral separation in the magnetic field. Minerals Sci. Engng. 7 (1975) 2, S. 99–107.
[7] *Khalafalla, S.E.,* u. *G.W. Reimers*: Magneto-gravimetric separation of nonmagnetic solids. Trans. Amer. Inst. Min., Metallurg., & Petrol. Engr. 254 (1973), S. 193–198.
[8] *Madai, E.*: Die magnetohydrodynamische (MHD) Scheidung – ein Dichtesortierverfahren, das auf der Ausnutzung mechanischer und elektrodynamischer Effekte beruht. Dissertation A, Bergakademie Freiberg 1972.
[9] *Schubert, Heinrich*: Anwendungsmöglichkeiten und -grenzen aufbereitungstechnischer Prozesse auf dem Gebiet des Recycling fester Abfälle. Proc. 5. Duisburger Recycling-Tage (Hrsg. *J. Agst*), Duisburg 1991, S. 33–76.
[10] *Naue, G., Liepe, F., Maschek, H.-J.,* u.a.: Technische Strömungsmechanik I, 3. Aufl. Leipzig: VEB Deutscher Verlag für Grundstoffindustrie 1975.
[11] *Bauckhage, K.*: Die Viskosität von Suspensionen. Chemie-Ing.-Techn. 45 (1973) 15, S. 1001–1004, u. 17, S. 1087–1092.
[12] *Vand, V.*: Viscosity of solutions and suspensions. J. Phys. Coll. Chem. 52 (1948), S. 277–314.
[13] *Riquarts, H.-P.*: Berechnung der effektiven Viskosität von Suspensionen sedimentierender Teilchen in Newtonschen Flüssigkeiten bei hohen Scherraten. Verfahrenstechnik 15 (1981), S. 238–242.
[14] *Windhab, E.*: Untersuchungen zum rheologischen Verhalten konzentrierter Suspensionen. VDI-Fortschrittsberichte, Reihe 3: Verfahrenstechnik, Nr. 118. Düsseldorf: VDI-Verlag 1986.
[15] *Schubert, Heinrich*: Zu einigen Fortschritten auf dem Gebiet der Partikeltechnologie. Chem. Techn. 42 (1990) 2, S. 51–56.
[16] *Stepanoff, A.J.*: Gravity flow of bulk solids and transport of solids in suspension. New York: John Wiley & Sons Inc. 1969.
[17] *Peter, S.*: Zur Methodik der Viskositätsmessung. Chem.-Ing.-Techn. 32 (1960) 7, S. 437–447.
[18] *Berghöfer, W.*: Konsistenz und Schwertrübeaufbereitung. Bergbauwissenschaften 6 (1959) 20, S. 493–504, u. 22, S. 533–541.
[19] *Autorenkollektiv*: Spravočnik po obogaščeniju rud, Bd. 2, Osnovye processy, 2. Aufl. Moskau: Verlag Nedra 1983.
[20] *Badeev, J. u. S., Bazilevskij, A.M., Koževnikov, A.O.,* u.a.: Vlijanie strukturirovannosti suspenzii na rezultaty obogaščenija. Obogašč. rud 17 (1972) 5, S. 5–8.
[21] *Klassen, V.I., Litovko, V.I., Belych, Z.P.,* u.a.: Reologičeskie svojstva ferrosilicevych suspenzij i metody ich izmerenija. Moskau: Verlag Nedra 1972.
[22] *Valentyik, L.,* u. *R.L. Whitmore*: Controlling the performance of dense-medium baths. Aus: Proc. VII Int. Mineral Process. Congr., New York 1964, S. 87–94. New York: Gordon and Breach 1964.
[23] *Cheng, D. C.-H.*: Further observations on the rheological behaviour of dense suspensions. Preprints Int. Symp. "The Role of Particle Interactions in Powder Mechanics", Eindhoven 1983, S. 242–260.
[24] *Valentyik, L.*: Rheological properties of heavy media suspensions stabilized by polymers. Trans. Amer. Inst. Min., Metallurg., & Petrol. Engr. 252 (1972), S. 99–105.
[25] *Aplan, F.F.*: Heavy media separations. Aus: SME Mineral Processing Handbook (*N.L. Weiss* Ed.), S. 4–3 bis 4–16. New York: Society of Mining Engineers 1985.
[26] *Burt, R.O.*: Gravity Concentration Technology. Elsevier 1984.
[27] *Adamov, G.A.,* u. *U.C. Andres:* Vjaskost' tonkodispersnych mineral'nych suspensij. Aus: Voprozy teorii gravitacionnych metodov obogaščenija poleznych iskopaemych, S. 167–179. Moskau: Gosgortechizdat 1960.

[28] *Badeev, J.* u. *S., Bazilevskij, A.M., Ivanova, L.E.*, u.a.: Issledovanie gravitacionnych processov. Obogašč. rud 12 (1967) 4/5, S. 35–40.
[29] *Valentyik, L.*, u. *J.T. Patton*: Rheological properties of heavy-media suspensions stabilized by polymers and bentonites. Trans. Amer. Inst. Min., Metallurg., & Petrol. Engr. 260 (1976), S. 113–118.
[30] *Margolin, J.Z.*: Obogaščenie uglej i nemetalličeskich izkopaemych v tjaželych suspensijach. Moskau: Gosgortechizdat 1961.
[31] *Klein, B., Partridge, S.J.*, u. *J.S. Laskowski*: Influence of physicochemical properties on the rheology and stability of magnetite dense media. Aus: wie [4], S. 397–407.
[32] *Brien, F.B.*, u. *L.W. Pommier*: An investigation of the rheological properties of solid-liquid systems. Trans. Amer. Inst. Min., Metallurg., & Petrol. Engr. 238 (1967), S. 104–112.
[33] *Brien, F.B., Pommier, L.W.*, u. *A.K. Bhasin:* Rheological properties of solid-liquid suspensions. I. Movement of immersed bodies in the turbulent flow range. Trans. Amer. Inst. Min., Metallurg. & Petrol. Engr. 244 (1969), S. 453–460.
[34] *Brien, F.B., Pommier, L.W.*, u. *A.K. Bhasin*: Rheological properties of suspensions. II. Proposed velocity and resistance equations for the turbulent flow range. Trans. Amer. Inst. Min., Metallurg., & Petrol. Engr. 247 (1970), S. 22–38.
[35] *Brien, F.B., Pommier, L.W.*, u. *A.K. Bhasin*: A study of variables affecting the rheological properties of solid-liquid suspensions. Aus: Proc. IX. Int. Mineral Process. Congr., Prag 1970, 1st Part, S. 115–123.
[36] *Tjabin, N.V.*: Dviženie šara v vjasko-plastičeskoj židkoj dispersnoj sisteme. Dokl. Akad. nauk SSSR 21 (1953) 1, S. 57–60.
[37] *Whitmore, R.L.*: Über die Bewegung von Festkörpern in Flüssigkeiten. Bergbauwissenschaften 9 (1962) 2, S. 25–27.
[38] *Kelly, E.G.*, u. *D.J. Spottiswood*: Introduction to Mineral Processing. New York: John Wiley & Sons Inc. 1982.
[39] *Reher, E.-O.*, u. *R. Kärner*: Strömungen nicht-Newtonscher Flüssigkeiten. 6. Behinderte Sedimentation fester Teilchen in pseudoplastischen Flüssigkeiten. Chem. Techn. 26 (1974) 3, S. 152–156.
[40] *Swanson, V.F.*: Free and hindered settling. Trans. Amer. Inst. Min., Metallurg., & Petrol. Engr. 286 (1989), Minerals & Metallurg. Process., S. 190–196.
[41] *Komorniczyk, K., Gleisberg, D.*, u. *M. Reitz:* Viskositäts-, Stabilitäts- und Korrosionsverhalten von ferromagnetischen Schwertrüben für die Schwimm-Sink-Aufbereitung. Erzmetall 26 (1973) 6, S. 300–304.
[42] *Schmeiser, K., Uhle, K.*, u. *K. Frank*: Magnetische Eigenschaften von Ferrosiliziumpulver. Z. Erzbergbau Metallhüttenwes. 13 (1960) 10, S. 477–484.
[43] *Chaston, I.R.M.*: Heavy-media cyclone plant design and practice for diamond recovery in Africa. Aus: Proc. Tenth Int. Mineral Process. Congr., London 1973, S. 257–276.
[44] *Weyringer, H.*: Die Untersuchung des Trübekreislaufes in den Schwerflüssigkeitsanlagen des Steirischen Erzbergs. Erzmetall 16 (1963) 1, S. 21–26.
[45] *Kolev, N.*, u. *V. T'panarov*: Svojstva i regeneracija na suspenziite, prigotveni ot mesten magnetit. Vuglišta (Sofia) 21 (1966) 2, S. 19–22.
[46] *Melin, A.*: Gegenwärtiger Stand der Verhüttung von Akkuschrott. Metall 31 (1977) 2, S. 133–138.
[47] *Krüger, J.*: Bleigewinnung aus Sekundärrohstoffen. Neue Hütte 28 (1983) 4, S. 125–131.
[48] *Schubert, Gert*: Aufbereitung metallischer Sekundärrohstoffe. Leipzig: VEB Deutscher Verlag f. Grundstoffindustrie 1984.
[49] *Mylenbusch, M.*: Zum Stand des Kunststoff-Recycling. Aus: Recycling von Abfällen 1 (Hrsg. K.J. Thomé-Kozmiensky), S. 221–230. Berlin: EF-Verlag f. Energie u. Umwelttechnik GmbH. 1989.
[50] *Fischer, N.*: Konzepte eines sinnvollen Kunststoff-Recyclings in der BRD und Westeuropa bis zum Jahre 2010. Aus: wie [49], S. 231–240.
[51] *Hörber, G., Ropertz, G.*, u. *P. Kamiut*: Das AKW-Kunststoff-Aufbereitungssystem – eine moderne und wirtschaftliche Alternative für die Wiederverwertung von „Alt"-Kunststoffen. Aufbereitungs-Techn. 30 (1989) 8, S. 500–506.
[52] *Autorenkollektiv:* Der Deutsche Steinkohlenbergbau, Bd. 4, Aufbereitung der Steinkohle, 1. Teil. Essen: Verlag Glückauf GmbH. 1960.
[53] *Basten, A.Th.*: Neue Einsatzmöglichkeiten von Schwertrübe-Sortierzyklonen. Aufbereitungs-Techn. 24 (1983) 12, S. 704–709.
[54] *Basten, A.Th.*, u. *L.E.M. Dubois*: Trennung von Nichtmetallen und Metallen unter Einsatz von Wasserzyklonen. Freiberger Forschungs-H. (1986) A745, S. 105–117.
[55] *Autorenkollektiv:* Spravočnik po obogaščeniju rud. Obogatitel'nye fabriki, 2. Aufl. Moskau: Verlag Nedra 1984.
[56] *Lange, J.*: Die Aufbereitung des Blei-Zink-Erzbergwerkes Grund. Erzmetall 25 (1972) 4, S. 167–175.
[57] *Harms, H.*: Exkursionsbericht IX. Int. Mineral Process. Congr., Prag 1970. Erzmetall 24 (1971) 3, S. 136–140.

[58] *Fuchs, G.*: Die Akkuschrott-Aufbereitung in der Bleihütte Binsfeldhammer. Erzmetall 24 (1971) 11, S. 519–523.
[59] *Naredi, R.*: Sink- und Schwimmprozeß für Kalkstein. Aufbereitungs-Techn. 12 (1971) 3, S. 147–153.
[60] *Leßmöllmann, W.*: Die Bergevorabscheidung der Wäsche König mit 840 t/h Leistung. Glückauf 102 (1966) 9, S. 397–401.
[61] *Heintges, S.*: Die Entwicklung der Schwertrübesortierung von Steinkohlen in der Bundesrepublik Deutschland. Glückauf 109 (1973) 19, S. 955–960.
[62] *Enzfelder, W.*: Die neue Flotationsanlage des Blei-Zink-Bergbaues Bleiberg/Kreuth. Erzmetall 25 (1972) 5, S. 220–225.
[63] *Dabekaussen, G.*, u. *M. Becker*: Das Fahren hoher Trenndichten mit Magnetit-Schwertrübe in einem Teska-Scheider. Glückauf 107 (1971) 18, S. 690–692.
[64] *Driessen, M.G.*: The use of centrifugal force for cleaning of fine coal in heavy liquids and suspensions, with special reference to the cyclone washer. J. Inst. Fuel 19 (1945), S. 33–45.
[65] *Fontein, F.J.*, u. *C. Dijksman*: The hydrocyclone, its application and its explanation. Aus: Recent Developments in Mineral Dressing, S. 229–246. London: The Institution of Mining and Metallurgy 1953.
[66] *Akopov, M.G.*: Osnovy obogaščenija uglej v gidrociklonach. Moskau: Verlag Nedra 1967.
[67] *Cohen, E.*, u. *R.I. Isherwood*: Principles of dense media separation in hydrocyclones. Aus: Proc. Int. Mineral Process. Congr., London 1960, S. 573–591. London: The Institution of Mining and Metallurgy 1960.
[68] *Tarján, G.*: Some theoretical questions on classifying and separating hydrocyclones. Acta techn. Acad. Sci. hung. 32 (1961) 3/4, S. 357–388.
[69] *Stas, F.*: The influence of the orifices on the washing characteristics of the hydrocyclone. Aus: Progress in Mineral Dressing. S. 161–185. Stockholm: Verlag Almquist & Wiksell 1958.
[70] *Piterskich, G.P., Borisov, V.M.*, u. *A.I. Angelov*: Issledovanie processa razdelenija v gidrociklone v tjaželoj suspenzii. Aus: wie [27], S. 94–106.
[71] *Davies, D.S., Dreissen, H.H.*, u. *R.H. Oliver*: Advances in hydrocyclone heavy media separation technology of fine ores. Aus: Mineral Processing – Proc. Sixth Int. Mineral Proc. Congr., Cannes 1963, S. 303–316. London: Pergamon Press 1965.
[72] *Schubert, Heinrich*: Die Sortierung nach der Dichte in Zentrifugalkraftfeldern. Bergakademie 17 (1965) 5, S. 293–297.
[73] *Dreissen, H.*, u. *J. Absil*: Theory, practice and developments of the DSM heavy medium cyclone process for minerals. Trans. Amer. Inst. Min., Metallurg., & Petrol Engr. 270 (1981), S. 1864–1868.
[74] *King, R.P.*, u. *A.H. Juckes*: Cleaning of fine coals by dense-medium hydrocyclones. Powder Technology 40 (1984), S. 147–160.
[75] *Napier-Munn, T.J.*: The mechanism of separation in dense-medium cyclones. Preprints 2nd Int. Conf. Hydrocyclones, Bath/England 1984, Paper G2.
[76] *Napier-Munn, T.J.*: Pressure drop in dense-medium cyclones. Int. J. Mineral Process. 16 (1986), S. 209–230.
[77] *Rao, T.C., Vanangamudi, M.*, u. *S.A. Sufiyan*: Modelling of dense-medium cyclones treating coal. Int. J. Mineral Process. 17 (1986), S. 287–301.
[78] *Olajide, O.*, u. *E.H. Cho*: A laboratory study on dense-medium cycloning. Trans. Amer. Inst. Min., Metallurg., & Petrol. Engr. 286 (1989), Minerals & Metallurg. Process., S. 49–55.
[79] *Fontein, F.J.*, u. *C. Krijgsman*: Fortschritte auf dem Gebiet der Sortierung in Zyklonen. Glückauf 91 (1955) 29/30, S. 823–829.
[80] *Müller, F.G., DeMull, T.J.*, u. *J.P. Matoney*: Centrifugal specific gravity separators. Aus: wie [25], S. 4–16 bis 4–27.
[81] *Heide, B.*, u. *W. Hegner*: Erfahrungen mit Schwertrübezyklonen bei der Aufbereitung von Metallerzen. Erzmetall 27 (1974) 1, S. 14–21.
[82] *Arnold, W.*: Die Aufbereitung des Württemberger Steinsalzes mit Hilfe von Schwertrübezyklonen. Erzmetall 25 (1972) 12, S. 615–619.
[83] *Lopatin, A.G.*: Erhöhung der Wirksamkeit der Dichtesortierung feinkörniger Materialien in Zyklonen. Freiberger Forsch.-H. (1975) A544, S. 45–52.
[84] *Lopatin, A.G.*: Gravitacionnoe obogaščenie zolotosoderžaščich rud v korotkonusnych gidrociklonach. Obogašč. rud 18 (1973) 3, S. 5–7.
[85] *Lopatin, A.G.*, u. *Z.M. Girdasova*: Obogaščenie v gidrociklonach s vodnoj sredoj. Obogašč. rud 16 (1971) 1, S. 36–39.
[86] *van Duijn, G.*: Segregation in fluidized solids. Application in a hydrocyclone with a large cone angle. Delft University Press 1982.
[87] *van Duijn, G.*, u. *K. Rietema*: Performance of a large-cone-angle hydrocyclone. Chem. Engng. Sci. 38 (1983) 10, S. 1651–1673.

[88] *Weyher, L.H.E.*, u. *H.L. Lovell*: Hydrocyclone washing of fine coal. Trans. Amer. Inst. Min., Metallurg., & Petrol. Engr. 244 (1969), S. 191–203.
[89] *Hampel, M.*, u. *M. Becker*: Sortierung von Rohschlämmen in einem Wasserzyklon. Glückauf 106 (1970) 12, S. 584–587.
[90] *Suresh, N., Vanangamudi, M.*, u. *T.C. Rao*: Effect of cone angle on separation characteristics of compound water-only cyclone. Trans. Amer. Inst. Min., Metallurg., & Petrol. Engr. 286 (1989), Minerals & Metallurg. Process., S. 130–137.
[91] *Dowlin, D.H.*: Advances in coal preparation. Min. Engng. 15 (1963) 2, S. 92-93.
[92] *Polhemus, J.H.*, u. *R.I. Ammon*: First application of Dyna Whirlpool process to zinc ores: Treatment of zinc ore at Mascot mill of American Zinc Co. of Tennessee. Trans. Instn. Min. Metall., Sect. C: Mineral Process. Extr. Metall. 75 (1966) 721, S. 126.
[93] *Kirchberg, H.*, u. *G. Schulz*: Über einige Untersuchungen zu den Strömungs- und Entmischungsverhältnissen in einem zylindrischen Zyklon (Bauart Dyna-Whirlpool). Freiberger Forsch.-H. (1968) A437, S. 39–46.
[94] *Ferrara, G.*, u. *H.J. Ruff*: Dynamic dense medium separation processes. Erzmetall 35 (1982) 6, S. 294–299, u. 7/8, S. 395–398.
[95] *Ruff, H.J.*, u. *L. Greiner*: Neue Entwicklungen bei der dynamischen Schwertrübesortierung. Aufbereitungs-Techn. 27 (1986) 12, S. 667–674.
[96] *Kitsikopoulos, H., Tselepides, P., Ruff, H.J.*, u.a.: Industrial operation of the first two-density three-stage dense medium separator processing chromite ores. Preprints XVII. Int. Mineral Process. Congr., Dresden 1991, Vol. III, S. 55–65.
[97] *Abott, J., Bateman, K.W.*, u. *S.R. Shaw*: The Vorsyl separator. Proc. 9th Commonwealth Min. & Metall. Congr., London 1969, Paper 33.
[98] *Lathioor, R.A.*, u. *D.G. Osborne*: Dense medium cyclone cleaning of fine coal. Aus: wie [75], Paper G1.
[99] *Stoessner, R.D.*: Selection of dense medium cyclones for low gravity fine coal cleaning. Proc. 3rd Int. Conf. Hydrocyclones, Oxford/Engl. 1987, S. 111–119. Elsevier 1987.
[100] *Shah, C.L.*: A new centrifugal dense medium separator for treating 250 t/h of coal sized up to 100 mm. Aus: wie [99], S. 91–100.
[101] *Autorenkollektiv*: Die Schwimm-Sink-Aufbereitung von Erzen. Z. Erzbergbau Metallhüttenwes. 15 (1962) 10, S. 499–511.
[102] *Braun, V.I., Procuto, V.S.*, u. *J.* u. *V. Reuckij*: Upravlenie processom obogaščenija rud v tjaželych suspenzijach. Aus: Trudy naučno-techničeskoj konferencii Instituta Mechanobr, Tom I, S. 344–362. Leningrad: Mechanobr 1969.
[103] *Volin, M.E.*, u. *L. Valentyik*: Control of heavy media plants. Pit & Quarry 62 (1969) 6, S. 111–120.
[104] *Berning, H.*: Die Aufbereitung von Haufwerken – Steuerung und Regelung eines Schwertrübekreislaufes. VDI-Nachr. 20 (1966) 9, S. 15.
[105] *Pavelka, I.*: Automatische Regelung der Trübedichte in Schwertrübescheidern. Aufbereitungs-Techn. 9 (1968) 3, S. 128–132.
[106] *Mills, C.*: Process design, scale-up and plant design for gravity concentration. Aus: Mineral Processing Plant Design (Hrsg. *Mular, A.L.*, u. *R.B. Bhappu*), 2nd Ed., S. 404–426. New York: Society of Min. Engrs. of AIME 1980.
[107] *Padberg, W.*, u. *L. Schanné*: Messen und Regeln von Trübedichte und Verschlammung in den Schwertrübeanlagen der Saarbergwerke AG. Glückauf 102 (1966) 24, S. 1276–1282.
[108] *Hundertmark, A.*: Arbeitsweise eines neuen Trübedichtemeßgerätes. Erzmetall 18 (1965) 6, S. 310–311.
[109] *Krickij, E.I.*, u. *M.H. Minster*: Plotnomer s utoplennym poplavkom. Obogašč. rud 14 (1969) 4, S. 30–32.
[110] *Görtz, W.*, u. *W. Kluge*: Probleme der Dichte- und Durchfluß-Messung und Regelung in Aufbereitungsanlagen. Aufbereitungs-Techn. 9 (1968) 9, S. 448–451.
[111] *Ramdohr, H.*: Trübedichtemessung mit Hilfe radioaktiver Strahlenquellen in der Erzaufbereitung. Erzmetall 17 (1964) 6, S. 321–323.
[112] *Litovko, V.I.*, u. *S.A. Zaremba*: Medotika i dannye opredelenija reologičeskich parametrov nekotorych suspenzij kapiljarnym viskosimetrom s davleniem. Aus: Obogaščenie tonkich klassov poleznych iskopaemych, S. 32–42. Moskau: Verlag Nauka 1964.
[113] *Valentyik, L.*: Instrumentation and control of the specific gravity and the rheology of heavy-medium suspensions. Minerals Sci. Engng. 3 (1971) 1, S. 38–44.
[114] *Leßmöllmann, W.*, u. *W. Padberg*: Moderne Aufbereitungstechnik, erläutert am Beispiel des Saarbergbaus. Aufbereitungs-Techn. 21 (1980) 3, S. 114–123.
[115] *Valentyik, L.*, u. *E.L. Michaels*: Kontrolle der Arbeitsweise von Schwertrübescheidern. Bergbauwissenschaften 18 (1971) 3, S. 86–95.
[116] *Lien, Th.J.*, u. *R.B. Bhappu*: Metallurgical, operating, and economic characteristics of the Dyna Whirlpool processor. Aus: wie [106], S. 502–519.

[117] *Joy, A.S., Douglas, E., Walsh, T.*, u.a.: Development of equipment for the dry concentration of minerals. Filtration & Separation 9 (1972) 5, S. 532–538.
[118] *Zabeltitz, Ch.E. von*: Über das Sortieren körniger Stoffe im Fließbett. Verfahrenstechnik 6 (1972) 9, S. 305–312.
[119] *Iohn, P.*: Die Wirbelschicht-Sinkscheidung als modernes Sortierverfahren. Aufbereitungs-Techn. 12 (1971) 3, S. 140–146.
[120] *Schubert, Heinrich, Heidenreich, E., Liepe, F.*, u.a.: Mechanische Verfahrenstechnik, 3. Aufl. Leipzig: Deutscher Verlag f. Grundstoffindustrie 1990.
[121] *Muller, L.D.*, u. *C.P. Sayles*: Processing dry granular materials. Mining Engng. 23 (1971) 3, S. 54–56.
[122] *Herman, E.*: Anwendung des Dryflo-Wirbelbettverfahrens zur Zerlegung von Kupferkabel-Schrott. Erzmetall 24 (1971) 12, S. 584–587.
[123] *Lemke, K.*, u. *K.-H. Kubitza*: Der Versuch einer Prognose über die Steinkohlenaufbereitung im Ruhrrevier Ende der siebziger Jahre. Glückauf 106 (1970) 11, S. 508–526.
[124] *Bartelt, D.*: Eine Setzmaschinenwäsche für die gemeinsame Sortierung der Körnung 150...0,5 mm. Glückauf 106 (1970) 9, S. 403–412.
[125] *Bartelt, D.*, u. *R. von der Gathen*: Verbesserung der Wirtschaftlichkeit von Steinkohlenbergwerken in der Bundesrepublik Deutschland durch Maßnahmen in der Aufbereitung. Aus: VI. Int. Kongreß f. Steinkohlenaufbereitung, Paris 1973, Bericht 14D.
[126] *Becker, M.*, u. *R. Friedrichsmeier*: Umbau der Wäsche Pattberg zur Monowäsche und Umstellung von Schwertrübe- auf Setzmaschinenbetrieb. Aufbereitungs-Techn. 14 (1973) 6, S. 377–379.
[127] *Kubitza, K.-H., Wilczynski, P.*, u. *B. Bogenschneider*: Die Aufbereitung von Steinkohle in der Bundesrepublik Deutschland. Glückauf 123 (1987) 4, S. 177–182.
[128] *Becker, M.*: Bisherige Entwicklungen und Zielsetzungen für die Aufbereitungstechnik in den 90er Jahren. Glückauf 122 (1986) 2, S. 152–157.
[129] *Florl, M.*, u. *S. Heintges*: Bergevorabscheidung mit einer Stauchsetzmaschine auf Grube Emil Mayrisch. Glückauf 122 (1986) 17, S. 1116–1122.
[130] *Sprouls, M.W.*: Plant census shows more than 400. Coal Age 26 (1989) 11, S. 56–65.
[131] *Behrendt, H.-P., Mosch, E., Lamm, K.F.*, u.a.: A comparative study of heavy-medium and hydrodynamic separation processes for the treatment of lead battery scrap. Aus: wie [96], Vol. VII, S. 53–62.
[132] *Dalmijn, W.L.*: Developments in sorting technologies for non-ferrous scrap materials. Aus: wie [96], Vol. VII, S. 91–98.
[133] *Witteveen, H.J.*, u. *W.L. Dalmijn*: Car scrap recycling. Aus: wie [96], Vol. VII, S. 99–107.
[134] *Schubert, Gert*: Aufbereitung der komplex zusammengesetzten Schrotte. Freiberger Forsch.-H. (1986) A745, S. 17–43.
[135] *Bahr, A.*: Trennung von NE-Metalle enthaltenden Kunststoffabfällen. Freiberger Forsch.-H. (1982) A665, S. 111–127.
[136] *Beránek, J., Rose, K.*, u. *G. Winterstein*: Grundlagen der Wirbelschichttechnik. Leipzig: VEB Deutscher Verlag für Grundstoffindustrie 1975.
[137] *Kunii, D.*, u. *O. Levenspiel*: Fluidization Engineering. New York: John Wiley & Sons 1969.
[138] *Geldart, D.*: Types of gas fluidization. Powder Technology 7 (1973), S. 285–292.
[139] *Rietema, K.*: Powders, what are they? Preprints Int. Symp. „The Role of Particle Interactions in Powder Mechanics", Eindhoven 1983, S. 5–23.
[140] *Molerus, O.*: Fluid-Feststoff-Strömungen. Springer-Verlag 1982.
[141] *Nienow, A.W., Rowe, P.N.*, u. *L.Y.-L. Cheung*: A quantitative analysis of the mixing of two segregating powders of different density in a gas-fluidized bed. Powder Technology 20 (1978), S. 89–97.
[142] *Geldart, D., Baeyens, J., Pope, D.J.*, u.a.: Segregation in beds of large particles at high velocities. Powder Technology 30 (1981), S. 195–205.
[143] *Beekmans, J.M., Bergström, L.*, u. *J.F. Large*: Segregation mechanisms in gas fluidized beds. Chem. Engng. J. 28 (1984) 1, S. 1–11.
[144] *Ergun, S.*: Fluid flow through packed columns. Chem. Eng. Progr. 48 (1952), S. 89–94.
[145] *Wen, C.Y.*, u. *Y.H. Yu*: A generalized method for predicting the minimum fluidization velocity. AIChE-J. 12 (1966) 31, S. 610–612.
[146] *Schubert, Heinrich*: Zum gegenwärtigen Stand der Setztheorie. Bergakademie 16 (1964) 12, S. 748–755.
[147] *Kizeval'ter, B.V.*: Vlijanie čisla i razmacha židkosti v processe otsadki. Aus: wie [27], S. 11–21.
[148] *Hentzschel, W.*: Die Bewegungsvorgänge monodisperser homogener Kugelschüttungen unter dem Einfluß vertikaler harmonischer Schwingungen des Mediums. Freiberger Forsch.-H. (1958) A83.
[149] *Kizeval'ter, B.V.*: Razrychlenie sloja v processe otsadki. Gornyj Ž. 132 (1957) 3, S. 61–67.
[150] *Kizeval'ter, B.V.*: Razrychlenie sloja odnorodnych častic pri različnych ciklach otsadki. Obogašč. rud 8 (1963) 5, S. 21–25.

[151] *Plaksin, I.N., Klassen, V.I., Nesterov, I.M.*, u.a.: K teorii razdelenija melkich mineral'nych zeren pri mokroj otsadke. Aus: wie [27], S. 22–37.
[152] *Michell, F.B.*, u. *P. Suvarnapradip*: A study of jigging as applied to the concentration of alluvial material – with particular reference to the possibility of automatic control of dilation. Aus: wie [71], S. 283–301.
[153] *Vinogradov, N.N., Schochin, V.N., Holodov, N.G.*, u.a.: Research on the separation kinetics of gravity processing in mineral suspensions. Aus: Proc. Eleventh Int. Mineral Process. Congr., Cagliari 1975, S. 319–336.
[154] *Samylin, N.A.*: Technologija obogaščenija uglja gidraličeskoj otsadkoj. Moskau: Verlag Nedra 1967.
[155] *Kirchberg, H.*, u. *D. Uhlig*: Beitrag zur Klärung der Bewegungsvorgänge beim Setzprozeß. Aus: wie [35], 3. Teil, S. 69–77.
[156] *Vinogradov, N.N., Rafales-Lamarka, É., Kollodij, K.K.*, u.a.: Novye napravlenija teorii i technologii processa otsadki poleznych izkopaemych. Aus: VIII. Meždunarodnyj kongres po obogaščeniju poleznych iskopaemych, Leningrad 1968, Tom 1, S. 279–291. Leningrad: Institut Mechanobr 1969.
[157] *Uhlig, D.*: Beitrag zur Klärung der Entmischungs-, Mischungs- und Bewegungsvorgänge im Bett einer Setzmaschine durch Versuche an Kugelschüttungen. Freiberger Forsch.-H. (1974) A522, S. 5–12.
[158] *Jinnouchi, Y., Kita, S., Tanaka, M.*, u.a.: New trends in theory and technology of the air-pulsated jigs in Japan. Trans. Amer. Inst. Min., Metallurg., & Petrol. Engr. 276 (1984), Minerals & Metallurg. Process., S. 76–81.
[159] *Gerstenberg, R.*: Schichten und Kinetik beim Setzprozeß im Feinkornbereich. Dissertation TU Clausthal 1987.
[160] *Fischer, R.*: Pulsierende Strömung durch Schüttungen. VDI-Forschungsheft 524. Düsseldorf: VDI-Verlag GmbH 1967 (Kurzreferat in VDI-Z. 110 (1968) 20, S. 819–820).
[161] *Kizeval'ter, B.V.*: Teoretičeskie osnovy gravitacionnych processov obogaščenija. Moskau: Verlag Nedra 1979.
[162] *Samylin, N.A., Zolotko, A.A.*, u. *V.V. Počinok*: Otsadka. Moskau: Verlag Nedra 1976.
[163] *Bassier, F.-K.*: Kritische Betrachtungen zum Problem der nassen Setzarbeit und experimentelle Untersuchungen der Bewegungs- und Schichtungsvorgänge in Naßsetzmaschinen. Aachener Bl. Aufbereit. 2 (1952), S. 131–159.
[164] *Lill, G.D.*, u. *H.G. Smith*: A study of the motion of particles in a jig bed. Aus: wie [67], S. 515–535.
[165] *Verchowskij, I.M., Vinogradov, N.N.*, u. *D.M. Arutinov*: Metodika issledovanija dviženija zeren i radiometričeskich izmerenij v processe otsadki. Aus: wie [27], S. 5–10.
[166] *Verchovskij, I.M., Vinogradov, N.N., Arutinov, D.M.*, u.a.: Novye predstavlenija o sušnosti rasslojenija materiala v processe gidravličeskoj otsadki. Aus: wie [27], S. 66–77.
[167] *Verchovskij, I.M., Zemskov, V.D., Arutinov, D.M.*, u.a.: Issledovanie nekotorych zakonomernostej processa otsadki metodom gamma-lokacii. Gornyj Ž. 134 (1958), S. 53–56.
[168] *Špetl, F.*, u. *J. Puncmanová:* Einige Erkenntnisse aus der Sortierung von Schüttgütern in einer neuen Setzmaschine. Aus: wie [35], S. 135–139.
[169] *Špetl, F., Puncmanová, J.*, u. *V. Procházka*: Entwicklung und Ergebnisse einer neuen Setzmaschine. Aus: Preprints VI. Int. Kongr. Steinkohlenaufbereitung, Paris 1973, Bericht 19D.
[170] *Rafales-Lamarka, É.*: K teorii otsadki. Izv. vysš. učebn. zaved., Gornyj Ž. 5 (1962) 10, S. 171–177.
[171] *Molerus, O.*, u. *J. Werther*: Berechnung der Sinkbewegung kugeliger Teilchen in einem vertikal pulsierenden Strömungsfeld. Chemie-Ing.-Tech. 40 (1968) 11, S. 522–524.
[172] *Al-Taweel, A.M.*, u. *J.F. Carley*: Dynamics of single spheres in pulsated, flowing liquids. Part II: Modeling and interpretation of results. AJChE Symp. Series 67 (1971) 116, S. 124–131.
[173] *Richardson, J.F.*, u. *W.N. Zaki*: Sedimentation and fluidization. Trans. Instn. Chem. Eng. 32 (1954), S. 35–53.
[174] *Vinogradov, N.N.*: Analiz dviženija materiala v otsadočnych mašinach s povyšennoj častotoj pulsacii i teoretičeskoe obosnovanie vybora privodnogo mechanizma. Dissertation Moskauer Bergbau-Institut 1953.
[175] *Oetiker, H.*: Die pulsierende Wirbelschicht und deren Anwendung bei Stein- und Leichtkornauslesern. Die Mühle 108 (1971) 14, S. 195–198.
[176] *Tichonov, O.N.*: Gravitacionnoe razdelenie mnogokomponentnych mineral'nych smesej. Obogašč. rud 13 (1968) 1, S. 47–49.
[177] *Neeße, Th.*: Der aufbereitungstechnische Setzvorgang als statistischer Prozeß. Wiss. Z. Hochsch. f. Arch. Bauwes. Weimar 13 (1966) 5, S. 575–586.
[178] *Revnivtsev, V.I., Barskij, M.D., Vinogradov, N.N.*, u.a.: Hydrodynamic research into gravity concentration processes and methods for their improvement. Aus: wie [43], S. 293–310.
[179] *Mayer, F.W.*: Der Entmischungsvorgang als physikalischer Aufbereitungsprozeß. Bergbau-Archiv 11/12 (1950) 1, S. 82–94.

[180] *Mayer, F.W.*: Eine neue Erklärung des Setzvorganges und ihre Folge für die zweckmäßige Gestaltung des Setzhubdiagrammes. Glückauf 87 (1951) 33/34, S. 776–783.
[181] *Mayer, F.W.*: Fundamentals of a potential theory of the jigging process. Aus: wie [22], S. 75–86.
[182] *Karantzavelos, G.E.*, u. *A.Z. Frangiscos:* Contribution to the modelling of the jigging process. Aus: Control '84 (*J.A. Herbst* Ed.), S. 97–105. New York: Society of Mining Engineers 1984.
[183] *Thomson, R.S., Laros, T.J.*, u. *F.F. Aplan*: A study of jig cycles in the fine jigging of pyrite from coal. Proc. XVth Int. Mineral Process. Congr., Cannes 1985, Tome I, S. 293–306.
[184] *Lobašev, J.* u. *B.*, u. *A.P. Syrnev*: Rasčet parametrov kolebanij i ocenka nekotorych konstruktivnych razmerov v bezporšnevych otsadočnych mašinach. Izv. vyss. učebn. zaved., Gornyj Ž. (1980) 5, S. 75–80.
[185] *Bazilevskij, A.M., Malova, N.N., Povarov, A.I.*, u.a.: O predvaritel'nom obogaščenii rud otsadkoj. Obogašč. rud 20 (1975) 6, S. 6–8.
[186] *Taggart, A.F.*: Elements of Ore Dressing. New York/London: John Wiley & Sons Inc. 1951.
[187] *Leest, P.A.*, u. *H.J. Witteveen*: Die Auflockerung des Setzbettes – ein neuer Ansatzpunkt zur Entwicklung eines theoretischen Modells der Setzsortierung. Aufbereitungs-Techn. 32 (1991) 11, S. 608–615.
[188] *Wesp, M., Thelen, H., Müller, H.*, u.a.: Betriebserfahrungen mit dem Einsatz einer Stauchsetzmaschine der Bauart KHD Humboldt Wedag AG in der Bergevorabscheidung des Steinkohlenbergwerkes Emil Mayrisch. Aufbereitungs-Techn. 30 (1989) 12, S. 746–752.
[189] *Kellerwessel, H.*: Die Baumsche Setzmaschine – 100 Jahre alt oder 100 Jahre jung? Aufbereitungs-Techn. 32 (1991) 9, S. 504–508.
[190] *Fellensiek, E.*, u. *W. Erdmann*: Die Setzsortierung – geschichtliche und maschinentechnische Entwicklung. Aufbereitungs-Techn. 32 (1991) 11, S. 599–609.
[191] *Breuer, H.*, u. *A. Lotz*: Neuere Entwicklungen zur Setzsortierung im Fein- und Feinstkornbereich. Glückauf 122 (1986) 19, S. 1264–1268.
[192] *Fellensiek, E.*: Feinstkornsortierung auf einer neuartigen in Doppelfrequenz gepulsten Durchsetzmaschine. Glückauf-Forschungshefte 42 (1981) 3, S. 130–136.
[193] *Fellensiek, E.*: Verbesserung des Trennerfolges von Setzmaschinen. Aufbereitungs-Techn. 27 (1986) 12, S. 649–658.
[194] *Fellensiek, E.*: Neuere Entwicklungen in der Setzmaschinentechnik. Aufbereitungs-Techn. 26 (1985) 6, S. 329–342.
[195] *Heintges, S.*: Einsatz von Batac-Setzmaschinen und Teska-Scheidern zur Aufbereitung von Kohle. Aufbereitungs-Techn. 17 (1976) 4, S. 156–160.
[196] *Hasse, W.*, u. *H.-D. Wasmuth*: Use of air-pulsated Batac jigs for production of high-grade lump ore and sinterfeed from intergrown hematite iron ores. Proc. XVIth Int. Mineral Process. Congr., Stockholm 1988, Part A, S. 1053–1064.
[197] *Supp, A.*, u. *H. Thieme*: Erfahrungen mit einer breiten seitengepulsten Zwillingssetzmaschine. Aufbereitungs-Techn. 26 (1985) 12, S. 681–690.
[198] *Kind, P.*: Klassier- und Sortierapparate für die Sand- und Kiesindustrie. Freiberger Forsch.-H. (1968) A450, S. 81–100.
[199] *N.N.*: Naßaufbereitungsanlage zur wirtschaftlichen Erzeugung von Qualitätsbims. Aufbereitungs-Techn. 33 (1992) 8, S. 462–464.
[200] *Autorenkollektiv*: Spravočnik po obogaščeniju uglej. Moskau: Verlag Nedra 1974.
[201] *Clement, M.*, u. *H. Hamm*: Neue Untersuchungen über das Luftsetzverfahren zum Trennen von Korngemischen. Glückauf-Forsch.-H. 27 (1966) 2, S. 45–56.
[202] *Lemke, K., Hoffmann, E.*, u. *K.-H. Kubitza*: Ziele von Untersuchungen und Entwicklungen auf dem Gebiet der Steinkohlenaufbereitung. Glückauf 105 (1969) 21, S. 1063–1068.
[203] *Padberg, W.*, u. *L. Schanné*: Automatische Regelung einer luftpulsten Durchsetzmaschine nach dem Aschegehalt des Kohleaustrages. Glückauf 106 (1970) 7, S. 321–327.
[204] *Hampel, M.*: Über den derzeitigen Stand der automatischen Schnellbestimmung des Asche- und Wassergehaltes von feinkörnigen Kohlen in der Bundesrepublik Deutschland und deren Ausnutzung zur Regelung von Aufbereitungsvorgängen. Aus: wie [169], Bericht 21D.
[205] *Bartelt, D.*: Die Regelung der Austragsvorrichtungen von Setzmaschinen durch Radioisotope. Preprints Vierter Int. Kongr. Steinkohleaufbereitung, Harrogate 1962, Bericht B2.
[206] *Nio, T.H.*, u. *H. van Muijen*: Notes on IHC-jigs in gravity concentrations. Aus: wie [196], S. 951–963.
[207] *Symonds, D.F.*, u. *S.G. Butcher*: A review of dry cleaning processes. Aus: Proc. 64th CIC Coal Symp. (Hrsg. *M. Al-Taweel*), Halifax 1981, S. 296–303
[208] *Scheer, K.E.*: Rückgewinnung der NE-Metalle aus Shredderschrott und Reinigung der anfallenden Schmutzwässer. Freiberger Forsch.-H. (1982) A664, S. 146–148.
[209] *Zweiling, G.*: Rückgewinnung von Kupfer aus Kupferabfällen. Rohstoff-Rundschau 30 (1975) 7, S. 146–148.
[210] *N.N.*: Rückgewinnung von Kupfer und Aluminiumdrähten. Rohstoff-Rundschau 38 (1983) 22, S. 600.

[211] *Hanisch, J., Jäckel, H.G.,* u. *M. Eibs*: Zu aufbereitungstechnischen Aspekten des Baustoffrecyclings. Aufbereitungs-Techn. 32 (1991) 1, S. 10–17.
[212] *Jungmann, A.,* u. *Th. Neumann*: alljig-Setzmaschinen zur Abtrennung schädlicher Bestandteile aus Kies, Sand und Recycling-Material. Aufbereitungs-Techn. 32 (1991) 1, S. 18–25.
[213] *Schubert, Gert*: Aufbereitung der NE-Metallschrotte und NE-metallhaltigen Abfälle. Aufbereitungs-Techn. 32 (1991) 2, S. 78–89, u. 7, S. 352–358.
[214] *Gossow, V.,* u. *P. Zarbock*: Die Aufbereitung kontaminierter Böden – Anwendung von physikalischen Trenntechniken und chemischer Laugung. Aufbereitungs-Techn. 33 (1992), S. 248–256.
[215] *Wasmuth, H.-D.,* u. *D. Ziaja*: Aufbereitung von Eisenerz-Stückerz und Sinterfeinerzen mit luftgepulsten BATAC-Setzmaschinen. Aufbereitungs-Techn. 33 (1992) 6, S. 318–327.
[216] *Bartelt, D.*: Entwicklungstendenzen in der Steinkohlenaufbereitung seit den fünfziger Jahren. Aufbereitungs-Techn. 30 (1989) 4, S. 197–205, u. 5, S. 272–276.
[217] *Beck, W.*: Grundlagen der Strömungsmechanik. Freiberg: Bergakademie-Fernstudium 1960.
[218] *Brauer, H.*: Grundlagen der Einphasen- und Mehrphasenströmungen. Aarau und Frankfurt/Main: Verlag Sauerländer 1971.
[219] *Blagov, I.S., Kotkin, A.M.,* u. *T.G. Fomenko*: Gravitacionnye processy obogaščenija. Moskau: Gosgortechizdat 1962.
[220] *Šochin, V.N.,* u. *A.G. Lopatin*: Gravitacionnye metody obogaščenija. Moskau: Verlag Nedra 1980.
[221] *Bogomolov, A.I., Borovkov, V.S., Majranovskij, V.G.,* u.a.: Vysokoskorostnye potoki so svobodnoj poverchnostju. Moskau: Verlag Strojzdat 1979.
[222] *Kriegel, E.,* u. *H. Brauer*: Konzentrationsprofile beim hydraulischen Transport feinkörniger Feststoffe. Fortschr.-Ber. VDI-Z., Reihe 13 (1967) 9.
[223] *Rubin, G.,* u. *F. Löffler*: Widerstands- und Auftriebsbeiwerte von kugelförmigen Partikeln in laminaren Grenzschichten. Chemie-Ing.-Techn. 48 (1976) 6, S. 563.
[224] *Halow, J.S.*: Incipient rolling, sliding and suspension of particles in horizontal and inclined turbulent flow. Chem. Engng. Sci. 28 (1973) 1, S. 1–12.
[225] *Ljaščenko, P.V.*: Gravitacionnye metody obogaščenija. Moskau: Verlag Gosgortechizdat 1940.
[226] *Bagnold, R.A.*: Experiments on a gravity-free dispersion of large solid spheres in a Newtonian fluid under shear. Proc. Royal Soc., Ser. A, Vol. 225 (1954), S. 49–63.
[227] *Bagnold, R.A.*: The flow of cohesionless grains in fluids. Philos. Trans. Royal Soc., No. 964, Ser. A, Vol. 249 (1956), S. 235–297.
[228] *Neeße, Th., Schubert, Heinrich, Liepe, F.,* u.a.: Turbulenzmessungen in Mehrphasenströmungen fest-flüssig eines Rührapparates. Chem. Techn. 29 (1977) 10, S. 544–548.
[229] *Neeße, Th., Schubert, Heinrich,* u. *H.-O. Möckel*: Turbulenzmessung in Mehrphasenströmungen gasförmig/flüssig und fest/flüssig mittels einer Piezosonde. Aus: Preprints 2. Europ. Symp. Partikelmeßtechnik, Nürnberg 1979, S. 431–445.
[230] *Weiß, Th.,* u. *Heinrich Schubert*: Der Einfluß des Feinstkornes auf die Turbulenz der Mehrphasenströmung fest/flüssig. Aus: Preprints 4. Europ. Symp. Partikelmeßtechnik, Nürnberg 1989, Teil 2, S. 679–693.
[231] *Zamjatin, O.V.*: Zavisimost' izvlečenija zeren tjaželych mineralov ot dliny šluza. Cvetnye metally 46 (1973) 6, S. 87–89.
[232] *Nevskij, B.V.*: Obogaščenie rossypej. Moskau: Verlag Metallurgizdat 1947.
[233] *Subasinghe, G.K.N.S.,* u. *E.G. Kelly*: Modelling pinched sluiced type concentrators. Aus: wie [182], S. 87–95.
[234] *Sivamohan, R.,* u. *E. Forssberg*: Principles of sluicing. Int. J. Mineral Process. 15 (1985), S. 157–171.
[235] *Abdinegro, S.,* u. *A.C. Partridge*: Flow characteristics of pinched sluice. Proc. Austral. Inst. Min. & Metallurgy Conf., Western Australia 1979, S. 79–83.
[236] *Stewart, H.L.*: Pinched sluices. Min. Mag. 105 (1961) 3, S. 154–159.
[237] *Helfricht, R.*: Ein Beitrag zur Dichtesortierung feiner Körnungen in Fächerrinnen. Freiberger Forsch.-H. (1966) A383, S. 51–102.
[238] *Witteveen, H.J., Dalmijn, W.L.,* u. *H. van der Valk:* The porosity distribution in a jig. Aus: wie [96], Vol. III, S. 9–20.
[239] *Witteveen, H.J., Dalmijn, W.L.,* u. *H.J.L. van der Valk*: The response of a uniform jig bed in terms of porosity distribution. Aus: Proc. XVIII. Int. Mineral Process. Congr., Sidney 1993, Vol. 2, S. 361–367.
[240] *Keast-Jones, R., Smitham, J.B., Horrocks, K.R.S.,* u.a.: Continuous control of dense medium cyclone separation density. Aus: wie [239], Vol. 2, S. 349–356.
[241] *Subasinghe, G.K.N.S.*: Optimally designed sluice-boxes for small-scale gold mining operations in Papua New Guinea. Aus: wie [239], Vol. 2, S. 369–374.
[242] *Restarick, C.J.*: Classification and partition performance of dense medium cyclones. Aus: wie [239], Vol. 2, S. 343–348.

[243] *Ferree, T.J.*: An expanded role in mineral processing seen for Reichert cone. Min. Engng. 25 (1973) 3, S. 29–31.
[244] *Forssberg, E.*, u. *E. Sandström*: Verwendung des Reichert-Konus in der Erzaufbereitung. Vortrag Hauptversammlung der GDMB, Den Haag, Sept. 1976.
[245] *Holland-Batt, A.B.*: Design of gravity concentration circuits by use of empirical mathematical models. Preprints Eleventh Commonwealth Mining Metallurg. Congr., Hongkong 1978, Paper 21.
[246] *Holland-Batt, A.B.*, *Balderson, G.F.*, u. *M.S. Cross*: The application and design of wet gravity circuits in the South African minerals industry. South Afric. Inst. Min. & Metall. (1982) March, S. 53–70.
[247] *Ferree, T.J.*, u. *L.F. Mashburn*: Fine gold recovery with a Reichert cone – A case history. Trans. Amer. Inst. Min., Metallurg., & Petrol. Engr. 272 (1982), S. 1916–1918.
[248] *Humphreys, B.*: Where spirals replaced tables, flotation cells etc. Eng. & Min. J. 146 (1945) 3, S. 29–31.
[249] *Blaschke, W.*, u. *E. Malysa*: Gravitational beneficiation of ultrafine grains of zinc-lead ores from Olkusz region. Aus: Fine Particles Processing (Hrsg. *P. Somasundaran*), Vol. 2, S. 1376–1389. New York: Amer. Inst. Min., Metallurg., & Petrol. Engr. 1980.
[250] *Goodman, R.H.*, *Brown, C.A.*, u. *I.C. Ritchie*: Advanced gravity concentrators for improving metallurgical performance. Trans. Amer. Inst. Min., Metallurg., & Petrol. Engr. 278 (1985), Mineral & Metallurg. Process., S. 79–86
[251] *Maistre, A. de*: Contribution à l'étude fu fonctionnement de la spirale Humphreys. Dissertation Universität Nancy 1963.
[252] *Anikin, M.F.*, *Ivanov, V.D.*, u. *M.L. Pevzner*: Vintovye separatory dlja obogaščenija rud. Moskau: Verlag Nedra 1970.
[253] *Sivamohan, R.*, u. *E. Forssberg*: Principles of spiral concentration. Int. J. Mineral Process. 15 (1985), S. 173–181.
[254] *Solomin, K.V.*: Obščie principy obagaščenija poleznych iskopaemych na vintovych separatorach. Aus: wie [27], S. 151–162.
[255] *Suchanova, V.G.*, *Anikin, M.F.*, u. *M.L. Pevzner*: Zavisimost' proizvoditel'nosti vintovych separatorov ot diametra želoba i svojstvo obogaščaemogo materiala. Obogašč. rud 19 (1974) 1, S. 32–33.
[256] *Tarján, I.*, *Böhm, J.*, *Csöke, B.*, u.a.: Process control of dense-medium separation by measuring and controlling the flow characteristics of the dense medium. Aus: wie [96], Vol. III, S. 91–103.
[257] *Rao, S.R.*, u. *L.L. Sirois*: Study of surface chemical characteristics in gravity separation. Canad. Inst. Metallurgy, Bull. 67 (1973), S. 78–83.
[258] *Sivamohan, R.*, u. *E. Forssberg*: Recovery of heavy minerals from slimes. Int. J. Mineral Process. 15 (1985), S. 297–314.
[259] *Tarján, G.*: Mineral Processing, Vol. II. Budapest: Akadémiai Kiadó 1986.
[260] *Sivamohan, R.*, u. *K.S.E. Forssberg*: Progress in gravity concentration – Theory and practice. Aus: Advances in Mineral Processing (Hrsg. *P. Somasundaran*), S. 97–118. Littleton: Soc. Mining Engr. Inc. 1986.
[261] *Burt, R.O.*: A study of the effect of deck surface and pulp pH on the performance of a fine gravity concentration. Int. J. Mineral Process. 5 (1978), S. 39–44.
[262] *Burt, R.O.*: Slime recovery by gravity concentration – A viable alternative? Aus: wie [249], S. 1359–1375.
[263] *Burt, R.O.*, u. *D.J. Ottley*: Fine gravity concentration using the Bartles-Mozley concentrator. Int. J. Mineral Process. 1 (1974), S. 347–366.
[264] *Burt, R.O.*, u. *D.J. Ottley*: Developments in fine gravity concentration. Canad. Min. J. 94 (1973) 6, S. 37–39.
[265] *Chin, P.C.*, *Wang, Y.T.*, u. *Y.P. Sun*: A new slime concentrator – The rocking-shaking vanner. Aus: Mineral Processing, Proc. Thirteenth Int. Mineral Process. Congr., Warsaw 1979, Vol. 2, Part B, S. 1398–1420. Elsevier 1981.
[266] *Lupa, Z.*, u. *J. Laskowski*: Dry gravity concentration in fluidizing separators. Aus: wie [265], S. 1195–1217.
[267] *Forssberg, E.*, u. *E. Sandström*: Operational characteristics of the Reichert cone in ore processing. Aus: wie [265], S. 1424–1451.
[268] *Wasmuth, H.-D.*, u. *Chr. Hahn*: Shaking table with hydraulic drive – A new approach to the well-proven gravimetric separation unit. Aus: wie [96], Vol. III, S. 117–126.
[269] *N.N.*: Photoelectric cells improve mineral concentration. Engng. Min. J. 174 (1973) 1, S. 76–77.
[270] *Welsh, R.A.*, u. *A.W. Deuerbrouk*: Photoelectric concentrator for the wet concentrating tables. U.S. Bur. Mines, Rep. Invest. (1972) 7623.
[271] *Nair, J.S.*, *Degaleesan, S.N.*, u. *K. Majumdar*: Automatic splitter for wet tabling of radioactive ores. Trans. Instn. Min. Metall. (London), Section C: Mineral Process. Extr. Metall. 83 (1974) 811, S. C121–C123.
[272] *Sivamohan, R.*, u. *E. Forssberg*: Principles of tabling. Int. J. Mineral Process. 15 (1985), S. 281–295.

[273] *Gaudin, A.M.*: Principles of Mineral Dressing. New York/London: McGraw Hill Book Co. Inc. 1939.
[274] *Isaev, I.N.*: Koncentracionnye stoly. Moskau: Gosgortechizdat 1962.
[275] *Berger, W.*: Grundlagen der Arbeitsweise schwingender Aufbereitungsherde. Freiberger Forsch.-H. (1960) A157.
[276] *Poláček, J.*: Ein Vergleich verschiedener Herdtypen bei der Aufbereitung von Zinnerzen. Freiberger Forsch.-H. (1975) A551, S. 137–146.
[277] *Gründer, W.*, u. *G. Geyer*: The Haultain-Superpanner. Erzmetall 10 (1957) 8, S. 370–373.
[278] *Muller, L.D.*: The micropanner – an apparatus for the gravity concentration of small quantities of materials. Bull. Instn. Min. & Metallurgy 68 (1958) 623, S. 1–7.
[279] *Muller, L.D.*, u. *J.H. Pownall*: Investigation and development of some laboratory wet gravity mineral concentrators. Bull. Instn. Min. & Metallurgy 71 (1961), S. 379–392.
[280] *Besov, B.D.*: Tendencii razvitija pnevmaticeskogo obogaščenija uglej v SSSR. Ugol' (1989) 11, S. 50–53.
[281] *Groscurth, J.H.*: Small wire recovery systems on the rise. Scrap Age 36 (1979) 7, S. 67–70.
[282] *Marcher, J.*: Separation and recycling of wire and cable scrap in the cable industry. Wire J. Internat. 17 (1984) 5, S. 106–114.
[283] *Hoffmann, E.*: Aufstromsortierung. Aus: Der Deutsche Steinkohlenbergbau, Bd. 4, Aufbereitung der Steinkohle, 1. Teil, S. 293–298. Essen: Verlag Glückauf GmbH 1960.
[284] *Belugou, P.*, u. *E. Condolios*: Der Lavodune, ein neuer Sortierapparat. Aus: Dritter Int. Kongr. Steinkohlenaufbereitung, Brüssel 1958. Editions des „Anales des Mines de Belgique", S. 423–433.
[285] *Condolios, E., Hoffnung, G.*, u. *C. Moreau*: Two hydraulic machines for gravity concentration of ore. Aus: wie [52], S. 261–281.
[286] *Kizeval'ter, B.V.*, u. *N.V. Karpenko*: Issledovanie obogaščenija redkometal'nych rud na apparatach „Lavodjun" i „Lavofluks". Obogaščenie rud 16 (1971) 3, S. 18–22.
[287] *Schubert, Gert*: Dichtesortierung. Aus: Materialrecycling durch Abfallaufbereitung, S. 311–340. Berlin: EF-Verlag für Energie und Umwelttechnik GmbH 1992.
[288] *Šubov, L.Ja., Rojzman, V.Ja.*, u. *S.V. Dudenkov*: Obogaščenie tverdych bytovych otchodov. Moskau: Verlag Nedra 1987.
[289] *Böhme, St.*: Zur Stromtrennung zerkleinerter metallischer Sekundärrohstoffe. Dissertation A Bergakademie Freiberg 1987.
[290] *Heidenreich, H.*: Die Erfolgsrechnung im Aufbereitungsbetrieb. Essen: Verlag Glückauf GmbH 1954.
[291] *Hoffmann, E.*: Grundlagen der Setzarbeit und technische Entwicklung von Setzmaschinen. Glückauf 96 (1960) 8, S. 481–494.
[292] *Belugou, P.*, u. *M. Ulmo*: Représentation des resultats d'une épuration. Rev. Ind. minérale, Berichte der Int. Tagung f. Steinkohlenaufbereitung, Paris 1950, S. 14–23.
[293] *Belugou, P.*, u. *G. Dru*: Betrachtungen über die Flotation von Kohleschlämmen. Aus: wie [284], S. 499–512.
[294] *Schubert, Heinrich*: Darstellung und Auswertung von Flotationsversuchen durch Flotationskurven. Bergakademie 14 (1962) 3, S. 154–158.
[295] *Tolke, A.*: Anreicherkurven im w-m-Diagramm und Ausbringenszahlenkurven für Verfahren ohne ideale Merkmalsklassen. Bergakademie 22 (1970) 12, S. 732–737.
[296] *Jowett, A.*: Formulae for the technical efficiency of mineral separations. Int. J. Mineral Process. 2 (1975) 4, S. 287–301.
[297] *Senden, M.M.G., Rosenbrand, G.G.*, u. *M. Tels*: Windsichtung als Sortierverfahren im Sekundärrohstoffbereich: Entwurfskriterien und Einsatzmöglichkeiten aufgrund theoretischer Überlegungen. Freiberger Forsch.-H. (1986) A745, S. 76–92.
[298] *Böhme, St.*: Aufstromaero- und -hydrosortierung metallischer Sekundärrohstoffe. Freiberger Forsch.-H. (1986) A745, S. 93–104.
[299] *Cammack, P.*: Der LARCODEMS – ein neuer Schwertrübescheider für Rohkohle der Körnung 100 bis 0,5 mm. Aufbereitungs-Techn. 28 (1987) 8, S. 427–434.
[300] *Svoboda, J.*: Magnetic Methods for the Treatment of Minerals. Elsevier 1987.
[301] *Schneider, H.A.*, u. *H. Zimmer*: Physik für Ingenieure. Bd. 1. Leipzig: VEB Fachbuchverlag 1987.
[302] *Laurila, E.*: Zur Theorie der trockenen magnetischen Aufbereitung des feinverteilten stark magnetischen Materials. Annales Academiae Scientarum Fennicae, Ser. A, I. Mathematica-Physica, Nr. 171. Helsinki: Suomalainen Tiedeakademia 1954.
[303] *Unkelbach, K.-H.*: Magnetscheider – Wirkungsweise und Anwendungen zur Trennung von Stoffen. Köln-Porz: KHD Humboldt Wedag AG 1990.
[304] *Reinboth, H.*: Technologie und Anwendung magnetischer Werkstoffe. 3. Aufl. Berlin: VEB Verlag Technik 1970.
[305] *Finkelnburg, W.*: Einführung in die Atomphysik, 12. Aufl. Springer-Verlag 1976.

[306] *Grimsehl-Schallreuter*: Lehrbuch der Physik, 4. Band, 18. Aufl. Leipzig: B.G. Teubner Verlagsgesellschaft 1990.
[307] *Mathieu, G.I.*, u. *L.L. Sirois*: Advances in technology of magnetic separation. Aus: wie [196], S. 937–950.
[308] *Arvidson, B.R.*, u. *E. Barnea*: Recent advances in dry high-intensity permanent magnetic separator technology. Preprints XIVth Int. Mineral Process. Congr., Toronto 1982.
[309] *Derkatsch, V.G.*: Die magnetische Aufbereitung schwachmagnetischer Erze. Leipzig: VEB Deutscher Verlag f. Grundstoffindustrie 1960.
[310] *Landau, L.D.*, u. *E.M. Lifschitz*: Lehrbuch der theoretischen Physik. Bd. 8 (Elektrodynamik der Kontinua), 4. Aufl. Berlin: Akademie-Verlag 1985.
[311] *Madai, E.*: Kräfte und Drehmomente im magnetischen Feld. Aufbereitungs-Techn. 26 (1985) 5, S. 305–311.
[312] *Eyssa, Y.M.*, u. *R.W. Brown*: Magnetic and coagulation forces on a suspension of magnetic particles. Int. J. Mineral Process. 3 (1976) 1, S. 1–8.
[313] *Karmazin, V.I., Bun'ko, V.A., Marjuta, A.N.*, u.a.: Opredelenie zavisimosti magnitnoj pronicaemosti ot koncentracii ferromagnitnogo komponenta. Izv. vysš. učebn. zaved., Gornyj Ž. 15 (1972) 6, S. 168–171.
[314] *Ek, C.*: Concentration de mineraís auriferes sur tables pneumatiques. Industrie Minérale – Les Technique (1982) 8, S. 416–420.
[315] *Landolt-Börnstein* (Neue Serie), Gr.V.: Geophysik u. Weltraumforschung; Bd. 1: Physikalische Eigenschaften der Gesteine. Teilbd. b. Springer-Verlag 1982.
[316] *Derkač, V.G.*, u. *P.A. Kopyčev*: Special'nye metody obogaščenija poleznych iskopaemych. Moskau: Metallurgizdat 1956.
[317] *Schubert, Gert*: Gewinnung von Eisenkonzentraten aus Verbrennungsrückständen. Freiberger Forsch.-H. (1972) A506, S. 1–108.
[318] *Hopstock, D.M.*: Magnetic properties of minerals. Aus: wie [25], S. 6-19 bis 6-24.
[319] *Hopstock, D.M.*: Magnetic forces. Aus: wie [25], S. 6-24 bis 6-26.
[320] *Derkač, V.G.*: O klassifikacii magnitnych separatorov. Obogašč. rud 7 (1962) 2, S. 28–34.
[321] *Kolm, H.H.*, u. *P.G. Marston*: Hochgradient-Magnetscheidung. Aufbereitungs-Techn. 16 (1975) 6, S. 296–300.
[322] *Gillet, G., Houot, R.*, u. *C. Leschevin*: Séparation magnetiques à très haut champs – une nouvelle génération d'appareils. Aus: wie [183], Tome I, S. 423–434.
[323] *Unkelbach, K.-H.*, u. *H. Kellerwessel*: A superconductive drum-type magnetic separator for the beneficiation of ores and minerals. Aus: wie [183], Tome I, S. 371–380.
[324] *Wasmuth, H.-D.*, u. *K.-H. Unkelbach*: DESCOS – Ein Starkfeldtrommelscheider mit supraleitendem Magnetsystem für hohe Durchsätze. Aufbereitungs-Techn. 30 (1989) 12, S. 753–760.
[325] *Sočnev, A.Ja.*: Novyj metod teoretičeskogo issledovanija magnitnych polej ělektromagnitov. Izv. Akad. nauk SSSR, otd. techn. nauk 33 (1941) 1.
[326] *Baran, W.*: Fangmagnetsysteme aus periodisch angeordneten Bariumferrit-Dauermagneten ohne Eisenpolschuhe; Magnetfelder, Anziehungskräfte und Konstruktionsvorschriften. Techn. Mitteilungen Krupp 22 (1964), S. 101–124, u. 23 (1965), S. 1–13.
[327] *Karmazin, V.J.*: Sovremennye metody magnitnogo obogaščenija rud černych metallov. Moskau: Gosgortechnizdat 1962.
[328] *Derkač, V.G.*, u. *T.N. Galevskaja*: Osobennosti processov suchoj i mokroj separacii melkoj sil'nomagnitnoj rudy. Gornyj Ž. (1961), S. 70–75.
[329] *Norrgran, D.A.*, u. *R.A. Merwin*: Industrial applications of high-intensity rare earth drum magnetic separator. Aus: wie [239], Vol. 2, S. 393–396.
[330] *Wasmuth, H.-D., Unkelbach, K.-H.*, u. *C. Hahn*: PERMOS® – A new medium intensity drum type permanent magnetic separator with special structure of NdFeB-magnets. Aus: wie [96], Vol. III, S. 207–218.
[331] *Kell', M.N.*: Sila magnitnogo polja separatorov s zamknutymi sistemami. Izv. vysš. učebn. zaved., Gornyj Ž. 15 (1972) 4, S. 164–165.
[332] *Mihálka, P.*: Experimental study of the induction field of magnetic separators. Int. J. Mineral Process. 4 (1977), S. 363–380.
[333] *Azbel', Ju.I., Akatov, A.I.*, u. *N.S. Krejmerzak*: Osnovnye faktory processa suchoj magnitnoj separacii slabomagnitnych rud. Obogašč. rud 13 (1968) 2, S. 20–26.
[334] *Bronkala, W.J., Haskin, R.J., Tenpas, E.J.*, u.a.: Types of magnetic separators. Aus: wie [25], S. 6-29 bis 6-43.
[335] *Stratton, J.A.*: Electromagnetic Theory. New York: McGraw-Hill, Inc. 1941.
[336] *Oberteuffer, J.A.*: Magnetic separation: A review of principles, devices and applications. IEEE Trans. Magnetics 10 (1974) 2, S. 223–238.

[337] *Cowen, C., Friedlaender, F.J.,* u. *R. Jaluria*: Single wire model of HGMS process. IEEE Trans. Magnetics 12 (1976), S. 466–470.
[338] *Aharoni, A.*: Traction force on paramagnetic particles in magnetic separators. IEEE Trans. Magnetics 12 (1976), S. 234–235.
[339] *Fricke, H.-M.*: Theoretische und experimentelle Untersuchungen zum Einfangquerschnitt ferromagnetischer Drähte in einem Steilgradient-Magnetscheider. Dissertation TU Clausthal 1987.
[340] *Wilson, N.N.*: Superconducting Magnets. Oxford: Clarendon Press 1983.
[341] *Derkač, V.G.*: Dinamika dviženija častic rudy magnitnych separatorach. Obogašč. rud 5 (1960) 6, S. 38–40.
[342] *Derkač, V.G.*: Dinamika dviženija rudy v magnitnych separatorach s nižnim pitaniem. Obogašč. rud 9 (1964) 3, S. 22–25.
[343] *Leonov, P.E.*, u. *V.G. Nesterovskij*: Matematičeskaja model' barabannogo magnitnogo separatora. Izv. vysš. učebn. zaved., Gornyj Ž. 15 (1972) 11, S. 160–164.
[344] *Nesset, J.E.*, u. *J.A. Finch*: A loading equation for high gradient magnetic separators and application in identifying the fine size limit of recovery. Aus: wie [249], S. 1217–1241.
[345] *Madai, E.*: Zur Problematik der Matrixanpassung bei der Hochgradientmagnetscheidung (HGMS). Aufbereitungs-Techn. 24 (1983) 2, S. 99–105.
[346] *Madai, E.*: Teilcheneinfang durch magnetisierte Drähte bei der Hochgradientmagnetscheidung. Neue Bergbautechn. 10 (1980) 7, S. 383–387.
[347] *Watson, J.H.P.*: Applications of and improvements in high gradient magnetic separation. Filtrat. & Separat. 16 (1979) 1, S. 70–75.
[348] *Laurila, E.*: Magnetscheider mit Dauermagneten zur trockenen Aufbereitung feinverteilter starkmagnetischer Eisenerze. Stahl u. Eisen 74 (1965) 25, S. 1659–1661.
[349] *Derkač, V.G.*: Suchoe magnitnoe obogaščenie na bystrochodnych separatorach. Obogašč. rud 8 (1963) 4, S. 3–9.
[350] *Levitskij, A.M.*: Zarubežnye bystrochodnye barabannye separatory dlja suchogo magnitnogo obogaščenija železnych rud. Obogašč. rud 8 (1963) 4, S. 44–47.
[351] *Runolinna, U.*: Dry magnetic separation of finely ground magnetite. Aus: wie [69], S. 255–284.
[352] *Hopstock, D.M.*: Fundamental aspects of design and performance of low-intensity dry magnetic separators. Trans. Amer. Inst. Min., Metallurg., & Petrol. Engr. 258 (1975), S. 222–227.
[353] *Hopstock, D.M.*: Fundamentals of magnetic concentration. Aus: wie [25], S. 6-25 bis 6-29.
[354] *Watson, J.H.P.*: Theory of high-intensity magnetic separation. Filtrat. & Separat. 14 (1977) 3, S. 242–244.
[355] *Dobby, G.,* u. *J.A. Finch*: Capture of mineral particles in high gradient magnetic field. Powder Technology 17 (1977), S. 73–82.
[356] *Lawson, W.F., Simons, W.H.,* u. *R.P. Treat*: The dynamics of a particle attracted by a magnetised wire. J. Appl. Phys. 48 (1977), S. 3213–3224
[357] *Watson, J.H.P.*: Magnetic filtration. J. Appl. Phys. 44 (1973), S. 4209–4213.
[358] *Cummings, D.L., Prieve, D.C.,* u. *G.J. Powers*: The motion of small paramagnetic particles in HGMS. IEEE Trans. Magnetics 12 (1976), S. 471–473.
[359] *Birss, R.R., Gerber, R.,* u. *M.R. Parker*: Theory and design of axially ordered filters for HIMS. IEEE Trans. Magnetics 12 (1976), S. 892–894.
[360] *Friedlaender, F.J., Takayasu, M., Rettig, J.B.,* u.a.: Particle flow and collective process in single HGMS studies. IEEE Trans. Magnetics 14 (1978), S. 1158.
[361] *Friedlaender, F.J., Gerber, R., Kurz, W.,* u.a.: Particle motion near and capture on single spheres in HGMS. IEEE Trans. Magnetics 17 (1981), S. 2801–2803.
[362] *Read, A.D., Whitehead, A.,* u. *T.J.N. Grainger-Allen*: Pre-treatment of feed for dry magnetic separation of fine materials. Int. J. Mineral Process. 3 (1976), S. 343–355.
[363] *Dobrescu, L., Muresan, N.,* u. *A. Bogdan*: Effects of the dispersing reagents in the magnetic cleaning process of some clay raw materials by high gradient magnetic separation (HGMS). Aus: wie [183], Tome I, S. 343–362.
[364] *Kihlstedt, P.G.,* u. *B. Sköld*: Concentration of magnetite ores with dry magnetic separators of the Mörtsell-Sala type. Aus: wie [67], S. 690–704.
[365] *Pearce, M.O.*: Low-intensity dry magnetic concentrations. Canad. Min. Metallurg. Bull. 55 (1962) 604, S. 571–579.
[366] *Watts, R.L.*: Developments in magnetic separation equipment. Min. Engng. 19 (1967) 12, S. 82–83.
[367] *Suleski, J.*: New magnets and tank designs for wet magnetic drum separators. World Mining (1972) 4, S. 60–62.
[368] *Agopov, V.A., Bel'skij, A.A., Grišečkin, A.I.,* u.a.: Primenenie keramičeskich magnitov v separatorach. Obogašč. rud 15 (1970) 5, S. 22–26.

[369] *Claußen, H.-J., Madai, E.,* u. *M. Buchholz*: Problems of performance prediction of HGMS. Aus: wie [96], Vol. III, S. 127–138.
[370] *Neumann, K.*: Starkfeldmagnetscheidung von Eisenerzen. Erzmetall 17 (1964) 8, S. 401–406.
[371] *Azbel', Ju.I., Kalejs, G.A., Krejmerzak, N.S.,* u.a.: Novyj vysokoėffektivnyj suchoj ėlektromagnitnyj separator dlja obogaščenija slabomagnitnych materialov. Obogašč. rud 17 (1972) 2, S. 17–19.
[372] *Dustmann, C.-H.,* u. *K.-H. Unkelbach*: Optimization of the superconducting magnet system for a commercial scale high field separator. Aus: wie [196], Part A, S. 905–914.
[373] *Wasmuth, H.-D.,* u. *K.-U. Unkelbach*: Recent developments in magnetic separation of industrial minerals by rare earth permanent and electromagnetic open gradient magnetic separators. Aus: Preprints IV. Int. Mineral Process. Symp., Antalya/Turkey 1992, Vol. 1, S. 149–158.
[374] *Hopstock, D.M.*: Electric and magnetic separation. Aus: *Somasundaran, P.,* u. *D.W. Fuerstenau* (Eds.): Research Needs in Mineral Processing. Report of a Workshop held at Arden House, Columbia University, Harriman Campus, New York 1975, S. 88–102. National Science Foundation, Energy Related General Research Office and Division of Engineering – Solid and Particulate Processing 1976.
[375] *Hencl, V., Horaček, M.,* u. *O. Kolář*: New high-intensity wet magnetic separator for treatment of fine fraction of weakly magnetic materials. Aus: wie [35], S. 69–77.
[376] *Jones, G.H.,* u. *W.J.D. Stone*: Wet magnetic separator for feebly magnetic minerals. Aus: wie [67], S. 717–744.
[377] *Jones, G.H.*: The separation of strongly magnetic particles, particularly those of small dimension. Aus: wie [22], S. 405–413.
[378] *Wenz, L.,* u. *W.H. Zabel*: Aufbereitung schwach magnetisierbarer Eisenerze durch nasse Starkfeld-Magnetscheidung. Aufbereitungs-Techn. 14 (1973) 3, S. 142–149.
[379] *Bartnik, J.A., Zabel, W.H.,* u. *D.M. Hopstock*: On the production of iron superconcentrates by high-intensity wet-magnetic separation. Int. J. Mineral Process. 2 (1975) 2, S. 117–126.
[380] *Cordes, H.*: Beispiele der Aufbereitung hämatitischer Eisenerze mit Jones-Starkfeld-Naßmagnetscheidern. Erzmetall 34 (1981) 5, S. 269–273.
[381] *Bartnik, J.A.,* u. *H.-D. Wasmuth*: Aufbereitung von martitisierten Eisenerzen mittels Jones-Starkfeld-Magnetscheidern. Erzmetall 38 (1985) 5, S. 243–249.
[382] *Bartnik, J.A., Wasmuth, H.-D.,* u. *W.H. Zabel*: Zur Erzeugung von grobkörnigem Sinterfeed mittels Jones-Starkfeld-Naß-Magnetscheider. Aufbereitungs-Techn. 23 (1982) 9, S. 490–497.
[383] *Wasmuth, H.-D.,* u. *K.-H. Unkelbach*: Recent developments in magnetic separation of feebly magnetic minerals. Minerals Engng. 4 (1991), S. 825–837.
[384] *Ceraj, Z.*: WHIMS improves recovery of fine-grained limonite at the Omarska iron mine. Engng. & Min. J. 189 (1988) 10, S. 28–33.
[385] *Heep, H., Heyer, T.,* u. *H.-D. Wasmuth*: The commercial application of the new two-stage Jones WHIMS process for martitic iron ores at the Fábrica mine of Ferteco Mineração SA, Brazil. Aus: wie [239], S. 411–416.
[386] *Horst, W.E.,* u. *W.P. Dyrenforth*: Wet-high-intensity magnetic separation of industrial minerals. Min. Engng. 23 (1971) 3, S. 57–59.
[387] *Carpenter, J.H.*: Carpco-Amax high intensity magnetic separator. Aus: wie [22], S. 399–404.
[388] *Süße, W.*: SOL-separator – A new development in the field of high-intensity wet magnetic separation. Erzmetall 32 (1979) 7/8, S. 321–324.
[389] *Oberteuffer, J.A.*: Engineering development of HGMS. IEEE Trans. Magnetics 12 (1976), S. 444.
[390] *Norrgran, D.A.,* u. *J.N. Orlick*: Fundamentals of high-intensity magnetic separation as applied to industrial minerals. Trans. Amer. Inst. Min., Metallurg., & Petrol. Engr. 284 (1988), Minerals & Metallurg. Process., S. 1–12
[391] *Oberteuffer, J.A.,* u. *I. Wechsler*: Recent Advances in high gradient magnetic separation. Aus: wie [249], Vol. 2, S. 1178–1216.
[392] *Cibulka, J., Žurek, F., Kolář, O.,* u.a.: A new concept of high-gradient magnetic separators. Aus: wie [183], Tome I, S. 363–370.
[393] *Hencl, V.,* u. *G. Šebor*: Optimization of the parameters of high-gradient magnetic separation of complex siderite ore. Aus: wie [183], Tome I, S. 354–362.
[394] *Shuyi, L., Jin, Ch., Dahe, X.,* u.a.: A new type of commercial pulsating high gradient magnetic separator and its separating principles. Aus: wie [96], Vol. III, S. 151–159.
[395] *Arvidson, B.R.,* u. *A.J. Fritz*: New inexpensive high-gradient magnetic separator. Aus: wie [183], Tome I, S. 317–329.
[396] *Riley, P.W.,* u. *J.H.P. Watson*: The use of paramagnetic matrices for magnetic separation. Filtrat. & Separat. 14 (1977) 4, S. 343–345.
[397] *Cohen, H.E.,* u. *J.A. Good*: Principles, design and performance of a superconducting magnet system for mineral separation in magnetic fields of high intensity. Aus: wie [153], S. 777–793.

[398] *Watson, J.H.P., Clark, N.O.*, u. *W. Windle*: A superconducting magnetic separator and its application in improving ceramic raw materials. Aus: wie [153], S. 795–812.
[399] *Eyssa, Y.M.*, u. *R.W. Boom*: A feasibility study simulating superconducting magnetic separators for weakly-magnetic ores. Int. J. Mineral Process. 2 (1975) 3, S. 235–248.
[400] *Gillet, G., Houot, R.*, u. *C. Leschevin*: Superconducting magnetic separator and its applications in mineral processing. Trans. Amer. Inst. Min., Metallurg., & Petrol. Engr. 280 (1986), Minerals & Metallurg. Process., S. 246–251.
[401] *Watson, J.H.P., Bahaj, A.S., Boorman, C.H.*, u.a.: A superconducting high gradient magnetic separator with a current carrying matrix. Aus: wie [183], Tome I, S. 330–342.
[402] *Anashkin, O.P., Cheremnykh, P.A., Chernoplekov, N.A.*, u.a.: Superconducting volume-gradient magnetic separator. Aus: wie [196], Part A, S. 845–854.
[403] *Watson, J.H.P.*, u. *C.H. Boorman*: A superconducting high-gradient magnetic separator with a current-carrying matrix. Int. J. Mineral Process. 17 (1986), S. 161–185.
[404] *Stekly, Z.J.J.*: A superconducting high-intensity magnetic separator. IEEE Trans. Magnetics 11 (1975), S. 1594.
[405] *Watson, J.H.P., Scurlock, R.G.*, u. *A.W. Swales*: Magnetic separators. British Patent Appl. 8127084 (1981).
[406] *Collan, H.K., Kokkala, M.A., Meinander, T.*, u.a.: Superconducting open-gradient magnetic separator. Trans. Instn. Min. Metall., Sect. C: Mineral Process. Extr. Metall. 91 (1982), S. C5–C11.
[407] *Schönert, K., Supp, A.*, u. *H. Dörr*: Solenoid-pile separator, a new high-intensity magnetic separator with superconductive coils. Preprints XII. Int. Mineral Process. Congr., São Paolo 1977, Paper 4/1.
[408] *Kopp, J.*: The physics of "falling curtain" dry magnetic separation. Int. J. Mineral Process. 10 (1983), S. 297–308.
[409] *Kopp, J.*: The performance of "racetrack" superconducting magnetic separators. Int. J. Mineral Process. 18 (1986), S. 33–45.
[410] *Schickel, A.*: Eine magnetische Waage für Messungen von Aufbereitungsprodukten. Freiberger Forsch.-H. (1965) A358, S. 61–81.
[411] *Tillé, R.*, u. *W. Kirkpatrick*: Untersuchungen über die Magnetscheidung von Erzen. Erzmetall 8 (1955) Beiheft, S. B117–B126.
[412] *Nesset, J.E.*, u. *J.A. Finch*: Determination of magnetic parameters for field-dependent susceptibility minerals by Frantz isodynamic magnetic separator. Trans. Instn. Min. Metall., Sect. C: Mineral Process. Extr. Metall. 89 (1980), S. C161–C166.
[413] *Hopstock, D.M.*, u. *A.F. Colombo*: Processing finely ground oxidized takonite by wet high-intensity magnetic separation. Aus: wie [249], Vol. 2, S. 1242–1260.
[414] *Jurov, P.P., Luk'jančikov, N.N., Luk'janenko, L.A.*, u.a.: Techniko-ěkonomičeskie pokazateli obžigmagnitnogo obogaščenija okislennych železnych rud Michajlovskogo mestoroždenija KMA. Gornyj Ž. 152 (1976) 3, S. 58–61.
[415] *Prasky, Ch.*: New uses for ferrous scrap. Aus: wie [35], S. 391–400.
[416] *Iwasaki, I.*: Mineral dressing and chemical metallurgy combine to process difficult-to-treat ores. Engng. Min. J. 177 (1976) 5, S. 108–110 u. S. 123.
[417] *Basancev, G.P.*, u. *P.A. Tacienko*: Optimizacija magnetiziruščego obžiga okislennych kvarcitov kar'era CGOKa v svjazi s ich obogaščeniem. Obogašč. rud 21 (1976) 1, S. 43–46.
[418] *Darken, L.S.*, u. *R.N. Gurry*: The system iron-oxygen. I The wüstite field and related equilibria. II Equilibrium and thermodynamics of liquid oxide and other phases. J. Amer. chem. Soc. 67 (1945), S. 1398–1412, u. 68 (1946), S. 798–816.
[419] *Edström, J.O.*: The mechanism of reduction or iron oxides. J. Iron Steel Inst. 175 (1953) Nov., S. 289–304.
[420] *Gubin, G.V., Izmalkov, A.Z., Margulis, V.S.*, u.a.: Obžigmagnitnoe i magnitnoe obogaščenie okislennych železnych rud. Aus: wie [156], S. 162–172.
[421] *Dahlem, D.H.*, u. *C.L. Sollenberger*: Hematite-magnetite grain growth in reducing roast. Aus: wie [71], S. 407–423.
[422] *Leau, J.B.*, u. *H.K. Worner*: Comminution of hematite-quartzites by combined reduction and autogenous grinding. Aus: wie [71], S. 441–451.
[423] *Meiler, H.*: Untersuchungen zur magnetisierenden Röstung und Magnetscheidung feinverwachsener Eisenerze. Aufbereitungs-Techn. 5 (1964) 8, S. 413–420.
[424] *Luyken, W.*, u. *L. Kraeber*: Über das Verhalten des Spateisensteins bei der Röstung. Stahl u. Eisen 54 (1934) 15, S. 361–364.
[425] *Meyer, K.*: The Lurgi process of magnetizing roasting, a possible method of processing iron ore. Aus: wie [71], S. 453–468.
[426] *Eketorp, S.*: Magnetizing reduction in a recuperative rotary furnace. Aus: wie [67], S. 706–714.
[427] *Eketorp, S.*: Magnetizing roasting of hematite. Aus: wie [69], S. 285–303.

[428] *Kaim, G.A.*: Primenenie kipjaščego sloja dlja magnetizirujuščego obžiga železnych rud. Obogašč. rud 6 (1961) 3, S. 34–36.
[429] *Panou, G.*: Use of washibility curves in magnetic separation of ores. Aus: wie [22], S. 376–389.
[430] *Berger, W.*: Die magnetische Fraktionierung von Aufbereitungsgütern nach dem Vorbild der Schwimm- und Sinkanalyse. Freiberger Forsch.-H. (1959) A120, S. 16–23.
[431] *Schloemann, E.*: Eddy-current separation methods. Aus: Progress in Filtration and Separation (*R.J. Wakeman* Ed.), Vol. I, S. 29–82. Elsevier 1979.
[432] *Edison, T.A.*: U.S. Patent 44317 (1889).
[433] *Schlömann, E.*: Separation of nonmagnetic metals from solid waste by permanent magnets. J. Appl. Physics 46 (1975) 11, S. 5012–5029.
[434] *Dalmijn, W.L., Voskuyl, W.P.N.,* u. *H.J. Roorda:* Entwicklungstendenzen und Einsatzmöglichkeiten der Wirbelstromscheidung. Freiberger Forsch.-H. (1982) A664, S. 179–200.
[435] *Dalmijn, W.L.,* u. *J.L. van der Valk*: Trennung von NE-Metallen aus vermischtem Material mittels Permanentmagneten in einem vertikalen Wirbelstromscheider. Neue Hütte 32 (1987) 7, S. 273–279.
[436] *Valk, H.J.L. van der, Dalmijn, W.L.,* u. *W.P.C. Duyvesteyn:* Eddy-current separation methods with permanent magnets for the recovery of non-ferrous metals and alloys. Erzmetall 41 (1988) 5, S. 266–274.
[437] *N.N.*: Separatoren für Nichteisenmetalle. Rohstoff-Rundschau 43 (1988) 10, S. 301–304.
[438] *Warlitz, G.*: Separationsanlagen für Nichteisenmetalle. Aluminium 65 (1989) 11, S. 1125–1131.
[439] *Barsky, L.A., Schubov, L.I.,* u. *I.M. Bondar:* Recovery of non-ferrous metals from industrial and urban wastes using electrodynamic separators. Aus: wie [96], Vol. VII, S. 45–51.
[440] *New, R.*: Recovery of non-ferrous metal from pulverized refuse using eddy current (linear motor) technique. Aus: wie [96], Vol. VII, S. 163–174.
[441] *Shewelev, A.,* u. *V. Bredikhin*: Progress and industrial equipment for electrodynamic separation. Aus: wie [96], Vol. VII, S. 201–208.
[442] *Valk, H.J.L. van der, Braam, B.C.,* u. *W.L. Dalmijn:* Eddy-current separation by permanent magnets; Part I: Theory. Resources & Conservation 12 (1986) 3/4, S. 233–252.
[443] *Barskij, L.A.,* u. *I.M. Bondar'*: Izvlečenie cvetnych metallov iz vtoričnogo syr'ja metodom ělektričeskoj separacii. Cvetnye metally 61 (1988) 8, S. 83–85.
[444] *Philippow, E.* (Hrsg.): Taschenbuch Elektrotechnik, Bd. 1 (Allgemeine Grundlagen). Berlin: VEB Verlag Technik 1986.
[445] *Barskij, L.A.,* u. *I.M. Bondar'*: Vlijanie formy ělektroprovodnych častic na process ělektrodinamičeskoj separacii. Obogašč. rud 34 (1989) 4, S. 9–11.
[446] *N.N.*: Rückgewinnung mit neuem elektromagnetischen Trennverfahren. Rohstoff-Rundschau 42 (1987) 21, S. 651–653.
[447] *Andres, U.*: Magnetohydrostatische Trennung fester Teilchen in keilförmigen und hyperbolischen Magnetfeldern. Aufbereitungs-Techn. 18 (1977) 3, S. 113–120.
[448] *Andres, U.*: Trennung von Nichteisenmetall-Schrott. Aufbereitungs-Techn. 35 (1994) 2, S. 71–78.
[449] *Madai, E.,* u. *A. Ivanauskas*: Stand der Dichtesortierung und Dichteanalyse im magnetischen Fluid. Neue Bergbautechnik 18 (1988) 8, S. 303–307.
[450] *Buske, N.*: Magnetische Flüssigkeiten für die Schwimm-Sink-Sortierung. Freiberger Forsch.-H. (1982) A664, S. 215–222.
[451] *Hartfeld, G.*: Entwicklungsstand der Magnetohydrostatik-Separatoren. Aufbereitungs-Techn. 26 (1985) 4, S. 224–233.
[452] *Smolkin, R.D., Krokhmal, V.S.,* u. *O.P. Sayko:* Commercial equipment designed to recover gold from gravitational concentrates by means of magnetic separation and the separation of magnetic fluids. Aus: wie [239], Vol. 2, S. 425–431.
[453] *Shimoiizaka, J., Nakatsuka, K., Fujita, T.,* u.a.: Preparation of magnetic fluids with polar solvent carriers. Aus: wie [249], S. 1310–1324.
[454] *Khalafalla, S.E.*: Material separation in magnetic fluids. Aus: wie [25], S. 7-1 bis 7-4.
[455] *Madai, E.*: Dichtetrennung im magnetischen Feld. Freiberger Forsch.-H. (1982) A664, S. 201–213.
[456] *Gulyaikhin, E.V., Purvinsky, O.Ph., Shyshkov, A.A.,* u.a.: Magnetic-gravity separation on non-ferrous and precious metal ores. Aus: wie [96], Vol. III, S. 43–54.
[457] *Parsonage, P.*: Factors that influence performance of pilot-plant paramagnetic liquid separator for dense particle fractionation. Trans. Instn. Min. Metall., Sect. C: Mineral Process. Extr. Metall. 89 (1980), S. C166–C173.
[458] *Walker, M.S., Devernoe, A.L.,* u. *W.S. Urbanski*: Separation of non-magnetic minerals using magnetic fluids in a flow-through MHS rotor. Trans. Amer. Inst. Min., Metallurg., & Petrol. Engr. 288 (1990), Minerals & Metallurg. Process., S. 209–214.
[459] *Walker, M.S., Devernoe, A.L., Urbanski, W.S.,* u.a.: Mainly "gravity" separations using magnetic fluids under rotation. Aus: wie [96], Vol. III, S. 105–116.

[460] *Bunge, R.C.*, u. *D.W. Fuerstenau*: Separation characteristics of a magnetogravimetric separator. Aus: wie [96], Vol. III, S. 31–42.
[461] *Leenov, D.*, u. *A. Kolin*: Theory of electromagnetophoresis. I. Magnetohydrodynamic forces experienced by spherical and symmetrically oriented cylindrical particles. J. chem. Physics 22 (1954) 4, S. 683–688.
[462] *Gubarevich, V.*: Magnetic separators for complex composite scrap processing of ferrous and nonferrous metals and other mixtures. Aus: wie [96], Vol. VII, S. 121–129.
[463] *Bredichin, V.N.*, *Čerepnin, D.M.*, u. *A.I. Ševelev*: Wirbelstromsortierung von NE-Metallschrott. Freiberger Forsch.-H. (1986) A745, S. 118–124.
[464] *Kravčenko, N.D.*: Dichtesortierung von NE-Metallschrott durch magnetohydrostatische Sortierung. Freiberger Forsch.-H. (1986) A745, S. 125–128
[465] *Stieler, A.*: Aus der Praxis der elektrostatischen Aufbereitung. Aus: wie [411], S. B127 bis B136.
[466] *Olofinskij, N.F.*: Električeskie metody obogaščenija. 4. Aufl. Moskau: Verlag Nedra 1977.
[467] *Ralston, O.C.*: Electrostatic Separation of Mixed Granular Solids. Elsevier 1961.
[468] *Lin, I.J.*: Wet dielectric separation. Powder Technology 17 (1977), S. 95–100.
[469] *Lawver, J.E.*, u. *A. Nussbaum*: Electrostatic separation. Aus: wie [25], S. 6-1 bis 6-10.
[470] *Rose, H.E.*, u. *A.J. Wood*: An Introduction to Electrostatic Precipitation in Theory and Practice. London: Constable & Co Ltd. 1956.
[471] *Barthelemy, R.E.*, u. *R.G. Mora*: Electrical high tension minerals beneficiation principles and technical aspects. Aus: wie [67], S. 756–774.
[472] *Angelov, A.I.*, *Vereščagin, I.P.*, *Eršov, V.C.*, u.a.: Fizičeskie osnovy električeskoj separacii. Moskau: Verlag Nedra 1983.
[473] *Ladenburg, R.*: Untersuchungen über die physikalischen Vorgänge bei der sogenannten elektrischen Gasreinigung. I. Teil: Über die maximale Aufladung von Schwebeteilchen. Ann. Physik, 5. Folge, 4 (1930), S. 863–897.
[474] *Fraas, F.*: Effect of temperature on the electrostatic separation of minerals. Washington: US Bureau of Mines, Report of Investigations 5213 (1956), S. 1–15.
[475] *Schneider, H.A.*, u. *H. Zimmer*: Physik für Ingenieure, Bd. 2. Leipzig: Fachbuchverlag GmbH 1991.
[476] *Carta, M.*, *Ciccu, R.*, *Del Fà, C.*, u.a.: The influence of the surface energy structure of minerals on electric separation and flotation. Aus: wie [35], S. 47–57.
[477] *Carta, M.*, *Ciccu, R.*, *Del Fà, C.*, u.a.: Improvement in electric separation and flotation by modification of energy levels in surface layers. Aus: wie [43], S. 349–376.
[478] *Revnivcev, V.I.*, *Ul'janov, N.S.*, *Angelov, A.I.*, u.a.: Teoretičeskie osnovy i primenenie triboelektrostatičeskoj separacii mineralov-dielektrikov. Aus: wie [35], S. 79–88.
[479] *Revnivtsev, V.I.*, u. *N.F. Olofinski*: Use of structural defects in the lattice of minerals with identical properties in their separation by beneficiation methods. Aus: wie [153], S. 741–764.
[480] *Knoll, F.S.*, u. *J.B. Taylor*: Advances in electrostatic separation. Trans. Amer. Inst. Min., Metallurg., & Petrol. Engr. 278 (1985), Minerals & Metallurg. Process., S. 106–114.
[481] *Lawver, J.E.*: Fundamentals of electrical concentration of minerals. Mines Mag. 50 (1960) 1, S. 20–27 u. 33.
[482] *Pauthenier, M.M.*: La théorie de la charge électrique des poussières. Rev. gén. Elect. 45 (1939) 6, S. 583–595.
[483] *Meinander, T.*: Zur Theorie der Starkfeld-Elektroscheidung. Aufbereitungs-Techn. 18 (1977) 3, S. 127–133.
[484] *Bailey, A.G.*: Electrostatic phenomena during powder handling. Preprints Symp. "The Role of Particle Interactions in Powder Mechanics", Eindhoven 1983, S. 67–81.
[485] *Barthelemy, R.E.*: Modern theory of the electrical high tension process. Min. Congr. J. 47 (1961) 3, S. 55–59.
[486] *Pearse, M.J.*, *Pope, M.I.*, u. *A.D. Read*: Triboelectric possibilities and limitations. Preprints XII. Int. Mineral Process. Congr., São Paulo 1977, Special Publication, Vol. I, S. 75–99.
[487] *Niermöller, F.*: Ladungsverteilung in Mineralgemischen und elektrostatische Sortierung nach Triboaufladung. Dissertation TU Clausthal 1988
[488] *Revnivtsev, V.I.*, u. *E.A. Khopunov*: Fundamentals of triboelectric separation of fine particles. Aus: wie [249], S. 1325–1341.
[489] *Ernst, L.*: Zur Ursache und zum Mechanismus der Kontaktaufladung von NaCl- und KCl-Kristallen bei der elektrostatischen Rohsalztrennung. Kali u. Steinsalz 9 (1986) 9, S. 275–286.
[490] *Alfano, G.*, *Carbini, P.*, *Ciccu, R.*, u.a.: Progress in triboelectric separation of minerals. Aus: wie [96], S. 833–844.
[491] *Singewald, A.*, u. *G. Fricke*: Die elektrostatische Aufbereitung von Kali-Rohsalzen. Chem.-Ing.-Tech. 55 (1983) 1, S. 39–45.

[492] *Fricke, G.*: Die elektrostatische Aufbereitung von Kalirohsalzen. Kali u. Steinsalz 7 (1976/79) 12, S. 492–500.
[493] *Schubert, Heinrich*: Kornaufladung, wirksame Kräfte und Korndynamik bei der Sortierung in elektrischen Feldern. Bergakademie 18 (1966) 7, S. 427–432.
[494] *Mukai, S.*: Untersuchung über die elektrostatische Anreicherung von Kohlen geringen Aschengehaltes im Koronafeld. Freiberger Forsch.-H. (1964) A326, S. 151–165.
[495] *Schickel, A.*: Teorie a ověřeni elektrického rozdružováni o vysokém měrném vykonu. Rudy 21 (1973), S. 91–96.
[496] *Simkovich, G.*, u. *F.F. Aplan*: The effect of solid state dopants upon electrostatic separation. Aus: wie [249], S. 1342–1355.
[497] *Schautes, W.*: Grundlagenuntersuchungen über die Wirkung elektrischer und mechanischer Einflußgrößen bei der Trennung nichtleitender Feststoffe in elektrischen Feldern. Dissertation Rhein.-Westf. TH Aachen 1980.
[498] *Fraas, R.*: Irreversible changes in response of minerals to electrostatic separation after heating. Washington: US Bureau of Mines, Report of Investigations 5542 (1959).
[499] *Besov, B.D.*, u. *N.F. Olofinskij*: Vlijanie svoistv mineralov-poluprovodnikov na ich povedenie v električeskom pole koronnogo separatora. Obogašč. rud 16 (1971) 1, S. 39–41.
[500] *Schubert, Heinrich*, u. *W. Kramer*: Die Oberflächenleitfähigkeit von Salzmineralen in Abhängigkeit von der Luftfeuchtigkeit und der Adsorption von n-Alkylminen. Freiberger Forsch.-H. (1965) A335, S. 113–120.
[501] *Kakovsky, I.A.*, u. *V.I. Revnivtzev*: Effects of surface conditioning on the electrostatic separations of minerals of low conductivity. Aus: wie [67], S. 774–786.
[502] *Schubert, Heinrich*: Über einige Probleme der Adsorption von Alkylaminhydrochloriden an Salzmineralen. Freiberger Forsch.-H. (1964) A316, S. 15–33.
[503] *Schubert, Heinrich*: Vergleich des Flotationsverhaltens von Sylvin, Steinsalz und Quarz mit n-Alkylaminen. Freiberger Forsch.-H. (1964) A326, S. 77–90.
[504] *Schubert, Heinrich*: Beitrag zur Theorie der Flotation von KCl und NaCl. Bergakademie 17 (1965) 8, S. 485–491.
[505] *Schubert, Heinrich*: Zur Theorie der Alkalisalzflotation. Aufbereitungs-Techn. 7 (1966) 6, S. 305–313.
[506] *Schubert, Heinrich*: Die Mechanismen der Sammleradsorption auf Salzmineralen in Lösungen hoher Elektrolytkonzentration. Aufbereitungs-Techn. 29 (1988) 8, S. 427–435.
[507] *Fricke, G.*: Die elektrostatische Aufbereitung von Kalium- und Magnesiumsalzen. Kali u. Steinsalz 9 (1984/87) 9, S. 287–295.
[508] *Singewald, A.*, u. *L. Ernst*: Selektives Trennen von Salzmineralen aufgrund spezifischer Oberflächeneigenschaften. Z. Phys. Chem. 124 (1981), S. 223–248.
[509] *Linari-Linholm, A.A.*: Elektrostatisches Trennen von Diamanten mit schweren Begleitminerialien. Aufbereitungs-Techn. 5 (1964) 8, S. 447–451.
[510] *Fraas, F.*: Electrostatic separation of granular materials. Washington: US Bureau of Mines, Bull. 603 (1962).
[511] *Fraas, F.*: Electrostatic separation of high-conductivity minerals. Washington: US Bureau of Mines, Report of Investigations 6404 (1963).
[512] *Moiset, P.*, u. *P. Lekien*: Untersuchungen über den Einsatz eines Hochspannungsscheiders. Aufbereitungs-Techn. 5 (1964) 8, S. 437–446.
[513] *Carta, M., Ferrara, G.F., Del Fà, C.*, u.a.: Contribution to the electrostatic separation of minerals. Aus: wie [22], S. 427–446.
[514] *Yongzhi, L.*: Study of electric separation of fine particles. Aus: wie [4], S. 475–484.
[515] *Makovskij, N.D., Volikov, A.M., Suller, D.B.*, u.a.: Električeskie sekcionnye separatory SĖS-2000 i SĖS-1000M. Obogašč. rud 17 (1972) 1, S. 30–33.
[516] *Northcott, E.*, u. *I.M. Le Baron*: Application of electrostatics to feldspar beneficiation. Min. Engng. 10 (1958) 10, S. 1087–1093.
[517] *Le Baron, I.M.*, u. *W.C. Knopf*: Application of electrostatics to potash beneficiation. Min. Engng. 10 (1958) 10, S. 1081–1083.
[518] *Ciccu, R., Ghiani, M., Peretti, R.*, u.a.: Electrostatic upgrading of phosphate ores. Aus: wie [239], Vol. 2, S. 433–438.
[519] *Eichas, K.*: Triboelektrische Sortierung im Feinstkornbereich. Dissertation TU Clausthal 1993.
[520] *Eichas, K.*, u. *K. Schönert*: A double drum separator for triboelectric separation of very fine materials. Aus: wie [239], Vol. 2, S. 417–423.
[521] *Dyrenforth, W.P.*: Electrostatic separation. Aus: Mineral Processing Plant Design (Hrsg. *Mular, A.L.*, u. *R.B. Bhappu*), 2nd Ed., S. 479–489. New York: Society of Mining Engineers 1980.
[522] *Dyrenforth, W.P.*, u. *J.E. Lawver*: Beneficiation of iron ore by electrical methods. Aus: wie [35], 3rd Part, S. 49–55.

[523] *Lawver, J.E.*, u. *R.M. Funk*: High-tension electrostatic separation for making iron ore superconcentrates. Min. Engng. 22 (1970) 1, S. 71–73.
[524] *Funk, R.M.*, u. *J.E. Lawver*: Production of iron-ore superconcentrates by high-tension electrostatic separation. Trans. Amer. Inst. Min., Metallurg., & Petrol. Engr. 247 (1970), S. 23–26.
[525] *Angelov, A.I.*: Obogaščenie pesčanistych fosforitnych rud ĕlektrostatičeskoj separaciej. Obogašč. rud 9 (1964) 5, S. 17–21.
[526] *Autenrieth, H.*: Über die elektrostatische Aufbereitung von Kalirohsalzen. Kali u. Steinsalz 5 (1968/71), S. 171–177.
[527] *Schubert, Heinrich*: Die Anreicherung von Kalisalzen durch Dichtesortierung, Flotation und im elektrischen Feld. Bergakademie 14 (1962) 6, S. 383–391.
[528] *Titkov, S.N., Mamedov, A.I.,* u. *E.I. Solov'ev*: Obogaščenie kalijnych rud. Moskau: Nedra 1982.
[529] *Singewald, A.*: Trennung von Kalium- und Magnesiummineralen im elektrischen Hochspannungsfeld. Kali u. Steinsalz 8 (1980/83) 8, S. 252–260.
[530] *Singewald, A.*: Sortieren von Mineralsalzen nach spezifischen Eigenschaften. Chem.-Ing.-Tech. 62 (1992) 3, S. 191–196.
[531] *Revnivcev, V.I., Mesenjašin, I., Kosoručkin, G.V.,* u.a.: Očistka kvarcevoj krupki s pomošč'ju ĕlektričeskogo barabannogo separatora. Obogašč. rud 34 (1989) 4, S. 28–30.
[532] *Mukai, S., Wakamatsu, T., Shida, Y.,* u.a.: Study on the electrostatic concentration of low ash coal in corona discharge field. Trans. Amer. Inst. Min., Metallurg., & Petrol. Engr. 238 (1967), S. 205–213.
[533] *Winkler, E., Schubert, Gert, Mosch, E.,* u. *Heinrich Schubert*: Aufbereitung von plast- und gummiisolierten Kabelschrotten mittels Elektrosortierung. Neue Hütte 19 (1974) 8, S. 452–460.
[534] *Pearse, M.J.,* u. *T.J. Hickley*: The separation of mixed plastics using a dry, triboelectric technique. Resource Recovery and Conservation 3 (1978), S. 179–190.
[535] *Stahl, I., Kleine-Kleffmann, U.,* u. *A. Hollstein*: Elektrostatische Trennung von Kunststoffen. Vortrag Jahrestreffen der Verfahrensingenieure des GVC. VDI, Wien 1992.
[536] *N.N.*: Kunststoff-Trennung: neues Verfahren. Verfahrenstechnik 26 (1992) 12, S. 37–38.
[537] *Brück, R.*: Chemische Konstitution und elektrostatische Eigenschaften von Polymeren. Kunststoffe 71 (1981) 4, S. 234–239.
[538] *Somasundaran, P.*: Fine particles treatment. Aus: wie [374], S. 125–133.
[539] *Sebba, F.*: Ion Flotation. Elsevier 1962.
[540] *Schubert, Heinrich, Schmidt, J.,* u. *D. Rose*: Agglomerationsflotation von Elektrofilteraschen der Braunkohlenkraftwerke der Lausitz. Freiberger Forsch.-H. (1964) A326, S. 45–57.
[541] *Sampat Kumar, V.Y., Mohan, N.,* u. *A.K. Biswas*: Fundamental studies on the role of carbon dioxide in calcite flotation system. Trans. Amer. Inst. Min., Metallurg., & Petrol. Engr. 250 (1971), S. 182–186.
[542] *Gebrüder Bessel*: Verfahren zur Reinigung von Graphit. Patentschrift Nr. 42 (1877), Klasse 22, des Kaiserlichen Patentamtes.
[543] *Gebrüder Bessel*: Verfahren zur mechanischen Reinigung des Graphits von seinen erdigen Beimengungen. Patentschrift Nr. 39369 (1887), Klasse 22, des Kaiserlichen Patentamtes.
[544] *Graichen, Klaus, Hanisch, J., Schubert, Heinrich* u.a.: Die Gebrüder Bessel und die Anfänge der flotativen Aufbereitung. Neue Bergbautechnik 7 (1977) 10, S. 725–730.
[545] *Wolf, K.L.,* u. *E. Bischoff*: Über Sedimentation und Flotation in nichtwäßrigen Flüssigkeiten. Aus: Second Int. Congr. Surface Activity, 3. Band, S. 252–260. London: Butterworths Scientific Publications 1957.
[546] *Schlesier, G.*: Untersuchungen zur Adsorption radioaktiv markierter Amine zum Studium der Flotation von Alkalisalzen. Dissertation Universität Leipzig 1963.
[547] *Bjerrum, J.*: Structure and properties of ice. Dan. Mat. Fys. Medd. 27 (1951) 1.
[548] *Samoilow, O.J.*: Die Struktur der wäßrigen Elektrolytlösungen. Leipzig: B.G. Teubner Verlagsgesellschaft 1961.
[549] *Luck, W.A.P.*: Zur Struktur des Wassers und der wäßrigen Lösungen. Tenside 11 (1974) 3, S. 145–155.
[550] *Zacepina, G.N.*: Svojstva i struktura vody. Moskau: Moskauer Universitäts-Verlag 1974.
[551] *Luck, W.A.P.*: Zur Struktur des Wassers und wäßriger Systeme. Progr. Colloid & Polymer Sci. 65 (1978), S. 6–28.
[552] *Némethy, G.,* u. *H.A. Scheraga*: Structure of water and hydrophobic bonding in proteins. J. chem. Physics 36 (1962) 12, S. 3382–3417.
[553] *Geiseler, G.,* u. *H. Seidel*: Die Wasserstoffbrückenbindung. Berlin: Akademie-Verlag 1977.
[554] *Ebert, G.,* u. *Ch. Ebert*: Über den Einfluß von Ionen auf die Wasserstruktur. Colloid & Polymer Sci. 254 (1976) 1, S. 25–34.
[555] *Ebert, G.,* u. *J. Wendorff*: Viskositätsmessungen an konzentrierten Elektrolytlösungen (Der Einfluß der Ionen auf die Wasserstruktur). Ber. Bunsen Ges. phys. Chem. 75 (1971) 1, S. 82–89.
[556] *Falkenhagen, H.*: Theorie der Elektrolyte. Leipzig: S. Hirzel Verlag 1971.
[557] *Conway, B.E.*: Ionic Hydration in Chemistry and Biophysics. Elsevier 1981.

[558] *Voigt, W.*: Struktur und Eigenschaften von Salz-Wasser-Systemen im Übergangsbereich Lösung-Schmelze. Dissertation B Bergakademie Freiberg 1986.
[559] *Emons, H.-H., Fanghänel, Th.*, u. *W. Voigt*: Salzhydratschmelzen – ein Bindeglied zwischen Elektrolytlösungen und Salzschmelzen. Sitzungsber. Akad. Wiss. DDR, Math.-Naturwiss.-Technik (1986) 3N, S. 5–30. Berlin: Akademie-Verlag 1986.
[560] *Remy, H.*: Lehrbuch der Anorganischen Chemie, Band I, 13. Aufl. Leipzig: Akad. Verlagsgesellschaft Geest & Portig 1970.
[561] *Rauscher, K., Voigt, J., Wilke, I.*, u.a.: Chemische Tabellen und Rechentafeln für die analytische Praxis, 8. Aufl. Leipzig: VEB Deutscher Verlag f. Grundstoffindustrie 1986.
[562] Gmelins Handbuch der Anorganischen Chemie. Weinheim/Bergstr.: Verlag Chemie GmbH.
[563] *Pearsons, R.*: Handbook of Electrochemical Constants. London: Butterworths Scientific Publications 1959.
[564] *Ějgeles, M.A.*: Osnovy flotacii nesul'fidnych mineralov, 2. Aufl. Moskau: Verlag Nedra 1964.
[565] *Leja, J.*: Surface Chemistry of Froth Flotation. New York/London: Plenum Press 1982.
[566] *Fuerstenau, D.W.*: Adsorption at mineral-water interfaces. Aus: Principles of Flotation (*R.P. King* Ed.), S. 53–71. Johannesburg: South African Inst. Min. & Metall. 1982.
[567] *Tanneberger, Ch.*, u. *H. Baldauf*: Zur Rolle der Lösungsphase bei der Flotation schwerlöslicher Salzminerale. Neue Bergbautechnik 13 (1983) 5, S. 271–277.
[568] *Iwasaki, I., Smith, K.A., Lipp, R.J.*, u.a.: Effect of calcium and magnesium ions on selective desliming and cationic flotation of quartz from ion ores. Aus: wie [249], Vol. 2, S. 1057–1082.
[569] *Clark, S.W.*, u. *R.S.B. Cooke*: Adsorption of calcium, magnesium, and sodium ions by quartz. Trans. Amer. Inst. Min., Metallurg., & Petrol. Engr. 241 (1968), S. 334–341.
[570] *Raatz, W.*, u. *Heinrich Schubert*: Über den Einfluß mehrwertiger Kationen auf die Flotierbarkeit von Altenberger Kassiterit mit verschiedenen anionaktiven Sammlern. Teil III: Flotierbarkeit in Gegenwart von Kalzium, Magnesium und Eisen bei Verwendung von Karboxylaten als Sammler. Neue Bergbautechnik 1 (1971) 12, S. 934–941.
[571] *Raatz, S.*: Der Einfluß mehrwertiger Kationen auf die Grenzflächeneigenschaften Ca-haltiger Minerale sowie deren Flotation in Gegenwart von Na-Oleat. Dissertation Bergakademie Freiberg 1992.
[572] *Kleber, W.*: Einführung in die Kristallographie, 17. Aufl. Berlin: VEB Verlag Technik 1990.
[573] *Evans, R.C.*: Einführung in die Kristallchemie. Berlin: Walter de Gruyter 1976.
[574] *Butler, J.N.*: Ionic Equilibrium. Addison-Wesley Publishing Co. 1964.
[575] *Aplan, F.F.*, u. *D.W. Fuerstenau*: Principles of nonmetallic flotation. Aus: Froth Flotation – 50th Anniversary Volume, S. 170–214, New York: Amer. Inst. Min., Metallurg., & Petrol. Engr., Inc. 1962.
[576] *Fuerstenau, D.W.*, u. *S. Raghavan*: The surface and crystal chemistry of silicate minerals and their flotation behavior. Freiberger Forsch.-H. (1978) A593, S. 75–109.
[577] *Schneider, H.*: Orientierte Verwachsungen von n-Alkyaminhydrochloriden mit Alkalihalogeniden. Dissertation Universität Rostock 1958.
[578] *Meyer, Klaus*: Physikalisch-chemische Kristallographie, 2. Aufl. Leipzig: VEB Deutscher Verlag f. Grundstoffindustrie 1977.
[579] *Glembockij, V.A.*: Fiziko-chimija flotacionnych processov. Moskau: Verlag Nedra 1972.
[580] *Plaksin, I.N.*, u. *R.Š. Šafeev*: K voprosu o mechanisme vozniknovenija ělektrochimičeskoj neodnorodnosti poverchnosti sul'fidnych mineralov. Dokl. Akad. nauk SSSR 125 (1959) 3, S. 599–600.
[581] *Plaksin, I.N., Šafeev, R.Š.*, u. *V.A. Čanturija*: Vzaimosvjaz' mezdu ěnergetičeskim stroeniem kristallov mineralov i ich flotacionnymi svoistvami. Aus: wie [156], Tom 2, S. 235–245.
[582] *Boudriot, H.*, u. *H. Schneider*: Einfluß atomarer Fehlordnungen in Alkalihalogeniden auf die Adsorption von n-Dodecylaminionen. Freiberger Forsch.-H. (1965) A335, S. 105–112.
[583] *Schneider, H.*: Über den Einfluß der Struktur fester Stoffe auf die Adsorption ionogener Tenside aus Lösungen. Habilitationsschrift TH für Chemie Leuna-Merseburg 1965.
[584] *Hoberg, H.*, u. *F.U. Schneider*: Investigations into the improvement of floatability of minerals by means of radiation. Aus: wie [153], S. 467–492.
[585] *Gruner, H.*: Untersuchung des Einflusses von Fremdelementbeimengungen in synthetischem Zinnstein auf die Flotationseigenschaften von Zinnstein. Freiberger Forsch.-H. (1971) A499, S. 7–23.
[586] *Schneider, F.U.*: Untersuchungen über das Adsorptionsverhalten von Kalium-Äthylxanthogenat gegenüber Metall- und Mineralgrenzflächen. Dissertation Rhein.-Westf.-TH Aachen 1970.
[587] *Hoberg, H.*: Untersuchungen zur Deutung der Änderung der Flotierbarkeit halbleitender Erzmineralien durch Reaktor-Bestrahlung unter Berücksichtigung ihrer elektronischen Struktur. Dissertation Rhein.-Westf.-TH Aachen 1967.
[588] *Wolf, K.L.*: Physik und Chemie der Grenzflächen, 1. Band. Springer-Verlag 1957.
[589] *Schwabe, K.*: Physikalische Chemie, Band I, 3. Aufl. Berlin: Akademie-Verlag 1986.
[590] *Brdička, R.*: Grundlagen der Physikalischen Chemie, 15. Aufl. Berlin: VEB Deutscher Verlag der Wissenschaften 1990.

[591] *Adamson, A.W.*: Physical Chemistry of Surfaces, 4th Ed. John Wiley & Sons 1982.
[592] *Brezesinski, G.*, u. *H.-J. Mögel*: Grenzflächen und Kolloide. Heidelberg/Berlin/Oxford: Spektrum Akademischer Verlag 1993.
[593] *Sheludko, A.*: Colloid Chemistry. Elsevier 1966.
[594] *de Bruyn, P.L.*, u. *G.E. Agar*: Surface chemistry in flotation. Aus: wie [575], S. 91–138.
[595] *Kölbel, H., Klamann, D.*, u. *P. Kurzendörfer*: Einfluß der Konstitution auf die Eigenschaften grenzflächenaktiver Stoffe. Aus: III. Int. Kongr. grenzflächenaktive Stoffe, Köln, 1. Band, S. 2–20. Mainz: Verlag der Universitätsdruckerei GmbH. 1960.
[596] *Barskij, L.A.*: Osnovy mineralurgii. Moskau: Verlag Nauka 1984.
[597] *Schäfer, K.*: Zwischenmolekulare Kräfte als Ursache makroskopischer Erscheinungen, insbesondere von Oberflächenphänomenen. Aus: wie [595], S. 133–140.
[598] *Haydon, D.A.*, u. *F.H. Taylor*: Adsorption energies of neutral and ionic molecules at the oil-water interface. Aus: wie [595], S. 157–160.
[599] *Durham, K.*: Surface Activity and Detergency. London: McMillan & Co. Ltd. 1961.
[600] *Pethica, B.A.*: Die Adsorption oberflächenaktiver Elektrolyte an der Grenzfläche Luft/Wasser. Trans. Faraday Soc. 50 (1954) 4, S. 413–421.
[601] *Kortüm, G.*: Lehrbuch der Elektrochemie, 4. Aufl. Weinheim/Bergstr.: Verlag Chemie GmbH 1966.
[602] *Wolf, K.L.*: Physik und Chemie der Grenzflächen, 2. Band. Springer-Verlag 1959.
[603] *Shinoda, K., Nakagawa, T., Tamamushi, B.*, u.a.: Colloidal Surfactants. New York/London: Academic Press 1963.
[604] *Steinbach, H.*, u. *Chr. Sucker*: Über die Assoziation des Wassers an gespreiteten Alkylcarbonsäurefilmen. Kolloid-Z. u. Z. Polymere 250 (1972) 8, S. 812–824; 251 (1973) 3/4, S. 236–240; 251 (1973) 9, S. 653–664; 252 (1974) 4, S. 306–316; 253 (1975) 5, S. 380–395; 253 (1975) 11, S. 937–953; 254 (1976) 7, S. 656–669; 255 (1977) 3, S. 237–251; 255 (1977) 5, S. 452–459; 255 (1977) 11, S. 1114–1117.
[605] *Steinbach, H.*, u. *Chr. Sucker*: Kolloide aus der Sicht der Assoziation des Wassers. Progr. Colloid & Polymer Sci. 60 (1976), S. 158–162.
[606] *Schönert, K.*: Über die Eigenschaften von Bruchflächen. Chem.-Ing.-Techn. 46 (1974) 17, S. 711–715.
[607] *Hauffe, R.*, u. *K.S. Morrison*: Adsorption – Eine Einführung in die Probleme der Adsorption. Walter de Gruyter 1974.
[608] *Iljin, B.W.*: Die Natur der Adsorptionskräfte. Berlin: Deutscher Verlag der Wissenschaften 1954.
[609] *Brunauer, S., Deming, L.S., Deming, W.S.* u.a.: On the theory of the van der Waals adsorption of gases. J. Amer. chem. Soc. 62 (1940), S. 1723–1732.
[610] *Freundlich, H.*: Kapillarchemie I, 4. Aufl. Leipzig: Akademische Verlagsgesellschaft Geest & Portig 1930.
[611] *Temkin, M.J.*, u. *V. Puzhev*: Acta physicochim. (UdSSR) 12 (1940), S. 327.
[612] *Brunauer, S., Emmett, P.H.*, u. *E. Teller*: Adsorption of gases in multimolecular layers. J. Amer. chem. Soc. 60 (1938), S. 309–319.
[613] *Volke, K.*: Ein Isothermenschema. Tenside 28 (1991) 1, S. 52–56.
[614] *Karaborni, S.*: Molecular dynamics simulations of amphiphilic molecules at the air-water interface. Tenside 30 (1993) 4, S. 256–263.
[615] *Boehm, H.P.*: Funktionelle Gruppen an Festkörperoberflächen. Chem.-Ing.-Techn. 46 (1974) 17, S. 716–719.
[616] *Staszczuk, P.*: Investigations of the properties of water films on quartz surfaces. Powder Technology 41 (1985), S. 33–40.
[617] *Lee, E.M., Thomas, R.K.*, u. *A.R. Rennie*: The specular reflection of neutrons from interfacial systems. Progr. Colloid & Polymer Sci. 81 (1990), S. 203–208.
[618] *Drost-Hansen, W.*: Structure of water near solid interfaces. Ind. Engng. Chem. 61 (1969) 11, S. 10–47.
[619] *Schufle, J.A., Chin-Tsung Huang*, u. *W. Drost-Hansen*: Temperature dependence of surface conductance and a model of vicinal (interfacial) water. J. Coll. Interf. Sci. 54 (1976) 2, S. 184–202.
[620] *Derjaguin, B.V.*, u. *N.V. Churaev*: Structural component of disjoining pressure. J. Coll. Interf. Sci. 49 (1974) 2, S. 249–255.
[621] *Bérnbé, Y.G.*, u. *P.L. de Bruyn*: Adsorption at the rutile-solution interface. II. Model of the electrochemical double layer. J. Coll. Interf. Sci. 28 (1968), S. 92–104.
[622] *Meunier, J.*, u. *S. Henon*: Optical study of monolayers at liquid interfaces: Direct observation of first order phase transitions and measurement of the bending elastic constant. Prog. Colloid & Polymer Sci. 84 (1991), S. 194–199.
[623] *Fuerstenau, D.W.*: Mineral-water interfaces and the electrical double layer. Aus: wie [566], S. 17–30.
[624] *Dobiáš, B.*: Surfactant adsorption on minerals related to flotation. Aus: Structure and Bonding, S. 91–147. Springer-Verlag 1984.
[625] *Overbeek, J.Th.G.*: Electrokinetic Phenomena. Aus: *Kruyt, H.R.*, Colloid Science, Vol. I: Irreversible Systems, S. 194–244. Elsevier 1952.

[626] *Ney, P.*: Zeta-Potentiale und Flotierbarkeit von Mineralen. Springer-Verlag 1973.
[627] *Mukai, S.*, u. *T. Wakamatsu*: Adsorption of hydrogen and hydroxyl ions on oxide minerals. Memoirs Faculty of Engng., Kyoto University, Vol. XXXII (1970), Part 1, S. 32–46.
[628] *Wakamatsu, T.*, u. *S. Mukai*: On the equi-adsorption point of hydrogen and hydroxyl ions at the alumina-water interface. Memoirs Faculty of Engng., Kyoto University, Vol. XXXIII (1971), Part 2, S. 94–100.
[629] *Lai, R.W.M.*, u. *D.W. Fuerstenau*: Model for the surface charge of oxides and flotation response. Trans. Amer. Inst. Min., Metallurg., & Petrol. Engr. 260 (1976), S. 104–112.
[630] *Schubert, Heinrich*: Einfluß der Sammlerstruktur und der Hydratation auf das Flotationsverhalten oxidischer Minerale. Freiberger Forsch.-H. (1966) A401, S. 149–164.
[631] *Parkes, G.A.*: The isoelectric points of solid oxides, solid hydroxides, and aqueous hydroxo complex systems. Chemical Reviews 65 (1965), S. 177–198.
[632] *Cichos, C.*, u. *Th. Geidel*: Contribution to direct measurement of double-layer potential at the oxide/electrolyte interface. Colloid & Polymer Sci. 261 (1983) 11, S. 947–953.
[633] *Kulkarni, R.D.*, u. *P. Somasundaran*: Effect of pretreatment on the electrokinetic properties of quartz. Int. J. Mineral Process. 4 (1977), S. 89–99.
[634] *Yoon, R.H., Salman, T.*, u. *G. Donnay*: Predicting points of zero charge of oxides and hydroxides. J. Colloid Interface Sci. 70 (1979) 3, S. 483–493.
[635] *Serrano, A., Bochnia, D.*, u. *Heinrich Schubert*: Über die Rolle der Struktur von Karbonsäuren bei der Hydrophobierung von Festkörpern. Tenside 14 (1977) 2, S. 67–73.
[636] *Iwasaki, I., Cooke, S.R.B.*, u. *Y.S. Kim*: Some properties and flotation characteristics of magnetite. Trans. Amer. Inst. Min., Metallurg., & Petrol. Engr. 223 (1962), S. 113–120.
[637] *Fuerstenau, D.W.*: Interfacial processes in mineral/water systems. Pure and Applied Chemistry 24 (1970), S. 135–164.
[638] *Schubert, Heinrich, Baldauf, H.*, u. *W. Raatz*: Über den Einfluß mehrwertiger Kationen auf die Flotierbarkeit von Altenberger Kassiterit mit verschiedenen anionaktiven Sammlern. Teil I: Studium des Zeta-Potentials. Bergakademie 21 (1969) 9, S. 550–553.
[639] *Fuerstenau, D.W.*, u. *S. Raghavan*: Some aspects of the thermodynamics of flotation. Aus: Flotation – A.M. Gaudin Memorial Volume (*M.C. Fuerstenau* Ed.), Vol. 1, S. 21–65. New York: Amer. Inst. Min., Metallurg., & Petrol. Engr., Inc., 1976.
[640] *Koopal, L.K.*: Adsorption. Aus: Colloid Chemistry in Mineral Processing (*Laskowski, J.S.*, u. *J. Ralston*, Eds.). Elsevier 1992.
[641] *Lohmann, F.*: Ionenadsorption an der Grenzfläche Oxid/Elektrolyt. Kolloid-Z. u. Z. Polymere 250 (1972) 7, S. 748–758.
[642] *Laskowski, J.S.*, u. *R.J. Pugh*: Dispersions stability and dispersing agents. Aus: wie [640], S. 115–171.
[643] *Overbeek, J.Th.G.*: Electrochemistry of the double layer. Aus: wie [625], S. 115–193.
[644] *Glembockij, V.A., Klassen, V.I.*, u. *I.N. Plaksin*: Flotacija. Moskau: Gosgortechizdat 1961.
[645] *Autorenkollektiv*: Fiziko-chimičeskie osnovy teorii flotacii. Moskau: Verlag Nauka 1983.
[646] *Pol'kin, S.I., Kuz'min, S.F.*, u. *V.M. Golov*: Primenenie radiografičeskogo metoda issledovanija pri isučenii mechanizma vzaimodejstvija flotacionnych reagentov s poverchnost'ju mineralov. Cvetnye metally (1955) 1, S. 30–36.
[647] *Plaksin, I.N.*: Study of superficial layers of flotation reagents on minerals and the influence of the structure of minerals on their interaction with reagents. Aus: wie [67], S. 253–268.
[648] *Plaksin, I.N.*: Using microautoradiography for the study of the interaction of reagents with minerals in flotation. Aus: wie [545], S. 355–360.
[649] *Plaksin, I.N.*, u. *R.Š. Šafeev*: Ob osobennostjach gidrofozirujuščego dejstvija kisloroda na poverchnost' sul'fidnych mineralov. Dokl. Akad. nauk SSSR 135 (1960) 1, S. 140–142.
[650] *Fuerstenau, M.C.*, u. *B.J. Sabacky*: On the natural floatability of sulfides. Int. J. Mineral Process. 8 (1981), S. 79–84.
[651] *Kocabag, D., Kelsall, G.H.*, u. *H.L. Shergold*: Natural oleophilicity/hydrophobicity of sulphide minerals. I. Galena. Int. J. Mineral Process. 29 (1990), S. 195–220.
[652] *Kocabag, D., Shergold, H.L.*, u. *G.H. Kelsall*: Natural oleophilicity/hydrophobicity of sulphide minerals. II. Pyrite. Int. J. Mineral Process. 29 (1990), S. 211–219.
[653] *Schwabe, K.*: Physikalische Chemie, Band II. Elektrochemie, 3. Aufl. Berlin: Akademie-Verlag 1986.
[654] *Sparnaay, M.J.*: Elektrische Doppelschichten. Aus: wie [595], 2. Band, S. 232–253.
[655] *Sonntag, H.*, u. *K. Strenge*: Koagulation und Stabilität disperser Systeme. Berlin: VEB Deutscher Verlag der Wissenschaften 1970.
[656] *Stern, O.*: Zur Theorie der elektrolytischen Doppelschicht. Z. Elektrochem. 30 (1924) 11, S. 508–516.
[657] *Grahame, D.C.*: Discreteness-charge-effects in the inner region of the electrical double layer. Z. Elektrochem., Ber. Bunsenges. physik. Chemie 62 (1958) 3, S. 264–274.

[658] *Haydon, D.A.*: The electrical double layer and electrokinetic phenomena. Aus: Recent Progress in Surface Science, Vol. 1, S. 94–158. New York/London: Academic Press 1964.
[659] *Amaratunga, L.M.*: Zeta potential measurement of fine particles using the new fluidization potential technique. Aus: wie [4], S. 257–267.
[660] *Dolženkova, A.N.*: O vybore metoda ocenki ĕlektrokinetičeskogo potenciala. Obogašč. rud 35 (1990) 1, S. 16–20.
[661] *Ralston, J.*, u. *G. Newcombe*: Static and dynamic contact angles. Aus: wie [640], S. 173–203.
[662] *Mellgren, O., Gochin, R.J., Shergold, H.L.*, u.a.: Thermochemical measurements in flotation research. Aus: wie [43], S. 451–472.
[663] *Banerji, B.K.*: Physical significance of contact angels. Colloid & Polymer Sci. 259 (1981), S. 391–394.
[664] *Strel'cyn, G.S.*: O vzaimodejstvii tverdych tel s vodoj. Obogašč. rud 13 (1968), S. 27–32.
[665] *Zimon, A.D.*: Adgezija židkosti i smačivanie. Moskau: Verlag Chimija 1974.
[666] *Bracke, M., De Bishop, F.*, u. *P. Joos*: Contact angle hysteresis due to surface roughness. Progr. Colloid & Polymer Sci. 76 (1988), S. 251–259.
[667] *Sutherland, K.L.*, u. *I.W. Wark*: Principles of Flotation. Melbourne: Australasian Institute of Mining and Metallurgy (Inc.) 1955.
[668] *Gaudin, A.M.*: Flotation, 2. Aufl. New York/Toronto/London: McGraw-Hill Book Co., Inc., 1957.
[669] *Melik-Gajkazjan, V.I.*: Kraevye ugly i ich primenenie v rabotach po flotacii. Obogašč. rud 21 (1976) 5, S. 13–20.
[670] *Bracke, M., De Voeght, F.*, u. *P. Joos*: The kinetics of wetting: the dynamic contact angle. Prog. Colloid & Polymer Sci. 79 (1989), S. 142–149.
[671] *Somasundaran, P.*, u. *R.D. Kulkarni*: Effect of chain length of perfluoro surfactants as collectors. Trans. Inst. Min. Metall., Sect. C: Mineral Process. Extr. Metall. 82 (1973), S. C164–C167.
[672] *Coke, S.R.B.*, u. *E.L. Talbot*: Fluorochemical collectors in flotation. Trans. Amer. Inst. Min. Metallurg. Engr. 202 (1955), S. 1149–1152.
[673] *Janis, N.A., Rjaboj, V.I., Šenderovič, V.A.*, u.a.: Flotacija sul'fidnych mineralov kremnijsoderžaščimi sobirateljami. Obogašč. rud 13 (1968) 6, S. 3–6.
[674] *Grüning, B.*, u. *G. Koerner*: Silicone surfactants. Tenside 26 (1989) 5, S. 312–317.
[675] *Schubert, Heinrich*: Zum Aufbau und zur Struktur von hydrophobierenden Tensidfilmen an Festkörperoberflächen. Tenside 8 (1971) 6, S. 297–301.
[676] *Keller, C.H.*: US-Patent 1554216 (1925).
[677] *Hamilton, I.C.*, u. *R. Woods*: Surfactant properties of alkyl xanthates. Int. J. Mineral Process. 17 (1986), S. 113–120.
[678] *Halban, H. von*, u. *W. Hecht*: Über die Xanthogensäuren und die Kinetik ihres Zerfalls. Z. Elektrochem. 24 (1918) 5/6, S. 65–82.
[679] *Tipman, R.N.*, u. *J. Leja*: Reactivity of xanthate and dixanthogen in aqueous solutions of different pH. Colloid & Polymer Sci. 253 (1975) 1, S. 4–10.
[680] *Glembockij, V.A.*, u. *V.I. Klassen*: Flotacija. Moskau: Verlag Nedra 1973.
[681] *Fuerstenau, M.C.*: Adsorption of Sulfhydryl Collectors. Aus: wie [566], S. 91–108.
[682] *Abramov, A.A.*: O metodike issledovanija flotacionnoj aktivnosti različnych ksantogenata. Obogašč. rud 14 (1969) 6, S. 18–22.
[683] *Bogdanov, O.S., Vajnšenker, I.N., Podnek, A.K.*, u.a.: O gidrofil'nosti mineralov i formach zakreplenija sobiratelej. Obogašč. rud 14 (1969) 6, S. 23–28.
[684] *Granville, A., Finkelstein, N.P.*, u. *S.A. Allison*: Review of reactions in the flotation system galena-xanthate-oxygen. Trans. Instn. Min. Metall., Sect. C: Mineral Process. Extr. Metall. 81 (1972) 784, S. C1–C30.
[685] *Jones, M.H.*, u. *J.T. Woodcock*: Decomposition of alkyl dixanthogen in aqueous solutions. Int. J. Mineral Process. 10 (1983), S. 1–24.
[686] *Mitrofanov, S.I.*, u. *V.G. Kušnikova*: Adsorption of diethyldithiophosphate and butylxanthate by sulfides. Aus: wie [69], S. 461–473
[687] *Fuerstenau, M.C., Huiatt, J.L.*, u. *M.C. Kuhn:* Dithiophosphate vs. xanthate flotation of chalcocite and pyrite. Trans. Amer. Inst. Min., Metallurg., & Petrol. Engr. 250 (1971), S. 227–231.
[688] *Arbiter, N.* (Ed.): Flotation. Aus: wie [25], S. 5-1 bis 5-110.
[689] *Werneke, M.F.*, u. *J.A. Jones*: Monoalkyldithiocarbamates as promoters for copper carbonate minerals. Min. Engng. 30 (1978) 1, S. 72–76.
[690] *Bogdanov, O.S., Vajnšenker, I.N., Podnek, A.K.*, u.a.: Nekotorye napravlenija v oblasti izyskanija ĕfektivnych sobiratelej. Cvetnye metally (1976) 4, S. 72–80.
[691] *Houot, R.*, u. *D. Duhamet*: Floatability of chalcopyrite in the presence of dialkyl-thionocarbamate and sodium sulfite. Int. J. Mineral Process. 37 (1993), S. 273–282.
[692] *Lovell, V.M.*: Industrial Flotation Reagents. Aus: wie [566], S. 73–89

[693] *Marabini, A.M., Barbaro, M.,* u. *V. Alesse*: New reagents in sulphide mineral flotation. Int. J. Mineral Process. 33 (1991), S. 291–306.
[694] *Fieser, L.F.,* u. *M. Fieser*: Lehrbuch der Organischen Chemie, 4. deutsche Aufl. Weinheim/Bergstr.: Verlag Chemie GmbH 1960.
[695] *Falconer, S.A.*: Non-sulfide flotation with fatty acid and petroleum sulfonate promoters. Trans. Amer. Inst. Min., Metallurg., & Petrol. Engr. 217 (1960), S. 207–215.
[696] *Siebert, B.*: Über die Sammlereigenschaften von n-Alkankarbonsäuren und α-substituierten n-Pentadekankarbonsäuren. Freiberger Forsch.-H. (1971) A487, S. 5–64.
[697] Beilsteins Handbuch der Organischen Chemie. Springer-Verlag.
[698] *Bochnia, D.,* u. *A. Serrano*: Untersuchungen an substituierten Alkankarbonsäuren im Hinblick auf ihre Sammlereigenschaften. Freiberger Forsch.-H. (1976) A565.
[699] *Serrano, A., Bochnia, D.,* u. *Heinrich Schubert*: Über die Rolle der Struktur von Karbonsäuren bei der Hydrophobierung von Festkörpern. Tenside 14 (1977) 2, S. 67–74.
[700] *Stauff, J.*: Kolloidchemie. Springer-Verlag 1960.
[701] *Dobiáš, B.*: Einige physiko-chemische Eigenschaften von Sammlern für nichtsulfidische Minerale. Bergakademie 17 (1965) 3, S. 162–164.
[702] *Eagland, D.,* u. *F. Frank*: Trans. Faraday Soc. 61 (1965), S. 2468–2477.
[703] *Du Rietz, C.*: Fatty acids in flotation. Aus: wie [69], S. 417–433.
[704] *Du Rietz, C.*: Chemisorption of collectors in flotation. Aus: wie [153], S. 375–403.
[705] *Schubert, Heinrich*: Die Rolle der Assoziation der unpolaren Gruppen bei der Sammleradsorption. Freiberger Forsch.-H. (1972) A514.
[706] *Schubert, Heinrich*: Die Rolle der Assoziation der unpolaren Gruppen bei der Tensidadsorption in der Phasengrenze Festkörper/wäßrige Lösung. Freiberger Forsch.-H. (1971), S. 7–23.
[707] *Purcell, G.,* u. *S.C. Sun*: Significance of double bonds in fatty acid flotation – An electrokinetic study – A flotation study. Trans. Amer. Inst. Min., Metallurg., & Petrol. Engr. 226 (1963), S. 6–12 u. S. 13–16.
[708] *Kivalo, P.,* u. *E. Lehmusvaara*: An investigation into the collecting properties of some of the components of tall oil. Aus: wie [69], S. 577–586.
[709] *Iwasaki, I., Cooke, S.R.B.,* u. *H.S. Choi*: Flotation characteristics of hematite, goethite and activated quartz with 18-carbon aliphatic acids and related compounds. Trans. Amer. Inst. Min., Metallurg., & Petrol. Engr. 217 (1960), S. 237–244.
[710] *Buckenham, M.H.,* u. *J.M.W. Mackenzie*: Fatty acids as flotation collectors for calcite. Trans. Amer. Inst. Min., Metallurg., & Petrol. Engr. 220 (1961), S. 450–454.
[711] *Plitt, L.R.,* u. *M.K. Kim*: Adsorption mechanism of fatty acid collectors on barite. Trans. Amer. Inst. Min., Metallurg., & Petrol. Engr. 256 (1974), S. 188–193.
[712] *Siebert, B.*: Untersuchung der Sammlereigenschaften von n-Alkankarbonsäuren, n-Alkenkarbonsäuren und α-substituierten n-Pentadekankarbonsäuren. Freiberger Forsch.-H. (1971) A504, S. 45–67.
[713] *Pugh, R.,* u. *P. Stenius*: Solution chemistry studies and flotation behaviour of apatite, calcite and fluorite minerals with sodium oleate collector. Int. J. Mineral Process. 15 (1985), S. 193–218.
[714] *Morgan, L.J., Ananthpadmanabhan, K.P.,* u. *P. Somasundaran:* Oleate adsorption on hematite: problems and methods. Int. J. Mineral Process. 18 (1986), S. 139–152.
[715] *Baldauf, H., Serrano, A., Schubert, Heinrich,* u.a.: Über die Eignung von Dikarbonsäuren als Flotationssammler. Neue Bergbautechnik 4 (1974) 7, S. 532–538.
[716] *Schubert, Heinrich, Serrano, A.,* u. *D. Bochnia*: Über die Rolle der Struktur von substituierten Monokarbonsäuren sowie von Di-, Tri- und Tetrakarbonsäuren bei der Adsorption und Flotation. VII. Int. Kongr. grenzflächenaktive Stoffe, Moskau 1976, Gruppe C/5, Vortrag 21.
[717] *Schubert, Heinrich, Serrano, A.,* u. *H. Baldauf*: Correlations between reagent structure and adsorption in flotation. Preprints XIIth Int. Mineral Process. Congr., São Paulo 1977.
[718] *Serrano, A., Baldauf, H., Schubert, Heinrich,* u.a.: Untersuchungen substituierter Karbonsäuren im Hinblick auf ihre Sammlerwirkung. Freiberger Forsch.-H. (1975) A544, S. 111–121.
[719] *Schubert, Heinrich*: Die Rolle der Struktur von Flotationsreagenzien und deren technologische Wirksamkeit. Aufbereitungs-Techn. 19 (1978) 3, S. 101–112.
[720] *Singh, D.V., Baldauf, H.,* u. *Heinrich Schubert*: Flotation von Kassiterit-Erzen mit Alkandicarbonsäuren und organischen Drückern. Aufbereitungs-Techn. 21 (1980) 11, S. 566–578.
[721] *Baldauf, H., Singh, D.V.,* u. *Heinrich Schubert*: Zur Flotation von Zinnerzen mit Dicarbonsäuren. Neue Bergbautechn. 10 (1980) 12, S. 692–699.
[722] *Baldauf, H., Schoenherr, J.,* u. *Heinrich Schubert*: Alkane dicarboxylic acids and aminonaphtol-sulfonic acids – a new reagent regime for cassiterite flotation. Int. J. Mineral Process. 15 (1985), S. 117–133.
[723] *Weehuizen, J.N., Dorrepaal, W.,* u. *J.G. Aalbers*: Ethercarboxylic acids – a new class of flotation collectors. Proc. Eleventh Int. Mineral Process. Congr., Cagliari 1975, Special Volume, S. 121–141.

[724] *Baldauf, H., Schubert, Heinrich*, u. *W. Kramer:* N-Acylaminocarbonsäuren – Sammler für die flotative Trennung von Fluorit und Calcit. Aufbereitungs-Techn. 27 (1986) 5, S. 235–241.
[725] *Baldauf, H., Schubert, Heinrich*, u. *W. Kramer:* N-Acylamino carboxylic acids – collectors for the flotation separation of fluorite and calcite. Proc. World Congr. Non-Metallic Minerals, Belgrade 1985, Summary, Vol. 1, S. 509–521.
[726] *Baldauf, H., Schubert, Heinrich*, u. *W. Kramer:* A new reagent regime for the flotation separation of fluorite and calcite. Aus: wie [183], Tome II, S. 222–231.
[727] *Schubert, Heinrich, Baldauf, H., Kramer, W.*, u.a.: Further development of fluorite flotation from ores containing higher calcite contents with oleoylsarcosine as collector. Proc. Second World Congr. Nonmetallic minerals, Beijing 1989, Vol. III, S. 853–857.
[728] *Gathen, R. von der:* Die Eignung einiger Fettsäurekondensationsprodukte als Sammler für feinstkörnigen Wolframit und feinstkörnigen Scheelit: Bergbauwissenschaften 7 (1960) 14, S. 352–360.
[729] *Houot, R.:* Beneficiation of phosphatic ores through flotation: Review of industrial applications and potential developments. Int. J. Mineral Process. 9 (1982), S. 353–384.
[730] *Kirchberg, H.,* u. *E. Töpfer:* Die Flotation nichtsulfidischer Minerale mit Tallölprodukten als Sammler. Freiberger Forsch.-H. (1963) A269, S. 7–21.
[731] *Lange, H.,* u. *M.J. Schwuger:* Mizellbildung und Krafft-Punkte in der homologen Reihe der Natrium-n-alkylsulfate einschließlich der ungeradzahligen Glieder. Kolloid-Z. & Z. Polymere 223 (1968) 2, S. 145–149.
[732] *Winkler, H.:* Der Einfluß der Kettenlänge und der Anlagerungsmechanismus bei der Flotation leicht wasserlöslicher Salze mit Na-n-Alkylsulfaten. Dissertation Bergakademie Freiberg 1965.
[733] *Schubert, Heinrich, Kirchner, G.,* u. *D. Reinhold:* Untersuchungen über die Schaumentwicklung von Alkylsulfaten bei der Flotation. Freiberger Forsch.-H. (1962) A231, S. 59–80.
[734] *Gawalek, G.:* Tenside. Berlin: Akademie-Verlag 1975.
[735] *Siebert, B.:* Sulfierte Fettsäuren als Sammler zur Flotation von Baryt und Fluorit. Bergakademie 20 (1968) 9, S. 547–550.
[736] *Schubert, Heinrich, Schneider, W.,* u. *H. Winkler:* Weitere Ergebnisse über das Flotationsverhalten von Kieserit, Langbeinit und Polyhalit mit sulfierten grenzflächenaktiven Stoffen. Aus: III. Int. Kalisymposium 1965, Teil I, S. 199–211. Leipzig: VEB Deutscher Verlag f. Grundstoffindustrie 1967.
[737] *Siebert, B.,* u. *K. Röder:* Flotation von Baryt und Fluorit mit sulfierten Fettsäuren. Bergakademie 19 (1967) 1, S. 41–43.
[738] *Schubert, Heinrich,* u. *H. Winkler:* Über das Flotationsverhalten von Kieserit, Langbeinit und Polyhalit mit sulfierten grenzflächenaktiven Substanzen. Aus: II. Kalisymposium 1963, S. 207–224. Sondershausen: Zentrale Forschungsstelle der Kaliindustrie 1963.
[739] *Ananthpadmanabhan, K., Somasundaran, P.,* u. *T.W. Healy:* Chemistry of oleate and amine solutions in relation to flotation. Trans. Amer. Inst. Min., Metallurg., & Petrol. Engr. 266 (1979), S. 2003–2009.
[740] *Smith, R.W.,* u. *Mine-Yung Hwang:* A study of fluorocarbon and hydrocarbon collectors. Trans. Amer. Inst. Min., Metallurg., & Petrol. Engr. 268 (1980), S. 1813–1815.
[741] *Gornostel, A., Solozhenkin, P., Avrakhov, A.,* u.a.: Carboxylic acids modified by dithio fragments as reagents for gold and copper containing ores flotation. Aus: wie [239], Vol. 3, S. 549–555.
[742] *Marabini, A., Alesse, V.,* u. *G. Belardi:* A new reagent for selective flotation of copper sulphides. Aus: wie [239], Vol. 3, S. 561–567.
[743] *Bogdanov, O.S., Yeropokin, Y.I., Koltunova, T.E.,* u.a.: Hydroxamic acids as collectors in the flotation of wolframite, cassiterite and pyrochlore. Aus: wie [43], S. 553–564.
[744] *Rosenbaum, A.:* Hydroxamsäuren als Sammler für Zinnstein. Freiberger Forsch.-H. (1969) A455, S. 35–45.
[745] *Strel'cyn, V.G.:* Selektivnaja flotacija kassitrita v prisustvii železosoderžaščich mineralov. Obogašč. rud 13 (1968) 1, S. 3–6.
[746] *Salikov, V.S., Serdjuk, K.F., Chobatova, N.P.,* u.a.: Doizolečenie niobijsoderžaščich mineralov iz chvostov gravitacionnogo obogaščenija s primeneniem reagenta IM-50. Obogašč. rud 13 (1968) 5, S. 6–9.
[747] *Wottgen, E., Baldauf, H.,* u. *A. Rosenbaum:* Entwicklungstendenzen auf dem Gebiet der Flotationsreagenzien. Freiberger Forsch.-H. (1978) A593, S. 49–71.
[748] *Somasundaran, P., Nagaraja, D.R.,* u. *O.E. Kuzugudenli:* Chelating agents for selective flotation of minerals. Aus: wie [239], Vol. 3, S. 577–585.
[749] *Moncrieff, A.G., Noakes, F.D.L., Viljoen, D.A.,* u.a.: Development and operation of cassiterite flotation at mines of the Consolidated Gold Fields Group. Aus: wie [69], S. 565–592.
[750] *Neunhoeffer, O.:* Synthese eines Schwimmittels für Zinnstein. Metall u. Erz 40 (1943) 11/12, S. 174–176.
[751] *Gerstenberger, G.:* Die Steigerung des Zinnausbringens im VEB Zinnerz Altenberg durch umfangreiche technologische Verbesserungen. Freiberger Forsch.-H. (1963) A281, S. 153–169.

[752] *Wottgen, W.:* Untersuchung der Sammlerwirkung von Phenyläthylenphosphonsäure für Zinnstein. Freiberger Forsch.-H. (1970) A476, S. 23–31.
[753] *Dietze, U.:* Infrarotspektroskopische Untersuchungen zum Anlagerungsmechanismus von Phosphon- und Arsonsäuren an Kassiterit bei dessen Flotation. Freiberger Forsch.-H. (1975) A551, S. 7–38.
[754] *Wottgen, E.,* u. *Chr. Rosenbaum:* Über Untersuchungen von Alkanarsonsäuren als Zinnsteinsammler. Freiberger Forsch.-H. (1972) A510, S. 43–52.
[755] *Kirchberg, H.:* Untersuchungen an Sammlern für die Kassiteritflotation. Freiberger Forsch.-H. (1969) A455, S. 7–22.
[756] *Wottgen, E.:* Untersuchung von Reagenzregimen für die Kassiteritflotation. Freiberger Forsch.-H. (1975) A544, S. 99–109.
[757] *Kirchberg, H.,* u. *E. Wottgen:* Phosphonsäuren als Sammler bei der Zinnsteinflotation. Aufbereitungs-Techn. 6 (1965), S. 677–683.
[758] *Smith, R.W.:* Effect of amine structure in cationic flotation of quartz. Trans. Amer. Inst. Min., Metallurg., & Petrol. Engr. 254 (1973), S. 353–357.
[759] *Brown, D.I.:* Löslichkeit von langkettigen Aminen in Wasser. J. Colloid Sci. 13 (1958) 6, S. 286–287.
[760] *Schubert, Heinrich:* Über das Flotationsverhalten von Quarz mit primären, sekundären, tertiären und quaternären Aminen. Freiberger Forsch.-H. (1965) A335, S. 51–61.
[761] *Schubert, Heinrich:* Flotierbarkeit und Strukturbeziehungen bei kationaktiver Flotation. Freiberger Forsch.-H. (1957) A77.
[762] *Biernat, J.:* Über den Einfluß der Oberflächendichte der Adsorption von n-Tetradecyl-Pyridiniumbromid auf das Ausbringen der Quarzflotation. Freiberger Forsch.-H. (1964) A326, S. 67–76.
[763] *Schubert, Heinrich:* Zu einigen weiteren theoretischen Problemen der Flotation leicht löslicher Salzminerale. Aufbereitungs-Techn. 12 (1971) 10, S. 631–636.
[764] *Elderfield, R.:* Heterocyclic Compounds, Vol. 6. New York: John Wiley & Sons 1957.
[765] *Schubert, Heinrich,* u. *W. Hälbich:* Das Flotationsverhalten von KCl und NaCl mit N-Alkylmorpholin und seine theoretische Deutung. Bergakademie 17 (1965) 7, S. 428–431.
[766] *Wrobel, S.A.:* Amphoteric flotation collectors. Min. & Minerals Engng. 5 (1969) 4, S. 35–40.
[767] *Wrobel, S.A.:* Amphoteric collectors in the concentration of some minerals by froth flotation. Min. & Minerals Engng. 6 (1970) 1, S. 42–45.
[768] *Smith, R.W., Haddenham, R.,* u. *C. Schroeder:* Amphoteric surfactants as flotation collectors. Trans. Amer. Inst. Min., Metallurg., & Petrol. Engr. 254 (1973), S. 231–234.
[769] *Sobieraj, S.,* u. *J. Laskowski:* Flotation of chromite: 1. Early research and recent trends; 2. Flotation of chromite and surface properties of spinel minerals. Trans. Instn. Min. Metall., Sect. C: Mineral Process. Extr. Metall. 82 (1973) 805, S. C207–C213.
[770] *Beger, J., Neumann, R., Rülke, K.,* u.a.: Mehrfunktionelle N-Tenside – Teil XII: Flotationswirkung von N-Alkyl-Aminosäuren auf Fluorit und Calcit. Tenside 27 (1990) 3, S. 197–201.
[771] *Schröder, H.:* Untersuchungen zur Adsorption von Ampholyttensiden und deren Mischungen mit einem nichtionogenen, polar-unpolaren Tensid auf Apatit und Scheelit. Dissertation TU Clausthal 1986.
[772] *Büttner, B.-M.:* Selektive Flotation des carbonatischen Phosphaterzes von Jacupiranga und Untersuchungen zur Adsorption der spezifischen Reagenzien auf Apatit und Calcit. Dissertation TU Clausthal 1987.
[773] U.S.-Patent 4358368 (1982).
[774] *Klassen, V.I.,* u. *N.S. Vlasova:* Ispitanija flotacionnoj aktivnosti nekotorych isocikličeskych soedinenij primenitel'no k trudnoobogatimym ugljam. Aus: Flotaciannye reagenty i ich svojstva, S. 48–60. Moskau: AN SSSR 1956.
[775] *Fuerstenau, D.W.,* u. *Pradip:* Adsorption of frothers at coal/water interfaces. Colloids and Surfaces 4 (1982), S. 229–243.
[776] *Buckenham, M.H.,* u. *J.H. Schulman:* Molecular associations in flotation. Trans. Amer. Inst. Min., Metallurg., & Petrol. Engr. 226 (1963), S. 1–6.
[777] *Fuerstenau, D.W.,* u. *B.J. Yamada:* Neutral molecules in flotation collection. Trans. Amer. Inst. Min., Metallurg., & Petrol. Engr. 223 (1962), S. 50–52.
[778] *Smith, R.W.:* Coadsorption of dodecylamine ion and molecule on quartz. Trans. Amer. Inst. Min., Metallurg., & Petrol. Engr. 226 (1963), S. 427–433.
[779] *Schubert, Heinrich,* u. *W. Schneider:* Über die Wirkungsweise unpolarer und nichtionogener polar-unpolarer Zusatzstoffe bei der Flotation. Aus: wie [35], S. 189–196.
[780] *Lin, I.J.,* u. *A. Metzer:* Co-adsorption of paraffin gases in the system quartz-dodecylammoniumchloride and its effect on froth flotation. Int. J. Mineral Process. 1 (1974), S. 319–334.

[781] *Bansal, V.K.*, u. *A.K. Biswas*: Collector-frother interaction at the interfaces of a flotation system. Trans. Instn. Min. Metall.; Sect. C: Mineral Process. Extr. Metall. 84 (1975) 826, S. C131–135.
[782] *Somasundaran, P.*: The role of ionomolecular surfactant complexes in flotation. Int. J. Mineral Process. 3 (1976), S. 35–40.
[783] *Serrano, C.*: Über das Zusammenwirken von Sammlern und nichtionogenen polar-unpolaren Zusatzstoffen bei der Flotation. Dissertation A Bergakademie Freiberg 1977.
[784] *Schubert, Heinrich*, u. *H. Baldauf*: Die Rolle der Assoziation der unpolaren Gruppen bei der Adsorption ionogener Tenside an Oxidoberflächen. Tenside 4 (1967) 6, S. 172–176.
[785] *Livšic, A.K.*, u. *A.S. Kuz'kin*: O dejstvii uglevodorodnych masel pri flotatcii. Cvetnye metally 36 (1963) 5, S. 17–24.
[786] *Klassen, V.I.*: Problemy teorii dejstvija apoljarnych reagentov pri flotacii. Aus: Fiziko-chimičeskie osnovy dejstvija apoljarnych sobiratelej pri flotacii rud i uglej, S. 3–11. Moskau: Verlag Nauka 1965.
[787] *Glembockij, V.A.*: Racional'nye puti primenenija apoljarnych sobiratelej pri flotacii rud. Aus: wie [786], S. 12–21.
[788] *Melik-Gajkazjan, V.I.*: Issledovanie mechanizma dejstvija apoljarnych reagentov pri flotacii častic s gidrofobnymi i gidrofobizirovannymi poverchnostjami. Aus: wie [786], S. 22–49.
[789] *Krochin, S.I.*: O rastekanii apoljarnych reagentov po trechfaznomu perimetru smačivanija. Aus: wie [786], S. 59–70.
[790] *Livšic, A.K.*, u. *A.S. Kuz'kin*: O dejstvii apoljarnych masel pri flotacii krupnych častic. Aus: wie [786], S. 71–78.
[791] *Klassen, V.I.*, u. *S.I. Krokhin*: Contribution to the mechanism of action of flotation reagents. Aus: wie [71], S. 397–404.
[792] *Glembockij, V.A., Dmitrieva, G.M.*, u. *M.M. Sorokin*: Apoljarnye reagenty i ich dejstvie pri flotacii. Moskau: Verlag Nauka 1968.
[793] *Schubert, Heinrich*: Die Rolle unpolarer Zusatzstoffe bei der Schaumflotation. Aufbereitungs-Techn. 8 (1967) 7, S. 365–368.
[794] *Davies, J.T.*, u. *E.K. Rideal*: Interfacial Phenomena, 2nd Ed. New York: Academic Press 1963.
[795] *Lin, I.J.*: CMC of flotation reagents and its relation to HLB. Trans. Amer. Inst. Min., Metallurg., & Petrol. Engr. 250 (1971), S. 225–227.
[796] *Lin, I.J., Friend, I.P.*, u. *Y. Zimmels*: The effect of structural modifications on the hydrophile-lipophile balance of ionic surfactants. J. Collod Interface Sci. 45 (1973) 2.
[797] *Gruen, D.W.R.*: The standard picture of ionic micelles. Progr. Colloid & Polymer Sci. 70 (1985), S. 6–16.
[798] *Birdi, K.S.*: The size, shape and hydration of micelles in aqueous medium. Progr. Colloid & Polymer Sci. 70 (1985), S. 23–29.
[799] *Heusch, R.*: Von flüssig-kristallinen Tensidstrukturen. Tenside 21 (1984) 4, S. 173–179.
[800] *Kraus, H.*: Die alternierenden Eigenschaften der aliphatischen Amine. 1. Die Daten der homologen Reihe von C_{10} bis C_{19}. Tenside 5 (1968) 8, S. 214–217.
[801] *Lin, I.J.*: Critical micelle concentration, hydrophile-lipophile balance, effective chain length and hydrophobicity index of ionic surfactants containing two long-chain alkyl groups. Tenside 17 (1980) 3, S. 119–123.
[802] *Pratt, L.R., Owenson, B.*, u. *Z. Sun*: Molecular theory of surfactant micelles in aqueous solution. Advanc. Colloid Interface Sci. 26 (1986), S. 69–97.
[803] *Némethy, G.*: Hydrophobe Wechselwirkungen. Angew. Chem. 79 (1967) 6, S. 260–271.
[804] *Schwuger, M.J.*: Einfluß von N-Methylacetamid und Harnstoff auf die Eigenschaften von Tensiden in wäßrigen Lösungen. Kolloid-Z. & Z. Polymere 232 (1969) 2, S. 775–781.
[805] *Spei, M.*, u. *G. Heidemann*: Spektroskopische Untersuchungen zur Frage der hydrophoben Bindungen. Kolloid-Z. & Z. Polymere 216/217 (1967), S. 269–277.
[806] *Markina, S.N., Bowkun, O.P.*, u. *W. Lewin*: Über die Rolle der Entropie-Änderungen bei der Mizellbildung und Solubilisierung in Systemen Wasser-Tensid. Aus: Chemie, physikalische Chemie und Anwendungstechnik granzflächenaktiver Stoffe. Ber. VI. Int. Kongr. grenzflächenaktive Stoffe, Zürich 1972, Bd. II/2, S. 1001–1011. München: Carl Hanser Verlag 1973.
[807] *Mukerjee, P.*: The nature of the association equilibria and hydrophobic bonding in aqueous solutions of association colloids. Advanc. Colloid Interface Sci. 1 (1967) 3, S. 241–275.
[808] *Lin, I.J.*, u. *P. Somasundaran*: Free-energy changes on transfer of surface-active agents between various colloidal and interfacial states. J. Colloid Interface Sci. 37 (1971), S. 731–743.
[809] *Lin, I.J., Moudgil, B.M.*, u. *P. Somasundaran*: Estimation of the effective number of $-CH_2$-groups in long-chain surface active agents. Colloid & Polymer Sci. 252 (1974) 5, S. 407–414.
[810] *Mukerjee, P.*: Salt effects on nonionic association colloids. J. phys. Chem. 69 (1965) 11, S. 4038–4040.
[811] *Luck, W.*: Über die Assoziation des flüssigen Wassers. Fortschr. chem. Forsch. 4 (1964), S. 653–781.

[812] *Lin, I.J.*, u. *Y. Zimmels*: The effect of polar functional groups on the critical micelle concentration and hydrophobicity of ionic surfactants. Tenside 18 (1981) 6, S. 312–319.
[813] *Jost, F., Leiter, H.*, u. *M.J. Schwuger*: Synergisms in binary surfactant mixtures. Colloid & Polymer Sci. 266 (1988), S. 554–561.
[814] *Schwuger, M.J.*, u. *R. Piorr*: Aktuelle Aspekte der Tensidchemie 24 (1987) 2, S. 70–85.
[815] *Zimmels, Y.*, u. *I.J. Lin*: Stepwise association properties of some surfactant aqueous solutions. Colloid & Polymer Sci. 252 (1974) 7/8, S. 594–612.
[816] *Zimmels, Y., Lin, I.J.*, u. *I.P. Friend*: The relation between stepwise bulk association and interfacial phenomena for some aqueous surfactant solutions. Colloid & Polymer Sci. 253 (1975) 5, S. 404–421.
[817] *Matthé, P.*, u. *H.A. Schneider*: Zum Mechanismus der selektiven Adsorption von n-Alkylammoniumchloriden an Alkalihalogeniden in wäßrigen Lösungen. Teil 1: Adsorptionsisothermen für das System n-Alkylammoniumchlorid-Alkalihalogenid. Freiberger Forsch.-H. (1977) A564, S. 9–23.
[818] *Richter, E.*, u. *H.A. Schneider*: Adsorptionsmodell und Energiebilanz zur Adsorption von unverzweigten Tensiden an heteropolaren Festkörperoberflächen in wäßrigen Lösungen. Freiberger Forsch.-H. (1977) A564, S. 31–72.
[819] *Peck, A.S.*: Infrared studies of oleic acid and sodium oleate adsorption on fluorite, barite and calcite. U.S.-Bureau of Mines, Report of Investigation Nr. 6202 (1963).
[820] *Glembockij, A.V.*: Chimičeskij podchod k reženiju problemy izyskanija selektivnych flotacionnych reagentov. Obogašč. rud 14 (1969) 6, S. 28–30.
[821] *Peterson, H.D., Fuerstenau, M.C., Rickard, R.S.*, u.a.: Chrysocolla flotation by the formation of insoluble surface chelates. Trans. Amer. Inst. Min., Metallurg., & Petrol. Engr. 232 (1965), S. 388–392.
[822] *Jander, G.*, u. *E. Blasius*: Lehrbuch der analytischen und präparativen anorganischen Chemie. Leipzig: S. Hirzel Verlag 1962.
[823] *Rjaboj, V.I.*: Principy podbora flotacionnych sobiratelej i povyšenija ich selektivnosti. Obogašč. rud 14 (1969) 6, S. 31–38.
[824] *Glembockij, V.A.*: Ob uzyskanii i "konstruirovanii" flotacionnych reagentov s zadannymi svojstvami. Cvetnye metally 43 (1970) 5, S. 86–89.
[825] *Glembockij, V.A.*: Chimičeskij metod ocenki otnositel'noj ěffektivnosti flotoreagentov. Cvetnye metally 43 (1970) 12, S. 70–73.
[826] *Marabini, A.M., Barbaro, M.*, u. *M. Ciriachi*: Calculation method for selection of complexing collectors. Trans. Instn. Min. Metall.; Sect. C: Mineral Process. Extr. Metall. 93 (1984), S. C20–C26.
[827] *Nagaraj, D.R.*, u. *P. Somasundaran*: Commercial chelating extractants as collectors: Flotation of copper minerals using "LIX" reagents. Trans. Amer. Inst. Min., Metallurg., & Petrol. Engr. 266 (1979), S. 1892–1898.
[828] *Nagaraj, D.R.*, u. *P. Somasundaran*: Chelating agents as collectors in flotation: Oximes-copper mineral systems. Trans. Amer. Inst. Min., Metallurg., & Petrol. Engr. 270 (1981), S. 1351–1357.
[829] *Pradip*: Application of chelating agents in mineral processing. Trans. Amer. Inst. Min., Metallurg., & Petrol. Engr. 284 (1988), Minerals & Metallurg. Process., S. 80–89.
[830] *Umland, F.*: Theorie und Praktische Anwendung von Komplexbildnern. Frankfurt/Main: Akademische Verlagsgesellschaft 1971.
[831] *Somasundaran, P., Healy, T.W.*, u. *D.W. Fuerstenau*: Surfactant adsorption at the solid-liquid interface – Dependence of mechanism on chain length. J. phys. Chem. 68 (1964) 12, S. 3562–3566.
[832] *Somasundaran, P.*: Cationic depression of amine flotation of quartz. Amer. Inst. Min., Metallurg., & Petrol. Engr. 256 (1974), S. 64–68.
[833] *Iwasaki, I., Cooke, S.R.B.*, u. *A.F. Colombo*: Flotation characteristics of goethite. U.S. Bureau of Mines, Report Investigation Nr. 5593 (1960).
[834] *Dobiáš, B.*: Beitrag zur Theorie der Flotation von nicht-sulfidischen Mineralen. Freiberger Forsch.-H. (1965) A335, S.7–20.
[835] *Modi, H.J.*, u. *D.W. Fuerstenau*: Flotation of corundum – An electrochemical interpretation. Trans. Amer. Inst. Min., Metallurg., & Petrol. Engr. 217 (1960), S. 381–387.
[836] *Morozov, V.V., Baldauf, H.*, u. *Heinrich Schubert*: On the role of the ion composition of the aqueous phase in the flotation of fluorite and calcite. Int. J. Mineral Process. 35 (1992), S. 177–189.
[837] *Barbery, G., Cecile, J.L.*, u. *V. Plichon*: Use of chelates as flotation collectors. Aus: wie [486], Special Publication, Vol. II, S. 19–34.
[838] *Schade, S.*: Untersuchungen zur Adsorption von N-Acylaminocarbonsäuren an den Mineralen Fluorit und Calcit. Dissertation TU Bergakademie Freiberg 1993.
[839] *Han, K.N., Healy, T.W.*, u. *D.W. Fuerstenau*: The mechanism of adsorption of fatty acids and other surfactants at the oxide-water unterface. J. Colloid Interface Sci. 44 (1973) 3, S. 407–414.
[840] *Malati, M.A.*: Adsorption of surfactants on oxides and at solution-air surface. Tenside 19 (1992) 2, S. 114–120.

[841] *Glembockij, V.*: Die Flotationseigenschaften von Quarz. Freiberger Forsch.-H. (1962) A255, S. 47–54.
[842] *Palmer, B.R., Gutierrez, B.G., Fuerstenau, M.C.*, u.a.: Mechanisms involved in the flotation of oxides and silicates with anionic collectors. Trans. Amer. Inst. Min., Metallurg., & Petrol. Engr. 258 (1975), S. 257–263.
[843] *Fuerstenau, M.C., Elgillani, D.A.*, u. *J.D. Miller:* Adsorption mechanisms in nonmetallic activation systems. Trans. Amer. Inst. Min., Metallurg., & Petrol. Engr. 247 (1970), S. 11–14.
[844] *Golikov, A.A.*, u. *V.M. Chorevič*: Aktivacija kvarca kationami tjaželych cvetnych metallov. Obogašč. rud 13 (1968) 4, S. 8–10.
[845] *Estefan, S.F.*, u. *M.A. Malati*: Adsorption studies on quartz, III. Effect of surface treatment and adsorbate configuration. Tenside 11 (1974) 4, S. 205–208.
[846] *Fuerstenau, D.W.*, u. *M.C. Fuerstenau*: The Flotation of Oxide and Silicate Minerals. Aus: wie [566], S. 109–158.
[847] *Fuerstenau, M.C., Rice, D.A., Somasundaran, P.*, u.a.: Metal ion hydrolysis and surface charge in beryl flotation. Trans. Instn. Min. Metall.; Sect. C: Mineral Process. Extr. Metall. 74 (1964), S. C381–C391.
[848] *Eigeles, M.A.*, u. *M.L. Volova*: On the mechanism of activating and depressant action in soap flotation. Aus: wie [22], S. 269–277.
[849] *Fuerstenau, M.C., Martin, C.C.*, u. *R.B. Bhappu*: The role of hydrolysis in sulfonate flotation of quartz. Trans. Amer. Inst. Min., Metallurg., & Petrol. Engr. 226 (1963), S. 449–454.
[850] *Fuerstenau, M.C., u. W.F. Cummings (jr.)*: The role of basic aqueous complexes in anionic flotation of quartz. Trans. Amer. Inst. Min., Metallurg., & Petrol. Engr. 238 (1967), S. 196–200.
[851] *Fuerstenau, M.C.*, u. *B.R. Palmer*: Anionic Flotation of Oxides and Silicates. Aus: wie [639], S. 148–196.
[852] *Bogdanov, O.S., Hainman, V.Y.*, u. *N.A. Yanis*: Investigation of the action of modifying agents in flotation. Aus: wie [69], S. 479–491.
[853] *Finkelstein, N.P.*, u. *S.A. Allison*: The Chemistry of Activation, Deactivation and Depression in the Flotation of Zinc Sulfide: A Review. Aus: wie [639], S. 414–457.
[854] *Baldwin, D.A., Manton, M.R., Pratt, J.M.*, u.a.: Studies on the flotation of sulphides. I. The effect of Cu(II) ions on the flotation of zinc sulphide. Int. J. Mineral Process. 6 (1979), S. 173–192.
[855] *Solecki, J., Komosa, A.*, u. *J. Szczypa*: Copper ion activation of synthetic sphalerites with various iron contents. Int. J. Mineral Process. 6 (1979), S. 221–228.
[856] *Jain, S.*, u. *D.W. Fuerstenau*: Activation in the flotation of sphalerite. Aus: Flotation of Sulphide Minerals (*K.S.E. Forssberg* Ed.), S. 159–172. Elsevier 1985.
[857] *Gaudin, A.M., Fuerstenau, D.W.*, u. *G.W. Mao*: Activation and deactivation studies with copper on sphalerite. Trans. Amer. Inst. Min., Metallurg., & Petrol. Engr. 214 (1959), S. 430–436.
[858] *Mukai, S.*, u. *T. Wakamatsu*: Copper silicate mineral flotation with organic copper-avid reagents. Aus: wie [153], S. 671–689.
[859] *Fuerstenau, D.W.*, u. *T.W. Healy*: Principles of Flotation. Aus: Adsorptive Bubble Separation Techniques. New York/London: Academic Press 1972.
[860] *Fuerstenau, D.W., Healy, T.W.*, u. *P. Somasundaran*: The role of the hydrocarbon chains of alkyl collectors in flotation. Trans. Amer. Inst. Min., Metallurg., & Petrol. Engr. 229 (1964), S. 321–325.
[861] *Schubert, Heinrich*, u. *W. Schneider*: O roli associacii apoljarnych grupp pri adsorbcii sobiratelja. Aus: wie [156], Tom II, S. 315–324.
[862] *Cases, J.M., Goujan, G.*, u. *M.S. Smani*: Adsorption of n-alkylamine chorides on heterogeneous surfaces. AIChE-Symposium Series 71 (1975) 150, S. 100–109.
[863] *González-Caballero, R., Bruque, J.M., Pardo, G.*, u.a.: On the adsorption of n-alkylammonium chlorides at fluorite/solution interface. Int. J. Mineral Process. 7 (1980), S. 79–88.
[864] *de Bruyn, P.L.*: Flotation of quartz by cationic collectors. Trans. Amer. Inst. Min., Metallurg., & Petrol. Engr. 202 (1955), S. 291–296.
[865] *Somasundaran, P.*: The relationship between adsorption at different interfaces and flotation behavior. Trans. Amer. Inst. Min., Metallurg., & Petrol. Engr. 241 (1968), S. 105–108.
[866] *Somasundaran, P.*, u. *D.W. Fuerstenau*: Heat and entropy of adsorption and association of long-chain surfactants at the alumina-aqueous solution interface. Trans. Amer. Inst. Min., Metallurg., & Petrol. Engr. 352 (1972), S. 275–279.
[867] *Wierer, K.A.*, u. *B. Dobias*: Adsorption of surfactants at the kaolinite-water interface: A calorimetric study. Progr. Colloid & Polymer Sci. 76 (1988), S. 283–285.
[868] *Plaksin, I.N.*: Über die Anwendung radioaktiver Isotope zur Erforschung des Flotationsvorganges. Freiberger Forsch.-H. (1957) A59, S. 5–44.
[869] *Schlesier, G.*: Über die Adsorption radioaktiv markierter langkettiger Flotationsamine an Alkalisalzen. Freiberger Forsch.-H. (1965) A335, S. 63–79.
[870] *Matthé, P.*: Zum Mechanismus der selektiven Adsorption von n-Alkylammoniumchloriden an Alkalihalogeniden aus wäßrigen Lösungen. Dissertation A Bergakademie Freiberg 1971.

[871] *Boudriot, H., Matthé, P.,* u. *H.A. Schneider:* Die Untersuchung des Adsorptionsverhaltens mit Hilfe der elektronenmikroskopischen Autoradiographie. Freiberger Forsch.-H. (1977) A564, S. 25–30.
[872] *Gaudin, A.M.,* u. *F.W. Bloecher:* Concerning the adsorption of dodecylamine on quartz. Trans. Amer. Inst. Min., Metallurg., & Petrol. Engr. 197 (1950), S. 499–505.
[873] *Siedler, P., Sandstede, G.,* u. *H. Frank:* Über die Abhängigkeit der Flotierbarkeit von Mineralien vom Bedeckungsgrad ihrer Oberfläche mit Sammlerionen. Z. Erzbergbau Metallhüttenwes. 15 (1962) 6, S. 293–299.
[874] *Clement, M., Harms, H.,* u. *H.M. Tröndle:* Über das Flotationsverhalten verschiedener Mineralarten unter besonderer Berücksichtigung der Kornfeinheit. Aus: wie [35], S. 179–188.
[875] *Somorjai, G.A.,* u. *B.E. Bent:* The structure of adsorbed monolayers. The surface chemical bond. Progr. Colloid & Polymer Sci. 70 (1985), S. 38–56.
[876] *Claesson, P.M., Herder, P.C., Rutland, M.W.,* u.a.: Amine functionalized surfactants – pH effects on adsorption and interaction. Progr. Colloid & Polymer Sci. 88 (1992), S. 64–73.
[877] *Somasundaran, P.,* u. *J.T. Kunjappu:* Advances in characterization of adsorbed layers and surface compounds by spectroscopic techniques. Trans. Amer. Inst. Min., Metallurg., & Petrol. Engr. 284 (1988), Minerals & Metallurg. Process., S. 68–79.
[878] *Marabini, A.M., Contini, G.,* u. *C. Cozza:* Surface spectroscopic techniques applied to the study of mineral processing. Int. J. Mineral Process. 38 (1993), S. 1–20.
[879] *Lee, E.M., Thomas, R.K.,* u. *A.R. Rennie:* The specular reflection of neutrons from interfacial systems. Progr. Colloid & Polymer Sci. 81 (1990), S. 203–208.
[880] *Martell, A.F.,* u. *M. Calvin:* Die Chemie der Metallchelatverbindungen. Weinheim/Bergstr.: Verlag Chemie GmbH 1958.
[881] *Birzer, J.-O., Stechemesser, H.,* u. *W. Hopf:* Definierte Adsorptionsschichten bei der Blase-Teilchen-Wechselwirkung. Freiberger Forsch.-H. (1978) A593, S. 173–183.
[882] *Birzer, J.-O.:* Stabilitätsverhalten dünner wäßriger Filme auf Langmuir-Blodgett-Schichten. Dissertation A Bergakademie Freiberg 1983.
[883] *Schulze, H.J.,* u. *J.-O. Birzer:* Stability of thin liquid films on Langmuir-Blodgett layers on silica surfaces. Colloids and Surfaces 24 (1987), S. 209–224.
[884] *Laskowski, J.,* u. *J.A. Kitchener:* The hydrophilic-hydrophobic transition on silica. J. Colloid Interface Sci. 29 (1969) 4, S. 670–679.
[885] *Laskowski, J.,* u. *J. Iskra:* Role of capillary effects in particle-bubble collision in flotation. Trans. Instn. Min. Metall., Sect. C: Mineral Process. Extr. Metall. 79 (1970) 760, S. C6–C10.
[886] *Ralston, J.,* u. *T.W. Healy:* Activation of zinc sulphide with Cu^{II}, Cd^{II} and Pb^{II}. Int. J. Mineral Process. 7 (1980), S. 175–217.
[887] *Malygin, B.W.,* u. *R.F. Malygina:* Primenenie kompleksoobrazujuščich solej dlja ulučšenija selektivnosti flotacii rud v žestkoj vode. Cvetnaja metallurgija 13 (1970) 6, S. 9–12.
[888] *Daellenbach, C.B.,* u. *T.D. Tiemann:* Chelation of quartz activating ions in oleic flotation. Trans. Amer. Inst. Min., Metallurg., & Petrol. Engr. 229 (1964), S. 59–64.
[889] *Medvedeva, T.V.,* u. *A.M. Rachmanina:* Dejstvie nekotorych desaktivatorov pri flotacii gematita i aktivirovannogo kvarca. Aus: Obogaščenie i podgotovka k plavke železnych rud, S. 48–58. Moskau: Verlag Nauka 1966.
[890] *Baldauf, H.:* Über die Eignung organischer Chelatbildner als Drücker bei der Flotation verschiedener Minerale. Freiberger Forsch.-H. (1975) A544, S. 83–98.
[891] *Baldauf, H.:* Über den Einfluß hydrophilierender organischer Stoffe auf die Flotation von Fluorit und Baryt. Neue Bergbautechn. 7 (1977) 2, S. 123–133.
[892] *Baldauf, H.:* Ein Beitrag zum Wirkungsmechanismus hydrophilierender organischer Stoffe bei der Flotation. Freiberger Forsch.-H. (1980) A619, S. 3–84.
[893] *Baldauf, H.,* u. *Heinrich Schubert:* Correlations between structure and adsorption for organic depressants in flotation. Aus: wie [249], Vol. 1, S. 767–786.
[894] *Schubert, Heinrich,* u. *H. Baldauf:* Wechselbeziehungen zwischen der Struktur hydrophilierender Stoffe und ihrer Adsorbierbarkeit bzw. technologischen Wirksamkeit. Freiberger Forsch.-H. (1978) A593, S. 193–203.
[895] *Orthgieß, E.:* Komplexbildner als Reglersysteme bei der Mineralflotation. Dissertation Universität Regensburg 1991.
[896] *Orthgieß, E.,* u. *B. Dobiáš:* Complexing agents as modifiers in mineral flotation – mechanism studies. Colloids and Surfaces A: Physicochem. and Engng. Aspects, 83 (1994), S. 129–141.
[897] *Parsonage, P.,* u. *A. Marsden:* The influence of the structure of reagents on their effectiveness as dispersants for cassiterite suspensions. Int. J. Mineral Process. 20 (1987), S. 161–192.
[898] *Zimmermann, R.:* Zur Austauschadsorption hydrophilierender und hydrophobierender Stoffe an Aluminiumoxid und Zinnoxid in wäßriger Lösung. Dissertation A Bergakademie Freiberg 1984.

[899] *Wei, T.L.*, u. *R.W. Smith*: Anionic depressant function in anionic flotation of hematite. Int. J. Mineral Process. 21 (1987), S. 93–103.
[900] *Radev, N.*, u. *P. Chadžiev*: Der Einfluß natürlicher Gerbstoffe auf das Flotationsverhalten von Flußspat und Kalkspat. Freiberger Forsch.-H. (1962) A255, S. 247–259.
[901] *Kirchberg, H., Bilsing, U.*, u. *H.-J. Schulze*: Untersuchungen zum Drücken des Kalkspats mit Gerbstoffen bei der Flotation. Freiberger Forsch.-H. (1968) A437, S. 7–22.
[902] *Schulze, H.J., Hanna, H.S.*, u. *U. Bilsing*: Die Adsorption von Gerbstoffen an der Oberfläche von Kalkspat und Flußspat und ihre Bedeutung für die Flotierbarkeit dieser Minerale. Freiberger Forsch.-H. (1970) A476, S. 33–57.
[903] *Khosla, N.K.*, u. *A.K. Biswas*: Effects of tannin-fatty acid interactions on selectivity of adsorption on calcite and fluorite surfaces. Trans. Instn. Min. Metall., Sect. C: Mineral Process. Extr. Metall. 94 (1985), S. C4–C10.
[904] *Pugh, R.J.*: Macromolecular organic depressants in sulphide flotation. – A review. Int. J. Mineral Process. 25 (1989), S. 101–130.
[905] *Rinelli, G.*, u. *A.M. Marabini*: Depressing properties of tannin agents and possibilities of their use in flotation of fine materials. Aus: wie [249], Vol. 2, S. 1012–1033.
[906] *Jampol'skaja, M.Ja.*, u. *N.P. Ozeran*: Issledovanie svojstv rastvorov geksametafosfata natrija. Cvetnaja metallurgija 14 (1971) 1, S. 20–23.
[907] *Éjgeles, M.A.*, u. *L.A. Lippa*: Osobennosti depressirujuščego dejstvija polifosfatov pri flotacii fljuoritkal'citsoderžaščich rud. Cvetnaja metallurgija 17 (1974) 1, S. 8–11.
[908] *Fuerstenau, M.C., Gutierrez, G.*, u. *D.A. Elgillani*: The influence of sodium silicate in nonmetallic flotation systems. Trans. Amer. Inst. Min., Metallurg., & Petrol. Engr. 241 (1968), S. 319–323.
[909] *Loginov, G.M.*, u. *N.A. Janis*: Issledovanie mechanisma dejstvija židkogo stekla pri depressii kvarca. Obogašč. rud 20 (1975) 6, S. 25–28.
[910] *Berlinskij, A.I.*, u. *N.D. Kljueva*: Izučenie vzaimodejstvija ščeločnogo i kislogo židkogo stekla s nekotorymi kal'cievymi mineralami metodom infrakrasnoj spektroskopii. Obogašč. rud 17 (1972) 4, S. 16–18.
[911] *Falcone, J.S.*: Recent advances in the chemistry of sodium silicates: Implications for ore beneficiation. Trans. Amer. Inst. Min., Metallurg., & Petrol. Engr. 272 (1982), S. 1493–1494.
[912] *Marinakis, K.I.*, u. *H.L. Shergold*: Influence of sodium silicate addition on the adsorption of oleic acid by fluorite, calcite and barite. Int. J. Mineral Process. 14 (1985), S. 177–193.
[913] *Mercade, V.*: Effect of polyvalent metal-silicate hydrosols on the flotation of calcite. Trans. Amer. Inst. Min., Metallurg., & Petrol. Engr. 268 (1980), S. 1842–1846.
[914] *Shin, B.S.*, u. *K.S. Choi*: Adsorption of sodium metasilicate on calcium minerals. Trans. Amer. Inst. Min., Metallurg., & Petrol. Engr. 278 (1985), Minerals & Metallurg. Process., S. 223–226.
[915] *Dho, H.*, u. *I. Iwasaki*: Role of sodium silicate in phosphate flotation. Trans. Amer. Inst. Min., Metallurg., & Petrol. Engr. 288 (1990), Minerals & Metallurg. Process., S. 215–221.
[916] *Balajee, S.R.*, u. *I. Iwasaki*: Adsorption mechanism of starches in flotation and flocculation or iron ores. Trans. Amer. Inst. Min., Metallurg., & Petrol. Engr. 244 (1969), S. 401–406.
[917] *Subramanian, S., Natarajan, K.A.*, u. *D.N. Sathyanarayana*: FTIR spectroscopic studies on the adsorption of an oxidized starch on some oxide minerals. Trans. Amer. Inst. Min., Metallurg., & Petrol. Engr. 286 (1989), Minerals & Metallurg. Process., S. 152–158.
[918] *de Araujo, A.C.*, u. *G.W. Poling*: The adsorption of starches on apatite. Proc. II. Int. Mineral Process. Symp., Izmir 1988, S. 428–439.
[919] *Charčenko, Ju.V.*: Osobennosti kavitacionnych javlenij vo flotacionnych mašinach. Obogašč. rud 31 (1986) 3, S. 16–20.
[920] *Leja, J.*, u. *G.W. Poling*: On the interpretation of contact angle. Aus: wie [67], S. 325–342.
[921] *Pethö, S.*: Über die Abnahme der Oberflächenenergie bei der Haftung von Luftblasen an Mineralkörnern. Aus: Aktuelle Probleme aus Theorie und Praxis der Flotation, S. 19–26. Clausthal-Zellerfeld: GDMB 1972.
[922] *Klassen, V.I.*: Voprosy teorii aëracii i flotacii. Moskau/Leningrad: Gosudarstvennoe neučnotechničeskoe izdatel'stvo chimičeskoj literatury 1949.
[923] *Klassen, V.I.*: Theoretical basis of flotation by gas precipitation. Aus: wie [67], S. 309–324.
[924] *Cosan, F.*: Untersuchungen zu Grundlagen der Unterdruck-Flotation. Dissertation Rhein.-Westfäl. TH Aachen 1974.
[925] *Cichos, Ch.*: Untersuchungen über den Einfluß der elektrokinetischen Potentiale von Luftblase und Mineralteilchen auf das Flotationsergebnis. Dissertation A Bergakademie Freiberg 1971.
[926] *Kitchener, J.A.*: Discussion of the paper "Surface Forces in Flotation". Minerals Sci. Engng. 6 (1974) 4, S. 245–246.
[927] *Pashley, R.M.*: Interparticulate forces. Aus: wie [640], S. 97–114.
[928] *Derjaguin, B.V.*: Some results from 50 years' research on surface forces. Progr. Colloid & Polymer Sci. 74 (1987), S. 17–30.

[929] *Churaev, N.V.*: Surface forces and their role in mineral processing. Aus: wie [96], Vol. II, S. 1–15.
[930] *Schulze, H.J.*: Physico-chemical Elementary Processes in Flotation. Elsevier 1984.
[931] *Derjaguin, B.V.*: Untersuchungen des Spaltdruckes dünner Filme, deren Entwicklung, Ergebnisse und zu lösende aktuelle Probleme. Colloid & Polymer Sci. 253 (1975) 6, S. 492–499.
[932] *Derjagin, B.V.*: Zur Stabilität benetzender Filme. Freiberger Forsch.-H. (1977) A568, S. 39–48.
[933] *Schulze, H.J.*: Moderne Richtungen zur physikalisch-chemischen Untersuchung der Elementarvorgänge beim Anhaften von Teilchen an Blasen bei der Flotation. Freiberger Forsch.-H. (1978) A593, S. 15–47.
[934] *Schulze, H.J.*: Physikalisch-chemische Untersuchungen der wesentlichen Flotationselementarvorgänge unter besonderer Berücksichtigung der Stabilität dünner Flüssigkeitsfilme und der Kapillarkräfte am Dreiphasenkontakt. Dissertation B Akademie der Wissenschaften der DDR 1977.
[935] *Schulze, H.J., Cichos, Ch., u. G. Gottschalk*: Zur Untersuchung der Elementarvorgänge bei der Flotation. Freiberger Forsch.-H. (1972) A482, S. 7–28
[936] *Chander, S., u. D.W. Fuerstenau*: On the natural floatability of molybdenite. Trans. Amer. Inst. Min., Metallurg., & Petrol. Engr. 252 (1972), S. 62–69.
[937] *Bahr, A.*: Über den Einfluß von Vorgängen an der Grenzfläche Flüssigkeit-Gas auf die Mineralisation von Gasblasen. Aus: wie [921], S. 73–82.
[938] *Collins, G.L., u. G.J. Jameson*: Experiments on the flotation of fine particles – The influence of particle size and charge. Chem. Engng. Sci. 31 (1976), S. 985–991.
[939] *Collins, G.L., u. G.J. Jameson*: Double-layer effects in the flotation of fine particles. Chem. Engng. Sci. 32 (1977), S. 239–246.
[940] *Laskowski, J.S., Xu, Z., u. R.H. Yoon*: Energy barrier in particle-to-bubble attachment and its effect on flotation kinetics. Aus: wie [96], Vol. II, S. 237–249.
[941] *Derjaguin, B.V., u. N.V. Churaev*: The current state of the theory of long-range surface forces. Colloids & Surfaces 41 (1989), S. 223–237.
[942] *Churaev, N.V., u. B.V. Derjaguin*: Inclusion of structural forces in the theory of stability of colloids and films. J. Colloid Interface Sci. 103 (1985) 2, S. 542–553.
[943] *Pashley, R.M., u. J.N. Israelachvili*: A comparison of surface forces and interfacial properties of mica in purified surfactant solution. Colloids & Surfaces 2 (1981), S. 169–187.
[944] *Israelachvili, J.N., u. R.M. Pashley*: The hydrophobic interaction is long range, decaying exponentially with distance. Nature 300 (1982), S. 341–342
[945] *Xu, Z., u. R.-H. Yoon*: The role of hydrophobic interactions in coagulation. J. Colloid Interface Sci. 132 (1989) 2, S. 532–541.
[946] *Xu, Z., u. R.-H. Yoon*: A study of hydrophobic coagulation. J. Colloid Interface Sci. 134 (1990) 2, S. 427–434.
[947] *Shouci, L., Shaoxian, S., u. D. Zhongfu*: Hydrophobic interaction in flocculation. Colloids & Surfaces 57 (1991), S. 49–81.
[948] *Yoon, R.-H.*: Hydrodynamic and surface forces in bubble-particle interactions. Aus: wie [96], Vol. II, S. 17–31.
[949] *Scheludko, A.*: Zur Theorie der Flotation. Kolloid-Z. & Z. Polymere 191 (1963) 1, S. 52–58.
[950] *Vrij, A.*: Possible mechanism for the spontaneous rupture of thin, free films. Disc. Farad. Soc. 42 (1966), S. 23–33.
[951] *Blake, T.D.*: Current problems in the theories of froth flotation. Preprints Symp. on Bubbles and Foams, Nürnberg 1971, Preprint S3-2.
[952] *Schulze, H.J.*: Einige Untersuchungen über das Zerreißen dünner Flüssigkeitsfilme auf Feststoffoberflächen. Colloid & Polymer Sci. 253 (1975) 9, S. 730–737.
[953] *Schulze, H.J.*: Hydrodynamics of Bubble-Mineral Particle Collisions. Aus: Frothing and Flotation (Hrsg. *J.S. Laskowski*), S. 43–76. Gordon and Breach 1989.
[954] *Schulze, H.J., Radoev, B., Geidel, H., u.a.*: Investigations of the collision process between particles and gas bubbles in flotation – A theoretical analysis. Int. J. Mineral Process. 27 (1989), S. 263–278.
[955] *Stechemesser, H.*: Neue Ergebnisse zu den Grundlagen des Flotationsprozesses. Freiberger Forsch.-H. (1989) A790, S. 81–100.
[956] *Spedden, H.R., u. W.S. Hannan*: Attachment of mineral particles to air bubbles in flotation. Amer. Inst. Min., Metallurg., & Petrol. Engr., Technical Publication Nr. 2354 (1948).
[957] *Sven-Nilsson, I.*: Einfluß der Berührungszeit zwischen Mineral und Luftblase bei der Flotation. Kolloid-Z. 69 (1934) 2, S. 230–232.
[958] *Eigeles, M.A., u. M.L. Volova*: Kinetic investigation of effect of contact time, temperature and surface condition on the adhesion of bubbles to mineral surfaces. Aus: wie [67], S. 271–286.
[959] *Ye, Y., u. J.D. Miller*: The significance of bubble/particle contact time during collision in the analysis of flotation phenomena. Int. J. Mineral Process 25 (1989), S. 199–219.

[960] *Schulze, H.J.*: Probability of particle attachment on gas bubbles by sliding. Adv. Colloid Interface Sci. 40 (1992), S. 283–305.
[961] *Sutherland, K.L.*, u. *I.W. Wark*: Principles of Flotation. Melbourne: Australasian Institute of Mining and Metallurgy (Inc.) 1955.
[962] *Klassen, V.I.*, u. *V.A. Mokrousov*: Vvedenie v teoriju flotacii. Moskau: Gosudarstvennoe naučno-techničeskoe izdatel'stvo literatury po gornomu delu 1959.
[963] *Philippoff, W.*: Some dynamic phenomena in flotation. Trans. Amer. Inst. Min., Metallurg., & Petrol. Engr. 193 (1952) 4, S. 386–390.
[964] *Dedek, F.*: Das Anhaften der Luftblasen an der Oberfläche des Feststoffs bei der Flotation. Glückauf-Forschungshefte 30 (1969) 4, S. 203–209.
[965] *Sutherland, K.L.*: Kinetics of flotation process. J. Phys. Chem. 52 (1948) 3, S. 394–398.
[966] *Luttrell, G.H.*, u. *R.H. Yoon*: Determination of the probability of bubble-particle adhesion using induction time measurements. Aus: wie [4], S. 159–165.
[967] *Kremer, E.B.*: Ob ocenke vremeni vzaimodejstvija časticy s puzyr'kom pri ich stolknovenii. Obogašč. rud 31 (1986) 2, S. 12–17.
[968] *Nguyen Van, A.*: On the sliding time in flotation. Int. J. Mineral Process. 37 (1993), S. 1–25.
[969] *Bilsing, U.*, u. *H. Gruner*: Induktionszeitmessung mit dem Kontaktgerät nach Glembockij. Freiberger Forsch.-H. (1967) A408, S. 29–36.
[970] *Dobby, G.S.*, u. *J.A. Finch*: Particle size dependence in flotation derived from a fundamental model of the capture process. Int. J. Mineral Process. 21 (1987), S. 241–260.
[971] *Ye, Y., Khandrika, S.M.*, u. *J.D. Miller*: Induction-time measurements at a particle bed. Int. J. Mineral Process. 25 (1989), S. 221–240.
[972] *Anfruhns, J.F.*, u. *J.A. Kitchener*: Rate of capture of small particles in flotation. Trans. Instn. Min. Metall., Sect. C: Mineral Process. Extr. Metall. 86 (1977), S. C9–C14.
[973] *Sheludko, A.*: Thin liquid films. Adv. Colloid Interface Sci. 1 (1967), S. 391–464.
[974] *Schulze, H.J., Tschaljowska, S., Scheludko, A.*, u.a.: Untersuchungen über die Wechselwirkungen zwischen Feststoffteilchen und Gasblasen bei der Flotation. Freiberger Forsch.-H. (1977) A568, S. 11–38.
[975] *Stechemesser, H., Geidel, Th.*, u. *K. Weber*: Expansion of three-phase contact line after rupture of thin non-symmetrical liquid films. Colloid & Polymer Sci. 258 (1980), S. 109–110 u. S. 1206–1207, 259 (1981), S. 767–768.
[976] *Scheludko, A., Tosev, B.*, u. *B. Bogadjev*: Attachment of particles to liquid surface. Trans. Farad. Soc. (1976).
[977] *Derjagin, B.V., Duchin, S.S.*, u. *N.N. Rulev*: O roli gidrodinamičeskogo vzaimodejstvija vo flotacii melkich castic. Kolloidnyj Ž. 38 (1976) 2, S. 251–257.
[978] *Rulev, N.N., Derjagin, B.V.*, u. *S.S. Duchin*: Kinetika flotacii melkich častic kollektivom puzyr'kov. Kolloidnyi Ž. 39 (1977) 2, S. 314–322.
[979] *Derjagin, B.V., Duchin, S.S., Rulev, N.N.*, u.a.: O vlijanie tormoženija poverchnosti puzyr'ka na gidrodinamičeskoe vzaimodejstvie s časticej v elementarnom akte flotacii. Kolloidnyj Ž. 38 (1976) 2, S. 258–264
[980] *Derjaguin, V.B.*, u. *S.S. Dukhin*: Theory of flotation of small and medium-size particles. Bull. Instn. Min. Metall. 70 (1960/61) 651, S. 221–246.
[981] *Šeludko, A., Čaljovska, S., Fabrikant, A.*, u.a.: Untersuchungen zum Elementarakt der Flotation. Freiberger Forsch.-H. (1971), S. 85–97.
[982] *Sheludko, A., Tschaljovska, S.*, u. *A. Fabrikant*: Contact between a gas bubble and a solid surface in froth flotation. Disc. Farad. Soc. (1970), Preprint 134534.
[983] *Scheludko, A., Radoev, B.*, u. *A. Fabrikant*: On the theory of flotation II. Adhesion of particles to bubbles. Annuaire Univ. Sofia (1983).
[984] *Schulze, H.J.*, u. *D. Espig*: Die Abreißenergie von Teilchen aus der fluiden Phasengrenze. Colloid & Polymer Sci. 254 (1976), S. 436–437 u. 608–610.
[985] *Nutt, C.W.*: Froth flotation: the adhesion of solid particles to flat interfaces and bubbles. Chem. Engng. Sci. 12 (1960) 2, S. 133–141.
[986] *Schulze, H.J., Wahl, B.*, u. *G. Gottschalk*: Determination of adhesive strength of particles within the liquid/gas interface in flotation by means of a centrifuge method. J. Colloid Interface Sci. 128 (1989) 1, S. 57–65.
[987] *Nishkov, I.*, u. *R.J. Pugh*: The relationship between flotation and adhesion of galena particles to the air-solution interface. Int. J. Mineral Process. 25 (1989), S. 275–288.
[988] *Nishkov, I.*, u. *R.J. Pugh*: Bubble-particle aggregate detachment forces and flotation. Aus: wie [4], S. 141–149.
[989] *Holtham, P.N.*, u. *T.-W. Cheng*: Study of probability of detachment of particles from bubbles in flotation. Trans. Instn. Min. Metall., Sect. C: Mineral Process. Extr. Metall. 100 (1991), S. C147–C153.
[990] *Kirchberg, H.*, u. *E. Töpfer*: The mineralization of air bubbles in flotation. Aus: wie [22], S. 157–168.

[991] *Manegold, E.*: Schaum. Heidelberg: Straßenbau, Chemie und Technik Verlagsgesellschaft m.b.H. 1953.
[992] *Kitchener, J.A.*: Foams and Free Liquid Films. Aus: Recent Progress in Surface Science, Vol. 1, S. 51–93. New York/London: Academic Press 1964.
[993] *Gibbs, J.W.*: Collected Works, Vol. 1 (Thermodynamics). New York: Longmans Green & Co. 1928.
[994] *Derjagin, B.V.*, u. *A.S. Titievskaja*: Raskklinivajuščee dejstvie svobodnych židkich plenok i ego rol' v ustojčivosti pen. Kolloidnyj Ž. 15 (1953) 6, S. 416–425.
[995] *Sonntag, H.*: Lehrbuch der Kolloidwissenschaft. Berlin: VEB Deutscher Verlag der Wissenschaften 1977.
[996] *Schubert, Heinrich*, u. *K. Rühlicke*: Die Verwendung nichtionogener Schäumer bei der Flotation von Kalisalzen mit Alkylaminhydrochloriden. Freiberger Forsch.-H. (1963) A281, S. 125–152.
[997] *Livshits, A.K.*, u. *S.V. Dudenkov*: Some factors in flotation froth stability. Aus: wie [22], S. 367–371.
[998] *Gründer, W.*: Aufbereitungskunde, Bd. 2. Goslar: Hermann-Hübener-Verlag K.G. 1957.
[999] *Erberich, G.*: Zusammenwirken von Sammlern und Schäumern bei der Flotation sulfidischer Erze. Z. Erzbergbau Metallhüttenwes. 14 (1961) 2, S. 73–76.
[1000] *Sun, S.C.*: Frothing characteristics of pine oils in flotation. Min. Engng. 4 (1952) 1, S. 65–71.
[1001] *Livšic, A.K.*, u. *S.V. Dudenkov*: K voprosu v stabil'nosti flotacionnych pen. Cvetnye metally (1957) 1, S. 14–23.
[1002] *Małysa, K.*, *Lunkenheimer, K.*, *Miller, R.*, u.a.: Surface elasticity and frothability of n-octanol and n-octanoic acid solutions. Colloids & Surfaces 3 (1981), S. 329–338.
[1003] *Subrahmanyam, T.V.*, u. *E. Forssberg*: Froth stability, particle entrainment and drainage in flotation – A review. Int. J. Mineral Process. 23 (1988), S. 33–53.
[1004] *Harris, P.J.*: Frothing Phenomena and Frothers. Aus: wie [566], S. 237–263.
[1005] *Ross, V.E.*: An investigation of sub-processes in equilibrium froths. Int. J. Mineral Process. 31 (1991), S. 37–71.
[1006] *Johannson, G.*, u. *R.J. Pugh*: The influence of particle size and hydrophobicity on the stability of mineralized froths. Int. J. Mineral Process. 34 (1992), S. 1–21.
[1007] *Dippenaar, A.*: The destabilization of froth by solids. Int. J. Mineral Process. 9 (1982), S. 1–22.
[1008] *Hemmings, C.E.*: On the significance of flotation froth liquid lamella thickness. Trans. Instn. Min. Metall., Sect. C: Mineral Process. Extr. Metall. 90 (1981), S. C96–C102.
[1009] *Smith, P.G.*, u. *L.J. Warren*: Entrainment of Particles into Flotation Froths. Aus: wie [953], S. 123–145.
[1010] *Heiskanen, K.*, u. *J. Kallioinen*: Effects of froth properties to the behaviour of flotation. Aus: wie [239], Vol. 3, S. 643–650.
[1011] *Kirjavainen, V.M.*, u. *H.R. Laapas*: A study of entrainment mechanism in flotation. Aus: wie [196], Part A, S. 665–677.
[1012] *Kirjavainen, V.M.*, *Laapas, H.R.*, u. *K.G.H. Heiskanen*: The effect of some factors on the entrainment mechanism in froth flotation. Aus: wie [96], Vol. II, S. 217–226.
[1013] *Mitrofanov, S.I.*, *Kuz'kin, A.S.*, u. *V.N. Filimonov*: Theoretical and practical aspects of using combinations of collectors and frothing agents for sulphide flotation. Aus: wie [183], Tome II, S. 65–73.
[1014] *Kaya, M.*, u. *A.R. Laplante*: Froth washing technology in mechanical flotation machines. Aus: wie [96], Vol. II, S. 203–215.
[1015] *Booth, R.B.*, u. *W.L. Freyberger*: Froth and Frothing Agents. Aus: Froth Flotation – 50th Anniversary Volume (Hrsg. *D.W. Fuerstenau*), S. 258–276. New York: Amer. Inst. Min., Metallurg., & Petrol. Engr., Inc., 1962.
[1016] *Wrobel, S.A.*: Flotation frothers, their action, composition and structure. Aus: wie [65], S. 431–450.
[1017] *Malysa, K.*: Water contents in flotation froths. Aus: wie [239], Vol. 3, S. 651–655.
[1018] *Alejnikov, N.A.*, u. *W.I. Martschewskaja*: Das Verhalten der flüssigen Phase beim Flotationsprozeß. Aufbereitungs-Techn. 24 (1983) 5, S. 278–285.
[1019] *Hansen, R.D.*, u. *R.R. Klimpel*: Influence of frothers on particle size and selectivity in coal and sulfide mineral flotation. Trans. Amer. Inst. Min., Metallurg., & Petrol. Engr. 280 (1986), S. 1804–1811.
[1020] *Klimpel, R.R.*, u. *S. Isherwood*: Some industrial implications of changing frother chemical structure. Int. J. Mineral Process. 33 (1991), S. 369–381.
[1021] *Crozier, R.D.*, u. *R.R. Klimpel*: Frothers: Plant Practice. Aus: wie [953], S. 257–279.
[1022] *Lekki, J.*, u. *J. Laskowski*: A new concept of frothing in flotation systems and general classification of flotation frothers. Aus: wie [153], S. 427–448.
[1023] *Löffler, K.*: Die bei der Aufbereitung auftretenden Dreiphasenschäume und ihre Zerstörung mit Hilfe von nichtionogenen Tensiden. Chem. Techn. 26 (1974) 1, S. 38 40.
[1024] *Obers, H.*, *Hoberg, H.*, u. *F.U. Schneider*: Improvement of the flotation process by modification of the froth system. Aus: wie [196], Part A, S. 727–737.

[1025] *Moys, M.H.*: Residence time distributions and mass transport in the froth phase of the flotation process. Int. J. Mineral Process. 13 (1984), S. 117–142.
[1026] *Moys, M.H.*: Mass Transport in Flotation Froth. Aus: wie [953], S. 203–228.
[1027] *Cutting, G.W., Watson, D., Whitehead, A.*, u.a.: Froth structure in continuous flotation cells: Relation to the prediction of plant performance from laboratory data using process modells. Int. J. Mineral Process. 7 (1981), S. 347–369.
[1028] *Hemmings, C.E.*: An alternative viewpoint on flotation behaviour of ultrafine particles. Trans. Instn. Min. Metall., Sect. C.: Mineral Process. Extr. Metall. 89 (1980), S. C113–C120.
[1029] *Hemmings, C.E.*: On the significance of flotation froth liquid lamella thickness. Trans. Instn. Min. Metall., Sect. C: Mineral Process. Extr. Metall. 90 (1981), S. C96–C102.
[1030] *Schubert, Heinrich*: Zur prozeßbestimmenden Rolle der Turbulenz bei Aufbereitungsprozessen. Aufbereitungs-Techn. 15 (1974) 9, S. 501–512, u. 12, S. 680–685.
[1031] *Schubert, Heinrich*: Die Modellierung des Flotationsprozesses auf hydrodynamischer Grundlage. Neue Bergbautechnik 7 (1977) 6, S. 446–456.
[1032] *Schubert, Heinrich*: On some aspects of the hydrodynamics of flotation processes. Aus: wie [856], S. 337–352.
[1033] *Schubert, Heinrich*: On the hydrodynamics and the scale-up of flotation processes. Aus: Advances in Mineral Processing (Hrsg. *P. Somasundaran*), S. 636–649. Littleton: Society of Mining Engineers, Inc., 1986.
[1034] *Schubert, Heinrich*: Role of turbulence in mineral processing unit operations. Aus: Challenges in Mineral Processing, S. 272–289. Littleton: Soc. Mining Engineers, Inc., 1989.
[1035] *Albring, W.*: Elementarvorgänge fluider Wirbelbewegungen. Berlin: Akademie-Verlag 1981.
[1036] *Kolmogorov, A.N.*: Die lokale Struktur der Turbulenz in einer inkompressiblen zähen Flüssigkeit bei sehr großen Reynolds-Zahlen. Sammelband zur statistischen Theorie der Turbulenz. Berlin: Akademie-Verlag 1968.
[1037] *Möckel, H.-O.*: Hydrodynamische Untersuchungen in Rührmaschinen. Dissertation A Ing.-Hochschule Köthen 1977.
[1038] *Graichen, Kurt*: Messung und Interpretation von Spektren turbulenter Geschwindigkeitsschwankungen am Beispiel einer turbulenten Rührwerksströmung. Dissertation A Akad. d. Wiss. d. DDR 1978.
[1039] *Bischofberger, C.*: Beitrag zum Einfluß der Hydrodynamik beim Flotationsprozeß. Dissertation A Bergakademie Freiberg 1984.
[1040] *Weiß, Th.*, u. *Heinrich Schubert*: The effects of fine particles on the hydrodynamics of flotation processes. Aus: wie [196], Part A, S. 807–818.
[1041] *Schubert, Heinrich*: Über die Hydrodynamik von Flotationsprozessen. Aufbereitungs-Techn. 20 (1979) 5, S. 252–260.
[1042] *Weiß, Th.*: Feinstkorneinfluß auf die Hydrodynamik von Flotationsprozessen. Dissertation A Bergakademie Freiberg 1988.
[1043] *Grainger-Allen, T.J.N.*: Bubble generation in froth flotation machines. Trans. Instn. Min. Metall., Sect. C: Mineral Process. Extr. Metall. 79 (1970), S. C15–C22.
[1044] *Hinze, H.O.*: Turbulence, 2nd. Ed. McGraw-Hill Book Co. 1975.
[1045] *Stöhr, R.*, u. *E. v. Szantho*: Über den Einfluß der Rührerbauart auf den Flotationsprozeß. Aufbereitungs-Techn. 15 (1974), S. 1–15.
[1046] *Gründer, W., Siemes, W.*, u. *J.F. Kauffmann*: Die Messung der Belüftung in Flotationszellen. Z. Erzbergbau Metallhüttenwes. 9 (1956) 12, S. 559–565.
[1047] *Bos, A.S.*: Agglomeration in Suspension. Thesis Delft University of Technology 1983.
[1048] *Saffman, P.G.*, u. *J.S. Turner*: On the collision of drops in turbulent clouds. J. Fluid Mech. 1 (1956), S. 16–30.
[1049] *Abrahamson, J.*: Collision rates of small particles in a vigorously turbulent fluid. Chem. Engng. Sci. 30 (1975), S. 1371–1379.
[1050] *Williams, J.J.E.*, u. *R.I. Crane*: Particle collision rate in turbulent flow. Int. J. Multiphase Flow 9 (1983) 4, S. 421–435.
[1051] *Mika, T.S.*, u. *D.W. Fuerstenau*: Mikroskopičeskaja model' flotacionnogo processa. Aus: wie [156], Tom II, S. 246–269.
[1052] *Koch, P.*: Die Einflüsse der Konstruktion und Betriebsweise von Rührern in mechanischen Flotationsapparaten auf die Hydrodynamik des Dreiphasensystems und den Flotationserfolg. Freiberger Forsch.-H. (1975) A546, S. 5–80.
[1053] *Schulze, H.J.*: Das Abreißen von Feststoffteilchen von Gasblasen unter turbulenter Beanspruchung bei der Flotation. Vortrag VII. Int. Kongr. grenzflächenaktive Stoffe, Moskau 1976.
[1054] *Schulze, H.J.*: Zur Berechnung der maximal flotierbaren Korngröße unter turbulenten Strömungsbedingungen am Beispiel von Sylvinit. Neue Bergbautechn. 10 (1980) 7, S. 392–394.

[1055] *Schubert, Heinrich,* u. *C. Bischofberger*: On the hydrodynamics of flotation machines. Int. J. Mineral Process. 5 (1978), S. 131–142.
[1056] *Bischofberger, C.,* u. *Heinrich Schubert*: Zum Einfluß der Hydrodynamik in Flotationsapparaten auf die Flotierbarkeit unterschiedlicher Korngrößen. Freiberger Forsch.-H. (1978) A594, S. 77–92.
[1057] *Schubert, Heinrich,* u. *C. Bischofberger*: On the optimization of hydrodynamics in flotation processes. Aus: wie [265], S. 1261–1284.
[1058] *Bischofberger, C.* u. *Heinrich Schubert:* Untersuchungen zur hydrodynamischen Optimierung des Flotationsprozesses bei der Kalisalzflotation. Neue Bergbautechn. 10 (1980) 1, S. 58–62.
[1059] *Schubert, Heinrich, Bischofberger, C.,* u. *P. Koch*: Über den Einfluß der Hydrodynamik auf Flotationsprozesse. Aufbereitungs-Techn. 23 (1982) 6, S. 306–315.
[1060] *Schubert, Heinrich, Bischofberger, C.,* u. *P. Koch*: On the influence of the hydrodynamics in flotation processes. Preprints XIV. Int. Mineral Process. Congr., Toronto 1982.
[1061] *Weiß, Th.,* u. *Heinrich Schubert*: Beitrag zur Optimierung der Hydrodynamik der Grobkornflotation. Aufbereitungs-Techn. 30 (1989) 11, S. 657–663.
[1062] *Arbiter, N.,* u. *C.C. Harris*: Flotation Kinetics. Aus: Froth Flotation – 50th Anniversary Volume (*D.W. Fuerstenau* Ed.), S. 215–246. New York: Amer. Inst. Min., Metallurg., & Petrol. Engr., Inc., 1962.
[1063] *Ahmed, N.,* u. *G.J. Jameson*: Flotation Kinetics. Aus: wie [953], S. 77–99.
[1064] *Lynch, A.J., Johnson, N.W., Manlapig, E.V.,* u.a.: Mineral and Coal Flotation Circuits. Elsevier 1981.
[1065] *Inoue, T., Nonaka, M.,* u. *T. Imaizumi*: Flotation kinetics – Its makro and mikro structure. Aus: wie [1033], S. 209–228.
[1066] *Kapur, P.C.,* u. *S.P. Mehrotra*: Modeling of flotation kinetics and design of optimum flotation circuits. Aus: wie [1034], S. 300–322.
[1067] *Huber-Panu, I., Ene-Danalache, E.,* u. *D.G. Cojocariu*: Mathematical models of batch and continuous flotation. Aus: wie [639], Vol. 2, S. 638–674.
[1068] *Inoue, T.,* u. *T. Imaizumi*: A series of works related to flotation kinetics. Proc. Fourth Joint Meeting MMIJ-AIME Tokyo 1980, S. 85–100.
[1069] *Arbiter, N., Cooper, H., Fuerstenau, M.C.,* u.a.: Flotation. Aus: wie [25], S. 5-1 bis 5-110.
[1070] *Varbanov, R., Forssberg, E.,* u. *M. Hallin*: On the modelling of the flotation process. Int. J. Mineral Process. 37 (1993), S. 27–43.
[1071] *Yoon, R.H.,* u. *G.H. Luttrell*: The Effect of Bubble Size in Fine Particle Flotation. Aus: wie [953], S. 101–122.
[1072] *Geidel, T.*: Haftwahrscheinlichkeit von Mineralkörnern an Luftblasen und deren Beziehung zur Flotationskinetik. Aufbereitungs-Techn. 26 (1985) 5, S. 287–294.
[1073] *Nguyen-Van, A.,* u. *S. Kmeť*: Probability of collision between particles and bubbles in flotation: the theoretical inertialess model involving a swarm of bubbles in pulp phase. Int. J. Mineral Process. 40 (1994), S. 155–169.
[1074] *Bascur, O.A.,* u. *J.A. Herbst*: Dynamic modeling of a flotation cell with a view toward automatic control. Preprints XIV. Int. Mineral Process. Congr., Toronto 1982.
[1075] *Tomlinson, H.S.,* u. *M.G. Fleming*: Flotation rate studies. Aus: wie [71], S. 563–573.
[1076] *Mitrofanov, S.I.*: Skorost' flotacii. Cvetnye metally (1953) 5, S. 11–22.
[1077] *Imaizumi, T.,* u. *T. Inoue*: Kinetic consideration of froth flotation. Aus: wie [71], S. 581–589.
[1078] *Huber-Panu, I.*: Beitrag zur Flotationskinetik. Freiberger Forsch.-H. (1965) A335, S. 159–169.
[1079] *Huber-Panu, I.*: Über einige Gleichungen zur Flotationskinetik. Rev. Roumaine des Sciences Technique: Série de Métallurgie 9 (1964) 1, S. 1–14.
[1080] *Mehrotra, S.P.,* u. *P.C. Kapur*: The effects of particle size and feed rate on the flotation rate distribution in a continuous cell. Int. J. Mineral Process. 2 (1975), S. 15–28.
[1081] *Harris, C.C.,* u. *A. Chakravarti*: Semi-batch froth flotation kinetics: Species distribution analysis. Trans. Amer. Inst. Min., Metallurg., & Petrol. Engr. 247 (1970), S. 162–172.
[1082] *Sadler, L.Y.,* u. *E.K. Landis*: Transfer function for a continuous mechanical froth flotation cell with a distributed rate constant. Trans. Amer. Inst. Min., Metallurg., & Petrol. Engr. 254 (1973), S. 131–133.
[1083] *Ball, B.,* u. *D.W. Fuerstenau*: A two-phase distributed-parameter model of the flotation process. Aus: wie [35], S. 199–207.
[1084] *Jordan, C.E.,* u. *D.R. Spears*: Evaluation of a turbulent flow model for fine-bubble and fine-particle flotation. Trans. Amer. Inst. Min., Metallurg., & Petrol. Engr. 288 (1990), Minerals & Metallurg. Process., S. 65–73.
[1085] *Dowling, E.C., Klimpel, R.R.,* u. *F.F. Aplan*: Model discrimination in the flotation of a porphyry copper ore. Trans. Amer. Inst. Min., Metallurg., & Petrol. Engr. 278 (1985), Minerals & Metallurg. Process., S. 87–101.
[1086] *Harris, C.C.*: Multiphase models of flotation machine behaviour. Int. J. Mineral Process. 5 (1978), S. 107–129.

[1087] *Hanumanth, G.S.*, u. *D.J.A. Williams*: A three-phase model of froth flotation. Int. J. Mineral Process. 34 (1992), S. 261–273.
[1088] *Jowett, A.*, u. *S.K. Ghosh*: Flotation kinetics: Investigations leading to process optimization. Aus: wie [22], S. 175–184.
[1089] *Ball, B.*, *Kapur, P.C.*, u. *D.W. Fuerstenau*: Prediction of grade-recovery curves from a flotation kinetic model. Trans. Amer. Inst. Min., Metallurg., & Petrol. Engr. 247 (1970), S. 263–269.
[1090] *Rubinštejn, Ju.B.*, u. *Ju.A. Filippov*: Kinetika flotacii. Moskau: Verlag Nedra 1980.
[1091] *Flint, L.R.*: A mechanistic approach to flotation kinetics. Trans. Instn. Min. Metall., Sect. C: Mineral Process. Extr. Metall. 83 (1974) 811, S. C90–C95.
[1092] *Harris, C.C.*: A recycle flow flotation machine model: Response of model to parameter changes. Int. J. Mineral Process. 3 (1976) 1, S. 9–25.
[1093] *Harris, C.C.*, *Chakravarti, A.*, u. *S.N. Degaleesan*: A recycle flow flotation model. Int. J. Mineral Process. 2 (1975) 1, S. 39–58.
[1094] *Williams, M.C.*, u. *T.P. Meloy*: Dynamic model of flotation cell banks – Circuit analysis. Int. J. Mineral Process. 10 (1983), S. 141–160.
[1095] *Haynman, V.J.*: Fundamental model of flotation kinetics. Aus: wie [153], S. 537–559.
[1096] *Schulze, H.J.*: New theoretical and experimental investigations on stability of bubble/particle aggregates in flotation: A theory of the upper particle size of floatability. Int. J. Mineral Process. 4 (1977), S. 241–259.
[1097] *Schubert, Heinrich*: Zum gegenwärtigen Entwicklungsstand mechanischer Flotationsapparate. Freiberger Forsch.-H. (1978) A594, S. 7–31.
[1098] *Schubert, Heinrich*: Gegenstrom-Flotationsapparate (Flotationskolonnen) – Entwicklungsstand und -tendenzen. Aufbereitungs-Techn. 29 (1988) 6, S. 307–315.
[1099] *Taggart, A.F.*: Handbook of Mineral Dressing, 3. Aufl. New York: John Wiley & Sons, Inc., 1948.
[1100] *Claussen, H.-J.*, *Haberland, H.*, u. *H. Klimenta*: Beitrag zum Problem des Baukastenprinzips und der universellen Konstruktion von Flotationszellen. Freiberger Forsch.-H. (1968) A446, S. 63–74.
[1101] *Frew, J.A.*: Backmixing in industrial flotation banks. Int. J. Mineral Process. 13 (1984), S. 239–250, u. 15 (1985), S. 239–250.
[1102] *Schubert, Heinrich*: Zu einigen Entwicklungstendenzen in der Aufbereitungstechnik. Neue Bergbautechnik 6 (1976) 9, S. 649–658.
[1103] *Maxwell, J.R.*: Large flotation cells in Opemiska concentrator. Trans. Amer. Inst. Min., Metallurg., & Petrol. Engr. 252 (1972), S. 95–98.
[1104] *Young, P.*: Flotation machines. Min. Magazine 146 (1982) 1, S. 3–16.
[1105] *Fallenius, K.*: Studies for the development of a new flotation mechanism and a series of flotation cells. Thesis Helsinki University of Technology 1979.
[1106] *Leskinen, T.*: Large-volume Outukumpu OK-16 flotation machine is a major technological advance. Canad. Min. J. 97 (1976) 8, S. 40–47.
[1107] *Degner, V.R.*: Engineering and design considerations scale-up to 28.3 m^3 (1000 cu ft.) flotation machines. Amer. Inst. Min., Metallurg., & Petrol. Engr. 268 (1980), S. 1857–1865.
[1108] *Eberts, E.H.*: Flotation – Choose the right equipment for your needs. Canad. Min. J. 107 (1986) 3, S. 25–33.
[1109] *Harris, C.C.*: Flotation machine design and scale-up. Min. Magazine 135 (1976) 3, S. 207–213.
[1110] *Weiß, Th.*, *Schubert, Heinrich*, u. *P. Koch:* Radialfördernder Rührer. Deutsche Patentschrift DD 301269 A7 (1986).
[1111] *Meščerjakov, N.F.*: Flotacija s mineralisaciej vozdužnych puzyr'kov v kipjaščem sloe. Cvetnye metally 37 (1964) 11, S. 29–31.
[1112] *Meščerjakov, N.F.*, *Rjabov, Ju.V.*, *Chan, A.A.*, u.a.: Sravnitel'nye ispytanija flotacionnych mašin s kipjaščim sloem i mašin pennoj separacii. Cvetnye metally 48 (1975) 8, S. 77–79.
[1113] *Meščerjakov, N.F.*, *Rjabov, Ju.V.*, u. *V.N. Kuznetzov*: Entwicklung neuer Flotationsapparate für die Trennung von Mineralteilchen breiten Korngrößenbereiches und Ergebnisse ihrer industriellen Anwendung. Freiberger Forsch.-H. (1978) A594, S. 33–54.
[1114] *Arbiter, N.*, u. *C.C. Harris*: Impeller speed and air rate in the optimization and scale-up of flotation machinery. Trans. Amer. Inst. Min., Metallurg., & Petrol. Engr. 244 (1969), S. 115–117.
[1115] *Arbiter, N.*, *Harris, C.C.*, u. *R.F. Yap*: Hydrodynamics of flotation cells. Trans. Amer. Inst. Min., Metallurg., & Petrol. Engr. 244 (1969), S. 134–148.
[1116] *Harris, C.C.*, u. *A. Raja*: Flotation machine impeller speed and air-rate as scale-up criteria. Trans. Instn. Min. Metall., Sect. C: Mineral Process. Extr. Metall. 79 (1970) 769, S. C295–C297.
[1117] *Arbiter, N.*, *Harris, C.C.*, u. *R.F. Yap*: The air flow number in flotation scale-up. Int. J. Mineral Process. 3 (1976) 3, S. 257–280.
[1118] *Bischofberger, C.*, u. *Heinrich Schubert*: Zur hydrodynamisch optimalen Betriebsweise von Flotationsapparaten. Kali, Steinsalz, Spat, Reihe A, 1 (1977) 6, S. 223–239.

[1119] *Bischofberger, C.,* u. *Heinrich Schubert:* Zum Einfluß der Hydrodynamik in Flotationsapparaten auf die Flotierbarkeit unterschiedlicher Korngrößen. Freiberger Forsch.-H. (1978) A594, S. 77–92.
[1120] *Harris, C.C.:* Flotation machine design, scale-up and performance. Aus: wie [1033], S. 618–635.
[1121] *Harris, C.C.:* Flotation machines. Aus: wie [639], S. 753–815.
[1122] *Arbiter, N.,* u. *J. Steiniger:* Hydrodynamics of flotation machines. Aus: wie [71], S. 595–605.
[1123] *Meščerjakov, N.F.:* Flotacionnye mašiny, 2. Aufl. Moskau: Verlag Nedra 1982.
[1124] *Jančarek, J.:* Probleme des Maßstabseffektes bei der Berechnung eines Flotationssystems. Freiberger Forsch.-H. (1978) A595, S. 123–135.
[1125] *Nowak, Z.,* u. *K. Makula:* Einige Probleme der Maßstabsübertragung des Kohleflotationsprozesses. Freiberger Forsch.-H. (1978) A594, S. 137–148.
[1126] *Harris, C.C.:* Impeller speed, air, and power requirements in flotation machine scale-up. Int. J. Mineral Process. 1 (1974), S. 51–64.
[1127] *Arbiter, N.,* u. *C.C. Harris:* Energy and scale-up requirements in mineral processing. Reprints Fourth MMIJ-AIME Joint Meeting, Tokyo 1980, Vol. 2, Sect. C-2, S. 63–84.
[1128] *Kraume, M.,* u. *P. Zehner:* Suspendieren im Rührbehälter – Vergleich unterschiedlicher Berechnungsgleichungen. Chem.-Ing.-Tech. 60 (1988) 11, S. 822–829.
[1129] *Voit, H.,* u. *A. Mersmann:* Allgemeingültige Aussage zur Mindest-Rührerdrehzahl beim Suspendieren. Chem.-Ing.-Tech. 57 (1985) 8, S. 692–693.
[1130] *Einenkel, W.-D.:* Suspendieren von Feststoffen durch Rühren. Fortschritte Verfahrenstechnik 16 (1978), S. 113–126.
[1131] *Koch, P., Schreiter, M.,* u. *H. Lange:* Zur Auslegung von Flotationsanlagen. Neue Bergbautechnik 9 (1979) 4, S. 189–197.
[1132] *Mehrotra, S.P.,* u. *A.K. Saxena:* Effects of process variables on the residence time distribution of a solid in a continuouly operated flotation cell. Int. J. Mineral Process. 10 (1983), S. 255–277.
[1133] *Gardener, R.P., Lee, H.M.,* u. *B. Yu:* Development of radioactive tracer methods for applying the mechanistic approach to continuous multi-phase particle flotation process. Aus: wie [249], Vol. 1, S. 922–943.
[1134] *Harris, C.C., Chakravarti, A.,* u. *S.N. Degaleesan:* A recycle flow flotation machine model. Int. J. Mineral Process. 2 (1975), S. 39–58.
[1135] *Harris, C.C.:* A recycle flow flotation machine model: Response of model to parameter changes. Int. J. Mineral Process. 3 (1976), S. 9–25.
[1136] *Boutin, P.,* u. *R.J. Tremblay:* Methods and apparatus for the separation of ores. Canad. Patent No. 694547 (1964).
[1137] *Boutin, P.,* u. *D.A. Wheeler:* Column flotation development using an 18 inch pilot unit. Canad. Min. J. 88 (1967) März, S. 94–101.
[1138] *Wheeler, D.A.:* Historical view of column flotation development. Aus: Column Flotation '88 (Hrsg. K.V.S. Sastry), Proc. Int. Symp., Phoenix/Arizona 1988, S. 3–4. Littleton: Soc. Mining Engineers, Inc., 1988.
[1139] *Hu, W.,* u. *G. Liu:* Design and operating experiences with flotation columns in China. Aus: wie [1138], S. 35–42.
[1140] *Naumov, E., Dymko, I.N., Bogomolov, V.M.,* u.a.: Doizvlečenie metallov iz chvostov v kolonnom flotacionnom apparate. Cvetnye metally 57 (1984) 11, S. 93–95.
[1141] *Nebera, V.P., Rebrikov, D.N.,* u. *V.I. Kuz'min:* Issledovanie flotacii svincovo-cinkovych rud v kolonnoj mašine s ežektorom. Cvetnye metally 56 (1983) 5, S. 91–93.
[1142] *Maksimov, I.I., Borkin, A.D.,* u. *M.F. Jemel'janov:* Izučenie vlijanija glubiny kamery na technologičeskie pokazateli flotacii v kolonnoj pnevmatičeskoj mašine. Obogašč. rud 31 (1986) 4, S. 27–30.
[1143] *Rubinstein, J.,* u. *M.P. Gerasimenko:* Design, simulation and operation of a new generation of column flotation machines. Aus: wie [239], Vol. 3, S. 793–804.
[1144] *Leonov, S.B., Rubinstein, G.B.,* u. *S.B. Polonsky:* The designing, service experience an modelling of flotation columns. Aus: wie [96], Vol. III, S. 313–323.
[1145] *Nicol, S.K., Roberts, T., Bensley, C.N.,* u.a.: Column flotation of ultrafine coal: Experience at BHP-Utah Coal Ltd's Riverside Mine. Aus: wie [1138], S. 7–11.
[1146] *Subramanian, K.N., Connelly, D.E.G.,* u. *K.Y. Wong:* Commercialization of column flotation circuit for gold sulfide ore. Aus: wie [1138], S. 13–18.
[1147] *Zipperian, D.E.,* u. *U. Svensson:* Flotaire column flotation machine for metallic, nonmetallic and coal flotation. Aus: wie [1138], S. 43–54.
[1148] *Finch, J.A.,* u. *G.S. Dobby:* Column Flotation. Pergamon Press 1990.
[1149] *Finch, J.A., Yianatos, J.,* u. *G. Dobby:* Column Froth. Aus: wie [953], S. 281–305.
[1150] *Kawatra, S.,* u. *T.C. Eisele:* The use of horizontal baffles to improve the effectiveness of column flotation of coal. Aus: wie [239], Vol. 3, S. 771–778.

[1151] *Castillo, D.I., Dobby, G.S.,* u. *J.A. Finch*: Fine particle separation performance in flotation column under conditions of heavy froth loading. Aus: wie [4], S. 169–180.
[1152] *Luttrell, G.H., Mankosa, M.J.,* u. *R.-H. Yoon*: Design and scale-up criteria for column flotation. Aus: wie [239], Vol. 3, S. 785–791.
[1153] *Ynchausti, R.A., McKay, J.D.,* u. *D.G. Foot*: Column flotation parameters – their effects. Aus: wie [1138], S. 157–172.
[1154] *McKay, J.D., Foot, D.G.,* u. *M.B. Shirts*: Column flotation and bubble generation studies at the Bureau of Mines. Aus: wie [1138], S. 173–186.
[1155] *Maksimov, I.I., Borkin, A.D.,* u. *M.F. Emelyanov*: The use of column flotation machines for cleaning operation in concentrating non-ferrous ores. Aus: wie [96], Vol. II, S. 273–281.
[1156] *Xu, M., Finch, J.A.,* u. *A. Uribe-Salas*: Maximum gas and bubble surface rate in flotation columns. Int. J. Mineral Process. 32 (1991), S. 233–250.
[1157] *Finch, J.A.,* u. *G.S. Dobby*: Column flotation: A selected review. Part I. Int. J. Mineral Process. 33 (1991), S. 343–354.
[1158] *Parekh, B.K., Groppa, J.G., Stotts, W.S.,* u.a.: Recovery of fine coal from preparation plant refuse using column flotation. Aus: wie [1138], S. 227–233.
[1159] *Reddy, P.S.R., Prakash, S., Bhattacharya, K.K.,* u.a.: Flotation column for the recovery of coal fines. Aus: wie [1138], S. 221–226.
[1160] *Yianatos, J.B.,* u. *L.G. Bergh*: RTD studies in an industrial flotation column: use of the radioactive tracer technique. Int. J. Mineral Process. 36 (1992), S. 81–91.
[1161] *Huls, B.J.,* u. *S.R. Williams*: Limitations in the application of column flotation. Aus: wie [239], Vol. 3, S. 779–784.
[1162] *Xu, M., Finch, J.A.,* u. *B.J. Huls*: Measurement of radial gas holdup in a flotation column. Int. J. Mineral Process. 36 (1992), S. 229–244.
[1163] *Espinosa-Gomez, R., Yianatos, J.B., Finch, J.A.,* u.a.: Carrying capacity limitations in flotation columns. Aus: wie [1138], S. 143–148.
[1164] *Falutsu, M.*: Column flotation froth characteristics – stability of bubble-particle system. Int. J. Mineral Process. 40 (1994), S. 225–243.
[1165] *Choung, J.W., Luttrell, G.H.,* u. *R.H. Yoon:* Characterization of operating parameters in the cleaning zone of microbubble column flotation. Int. J. Mineral Process. 39 (1993), S. 31–40.
[1166] *Yang, D.C.*: A new packed column flotation system. Aus: wie [1138], S. 257–265.
[1167] *Jameson, J.*: A new concept in flotation column design. Aus: wie [1138], S. 281–285.
[1168] *Jameson, G.J.*: New concept in flotation column design. Trans. Amer. Inst. Min., Metallurg., & Petrol. Engr. 284 (1988), Minerals & Metallurg. Process., S. 44–47.
[1169] *Schneider, J.C.,* u. *G. van Weert*: Design and operation of Hydrochem column. Aus: wie [1138], S. 287–292.
[1170] *Moys, M.H.,* u. *J.A. Finch*: The measurement and control of level in flotation columns. Aus: wie [1138], S. 103–112.
[1171] *Amelunxen, R.L., Llerena, R., Dunstan, P.,* u.a.: Mechanics of column flotation operation. Aus: wie [1138], S. 149–155.
[1172] *Ynchausti, R.A., Herbst, J.A.,* u. *L.B. Hales*: Unique problems and opportunities associated with automation of column flotation cells. Aus: wie [1138], S. 27–33.
[1173] *Iohn, P.*: Zur Entwicklung der rührerlosen Flotationszellen. Aufbereitungs-Techn. 5 (1964) 10, S. 532–543.
[1174] *Bearce, W.W.*: The Cylo-cell. Colliery Guardian 206 (1963) 5319, S. 377–380.
[1175] *Meščerjakov, N.F.*: Kondicionirujuščie flotacionnye apparaty i mašiny. Moskau: Verlag Nedra 1990.
[1176] *Imhoff, R.*: Pneumatische Flotation – eine moderne Alternative. Aufbereitungs-Techn. 29 (1988) 8, S. 451–458.
[1177] *Jungmann, A.,* u. *U.A. Reilard*: Untersuchungen zur pneumatischen Flotation verschiedener Roh- und Abfallstoffe mit dem Allflot-System. Aufbereitungs-Techn. 29 (1988) 8, S. 470–477.
[1178] *Imhoff, R.*: Fünf Jahre Ekoflot: die pneumatische Flotation im Vormarsch. Aufbereitungs-Techn. 34 (1993) 5, S. 263–268.
[1179] *Bahr, A., Legner, K., Lüdke, H.,* u.a.: 5 Jahre Betriebserfahrung mit der pneumatischen Flotation in der Steinkohlenaufbereitung. Aufbereitungs-Techn. 28 (1987) 1, S. 1–9.
[1180] *Miller, J.D.,* u. *M.C. van Camp*: Fine coal flotation in a centrifugal field with an air-sparged hydrocyclone. Min. Engng. 34 (1982), S. 1575–1580.
[1181] *Miller, J.D., Misra, M.,* u. *S. Gopalakrishnan*: Gold flotation from Colorado River sand with the air-sparged hydrocyclone. Trans. Amer. Inst. Min., Metallurg., & Petrol. Engr. 280 (1986), Minerals & Metallurg. Process., S. 145–148.
[1182] *Miller, J.D., Ye, Y., Pacquet, E.,* u.a.: Design and operating variables in flotation separations with the air-sparged hydrocyclone. Aus: wie [196], Part A, S. 499–510.

[1183] *Miller, J.D., Upadrashta, K.R., Kinneberg, D.J.*, u.a.: Fluid flow phenomena in the air-sparged hydrocyclone. Aus: wie [183], Tome II, S. 87–99.
[1184] *Jiang, L., Ye, Y.*, u. *J.D. Miller*: Modelling and analysis of dimensionless variables in air-sparged hydrocyclone (ASH) flotation for fine coal cleaning. Aus: wie [239], Vol. 4, S. 873–883.
[1185] *Schubert, Heinrich*: Entwicklungsstand auf dem Gebiete der Salzflotationstechnik. Neue Bergbautechnik 4 (1974) 1, S. 64–67, u. 3, S. 223–228.
[1186] *Malinovskij, V.A.*: Elementy teorii pennoj separacii i vozmožnosti primenenija ee v promyšlennosti. Obogašč. rud 16 (1971) 6, S. 5–8.
[1187] *Knaus, O.M., Gurevič, R.I., Uvarov, Ju.P.*, u.a.: Technologičeskie osobennosti pennoj separacii. Obogašč. rud 16 (1971) 6, S. 25–27.
[1188] *Malinovkij, V.A.*: Pennaja separacija. Cvetnye metally (1970) 8, S. 83–86.
[1189] *Tarján, G.*: Der Luftheber-Hydrozyklon. Freiberger Forsch.-H. (1963) A281, S. 83–97.
[1190] *Heide, B.*: Grundlagen der Zyklonflotation. Bergbauwissenschaften 10 (1963) 7, S. 152–168.
[1191] *Wilczynski, P.*: Erfahrungen und Betriebsergebnisse mit einer neuen rührerlosen Flotationszelle. Erzmetall 25 (1972) 3, S. 108–111.
[1192] *Bucklen, O.B.*, u. *J.W. Smith*: A simplified device for the flotation of fine coal. Trans. Amer. Inst. Min., Metallurg., & Petrol. Engr. 229 (1964), S. 373–378.
[1193] *Baker, M.W.*, u. *G.J. Willey*: Potential Cadjebut air-sparged hydrocyclone. Aus: wie [239], Vol. 4, S. 893–896.
[1194] *Marchese, M.M., Uribe-Salas, A.*, u. *J.A. Finch*: Hydrodynamics of a down-flow column. Aus: wie [239], Vol. 3, S. 813–822.
[1195] *Atkinson, B.W., Griffin, P.T., Jameson, G.J.*, u.a.: Jameson cell test work on copper streams in the copper concentrator Mount Isa Mines Ltd. Aus: wie [239], Vol. 3, S. 823–828.
[1196] *Schulze, H.-J.*: Deinkingflotation – ein Vergleich mit der Mineralflotation. Aus: Neue Entwicklungen in der Flotation. Heft 66 der Schriftenreihe der Gesellsch. Dtsch. Metallhütten- u. Bergleute (GDMB), S. 121–170. Clausthal-Zellerfeld 1993.
[1197] *Richter, H.*: Anwendung der Flotation in der Abwassertechnik. Aus: 100 Jahre erstes Flotationspatent. Schriftenreihe der Gesellsch. Dtsch. Metallhütten- u. Bergleute (GDMB), S. 223–230. Clausthal-Zellerfeld 1978.
[1198] *Bhaskar Raju, G.*, u. *P.R. Khangaonkar*: Electroflotation – A critical review. Trans. Indian Inst. Metals 37 (1984) 1, S. 59–66.
[1199] *Roe, L.A.*: Flotation of liquids and fine particles from liquids. Aus: wie [249], S. 871–885.
[1200] *Glembotsky, V.A., Mamakov, A.A., Romanov, A.M.*, u.a.: Selective separation of fine mineral slimes using the method of electric flotation. Aus: wie [153], S. 561–582.
[1201] *Hogan, P., Kuhn, A.T.*, u. *J.F. Turner*: Electroflotation studies based on cassiterite ores. Trans. Instn. Min. Metall., Sect. C: Mineral Process. Extr. Metall. 88 (1979), S. C83–C87.
[1202] *Richter, H.*: Die Flotation – ein modernes Verfahren der Abwasseraufbereitung. Chem.-Ing.-Tech. 48 (1976) 1, S. 21–26.
[1203] *Bratby, J.*, u. *G.V.R. Marais*: Flotation. Aus: Solid/Liquid Separation Equipment Scale-up (Hrsg. *D.P. Purchas*), S. 155–198. Croydon/Engl.: Uplands Press Ltd. 1977.
[1204] *Hahn, H.H.*, u. *J. Mihopulos*: Anwendung der Entspannungs- und Elektroflotation in der Abwassertechnik, gekoppelt mit dem Flockungsprozeß. Aus: wie [1196], S. 99–120.
[1205] *Hempel, D.C.*: Flotation. Aus: Abwassertechnik in der Produktion (Hrsg. *Gräf, R., Hartlinger, L., Lohmeyer, S.* u.a.), Teil 6/5.5, S. 1–16. Augsburg: WEKA Fachverlag 1994.
[1206] *Fuerstenau, D.W.*: Fine particles flotation. Aus: wie [249], Vol. 1, S. 669–705.
[1207] *Trahar, W.J.*, u. *L.J. Warren*: The floatability of very fine particles – a review. Int. J. Mineral Process. 3 (1976), S. 103–131.
[1208] *Trahar, W.J.*: A rational interpretation of the role of particle size in flotation. Int. J. Mineral Process. 8 (1981), S. 289–327.
[1209] *Sun, S.*: The mechanism of slime-coating. Trans. Amer. Inst. Min., Metallurg., & Petrol. Engr. 153 (1943), S. 479–492.
[1210] *Fuerstenau, D.W., Gaudin, A.M.*, u. *H.L. Miaw*: Iron oxide slime coatings in flotation. Trans. Amer. Inst. Min., Metallurg., & Petrol. Engr. 211 (1958), S. 792–795.
[1211] *Gaudin, A.M., Fuerstenau, D.W.*, u. *H.L. Miaw*: Slime coatings in galena flotation. Canad. Min. Metall. Bull. 63 (1960), S. 668–571.
[1212] *Abramov, A.A.*: Vlijanie šlamov na kationnuju flotaciju okislennych mineralov svincovo-cinkovych rud. Obogašč. rud 6 (1961) 1, S. 9–16.
[1213] *Warren, L.J.*: Slime coating and shear-flocculation in the scheelite-sodium oleate system. Trans. Instn. Min. Metall., Sect. C: Mineral Process. Extr. Metall. 84 (1975) 823, S. C99–C104.
[1214] *Jowett, A.*: Formation and disruption of particle-bubble aggregates in flotation. Aus: wie [249], Vol. 1, S. 720–754.

[1215] *Edwards, C.R., Kipkie, W.B.*, u. *G.E. Agar*: The effect of slime coatings of the serpentine minerals, chrysotile and lizardite, on pentlandite flotation. Int. J. Mineral Process. 7 (1980), S. 33–42.
[1216] *Arnold, B.J.*, u. *F.F. Aplan*: The effect of clay slimes on coal flotation. Int. J. Mineral Process. 17 (1986), S. 225–260.
[1217] *Gates, E.H.*: Agglomeration flotation of manganese ore. Min. Engng. 9 (1957) 12, S. 1368–1372.
[1218] *Fahrenwald, A.W.*: Emulsion flotation. Min. Congr. J. 43 (1957) 8, S. 72–74.
[1219] *Runolinna, U., Rinne, R.*, u. *S. Kurronen*: Agglomeration flotation of ilmenite ore at Otanmäki. Aus: wie [67], S. 447–476.
[1220] *Schmidt, J.*: Beitrag zur Untersuchung der Agglomeratbildung im Rahmen der Agglomerationsflotation unter besonderer Berücksichtigung der Ölzusammensetzung. Freiberger Forsch.-H. (1968) A444, S. 73–130.
[1221] *Schubert, Heinrich*, u. *W. Raatz*: Die Agglomerationsflotation von Altenberger Zinnerz. Freiberger Forsch.-H. (1969) A465, S. 51–86.
[1222] *Karjalahti, K.*: Factors affecting the conditioning of an apatite ore for the agglomeration flotation. Trans. Instn. Min. Metall., Sect. C: Mineral Process. Extr. Metall. 81 (1972) 793, S. C219–C226.
[1223] *Wojcik, W.*, u. *A.M. Al Taweel*: Beneficiation of coal fines by aggregative flotation. Powder Technology 40 (1984), S. 179–185.
[1224] *Sivamohan, R.*: The problem of recovering very fine particles in mineral processing – A review. Int. J. Mineral Process. 28 (1990), S. 247–288.
[1225] *Green, E.W.*, u. *I.B. Duke*: Selective froth flotation of ultrafine minerals or slimes. Min. Engng. 14 (1962) 10, S. 51–55.
[1226] *Wang, Y.H.C.*, u. *P. Somasundaran*: Role of agitation in electrokinetics and carrier flotation of clay using calcite and oleate. Trans. Amer. Inst. Min., Metallurg., & Petrol. Engr. 272 (1982), S. 1970–1974.
[1227] *Shouci, L.*, u. *D. Zongfu*: Flotation of ultrafine mineral particles by hydrophobic aggregation methods. Aus: wie [4], S. 317–327.
[1228] *Collins, D.N.*, u. *A.D. Read*: The treatment of slimes. Minerals Sci. Engng. 3 (1971), S. 19–33.
[1229] *Rubio, J.*, u. *H. Hoberg*: The process of separation of fine mineral particles by flotation with hydrophobic polymer carrier. Int. J. Mineral Process. 37 (1993), S. 109–122.
[1230] *Malinovskii, V.A., Matveenko, N.V., Knaus, O.M.*, u.a.: Technology of froth separation and its industrial application. Aus: wie [43], S. 717–727.
[1231] *Melik-Gajkazjan, V.I., Emel'janova, N.P.*, u. *Z.I. Glazunova*: O kapilljarnom mechanizme upročnenija kontakta častica-pyzyrek pri pennoj flotacii. Obogašč. rud 21 (1976) 1, S. 25–31.
[1232] *Niitti, T.*: Recent trends in flotation circuit design. Aus: wie [856], S. 365–373.
[1233] *Mehrotra, S.P.*: Design of optimal flotation circuits – a review. Trans. Amer. Inst. Min., Metallurg., & Petrol. Engr. 284 (1988), Minerals & Metallurg. Process., S. 142–152.
[1234] *Bilsing, U., Gruner, H.*, u. *E. Töpfer*: Studies on the optimization and design of multi-stage flotation processes: Example of extremely fine-grained tin ore slimes. Aus: wie [196], Part A, S. 433–443.
[1235] *Töpfer, E.*, u. *U. Bilsing*: Zur Modellierung des Flotationsprozesses. Freiberger Forsch.-H. (1986) A734, S. 7–23.
[1236] *Sutherland, D.N.*: A study on the optimization of the arrangement of flotation circuits. Int. J. Mineral Process. 7 (1981), S. 319–346.
[1237] *Lynch, A.J.*, u. *T.J. Napier-Munn*: The modelling and steady-state computer simulation of mineral treatment processes – Current status and future trends. Aus: wie [96], Vol. I, S. 213–227.
[1238] *Broussaud, A., Guillaneau, J.C., Guyot, O.*, u.a.: Methods and algorithms to improve the usefulness and realism of mineral processing plant simulators. Aus: wie [96], Vol. I, S. 229–246.
[1239] *Gatzmanga, H., Uhlmann, M., Willmann, W.*, u.a.: Prozeßmeßtechnik, 3. Aufl. Leipzig: VEB Deutscher Verlag für Grundstoffindustrie 1987.
[1240] *Cooper, H.R.*: Recent development in on-line composition analysis of process streams. Aus: wie [182], S. 29–38.
[1241] *Wills, B.A.*: Mineral Processing Technology, 5th Ed. Pergamon Press 1992.
[1242] *Degoul, P.*, u. *J.C. Marchand*: Automation, control strategy and optimization in ore processing. Aus: wie [153], S. 1009–1038.
[1243] *Fewings, J.H., Slaughter, P.J., Manlapig, E.V.*, u.a.: The dynamic behaviour and automatic control of the chalcopyrite flotation circuit at Mount Isa Mines Ltd. Aus: wie [1057], Vol. 2, Part B, S. 1541–1574.
[1244] *Herbst, J.A.*, u. *O.A. Bascur*: Mineral processing control in the 1980s – realities and dreams. Aus: wie [182], S. 197–215.
[1245] *Koch, P.*: Zur Makroprozeßmodellierung für die Echtzeitprozeßführung am Beispiel der Flotation. Freiberger Forsch.-H. (1990) A794, S. 1–69.

[1246] *Leskinen, T.,* u. *A. Lundán*: Prozeßsteuerung in Aufbereitungsanlagen und ihre Instrumentierung. Aufbereitungs-Techn. 25 (1984) 3, S. 145–156.
[1247] *Manlapig, E.V.,* u. *D.H. Spottiswood*: Present practices in the computer control of copper flotation plants. Trans. Amer. Inst. Min., Metallurg., & Petrol. Engr. 268 (1980), S. 1722–1727.
[1248] *Sutherland, D.N.,* u. *W.D. Selby*: Control experiences with a cassiterite flotation plant. Aus: wie [182], S. 253–259.
[1249] *Zhen, S.* u. *U.Y. Wei-Xia*: Optimal search and self-adaptiv control for flotation. Aus: wie [182], S. 235–238.
[1250] *McKee, D.J.*: Future applications of computers in the design and control of mineral beneficiation circuits. Preprints IFAC Symp. Automation for Mineral Resource Development, Brisbane 1985, S. 175–178.
[1251] *Koch, P.,* u. *Wolfgang Schubert*: Design of computer aided optimum control of flotation processes. Aus: wie [96], Vol. I, S. 309–320.
[1252] *Zaragoza, R.,* u. *J.A. Herbst*: Model-based feedforward control scheme for flotation plants. Trans. Amer. Inst. Min., Metallurg., & Petrol. Engr. 284 (1988), Minerals & Metallurg. Process., S. 177–185.
[1253] *Morrison, R.D.*: Concentrator optimisation. Aus: wie [239], Vol. 2, S. 483–489.
[1254] *Bascur, O.A.,* u. *J.A. Herbst*: On the development of a model-based strategy for copper ore flotation. Aus: wie [856], S. 409–430.
[1255] *Autorenkollektiv* (Hrsg. *M.C. Fuerstenau*): Flotation, Vol. 1 u. 2. New York: Amer. Inst. Min., Metallurg., & Petrol. Engr., Inc., 1976.
[1256] *Autorenkollektiv*: Principles of Flotation (Hrsg. *R.P.King*). Johannesburg: South African Institute of Mining and Metallurgy 1982.
[1257] *Crozier, R.D.*: Flotation. Pergamon Press 1992.
[1258] *Bogdanov, O.S.*: Teorija i technologija flotacii, 2. Aufl. Moskau: Verlag Nedra 1984.
[1259] *Abramov, A.A.*: Flotacionnye metody obogaščenija. Moskau: Verlag Nedra 1984.
[1260] *Ėjgeles, M.A.*: Reagenty-reguljatory vo flotacionnom processe. Moskau: Verlag Nedra 1977.
[1261] *Abramov, A.A., Leonov, S.B.,* u. *M.M. Sorokin*: Chimija flotacionnych sistem. Moskau: Verlag Nedra 1982.
[1262] *Pritzker, M.D.,* u. *R.H. Yoon*: Thermodynamic calculations on sulfide flotation systems: I. Galena-ethyl xanthate systems in the absence of metastable species. Int. J. Mineral Process. 12 (1984), S. 95–125.
[1263] *Pritzker, M.D.,* u. *R.H. Yoon*: Thermodynamic calculations on sulfide flotation systems: II. Comparison with electrochemical experiments on the galena-ethyl xanthate system. Int. J. Mineral Process. 20 (1987), S. 267–290.
[1264] *Young, C.A., Basilio, C.I.,* u. *R.H. Yoon*: Thermodynamics of chalcocite-xanthate interactions. Int. J. Mineral Process. 31 (1991), S. 265–279.
[1265] *Sheikh, N.,* u. *J. Leja*: Stability of lead ethyl xanthate in aqueous systems. Trans. Amer. Inst. Min., Metallurg., & Petrol. Engr. 254 (1973), S. 260–264.
[1266] *Allison, S.A.,* u. *N.P. Finkelstein*: Study of the products of reaction between galena and aqueous xanthate solutions. Trans. Instn. Min. Metall., Sect. C: Mineral Process. Extr. Metall. 80 (1971) 781, S. C235–C239.
[1267] *Woods, R.*: Electrochemistry of Sulfide Flotation. Aus: wie [639], Vol. 1, S. 298–333.
[1268] *Poling, G.W.*: Reactions Between Thiol Reagents and Sulfide Minerals. Aus: wie [639], Vol. 1, S. 334–357.
[1269] *Leja, J., Little, L.H.,* u. *G.W. Poling*: Xanthate adsorption studies using infra-red spectroscopy. Bull. Instn. Min. & Metall. 72 (1962/63) 676, S. 407–423.
[1270] *Tolun, R.,* u. *J.A. Kitchener*: Electrochemical study of the galena-xanthate-oxygen flotation system. Bull. Instn. Min. & Metall. 73 (1963/64) 687, S. 313–322.
[1271] *Fuerstenau, M.C., Natalie, C.A.,* u. *R.M. Rowe*: Xanthate adsorption on selected sulfides in the virtual absence and presence of oxygen. Part 1. Int. J. Mineral Process. 29 (1990), S. 89–98.
[1272] *Fuerstenau, M.C., Misra, M.,* u. *B.R. Palmer*: Xanthate adsorption on selected sulfides in the virtual absence and presence of oxygen. Part 2. Int. J. Mineral Process. 29 (1990), S. 111–119.
[1273] *Laajalehto, K., Nowak, P.,* u. *E. Suoninen*: On the XPS and IR identification of the products of xanthate sorption at the surface of galena. Int. J. Mineral Process. 37 (1993), S. 123–147.
[1274] *Guy, P.J.,* u. *W.J. Trahar*: The influence of grinding and flotation environments on the laboratory batch flotation of galena. Int. J. Mineral Process. 12 (1984), S. 15–38.
[1275] *Trahar, W.J., Senior, G.D.,* u. *L.K. Shannon*: Interactions between sulphide minerals – the collectorless flotation of pyrite. Int. J. Mineral Process. 40 (1994), S. 287–321.
[1276] *Gardener, J.R.,* u. *R. Woods*: An electrochemical investigation of the natural flotability of chalcopyrite. Int. J. Mineral Process. 6 (1979), S. 1–16

[1277] *Barbery, G.*: Recent progress in the flotation and hydrometallurgy of sulfide ores. Aus: wie [856], S. 1–38.
[1278] *Cases, J.M.,* u. *P. de Donato*: FTIR analysis of sulfide mineral surfaces before and after collection: galena. Aus: Flotation of Sulphide Minerals 1990 (Hrsg. K.E.S. Forssberg), S. 49–65. Elsevier 1991.
[1279] *Persson, I., Persson, P., Valli, M.,* u.a.: Reactions on sulfide mineral surface in connection with xanthate flotation studied by diffuse reflectance FTIR spectroscopy, atomic absorption spectrophotometry and calorimetry. Aus: wie [1278], S. 67–81.
[1280] *Leppinen, J.O., Basilio, C.I.,* u. *R.H. Yoon*: In-situ FTIR study of ethyl xanthate adsorption on sulfide minerals under condition of controlled potential. Int. J. Mineral Process. 26 (1989), S. 259–274.
[1281] *Plaksin, I.N.,* u. *S.V. Bessonov*: Role of gases in flotation reactions. Aus: wie [545], S. 361–367.
[1282] *Bessonov, S.V.,* u. *I.N. Plaksin*: Vlijanie kisloroda na flotiruemost' galenita i chal'kopirita. Izv. Akad. nauk SSSR, otd. techn. nauk (1954) 1, S. 114–127.
[1283] *Gaudin, A.M.,* u. *N.P. Finkelstein*: Interactions in the system galena-potassium ethylxanthate-oxygen. Nature 207 (1965), Nr. 4995, S. 389–391.
[1284] *Plaksin, I.N.,* u. *R.Sh. Shafeev*: Influence of surface properties of sulphide minerals on adsorption of flotation reagents. Bull. Instn. Min. & Metall. 72 (1962/63) 680, S. 715–722.
[1285] *Guy, P.J.,* u. *W.J. Trahar*: The effects of oxidation and mineral interaction on sulphide flotation. Aus: wie [856], S. 91–109.
[1286] *Buckley, A.N., Hamilton, I.C.,* u. *R. Woods*: Investigation of surface oxidation on sulphide minerals by linear potential sweep voltammetry and x-ray photoelectron spectroscopy. Aus: wie [856], S. 41–59.
[1287] *Usul, A.H.,* u. *R. Tolun*: Electrochemical study of the pyrite-oxygen-xanthate system. Int. J. Mineral Process. 1 (1974), S. 135–140.
[1288] *Wottgen, E.,* u. *D. Luft*: Untersuchungen zur Sammlerwirkung der Xanthogenate. Freiberger Forsch.-H. (1968) A437, S. 23–29.
[1289] *Toperi, D.,* u. *R. Tolun:* Electrochemical study and thermodynamic equilibria of galena-oxygen-xanthate flotation system. Trans. Instn. Min. Metall., Sect. C: Mineral Process. Extr. Metall. 78 (1969) 757, S. C191–C197.
[1290] *Abramov, A.A.*: O neobchodimoj koncentracii ksantogenata pri flotacii sulfidov medi. Obogašč. rud 15 (1970) 3, S. 26–33.
[1291] *Berglund, G.*: Pulp chemistry in sulphide mineral flotation. Aus: wie [1278], S. 21–31.
[1292] *Chander, S.*: Electrochemistry of sulfide flotation: Growth characteristics of surface coatings and their properties, with special reference to chalcopyrite and pyrite. Aus: wie [1278], S. 121–134.
[1293] *Kelebek, S.,* u. *G.W. Smith*: Collectorless flotation of galena and chalcopyrite: Correlation between flotation rate and amount of extracted sulfur. Trans. Amer. Inst. Min., Metallurg., & Petrol. Engr. 286 (1989), Minerals & Metallurg. Process., S. 123–129.
[1294] *Chander, S.*: Electrochemistry of sulfide mineral flotation. Trans. Amer. Inst. Min., Metallurg., & Petrol. Engr. 284 (1988), Minerals & Metallurg. Process., S. 104–114.
[1295] *Krivela, E.D.,* u. *V.A. Konev*: Quantitative evaluation of forms of potassium butyl xanthate adsorption on galena from IR spectra. Int. J. Mineral Process. 28 (1990), S. 189–197.
[1296] *Heyes, G.W.,* u. *W.J. Trahar*: Oxidation-reduction effects in the flotation of chalcocite and cuprite. Int. J. Mineral Process. 6 (1979), S. 229–252.
[1297] *Fuerstenau, M.C.*: Sulphide Mineral Flotation. Aus: wie [566], S. 159–182.
[1298] *Plaksin, I.N.,* u. *G.A. Mjasnikova*: Nekotorye dannye o podavlennii pirita izvest'ju. Aus: Sbornik naučnych trudov instituta gornogo dela AN SSSR. Moskau: Verlag AN SSSR 1956.
[1299] *Gaudin, A.M.,* u. *W.D. Charles*: Adsorption of calcium and sodium on pyrite. Trans. Amer. Inst. Min., Metallurg., & Petrol. Engr. 196 (1953), S. 195–200.
[1300] *Ackerman, P.K., Harris, G.H., Klimpel, R.R.,* u.a.: Evaluation of flotation collectors for copper sulfides and pyrite, I. common sulfhydryl collectors. Int. J. Mineral Process. 21 (1987), S. 105–127.
[1301] *Pang, J.,* u. *S. Chander*: Properties of surface films on chalcopyrite and pyrite and their influence in flotation. Aus: wie [239], Vol. 3, S. 669–677.
[1302] *Cases, J.M., Kongolo, M., de Donato, Ph.,* u.a.: Interaction between finely ground galena and potassium amylxanthate and collector concentration. Aus: wie [96], Vol. II, S. 93–104.
[1303] *Cases, J.M., de Donato, Ph., Kongolo, M.,* u.a.: Interaction between finely ground pyrite with potassium amylxanthate in flotation: Influence of pH, grinding media and collector concentration. Aus: wie [239], Vol. 3, S. 663–668.
[1304] *Glembockij, V.A.,* u. *E.A. Anfimova*: Flotacija okislennych cvetnych metallov. Moskau: Verlag Nedra 1966.
[1305] *Rogers, J.*: Principles of Sulphide Mineral Flotation. Aus: wie [575], S. 139–170.
[1306] *Mitrofanov, S.I.*: Solution of some problems concerning the theory and practice of selective flotation in USSR. Aus: wie [69], S. 441–460.

[1307] *Kakovskij, I.A.*: K teorii dejstvija cianidov pri flotacii. Aus: Trudy II sessii Mechanobra. Moskau: Verlag Nedra 1952.
[1308] *Elgillani, D.A.*, u. *M.C. Fuerstenau*: Mechanisms involved in cyanide depression of pyrite. Trans. Amer. Inst. Min., Metallurg., & Petrol. Engr. 241 (1968), S. 437–445.
[1309] *Bogdanov, O.S., Hainman, V.Y., Podnek, A.K.*, u.a.: Investigation of the action of modifying agents in flotation. Aus: wie [69], S. 479–491.
[1310] *Grosman, L.I.*, u. *P.G. Chadžiev*: Depressirujuščee dejstvie cinkciansoderžaščich osadkov na sfalerit. Obogašč. rud 10 (1965) 4, S. 3–7.
[1311] *Botcharov, V.A., Mitrofanov, S.I., Filimonov, V.N.*, u.a.: Selective flotation of copper-zinc pyrite ores from the Urals without using cyanides. Aus: wie [723], S. 183–197.
[1312] *Misra, M., Miller, J.D.*, u. *Q.Y. Song*: The effect of SO_2 in the flotation of sphalerite and chalcopyrite. Aus: wie [856], S. 175–196.
[1313] *Broman, P.G., Hultqvist, J.*, u. *U. Marklund*: Pilot-scale flotation of complex sulfide ores. Aus: wie [856], S. 277–291.
[1314] *Ese, H.*: Reverse flotation process used on pyrite complex ores. Aus: wie [856], S. 317–332.
[1315] *Manser, R.M.*, u. *P.R.A. Andrews*: The use of a new modifier, Kr6D, in differential sulphide flotation. Int. J. Mineral Process. 2 (1975), S. 207–218.
[1316] *Fuerstenau, D.W.*: Activation in the Flotation of Sulphide Minerals. Aus: wie [566], S. 183–198.
[1317] *Harris, P.J.*, u. *K. Richter*: The influence of surface defect properties on the activation and natural floatability of sphalerite. Aus: wie [856], S. 141–147.
[1318] *Malghan, S.G.*: Role of sodium sulfide in the flotation of oxidized copper, lead and zinc ores. Trans. Amer. Inst. Min., Metallurg., & Petrol. Engr. 280 (1986), Minerals & Metallurg. Process., S. 158–163.
[1319] *Fuerstenau, M.C., Olivas, S.A., Herrara-Urbina, R.*, u.a.: The surface characteristics and flotation behaviour of anglesite and cerussite. Int. J. Mineral Process. 20 (1987), S. 73–85.
[1320] *Zhou, R.*, u. *S. Chander*: Kinetics of sulfidization of malachite in hydrosulfide and tetrasulfide solution. Int. J. Mineral Process. 37 (1993), S. 257–272.
[1321] *Berger, G.S.*: Flotiruemost' mineralov. Moskau: Gosgortechizdat 1962.
[1322] *Abramov, A.A.*: Flotacija mineralov okislennogo cinka. Obogašč. rud 7 (1962) 1, S. 3–11.
[1323] *Rey, M.*, u. *P. Raffinot*: La flottation des calamines. Rev. Ind. minér. 35 (1954), S. 134–140.
[1324] *Mitrofanov, S.I.*: Selektivnaja flotacija, 2. Aufl. Moskau: Verlag Nedra 1967.
[1325] *Autorenkollektiv*: SME Mineral Processing Handbook (Hrsg. *N.L. Weiss*), S. 14-1 bis 29-26. New York: Society of Mining Engineers 1985.
[1326] *Houot, R.*: Beneficiation of iron ore by flotation – Review of industrial and potential applications. Int. J. Mineral Process. 10 (1983), S. 183–204.
[1327] *Iwasaki, I.*: Iron ore flotation, theory and practice. Trans. Amer. Inst. Min., Metallurg., & Petrol. Engr. 274 (1983), S. 622–631.
[1328] *Tippin, R.B.*: Production of magnetic superconcentrates by cationic flotation. Trans. Amer. Inst. Min., Metallurg., & Petrol. Engr. 252 (1972), S. 53–61.
[1329] *Lawver, J.E.*, u. *R.M. Hays*: Techničeskaja i ėkonomičeskaja ocenka metodov obogaščenija železnych rud rajona Mesabi. Aus: wie [156], Tom 1, S. 148–161.
[1330] *Bondarenko, O.P., Lakota, B.M.*, u. *L.F. Bilenko*: Promyšlennoe osvoenie flotacii margancevych šlamov na CFF tresta "Čiaturmarganec". Obogašč. rud 17 (1972) 1, S. 11–13.
[1331] *Barskij, L.A.*, u. *L.M. Danil'čenko*: Obogatimost' mineralnych kompleksov. Moskau: Verlag Nedra 1977.
[1332] *Marabini, A.M.*, u. *G. Rinelli*: Development of a specific reagent for rutile flotation. Trans. Amer. Inst. Min., Metallurg., & Petrol. Engr. 274 (1983), S. 1822–1827.
[1333] *Frank, L.*: Die Aufbereitung eines südafrikanischen Chromerzes mit Hilfe des Flotationsverfahrens. Erzmetall 15 (1962) 3, S. 122–132.
[1334] *Sobiraj, S.*, u. *J. Laskowski*: Flotation of chromite: 1 early and recent trends, 2 flotation of chromite and surface properties of spinel minerals. Trans. Instn. Min. Metall., Sect. C: Mineral Process. Extr. Metall. 82 (1973) 805, S. C207–C213.
[1335] *Lukkarinen, T.*, u. *L. Heikilä*: Beneficiation of chromite ore, Kemi, Finland. Aus: wie [43], S. 869–884.
[1336] *Töpfer, E., Gruner, H.*, u. *U. Bilsing*: Untersuchung über das Flotationsverhalten von Kassiterit. Freiberger Forsch.-H. (1975) A551, S. 39–52.
[1337] *Balachandran, S.B., Simkovich, G.*, u. *F.F. Aplan*: The influence of point effects on the floatability of cassiterite. Int. J. Mineral Process. 21 (1987), S. 157–203.
[1338] *Senior, G.D., Poling, G.W.*, u. *D.C. Frost*: Surface contaminants on cassiterite recovered from an industrial concentrator. Int. J. Mineral Process. 27 (1989), S. 221–242.
[1339] *Pol'kin, S.I., Laptev, S.F., Matsuev, L.P.*, u.a.: Theory and practice in the flotation of cassiterite fines. Aus: wie [43], S. 593–614.

[1340] *Wottgen, E.*: Steigerung der Effektivität der Zinnsteinflotation durch Weiterentwicklung der Reagenzienführung und Anwendung einer Erzvorbehandlung. Freiberger Forsch.-H. (1980) A621, S. 1–80.
[1341] *Wottgen, E.*, u. *Chr. Rosenbaum*: Über Untersuchungen von Alkanarsonsäuren als Zinnsteinsammler. Freiberger Forsch.-H. (1972) A510, S. 43–52.
[1342] *Choi, H.S.*, u. *J. Oh*: J. Inst. Min. Metall. (Japan) 81 (1965), S. 614–620.
[1343] *Peck, A.S.*, u. *M.E. Wadsworth*: An infrared study of the flotation of phenacite with oleic acid. Trans. Inst. Min., Metallurg., & Petrol. Engr. 238 (1967), S. 245–248.
[1344] *Schubert, Heinrich*, u. *A.M. Abido*: Über die Aktivierung von Orthoklas mit HF bei der Flotation mit kationaktiven Sammlern. Bergakademie 19 (1967) 10, S. 601–605.
[1345] *Buckenham, M.H.*, u. *J. Rogers*: Flotation of quartz and feldspar by dodecylamine. Bull. Instn. Min. Metallurg. 64 (1954/55) 575, S. 11–30.
[1346] *Smith, R.W.*: Activation of beryl and feldspars by fluorides in cationic collector systems. Trans. Amer. Inst. Min., Metallurg., & Petrol. Engr. 232 (1965), S. 160–180.
[1347] *Joy, A.S., Watson, D., Azim, Y.Y.A.*, u.a.: Flotation of silicates. Trans. Instn. Min., Metall., Sect. C: Mineral Process. Extr. Metall. 75 (1966) 712, S. C75–C86.
[1348] *Warren, L.J.*, u. *J.A. Kitchener*: Role of fluoride in the flotation of feldspar: adsorption on quartz, corundum and potassium feldspar. Trans. Instn. Min. Metall., Sect. C: Mineral Process. Extr. Metall. 81 (1972) 790, S. C137–C147.
[1349] *Bolin, N.J.*: A study of feldspar flotation. Erzmetall 36 (1983) 9, S. 427–432.
[1350] *Read, A.D.*, u. *R.M. Manser*: Surface polarizability and flotation: study of the effect of cation type on the oleate flotation of three orthosilicates. Trans. Instn. Min. Metall., Sect. C: Mineral Process. Extr. Metall. 81 (1972) 787, S. C69–C78.
[1351] *Manser, R.M.*: Handbook of Silicate Flotation. Stevenage/Engl.: Warren Spring Laboratory 1975.
[1352] *Uhlig, D.*: Influence of mechanical pretreatment and chemical conditioning on the flotation of feldspar from rocks of different paragenesis. Aus: wie [196], Part B, S. 1607–1618.
[1353] *Malghan, S.G.*: Selective flotation of feldspar-quartz in a non-fluoride medium. Trans. Amer. Inst. Min., Metall., & Petrol. Engr. 264 (1978), S. 1752–1758.
[1354] *Kind, P.*: Erzeugung von Glassandqualitäten mit Hilfe der Flotation. Erzmetall 23 (1970) 5, S. 199–205.
[1355] *Schulz, G., Kohl, S., Schenk, K.-H.*, u.a.: New approaches in the beneficiation of glass sands. Aus: wie [96], Vol. IV, S. 361–372.
[1356] *Schaper, E.*: Quarzsandaufbereitung – Vom Rohmaterial zum Fertigprodukt. Aufbereitungs-Techn. 32 (1991) 4, S. 181–188.
[1357] *Finkelstein, N.P.*: Review of interactions in flotation of sparingly soluble calcium minerals with anionic collectors. Trans. Instn. Min. Metall., Sect. C: 98 (1989), S. C157–177.
[1358] *Fuerstenau, M.C.*: Semi-soluble Salt Flotation. Aus: wie [566], S. 199–213.
[1359] *Hanna, H.S.*, u. *P. Somasundaran*: Flotation of Salt-type Minerals. Aus: wie [639], S. 197–272.
[1360] *Somasundaran, P., Ofori Amankonah, J.*, u. *K.P. Ananthapadmanhan*: Mineral-solution equilibria in sparingly soluble mineral systems. Colloids & Surfaces 15 (1985), S. 309–333.
[1361] *Somasundaran, P.*, u. *J. Ofori Amankonah*: Effects of dissolved mineral species on the electrokinetic behavior of calcite and apatite. Colloids & Surfaces 15 (1985), S. 335–353.
[1362] *Somasundaran, P., Ofori Amankonah, J.*, u. *K.P. Ananthapadmanabhan*: Effects of dissolved mineral species on the dissolution/precipitation characteristics of calcite and apatite. Colloids & Surfaces 15 (1985), S. 295–307.
[1363] *Marinakis, K.I., H.L. Shergold*: The mechanism of fatty acid adsorption in the presence of fluorite, calcite and barite. Int. J. Mineral Process. 14 (1985), S. 161–176.
[1364] *Moudgil, B.M., Vasundevan, T.V.*, u. *J. Blaakmeer*: Adsorption of oleate on apatite. Trans. Amer. Inst. Min., Metallurg., & Petrol. Engr. 282 (1987), Minerals & Metallurg. Process., S. 50–54.
[1365] *Hu Yuehua*, u. *Wang Dianzuo*: Solution chemistry of flotation and separation of salt-type minerals. Aus: wie [96], Vol. IV, S. 97–109.
[1366] *Kiukkola, K.*: Selective flotation of apatite from low-grade phosphorus ore containing calcite, dolomite and phlogopite. Proc. 2nd Int. Congr. Phosphorus Compounds, Boston 1980, S. 219–229.
[1367] *Krause, J.M.*: Alkenylbernsteinsäurehalbester – Flotationssammler für Apatit. Aus: wie [1196], S. 19–35.
[1368] *Hälbich, W.*: Über die Anwendungsmöglichkeiten einiger Netzmittel in der Flotation. Dissertation Bergakademie Freiberg 1934.
[1369] *Clement, M., Surmatz, H.*, u. *H. Hüttenhain*: Beitrag zur Flotation von Schwerspat. Erzmetall 20 (1967) 11, S. 512–523.
[1370] *Cibulka, J.*, u. *V. Hencl*: Flotation von Schwerspat aus Eisenspaterzen mit Alkylsulfaten. Freiberger Forsch.-H. (1962) A255, S. 237–246

[1371] *Schubert, Heinrich, Baldauf, H., Kramer, W.,* u.a.: Further development of fluorite flotation from ores containing higher calcite contents with oleoylsarcosine as collector. Int. J. Mineral Process. 30 (1990), S. 185–193.
[1372] *Auge, P., Bahr, A.,* u. *H. Köser*: Selective depression of silicates in scheelite flotation with fatty acids. Aus: wie [153], S. 691–712.
[1373] *Barskij, L.A., Sorokin, M.M., Ratmirova, L.I.,* u.a.: K intensifikacii flotacii šeelita. Cvetnye metally 46 (1973) 9, S. 72–73.
[1374] *Xu Shi, Shuging, M.,* u. *M. Goldman*: Selektive Flotation von Scheelit aus einem fluorit- und calcithaltigen komplexen Wolframerz mittels amphoterer Sammler. Aus: wie [1196], S. 39–68.
[1375] *Ozcan, O., Bulutku, A.N., Sayan, P.,* u.a.: Scheelite flotation: A new scheme using oleoyl sarcosine as collector and alkyl oxine as modifier. Int. J. Mineral Process. 42 (1994), S. 111–120.
[1376] *Fuerstenau, D.W.,* u. *M.C. Fuerstenau*: Ionic size in flotation collection of alkali halides. Min. Engng. 8 (1956) 3, S. 302–307.
[1377] *Bachmann, R.*: Aufbereitungsprobleme der deutschen Kaliindustrie. Erzmetall 8 (1955) Beiheft, S. B109–B115.
[1378] *Singewald, A.*: Über die Bestimmung von langkettigen Flotationsaminen und deren Adsorption an Alkalisalzen. Dissertation TU Berlin 1957.
[1379] *Pavljučenko, M.M.*: Teoričeskie osnovy sorbcii aminov soljami kalija pri obogaščenii rudy flotaciej. Aus: Kalijnye soli i metody ich pererabotki, S. 48–60. Minsk: AN Bel. SSR 1963.
[1380] *Rogers, J.*: Flotation of soluble salts. Bull. Instn. Min. & Metall. 66 (1957) 607, S. 439–452.
[1381] *Rogers, J.,* u. *J.H. Schulman*: Mechanism of the selective flotation of soluble salts in saturated solutions. Aus: wie [545], 3. Bd., S. 243–251.
[1382] *Schubert, Heinrich*: What goes on during potash flotation. Engng. Min. J. (März 1967), S. 94–97.
[1383] *Singewald, A.*: Zum gegenwärtigen Stand der Erkenntnisse in der Salzflotation. Chem.-Ing.-Tech. 33 (1961) 5, S. 376–393; 8, S. 558–572; u. 10, S. 676–688.
[1384] *Schubert, Heinrich*: Die Mechanismen der Sammleradsorption auf Salzmineralen in Lösungen hoher Elektrolytkonzentration. Aufbereitungs-Techn. 29 (1988) 8, S. 427–435.
[1385] *Hagedorn, F.*: Beitrag zur Theorie der Flotation löslicher Salze. Kali u. Steinsalz 10 (1991) 10, S. 315–328.
[1386] *Arsentiev, V.A.,* u. *J. Leja*: Interactions of alkali halides with insoluble films of fatty amines and acids. Aus: Colloid and Interface Science (Hrsg. *M. Kerker*), Vol. V, S. 251–270. New York: Academic Press 1976.
[1387] *Aleksandrovič, Ch.M.*: Osnovy primenenija reagentov pri flotacii kalijnych rud. Minsk: Verlag Nauka i Technika 1973.
[1388] *Titkov, S.N., Mamedov, A.I.,* u. *E.I. Solov'ev*: Obogaščenie kalijnych rud. Moskau: Verlag Nedra 1982.
[1389] *Breitbarth, H.-J.,* u. *Heinrich Schubert*: Der Einfluß fremder Kationen auf die Sylvinflotation mit n-Alkylammoniumchloriden. Neue Bergbautechnik 2 (1972) 3, S. 169–174.
[1390] *Richter, E., Schneider, H.A., Schiefer, H.,* u.a.: Zur Adsorption von 4-Dodecylmorpholinhydrochlorid an NaCl und KCl in gesättigten Lösungen. Tenside 19 (1982) 1, S. 37–41.
[1391] *Schubert, Heinrich*: Entwicklungstendenzen auf dem Gebiete der Salzflotationstechnik. Neue Bergbautechnik 4 (1973) 1, S. 64–67, u. 3, S. 223–228.
[1392] *Aleksandrovič, Ch.M.*: Nekotorye osobennosti dejstvija reagentov pri selektivnoj flotacii glinistych sil'vinitovych rud. Aus: Flotacija rastvorimych solej, S. 27–38. Minsk: Verlag Nauka i Technika 1971.
[1393] *Aleksandrovič, Ch.M.,* u. *E.F. Koršuk*: Vlijanie spirtov na sobiratelnoe dejstvie vyssych alifatičeskich aminov pri flotacii kalijnych rud. Chim. Promyšl. (1969) 5, S. 40–44.
[1394] *Köhler, H.,* u. *W. Kramer*: Reagenssysteme in der Flotation löslicher Salze. Neue Bergbautechnik 11 (1981) 6, S. 362–366.
[1395] *Koršuk, E.F.,* u. *Ch.M. Aleksandrovič*: Micellobrazovanie vyssych alifatičeskich aminov v vodnych rastvorach. Aus: wie [1392], S. 48–58.
[1396] *Schubert, Heinrich, Schneider, W.,* u. *H. Rank*: Wechselbeziehungen zwischen Tonart, Tongehalt, Konzentration und Temperatur der Aminhydrochlorid-Lösungen bei der Sylvin-Flotation. Freiberger Forsch.-H. (1966) A384, S. 87–105.
[1397] *Kramer, W.,* u. *Heinrich Schubert*: Potash processing: State of the art. Aus: wie [96], Vol. VI, S. 1–15.
[1398] *Schubert, Heinrich,* u. *W. Schneider*: Über Sylvingrobkornflotation. Aus: wie [736], S. 161–180.
[1399] *Aleksandrovič, Ch.M.*: O dejstvii reagentov-depressorov pri selektivnoj flotacii kalijnych solej. Obogašč. rud 17 (1972) 3, S. 17–20.
[1400] *Aleksandrovič, Ch.M.*: Wechselwirkungen zwischen kationaktiven Sammlern und wasserlöslichen Drückern in Salzlösungen der selektiven Flotation von Kalisalzen. Freiberger Forsch.-H. (1976) A544, S. 73–81.

[1401] *Balandin, S.M., Meshcheryakov, N.F., Chystyakov, A.A.*, u.a.: New flotation and production equipment at the Upper Kama Basin potash fields concentrators. Aus: wie [96], Vol. VI, S. 39–45.
[1402] *Medemblik, L.*: Treatment of clay suspensions in M.D.P.A.'s potassium chloride flotation plant. Aus: wie [96], Vol. VI, S. 119–129.
[1403] *Andrews, P.R.A.*: Canmet Summary Report No. 14: Salt and Potash. Canada Centre for Mineral and Energy Technology 1991.
[1404] *Herrmann, L.,* u. *Heinrich Schubert*: Untersuchungen zur flotativen Trennung sulfatischer Salzminerale mit chelatbildenden Tensiden. Neue Bergbautechnik 16 (1986) 8, S. 292–296.
[1405] *Herrmann, L.*: Zur Flotierbarkeit der sulfatischen Salzminerale Kieserit, Anhydrit, Polyhalit und Langbeinit unter besonderer Berücksichtigung der Kieserit-Anhydrit-Trennung. Dissertation A Bergakademie Freiberg 1986.
[1406] *Herrmann, L., Ullrich, B.,* u. *Heinrich Schubert*: Zum Einsatz der Rasterelektronenmikroskopie und Mikrosondentechnik bei der Beurteilung der Oberflächenstabilität von sulfatischen Salzmineralen in Abhängigkeit von der Zusammensetzung der gesättigten Lösung. Neue Bergbautechnik 16 (1986) 4, S. 140–142.
[1407] *Marullo, G.,* u. *I. Vaccari*: Der Abbau der sizilianischen Kalisalze, deren Anreicherung und chemische Behandlung. Freiberger Forsch.-H. (1963) A267, S. 39–56.
[1408] *Singewald, A.*: Über den Zusammenhang von Flotation und Löslichkeit von Salzmineralen. Erzmetall 12 (1959) 3, S. 121–135.
[1409] *Jacobs, U.,* u. *B. Dobias*: New aspects in the flotation separation of feldspar and quartz. Aus: wie [96], Vol. IV, S. 237–247.
[1410] *Hanumantha Rao, K.,* u. *K.S.E. Forssberg*: Solution chemistry of mixed cationic/anionic collectors and flotation of feldspar from quartz. Aus: wie [239], Vol. 4, S. 837–844.
[1411] *El-Salmawy, M.S., Nakahiro, Y.,* u. *T. Wakamatsu*: The role of surface silanol groups in flotation separation of quartz from feldspar using nonionic surfactants. Aus: wie [239], Vol. 4, S. 845–849.
[1412] *Tang Jiaying, Sun Baoqi, Cheng Zhengbing*, u.a.: Theoretical studies and production practice of acidless and fluoless flotation of silica sand. Aus: wie [239], Vol. 4, S. 851–856.
[1413] *Liu Yachuan, Gong Huanguo, Qiu Jichuan*, u.a.: A new flotation technique for feldspar-quartz separation. Aus: wie [239], Vol. 4, S. 857–862.
[1414] *Götte, A.,* u. *O. Smidt*: Schaum-Schwimm-Sortierung. Aus: wie [283], S. 320–335.
[1415] *Aplan, F.F.*: Coal Flotation. Aus: wie [639], Vol. 2, S. 1235–1264.
[1416] *Stachurski, J.,* u. *N.A. Abdel-Khalek*: Effect of surface oxidation on the flotation of coals of different rank. Trans. Amer. Inst. Min., Metallurg., & Petrol. Engr. 288 (1990), S. 1882–1885.
[1417] *Wlassowa, N.S., Golownin, J.M., Eljaschewitsch, M.G.*, u.a.: Entwicklungslinien der Steinkohlenflotation in der UdSSR. Aus: VI. Int. Kongr. Steinkohlenaufbereitung, Paris 1973, Bericht 1D.
[1418] *Aston, J.R., Lane, J.E.,* u. *T.W. Healy*: The Solution and Interfacial Chemistry of Nonionic Surfactants Used in Coal Flotation. Aus: wie [953], S. 229–256.
[1419] *Choudbry, V.,* u. *F.F. Aplan*: Pyrite depression during coal flotation. Part I – Inorganic ions. Trans. Amer. Inst. Min., Metallurg., & Petrol. Engr. 292 (1992), Minerals & Metallurg. Process., S. 51–56.
[1420] *Kawatra, S.K.,* u. *T.C. Eisele*: Recovery of pyrite in coal flotation: Entrainment or hydrophobicity? Trans. Amer. Inst. Min., Metallurg., & Petrol. Engr. 292 (1992), Minerals & Metallurg. Process., S. 57–61.
[1421] *Collings, R.K.,* u. *P.R.A. Andrews*: Canmet Summary Report No. 6: Graphite. Canada Centre for Mineral and Energy Technology 1989.
[1422] *Collings, R.K.,* u. *P.R.A. Andrews*: Canmet Summary Report No. 8: Talc and Pyrophyllite. Canada Centre for Mineral and Energy Technology 1990.
[1423] *Smit, F.J.,* u. *A.K. Bhasin*: Relationship of petroleum hydrocarbon characteristics and molybdenite flotation. Int. J. Mineral Process. 15 (1985), S. 19–40.
[1424] *Agar, G.E., McLaughlin, J.D.,* u. *G.E. Robertson*: Choosing a water soluble collector for matte separation. Aus: wie [239], Vol. 4, S. 989–995.
[1425] *Putz, H.-J.*: Upcycling von Altpapier für den Einsatz in höherwertigen graphischen Papieren durch chemisch-mechanische Aufbereitung (Deinken und Bleichen). Dissertation TH Darmstadt 1987.
[1426] *Larsson, A., Stenius, P.,* u. *L. Ödberg*: Über das Verhalten von Druckfarbenpartikeln beim Flotations-Deinking. Wochenblatt Papierfabrikation 114 (1986) 7, S. 235–240.
[1427] *Tuovinen, J.*: Welche Einflüsse haben die Druckfarbenkomponenten auf die Deinkingergebnisse? Wochenblatt Papierfabrikation 122 (1994) 13, S. 531–536.
[1428] *Blechschmidt, J., Knittel, A.,* u. *A.-M. Strunz*: Der Druckfarbenentfernungsgrad beim Deinken von Zeitungen. Wochenblatt Papierfabrikation 121 (1993) 19, S. 783–789.
[1429] *Britz, H.*: Flotationsdeinking – Grundlagen und Systembindung. Wochenblatt Papierfabrikation 121 (1993) 10, S. 394–401.

[1430] *Blechschmidt, J., Strunz, A.-M.,* u. *A. Knittel:* Verbesserung der Deinkbarkeit von holzhaltigem Offsetdruckpapier nach einer Oberflächenbehandlung. Wochenblatt Papierfabrikation 121 (1993) 11/12, S. 478–482.

[1431] *Schwinger, K.:* Untersuchungen zur Charakterisierung der Phasengrenzen gasförmig/flüssig und fest/flüssig im System Faserstoff–wäßrige Lösung–Gas. Dissertation Universität Regensburg 1991.

[1432] *Saitoh, K., Nagano, I.,* u. *S. Izumi:* New separation technique for waste plastics. Resource Recovery and Conservation 2 (1976), S. 127–145.

[1433] *N.N.:* Sortieren von Kunststoffabfällen. Kunststoffe 71 (1981) 6, S. 371–372.

[1434] *Vogt, V.,* u. *A. Bahr:* Flotation von Kunststoffen. Erzmetall 36 (1983) 10, S. 479–484.

[1435] *Sisson, E.,* u. *M. Tompkin:* Selective surfactant (froth) flotation of plastics. Preprint Int. Forum Recycling, Davos 1992.

[1436] *Jordan, C.E., Hood, G.D., Susko, F.J.,* u.a.: Elutriation-flotation for recycling of plastics from municipal solid wastes. Preprint 92-83 SME Annual Meeting, Phoenix/Arizona 1992.

[1437] *Buchan, R.,* u. *B. Yarar:* Recovering plastics for recycling by mineral processing techniques. JOM 47 (1995) 2, S. 52–55.

[1438] *Fraunholcz, N., Janse, P.,* u. *W.L. Dalmijn:* Über den Einfluß grenzflächenaktiver Stoffe und der Ionenstärke auf die Flotation von Kunststoffen. Vortrag Berg- und Hüttenmännischer Tag der TU Bergakademie Freiberg 1995.

[1439] *Deiringer, G., Edelmann, G.,* u. *B. Rauxloh:* Verfahren zur Trennung von Kunststoffen durch Flotation. Europ. Patent 1992, Anmelde-Nr. 92115498.5; Veröff.-Nr. 0535419.A1.

[1440] *Giesekke, E.W.:* A review of spectroscopic techniques applied to the studies of interactions between minerals and reagents in flotation systems. Int. J. Mineral Process. 11 (1983), S. 19–56.

[1441] *Dörfler, H.-D.:* Grenzflächen- und Kolloidchemie. VCH Verlagsgesellschaft Weinheim 1994.

[1442] *Mitrofanov, S.I.:* Issledovanie poleznych iskopaemych na obogatimost'. Moskau: Gosgortechizdat 1962.

[1443] *Abramov, A.A.:* Pribor dlja flotacii malych količestv mineralov. Obogašč. rud 5 (1960) 1, S. 46–48.

[1444] *Dobiáš, B.:* New modified Hallimond tube for study of flotation of minerals from kinetic data. Trans. Instn. Min. Metall., Sect. C: Mineral Process. Extr. Metall. 92 (1983), S. C164–C166.

[1445] *Drzymala, J., Chmielewski, T., Wolters, K.-L.,* u.a.: Microflotation measurement based of modified Hallimond tube. Trans Instn. Min. Metall., Sect. C: Mineral Process. Extr. Metall. 101 (1992), S. C17–C23.

[1446] *Drzymala, J.:* Characterization of materials by Hallimond tube flotation. Int. J. Mineral Process. 42 (1994), S. 139–152.

[1447] *Chudacek, M.W.:* A new quantitative test-tube floatability test. Minerals Engng. 3 (1990) 5, S. 461–472.

[1448] *Steiner, H.J.:* Zur Frage einer Projektierung von Flotationsanlagen auf flotationskinetischer Grundlage. Aus: Aktuelle Probleme aus Theorie und Praxis der Flotation, 2. Arbeitstagung Fachausschuß Erzaufbereitung der GDMB, Hameln 1971, S. 101–103. Clausthal-Zellerfeld: GDMB 1972.

[1449] *Schubert, Gert:* Mechanische Sortierprozesse für feste Abfälle. Aus: wie [9], S. 77–125.

[1450] *Wyman, R.A.:* Sorting by Electronic Selection. Aus: wie [25], S. 7-5 bis 7-29.

[1451] *Thomé-Kozmiensky, K.J.:* Stellung der Aufbereitung in integrierten Abfallwirtschaftssystemen. Aus: wie [287], S. 7–61.

[1452] *Niehörster, K.:* Wertstoffrückgewinnung in einer Sortieranlage für DSD. Entsorgungs-Praxis (1993) 6, S. 456.

[1453] *Newell, R., Brown, R.E., Soboroff, D.M.,* u.a.: Scrap metal identification methods. Scrap Age 40 (1983) 8, S. 124–136, u. 9, S. 43–49.

[1454] *Andrae, R.:* Identifizierung und Sortierung von legiertem Schwarzmetallschrott mit Hilfe der Emissionsspektralanalyse. Freiberger Forsch.-H. (1982) A665, S. 71–77.

[1455] *Eberhardt, L.,* u. *W. Kreutzberg:* Erfahrungen auf dem Gebiet der Vorsortierung und Zerkleinerung von legiertem Amortisationsschrott. Freiberger Forsch.-H. (1982) A665, S. 79–84.

[1456] *Brown, R.D., Riley, W.D.,* u. *D.M. Soboroff:* Sorting techniques for mixed metal scraps. Conservation & Recycling 9 (1986) 1, S. 73–86.

[1457] *Schapper, M.A.:* Beneficiation of large particle size using photometric sorting techniques. Preprint 2nd IFAC Symp. Automation in Mining, Mineral and Metal Process., Johannesburg 1976.

[1458] *Barton, P.J.:* The application of laser-photometric techniques to ore sorting processes. Erzmetall 31 (1978) 1, S. 16–28.

[1459] *King, H.G.:* Elektronische Sortieranlagen für Mineralien. Aufbereitungs-Techn. 13 (1972) 2, S. 83–87.

[1460] *Iohn, P:* Zur Einzelsortierung von Mineralien. Aufbereitungs-Techn. 11 (1970) 2, S. 87–95.

[1461] *Sczimarowsky, K.:* Kontinuierliche computergesteuerte Metall-Legierungs-Sortierung. Aufbereitungs-Techn. 29 (1988) 1, S. 32–35.

[1462] *Schmid, H.*: Der Laser-gesteuerte Photometric-Sorter Modell 16 in der Erzaufbereitung. Aufbereitungs-Techn. 19 (1978) 6, S. 255–264.
[1463] *Dalmijn, W.L., Maltha, C., van Houwellingen, J.A.*, u.a.: New developments in automated sorting and automated quality control systems for the glass recycling industry. Proc. Int. Congr. R'95 (Recovery-Recycling-Reintegration), Geneva 1995, Vol. I, S. III.352–III.357.
[1464] *Pasch, H.*: Kunststoffe in Verpackungsabfällen identifizieren. Kunststoffe 82 (1992) 4, S. 293–294.
[1465] *Lucht, H., Plauschin, U.* u. *H. Dürr*: Kunststoffe mit Infrarot-Messung sortenrein trennen. Umwelt 23 (1993) 7/8, S. 443.
[1466] *Müller von der Hagen, H.*: Schnelles Identifizieren von Kunststoffen als Voraussetzung einer sortenreinen Trennung. Aus: Getrennte Wertstofferfassung und Biokompostierung (Hrsg. *K.J. Thomé-Kozmiensky* u. *P. Scherer*), S. 197–199. Berlin: EF-Verlag für Energie und Umwelttechnik GmbH 1992.
[1467] *Florestan, J., Lachambre, A., Mermilloid, N.*, u.a.: Recycling of plastics: Automatic identification of polymers by spectroscopic methods. Resources, Conservation & Recycling 10 (1994), S. 67–74.
[1468] *Lucht, H.*, u. *D. Schumann*: Entwicklungsstand industrieller Verfahren zur sortenreinen Trennung von Kunststoffmüll. Umwelt-Wirtschaftsforum 1 (1994) 1, S. 81–85.
[1469] *Becker, Th., Kaiser, D.*, u. *H. Wintrich*: Automatische Sortierung der DSD-Leichtstofffraktion mit Methoden der Bildverarbeitung und Spektroskopie unter Nutzung neuraler Netze. Aus: Erfassung und Verwertung von Kunststoffen (Hrsg. *H. Sutter*), S. 97–102. Berlin: EF-Verlag für Energie und Umwelttechnik GmbH 1993.
[1470] *Gnauck, R.*, u. *Th. Tesche*: Kunststoffidentifizierung – Probleme und Möglichkeiten. Aus: wie [1469], S. 85–96.
[1471] *Köhler, K.*: Radiometrisches Klauben von Uranerzen und anderen Rohstoffen des Bergbaus – Literaturstudie. Leipzig: VEB Deutscher Verlag für Grundstoffindustrie 1963.
[1472] *Schapper, M.A.*: The gamma sort. Nuclear Active (1979) Juli.
[1473] *Revnivcev, G.T., Sazonov, T., Leonov, B.P.*, u.a.: Razrabotka osnov sistemnogo proektirovanija novogo pokolenija rudoobogatitel'nych kompleksov. Obogašč. rud 32 (1987) 1, S. 2–5.
[1474] *Skriničenko, M.L., Tatarnikov, A.P., Košelev, I.V.*, u.a.: Elektronnye metody obogaščenija rud. Cvetnye metally (1973) 8, S. 58–64.
[1475] *Mokrousov, V.A., Lileev, V.A., Lagov, B.S.*, u.a.: Neutron-radiometric process for ore beneficiation. Aus: wie [153], S. 1240–1270.
[1476] *Hentzschel, W.*: Waschen und Läutern – zum gegenwärtigen Stand der wissenschaftlichen Kenntnisse und deren Anwendung. Aufbereitungs-Techn. 31 (1990) 3, S. 126–130.
[1477] *Helfricht, R.*, u. *J. Schatz*: Zur Verbesserung der technologischen Kennziffern beim Läutern von Kaolinrohstoffen. Neue Bergbautechnik 17 (1987) 1, S. 33–37.
[1478] *Hentzschel, W.*: Möglichkeiten und Grenzen von Waschverfahren. Preprints Int. Fachtagung „Fortschritte in Theorie und Praxis der Aufbereitungstechnik", Freiberg 1984, S. 169–174.
[1479] *Schicht, E.*: Zur Waschleistung herkömmlicher Läutergeräte. Neue Bergbautechnik 7 (1977) 4, S. 294–298.
[1480] *Blanc, E.C.*: Der Schwingwäscher, Bauart I.C.I. Aufbereitungs-Techn. 4 (1963) 1, S. 15–18.
[1481] *Hentzschel, W., Schicht, E.*, u. *M. Eibs*: Zum Einsatz von Waschtrommeln in der Sand- und Kiesindustrie. Neue Bergbautechnik 1 (1971) 10, S. 780–786.
[1482] *Neeße, Th.*, u. *H. Grohs*: Aufbereitungstechnik des Bodenwaschens. Aufbereitungs-Techn. 31 (1990) 12, S. 656–662.
[1483] *Hankel, D., Rosenstock, F.*, u. *G. Biehler*: Die Wirkung der Attrition im LURGI-DECONTERRA-Bodenaufbereitungsverfahren. Aufbereitungs-Techn. 33 (1992) 5, S. 257–266.
[1484] *Puffe, E.*: Die Bleizaufbereitungsanlage der Gewerkschaft Mechernich in der Eifel. Aus: Erzaufbereitungsanlagen in Westdeutschland, S. 79–99. Springer-Verlag 1955.
[1485] *Schmidtlapp, K.*: Erfahrungen mit neuzeitlichen Mühlen in der Kaliindustrie. Kali u. Steinsalz 2 (1956/59), S. 73–88.
[1486] *Hentzschel, W.*: Beiträge zur Bewertung und Aufbereitung von Sand und Kies für die Baustoffindustrie. Habilitation Hochschule f. Architektur u. Bauwesen Weimar 1966.
[1487] *Herod, B.C.*: Beneficiation by bounce. Pit & Quarry 50 (1957/58) 4, S. 88–91.
[1488] *Ocella, E.*: Die Trennung von Mineralien und Gesteinen auf Grund ihrer elastischen Eigenschaften. Freiberger Forsch.-H. (1965) A350, S. 69–80.
[1489] *Kellerwessel, H.*: Sortieren nach der Form – Verfahren, Apparate, Anwendungsmöglichkeiten. Aufbereitungs-Techn. 36 (1995) 2, S. 69–77.
[1490] *Sano, S.* u. *M. Nikaidoh*: Development of a shape classifier for fine particles. Proc. 2. World Congr. Particle Technology, Kyoto 1990, Part III, S. 214–219.
[1491] *Derkač, V.G.*, u. *P.A. Kopycev*: Special'nye metody obogaščenija poleznych iskopaemych. Moskau: Verlag Metallurgizdat 1956.

[1492] *Eisenkolb, F.*: Möglichkeiten zur Trennung von Teilchen verschiedener Kornform in Metallpulvern. Stahl u. Eisen 84 (1964) 12, S. 734–739.
[1493] *Viswanathan, K., Aravamudhan, S.,* u. *B.P. Mani:* Separation based on shape. Powder Technology 39 (1984), S. 83–98.
[1494] *Ghosh, S., Coxon, M.,* u. *P. Schmidt:* Vibrationssortieren von Shredder-Schrott. Aufbereitungs-Techn. 29 (1988) 1, S. 22–25.
[1495] *Brison, R.J.,* u. *O.F. Tangel*: Development of a thermoadhesive method for dry separation of minerals. Min. Engng. 12 (1960) 8, S. 913–917.
[1496] *Bleimeister, W.C.,* u. *R.J. Brison*: Beneficiation of rock salt at the Detroit Mine. Min. Engng. 12 (1960) 8, S. 918–921.
[1497] *Bleimeister, W.C.*: New Cleveland Mine was designed for mass recovery of salt. Engng. & Min. J. 165 (1964) 8, S. 86–93.
[1498] *Brison, R.J.*: Mineral separation by the thermoadhesive method. Aus: wie [25], S. 7-32 bis 7-35.
[1499] *Unkelbach, K.-H.*: Kunststoffrecycling mit höchster Reinheit durch Sortierung im Zentrifugalfeld. Aufbereitungs-Techn. 34 (1993) 8, S. 432–434.
[1500] *Holland-Batt, A.B.*: Spiral separation: theory and simulation. Trans. Instn. Min. Metall., Sect. C: Mineral Process. Extr. Metall. 98 (1989), S. C46–C60.
[1501] *Kellerwessel, H.*: Setzmaschinen, besonders für Recyclingaufgaben – Möglichkeiten, Grenzen, Bauarten. Aufbereitungs-Techn. 34 (1993) 10, S. 521–530.
[1502] *Schubert, Heinrich*: Zum gegenwärtigen Stand der Grundlagen des Hydrosetzprozesses. Aufbereitungs-Techn. 35 (1994) 7, S. 337–348.
[1503] *Wasmuth, H.-D.*: Aufbereitung von Martit-Eisenerzen und Industriemineralen mit Offen-Gradient-Magnetscheidern. Aufbereitungs-Techn. 35 (1994) 4, S. 190–199.
[1504] *Schubert, Gert,* u. *G. Warlitz*: Sortierung von Metall-Nichtmetall-Gemischen mittels Koronawalzenscheider. Aufbereitungs-Techn. 35 (1994) 9, S. 449–456.
[1505] *Ananthapadmanabhan, K.P.,* u. *P. Somasundaran:* Surface precipitation of surfactants and inorganics on solids and its role in adsorption and flotation. Aus: wie [183], Tome II, S. 40–52.
[1506] *Dobiáš, B.,* u. *E. Orthgieß*: Complexing agents as modifiers in mineral flotation. Aus: wie [96], Vol. II, S. 141–155.
[1507] *Gong Wen Qi, Klauber, C.,* u. *L.J. Warren*: Mechanisms of action of sodium silicate in the flotation of apatite from hematite. Int. J. Mineral Process. 39 (1993), S. 251–273.
[1508] *Dobiáš, B.*: Salt-Type Minerals. Aus: Flotation Science and Engineering (Hrsg. *K.A. Matis*), S. 207–259. New York/Basel/Hongkong: Marcel Dekker, Inc., 1995.
[1509] *Finch, J.A., Uribe-Salas, A.,* u. *M. Xu*: Column Flotation. Aus: wie [1508], S. 291–330.
[1510] *Evans, G.M., Atkinson, B.W.,* u. *G.J. Jameson*: The Jameson Cell. Aus: wie [1508], S. 331–363.
[1511] *Kosick, G.A., Dobby, G.S.,* u. *P.D. Young*: Columnex: A powerful and affordable control system for column flotation. Aus: Column '91 – Proc. Int. Conf. Column Flotation, Sudbury/Ontario 1991, Vol. 2, S. 359–373.
[1512] *Lee, K.Y., Plate, W.T., Oblad, E.,* u.a.: Methodology for selecting a control strategy for a column flotation unit. Aus: wie [1511], S. 423–436.

Namenregister

Aalbers, J.G. 301 [723]
Abdel-Khalek, N.A. 444 [1416]
Abdinegro, S. 84 [235]
Abido, A.M. 433 [1344]
Abott, J. 33 [97]
Abrahamson, J. 368ff. [1049]
Abramov, A.A. 296 [682], 411 [1212], 420 [1259], 421ff. [1261], 424 [682], 425 [1259] [1261], 427 [1259], 428 [1259] [1322], 451 [1443]
Absil, J. 27ff. [73]
Ackerman, P.K. 424 [1300]
Adamov, G.A. 8 [27]
Adamson, A.W. 260ff. [591], 266ff. [591], 277 [591], 284ff [591], 291 [591], 309 [591], 314 [591], 338 [591], 347 [591]
Agar, G.E. 261 [594], 283ff. [594], 411 [1215], 446 [1424]
Agopov, V.A. 167 [368]
Aharoni, A. 148 [338]
Ahmed, N. 372ff. [1063]
Akatov, A.I. 152 [333]
Akopov, M.G. 27 [66], 32 [66]
Alejnikov, N.A. 352 [1018]
Aleksandrovič, Ch.M. 440 [1387], 442 [1392] [1393], 443 [1387] [1395] [1399] [1400]
Alesse, V. 298 [693] [742], 315ff. [693]
Alfano, G. 221 [490], 229 [490], 234 [490]
Allison, S.A. 296 [684], 320 [853], 324 [684], 423 [684] [1266], 427 [853]
Al-Taweel, A.M. 56 [172], 411 [1223]
Amaratunga, L.M. 287 [659]
Amelunxen, R.L. 400 [1171]
Ammon, R.I. 32 [92]
Ananthpadmanabhan, K.P. 300 [714] [739], 313 [739], 315 [1505], 437 [1360] [1362]
Anashkin, O.P. 179 [402]
Andrae, R. 456 [1454]
Andres, U. 3 [6], 8 [27], 197ff. [6] [447] [448], 200 [6]
Andrews, P.R.A. 427 [1315], 443 [1403], 445 [1421]
Anfimova, E.A. 425 [1304], 427ff. [1304]
Anfruhns, J.F. 342 [972]

Angelov, A.I. 27 [70], 207 [472], 215 [472] [478], 218 [472], 220 [478], 226ff. [472] [478], 236 [525]
Anikin, M.F. 90 [252], 92 [252], 95 [252]
Aplan, F.F. 7 [25], 13 [25], 36 [25], 58 [183], 215 [496], 278 [575], 317 [575], 372 [1085], 374 [1085], 411 [1216], 432 [1337], 444 [1415], 445 [1419]
Aravamudhan, S. 471 [1493]
Arbiter, N. 296ff. [688], 304 [688], 372ff. [1062] [1069], 377 [1062] [1069], 378 [1062], 388ff. [1114] [1115] [1117] [1122] [1127], 402 [688], 423ff. [1069], 427 [1069], 446 [1069]
Arnold, B.J. 411 [1216]
Arnold, W. 30 [82]
Arsentiev, V.A. 440 [1386]
Arutinov, D.M. 52 [165] [166] [167]
Arvidson, B.R. 128 [308], 178 [395]
Aston, J.R. 445 [1418]
Atkinson, B.W. 404 [1510], 405 [1195]
Auge, P. 439 [1372]
Autenrieth, H. 236 [526]
Avrakhov, A. 298 [741]
Azbel', Ju.I. 152 [333], 171 [371]
Azim, Y.Y.A. 433 [1347]

Bachmann, R. 440 [1377], 442 [1377]
Badeev, Ju.S. 7 [20], 8 [28], 12 [20], 58 [28]
Baeyens, J. 44 [142], 54ff. [142]
Bagnold, R.A. 79ff. [226] [227]
Bahaj, A.S. 179 [401]
Bahr, A. 41 [135], 340 [937], 404 [1179], 439 [1372], 449 [1434]
Bailey, A.G. 218 [484], 219 [484], 221 [484]
Baker, M.W. 404 [1193]
Balachandran, S.B. 432 [1337]
Balajee, S.R. 333 [916]
Balandin, S.M. 443 [1401]
Baldauf, H. 250 [567], 300 [715] [717] [718] [720] [721] [722], 302 [724] [725] [726] [727], 304 [747], 306ff. [747], 308 [784], 315 [836], 321ff. [784],
329ff. [717] [890] [891], [892], [893], [894], 331 [720] [721] [722], 432 [720] [722], 437 [836], 438 [890] [891], 439 [724] [725] [726] [727] [1371]
Balderson, G.F. 86 [246], 89 [246]
Baldwin, D.A. 320 [854], 427 [854]
Ball, B. 372 [1083], 374 [1083], 377 [1083] [1089]
Bansal, V.K. 308 [781]
Baran, W. 140 [326]
Barbaro, M. 297 [693], 315ff. [693] [826]
Barbery, G. 315ff. [837], 423 [1277]
Barnea, E. 128 [308]
Barskij, L.A. 189 [439], 192 [439] [443] [445], 196 [439], 259 [596], 431 [1331], 439 [1373]
Barskij, M.D. 57 [178]
Bartelt, E. 40 [124] [125], 59 [125], 72 [124] [205] [216]
Barthelemy, R.E. 207 [471], 218 [471]
Bartnik, J.A. 175ff. [379] [381] [382]
Barton, P.J. 457ff. [1458]
Basancev, G.P. 184 [417], 188 [417]
Bascur, O.A. 372 [1074], 420 [1244] [1254]
Basilio, C.I. 421 [1264], 423ff. [1264] [1280]
Bassier, F.-K. 50 [163], 66 [163]
Basten, A.Th. 15 [53] [54], 30ff. [53], 41 [53] [54]
Bateman, K.W. 33 [97]
Bauckhage, K. 4 [11], 6 [11]
Bazilevskij, A.M. 7 [20], 8 [28], 12 [20], 58 [28], 61 [185]
Beck, W. 75 [217]
Becker, M. 32 [89], 40 [126] [128], 59 [126], 61 [128], 63 [128]
Becker, Th. 460 [1469]
Beekmans, J.M. 44 [143], 54ff. [143]
Beger, J. 307 [770]
Behrendt, H.-P. 41 [131], 110 [131]
Belardi, G. 298 [742]
Bel'skij, A.A. 167 [368]

Belugou, P. 107 [284], 111 [292] [293], 453 [293]
Belych, Z.P. 8 [21], 11 [21], 13 [21], 38 [21]
Bensley, C.N. 394ff. [1145]
Bent, B.E. 325 [875]
Beránek, J. 43ff. [136]
Berger, G.S. 428 [1321], 431 [1321]
Berger, W. 101 [275], 188 [430]
Bergh, L.G. 395 [1160], 398 [1160]
Berghöfer, W. 4 [18], 8ff. [18]
Bergström, L. 44 [143], 54ff. [143]
Berlinskij, A.I. 333 [910]
Bérnbé, Y.G. 273 [621]
Berning, H. 36 [104]
Besov, B.D. 106 [280], 227 [499]
Bessel, Gebrüder 243 [542] [543]
Bessonov, S.V. 421 [1281] [1282]
Bhappu, R.B. 32 [116], 319 [849]
Bhasin, A.K. 11 [33] [34] [35], 446 [1423]
Bhaskar Raju 406 [1198], 408 [1198]
Bhattacharya, K.K. 395ff. [1159]
Biehler, G. 466 [1483]
Biernat, J. 306 [762]
Bilenki. L.F. 431 [1330]
Bilsing, U. 331 [901] [902], 334 [901] [902], 342 [969], 417 [1234] [1235], 432 [1336]
Birdi, K.S. 310 [798]
Birss, R.R. 159 [359]
Birzer, J.-O. 326 [881] [882] [883]
Bischofberger, C. 362ff. [1039], 371 [1055] [1056] [1057] [1058] [1059] [1060], 386 [1055] [1056] [1057] [1058] [1059] [1060], 390 [1055] [1056] [1057] [1058] [1059] [1060] [1118] [1119], 412 [1055] [1056] [1057] [1058] [1059] [1060], 443 [1056] [1057] [1058] [1059] [1060]
Bischoff, E. 244 [545]
Biswas, A.K. 243 [541], 308 [781], 331 [903], 334 [903]
Bjerrum, J. 244 [547]
Blaakmeer, J. 437 [1364]
Blanc, E.C. 464 [1480]
Blagov, I.S. 76 [219]
Blaschke, W. 84 [249]
Blechschmidt, J. 447 [1428] [1430]
Bleimeister, W.C. 472 [1496] [1497]
Bloecher, F.W. 324 [872]

Bochnia, D. 300 [698] [699] [716], 312 [699], 321 [698] [699], 326 [699], 453 [698] [699]
Boehm, H.P. 273 [615], 275 [615]
Bogadjev, B. 343 [976]
Bogdan, A. 162 [363]
Bogdanov, O.S. 296 [683], 298 [690], 300 [690], 304 [743], 315ff. [690], 320 [852], 420 [1258], 424 [683], 427 [852] [1309], 432 [743]
Bogenschneider, B. 40 [127], 63 [127], 72 [127]
Bogomolov, A.I. 76 [221]
Bogomolov, V.M. 393 [1140]
Böhm, J. 38 [256]
Böhme, St. 108 [289] [298], 110 [298]
Bolin, N.J. 433 [1349]
Bondar', I.M. 189 [439], 192 [439] [443] [445], 196 [439]
Bondarenko, O.P. 431 [1330]
Boom, R.W. 179 [399]
Boorman, C.H. 179 [401] [403]
Booth, R.B. 352 [1015]
Borisov, V.M. 27 [70]
Borkin, A.D. 393 [1142], 395ff. [1155]
Borovkov, V.S. 75 [221]
Bos, A.S. 368 [1047]
Botcharov, V.A. 427 [1311]
Boudriot, H. 259 [582], 324 [871]
Boutin, P. 393 [1136] [1137]
Bowkun, O.P. 311 [806]
Braam, B.C. 189 [442], 191 [442], 194 [442]
Bracke, M. 291 [666]
Bratby, J. 406ff. [1203]
Brauer, H. 75ff. [218]
Braun, V.I. 36 [102]
Brdička, R. 260 [590], 263 [590], 270 [590], 279 [590], 283 [590]
Bredichin, V.N. 189 [441], 196 [463]
Breuer, H. 59 [191], 68 [191]
Brezesinski, G. 261 [592], 266 [592], 268 [592], 270 [592], 284ff. [592], 290ff. [592], 309ff. [592], 338 [592]
Brien, F.B. 11 [32] [33] [34] [35]
Brison, R.J. 472 [1495] [1496] [1498]
Britz, H. 447ff. [1429]
Broman, P.G. 427 [1313]
Bronkala, W.J. 147 [334]
Broussaud, A. 417 [1238]
Brown, C.A. 89 [250], 93ff. [250]
Brown, D.I. 305 [759]

Brown, R.D. 456 [1456]
Brown, R.E. 456 [1453]
Brown, R.W. 133 [312]
Brück, R. 222 [537], 238 [537]
Brunauer, S. 269 [609], 270 [612]
Bruque, J.M. 321 [863]
Buchan, R. 449ff. [1437]
Buchholz, M. 162 [369], 167 [369], 178 [369]
Buckenham, M.H. 300 [710], 308 [776], 433 [1345]
Bucklen, O.B. 404 [1192]
Buckley, A.N. 423 [1286]
Bulutku, A.N. 439 [1375]
Bunge, R.C. 199 [460]
Bun'ko, V.A. 133 [313]
Burt, R.O. 7ff. [26], 11ff. [26], 30ff. [26], 39 [26], 53 [26], 58 [26], 71 [26], 73 [26], 82 [26], 84ff. [26], 89ff. [26], 94 [26], 96 [26] [261] [262] [263] [264], 98 [26], 99 [4] [26], 100ff. [26], 105ff. [26]
Buske, N. 198 [450]
Butcher, S.G. 72 [207], 106 [207]
Büttner, B.-M. 307 [772]

Čaljovska, S. 342 [974], 343ff. [981] [982]
Calvin, M. 317 [880]
Cammack, P. 34 [299]
Čanturija, V.A. 259 [581]
Carbini, P. 221 [490], 229 [490], 234 [490]
Carley, J.F. 56 [172]
Carpenter, J.H. 176 [387]
Carta, M. 215 [476] [477], 227ff. [477], 232 [513], 259 [476] [477]
Cases, J.M. 321 [862], 423ff. [1278] [1302] [1303]
Castillo, D.I. 395ff. [1151]
Cecile, J.L. 315ff. [837]
Ceraj, Z. 175ff. [384]
Čerepnin, D.M. 196 [463]
Chadžiev, P.G. 331 [900], 334 [900], 427 [1310]
Chakravarti, A. 374 [1081], 377 [1093], 392 [1134]
Chan, A.A. 388 [1112]
Chander, S. 340 [936], 421 [1294], 424 [1292] [1301], 427 [1320]
Charčenko, Ju.V. 335 [919], 365ff. [919]
Charles, W.D. 425 [1299]
Chaston, I.R.M. 38ff. [43]
Cheng, D.C.-H. 7ff. [23], 13 [23]
Cheng, T.W. 343 [989], 345 [989]
Cheng Zhengbing 436 [1412]
Cheremnykh, P.A. 179 [402]

Chernoplekov, N.A. 179 [402]
Cheung, L.Y.-L. 44 [141], 54ff. [141]
Chin, P.C. 99 [265]
Chin-Tsung Huang 273 [619]
Cho, E.H. 27 [78], 29 [78]
Chobatova, N.P. 304 [746]
Choi, H.S. 300 [709], 433 [1342]
Choi, K.S. 333 [914]
Chorevič, V.M. 319 [844]
Choudbry, V. 445 [1419]
Choung, J.W. 399 [1165]
Chudacek, M.W. 451 [1447]
Churaev, N.V. 273 [620], 338 [929] [941], 340 [929] [941] [942], 341 [929]
Chystyakov, A.A. 443 [1401]
Cibulka, J. 178ff. [392], 438 [1370]
Ciccu, R. 215 [476] [477], 221 [490], 227ff. [477], 229 [477] [490], 233 [518], 234 [490] [518], 236 [518], 259 [476] [477]
Cichos, C. 276 [632], 338 [925], 339ff. [925]
Ciriachi, M. 315 [826]
Claesson, P.M. 325 [876]
Clark, N.O. 179 [398]
Clark, S.W. 250 [569], 319 [569]
Claußen, H.-J. 162 [369], 167 [369], 178 [369], 379 [1100]
Clement, M. 72 [201], 324 [874], 438 [1369]
Cohen, H.E. 27 [67], 179ff. [397]
Cojocariu, D.G. 372 [1067]
Collan, H.K. 179ff. [406]
Collings, R.K. 445 [1421]
Collins, D.N. 412 [1228]
Collins, G.L. 340 [938] [939]
Colombo, A.F. 184 [413], 318 [833]
Condolios, E. 107 [284] [285]
Connelly, D.E.G. 394ff. [1146]
Contini, G. 325 [878], 451 [878]
Conway, B.E. 246 [557]
Cooke, S.R.B. 250 [569], 292 [672], 300 [636] [709], 318 [833], 319 [569]
Cooper, H. 372 [1069], 377 [1069], 417 [1240], 420 [1069], 423ff. [1069], 427 [1069], 446 [1069]
Cordes, H. 175ff. [380]
Cosan, F. 337 [924]
Cowen, C. 148 [337]
Coxon, M. 471 [1494]
Cozza, C. 325 [878], 451 [878]
Crane, R.I. 368 [1050]
Cross, M.S. 86 [246]

Crozier, R.D. 352 [1021], 354 [1021], 420 [1257]
Csöke, B. 38 [256]
Cummings, D.L. 159 [358]
Cummings, W.F. 319 [850]
Cutting, G.W. 356 [1027]

Dabekausen, G. 24 [63]
Daellenbach, C.B. 328 [888]
Dahe, X. 179 [394]
Dahlem, D.H. 187 [421]
Dalmijn, W.L. 41 [132] [133], 51 [238] [239], 189 [434] [435] [436] [442], 191 [435] [436] [442], 194 [435] [436] [442], 196 [434] [435] [436], 449ff. [1438], 459 [1463]
Danil'čenko, L.M. 431 [1331]
Davies, D.S. 27ff. [71]
Davies, J.T. 309 [794]
de Araujo, A.C. 333 [918]
De Bishop, F. 291 [666]
de Bruyn, P.L. 261 [594], 273 [621], 282ff. [594], 323ff. [864]
Dedek, F. 342 [964]
de Donato, P. 423 [1278],424 [1302] [1303]
Degaleesan, S.N. 101 [271], 377 [1093], 392 [1134]
Degner, V.R. 384 [1107]
Degoul, P. 419 [1242]
Deiringer, G. 450 [1439]
Del Fà, C. 215 [476] [477], 227ff. [477], 232 [513], 259 [476] [477]
de Maistre, A. 90ff. [251]
Deming, L.S. 269 [609]
Deming, W.S. 269 [609]
DeMull, T.J. 30 [80], 32ff. [80], 36 [80]
Derjagin, B.V. 273 [620], 338 [928] [931] [932] [941], 340 [941] [942], 341 [928], 342 [977] [978] [979], 343 [980], 348 [994]
Derkač, V.G. 131 [309], 137 [320], 141 [328], 144ff. [309], 152 [309] [341] [342], 155 [349], 470 [1491]
Deuerbrouk, A.W. 101 [270]
Devernoe, A.L. 199 [458] [459]
Dho, H. 333 [915]
Dietze, U. 305 [753], 315 [753]
Dijksman, C. 27 [65]
Dippenaar, A. 351 [1007]
Dmitrieva, G.M. 308 [792]
Dobby, G.S. 157 [355], 159 [355], 342 [970], 372 [970], 394ff. [1148] [1149] [1151] [1157], 397ff. [970] [1148] [1149], 420 [1511]

Dobiáš, B. 275ff. [624], 305 [701], 314 [624], 318 [834], 323 [867], 331 [896] [1506], 436 [1409], 437 [624] [834] [1508], 451 [1444]
Dobrescu, L. 162 [363]
Dolzenkova, A.N. 287 [660]
Donnay, G. 319 [634]
Dörfler, H.-D. 451 [1441]
Dörr, H. 179ff. [407]
Dorrepaal, W. 301 [723]
Douglas, E. 39 [117]
Dowlin, D.H. 32 [91]
Dowling, E.C. 372 [1085], 374 [1085]
Dreissen, H.H. 27ff. [71] [73]
Driessen, M.G. 26 [64]
Drost-Hansen, W. 273ff. [618] [619]
Dru, G. 111 [293], 453 [293]
Drzymala, J. 451 [1445] [1446]
Dubois, L.E.M. 15 [54], 41 [54]
Duchin, S.S. 342 [977] [978] [979], 343 [980]
Dudenkov, S.V. 107 [288], 189ff. [288], 196 [288], 350 [997] [1001]
Duhamet, D. 297 [691]
Duke, I.B. 412 [1225]
Dunstan, P. 400 [1171]
Durham, K. 264 [599]
Du Rietz, C. 298ff. [703] [704], 314ff. [704]
Dürr, H. 460 [1465]
Dustmann, C.-H. 172 [372]
Duyvesteyn, W.P.C. 189 [436], 191 [436], 194 [436]
Dymko, I.N. 393 [1140]
Dyrenforth, W.P. 176 [386], 236 [521] [522]

Eagland, D. 298 [702]
Eberhardt, L. 456 [1455]
Ebert, Ch. 246ff. [554]
Ebert, G. 246ff. [554] [555]
Eberts, E.H. 384ff. [1108]
Edelmann, G. 450 [1439]
Edison, T.A. 189 [432]
Edström, J.O. 187 [419]
Edwards, C.R. 411 [1215]
Eibs, M. 73 [211], 464 [1481]
Eichas, K. 235 [519] [520]
Einenkel, W.-D. 392 [1130]
Eisele, T.C. 395 [1150], 445 [1420]
Eisenkolb, F. 470 [1492]
Êjgeles, M.A. 279 [564], 300 [564], 304 [564], 319 [848], 331 [907], 342 [564] [958], 420 [1260]
Ek, C. 106 [314]
Eketorp, S. 188 [426] [427]

Elderfield, R. 307 [764]
Elgillani, D.A. 319 [843], 333 [908], 427 [1308]
Eljaschewitsch, M.G. 444 [1417]
El-Salmawy, M.S. 436 [1411]
Emel'janov, M.F. 393 [1142], 395ff. [1155]
Emel'janova, N.P. 413 [1231]
Emmett, P.H. 270 [612]
Emons, H.H. 248 [559]
Ene-Danalache, E. 372 [1067]
Enzfelder, W. 24 [62]
Erberich, G. 350 [999]
Erdmann, W. 65ff. [190]
Ergun, S. 45 [144]
Ernst, L. 221 [489], 229 [489] [508], 236 [508]
Eršov,V.C. 207 [472], 215 [472], 218 [472], 227ff. [472]
Ese, H. 427 [1314]
Espig, D. 343 [984]
Espinosa-Gomez, R. 397 [1163]
Estefan, S.F. 319 [845]
Evans, G.M. 404 [1510]
Evans, R.C. 251ff. [573], 256 [573], 258 [573]
Eyssa, Y.M. 132ff. [312], 179 [399]

Fabrikant, A. 343 [981] [982]
Fahrenwald, A.W. 411 [1218], 431 [1218]
Falcone, J.S. 333 [911]
Falconer, S.A. 300 [695]
Falkenhagen, H. 236ff. [556]
Fallenius, K. 384 [1105]
Falutsu, M. 399 [1164]
Fanghänel, Th. 248 [559]
Fellensiek, E. 59 [192] [193], 65 [190], 66ff. [190] [194], 68 [190] [192] [193] [194]
Ferrara, G.F. 33 [94], 232 [513]
Ferree, T.J. 86 [243] [247], 89 [247]
Fewings, J.H. 419 [1243]
Fieser, L.F. 298 [694]
Fieser, M. 298 [694]
Filimonov, V.N. 352 [1013], 355 [1013], 401 [1013], 427 [1311]
Filippov, Ju.A. 377 [1090]
Finch, J.A. 152 [344], 157 [344] [355], 159 [355], 160 [344], 184 [412], 342 [970], 372 [970], 394ff. [1148] [1149] [1151] [1162] [1509], 397ff. [970] [1148] [1149] [1157] [1163], 400 [1148] [1157] [1170], 404 [1194]
Finkelnburg, W. 125 [305], 208 [305], 227 [305], 251ff. [305]
Finkelstein, N.P. 296 [684], 320 [853], 324 [684], 421 [1283], 423 [684] [1266], 424 [684], 427 [853], 437ff. [1357]
Fischer, N. 27 [50], 41 [50]
Fischer, R. 47ff. [160]
Fleming, M.G. 373 [1075]
Flint, L.R. 377 [1091]
Florestan, J. 460 [1467]
Florl, M. 40 [129], 61 [129], 63 [129]
Fomenko, T.G. 76 [219]
Fontein, F.J. 27 [65], 30 [79]
Foot, D.G. 395ff. [1153] [1154], 400 [1153] [1154]
Forssberg, K.S.E. 84 [234] [260], 86 [234] [244] [267], 93 [253], 96 [258] [260], 101 [272], 104 [272], 350ff. [1003], 355 [1003], 372 [1070], 436 [1410]
Fraas, F. 208 [474], 227 [474] [498], 230 [510], 231 [511]
Frangiscos, A.Z. 58 [182]
Frank, F. 298 [702]
Frank, H. 324 [873]
Frank, K. 13 [42]
Frank, L. 431 [1333]
Fraunholcz, N. 449ff. [1438]
Freundlich, H. 270 [610]
Frew, J.A. 379 [1101]
Freyberger, W.L. 352 [1015]
Fricke, G. 221 [491], 229 [492] [507], 233ff. [492] [507], 236 [491] [492] [507]
Fricke, H.-M. 148 [339], 157ff. [339]
Friedlaender, F.J. 148 [337], 159 [360] [361]
Friedrichsmeier, R. 40 [126], 59 [126]
Friend, I.P. 309 [796], 313 [816]
Fritz, A.J. 178ff. [395]
Frost, D.C. 432 [1338]
Fuchs, G. 20 [58]
Fuerstenau, D.W. 199 [460], 248ff. [566], 275 [576] [623] [629], 276 [576] [629] [637] [639], 278 [575], 281 [576] [639], 308 [775] [777], 317 [575] [831], 319 [576] [637] [835] [839] [846], 320 [856] [857], 321 [831] [859] [860], 323 [637] [639] [846] [860] [866], 340 [936], 369 [1051], 372 [1083], 374 [1083], 377 [1083] [1089], 410 [1206], 411 [1206] [1210] [1211], 427 [856] [857] [1316], 430 [846], 433 [576] [846], 435 [576], 440 [1376], 445 [775]
Fuerstenau, M.C. 279 [650], 296 [681], 315 [821], 319 [842] [843] [846] [847] [849] [850] [851], 323 [846], 333 [908], 372 [1069], 377 [1069], 420 [1069], 423 [681] [1069] [1272], 424ff. [681] [1069] [1297], 427 [1069] [1297] [1308] [1319], 428 [821], 430 [846], 431 [842], 433 [821] [846] [847], 440 [1376], 446 [1069]
Fujita, t. 198 [453]
Funk, R.M. 236 [523] [524]

Galevskaja, T.N. 141 [328]
Gardener, J.R. 423ff. [1276]
Gardener, R.P. 392 [1133]
Gates, E.H. 411 [1217], 431 [1217]
Gathen, R. von der 40 [125], 59 [125], 302 [728], 307 [728], 439 [728]
Gatzmanga, H. 417 [1239]
Gaudin, A.M. 101 [273], 291 [668], 296 [668], 305 [668], 320 [668] [857], 324 [872], 337 [668], 346 [668], 411 [668] [1210] [1211], 421 [668] [1283], 424 [1299], 426 [668], 427 [668] [857], 446 [668]
Gawalek, G. 303 [734], 307 [734], 309 [734]
Geidel, Th. 276 [632], 341ff. [954] [975], 610 [954] [1072]
Geiseler, G. 246 [553]
Geldart, D. 44 [138] [142], 54ff. [142]
Gerasimenko, M.P. 393ff. [1143], 400 [1143]
Gerber, R. 159 [359] [361]
Gerstenberg, R. 47 [159], 54 [159]
Gerstenberger, G. 305 [751], 432 [751]
Geyer, G. 104 [277]
Ghiani, M. 233ff. [518], 236 [518]
Ghosh, S.K. 377 [1088], 471 [1494]
Gibbs, J.W. 348 [993]
Giesekke, E.W. 451 [1440]
Gillet, G. 151 [322], 179 [322] [400]
Girdasova, Z.M. 31ff. [85]
Glazunova, Z.I. 413 [1231]
Gleisberg, D. 13 [41]
Glembockij, V.A. 259 [579], 279 [579] [644], 295ff. [644] [680], 304 [680], 308 [787] [792], 315 [820] [824] [825], 317 [824], 319 [841], 324 [644], 333 [680], 345 [644], 406 [1200], 408 [1200], 411 [668], 424 [680], 425 [1304], 427 [644]

[680] [1304], 428 [680] [1304], 429 [680], 444 [644]
Gnauck, R. 460 [1470]
Gochin, R.J. 290 [662]
Goldman, M. 439 [1374]
Golikov, A.A. 319 [844]
Golov, V.M. 279 [646]
Golownin, J.M. 444 [1417]
Gong Huanguo 436 [1413]
Gong Wen Qi 333 [1507]
González-Caballero, R. 321 [863]
Good, J.A. 179ff. [397]
Goodman, R.H. 89 [250], 93ff. [250]
Gopalakrishnan, S. 404 [1181]
Gornostel, A. 298 [741]
Görtz, W. 37 [110]
Gossow, V. 73 [214]
Götte, A. 444 [1414]
Gottschalk, G. 340 [935], 343 [986], 345 [986]
Goujan, G. 321 [862]
Grahame, D.C. 285 [657]
Graichen, Klaus 243 [544]
Graichen, Kurt 362 [1038]
Grainger-Allen, T.J.N. 162 [362], 335 [1043], 365 [1043]
Granville, A. 296 [684], 324 [684], 423ff. [684]
Green, E.W. 412 [1225]
Greiner, L. 33 [95]
Griffin, P.T. 405 [1195]
Grisěckin, A.I. 167 [368]
Grohs, H. 466 [1482]
Groppa, J.G. 395 [1158]
Groscurt, J.H. 106 [281]
Grosman, L.I. 427 [1310]
Gruen, D.W.R. 310 [797]
Gründer, W. 104 [277], 350 [998], 368 [1046]
Gruner, H. 259 [585], 342 [969], 417 [1234], 432 [585] [1336]
Grüning, B. 292 [674]
Gubarevich, V. 200 [462]
Guillaneau, J.C. 417 [1238]
Gulyaikhin, E.V. 198 [456], 200 [456]
Gurevič, R.I. 405 [1187], 413 [1187]
Gutierrez, B.G. 319 [842], 333 [908], 431 [842]
Guy, P.J. 421 [1285], 423ff. [1274]
Guyot, O. 417 [1238]

Haberland, H. 379 [1100]
Haddenham, R. 307 [768]
Hagedorn, F. 440 [1385]
Hahn, Chr. 100 [268], 104 [268], 139 [330], 142 [330], 164 [330]
Hahn, H.H. 407 [1204]

Hainman, V.Y. 320 [852], 427 [852] [1309]
Halban, H. von 295 [678]
Hälbich, W. 307 [765], 438 [1368], 443 [765]
Hales, L.B. 400 [1172]
Hallin, M. 372 [1070]
Halov, J.S. 76 [224]
Hamilton, I.C. 295ff. [677], 423 [1286]
Hamm, H. 72 [201]
Hampel, M. 72 [204]
Han, K.N. 319 [839]
Hanisch, J. 73 [211], 243 [544]
Hankel, D. 466 [1483]
Hanna, H.S. 331 [902], 334 [902], 437ff. [1359]
Hannan, W.S. 342 [956], 345 [956]
Hansen, R.D. 352 [1019]
Hanumanth, G.S. 377 [1087]
Hanumantha Rao, K. 436 [1410]
Harms, H. 324 [874]
Harris, C.C. 372 [1062] [1086], 374 [1062] [1081], 376 [1086], 377 [1062] [1092] [1093], 378 [1062], 388 [1109] [1114] [1115] [1116] [1117], 390ff. [1109] [1114] [1115] [1116] [1117] [1120] [1121] [1126], 392 [1134] [1135]
Harris, G.H. 424 [1300]
Harris, P.J. 351ff. [1004], 427 [1317]
Hartfeld, G. 198 [451]
Haskin, R.J. 147 [334]
Hasse, W. 66 [196]
Hauffe, R. 269ff. [607], 277 [607]
Haydon, D.A. 262 [598], 267 [598], 285 [658]
Haynman, V.J. 377 [1095]
Hays, R.M. 430 [1329]
Healy, T.W. 300 [739], 313 [739], 317 [831], 319 [839], 320 [886], 321 [831] [859] [860], 323 [860], 427 [886], 445 [1418]
Hecht, W. 295 [678]
Heep, H. 175ff. [385]
Heide, B. 404 [1190]
Heidemann, G. 311 [805]
Heidenreich, E. 80 [120]
Heidenreich, H. 110 [290]
Heikilä, L. 431 [1335]
Heintges, S. 26 [61], 40 [129], 61 [129], 63 [129], 66 [195]
Heiskanen, K.G.H. 355 [1012], 388 [1010]
Helfricht, R. 84 [237], 111 [237], 453 [237], 463 [1477]

Hemmings, C.E. 355 [1008], 357 [1028] [1029]
Hempel, D.C. 405ff. [1205]
Hencl, V. 174 [375], 178ff. [393]
Henon, S. 268 [622]
Hentzschel, W. 47 [148], 49 [148], 462ff. [1476] [1478], 464 [1481], 466ff. [1486]
Herbst, J.A. 372 [1074], 400 [1172], 420 [1252] [1254]
Herder, P.C. 325 [876]
Herman, E. 40 [122], 95 [122]
Herod, B.C. 466 [1487], 468 [1487]
Herrara-Urbina, R. 427 [1319]
Herrmann, L. 444 [1404] [1405] [1406]
Heusch, R. 310 [799]
Heyer, T. 145ff. [385]
Heyes, G.W. 421 [1296]
Hickley, T.J. 237 [534]
Hinze, H.O. 366 [1044]
Hoberg, H. 259 [584] [587], 354 [1024], 412 [1229]
Hoffmann, E. 72 [202], 107 [283]
Hoffnung, G. 107 [285]
Hogan, P. 406 [1201]
Holland-Batt 86 [245] [246], 89 [245] [246], 90 [1500]
Hollstein, A. 238 [535]
Holodov, N.G. 47 [153], 50 [153], 56 [153]
Holtham, P.N. 343 [989], 345 [989]
Hood, G.D. 449ff. [1436]
Hopf, W. 325 [881]
Hopstock, D.M. 126 [319], 131 [319], 135 [319], 155 [352], 157ff. [353], 174 [353] [374], 175ff. [379], 179ff. [374], 184 [413]
Horaček, M. 174 [375]
Hörber, G. 27 [51], 41 [51]
Horrocks, K.R.S. 36ff. [240]
Horst, W.E. 176 [386]
Houot, R. 151 [322], 179 [322] [400], 297 [691], 302 [729], 307 [729], 430 [1326], 438 [729]
Hu, W. 394ff. [1139]
Huber-Panu, I. 372 [1067], 374 [1078] [1079]
Huls, B.J. 396 [1161] [1162], 399 [1161], 401 [1161]
Hultqvist, J. 427 [1313]
Humphreys, B. 89 [248]
Hundertmark, A. 37 [108]
Hüttenhain, H. 438 [1369]
Hu Yuehua 437 [1365]

Iljin, B.W. 269 [608]
Imaizumi, T. 372 [1065] [1068], 374 [1077], 377 [1068] [1077], 453 [1077]
Imhoff, R. 403ff. [1176] [1178]
Inoue, T. 372 [1065] [1068], 374 [1077], 377 [1068] [1077], 453 [1077]
Iohn, P. 39 [119], 401ff. [1173], 404 [1173], 458 [1460]
Isaev, I.N. 102ff. [274]
Isherwood, R.I. 27 [67]
Isherwood, S. 352ff. [1020]
Iskra, J. 327 [885], 340 [885]
Israelachvili, J.N. 340 [943] [944]
Ivanauskas, A. 198ff. [449]
Ivanov, V.D. 90 [252]
Ivanova, L.E. 8 [28], 58 [28]
Iwasaki, I. 184 [416], 188 [416], 250 [568], 300 [636] [709], 318 [833], 333 [915] [916], 430 [1327]
Izumi, S. 449ff. [1432]

Jäckel, H.G. 73 [211]
Jacobs, U. 436 [1409]
Jain, S. 320 [856], 427 [856]
Jaluria, R. 148 [337]
Jameson, G.J. 340 [938] [939], 372 [1063], 374 [1063], 404 [1167] [1168] [1510], 405 [1195]
Jampol'skaja, M.Ja. 331 [906]
Jančarek, J. 390 [1124], 392 [1124], 416 [1124]
Janis, N.A. 292 [673], 333 [909]
Janse, P. 449ff. [1438]
Jiang, L. 404 [1184]
Jin, Ch. 178 [394]
Jinnouchi, Y. 47 [158], 50ff. [158]
Johannson, G. 351 [1006]
Johnson, N.W. 372 [1064], 376ff. [1064], 417ff. [1064]
Jones, G.H. 175 [376] [377]
Jones, J.A. 297 [689]
Jones, M.H. 296ff. [685]
Joos, P. 291 [666]
Jordan, C.E. 372 [1084], 449ff. [1436]
Jost, F. 312 [813]
Jowett, A. 111 [296], 377 [1088], 410 [1214], 453 [296]
Joy, A.S. 39 [117], 433.[1347]
Juckes, A.H. 27 [74], 29 [74]
Jungmann, A. 73 [212], 404 [1177]
Jurov, P.P. 184 [414], 188 [414]

Kaim, G.A. 188 [428]
Kaiser, D. 460 [1469]
Kakovskij, I.A. 228 [501], 426 [1307]
Kalejs, G.A. 171 [371]
Kallioinen, J. 388 [1010]
Kamiut, P. 27 [51], 41 [51]
Kapur, P.C. 372 [1066], 374 [1066] [1080], 377 [1066] [1080] [1089], 417 [1066]
Karaborni, S. 268 [614]
Karantzavelos, G.E. 58 [182]
Karjalahti, K. 411 [1222]
Karmazin, V.I. 133 [313], 141 [327], 144 [327], 146 [327], 186ff. [327]
Kärner, R. 11 [39]
Karpenko, N.V. 107 [286]
Kauffmann, J.F. 368 [1046]
Kawatra, S.K. 395 [1150], 445 [1420]
Kaya, M. 357 [1014]
Keast-Jones, R. 36ff. [240]
Kelebek, S. 423ff. [1293]
Kell', M.N. 144 [331]
Keller, C.H. 294 [676]
Kellerwessel, H. 65 [189], 73 [1501], 139 [323], 143 [323], 172 [323], 179 [323], 469ff. [1489]
Kelly, E.G. 11 [38], 84 [233], 137 [38], 231 [38], 430 [38]
Kelsall, G.H. 279 [651] [652], 423ff. [651] [652]
Khalafalla, S.E. 3 [6]
Khandrika, S.M. 342 [971]
Khangaonkar, P.R. 406 [1198], 408 [1198]
Khosla, N.K. 331 [903], 334 [903]
Kihlstedt, P.G. 164 [364]
Kim, M.K. 300 [711]
Kim, Y. 300 [636]
Kind, P. 69 [198], 436 [1354]
King, H.G. 458 [1459]
King, R.P. 27 [74], 29 [74]
Kinneberg, D.J. 404 [1183]
Kipkie, W.B. 411 [1215]
Kirchberg, H. 32 [93], 47 [155], 302 [730], 305 [755] [757], 331 [901], 334 [901], 345 [990], 432 [755]
Kirchner, G. 303 [733], 349 [733], 354 [733], 438 [733]
Kirjavainen, V.M. 355 [1011] [1012]
Kirkpatrick, W. 184 [411]
Kita, S. 47 [158], 50ff. [158]
Kitchener, J.A. 327 [884], 338ff. [884] [926], 342 [972], 347 [992], 423 [1270], 433 [1348]
Kitsikopoulos, H. 33 [96]
Kiukkola, K. 438 [1366]
Kivalo, P. 300 [708], 302 [708]

Kizeval'ter, B.V. 47 [147] [149] [150] [161], 49 [147] [149] [150], 50 [161], 53 [161], 107 [286]
Klassen, V.I. 8 [21], 11ff. [21], 38 [21], 47 [151], 49ff. [151], 279 [644], 296ff. [644] [680], 304 [680], 308 [774] [786] [791], 324 [644], 333 [680], 337 [922] [923], 341 [922], 342 [962], 345 [644], 367 [922] [923], 411 [644] [962], 424 [680], 427 [644] [680], 428ff. [680], 444 [680]
Klauber, C. 333 [1507]
Kleber, W. 251ff. [572], 259 [572]
Klein, B. 8 [31]
Kleine-Kleffmann, U. 238 [535]
Klimenta, H. 379 [1100]
Klimpel, R.R. 352 [1019] [1020] [1021], 354 [1020] [1021], 372 [1085], 374 [1085], 424 [1300]
Kljueva, N.D. 333 [910]
Kluge, W. 37 [110]
Kmeť, S. 372 [1073], 377 [1073], 397 [1073], 420 [1073]
Knaus, O.M. 405 [1187], 413 [1187] [1230], 443 [1230]
Knittel, A. 447 [1428] [1430]
Knoll, F.S. 202 [480], 221 [480], 236 [480]
Knopf, W.C. 233 [517], 236 [517]
Kocabag, D. 279 [651] [652], 423ff. [651] [652]
Koch, P. 366 [1052], 369 [1052], 371 [1059] [1060], 379 [1052], 386 [1059] [1060], 387 [1110], 388 [1052], 390 [1052] [1059] [1060], 392 [1131], 393 [1052], 419 [1245], 420 [1251]
Koerner, G. 292 [674]
Köhler, H. 443 [1394]
Köhler, K. 460ff. [1471]
Kokkala, M.A. 179ff. [406]
Kolář, O. 174 [375], 178ff. [392]
Kolin, A. 200 [461]
Kollodij, K.K. 47 [156]
Kolm, H.H. 139 [321], 148 [321], 178ff. [321]
Kolmogorov, A.N. 360ff. [1036]
Koltunova, T.E. 304 [743], 432 [743]
Komorniczyk, K. 13 [41]
Komosa, A. 320 [855], 427 [855]
Konev, V.A. 423 [1295]
Kongolo, M. 424 [1302] [1303]
Koopal, L.K. 275 [640], 277 [640]
Kopp, J. 180 [408] [409]
Kopycev, P.A. 470 [1491]

Koršuk, E.F. 442 [1393], 443 [1395]
Kortüm, G. 279 [601]
Koselev, I.V. 461 [1474]
Köser, H. 439 [1372]
Kosoručkin, G.V. 236 [531]
Kossik, G.A. 420 [1511]
Kotkin, A.M. 76 [219]
Koževnikov, A.O. 7 [20], 12 [20]
Kraeber, L. 187 [424]
Kramer, W. 228 [500], 302 [724] [725] [726] [727], 439 [724] [725] [726] [727] [1371], 443 [1394] [1397]
Kraume, M. 392 [1128]
Krause, J.M. 438 [1367]
Kravčenko, N.D. 200 [464]
Krejmerzak, N.S. 152 [333], 171 [371]
Kremer, E.B. 342 [967]
Kreutzberg, W. 456 [1455]
Krickij, E.I. 37 [109]
Kriegel, E. 76 [222]
Krijgsman, C. 30 [79]
Krivela, E.D. 423 [1295]
Krochin, S.I. 308 [789] [791]
Krokhmal, V.S. 198 [452], 200 [452]
Krüger, J. 41 [47]
Kubitza, K.-H. 40 [123] [127], 63 [127], 72 [127] [202]
Kuhn, A.T. 406 [1201]
Kulkarni, R.D. 275 [633], 292 [671]
Kunii, D. 43ff. [137]
Kunjappu, J.T. 325 [877]
Kurronen, S. 411 [1219]
Kurz, W. 159 [361]
Kušnikova, V.G. 297 [686]
Kuz'kin, A.S. 308 [785] [790], 352 [1013], 355 [1013], 401 [1013]
Kuz'min, S.F. 279 [646]
Kuz'min, V.M. 394 [1141]
Kuznetzov, V.N. 387 [1113]
Kuzugudenli, O.E. 304 [748], 315ff. [748], 428 [748]

Laajalehto, K. 423 [1273]
Laapas, H.R. 355 [1011] [1012]
Lachambre, A. 460 [1467]
Ladenburg, R. 207ff. [473], 218 [473]
Lagov, B.S. 461 [1475]
Lai, R.W.M. 275ff. [629]
Lakota, B.M. 431 [1330]
Lamm, K.F. 41 [131], 110 [131]
Landau, L.D. 132 [310]
Landis, E.K. 372 [1082], 374 [1082], 377 [1082]
Lane, J.E. 445 [1418]
Lange, H. 303 [731], 310 [731]
Lange, J. 20 [56]
Laplante, A.R. 357 [1014]
Laptev, S.F. 432 [1339]
Large, J.F. 44 [143], 54ff. [143]
Laros, T.J. 58 [183]
Larsson, A. 447ff. [1426]
Laskowski, J.S. 8 [31], 54ff. [266], 307 [769], 327 [884] [885], 338 [884], 340 [884] [885] [940], 354 [1022], 431 [1334]
Lathioor, R.A. 29ff. [98], 36 [98]
Laurila, E. 131 [302], 154ff. [302] [348], 164 [302] [348]
Lawson, W.F. 159 [356]
Lawver, J.E. 203 [469], 217 [469] [481], 221 [469], 222 [481], 226 [469], 233 [469], 235 [469], 236 [522] [523] [524], 430 [1329]
Leau, J.B. 187 [422]
Le Baron, I.M. 233 [516] [517], 236 [517]
Lee, E.M. 268 [617], 325 [879]
Lee, H.M. 392 [1133]
Lee, K.Y. 420 [1512]
Leenov, D. 200 [461]
Leest, P.A. 47 [187], 51 [187]
Legner, K. 404 [1179]
Lehmusvaara, E. 300 [708], 302 [708]
Leiter, H. 312 [813]
Leja, J. 250ff. [565], 271 [565], 275 [565], 277 [565], 279 [565], 284 [565], 292 [565], 295 [565] [679], 296ff. [565], 304 [565], 309ff. [565], 319 [565], 331ff. [565], 337 [920], 347ff. [565], 352 [565], 354 [565], 421 [565], 423 [565] [1265] [1269], 424 [1269], 426 [565], 440 [565] [1386]
Lekien, P. 232 [512]
Lekki, J. 354 [1022]
Lemke, K. 40 [123], 72 [202]
Leonov, B.P. 461 [1473]
Leonov, P.E. 152 [343]
Leonov, S.B. 393 [1144], 396 [1144], 400 [1144], 421 [1261], 423 [1261], 425 [1261]
Leppinen, J.O. 423ff. [1280]
Leschevin, C. 151 [322], 179 [322] [400]
Leskinen, T. 385 [1106], 418ff. [1246]
Leßmöllmann, W. 40 [114]
Levenspiel, O. 43ff. [137]
Levitskij, A.M. 155 [350]
Lewin, W. 311 [806]
Lien, Th.J. 32 [116]
Liepe, F. 4 [10], 80 [228], 335 [120], 358ff. [120], 362 [120] [228], 363ff. [228], 367 [120], 369 [120], 386 [120], 391 [120], 398 [120]
Lifschitz, E.M. 132 [310]
Lileev, V.A. 461 [1475]
Lill, G.D. 50 [164]
Lin, I.J. 202 [468], 308 [780], 309 [795] [796] [801], 311 [808], 312 [801] [812], 313 [815] [816]
Linari-Linholm, A.A. 230 [509]
Lipp, R.J. 250 [568]
Lippa, L.A. 331 [907]
Litovko, V.I. 7ff. [21], 13 [21], 38 [21]
Liu, G. 393ff. [1139]
Liu Yachuan 436 [1413]
Livšic, A.K. 308 [785] [790], 350 [997] [1001]
Ljaščenko, P.V. 77 [425]
Llerena, R. 400 [1171]
Lobašev, Ju.B. 58 [184]
Löffler, F. 76 [223]
Löffler, K. 354 [1023]
Loginov, G.M. 333 [909]
Lohmann, F. 278 [641]
Lopatin, A.G. 31ff. [83] [84] [85], 75ff. [220], 82 [220], 86 [220], 91ff. [220], 95 [220], 103 [220], 106 [220]
Lotz, A. 59 [191]
Lovell, H.L. 32 [88]
Lovell, V.M. 298 [692], 304 [692]
Lucht, H., 460 [1465] [1468]
Luck, W.A.P. 244ff. [549] [551], 312 [811]
Lüdke, H., 404 [1179]
Luft, D. 424 [1288]
Luk'jančikov, N.N. 184 [414], 188 [414]
Luk'janenko, L.A. 184 [414], 188 [414]
Lukkarinen, T. 431 [1335]
Lundán, A. 418ff. [1246]
Lunkenheimer, K. 350 [1002]
Lupa, Z. 54ff. [266]
Luttrell, G.H. 342 [966], 372 [1071], 395ff. [1152], 398 [1152], 399 [1165]
Luyken, W. 187 [424]
Lynch, A.J. 372 [1064], 376ff. [1064], 417 [1064] [1237], 418ff. [1064]

Mackenzie, J.M.W. 300 [710]
Madai, E. 3 [8], 132 [311], 148 [345], 152 [345] [346], 157 [345] [346], 159ff. [345] [346], 162 [369], 167 [369], 178 [345] [369], 195ff. [449] [455], 200 [8]
Majranovskij, V.G. 75ff. [221]

Majumdar, K. 101 [271]
Maksimov, I.I. 393 [1142], 395ff. [1155]
Makula, K. 390 [1125], 392 [1125], 416 [1125]
Malati, M.A. 319 [840] [845]
Malghan, S.G. 427 [1318], 436 [1353]
Malinovskij, V.A. 405 [1186] [1188], 413 [1186] [1188] [1230], 443 [1230]
Malova, N.N. 61 [185]
Maltha, C. 459 [1463]
Malygin, B.W. 328 [887]
Malygina, R.F. 328 [887]
Malysa, E. 84 [249]
Malysa, K. 350 [1002], 352 [1017]
Mamakov, A.A. 406 [1200], 408 [1200]
Mamedov, A.I. 236 [528], 440 [1388], 442 [1388]
Manegold, E. 347 [991]
Mani, B.P. 471 [1493]
Mankosa, M.J. 395ff. [1152], 398 [1152]
Manlapig, E.V. 372 [1064], 376ff. [1064], 417 [1064], 419 [1064], 419 [1064] [1243] [1247], 420 [1064]
Manser, R.M. 427 [1315], 435 [1350] [1351]
Manton, M.R. 320 [854], 427 [854]
Mao, G.W. 320 [857], 427 [857]
Marabini, A.M. 298 [693] [742], 315 [693] [826], 317 [693], 325 [878], 331 [905], 431 [1332], 451 [878]
Marais, G.V.R. 406ff. [1203]
Marchand, J.C. 419 [1242]
Marcher, J. 106 [282]
Marchese, M.M. 404 [1194]
Margolin, J.Z. 10 [30]
Marinakis, K.I. 333 [912], 437 [1363]
Marjuta, A.N. 133 [313]
Markina, S.N. 311 [806]
Marklund, U. 427 [1313]
Marsden, A. 331 [897]
Marston, P.G. 139 [321], 148 [321], 178ff. [321]
Martell, A.F. 317 [880]
Martin, C.C. 319 [849]
Martschewskaja, W.I. 352 [1018]
Marullo, G. 444 [1407]
Maschek, H.-J. 4 [10]
Mashburn, L.F. 86 [247], 89 [247]
Mathieu, G.I. 128ff. [307], 139 [307], 143 [307], 147 [307], 151 [307], 173 [307], 179 [307]

Matoney, J.P. 29ff. [80], 32ff. [80], 36 [80]
Matsuev, L.P. 432 [1339]
Matthé, P. 314 [817], 324 [871]
Matveenko, N.V. 413 [1230], 443 [1230]
Maxwell, J.R. 384 [1103]
Mayer, F.W. 57 [179] [180] [181], 59 [180]
McKay, J.D. 395 [1153] [1154], 396 [1154], 400 [1153] [1154]
McKee, D.J. 420 [1250]
McLaughlin, J.D. 446 [1424]
Medemblik, L. 443 [1402]
Medvedeva, T.V. 328 [889]
Mehrotra, S.P. 372 [1066], 374 [1066] [1080], 377 [1066] [1080], 377 [1066] [1080], 392 [1132], 417 [1066] [1233]
Meiler, H. 187 [423]
Meinander, T. 179ff. [406], 218 [483]
Melik-Gajkazjan, V.I. 291 [669], 308 [788], 413 [1231]
Melin, A. 13 [46], 15 [46], 41 [46]
Mellgren, O. 290 [662]
Meloy, T.P. 377 [1094]
Mercade, V. 333 [913]
Mermilloid, N. 460 [1467]
Mersmann, A. 392 [1129]
Merwin, R.A. 139 [329], 143 [329], 164 [329], 173 [329]
Meščerjakov, N.F. 387 [1111], 388 [1112], 390 [1123], 393 [1123], 400 [1175], 402 [1123], 405ff. [1175], 413 [1123] [1175], 443 [1123] [1401]
Mesenjašin, I. 236 [531]
Metzer, A. 308 [780]
Meunier, J. 268 [622]
Meyer, Klaus 259 [578], 268 [578]
Meyer, Kurt 187ff. [425]
Miaw, H.L. 411 [1210] [1211]
Michaels, E.L. 39 [115]
Michel, F.B. 47 [152], 49 [152]
Mihálka, P. 144 [332]
Mihopulos, J. 407 [1204]
Mika, T.S. 369 [1051]
Miller, J.D. 319 [843], 342 [959] [971], 404 [1180] [1181] [1182] [1183] [1184], 427 [1312]
Miller, R. 350 [1002]
Mills, C. 36 [106]
Mine-Yung Hwang 292 [740]
Minster, M.H. 37 [109]
Misra, M. 404 [1181], 423 [1272], 427 [1312]
Mitrofanov, S.I. 297 [686], 352 [1013], 355 [1013], 374 [1076], 401 [1013], 427 [1311], 428ff. [1324], 451 [1442]

Mjasnikova, G.A. 425 [1298]
Möckel, H.-O. 360 [1037], 363ff. [229] [1037]
Modi, H.J. 319 [835]
Mögel, H.-J. 261 [592], 266 [592], 268 [592], 270 [592], 284ff. [592], 290ff. [592], 309ff. [592], 338 [592]
Mohan, N. 243 [541]
Moiset, P. 232 [512]
Mokrousov, V.A. 342 [962], 411 [962], 461 [1475]
Molerus, O. 44 [140], 54 [140], 56 [171]
Moncrieff, A.G. 305 [749], 432 [749]
Mora, R.G. 207 [471], 218 [471]
Moreau, C. 107 [285]
Morgan, L.J. 300 [714]
Morozov, V.V. 315 [836], 437 [836]
Morrison, K.S. 269ff. [607], 277 [607]
Morrison, R.D. 420 [1253]
Mosch, E. 41 [131], 237 [533]
Moudgil, B.M. 437 [1364]
Moys, M.H. 355 [1025] [1026], 400 [1170]
Mukai, S. 225 [494], 236 [494] [532], 275 [627] [628], 320 [858]
Mukerjee, P. 311 [807], 312 [810], 313 [807], 321 [807]
Muller, L.D. 40 [121], 95 [121], 104 [278] [279]
Müller, F.G. 30 [80]
Müller von der Hagen, H. 460 [1466]
Muresan, N. 162 [363]
Mylenbusch, M. 15 [49], 27 [49], 41 [49]

Nagano, I. 449ff. [1432]
Nagaraja, D.R. 304 [748] [827] [828], 315ff. [748] [827] [828], 428 [748] [827] [828]
Nair, J.S. 101 [271]
Nakagawa, T. 267 [603], 309ff. [603]
Nakahiro, Y. 436 [1411]
Nakatsuka, K. 198 [453]
Napier-Munn, T.J. 27 [75] [76], 417 [1237]
Naredi, R. 20 [59]
Natalie, C.A. 423 [1271]
Natarajan, K.A. 333 [917]
Naue, H. 4 [10]
Naumov, E. 393 [1140]
Nebera, V.P. 393 [1141]
Neeße, Th. 56 [177], 80 [228], 362 [228], 363ff. [228] [229], 466 [1482]

Némethy, G. 245 [552], 311 [552] [803]
Nesset, J.E. 152 [344], 157 [344], 160 [344], 184 [412]
Nesterov, I.M. 47 [151], 50 [151]
Nesterovskij, V.G. 152 [343], 157 [343]
Neumann, K. 170 [370]
Neumann, R. 307 [770]
Neumann, Th. 73 [212]
Neunhoeffer, O. 305 [750]
Nevskij, B.V. 83 [232]
New, R. 189 [440], 196 [440]
Newcombe, G. 467ff. [661]
Newell, R. 456 [1453]
Ney, P. 275 [626], 278 [626], 286ff. [626], 319 [626]
Nguyen Van, A. 342 [968], 372 [1073], 377 [1073], 397 [1073], 420 [1073]
Nicol, S.K. 394ff. [1145]
Niehörster, K. 455 [1452]
Nienow, A.W. 44 [141], 54ff. [141]
Niermöller, F. 221ff. [487]
Niitti, T. 416 [1232]
Nikaidoh, M. 470 [1490]
Nio, T.H. 71 [206]
Nishkov, I. 343 [987] [988]
Noakes, F.D.L. 305 [749], 432 [749]
Nonaka, M. 372 [1065]
Norrgran, D.A. 139 [329], 142 [329], 164 [329], 173 [329], 178 [390]
Northcott, E. 233 [516]
Nowak, P. 423 [1273]
Nowak, Z. 390 [1125], 392 [1125], 416 [1125]
Nussbaum, A. 202 [469], 217 [469], 221 [469], 226 [469], 233 [469]
Nutt, C.W. 343 [985]

Obers, H. 354 [1024]
Oberteuffer, J.A. 148 [336], 177 [389], 178 [391]
Oblad, E. 420 [1512]
Ocella, E. 466ff. [1488]
Ödberg, L. 447ff. [1426]
Oetiker, H. 56 [175]
Ofori Amankonah, J. 437 [1360] [1361] [1362]
Oh, J. 433 [1342]
Olajide, O. 27 [78], 29 [78]
Olivas, S.A. 427 [1319]
Oliver, R.H. 27ff. [71]
Olofinskij, N.F. 202 [466], 207ff. [466], 215 [479], 218 [466], 226 [466], 227 [479] [499], 228ff. [466], 229 [479], 236 [466], 259 [479]

Orlick, J.N. 178 [390]
Orthgieß, E. 331 [895] [896] [1506]
Osborne, D.G. 29ff. [98], 36 [98]
Ottley, D.J. 96ff. [263] [264]
Overbeek, J.Th.G. 278 [643], 281 [643], 285 [625], 288 [625]
Owenson, B. 310 [802]
Ozcan, O. 439 [1375]
Ozeran, N.P. 331 [906]

Pacqet, E. 404 [1182]
Padberg, W. 38 [107], 40 [114], 72 [203]
Palmer, B.R. 319 [842] [851], 423 [1272], 431 [842]
Pang, J. 424 [1301]
Panou, G. 188 [429]
Pardo, G. 321 [863]
Parekh, B.K. 395 [1158]
Parker, M.R. 159 [359]
Parkes, G.A. 276ff. [631]
Parsonage, P. 199 [457], 331 [897]
Partridge, A.C. 84 [235]
Partridge, S.J. 8 [31]
Pasch, H. 460 [1464]
Pashley, R.M. 338 [927], 340 [927] [943] [944]
Patton, J.T. 9 [29]
Pauthenier, M.M. 218 [482]
Pavelka. I. 37ff. [105]
Pavljučenko, M.M. 440 [1379]
Pearce, M.J. 219 [486], 221 [486], 229 [486], 237 [534]
Pearce, M.O. 164 [365]
Peck, A.S. 315 [819], 433 [1343]
Peretti, R. 233ff. [518], 236 [518]
Persson, I. 423ff. [1279]
Persson, P. 423ff. [1279]
Peter, S. 6 [17]
Peterson, H.D. 415 [821], 433 [821]
Pethica, B.A. 264 [600]
Pethö, S. 337 [921]
Pevzner, M.L. 90 [252], 92 [255], 95 [255]
Philippoff, W. 342 [963], 345 [963]
Philippow, E. 189 [444]
Piorr, R. 312 [814]
Piterskich, G.P. 27 [70]
Plaksin, I.N. 47 [151], 49ff. [151], 259 [580] [581], 279 [644] [647] [648] [649], 296ff. [644], 324 [580] [644] [648] [868], 345 [644], 411 [644], 421 [1281] [1282], 423 [1284], 425 [1298], 427 [644], 444 [644]

Plate, W.T. 420 [1512]
Plauschin, U. 460 [1465]
Plichon, V. 315ff. [837]
Plitt, L.R. 300 [711]
Počinok, V.V. 47 [162], 53 [162]
Podnek, A.K. 296 [683], 298 [690], 300 [690], 315ff. [690], 424 [683], 427 [1309]
Polaček, J. 104 [276]
Polhemus, J.H. 32 [92]
Poling, G.W. 333 [918], 337 [920], 423ff. [1268] [1269], 432 [1338]
Pol'kin, S.I. 279 [646], 432 [1339]
Polonsky, S.B. 392 [1144], 396 [1144], 400 [1144]
Pommier, L.W. 11 [32] [33] [34] [35]
Pope, D.J. 44 [142], 54ff. [142]
Pope, M.I. 219 [486], 221ff. [486], 229 [486]
Povarov, A.I. 61 [185]
Powers, G.J. 159 [358]
Pownall, J.H. 104 [279]
Pradip 308 [775], 315ff. [829], 428 [829], 445 [775]
Prakash, S. 395ff. [1159]
Prasky, Ch. 184 [415], 188 [415]
Pratt, J.M. 320 [854], 427 [854]
Pratt, L.R. 310 [802]
Prieve, D.C. 159 [358]
Pritzker, M.D. 421ff. [1262] [1263]
Procházka, V. 52 [169]
Procuto, V.S. 36 [102]
Puffe, E. 466 [1484]
Pugh, R.J. 300ff. [713], 332 [904], 343 [987] [988], 351 [1006], 438 [904], 450 [904]
Puncmanová, J. 52 [168] [169]
Purcell, G. 300 [707]
Purvinsky, O.Ph. 198 [456], 200 [456]
Putz, H.-J. 447ff. [1425]
Puzhev, V. 270 [611]

Qiu Jichuan 436 [1413]

Raatz, W. 250 [570], 319 [570], 432 [570]
Raatz, S. 250 [571]
Rachmanina, A.M. 328 [889]
Radev, N. 331 [900], 334 [900]
Radoev, B. 341ff. [954], 343 [983], 372 [954]
Rafales-Lamarka, E. 47 [156], 53 [170], 55 [170]
Raffinot, P. 428 [1323]
Raghavan, S. 257 [576], 275 [576], 276 [576] [639], 281 [576] [639], 319 [576], 323 [639], 432ff. [576], 435 [576]

Raja, A. 388 [1116]
Ralston, J. 289ff. [661], 320 [886]
Ralston, O.C. 202 [467], 228ff. [467], 236 [467], 376 [467]
Ramdohr, H. 38 [111]
Rank, H. 443 [1396]
Rao, S.R. 96 [257]
Rao, T.C. 27 [77], 32 [90]
Ratmirova, L.I. 439 [1373]
Read, A.D. 162 [362], 219 [486], 221ff. [486], 229 [486], 412 [1228], 435 [1350]
Rebrikov, D.N. 393 [1141]
Reddy, P.S.R. 395ff. [1159]
Reher, E.-O. 11 [39]
Reilard, U.A. 404 [1177]
Reimers, G.W. 3 [7]
Reinboth, H. 124 [304], 126 [304], 128 [304]
Reinhold, D. 303 [733], 349ff. [733], 438 [733]
Reitz, M. 13 [41]
Rennie, A.R. 268 [617], 325 [879]
Restarick, C.J. 27ff. [242]
Rettig, J.B. 159 [360]
Reuckij, Ju.V. 36 [102]
Revnivcev, G.T. 461 [1473]
Revnivcev, V.I. 57 [178], 215 [478] [479], 220 [478], 227 [478] [479], 228 [478] [501], 229 [478] [479], 236 [531], 259 [579]
Rey, M. 428 [1323]
Rice, D.A. 319 [847], 433 [847]
Richardson, J.F. 54 [173]
Richter, E. 314 [818], 442 [1390]
Richter, H. 406ff. [1197] [1202]
Richter, K. 427 [1317]
Rickard, R.S. 315ff. [821], 433 [821]
Rideal, E.K. 309 [794]
Rietema, K. 31 [87], 44 [139]
Riley, W.D. 456 [1456]
Rinelli, G. 331 [905], 431 [1332]
Rinne, R. 411 [1219]
Riquarts, H.-P. 4 [13]
Ritchie, I.C. 89 [250], 93ff. [250]
Rjaboj, V.I. 292 [673], 315ff. [823]
Rjabov, Ju.V. 388 [1112]
Roberts, T. 394ff. [1145]
Robertson, G.E. 446 [1424]
Robinson, C.M. 86 [5], 89 [5], 91 [5]
Röder, K. 304 [737]
Roe, L.A. 406 [1199]
Rogers, J. 427 [1305], 433 [1345], 440 [1380] [1381]
Rojzman, V.Ja. 107 [288], 189ff. [288], 196 [288]

Romanov, A.M. 406 [1200], 408 [1200]
Roorda, H.J. 189 [434], 196 [434]
Ropertz, G. 15 [51], 27 [51], 41 [51]
Rose, D. 243 [540]
Rose, H.E. 207ff. [470], 218 [470]
Rose, K. 43ff. [136]
Rosenbaum, A. 304 [744] [747], 306ff. [747]
Rosenbaum, Chr. 305 [754], 432 [1341]
Rosenbrand, G.G. 108 [297]
Rosenstock, F. 466 [1483]
Ross, V.E. 355 [1005]
Rowe, P.N. 44 [141], 54ff. [141]
Rowe, R.M. 423 [1271]
Rubin, G. 76 [223]
Rubinštejn, Ju.B. 377 [1090], 393ff. [1143] [1144], 396 [1144], 400 [1143] [1144]
Rubio, J. 412 [1229]
Ruff, H.J. 33 [94] [95] [96]
Rulev, N.N. 342 [977] [978] [979]
Rülke, K. 307 [770]
Runolinna, U. 155 [351], 164 [351], 411 [1219]
Rutland, M.W. 325 [876]

Sabacky, B.J. 279 [650]
Sadler, L.Y. 372 [1082], 374 [1082], 377 [1082]
Šafeev, R.Š. 259 [580] [581], 279 [649], 324 [580], 423 [1284]
Saffman, P.G. 368ff. [1048]
Saitoh, K. 449ff. [1432]
Salikov, V.S. 304 [746]
Salman, T. 319 [634]
Samojlow, O.J. 244ff. [548], 442 [548]
Sampat Kumar, V.Y. 243 [541]
Samylin, N.A. 47 [154] [162], 53 [162], 56 [154]
Sandstede, G. 324 [873]
Sano, S. 470 [1490]
Sandström, E. 86 [244] [267]
Sathyanarayana, D.N. 333 [917]
Saxena, A.K. 342 [1132]
Sayan, P. 439 [1375]
Sayko, O.P. 198 [452], 200 [452]
Sayles, C.P. 40 [121], 95 [121]
Sazonov, T. 461 [1473]
Schade, S. 317 [838]
Schäfer, K. 262 [597], 267 [597]
Schanné, L. 38 [107], 72 [203]
Schaper, E. 436 [1356]
Schapper, M.A. 457 [1457], 461 [1472]
Schatz, J. 463 [1477]

Schautes, W. 226 [497]
Scheer, K.E. 73 [208]
Scheraga, H.A. 245 [552], 311 [552]
Schicht, E. 463 [1479], 464 [1481]
Schickel, A. 182 [410], 226 [495]
Schiefer, H. 442 [1390]
Schlesier, G. 244 [546], 279 [546], 324 [869]
Schlömann, E. 189ff. [431] [433], 194 [431] [433], 196 [431]
Schmeiser, K. 13 [42]
Schmid, H. 457ff. [1462]
Schmidt, J. 243 [540], 411 [1220]
Schmidt, P. 471 [1494]
Schmidtlapp, K. 466 [1485]
Schneider, F.U. 259 [584] [586], 354 [1024],423 [586]
Schneider, H.A. 205 [301], 208 [475], 258 [577], 259 [582] [583], 314 [817] [818], 440 [577], [583], 442 [583] [1390], 451 [583]
Schneider, J.C. 400 [1169]
Schneider, W. 304 [736], 308 [760] [779], 321 [861], 443 [1396] [1398], 444 [736]
Schoenherr, J. 300 [722], 331 [722], 432 [722]
Schönert, K. 179ff. [407], 235 [520], 268 [606]
Schreiter, M. 392 [1131], 416 [1131]
Schroeder, C. 307 [768]
Schröder, H. 307 [771], 439 [771]
Schubert, Gert 14 [48], 41 [134], 73 [213], 107ff. [287], 110 [213] [287], 189 [213], 196 [213], 237 [533] [1504], 454 [1449], 456 [1449]
Schubert, Heinrich 1 [2] [3], 4 [9], 5 [15], 27 [72], 39 [120], 44 [120], 47 [146] [1502], 53 [146], 80 [120] [228] [230], 111 [294], 223 [493], 228 [500] [502] [503] [504] [505] [506], 236 [527], 237 [9] [533], 243 [540] [544], 250 [570], 276ff. [630], 290 [120], 293 [675], 300 [699] [705] [706] [715] [716] [717] [718] [719] [720] [721] [722], 302 [724] [725] [726] [727], 303 [733], 304 [736] [738], 305 [630] [705] [706] [760], 306 [505] [506] [761], 307 [504] [505] [506] [763] [765], 308 [705] [760] [779] [784] [793], 312 [699] [705], 313 [705] [706], 315

[836], 319 [570], 320ff. [502]
[505] [506] [699] [705] [706]
[763] [784] [861], 323 [675]
[705] [784], 324 [503] [675],
326 [699], 329 [717] [719]
[893] [894], 331 [720] [721]
[722], 349 [733] [996], 354
[733] [996], 357 [1030] [1031]
[1032] [1033], 358ff. [120], 362
[228], 363ff. [228] [229] [230]
[1040] [1041], 367ff. [120], 371
[1033] [1041] [1055] [1056]
[1057] [1058] [1059] [1060]
[1061], 378 [1033] [1097], 379
[1097] [1098], 380 [1031]
[1102], 386 [120] [1055] [1056]
[1057] [1058], [1059], [1060],
387 [1061] [1110], 390 [1030]
[1033] [1055] [1056] [1057]
[1058] [1059] [1060] [1097]
[1118] [1119], 391 [120] [1030]
[1097], 392 [1033], 411 [1221],
412 [1032] [1033] [1041]
[1055] [1056] [1057] [1058]
[1059] [1060] [1061] [1110],
416 [1097], 432 [570] [720]
[722], 433 [1344], 437 [836],
438 [733], 439 [724] [725]
[726] [727] [1371], 440ff. [504]
[505] [506] [705] [763] [1382]
[1384] [1389], 442ff. [502]
[503] [504] [505] [736] [738]
[763] [765] [1041] [1056]
[1057] [1058] [1059] [1060]
[1391] [1396] [1397] [1398]
[1404] [1406], 453 [294] [699]
Schubert, Wolfgang 420 [1251]
Schufle, J.A. 273 [619]
Schulman, J.H. 308 [776], 440 [1381]
Schulz, G. 32 [93], 436 [1355]
Schulze, H.-J. 326 [883], 331
[901] [902], 334 [901] [902],
338 [930], 339 [933] [934]
[935], 341ff. [930] [933] [934]
[953] [954] [960] [974] [984]
[986], 369 [930] [1053] [1054],
371 [1096], 372 [954] [960],
397 [930] [953] [960], 405
[1196], 447ff. [1196]
Schumann, D. 460 [1468]
Schwabe, K. 260 [589], 263
[589], 269ff. [589], 279 [653],
283 [653]
Schwinger, K. 447ff. [1431]
Schwuger, M.J. 303 [731], 310
[731], 311 [804], 312 [813]
[814]
Scurlock, R.G. 179 [405]
Sebba, F. 241 [539]
Šebor, G. 178ff. [393]
Seidel, H. 246 [553]

Selby, W.D. 419 [1248]
Šeludko, A. 342 [949] [973]
[974], 343 [976] [981] [982]
[983], 344 [982], 348ff. [593]
Senden, M.M.G. 108 [297]
Šenderovič, V.A. 292 [673]
Senior, G.D. 423ff. [1275], 432 [1338]
Serdjuk, K.F. 304 [746]
Serrano, A. 300 [698] [699]
[715] [716] [717] [718], 312
[699], 321 [698] [699], 326
[699], 329 [717], 453 [698] [699]
Serrano, C. 308 [783]
Ševelev, A.I. 189 [441], 196 [463]
Shah, C.L. 34 [100]
Shannon, L.K. 423ff. [1275]
Shaox, S. 340 [947]
Shaw, S.R. 33 [97]
Sheikh, N. 423 [1265]
Shergold, H.L. 279 [651] [652],
290 [662], 333 [912], 423ff.
[651] [652], 437 [1363]
Shida, Y. 236 [532]
Shimoiizaka, J. 198 [453]
Shin, B.S. 333 [914]
Shinoda, K. 267 [603], 309ff. [603]
Shirts, M.B. 395ff. [1154], 399ff. [1154]
Shouci, L. 340 [947], 412 [1227]
Shuging, M. 439 [1374]
Shuyi, L. 178ff. [394]
Shyshkov, A.A. 198 [456], 200 [456]
Siebert, B. 298ff. [696], 300
[696] [712], 304 [735] [737],
315 [712], 321 [696] [712], 453 [696]
Siedler, P. 324 [873]
Siemes, W. 368 [1046]
Simkovich, G. 215 [496], 432 [1337]
Simons, W.H. 158ff. [356]
Singewald, A. 221 [491], 229
[508], 236 [491] [508] [529]
[530], 440 [1378], 442 [1378]
Singh, D.V. 300 [720] [721], 331
[720] [721], 432 [720]
Sirois, L.L. 96 [257], 128ff.
[307], 139 [307], 143 [307],
147 [307], 151 [307], 173
[307], 179 [307]
Sisson, E. 449ff. [1435]
Sivamohan, R. 84 [234] [260],
86 [234], 93 [253], 96 [253]
[260], 101 [272], 104 [272],
411 [1224]
Sköld, B. 164 [364]
Skriničenko, M.L. 461 [1474]

Slaughter, P.J. 419 [1243]
Smani, M.S. 321 [862]
Smidt, O. 444 [1414]
Smit, F. 446 [1423]
Smith, G.W. 423ff. [1293]
Smith, H.G. 50 [164]
Smith, J.W. 404 [1192]
Smith, K.A. 250 [568]
Smith, P.G. 355 [1009]
Smith, R.W. 292 [740], 305
[758], 307 [768], 308 [778],
433 [1346]
Smitham, J.B. 36ff. [240]
Smolkin, R.D. 198 [452], 200 [452]
Sobieraj, S. 307 [769], 431 [1334]
Soboroff, D.M. 456 [1453] [1456]
Šochin, V.N. 47 [153], 50 [153],
56 [153], 75ff. [220], 82 [220],
86 [220], 91ff. [220], 103ff. [220]
Sočnev, A.Ja. 140 [325]
Solecki, J. 320 [855], 427 [855]
Sollenberger, C.L. 187 [421]
Solomin, K.V. 93 [254]
Solov'ev, E.I. 236 [528], 440
[1388], 442 [1388]
Solozhenkin, P. 298 [741]
Somasundaran, P. 241 [538], 275
[633], 292 [671], 300 [714]
[739], 304 [748], 307 [827] [828],
308 [782], 309 [538], 311
[808], 315ff. [748] [827] [828]
[1505], 317 [748] [827] [828]
[831] [832], 319 [847], 321
[831] [860], 323 [860] [865]
[866], 325 [877], 412 [1226],
428 [748] [827] [828], 433
[847], 437ff. [1359] [1360]
[1361] [1362]
Somorjai, G.A. 325 [875]
Song, Q.Y. 427 [1312]
Sonntag, H. 284ff. [655], 338
[655], 349 [655] [995]
Sorokin, M.M. 308 [792], 421
[1261], 423 [1261], 425 [1261],
439 [1373]
Sparnaay, M.J. 281 [654]
Spears, D.R. 372 [1084]
Spedden, H.R. 342 [956], 345 [956]
Spei, M. 311 [805]
Špetl, F. 52 [168] [169]
Spottiswood, D.J. 11 [38], 137
[38], 231 [38], 419 [1247], 430 [38]
Sprouls, M.W. 40 [130], 104
[130], 106 [130]
Stachurski, J. 444 [1416]
Stahl, I. 238 [535]

Stas, F. 27ff. [69]
Staszcuk, P. 273 [616]
Stauff, J. 312 [700]
Stechemesser, H. 325 [881], 341 [955], 342 [955] [975]
Steinbach, H. 267 [604] [605]
Steiner, H.J. 453 [1448]
Steiniger, J. 390 [1122]
Stekly, Z.J.J. 179 [404]
Stenius, P. 300 [713], 447ff. [1426]
Stepanoff, A.J. 6 [16]
Stern, O. 285 [656]
Stewart, H.L. 84 [236]
Stieler, A. 202 [465]
Stoessner, R.D. 30 [99]
Stöhr, R. 367ff. [1045]
Stone, W.J.D. 175 [376]
Stotts, W.S. 395 [1158]
Stratton, J.A. 147 [335]
Strel'cyn, G.S. 290 [664]
Strel'cyn, V.G. 304 [745]
Strenge, K. 284ff. [655], 338 [655], 349 [655]
Strunz, A.-M. 447 [1428] [1430]
Subasinghe, G.K.N.S. 82 [241], 84 [233]
Subrahmanyam, T.V. 350ff. [1003], 355 [1003]
Subramanian, K.N. 394ff. [1146]
Subramanian, S. 333 [917]
Šubov, L.Ja. 107 [288], 189ff. [288] [439], 196 [288] [439]
Suchanova, V.G. 92 [255], 95 [255]
Sucker, Chr. 267 [604] [605]
Sufiyan, S.A. 27 [77]
Suleski, J. 167 [367]
Sun Baoqi 436 [1412]
Sun, S.C. 300 [707], 350 [1000], 411 [1209]
Sun, Y.P. 99 [265]
Sun, Z. 310 [802]
Suoninen, E. 423 [1273]
Supp, A. 68 [197], 179ff. [407]
Suresh, N. 32 [90]
Surmatz, H. 438 [1369]
Süße, W. 177 [388]
Susko, F.J. 449ff. [1436]
Sutherland, D.N. 417 [1236], 419 [1248]
Sutherland, K.L. 291 [667], 342 [961] [965], 372 [961], 425ff. [961], 451 [961]
Suvarnapradip, P. 47 [152], 49 [152]
Sven-Nilsson, I. 342 [957]
Svensson, U. 394ff. [1147]
Svoboda, J. 126ff. [300], 134 [300], 136ff. [300], 143ff. [300], 147ff. [300], 151ff. [300], 157 [300], 159ff. [300],
167 [300], 173 [300], 178ff. [300], 184 [300]
Swales, A.W. 179ff. [405]
Swanson, V.F. 11 [40]
Symonds, D.F. 72 [207], 106 [207]
Syrnev, A.P. 58 [184]
Sczimarowsky, K. 457 [1461]
Szantho, E. von 367ff. [1045]
Szczypa, J. 320 [855], 427 [855]

Tacienko, P.A. 184 [417], 188 [417]
Taggart, A.F. 61 [186], 101 [186], 367 [186], 379 [1099]
Takayasu, M. 159 [360]
Talbot, E.L. 292 [672]
Tamamushi, B. 267 [603], 309ff. [603]
Tanaka, M. 47 [158], 50ff. [158]
Tangel, O.F. 472 [1495]
Tang Jiaying 436 [1412]
Tanneberger, Ch. 250 [567]
Tarján, G. 27 [68], 404 [1189]
Tarján, I. 38 [256]
Tatarnikov, A.P. 461 [1474]
Taylor, F.H. 262 [598], 267 [598]
Taylor, J.B. 202 [480], 221 [480], 236 [480]
Teller, E. 270 [612]
Tels, M. 108 [297]
Temkin, M.J. 270 [611]
Tenpas, E.J. 147 [334]
Tesche, Th. 460 [1470]
Thelen, H. 40 [188], 61 [188], 63 [188]
Thieme, H. 68 [197]
Thomas, R.K. 268 [617], 325 [879]
Thomé-Kozmiensky, K.J. 455 [1451]
Thomson, R.S. 58 [183]
Tichonov, O.N. 56 [176]
Tiemann, T.D. 328 [888]
Tillé, R. 184 [411]
Tipman, R.N. 295 [679]
Tippin, R.B. 430 [1328]
Titkov, S.N. 236 [528], 440 [1388], 442 [1388]
Tjabin, N.V. 11 [36]
Tolke, A. 111 [295], 453 [295]
Tolun, R. 423 [1270], 424 [1287] [1289]
Tomlinson, H.S. 373 [1075]
Tompkin, M. 449ff. [1435]
Toperi, D. 424 [1289]
Töpfer, E. 302 [730], 345 [990], 417 [1234] [1235], 432 [1336]
Tosev, B. 343 [976]
Trahar, W.J. 410ff. [1207] [1208], 421 [1285] [1296], 423ff. [1274] [1275]

Treat, R.P. 158ff. [356]
Tremblay, R.J. 393 [1136]
Tröndle, H.M. 324 [874]
Tselepides, P. 33 [96]
Tuovinen, J. 447 [1427]
Turner, J.F. 406 [1201]
Turner, J.S. 368ff. [1048]

Uhle, K. 13 [42]
Uhlig, D. 47 [155] [157], 50 [157]
Uhlmann, M. 417 [1239]
Ul'janov, N.S. 215 [478], 220 [478], 227ff. [478]
Ullrich, B. 444 [1406]
Ulmo, M. 111 [292]
Umland, F. 317 [830]
Unkelbach, K.-H. 34 [1499], 139 [303] [323] [324] [330], 142ff. [303] [323] [324] [330], 147 [303], 151 [303], 164 [303] [330], 172 [303] [323] [324] [372], 173 [303] [373], 175ff. [383], 179 [303] [323] [324]
Upadrashta, K.R. 404 [1183]
Urbanski, W.S. 199 [458] [459]
Uribe-Salas, A. 395ff. [1156] [1509], 404 [1194]
Usul, A.H. 423 [1287]
Uvarov, Ju.P. 405 [1187], 413 [1187]

Vaccari, I. 444 [1407]
Vajnšenker, I.N. 296 [683], 298 [690], 300 [690], 315ff. [690], 424 [683]
Valli, M. 423ff. [1279]
Vanangamudi, M. 27 [77], 30 [90]
van Camp, M.C. 404 [1180]
Vand, V. 4 [12]
van der Valk, H.J.L. 51 [238] [239], 189 [435] [436] [442], 191 [435] [436] [442], 194 [435] [436] [442]
van Houwellingen, J.A. 459 [1463]
van Muijen, H. 71 [206]
van Weert, G. 400 [1169]
Valentyik, L. 7ff [22] [24], 9 [24] [29], 36 [103], 38 [113], 39 [115]
Varbanov, R. 372 [1070]
Vasundevan, T.V. 437 [1364]
Verchowskij, I.M. 52 [165] [166] [167]
Vereščagin, I.P. 207 [472], 215 [472], 218 [472], 226ff. [472]
Viljoen, D.A. 305 [749], 432 [749]
Vinogradov, N.N. 47 [153] [156], 50 [153], 52 [165] [166], 55 [174], 56 [153], 57 [178]

Viswanathan, K. 471 [1493]
Vlasova, N.S. 308 [774]
Vogt, V. 449ff. [1434]
Voigt, W. 248 [558] [559]
Voit, H. 392 [1129]
Volin, M.E. 36 [103]
Volke, K. 271 [613]
Volova, M.L. 319 [848], 342 [958]
Voskuyl, W.P.N. 189 [434]
Vrij, A. 342 [950]

Wadsworth, M.E. 433 [1343]
Wahl, B. 343 [986]
Wakamatsu, T. 236 [532], 275 [627] [628], 320 [858], 436 [1411]
Walker, M.S. 199 [458] [459]
Walsh, T. 39 [117]
Wang Dianzuo 437 [1365]
Wang, Y.H.C. 412 [12126]
Wang, Y.T. 99 [265]
Wark, I.W. 291 [667], 342 [961], 372 [961], 427 [961], 451 [961]
Warlitz, G. 189 [438], 193 [438], 195ff. [438], 237 [1504]
Warren, L.J. 333 [1507], 355 [1009], 411ff. [1207] [1213], 433 [1348]
Wasmuth, H.-D. 66 [196] [215], 100 [268], 104 [268], 139 [324] [330], 142 [330], 143 [324], 164 [330], 172 [324], 173 [373], 175ff. [381] [382] [383] [385], 179 [324]
Watson, D. 356 [1027], 433 [1347]
Watson, J.H.P. 152 [347], 157 [347] [354], 159ff. [357], 178 [347], 179 [398] [401] [403] [405]
Watts, R.L. 167 [366]
Weber, K. 342 [975]
Wechsler, I. 178 [391]
Weehuizen, J.N. 301 [723]
Weiß, Th. 80 [230], 363ff. [230] [1040] [1042], 371 [1061], 387 [1061] [1110], 412 [1061] [1110]
Wei-Xia, U.Y. 420 [1249]
Welsh, R.A. 101 [270]
Wen, C.Y. 45 [145]
Wendorf, J. 246ff. [555]
Wenz, L. 175ff. [378]
Werneke, M.F. 297 [689]

Werther, J. 56 [171]
Wesp, M. 40 [188], 61 [188], 63 [188]
Weyher, L.H.E. 32 [88]
Wheeler, D.A. 393 [1137] [1138]
Whitehead, A. 162 [362], 356 [1027]
Whitmore, R.L. 8 [22], 11ff. [37]
Wierer, K.A. 323 [867]
Wilczynski, P. 40 [127], 63 [127], 72 [127], 404 [1191]
Willey, G.J. 404 [1193]
Williams, D.J.A. 377 [1087]
Williams, J.J.E. 368 [1050]
Williams, M.C. 377 [1094]
Williams, S.R. 396 [1161], 399 [1161], 401 [1161]
Willmann, W. 417 [1239]
Wills, B.A. 418ff. [1241]
Windhab, E. 5ff. [14]
Windle, W. 179 [398]
Winkler, E. 237 [533]
Winkler, H. 303 [732], 304 [736] [738], 321 [732], 444 [736] [738], 453 [732]
Winterstein, G. 43ff. [136]
Wintrich, H. 460 [1469]
Witteveen, H.J. 41 [133], 47 [187], 51 [187], 238 [239]
Wlassowa, N.S. 444 [1417]
Wojcik, W. 411 [1223]
Wolf, K.L. 244 [545], 260ff. [588], 266ff. [602], 290ff. [588]
Wolters, K.-L. 451 [1445]
Wong, K.Y. 394ff. [1146]
Wood, A.J. 207ff. [470], 218 [470]
Woodcock, J.T. 296ff. [685]
Woods, R. 295ff. [677], 423ff. [1267] [1276]
Worner, H.K. 187 [422]
Wottgen, E. 304 [747], 305 [752] [754] [756] [757], 306ff. [747], 424 [1288], 432 [752] [756] [1340] [1341]
Wrobel, R.A. 307 [766] [767], 352 [1016]
Wyman, R.A. 454 [1450], 456 [1450]

Xu, M. 395 [1156] [1509], 396 [1162] [1509], 397 [1156]
Xu Shi 439 [1374]
Xu, Z. 340 [940] [945] [946]

Yamada, B.J. 308 [777]
Yang, D.C. 400 [1166]
Yanis, N.A. 320 [852], 427 [852]
Yap, R.F. 388ff. [1115] [1117]
Yarar, B. 449ff. [1437]
Ye, Y. 342 [959] [971], 404 [1184]
Yeropkin, Y.I. 304 [743], 432 [743]
Yianatos, J. 394 [1149], 395 [1160], 397 [1149] [1163], 398 [1149] [1160]
Ynchausti, R.A. 95 [1153], 400 [1153] [1172]
Yongzhi, L. 332 [514]
Yoon, R.-H. 319 [634], 340 [940] [945] [946] [948], 341 [948], 342 [966], 372 [948] [1071], 395ff. [1152], 397 [948], 398 [1152], 399 [1165], 421ff. [1262] [1263] [1264], 423 [1280]
Young, C.A. 421ff. [1264]
Young, P. 384ff. [1104], 403 [1104], 420 [1511]
Yu, B. 392 [1133]
Yu, Y.H. 45 [145]

Zabel, W.-H. 175ff. [378] [379] [382]
Zabeltitz, Ch.E. von 39 [118], 105ff. [118]
Zacepina, G.N. 244ff. [550], 392 [550]
Zaki, W.N. 54 [173]
Zamjatin, O.V. 82 [231]
Zaragoza, R. 420 [1252]
Zarbock, P. 73 [214]
Zaremba, S.A. 38 [112]
Zehner, P. 392 [1128]
Zemskov, V.D. 52 [167]
Zhongfu, D. 340 [947], 677 [1227]
Zhou, R. 427 [1320]
Zhen, S. 420 [1249]
Ziaja, D. 66 [215]
Zimmels, Y. 1 [1], 309 [796], 312 [812], 313 [815] [816]
Zimmer, H. 204 [301], 208 [475]
Zimmermann, R. 331 [898]
Zimon, A.D. 290ff. [665]
Zipperian, D.E. 394ff. [1147]
Zolotko, A.A. 47 [162], 53 [162]
Žurek, F. 178ff. [392]
Zweiling, G. 73 [209]

Sachregister

Abfallaufbereitung
-, Altglas 169, 459
-, Altpapier 447ff.
-, Baustoffe 73
-, Haus- u. Gewerbemüll 107ff., 195, 455
-, Kunststoffe 34, 41, 237ff., 448ff., 460
-, metallhaltige Abfälle u. Schrotte 20, 31, 40, 73, 106, 107, 129, 135, 162, 180, 195ff., 199ff., 237, 455, 457, 471
Acylaminocarbonsäuren 302
Acylsarkosine 302
Adsorption
-, Adsorptionsdichte 261ff.
-, Adsorptionsgleichung, Gibbssche 263
-, an Mineraloberflächen 296ff., 277ff
-, -, Austauschadsorption 278
-, -, Ionenadsorption 277, 279ff.
-, -, -, potentialbestimmende Ionen 277ff.
-, -, -, spezifisch adsorbierte Ionen 278
-, -, orientierte Adsorption 278
-, Chemisorption 269, 271ff.
-, Meßmethoden 450
-, Physisorption 269ff.
-, -, Adsorptionsisothermen 269ff.
-, -, elektrostatische Adsorption 269, 317ff.
Aerofloate 296
Aeroflocken 346
Agglomerationsflotation 241, 411
Aggregatschäume 351
Akkuschrott-Sortierung
-, Aufstromsortierung 110
-, Schwimm-Sink-Sortierung 20, 41
Alkalicyanide 331, 425
Alkalisulfide 425
Alkalixanthogenate 294ff.
Alkanarsonsäuren 305
Alkane, alkoxysubstituierte 354
Alkanhydroxamsäuren 304
Alkanphosphonsäuren 305
Alkansulfonate 302ff.
Alkohole 258, 308, 352ff.
Alkylaminocarbonsäuren 307
Alkylammoniumsalze 305ff.
Alkylbenzolarsonsäuren 305
Alkylbenzolphosphonsäuren 305
Alkyldithiophosphate 296
Alkyletheramine 206
Alkylpyridiniumsalze 306
Alkylsulfate 302ff.
Altpapier, Deinking-Flotation 447ff.
Amalgamierherd 97
Aminocarbonsäuren 307
Ampholytische Sammler 293, 307
Anreicherkurven 111

Apatit, Flotation 300, 302, 438
Aryldithiophosphate 296
Assoziation 309ff., 321ff.
-, prämizellare 313
-, Selbstassoziation 313
-, Wechselwirkung, hydrophobe 311
Atomradien 253
Aufladung, elektrische 216ff.
Auflockerung von Setzbetten 43ff.

Bandherd 98
Bandringmagnetscheider 170
Baryt, Flotation 302, 303, 329, 438
Baustoff-Recycling, Dichtesortierung 73
Beleber 327
BET-Methode 270
Bindungskräfte, zwischenatomare 251ff.
*Biot-Savart*sches Gesetz 115
Blasenhaftmethode 291
Blasenhaftung 336ff.
-, *DLVO*-Theorie 338
-, hydrophobe Bindung 338
-, Induktionszeit 342
-, kombinierte Blasenhaftung 337
-, Kontaktzeit 342
-, Korn-Blase-Kollision 337, 368ff.
-, Spaltdruck 338
Blei-Kupfer-Minerale, oxidische
-, Flotation 427
Blei-Zink-Erze
-, Flotation 296, 424ff., 429
-, Schwimm-Sink-Sortierung 20, 24, 30

Carbonsäuren 298ff.
-, Acylaminocarbonsäuren 302
-, Aminocarbonsäuren 307
-, Dicarbonsäuren 300
-, Ethercarbonsäuren 301
-, Monocarbonsäuren, substituierte 300
-, Polycarbonsäuren 300
Carboxylate 298ff.
Carboxymethylcelulose 334
Chalkopyrit, Flotation 424ff., 428ff.
Chalkosin, Flotation 424ff., 428ff.
Chelatbildner 329ff.
Chelate 315
Chemisorption 269, 271ff.
Chromit, Flotation 431
*Coulomb*sches Gesetz 203

Deinking-Flotation 447ff.
Dialkyldithiophosphate 297
Dialkylthiocarbamate 297
Diamagnetismus 121, 123ff.

Diamant
-, Dichtesortierung 30, 41, 97
-, Elektrosortierung 230
-, Fettherde 97
Diamine 306
Dichtesortierung 1ff.
-, Gegenstrom- und Querstromsortierung 107ff.
-, Kennzeichnung des Trennerfolges 110ff.
-, Magnetohydrostatische Sortierung 197ff.
-, Schwimm-Sink-Sortierung 3ff.
-, Setzprozeß 42ff.
-, Sortierung in Rinnen und auf Herden 73ff.
Dielektrizitätszahl 210
Dissoziation
-, des Wassers 245
-, Dissoziationskonstanten von Verbindungen 249
Disthen, Flotation 435
Dithiocarbamate 297
Dithiophosphate 296
Dixanthogen 295, 424
DLVO-Theorie 338
Dreiphasenkontakt 289ff.
-, Randwinkel 289
-, -, dynamischer 291
-, -, Hysterese 290
-, -, statischer 289
Drücker 328ff.
-, komplexbildende 328ff.
-, makromolekulare und kolloide 332ff.

Ecart probable 110
Einschnür-Rinnen 83ff.
Eisenabscheider 180ff.
Eisenerze
-, Dichtesortierung 41, 60, 62, 95
-, Elektrosortierung 236
-, Flotation 302, 430
-, Klauben, elektrisches 460
-, Magnetscheidung 162ff., 169ff
Elektrische Doppelschicht 282ff.
-, diffuse Schicht 278, 285
-, Doppelschichtdicke 283
-, Doppelschichtpotential 277, 281ff.
-, *Gouy*-Schicht 285
-, *Helmholtz*-Schicht 285
-, Modelle 284ff.
-, *Stern*-Schicht 278, 285
Elektrische Eigenschaften der Stoffe 208ff.
-, Halbleiter 214ff.
-, Leiter 212ff.
-, Nichtleiter 208ff.
Elektrisches Feld 202ff.
Elektroflotation 408
Elektrokinetische Erscheinungen 285ff.
-, Elektroosmose 285
-, Elektrophorese 285
-, Sedimentationspotential 286
-, Strömungspotential 286
-, Zeta-Potential 286
Elektroscheider 223ff.
-, elektrostatische Scheider
-, -, nach Kontaktpolarisation 230ff.

-, -, nach Triboaufladung 233ff.
-, Koronascheider 231ff.
Elektrosortierung 202ff.
-, Anwendung 235ff.
-, Grundlagen 202ff.
-, Kennzeichnung des Trennerfolges 239
-, Kornaufladung 216ff.
-, -, durch Kontaktpolarisation 216ff.
-, -, im Koronafeld 217ff.
-, -, Triboaufladung 219ff.
-, Trennmodelle 224ff.
-, wirkende Kräfte 222ff.
Emulsionsflotation 411
Entmagnetisierung 122
Entmagnetisierungsspulen 182
Entspannungsflotation 406ff.
Ethercarbonsäuren 301

Fächerrinnen 84
Feldspat
-, Elektrosortierung 228, 236
-, Flotation 305, 433, 436
Ferrofluide 198
Ferromagnetismus 121, 125
Ferrosilizium 13
Fettherd 97
Fettsäuren 298ff.
Fließverhalten 4ff.
-, *Newton*sches Fluid 4
-, nicht-*Newton*sche Fluide 4ff.
-, Viskosimeter 6
Flotation 240ff.
-, Apparate 378ff.
-, beteiligte Phasen 243ff.
-, -, Gasphase 243
-, -, Mineralphasen 250ff.
-, -, wäßrige Phase 244ff.
-, Hydrodynamik 242, 357ff., 388ff.
-, mineralischer Rohstoffe 420ff.
-, nichtmineralischer Feststoffe 446ff.
-, Reagenzregime 242, 291ff.
-, Schaumflotation 240
-, Schaumseparation 241
-, Untersuchung des Flotationsverhaltens 450ff.
Flotationsanlagen 413ff.
-, Fließbilder 413ff.
-, Flotationsoperationen 413
-, Flotationsstufe 414
-, Prozeßkontrolle und Automatisierung 417ff.
Flotationsapparate 378ff.
-, mechanische 379ff.
-, -, Hydrodynamik 388ff.
-, pneumatische 393ff.
-, zur Elektroflotation 408
-, zur Entspannungsflotation 406
Flotationskolonnen 393ff.
Flotationsprozeß
-, Kennzeichnung des Trennerfolges 453
-, Kinetik 372ff.
-, -, diskontinuierlicher Prozeß 373ff.
-, -, kontinuierlicher Prozeß 375ff.
-, Korngrößeneinfluß 409ff.

–, Mikroprozesse 365ff.
–, Übertragbarkeit 390ff.
Flotationsschäume 350ff.
Fluorit
–, Dichtesortierung 41
–, Flotation 300, 302, 329, 439
Froude-Zahl 388

Galenit
–, Flotation 242, 296, 420ff.
–, Sammleradsorption 421ff.
–, Schwerstoff 13
Gasblasenerzeugung 335
Gegenionen 278
Gegenstromsortierung 107ff.
Gegenstromtrennung 2
Gerbstoffe 331, 334, 427, 438
Gibbs-Effekt 348
*Gibbs*sche Adsorptionsgleichung 263
Glassande
–, Dichtesortierung 95
–, Elektrosortierung 236
–, Flotation 436
Glimmer, Flotation 305, 436
Goethit, Flotation 317, 333, 430
Golderze
–, Amalgamierherd 97
–, Dichtesortierung 60, 70, 73, 83, 89, 95, 200
–, MHS-Sortierung 200
Graphit, Flotation 308, 445
Grenzflächen (s. auch Oberflächen) 260ff.
–, Grenzflächenaktivität 262
–, –, grenzflächenaktive Stoffe (Tenside) 262, 293ff.
–, Grenzflächenenergie 260ff.
–, Mineral/Gas 268ff.
–, Mineral/wäßrige Lösung 273ff.
–, –, potentialbestimmende Ionen 277ff.
–, Oberflächenspannung 261
–, wäßrige Lösung/Gas 261ff.
Grenzschichtwasser (vicinales Wasser) 273
–, Hydrathülle 274
Grobkornflotation 413ff.

Haftvorgang (Flotation) 335ff.
–, Dynamik und Stabilität 337ff.
–, Thermodynamik 336
–, Wechselwirkungskräfte 337ff.
Hämatit
–, Dichtesortierung 95
–, Elektrosortierung 236
–, Flotation 333, 430
–, Magnetscheidung 175ff.
–, Röstung, magnetisierende 184ff.
Halbleiter 214ff.
–, Eigenhalbleiter 214
–, n-Halbleiter 214
–, p-Halbleiter 214
Halit
–, automatisches Klauben 458
–, Elektrosortierung 236
–, Flotation 307, 443

–, Thermoadhäsionsprozeß 472
Hallimond-Röhre 451
Handklaubung 455ff.
Herde 74, 95ff.
–, Aeroherde 104ff.
–, Hydroherde 96ff.
–, –, bewegte 97ff.
–, –, –, Bandherde 98
–, –, –, Schwingherde 99ff.
–, –, feste 96ff.
–, –, –, Amalgamierherde 97
–, –, –, Fettherde 97
–, –, –, Kipperherde 96
Heterokoagulation 335ff.
Heterokoagulationstrennung 240
HLB-Wert 309
Hochgradientmagnetscheider 175ff.
Hydratation
–, Ionenhydratation 246, 248
–, von Mineraloberflächen 273ff.
Hydrophobe Wechselwirkungen 311, 321, 338
Hydrophilie 298ff.
Hydrophobie 289ff.

Ilmenit
–, Elektrosortierung 236
–, Flotation 431
–, Klauben, elektrisches 460
Imperfektion 110
Induktion (magnetische Flußdichte) 117
Induktionsgesetz 118
Ionenadsorption 277ff.
Ionenflotation 241
Ionenradien 253
Ionenreihe von *Hofmeister* 278
Isodynamikscheider 183
Isoelektrischer Punkt 275

Kabelschrott
–, Dichtesortierung 40, 73, 106
–, Elektrosortierung 237
Kainit, Flotation 444
Kalirohsalze
–, Dichtesortierung 41
–, Elektrosortierung 228ff., 234, 236
–, Flotation 439ff.
Kaolin
–, Dichtesortierung 83
–, Flotation 412
–, Läutern 462, 466
–, Magnetscheidung 175, 178
Kapazität, elektrische 206
Kassiterit
–, Elektrosortierung 236
–, Flotation 302, 305, 431ff.
Kiesaufbereitung
–, Dichtesortierung 69
–, Läutern 466
–, Prallsprungprozeß 466ff.
Kieserit
–, Elektrosortierung 236
–, Flotation 304, 444

Klauben 454ff.
-, automatisches 456ff.
-, -, Apparate 457ff.
-, Handklauben 455
Koerzitivfeldstärke 125
Kolbensetzmaschinen 63
Konsistenz 6
Kontaktpolarisation 217
Kornschichten 43ff.
-, Druckverlust beim Durchströmen 44, 48
-, Schüttschicht 43
-, Wirbelschicht 44
-, -, Wirbelpunkt 44
Koronafeld 206ff.
Koronascheider 231ff.
Kristalle 250ff.
-, Gitterarten und Bindungscharakter (s. auch Bindungskräfte) 251ff.
-, Realstruktur 250, 259
Kunststoff-Sortierung
-, Elektrosortierung 237
-, Flotation 448ff.
-, -, Klauben 460
-, Schwimm-Sink-Sortierung 34, 41
Kupfererze
-, Flotation 294ff., 420ff., 428

Laborflotationsappparate 453
Ladungsnullpunkt 275ff.
Läutern 462ff.
-, Apparate 463ff.
Leiter, elektrische 212ff.
-, Ablöse- bzw. Austrittsarbeit 213
Löslichkeiten schwerlöslicher Stoffe 249
Löslichkeitsverhalten von Tensiden 309ff.
-, HLB-Wert 309
-, *Krafft*-Punkt 310
-, Mizellbildungskonzentration, kritische 309
Lorentz-Kraft 200
Luftströmungs-Zahl 388

Magnesit, Dichtesortierung 20, 24, 31
Magnetfeld 113ff.
-, Kraftfelddichte 132
Magnetgeräte 181ff.
-, Entmagnetisierungsspulen 182
-, Isodynamikscheider 183
-, magnetischer Analysator 184
-, magnetische Waage 182
-, Magnetisierungsgeräte 182
Magnetische Eigenschaften der Stoffe 120ff., 134ff.
-, hartmagnetische Werkstoffe 127ff.
-, Metalle und Legierungen 137
-, Minerale 134ff.
-, relative Permeabilität (Permeabilitätszahl) 120
-, Suszeptibilität 120, 123, 135
Magnetit
-, Flotation 430
-, Magnetscheidung 134, 164, 165ff.
-, Schwerstoff 13
Magnetohydrodynamische Sortierung 113, 200
Magnetohydrostatische Sortierung 113, 197ff.

Magnetscheider 135ff.
-, Ausbildung der Magnetsysteme 140ff.
-, Einteilung 138
-, Eisenabscheider 180ff.
-, Schwachfeldscheider 162ff.
-, -, Naßschwachfeldscheider 165ff.
-, -, -, Naßtrommelscheider 165ff.
-, -, Trockenschwachfeldscheider 163ff.
-, Starkfeldscheider 169ff.
-, -, Naßstarkfeldscheider 174ff.
-, -, -, Hochgradientscheider 175
-, -, -, Induktionswalzenscheider 174
-, -, -, Matrixscheider 175
-, -, Trockenstarkfeldscheider 169ff.
-, -, -, Bandringscheider 169
-, -, -, Induktionswalzenscheider 170
-, -, -, Kreuzbandscheider 169
-, -, -, Mantelringscheider 172
-, -, -, Permroll-Scheider 173
-, -, -, Trommelscheider 172
Magnetscheidung 113, 129ff.
-, Grundlagen 114ff.
-, Kennzeichnung des Trennerfolges 188
-, magnetische Kräfte 130ff.
-, Magnetscheider 135ff.
-, Trennmodelle 152ff.
Manganerze
-, Dichtesortierung 60, 62
-, Flotation 302, 431
-, Magnetscheidung 169
Marangoni-Effekt 348
Mikroflotationsapparaturen 451
Mischfilme 308
Mizellbildung 309ff.
-, kritische Mizellbildungskonzentration 309
Molekülstruktur des Wassers 244ff.
Molybdänit, Flotation 308, 446
Monocarbonsäuren 298, 300

Naphtensäuren 302
Natriumsilikate 333
NE-metallhaltige Abfälle und Schrotte
-, Dichtesortierung 20, 31, 40, 41, 73, 106, 107
-, Elektrosortierung 237
-, Klauben 455, 457
-, Kornform-Sortierung 471
-, Magnetscheidung 135, 137
-, MHS-Sortierung 199
-, Wirbelstromsortierung 195
*Newton*sche Fluide 4
Nichtleiter 208ff.
-, Energiebändermodell 208
Nicht-*Newton*sche Fluide 4ff.
Nickelerze, Flotation 428

Oberflächen 260ff.
-, Adsorptionsdichte 261
-, Oberflächenaktivität 262
-, Oberflächenenergie, spezifische freie 260
-, Oberflächenfilme 265ff.
-, Oberflächenpotential 277, 280ff.
-, Oberflächenspannung 261ff.

–, –, dynamische 264
–, –, statische 264
Öle, unpolare 308, 411
Ölflotation 309
Ölsäure 300
Oxhydryl-Sammler 293
Oxidflotation 429ff.

Paramagnetismus 121, 124
Permeabilitätszahl 120
Phasengrenzflächen 260ff.
Phenole 353
Phosphate
–, Dichtesortierung 95
–, Elektrosortierung 236
–, Flotation 438
pH-Wert 246
Pine-Oil 353
Polarisation, elektrische 211
–, Orientierungspolarisation 212
–, Verschiebungspolarisation 212
Polstärke 119
Polyglykolether 354
Polyoxethylene 334, 438
Polyphosphate 331
Potential
–, chemisches 263
–, Doppelschichtpotential 277
–, elektrochemisches 280
–, elektrokinetisches (Zeta-Potential) 285ff.
–, Ionenpotential 275
–, Ladungsnullpunkt 275ff.
–, Oberflächenpotential 277
–, Sedimentationspotential 286
–, Strömungspotential 286
Prallsprungprozeß 466ff.
–, Pyrit, Flotation 420ff.

Quarz, Flotation 305, 436
Quebracho-Extrakt 334
Querstromsortierung 107ff.
Querstromtrennung 2

Randwinkel 289ff.
–, dynamischer 291
–, Hysterese 290
–, Messung 291, 451
–, statischer 289
Reagensregime 242, 291ff., 326ff.
Reagenzien, modifizierende 326ff.
–, aktivierende (Beleber) 327
–, drückende 327ff.
Regler 327ff.
Remanente Magnetisierung 125
Reynolds-Zahl 45, 75, 84, 388
Rinnen 73, 81ff.
–, Aerorinnen 95
–, Grundlagen 74ff.
–, Hydrorinnen 82ff.
–, –, einfache 82
–, –, Einschnür-Rinnen 83ff.
–, –, Reichert-Konusscheider 86

–, –, Rinnenscheider 84ff.
–, –, Wendelrinnen 89ff.
Röstung, magnetisierende 184ff.
Rutil, Elektrosortierung 231, 236

Salzmineral-Flotation 437ff., 439ff.
Sammler 242, 291ff.
–, Adsorption 313ff.
–, Filme 324ff.
–, ionogene 292, 293ff.
–, –, ampholytische 293, 307ff.
–, –, anionaktive 294ff.
–, –, kationaktive 293, 305ff.
–, nichtionogene 308
–, unpolare 308
–, Wirkungsweise 292ff.
Sammleradsorption 313ff.
–, Aktivierungsbrücken 319ff.
–, Assoziation 321ff.
–, Chemisorption 314ff.
–, –, Chelatbildung 315
–, elektrostatische Adsorption 317ff.
–, Modifizierung 326ff.
–, Wasserstoffbrücken 320
Sarkosinate 307
Schaum 346ff.
–, Bildung 348ff.
–, Flotationsschäume 350ff.
–, –, Entwässerung 356
–, –, Trübemitführung 355
–, –, Zweiphasenschäume 346ff.
Schäumer 349ff., 351ff.
Schaumflotation 240
Schaumstabilität 348ff.
Schaumstruktur 346ff., 350ff.
–, Aggregatschäume 351
–, Kugelschaum 347, 350
–, Lamellenstrukturschaum 350
–, Polyederschaum 347
Scheelit
–, Dichtesortierung 96, 104
–, Elektrosortierung 236
–, Flotation 302, 307, 439
Schichtungsvorgang in Setzbetten 52ff.
Schlammüberzüge 279, 411
Schwefel, Flotation 308, 402, 445
Schwerflüssigkeiten 3
Schwermineralführende Sande
–, Dichtesortierung 84, 89, 95
–, Elektrosortierung 236
–, Magnetscheidung 169
Schwerstoffe 4, 12ff.
–, Verluste 16
Schwertrübeanlagen
–, Prozeßkontrolle und Automatisierung 36ff.
–, Technologie 14ff.
Schwertrübe-Regeneration 15ff., 34ff.
Schwimm-Sink-Scheider 17ff.
–, Schwerkraftscheider 18ff.
–, –, Kastenscheider 19
–, –, Konusscheider 18
–, –, Trogscheider 23

–, –, Trommelscheider 23ff.
–, Wirbelschicht-Schwingtrog-Scheider 39
–, Zentrifugalkraftscheider 26ff.
–, –, Sortierzyklone 26ff.
–, –, Wasserzyklone 31ff.
–, –, andere Bauarten 32ff.
Schwimm-Sink-Sortierung 3ff.
–, Anwendung 40ff.
–, Scheider 17ff.
–, trockene 39
Schwingherde 99ff.
Setzbarkeit 57, 61
Setzmaschinen 42, 62ff.
–, Aerosetzmaschinen 42, 71ff.
–, Hydrosetzmaschinen 42, 63ff.
–, –, Austragarten 63, 64, 65, 67
–, –, Austragregelung 65
–, –, Kolbensetzmaschinen 42, 63
–, –, luftgesteuerte Setzmaschinen 42, 65ff.
–, –, Prozeßkontrolle und Automatisierung 72ff.
–, –, Pulsator-Setzmaschine 70
–, –, Schwingsetzmaschine 69
–, –, Setzgutträger 66
–, –, Stauchsetzmaschinen 40, 42, 63
Setzprozeß 40ff.
–, Anwendung 73
–, beeinflussende Parameter 59ff.
–, Bettsetzen 63
–, Grundlagen 43ff.
–, Setzhub-Diagramm 58
Sichertrog 104
Siderit
–, magnetisierende Röstung 187
–, Magnetscheidung 169
Silikatflotation 432ff.
Solenoid-Spulen 143, 149
Sortierkurven 111
Sortierung nach der Kornform 468ff.
Sortierung nach thermischen Eigenschaften 472
Sortierzyklone 26ff.
Spaltdruck 338ff.
Sphalerit, Flotation 294ff., 320, 427, 429
Spodumen, Flotation 432, 436
Spreitung 265
Stärke 333
Stahlleichtschrott-Sortierung 31, 41, 73, 471
Steinkohlenaufbereitung
–, Dichtesortierung 20, 24, 30, 31, 40, 63ff., 104
–, Flotation 308, 401, 402, 444
Strukturtheorie des Wassers 244ff.
Sulfhydryl-Sammler 293ff., 420ff.
Sulfidflotation 420ff.
Supraleitende Magnetsysteme 150
Suszeptibilität
–, elektrische 211
–, magnetische 120, 123, 124, 136
–, –, massebezogene 123
–, –, volumenbezogene 120, 123
Sylvin
–, Elektrosortierung 228, 236
–, Flotation 303, 305, 388, 413, 439ff.

Talk, Flotation 445
Tallöl 302
Tannine 331, 334
Tenside 262, 309ff.
Terpenalkohole 353
Thermoadhäsionsprozeß 472
Titanerze, Flotation 431
Trägerflotation 241, 412
*Traube*sche Regel 262, 298
Trennerfolg, Kennzeichnung 110ff., 188, 239, 453
–, Sortierkurven (Anreicherkurven) 111
–, Trennfunktion 110
–, –, Ecart probable 110
–, –, Imperfektion 110
Trennung in Filmströmungen 2
Triboaufladung 219ff.
–, *Coehn*sche Regel 222
Turbulenz 358ff.
–, Dämpfung 363ff.
–, Dissipation 360
–, Effektivwerte der Schwankungsbewegungen 358, 361
–, *Kolmogorov*scher Mikromaßstab 360
–, Makromaßstab 359
–, Makroturbulenz 359
–, Mikroturbulenz 360ff.
–, –, Dissipationsbereich 362
–, –, Trägheitsbereich 362
–, Turbulenzgrad 359

Uranerze, radiometrisches Klauben 460

Verschiebung, elektrische 204, 460
Viskosität
–, dynamische 4
–, scheinbare 6

Wasserglas 333
Wasserstoffbrücken 244, 320
Wasserstruktur 244ff.
–, Cluster-Modell 245
Wasserzyklon 31
Weber-Zahl 367, 388
Wechselpolanordnung, magnetische 138, 142
Wendelrinnen 89ff.
Wirbelschicht 44ff.
Wirbelstromsortierung 113, 189ff.
–, Anwendung 196
–, Grundlagen 189ff.
–, Scheider 193ff.
Wolframit
–, Dichtesortierung 60, 62, 96, 102, 104
–, Flotation 304

Xanthogenate 294ff., 421ff.
Xylenole 353

*Young*sche Gleichung 289

Zerkleinerung, selektive 466
Zeta-Potential 285ff.
Zirkon, Elektrosortierung 231, 236